煤焦油深加工技术

白建明　李　冬　李稳宏　等编著

化学工业出版社

·北京·

全书共分为七章，介绍了煤焦油的结构、性质、特征及其净化处理的方法，重点介绍了煤焦油加氢反应原理、煤焦油加氢技术和煤焦油加氢催化剂的研究进展，并详细介绍了煤焦油的分离与精制过程。

本书可供从事煤焦油加工领域的科研和工程技术人员使用，也可供高等院校相关专业师生阅读参考。

图书在版编目（CIP）数据

煤焦油深加工技术/白建明等编著. —北京：化学工业出版社，2016.5

ISBN 978-7-122-26442-8

Ⅰ.①煤…　Ⅱ.①白…　Ⅲ.①煤焦油-加工　Ⅳ.①TQ522.63

中国版本图书馆 CIP 数据核字（2016）第 044454 号

责任编辑：靳星瑞　　文字编辑：汲永臻
责任校对：宋　夏　　装帧设计：王晓宇

出版发行：化学工业出版社（北京市东城区青年湖南街 13 号　邮政编码 100011）
印　　装：北京盛通数码印刷有限公司
710mm×1000mm　1/16　印张 33¾　字数 742 千字　2016 年 7 月北京第 1 版第 1 次印刷

购书咨询：010-64518888　　售后服务：010-64518899
网　　址：http://www.cip.com.cn
凡购买本书，如有缺损质量问题，本社销售中心负责调换。

定　　价：148.00 元

前 言

我国的能源结构为富煤、缺油、少气，煤炭一直以来都是我国的主体能源，占我国一次能源消费总量的70%左右。要实现我国经济快速持续发展，就必须调整和优化能源结构，推动以煤为主的多元化发展。经过“十五”“十一五”“十二五”的发展，我国的煤炭化工利用技术无论是在关键技术突破、新产品开发，还是在产业规划、项目投资、示范工程建设等方面都取得了很大成效。

煤焦油是煤炭在热解或气化过程中得到的液体产品，近年来，我国高温煤焦油产量稳定在近2000万吨/年，中低温煤焦油的产能亦达到接近2000万吨/年。2012年，国家能源局印发的《国家能源科技“十二五”规划》中将“煤焦油加氢制清洁燃料”列为重大技术研发项目。2014年，国务院印发的《能源发展战略行动计划（2014—2020年）》中明确指出：以新疆、内蒙古、陕西、山西等地为重点，稳妥推进煤制油技术研发和产业化升级示范工程，掌握核心技术，形成适度规模的煤基燃料替代能力。产煤大省陕西上报的《陕西省煤制油产业发展规划（2016—2020）》中明确提出：2020年陕西省的煤制油产能达到1700万吨。

近年，华电重工股份有限公司煤化工工程事业部、西北大学、西安石油大学等研究人员围绕煤焦油加工利用进行了大量的科研和实践。为了将所获得的知识、研究成果和工程实践经验进行总结和交流，特编写了本书，以期对煤化工领域的科技工作者和管理者以及高校师生提供一定的参考和借鉴，并为我国煤焦油化工利用技术的创新发展尽一份微薄之力。

全书共分为七章。第一章煤焦油的特征：对多种来源煤焦油的结构、性质、特征进行了总结，并对国内外热解技术的研究进行了综述。第二章煤焦油的预处理：对目前国内外煤焦油净化处理所采用方法及各自的特点进行了讨论。第三章煤焦油的分离与精制：综述了煤焦油分离与精制的方法和技术进展，重点对苯、甲苯、萘、蒽、苯酚、吡啶以及喹啉等产品的生产方法进行了介绍。第四章煤焦油加氢反应原理：对加氢脱硫、脱氮、脱氧、脱金属、脱沥青等反应的原理和动力学进行了阐述。第五章煤焦油加氢技术：对我国现有的几种煤焦油加氢技术进行了对比和分析，并对影响加氢过程的主要因素进行了探讨。第六章煤焦油加氢催化剂：重点对煤焦油加氢催化剂研究的最新进展进行了论述。第七章煤焦油的其他利用技术：对煤焦油热裂化、催化裂化、延迟焦化、超临界轻质化等技术作了概述。

本书第一章第1节和第三章第11节由西北大学李稳宏教授编写，第一章第2

节至第 5 节由中国人民解放军第 451 医院高蓉博士编写，第二章和第三章第 7 节～第 10 节由西北大学牛梦龙博士编写，第三章第 1 节～第 6 节由西安石油大学范峥博士编写，第三章第 12 节和第七章第 1 节由加拿大 Alberta 大学刘清侠教授编写，第四章由华电重工股份有限公司白建明教授级高工编写，第五章和第六章由西北大学李冬副教授编写，第七章第 2 节～第 4 节由西安建筑科技大学齐亚兵博士编写。全书由西北大学李稳宏教授负责策划、统稿和定稿。

为了本书的完整性和系统性，笔者在书中除了介绍自己一点成果外，大量引用了国内外众多学者的相关研究成果和观点，在此深表谢意！

西安石油大学马宝岐教授对本书的初稿进行了审阅，使我们受益匪浅，特此表示感谢！

西北大学硕士研究生袁扬、崔文岗、朱永红、白霞、张琳娜、张轩、王磊、白佩等同学为本书的资料查阅、制图、制表以及书稿整理做了大量工作；高明明、刘安、赵欢娟、常远、梁世伟、王西、员汝娜、刚勇、郭宏垚、巨建鹏、雷雄、王小静、杨鑫磊、张明伟、张旭等研究生对全部书稿进行了校对，付出了辛勤的劳动。在此，一并向各位同学表示诚挚的感谢！

由于本书内容庞杂，编著者经验有限，编写时间仓促，书中难免有不妥和疏漏之处，但是，如果本书的出版能对相关专业人士有一点点启迪和帮助，我们就感到欣慰和满足了。

编著者

2016. 2

目录

第 3 章 煤焦油的分离与精制 103/

第 1 章 煤焦油的特征

煤焦油是煤在干馏和气化过程中获得的液体产品。根据热解温度的不同，煤焦油可分为低温煤焦油（干馏温度在450～650℃）、中低温煤焦油（部分低温或中温发生炉煤焦油，干馏温度在600～800℃）、中温煤焦油（干馏温度在700～900℃）和高温煤焦油（干馏温度在1000℃左右）。煤焦油的组成和物理性质根据煤炭来源及热解温度不同，其组成有很大的差别。

1.1 高温煤焦油

1.1.1 高温煤焦油的性质

高温煤焦油是指在焦炭生产中得到的煤焦油，是粗煤气冷却过程中冷凝、分离出来的焦炉煤气净化产品之一。目前我国高温煤焦油主要是用于生产轻油、酚油、萘油及改质沥青等，再经深加工后制取苯、酚、萘、蒽、沥青等多种化工原料[1]。

高温煤焦油是一种黑色黏稠液体，具有酚和萘的特殊气味，相对密度大于1.0，闪点为96～105℃，自燃点为580～630℃，燃烧热为35700～39000 kJ/kg。我国高温煤焦油的标准见表1-1。

表 1-1　YB/T 5075-2010 煤焦油的技术指标

项　目	1号	2号
密度(20℃)/g·cm^{-3}	1.15～1.21	1.13～1.22
水分/%	≤3.0	≤4.0
灰分/%	≤0.13	≤0.13
恩氏黏度(E_{80})	≤4.0	≤4.2
甲苯不溶物(无水基)/%	3.5～7.0	≤9.0
萘含量(无水基)/%	≥7.0	≥7.0

依据高温煤焦油的性质特点，通常先将煤焦油分离提取含量较少的化合物，再按馏程分割为不同的馏分进一步加工。各馏分的加工采用结晶方法可得到萘、蒽等产品；用酸或碱萃取方法可得到含氮碱性杂环化合物（称焦油碱），或酸性酚类化合物（称焦油酸）。焦油酸、焦油碱再进行蒸馏分离可分别得到酚、甲酚、二甲酚和吡啶、甲基吡啶、喹啉[2]。高温焦油中各个馏分中主要物质分布分别见表1-2及表1-3[3]。

表 1-2　高温煤焦油各馏分中芳烃及不饱和化合物含量

馏分	沸点/℃	收率/%	芳烃	不饱和化合物
轻油	<170	0.5	苯、甲苯、二甲苯	双环戊二烯
酚油	170～210	1.5	多甲基苯	茚、苯乙烯
萘油	210～230	10.0	萘、甲基苯	—
洗油	230～300	8.0	二甲基萘、联苯、苊、芴	—
Ⅰ蒽油	300～330	13.0	蒽、菲	—
Ⅱ蒽油	330～360	8.5	芘、荧蒽	—
沥青	>360	57.0	—	—

表 1-3　高温煤焦油各馏分中含氧、含氮、含硫化合物含量

馏分	含氧化合物		含氮化合物		含硫化合物	
	酸性	中性	碱性	中性	酸性	碱性
轻油	—	—	轻吡啶	吡咯	苯硫酚	噻吩
酚油	苯酚类	氧芴	重吡啶	苯甲腈	苯硫酚	—
萘油	三甲酚	甲基氧芴	喹啉、多甲基吡啶	—	萘硫酚	硫茚
洗油	萘酚	氧芴	喹啉类	吲哚	—	硫茚同系物
Ⅰ蒽油	联苯酚、菲酚	苯并氧芴	吖啶、萘胺	咔唑	—	硫茚
Ⅱ蒽油	蒽酚、菲酚	苯并氧芴	吖啶	咔唑同系物	—	苯并硫茚

注：一塔式收率、常减压多塔式馏分收率依次为 0.5%～1.0%，2%～3%，11%～12%，8%～9%，24%～25%（蒽油），沥青 50%～53%。

1.1.2　高温煤焦油的组成

高温煤焦油的化学组成大致有以下几个特点：①主要是芳香族化合物，而且大多是两个环以上的稠环芳香族化合物，烷烃、烯烃和环烷烃化合物很少；②含氧化合物主要是呈弱酸性的酚类，还有一些中性含氧化合物，如氧茚和氧芴等；③含氮化合物主要是具弱碱性的吡啶和喹啉类化合物，还有吡咯类化合物如吲哚和咔唑等以及少量胺类和腈类；④含硫化合物主要是噻吩类化合物，如噻吩和硫茚等，还有硫酚类化合物；⑤不饱和化合物有茚和氧茚类化合物以及环戊二烯和苯乙烯等；⑥芳香环的烷基取代基主要是甲基，同系物数量远低于支链烃类；⑦蒸馏残渣沥青的含量很高，一般在 50%以上，其中含有相当多的高分子化合物，相对分子质量在 2000～30000 之间[1]。

高温煤焦油中含有大量沥青以及芳烃与杂环有机化合物，估计组分总数在 1 万种左右，从中分离并已认定的单种化合物约 500 种，约占焦油总质量的 55%。高温煤焦油组分中含量超过 1%的物质只有 10 余种，分别是萘（10.0%）、菲（5.0%）、荧蒽（3.3%）、芘（2.1%）、苊烯（2.0%）、芴（2.0%）、蒽（1.5%）、2-甲基萘（1.5%）、咔唑（1.5%）、茚（1.0%）和氧芴（1.0%）等。

1.1.2.1　烃类化合物

烃类化合物占高温煤焦油的 90%以上，是高温煤焦油的主要组成部分。含量较多具有代表性的中性烃类化合物见表 1-4。

表 1-4　煤焦油中烃类化合物[4]

化合物举例	在煤焦油中的质量分数/%	化合物举例	在煤焦油中的质量分数/%
萘	8～12	芴	1.0～2.0
α-甲基萘	0.8～1.2	蒽	1.0～1.8
β-甲基萘	1.0～1.8	菲	4～6
二甲基萘	1.0～1.2	荧蒽	1.8～2.5
苊	1.2～2.5	芘	1.2～2.0

高温煤焦油中所发现的苯族烃主要是苯、甲苯和二甲苯的 3 种异构体，它们的含量很少，主要集中在轻油馏分中，酚油馏分含有异丙苯、异丙基苯甲烷等苯的衍生物。煤焦油中还有联苯、联苯的烷基衍生物，其中烷基苯的含量极少，主要是苯的甲基衍生物。

萘是煤焦油中最简单的稠环芳烃，集中在萘油馏分及洗油馏分中。在煤焦油中还存在两种萘的甲基衍生物、二甲基萘及二乙基萘、三甲基萘。在煤焦油的高沸点化合物中还发现了萘的衍生物苯并茚。尽管在煤焦油中含量占绝大部分的是六碳环化合物，但也有五碳环化合物。在高沸点馏分中含有大量的由六碳环及五碳环组成的二环化合物茚及三环化合物。典型的三环稠环芳烃是蒽和菲，主要集中分布在蒽油馏分中。煤焦油中绝大部分的高沸点化合物由两个到四个或更多的六碳环组成，目前对这一部分物质的研究涉及甚少。

1.1.2.2　含氧化合物

含氧化合物分为酸性含氧化合物（在侧链上带氧的化合物）和中性含氧化合物（在环上带氧的化合物）。含量比较多的具有代表性的含氧化合物见表 1-5。

表 1-5　高温煤焦油中含氧化合物[1]

化合物举例	在煤焦油中的质量分数/%	化合物举例	在煤焦油中的质量分数/%
苯酚	0.2～0.5	二甲酚	0.3～0.5
邻甲酚	0.2	苯并呋喃	0.04
间甲酚	0.4	二苯并呋喃	0.5～1.3
对甲酚	0.2		

高温煤焦油中的酸性含氧化合物以酚类为主，其在工业上价值很大，它们也是能够较完全地从煤焦油中分离出来的少数种类的产品。煤焦油中的酚类主要是单元酚，焦油酚的组成很复杂，除酚、甲酚、二甲酚外，还有许多其他的羟基化合物。目前，从焦油水中可以分离出的酚类约占煤焦油所含酚类总量的 1/4。高温煤焦油中主要的中性化合物是呋喃的衍生物即古马隆、氧芴及 2,3-苯并氧芴。除古马隆和氧芴外，在相应的馏分中还有它们的甲基衍生物。

1.1.2.3　含氮化合物

高温煤焦油中的含氮化合物分为盐基性化合物和中性化合物两种，约占煤焦油的 1%，含量较多的具有代表性的含氮化合物见表 1-6。

表 1-6 高温煤焦油含氮化合物[1]

化合物举例	在煤焦油中的质量分数/%	化合物举例	在煤焦油中的质量分数/%
吡啶	0.03	2-甲基喹啉	0.1
2-甲基吡啶	0.02	吲哚	0.1～0.2
喹啉	0.18～0.30	咔唑	0.9～2.0
异喹啉	0.1	吖啶	0.1～0.6

煤焦油中的含氮盐基性化合物又称焦油盐基（也称焦油碱）。焦油盐基一般分为两类：主要的是杂环含氮化合物，其次是芳香胺。由于焦油盐基的主要组成是吡啶、喹啉及它们的衍生物，所以焦油盐基一般包括吡啶盐基（也称吡啶碱）及喹啉盐基。沸点在160℃以下的称为轻吡啶盐基，沸点在160℃以上的称为重吡啶盐基。喹啉盐基存在于240～400℃的馏分中，大部分为喹啉类和异喹啉类。

杂环含氮化合物在轻油馏分和酚油馏分中所含的杂环含氮化合物有吡啶、甲基吡啶、二甲基吡啶、6-乙基二甲基吡啶、3-乙基吡啶、4-乙基吡啶、三甲基吡啶等。在萘油馏分中含有除吡啶以外的其他一切吡啶的衍生物（如四甲基吡啶等）以及喹啉和它的衍生物。在230～265℃的洗油馏分中含有喹啉、异喹啉、甲基喹啉、甲基异喹啉和2,8-三甲基喹啉等。在较高的洗油馏分中还含有喹啉系的三甲基衍生物及8-羟基喹啉等。一般以酚油馏分作为生产吡啶衍生物的原料，而萘油馏分和洗油馏分则作为生产喹啉及其衍生物的原料。煤焦油中的芳香胺类主要是苯胺、甲苯胺和二甲苯胺，在高沸点馏分中还发现有萘胺。

中性含氮化合物包括吡咯衍生物与腈类化合物，其中吡咯衍生物主要有吲哚、咔唑和苯并咔唑，其中吲哚主要集中在洗油中（约75%）。吲哚及其衍生物的性质活泼，它们是引起不同的树脂化反应的主要组分。在相应的煤焦油馏分中也发现了咔唑的甲基衍生物，在沸点较高的含氮化合物中没有烷基衍生物。在煤焦油中发现了腈类的几乎所有的主要代表物，这些物质主要是苯腈、甲苯腈及萘腈，它们主要存在于酚油和萘油馏分中。

1.1.2.4 含硫化合物

高温煤焦油各馏分中硫的分布如表1-7所列。高温煤焦油中的含硫化合物几乎半数在沥青中，其他半数主要分布在蒽油中，其次分布在萘油和洗油中。

表 1-7 高温煤焦油各馏分中硫的分布[1] %

馏分	收率	硫含量		
		占馏分	占煤焦油	占总硫含量
轻油	0.5	0.78	0.004	0.47
酚油	1.5	0.65	0.01	1.19
萘油	9.0	1.10	0.10	12.05
洗油	9.0	0.70	0.06	7.68
蒽油	23.0	1.00	0.23	28.02
沥青	57.0	0.73	0.42	50.59
合计	100	—	0.82	100

高温煤焦油中的含硫化合物有两类，包括中性含硫化合物和酸性含硫化合物。中性含硫化合物主要是具有噻吩环的化合物，其主要代表是噻吩、硫杂茚、硫芴和2,3-苯并硫芴以及它们的甲基衍生物和少量的硫杂茚的二甲基衍生物。

煤焦油中大部分含硫化合物沸点较高，如硫芴及2,3-苯并硫芴之类的化合物。在蒽油馏分中有硫芴存在，洗油馏分中有二甲基硫杂茚及甲基杂茚存在，在萘油馏分中有硫杂茚存在。硫杂茚、甲基硫杂茚、二甲基硫杂茚及硫芴的沸点与相应烃类（萘、甲基萘、二甲基萘及菲）的沸点接近，所以很难用蒸馏法使它们分离[4,5]。

酸性含硫化合物主要是具有硫酚环的化合物，如苯硫酚、萘硫酚等，它们大部分属于高沸点化合物，主要存在于洗油馏分和蒽油馏分中。

1.2 中温煤焦油

1.2.1 中温煤焦油的性质

我国中温煤焦油的来源主要是陕西省榆林市、山西省大同市、内蒙古自治区的鄂尔多斯市和宁夏回族自治区的石嘴山市等地区内热式直立炉生产半焦（兰炭）的副产物。目前陕西省已制订了中温煤焦油的地方标准，具体内容见表1-8。另外国内部分地区一些陶瓷厂在烧制陶瓷过程中回收焦炉气也能获得部分品质略差的中温煤焦油。品质较好的中温煤焦油被用作加工生产汽柴油等燃料油[6]。

表1-8 陕西省中温煤焦油的地方标准[7]

指标名称	一级	二级
外观	黑褐色或紫红色黏稠状液体	无粗颗粒和异物
密度/g·cm^{-3}	1.02～1.05	1.03～1.08
甲苯不溶物(无水)/%	≤3.5	≤7.0
灰分/%	≤0.13	≤0.15
水分/%	≤3.5	≤5.0
恩氏黏度(E_{80})	≤3.0	≤4.0

兰炭生产的干馏温度一般在600～800℃左右，干馏副产品中温煤焦油收率约为6%～7%。中温煤焦油因为没有充分进行二次热分解和芳构化，故稠环芳烃含量比高温煤焦油低。中温煤焦油酚类化合物含量约为煤焦油总量的10%～12%，在180～300℃馏分段的粗酚中，高级酚约占40%～50%。以粗酚为原料，通过精馏的方法可以获得工业苯酚、甲酚和二甲酚，而高温煤焦油酚类化合物含量为1%～2.5%。中温煤焦油两环以上的芳烃化合物含量比高温煤焦油低，如萘含量小于3%，而高温煤焦油萘含量一般为10%～12%。中温煤焦油各个馏分的百分含量与高温煤焦油对比结果见表1-9[6]。

表 1-9　煤焦油各馏分的百分含量

馏分名称	沸点范围/℃	收率/%	
		中温煤焦油	高温煤焦油
轻油	<170	1.8～4.3	0.3～0.6
酚油	170～210	7.6～9.5	1.5～2.5
萘油	210～230	22～24①	11～12
洗油	230～270	7.6～9.4	5～6
蒽油	270～340	15.2～17.9	20～28
沥青	>340	34～36.9	54～56

王明等[8]对神府煤直立炉生产半焦副产的中温煤焦油的特点进行了研究，黄绵延[9]对神木长焰煤立式炉热解所得煤焦油的一般性质以及元素组成进行了研究，一般性质研究结果见表 1-10，元素分析检测结果见表 1-11。由研究结果可看出神府中温煤焦油与高温煤焦油相比较有以下特点：C 与 S 的含量相对较低，H 与 O 的含量相对较高，密度小，而灰分较高，黏度较低。

表 1-10　煤焦油性质分析[8,9]

样品	密度/g·cm^{-3}	灰分/%	水分/%	黏度(E_{80})	甲苯不溶物/%
神府中温煤焦油 1 号	1.06	0.13	6.2	1.6	1.6
神府中温煤焦油 2 号	1.05	0.16	10.3	1.8	2.6
高温煤焦油	1.18	0.02	1.4	5.3	6.3
神木长焰煤立式炉焦油	1.064	0.038	4.3	2.03	1.26

表 1-11　煤焦油元素分析（质量分数）[8,9]

样品	C/%	H/%	N/%	O/%	S/%	H/C 原子比
神府中温煤焦油 1 号	86.28	8.31	1.11	3.86	0.36	1.16
神府中温煤焦油 2 号	86.03	8.45	1.14	3.93	0.45	1.18
高温煤焦油	92.81	5.30	0.96	0.03	0.9	0.69

1.2.1.1　中温煤焦油的密度与温度的关系

煤焦油的密度会随温度发生而改变，其中所含水分密度也会随着温度发生改变，这样便会形成煤焦油中的油水密度差的变化。不同温度下中温煤焦油与水的密度差对比见图 1-1[10]。

从图 1-1[10]可看出在 100℃以下，煤焦油的密度均大于水的密度，而在 65℃左右煤焦油与水的密度差最小，在大于 65℃以后油水密度差随温度升高逐渐增大，这一特点可为煤焦油预处理工艺过程技术参数的确定提供可靠的依据。随着温度的升高，液体煤焦油受热发生膨胀，体积逐渐增大，从而密度越来越小[11～13]。图 1-2 为不同温度下煤焦油的密度变化趋势，由此可以得到中温煤焦油密度与温度的拟合曲线，拟合方程式为：

$$\rho_{油} = -0.00057 \times T + 1.077 \qquad R^2 = 0.99$$

式中，T 为温度，℃。

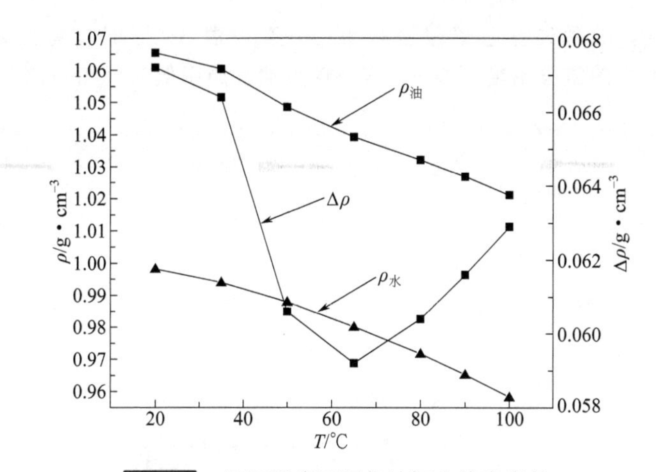

图 1-1 不同温度下煤焦油与水的密度差

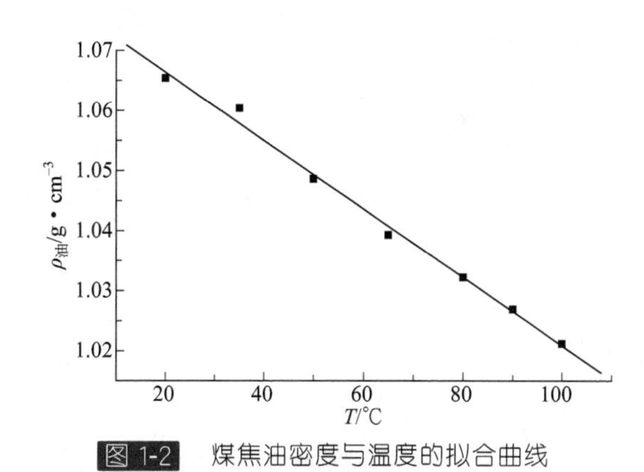

图 1-2 煤焦油密度与温度的拟合曲线

一般情况下，温度在 20℃时，重油密度在 0.9～0.98g·cm^{-3}范围内[14]，稠油的密度在 0.9～1.0g·cm^{-3}之间[15,16]，所以即使同重油、稠油相比，煤焦油的密度也比较大。

1.2.1.2 中温煤焦油黏度与温度的关系

利用运动黏度仪测定不同温度下煤焦油的黏度，计算出相应的动力学黏度，结果见图 1-3[10]表示。

一般稠油在常温下的黏度都大于 100mPa·s，80℃的黏度在 50～200mPa·s[17,18]，而 80℃重油的黏度可达 400～500mPa·s。由图 1-3 可看出，在温度低于 70℃时，随着温度的升高，煤焦油的黏度大幅度降低，而当温度升至 80℃以上时，黏度下降趋于平缓。

1.2.1.3 中温煤焦油热重分析

从图 1-4 煤焦油 TG 曲线[10]可看出煤焦油在 100℃开始失重，这是由于煤焦油中水分蒸发造成的，在 180～300℃之间失重表现明显。在 DTG 曲线中也可看出，在温度为 180℃左右时出现较明显的失重峰，此时，煤焦油中轻烃类物质首先挥发出来，温度至 250～300℃处出现第二个更为明显的失重峰，此时煤焦油气化速率最快，这种现象与蒸馏结果相吻合，随后失重速率缓慢减小，升至终温 500℃时煤焦油残余质量不到 4%，而大于 800℃的组分不足 1.6%，这与煤焦油性质中低灰分相一致[19~21]。

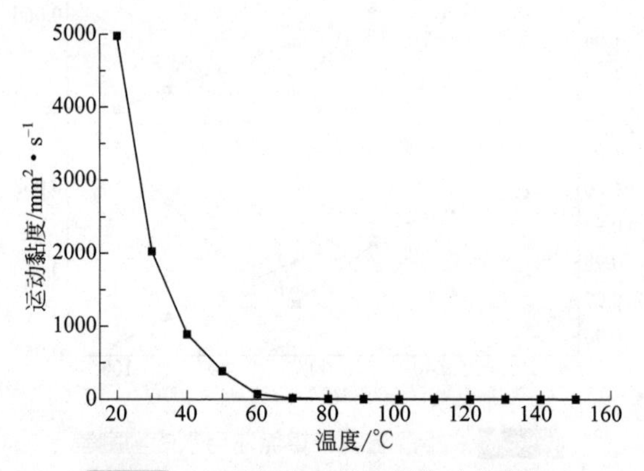

图 1-3 不同温度条件下煤焦油的黏度

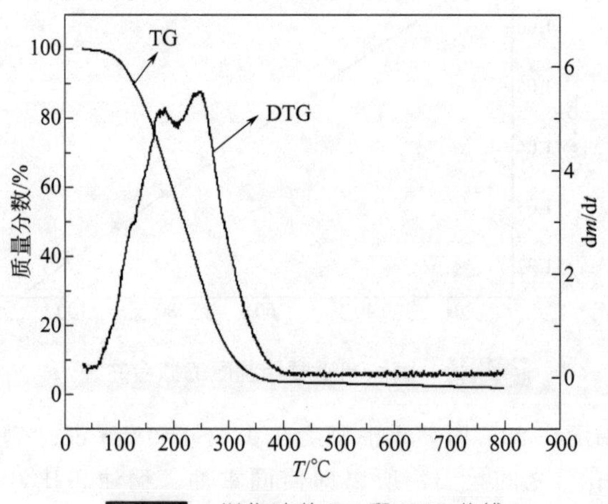

图 1-4 煤焦油的 TG 和 DTG 曲线

煤焦油中的固体杂质、水分、盐分及有害金属对煤焦油的后续加工如加氢操作具有很大的影响，易导致加氢管线堵塞、床层压降升高、催化剂中毒等不良结果。因此在煤焦油后续加工之前必须进行预处理，包括降低盐、金属、水分等杂质的含量。

1.2.2 中温煤焦油的组成

中温煤焦油含有较多的盐、金属、硫和氮等杂质元素以及胶质和沥青质等组分，其中硫含量相对低，而氮含量相对较高，并含有一定的水分。中温煤焦油氢碳原子比很低，残炭值较高，为此易造成后续加工过程结焦；从物理性质来看，中温煤焦油密度大，黏度高[20]。黄绵延[9]对陕西神木中温煤焦油的组成进行了研究，研究结果见表 1-12 和表 1-13。由表 1-12 和表 1-13 可知，神木中温煤焦油没有充分进行二次热解和芳构化，故稠环芳烃含量比高温焦油低得多。

表 1-12　中温煤焦油中几种组分的含量[9]　%

组分名称	组分含量		组分名称	组分含量	
	中温煤焦油	高温煤焦油		中温煤焦油	高温煤焦油
萘	2.84	8～12	苊	0.50	1.2～2.5
喹啉	1.30	0.18～0.3	芴	1.42	1～2
异喹啉	0.62	0.1	菲	1.69	4～6
β-甲基萘	2.30	0.8～1.2	蒽	0.41	0.5～1.8
α-甲基萘	0.95	1.0～1.8	咔唑	1.0	0.9～2

表 1-13　煤焦油中酚类和吡啶类化合物的含量[9]　%

煤焦油试样		酚类化合物		吡啶类化合物	
		占馏分	占煤焦油	占馏分	占煤焦油
D 焦油	180～230℃馏分	50.50	7.60	3.09	0.47
	230～300℃馏分	31.02	9.17	2.95	0.87
	共计		16.77		1.34
E 焦油	180～230℃馏分	59.76	4.80	3.6	0.29
	230～300℃馏分	44.03	10.45	5.08	1.2
	共计		15.23		1.50
F 焦油	180～230℃馏分	57.22	4.76	2.77	0.23
	230～300℃馏分	44.10	10.42	3.50	0.83
	共计		15.18		1.06

注：因煤焦油轻油（180℃前馏分）收率很低，在此没有计入酚类和吡啶类化合物含量。

中温煤焦油 170～230℃各馏分段所得粗酚的组成见表 1-14。230～330℃馏分段粗酚的组成见表 1-15。

表 1-14　170～230℃馏分段粗酚的组成（占各馏分段的质量分数）　%

组分名称	170～185℃馏分	185～195℃馏分	195～205℃馏分	205～230℃馏分
苯酚	77.24	66.84	13.42	8.20
邻甲酚	14.46	22.31	19.17	7.87
间甲酚	0.04	—	—	0.24
对甲酚	3.96	7.90	30.54	21.24
2,6-二甲酚	0.86	0.99	1.88	1.30
2,4-二甲酚	0.39	0.46	1.87	1.36
2,5-二甲酚	0.91	0.46	8.12	8.63
3,5-二甲酚	0.02	0.22	3.52	7.37
2,3-二甲酚	0.08	0.06	0.91	1.31
3,4-二甲酚	0.06	0.05	0.45	1.29

由表1-14中分析数据和各馏分段收率可计算出各种酚类化合物在180～230℃馏分中粗酚的含量，计算结果分别为：苯酚为10%；对甲酚约为19%；邻甲酚约为9%；2,5-二甲酚约为7%；3,5-二甲酚约为6%；2,6-二甲酚大于1%；2,4-二甲酚大于1%；2,3-二甲酚和3,4-二甲酚均约为1%。釜底剩余的残液主要是二甲酚，数量已经很少，鉴于精馏柱填料中还有一定的持液量，不能全部蒸馏出，所以给出的各组分的含量是最保守的数值。

表1-15 230～330℃馏分段粗酚的组成（占各馏分段的质量分数） %

组分名称	230～255℃馏分	255～280℃馏分	280～305℃馏分	305～330℃馏分
苯酚	48.90	34.91	19.04	2.13
邻甲酚	33.01	29.80	21.46	5.1
间甲酚	—	—	—	0.01
对甲酚	9.74	23.63	36.19	21.29
2,6-二甲酚	1.49	2.55	2.05	1.45
2,4-二甲酚	0.95	1.49	0.92	2.16
2,5-二甲酚	0.05	2.89	9.16	17.26
3,5-二甲酚	0.17	0.72	2.26	20.61
2,3-二甲酚	0.04	0.42	0.48	3.83
3,4-二甲酚	0.04	0.13	1.10	1.68

由表1-15中分析数据和各馏分段收率可计算出各种酚类化合物在230～300℃馏分中粗酚的含量，其分别为：对甲酚大于5%；3,5-二甲酚约为4%；2,5-二甲酚约为4%；邻甲酚约为2%；苯酚大于1%；2,3-二甲酚接近1%；2,4-二甲酚、2,6-二甲酚和3,4-二甲酚均小于1%。应当指出的是这段馏分精馏是在常压下进行的，如果在减压下进行，釜底剩余的残液会更少，所以给出的各组分含量是最保守的数值[21]。

由上表中分析数据可见，粗酚中甲酚和二甲酚含量相对较高。在180～300℃馏分段的粗酚中，高级酚约占40%～50%。以粗酚为原料，通过精馏方法可以获得工业苯酚、甲酚和二甲酚。

中温煤焦油的组成与高温焦油相比，有较大差别。中温煤焦油酚类化合物含量约为15%，其中高级酚占40%以上，在蒸馏切取的300℃前馏分中甲酚和二甲酚含量高于苯酚，而高温煤焦油酚类化合物含量为1%～2.5%，其中主要是低级酚。中温煤焦油两环以上的芳烃化合物含量比高温焦油低，如萘含量小于3%，而高温焦油萘含量一般为10%～12%[22～26]。

李香兰等[27]以平朔煤为原料，采用内热式连续直立炉（CHR）进行热解，对产生的中温煤焦油用GC-MS（气相色谱-质谱）进行系统的分析研究，该煤焦油的常规分析及元素分析结果见表1-16。由表中结果可知，平朔煤热解焦油与一般高温焦油相比有较低的密度和较高的H/C原子比和凝固点，杂原子含量中N含量较高，(O+S)含量很低，是适宜进一步加工利用的优质焦油原料。

表 1-16　常规分析及元素分析（质量分数）

常规分析		元素分析	
密度/g·cm^{-3}	0.99	C	82.0
凝点/℃	11.5	H	8.9
残炭量/%	5.94	O	1.3
灰分/%	1.25	N	8.2
甲苯不溶物/%	25.2	S	0.6
吡啶不溶物/%	8.8	H/C	1.3

中温煤焦油中定性定量化合物达 168 种，其中脂肪族烷烃 39 种，占焦油的 25.45%，在焦油中含量最高，由于热解产物所处的环境温度较低，长链烃的断键裂解率较低，这些烃类主要是 C_{15}～C_{25} 的长链烃。定性定量酚类化合物为 27 种，其含量占焦油总量的 14.0%；低沸点苯酚，邻、间、对甲酚在 230℃前的馏分中含量较高，占焦油总量的 6.20%，而三甲酚的总含量为 1.67%；焦油中的低级酚很少，高级酚较多，这主要是由于生产工艺中热解产物逸出后很快进入低于热解温度的环境，使三甲酚的裂解率较低。由此也可推测，高温焦油中的部分低级酚是由三甲酚等高级酚裂解生成的。焦油中的芳烃化合物大部分是甲基、乙基、丙基、丁基等多烷基取代衍生物，尽管萘系产物有 11 种，含量达 9.37%，但是没有发现萘的存在，而高温焦油萘含量一般在 10%左右。可以推测：煤焦油中的萘部分来自萘烷基取代衍生物裂解，这和部分低级酚由高级酚裂解生成相似。在焦油中鉴定出的碱性组分数共 14 种，在焦油总量中比例很少（0.85%），主要是吡啶、喹啉等的衍生物。

姚婷等对淮南中温煤焦油进行了萃取分离并利用 GC-MS 技术研究了分离后的产物的成分[28]。PE/丙酮混合溶剂浓缩萃取物为 E_1，索氏萃取器中依次用石油醚、甲醇和乙醇各 120 mL 萃取 PEIF，每次萃取时间为 24h，得到萃取物为 E_2 至 E_4。其中 E_1 与 E_2 中检测出的化合物及其相对含量见表 1-17。

表 1-17　从 E_1 和 E_2 中检测出的化合物及其相对含量

峰	化合物	相对含量/%		峰	化合物	相对含量/%	
		E_1	E_2			E_1	E_2
正构烷烃							
27	正十一碳烷	0.04	0.13	178	正二十一碳烷	0.44	0.32
43	正十二碳烷	0.20	0.19	187	正二十二碳烷	0.48	0.37
61	正十三碳烷	0.33	0.32	195	正二十三碳烷	0.32	0.25
81	正十四碳烷	0.73	0.38	201	正二十四碳烷	0.49	0.52
98	正十五碳烷	0.40	0.46	205	正二十五碳烷	0.28	0.33
115	正十六碳烷	0.67	0.55	207	正二十六碳烷	0.32	0.25
129	正十七碳烷	0.48	0.35	209	正二十七碳烷	0.28	0.31
142	正十八碳烷	0.49	0.41	216	正二十九碳烷	0.22	0.32
155	正十九碳烷	0.34	0.32	218	正三十碳烷	0.18	0.27
166	正二十碳烷	0.57	0.64		合计	7.25	6.67

续表

峰	化合物	相对含量/%		峰	化合物	相对含量/%	
		E_1	E_2			E_1	E_2
				烯烃			
26	1-十一烯烃	0.07	0.10	177	1-十九烯	0.33	0.24
41	1-十二烯烃	0.18	0.21	185	1-二十二烯烃	0.33	0.35
97	1-十五烯烃	0.57	0.57	186	1-二十二烯烃	0.26	0.24
113	1-十六烯烃	0.41	0.32		合计	2.13	2.0
				含氧化合物			
8	异氰酸基苯	0.06	0.25	64	3-甲基-4-异丙基苯酚	0.23	0.30
13	苯酚	0.14	0.39	65	4-乙基苯甲醛	0.29	0.44
22	2-甲基苯酚	0.71	0.85	67	4-甲丙基苯酚	0.42	0.28
25	4-甲基苯酚	1.28	1.81	69	1H-茚酚	—	0.19
28	2-甲基苯并呋喃	0.06	0.09	70	5-羟基-2,3 二氢茚满	0.55	0.35
29	2,6-二甲基苯酚	1.50	0.30	74	1H-茚酚	0.28	0.3
33	2-乙基苯酚	0.24	0.26	75	2,3,5,6-四甲基苯酚	—	0.15
36	2,4-二甲基苯酚	2.56	2.37	88	6-甲基-2,3-二氢-4-茚酚	0.22	0.19
37	4-乙基苯酚	0.36	0.44	93	6-甲基-2,3-二氢-4-茚酚	0.29	0.19
38	3,5-二甲基苯酚	1.03	1.11	118	9-羟基芴	0.58	0.57
44	3,4-二甲基苯酚	0.32	0.65	119	2-甲基-1-萘酚	0.26	0.52
45	2,4,6-三甲基苯酚	0.47	0.43	120	4-甲基氧芴	0.85	1.05
46	2-甲基-6-乙基苯酚	0.52	0.58	121	4-甲基氧芴	—	0.22
47	2-异丙基苯酚	0.21	0.19	101	氧芴	0.39	0.40
33	2-乙基苯酚	0.24	0.26	75	2,3,5,6-四甲基苯酚	—	0.15
36	2,4-二甲基苯酚	2.56	2.37	88	6-甲基-2,3-二氢-4-茚酚	0.22	0.19
37	4-乙基苯酚	0.36	0.44	93	6-甲基-2,3-二氢-4-茚酚	0.29	0.19
38	3,5-二甲基苯酚	1.03	1.11	118	9-羟基芴	0.58	0.57
44	3,4-二甲基苯酚	0.32	0.65	119	2-甲基-1-萘酚	0.26	0.52
45	2,4,6-三甲基苯酚	0.47	0.43	120	4-甲基氧芴	0.85	1.05
46	2-甲基-6-乙基苯酚	0.52	0.58	121	4-甲基氧芴	—	0.22
47	2-异丙基苯酚	0.21	0.19	101	氧芴	0.39	0.40
33	2-乙基苯酚	0.24	0.26	75	2,3,5,6-四甲基苯酚	—	0.15
36	2,4-二甲基苯酚	2.56	2.37	88	6-甲基-2,3-二氢-4-茚酚	0.22	0.19
37	4-乙基苯酚	0.36	0.44	93	6-甲基-2,3-二氢-4-茚酚	0.29	0.19
38	3,5-二甲基苯酚	1.03	1.11	118	9-羟基芴	0.58	0.57
44	3,4-二甲基苯酚	0.32	0.65	119	2-甲基-1-萘酚	0.26	0.52
45	2,4,6-三甲基苯酚	0.47	0.43	120	4-甲基氧芴	0.85	1.05
46	2-甲基-6-乙基苯酚	0.52	0.58	121	4-甲基氧芴	—	0.22
47	2-异丙基苯酚	0.21	0.19	101	氧芴	0.39	0.40

续表

峰	化合物	相对含量/%		峰	化合物	相对含量/%	
		E_1	E_2			E_1	E_2
含氧化合物							
44	3,4-二甲基苯酚	0.32	0.65	119	2-甲基-1-萘酚	0.26	0.52
45	2,4,6-三甲基苯酚	0.47	0.43	120	4-甲基氧芴	0.85	1.05
46	2-甲基-6-乙基苯酚	0.52	0.58	121	4-甲基氧芴	—	0.22
47	2-异丙基苯酚	0.21	0.19	101	氧芴	0.39	0.40
44	3,4-二甲基苯酚	0.32	0.65	119	2-甲基-1-萘酚	0.26	0.52
45	2,4,6-三甲基苯酚	0.47	0.43	120	4-甲基氧芴	0.85	1.05
46	2-甲基-6-乙基苯酚	0.52	0.58	121	4-甲基氧芴	—	0.22
47	2-异丙基苯酚	0.21	0.19	101	氧芴	0.39	0.40
48	3-甲基-4-乙基苯酚	0.85	0.74	1	3,3,5,7-四甲基-2,3-二氢-1-茚酮	0.83	0.85
49	2-甲基-4-乙基苯酚	0.33	0.33	132	6,7-二甲基-1-萘酚	—	0.64
53	2-甲基-4-乙基苯酚	0.71	0.76	134	(E)-3-苯乙烯基苯酚	0.49	0.61
54	3,4,5-三甲基苯酚	0.26	0.28	157	2-羟基芴	—	0.28
55	2,3,6-三甲基苯酚	0.33	0.30	160	*N*-2-芴基乙酰胺	—	0.13
56	4,5-二甲基-2-乙基苯酚	0.19	0.23	180	苯并[*b*]氧[1,2-*d*]芴	0.29	0.24
60	2-甲基-5-异丙基苯酚	0.17	0.17	181	苯并[*b*]氧[2,3-*d*]芴	0.32	0.39
62	百里酚	0.09	0.13		合计	19.03	20.97
含氮化合物							
4	2,6-二甲基嘧啶	—	0.04	66	2,5,6-三甲基苯并咪唑	0.25	0.24
6	3,4-二甲基嘧啶	—	0.08	94	5,6-二甲基苯并咪唑	—	0.44
8	异氰酸基苯	0.08	0.25	160	*N*-2-芴基乙酰胺	0.11	0.13
12	苯胺	1.56	0.45	161	2-甲基咔唑	0.26	0.28
15	2,4,6-三甲基嘧啶	—	0.17	162	2-氨基芴	0.23	0.22
16	2,3,6-三甲基嘧啶	—	0.08		合计	1.47	1.06
单环芳烃							
1	甲苯	—	0.04	17	连三甲苯	0.13	0.35
2	乙苯	—	0.03	20	1-甲基-3-丙基苯	0.02	0.05
3	对二甲苯	—	0.24	21	1,3-二甲基-5 乙基苯	0.03	0.08
5	邻二甲苯	—	0.18	23	1,4-二甲基-2-乙基苯	0.05	0.07
7	丙苯	—	0.04	24	2,3-二甲基-2-乙基苯	0.05	0.08
9	1-甲基-3-乙基苯	—	0.11	30	1,2,4,5-四甲基苯	0.09	0.10
10	1-甲基-2-乙基苯	—	0.09	31	1,2,3,4-四甲基苯	0.16	0.12
11	均三甲苯	—	0.13	35	1,2,3,5-四甲基苯	0.16	0.19
14	偏三甲苯	0.18	0.39	—	合计	0.87	2.26
二环芳烃							
18	茚满	0.06	0.11	99	2-异丙基萘	0.36	0.37
19	茚	0.15	0.29	100	2,4,6-三甲基萘	0.11	0.25

续表

峰	化合物	相对含量/%		峰	化合物	相对含量/%	
		E_1	E_2			E_1	E_2
二环芳烃							
32	4-甲基-2,3-二氢茚满	0.14	0.18	103	三甲基萘	0.50	0.53
34	2-甲基茚	0.58	0.62	104	三甲基萘	0.99	0.90
39	萘	0.86	0.87	105	三甲基萘	0.67	0.90
40	1,6-二甲基-2,3-二氢茚满	0.25	0.24	106	三甲基萘	0.68	0.69
42	1,6-二甲基-2,3-二氢茚满	0.15	0.14	108	三甲基萘	0.64	0.97
50	1,3-二甲基茚	0.15	0.18	109	三甲基萘	0.78	0.65
51	4,7-二甲基茚	0.35	0.39	112	三甲基萘	1.75	1.68
52	1,1-二甲基茚	0.43	0.37	114	1-(2-丙烯基)萘	—	0.26
58	2,3-二甲基茚	0.13	0.21	116	1-异丙烯基萘	0.15	0.15
59	2-甲基萘	2.49	2.21	117	1,2,3,4-四甲基萘	—	0.22
63	1-甲基萘	1.12	1.24	122	1,2,3,4-四甲基萘	0.41	0.33
72	1,1,6-三甲基-1,2,3,4-四氢萘	0.47	0.53	123	1,4,5,8-四甲基萘	0.39	0.48
73	1,2,3-三甲基茚	—	0.23	124	1,6-二甲基-4-异丙基萘	0.32	0.45
76	1,2,3-三甲基茚	0.32	0.31	125	1,2,3,4-四甲基萘	0.47	0.41
77	联苯	0.27	0.25	126	1,2,3,4-四甲基萘	0.37	0.41
79	2-乙基萘	0.81	0.70	133	1,4,5,8-四甲基萘	1.97	1.89
80	1-乙基萘	0.24	0.34	135	二-1-1′-甲苯基甲烷	—	0.16
82	二甲基萘	1.75	1.19	138	2,6-二甲基-1-甲苯基苯	0.19	0.25
84	二甲基萘	1.50	1.48	147	2,2′,5,5′-四甲基联苯	0.18	0.21
85	二甲基萘	1.54	1.51	148	3,3′,4,4′-四甲基联苯	0.38	0.38
87	2-乙烯基萘	—	0.14	150	3,5,3′,5′-四甲基联苯	—	0.27
89	二甲基萘	0.66	0.90	151	1,4-二甲基-6-异丙基萘	—	0.22
90	二甲基萘	0.55	0.44	152	2,2′,5,5′-四甲基联苯	—	0.17
92	二甲基萘	0.53	0.55	—	合计	27.68	29.07
96	3-甲基联苯	0.43	0.39				
三环芳烃							
91	联苯烯	0.54	0.56	159	甲基菲	0.36	0.35
95	苊	0.21	0.20	163	2-苯基萘	0.38	0.41
110	芴	—	0.14	164	2-乙基蒽	0.43	0.47
111	芴	0.65	0.60	167	二甲基菲	0.33	0.43
127	1-甲基芴	0.53	0.50	168	二甲基菲	0.21	0.30
128	2-甲基芴	0.35	0.36	169	二甲基菲	0.40	0.47
130	9-甲基芴	0.41	0.34	170	二甲基菲	0.92	0.95
131	2-甲基芴	0.52	0.43	171	二甲基菲	0.44	0.64
139	菲	1.12	1.05	172	二甲基菲	0.43	0.52

续表

峰	化合物	相对含量/%		峰	化合物	相对含量/%	
		E_1	E_2			E_1	E_2
三环芳烃							
140	蒽	0.61	0.44	173	二甲基菲	0.22	0.21
143	2,3-二甲基芴	0.19	0.38	175	二甲基菲	—	0.28
144	2,3-二甲基芴	0.16	0.25	176	二甲基菲	0.27	0.15
146	5,9-二甲基芴	0.25	0.40	182	三甲基菲	0.34	0.39
149	1,2,3,4-四甲基-9,10-二氢蒽	—	0.32	184	三甲基菲	0.25	0.29
153	甲基菲	0.46	0.51	188	三甲基菲	0.23	0.30
154	甲基菲	0.71	0.62	196	3,4,5,6-四甲基菲	—	0.14
156	甲基菲	0.67	0.70	200	邻三联苯	0.19	0.38
158	甲基菲	0.83	0.77		合计	13.61	15.26
四环及以上芳烃							
174	荧蒽	0.52	0.39	221	苯并[*ghi*]二萘嵌苯	0.20	0.82
179	芘	0.72	0.50	222	1,2,7,8-二苯并菲	—	0.13
189	2-甲基荧蒽	0.27	0.42	223	苯并[*b*]三亚苯	—	0.33
190	11H-苯并[*b*]芴	0.25	0.41	224	二苯并[*def*,*mno*]䓛	0.68	1.78
191	甲基芘	0.65	0.43	225	苯并[*ghi*]二萘嵌苯	—	0.56
192	甲基芘	0.51	0.46	226	4-甲基-苯并[*ghi*]二萘嵌苯	—	0.16
193	甲基芘	0.33	0.48	227	玉红省	1.71	—
197	二甲基芘	0.19	0.27	228	4-甲基-苯并[*ghi*]二萘嵌苯	1.05	0.39
198	二甲基芘	0.20	0.54	229	玉红省	0.62	—
199	二甲基芘	—	0.47	230	苊并[1,2-*j*]荧蒽	0.64	—
202	二甲基芘	—	0.31	231	玉红省	0.94	—
203	三亚苯	0.27	0.34	232	1,2(4,5)-二苯并芘	—	0.4
204	三亚苯	0.47	0.68	233	玉红省	1.91	—
206	1-甲基苯并[*a*]蒽	0.21	0.37	234	1,2(4,5)-二苯并芘	—	0.31
208	1-甲基䓛	—	0.16	235	玉红省	2.79	—
210	苯并[*k*]荧蒽	0.61	0.90	236	玉红省	1.12	—
211	苯并[*e*]荧蒽	—	0.23	237	六苯并苯	—	0.75
212	苯并[*e*]芘	0.23	0.42	238	玉红省	0.62	—
213	芘	0.86	0.91	239	玉红省	1.27	—
214	苯并[*a*]芘	0.24	0.93	240	1,2,4,5-二苯并芘	—	0.19
215	苯并[*a*]芘	—	0.40	241	二苯并[*a*,*e*]荧蒽	—	0.23
217	3-甲基-苯并[*J*]醋蒽烯	—	0.42	220	吲哚并[1,2,3-*cd*]芘	—	0.29
219	玉红省	—	0.14		合计	20.85	16.9

续表

峰	化合物	相对含量/%		峰	化合物	相对含量/%	
		E_1	E_2			E_1	E_2
未知化合物							
57	未知	—	0.13	136	未知	0.45	0.46
68	未知	—	0.12	137	未知	—	0.32
71	未知	0.30	0.26	145	未知	0.25	0.34
78	未知	0.24	—	183	未知	0.33	0.59
83	未知	0.12	0.15	194	未知	0.21	0.31
86	未知	—	0.35		合计	1.89	3.25
107	未知	—	0.22				

淮南煤焦油在石油醚中的超声萃取率为8.15%，如表1-18所示，共检测到189种化合物，其组分主要是含氧化合物和二环及二环以上的芳烃。单环芳烃含量及种类都较少，相对含量仅为0.87%。含氧化合物的种类较多，其相对含量高达19.03%，而且酚类物质包含26种，相对含量较高的组分是甲基苯酚和二甲基苯酚。酚类物质是焦油中附加值较高的一类化合物[28]，掌握酚类物质的分布及含量才能更好地研究其用途。二环芳烃、三环芳烃和四环以上芳烃的相对含量分别是27.68%、13.61%和20.85%。另外，萃取物中还含有7.25%的正构烷烃和2.13%的烯烃。其中二环芳烃相对含量较高的主要是萘、甲基萘、二甲基萘、三甲基萘以及四甲基萘。三环芳烃主要是芴、菲、蒽、甲基菲和二甲基菲，四环以上芳烃相对含量较高的是苯并二萘嵌苯同系物。

经索氏萃取后，与超声萃取常温下焦油中一些较易溶出的组分相比，E_2的萃取率为23.36%，呈现明显的增加。其原因可能由于索氏萃取是一个加热的辅助手段，又是将固-液接触面中的有机质沥滤并浸出到液相体系的过程，淋滤到样品表面的都是纯溶剂，这样可以加速从基质表面置换有机质，从而能溶解出较多的化合物，萃取率较高。而超声萃取时，溶剂是一个固定的量，溶剂对焦油中有机质的溶出相对达到一个平衡，所以萃取率相对较低。在E_2中，共检测到232种化合物，其组分也是主要由含氧化合物和二环及二环以上的芳烃。单环芳烃的含量及种类较E_1中都呈增加的趋势，正构烷烃和烯烃没有太多的变化。索氏萃取产物中四环以上芳烃相对含量有所下降，而含氧化合物、单环芳烃、二环芳烃以及三环芳烃的相对含量都有所升高[28]。

董振温等[29]以舒兰褐煤为原料，在700℃条件下进行快速焦化，对产生的中温煤焦油进行了系统分析研究，并与大连煤气二厂炼焦炉1000℃生产的高温煤焦油作了对比，研究结果见表1-18与表1-19。由表1-18与表1-19可知：中温煤焦油80～120℃馏分和120～280℃馏分分别占煤焦油的14.7%和28.2%，280℃馏出物总量占煤焦油的42.9%（以无水焦油计，下同），都比高温煤焦油高一倍多。由CS_2抽提结果可知，高温煤焦油中含有较多的聚合物等难溶物质，而可溶物只有66.63%，比快速焦油约低16%。

表 1-18　原料煤焦油的蒸馏和抽提结果对比

项目		蒸馏法		CS_2抽提法			
		中温煤焦油	大连煤气二厂高温煤焦油	中温煤焦油			大连煤气二厂高温煤焦油
				(1)	(2)	平均	
原料焦油	质量/g	184.3	252.0	1.1824	1.2587	—	1.4618
	水分含量/%	30.4	18.8	11.58	16.49	—	1.50
	游离碳含量/%	3.8	3.2	3.8	3.8	—	3.2
煤焦油质量/g		128.2	205.1	1.0458	1.0511	—	1.4398
蒸馏(溶出)残重/g		68.7	158.1	0.1682	0.1981	—	0.4804
80～120℃馏分占煤焦油质量百分数/%		14.7	8.58	—	—	—	—
120～280℃馏分占煤焦油质量百分数/%		28.2	14.0	—	—	—	—
总馏出(溶出)物占煤焦油质量百分数/%		42.9	20.6	83.92	81.15	82.54	66.63
蒸馏损失占原料煤焦油质量百分数/%		2.5	1.9	—	—	—	—

表 1-19　煤焦油的组成及含量（质量分数）　%

序号	化合物名称	沸点/℃	CS_2抽提法			蒸馏法			
			中温煤焦油			中温煤焦油			大连煤气二厂高温煤焦油
			(1)	(2)	平均	(1)	(2)	平均	
1	苯	80	0.622	0.675	0.649	0.548	0.547	0.548	—
2	吡啶	115.5	0.299	0.327	0.313	0.280	0.311	0.296	—
3	甲苯	110.8	1.24	1.32	1.28	1.27	1.37	1.32	0.0130
4	α-甲基吡啶	130	0.231	0.236	0.234	0.210	0.237	0.224	—
5	β-甲基吡啶 γ-甲基吡啶	145.4 144	0.218	0.210	0.214	0.187	0.207	0.197	—
6	乙基苯	136.2	0.0973	0.0954	0.0964	0.0939	0.0960	0.0950	—
7	对-二甲苯 间-二甲苯	138.4 139.1	0.656	0.763	0.711	0.772	0.786	0.779	0.038
8	苯乙烯	145.8	0.920	0.978	0.949	0.942	0.988	0.965	0.0969
9	邻-二甲苯	144.4	0.233	0.241	0.237	0.229	0.252	0.238	0.0202
10	2,4-二甲基吡啶	158.5	0.0980	0.118	0.108	0.0842	0.0935	0.0889	0.0302
11	异丙苯	153	0.0158	0.0157	0.0158	0.0130	0.0129	0.0130	—
12	未知	—	0.0122	0.0126	0.0124	0.0104	0.0095	0.0100	—
13	苯酚 丙苯	183 159	3.55	3.45	3.50	3.27	2.96	3.12	0.230
14	间-乙基甲苯	161.3	0.0133	0.0138	0.0136	0.0129	0.0122	0.0126	—
15	对-乙基甲苯	162	0.117	0.121	0.119	0.100	0.102	0.101	0.0577
16	1,3,5-三甲苯	164.8	0.0119	0.0104	0.0112	0.0115	0.0102	0.0109	—

续表

序号	化合物名称	沸点/℃	CS_2抽提法			蒸馏法			
			中温煤焦油			中温煤焦油			大连煤气二厂高温煤焦油
			(1)	(2)	平均	(1)	(2)	平均	
17	苯腈	190.7	0.155	0.181	0.158	0.156	0.158	0.157	—
18	未知	—							
19	未知	—	0.0234	0.0242	0.0238	0.0201	0.0204	0.0203	0.0577
20	苯并呋喃 1,2,4-三甲苯	183.1 169.4	0.797	1.01	0.904	0.782	0.988	0.885	0.115
21	未知	—	—	—	—	—	—	—	—
22	1,2,3-三甲苯	176	0.164	0.186	0.175	0.164	0.167	0.166	—
23	邻-甲酚	191	0.893	0.814	0.854	0.768	0.762	0.765	0.166
24	茚满	177	0.0547	0.565	0.0556	0.0532	0.0556	0.0544	0.104
25	茚	183.1	2.02	2.19	2.11	2.03	2.10	2.07	0.780
26	对-甲酚 间-甲酚	202.5 202.8	2.55	2.15	2.35	2.26	2.56	2.41	0.363
27～30	未知	—	0.124	0.127	0.125	0.124	0.106	0.111	0.0216
31	2,6-二甲酚	203	0.107	0.0943	0.101	0.104	0.0928	0.0984	0.0216
32～37	未知	—	0.344	0.358	0.351	0.341	0.319	0.330	0.303
38	2,4-二甲酚 2,5-二甲酚	211.5 213.5	0.556	0.523	0.540	0.463	0.431	0.447	0.115
39～43	未知	—	0.638	0.625	0.632	0.574	0.566	0.583	0.0576
44	2,3-二甲酚	218	—	—	—	—	—	—	—
45	未知	—	—	—	—	—	—	—	—
46	萘	218	3.85	4.05	3.95	3.82	3.89	3.86	11.91
47	未知	—	0.0706	0.0702	0.0704	0.0610	0.0650	0.0630	0.0709
48	四氢化萘	207	—	—	—	—	—	—	—
49～52	未知	—	0.173	0.189	0.181	0.164	0.164	0.164	—
53	喹啉	237.7	0.266	0.211	0.239	0.228	0.196	0.212	0.437
54	异喹啉	243.5	0.0426	0.0422	0.0424	0.0342	0.0415	0.0379	—
55,56	未知	—	0.0850	0.0844	0.0848	0.0684	0.0830	0.758	—
57	吲哚	254.7	0.0791	0.0753	0.0774	0.0651	0.0728	0.0690	—
58	β-甲基萘	244.6	1.32	1.21	1.27	1.13	1.27	1.20	0.938
59	α-甲基萘	245	0.932	0.953	0.943	0.900	1.00	0.950	0.457

中温焦油和高温焦油中各类组分的含量及分布列于表1-20。由表1-20可见，中温焦油与高温焦油相比，其特点是轻组分多（沸点218℃以前的组分总量，中温煤焦油为16.5%，高温煤焦油只有1.10%～2.33%），萘含量显著减少（中温煤焦油为3.95%，高温焦油为11.91%），中温煤焦油245℃以前馏出量占煤焦油总量的24.31%，在245～280℃馏分中尚有18.5%的化合物没有馏出，而高温焦油只有3.77%。在中温焦油中尚有大量萘衍生物、苊、芴、联苯等二元环化合物[30,31]。

表 1-20　焦油中各类组分的含量（质量分数）　%

项目		快速焦化气化			大连煤气二厂	
		中温煤焦油			高温煤集油	
		色谱法		化学法	色谱法	化学法
		蒸馏法	CS_2抽提		蒸馏法	
218℃前组分	中性油含量/%	8.24	8.38	—	1.40	—
	酸性油含量/%	6.84	7.25	—	0.90	—
	碱性油含量/%	0.81	0.87	—	0.03	—
	小计/%	15.89	16.50	—	2.33	—
218℃组分	萘含量/%	3.86	3.95	—	11.91	—
245℃前组分（化学法为280℃馏分）	中性油含量/%	14.79	15.83	30.80	15.46	17.09
	酸性油含量/%	6.84	7.25	10.50	0.90	1.55
	碱性油含量/%	1.12	1.23	1.60	0.47	0.76
	合计/%	22.75	24.31	42.9	16.83	20.6

酚类组分的分布见表 1-21：中温焦油含酚达 10.5%，其中沸点高于 245℃的仅占 34.9%，而 65.1%的酚类物质都是沸点较低的简单酚，其中苯酚和甲酚占煤焦油中酚类总量的 59.9%。高温焦油所含酚类的相对组成与中温焦油相近，但其总含量仅有 1.55%，远比中温煤焦油低。

表 1-21　煤焦油中酚类的含量及分布（质量分数）　%

物质名称	中温煤焦油		大连煤气二厂高温煤焦油	
	占煤焦油	占总酚	占煤焦油	占总酚
苯酚	3.12	29.7	0.230	14.8
邻-甲酚	0.765	7.29	0.166	10.7
甲酚	2.41	23.0	0.363	23.4
二甲酚	0.55	5.2	0.137	8.84
其他	3.68	34.9	0.654	42.2
化学法总酚	10.5	100.0	1.55	100.0

碱性组分的分布见表 1-22：煤焦油中碱性组分的含量一般都较少，中温焦油为 1.6%，其中 70%已在 245℃以前馏出，结构最简单的吡啶和甲基吡啶占焦油中碱性组分总量的 50.2%。碱性组分的种类多而含量少。

表 1-22　煤焦油中碱性组分的含量及分布（质量分数）　%

物质名称	中温煤焦油		大连煤气二厂高温煤焦油	
	占煤焦油	占总碱	占煤焦油	占总碱
吡啶	0.296	18.4	—	—
甲基吡啶	0.510	31.8	0.0302	4.0
喹啉类	0.250	15.5	0.437	58
吲哚	0.069	4.3	—	—

续表

物质名称	中温煤焦油		大连煤气二厂高温煤焦油	
	占煤焦油	占总碱	占煤焦油	占总碱
其他	0.48	30	0.293	38
化学法总碱	1.60	100.0	0.76	100

焦油中中性油组成见表 1-23：中温煤焦油中苯及其衍生物占中性油总量的 12.51%，萘只占 12.5%。而高温煤焦油中的萘占中性油总量的 69.67%，苯衍生物仅有 1%。中温煤焦油萘以前的轻组分及萘以后的重组分都远较高温煤焦油为多，其中尚含有多量苯乙烯，亦为高温焦油所少见。

表 1-23　煤焦油中中性组分的含量及分布（质量分数） %

物质名称	中温煤焦油		大连煤气二厂高温煤焦油	
	占煤焦油	占中性油	占煤焦油	占中性油
苯	0.548	1.78	—	—
甲苯	1.32	4.29	0.0130	0.07
二甲苯	1.02	3.31	0.0582	0.34
苯乙烯	0.965	3.13	0.0970	0.57
茚	2.07	6.72	0.780	4.56
苯并呋喃	0.885	2.87	0.115	0.67
萘	3.86	12.5	11.91	69.67
甲基萘	2.15	6.98	1.39	8.16
沸点 245℃前其他组分	1.97	6.40	1.11	6.5
沸点 245℃后其他组分	16.01	52.0	1.63	9.54
化学法中性油总量	30.8	100.0	17.09	100.0

1.3 中低温煤焦油

1.3.1 中低温煤焦油的性质

王西奎等[32]研究了鲁奇煤气化工艺生产的中低温煤焦油的物性参数与元素组成，并与高温煤焦油进行了对比，结果见表 1-24。由表 1-24 可见，两种煤焦油的宏观物性参数之间有很大的差别。中低温煤焦油的 H/C 原子比比高温煤焦油高一倍左右。这些差别反映了中低温煤焦油的整体密度较轻，石蜡含量高，芳构化和缩合程度低。同时与高温煤焦油相比，中低温煤焦油的残炭以及游离碳都较低。

表 1-24　中低温煤焦油物性参数及元素分析结果

项目	密度(20℃)/g·cm^{-3}	凝点/℃	残炭/%	游离碳/%	恩氏黏度	灰分/%	水分/%	元素分析/%			
								C	H	N	H/C 原子比
中低温煤焦油	0.98	17.5	2.49	0.65	1.20	0.02	1.20	69.85	7.79	1.33	1.34

续表

项目	密度(20℃)/g·cm^{-3}	凝点/℃	残炭/%	游离碳/%	恩氏黏度	灰分/%	水分/%	元素分析/%			
								C	H	N	H/C原子比
高温煤焦油	1.23	1.0	27.70	6.12	4.32	0.05	1.50	82.24	4.65	0.96	0.68

1.3.2 中低温煤焦油的组成

李洪文等[33]对沈北褐煤在鲁奇炉气化过程中产生的中低温煤焦油进行了研究，并与高温煤焦油进行了对比。表 1-25 为焦油的溶剂萃取和柱色层分离结果，由表 1-25 可知鲁奇炉焦油的正戊烷溶解物（油）含量特别高（88.28%），而沥青烯和苯不溶物含量很少，表明其大部分为相对分子质量较低的物质。与之相反，高温煤焦油中所含沥青烯和苯不溶物中较高分子量的物质较多，分别为 35.70% 和 10.72%，而低分子量的油相对较少。

表 1-25　焦油溶剂萃取和族组成分离结果

项目	正戊烷溶解物(油)/%				沥青烯/%	苯不溶物/%
	总量	脂肪族	芳香族	极性物		
中低温煤焦油	88.28	19.93	45.54	33.22	10.9	0.82
高温煤焦油	53.58	微量	92.89	4.95	35.70	10.72

正戊烷溶解物（油）的柱色层分离结果进一步揭示出焦油的族组成情况。鲁奇炉焦油含脂肪烃和极性物较多，它们共占油馏分的 53.15%，具有明显的脂肪-极性特征。而高温煤焦油与其有根本差别，为典型的芳香型焦油，芳香烃占油馏分的 92.89%。中低温煤焦油与高温煤焦油的组成对比如表 1-26 所示。

表 1-26　两种煤焦油定性定量分析结果（占煤焦油质量分数） %

序号	项目	中低温煤焦油	高温煤焦油	序号	项目	中低温煤焦油	高温煤焦油
1	二甲苯①	0.0308	0.0193	17	甲基苯并呋喃	0.1062	0.0182
2	苯乙烯①	0.0222	0.0184	18～20	未知	0.0798	0.0207
3	未知	0.006		21	甲基茚满	0.0582	0.0087
4～6	三甲苯①或甲基乙基苯	0.1808	0.0298	22,23	甲基茚	0.4746	0.0750
7	苯并呋喃	0.0336	0.0158	24,25	未知	0.0118	0.0018
8	三甲苯	0.1424	0.0099	26	萘①	2.190	9.628
9	茚满①	0.0360	0.0276	27,28	未知		
10	茚①	0.2058	0.2880	29～31	二甲基苯并呋喃	0.2020	0.0050
11～16	未知	0.2036	0.0125	32	二乙基甲苯	0.0200	0.0020

续表

序号	项目	中低温煤焦油	高温煤焦油	序号	项目	中低温煤焦油	高温煤焦油
33～35	未知	0.1110	0.0113	94～96	三甲基联苯	0.5415	0.1298
36,37	甲基二氢萘	0.2780	0.0138	97	硫芴	0.0705	0.3259
38	二甲基茚满	0.0670	0.0028	98	四氢化菲	0.0650	0.0140
39	未知			99	菲[①]	0.7315	4.9610
40	β-甲基萘[①]	1.0495	1.5760	100	蒽[①]	0.3213	1.3516
41	甲基苯腈			101～107	未知	0.5940	0.0709
42	未知			108	咔唑	0.1020	0.5170
43	α-甲基萘[①]	0.8121	0.9037	109	苯基萘	0.1429	0.1878
44～51	未知	0.5245	0.0158	110～112	未知	0.1844	0.0634
52	联苯[①]	0.2982	0.4029	113～115	甲基菲	0.4537	0.7505
53～59	二甲基萘[①]	2.4688	1.1215	116	4,5-二次菲甲烷	0.4402	0.9777
60	未知			117,118	未知		0.0033
61	1,2-二甲基-苊烯[①]	0.3819	0.1485	119,120	二甲基菲	0.0966	0.0298
62～64	未知	0.1359	0.0016	121	苯基萘	0.0845	0.2074
65	苊[①]	0.3637	0.9994	122	未知	0.0534	
66	甲基联苯	0.0897	0.0596	123～130	二甲基菲(蒽)或乙基菲	0.7177	0.4163
67	丙基萘	0.2079	0.0370	131	荧蒽[①]	0.2160	3.1230
68	未 知			132～135	未知	0.0966	0.2300
69	氧芴[①]	0.7423	1.2929	136	芘[①]	0.1811	2.7237
70	三甲基萘	0.3321	0.0931	138,139	未知	0.0466	0.2440
71	未知	0.0748		140	三甲基菲	0.1251	
72～75	三甲基苯或甲乙基萘	0.8444	0.1581	141	苯并氧芴	0.0587	0.1598
76	芴[①]	1.3476	1.3646	142～148	甲基芘或苯并芴	0.7396	1.7986
77,78	烯丙基萘	0.2892	0.2185	149	未知	0.0302	0.0552
79	未知	0.1029	0.0735	150～153	二甲基(或乙基)芘	0.0964	0.2699
80	二甲基联苯	0.2792	0.1765	154～158	未知	0.2032	0.8578
81	未知		0.0281	159	苯并菲	0.0531	
82～84	二甲基联苯	0.4307	0.2956	160	苯并蒽		0.9664
85～87	未知	0.7340	0.0202	161	䓛[①]	0.2308	0.9180
88	四甲基萘	0.1620		162	三亚苯	0.0323	0.5086
89～92	甲基芴或二氢菲	0.5540	0.3609	163,164	未基苯并菲	0.0081	0.0833
93	未知	0.0644		165～169	甲知	0.0551	0.7301

续表

序号	项目	中低温煤焦油	高温煤焦油	序号	项目	中低温煤焦油	高温煤焦油
170	甲基菌	0.0341	0.2401	176～182	未知		0.7341
171～173	未知	0.0497	0.4234	183,184	苯并荧蒽	0.0724	1.6293
174	甲基苯并蒽	0.1289	0.3551	185～187	苯并芘或芘	0.0477	1.7328
175	苯并菲		0.1324	188～192	未知		0.9334

①该化合物为质谱和标样双重定性，其余均为质谱定性，其同分异构体含量合并，相邻未知含量也合并一起。

侯一斌等[34]用气相色谱-质谱法对烟煤气化中低温煤焦油进行了分析，分析结果见表1-27。由表可知，从族组成分类看，脂肪族化合物的相对含量为53.01%，主要组成为正构饱和烷烃，芳香族化合物的相对含量为45.34%，主要组成为苯、萘、芴、蒽、菲及其取代物。

表1-27 定性结果和相对百分含量 %

峰编号	化合物名称	相对百分含量	峰编号	化合物名称	相对百分含量
1	正丁烷	0.19	23	正十二烷	2.19
2	正戊烷	0.26	24	萘	4.13
3	正己烷、苯	1.39	25	二甲基苯酚	2.34
4	正庚烷、甲苯	1.52	26	2,3-二氢-4,7-二甲基茚	0.58
5	正辛烷	1.30	27	正十三烷	4.84
6	二甲苯	2.15	28	甲基萘	2.03
7	正壬烷	2.24	29	甲基萘	1.94
8	三甲苯	0.34	30	甲氧基萘酚	0.82
9	1,2-二甲基环-1-庚烯	0.51	31	正十四烷	3.00
10	三甲苯	1.57	32	甲氧基萘酚	0.83
11	三甲苯	1.02	33	二甲基萘	0.70
12	正癸烷	1.78	34	二甲基萘	0.80
13	丙基苯	0.48	35	二甲基萘	2.35
14	异丙基苯	0.79	36	正十五烷	2.83
15	2-丙烯基苯、苯酚	0.54	37	1,5-二甲氧基萘	0.80
16	1-丙炔基苯、1,2-二乙基苯	1.27	38	联苯	0.63
17	1-甲基-2-异丙基苯	0.30	39	1,7-二甲氧基苯	0.80
18	正十一烷	2.35	40	三甲基萘	0.48
19	甲基丙基苯、甲基苯酚	1.46	41	二苯并呋喃、二苯醚	0.90
20	甲基苯酚	1.50	42	正十六烷	3.35
21	甲基丙基苯	1.32	43	芴	2.41
22	正十二烯-1	0.50	44	正十七烷	3.15

续表

峰编号	化合物名称	相对百分含量	峰编号	化合物名称	相对百分含量
45	1,6-二甲基-4-异丙基萘	0.70	65	4-甲基芘	0.14
46	4-甲氧基-1,1′-联苯	1.10	66	正二十六烷	1.46
47	9-甲基芴	0.58	67	苯并菲	0.14
48	正十八烷	3.15	68	三苯围苯	0.18
49	蒽、菲	1.06	69	萘并萘	0.13
50	正十九烷	2.65	70	正二十六烷	1.26
51	4,5-二乙基-1,1′-联苯	0.49	71	甲基苯并蒽	0.06
52	正二十烷	2.46	72	甲基苯并菲	0.14
53	4-甲基菲	0.30	73	甲基苯并菲	0.08
54	9-甲基蒽	0.39	74	正二十八烷	0.81
55	正二十一烷	2.14	75	二甲基苯并蒽	0.14
56	2-乙基蒽	0.65	76	二甲基苯并蒽	0.08
57	正二十二烷	2.09	77	二甲基苯并菲	0.08
58	芘	0.50	78	二甲基菲	0.07
59	萘并苊	0.56	79	正二十九烷	0.75
60	正二十三烷	2.06	80	苯并芘	0.11
61	苯并[b]芴	0.49	81	正三十烷	0.43
62	正二十四烷	1.80	82	正三十一烷	0.31
63	2-甲基芘	0.36	83	正三十二烷	0.11
64	正二十五烷	1.67	84	正三十三烷	0.07

王西奎等[32]等对烟煤气化煤焦油的性质和组成作了系统分析研究，推测鉴定出各类有机化合物400余种，并对其中脂肪烃、多环芳烃、酚类化合物和含氮杂环化合物进行了定量分析；分离鉴定出66种1～3个环的酚类化合物，并对其进行了定量测定；共鉴定出78种2～6环各类多环芳烃化合物，并对各组分进行了定量分析[34]。分析结果见表1-28。

表1-28　鲁奇炉煤气化中低温煤焦油中的各类化合物

化合物	异构体数目	含量/mg·g^{-1}	化合物	异构体数目	含量/mg·g^{-1}
十碳烷	1		二十一碳烷	2	11.37
十三碳烷	1	1.10	二十一碳烯	1	0.47
十三碳烯	1	0.10	二十二碳烷	2	11.30
十四碳烷	1	4.02	二十二碳烯	1	0.60
十五碳烷	1	5.74	二十三碳烷	2	11.04
十五碳烯	1	0.32	二十三碳烯	1	0.54
十六碳烷	2	9.40	二十四碳烷	1	8.20
十六碳烯	1	0.54	二十四碳烯	1	0.42

续表

化合物	异构体数目	含量/mg·g^{-1}	化合物	异构体数目	含量/mg·g^{-1}
十七碳烷	2	10.41	二十五碳烷	1	7.30
十七碳烯	3	2.64	二十五碳烯	1	0.30
十八碳烷	3	10.25	二十六碳烷	1	3.50
十九碳烷	2	11.05	二十七碳烷	1	2.30
十九碳烯	1	0.31	二十八碳烷	1	0.85
二十碳烷	1	11.06	二十九碳烷	1	0.57
二十碳烯	1	2.03	三十碳烷	1	0.51
萘	1	2.30	三十一碳烷	1	0.36
甲基萘	3	6.00	二苯并噻吩	1	0.50
二甲基萘	5	6.72	萘并噻吩	1	
乙基萘	2	1.76	苯并萘并噻吩	1	
C_3烷基萘	6	5.08	甲基苯并萘并吩	1	
C_4烷基萘	2	1.08	苯并呋喃	1	
C_5烷基萘	1	0.27	甲基苯并呋喃	1	
C_4烷基四氢萘	1		二苯并呋喃	1	2.16
二甲基茚	1		甲基苯并噁唑	1	
C_3烷基茚	2		C_3烷基吡咯	1	
联苯	1	1.64	C_3烷基吡啶	3	
甲基联苯	2	0.65	C_4烷基吡啶	6	
二甲基联苯	3	5.50	C_5烷基吡啶	4	
苊	1	1.30	C_6烷基吡啶	4	
甲基苊	1	0.30	C_7烷基吡啶	1	
芴	1	5.38	甲基苯基吡啶	1	
甲基芴	4	4.40	二甲基苯基吡啶	3	
二甲基芴	3	1.56	喹啉	1	0.88
菲	1	12.40	异喹啉	1	0.28
蒽	1	4.40	甲基喹啉/异喹啉	8	1.22
2-甲基菲	1	2.40	C_2烷基喹啉/异喹啉	7	2.44
3-甲基菲	1	2.18	C_3烷基喹啉/异喹啉	8	1.64
2-甲基蒽	1	2.14	C_4烷基喹啉/异喹啉	5	0.74
甲基菲/蒽	2	3.24	C_5烷基喹啉/异喹啉	3	0.24
C_2烷基菲/蒽	5	3.35	苯基喹啉	1	0.042
苯基萘	1	1.64	甲基苯基喹啉	1	0.032
荧蒽	1	3.81	二甲基四氢喹啉	2	
芘	1	3.30	六氢喹嗪	1	
C_2烷基芘/荧蒽	2	1.20	甲基六氢喹嗪	2	
苊菲	1	0.55	二甲基六氢喹嗪	2	
C_3烷基菲/蒽	2	2.37	吲哚	1	

续表

化合物	异构体数目	含量/mg·g^{-1}	化合物	异构体数目	含量/mg·g^{-1}
C_4烷基菲/蒽	3	3.30	二甲基羟基吲哚	1	
二甲基-4[H]环戊并[*def*]菲	1	1.40	咔唑	1	0.64
			甲基咔唑	1	0.070
苯并芴	2		二甲基咔唑	3	0.032
苯并[*a*]蒽	1		苯并咔唑	1	0.061
蒽和/或三亚苯	1		甲基苯并咔唑	1	0.041
甲基苯并[*a*]蒽	2		二甲基苯并咔唑	3	0.24
甲基䓛/三亚苯	1		氮杂芴	2	0.26
苯并[*b*]荧蒽	1		甲基氮杂芴	3	0.16
苯并[*k*]荧蒽	1		氮杂苊	1	0.11
苯并[*e*]芘	1		甲基氮杂苊	2	0.040
苯并[*a*]芘	1		苯并喹啉	3	0.54
苝	1		甲基苯并喹啉	6	1.67
茚并[1,2,3-*cd*]芘	1		C_2烷基苯并喹啉	6	0.34
二苯并[*a*,*h*]蒽	1		C_3烷基苯并喹啉	2	0.16
苯并[*ghi*]苝	1	0.45	四氢氮杂菲	1	0.50
甲基苯并噻吩	1		甲基四氢氮杂菲	2	0.064
氮杂芘	2	0.080	氮杂荧蒽	2	0.19
甲基氮杂荧蒽/芘	1	0.10	二十五碳醇	1	
C_2烷基氮杂荧蒽/芘	4	0.20	苯酚	1	1.81
苯并氮杂芴	1	0.035	甲基苯酚	8	15.99
二苯并喹啉	1	0.11	二甲基苯酚	8	6.05
C_3烷基吲哚满	1		C_2烷基苯酚	6	20.69
C_4烷基吲哚满	1		C_3烷基苯酚	12	15.71
菲并咪唑	1		C_4烷基苯酚	15	9.26
甲基菲并咪唑	1		C_5烷基苯酚	7	4.0
二苯醚	1		C_6烷基苯酚	2	1.25
甲基二苯醚	2		二特丁基甲基苯酚	1	
甲苯基戊基醚	1		苯二酚	1	
C_6烷基苯甲醚	1		萘酚	1	
C_2烷基二苯醚	8		甲基萘酚	4	
C_3烷基二苯醚	4		C_2烷基萘酚	5	
甲苯基苯甲醚	1		C_3烷基萘酚	6	
二异丁基苯甲醚	1		C_4烷基萘酚	4	
甲氧基芴	1		联苯酚	1	
甲苯基丁基醚	1		甲基联苯酚	2	
苯乙酮	1		C_2烷基联苯酚	1	
甲苯基丁酮	1		甲氧基苯酚	1	

续表

化合物	异构体数目	含量/mg·g^{-1}	化合物	异构体数目	含量/mg·g^{-1}
苯基戊酮	1		乙氧基苯酚	1	
苯基庚酮	1		C_2烷基甲氧基苯酚	1	
甲苯基庚酮	1		羟基菲或羟基蒽	2	1.16
3-亚甲基苯-2-戊酮	1		苯甲酸	1	
癸酮	1		甲基苯甲酸	3	
十一碳酮	1		C_3烷基苯甲酸	1	
十二碳酮	1		庚酸	1	
十三碳酮	1		辛酸	1	
十四碳酮	1		壬酸	1	
十五碳酮	1		癸酸	2	
十六碳酮	1		十一碳酸	1	
十七碳酮	1		十二碳酸	1	
十八碳酮	1		十五碳酸	1	
十九碳酮	1		十六碳酸	1	
二十碳酮	1		十八碳酸	1	
二十一碳酮	1		十八烯酸	1	
二十二碳酮	1		二十碳酸	1	
二十三碳酮	1		腈基萘	1	
二特丁基苯并苯醌	1		苯基丙腈	2	
蒽醌	1		苯基丁腈	2	
C_3烷基苯基戊醇	1		C_4烷基腈基苯	2	
十三碳醇	1		乙基腈基吡啶	1	
十四碳醇	2		二甲基苯胺	2	
十五碳醇	1		C_4烷基苯胺	3	
十六碳醇	2		甲基联苯胺	2	
十七碳醇	1		C_2烷基联苯胺	1	
十八碳醇	1		十四碳胺	1	
十九碳醇	1		十五碳胺	2	
二十碳醇	1		十六碳胺	2	
二十一碳醇	1		十七碳胺	1	
二十二碳醇	1		十八碳胺	1	
二十三碳醇	1		十九碳胺	1	
二十四碳醇	1		二十碳胺	1	
二十一碳胺	1		二十四碳胺	1	
二十二碳胺	1		二十五碳胺	1	
二十三碳胺	1				

同焦炉高温煤焦油相比，鲁奇炉煤气化煤焦油在化合物种类和含量上有明显的特点。表1-29比较了两种煤焦油各主要成分的含量，从表1-29中数据可以看出，鲁奇炉焦油中的多环芳烃仅是高温煤焦油的40%，而中性化合物和酸性化合物的含量却是高温煤焦油的5倍，脂肪烃的含量亦明显高于高温煤焦油。从气相色谱-质谱定性分析结果可知，鲁奇炉焦油中的中性极性化合物主要是醚、酮、酚等含氧化合物，其中尤以脂肪族化合物居多，由此可见，鲁奇炉气化煤焦油中的PAH含量较低，脂肪族化合物和各种含氧化合物含量较高[35]。这种差异可以从二者形成条件的不同得到解释：焦炉高温煤焦油是煤在1000℃以上的高温和缺氧条件下干馏生成的，高温和缺氧正是形成PAH的有利条件。鲁奇炉煤气化工艺是在气化炉中将煤与氧气、水蒸气在一定压力和较低温度（500～800℃）下反应产生煤气和焦油的，低温不利于PAH的生成，而富氧则易于使烃类化合物氧化产生醚、酮、酚等含氧化合物[36]。

表1-29 鲁奇炉煤气化煤焦油与高温煤焦油各主要级分的比较

项目	鲁奇炉中低温焦油/%	焦炉高温焦油/%
脂肪烃	18.1	11.8
PAH(多环芳烃)	23.9	58.4
中性极性物	25.9	5.3
酸性级分	14.5	2.9
碱性级分	2.2	1.9
总计	84.6	80.3

鲁奇炉气化中低温煤焦油中酚类化合物的定性分析结果见表1-30，由表可知，鲁奇炉气化中温煤焦油中所含酚化合物种类众多，其中以烷基苯酚类物质的含量最多，萘酚、蒽酚，菲酚的含量较少[35]。

表1-30 鲁奇炉气化煤焦油中酚类化合物分析结果[35]

峰号	组成	化合物名称	含量/mg·g^{-1}	峰号	组成	化合物名称	含量/mg·g^{-1}
2	C_6H_6O	苯酚	1.81	15	$C_9H_{12}O$	C_3烷基苯酚	0.28
3	C_7H_6O	邻甲酚	3.87	16	$C_9H_{12}O$	C_3烷基苯酚	1.41
4	C_7H_8O	间甲酚	0.72	17	$C_9H_{12}O$	C_3烷基苯酚	1.21
5	C_7H_8O	对甲酚	5.40	18	$C_9H_{12}O$	C_3烷基苯酚	1.58
6	$C_8H_{10}O$	C_2烷基苯酚	0.21	19	$C_9H_{12}O$	C_3烷基苯酚	2.36
7	$C_8C_{10}O$	C_2烷基苯酚	0.99	20	$C_9H_{12}O$	C_3烷基苯酚	1.10
8	$C_6H_{10}O$	C_2烷基苯酚	1.11	21	$C_9H_{12}O$	C_3烷基苯酚	3.44
9	$C_8H_{10}O$	2,5-二甲酚	2.33	22	$C_9H_{12}O$	C_3烷基苯酚	0.74
10	$C_8H_{10}O$	C_2烷基苯酚	7.20	23	$C_9H_{12}O$	C_3烷基苯酚	2.51
11	$C_8H_{10}O$	C_2烷基苯酚	3.15	24	$C_9H_{12}O$	C_3烷基苯酚	0.50
12	$C_8H_{10}O$	C_2烷基苯酚	8.00	25	$C_9H_{12}O$	C_3烷基苯酚	0.46
13	$C_9H_{12}O$	C_3烷基苯酚	0.42	26	$C_{10}H_{14}O$	C_4烷基苯酚	1.09
14	$C_8H_{10}O$	3,4-二甲酚	2.70	27	$C_{10}H_{14}O$	C_4烷基苯酚	0.20

续表

峰号	组成	化合物名称	含量/mg·g^{-1}	峰号	组成	化合物名称	含量/mg·g^{-1}
28	$C_{10}H_{14}O$	C_4烷基苯酚	0.92	49	$C_{12}H_{12}O$	C_2烷基萘酚	0.81
29	$C_{10}H_{14}O$	C_4烷基苯酚	0.61	50	$C_{12}H_{12}O$	C_2烷基萘酚	1.40
30	$C_{10}H_{14}O$	C_4烷基苯酚	0.60	51	$C_{12}H_{12}O$	C_2烷基萘酚	1.01
31	$C_{10}H_{14}O$	C_4烷基苯酚	1.39	52		未知物	
32	$C_{10}H_{14}O$	C_4烷基苯酚	0.27	53	$C_{12}H_{12}O$	C_2烷基萘酚	0.38
33	$C_6H_6O_2$	苯二酚	0.34	54	$C_{13}H_{14}O$	C_3烷基萘酚	0.37
34	$C_{10}H_{14}O$	C_4烷基苯酚	0.27	55	$C_{13}H_{14}O$	C_3烷基萘酚	0.96
35	$C_{10}H_{14}O$	C_4烷基苯酚	0.28	56	$C_{13}H_{14}O$	C_3烷基萘酚	0.40
36	$C_{10}H_{14}O$	C_4烷基苯酚	0.28	57	$C_{13}H_{14}O$	C_3烷基萘酚	1.10
37	$C_{10}H_{14}O$	C_4烷基苯酚	0.62	58	$C_{13}H_{14}O$	C_3烷基萘酚	0.46
38	$C_{10}H_{14}O$	C_4烷基苯酚	0.42	59		未知物	
39	$C_{10}H_{14}O$	C_4烷基苯酚	0.27	60	$C_{14}H_{16}O$	C_4烷基萘苯	0.50
40	$C_{10}H_{14}O$	C_4烷基苯酚	0.53	61	$C_{13}H_{14}O$	C_3烷基萘苯	1.63
41	$C_{10}H_{14}O$	C_4烷基苯酚	1.42	62	$C_{14}H_{16}O$	C_4烷基萘苯	0.31
42	$C_{10}H_8O$	萘酚	4.51	63	$C_{14}H_{16}O$	C_4烷基萘苯	0.44
43	$C_{12}H_{10}O$	苯基苯酚	1.11	64	$C_{14}H_{16}O$	C_4烷基萘苯	0.54
44	$C_{11}H_{10}O$	甲基萘酚	0.85	65		混合物	
45	$C_{11}H_{10}O$	甲基萘酚	1.09	66～68		未知物	
46	$C_{11}H_{10}O$	甲基萘酚	4.54	69	$C_{14}H_{10}O$	羟基菲/蒽	0.76
47	$C_{11}H_{10}O$	甲基萘酚	0.95	70	$C_{14}H_{10}O$	羟基菲/蒽	0.40
48	$C_{12}H_{12}O$	C_2烷基萘酚	1.02				

王西奎等[36]还对鲁奇炉气化煤焦油中多环芳烃化合物进行了分析研究，分析结果见表1-31。由表1-31可知，鲁奇炉气化中低温煤焦油中含有大量的2～6多环芳烃化合物，其中含量较高的有萘、菲、蒽、芴、荧蒽及芘等。焦油中亦含有一定量的致癌性多环芳烃，如1-甲基、7-甲基苯并［*a*］蒽、苯并［*b*］荧蒽、苯并［*a*］蒽及二苯并［*a*，*h*］蒽等，在排放和加工利用时应对其可能产生的影响人体健康和危害环境的物质予以充分的重视。

表1-31　鲁奇炉气化煤焦油中多环芳烃化合物及其含量[36]

峰号	相对分子质量	组成	化合物名称	含量/mg·g^{-1}
1	128	$C_{10}H_8$	萘	2.30
2	148	C_9H_8S	甲基苯并噻吩	微
3	144	$C_{11}H_{12}$	二甲茚	微
4	142	$C_{11}H_{10}$	2-甲基萘	3.67
5	142	$C_{11}H_{10}$	1-甲基萘	2.24
6	158	$C_{12}H_{14}$	三甲基茚	微
7	158	$C_{12}H_{14}$	三甲基茚	微

续表

峰号	相对分子质量	组成	化合物名称	含量/mg·g^{-1}
8	154	$C_{12}H_{10}$	联苯	1.64
9	156	$C_{12}H_{12}$	2-乙基萘	0.24
10	156	$C_{12}H_{12}$	1-乙基萘	1.52
11	156	$C_{12}H_{12}$	1,3-二甲基萘	1.92
12	156	$C_{12}H_{12}$	1,6-二甲基萘	1.32
13	156	$C_{12}H_{12}$	C_2烷基萘	1.15
14	162		未知物	
15	156	$C_{12}H_{12}$	1,2-二甲基萘	0.60
16	154	$C_{12}H_{10}$	苊	1.30
17	168	$C_{13}H_{12}$	4-甲基联苯	0.40
18	168	$C_{13}H_{12}$	甲基联苯	0.25
19	168	$C_{12}H_8O$	二苯并呋喃	2.16
20	168	$C_{13}H_{12}$	甲基苊/联苯	0.30
21	170	$C_{13}O_{14}$	三甲基萘	0.40
22	170	$C_{13}H_{14}$	2,3,6-三甲基萘	0.80
23	170	$C_{13}H_{14}$	三甲基萘	0.60
24	170	$C_{13}H_{14}$	2,3,5-三甲基萘	1.06
25	166	$C_{13}H_{10}$	芴	5.38
26	170	$C_{13}H_{14}$	C_3烷基萘	1.61
27	180	$C_{14}H_{12}$	9-甲基芴	0.30
28	182	$C_{14}H_{14}$	4,4′-二甲基联苯	1.80
29	182	$C_{14}H_{14}$	二甲基联苯	2.60
30	182	$C_{14}H_{14}$	C_2烷基联苯	1.10
31	184		未知物	
32	184		未知物	
33	180	$C_{14}H_{12}$	甲基芴	1.56
34	180	$C_{14}H_{12}$	甲基芴	1.44
35	180	$C_{14}H_{12}$	1-甲基芴	1.10
36			未知物	
37	196	$C_{14}H_{12}O$	甲氧基芴	0.78
38	184	$C_{12}H_8S$	二苯并噻吩	0.50
39	178	$C_{14}H_{10}$	菲	12.40
40	178	$C_{14}H_{10}$	蒽	4.40
41	194	$C_{15}H_{14}$	二甲基芴	0.56
42	194	$C_{15}H_{14}$	二甲基芴	0.53
43	194	$C_{15}H_{14}$	二甲基芴	0.47
44			未知物	
45	192	$C_{15}H_{12}$	3-甲基菲	2.18

续表

峰号	相对分子质量	组成	化合物名称	含量/$mg \cdot g^{-1}$
46	192	$C_{15}H_{12}$	2-甲基菲	2.40
47	192	$C_{15}H_{12}$	2-甲基蒽	2.14
48	192	$C_{15}H_{12}$	甲基菲/蒽	1.80
49	192	$C_{15}H_{12}$	1-甲基菲	1.44
50	204	$C_{16}H_{12}$	2-苯基萘	1.64
51			未知物	
52	206	$C_{16}H_{14}$	C_2烷基菲	0.20
53	206	$C_{16}H_{14}$	9-乙基菲	0.35
54	206	$C_{16}H_{14}$	C_2烷基菲/蒽	0.65
55	206	$C_{16}H_{14}$	2,7-二甲基菲	0.70
56	206	$C_{16}H_{14}$	C_2烷基菲/蒽	1.46
57	202	$C_{16}H_{10}$	荧蒽	3.81
58	202	$C_{16}H_{10}$	苊菲	0.50
59	202	$C_{16}H_{10}$	芘	3.30
60,61	218		未知物	
62	218	$C_{17}H_{14}$	二甲基-4H-环戊并[*def*]菲	1.40
63	220	$C_{17}H_{16}$	C_3烷基菲/蒽	1.30
64	220	$C_{17}H_{16}$	C_3烷基菲/蒽	1.07
65	216	$C_{17}H_{12}$	苯并[*a*]芴	2.51
66	216	$C_{17}H_{12}$	苯并[*b*]芴	1.30
67	234	$C_{18}H_{18}$	C_4烷基菲/蒽	1.25
68	234	$C_{18}H_{18}$	C_4烷基菲/蒽	0.91
69	234	$C_{18}H_{18}$	C_4烷基菲/蒽	0.94
70	230	$C_{18}H_{14}$	C_2烷基荧蒽/芘	0.65
71	230	$C_{18}H_{14}$	C_2烷基荧蒽/芘	0.55
72			未知物	
73	228	$C_{18}H_{12}$	苯并[*a*]蒽	3.28
74	228	$C_{18}H_{12}$	䓛和/或三亚苯	2.70
75	242	$C_{19}H_{14}$	1-甲基苯并[*a*]蒽	0.45
76	242	$C_{19}H_{14}$	1-甲基䓛	0.70
77	242	$C_{19}H_{14}$	7-甲基苯并[*a*]蒽	0.40
78	252	$C_{20}H_{12}$	苯并[*b*]荧蒽	2.35
79	252	$C_{20}H_{12}$	苯并[*a*]荧蒽	0.65
80	252	$C_{20}H_{12}$	苯并[*e*]芘	1.45
81	252	$C_{20}H_{12}$	苯并[*a*]芘	0.90
82	252	$C_{20}H_{12}$	苝	0.20
83	276	$C_{22}H_{12}$	茚并[1,2,3,*cd*]芘	0.25
84	278	$C_{22}H_{14}$	二苯并[*a*,*h*]蒽	0.25
85	276	$C_{22}H_{12}$	苯并[*ghi*] 苝	0.45

1.4 低温煤焦油

1.4.1 低温煤焦油的性质

低温煤焦油在性质和组成上与高温煤焦油有根本区别，但其在应用上与石油十分相似。至今，世界上绝大部分的低温煤焦油不仅作为液体燃料（如汽油、柴油和燃料油）的生产原料，而且是化学品的生产原料。大量的酚和甲酚从低温煤焦油中被回收并用于塑料、树脂和农药的生产。和石油产品一样，低温焦油中并不能得到类似于萘这类芳环化合物。以低温焦油为原料生产化工产品的代表性化工厂有，英国的波尔索威尔（Bolsover）厂和法国的马里诺（Marienau）厂。波尔索威尔厂的主要初级产品是：①沸点42～175℃，辛烷值为75的汽油（占煤焦油的3%），主要用于航空燃料；②柴油（占煤焦油的22%），用于市内公共汽车；③燃料油（占煤焦油的20%），用于加热燃料；④酚和甲酚以及高沸点焦油酸（占煤焦油的13%），用于生产酚醛树脂、增塑剂、药品浸渍剂、防腐剂、防锈剂、消毒剂、杀虫剂及选矿浮选剂等；⑤邻苯二酚及其同系物和间苯二酚及其同系物，用于制造抗氧化剂、防锈剂、照相显影剂、偶氮染料、药品、人造胶水、黏结剂及皮革等；⑥沥青（占煤焦油的25%），用于生产黏结剂、筑路油、油毡乳化剂、橡胶和填充剂；⑦杂酚油，用于木材防腐；⑧浮选油，主要用于选煤厂选煤；⑨橡胶溶剂（从汽油组分中分出的90～150℃馏分，主要含50%的烯烃），用于生产特效橡胶溶剂。

法国马里诺低温焦油精炼厂的主要产品是：①酚、甲酚、二甲酚等，占焦油10%，用于化学工业制造消毒剂、杀虫剂、染料中间体、药品、塑料、树脂；②酚油，占焦油8%，含有高烷苯酚、茚满酮、萘酚和二羟基酚，用作木材浸渍和皂液乳化的消毒剂；③邻苯二酚、甲基间苯二酚，用于化学工业；④脱酚油，占焦油1%左右，用作筑路油添加剂或生化杀虫剂和农用杀菌剂的溶剂；⑤脱萘洗油，占焦油5%，用作焦炉煤气脱萘洗油；⑥重油，占焦油32%，可作燃料油，也可作筑路油添加油；⑦沥青，占焦油31%，性能与石油沥青相似，用于防水和密封及配制筑路油。低温煤焦油加工产品用途广泛，特别是在生产液体燃料和提取酚类产品方面，优于高温焦油。低温煤焦油的精炼和高温煤焦油的精制，共同构成煤化工产品的多样化和资源的合理综合利用。低温煤焦油的精炼方法，不同于高温煤焦油的加工方法，而与石油炼制和加工很相似[37]。

低温煤焦油从外观上看，呈暗褐色液体，密度小于至接近$1g \cdot cm^{-3}$。黏度大，具有特殊气味。在恩氏蒸馏试验时，350℃前馏出率在50%左右，初馏点较高，几乎不含轻质馏分。低温煤焦油的性质与其组成有密切关系，而低温煤焦油的组成不仅受煤的品位或煤化程度影响，还受到煤热解时的多因素影响，如加热终温、升温速度、热解压力和热解气氛等加热条件。年轻的煤热解时，煤气、焦油和热解水收率高，煤气中CO、CO_2和CH_4含量多。中等变质程度类烟煤热解时，煤气和焦油收率较高，热解水少。年老煤如贫煤以上这类煤种，热解时煤气收率低。随着干馏最终温度的升高，焦油收率下降，焦油中芳烃和沥青含量增加，酚类和脂肪烃含量降低，这说明加热温度不同，热解反应的深度不同，表 1-32 列出了不同最终温度下干馏产品的收率和性状。

表 1-32　不同最终温度下干馏焦油的收率和性状（干基）[37]

焦油和性状	最终温度		
	低温干馏(600℃)	中温干馏(800℃)	高温干馏(1000℃)
焦油收率(质量分数)/%	9～10	6～7	3.5
相对密度	<1	1	>1
中性油(质量分数)/%	60	50.5	35～40
酚类(质量分数)/%	25	15～20	1.5
焦油盐类(质量分数)/%	1～2	1～2	约 2
沥青(质量分数)/%	12	30	57
游离碳(质量分数)/%	1～3	约 5	4～10
中性油成分	脂肪烃、芳烃	脂肪烃、芳烃	芳烃
煤气中回收的轻油	气体、汽油	粗苯-汽油	粗苯
轻油收率/%	1.0	1.0	1～1.5

烟煤的低温干馏煤焦油一般性质见表 1-33，通过表 1-33 中数据与表 1-12 数据对比可以看出烟煤低温煤焦油密度比水高，碳含量相比高温煤焦油、中温煤焦油以及中低温煤焦油都要低。烟煤低温煤焦油的特点是氢原子含量高，黏度低，沥青质含量低[37]。

表 1-33　烟煤低温煤焦油的一般性质（干基）[37]

性质	烟煤 A	烟煤 B	烟煤 C
相对密度(20℃)	1.008	1.0289	1.042
黏度(E50)	3.68	4.22	5.32
凝固点/℃	32	22	−3
恩氏蒸馏实验	—	—	—
初馏点/℃	—	201	78.5
蒸出 10%/℃	256	236	185
蒸出 20%/℃	286	270	237
蒸出 30%/℃	312	300	286
蒸出 40%/℃	337	330	331
蒸出 50%/℃	353	350	350
沥青质(石油醚不溶物)/%	3.15	5.94	9.18
石蜡含量/%	9.25	5.5	0.42
苯不溶物/%	—	0.61	0.8
碱性组分/%	4.2	2.5	—
酚类馏分/%	36.5	40.6	4.0
焦油元素组成/%			
C	84.4	84.36	83.06

续表

性质	烟煤A	烟煤B	烟煤C
H	10.36	8.85	8.53
O	4.32	6.00	6.03
N	0.61	0.48	0.82
S	0.31	0.32	1.56
C/H	8.15	9.53	9.72

褐煤一般性质分析见表1-34、馏分分析见表1-35、元素分析见表1-36，通过表1-34、表1-35和表1-36可看出褐煤低温煤焦油的性质与烟煤低温煤焦油略有不同，其密度略低于水的密度，氢原子含量比烟煤低温煤焦油更高。

表1-34 褐煤低温煤焦油的一般性质

性质	褐煤A	褐煤B
相对密度(20℃)	0.93～1.0	0.98
凝固点/℃	33～46	29
闪点/℃	150～180	—
沥青质(石油醚不溶物)/%	—	7.0
石蜡含量/%	16.5～18.8	9.7
苯含量/%	—	3.4
酚类组分/%	11～14	4.0
碱性组分/%	—	6.1

表1-35 褐煤低温煤焦油的馏分分析

馏分	褐煤A	褐煤B
初馏点/℃	250～300	144
300℃前/%	4	21.8
330℃前/%	7～18	67
380℃前/%	22～40	—

表1-36 褐煤低温煤焦油的元素分析

元素分析/%	褐煤A	褐煤B
C	80.52～83.26	80.84
H	9.15～10.55	9.86
S	1.97～2.03	0.64
O	2.69～3.79	7.75
N	0.82	0.91
C/H	8.8～7.9	8.2

低温煤焦油是极复杂的有机化合物，由烃类和非烃类有机化合物组成。其中非烃类化合物含量很高，特别是酸性组分（主要是酚类），含量高达40%以上。酸性组分和碱性组分共占低温煤焦油的50%以上。烃类化合物中芳香烃占50%以上，此外还有烷

烃和环烷烃。褐煤低温煤焦油平均相对密度为0.93。其中含有约33%的不饱和化合物和30%的饱和化合物。焦油中鉴定出很多有价值的烃类化合物，如C_7～C_{32}的烷烃、乙烯和乙炔等不饱和烃类化合物、环烷烃、芳香族烃类化合物等。酸性化合物主要是酚和高级酚、醇醛和脂肪酸、芳香族和脂肪族含氮盐基、各种含碳化合物[38]。

张飚等[39]对不同批次不同地点采集到的陕西神木和山西大同的低温煤焦油试样进行了分析，分析结果见表1-37～表1-39。通过以上两表数据可知低温煤焦油密度略大于1g·cm^{-3}，黏度大、灰分低。在进行蒸馏试验时，初馏点较高，300℃时的收率为30%，360℃时的收率略大于50%并且含重质油组分较多，大于500℃的馏分近5%。从元素分析的结果来看，低温煤焦油样品H含量较高，四种油样H含量都在85%左右，S为痕量，H/C原子比高，介于煤和石油的H/C原子比之间，煤的H/C原子比为0.2～1.0，石油的H/C原子比达到1.6～2.0。

表1-37 神木低温煤焦油与大同低温煤焦油的一般性质对比

分析项目	煤焦油试样			
	神木1号	神木2号	大同1号	大同2号
密度/g·cm^{-3}	1.0252	1.0277	1.0579	1.0707
水分/%	2.75	1.3	2.1	3.6
灰分/%	0.0216	0.0315	0.0838	0.1012
黏度/mm^2·s^{-1}	7.69	13.85	10.78	17.41

表1-38 神木低温煤焦油与大同低温煤焦油的元素分析对比

分析项目	煤焦油试样			
	神木1号	神木2号	大同1号	大同2号
残炭/%	4.8682	6.0065	7.2895	7.073
甲苯不溶物/%	0.153	0.286	0.515	0.923
闭口闪点/℃	114	114	112	110
C/%	85.0887	83.7853	84.1469	84.9907
H/%	9.935	8.7247	8.3545	8.4589
O/%	4.5287	6.7198	5.9183	5.9709
N/%	0.5459	0.4927	0.4927	0.5382
S/%	0	0	0	0
H/C原子比	1.0411	1.2496	1.2496	1.1943

表1-39 神木低温煤焦油与大同低温煤焦油的馏程对比

馏出体积/%	绝对压力为101.3 kPa下的馏出温度			
	神木1号	神木2号	大同1号	大同2号
IBP	193	190	193	192
5	227	223	224	222
10	240	237	235	233
15	255	254	251	249

续表

馏出体积/%	绝对压力为101.3 kPa下的馏出温度			
	神木1号	神木2号	大同1号	大同2号
20	272	273	269	269
25	279	289	284	284
30	301	304	299	300
35	316	321	314	316
40	326	333	326	329
45	338	346	341	342
50	349	359	356	356
55	359	370	368	369
60	368	383	382	382
65	377	393	397	396
70	387	411	412	410
75	401	425	427	423
80	418	441	443	439
85	434	461	463	455
90	454	502	499	477
95	495	—	—	525

低温煤焦油是一种有价值的化工原料，在提供多环芳烃和高碳原料方面具有不可替代的作用。目前对低温煤焦油加工技术的研究相对很少，所以应给予低温煤焦油的研发、生产、综合利用相当的重视。在科学高效、节能环保的前提下，做强做大低温煤焦油的生产和加工利用产业，带动相关产业发展，将我国丰富的煤炭资源增值转化，为地区的经济发展发挥重要的作用。

1.4.2 低温煤焦油的组成

由于干馏原料和干馏条件的差异，低温煤焦油和高温煤焦油在化学组成上有很大的不同。特别是非烃类含量很高，酚类化合物含量占干基焦油的一半左右。表1-40、表1-41所列为我国大同烟煤、抚顺烟煤的低温干馏煤焦油的化学组成[39]。

表1-40 大同烟煤低温干馏煤焦油的化学组成

馏分	＜170℃	170～230℃	230～270℃	270～300℃	＞300℃
收率(质量分数)/%	0.7	12.4	10.7	8.3	67.6
酸性组分(体积分数)/%	—	53.4	37.8	27.1	—
碱性组分(体积分数)/%	—	2.1	2.6	3.5	—
组分(体积分数)/%					
芳烃	—	6.91	9.77	6.59	—
烷烃	—	43.94	53.94	52.09	—
环烷烃	—	49.15	36.29	41.32	—

表 1-41　抚顺烟煤低温干馏煤焦油化学组成

馏分	<200℃	200～325℃	325～400℃	全馏分
中性油(无水基)	4.99	16.0	13.8	34.8
酸性组分(体积分数)/%	3.07	11.0	5.2	19.3
碱性组分(体积分数)/%	0.26	1.02	0.8	2.1
总计	8.32	28.02	19.8	56.2
中性油组成(体积分数)	—	—	—	—
烷烃	29.2	20.5	36.7	—
烯烃	20	14.4	—	—
芳烃	—	—	—	—
单环	42.3	24.1	13.0	—
多环	—	28.8	30.5	—
非烃类	8.2	12.2	19.8	—
总计	100	100	100	100

低级酚中主要是苯酚邻（间对）甲酚，对乙酚，以及 2，4，6-三甲酚。酚类化合物分布在 200～300℃的馏分中。在 300℃前馏分中酚类含量占煤焦油原料的 6.48%～8.7%；馏分中含酚量 24%～37%；酚类组成是：苯酚 4.5%～6.5%，邻甲酚 4%～7%，间甲酚和对甲酚 15%～20%，二甲酚 31%～33%，高级酚 30%～42%。低级酚用途广泛，而高级酚用途远不及低级酚，低温煤焦油中高级酚含量较多。含有大量酚类的重焦油可以作木材防腐油。低温煤焦油中石蜡含量较多，特别是褐煤低温煤焦油。

低温煤焦油主要来源于以低变质程度煤为原料的煤气发生炉，其组成随煤种及干馏条件的不同而有所差异。由于低温焦油是煤的一次热解产物，其化学组成及性质与高温煤焦油有显著区别，尤其是酚的含量。通常，煤低温干馏的重煤焦油的质量较差，可做焦化材料。由电捕焦油器得到的煤焦油质量较好、水分低、凝固点高。低温煤焦油中酚含量可高达 35%，有机碱为 1%～2%，烷烃为 2%～10%，烯烃为 3%～5%，环烷烃可达 10%，芳烃为 15%～25%，中性氧化物（酮、酯和杂环化合物）为 20%～25%，中性含氮化合物（主要为五元杂环化合物）为 2%～3%，沥青为 10%。由低温煤焦油中可提取酚类、烷烃和芳烃等物质，低温煤焦油适合深度加工，经催化加氢可获得发动机燃料和其他产品。

孙会青等[40]对黑化集团的低温煤焦油各馏分进行 GC-MS 分析，结果见表 1-42 和表 1-43。从表 1-42 和表 1-43 可知低温煤焦油中共定性定量出 139 种化合物，其中烃类占煤焦油的 34.38%，其中以脂肪族烷烃为主，且含量随着温度的升高（300℃前）而升高，烯烃环烷烃占少量；酚类占煤焦油的 12.01%，其中以甲基二甲基酚和甲基乙基酚为主集中在 210℃前的馏分；芳烃类占煤焦油的 16.73%，其中大多是甲基、乙基、丙基、丁基等多烷基苯的取代衍生物，分布在各个馏分中，但萘和甲基萘的衍生物蒽菲芳烃主要集中在 300℃前的馏分，蒽的含量较少但菲和甲基菲的含量较多；煤焦油中含氧化合物的含量为4.61%，主要是萘醇以及芴醇等；含氮化合物含量较少，为0.52%，主要是甲基吡啶等集中在170～210℃的馏分；杂环化合物含量较少，为2.23%，主要分布在300℃前的馏分。

表1-42 低温煤焦油组成分析[40]

序号	化合物名称	各组分在煤焦油各馏分中的含量/%					各组分占原焦油/%
		<170℃	170～210℃	210～270℃	270～300℃	300～340℃	
1	N-环戊酮	0.18	—	—	—	—	0.1
2	苯酚	0.85	2.6	—	—	—	0.34
3	环丙苯	0.20	—	—	—	—	0.02
4	甲基吡啶	3.08	—	—	—	—	0.03
5	2-甲酚	3.48	3.43	1.06	—	—	0.9
6	3-甲酚	2.51	10.4	—	—	—	1.36
7	4-甲酚	5.74	0.63	—	—	—	—
8	对甲氧酚	0.72	—	—	—	—	0.08
9	2-甲基-苯并呋喃	0.43	—	—	—	—	0.05
10	2,6-二甲基酚	1.20	0.78	—	—	—	0.21
11	2,3-二氢-4-甲基-茚	2.54	—	—	—	—	0.16
12	2—乙酚	3.57	3.61	0.54	—	—	0.85
13	2,4-二甲基酚	6.16	5.60	0.83	—	—	1.38
14	萘	4.12	3.02	—	—	—	0.76
15	2,3-二氢-1,6-二甲基-茚	0.73	—	—	—	—	0.08
16	4,7-二甲基-苯并呋喃	0.81	0.71	—	—	—	0.16
17	2-甲基-3-苯基-2-丙醛	0.42	0.04	—	—	—	—
18	4-乙酚	0.27	—	—	—	—	0.03
19	2-乙基-6-甲酚	1.44	2.18	0.41	—	—	0.45
20	2-乙基-5-甲酚	5.68	2.91	1.49	—	—	1.15
21	2,3-二氢-1,2-二甲基-茚	0.58	0.63	—	—	—	0.13
22	2,4,6-三甲酚	4.71	0.61	2.29	—	—	0.93
23	2,3-二氢-4,7-二甲基-1H茚	2.12	1.68	—	—	—	0.40
24	十三烷	1.91	2.10		1.85	0.73	1.00
25	1-甲萘	5.52	4.63	3.28	6.11	—	3.41
26	羟基喹啉	0.50		—	—	—	0.05
27	1,2,3,4-四氢萘	0.65	0.43	—	—	—	0.11
28	1-甲乙烯基-3-甲乙基-苯	1.50	1.17	—	—	—	0.28
29	4-乙基苯甲醛	1.80	—	0.54	—	—	0.28
30	2,3-二氢-1H茚-5-醇	1.71	—	2.34	—	—	0.5
31	丁苯	1.30	—	—	—	—	0.14

续表

序号	化合物名称	各组分在煤焦油各馏分中的含量/%					各组分占原焦油/%
		<170℃	170～210℃	210～270℃	270～300℃	300～340℃	
32	2,6,10-三甲基十三烷	1.55	—	—	—	—	0.17
33	1,3-二乙基苯	0.99	—	—	—	—	0.11
34	联苯	1.33	1.29	0.76	—	—	0.40
35	十四烷	1.97	1.78	0.97	3.82	2.93	1.80
36	2-丁烯基-2,3-二甲基-苯	0.80	—	—	—	—	0.09
37	1-乙基萘	0.28	—	1.16	—	—	0.21
38	6-甲基-4-茚醇	1.47	—	4.74	—	—	0.91
39	2,6-二甲萘	2.40	2.27	5.92	2.59	—	2.20
40	2,3-二甲萘	1.19	1.18	—	4.83	—	1.6
41	1,2,3,4-四氢-萘甲醇	0.39	—	0.73	—	—	0.16
42	4-甲基苯酰胺	0.36	—	—	—	—	0.04
43	1,4-二甲萘	1.08	2.36	2.66	—	—	0.78
44	十六烷	2.51	3.14	7.53	12.59	12.17	5.99
45	1-庚烯-3-醇-苯	1.02	—	—	—	—	0.11
46	十三烯	0.58	—	—	—	—	0.06
47	十五烷	1.90	1.79	7.00	—	2.09	1.58
48	十五烯	0.44	1.44	—	—	—	0.20
49	三甲基-1-丙烯基-吡嗪	0.55	0.71	—	—	—	0.13
50	1,6,7-三甲萘	0.36	0.92	0.90	2.16	—	0.92
51	2,3,6-三甲萘	1.06	0.98	0.82	—	—	0.35
52	十六烯	0.38	0.45		—	—	0.09
53	芴	0.28	0.32	0.92	—	—	0.21
54	1,4,6-三甲萘	0.37	1.45	9.00	—	—	1.61
55	5-乙基-十烷	0.28	—	—	—	—	0.03
56	十七烷	0.69	—	—	6.98	4.87	2.33
57	2,6,10,14-四甲基十五烷	0.40	0.42	1.67	—	—	0.35
58	1-甲基-9H-芴	0.16	0.21	1.28	—	—	0.24
59	乙基环戊烷	0.22	0.27	—	—	—	0.05
60	十八烷	0.45	0.47	2.16	3.31	2.97	1.53
61	十九烷	0.32	0.62	1.85	2.74	2.55	1.30
62	二十烷	0.45	0.28	8.39	19.07	6.66	7.30
63	二十一烷	0.23	—	—	—	—	0.02
64	二十二烷	0.51	0.17	1.53	—	—	0.31
65	二十三烷	0.17	0.19	—	—	—	0.04
66	二十四烷	0.12	0.14	4.70	5.73	—	2.47

续表

序号	化合物名称	各组分在煤焦油各馏分中的含量/%					各组分占原焦油/%
		<170℃	170～210℃	210～270℃	270～300℃	300～340℃	
67	2,4-二甲基-吡啶	—	0.33	—	—	—	0.03
68	2,4,6-三甲基-吡啶	—	0.21	—	—	—	0.02
69	2,3,6-三甲基-吡啶	—	0.16	—	—	—	0.02
70	苯乙酮	—	0.39	—	—	—	0.04
71	2-甲基-苯并呋喃	—	0.47	—	—	—	0.05
72	1,2,3,5-四甲苯	—	0.43	—	—	—	0.04
73	2,3-二氢-5-甲基-1H 茚	—	0.34	—	—	—	0.04
74	1-甲基-2-丙烯基-苯	—	0.67	—	—	—	0.07
75	3,4-二甲基酚	—	6.79	—	—	—	0.71
76	十二烷	—	0.94	—	1.20	1.27	0.50
77	5,6-二甲基-1H 苯并咪唑	—	0.31	—	—	—	0.03
78	2-丙酚	—	0.27	—	—	—	0.03
79	乙苯	—	0.57	—	—	—	0.06
80	1,3-二氢-1H 茚	—	0.39	—	0.96	—	0.33
81	1-甲基-1-丁烯基-苯	—	0.53	—	—	—	0.06
82	3-乙基-5-甲酚	—	3.19	—	—	—	0.33
83	1-甲氧基-4-(1-甲乙基)-苯	—	0.30	2.08	—	—	0.36
84	3,5-二甲基苯甲醛	—	2.10	—	—	—	0.22
85	4-(2-丙烯基)-酚	—	1.66	0.78	—	—	0.30
86	苯丙醛	—	1.05	—	—	—	0.11
87	2,6,10-三甲基-十二烷	—	1.39	1.82	—	—	0.43
88	1,2,3-三甲基-茚	—	0.94	—	—	—	0.10
89	3,4-二甲基-苯乙酮	—	1.34	—	—	—	0.14
90	2,3-二氢-1,1,5-三甲基-1H 茚	—	0.34	0.5	—	—	0.11
91	3-乙氧基苯甲醛	—	0.43	—	—	—	0.04
92	4-苯基-1,3-二噁烷	—	0.41	—	—	—	0.04
93	六甲苯	—	0.80	1.02	—	—	0.24
94	2,3-二氢-1H 茚	—	1.16	0.12	—	—	
95	萘酚	—	0.54	1.38	—	—	0.27
96	壬基苯	—	0.24	0.03	—	—	
97	2-甲基-1,1-联苯	—	0.20	1.30	—	—	0.23
98	4-甲基-2-苯并呋喃	—	0.72	3.48	—	—	0.63
99	2,6,10-三甲基十五烷	—	0.30	0.77	—	—	0.15

续表

序号	化合物名称	各组分在煤焦油各馏分中的含量/%					各组分占原焦油/%
		<170℃	170～210℃	210～270℃	270～300℃	300～340℃	
100	1,1-联苯-4-乙酮	—	0.10	0.66	—	—	0.11
101	十八烯	—	0.08	—	—	—	0.01
102	二十五烷	—	0.14	—	—	—	0.01
103	二十六烷	—	0.11	—	6.72	—	2.00
104	二十七烷	—	0.09	—	12.28	—	3.65
105	3-乙酚	—	1.00	—	—	—	0.16
106	甘菊环	—	—	1.34	—	—	
107	2-苯基-4-戊烯醇	—	—	0.92	—	—	0.15
108	2,3-二氢-3,3,5-三甲基-1H 茚酮	—	—	3.16	—	—	0.5
109	4-甲基-1-萘酚	—	—	2.35	—	—	0.37
110	1,2,3-三甲基-环己烷	—	—	0.95	—	—	0.15

表1-43 低温煤焦油组成分类

序号	化合物名称	各组分在煤焦油各馏分中的含量/%					各组分占原焦油/%
		<170℃	170～210℃	210～270℃	270～300℃	300～340℃	
1	酚类	44.86	42.15	10.75	2.98	3.11	12.01
2	烷烃	13.27	14.08	36.86	78.41	48.48	33.80
3	烯烃	1.40	1.97	0	0	0	0.36
4	环烷烃	0.23	0.27	0.95	0	0	0.22
5	芳烃	23.59	25.33	31.14	17.73	35.84	16.73
6	含氧化合物（醇酮茚醇醛等）	—	5.94	8.83	17.95	0	5.62
7	含氮化合物	1.59	1.41	0	0	5.19	0.52
8	杂环化合物（茚等）	—	9.15	5.79	2.3	0.96	0
9	小计	100.03	99	83	99.95	100.08	98.24
10	水分	—	—	—	—	—	15.00
11	沥青	—	—	—	—	—	14.45
12	合计	—	—	—	—	—	99.93

通过采用蒸馏技术和GC-MS技术对内蒙褐煤型煤块低温煤焦油馏分的分析表明：①烃类占煤焦油的34.38%，其中脂肪族烷烃占煤焦油的33.80%，用于加工各种液体燃料；②酚类占煤焦油的12.01%，可将该类化合物提取出来做重要的化工原料；③芳烃化合物占煤焦油的16.73%；④含氧和含氮及杂环化合物分别占煤焦油的4.61%、0.52%、2.23%，可通过催化加氢、脱氧加氢脱去氮、硫等杂原子使部分芳香烃、含氧和含氮及杂环化合物转化为烷烃或环烷烃，使其转化为分子量较小的化合物，进而制得动力燃料油[41]。

王树东等对神府烟煤低温热解煤焦油的化学组成进行了测定[42]，结果如下。

(1) 酸、碱性组分含量的测定　表1-44中列出的是小于420℃馏分的酸碱性组分含量，其中酸性组分和中性油的含量较高。

表1-44　馏分中酸、碱性组分和中性油含量（质量分数）　%

酸性组分	碱性组分	中性油
25.94	2.20	71.86

碱洗得到的酸性组分经色-质谱联用分析，主要组分含量列于表1-45。

表1-45　小于420℃馏分中酸性组分组成（质量分数）　/%

峰号	化合物	含量/%	峰号	化合物	含量/%
1	苯酚	30.03	12	2,3,5-三甲酚	0.99
2	邻甲酚	0.69	13	甲基乙基酚	1.26
3	间甲酚	16.37	14	异丙基酚	0.36
4	对甲酚	16.19	15	2,4,6-三甲酚	0.67
5	2,6二甲酚	0.74	16	3,4,5-三甲酚	1.44
6	乙基苯酚	0.24	17	甲基羟基茚满	0.45
7	2,4-二甲酚	7.07	18	萘酚	1.41
8	2,5-二甲酚	3.20	19	α-甲萘酚	0.45
9	3,5-二甲酚	2.63	20	β-甲萘酚	0.66
10	3,5-二甲酚	1.72	21	乙基萘酚	0.69
11	3,5-二甲酚	0.37	—	共计	87.61

由表1-45中数据可知，苯酚的含量占酸性组分的30.03%，邻（间、对）甲酚共占33.25%，二甲酚占15.73%，此外还含有一些三甲酚、萘酚、α-甲萘酚、β-甲萘酚和乙基萘酚。由于苯酚、甲酚和二甲酚的含量较高，共占酸性组分的79.01%，所以对酚类化合物进一步加工精制，可制取高价值的酚类产品。

(2) 脱酚后小于420℃馏分的色谱分析　碱洗脱酚后小于420℃馏分的柱色谱的分析结果列于表1-46，由表中数据可知，脱酚后该馏分的链烷烃和芳烃含量较高，极性化合物含量较低，适合于加工成燃料油。

表1-46　小于420℃馏分柱色谱分析结果（质量分数）　/%

链烷烃	芳烃	极性化合物
36.25	56.31	7.17

为了对煤焦油的组成有更为全面的了解，人们对脂肪族和芳香族组分进行了色-质谱联用分析。正构烷烃的组成含量数据列于表1-47，表中数据表明C_{13}～C_{25}的正构烷烃的含量几乎呈均匀分布，C_9～C_{12}以及C_{26}的含量较低，正构烷烃占整个脂肪族的34.9%。同鲁奇炉焦油脂肪族组分相比，正构烷烃的分布相差不大。

表 1-47　脂肪族中正构烷烃的含量（质量分数）　%

化合物	含量/%	化合物	含量/%
C_9	0.76	C_{19}	2.11
C_{10}	1.11	C_{20}	2.36
C_{11}	1.53	C_{21}	2.07
C_{12}	1.38	C_{22}	2.33
C_{13}	2.16	C_{23}	2.44
C_{14}	2.00	C_{24}	2.29
C_{15}	2.43	C_{25}	2.00
C_{16}	2.16	C_{26}	0.92
C_{17}	2.37	共计	34.9
C_{18}	2.48		

芳香族亚组分中，主要化合物的含量列于表 1-48。

表 1-48　芳香族中主要化合物含量（质量分数）　%

化合物	含量/%	化合物	含量/%
二甲苯	0.31	丙基萘	1.76
二甲苯	0.28	氧芴	2.30
三甲苯	0.38	三甲基萘	2.34
三甲苯	0.25	三甲基和/或甲基-乙基萘	1.32
乙甲苯	0.50	芴	0.97
苯并呋喃	0.32	丙烯基萘	2.44
三甲苯	0.41	3,3′-二甲基联苯	1.10
茚满酮	0.37	9-甲基芴	0.89
α-茚满酮	0.58	4,4′-二甲基联苯	0.69
三甲苯并呋喃	1.69	9,10-二氢菲	1.29
甲基茚满酮	0.40	2-甲基芴	0.93
α-三甲茚满酮	1.05	1-甲基芴	1.15
萘	4.48	硫芴	1.13
二甲苯呋喃	1.97	四甲基菲	0.62
二甲苯	0.21	菲	0.56
甲基二氢萘	0.82	蒽	1.19
二甲基茚满	1.37	咔唑	1.31
β-甲基萘	4.06	苯基萘	0.44
α-甲基萘	2.77	甲基菲	0.40
联苯	0.89	甲基菲	0.37
乙基萘	0.59	甲基菲	0.27
乙基萘	1.23	二甲基或乙基菲或蒽	0.78
2,6-和/或 2,7-二甲基萘	1.63	荧蒽	0.58

续表

化合物	含量/%	化合物	含量/%
1,3-和/或1,7-二甲基萘	3.84	芘	0.44
1,6-二甲基萘	2.29	苯并氧芴	0.20
1,4-二甲基萘	0.91	苯并二苯或/和甲基芘	0.65
苊烯	0.65	苯并菲或蒽	1.46
1,2-二甲基萘	1.73	䓛	0.37
1,8-二甲基萘	0.90	苊	2.29
甲基联苯	1.77	—	—

同高温煤焦油相比，低温热解煤焦油的组分分布较为分散，鉴定出的化合物绝大部分是甲基、乙基、丙基及多烷基取代的芳烃衍生物，纯缩合芳烃含量则较少，仅占芳香族组分的8.67%，而高温煤焦油的纯缩合芳烃含量占30%左右。以萘系为例，萘在芳香族亚组分中占4.48%，占420℃前馏分的1.81%，而烷基萘总量占芳香族组分的26.89%，占420℃前馏分的10.88%。

何国锋等以天祝煤为原料，在650℃条件下用多段回转炉（MRF）进行热解，对其所产低温煤焦油作了分析研究[43]，研究将焦油切割为IBP（初馏点）～170℃，170～210℃，210～230℃，230～300℃，300～360℃，>360℃馏分，其收率分别为7.2%，10.3%，11.4%，11.5%，16.5%，40.2%，损失2.9%。360℃前的轻油和中油馏分约占焦油的59.8%，而一般高温焦油IBP～170℃轻油馏分收率仅约0.5%，沥青（>360℃）收率高达55%左右。将焦油切割为较窄沸程的馏分，并进行色谱分析，分析得到了103种化合物，化合物占各馏分和焦油的质量百分含量结果列于表1-49。由表1-49可见，定性定量酚类化合物13种，其中低沸点酚类为苯酚、邻-甲酚、对-甲酚、间-甲酚，主要分布在230℃前的馏分中，占焦油总量约13.7%；高沸点酚类为二甲酚、三甲酚、萘酚、萘酚衍生物。碱性组分含量较少，色谱分离定性定量较为困难，能定性定量的化合物只有吡啶类、喹啉、异喹啉。和高温焦油相比，MRF工艺热解煤焦油的组分更复杂，其芳烃化合物分布均匀，大部分是甲基、乙基、丙基、丁基等多烷基取代衍生物，“纯缩合芳烃”含量则很少，以萘系为例，天祝煤焦油萘含量约为0.66%，萘的烷基衍生物含量约5%，而高温煤焦油萘的含量一般在10%左右，其衍生物含量较少，组成比较简单，分布比较集中。脂肪族长链烷烃和烯烃含量较高，是天祝煤MRF工艺煤焦油的重要特征，其含量约占煤焦油总量的13.4%。C_{15}以上的长链烷烃和烯烃主要分布在230～360℃的馏分中。

表1-49 煤焦油及馏分组成分布（毛细管色谱）

序号	化合物	化合物在煤焦油馏分中的含量(质量分数)/%					
		IBP～170℃	170～210℃	210～230℃	230～300℃	300～360℃	煤焦油
1	甲苯	1.8044	—	—	—	—	0.1209
2	α-甲基吡啶	0.0663	—	—	—	—	0.0048
3	β-甲基吡啶	0.1183	—	—	—	—	0.0085

续表

序号	化合物	化合物在煤焦油馏分中的含量(质量分数)/%					
		IBP～170℃	170～210℃	210～230℃	230～300℃	300～360℃	煤焦油
4	γ-甲基吡啶	0.1218	—	—	—	—	0.0087
5	辛烷	0.2175	—	—	—	—	0.0157
6	辛烷	0.2826	—	—	—	—	0.0203
7	乙苯	1.1802	—	—	—	—	0.0850
8	α-甲基乙基苯	1.5810	0.1832	—	—	—	0.1327
9	*m*-二甲苯	4.8136	0.2643	—	—	—	0.3738
10	*p*-二甲苯	2.1409	0.1542	—	—	—	0.1297
11	异丙苯	0.8220	0.1317	—	—	—	0.0728
12	*m*(*p*)甲基乙基苯	2.8234	0.3002	—	—	—	0.2341
13	*o*-甲基乙基苯	1.2254	0.1373	0.2133	—	—	0.1267
14	苯酚	13.6060	23.3826	7.3275	—	—	4.3243
15	1,2,3-三甲苯	1.6502	0.3872	0.1769	—	—	0.1788
16	1,2,4-三甲苯	1.0471	0.2327	0.1769	—	—	0.1138
17	1,3,5-三甲苯	3.0599	0.6529	0.1402	—	—	0.3007
18	壬烷	0.8079	—	—	—	—	0.0581
19	壬烷	0.9152	—	—	—	—	0.0658
20	亚异丁苯	1.6529	0.4113	0.2820	—	—	0.1973
21	茚	0.6823	0.1831	0.1181	—	—	0.0813
22	*o*-甲基苯酚	0.8373	14.1010	6.7381	—	—	3.0967
23	*n*-丁基苯	0.4926	0.1223	—	—	—	0.0461
24	癸烯	1.4669	—	—	—	—	0.1056
25	癸烷	2.0689	—	—	—	—	0.1089
26	甲基丙基苯	0.3202	0.1110	—	—	—	0.0331
27	*m*-甲基酚	8.1250	0.2500	15.0642	—	—	4.6699
28	*p*-甲基酚	5.7016	1.2477	10.0250	—	—	1.6819
29	异丁苯	0.8613	0.2868	0.1180	—	—	1.1050
30	萘烷	0.4610	0.3093	0.0998	—	—	0.0706
31	十一烯	0.2084	0.9207		—	—	0.1097
32	十一烯	2.0755	0.3784	0.0759	—	—	0.1970
33	2,4-二甲苯	3.6192	8.3085	5.6740	—	—	2.1204
34	2,3-二甲酚	1.7699	2.2412	4.3127	4.0265	—	1.3143
35	2,6-二甲酚	1.7594	4.1014	1.3016	4.6455	—	1.2310
36	萘	1.5463	1.9791	1.7590	1.2544	—	0.6500
37	十二烷	1.2163	0.7208	0.5933	—	—	0.2552
38	十二烷	2.1928	1.7331	0.6355	—	—	0.4089
39	喹啉	0.3025	0.1599	1.6599	0.7380	—	0.3123

续表

序号	化合物	化合物在煤焦油馏分中的含量(质量分数)/%					
		IBP～170℃	170～210℃	210～230℃	230～300℃	300～360℃	煤焦油
40	异喹啉	0.2952	0.6590	0.5679	0.5431	—	0.2150
41	β-甲基萘	0.5789	0.8349	2.2363	3.6185	—	0.7983
42	α-甲基萘	0.5188	0.6928	1.0036	3.3340	—	0.6065
43	十三烯	—	—	0.1770	0.2953	—	0.1292
44	十三烯	—	—	2.0925	0.8904	—	0.5114
45	十四烯	—	—	0.8998	0.2811	—	0.1968
46	十四烯	—	—	0.9210	0.6577	—	0.2711
47	乙基萘	—	—	0.9758	1.0210	—	0.2731
48	三甲酚	—	—	0.7480	1.4690	—	0.2542
49	三甲酚	—	—	0.9834	1.5398	—	0.2892
50	三甲酚	—	—	0.4408	1.3151	—	0.2051
51	2,7-二甲萘	—	—	1.9101	2.7211	0.1691	0.5467
52	1,4-二甲萘	—	—	—	4.9715	0.2984	0.5717
53	2,6-二甲萘	—	—	—	1.9607	0.2984	0.2672
54	萘	—	—	—	2.1071	0.6987	0.1152
55	二甲萘	—	—	1.2989	1.7651	0.7560	0.3610
56	三甲萘	—	—	—	2.3789	0.8740	0.2836
57	三甲萘	—	—	—	1.1866	0.6790	0.1765
58	氧芴	—	—	—	1.3597	0.2537	0.1987
59	十五烯	—	—	0.2396	1.0530	—	0.1677
60	十五烯	—	—	0.7758	1.1102	—	0.2540
61	苊烯	—	—	—	0.7054	0.3579	0.1505
62	四甲基萘	—	—	0.1855	1.7057	0.7791	0.3459
63	四甲基萘	—	—	—	0.7620	0.2098	0.1223
64	四甲基萘	—	—	—	1.4348	0.8988	0.3133
65	十六烷	—	—	0.2529	1.2655	0.3292	0.2287
66	十六烷	—	—	0.3716	1.7053	0.2418	0.2785
67	联苯	—	—	0.0921	0.3946	—	0.0559
68	1-甲基氧芴	—	—	—	1.0740	1.0679	0.2997
69	甲基联苯	—	—	—	0.4761	0.2110	0.0549
70	十七烯	—	—	—	0.2399	0.1020	0.0445
71	十七烯	—	—	—	2.4698	3.0857	0.7948
72	甲基芴	—	—	—	0.8629	1.0567	0.2736
73	甲基芴	—	—	—	0.7209	0.2807	0.1293
74	α-甲基萘	—	—	—	0.5676	1.3450	0.2219
75	β-甲基萘	—	—	—	0.7787	1.9740	0.3257

续表

序号	化合物	化合物在煤焦油馏分中的含量(质量分数)/%					
		IBP～170℃	170～210℃	210～230℃	230～300℃	300～360℃	煤焦油
76	五甲基萘	—	—	—	0.8426	1.0245	0.2660
77	五甲基萘	—	—	—	1.2537	0.8657	0.2877
78	五甲基萘	—	—	—	0.1845	0.3992	0.0871
79	菲	—	—	—	1.0784	1.4393	0.2465
80	蒽	—	—	—	0.2334	0.9517	0.1839
81	十八烷	—	—	—	0.3486	0.6692	0.1297
82	十八烷	—	—	—	1.1771	1.6543	0.3914
83	十九烯	—	—	—	0.1681	1.4913	0.3231
84	十九烯	—	—	—	0.6693	3.7068	0.6886
85	2-甲基苯蒽	—	—	—	—	0.8834	0.1458
86	1-甲基苯蒽	—	—	—	—	1.0009	0.1651
87	二十烯	—	—	—	0.0664	0.6592	0.1164
88	二十烷	—	—	—	0.3668	3.9568	0.6951
89	二十一烯	—	—	—	—	1.1683	0.1928
90	二十一烷	—	—	—	—	5.3063	0.8755
91	9,10-二甲基蒽	—	—	—	—	0.4907	0.0809
92	二十二烯	—	—	—	—	1.0380	0.1713
93	二十二烷	—	—	—	—	6.8971	0.1347
94	二十三烯	—	—	—	—	1.0457	0.1725
95	二十三烷	—	—	—	—	7.1008	0.1717
96	二十四烯	—	—	—	—	0.7292	0.1203
97	二十四烷	—	—	—	—	6.9769	1.1512
98	二十四烯	—	—	—	—	0.8052	0.1329
99	二十五烷	—	—	—	—	6.1415	1.6134
100	二十六烯	—	—	—	—	0.2287	0.0378
101	二十七烷	—	—	—	—	2.9957	0.4943
102	二十七烯	—	—	—	—	—	—
103	二十七烷	—	—	—	—	1.2045	0.1988

中性油组成分析虽不能完全说明天祝煤焦油整体化学组成变化，但在一定程度上也说明一些化合物含量与热解温度的关系。由以上分析可看出，煤焦油由煤热解而生成的反应在 550℃基本完成，焦油中饱和烃从 550℃左右开始降低收率。一、二环芳烃的收率在 550～650℃之间的某一点开始减少，三环以上芳香烃化合物的收率在较高温度下收率增加，这一变化规律是回转炉热解工艺的基础，若要获得煤焦油的最高收率，则热解温度应控制在 600℃以下[41]。煤质量和热解条件的不同，对所产煤焦油的基本特性有一定的影响，其特性详见表 1-50。

表 1-50 褐煤低温煤焦油基本特性

项目	黄县褐煤	平庄褐煤
热解温度/℃	578	600
密度(40℃)/g·cm^{-3}	0.97	1.15
恩氏黏度(E_{40})	3.11	3.5
凝固点/℃	16	10
蒸馏试验/℃	95	95.5
初馏点%	160	174
5%	190	189
10%	210	206
20%	230	218
30%	255	240
40%	290	276
50%	320	296
60%		

赵树昌等[44]对舒兰褐煤低温煤焦油的组成作了系统分析，对辐射炉快速热解过程中煤焦油的化学组成随热解温度变化的规律进行了研究。煤焦油组成及含量随温度的变化结果见表 1-51，从表 1-51 的组成数据可看出，提高热解温度后煤焦油的变化特点是芳化度更高，煤焦油中杂酚显著减少，煤焦油中萘系芳烃（包括甲基萘）含量显著增高。

表 1-51 煤焦油的组成及含量（质量分数） %

序号	化合物	沸点/℃	热解温度/℃			
			550	600	650	700
1	苯	80	0.189	0.370	0.476	0.548
2	吡啶	115.5	0.060	0.100	0.148	0.298
3	甲苯	110.8	0.694	1.12	1.25	1.32
4	α-甲基吡啶	130	0.084	0.133	0.160	0.224
5	β-甲基吡啶 γ-甲基吡啶	145.4 144	0.143	0.195	0.213	0.197
6	乙基苯	136.2	0.108	0.184	0.262	0.095
7	对-二甲苯 间-二甲苯	138.4 139.1	0.679	0.973	1.10	0.779
8	苯乙烯	145.8	0.437	0.622	0.733	0.965
9	邻-二甲苯	144.4	0.243	0.351	0.418	0.238
10	2,4-二甲基吡啶	158.5	0.108	0.128	0.129	0.089
11	异丙苯	153	—	—	—	0.013
12	未知	—	0.040	—	—	0.010
13	苯酚 丙苯	183 159	2.32	2.87	2.87	3.12

续表

序号	化合物	沸点/℃	热解温度/℃			
			550	600	650	700
14	间-乙基甲苯	161.3	0.030	0.017	0.017	0.013
15	对-乙基甲苯	162	0.108	0.086	0.086	0.101
16	1,3,5-三甲苯	164.8	0.030	0.017	0.017	0.011
17	苯腈	190.7	0.142	0.086	0.162	0.157
18	未知	—	—	0.017	—	
19	未知	—	0.059	0.162	0.12	0.020
20	苯并呋喃 1,2,4-三甲苯	183.1 169.4	0.326	0.374	0.479	0.885
21	未知	—	0.032	0.012	—	—
22	1,2,3-三甲苯	176	0.283	0.273	0.334	0.166
23	邻-甲酚	1.91	1.07	1.08	0.921	0.765
24	茚满	177	0.032	0.048	0.066	0.054
25	茚	183.1	0.440	0.683	1.00	2.07
26	对-甲酚 间-甲酚	202.5 202.8	3.19	2.930	2.61	2.41
27～30	未知	—	0.046	0.030	0.108	0.111
31	2,6-二甲酚	203	0.310	0.230	—	0.098
32～37	未知	—	0.356	0.285	0.321	0.330
38	2,4-二甲酚 2,5-二甲酚	211.5 213.5	1.02	1.01	0.792	0.447
39～43	未知	—	1.38	1.320	1.10	0.583
44	2,3-二甲酚	218	0.162	0.120	—	—
45	未知	—	—	—	—	—
46	萘	218	0.806	1.80	2.69	3.86
47	未知	—	—	—	—	0.063
48	四氢化萘	207	—	—	—	—
49～52	未知	—	0.212	0.156	0.237	0.164
53	喹啉	237.7	0.163	0.121	0.173	0.212
54	异喹啉	243.5	—	—	—	0.038
55～56	未知	—	0.134	0.100	0.157	0.076
57	吲哚	254.7	—	—	—	0.069
58	β-甲基萘	244.6	0.655	0.823	0.839	1.20
59	α-甲基萘	245	0.431	0.859	0.604	0.950
	合计		16.52	19.18	20.59	22.75

热解温度不同对煤焦油的245℃以前馏分的组成也会有很大影响，表1-52是不同热解温度下煤焦油中245℃以前馏分的组成分布，从1-52中可以看出随着热解温度的变高，煤焦油中的芳烃含量明显增加，酸性组分含量减少，碱性组分增加。

表 1-52 煤焦油中 245℃前的各类组分的含量（质量分数） %

组分	热解温度							
	550℃		600℃		650℃		700℃	
	占焦油/%	占 245℃前组分/%	占焦油/%	占 245℃前组分/%	占焦油/%	占 245℃前组分/%	占焦油/%	占 245℃前组分/%
芳烃	5.491	33.24	8.412	44.25	10.37	50.6	13.258	58.30
酸性分	8.214	49.72	8.098	41.95	7.355	35.41	6.997	30.77
碱性分	0.558	3.38	0.677	3.51	0.823	4.02	1.125	4.95
未知物	2.259	16.68	1.991	10.31	2.043	9.95	1.357	5.97
合计	16.52	100	19.18	100	20.59	100	22.75	100

葛宜掌等[45]研究了 MRF 多段回转炉低温热解煤焦油中的酚类化合物，采用 GC-MS 法定性定量了 42 种酚类化合物，占化学法总酚的 90%以上。研究结果表明 MRF 煤焦油中酚类占 25.6%，且以低沸点酚类为主，约占总酚的 83%，MRF 低温煤焦油中酚类组成见表 1-53。由表 1-53 可知，MRF 低温热解煤焦油中低级酚比较集中。其中苯酚和甲酚占 69.7%，二甲酚和乙基酚占 13.8%，C_3～C_4烷基苯酚占 2.9%，萘酚及烷基萘酚占 9.0%，其它主要为茚满醇和羟基氧芴衍生物，约占 4.6%。

表 1-53 MRF 低温热解液体产物中酚类化合物的分析

序号	酚类化合物名称	占检出总酚/%	序号	酚类化合物名称	占检出总酚/%
1	苯酚	33.50	23	1(2,3)-5-茚满醇	0.43
2	2-甲基苯酚	8.26	24	4-甲基-5-茚满醇	0.33
3	4-甲基苯酚	27.96	25	5-甲基-4-茚满醇	0.10
4	5-甲基苯酚	—	26	6-甲基-4-茚满醇	0.11
5	2,6-二甲基苯酚	0.52	27	7-甲基-4-茚满醇	0.39
6	2,4-二甲基苯酚	0.21	28	7-甲基-5-茚满醇	0.17
7	2,5-二甲基苯酚	4.60	29	5,6,7,8-四氢-1-萘酚	0.20
8	3-乙基苯酚	5.52	30	5,6,7,8-四氢-2-萘酚	0.42
9	4-乙基苯酚	—	31	α-萘酚	1.91
10	2,3-二甲基苯酚	1.07	32	β-萘酚	2.13
11	3,4-二甲基苯酚	0.52	34	2-甲基-1-萘酚	1.70
12	2,4,6-三甲基苯酚	0.22	35	1-甲基-2-萘酚	1.09
13	2-异丙基苯酚	0.28	36	3-甲基-2-萘酚	0.74
14	5-甲基-2-乙基苯酚	0.41	37	2-苯基苯酚	0.74
15	4-甲基-2-乙基苯酚	—	38	二甲基苯酚	0.83
16	2,3,5-三甲基苯酚	0.78	39	二甲基苯酚	0.56
17	5-甲基-3-异丙基苯酚	0.16	40	1-羟基氧芴	0.31
18	4-甲基-2-异丙基苯酚	0.20	41	羟基氧芴	0.35
19	3,4,5-三甲基苯酚	0.18	42	2-苯基-1-羟基氧芴	0.65
20	5-甲基-3-异丙基苯酚	0.08	43	2-羟基芴	0.61
21	4-甲基-2-异丙基苯酚	0.18	44	2,4-二乙基苯酚	0.05
22	5-甲基-2-异丙基苯酚	0.36	45	2-甲基-5-异丙基苯酚	0.03

1.5 煤焦油的来源——煤的热解

煤的热解是煤燃烧、气化、液化等热转化过程的基础，也是一种重要的煤炭分质利用技术，是在相对温和的条件下将煤中富氢组分通过热解方式以煤焦油的形式提取出来，同时得到洁净半焦和煤气，以提高煤炭利用效率的方法。煤焦油经后续加工处理，可得到化工原料或优质液体燃料。

1.5.1 煤热解技术分类

煤热解工艺有多种分类方式：按煤热解温度可分为低、中、高和超高温热解；按加热方式分为外热式、内热式和内外并热式热解；根据热载体的类型分为固体热载体、气体热载体和固-气热载体热解；根据煤料在反应器内的密集程度分为密相床和稀相床两类；依固体物料的运行状态分为固定床、流化床、气流床和滚动床；依反应器内压强分为常压和加压两类。在工业上一般以加热方式分类居多。

外热式煤料干馏过程所需要的热量是通过外界加热获得的。有些外热式热解炉是通过回炉煤气在燃烧室燃烧后将热量由炉壁传入炭化室以提供煤热解所需的热量。煤料在隔绝空气条件下，自上而下经预热、干馏、冷却三个过程完成热解。煤料由炉顶部连续进入，干馏煤气由炉顶逸出，炉底则将冷却的半焦连续排出。一般煤料在炭化室内的总停留时间为 12～16h。该类工艺热解炉型的主要特点是：所得的产品半焦质量稳定，炭化煤气可燃烧组分（H_2、CO、CH_4、C_nH_m）含量高、热值高、气质好。煤的干馏煤气热值一般可达到 13.8～15.5 $MJ \cdot m^{-3}$，每吨煤产气量可达 380～450 m^3。其缺点是热效率低，煤料加热不均匀，挥发产物的二次分解严重。

内热式热解工艺的特点是通过煤料的燃烧产生的热量来提供热解所需的热量，根据供热介质的不同可分为气体加热与固体加热两种类型。

(1) 气体热载体热解工艺　气体热载体是较为传统的内热式热解炉，其传热方式是煤热解炉气燃烧后的高温烟气直接进入炭化室干馏段内与煤料接触加热，以对流传热为主导进行干馏炭化，大大强化了煤料的加热速率。该工艺炭化周期短、炭化室单位容积的产焦能力大。该工艺存在的主要问题是：由内热炉炭化室送出的煤气虽然产气量高达 900～1100 $m^3 \cdot t^{-1}$，但由于 N_2 和 CO_2 组成高达 50%～60%，热值低（一般在 7.5～8.4 $MJ \cdot m^{-3}$），气质较差。由于内热式热解炉装置结构相对简单、投资省、操作相对容易，在具有高挥发分煤源的地区曾被广泛采用。目前，已经实现工业化的气体热载体技术主要有德国的鲁奇三段炉和国内的内热式直立炉等。

(2) 固体热载体热解工艺　该类热解工艺主要由煤干燥及提升、半焦流化燃烧及提升、煤焦混合、煤干馏、焦油及煤气回收系统等组成。将颗粒直径小于 6mm 的粉煤与用作热载体的半焦在螺旋式混合器中混合，煤-焦混合物被送入干馏反应器完成干馏反应，热解的半焦部分循环使用。该工艺能够生产热值为 16.7～18.1$MJ \cdot kg^{-1}$ 的中热值煤气，同时获得干煤量 30%～40% 的半焦和 8%～12% 的优质低温煤焦油。目前具有代表性的气体热载体工艺有德国的 Lurgi-Ruhrgas 低温热解工艺（L-R 工艺）、美国油页岩公司开发 Toscal 低温热解工艺（Toscal 工艺）、前苏联开发的粉煤干馏技术（ETCH 工艺）以及大连理工大学的新法干馏（DG 工艺）。表 1-54 为几种典型固体热载体热解技术对比分析。

表 1-54　典型固体热载体热解技术对比分析

工艺路线	热载体	原料热值/MJ·kg^{-1}	原　理	半焦收率/%	焦油收率/%	煤气收率/%	系统热效率/%	能耗/kW·h	水耗/t
L-R	高温半焦	14.6	移动床热解	30～40	2～10	7.3～8.3	80	≥30	0.98
Toscal	高温瓷球	16.2	回转炉热解	44	5.7	8.4	75～80	≥40	0.6
ETCH	高温热焦	15.4	移动床热解	34～56	4～10	5～12	80～83	≥30	0.5
DG	高温半焦	19.1	移动床热解	30～40	2～2	6～12	82	≥38.6	0.4

注：能耗、水耗都是以热解 1t 煤为基准。

1.5.2 煤热解技术研究进展

在不同的工艺中煤热解的加热速率和环境气氛是不同的，煤焦油的种类以及特点也会因为热解技术的不同而不同[45～47]。目前，高温煤热解即炼焦工业是最成熟、最大规模的煤转化技术之一，而低温热解工艺的工业化应用还在不断完善和提高。与其它煤转化技术相比，低温干馏条件温和，投资少、成本低，在经济上有较强的竞争力，尤其是高挥发分煤特别适合有低温干馏。

1.5.2.1 国外热解技术研究进展

煤热解技术历史久远，早在 19 世纪就已出现，当时主要用于制取照明用的灯油和蜡，随后由于电灯的发明，煤热解研究趋于停滞状态。但在第二次世界大战期间，德国由于石油禁运，建立了大型煤热解厂，以煤为原料生产煤焦油，再通过高压加氢制取汽油和柴油。在当时的战争背景下，热解成本并不是考虑的主要因素，但是，随着战后石油开采量大幅增加，煤热解研究受到市场因素的影响再次陷于停滞状态。20 世纪 70 年代初期，世界范围的石油危机再度引起了世界各国对煤热解工艺的重视。70 年代以后，煤化学基础理论得到了迅速发展，相继出现了各种类型的面向高效率、低成本、适应性强的煤热解工艺，典型的有回转炉、移动床、流化床和气流床热解技术。

(1) 固体热载体热解工艺

① Lurgi-Ruhrgas 低温热解工艺。Lurgi-Ruhrgas 工艺是德国的 Lurgi GmbH 和美国的 Ruhrgas AG 两公司联合开发的一种有多种用途的固体热载体内热式传热的典型工艺，处理原料包括煤、油页岩、油砂和液体烃类。Lurgi-Ruhrgas 工艺流程见图 1-5。

首先将初步预热的<5mm 的粉煤同来自分离器的热半焦在干馏器内混合，发生热分解反应，然后在干馏器内停留一定时间，完成热分解，从干馏器出来的半焦进入提升管底部，由热空气提送，同时在提升管中烧除其中的残炭，使温度升高，然后进入分离器内进行气固分离，半焦再返回干馏器，如此循环。从干馏器逸出的挥发物，经除尘、冷凝、回收焦油后，得到热值较高的煤气[48]。

该技术工艺流程主要是由提升管、热载体收集槽、螺旋式混合器和干馏反应器组成的循环系统，双螺旋式混合器是它的核心设备。Lurgi-Ruhrgas 工艺的优点主要表现在：a. 产油率高；b. 能耗较低；c. 设备结构较简单[49]。

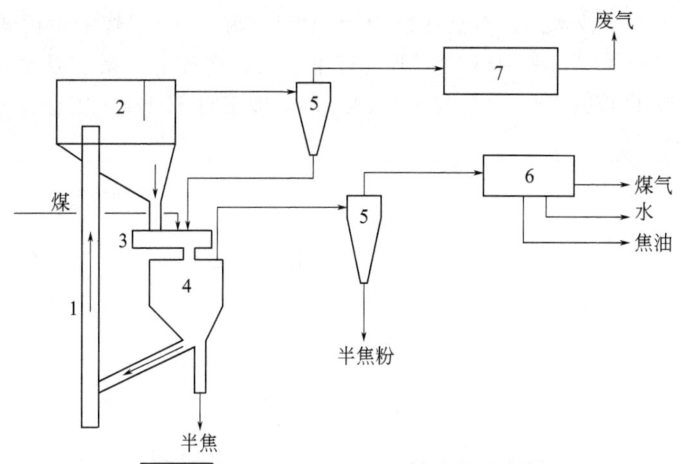

图 1-5　Lurgi-Ruhrgas 工艺流程示意图

1—提升管；2—收集仓；3—搅拌器；4—干馏炉；5—分离器；6—废热回收系统；7—冷凝分离系统

② Toscoal 煤低温热解技术。Toscoal 工艺是由美国油页岩公司开发的用陶瓷球作为热载体的煤炭低温热解方法，其工艺流程见图 1-6。

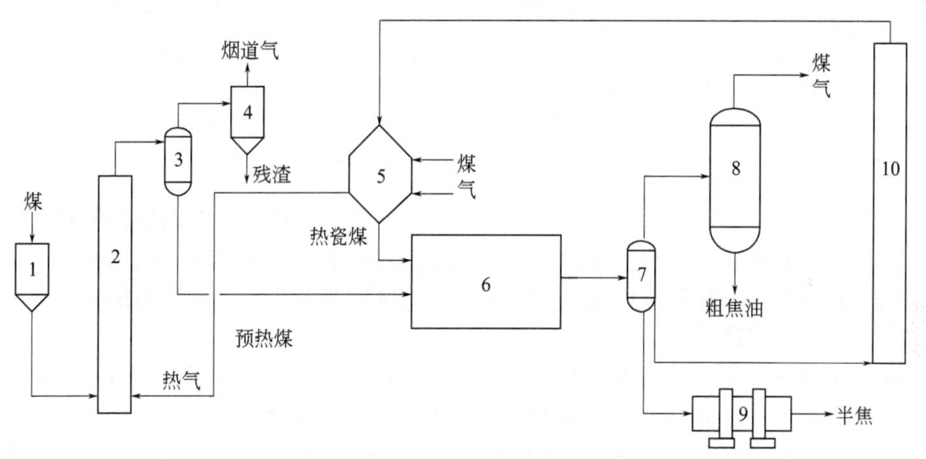

图 1-6　美国 Toscoal 热解工艺流程示意图

1—原料槽；2,10—提升管；3—分离器；4—洗涤器；5—瓷球加热器；
6—热解炉；7—筛；8—油气分离器；9—半焦冷却器

将 6mm 以下的粉煤加入提升管中，利用热烟气将其预热到 260～320℃，预热后的煤进入旋转滚筒与被加热的高温瓷球混合，热解温度保持在 427～510℃。煤气与焦油蒸气由分离器的顶部排出，进入气液分离器进一步分离；热球与半焦通过分离器内的转鼓分离，细的焦渣落入筛下，瓷球通过斗式提升机送入球加热器循环使用。

该工艺于 70 年代建成处理量为 25 t $\cdot$ d^{-1}的中试装置，但试验中发现由于瓷球被反复加热到 600℃以上循环使用，在磨损性上存在问题；此外，黏结性煤在热解过程中会黏附在瓷球上，因此仅有非黏结性煤和弱黏结性煤可用于该工艺。

③ 前苏联 3TX（ETCH）-175 工艺。3TX（ETCH）-175 工艺是由前苏联开发的

固体热载体粉煤干馏技术。建有处理能力为 $4t \cdot h^{-1}$ 和 $6t \cdot h^{-1}$ 煤的中试装置。$4t \cdot h^{-1}$ 的中试装置建在加里宁。在中试装置上进行了多灰、多硫煤、褐煤及泥煤试验。在克拉斯诺亚尔建成了 $175t \cdot h^{-1}$ 处理煤的 3TX-175（即 ETCH-175）工业化装置。其工艺流程如图 1-7 所示。

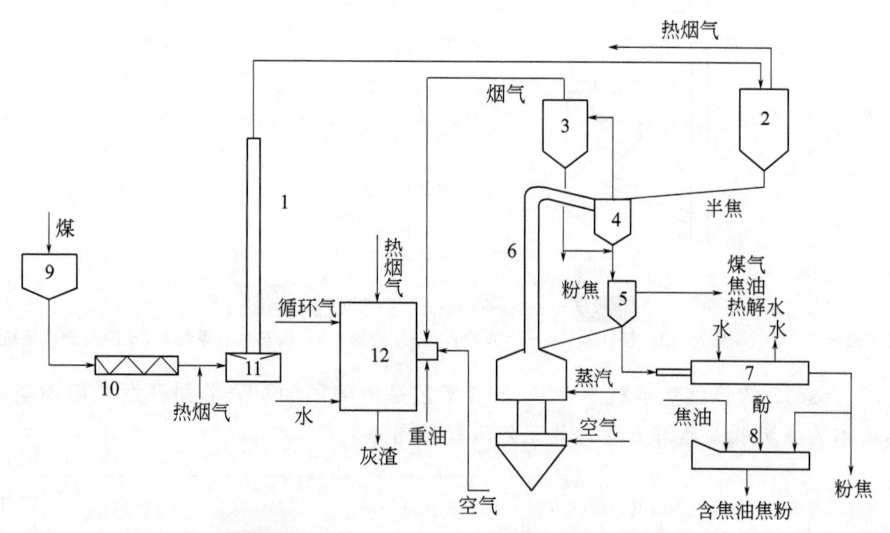

图 1-7 3TX（ETCH）-175 工艺流程示意图

1—煤干燥管；2—干煤旋风器；3—热粉焦旋风器；4—旋风混合器；5—反应器；6—燃烧提升管；7—热焦粉冷却器；8—混合器；9—原料煤槽；10—螺旋给料机；11—粉碎机；12—燃烧炉

褐煤经破碎后，用烟道气干燥。干燥粉煤再在气流式预热器中预热。预热的粉煤与固体热载体相混合，达到干馏温度进行干馏。热解室中析出的油、煤气经除尘后冷凝分离，得到焦油、轻质油和煤气。装置系统中生成的多余的半焦从热解室排出，回收热量后作为电站燃料。

装置能量（考虑电、蒸汽及产品净化能耗）效率为 83%～87%。干馏产品得到了很好的应用：0～0.05mm 的半焦细粉（代替工业炭黑作为橡胶制品及热塑性塑料的填充剂）；0.05～0.25mm 的炭粉，热值 $27.24MJ \cdot kg^{-1}$，作为电站、高炉和其它炉子燃料，试验结果表明，用此燃料每吨生铁消耗的冶金焦可以降低 20kg 或更多；大于 0.25mm 的细粒半焦，用来净化电站和其它工厂的含油废水，以代替昂贵的吸附剂，试验表明，这种半焦在上述废水处理中是一种良好的吸附剂。煤气热值为 $20.95MJ \cdot m^{-3}$，作为能源、家用和化学原料。焦油分离得到燃料油、筑路沥青、浸渍油、酚及同系物（包括酚、甲酚、二甲苯酚、邻苯二酚、间苯二酚、萘酚）、吡啶碱，还有一些芳香族烃类化合物及其它物质。

（2）气体热载体热解工艺

① 澳大利亚流化床快速热解工艺。澳大利亚联邦科学与工业研究院（CSIRO）自 20 世纪 70 年代开始研究开发了流化床快速热解工艺，其工艺过程见图 1-8。

煤粒通过水冷管由氮气喷入反应器底部，水冷管入口低于流化床正常操作的上界面约 0.6 m。床层由 0.3～1 mm 大小的砂粒组成。离开反应器的气体经高效旋风分离

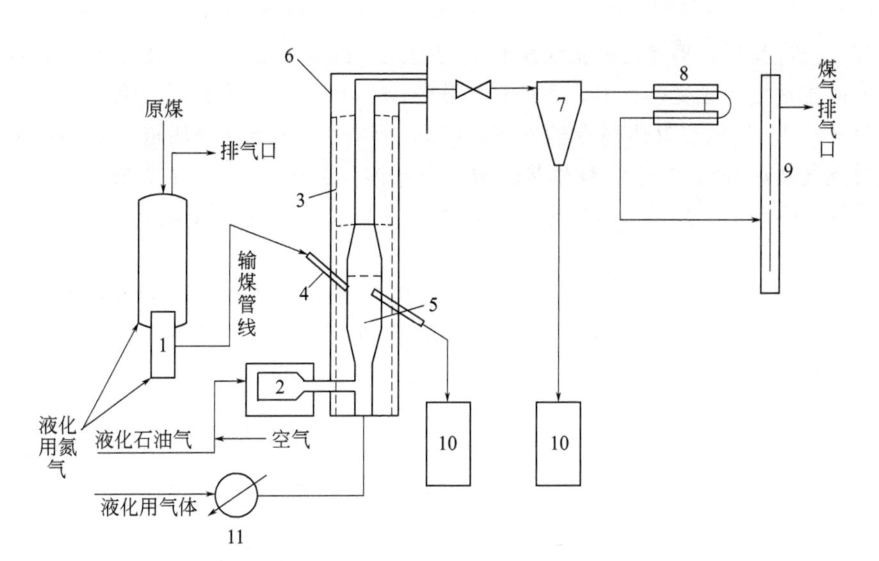

图 1-8　澳大利亚流化床快速热解装置

1—加煤器；2—直接加热器；3—电热器；4—用水冷喷煤器；5—流化床；6—热解反应器；7—旋风分离器；8—冷却器；9—静电除尘器；10—半焦接收器；11—气体预热器

器（温度 350℃），除去半焦后，进入冷凝回收系统回收焦油、轻油等，最终得到产品煤气，煤气送入最终燃烧室，然后通过烟筒放空。

该工艺加热速度快，热解时间短，焦油产率高。采用 CSIRO 工艺实验装置进行褐煤快速热解时，其焦油产率可达到葛金干馏实验数据的 150%。在室温条件下，焦油黏度较高，70℃时才呈现普通的流体状态。CSIRO 工艺实验装置得到的褐煤半焦是一种优质的多孔材料，在热解温度 600℃条件下，采用 CSIRO 工艺实验装置制取的褐煤半焦仍含有原煤中 30%的氢，有利于半焦在燃烧器中实现稳定燃烧。

② Lurgi-Spuelgas 低温热解工艺。德国 Lurgi 公司开发的 Lurgi-Spuelgas 低温热解工艺法是工业上已采用的典型内热式气体热载体工艺，该工艺路线见图 1-9。

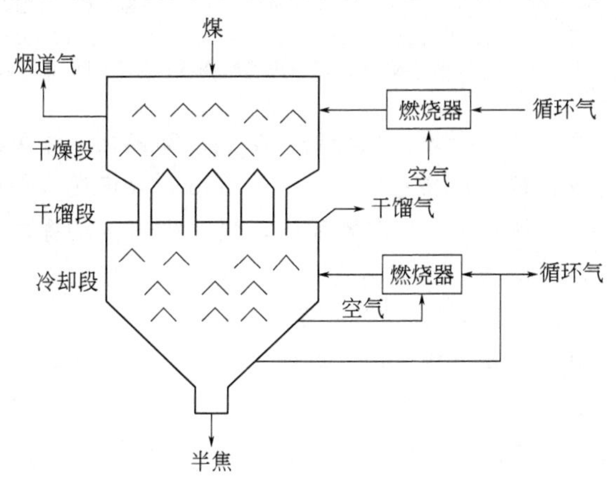

图 1-9　德国 Lurgi-Spuelgas 低温热解工艺过程示意图

其工艺过程是：褐煤或由褐煤压制成的型煤（约 25～60 mm）由上至下移动，与燃烧气逆流直接接触受热。当炉顶进料水分约 15%时，在干燥段可脱除至 1.0%以下，逆流而上约 250℃的热气体则冷至 80～100℃，干燥后原料在干馏段被 600～700℃不含氧的燃烧气加热至约 500℃，发生热分解，热气体冷至约 250℃，生成的半焦进入冷却段被冷气体冷却，半焦排出后再进一步用水和空气冷却，从干馏段逸出的挥发物经过冷凝、冷却等步骤，得到焦油和热解水。

③ 美国 LFC 工艺。LFC 热解提质工艺由美国 SGI 公司 1987 年研发，随后壳牌矿业公司（SMC）加入共同研发，现为 MR&E 公司拥有。LFC 热解提质工艺是以低阶煤提质为目的，生产液体燃料和固体燃料。其工艺过程见图 1-10。

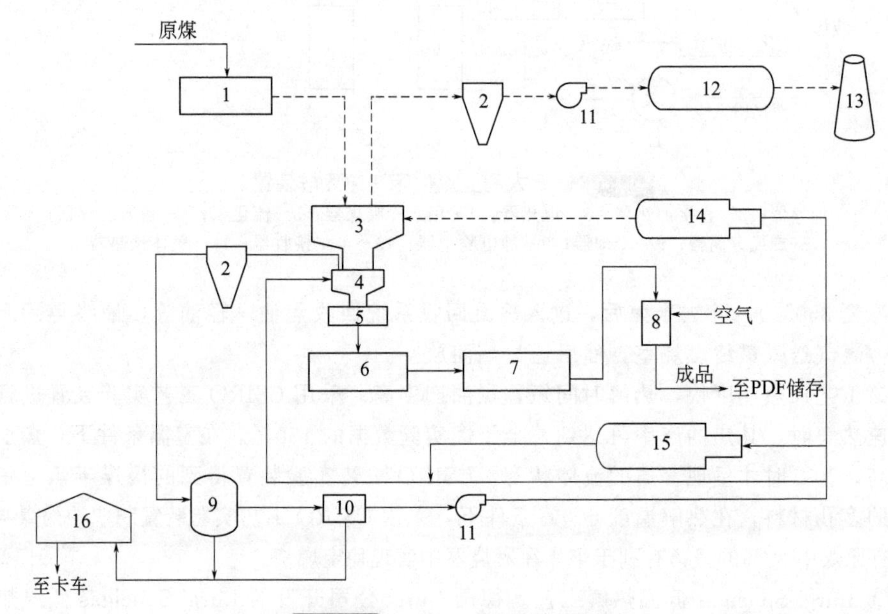

图 1-10 LFC 工艺流程示意图

1—筛分器；2—旋风除尘器；3—干燥器；4—热解炉；5—淬冷器；6—钝化器；7—冷却器；8—成品加工系统；9—CDL 贮存器；10—电除尘系统；11—风机；12—烟气脱硫系统；13—烟囱；14—干燥燃烧器；15—热解燃烧器；16—CDL 贮存器

LFC 工艺主要由备煤、煤干燥、煤分解、半焦冷却钝化、煤焦油收集等单元。原煤经破碎、筛分成碎煤，粒度要求为 3.175～50.8mm，碎煤送入干燥器中脱除大部分水分，干燥后的煤进入热解器中发生热解反应，脱除约 60%的挥发分然后再进入淬冷器冷却，最后进入成品反应器中发生钝化反应，生产出合格的固体产品 PDF（半焦），热解煤气经旋风除尘、冷却得到另一产品 CDL（焦油）。

该工艺所得固体产品半焦（PDF）发热量比原煤提高 50%，所得半焦燃烧稳定性好，且没有自燃的问题。该工艺的另一特点是采用了 MK 粉尘抑制剂，有效地抑制了微粉尘的量，当抑制剂添加至半焦质量的 0.2%，可以使微粉尘的量降低到 10%以下。该工艺还得到液态产品煤焦油（称为 CDL）。

1992 年第一座 ENCOAL 示范工厂在科罗拉多州的吉勒特市附近建设完成并投产

运行。该示范厂得到了美国能源部清洁煤技术示范项目的支持，采用波德河煤田生产的次烟煤，处理能力1000 t·d^{-1}。

1.5.2.2 国内热解技术研究进展

我国煤热解技术的自主研究和开发始于20世纪50年代，北京石油学院（现为中国石油大学）、上海电业局研究人员开发了流化床快速热解工艺并进行10 t·d^{-1}规模的中试；大连工学院（现为大连理工大学）聂恒锐等研究开发了辐射炉快速热解工艺并于1979年建立了15 t·d^{-1}规模的工业示范厂；大连理工大学郭树才等研究开发了煤固体热载体快速热解技术，并于1990年在平庄建设了5.5万t·a^{-1}工业性试验装置，1992年8月初投煤产气成功；中国煤炭科学研究总院北京煤化学研究所（现为中国煤炭科学研究总院北京煤化工研究分院）研究开发了多段回转炉温和气化工艺，并于20世纪90年代建立了60 t·d^{-1}工业示范装置，完成了工业性试验。后续国内又涌现出的代表性工艺有浙江大学循环流化床煤分级转化多联产技术、北京柯林斯达科技发展有限公司带式炉改性提质技术、北京国电富通科技发展有限责任公司国富炉工艺。近年来，我国在进行自主研发的同时引进了美国的CCTI工艺，计划用于内蒙古褐煤的热解提质。在引进LFC工艺的基础上，大唐华银电力股份有限公司和中国五环工程有限公司组建技术联合体对其进行创新性研究开发，重新申请专利和商标，更名为LCC工艺。

(1) 固体热载体热解工艺

① 神华模块化固体热载体热解工艺。神华煤制油化工研究院正在开发一种具有自主知识产权的褐煤提质新工艺——固体热载体热解工艺，编制完成了年处理煤20万吨固体热载体褐煤热解工艺包，解决了目前褐煤热解利用过程诸多技术难题，为建立褐煤提质—气化—合成化工品及液体燃料耦合联产新工艺奠定工程技术基础。其工艺流程见图1-11。

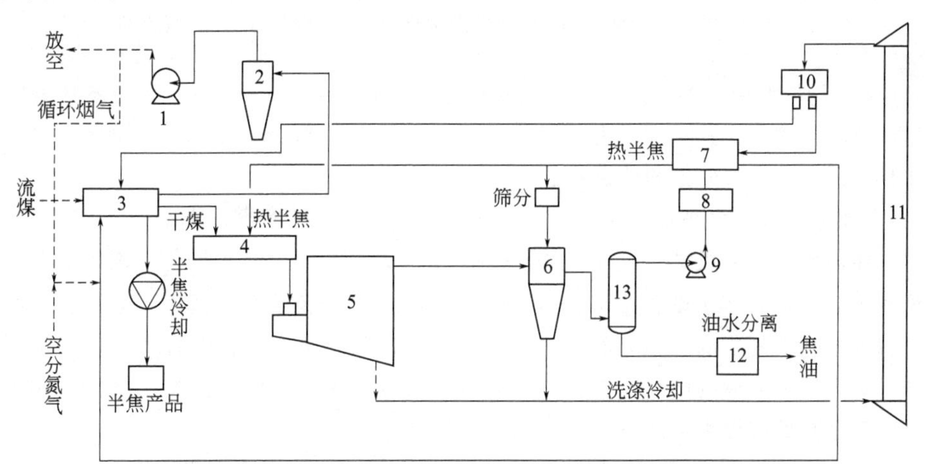

图1-11 中国神华模块化固体热载体热解工艺流程示意图

1—引风机；2—除尘器；3—煤回转干燥器；4—调料器；5—热解器；6—除尘器；7,8—燃烧器；9—鼓风机；10—分料器；11—提升机；12—油水分离器；13—冷却器

该工艺将褐煤破碎至0～30mm，经过双套桶回转干燥器干燥后，与半焦加热窑来的高温半焦混合，在移动床热解器内热解。其为固体热载体加热方式，宽粒度入料，

热态除尘。目前正在进行 6000 $t \cdot a^{-1}$ 中试研究。

② 大连理工大学 DG 工艺。我国起步较早的煤热解工艺是大连理工大学开发的新法干馏 DG 工艺，其工艺流程如图 1-12 所示。该工艺主要由煤处理系统、干馏系统、固体热载体提升和回收系统等组成。它以热解产生的半焦作为热载体，将热载体与原料煤在混合器里混合，发生低温快速干馏反应；产生的气体经分离后作为煤气；一部分半焦作为产品排出系统，一部分半焦加热后作为热载体。其工艺流程见图 1-15。

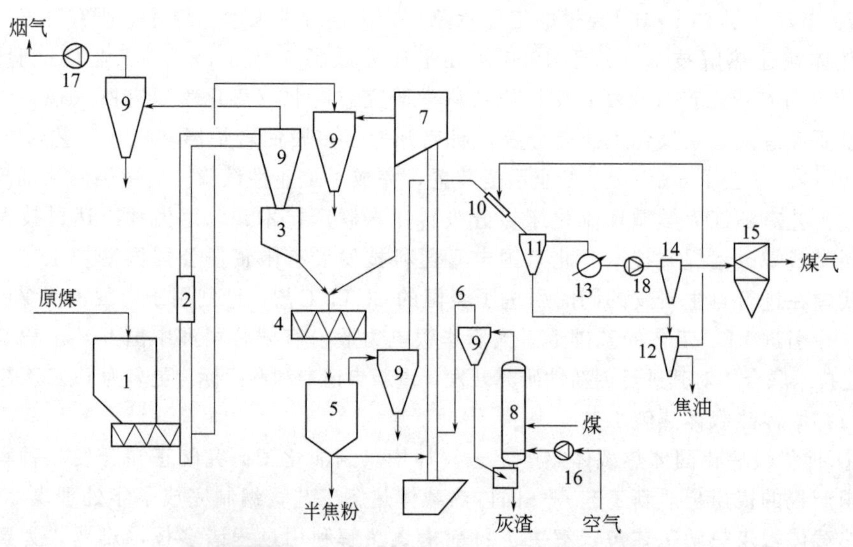

图 1-12 大连理工大学 DG 工艺流程示意图

1—煤槽；2—干燥管；3—干煤槽；4—混合器；5—反应器；6—加热提升管；7—热焦粉槽；8—热化燃烧炉；9—旋风分离器；10—洗气管；11—气液分离器；12—分离槽；13—间冷器；14—降焦油器；15—脱硫箱；16—空气鼓风机；17—引风机；18—煤气鼓风机

DG 工艺最大特点表现在：a. 煤焦油收率高可以达到 10%左右，而一般热解技术的焦油收率仅为 6%左右。b. 由于该技术可以利用小于 6mm 小粒煤，原料价格便宜，为此具有明显的经济效益和社会效益。

DG 工艺已完成多种油页岩、南宁褐煤、平庄褐煤和神府煤的 10$kg \cdot h^{-1}$ 的试验室试验，在内蒙古平庄煤矿建成 $5\times10^4 t \cdot a^{-1}$ 的工业示范厂。2012 年利用该技术在陕北神木县锦界工业园区建设了一套 $60\times10^4 t \cdot a^{-1}$ 工业化示范装置，由于至今没有解决热解过程挥发物即气液固三相分离技术难题，致使该装置至今一直没有转入正常工业化生产。为此这一问题的解决与否将是该技术以及以粉煤为原料的同类相关技术能否全面推向工业化的关键因素之一。

③ 济南锅炉厂热电煤气多联产工艺（BJY 工艺）。BJY 工艺由北京动力经济研究所和济南锅炉厂共同开发的热电煤气多联产工艺。该工艺是在循环流化床锅炉一侧设置一个移动床干馏器，流化床的循环灰先被送入其中，循环热灰作为热载体对煤进行热解，析出挥发分，而煤热解形成的半焦和循环灰，最后被回送到锅炉中进行循环燃烧。装置流程如图 1-13 所示。

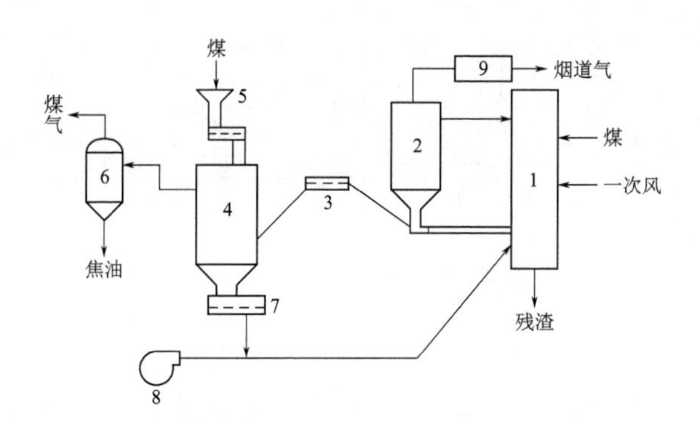

图1-13 BJY工艺流程示意图

1—燃烧室；2—旋风分离器；3—灰输送绞龙；4—热解反应器；5—煤仓；
6—气液分离器；7—半焦输送绞龙；8—鼓风机；9—冷却器

将煤磨碎至0～8mm，其中20%的煤通过锅炉给煤机进入锅炉炉膛，80%煤通过干馏器给煤机与热灰一起进入干馏，在干馏器内进行混合、热解，产生的半焦又经返料系统返回炉膛，作为锅炉的燃料。燃烧烟气经炉膛上部出口的旋风分离器将灰分离后经冷却器、引风机和烟囱排出。锅炉产生的热水经冷却后循环使用。锅炉的旋风分离器分离的一部分热灰经返料器进入锅炉炉膛，形成正常的炉膛、分离器、干馏器和返料器组成的循环系统。该技术的关键是保证给煤和高温混合灰的均匀混合，以防止干馏器中煤的结团。

BJY工艺在煤处理量为150kg·h^{-1}的热态试验装置上对5种煤种进行试验，并以此为基础，在1995年通过和北京水利电力经济研究所等单位合作在辽源市建立了处理煤量为6.5t·h^{-1}的工业试验装置，并进行了多项工业性试验。1992年济南锅炉厂制造了处理150kg·h^{-1}的工艺装置。1995年在辽宁市进行了工业性试验，用35t·h^{-1}循环流化床锅炉与热解反应器匹配，取得了试验数据。济南锅炉厂在肥城设计完成了75t·h^{-1}循环流化床三联产工艺。

④ 浙江大学流化床热解联产工艺（ZDL工艺）。浙江大学是国内较早开发流化床热解技术的单位，也是较早开发多联产技术的单位之一。该流化床热解联产工艺系统由燃烧室、气化炉、返料器、汽水系统、煤气净化系统和焦油回收等部分组成，主要用于完成热解、气化、燃烧分级转化、焦油收集等工艺。煤首先进入气化炉内热解，产生的煤气经净化后，一部分输出民用，另一部分送入流化床气化炉作为流化介质；气化炉中的半焦及放热后的循环热灰通过返料装置进入循环流化床锅炉，半焦燃烧产生的蒸汽用于发电、供热；气化炉内煤热解反应所需热量由循环流化床锅炉的循环热灰提供，流化介质采用的是低温净化后的再循环煤气或过热蒸汽。图1-14为其工艺技术流程示意图。该技术的关键是保证大量固体循环物料在流化床锅炉燃烧室和气化炉之间循环而没有气体串通。

浙江大学开发的流化床热解联产工艺经过了1 MW热态试验，对大同烟煤、平顶山烟煤、徐州烟煤、淮南烟煤做了测试分析，并完成了35t·h^{-1}、75t·h^{-1}、130t·h^{-1}的热电气多联产系统的设计，浙江大学已和淮南矿业集团合作在安徽淮南建设了125MW

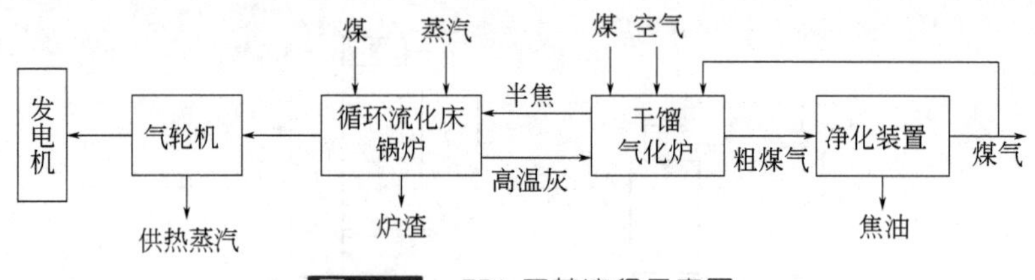

图 1-14 ZDL 工艺流程示意图

热电煤气焦油联产的装置，并于 2008 年完成工业性试验。

⑤ 中科院过程工程研究所“煤拔头”工艺（BT 工艺）。“煤拔头”（BT 工艺）是中国科学院郭慕孙院士提出的新型煤炭转化技术。该技术通过与循环流化床的有机结合，在低温情况下不添加任何催化剂，采用温和的热解方式提取煤炭中气体和化工产品，即煤炭发电燃烧之前经过快速热解、快速分离和快速冷却，提取出焦油和煤气，剩余固体产品（半焦）发电，实现油、热、煤气和电的多联产。工艺流程如图 1-15 所示。

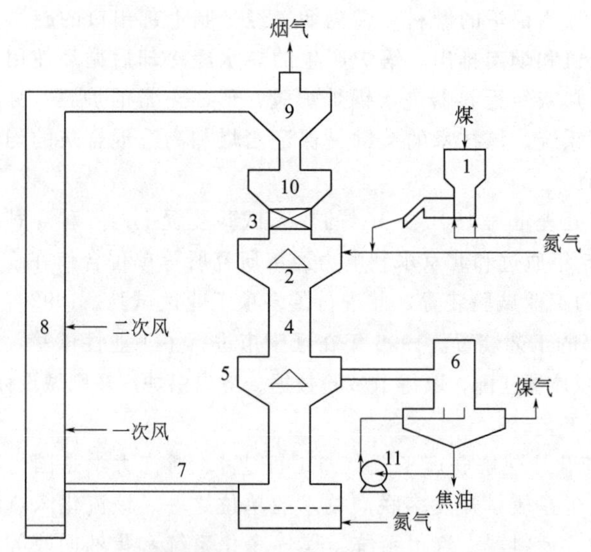

图 1-15 BT 工艺流程示意图

1—煤仓；2—混合器；3—料阀；4—下行床反应器；5—快速气固分离器；6—快速冷凝器；7—反料阀；8—流化床燃烧室；9—旋风分离器；10—灰仓；11—焦油泵

“煤拔头”技术的工艺特点是：条件温和，工艺简单，在常压与中温条件下从煤中提取煤焦油；系统集成，使目前国际循环流化床的快速床与下行床有机结合应用在一起；能够最优地转化提取煤中有效组分，实现高价值产品的加工。关键技术体现在快速热解、快速分离与快速冷却三方面，提高热解温度、加热速率，降低停留时间，实现液体产品的轻质化与气固快速分离。

中国科学院过程工程研究所在完成 $8kg \cdot h^{-1}$ 实验室试验的基础上，与哈尔滨工业大学能源科学与工程学院进行中试方面合作，在设备制造方面与哈尔滨红光锅炉集团进行合作，设计了 35t·h^{-1}循环流化床。山西煤化所在煤拔头工艺上也开展了自己的研究，其以获取焦油为目的，配合联合循环发电的煤拔头项目，在陕西府谷建设的处理量为 10t·h^{-1}的中试装置，2007 年 8 月中试试验正式运转。

(2) 气体热载体热解工艺

① SH2007 低温干馏工艺。SH2007 低温干馏炉是内热式干馏的一种代表性炉型，由陕西冶金设计研究院有限公司 2007 年在原有 SH2005 和 SH2006 炉型的基础上进行改进和设计的，单台炉的生产能力为年产半焦 1×10^5t，其工艺流程如图 1-16 所示。

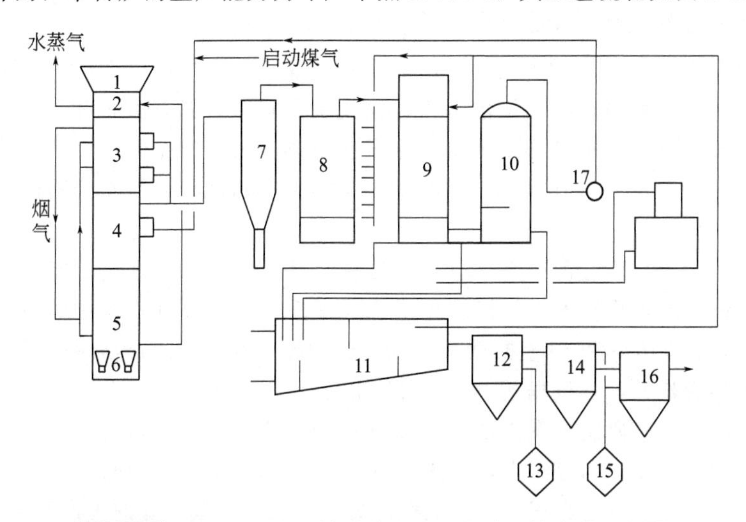

图 1-16　SH2007 型内热式直立炭化炉的工艺流程示意图

1—受煤坑；2—煤-1 胶带机；3—筛分室；4—煤-2 胶带机；5—煤塔；6—煤-3 胶带机；7—炉顶煤仓；8—煤阀；9—辅助煤箱；10—直立炉；11—排焦口；12—刮焦槽；13—风机；14—刮焦机；15—半焦-1 胶带机；16—转运站；17—半焦-2 胶带机

由备煤工段运来的合格入炉煤（粒径为 15～200mm），每半小时打开放煤旋塞向炭化炉加煤一次。加入炭化炉的块煤自上而下移落，与燃烧室送入的高温气体逆流接触。炭化室的上部为预热段，块煤在此段被加热到 400℃左右；接着进入炭化室中部的干馏段，块煤在此段被加热到 700℃左右，并被炭化为半焦；半焦通过炭化室下部的冷却段时，经排焦箱水夹套循环水冷却至 150℃左右，最后被推焦机推入炉底水封槽内，被冷却到 50℃左右由炉子底部的刮焦机连续刮出，落入半焦料仓后进入筛焦工段。煤料炭化过程中产生的荒煤气与进入炭化室的高温废气混合后送至煤气净化工段。净化后的煤气一部分回炉与由离心风机鼓入直立炉内的空气一起进入燃烧室燃烧，燃烧产生的高温废气，通过砖煤气道两侧的进气孔进入炭化室，利用高温废气的热量将煤料进行炭化。

SH2007 型内热式直立炭化炉的炉型由 3 孔炭化室、12 个排焦口组成，炉体从里往外分别由内部耐火砖布气花墙、中心隔墙、耐火砖内墙、保温隔热层和红砖外墙组成。炭化室从上至下分为预热段、干馏段和冷却段；干馏段采用高铝砖砌筑，耐火砖错缝排布。在干馏段外侧设置燃烧室，煤气与空气在燃烧室内燃烧生成高温废气，高温废气经燃烧室和炭化室干馏段间隔墙的布气孔进入炭化室。该炉型有如下结构特点：a. 炉体结构简单，造价低，高效内燃，低温干馏，半焦、中温煤焦油和煤气质量有保障；b. 耐火材料用量少，炉体主要选用黏土质和高铝质致密性耐火材料，对于局部摩擦阻力较大部位则采用钢纤维增强耐火浇注材料；c. 炉顶部安装有集气罩，起到布料均匀、集气的作用；d. 炉上、中、下部和排焦口均装有测温装置；e. 供给炉内的加热煤气和空气均设有计量装置和燃气混合装置；f. 单座产量 $10\times10^4 t\cdot a^{-1}$，设计时预留超产 $2\times10^4 t\cdot a^{-1}$的余量；g. 采用连续上煤定时自动布料、水封密闭排焦，环保效果好。该设备半焦收率为60.6%，焦油收率为6.06%，煤气产量约为800m^3（标）。因为该炉型为内热式，约50%的煤气可以用来加热炉体，实际可产半焦约为400m^3（标）。

2007年8月，由神木县大柳塔华盛机制兰炭厂首家投资建设的第一座SH2007型内热式直立炭化炉正式开工。2008年9月顺利投产，该炉型在保证产品质量的同时其生产能力最高可达到 $12\times10^4 t\cdot a^{-1}$，目前该炉型在鄂尔多斯以及新疆地区推广了多套装置。

② 神木三江SJ型低温干馏工艺。SJ低温干馏方炉也是内热式干馏炉的一种代表性干馏炉。该干馏炉是神木县三江煤化工有限责任公司在鲁奇三段炉的基础上，总结了当地内热式直立方炉和SJ复热式直立炭化炉的技术优点及生产实践经验，吸收了国内外有关炉型的长处，并根据榆林、神木、府谷、东胜煤田挥发分高、灰熔点低、含油率高的煤质特点而研制开发出的一种新型炉型。该炉型具有物料下降均匀、布料均匀、布气均匀、加热均匀等特点，真正实现了煤的低温干馏，同时，增大了焦炉的有效容积，提高了焦炉单位容积和单位截面的处理能力，干基原煤的焦油产率可达7%以上，增加了焦油的轻组分，提高了焦油的经济价值。

SJ低温干馏方炉分为干燥段、干馏段和冷却段三个部分。SJ型干馏炉结构如图1-17所示。其主要工艺为：块煤通过煤仓布料器进入干馏室，实行了布料均匀；冷却后的煤炭进入炉底水封槽，采用拉焦盘和刮板机水封出焦，实现了物料下降均匀、出焦均匀；煤气和空气在文氏管内混合均匀喷入花墙内，经花墙孔喷出进入炉内燃烧，与循环冷却煤气及水封产生的水蒸气混合成干馏用的热载体将煤块加热干馏。煤气由炉顶集气阵伞引出进入冷却系统，实现了加热均匀和煤的低温干馏。

SJ低温干馏方炉在设备选型上采用煤气离心增压鼓风机，克服了普通离心风机密闭性能差、煤气和焦油泄漏的问题。出焦系统采用水捞焦方案。刮板机出焦口设有烘干机，确保焦炭的水分控制在12%以下。在工艺流程上保持了SJ复热式直立炭化炉简单、紧凑、便于操作维护、利于防冻的优点。

SJ工艺系统单炉年产焦炭规模经历了由年产3万吨、5万吨一直发展到10万吨以上的炉型几个阶段。2005年6月份，SJ-Ⅲ型干馏炉由欧亚工业财团引进，成功出口到哈萨克斯坦共和国，2006年投入生产，加工能力为 $30\times10^4 t\cdot a^{-1}$。2006年神木县三江煤化工公司与国内著名研究院所合作完成了陕西省重大科技专项计划项目—“$30\times10^4 t\cdot a^{-1}$洁净兰炭生产成套技术和装备”生产线项目，并设计推广了 $60\times10^4 t\cdot a^{-1}$生产线，设计开发的SJ-Ⅴ型低温干馏炉，其单炉处理量 $1500 t\cdot d^{-1}$。

③ GF型褐煤提质工艺（国富炉）。GF型褐煤提质工艺也称“GF低阶煤（油页

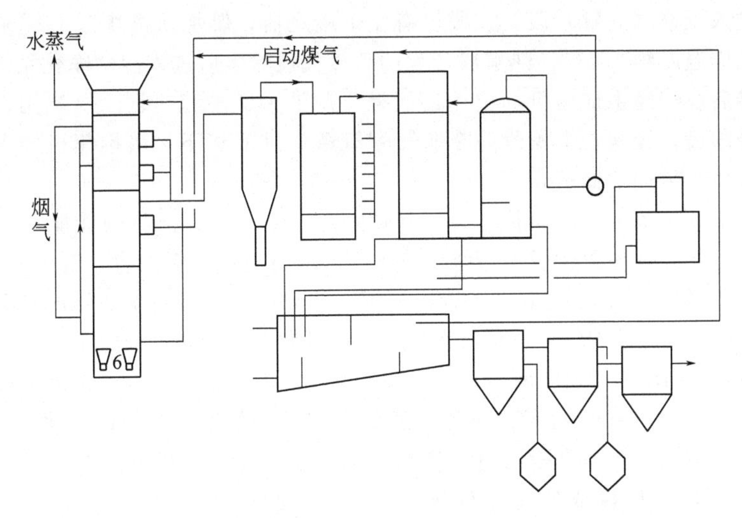

图 1-17 SJ 干馏炉结构示意图

岩）分级分质综合利用技术”为北京国电富通公司自主研发、拥有自主知识产权的核心技术，是国内低阶煤综合利用方面唯一实现工程应用的成熟技术，简称“国富炉”。通过“国富炉”技术可将低阶煤、油页岩等原材料进行干馏制取焦油、半焦、煤气、水等产物。该工艺核心设备是采用外燃内热式的低温热解方炉。其工艺流程如图 1-18 所示。

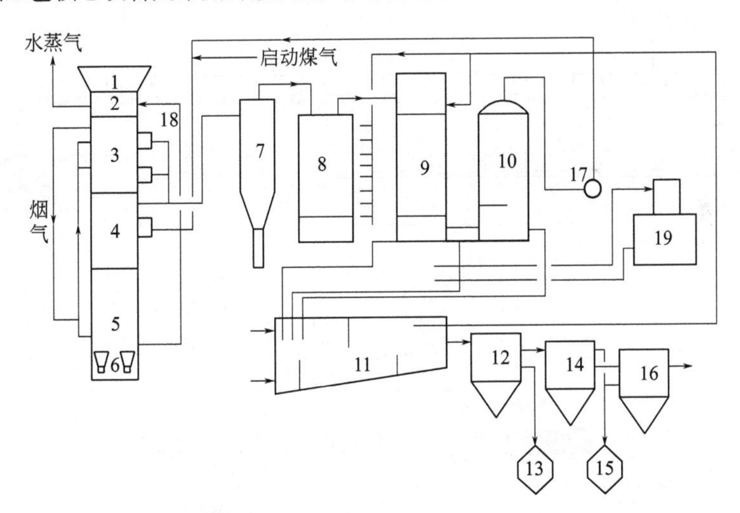

图 1-18 GF 型褐煤提质工艺流程示意图

1—煤斗；2—预热段；3—干燥段；4—干馏段；5—冷却段；6—半焦；7—除尘器；8—双竖管；9—间冷器；10—电捕；11—酚水槽；12—初焦油分离器；13—焦油槽；14—油分离器；15—轻油槽；16—最终油分离器；17—煤气加压机；18—燃烧器；19—冷水塔

煤斗内的原料煤利用冷却段出来的热烟气进行初步预热后经插板门进入干燥段。干燥段设有 4 个燃烧器，燃烧所需煤气来自热解煤气，在该段煤中 95%以上的水分被脱除，同时煤的温度被提高到 150℃左右，干燥段烟气送入冷却段用于半焦冷却，干煤继续下行进入干馏（热解）段，该段设有4个燃烧器，燃烧所需煤气同样来自热解煤气，热解反应温度约560℃。热解段产生的荒煤气经除尘后进入冷却净化系统回收焦油和煤气，最后煤气经由加压机抽出返送回提质炉供干燥段和热解段燃烧用。热解半焦下行进入冷却段，经来自干燥段的冷烟气冷却降至80℃以下，由推焦机推入埋刮板机内汇集到输焦胶带运往储焦仓。

第一台工业示范项目（锡林浩特0号炉）由内蒙古锡林浩特国能能源科技有限公司投资承建，年处理褐煤原煤50万吨，2009年10月建成；第二台国富炉（锡林浩特1号炉）于2011年5月施工建设，2012年3月点火试运行，单台炉的年加工褐煤量为50万吨。根据现场生产数据统计，半焦产品平均得率为42%，焦油回收率达80%～85%。

2015年9月15日，国电南瑞全资子公司北京国电富通公司与陕西陕北乾元能源化工有限公司$50\times10^4t\cdot a^{-1}$处理低阶煤“国富炉”工业试验项目EPC总承包合同签字仪式在陕西西安举行。此项目是国电富通公司GF低阶煤综合利用技术在长焰煤提质领域的首次应用，项目建成后将年处理长焰煤50万吨，年产半焦33.84万吨、煤气0.132亿立方米、焦油3.312万吨。

④ 柯林斯达带式炉工艺。北京柯林斯达公司开发的带式炉工艺技术由炉体、驱动系统、传运输送系统、自动控制系统四部分组成。另配套有燃煤热风炉、干法产品冷却系统。带式炉为水平连续式煤炭加工设备，沿水平长度方向分为干燥段、改性（热解）段和冷却段。工艺原理示意见图1-19。

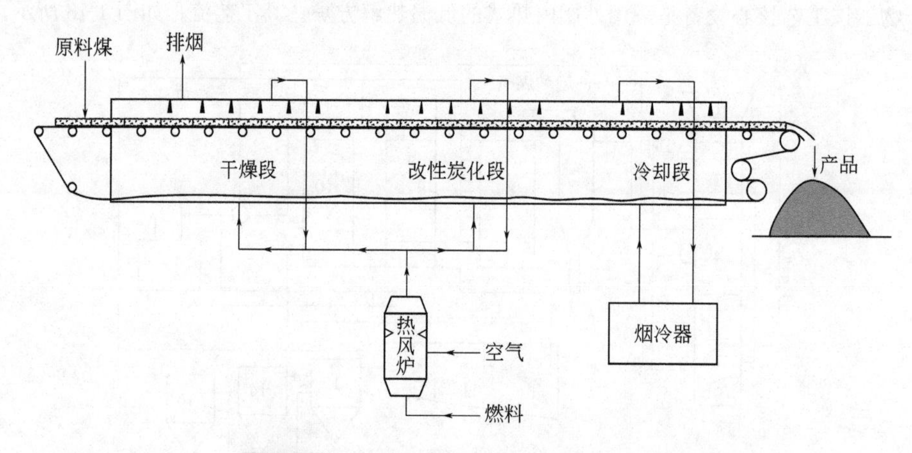

图1-19 柯林斯达带式炉工艺流程示意图

带式炉采用透气性好的柔性环形耐热金属带煤料输送，工作时，原料煤从入炉端均布于（煤厚约200mm）输送带上，随带水平移动，在炉内各段，气体热载体与煤料穿层加热，在干燥段工作温度200℃下，煤料受热干燥，脱除游离外在水分；在改性段工作温度200～300℃下，煤料升温脱除煤中内水和部分含氧官能团；在炭化段工作温度500～600℃下，褐煤受热分解，析出低热值挥发分，成为提质煤（半焦）。在冷却段采用低温烟气将热提质煤冷却至60℃以下出炉即成合格产品。

带式炉配套有燃褐煤流化床热风炉、干法产品冷却系统。热风炉产出的高温热烟气采用炉内废烟气调温，确保烟气热载体含氧量控制在3%以内。该工艺三大核心技术为：a. 热风炉技术，以褐煤粉煤为燃料的流化床低氧燃烧技术，热烟气含氧量低，无煤尘燃烧、爆炸危险；b. 带式提质炉技术，热烟气簿煤层穿层加热，气体阻力小，热交换强度高，生产能力大；c. 产品干法冷却技术，炉内采用气、水间接冷却产品，炉外采用空冷器间接冷却，冷却液闭路密封循环，不消耗工业水，也不产生工业废水。

2010年10月，蒙元$30\times10^4 t\cdot a^{-1}$褐煤提质项目在锡林郭勒盟投产。2012年9月内蒙古新大洲能源科技公司采用北京柯林斯达工程技术有限公司带式炉褐煤低温热解提质工艺，建设了$100\times10^4 t\cdot a^{-1}$褐煤提质系统配套土建工程。此项目可年生产高热值提质煤70万吨，煤焦油5万吨。2015年9月，由陕西煤业化工技术研究院有限责任公司和北京柯林斯达科技发展有限公司共同完成的“气化-低阶煤热解一体化技术工业试验项目”通过验收。该技术推进了低阶煤定向热解制高品质焦油与煤气技术研发进程，目前正处在向工业化阶段推广。

⑤ 中钢热能院大型内热式直立炉煤干馏技术（ZNZL工艺）。ZNZL工艺是中钢集团鞍山热能研究院（中钢热能院）在国内第一家提出的大型内热式直立炉技术工艺。该工艺是以低阶煤（长焰煤、不黏煤或弱黏煤、褐煤）及油页岩为原料，生产半焦(铁合金专用焦、电石专用焦和化肥用焦、干馏煤等)、低温焦油和干馏气的技术工艺。该项技术工艺流程简单，热效率较高，生产能力大，投资少，干馏过程连续密闭，操作环境好，劳动强度低，提高了低阶煤的利用价值。

ZNZL工艺流程包括备煤单元、炭化单元、筛焦单元、煤气净化、污水处理单元。备煤车间：原料煤用单斗装载车送入受煤坑，然后卸至带式输送机送煤到筛分楼，筛分后粒度为25～80mm块煤经带式输送机、转运站送入直立炉顶煤塔贮仓内。炭化车间：炉顶煤仓内的块煤，经辅助煤箱装入炭化室内。加入炭化室的块煤自上而下移动，与炭化室中部的高温气体逆流接触，并被炭化为半焦；半焦通过干馏室下部的冷却段冷却，然后通过往复式推焦机将半焦从推焦盘推入熄焦水槽内，用刮板放焦机连续排出后，通过溜槽落到烘干机上。筛焦车间：炭化炉排出的半焦进入干燥机，然后通过胶带机，经多层振动筛筛分，不同筛分粒级焦炭分别经胶带机送至贮焦场。煤气净化车间：煤气净化车间分为鼓冷工段和脱硫工段两部分。自炭化炉顶出来的荒煤气，经集气槽—气液分离器—直冷塔（直冷塔＋间冷塔）—电捕焦油器冷却并回收煤焦油，然后经煤气鼓风机一部分压送至直立炉供加热，剩余煤气经脱硫工段脱硫后送至污水焚烧车间焚烧处理工业污水。

为解决块煤的干馏热解技术问题，2006年中钢集团鞍山热能研究院总结多年的设计经验和生产实践，在内蒙古鄂尔多斯地区和陕西神木地区设计、建设了规模为$30\sim60\times10^4 t\cdot a^{-1}$的直立炉工程。2007年9月，中钢热能院研发设计的我国第一座大型化直立炉炼焦项目在陕西省神木锦界天元化工有限公司投入生产，至今中钢热能院已设计了国内外20多项直立炉工程，设计能力达到$2000\times10^4 t\cdot a^{-1}$，市场占有率达到50%，大型内热式直立炉已经成为中低温煤干馏的主要炉型。该工艺的工程项目业绩如表1-55所示。

表 1-55 中钢热能院大型内热式直立炉煤干馏技术工程项目业绩一览表

序号	厂家名称	规模($\times 10^4 t \cdot a^{-1}$)		污水处理	煤气综合利用
		产量	一期		
1	内蒙古鄂绒集团	120	60	焚烧	烧石灰石
2	神华神冶公司	120	60	焚烧	发电
3	天元化工公司一期	60		焚烧	提氢
4	神木德润公司	80		焚烧	发电
5	汇能煤电集团	120	60	焚烧	发电
6	乌兰鑫瑞公司	60		焚烧	烧金属镁
7	特弘集团	60		焚烧	玉米加工
8	天元化工公司二期	75		焚烧	提氢
9	远兴能源公司	60	30	焚烧	发电
10	伊犁永宁煤业公司	60		焚烧	发电
11	诚峰石化公司	120		焚烧	提氢
12	东方希望科技公司	60		焚烧	提氢
13	宁夏宝塔集团	600	240	焚烧	提氢、发电
14	新疆新业	240	120	焚烧	发电
15	哈萨克斯坦	35		焚烧	发电
16	新疆金盛镁业公司	60		焚烧	镁合金
17	新疆华电煤业公司	180		焚烧	提氢
18	新疆昌源准东煤化工有限公司	180		焚烧	提氢
19	新疆广汇煤炭清洁炼化有限责任公司	510		生化	提氢
20	上海同业煤化集团公司	120		焚烧	提氢

(3) 气/固体热载体外热式——多段回转炉工艺(MRF 工艺) MRF 工艺是中国煤炭科学研究总院北京煤化工分院开发的低变质煤热解工艺，主要是针对我国年青煤的综合利用而开发的一项技术。该工艺利用多段串联回转炉对低阶煤进行干燥、热解、增碳等不同阶段的热加工，得到较高收率的焦油、中热值煤气及优质粒状半焦。依据半焦用途可在较大范围调整原煤粒度。其工艺流程见图 1-20。

其流程是将粒度为 6～30mm 的褐煤在回转干燥器中干燥后进入外热式回转热解炉中低温热解，所得半焦在冷却回转炉中用水冷却熄焦后得到提质半焦产品，由热解炉排出的热解气体进一步处理利用。热解炉为外热式回转炉，使用固体或气体燃料从外部加热，干燥煤在其中热解并析出焦油蒸气和中热值煤气。热解温度可控制在 500～700℃。半焦在熄焦炉中湿法熄灭，通过停留时间及进水量调节，以保证半焦安全熄透并节约用水。

MRF 工艺以建立中小型生产规模为主，采用并联工艺。先后建立了 $1kg \cdot h^{-1}$、$10kg \cdot h^{-1}$、$100kg \cdot h^{-1}$ 规模的一系列实验室热解装置，对先锋、大雁、扎莱诺尔、天祝、东胜等地区的不同煤进行了大量的热解试验，系统地分析了半焦、焦油和煤气的性质，并对半焦和焦油的加工利用途径进行了研究，于 20 世纪 90 年代初在内蒙古海拉尔建起了 $2\times 10^4 t \cdot a^{-1}$ 规模的褐煤 MRF 热解工业示范厂。

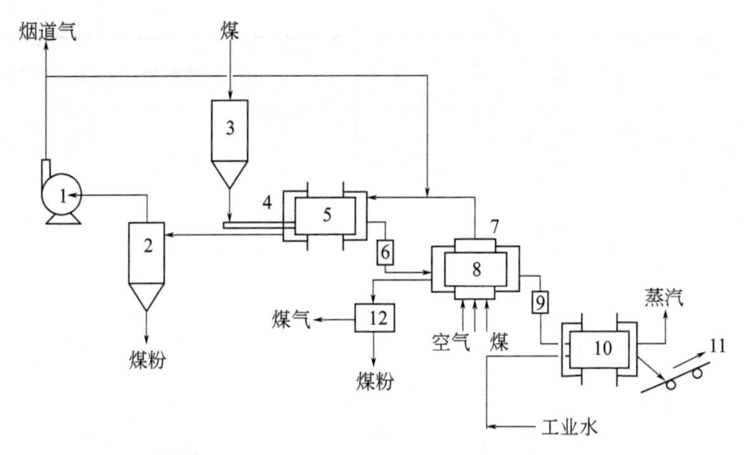

图 1-20　MRF 多段回转炉热解工艺流程示意图

1—引风机；2—分离器；3—煤仓；4,6,9—送料器；5—干燥炉；
7—燃烧炉；8—热解炉；10—半焦冷却炉；11—皮带输送机；12—除尘器

1.5.2.3　国内外典型热解技术现状及对比

表 1-56 中归纳了 15 种国内现阶段处于运行、建设或者规划煤热解提质技术，其中 LCC 工艺是在 LFC 工艺的基础上进行自主开发，进而实施国产化的技术；CCTI 工艺和闭环闪蒸炭化技术的专利来自美国；其余技术属于国内自主开发或在已有工艺的基础上进行改进。目前使用的煤种既有褐煤也有低煤化程度的烟煤，其中褐煤涵盖了我国的两大赋存区域内蒙和云南。由表可知，国内热解提质技术主要的传热形式分为内热式和外热式两大类，采用的热载体有热烟气、热半焦和高温灰等，产品种类因工艺技术的差别而不同。

表 1-56　国内热解提质技术工艺特点及工业化现状归纳表

序号	技术	技术来源	代表	厂址	煤种	粒度/mm	传热形式	热载体	规模	状况	产品
1	SJ 低温干馏方炉工艺	神木三江公司	辰龙集团	内蒙古兴安盟	褐煤	20～100	内热式	热烟气	200 万吨·年$^{-1}$	在建	焦油、半焦、煤气
2	DG 工艺	大连理工大学	陕煤化神木富油	陕西神木	神木长焰煤	0～6	内热式	热半焦	2×60 万吨·年$^{-1}$	试运行	焦油、半焦、煤气
3	MRF 工艺	北京煤化院	—	内蒙古海拉尔	内蒙褐煤	6～30	外热式	热烟气	2 万吨·年$^{-1}$	工业示范	半焦、焦油、煤气
4	循环流化床煤分级转化多联产技术	浙江大学	淮南新庄孜电厂	安徽淮南	淮南烟煤	0～8	内热式	高温灰	75t·h^{-1}	完成试生产	电力、焦油、煤气

续表

序号	技术	技术来源	代表	厂址	煤种	粒度/mm	传热形式	热载体	规模	状况	产品
5	带式炉改性提质技术	柯林斯达公司	蒙元煤炭公司	内蒙古锡林浩特	内蒙褐煤	3～25	内热式	热烟气	30万吨·年$^{-1}$	工业示范	改性褐煤
6	GF-I型褐煤提质工艺	北京国电富通公司	锡林浩特国能公司	内蒙古锡林浩特	内蒙褐煤	6～120	内热式	热烟气	50万吨·年$^{-1}$	工业示范	半焦、焦油
7	固体载热褐煤热解技术	—	曲靖众一化工公司	云南曲靖	云南褐煤	0～10	内热式	含灰半焦	120万吨·年$^{-1}$	正在建设	半焦、煤气、焦油
8	LCP技术	国邦清能公司	国邦清能公司	内蒙古霍林郭勒	内蒙褐煤	不详	外热式	热烟气	100万吨·年$^{-1}$	已经建成	LCP煤、煤气、焦油
9	蓄热式无热载体旋转床干馏新技术	北京神雾集团	北京神雾集团	北京	褐煤长焰煤	10～100	外热式	热烟气	3万吨·年$^{-1}$	试验	半焦、焦油、干馏气、水
10	鼎华低温干馏工艺	鼎华公司	鼎华开发公司	内蒙古锡林浩特	内蒙褐煤	5～50	内热式	热烟气	18万吨·年$^{-1}$	已经建成	半焦、煤气、焦油
11	CCTI工艺	美国洁净煤公司	中蒙投资公司	内蒙古乌兰浩特	内蒙褐煤	<50	外热式	热烟气	150万吨·年$^{-1}$	规划建设	提质煤、焦油
12	闭环闪蒸炭化技术	比克比公司	博源公司	内蒙古锡林浩特	内蒙褐煤	<0.075	外热式	不详	20万吨·年$^{-1}$	正在建设	炭粉、焦油、天然气
13	LCC工艺	大唐华银-中国五环	大唐华银公司	内蒙古锡林浩特	内蒙褐煤	6～50	内热式	热烟气	30万吨·年$^{-1}$	正在运行	PMC、PCT
14	ZNZL直立炉工艺	中钢热能院	中钢热能院	陕西神木	褐煤	13～200	内热式	热烟气	2000万吨	运行	半焦、焦油、兰炭

表1-57是对国外常见的8种工艺技术相关特点归纳表。由表可看出，国外各类工艺中以内热式炉型的数量最多，以气体为热载体的工艺种类最多。大多数热解工艺主要产品为兰炭煤焦油和焦炉气。

表1-57　国外煤中低温热解工艺技术特点归纳表

工　艺	加热方式	原　料	目标产物	单炉规模	开发单位
伍德	气体热载体外热式	>20mm 长焰/褐煤	煤气/兰炭	焦<6.5万吨·年$^{-1}$ 工业化	英国
考伯斯	气体热载体外热式	>20mm 长焰/褐煤	焦油/兰炭	焦<6.5万吨·年$^{-1}$ 工业化	西德

续表

工　艺	加热方式	原　料	目标产物	单炉规模	开发单位
鲁奇三段炉	气体热载体内热式	25～60mm长焰/褐煤	焦油/兰炭/煤气	300～500t·d^{-1}工业化	德国鲁奇
鲁奇-鲁尔(L-R)	固体热载体内热式	褐煤/不黏煤/弱黏煤/油岩	焦油/兰炭/煤气	1600t·d^{-1}工业化	德国-美国
Garrett工艺	固体热载体内热式	<200 目长焰/褐煤	焦油/兰炭/煤气	处理煤3.8t·d^{-1}	美国 Garrett
Toscoal工艺	固体热载体内热式	<200 不黏/弱黏煤	焦油/兰炭/煤气	处理煤6.6 万吨·年$^{-1}$	美国油页岩公司
COED工艺	内热式气体热载体	<2mm 烟煤/褐煤	兰炭/焦油	36t·d^{-1}(中试)工业化	美国 FMC 公司
ETCH-175	内热式固体热载体	<6mm 褐煤/泥煤	焦油/兰炭/煤气	4200t·d^{-1}	前苏联

参 考 文 献

[1] 肖瑞华. 煤焦油工学 [M]. 北京：化学工业出版社，2007.

[2] 马建亮，彭亚伟，李国军，等. 利用煤焦油加氢转化试制燃料油 [J]. 河南冶金. 2005，13 (6)：37-45.

[3] 徐春霞. 煤焦油的性质与加工利用 [J]. 洁净煤技术，2013，8 (3)：15-17.

[4] 马宝歧，任沛建，杨占彪，等. 煤焦油制燃料油品 [M]. 北京：化学工业出版社，2011.

[5] 肖瑞华. 焦化学产品生产技术问答 [M]. 北京：冶金工业出版社，2007.

[6] 周军，高明彦，孙建军. 高温煤焦油加氢技术与发展 [J]. 山东化工，2012，31 (6)：38-40.

[7] 陕西省地方标准. 中温煤焦油，DB 61/T 385—2006，2006.

[8] 王明，吴志勇，徐秀丽，等. 直立炉炼焦过程中焦油分布及脱水的研究 [J]. 冶金能源，2004，23 (1)：41-43.

[9] 黄绵延. 长焰煤中温煤焦油综合利用的研究 [D]. 鞍山：鞍山科技大学，2003.

[10] 杨小彦. 中温煤焦油预处理工艺、动力学及固体杂质性质研究 [D]. 西北大学，2011.

[11] 华东石油学院炼油工程教研室. 石油炼制工程（上）[M]. 北京：石油工业出版社，1982.

[12] 楚计正，张玉梅. 满足精馏塔时时仿真需要的石油馏分物性简化关联 [J]. 炼油设计，1997，18 (3)：51-55.

[13] 张海军. 煤焦油加氢反应性的研究 [D]. 太原理工大学，2007.

[14] 王红花. 浅谈重油的燃烧装置 [J]. 陶瓷，2009，9 (7)：45-46+51.

[15] 康志勇. 稠油密度与温度的关系方程 [J]. 特种油气藏，1995，2 (3)：27-29.

[16] 沈文敏. 稠油视密度与不同温度下的密度换算 [J]. 工业计量，2010，7 (5)：61+63.

[17] 康志勇，张勇. 辽河油区计算稠油黏度通用方程 [J]. 特种油气藏，2005，12 (6)：101-103.

[18] 严其柱，王凯，薛二丽，等. 河南油田汗水稠油黏温关系的研究 [J]. 油气储运，2005，24 (12)：36-42.

[19] 伍林，宗志敏，魏贤勇，等. 煤焦油分离技术研究 [J]. 煤炭转化，2001，24 (2)：17-24.

[20] Hara T，Jones L，Li N C et al. Ageing of SRC Liquids [J]. Fuel，1981，60 (12)：1143-1148.

[21] 伍林. 煤焦油溶剂萃取分离与利用环芳烃的定向转化 [D]. 徐州：中国矿业大学，2000.

[22] Madurai E，Wu F，Xu B. Characterizationof tars from the pyrolysis of a coal liquefaction extract fraction [J]. Energy&Fuels，1995，9 (2)：269-276.

[23] 宗志敏. 煤焦油中芳香族化合物的有效分离和转化的研究 [D]. 徐州：中国矿业大学，1997.

[24] 孙可华. 榆林神木锦界天元公司 25 万 t/a 中温煤焦油轻质化试产成功 [J]. 国内外石油化工快报, 2008, 38 (6): 27.

[25] Surly R, Gustavo A. Ultrasoundextraction of phenolic compoundsfrom coconut shell powder [J]. Journal of Food Engineering, 2007, 80: 869-872.

[26] 高振楠. 煤炭直接液化产品油中酚类物质分析与提取 [J]. 化工进展, 2010, 29 (增刊): 82-89.

[27] 李香兰, 梁晓峰, 闫效德, 等. 同 MC-MS 对平朔煤 IHR 低温热解煤焦油组成的分析 [J]. 煤炭转化, 1998, 21 (2): 75-81.

[28] 姚婷, 杨宏伟, 赵鹏程, 等. 淮南中温煤焦油的分离及 GC/MS 分析 [J]. 广州化工, 2013, 20-23.

[29] 董振温, 孙琢琏, 聂恒锐. 用毛细管色谱分析舒兰褐煤快速焦化煤焦油 [J]. 大连工学院学报, 1981, 20 (4): 29-37.

[30] 杜鹏鹏, 孙鸣, 陈静, 等. 陕北中低温煤焦油常压重油馏分 GC-MS 分析 [J]. 化学工程, 2014, 43 (3): 59-63.

[31] 陈繁荣, 马晓迅, 曹巍, 等. 陕北中低温煤焦油常压馏分的 GC/MS 分析 [J]. 煤炭转化, 2013, 13 (4): 52-56.

[32] 王西奎, 金祖亮, 徐晓白. 鲁奇煤气化工艺低温煤焦油的组成研究 [J]. 环境科学学报, 1989, 35 (4): 461-474.

[33] 李洪文, 赵树昌. 鲁奇炉焦油化学组成的研究 [J]. 大连工学院学报, 1987, 26 (3): 25-30.

[34] 侯一斌, 杜庆新, 梁振芬. 煤焦油成分的气相色谱—质谱法分析 [J]. 质谱法分析, 1995 17 (4): 60-63.

[35] 王西奎, 金祖亮, 徐晓白. 鲁奇煤气化工艺低温煤焦油中酚类化合物的 GC-MS 研究 [J]. 环境化学, 1989, 8 (4): 16-22.

[36] 王西奎, 金祖亮, 徐晓白. 鲁奇煤气化工艺低温煤焦油中多环芳烃的研究 [J]. 环境化学, 1990, 9 (3): 55-62.

[37] 水恒福, 张德祥, 张超群. 煤焦油分离与精制 [M]. 北京: 化学工业出版社, 2007.

[38] 何国锋, 刘军娥, 载和武, 等. 天祝煤 MRF 工艺热解焦油的组成分析 [J]. 燃料化学学报, 1995, 22 (2): 412-417.

[39] 张飏, 孙会青, 白效言等. 低温煤焦油的基本特性及综合利用 [J]. 洁净煤技术, 2009, 9 (6): 57-60.

[40] 孙会青, 曲思建, 王利斌, 等. 低温煤焦油生产加工利用的现状 [J]. 洁净煤技术, 2008, 21 (5): 34-38.

[41] 李香兰, 崔新涛, 张永发. GC-MS 在内蒙褐煤型煤块低温煤焦油成分分析中的应用 [J]. 分析仪器, 2012, 19 (3): 17-25.

[42] 王树东, 郭树才. 神府煤新法干馏焦油的性质及组成的研究 [J]. 燃料化学学报, 1995, 23 (1): 198-202.

[43] 何国锋, 戴和武, 金嘉璐, 等. 低温热解煤焦油收率、组成性质与热解温度的关系 [J]. 煤炭学报, 1994, 19 (6): 591-596.

[44] 赵树昌, 刘桂香, 董振温, 等. 舒兰褐煤快速热解过程温度对焦油化学组成的影响 [J]. 大连工学院学报, 1982, 21 (4): 103-109.

[45] 葛宜掌. 煤低温热解液体产物中的酚类化合物 [J]. 煤炭转化, 1997, 20 (1): 19-26.

[46] 龙隆渤, 罗长齐, 朱盛维, 等. 固体热载体热解平庄褐煤焦油组成的研究 [J]. 燃料化学学报, 1990, 18 (2): 164-168.

[47] 关珺, 何德民, 张秋民等. 褐煤热解提质技术与多联产构想 [J]. 煤化工, 2011, 39 (6): 1-4.

[48] 付国忠, 朱继承. 鲁奇 FBDB 煤气化技术及其最新进展 [J]. 中外能源, 2012, 7 (1): 74-79.

[49] 王朝文. 第一代鲁奇炉在褐煤加压气化中的运行状况及技术改进 [J]. 云南化工, 2012, 19 (3): 49-55.

[50] 徐瑞芳. 陕北煤低温干馏生产工艺及改进建议 [J]. 洁净煤技术, 2010, 8 (2): 41-44.

第2章 煤焦油的预处理

由于煤焦油中水、灰分、金属离子、无定形炭等颗粒杂质的存在，会给其后续加工带来很大的困难，为此煤焦油预处理技术在煤焦油的加工利用中具有重要的作用。煤焦油常见的杂质种类及其危害见表2-1[1,2]。

表2-1 煤焦油中杂质种类及其危害

杂质种类	含量/%	危害
水分	1.5～4.5	水蒸气使催化剂老化、活性下降或使其粉化堵塞加氢反应器
金属（主要为钠、钙、镁、铁等）	0.01～0.04	金属不仅会对加氢生产设备和管道造成危害，更为严重的是会使加氢催化剂中毒而失活
固体杂质（主要是细煤粉、焦粉和炭黑等）	2～5	固体杂质会对加氢生产设备和管道造成严重堵塞，尤其是会对加氢反应器床层造成严重堵塞

目前开展煤焦油的预处理工艺研究者很多，预处理的方法与方式也差别较大，有的方法可以同时去除多种杂质，而有的方法只能针对其中一种进行净化。目前国内外煤焦油净化处理所采用方法及各自的特点主要表现在[3]：①静置沉降分离法，该方法设备投资小，工艺简单，但其净化效果差；②高温离心分离法，该方法净化效果好，但投资大，设备运行费用高，并且处理量小；③热溶过滤法，该方法净化效果较好，工艺较简单，但对滤网要求苛刻，需加压处理，运行费用较高；④溶剂处理法，该方法投资小，净化效果较好，但溶剂用量大，净化沥青收率低，工艺能耗大。鉴于目前各种处理方各有利弊，为此经济有效的煤焦油净化处理方法还有待于进一步开发研究[4]。

2.1 煤焦油中固体杂质的性质

刘春法等[5]对煤焦油沥青的组成做了一定的研究，主要用溶剂分离族组成，其过程如图2-1所示。

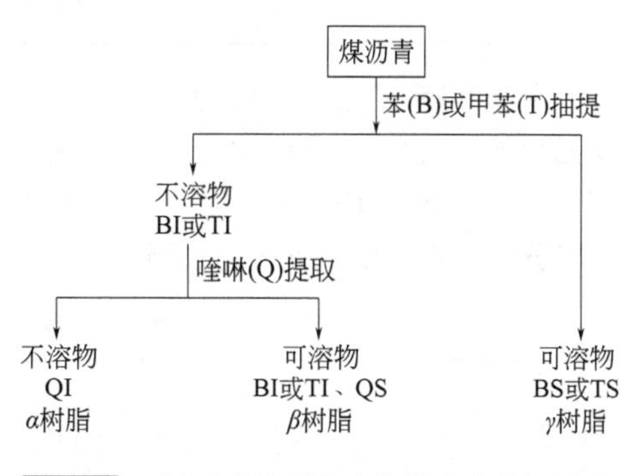

图2-1 煤沥青溶剂分离族组成的分析过程

甲苯不溶物（toluene insoluble，TI）是煤焦油、煤焦油沥青和其它类似产品中不溶于甲苯的组分。喹啉不溶物（quinoline insoluble，QI）是沥青中不溶于喹啉的残留物，其平均相对分子质量为1800～2600，C/H原子比大于1.67。按QI形成的过程可将QI分为一次QI（原生QI）和二次QI（次生QI），原生QI与炼焦煤的种类和性质、炼焦炉的结构和状态、装煤方法、焦油氨水和焦油渣的分离方法等有关系。原生QI又包含有机QI和无机QI两部分。无机QI是煤中的灰分颗粒和炼焦过程中落入煤焦油中的其它无机物，在煤焦油储存过程中不能沉降除去，它们大多附着或包含在更大的有机QI组分中。有机QI是在炼焦时煤热解生成的热解产物热聚合形成的大分子芳烃，其性质与炭黑类似。次生QI也称为碳质中间相，它是沥青在加热过程中形成的相对分子质量更大的芳烃聚合物，以固体粒子的形式存在于沥青中。β树脂是煤沥青中不溶于甲苯而溶于喹啉的组分，其值等于甲苯不溶物与QI之差，平均相对分子质量大致为1000～1800，C/H原子比为1.25～2.0。γ树脂是甲苯可溶物，其相对分子质量大约为200～1000，C/H原子比为0.56～1.25，呈带黏性的深黄色半流体[6~8]。

由于煤焦油来源不同，其甲苯不溶物和喹啉不溶物的含量具有一定的差异，不同煤焦油的基本性质及其TI、QI含量见表2-2。

表2-2 煤焦油基本性质及其TI、QI含量

焦油来源	相对密度 $/d_4^{20}$	黏度/mPa·s	灰分/%	TI/%	QI/%	含酚/%	含萘/%	含吡啶/%	文献
梅山焦化厂	1.167	46.6	0.12	4.06	2.11	0.51	10.2	1.04	[9]
武钢焦化厂	1.202	—	—	—	5.20	0.51	14.8	—	[10]
湘潭合力焦化厂	1.176	46.1	0.10	4.11	2.10	1.05	9.47	0.98	[11]
宝钢焦化厂	1.118	—	0.082	—	1.99	—	—	—	[12]
陕北中温焦油	1.096	41.1	0.18	1.3	1.6	—	—	—	[13]

2.1.1 煤焦油中QI的性质

刘瑞周等[10]对武钢焦化厂煤焦油原生QI的基本性质做了研究，其结果见表2-3。由表2-3可知，武钢煤焦油中的原生QI主要由有机QI构成，其所占比例达98%以上，它们是在装煤和炼焦过程中形成的，即由煤粉、焦粉以及煤的裂解缩聚产物构成。

表2-3 煤焦油原生QI的基本性质

在煤焦油中所占比例/%	有机QI	无机QI	C	H
5.20	98.87	1.13	93.49	2.49

原生QI种的杂质元素含量见表2-4[10]。由表可知，原生QI除含有碳和氢两种主要元素外，主要含有氧、铁、硫和钠等杂质元素，按质量百分比排列，其含量顺序为：O>Fe>S>Na>Cl>Si>Al>Ca。这部分以无机QI为主的杂质元素主要是由煤中灰分组分、炼焦炉壁耐火砖粉末组分以及设备所含铁及其氧化物组分等构成。

表2-4 原生QI杂质元素含量 %

元素	O	Fe	S	Na	Cl	Si	Al	Ca
质量百分比	42.95	18.66	16.19	11.04	3.87	3.40	2.90	0.99
原子百分比	61.48	7.65	11.57	11.00	2.50	2.77	2.46	0.57

任绍梅等[11]对攀钢焦化厂煤沥青原生QI性质做了分析，其结果分别见表2-5～表2-7。由表2-5和表2-6可知，QI主要由有机化合物构成，占92.69%，C/H是煤沥青的2倍，说明它的缩聚程度远远高于煤沥青。QI的灰分含量为5.88%，煤沥青为0.19%，由计算可知，煤沥青中58%的灰分集中在QI中。由表2-6中金属元素含量可以看出，含量最高的为Fe、Ca、Na、Zn，这说明无机QI主要来源于炼焦炉壁耐火砖粉末以及设备所含铁屑及其氧化物等。

表2-5 QI的有机元素含量（质量分数）

C/%	H/%	N/%	S/%	O/%	C/H	灰分/%
85.97	2.23	0.96	0.63	2.90	3.22	5.88

表2-6 QI的金属含量 $\mu g \cdot g^{-1}$

Fe	Ca	Na	Zn	K	Mg	Ph
7011.4	3564.5	1396.5	423.0	77.5	69.5	78.0

表2-7 QI粒径分布分析

粒度/μm	微分/%	累计/%	粒度/μm	微分/%	累计/%	粒度/μm	微分/%	累计/%
<0.358	0.00	0.00	0.882	6.89	25.46	2.174	2.65	96.11
0.392	0.04	0.04	0.966	8.18	33.64	2.379	1.20	97.81
0.429	0.14	0.18	1.057	9.16	42.80	2.603	1.01	98.82
0.469	0.42	0.60	1.156	9.56	52.36	2.849	0.58	99.40
0.514	0.90	1.50	1.266	9.36	61.72	3.118	0.30	99.70
0.562	1.55	3.05	1.385	8.66	70.38	3.412	0.15	99.85
0.615	2.35	5.40	1.516	7.63	78.01	3.734	0.08	99.93
0.673	3.28	8.68	1.659	6.46	84.47	4.086	0.04	99.97
0.737	4.33	13.31	1.815	5.15	89.62	4.472	0.03	100
0.806	5.56	18.57	1.986	3.84	93.46	>4.894	0.00	100

从表2-7中可以看出，原生QI粒径非常小，均在5μm以下，其中小于1.0μm的占33.64%，小于2μm的颗粒占93.46%。这表明QI以非常微细的粒子形式分布在煤沥青中，这就使得从煤沥青中脱除这些QI微粒非常困难。

2.1.2 煤焦油中TI的性质

李冬等[14]对陕北中温煤焦油中TI的性质做了较为全面的研究，研究认为煤焦油中甲苯不溶物是由多种不同化学成分的高相对分子质量烃类化合物组成的混合物，其结焦率可达90%～95%。这些甲苯不溶物会对加氢设备、催化剂和产品质量造成一定的危害，尤其是会造成加氢反应器床层严重堵塞[15]。

（1）粒度分析 周春光等[16]对低温煤焦油中的TI粒径进行了研究，研究结果表明低温煤焦油中的不溶物颗粒主要集中在1～20μm之间，6μm以下占50%。由图2-2中曲线积分值可知TI的平均粒径为5.547μm，中值粒径为3.205μm，平均粒径/中值粒径=1.731，所占总体积不同比例的粒径大小详见表2-8。童仕唐[8]对高温煤焦油的焦油渣粒径进行了研究，结果表明焦油渣的粒径以小于 10μm 的为主，中值粒径在 1μm 左右。

表 2-8 占不同体积分数的 TI 粒径大小

分布体积/%	10	25	50	75	90
粒径/μm	1.384	1.986	3.205	4.655	7.389

(2) 甲苯不溶物热重分析　杨小彦[13]进行了甲苯不溶物的热重分析，结果见图 2-2，由图 2-2 中 TI 的 DTG 曲线（微商热重曲线）可看出，在温度为 36℃左右时失重率最大，说明存在一定量的轻烃类物质；其次在 680℃附近失重率也较高，表明 TI 中主要成分为复杂有机化合物；TI 的 800℃灰分可达 48.2%，这与 TI 的高灰分相一致。

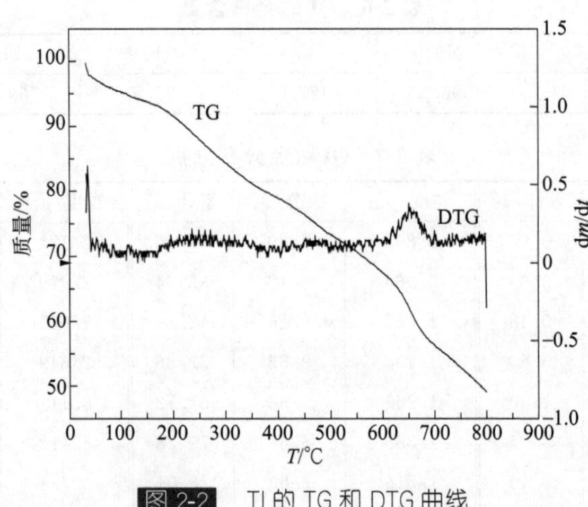

图 2-2　TI 的 TG 和 DTG 曲线

(3) 甲苯不溶物的元素组成　甲苯不溶物的元素和灰分分析结果见表 2-9。从表 2-9可看出，煤焦油甲苯不溶物中除了含有碳、氢原子外，杂原子氧含量最高，还含有一定量的硫、氮等杂原子。甲苯不溶物的 H/C 和 O/C 原子比都较低，表明煤焦油甲苯不溶物中的有机物可能是多元芳环类物质高度缩合而成的产物。与原料煤焦油相比，甲苯不溶物碳含量较低，灰分含量高，说明其中有大量的无机物成分[14,18]。

表 2-9 甲苯不溶物的元素分析结果

类型	元素含量/%					C/H 原子比	灰分/%
	C	H	S	N	O		
TI	65.66	3.21	0.72	1.16	15.32	1.70	68.1

(4) 甲苯不溶物的金属含量[13]　煤焦油中甲苯不溶物的金属含量分析结果见表 2-10，由表 2-10 可见，甲苯不溶物的金属含量明显较高，说明煤焦油脱除甲苯不溶物的同时，实质上也脱除了大量有害金属元素。甲苯不溶物中含量较高的金属为钙、钠、镁、铁，其中钙含量最高。由表 2-10 可知，甲苯不溶物氧含量较高，几乎无其它负离子，由此可推断甲苯不溶物灰分中金属元素应主要以氧化物的形式存在，分别为 CaO、

Na_2O、MgO、Fe_2O_3 等一些碱性氧化物，这些金属化合物大部分来自煤灰、炉壁破损物和一些矿物质（方解石、钠长石等）[19]。

表 2-10　煤焦油和甲苯不溶物中的金属含量　$\mu g \cdot g^{-1}$

类型	Fe	Ca	Na	Mg	Ni	V
甲苯不溶物	319.21	748.00	605.88	523.06	64.93	86.09
煤焦油	62.36	57.41	19.90	15.46	2.01	2.00

（5）甲苯不溶物的 SEM 分析以及 EDX 分析[14]　图 2-3 为煤焦油甲苯不溶物的 SEM 形貌图。由图 2-3 可见，甲苯不溶物表面由形状不规则、表面光滑的固体颗粒聚集而成，颗粒聚集尺寸在 7μm 左右，稳定分布在煤焦油中。其中大颗粒可以认为是无机的甲苯不溶物，大多数为炭质颗粒和矿物质颗粒，这些物质是煤在热解过程中的灰分和炉壁的耐火砖粉末等随煤气冷凝带入煤焦油中的；小于 1μm 的粒子则为有机甲苯不溶物，主要是由煤的大分子芳烃裂化而成或者由裂化产物的小分子芳烃在高温下聚合而成，此种形貌与油页岩焦化残渣的类似[20]。图 2-4 为煤焦油甲苯不溶物的 EDX 图谱。由图 2-4 可知，甲苯不溶物表面以碳、氧元素为主，总量约占 90%，还含有一定量的铝、硅、钙、钛等元素，这与甲苯不溶物灰分含量较高相一致。

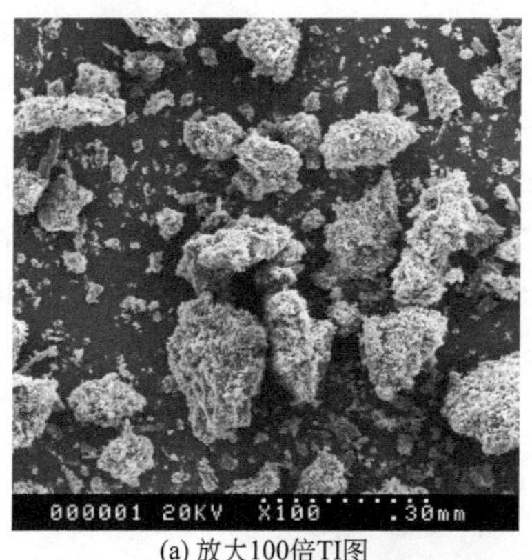

(a) 放大100倍TI图

(b) 放大3000倍的TI图

(c) 经喹啉洗后的TI图

图 2-3　TI 的 SEM 形貌图

（6）甲苯不溶物的X射线衍射分析　图2-5为甲苯不溶物的X射线衍射谱图。从图2-6[14]可看出，甲苯不溶物在26°附近区域存在衍射峰，它对应炭质微晶层状堆叠面的衍射峰[21,22]，表明煤焦油甲苯不溶物结构上由许多很小的炭质微晶构成。甲苯不溶物这种微晶特性归因于其所含有的煤粉、焦粉和热解炭黑类物质所具有的微晶性质[23]。煤焦油甲苯不溶物衍射峰与煤焦油喹啉不溶物（QI）衍射峰[21]相比，其晶面衍射峰较宽，说明煤焦油中甲苯不溶物的微晶层片定向程度较差于原生QI。其原因可能是QI的缩聚程度和裂解程度比甲苯不溶物要高，使QI结构更趋近于石墨化。

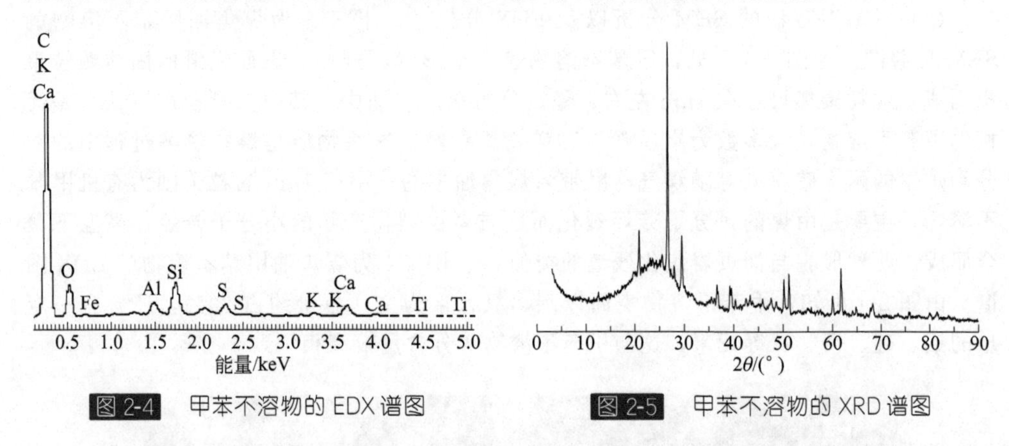

图2-4　甲苯不溶物的EDX谱图　　图2-5　甲苯不溶物的XRD谱图

另外，将甲苯不溶物的XRD谱图与石英砂（SiO_2）、方解石（$CaCO_3$）以及钠长石（$NaAlSi_3O_8$）的标准谱图（图2-6～图2-8）进行比较，结果表明煤焦油甲苯不溶物可能存在较多杂乱的石英砂和方解石，以及少量有序的钠长石。这一结果与煤灰矿物质的成分相似[19]，也说明甲苯不溶物中的无机物主要由煤炼焦过程将灰分等带入煤焦油中所引起。

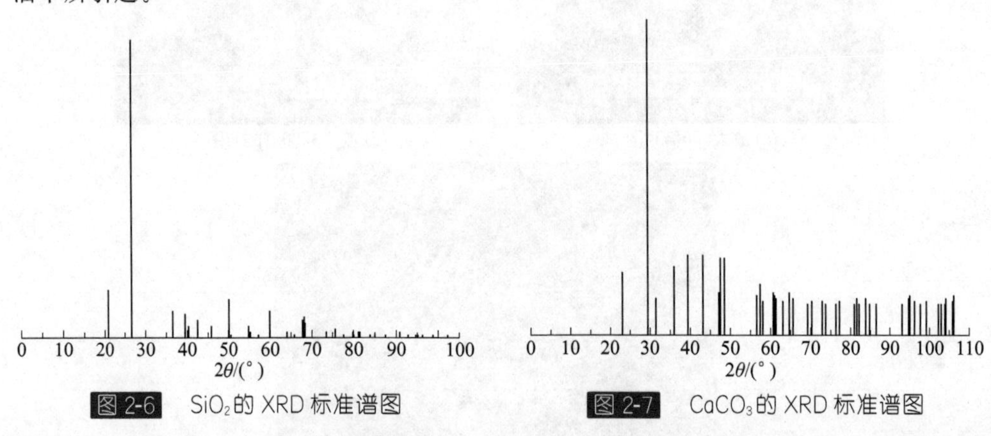

图2-6　SiO_2的XRD标准谱图　　图2-7　$CaCO_3$的XRD标准谱图

（7）甲苯不溶物的红外光谱分析[14]　图2-9为煤焦油甲苯不溶物的FT-IR谱图。从图2-9可看出，3400cm^{-1}附近的宽峰为基团O－H或N－H中氢键的伸缩振动。1650cm^{-1}附近的吸收峰为C═O或C═C键的伸缩振动，1600cm^{-1}附近的吸收峰是各种烃类及杂原子官能团贡献的结果，芳香结构、氢键缔合的羰基、物理吸附或化学吸附的水以及可能的石墨结构都有可能对谱带的强度和宽度做出贡献[24]。波数 $2870cm^{-1}$ 和 $2960cm^{-1}$ 附近的脂肪族C—H键伸缩振动吸收峰特别弱。代表芳香族C—H键伸缩振动的 $3020cm^{-1}$ 吸收峰很弱，这一现象与甲苯不溶物氢含量仅有3.58%有关，说明甲苯不溶物主要呈缩合稠环芳烃结构。$1400cm^{-1}$ 附近的吸收峰属于芳烃C═C键的伸缩振动，一般应在 $1500cm^{-1}$ 附近出现，由于芳香稠环平面分子的超共轭效应使该峰向低波数方向移动[25]。以上表明煤焦油甲苯不溶物芳构化程度高。$1021cm^{-1}$ 处的尖峰可能是存在多种官能团所致，包括烷基芳基醚类物质中C—O键的伸缩振动、脂肪醇中C—C—O键的反对称伸缩振动和亚砜类物质中S═O双键的伸缩振动。$1115cm^{-1}$ 和 $1032cm^{-1}$ 处的吸收峰很可能为Si—O和Si—O—Si键的振动，911～$915cm^{-1}$ 处的中强吸收峰则有可能为Al…O—H键的弯曲振动，870～$690cm^{-1}$ 处的吸收峰为有机硅化合物中Si—C键的伸缩振动[26]。这些现象说明在甲苯不溶物中存在黏土类矿物质，此与甲苯不溶物的高灰分含量相一致。

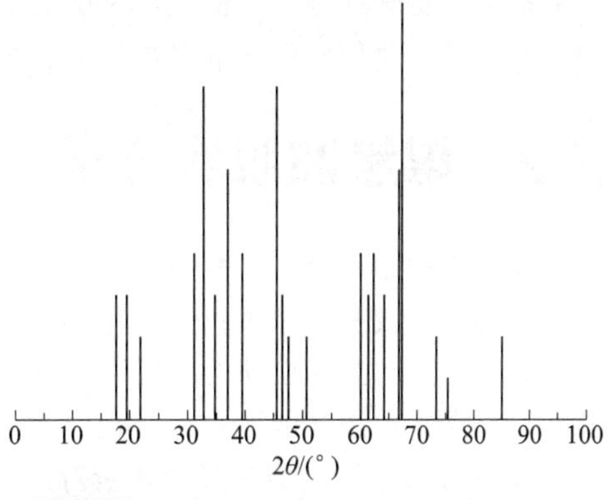

图2-8　$NaAlSi_3O_8$ 的XRD标准谱图

（8）甲苯不溶物XPS分析[14]　甲苯不溶物的XPS分析图谱见图2-10。从图2-10可得出TI中主要有碳、氧、硅及少量的硫、氮元素。定量分析得出TI中C元素占82.75%，O元素占13.07%，N元素为1.4%，Si元素为1.87%，而S元素0.92%，这与元素分析结果中的C、N、O、S结果相同。

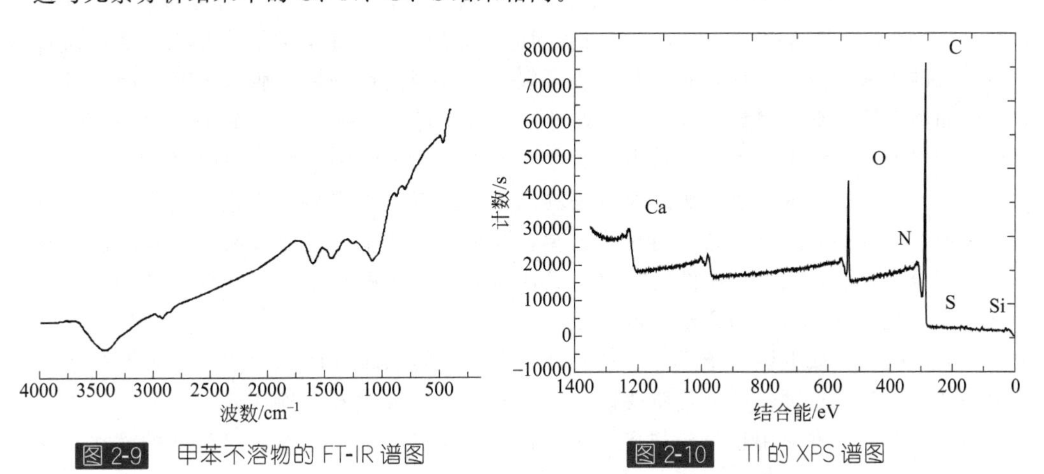

图2-9　甲苯不溶物的FT-IR谱图

图2-10　TI的XPS谱图

从煤焦油中分离出TI并进行表征，表明TI是无机物和复杂有机物的混合体，无机物主要是硅酸盐、石英砂、高岭土等。有机物为碳、氧、硫、氮元素组成的复杂化合物，其中碳氧元素主要以酚、醚存在，硫元素主要以硫酸盐类型存在，还有一定量亚硫酸盐和噻吩，氮元素主要以吡啶、吡咯和氮氧化物存在，这些物质在煤焦油加氢过程中均较难处理。在加氢过程中，这些大颗粒物、复杂有机物和无机物的混合体，容易造成设备管道堵塞，催化剂床层结焦。因此进一步研究煤焦油中 TI 与催化剂床层结焦的关系，对加氢催化剂寿命、加氢装置连续平稳运行至关重要[14]。

2.2 煤焦油脱水方法

煤焦油中的水分有三种存在状态：①机械夹带水：即冷凝过程中水蒸气冷凝的水分，这种水分较易被除去；②乳化水：由于煤焦油中含有天然的界面活性物质作为乳化剂，在高温、高速搅动的作用下，使煤焦油和氨水发生乳化，形成油包水型（W/O）乳状液，需要加热才能除去；③化合水：即以分子的形式与酚类、吡啶盐基类化学结合而存在的水分[27]。煤焦油含水量对产品质量有很大的影响，煤焦油加工前必须进行脱水处理[28]。

2.2.1 煤焦油预脱水

煤焦油脱水分为预脱水和最终脱水。预脱水技术一般有加热静置法、超级离心法，最终脱水技术有管式炉脱水法、脱水塔法、加压脱水法、反应釜脱水法等[29~31]。

（1）加热静置法　加热静置法的原理是在加热的条件下，煤焦油和水在重力场中因存在密度差而得到分离，一部分水从煤焦油中分离出来。含水煤焦油一般储存于 3～4 个煤焦油储槽，槽底和槽顶外壁分别设置有蒸汽加热器和带旋塞的排水口。煤焦油用蒸汽间接加热到 80～85℃后静置 36h，水和煤焦油因为相对密度不同而分离，分离水从上部排水口排出，煤焦油渣沉积在储槽底部。若将煤焦油加热到 90～95℃时脱水，有利于使乳化部分的水迅速地分离开来，静置脱水可使煤焦油中水分初步脱至 2%～3%[30]；此法简单实用、投资小，但分离时间长，脱水效率低，且需定期人工清理煤焦油储罐的煤焦油渣。在静置的过程中也可以添加一定的助剂增加脱水效果。薛改风等对表面活性添加剂在煤焦油静置净化处理中的作用进行了研究[27]，研究结果表明在煤焦油静置处理过程中，添加少量表面活性添加剂可有效地提高煤焦油处理效果。

（2）离心法脱水　离心法的原理是利用机械的离心力来破坏煤焦油的乳化液，以一种易于控制的方式有效地进行油水分离，从而使煤焦油中的水分减少。离心法仅能脱出部分乳化水，煤焦油中的化合水则无法脱出，脱水的难易程度和煤焦油的预热温度有关，脱水后煤焦油的含水量可达 1%[31]。

离心机从本质上讲属于澄清池的一种，高速旋转的转鼓所产生的离心力取代了重力的作用。利用这种作用力就能够以一种易于控制的方式有效地从液体中分离出固态物质。工业脱水常使用超速转鼓离心机，超速转鼓离心机的工作方式是其转鼓在高速运转的情况下，将煤焦油、氨水和固相渣同时有效分离。固相渣沿转鼓内壁通过螺旋输送到排渣口排出：轻相液体（氨水）在转鼓的最内层，通过重力经轻相液体排放口排出；重相液体（煤焦油）在转鼓的外层。通过重力经重相液体排放口排出。

离心法脱水的优点如下：①可有效去除焦油渣。经离心机处理后煤焦油中固体含量可达到 0.3%以下，较大程度减少了焦油槽和蒽油槽的清渣次数，降低了煤焦油加工处理过程的风险，保证了生产稳定进行。②有效降低煤焦油水分至 1%以下，减少了蒸汽消耗。经超级离心机处理的煤焦油可以直接送往煤焦油蒸馏系统加工，改变以往需要在贮槽内加温、保温、静置几十个小时的预处理模式，减少了加热保温用蒸汽消耗量，同时稳定煤焦油蒸馏，为连续生产提供保障。③处理煤焦油乳化问题效果显著。煤焦油水分如果大于10%，很难用正常的加热静置方法进行脱水，给煤焦油蒸馏的生产操作和设备带来严重影响。而正常加热并配以超级离心机高速短时的分离方式，脱水效果非常理想，同时大大减轻了煤焦油的乳化问题。④降低了煤焦油中铵盐含量，有效解决了沥青中 Na^+ 含量超标的问题。通过降低煤焦油水分至1%以下，有效降低了煤焦油中氨水量，减轻了煤焦油加热到220～250℃时。煤焦油中氨水分解成游离酸和氨引起的管道和设备的腐蚀。使碳酸钠消耗减少1/3左右，从而降低了沥青 Na^+ 含量[32]。

相比加热静置法离心机脱水并未获得广泛应用，其原因主要在于生产能力不大，但能耗却很大，并且需要经常检修维护。而静置法效率高，占地小，油槽不需要人工处理且蒸汽耗量低[33]。

2.2.2 煤焦油最终脱水

在煤焦油中只有以乳状液存在的游离水才能用静置以及离心法进行脱除，而其余的以化合状态存在的水分则无法使用初步脱水的方法脱除而需要使用最终脱水方法。煤焦油最终脱水的常用方法有以下几种。

(1) 间歇釜蒸馏脱水　间歇釜脱水采用的蒸馏的方法将釜内的煤焦油加热至100℃以上从而使水蒸发脱出。间歇釜蒸发出来的水汽、部分轻油及少量升华的萘，由釜顶升汽管引入冷凝冷却器，冷凝液经油水分离后，轻油入收集槽，釜内焦油水分可降至0.5%以下[34]。间歇釜脱水投资小、简单易用、效率低，适合小型焦化厂的间歇焦油蒸馏系统，因此限制了它的应用范围。

(2) 管式炉脱水　初步脱水的煤焦油送入管式加热炉连续加热到130℃左右，然后再送入蒸发器，焦油所含水分在蒸发器内被迅速汽化闪蒸，最终实现脱水目的。此法可使焦油脱水至0.3%～0.5%以下，具有效率高的特点。目前，在我国大型冶金联合煤化工企业广泛使用，但缺点是管式炉加热所需要的能耗高[34]。

(3) 薄膜式脱水　此技术源于波兰煤化学研究所，薄膜式脱水法的脱水原理为：煤焦油沿着管内壁向下流动时，因焦油和管壁的摩擦力大于焦油内部的摩擦力，可使焦油形成薄膜状态流动。当管外加热时，上部的温度低于下部的温度，焦油受热黏度逐渐减小，焦油粒子在薄膜内的流动改变，使得上下的膜厚产生差异，焦油内的水分就容易在薄膜的表面上蒸发[24]。焦油进入脱水器后，经过导向溢流板而进入加热管中，然后流到底部收集室内，流出的温度约为130～135℃。在脱水器的底部送入煤气，将水汽带走，含水分的煤气最好送到回收厂的初步冷却器入口，避免随水蒸发的轻油和萘损失。焦油的水分由10%～20%可降至0.2%～0.4%。

(4) 脱水塔脱水　此法采用常压脱水技术，具有降低能耗的优点，适用于超大规模煤焦油集中加工企业，可使煤焦油脱水至0.5%以下。粗焦油与脱水后加热的高温焦油混合进入脱水塔，塔顶用轻油作回流。水与轻油形成共沸混合物由塔顶逸出，经冷凝冷却后流入分离器，分出水后的轻油返回至脱水塔。此法焦油水分可脱至0.1%～0.2%[35]。

(5) 加压脱水法脱水　在专设的密闭分离器内，在加压（0.3～1.0MPa）和加热（130～135℃）的条件下对焦油进行脱水。加压脱水法中水不会汽化，分离水以液态去除，降低了能耗。由于脱水温度的提高，使焦油和水乳化液能够很容易的破乳，使分离简单化。该法可以使焦油含水量小于0.5%。加压脱水法的显著特点不仅在于脱除了水分，同时也脱除了大部分腐蚀性铵盐[36]。

(6) 微波辐射脱水　在微波辐射下，极性的水分子和带电液珠将随电场的变化迅速转动或产生电荷位移，扰乱了液-液界面间电荷的有序排列，从而导致了双电层结构的破坏及 zeta 电位的急剧减小。体系内部瞬间被加热，温度迅速升高，从而促进液珠的凝聚实现油水的迅速分层。水分子与界面的油分子吸收微波的能力存在较大差异，内相水滴吸收更多的能量而膨胀，使界面膜受内压变薄；另一方面，由于热传导作用使水周围的稠油温度升高，界面膜中的油由于受热而溶解度增高，使得界面膜的机械强度变低而更容易破裂。除此之外，微波形成的磁场还使非极性分子磁化，形成与油分子轴线成一定角度的涡旋电场，该电场能减弱分子间的引力，降低油的黏度，从而增大油水的密度差。这些作用都使得油水分子能有效地碰撞聚结，从而达到破乳、脱水的目的[37~39]。

陈雪丽以鞍钢化工总厂的高温煤焦油为原料，对其微波脱水进行了系统研究[40]。常规和微波辐射脱水两种方法的脱水效果和经济评价的对比结果见表2-11。

表2-11　两种脱水方法的比较

煤焦油含水量(质量分数)/%	常规方法脱水			微波辐射脱水		
	脱水时间/min	脱水率/%	耗电量/kW·h	脱水时间/s	脱水率/%	耗电量/kW·h
2	53	95.00	0.14	76	100.00	5.49×10^{-3}
5	55	96.15	0.15	80	100.00	5.78×10^{-3}
8	63	97.70	0.17	96	100.00	6.93×10^{-3}
10	66	98.20	0.18	104	100.00	7.51×10^{-3}

由表2-11可知：微波破乳较常规加热所需要的时间短，破乳效果好。在相同煤焦油含水量的条件下，微波连续作用可将脱水速度提高35倍左右，耗电量仅为常规法的4%左右，并且可以看出，微波辐射法的脱水率比常规加热法的脱水率高。由此可充分证明微波辐射焦油脱水方法的优越性。

(7) 超声法脱水　超声波的穿透能力非常强，可以容易地穿过电磁波无法穿透的油、水层，具有聚束、定向及反射、透射等特性。介质置于超声场中能受到超声场的机械作用、空化作用和热学作用等[41~43]。因为超声波在油和水中均具有良好的传导性，所以超声波破乳可适用于各种类型的破乳剂破乳工作，采用超声波强化原油破乳技术可以使装置能够处理乳化严重的劣质油，使生产装置适应未来油品变化。刘启兵[44]在电流150 mA、温度80℃条件下，采用超声波法对武钢焦化厂的高温煤焦油脱水作了初步测验，其脱水率可达93.3%，并认为：超声波法的破乳脱水效果良好，能迅速破乳、析出水分，而后期的脱水速率较小。在实验中发现，破乳迅速，分散相液滴能迅速聚结变大、合并，并很快从分散介质（油相）中析出形成水层，最后导致油水分离，并且油水界面清晰。

（8）化学破乳法　化学破乳法主要利用化学剂改变油水界面性质或界面膜的强度。从结构上讲，破乳剂同时具有亲水亲油两种基团，亲油部分为碳氢基团，特别是长链的碳氢基团构成；亲油部分则由离子或非离子型的亲水基团所组成的。破乳剂比乳化剂具有更高的表面活性，更小的表面张力。使用极少量的破乳剂便能有效快速地脱去原油中的水分。

于世友等[45]针对莱钢焦化厂焦油氨水分离系统的运行情况，筛选出适合焦油氨水快速分离的高效破乳剂，并对其进行试验。在没有蒸汽加热的情况下，焦油含水量降低到 2%以下，平均为 1.55%；氨水中的焦油含量由（500～600）$\times 10^{-6}$降至（140～150）$\times 10^{-6}$。

化学破乳法运用于焦油脱水减少了脱水时间，因此就会降低能量的消耗，而且药剂的添加对焦油的后续加工没有影响。到目前为止，利用化学破乳法进行焦油脱水的公司还是有限的，因为大多破乳剂应用是根据原煤焦油的性质而合成的，寻找适合煤焦油特性的破乳剂，这需要大量的科学研究才能解决。目前常用的煤焦油脱水方法中，加热静置脱水法脱水时间较长、效率低，管式炉加热法脱水能耗较高，采用微波辐射法、超声波辐射法和化学破乳剂破乳法进行脱水，还可以同时采用几种方法联合破乳，这样可以大大提高破乳效果，加速油水分离，缩短时间，节省能源。这也将是未来焦油脱水的发展方向，其应用前景和经济效益十分可观[46]。

2.3 煤焦油净化方法

2.3.1 电场净化

2.3.1.1 电脱盐的机理

煤焦油脱水脱盐原理与原油脱水脱盐的原理相似，其理论实质上就是把稳定的乳化液体系破坏掉，使水微滴聚集长大，达到油水分离的目的，同时将溶于水中的盐类物质脱除。破坏乳化液有以下三种情况。

（1）分层　一个刚性小球在液体中的沉降速度符合 STOKES 定律，其沉降速度可通过式（2-1）求取，同样一个液滴（内相）在液体（外相）中的沉降速度也符合式（2-1）。

$$V=2gr^2(\rho_1-\rho_2)/(9\eta) \tag{2-1}$$

式中，V 为沉降速度，$\mathrm{m\cdot s^{-1}}$；r 为内相液滴半径，m；g 为重力加速度，$\mathrm{m\cdot s^{-2}}$；$\rho_1-\rho_2$为内外两相密度的差值，$\mathrm{kg\cdot m^{-3}}$；η 为外相的黏度，$\mathrm{N\cdot s\cdot m^{-2}}$。当 $\rho_1>\rho_2$时，液滴下沉；当 $\rho_1<\rho_2$时，液滴上升。

由式（2-1）中可以看出内相液滴的半径越小，两相的密度差越小，外相的黏度越大，则内相液滴上升或下沉的速度就越小，也就是乳化液越稳定。相反，两相间密度差越大，液滴所在介质黏度越小，越有利于沉降分离。由于沉降速度与内相液滴半径的平方成正比，所以内相液滴直径的增大可有效加快沉降速度，促进两相分离。

（2）变型　变型也称转相，就是指乳化液从 W/O 型变成 O/W 型。乳化液的变型与内相的体积百分数有关，与乳化液的种类、温度、浓度有关。

（3）破乳　破乳就是破坏乳化液的稳定性，即增大液滴直径。小液滴聚结长大，直到整个内相转变成一个大液滴后，两相密度差增大，最终彻底分离出来。破裂机理可分为两个阶段：第一个阶段为絮凝。这时内相液滴互相接近形成球串，并不断长大，但是在此过程中内相液滴仍保持原来液滴的特点，在适宜条件下，内相仍可以分散为个别的小液滴，因此这个过程为可逆过程。第二个阶段为液滴的凝并（或聚结）。此时液滴进一步合并，半径增大，形成大液滴，随后两相分离，此过程为不可逆过程。这两个过程的速度可以相差很大，在不同的情况下都可决定乳化液的稳定性。从热力学角度来说，乳化液呈不稳定的状态，随着温度的升高，外相黏度越来越小，油水界膜的界面张力也随之降低，从而促使乳化液液膜的破坏。若在其中加入反离子介质，液滴表面电荷被中和，或者在外加电场作用下，就能使乳化液中的油水彻底分开。

煤焦油中的环烷酸、胶质、沥青质是天然的乳化剂，煤焦油中的水被均匀地分散在油中，和油滴过度混合形成牢固的乳化液。乳化液的状态分为油包水型和水包油型两种。其中 95%的煤焦油属于稳定的油包水型。简单地说，煤焦油电脱盐就是在电场、破乳剂、温度、注水、混合强度等因素的综合作用下，破坏煤焦油乳化状态、实现油水分离的过程。由于煤焦油中的大多数盐溶于水，这样盐类就会随水一起脱掉。

2.3.1.2 电脱盐的一般工艺流程

电脱盐装置主要用于大型炼油厂原油的预处理，目前的煤焦油预处理工艺是借助于原油电脱盐技术对煤焦油进行处理。预处理的设计和实施通常会根据各进厂油品的品质和处理量来决定，一般采用的是两级电脱盐或三级电脱盐。图 2-11 是典型的三级电脱盐装置的工艺流程。

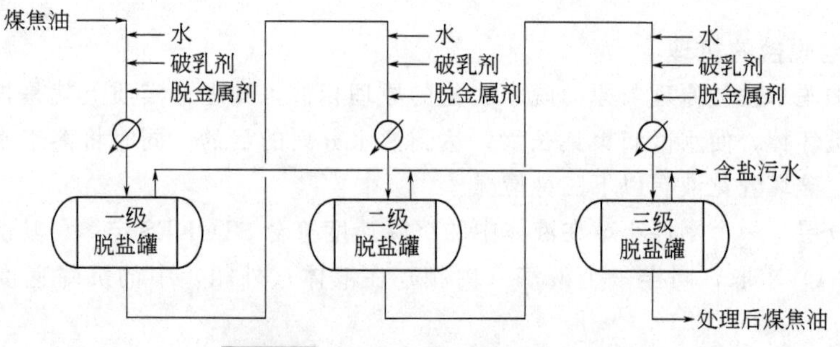

图 2-11　煤焦油三级电脱盐流程

破乳剂的水溶液用泵注入煤焦油入口，煤焦油经换热后达到一定温度，和所加注水经静态混合器再经偏转球形混合阀进一步混合后，进入一级脱盐罐的油分布器，油水混合物在脱盐罐内通过弱电场和强电场，细小水珠聚集沉降从脱盐罐下部排出，排水与注水换热后排入含油污水系统中，脱水后的煤焦油从脱盐罐顶部排出。

从一级脱盐罐顶部排出的煤焦油与破乳剂、注水混合，经静态混合器和偏球形混合阀混匀后进入二级脱盐罐，二级脱盐罐脱出的水可以直接作为一级脱盐的洗涤水，或排入含油污水系统，二级脱盐后煤焦油送往初馏塔。

电脱盐罐是电脱盐装置的主体设备，罐体形式一般采用卧式罐，罐体材料通常采用16MnR。罐体尺寸依据煤焦油的处理量及煤焦油在罐内强电场的停留时间确定，壁厚依据罐体的耐压指标确定，一般都在30mm以上。现在的电脱盐形式根据电场结构的不同可分为交流电脱盐、交直流电脱盐、高效电脱盐等几种形式。

(1) 交流电脱盐　交流电脱盐罐的电极板是水平放置的。在极板间施加频率50hz的交流高压电场，形成正负交变的电场。带正负电荷的偶极水滴在交变电场中产生振荡，当相邻水滴相反极性端互相吸引，碰撞使水滴复合增大，水滴聚结到一定程度时，由于油水密度差，水滴沉降速度超过煤焦油上升速度，水滴便逐渐沉降下来，与煤焦油分离，水滴沉降到脱盐罐底部排出。

交流电脱盐的极板一般有3层，少数为2层，分为带电极板和接地极板。对于3层极板，是中间极板带电，其他两层接地；对于2层极板，上层带电，下层接地。交流电脱盐水平极板的特点：①结构简单，安装方便，每层的结构相同；②电场强度均匀，可避免电极板之间的不均匀放电；③重量轻，对绝缘吊挂的要求低；④缺点为运行电流大，能耗较大；运行效率较低，一般标准罐的处理量在2500 $kt \cdot a^{-1}$以下。

(2) 交直流电脱盐　交直流电脱盐罐内的极板分布为垂挂式正负相间，电场分布是自下而上分为交流弱电场、直流弱电场和直流强电场。交直流电脱盐极板安装示意见图2-12电场分布。

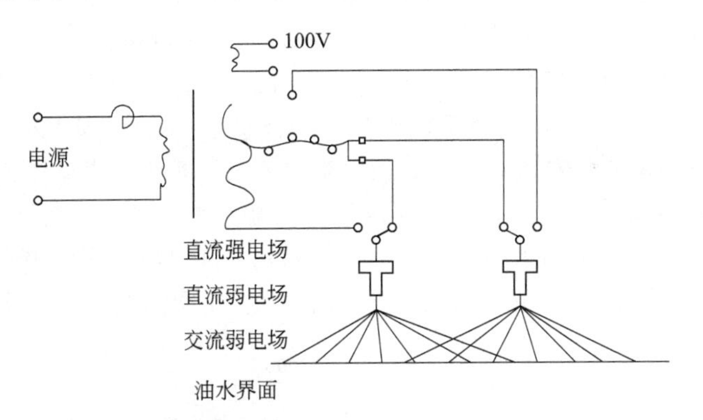

图2-12　交直流电脱盐的电场分布

含水煤焦油通过直流电场时，煤焦油中的微小水滴在电场的作用下，同样产生偶极性，相互吸引复合，只是电场不交变。由于电极板为垂直布置，产生偶极化的水滴处在电场中的位置不平衡，或者在煤焦油输送过程中，由于摩擦作用，水滴本身已带一定的正负电荷时，水滴产生了不平衡电场力使水滴向正负极板移动，即产生了电泳"现象"，而煤焦油和水滴沉降是上下运动，这就大大增加了水滴复合的概率。电泳使更小的水滴在接触极板时带上相同电荷又迅速反向移动最终到达脱除水分的目的。

交直流电脱盐极板的特点：①存在三种形式的电场，煤焦油经过三种电场后能使油水充分分离；②电场强度较大并且可根据需要设计，设计范围也较大；③电极板与电源的结合，可形成交流电场和直流电场，在具有交流电脱盐的基础上也具有直流电脱盐的优点；④由于电源的独特设计，能源消耗较交流电脱盐有一定幅度下降。

（3）高速电脱盐　高速电脱盐采用水平电极，与专门设计的电源组合下，形成水平直流电场，同时也产生交流电场，油水乳化液在经过交流电场和直流电场后能够被充分分离。在这种设计的基础上，理论上可提高一倍的轻质煤焦油的处理量，重质煤焦油处理量比轻质煤焦油处理量略微减少。高速电脱盐的优点：①电脱盐罐的容量可最大限度地被利用；②电极板的面积能够最大限度地被利用；③技术合理的煤焦油分配系统；④水在电脱盐罐内能作最长时间的停留，使水中含油最低；⑤能耗低，电消耗量比交直流电脱盐还低10%～15%。

2.3.1.3　工艺参数对煤焦油电脱盐的影响

影响电脱盐效果的因素主要有电脱盐罐结构、混合强度、电脱温度、电场强度、破乳剂类型、破乳剂注入量、脱金属剂类型、脱金属剂注入量、注水量、注水性质、界面高度等。崔楼伟等[47]对煤焦油电脱盐过程中的温度、场强、破乳剂注入量、脱金属剂注入量、水注入量等工艺参数影响进行了研究。研究结果如下。

（1）电脱盐温度对电脱盐效果的影响　在电场强度900 V·cm^{-1}，电脱盐时间8min，破乳剂注入量10μg·g^{-1}，脱金属剂注入量30μg·g^{-1}，水注入量9%，电脱盐总时间8min条件下，考察不同温度对煤焦油电脱盐效果的影响，结果见图2-13。由图2-13可知，温度的升高有利于煤焦油的脱盐、脱水，但是当温度达到110℃后变化不明显，继续升温反而增加能耗。其原因为煤焦油黏度随温度增高而降低，水与油的界面张力降低，水滴热膨胀使乳化膜强度减弱，水滴凝聚作用增强。

（2）电场强度对电脱盐效果的影响　选择电脱盐温度110℃，电脱盐时间8min，破乳剂注入量10μg·g^{-1}，脱金属剂注入量30μg·g^{-1}，水注入量9%，电脱盐总时间8min，考察不同电场强度对煤焦油电脱盐效果的影响，实验结果见图2-14。由图2-14可知，随着电场强度的增加，有利于煤焦油的脱盐、脱水，当电场强度达到900V·cm^{-1}后变化不明显，继续增大场强反而会增加电耗。其原因为原油中水滴之间的静电作用力与电场强度E的平方成正比，提高场强加强了水滴的凝聚，对脱水、脱盐有利。

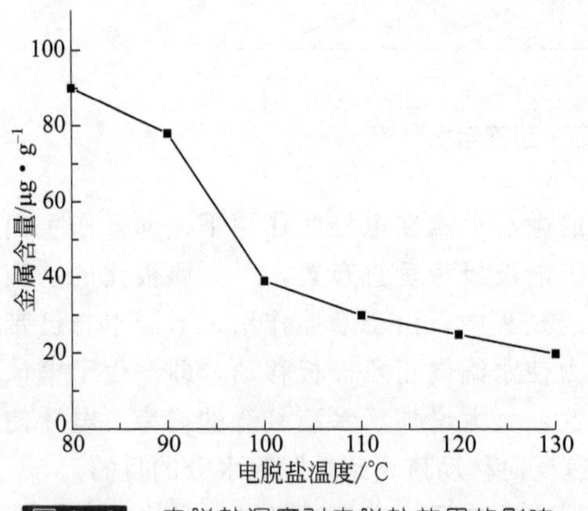

图2-13　电脱盐温度对电脱盐效果的影响

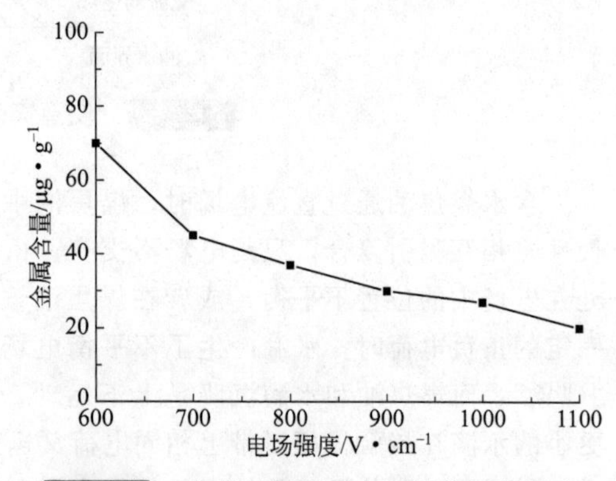

图2-14　电脱盐场强对电脱盐效果的影响

（3）破乳剂注入量对电脱盐效果的影响　在电脱盐温度 110℃，电场强度 900 $V \cdot cm^{-1}$，电脱盐时间 8min，脱金属剂注入量 30$\mu g \cdot g^{-1}$，水注入量 9%，电脱盐总时间 8min 条件下，不同破乳剂注入量时煤焦油电脱盐效果如图 2-15 所示。由图 2-15 可知，在达到单位相界面破乳剂极限值之前，随着破乳剂注入量的增大，有利于脱水脱盐，当破乳剂注入量为 10～12$\mu g \cdot g^{-1}$时达到其最大临界值。实验证明多胺型聚醚类破乳剂水溶性好，分散速度快，低温效果优良，破乳剂用量少但具有良好的破乳效果，其适用于煤焦油这种胶质、沥青质含量高的劣质油品电脱盐工艺要求。

（4）脱金属剂注入量对电脱盐效果的影响　在电脱盐温度 110℃，电场强度 900$V \cdot cm^{-1}$，电脱盐时间 8min，破乳剂注入量 10$\mu g \cdot g^{-1}$，水注入量 9%，电脱盐总时间 8min 条件下，考察不同脱金属剂对煤焦油电脱盐效果的影响，实验结果见图 2-16。由图 2-16 可知，当脱金属剂注入量达到 30$\mu g \cdot g^{-1}$以后变化不甚明显，并且可以看出脱金属剂注入量对电脱盐效果的影响不是很大。其原理为加入脱金属剂使金属卟啉和非卟啉油溶性有机螯合物转化为亲水的化合物，在电脱盐条件下将其脱除。

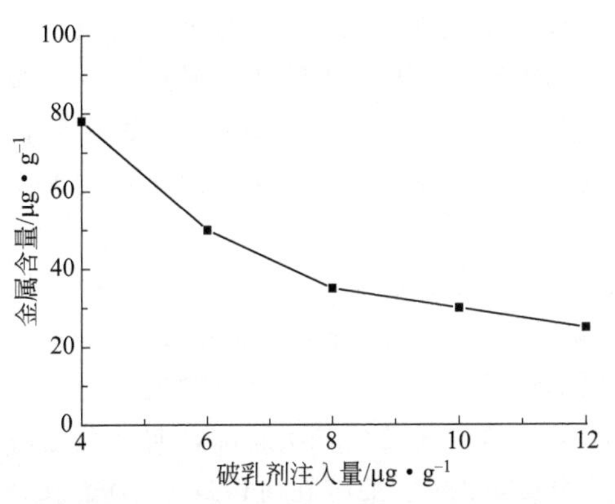

图 2-15　破乳剂注入量对电脱盐效果的影响

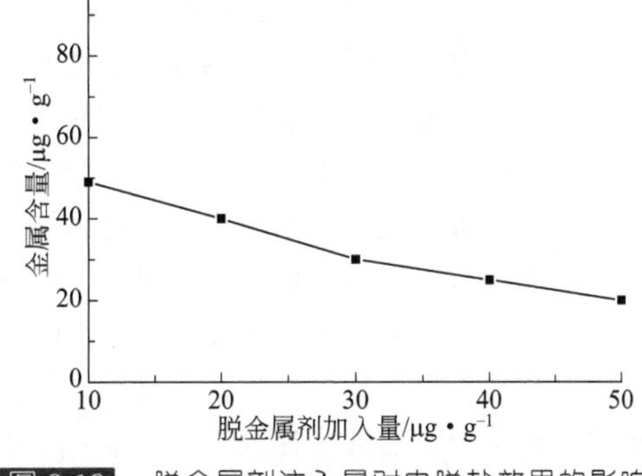

图 2-16　脱金属剂注入量对电脱盐效果的影响

（5）水注入量对电脱盐效果的影响　在电脱盐温度 110℃，电场强度 900$V \cdot cm^{-1}$，电脱盐时间 8min，破乳剂注入量 10$\mu g \cdot g^{-1}$，脱金属剂注入量 30$\mu g \cdot g^{-1}$，电脱盐总时间 8min 条件下，考察不同注水量对煤焦油电脱盐效果的影响，实验结果见图 2-17。由图 2-17可知，随着注水量的增加有利于煤焦油的脱盐、脱水，但继续增加盐含量反而会上升，注水量为 8%～9%时煤焦油具有良好的电脱盐效果。其原因为注水的主要作用是溶解煤焦油中的水溶性无机盐和部分有机物，其注水量将对

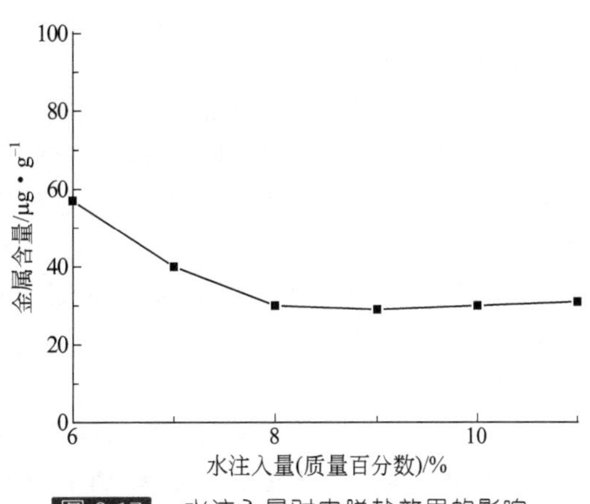

图 2-17　水注入量对电脱盐效果的影响

水滴间的聚结力会产生影响。当注水较低时，水滴的密度较低，水滴间距增加，以至于不能有效地促进水滴的聚结，脱盐效果较差，随着注水量的增加，煤焦油含盐量逐步减少。但随着注水的继续增加，由于乳化液的导电性增强，使电极电压不能保持，脱盐效果变差。

2.3.1.4 煤焦油电脱盐专利技术

杨占彪等[48]在专利 ZL200610105277.6 中，公布了一种焦油电场净化技术，该方法包括下述步骤。

(1) 制备混合油　将煤焦油与稀释油按质量比为 1∶0.25 用混合泵在管道中混合，在管道中向煤焦油注入 5～10μg·g^{-1}型号为 GQ-P5401 的破乳剂和 20～40μg·g^{-1}型号为 QC01061 的脱金属剂，制成混合油，经过管道进入加热器，加热至 130～150℃。

(2) 一级电脱　将加热后的混合油进入一级混合器，一级混合器流体前后的压降即混合强度为 60～70 kPa，经一级混合器进入一级电脱盐罐，一级电脱盐罐交流电场的强电场强度为 800～1000V·cm^{-1}、强电场作用时间 3～5min、电脱盐温度 120～140℃，一级电脱盐罐对送入混合油的煤焦油中的水分、固体杂质和金属进行一次脱除，向一级电脱盐罐分离出的煤焦油中注入 5～10μg·g^{-1}型号为 GQ-P5401 的破乳剂和 20～40μg·g^{-1}型号为 QC01061 的脱金属剂，并由水泵加入净化水，净化水的加入量为煤焦油质量的 8%～10%，送入二级混合器。

(3) 二级电脱盐　二级混合器流体前后的压降即混合强度为 60～70 kPa，经二级混合器的混合油进入二级电脱盐罐，二级电脱盐罐交流电场的强电场强度为 800～1000 V·cm^{-1}、强电场作用时间 3～5min、电脱盐温度 120～140℃，二级电脱盐罐对一级电脱盐罐送入混合油的煤焦油中的水分、固体杂质和金属进行二次脱除，向二级电脱盐罐分离出的煤焦油中注入 5～10μg·g^{-1}型号为 GQ-P5401 的破乳剂和 20～40μg·g^{-1}型号为 QC01061 的脱金属剂，送入三级混合器，二级电脱盐罐的排出水由二级排水泵返送到一级混合器与加热后的混合油混合进入一级电脱盐罐。对二级电脱盐罐净化后的煤焦油进行检测，所输出的煤焦油中的水分、固体杂质、金属的净化率应大于 95%以上，二级电脱盐罐净化后煤焦油的净化率大于 95%以上时，不需要用三级电脱盐罐对煤焦油进行净化。

(4) 三级电脱盐　三级混合器流体前后的压降即混合强度为 60～70 kPa，经三级混合器的混合油进入三级电脱盐罐，三级电脱盐罐交流电场的强电场强度为 800～1000 V·cm^{-1}、强电场作用时间 3～5min、电脱盐温度 120～140℃，三级电脱盐罐对二级电脱盐罐送入混合油的煤焦油中的水分、固体杂质和金属进行三次脱除，净化后的煤焦油输出进行生产汽油、柴油，排出水泵送到二级混合器返回到二级电脱盐罐。对三级电脱盐罐净化后的煤焦油进行检测，所输出的煤焦油中的水分、固体杂质、金属的净化率应大于 95%以上。

(5) 污水排放　从煤焦油中脱出的含有杂质、金属的污水由一级电脱盐罐排出。该方法的优点是：工艺过程较简单、生产运行费用低、净化率可达 95%以上，净化后的煤焦油在加氢改质生产汽油、柴油过程中，可防止对设备的腐蚀，防止催化剂中毒，避免反应器床层堵塞，延长生产装置运行周期。

李泓等在专利 CN103102933A 中介绍了一种煤焦油电脱盐脱水脱渣的方法[49]。该方法适合高温煤焦油、中温煤焦油和低温煤焦油的深度脱盐脱水除杂的处理。该发明主要采用的工艺流程是：在待处理的煤焦油中加入浓度5%～10%碳酸钠溶液，充分混合，整体升温至100～120℃，待形成稳定的钠盐后将煤焦油进行两次过滤，保证其机械杂质粒径不大于15μm，将过滤后的煤焦油继续升温到110～150℃，并注入占煤焦油总重量5%～10%的水，注水水质为pH值5～11的软化水或纯净水；注入0～100$\mu g \cdot g^{-1}$的破乳剂，经过混合后，最后进入电脱盐设备，在高压电场的作用下进行脱盐、脱水、脱渣，最终得到满足后续加工要求的净化煤焦油。由于煤焦油的密度特性（煤焦油密度＞水密度），在电脱盐盐设备的电场设计部分与一般的原油电脱盐盐设备有部分差别，电脱盐盐设备内高压电场的强度设计为500～2000$V \cdot cm^{-1}$，频率为50～5000Hz，电场停留30～90min，电场级板位置设计在罐体下部。

该发明采用沉降、过滤、高压电场对煤焦油进行脱渣脱盐、脱水分离的技术。适合各种密度大于1.0$g \cdot cm^{-3}$的高温煤焦油、中温煤焦油和低温煤焦油的脱盐、脱水和脱渣的快速进行，避免了采用蒸馏法脱水消耗的大量汽化潜热，节约了设备投资和能耗。该专利在七台河进行了使用。现场对七台河煤焦油预热升温到110℃，加入8%的碳酸钠溶液，经原料泵混合输出，在静态混合器前注水6%和破乳剂30$\mu g \cdot g^{-1}$，同时温度上升至145℃进入电脱盐盐设备，经90min处理后，进行采样分析。处理后的煤焦油在其灰分、水含量、盐含量等各项指标均满足进一步加工的需求。

2.3.2 旋流分离净化

旋流分离器是一种应用广泛的固液分离设备，它可完成固体颗粒的分级与分选、液体的澄清、液相除砂等作业[50,51]。利用旋流分离器可以分离煤焦油中的固体杂质，降低煤焦油后续加工的成本。

旋流器的工作原理是使待分离液体从切向入口进入，使其产生一定的切向速度，在旋流腔内形成涡流运动。物料先经过旋流器的直筒段，然后进入锥段，在这里物料得到强大的加速度。物料中不同密度的组分开始分离，随着锥段半径的逐渐缩小以及截面面积的减小，中心部分的轻组分将形成反流，并保持原有的转动方向，最后由顶部的溢流口排出，形成内旋流；而外侧液体会继续向底流口运动，最终从底流口排出，在其运动的整个过程就形成了外旋流（见图2-18）[52]。

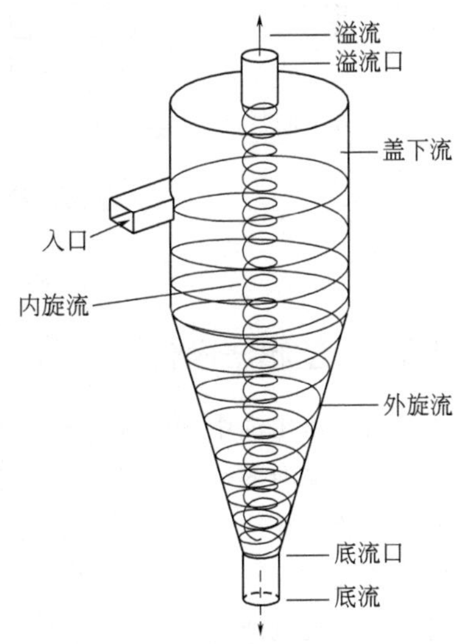

图2-18 水力旋流器工作原理

与其它分离方式相比，旋流分离具有许多明显的优点，主要是：①体积小、重量轻。在同样的处理量下，旋流分离装置的体积仅为传统分离设备的几十分之一，设备重量及占地面积也大大减少。②分离效率高。与传统的分离设备相比，旋流分离装置能完全分离不同组分的最小粒径。③投资节省，运作费用低。④可靠性高。旋流分离装置中无任何运动部件，运行可靠性高，操作维修简单，不易发生故障。此外，液体在旋流分离过程中高速旋转，防止了结垢。⑤流量调节范围宽。旋流分离装置本身有较强的流量适应能力，如果分离系统由多台旋流分离装置并联组成，则更能适应较大的流量波动，只需打开或关闭其中部分旋流分离装置就能适应流量的变化，以使系统工作在最佳状态。⑥可任意方向安装，不受空间位置的影响。由于旋流分离装置是利用高速旋转而产生的离心力实现分离的，不同组分所受的重力差别可以忽略不计。⑦不受外界干扰的影响。旋流分离装置不受外界干扰的影响，如基础振动或海上船舶的起伏波动和左右摇晃都不影响旋流分离的效率[53]。

汪华林等在专利CN101475818A中介绍了一种煤焦油耦合旋流净化方法及装置[54]。其工艺流程见图2-19。该装置的工作方式是先往煤焦油进料中注入适量补集剂形成混合物，将该混合物置于静态混合器中以充分萃取出煤焦油中的分散的盐分；然后，将该混合物用泵送入两级液-液旋流分离器中分理出煤焦油中的含盐水（两级萃取-旋流脱盐），其中含盐煤焦油在一定的压力作用下，通过特殊结构的导管切向进入旋流腔进行高速旋转，由于强大的离心力的作用，在旋流腔内形成向下的外旋流和向上的内旋流，密度大的油分进入外旋流从旋流腔下端进入积液腔，而含盐污水进入内旋流从旋流腔上端排出，从而实现煤焦油和含盐污水的分离。

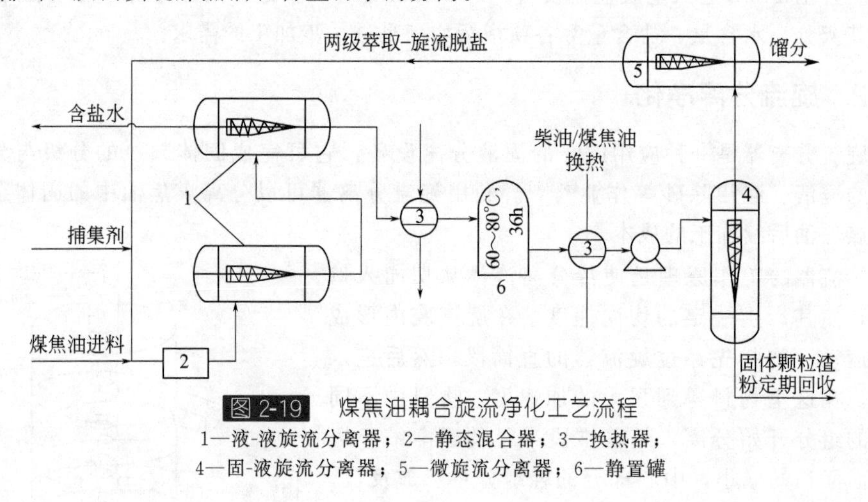

图2-19 煤焦油耦合旋流净化工艺流程

1—液-液旋流分离器；2—静态混合器；3—换热器；4—固-液旋流分离器；5—微旋流分离器；6—静置罐

2.3.3 过滤法净化

由于煤焦油中的煤粉、焦粉和热解炭等固态物质的存在，对煤焦油的催化加氢制取汽油、柴油的过程中存在不利影响，所以在煤焦油加工之前，必须控制固态物质的质量分数。在诸多煤焦油预处理工艺中，过滤是一种常见的方法。根据工艺不同，煤焦油的过滤方法可以大致分为：列管式自动反吹洗过滤器、罐式自动反吹洗过滤器、错流反吹洗过滤器。

杨占彪等在专利CN103463863A中介绍了一种煤焦油过滤处理的装置及其使用方

法[55]。该发明意在提供一种合适煤焦油脱除杂质且煤焦油收率高、长周期运行稳定、过滤精度高的煤焦油过滤方法。

该煤焦油过滤装置结构见图 2-20，该装置具有一个罐式过滤器，该罐式过滤器是在罐体的顶部加工有余油出口和安全阀接口、底部加工有排污口，在安全阀接口上设置有安全阀，罐体内自上而下分为滤后余油汇集室、滤液汇集室和过滤室。滤后余油汇集室与滤液汇集室之间设置有余油导出管板，余油导出管板的中心加工有凹槽，凹槽的外围加工有余油导出安装孔。在凹槽的上方设置有穿过余油出口延伸至罐体外的余油导出管，在余油导出管上设置有余油导出控制阀。在滤液汇集室的腔壁上加工有反吹蒸汽入口、反吹氮气入口和滤液出口，在反吹蒸汽入口、反吹氮气入口和滤液出口处分别设置有反吹蒸汽控制阀、反吹氮气控制阀和滤液控制阀，滤液汇集室腔内设置有滤后余油导管，滤后余油导管的上端穿过余油导出。

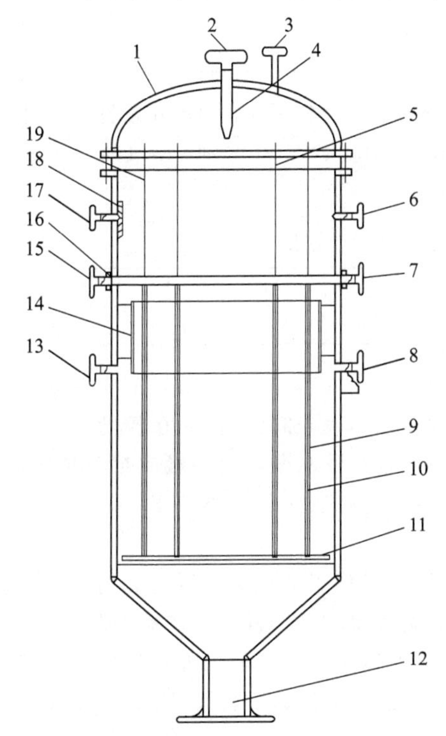

图 2-20　煤焦油过滤装置

1—罐体；2—余油导出控制阀；3—安全阀；4—余油导出；5—余油导出管板；6—滤液控制阀；7—右侧压控制阀；8—排液氮气控制阀；9—连接杆；10—滤芯；11—滤芯下固定板；12—排污阀；13—原料油控制阀；14—原料油分布器；15—左侧压控制阀；16—滤芯上固定板；17—反吹蒸汽控制阀；18—防冲击导流器；19—滤后余油导管

安装孔延伸至余油导出管板的上方；在滤液汇集室与过滤室之间设置有滤芯上固定板，滤芯上固定板上加工有与滤液汇集室连通的左侧压口、与过滤室连通的右侧压口和滤芯上固定孔；在过滤室的上段腔壁上加工有原油入口和排液氮气入口，腔内设置有与滤后余油导管相对应的滤芯和在原料油入口处的原料油分布器以及滤芯下固定板；在原料油入口和排液氮气入口上分别设置有原料油控制阀和排液氮气控制阀；滤芯下固定板设置在过滤室内腔底部且通过连接杆与滤芯上固定板连接；滤芯的上端延伸至滤芯上固定孔内，下端固定在滤芯下固定板上，滤后余油导管的下端延伸至滤芯内并通过固定架固定在滤芯上。

2.3.4 离心法净化

离心分离可以去除煤焦油中的有机杂质以及水分，是一种被广泛采用的处理方法。冯映桐等对离心沉降法净化煤焦油做了研究，并进行了添加溶剂（脱酚酚油、洗油）试验[56]。在试验中选用LG10-2.4A型高速离心机，其技术参数见表2-12，选用上海梅山焦化厂的高温煤焦油做原料，添加的溶剂为脱酚酚油和洗油。

表2-12 LG10-2.4A型台式高速离心机技术参数[57]

最高转速/($r \cdot min^{-1}$)	10000
最大相对离心力/g	11000
转速精度/($r \cdot min^{-1}$)	±20
定时范围/min	0～99
电 源	220 V 50Hz
外形尺寸/mm	510×420×300

研究表明：在温度85℃、转速6000～7000 $r \cdot min^{-1}$、分离时间1min条件下，用离心分离法净化煤焦油，QI脱除率为95%～98%，QI含量可达到<0.1%（见表2-13）。

表2-13 不同离心温度的离心分离试验结果

温度/℃	18	30	35	55	70	85	90
离心分离后轻液QI/%	1.25	0.74	0.61	0.26	0.13	0.03	0.09

在添加溶剂的情况下，离心机转速4000～5000 $r \cdot min^{-1}$时，可将处理后煤焦油中QI含量降低到0.1%以下，添加溶剂和不添加溶剂相比，添加溶剂后，在较低的离心机转速下就可达到净化煤焦油的目的。但是，添加溶剂后，煤焦油中轻质组分增加，会给焦油加工增加困难，故选择添加或不添加溶剂的离心法净化煤焦油工艺，必须结合实际，因地制宜。

沈宝依等[58]在上述研究的基础上，进行了煤焦油净化工业试验，以上海梅山焦化厂煤焦油为原料，采用重力预沉降-离心分离法脱除焦油中的QI[59]。试验结果表明：①重力预沉降的适宜工艺条件为70～80℃，静置20h以上，处理后的原料煤焦油中的QI可脱除20%。②采用离心机脱除煤焦油中QI的适宜条件为：转速7500$r \cdot min^{-1}$，停留时间1min，焦油温度80℃，净化后焦油中QI含量≤0.1%，净焦油产率为70%～75%。

在专利ZL91107072.9中，冯映桐对一种煤焦油的离心净化法作了描述[60]，具体工艺方法是：将欲净化的煤焦油经机械化澄清槽，除去部分氨水和焦油渣后，再由泵送入贮槽进一步分离氨水，然后经泵送入斜板式预沉降器中进行粗分离，在预沉降器内停留时间为18～20h，温度控制在60～90℃，最佳温度为65～75℃，经预沉降除去焦油渣后的煤焦油送入具有加热、控温、调速功能的离心分离装置中进行离心沉降分离，通过数显温度控制仪，控制煤焦油温度为75～90℃，转速控制在6500～7500$r \cdot min^{-1}$，分离时间为0.5～2min，由此便可得到喹啉不溶组分含量在0～0.08%的净化煤焦油，其净化煤焦油产率高达 80%。

李冬等在专利 CN204224530U 中介绍了一种新型煤焦油分离装置[61]，装置示意见图 2-21。该装置具体实施方案为：通过旋转喷油嘴将油液高速喷出，利用离心力将固体杂质与油液分离，固体杂质通过过滤网层被过滤下来，油液通过汇流槽流入静电吸附板中。在静电吸附板中，利用高压静电电场，使得油液中的带电颗粒吸附在正极板和负极板上。交错设置的通孔可以减缓油液的流动速度，延长静电吸附的作用时间。树脂吸附层可以对流过的油液进行进一步吸附过滤。漏电保护器可以避免由于漏电产生的安全隐患。从静电吸附板流出的油液通过加热腔加热后，经过雾化喷嘴雾化进入真空腔，随着压力的降低，油液中的水分迅速蒸发，通过抽真空器被抽真空管路排出，剩下的净油通过出油口流出。金属丝网层可以延长油液的蒸发时间，提高油水分离度。

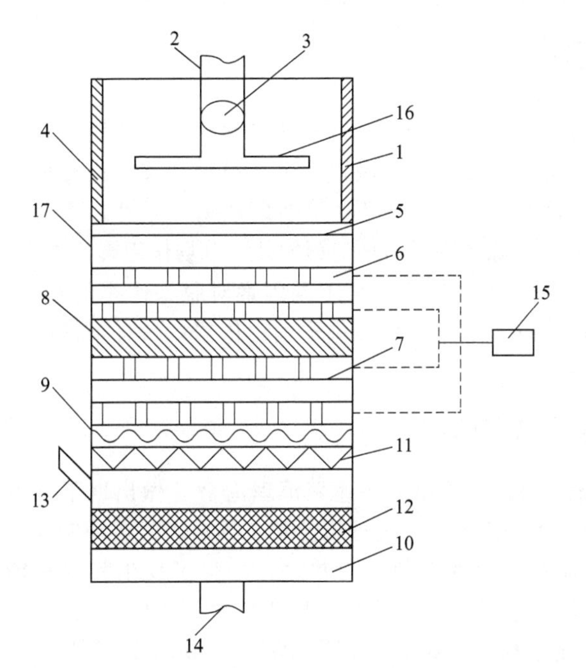

图 2-21　新型煤焦油分离装置

1—上端机壳；2—进油口；3—加压泵；4—过滤网；5—汇流槽；6—静电吸附板；7—通孔；8—树脂吸附层；9—加热腔；10—真空腔；11—雾化喷嘴；12—丝网层；13—抽真空管路；14—出油口；15—漏电保护器；16—旋转喷油嘴；17—下端机壳

王萌等在专利 CN101928594A 中介绍了一种煤焦油重油杂质脱除方法[62]，装置流程见图 2-22。其具体操作步骤如下：①将煤焦油重油或加入萃取剂后的煤焦油重油输入由缓冲罐和升压泵组成的进料升压系统；②由过滤器除去油料中粒径大于 100～500μm 的固体颗粒；③将过滤后的油料输送至碟片式离心机进行重相轻相分离；其中进料压力低于 0.3～0.6MPa（G）时，离心分离系统包含进料升压系统，重相轻相密度差＞0.02g・cm^{-3}。进料为加入萃取剂的煤焦油重油，流量为 20t・h^{-1}，压力为 0.2MPa（G），温度为 80℃，由系统送至缓冲罐，经升压泵提压至 0.6MPa（G）后送至过滤器，去除 500μm 以上的固体杂质，防止较大机械杂质损害碟片式离心机；过滤后的煤焦油重油送至碟片式离心机分离，离心机转速为 5400 r・min^{-1}，轻重相分别送入轻相罐和重相罐，其中轻相 28t・h^{-1}，密度 887kg・m^{-3}，重相 2t・h^{-1}，密度 986kg・m^{-3}。

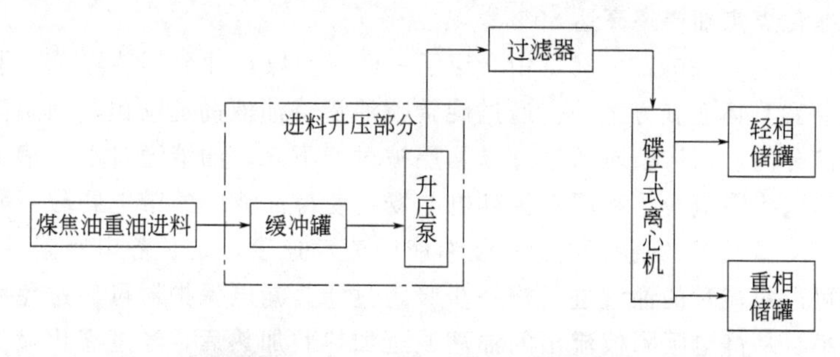

图 2-22 煤焦油重油杂质脱除装置流程

2.4 煤焦油脱水动力学

杨小彦[13]对陕北煤焦油的脱水动力学进行了分析，通过研究煤焦油静置脱水和化学破乳脱水的脱水率与温度、时间的关系，其建立了脱水动力学模型，该模型与煤焦油脱水规律相符，为其脱水规律的研究和工业应用提供了基础依据。此外，王军策等[63]对煤焦油电场脱水动力学进行研究，除了受重力场的影响外，电场作用影响更大，脱水速率与多种因素关系复杂，建立了动力学模型考察不同因素对脱水速率的影响，并预测电脱盐水速率，为破乳剂的评价及工业化应用提供了理论依据，具有很好的实用价值。

2.4.1 煤焦油在重力场中脱水动力学研究

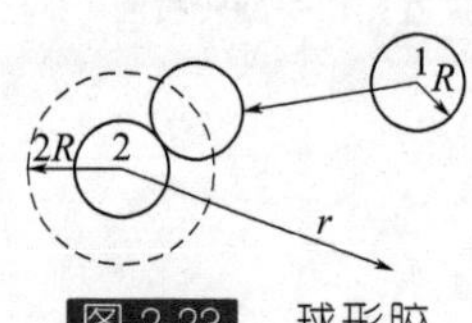

图 2-23 球形胶粒碰撞黏结模型

根据 Smoluchowski 提出的快速聚沉理论[64]，做出以下几点假设：①内相水滴是大小均一的球形粒子；②水滴的运动完全由 Brown 运动控制，不存在任何斥力势垒；③除了发生相互碰撞外，水滴粒子不发生其它相互作用，即它们之间无吸力或斥力；④水滴粒子碰撞会相互黏结成一个运动单元。图 2-23 为两个半径为 R 的球形水滴粒子碰撞黏结的模型。

将水滴粒子 2 固定在坐标原点，以原点为中心，以 $2R$ 为半径画出同心虚线圆，则 $2R$ 就是粒子 2 与粒子 1 发生碰撞和黏结必须接近的距离。粒子 1 向静止的中心粒子 2 扩散时，单位时间、单位面积上的扩散粒子数，可由 Fick 扩散定律式（2-2）给出

$$\frac{1}{A}\frac{\mathrm{d}n}{\mathrm{d}t}=-D\frac{\mathrm{d}n}{\mathrm{d}r} \tag{2-2}$$

式中，A 是扩散所通过的面积，cm^2；D 是扩散系数，$\mathrm{cm}^2\cdot\mathrm{s}^{-1}$；$\mathrm{d}n/\mathrm{d}r$ 是在 r 方向上的浓度梯度。

式（2-2）代表在以 r 为半径的球面上粒子碰撞的几率，而 $A=4\pi r^2$，则式（2-2）可写为

$$J=\frac{\mathrm{d}n}{\mathrm{d}t}=-(4\pi r^2)D\frac{\mathrm{d}n}{\mathrm{d}r} \tag{2-3}$$

式中，J 为单位时间内穿过球面的粒子数。

在稳态扩散条件下，J 为一个常数。因此可设开始时球形粒子的浓度为 n_0，边界条件：$x=\infty$时，$n=n_0$；$r=2R$ 时，$n=0$，对式（2-3）积分得

$$J=-8\pi RDn_0 \tag{2-4}$$

在运动过程中，所有粒子都在做 Brown 运动，但是在实际的碰撞聚沉过程中，影响因素复杂。可能是原始的两粒子碰撞引起的聚沉，也可能是黏结后的粒子团与其它粒子碰撞引起的聚沉。假设所有聚沉都是一级聚结所引起的，则其聚沉速度的通式可表示为

$$\frac{dn}{dt}=-8\pi RDn^2 \tag{2-5}$$

根据边界条件：当 $t=0$ 时，$n=n_0$；$t=t$ 时，$n=n_1$，对式（2-5）进行积分得

$$n_1=\frac{n_0}{1+8\pi RDn_0t} \tag{2-6}$$

式（2-6）就是快速聚沉的动力学方程。但是，在多数情况下粒子之间的斥力势垒并不为零，它们很难靠自身分子热运动达到聚沉的目的。因此，要加快聚沉速度，需加入某种介质或施加外力（如电场作用）。在某种程度上，zeta 电势的大小代表了斥力势垒的高低，通过施加外力降低粒子的 zeta 电势，使得粒子所具有的动能大于斥力势垒才能发生聚沉。

DLVO 理论[65]认为对有势垒存在的聚沉速度，仍然可用式（2-6）进行描述，但需乘上一个指数因子，则式（2-6）转化为

$$n_1=\frac{n_0}{1+8\pi RDn_0\exp\left(\frac{-E^*}{k_BT}\right)t} \tag{2-7}$$

式中，E^* 为最大斥力势能，

J；k_B为 Boltzmann 常数，$J\cdot K^{-1}$。

则脱水率 X_w可表示为

$$X_w=1-\frac{n_1}{n_0}=\frac{8\pi RDn_0\exp\left(\frac{-E^*}{k_BT}\right)t}{1+8\pi RDn_0\exp\left(\frac{-E^*}{k_BT}\right)t} \tag{2-8}$$

将 Stocks-Einstein 扩散系数方程带入上式，得

$$X_w=\frac{\frac{4k_BT}{3\eta}\exp\left(-\frac{E^*}{k_BT}\right)n_0t}{1+\frac{4k_BT}{3\eta}\exp\left(-\frac{E^*}{k_BT}\right)n_0t} \tag{2-9}$$

令 $M_1=8k_Bn_0/3$，$M_2=E^*/k_B$，则脱水率可表示为

$$X_w=\frac{M_1\frac{T}{\eta}\exp\left(-\frac{M_2}{T}\right)t}{1+M_1\frac{T}{\eta}\exp\left(-\frac{M_2}{T}\right)t} \tag{2-10}$$

式（2-10）就是所建立的煤焦油脱水率模型Ⅰ，该模型反映了脱水率与温度、黏度、初始液滴数目、脱水时间等因素之间的关系。

对于 Smoluchowski 碰撞速率和微粒聚结方程，Weigner[66] 对其进行了修改，引入了碰撞效率、作用半径等参数。

$$n_1 = \frac{n_0}{(1+\xi Ht)^2} \tag{2-11}$$

式中，$H = DR_a n_0$，R_a 为作用半径，cm；ξ 为碰撞效率，假定碰撞效率采用 DLVO 理论解释，ξ 可表示为

$$\xi = \xi_0 \exp\left(-\frac{E^*}{k_B T}\right) \tag{2-12}$$

代入式（2-12）可得

$$n_1 = n_0 \left[1 + \xi_0 \exp\left(-\frac{E^*}{k_B T}\right) DR_a n_0 t\right]^{-2} \tag{2-13}$$

则脱水率 X_w 可表示为

$$X_w = 1 - \left[1 + \xi_0 \exp\left(-\frac{E^*}{k_B T}\right) DR_a n_0 t\right]^{-2} \tag{2-14}$$

将 Stocks-Einstein 扩散系数方程带入上式，得

$$X_w = 1 - \left[1 + \frac{\xi_0 k_B R_a n_0}{6\pi R} \frac{T}{\eta} \exp\left(-\frac{E^*}{k_B T}\right) t\right]^{-2} \tag{2-15}$$

令 $N_1 = \xi_0 k_B R_a n_0/(6\pi R)$，$N_2 = E^*/k_B$ 则脱水率可表示为

$$X_w = 1 - \left[1 + N_1 \frac{T}{\eta} \exp\left(-\frac{N_2}{T}\right) t\right]^{-2} \tag{2-16}$$

式（2-16）为建立的煤焦油脱水率模型Ⅱ，该模型反映了脱水率与温度、黏度、初始液滴数目、脱水时间、碰撞效率、作用半径等因素之间的关系。

从表 2-14 和图 2-24 中可看出在同一温度下，随着时间的延长，煤焦油的脱水率逐渐增大；相同的脱水时间内，温度越高煤焦油的脱水率也越大，同时达到脱水平衡所用的时间越短。此外，在 383～403K 的温度下，无论温度多高，直接加热脱水在 40min 以上才基本达到脱水平衡，脱水速率较小。

表 2-14　直接加热脱水率与温度、时间的关系

t/min	脱水率/%		
	363K	383K	403K
0	0	0	0
6	11.0	21.0	35.6
12	24.6	32.2	52.7
18	33.2	45.7	69.6
24	41.9	59.2	76.6
30	49.1	67.9	82.1

续表

t/min	脱水率/%		
	363K	383K	403K
36	59.2	74.5	85.2
42	66.5	78.8	86.9
48	67.9	83.0	87.3

从表2-15中可以看出，在383～403K的温度下，两模型的拟合残差均小于0.5%，但模型Ⅱ比模型Ⅰ更符合煤焦油的脱水规律。此外，从图2-24，图2-25中可看出在低温条件下，模型Ⅰ的误差和模型Ⅱ的误差均较大，脱水时间长，吻合程度较差。两种脱水模型参数见表2-16。

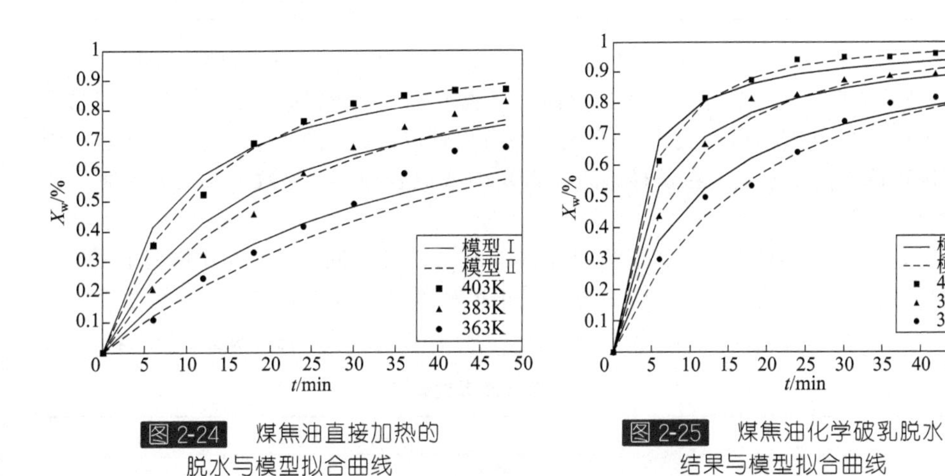

图2-24　煤焦油直接加热的脱水与模型拟合曲线

图2-25　煤焦油化学破乳脱水结果与模型拟合曲线

表2-15　两种脱水模型的残差

温度/K	残差/%	
	模型Ⅰ	模型Ⅱ
363	0.4931	0.3892
383	0.5027	0.2415
403	0.2245	0.0778

表2-16　两种脱水模型参数

试样	模型Ⅰ		模型Ⅱ	
	M_1	M_2	N_1	N_2
煤焦油	4.6787×10^{-4}	0.0010	1.6652×10^{-4}	1.0065

在不同温度下，煤焦油化学破乳的脱水率与脱水时间的验证结果见表2-17[63]，利用MATLAB软件编写程序拟合两模型曲线见图2-25。

表 2-17 化学破乳脱水的脱水率与温度、时间的关系

t/min	脱水率/%		
	363K	383K	403K
0	0	0	0
6	29.9	43.6	61.7
12	50.0	66.9	81.9
18	53.8	81.7	87.7
24	64.5	83.0	94.2
30	74.5	87.6	95.0
36	80.3	89.0	95.1
42	82.2	89.6	96.3
48	82.4	90.1	96.3

从图 2-25 中可以看出，不论温度高低，与同温度下的直接加热脱水相比，加入 XD-2 型破乳剂后，脱水速率有很大的提高，且脱水率也有所提高；温度越高，越易达到脱水平衡。在 363K 时，脱水达到平衡的时间相对较长，且脱水率较低，造成这一结果的原因可能是由于破乳剂在试样中未扩散均匀或混合均匀，导致前期脱水率低，最终影响总脱水率。

表 2-18 拟合模型的残差可以看出温度在 363～403 K 之间，模型Ⅱ比模型Ⅰ更接近实验结果。在 363 K 温度下，模型Ⅰ与模型Ⅱ相对误差基本相同，这一结果说明较低温度下两种模型与实验结果吻合情况相当，且残差值都较大。两种脱水模型参数见表 2-19。

表 2-18 脱水模型残差

温度/K	残差/%	
	模型Ⅰ	模型Ⅱ
363	0.2732	0.1980
383	0.2304	0.0948
403	0.1291	0.0359

表 2-19 脱水模型参数

试样	模型Ⅰ		模型Ⅱ	
	M_1	M_2	N_1	N_2
煤焦油	0.0014	0.0010	4.2178×10^{-4}	1.0036

2.4.2 煤焦油在电场中脱水动力学研究

王军策等[63]研究了煤焦油在电场中脱水的动力学，研究在 Smoluchowski[66] 提出的快速聚集理论的基础上，首先假定每个碰撞都为有效碰撞，认为起初的 N_0个小单元液滴不断聚集，且聚结过程满足累加原理即：1－mer＋1－mer＝2－mer（基准单位），依此类推可得，m－mer＋n－mer＝（m＋n）－mer，则 t 时刻 r-mer 粒子 N_r如式（2-17）所示。

$$N_r=\frac{N_0(\beta N_0 t)^{r-1}}{(1+\beta N_0 t)^{r+1}} \tag{2-17}$$

式中，$\beta=4\pi rD$，r 为乳化液滴的有效半径（此处认为是实际的液滴半径）；D 为分散系数，$D=kT/6\pi r\eta$，则 $\beta=2RT/3\eta$，k 为气体摩尔常数，T 为混合液温度，η 为连续相的黏度。

t 时刻液滴的平均体积为 $\bar{v}_t=\pi d_v{}^3/6$，可得式（2-18），

$$\bar{v}_t=\sum_{r=1}^{r=\infty}N_r v_r/\sum_{r=1}^{r=\infty}N_r \tag{2-18}$$

式中，$v_t=rv_0$，是由初始体积 v_0 的小液滴组成的液滴半径为 r 的液滴体积。用平均体积来计算，得式（2-19），

$$\bar{v}_t=v_0+\beta N_0 v_0 t \tag{2-19}$$

$N_0 v_0$ 是乳状液聚集单元的油相乳状液滴的体积，若水相体积分数为 Φ，则体积 $\bar{v}_t$ 用式（2-20）表示。

$$\bar{v}_t=v_0+\beta\phi t \tag{2-20}$$

式中，液滴平均直径 d_v^3 与 t 呈良好的线性关系。Lawrence 等[67]认为，若每个碰撞不全是有效碰撞，而仅有一部分 p 为有效碰撞，碰撞概率 p 对 r 个液滴来说是个常数，那么，

$$N_r=\frac{N_0(p\beta N_0 t)^{r-1}}{(1+p\beta N_0 t)^{r+1}} \tag{2-21}$$

类似的有，

$$\bar{v}_t=v_0+p\beta\phi t \tag{2-22}$$

在电场的作用下，内部水滴的碰撞和凝结概率大大增加，因此电场中的扩散系数 D 增大。为了得到电场中 D 的数学表达式，进行了一些假设：乳化剂内部水滴呈球形且直径相同。每一水滴的质量为 m，两电极间的电压为 E，电极间的乳化剂体积为 V。根据牛顿定律，作用在液滴上力为 F，则速度为 $\mathrm{d}x/\mathrm{d}t$，加速度为 $\mathrm{d}^2x/\mathrm{d}t^2$，它们的关系如式（2-23）所示。

$$m\frac{\mathrm{d}^2x}{\mathrm{d}t^2}=F-f_s\frac{\mathrm{d}x}{\mathrm{d}t} \tag{2-23}$$

式中，f_s 为液滴聚集的阻力，由于球形水滴的半径远大于溶剂分子的半径，在层流中，f_s 为

$$f_s=6\pi\eta r \tag{2-24}$$

又因为
$$\frac{\mathrm{d}^2x}{\mathrm{d}t^2}=\frac{1}{2x}\left[\frac{\mathrm{d}^2(x^2)}{\mathrm{d}t^2}\right]-\frac{1}{x}\left(\frac{\mathrm{d}x}{\mathrm{d}t}\right)^2 \tag{2-25}$$

式（2-25）可写为

$$m\left[\frac{\mathrm{d}^2(x^2)}{\mathrm{d}t^2}\right]+f_s\left[\frac{\mathrm{d}(x^2)}{\mathrm{d}t}\right]=2Fx+2m\left(\frac{\mathrm{d}x}{\mathrm{d}t}\right)^2 \tag{2-26}$$

以上只讨论了单个液滴的情况，在实际的乳状液中许多液滴的平均位移量为 $\bar{x}$，那么，

$$\frac{m}{2}\left[\frac{\mathrm{d}^2(\overline{x}^2)}{\mathrm{d}t^2}\right]+3\pi\eta r\left[\frac{\mathrm{d}(\overline{x}^2)}{\mathrm{d}t}\right]=F\overline{x}+m\left(\frac{\mathrm{d}\overline{x}}{\mathrm{d}t}\right)^2 \tag{2-27}$$

由于在各个方向上液滴与溶剂分子的碰撞概率相同，所以牵引力 F 和位移 x 平均量为0，即：$F\overline{x}=0$。假设由热运动和电场力作用产生平均动能，若热运动忽略不计。那么，在电场中一个液滴做直线运动的平均动能如下。

$$\frac{1}{2}m\left(\frac{\mathrm{d}\overline{x}}{\mathrm{d}t}\right)^2=\frac{1}{2}kT+N_e \tag{2-28}$$

式中，N_e是电场对一个液滴作用产生的平均能量。假设 N_e与外加的电场强度成正比，可得

$$N_e=\frac{k_1E^2}{RN_T} \tag{2-29}$$

式中，R 是两电极间的总电阻，N_T是乳化剂中水滴的总数量，k_1是常数。则

$$\left(\frac{\mathrm{d}x}{\mathrm{d}t}\right)^2=\left(kT+\frac{k_1E^2}{RN_T}\right) \tag{2-30}$$

从式（2-26）～式（2-30），可得

$$\frac{\mathrm{d}(\overline{x})^2}{\mathrm{d}t}=(kT+\frac{k_1E^2}{RN_T})/(3\pi\eta r)+K\exp(\frac{-6\pi rt}{m}) \tag{2-31}$$

式中，K 是整数常量。

在较长的时间里，式（2-31）中的第二项与第一项相比很小，因此，式（2-31）可以简化为：

$$\frac{\mathrm{d}(\overline{x})^2}{\mathrm{d}t}=(kT+\frac{k_1E^2}{RN_T})/(3\pi\eta r) \tag{2-32}$$

当 $t=0$，$\overline{x}=0$，式（2-32）转化为：

$$(\overline{x})^2=(kT+\frac{k_1E^2}{RN_T})t/(3\pi\eta r) \tag{2-33}$$

根据爱因斯坦定律[64]如式（2-33），

$$(\overline{x})^2=2Dt \tag{2-34}$$

对比式（2-33）和式（2-34），可推出：

$$D=\frac{kT+k_1E^2/(RN_T)}{6\pi\eta r} \tag{2-35}$$

式（2-35）是在电场中水滴扩散系数的表达式。结合式（2-17），可得在电场作用下，乳化剂内部水滴凝结速率的表达式如下：

$$V_t=\frac{\mathrm{d}V_t}{\mathrm{d}t}=2p\phi\,\frac{kT+k_1E^2/(RN_T)}{3\pi\eta} \tag{2-36}$$

假设电场中乳化剂相分离时间 t_b与 $1/V_t$成正比，则

$$t_b=3k_2/[2p\phi(\frac{kT}{\eta}+\frac{k_1E^2}{\eta RN_T})] \tag{2-37}$$

式中，N_T和 R 满足下式，

$$N_T=\frac{6\phi V}{\pi d_p{}^3}\qquad R=\frac{1}{2\pi fC_g}$$

式中，f 是电场的频率，C_g是电脱盐仪的总电容，d_p是乳化剂内部水滴的 Saunter 直径，因此，式（2-37）可转化为：

$$t_b=\left(\frac{C_1\phi T}{\eta}+\frac{C_2E^2d_p^3f}{\eta}\right)^{-1} \tag{2-38}$$

$$C_1=\frac{2pk}{3k_2} \qquad C_2=\frac{2pk_1\pi^2C_g}{9k_2V} \tag{2-39}$$

从式（2-38）可以得出，影响电破乳脱水速率的主要因素有外加电场的电场强度、频率、内部水滴的直径、乳化液中水的体积分数、电脱盐温度及乳状液黏度。

从式（2-37）中可知，电场破乳脱水过程主要分为两个步骤：①分散的水相凝聚结成大基团，但仍以水滴存在并没有合并长大；②在破乳剂和电场作用下，小水滴的数目逐渐减少，大基团内的水滴合并为大液滴，从而从乳化液中分离出来。因此，分离时间 t_b受内部液滴直径的影响。

不同乳状液的搅拌速率和搅拌时间对液滴分散度和液滴直径的影响很大。乳状液的不同性能也会影响内部液滴的形态，由式（2-37）可知，内部液滴越大，分离速度越快。d 随着内部液滴直径的增大，分离时间 t_b越小，但液滴直径越大，液滴分离速度的变化越小。

从结构上来说，破乳剂同时具有亲水亲油两种基团，亲油部分为碳氢基团，主要由长链的碳氢基团构成；亲水部分则由离子或非离子型的亲水基团组成。采用破乳剂脱水主要是利用化学剂改变油水界面性质或界面膜的强度，破乳剂浓度会影响乳状液的黏度。实验结果如表 2-20 所示，随着破乳剂浓度的增大，乳状液黏度不断减小。图 2-26为破乳剂浓度 c_s与 t_b的关系图，随着 c_s的增大，乳状液黏度降低，越容易分离，即 t_b越来越小。

表 2-20 c_s、Φ 和 T 与煤焦油黏度的关系（$d_p=4.32\times10^{-3}$m）

$T=383$K,$\Phi=0.08$		$T=383$ K,$c_s=30\mu g\cdot g^{-1}$		$\Phi=0.08$,$c_s=30\mu g\cdot g^{-1}$	
$c_s/\mu g\cdot g^{-1}$	η/mPa·s	Φ	η/mPa·s	T/K	η/mPa·s
10	2.63	0.04	2.60	343	—
15	2.52	0.06	2.41	353	7.23
20	2.42	0.08	2.26	363	4.75
25	2.33	0.10	2.22	373	3.18
30	2.26	0.12	2.19	383	2.26

温度对电破乳的影响有两方面，如图 2-27 显示随着温度的增大，乳状液黏度逐渐降低；温度越高，又会影响液滴的热力学运动，因此液滴内部碰撞和液滴聚集的机会就增大。图 2-27 显示 T 和 t_b的关系，很明显随着 T 的增大 t_b减小，且 T 越大，t_b的变化率逐渐减小，这是因为随着温度的增大，乳状液黏度的变化越来越小。

从机理模型式（2-38）中可得出 t_b与 E 成反比例函数，图 2-28 是 t_b与电场强度 E 的关系图，从图中可看出，随着 E 的增大，水滴的聚集力越大，分离时间 t_b越小。当 E 足够大，E 增大 t_b变化越小，这说明当 E 较大时，带电液滴受电分散控制，而机理模型中忽略了电分散的影响。

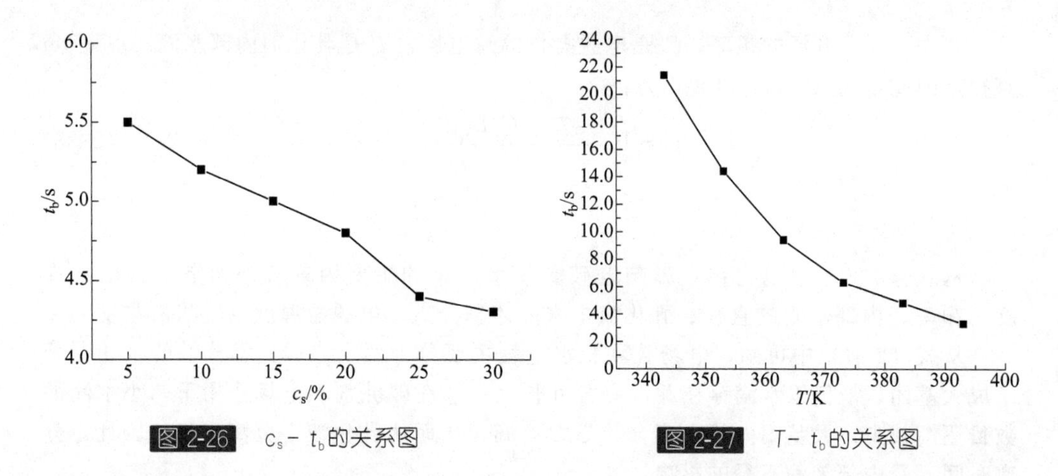

图 2-26 c_s-t_b的关系图

图 2-27 $T-t_b$的关系图

机理模型式（2-38）表明随着水相体积分数 Φ 减小，t_b 也随之减小，图 2-29 中显示随着 Φ 的增大，乳状液的黏度减小，且减小的速率较快。这是由于随着 Φ 的增大，小水滴之间的间距减小，碰撞凝聚机会越多，越易凝聚长大，分离出来，所以 t_b 也明显的减小。从实验结果图 2-29 中可看出，实验结果与机理模型相吻合。

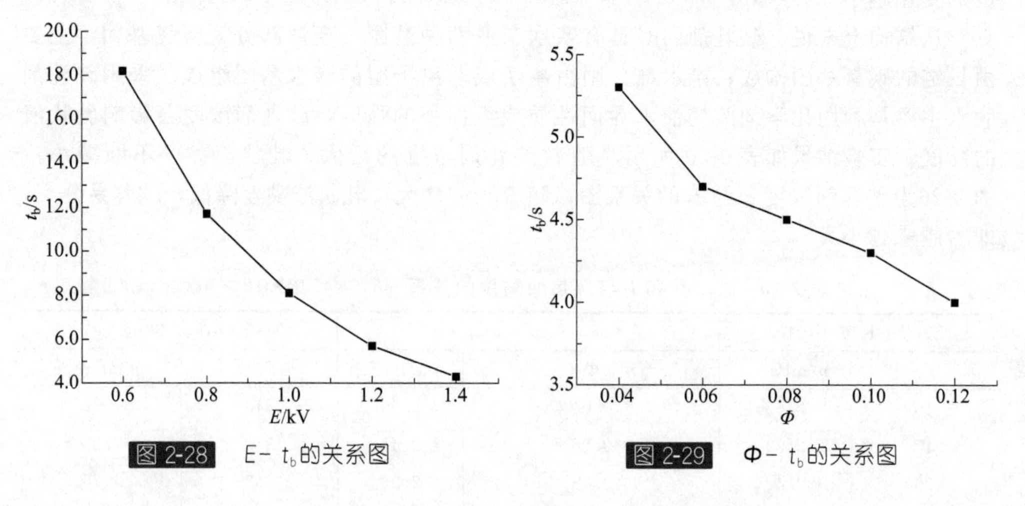

图 2-28 $E-t_b$的关系图

图 2-29 $\Phi-t_b$的关系图

参 考 文 献

[1] 王秀丹，曹敏，闵振华，等. 热溶过滤法脱除煤焦油沥青中喹啉不溶物的研究 [J]. 炭素技术，2007，5 (9)：10-13.

[2] 苏雪梅. 煤焦油的净化分离及应用 [J]. 科技风，2010，11 (2)：239.

[3] 薛改凤，林立成，许斌. 煤焦油净化处理的国内外发展动态 [J]. 煤炭转化，1998，32 (5)：25-28.

[4] 于剑峰，杜希林，王宝光. 煤焦油的净化、分离及应用浅析 [J]. 煤化工，2004，11 (2)：29-31.

[5] 刘春法，杜勇，单长春. 宝钢煤焦油沥青的结构和性能浅析 [J]. 上海化工，2008，33 (1)：14-16.

[6] 许志明，王宗贤，Kotlyar L S，Chung KH. 油砂沥青改质产品中甲苯不溶物的表征 [J]. 石油学报（石油加工），2004，12 (1)：68-74.

[7] Xu Z，Wang Z，Kung. Separation and characterization of foul ant material in cooker gas oils from Athabasca bitumen [J]. Fuel Processing Technology，2005，84 (6)：661-668.

[8] 童仕唐. 焦油渣含量及其粒度分布测定方法的研究 [J]. 燃料与化工，2005，32 (2)：32-34.
[9] 冯映桐，余兆祥. 离心沉降法净化煤焦油 [J]. 华东冶金学院学报，1992，31 (4)：30-35.
[10] 刘瑞周，许斌，薛改凤，等. 原生 QI 结构和性质的研究 [J]. 炭素技术，1997，32 (5)：22-25.
[11] 任绍梅，熊杰明. 煤沥青中原生 QI 性质分析 [J]. 燃料与化工，2008，12 (2)：31-34.
[12] 罗道成，刘俊峰. 煤焦油脱除喹啉不溶物 (QI) 的净化处理研究 [J]. 煤化工，2008，21 (2)：11-13.
[13] 杨小彦. 中温煤焦油预处理工艺、动力学及固体杂质性质研究 [D]. 西北大学，2011.
[14] 李冬，刘鑫，孙智慧，等. 煤焦油中甲苯不溶物的性质和组成分析 [J]. 石油学报 (石油加工)，2014，11 (1)：76-82.
[15] 黄绵延. 长焰煤中温煤焦油综合利用的研究 [D]. 鞍山科技大学，2003.
[16] 周春光，王树荣，方梦祥，等. 低温煤焦油流动性能改善的实验研究 [J]. 中国电机工程学报，2009，22 (7)：145-149.
[17] 许斌，付苏平，虞继舜，等. 净化煤沥青的制备及其性质表征 [J]. 炭素，1997，21 (2)：15-18.
[18] 秦宝武. 煤焦油灰分测定方法的改进 [J]. 本钢技术，2010，(3)：37-38.
[19] 丰芸，李寒旭，丁立明. 利用 XRD 分析高温下淮南煤灰矿物质变化 [J]. 安徽建筑工业学院学报，2008，16 (5)：53-57.
[20] Miller J D，Misra M. Hot water process development for Utah tar sands [J]. Fuel Processing Technology，1982，6 (1)：27-59.
[21] 胡定强，王光辉，田永胜，等. 大型焦炉煤焦油 QI 含量偏高的原因分析 [J]. 煤炭转化，2011，34 (3)：57-60.
[22] 刘瑞周，徐斌，薛改凤，等. 原生 QI 结构和性质的研究 [J]. 炭素技术，1997，16 (5)：22-25.
[23] 任绍梅，熊杰明. 煤沥青中原生 QI 性质分析 [J]. 炭素技术，2008，27 (1)：13-15.
[24] 徐晓，吴奇虎. 煤利用化学 (上册) [M]. 北京：化学工业出版社，1991：203-209.
[25] 许斌，李其祥，张学信. 用红外光谱研究煤沥青粘结剂及其炭化产物 [J]. 炭素技术，1996，15 (2)：17-19.
[26] Kotlyar L S，Deslandes Y，Sparks B D et al. Characterization of coddoidal solids from Athabasca sludge [J]. Clays and Clay Minerals，1993，41 (3)：341-345.
[27] 谢全安，冯兴磊，郭欣，等. 煤焦油脱水技术进展 [J]. 化工进展，2010，21 (1)：345-348.
[28] 水恒福，张德祥，张超群. 煤焦油的分离与精带 [M]. 北京：化学工业出版社，2007：34-36.
[29] 高红钢，蔡健. 煤焦油脱水技术的探讨 [J]. 武钢技术，2009，21 (06)：55-57.
[30] 何建平，李辉. 炼焦化学产品回收技术 [M]. 北京：冶金工业出版社，2006：271-272.
[31] 葛东，栾兆爱，蒋秀香，等. 超级离心机在煤焦油脱水脱渣中的应用 [J]. 燃料与化工，2009，21 (05)：54-56.
[32] 郝元靖. 超级离心机在煤焦油脱水生产中的应用 [J]. 酒钢科技，2014，3 (11)：51.
[33] 任培兵，容磊，姜凤华. 超级离心机在焦油预处理中的应用 [J]. 燃料与化工，2010，21 (1)：12-16.
[34] 李超. 武钢煤沥青发展对策和生产技术研究 [D]. 武汉：武汉科技大学，2009.
[35] 解玉丽，梁秋丽，郎丽杰，等. 关于煤焦油脱水技术的探讨 [J]. 企业技术开发，2011，16 (1)：173-174.
[36] 胡同亮，李萍，张起凯，等. 微波辐射法原油脱水的研究 [J]. 炼油技术与工程，2003，21 (02)：6-8.
[37] 田玉新，张金生，李丽华，等. 正交设计在微波辐射原油脱水中的应用研究 [J]. 化工科技，2005，11 (01)：35-37.
[38] 毛燎原，李萍，张起凯，等. 无机盐存在下微波辐射超稠原油脱水研究 [J]. 无机盐工业，2006，21 (11)：53-55.
[39] 祁强，李萍，张起凯，等. 微波技术在石油加工中的应用研究进展 [J]. 石化技术与应用，2009，25 (02)：176-180.

[40] 陈雪丽. 微波辐射下高温焦油脱水的研究 [D]. 鞍山：鞍山科技大学，2006.
[41] 徐志强，辛凡文，涂亚楠. 褐煤微波脱水过程中水分的迁移规律和界面改性研究 [J]. 煤炭学报，2014，39 (1)：147-153.
[42] 孙晓霞. 乳化原油声-化学法脱水研究进展 [J]. 当代石油石化，2003，11 (10)：31-34.
[43] 寇杰，刘松林. 超声波稠油脱水研究 [J]. 油气田地面工程，2009，28 (8)：1-3.
[44] 刘启兵. 煤焦油乳化机理、破乳、脱水方法的研究 [D]. 武汉：武汉科技大学，2001.
[45] 于世友，李志峰，江丹. 高效破乳剂在焦化油水分离中的试验与研究 [J]. 莱钢科技，2006：31-33.
[46] 上海化工学院. 煤化学和煤焦油化学 [M]. 上海：上海人民出版社，1976：168-170.
[47] 崔楼伟，李冬，李稳宏，等. 响应面法优化煤焦油电脱盐工艺 [J]. 化学反应工程与工艺，2010，12 (03)：258.
[48] 杨占彪，王树宽. 煤焦油的电场净化方法 [P]. ZL200610105277. 6，2009-09-18.
[49] 李泓，韦伟，王龙祥. 一种煤焦油电脱盐脱水脱渣的方法 [P]. 江苏：CN103102933A，2013-05-15.
[50] 曹丽霞. 水力旋流器的研究进展 [J]. 安徽化工，2009，35 (4)：17-19.
[51] 郑华辉. 旋流分离在石油化工中的应用 [J]. 装备制造技术，2008，(12)：180-181.
[52] 郭宁，黄锐. 旋流分离技术在环保工程上的应用 [J]. 化工装备技术，2009，30 (3)：38-41.
[53] 王岩，王继明，张成帅，等. 一种新型水力旋流器的机理研究及设计 [J]. 广州化工，2009，28 (4)：15-16.
[54] 汪华林，刘毅，杨强，等. 一种煤焦油耦合旋流净化方法及装置 [P]. 上海：CN101475818A，2009-01-23.
[55] 杨占彪，王树宽，于广彦. 一种煤焦油过滤装置及过滤方法 [P]. 陕西：CN103463863A，2013-12-25.
[56] 冯映桐，余兆祥，沈宝依. 煤焦油净化工艺的研究 [J]. 燃料与化工，1992，23 (2)：99-101.
[57] LG10-2. 4A 台式高速离心机说明书. 北京克拉威尔科技公司，2009.
[58] 沈宝依，金文松，洪汉贵，等. 离心法制取针状焦原料的工业试验 [J]. 燃料与化工，1994，25 (2)：78-81.
[59] 余兆祥，冯映桐，顾才儒. 煤焦油中喹啉不溶物的分离 [J]. 煤气与热力，1992，23 (2)：5-10.
[60] 冯映桐，沈宝依，余兆祥，等. 分离煤焦油中喹啉不溶组分的方法 [P]. ZL91107072. 9，1995-01-11.
[61] 李冬 张琳娜 李稳宏，等. 一种煤焦油分离装置 [P]. 陕西：CN 204224530 U，2015-03-25.
[62] 王萌，李代玉，杨培志，等. 一种煤焦油重油杂质脱除方法 [P]. 湖南：CN10928594A，2010-12-29.
[63] 王军策，李冬，李稳宏，等. 煤焦油在电场中的脱水动力学研究 [J]. 石油化工，2012，25 (5)：533-538.
[64] 傅献彩. 物理化学（下册）[M]. 北京：高等教育出版社，2005，7.
[65] 焦学瞬，贺明波. 乳化剂与破乳剂性质、制备与应用 [M]. 北京：化学工业出版社，2007，9.
[66] Von Smoluchowski. M. Z. Mathematical theory of the kinetics of the coagulation of colloidal solutions [J]. Phys Chem Chem Phys，1917，92：129-168.
[67] Lawrence A，Mills O. Kinetics of the coagulation of emulsions [J]. Faraday Discussions 1954，18 (5)：98-104.

第3章 煤焦油的分离与精制

煤焦油是一种组成非常复杂的混合物，目前从中分离并得到确认的单体化合物已有500余种，约占焦油总量的55%，其组分总数据估计可达1000种左右。这些组分主要以芳香族化合物为主，它们既是生产塑料、橡胶、医药、染料等不可或缺的主要原料，同时还是一些多环烃类化合物的重要来源[1]。其中，含有一个苯环的为苯系化合物，包括苯、甲苯、二甲苯、三甲苯和乙基甲苯及其衍生物；含有两个苯环的为萘系化合物，既包括萘、甲基萘、二甲基萘的衍生物，又包括联苯、苊和芴等；含有三个苯环的为蒽系化合物，包括蒽、菲和咔唑等；含有四个和四个以上苯环的为多环系化合物，包括芘、䓛和荧蒽等。除此之外，煤中的氮、氧、硫等元素还会与以上芳香族化合物结合并形成一系列的复杂衍生物，例如，含氧的苯环生成苯酚、邻甲酚、间甲酚、对甲酚、二甲酚等酸性物质，含氧的萘环生成萘酚、萘二酚等，含氧的杂环生成古马隆、茚和氧芴等，氧还能生成羧基化合物，如苯甲酸等；氮可生成吡啶、甲基吡啶、二甲基吡啶等碱性物质，也可生成喹啉、异喹啉、吲哚、苯胺以及萘胺等；硫与直链化合物生成噻吩，与苯环生成硫茚，与萘生成萘硫酚等[2,3]。

焦油的分离与精制研究最早始于1820年，此后相继发现了萘、苯酚、蒽、苯胺、喹啉、苯、甲苯和吡啶等一系列主要化合物，为大宗有机化工产品生产奠定了基础，1822年，英国建成了第一个焦油蒸馏工业装置，主要为浸渍铁路枕木和建筑用木料提供重油。1860年，德国在柏林附近建成了世界第一家焦油加工厂并延续至今，为焦油的分离与精制做出了历史性贡献，德国的许多重要化学公司如BASF、BAYER和HOECHST等公司都是从焦油起家的。至第二次世界大战结束，生产苯、甲苯、萘、蒽、苯酚、吡啶以及喹啉等的工业原料几乎全部来自煤的焦化副产品——粗苯和焦油[4,5]。

在焦油分离与精制的工业化方面，我国早期绝大多数焦油加工厂只加工高温焦油，加工中、低温焦油生产甲酚等产品的焦油加工厂寥寥无几，近年来随着中、低温焦油产量的飞速增长，中、低温焦油加工业也迎来了巨大的发展机遇[6,7]。

对于高温焦油来说，我国现已拥有大中型焦油加工企业60余家，其中，单套年加工规模在20万吨以上的有40余家，年加工能力为1100多万吨；小型焦油加工企业年加工能力约500万吨；筹建和在建的焦油深加工企业有10多家，加工能力达300多万吨；拟建的焦油加工企业还有几十家，加工能力近400万吨[8,9]。上海宝钢化工有限公司是国内最大的焦油加工企业，5套装置总加工能力为75万吨/年，生产规模居世界第5位。山东杰富意振兴化工公司对原有的30万吨/年装置进行了扩产改造，达到了单套50万吨/年的加工能力，是国内单套加工能力最大的焦油加工装置。山西宏特煤化工有限公司拥有2套焦油加工装置，总生产能力达30万吨/年，并准备扩建2套年加工35

万吨焦油的装置，最终形成100万吨/年的加工规模。山西焦化集团焦油加工项目一期工程单套加工能力为30万吨/年的焦油加工装置已于2006年投产，二期建成后将达到60万吨/年的焦油加工规模。鞍钢实业化工公司现有的焦油加工能力为30万吨/年，正在建设60万吨/年的焦油深加工项目。神华乌海煤焦化公司、乌海黑猫炭黑公司、山西介休佳乾煤化工公司、河津精诚化工公司、山东固德化工公司、山东海化集团、河南海星化工公司、唐山考伯斯开滦炭素化工公司都拥有30万吨/年的焦油加工能力。武汉平煤武钢联合焦化公司投资建设的50万吨/年焦油深加工项目已于2010年开工建设并于2015年顺利投产。济南海川炭素公司的40万吨/年焦油深加工项目在济南平阴县开工建设。河南诚宇焦化有限公司现已具备35万吨/年焦油加工能力，目前正在新建30万吨/年焦油深加工项目。开滦能源化工公司与首都钢铁公司共同出资，拟在唐山曹妃甸建设百万吨级焦油深加工项目，项目分两期，一期生产规模为30万吨/年。其他正在准备规划的焦油深加工项目包括沙桐泰兴化学公司30万吨/年焦油深加工项目、平煤集团首山焦化公司30万吨/年焦油深加工项目和河北旺佰欣化工公司30万吨/年焦油深加工项目等。然而，由于目前我国高温焦油的年产量仅仅维持在1700万吨左右，故高温焦油加工能力略有过剩[10]。

对于中、低温焦油来说，国内已建成的中低温焦油深加工项目已接近10套，包括陕西煤业化工集团神木天元化工有限公司50万吨/年中温焦油轻质化和3万吨/年粗酚精制项目、陕西煤业化工集团神木富油能源科技有限公司12万吨/年中低温焦油综合利用项目、云南先锋化工有限公司12万吨/年低温焦油加氢项目以及中煤龙化哈尔滨煤制油有限公司5万吨/年低温焦油加氢项目等[11,12]。这些项目均采用以焦油为原料生产燃料油的技术路线。目前，赤峰国能化工科技有限责任公司在建设年产45万吨焦油加氢项目的同时，也将新建6万吨/年粗酚精制装置。

随着焦油加工技术的不断发展、壮大和成熟，焦油加工产业日益呈现出如下四个显著的趋势[13,14]。

① 装置大型化，加工集中化。大型化和集中化有利于提高规模效益，降低设备投资和运行成本，同时也使企业有能力通过大规模的投资进行技术创新和设备更新换代。德国RUETGERS公司焦油年处理能力达到150万吨，已能生产500多种芳烃产品，焦油的化工利用率接近60%，位居世界第一。

② 投入大量的人力、物力和财力进行全方位多品种产品开发。工艺上大多采用常减压多塔装置，蒸馏时切取窄馏分，得到高纯度产品，例如，德国RUETGERS公司从焦油中分离、配制的产品多达220余种，萘有4个级别，树脂有5个级别，蒽有7个级别，沥青黏结剂及浸渍料有20个级别，还可根据市场要求，在同一装置上通过改变操作参数生产不同级别的产品，实现装置的多功能性。

③ 在焦油加工产品的基础上，向医药、农药、染料、香精等精细化工方面延伸深加工产品。例如日本住友金属工业株式会社仅对焦油中纯化合物进行提取、延伸而试制和生产的产品便多达180余种，其中，酚类衍生物21种，喹啉及其衍生物32种，萘衍生物60种。

④ 强化热能综合利用，降低焦油加工过程中的能源消耗。装置均采用先进的节能

工艺、技术与措施，各个物料与工艺中的热馏分充分换热，减少蒸汽耗量。通过新型蓄热式一段燃烧管式加热炉技术直接将排烟温度降至130℃，不仅减少了燃料消耗，而且工艺控制更加便捷，还省去了老式管式加热炉配套的低压蒸汽系统、热水循环系统和烟气余热回收系统等，既节省了投资又有利于生产操作。此外，根据馏分的不同特点选择不同的冷凝冷却方式，使工艺过程的用水量大大减少。

3.1 煤焦油分离与精制方法简述

由于焦油中的组分众多，必须对其进行一定的分离和精制后才能得到高附加值的有机化工产品。传统的蒸馏法作为焦油分离与精制的主要手段，应用最为广泛[15]。然而，由于焦油是复杂的多元组分混合物，其大多数单体化合物相互溶解并形成低共熔混合物，从而给蒸馏造成了很大的困难。随着对焦油的深入研究，人们又提出利用溶剂萃取法、超临界流体萃取法、萃取结晶法、压力结晶法、吸附法、配合法和膜法等新技术来分离与精制焦油[16]。

3.1.1 蒸馏

根据蒸馏操作是否连续可分为间歇式蒸馏和连续式蒸馏，间歇式蒸馏操作灵活，对于小批量的生产较为适合；连续式蒸馏操作稳定，常用于大规模的生产[17]。一般来说，当焦油加工规模较小时（3 万吨/年以下）可采用间歇式焦油蒸馏；当焦油加工规模较大时（5 万吨/年以上）一般宜采用管式加热炉连续式焦油蒸馏，此时设备利用率高，焦油分离程度好，各馏分收率普遍增加，能耗低，经济效益显著。

蒸馏按操作压力的不同可分为常压蒸馏、加压蒸馏和减压蒸馏。其中，常压蒸馏最为普遍，加压蒸馏适用于常压下沸点很低或为气体的物系，而减压蒸馏则适用于常压下沸点较高、使用高温加热不经济或含有热敏性物质不能承受高温的情况。

根据操作方式的不同，蒸馏可分为简单蒸馏、平衡蒸馏和精馏。前两种只能实现初步分离，而精馏则能实现混合物的高纯度分离。需要注意的是，当混合物中两组分的挥发度相差不大时，若采用普通精馏的方法进行分离，所需的精馏塔很高，设备投资较多，另外还有一些组分的液体混合物能形成恒沸物，通过一般的精馏方法亦不能有效分离。在这些情况下，需要加入第三组分，使用萃取精馏或恒沸精馏等方法对其进行分离和精制。

根据被蒸馏混合物的组分数，蒸馏还可分为二元蒸馏和多元蒸馏。二元蒸馏是多元蒸馏的基础，而有些多元蒸馏问题则可以采用二元蒸馏的方法来简化处理。多元蒸馏的原理与二元蒸馏相同，仍然是利用各组分挥发度的差异，在塔内形成气、液逆向流动并发生传质以实现组分的分离。多元蒸馏的计算是基于气、液相平衡和物料衡算、热量衡算等多重关系的联合运用。由于多元蒸馏涉及的组分数目繁多，影响因素增加，故它所要解决的问题也较为复杂。焦油蒸馏属于典型的多元蒸馏[18]。

一般来说，焦油蒸馏所得产品并不要求为纯组分，而只要求具有一定的沸点范围即可。例如，有时将馏分塔分为 4 段，每段取 3 个组分，分别为低沸点组分、中沸点组分和高沸点组分，即将多组分系统当做三组分系统来处理[19,20]。馏分塔各段组分、平均相对分子质量及段分布见表 3-1。

表 3-1　馏分塔各段的组分/平均相对分子质量分布

组分	低沸点	中沸点	高沸点	段分布位置
第 1 段	轻油 /110	酚油 /120	纯萘 /128	酚油侧线以上部分
第 2 段	轻油＋酚油 /118	纯萘 /128	萘油 /140	酚油和萘、洗油二混馏分两侧线之间
第 3 段	轻油＋酚油＋萘油 /123	纯萘 /128	洗油 /144	萘、洗油二混馏分侧线至加料板之间
第 4 段	纯萘 /128	轻油＋酚油＋萘油＋洗油 /135	蒽油 /175	加料板以下至塔釜之间的提馏段

3.1.2 恒沸蒸馏与萃取蒸馏

对于蒸馏过程来说，混合物中各个组分挥发度的不同是实现体系分离的重要依据，但是，由于焦油是非理想的混合物，含有大量恒沸点和沸点相近的化合物，见表 3-2，组分间的相对挥发度约等于 1，采用普通蒸馏无法实现纯组分的分离与精制。针对以上问题，工业上经常采用特殊的蒸馏方式进行，它的基本原理是向原有体系中加入一定量的第三组分，以改变原物系的非理想性或提高其相对挥发度。按照第三组分所起作用的不同，又可分为恒沸蒸馏和萃取蒸馏。

表 3-2　焦油中的恒沸物组成及含量

组成	质量分数/%	沸点/℃	恒沸点/℃
临甲酚/萘	31.1/68.9	191.5/218.0	193.7
对甲酚/萘	3.6/96.4	202.5/218.0	202.3
间甲酚/萘	3.0/97.0	202.6/218.0	202.4
萘/3,4-二甲酚	11.1/88.9	218.0/226.9	217.8
萘/3,5-二甲酚	25.1/74.9	218.0/219.0	216.8
2,3-二甲基萘/苊	2.1～3.1/96.9～97.9	269.2/277.5	277.9
2,3-二甲基萘/2-甲基吲哚	80.9～82.7/17.3～19.1	269.2/272.3	273.2
2-甲基吲哚/苊	52.1～54.0/46.0～47.9	272.3/277.5	273.2
酚/吡啶	87.1/12.9	182.2/115.5	183.6
酚/2-甲基吡啶	78.7/21.3	182.2/129.4	185.3
酚/2,4-二甲基吡啶	60.1/39.9	182.2/158.5	194.6
酚/2,6-二甲基吡啶	72.3/27.7	182.2/144.0	186.3
酚/2,4,6-三甲基吡啶	53.3/46.7	182.2/186.8	195.8
邻甲酚/α-甲基吡啶	95.8/4.2	191.5/129.4	191.9
邻甲酚/2,4-二甲基吡啶	70.2/29.8	191.5/158.5	197.7
邻甲酚/2,4,6-三甲基吡啶	62.8/37.2	191.5/186.8	198.7

续表

组成	质量分数/%	沸点/℃	恒沸点/℃
对甲酚/2,4-二甲基吡啶	76.9/23.1	202.5/158.5	205.5
对甲酚/2,4,6-三甲基吡啶	70.7/29.3	202.5/186.8	207.2
间甲酚/2,4-二甲基吡啶	70.2/29.8	202.6/158.5	197.7
间甲酚/2,4,6-三甲基吡啶	71.1/28.9	202.6/186.8	207.5
吡啶/水	56.8/43.2	115.5/100.0	94.4
α-甲基吡啶/水	88.3/11.7	129.4/100.0	94.8
β-甲基吡啶/水	80.8/19.2	144.1/100.0	96.8
γ-甲基吡啶/水	76.4/23.6	145.4/100.0	97.2
2,6-二甲基吡啶/水	64.8/35.2	144.0/100.0	95.6
萘/水	72.5/27.5	218.0/100.0	98.8

焦油中的咔唑、蒽、喹啉、异喹啉以及吲哚等组分均可采用恒沸蒸馏进行分离和精制。

3.1.2.1　恒沸蒸馏

添加的第三组分与原有体系中的待分离关键组分形成最低恒沸物，使其沸点较原组分或原恒沸物显著降低，使溶液变成“恒沸物-纯组分”的蒸馏，相对挥发度增大而易于分离，这种蒸馏叫作恒沸蒸馏，第三组分称为夹带剂或恒沸剂[21]。

恒沸蒸馏对夹带剂的要求如下。

① 夹带剂至少应与待分离组分之一形成恒沸物，最好形成最低沸点恒沸物，使操作温度降低。

② 在操作温度、压力下，夹带剂应与待分离组分完全互溶且无分层现象，保证塔内正常操作。

③ 夹带剂的沸点应比原料的沸点低10～40℃，使之具有足够大的沸点差以便于实现分离。

④ 要求新恒沸物中夹带剂的比例愈小愈好，这样既提高了夹带剂的分离效率又降低了装置能耗。

⑤ 夹带剂应易于回收。

⑥ 夹带剂应具有良好的热稳定性和化学稳定性，无毒、无腐蚀，价格低廉。

恒沸蒸馏目前存在的问题的是：性能良好的恒沸剂比较难找；依靠恒沸剂以气相状态将组分带出，能耗较大。

3.1.2.2　萃取蒸馏

在萃取蒸馏中，由于添加的第三组分与原有组分的分子作用力不同，故它可选择性地改变原有组分的蒸气压，从而增大其相对挥发度，原来有恒沸物的亦被破坏，这样的第三组分称为萃取剂。萃取剂的沸点应比原有组分都高得多，且不形成恒沸物，其在蒸馏中从塔底排出而不消耗气化热，易于分离[22]。

萃取蒸馏对萃取剂的要求如下：

① 萃取剂的选择性要强，可使原有组分间的相对挥发度显著增大。

② 萃取剂的溶解度要大，能与任何含量下的原溶液互溶，以避免分层，否则就会产生恒沸物而起不到萃取蒸馏的作用。

③ 萃取剂的沸点要适当，应比任一组分高很多，以免混入塔顶产品中，同时还易于与另一组分分离，然而，萃取剂沸点也不宜过高，沸点太高，回收萃取剂较为困难。

④ 萃取剂应满足一般的工业要求，如热稳定、无毒、无腐蚀、不宜着火与爆炸、来源容易、价格低廉等。

通常萃取剂的选择性和溶解度是矛盾的，一方面在选择性上希望相对挥发度尽可能大一些，另一方面溶解度又要求不能出现分层现象，因此，萃取剂的循环量一般都相当大，有时甚至可达进料量的5倍以上，这就使萃取精馏塔的液相负荷特别大，同时，它在塔板上还对气、液相传质造成了一定的阻碍作用，使塔板效率急剧降低。此外，萃取剂在循环过程中所消耗的动力和热量也是相当可观的。

3.1.3 溶剂萃取

利用混合物各组分在溶剂中的溶解度差异来实现分离的方法叫做萃取。从广义上讲，萃取包括从固相到液相、液相到液相、气相到液相、固相到气相以及液相到气相等多种传质过程，但从狭义上讲，萃取仅指液-液萃取过程，而固-液、气-液传质过程称为浸取和吸收，固-气、液-气传质过程则被称为超临界流体萃取[23]。

要实现液-液萃取过程，进行接触的两种液体必须能够形成互不相溶或只有部分互溶的体系，故液-液萃取过程亦可定义为物质从一液相转入与其不互溶或部分互溶的另一液相的传质过程。通常，液-液萃取过程是指从水相到有机相的传质过程，而从有机相到水相的传质过程则被称为液-液反萃取过程。在实际生产中，除了存在大量从水相到有机相的传质过程外，从有机相到水相的传质过程（如用水作溶剂分离甲醇和苯）、从有机相到有机相的传质过程（如用环丁砜进行芳烃抽提）和从水相到水相的传质过程（如蛋白质的分离和纯化）亦有广泛应用[24,25]。

液-液萃取过程的主要研究内容包括萃取剂的筛选、萃取平衡和萃取工艺条件的研究、萃取动力学分析、萃取方式的选择和萃取流程的建立以及萃取设备的选型和设计等。

溶剂萃取对萃取剂的要求如下：

① 对被萃取组分具有良好的萃取能力和萃取选择性。萃取能力强，可有效地提取被萃取组分；萃取选择性好，被萃取组分与其它组分具有良好的分离效果。

② 在后续处理工序为反萃取的情况下，可选用适当的反萃取剂进行有效地反萃取。由于萃取能力愈强的萃取剂其反萃取愈困难，故在选择萃取剂时要兼顾两者。

③ 具有较快的传质速度，以减小萃取设备体积、提高生产效率。

④ 具有良好的理化特性。适宜的密度、黏度、界面张力等能够保证两相有效的混合、流动和分相，同时适宜的闪点、燃点和沸点以及良好的热稳定性和化学稳定性。既要确保萃取的安全操作，又要与后续处理过程实现良好的衔接，譬如在蒸馏回收萃取溶剂的情况下，萃取剂的沸点就不能过高。

⑤ 低水溶性，以减少萃取剂在萃取过程中的损耗，并可免除从萃余液中蒸馏回收

萃取溶剂的处理工序。

⑥ 不乳化或低乳化趋势，以保证萃取过程的顺利进行。

⑦ 无毒或毒性小。它不但是为了加强安全生产和促进环境保护，同时还是基于产品中溶剂残留限制的考虑，这一点对于制药和食品的萃取过程尤为重要。

⑧ 廉价、易得，可大规模工业化生产。

需要特别指出的是，上述要求往往无法同时满足，此时应根据生产的具体条件，发挥某一萃取体系的优点，再设法克服其它的不足之处。

在萃取过程中，为了改善萃取剂的特性或防止三相产生，往往需要向有机相中加入一定量的稀释剂。稀释剂不仅可以控制萃取剂在有机相内的含量，以便调节有机相的萃取能力和萃取选择性，同时还能够加大被萃取组分在有机相中的溶解度。当被萃取组分在有机相内的溶解度偏小时，易生成水相、被萃取组分有机相以及包括被萃取组分、萃取剂和稀释剂在内的有机相这一三相体系，三相体系的存在将极大地影响萃取过程的顺利进行。稀释剂可分为惰性稀释剂和活性稀释剂两大类，其中，前者属于惰性溶剂，它的主要作用是改善有机相的物理化学性质，其本身无明显的萃取作用，比如煤油就是生产中常用的一种惰性稀释剂；后者则兼有改善有机相物性和提高萃取能力的作用[26]。

在一些情况下，为了改善萃取性能，在由萃取剂和稀释剂组成的有机相中还可加入第三种溶剂作为添加剂。例如，在采用石油亚砜-煤油萃取青霉素 G 时，添加 5%正辛醇可使萃取体系的极性增加，从而增大了被萃取组分在有机相内的溶解度，有效抑制了第三相的产生。

萃取剂在萃取过程中的作用机制可分为简单分子萃取、中性络合萃取、螯合萃取和离子缔合萃取以及协同萃取 5 类[27]。简单分子萃取的特点是被萃取组分在有机相和水相中均以中性分子的形式存在，萃取剂和被萃取组分之间没有化学反应；中性络合萃取的特点是被萃取组分和萃取剂均为中性分子，两者结合生成中性络合物，按萃取剂的组成不同可分为中性含磷萃取剂、中性含氧萃取剂和中性含氮萃取剂等；螯合萃取的特点是萃取剂为 HA 或 H_2A 型弱酸，在而水相中的金属离子以阳离子 M^{n+} 或解离生成 M^{n+} 的络离子 ML_x^{n-xb}（b 为配位体 L 的负价）形式存在，M^{n+} 与 HA 或 H_2A 生成中性螯合物 MA_n 或 M（HA）$_n$，该中性螯合物不含亲水集团，难溶于水、易溶于有机溶剂而被萃取，属于螯合萃取的萃取剂类型有含氧萃取剂、含氮萃取剂、含硫萃取剂、酸性磷类萃取剂和羧酸及取代羧酸类萃取剂；对于离子缔合萃取来说，金属以络合阴离子或阳离子的形式进入有机相，故它可分为阴离子萃取和阳离子萃取两种情况，在阴离子萃取过程中，金属形成络合阴离子，萃取剂与 H^+ 结合成阳离子，两者构成离子缔合体进入有机相，而在阳离子萃取过程中，金属阳离子首先与中性螯合剂结合成螯合阳离子，然后与水相中存在的较大阴离子组成离子缔合而溶于有机相中，一些金属阳离子还可以直接与某些大阴离子形成离子缔合物而被萃取；当萃取体系中含有两种或两种以上萃取剂时被称为二元或多元萃取体系，在此类萃取体系中，如果被萃取组分的分配系数 $D_{协}$ 显著大于每一萃取剂在相同含量下单独使用时的分配系数 $D_{加和}$，即称这一体系具有协同效应，反之，若 $D_{协}<D_{加和}$，则有反协同效应，若 $D_{协}=D_{加和}$，则

无协同效应。

表 3-3 给出了常用萃取剂的一些性质。

表 3-3 常用萃取剂的性质

名称	相对分子质量	密度(20℃)/kg·m^{-3}	沸点/℃	相对介电常数
乙醚	74.1	719.3	34.5	4.3
异丙醚	102.1	736.1	91.3	3.9
异戊醇	88.1	812.9	130.5	14.7
乙酰丙酮	100.1	975.3	139.7	25.7
甲异丁酮	100.1	800.6	115.8	18.3
乙酸乙酯	88.1	900.6	77.1	6.0
乙酸丁酯	116.2	881.5	126.1	1.4
磷酸三丁酯	266.3	972.7	177.5	8.0
甲基磷酸二甲庚酯	320.3	914.8	121.0	4.6
丁基磷酸二丁酯	234.3	918.7	125.5	1.4
三丁基氧化磷	218.3	860.4	300.0	—
二(2-乙基己基)磷酸酯	322.4	970.0	—	—
2-乙基己基磷酸	306.4	949.0	—	—
三烷基胺	368.0	815.3	226.5	2.4
N,N'-二仲辛基乙酰胺	283.0	860.7	155.0	—
8-羟基喹啉	145.2	—	76.0	—
水杨醛	138.0	1443.0	158.0	—
己烷	86.2	659.4	68.7	1.9
环己烷	84.2	783.1	80.7	2.0
辛烷	114.0	698.4	125.7	1.9
庚烷	100.2	679.0	98.4	1.9
苯	78.1	873.7	80.1	2.3
甲苯	92.1	862.4	110.8	2.4
三氯甲烷	119.4	1489.2	61.8	8.1
四氯化碳	153.8	1595.0	76.8	2.2
乙醇	46.1	789.3	78.3	24.3
丁醇	74.1	835.7	117.7	17.1
乙醚	74.1	719.2	34.5	4.3
环己酮	98.1	951.0	155.7	18.3
乙酸戊酯	130.2	875.3	149.2	4.8
煤油	184.0	744.0	225.0	2.1

萃取剂的筛选步骤如下。

① 初步筛选。分析萃取剂在萃取过程中可能的作用机制，初步选择几种待用的萃取剂和萃取体系供进一步对比。

② 试验比较。通过萃取平衡试验和萃取动力学研究在不同工艺和操作条件下所选萃取剂的萃取性能，包括萃取能力、萃取选择性、萃取过程中的乳化趋势和分相性能、

后续的反萃取性能、在萃取循环过程中萃取剂的损耗量、萃取体系的化学稳定性和热稳定性、萃取和反萃取的速度、萃取剂再生的难易和萃取剂的复用性能。根据上述指标可进一步确定适用的萃取剂和相应的萃取体系。

③ 综合分析。除了以上的技术指标外，还要考虑所选萃取剂的价格、毒性、环保以及是否有稳定的供货来源等因素。经过对技术、经济指标的综合分析而最终确定萃取剂和萃取体系。

江卫等[28]公开了一种低温萃取分离焦油中轻质组分的方法。首先，把高温焦油和溶剂通过计量配比输入到萃取釜，进行搅拌混合，然后，将萃取釜搅拌混合均匀的介质从萃取釜上部溢流口流至沉降罐进行静止沉降分离，待沉降罐沉降分层后，上层轻质组分排至蒸馏釜，蒸馏釜通过蒸汽加热蒸馏出其中的溶剂，蒸馏完毕剩余的为焦油轻质组分。该方法通过溶剂萃取分离出高温焦油中的轻质组分，轻质组分经过加氢可以制备汽油、柴油及高热值、低凝固点的航空煤油。

3.1.4 超临界流体萃取

超临界流体萃取是一种利用超临界条件下的流体作为萃取剂，从液体或固体中萃取出特定成分，以达到某种分离目的的技术，亦称气体萃取或稠密气体萃取，这是因为在实际应用中，作为溶剂的气体必须处于高压或高密度下，以具有足够大的萃取能力[29]。

作为一个典型的分离过程，超临界流体萃取介于精馏和液体萃取之间。在大气压附近精馏时，把常压下的气相当作萃取剂。当压力增加时，气相的密度也随之增加。当气相变成冷凝液体时，此过程即成为液液萃取。在这个物理条件连续变化的过程中，超临界流体萃取相当于始终处在高压精馏状态下，因此，超临界流体萃取在某种程度上结合了蒸馏和萃取各自的特点[30]。

所谓超临界流体是指处于临界温度、临界压力以上的流体。在临界温度、压力以上，无论压力多高，流体都不能液化，但流体的密度随压力增高而增加。早在 100 多年以前，人们就发现了超临界流体具有溶解许多物质的特殊能力，然而，直到 20 世纪 50 年代美国的 Todd 和 Elgin 才从理论上提出将超临界流体用于萃取分离的可能性，60 年代以后，联邦德国继续对这方面的工作进行深入的研究，并于 1963 年首次申请专利。近几十年来，超临界流体萃取技术已经发展成为一种新的化工分离技术，并被用于石油、医药、食品、香料中许多特定组分的分离[31]。目前，从咖啡豆中脱除咖啡因，从食用油中分离特定成分，从啤酒花中提取有效成分以及从油沙中提取汽油等已经得到工业应用。

一些常用作超临界流体萃取溶剂的流体临界性质见表 3-4。

表 3-4　一些常用作超临界流体萃取溶剂的流体临界性质

名称	临界温度/℃	临界压力/MPa	临界密度/kg · m^{-3}
乙烷	32.3	4.883	203.2
丙烷	96.8	4.257	220.1

续表

名称	临界温度/℃	临界压力/MPa	临界密度/kg·m^{-3}
丁烷	152.0	3.797	228.0
戊烷	196.6	3.375	232.3
乙烯	9.9	5.116	227.2
氨	132.4	11.429	236.0
二氧化碳	31.1	7.387	460.1
二氧化硫	157.6	7.984	525.3
水	374.3	22.403	326.0
一氧化二氮	36.5	7.265	451.1
氟利昂	28.8	3.952	578.2

20 世纪 70 年代，面临全球能源价格飙升，具有省能、省资源优点的超临界萃取引起了世界各国的浓厚兴趣和广泛关注，它被较多地应用于石油和煤的萃取，同时，若将二氧化碳作为超临界流体萃取中的气体溶剂时，由于二氧化碳无毒、无残留，避免了通常采用有机溶剂所带来的污染问题，因而更受到医药工业和食品工业的关注[32]。

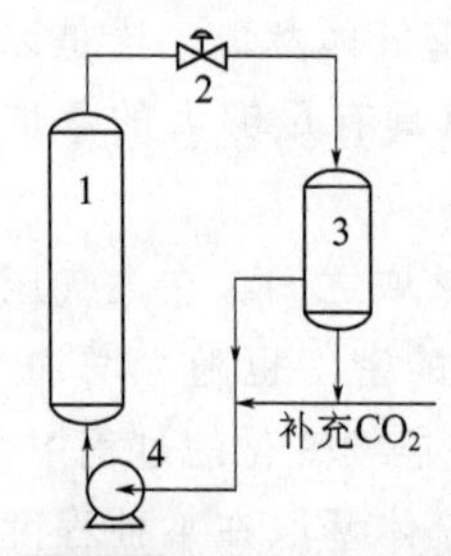

图 3-1 超临界二氧化碳萃取工艺流程
1—萃取釜；2—减压阀；3—解析釜；4—加压泵

超临界二氧化碳萃取工艺流程如图 3-1 所示。

被萃取原料装入萃取釜，以二氧化碳为超临界溶剂，二氧化碳气体经换热器冷凝成液体，用加压泵把压力提升到所需的压力(应高于二氧化碳的临界压力)，同时调节温度，使其成为超临界二氧化碳流体。二氧化碳流体作为溶剂从萃取釜底部进入，与被萃取物料充分接触，选择性溶解出所需的化学成分。含溶解萃取物的高压二氧化碳流体经节流阀降压到低于二氧化碳临界压力以下，进入解析釜。由于二氧化碳溶解度急剧下降而析出溶质，自动分离成溶质和二氧化碳气体两部分。前者为最终产品，定期从解析釜底部放出；后者为循环二氧化碳气体，经换热器冷凝成二氧化碳液体再循环使用。整个分离过程是利用二氧化碳流体在超临界状态下对有机物有特殊增加的溶解度，而低于超临界状态下对有机物基本不溶解的特性，将二氧化碳流体不断在萃取釜和解析釜间循环，从而有效地将需要分离提取的组分从原料中分离出来[33]。

超临界流体萃取具有以下几个显著特点。

① 具有广泛的适应性。由于超临界状态流体溶解度特殊增加的现象是普遍存在的，故超临界流体萃取可作为一种通用、高效的分离技术而应用。

② 萃取效率高，过程易于调节。超临界状态流体兼具气体和液体特性，因而超临界流体既有液体的溶解能力，又有气体良好的流动和传递性能，此外，在临界点附近，压力和温度的少量变化，有可能显著改变流体溶解能力，控制分离过程。

③ 分离工艺流程简单。超临界流体萃取只由萃取釜和解析釜两部分组成，不需要溶剂回收设备，与传统分离工艺流程相比不但流程简单，而且节省能耗。

④ 分离过程有可能在接近室温下完成，特别适用于热敏性天然产物。

⑤ 必须在高压下操作，设备及工艺技术要求高，投资比较大。

鉴于上述特点，超临界流体萃取技术的研究开发引起了国内外学者的高度重视，尤其是德国、美国、英国、日本、瑞士在该领域做了大量研究工作，发表了不少专著和译论。据报道，若以二氧化碳为超临界溶剂对焦油组分吲哚和二甲基萘等进行提纯，在适宜的操作条件下，可使 2,6-二甲基萘的纯度由 44%提高到 90%。

3.1.5　萃取结晶法

萃取结晶法又称溶剂结晶法，它通过溶剂的结晶过程来分离和精制产品，溶剂所起的作用是抽出共熔混合物中的低熔点组分，保证在低于熔点的温度下有液相存在，并降低母液动力黏度，以便充分分离出液相。

萃取结晶所采用的溶剂应具有很好的选择性，即对目的产物要有较高的溶解度，对非目的产物要有很低的溶解度，或者反之。影响萃取结晶提取效果的因素主要包括溶剂种类、原料组成、原料与溶剂的配比、结晶终温、降温速度和搅拌速度[34]。因此，适宜的操作参数需要通过试验确定，而萃取结晶的次数则依原料含目的物的数量及要求最终产品达到的纯度而定。焦油中很多组分的分离与精制均采用了萃取结晶法。

3.1.6　压力结晶法

压力结晶法是在高压下进行结晶操作的分离方法。当对含有杂质的母液加压时，在固液平衡压力下开始有结晶析出，当在比共晶压低的压力下进行固液分离可以得到结晶物[35]。在这种结晶物中还残留有母液，若对系统进行减压，则靠近结晶的杂质选择性地溶解，将结晶间和封闭在结晶内的母液释放出来，即所谓“发汗”操作，分离脱除母液后便可得到高纯度的结晶。

国外有学者提出使用压力结晶法来提纯芳烃，为了确定分离条件，首先用高压结晶观察装置测定了熔化压力[36]。蒽-吡啶、菲-吡啶和咔唑-吡啶在 333 K 时组成和熔化压力的关系分别见图 3-2～图 3-4。

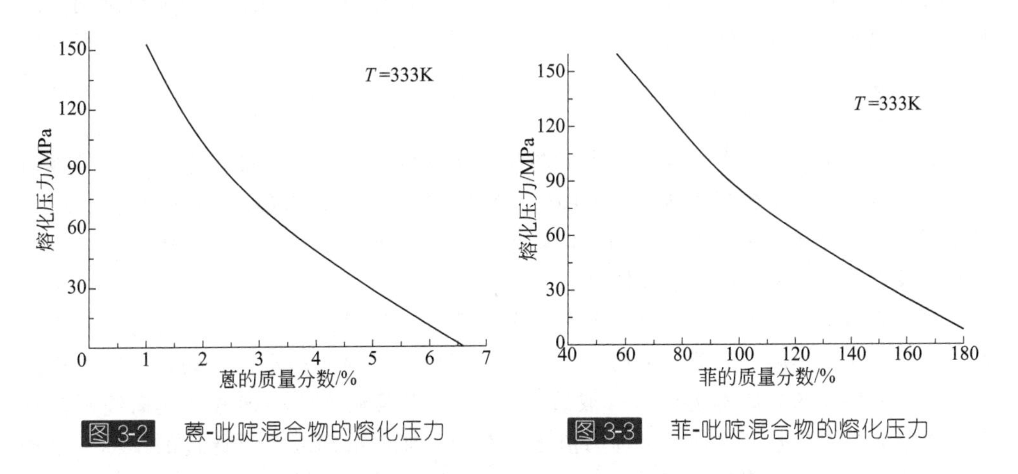

图 3-2　蒽-吡啶混合物的熔化压力

图 3-3　菲-吡啶混合物的熔化压力

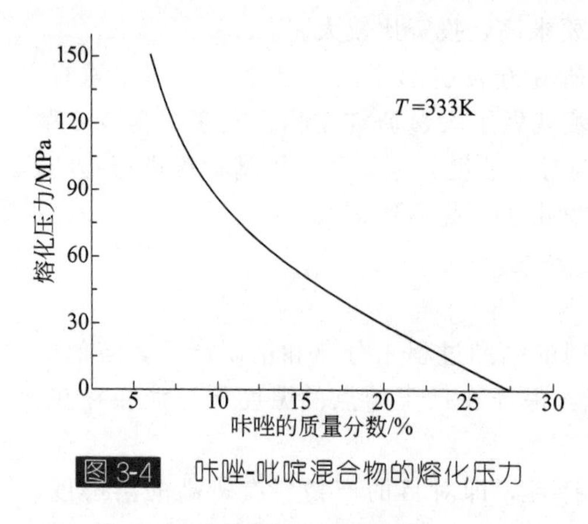

图 3-4 咔唑-吡啶混合物的熔化压力

由以上各图可知，在常压和 333K 下，将 6.0%蒽溶解于吡啶，加压到 150MPa 时平衡组成为 1.0%，其差值作为结晶析出，而菲及咔唑对吡啶的溶解度在 333K 和 150MPa 时分别为 54.0%、8.0%。

现将含有蒽、菲和咔唑的混合物在常压下溶解，直至对吡啶饱和为止（6.3g 蒽/100g 吡啶），该溶液中含有 4.5g 菲、2.7g 咔唑，在 333K 下将其加压到 150MPa，除蒽外的其他化合物均不会析出，即使菲和咔唑的含量再增加几倍，也不会影响蒽的分离提纯。

3.1.7 吸附法

吸附法是利用吸附剂吸附性能的差异，选择性地使流动相中的目的组分从混合体系中分离出来的方法[37]。日本三菱化成和帝人公司合作开发了一种含有硝基官能团的树脂作吸附剂，从焦油馏分中分离萘、蒽和芘等稠环芳烃的小型装置。

孙绪江[38]等以钠离子 Y 型分子筛为吸附剂，甲苯为解吸剂从 C_{10} 重芳烃中直接提取 2,6-二甲基萘。当吸附柱内温度保持在 160～240℃，压力保持在 0.08～0.12MPa 时，最终吸附产品中 2,6-二甲基萘的含量最高可达 73.1%，经乙醇重结晶后最终可得到纯度高达 99.6%的 2,6-二甲基萘。

3.1.8 配合法

配合法是在物性比较接近的混合物体系中加入一种试剂，使其与目的组分形成电荷配合物、配合螯合物或嵌合物而达到分离的目的[39]。例如，在焦油馏分中加入诸如硝基苯等配合试剂，可以选择性地与二甲基萘中几种异构体形成嵌合物或配合物，从而使其分离。有学者研究发现，在 200～270℃的焦油馏分中添加适宜的配合试剂，能够高收率地分离出低含量的芘。

3.1.9 膜法

所谓膜法是指利用天然或人工合成的高分子薄膜，以外界能量或化学位差为推动力，对双组分或多组分的溶质和溶剂进行分离、分级、提纯和富集的一种新型方法。膜法可用于液相和气相，对于液相分离，可用于水溶液体系、非水溶液体系、水溶胶体系以及含有其他微粒的水溶液体系[40]。

在一容器中，如果用膜把它隔成两部分，膜的一侧是溶液，另一侧是纯水，或者膜的两侧是含量不同的溶液，则通常把小分子溶质透过膜向纯水侧移动，而纯水透过膜向溶液侧移动的分离称为渗析（或透析）。如果仅溶液中的溶剂透过膜向纯水侧移动，而溶质不透过膜，这种分离称为渗透。对于只能使溶剂或溶质透过的膜称为半透膜。如果半透膜只能使某些溶质或溶剂透过，而不能使另一些溶质或溶剂透过，这种特性称为膜的选择透过性[41]。

张晓鹏等[42]利用乳化液膜分离技术研究了焦油蒽油馏分中蒽、菲和咔唑混合物的分离工艺。他通过考察苯、甲苯对蒽、菲和咔唑混合物中菲的初步分离情况，探讨了不同外相组成、表面活性剂种类、助剂、载体含量和分离时间等因素对乳化液膜法分离精制蒽的影响。试验结果表明，甲苯可选择性溶解蒽、菲和咔唑混合物中的菲，菲的纯度可达77.14%；在以糠醛为内相，水为膜相，甲苯和DMF为外相，质量分数0.3%的Span-80为表面活性剂，质量分数0.5%的NaCl和质量分数2.0%的尿素为助剂，分离温度为95℃，分离时间为10min的条件下，精蒽的纯度可达93.68%。

3.2 煤焦油的蒸馏

3.2.1 一塔焦油蒸馏流程

一塔焦油蒸馏流程根据馏分塔侧线切割馏分的不同可分为窄馏分和酚、萘、洗油三混馏分这两种流程形式[43]。

3.2.1.1 切割窄馏分的一塔焦油蒸馏流程

原料焦油经静置脱水后用原料焦油泵送入管式加热炉对流段，在泵前加入含量为8%～12%的碳酸钠溶液混合脱盐，在管式加热炉对流段焦油被加热至120～130℃后进入一段蒸发器，一段蒸发器顶部蒸出的轻油和水蒸气经一段蒸发器轻油冷凝冷却器降温后进入油水分离器分离出氨水，轻油进入一段水蒸气轻油槽。

脱出水分后的无水焦油从一段蒸发器底部流入无水焦油槽，再通过二段焦油泵送往管式加热炉的辐射段进行加热，当温度达到390～410℃后进入二段蒸发器，二段蒸发器底部排出沥青，中部侧线切割二蒽油，经冷却流入二蒽油槽，顶部蒸气进入馏分塔，在馏分塔塔底切割蒽油，经冷却流入蒽油槽，一部分作为二段蒸发器的回流液。塔中间从上至下分别设有不同侧线，用于切割酚油、萘油和洗油，它们经冷却分别流入各自的馏分槽。塔顶蒸出的轻油经冷凝冷却后进入油水分离器，分离出氨水后的轻油流入轻油槽，一部分作为馏分塔回流。氨水入氨水槽，供脱酚或蒸氨使用。

切割窄馏分的一塔焦油蒸馏流程如图3-5所示。

3.2.1.2 切割三混馏分的一塔焦油蒸馏流程

切割三混馏分的一塔焦油蒸馏流程与切割窄馏分的一塔焦油蒸馏流程基本相似，但前者在馏分塔侧线切割酚油、萘油和洗油的混合馏分，后者在此处单独切割酚油、萘油和洗油这3种馏分，并分别得到各自的产品，故有时还将该流程形式称为半塔式。混合馏分由塔中部侧线切割，混合馏分及其他馏分通过冷却器冷却后，导入相应的馏分槽。

切割三混馏分的一塔焦油蒸馏流程如图3-6所示。

3.2.2 二塔焦油蒸馏流程

根据蒸馏系统中馏分塔侧线切割馏分的不同，二塔焦油蒸馏流程可分为窄馏分和蒽、洗油二混馏分两种流程形式[44]。

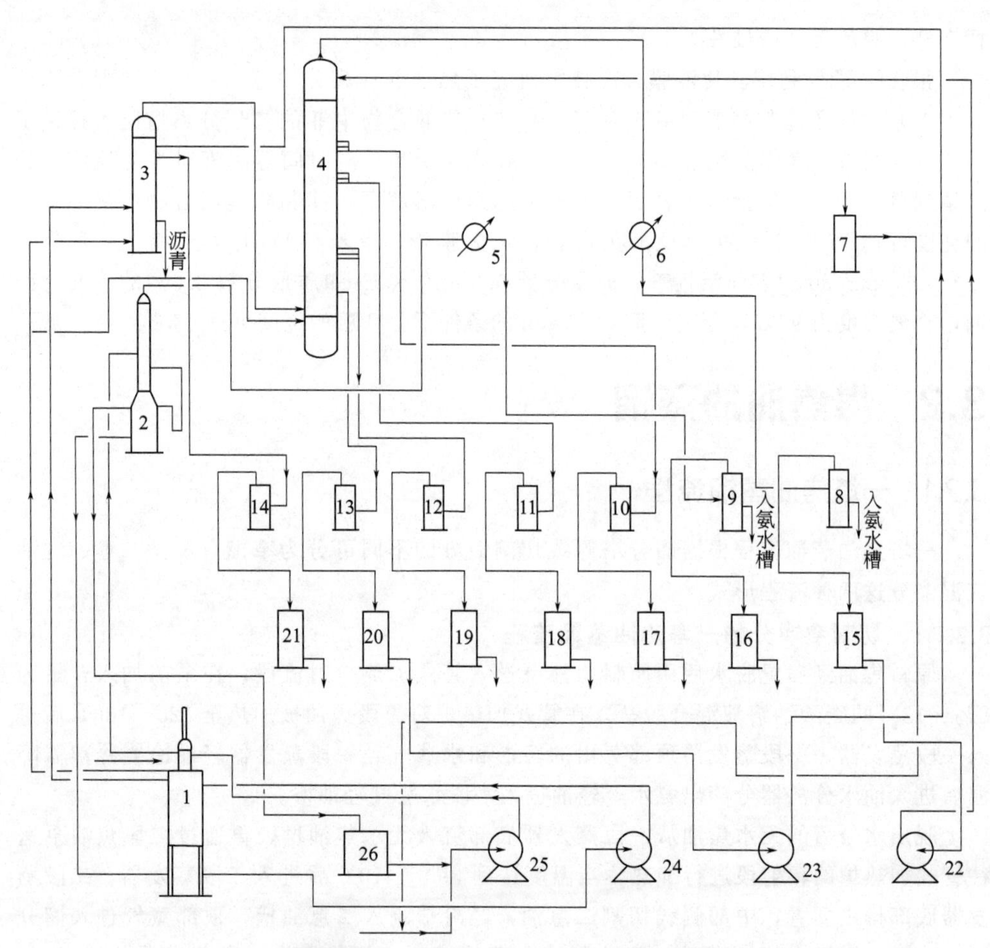

图3-5 切割窄馏分的一塔焦油蒸馏流程

1—管式加热炉；2—一段蒸发器；3—二段蒸发器；4—馏分塔；5—一段蒸发器轻油冷凝冷却器；6—馏分塔轻油冷凝冷却器；7—碳酸钠高位槽；8,9—油水分离器；10—酚油冷却器；11—萘油冷却器；12—洗油冷却器；13—蒽油冷却器；14—二蒽油冷却器；15—馏分塔轻油槽；16——段蒸发器轻油槽；17—酚油槽；18—萘油槽；19—洗油槽；20—蒽油槽；21—二蒽油槽；22—轻油回流泵；23—蒽油回流泵；24—二段蒸发器焦油泵；25—原料焦油泵；26—焦油中间槽

3.2.2.1 切割窄馏分的两塔焦油蒸馏流程

原料焦油送入焦油贮槽均匀化后，槽内用间接蒸汽加热至85～95℃，长时间静置澄清，使焦油初步脱水。当焦油脱水至4%以下时，使用原料焦油泵将其送往管式加热炉对流段，在泵入口处加入含量为8%～12%的碳酸钠溶液进行脱盐。焦油在对流段被加热到120～130℃后进入一段蒸发器，在蒸发器内水汽和轻油被蒸发出来，水蒸气和轻油由其顶部逸出并进入一段蒸发器轻油冷凝冷却器，冷却到30～35℃后进入油水分离器，分离出的氨水流入氨水槽，轻油进入单设轻油槽。

来自一段蒸发器底部的无水焦油经油封流入无水焦油槽（一般设在一段蒸发器底部），用二段蒸发器焦油泵将无水焦油送入管式加热炉辐射段，剩余的无水焦油经满流进入焦油中间槽。在辐射段内焦油被加热到390～410℃后送入二段蒸发器，并在蒸发

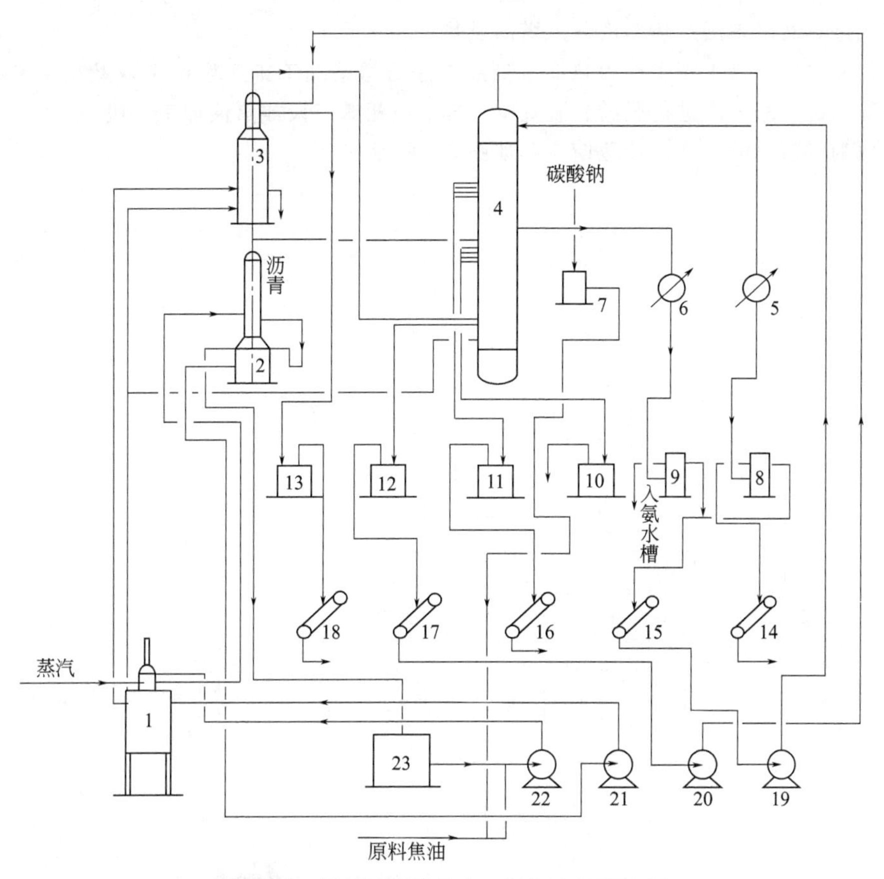

图3-6　切割三混馏分的一塔焦油蒸馏流程

1—管式加热炉；2—一段蒸发器；3—二段蒸发器；4—馏分塔；5—馏分塔轻油冷凝冷却器；6—一段蒸发器轻油冷凝冷却器；7—碳酸钠高位槽；8，9—油水分离器；10,11—酚、萘、洗油三混馏分冷却器；12—蒽油冷却器；13—二蒽油冷却器；14—酚油槽；15—轻油槽；16—酚、萘、洗油三混馏分槽；17—蒽油槽；18—二蒽油槽；19—轻油回流泵；20—蒽油回流泵；21—二段蒸发器焦油泵；22—原料焦油泵；23—焦油中间槽

器内进行焦油蒸发，分离得到各种馏分的混合蒸气和液体残渣——沥青。沥青由二段蒸发器底部流出，流入沥青高置槽，经沥青链板输送机冷却至条粒状运出，入库供外销。

从二段蒸发器顶部逸出的混合蒸气进入蒽油塔，从塔底切割二蒽油，它通过二蒽油冷却器冷却后进入二蒽油槽。在塔中部侧线切割蒽油，同样经过冷却流至蒽油槽。在蒽油塔内未冷凝的混合油气，自塔顶出来进入馏分塔，在塔底切割洗油，经洗油冷却器冷却后送入洗油槽，一部分用回流泵送入蒽油塔作为回流液，剩余部分作为中间产品。在塔侧线切割萘油和酚油，这两种馏分冷却后分别进入各自馏分槽。自塔顶出来的轻油和水蒸气经冷凝冷却后流入油水分离器，轻油入轻油槽作为馏分塔回流液，多余部分作为中间产品，分离出来的氨水流入氨水槽供脱酚或蒸氨。

在二段蒸发器下部、蒽油塔和馏分塔底部均安装有过热蒸汽扩散器，从管式加热炉蒸汽过热器出来的过热蒸汽通入塔内供热。

蒽油送去结晶工序生产粗蒽；萘油经洗涤后送萘加工工序生产工业萘或精萘；酚油和洗油送洗涤工序进行脱酚、脱吡啶；轻油送粗苯工段或焦油加工工段。

切割窄馏分的二塔焦油蒸馏流程如图 3-7 所示。

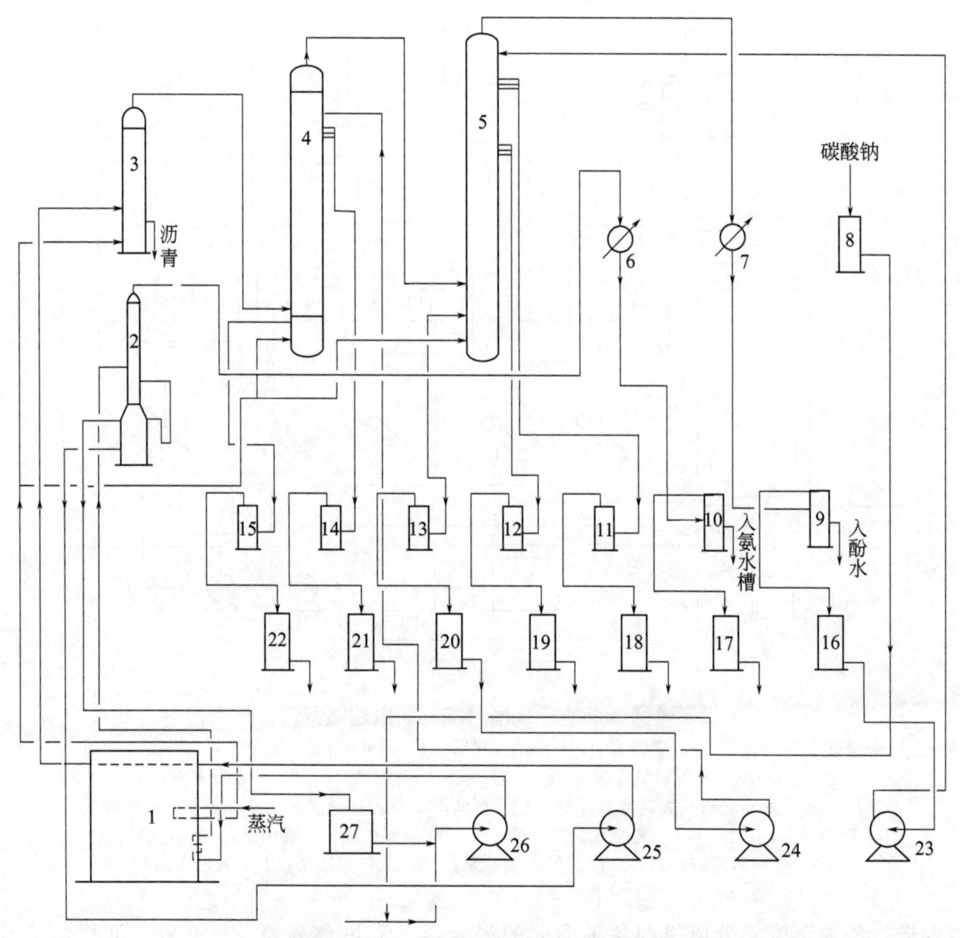

图 3-7 切割窄馏分的二塔焦油蒸馏流程

1—管式加热炉；2—一段蒸发器；3—二段蒸发器；4—蒽油塔；5—馏分塔；6—一段蒸发器轻油冷凝冷却器；7—馏分塔轻油冷凝冷却器；8—碳酸钠高位槽；9,10—油水分离器；11—酚油冷却器；12—萘油冷却器；13—洗油冷却器；14—蒽油冷却器；15—二蒽油冷却器；16,17—轻油槽；18—酚油槽；19—萘油槽；20—洗油槽；21—蒽油槽；22—二蒽油槽；23—轻油回流泵；24—洗油回流泵；25—二段蒸发器焦油泵；26—原料焦油泵；27—焦油中间槽

3.2.2.2 切割二混馏分的二塔焦油蒸馏流程

该流程与切割窄馏分的二塔焦油蒸馏流程基本相似，其不同点是油气在蒽油塔入馏分塔后，塔顶出轻油，上部侧线切割酚油，下部侧线改切萘、洗油二混馏分，塔底改切苊油。蒽油塔顶部用苊油回流。切割二混馏分的二塔焦油蒸馏流程主要是一些焦化厂为了配合工业萘生产，将原来洗油中的轻质部分同萘油混合得到萘、洗油二混馏

分，而洗油中的重质部分——苊油则由塔底排出，用于提取工业苊，这样有利于洗油的全面、综合利用，从而获取更多的高附加值化工产品。

切割二混馏分的二塔焦油蒸馏流程如图 3-8 所示。

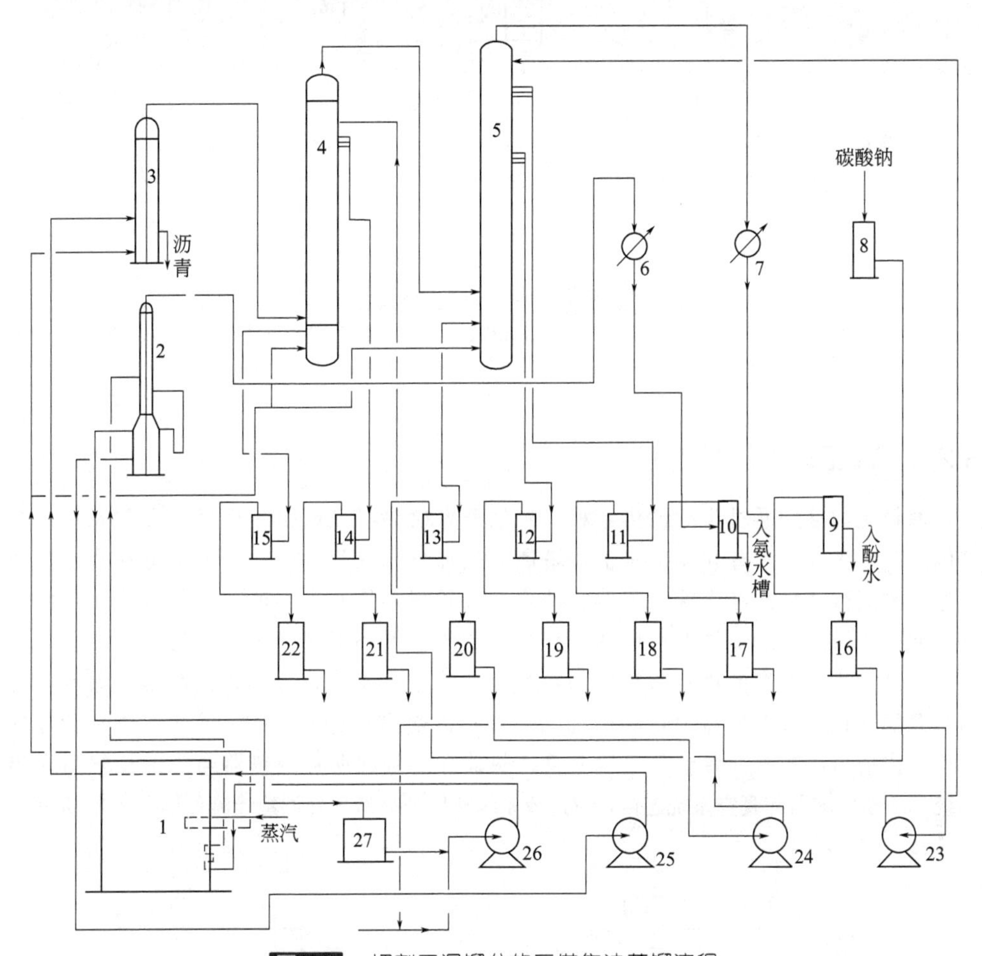

图 3-8　切割二混馏分的二塔焦油蒸馏流程

1—管式加热炉；2—一段蒸发器；3—二段蒸发器；4—蒽油塔；5—馏分塔；6—一段蒸发器轻油冷凝冷却器；7—馏分塔轻油冷凝冷却器；8—碳酸钠高位槽；9,10—油水分离器；11—酚油冷却器；12—萘、洗油二混馏分冷却器；13—苊油冷却器；14—蒽油冷却器；15—二蒽油冷却器；16,17—轻油槽；18—酚油槽；19—萘、洗油二混馏分槽；20—苊油槽；21—蒽油槽；22—二蒽油槽；23—轻油回流泵；24—苊油回流泵；25—二段蒸发器焦油泵；26—原料焦油泵；27—焦油中间槽

3.2.3　多塔焦油蒸馏流程

无水焦油经管式加热炉加热后进入二段蒸发器，在二段蒸发器汽化的所有馏分依次经过四个蒸馏塔，在这四个塔中，后一个塔的塔底油不经冷却作为前一个塔的塔顶热回流，该流程所得到的馏分馏程分别为：酚油 175～210℃，萘油 209～230℃，洗油 220～300℃，蒽油 240～350℃[44]。

多塔焦油蒸馏流程如图 3-9 所示。

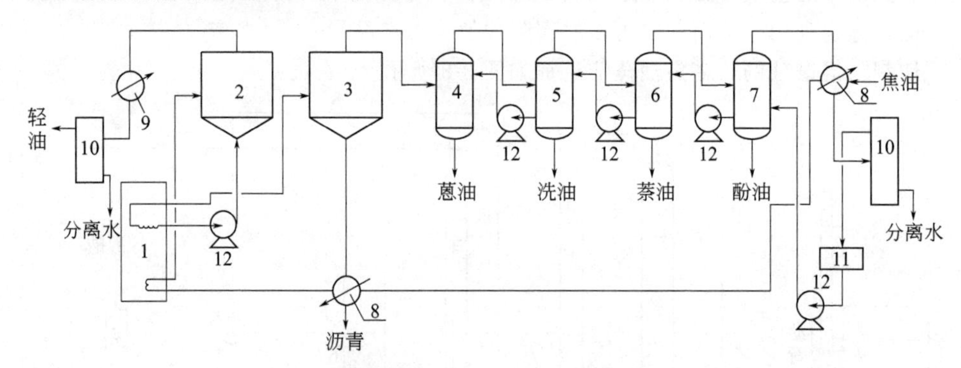

图 3-9 多塔焦油蒸馏流程

1—管式加热炉；2——段蒸发器；3—二段蒸发器；4—蒽油塔；5—洗油塔；6—萘油塔；7—酚油塔；8—换热器；9—冷凝冷却器；10—分离器；11—轻油槽；12—泵

3.2.4 减压焦油蒸馏流程

原料焦油分别通过焦油预热器和 1 号软沥青换热器完成换热后进入预脱水塔，在塔内闪蒸出大部分水分和少量轻油，塔底的焦油自流入脱水塔。预脱水塔和脱水塔顶部逸出的蒸汽和轻油经冷凝冷却器和油水分离器得到氨水和轻油。一部分轻油作脱水塔的回流。脱水塔底部的无水焦油一部分经重沸器循环加热，供脱水塔所需热量，另一部分经 2 号软沥青换热器和管式加热炉加热后进入主塔，分离得到酚油、萘油、洗油和蒽油。在蒸汽发生器内，利用洗油和蒽油的热量产生 0.3MPa 蒸汽，供装置加热使用。主塔塔底的软沥青经 1 号软沥青换热器和 2 号软沥青换热器与焦油换热后送出系统。酚油冷却器与真空系统连接，以造成系统负压[43]。减压焦油蒸馏流程如图 3-10 所示。

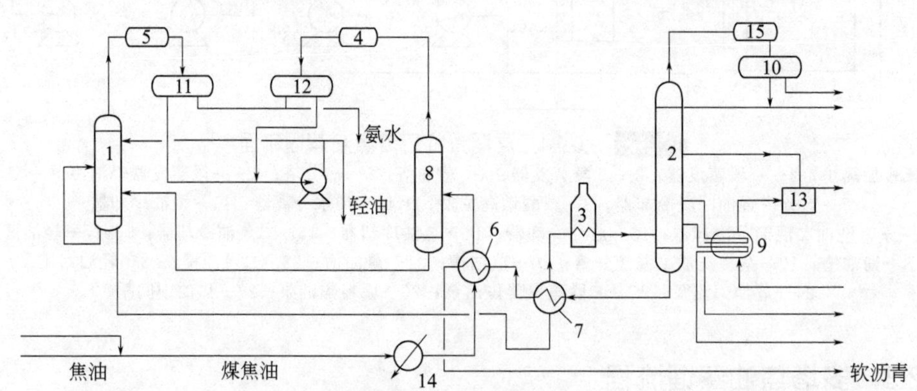

图 3-10 减压焦油蒸馏流程

1—脱水塔；2—主塔；3—管式加热炉；4—1 号轻油冷凝冷却器；5—2 号轻油冷凝冷却器；6—酚油冷凝器；7—脱水塔重沸器；8—预脱水塔；9—酚油冷却器；10—焦油预热器；11—1 号软沥青换热器；12—2 号软沥青换热器；13—萘油冷却器；14—洗油冷却器；15—蒽油冷却器

3.2.5　常减压焦油蒸馏流程

常减压焦油蒸馏流程由法国IRH工程公司开发，包括脱水、初馏、急冷、中和洗涤和馏分蒸馏等几个主要工艺部分。山西焦化集团有限公司建成的我国首套30万吨/年焦油蒸馏装置即采用该技术。

原料焦油经导热油加热后进入脱水塔，塔顶排出轻油和水，轻油回兑原料焦油，用以共沸脱水。塔底无水焦油经导热油再次加热至约240℃与初馏塔塔底经管式加热炉循环加热的部分沥青汇合，温度达375℃进入初馏塔。经管式加热炉加热的另一部分沥青经汽提柱进一步汽提得到中温沥青。初馏塔顶部采出混合油气，侧线采出重油。初馏塔顶部采出的混合油气经氨水喷洒急冷后，在急冷塔顶分出轻油和水，塔底分出混合油。混合油在中和塔内与稀碱液混合分解固定铵盐。脱盐后的净混合油与各高温位馏分换热后进入馏分塔，塔顶采出酚油，侧线分别采出萘油、洗油和蒽油，塔底采出重油。侧线采出的洗油再经洗油副塔进一步提纯，得到含萘质量分数小于2%的低萘洗油。馏分塔所需热量由管式加热炉循环加热塔底重油提供。酚油冷却器与真空系统连接，保证馏分塔负压操作[45]。

常减压焦油蒸馏流程如图3-11所示。

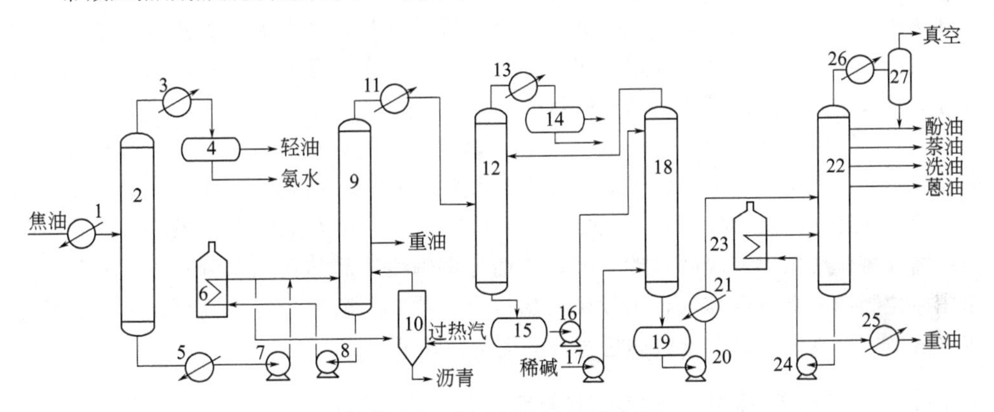

图3-11　常减压焦油蒸馏流程

1,5,21,25—换热器；2—脱水塔；3,11,13,26—冷凝冷却器；4,14—油水分离器；6,23—管式加热炉；7,8,16,17,20,24—泵；9—初馏塔；10—沥青汽提塔；12—急冷塔；15—混合油槽；18—中和塔；19—净混合油槽；22—馏分塔；27—分离罐

该流程的主要特点可归纳为下列几点。

① 轻油共沸脱水。焦油蒸馏前的脱水是焦油蒸馏必不可少的关键步骤，与国内传统的直接闪蒸脱水工艺相比，共沸蒸馏脱水效果更好，有利于焦油蒸馏的稳定操作与节能降耗。然而，由于苯及其衍生物可与水形成共沸物，故在脱水过程中，常常会将轻油（苯及其衍生物）同时蒸出，不仅脱水效果较差（含水在5%左右），还往往夹带萘。

② 切除沥青后加碱脱盐，沥青质量得到改善。国内早期的焦油蒸馏直接将碳酸钠溶液兑入原料焦油中来分解固定铵盐、中和氯化氢，造成沥青中钠离子含量极高

(0.07%～0.1%)，严重影响了沥青质量。切除沥青后再加碱脱盐不但很好地解决了以上问题，同时还有效改善了其它油类产品的质量。

③ 馏分塔液相进料。国内常规的焦油蒸馏工艺一般是在二段蒸发器将沥青脱除后，其它馏分油气直接进入馏分塔底进行分馏，使馏分塔无提馏段，导致重组分的分离效果变差，洗油和蒽油中的萘含量偏高。馏分塔液相进料，使馏分塔成为真正的蒸馏塔，既改善了洗油、蒽油的质量，又提高了萘的收率。

④ 直接生产低萘洗油。目前，国内常规焦油蒸馏工艺所产洗油通常含萘7%～10%，有的甚至高达15%，导致洗油吸苯效果差，能耗高，同时还浪费了大量宝贵的萘资源，降低了萘收率。该工艺增加了一个洗油副塔，让馏分塔侧线采出的洗油在副塔中进一步提纯，副塔塔顶产出的萘油直接兑入萘油，塔底产出的洗油为含萘小于2%的优质低萘洗油，它的萘收率可较国内常规工艺提高10%～15%。

⑤ 馏分塔采用波纹板填料。国内常见的馏分塔多采用泡罩塔板或浮阀塔板，一般为40～60块，气相进料，无提馏段，蒸馏分离效果差，法国IRH工程公司将其改为波纹板填料后，不但分离效果得到有效改善，而且装置处理能力也显著增加，处理量为30万吨/年的馏分塔塔径仅为2 m，设备投资费用大幅降低。

⑥ 采用导热油系统供热。法国IRH工程公司为此装置设计了一套导热油系统，它能够快速、有效收集高温重油、沥青、烟道气等的热量，为低温原料焦油、脱水焦油等提供所需的热量，整个系统借助串联的多个换热器来合理安排热量供取，回收了大部分的有效热能，达到了节能降耗的目的。

⑦ 环保设备齐全。所有的放散点、槽、真空系统均采用氮气补封，放散气体被集中收集到文丘里洗涤塔中，经洗油洗净后送入管式加热炉完全焚烧。

⑧ 自动化控制技术先进。管式加热炉自动点火，使点火实现了安全、快捷、简便；馏分塔侧线采出点温度自动调节，使馏分塔侧线产品的质量得到更好的保证；采用压差控制馏分塔塔内填料，确保馏分塔安全、稳定、顺利运行；利用压力平衡控制废气放散；对高温、高黏度液体进行自动测量和调节。

3.2.6 带沥青循环的焦油蒸馏流程

带有沥青循环的焦油蒸馏流程的最大特点在于较高温度的循环沥青直接与焦油混合来实现焦油的加热或脱水。该工艺能够广泛利用二次能源，在蒸馏过程中直接得到优质洗油和高温沥青，在美、英、法等国应用较多[46]。

3.2.6.1 美国带沥青循环的焦油蒸馏流程

原料焦油换热到120℃进入一段蒸发器，从蒸发器顶部逸出的蒸汽和轻油经冷凝冷却与油水分离后分别得到轻油、水，轻油返回一段蒸发器。蒸发器底部的无水焦油一部分与沥青换热后返回器底，使底部焦油温度升至140℃，另一部分无水焦油经管式加热炉加热到250℃进入二段蒸发器，二段蒸发器顶部逸出的馏分蒸气进入1号蒸馏塔底部，二段蒸发器底部排出物一部分经管式加热炉加热到350～360℃返回塔底，使二段蒸发器温度维持在300℃左右，另一部分经管式加热炉加热到390～400℃进入沥青柱。2号蒸馏塔底部排出物进入沥青柱，沥青柱顶部逸出的馏分蒸气返回2号蒸馏塔底部，沥青由沥青柱底部排出。2 号蒸馏塔侧线切割洗油和蒽油，塔顶油气进入 1 号蒸馏塔底部。1 号蒸馏塔得到轻油、酚油和萘油，塔底排出物分别送至二段蒸发器和 2 号蒸馏塔顶部作回流。

美国带沥青循环的焦油蒸馏流程如图 3-12 所示。

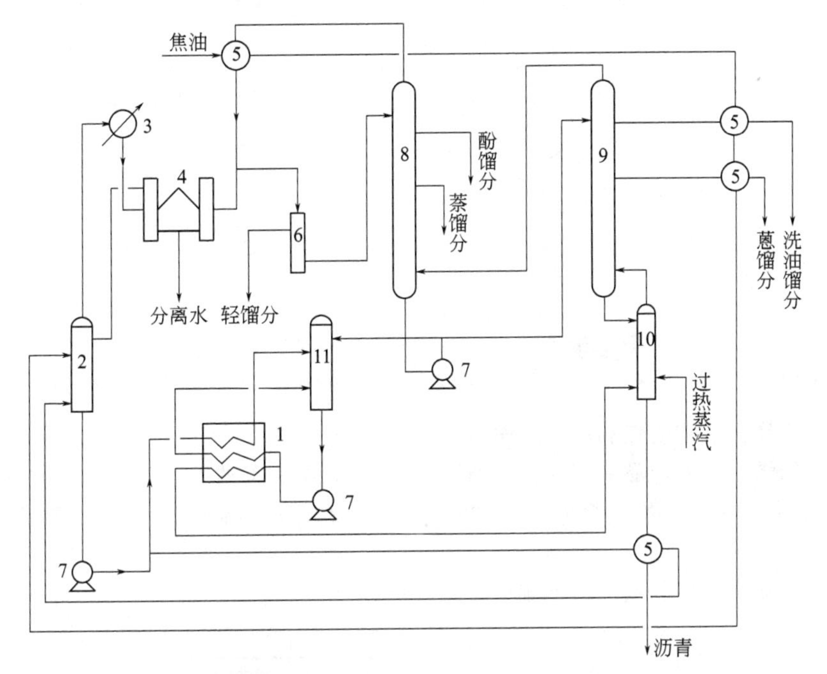

图 3-12 美国带沥青循环的焦油蒸馏流程

1—管式加热炉；2—一段蒸发器；3—冷却器；4—分离器；5—换热器；6—回流槽；7—泵；8—1 号蒸馏塔；9—2 号蒸馏塔；10—沥青柱；11—二段蒸发器

3.2.6.2 英国带沥青循环的焦油蒸馏流程

原料焦油经换热和管式加热炉Ⅰ段加热后进入蒸发器第一段，分出的蒸汽和轻油送蒸馏塔，无水焦油到蒸发器第三段，在此与蒸发器第二段来的热沥青混合，馏出的油气到蒸馏塔。由蒸发器第三段排出的 270℃的焦油、沥青混合物经管式加热炉Ⅱ段加热后送至蒸发器第二段，在 365℃下进行汽化，得到的馏分蒸气进蒸馏塔，沥青中的 5%～7%作为最终产物，其余进入蒸发器第三段与焦油混合。蒸馏塔塔底得到蒽油，侧线由下到上依次得到洗油、萘油、酚油和轻油，部分轻油送至蒸馏塔塔顶作回流。英国带沥青循环的焦油蒸馏流程如图 3-13 所示。

3.2.6.3 法国带沥青循环的焦油蒸馏流程

原料焦油经一系列的换热，温度达到 140℃，经管式加热炉Ⅰ段进入一段蒸发器，在此与经管式加热炉Ⅱ段加热后的软沥青混合，由一段蒸发器逸出的馏分和水蒸气混合物进入蒸馏塔，一段蒸发器底部排出的软沥青，循环部分送到管式加热炉Ⅱ段加热，其余部分送到Ⅲ段加热。经管式加热炉Ⅲ段加热后温度近 410℃的软沥青进入二段蒸发器。二段蒸发器顶部逸出的馏分蒸气入蒸馏塔底部，下部排出软化温度为 120～140℃

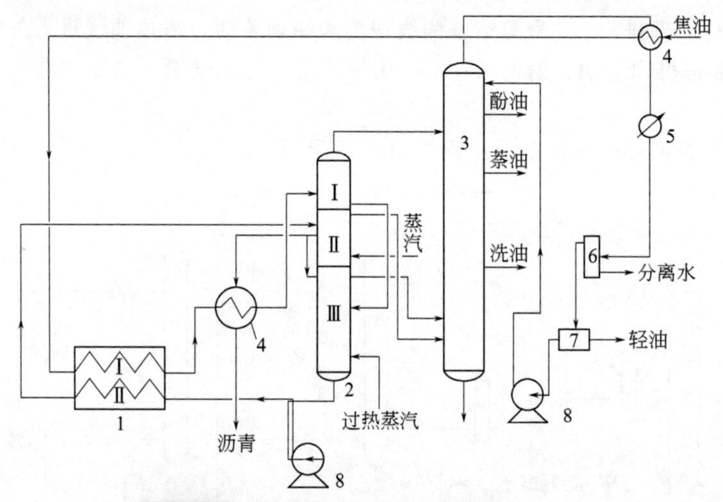

图 3-13 英国带沥青循环的焦油蒸馏流程

1—管式加热炉；2—蒸发器；3—蒸馏塔；4—换热器；5—冷却器；6—分离器；7—轻油槽；8—泵

的高温沥青经换热和废热利用后入库。

由蒸馏塔得到的油品沸程为：轻油 87～180℃，酚、萘油 190～250℃，洗油 235～290℃，苊油 280～330℃，蒽油 310～380℃。油品初馏点的温度为 330℃，馏出 50%的温度为 400℃。

法国带沥青循环的焦油蒸馏流程如图 3-14 所示。

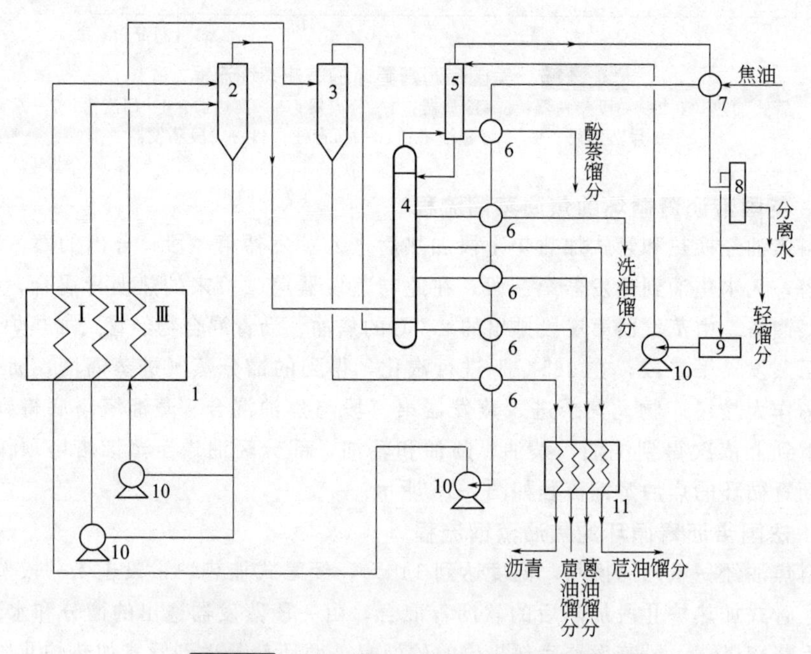

图 3-14 法国带沥青循环的焦油蒸馏流程

1—管式加热炉；2——段蒸发器；3—二段蒸发器；4—蒸馏塔；5—分缩器；6—换热器；7—冷凝冷却器；8—分离器；9—轻油槽；10—泵；11—废热利用装置

3.2.7 RUETGERS焦油蒸馏流程

3.2.7.1 RUETGERS焦油蒸馏流程Ⅰ

原料焦油首先进入分凝换热器，然后经蒸汽预热器被加热到105℃入脱水塔，脱水塔塔底的无水焦油一部分经管式加热炉循环加热到150℃入塔，其余的无水焦油经无水焦油槽用泵送至分凝换热器和沥青换热后温度达250℃入酚油塔。酚油塔顶部温度用部分冷凝和回流调节，回流比为16，酚油塔侧线引出的萘油到萘油柱，塔底产品一部分经管式加热炉加热到300℃回塔，另一部分经换热器降温至200℃入甲基萘油塔。甲基萘油塔侧线引出的洗油入洗油柱，塔底产品一部分经管式加热炉加热到300℃回塔，另一部分经换热器降温至200℃入蒽油塔。蒽油塔塔底产品一部分经管式加热炉加热到300℃回塔，另一部分作为产品沥青排出。甲基萘油塔顶绝对压力为26.6 kPa，回流比为17。蒽油塔塔顶绝对压力为9.33 kPa，回流比为15[43]。RUETGERS焦油蒸馏流程Ⅰ如图3-15所示。

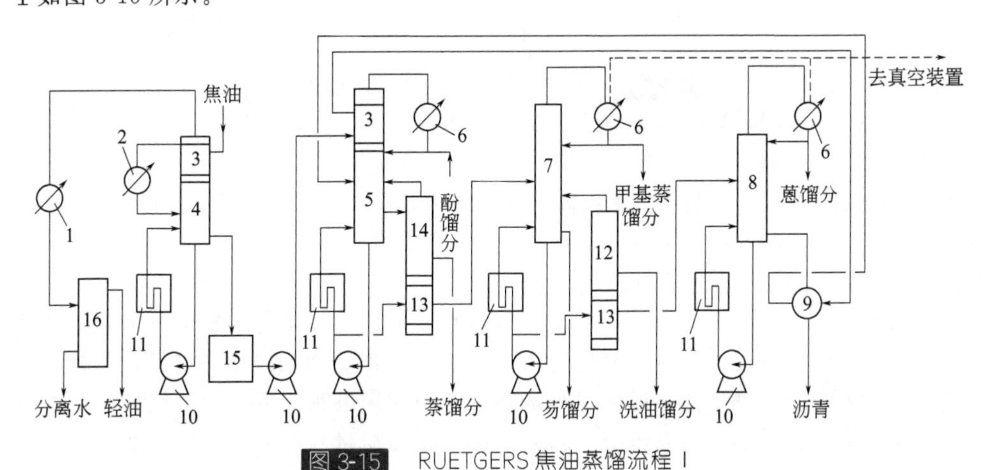

图3-15　RUETGERS焦油蒸馏流程Ⅰ

1—冷凝冷却器；2—蒸汽预热器；3—分凝换热器；4—脱水塔；5—酚油塔；6—冷凝器；7—甲基萘油塔；8—蒽油塔；9，13—换热器；10—泵；11—管式加热炉；12—洗油柱；14—萘油柱；15—无水焦油槽；16—分离器

该流程的特点是常、减压结合，是逐渐加热焦油使组分蒸发而分离的多塔工艺，每个主塔均设有塔底产品循环加热的管式加热炉，对各塔单独进行调节，同时酚油塔和甲基萘油塔还设有辅助萘油柱和洗油柱，利用各主塔底部产品的热量使萘油和洗油中的轻组分蒸出返回主塔。各塔采用大回流比操作，因此，该流程可精准分离焦油中的各个组分，关键组分集中度高，95%萘资源转到萘油中，萘的质量分数高达85%。由于沥青在高温下保温时间较长，可生产β-树脂含量较高的沥青。轻油在沸点温度下首先被分离出来，不受高温作用，得到的轻油质量良好。此外，该流程还注意充分利用沥青显热和塔顶馏出物潜热等二次能源。

3.2.7.2 RUETGERS焦油蒸馏流程Ⅱ

RUETGERS焦油蒸馏流程Ⅱ如图3-16所示。

与RUETGERS焦油蒸馏流程Ⅰ相比，RUETGERS焦油蒸馏流程Ⅱ的各塔加热方

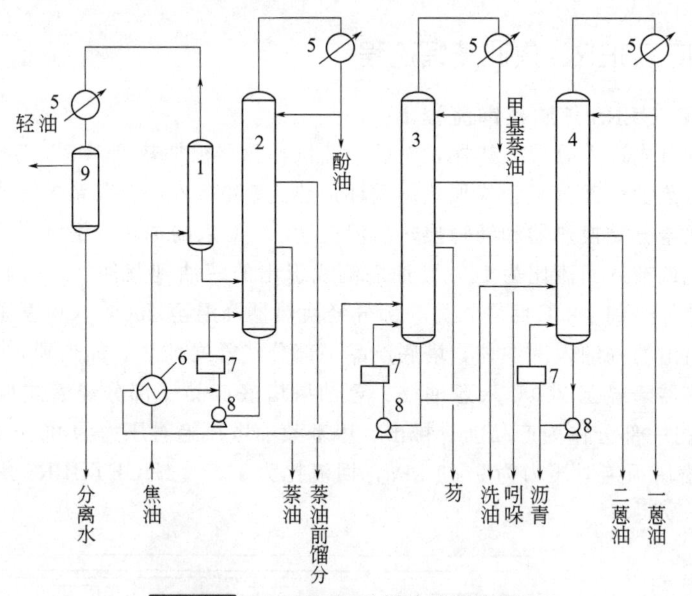

图 3-16 RUETGERS焦油蒸馏流程Ⅱ

1—脱水塔；2—萘油塔；3—洗油塔；4—沥青塔；5—冷凝冷却器；
6—换热器；7—管式加热炉；8—泵；9—分离器

式与 RUETGERS 焦油蒸馏流程Ⅰ相同，其不同之处在于 RUETGERS 焦油蒸馏流程Ⅱ利用具有多层塔板的精馏塔来精密切割窄馏分，以利于馏分的后续加工[43]。

3.2.7.3 RUETGERS 焦油蒸馏流程Ⅲ

原料焦油经多次换热到 120～130℃入脱水塔，脱水塔顶部送入轻油作回流，塔底无水焦油送入脱水塔管式加热炉加热到 250～260℃，部分返回脱水塔底循环加热，其余送至常压馏分塔。常压馏分塔顶采出酚油，部分送到塔顶作回流，侧线抽出的萘油入萘油柱，从中蒸出的轻沸点组分返塔，以保证萘油质量。产品送入常压馏分塔管式加热炉加热到 360～370℃，部分返回常压馏分塔底部循环供热，其余送入减压馏分塔。减压馏分塔顶逸出的甲基萘油蒸气与焦油换热后冷凝冷却，经气液分离器分离后得到甲基萘油，部分作减压馏分塔回流，其余出装置。从减压馏分塔侧线切割洗油、蒽油和二蒽油。减压馏分塔顶绝对压力小于 26.6kPa[43]。

各馏分对无水焦油的收率为：轻油 0.5%～1%，酚油 2%～2.5%，萘油 11%～12%，甲基萘油 2%～3%，洗油 4%～5%，蒽油 14%～16%，二蒽油 6%～8%，沥青 54%～55%。

RUETGERS 焦油蒸馏流程Ⅲ如图 3-17 所示。

3.2.8 CHERRY-T 焦油蒸馏流程

原料焦油经换热后送至压力澄清槽，分出水后的焦油送入蒸发器，在此分出剩余的水和轻油，蒸发器顶部用轻油作回流，底部用蒸汽加热供热，由蒸发器得到的无水焦油与沥青换热后进入管式加热炉，在此被加热至 400～420℃后进入反应器。焦油在反应器内充分搅拌，温度维持在 410℃，于 0.9MPa 下停留 5h，使焦油中的不稳定组分

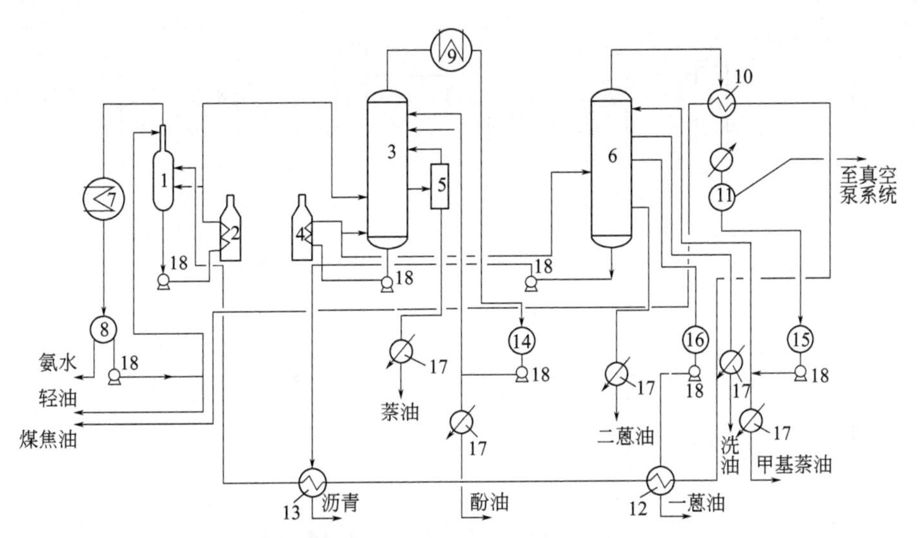

图 3-17　RUETGERS 焦油蒸馏流程 Ⅲ

1—脱水塔；2—脱水塔管式加热炉；3—常压馏分塔；4—常压馏分塔管式加热炉；5—萘油柱；6—减压馏分塔；7—轻油冷凝冷却器；8—油水分离器；9—蒸汽发生器；10,12,13—换热器；11—气液分离器；14—酚油回流槽；15—甲基萘油回流槽；16—蒽油中间槽；17—冷却器；18—泵

不断发生分解与聚合，从而提高了沥青的收率和馏分的稳定性。

反应器顶部引出的反应轻油气经换热后得到反应轻油，初馏点 175℃，干点 330℃。反应器底部分出的产物进入闪蒸塔，由于压力降低，油气由塔顶逸出，而沥青聚于塔底。闪蒸塔顶出来的油气精馏后分成轻油和重油这两种组分，轻油自塔顶逸出，经冷凝冷却和油水分离后，部分送闪蒸塔作回流，其余采出。重油自精馏段下部引出。通过过热蒸汽调整沥青软化温度，从闪蒸塔底排出的即为 F 沥青，它的性质为：软化温度为 65～110℃，TI 含量为 25%～38%，β-树脂含量为 20%～25%。反应轻油的收率为 0.6%左右，轻油和重油的总收率约为 39%。

CHERRY-T 焦油蒸馏流程如图 3-18 所示。

需要说明的是，由反应器顶部得到的反应轻油气也可以全部从塔顶引出送到二段反应器，二段反应器的温度保持在 450℃，轻油气在此停留 10h，反应得到的反应气质量分数约为 2.7%，中油质量分数约为 56%，由二段反应器排出来的沥青成为 S 沥青，S 沥青质量分数约占 40%以上[43]。

该流程的特点是焦油加压处理，油分和沥青产生分解和聚合反应，在实现沥青改质的同时显著提高沥青收率。F 沥青的 β-树脂含量较高，适用于作为石墨电极和铝用碳素制品的黏结剂，S 沥青几乎不含喹啉不溶物，它既是优质的浸渍剂沥青，又是生产针状焦和碳纤维的理想原料。

3.2.9　KOPPERS 焦油蒸馏流程

3.2.9.1　KOPPERS 焦油蒸馏流程 Ⅰ

无水焦油经管式加热炉Ⅰ段加热后进入精馏塔，在此分离出轻油和酚油，精馏塔

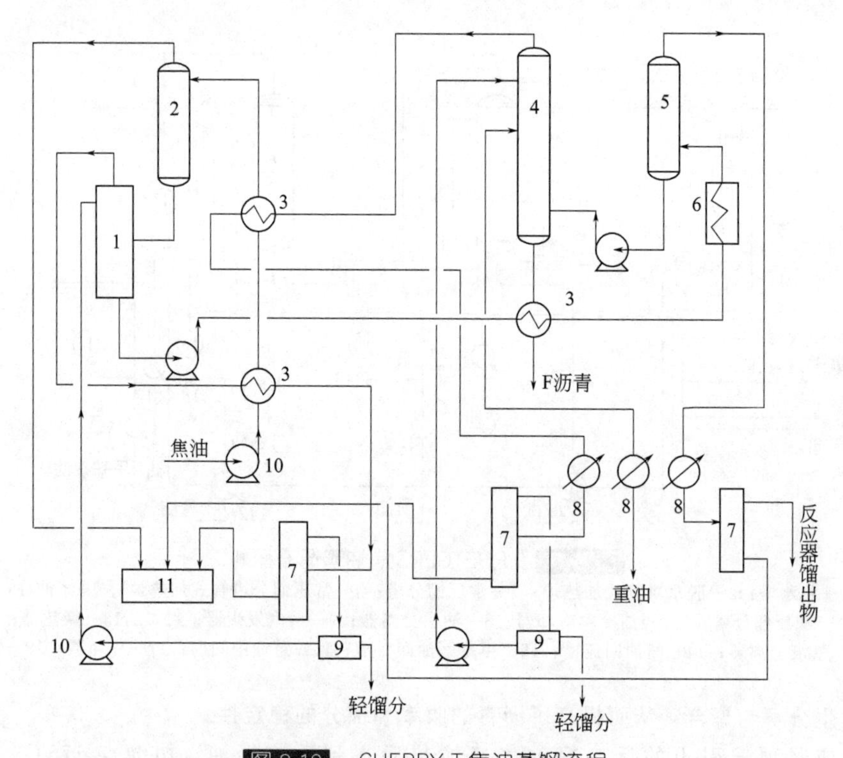

图 3-18 CHERRY-T 焦油蒸馏流程

1—蒸发器；2—压力澄清槽；3—换热器；4—闪蒸塔；5—反应器；6—管式加热炉；7—分离器；8—冷凝冷却器；9—回流槽；10—泵；11—冷凝液槽

侧线采出的萘油经气体分离器分出轻组分后到馏分柱，柱顶得到萘油，柱底排出洗油Ⅰ，其中一部分经管式加热炉Ⅱ段加热后循环入柱底部以补充热量。精馏塔塔底残液经管式加热炉Ⅲ段加热后入减压蒸馏塔，减压蒸馏塔由两部分组成，底部作蒸发器，顶部分出蒽油和洗油Ⅱ。该装置得到的馏分沸点范围分别为：轻油 78～170℃，酚油 170～205℃，萘油 210～230℃，洗油Ⅰ230～270℃，洗油Ⅱ240～300℃，蒽油初馏点 300℃，360℃前馏出 60%，沥青软化温度 76～84℃[44]。

KOPPERS 焦油蒸馏流程Ⅰ如图 3-19 所示。

3.2.9.2 KOPPERS 焦油蒸馏流程Ⅱ

原料焦油经一系列换热后进入脱水塔，脱水塔顶部用轻油回流控制塔顶温度，塔底的无水焦油经管式加热炉Ⅰ段加热后入酚油塔，塔顶出轻油，侧线出酚油，萘油和轻质洗油由侧线引入辅柱，将其中的轻组分蒸吹出返回酚油塔。辅柱底部的萘油和轻质洗油进入萘油塔，塔顶馏出萘油，侧线产品经管式加热炉Ⅱ段加热后循环供萘油塔所需热量，塔底轻质洗油直接排出。酚油塔底产品经管式加热炉Ⅲ段加热到 300℃入沥青闪蒸塔，塔顶逸出的油气进入蒽油塔，塔底排出沥青。蒽油塔顶采出重质洗油，侧线采出蒽油，塔底采出二蒽油。沥青闪蒸塔顶绝对压力为 13.38 kPa[44]。

KOPPERS 焦油蒸馏流程Ⅱ如图 3-20 所示。

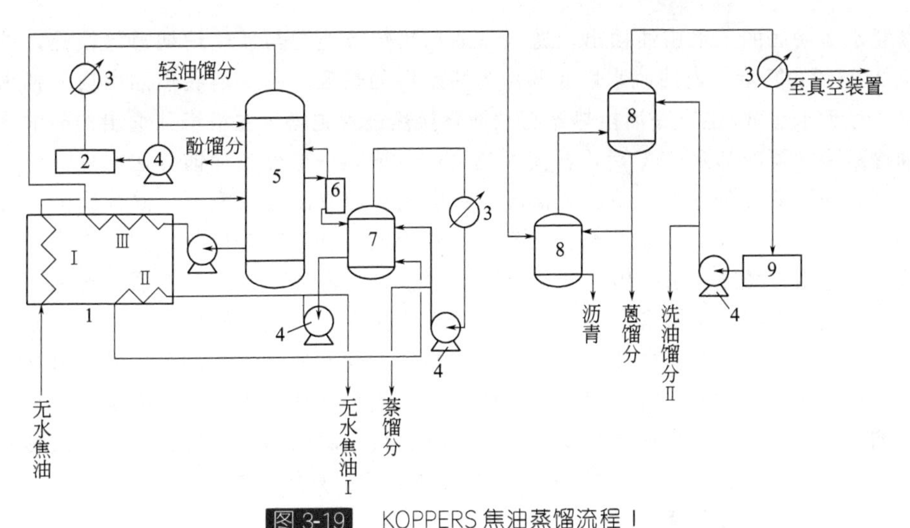

图3-19 KOPPERS焦油蒸馏流程Ⅰ

1—管式加热炉；2—轻油槽；3—冷凝冷却器；4—泵；5—精馏塔；6—气体分离器；7—馏分柱；8—减压蒸馏塔；9—气压槽

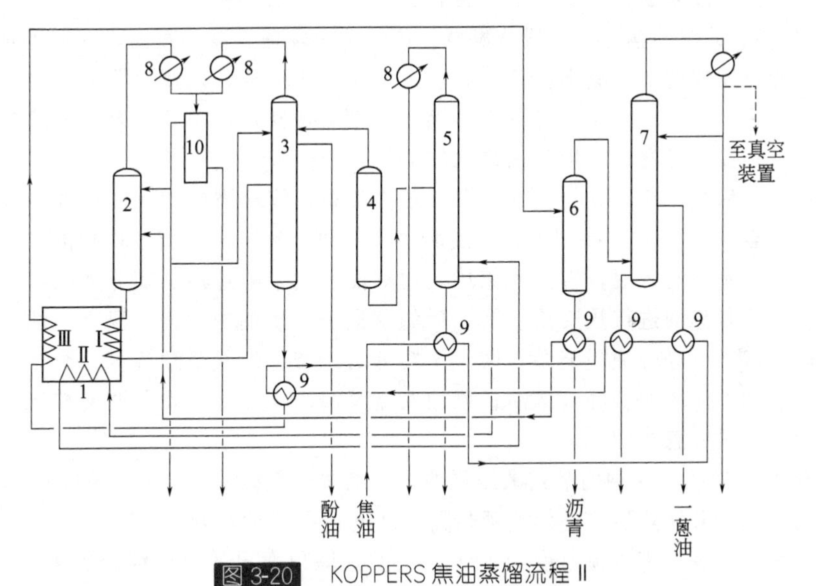

图3-20 KOPPERS焦油蒸馏流程Ⅱ

1—管式加热炉；2—脱水塔；3—酚油塔；4—辅柱；5—萘油塔；6—沥青闪蒸塔；7—蒽油塔；8—冷凝冷却器；9—换热器；10—分离器

3.2.10 其它焦油蒸馏流程

赵刚山等[47]发明了一种焦油不加碱短流程常压减压蒸馏工艺。由油库来的不加碱焦油原料经原料焦油/主塔底油换热器换热后，在焦油预热器由蒸汽加热到125℃后，进入脱水塔。脱水塔塔顶温度约98～105℃，塔顶逸出的轻油馏分和水经轻油冷凝冷却器冷却到30℃后，流入轻油分离槽内，在此，轻油与水分离。分离出的轻油一部分返回脱水塔作为回流，其余轻油作为产品送至槽区，分离水自流到废水槽。脱水塔循环泵将脱水塔塔底的无水焦油抽出，送至焦油加热炉节能器与加热炉烟道气换热，被加热至210～230℃后，返回脱水塔底部作为脱水塔的热源。脱水塔底焦油由塔底抽出泵抽出，经无水焦油/主塔底油换热器与软沥青换热进入主塔。主塔塔顶逸出的酚油汽经酚油冷凝冷却器冷却到70℃后，再流入主塔回流槽。一部分酚油馏分送回塔顶作为回流，其余的酚油馏分作为产品送至槽区。主塔侧线切取混合油馏分。混合馏分经混合冷却器冷却至80℃后，送往馏分洗涤部分，作为馏分洗涤部分原料。主塔塔底的软沥青或炭黑油由主塔循环泵抽出，在焦油管式加热炉加热至340～365℃后，返回主塔塔底，作为主塔热源。主塔塔底油抽出泵将塔底软沥青或炭黑油抽出后，依次与原料焦油经两级换热，在冷却器中冷却至90℃并送槽区。脱水塔和主塔均采用常压操作，整个流程中全馏分不加碱；流程短，仅由两个塔完成，比常规焦油蒸馏减少一个塔；焦油蒸馏主塔采用强制循环加热方式；脱水塔塔底热源由加热炉节能器加热塔底物料强制循环加热供给。该工艺具有流程短、不加碱，不用直接过热汽，无新增工艺废水，能耗低及产品品质高等优点。

陈义涛[48]发明了一种工艺简单、耗能少、余热利用率高的焦油蒸馏工艺。原料焦油脱水后，经一段泵加压，送入焦油蒸汽预热器，与蒽油换热器热交换加热至125～135℃，加热后的焦油输送至一段蒸发器；焦油在一段蒸发器中蒸馏，蒸馏得到的一次轻油从一段蒸发器的塔顶蒸出，蒸馏后剩余的无水焦油从一段蒸发器的塔底输送至二段蒸发器；无水焦油在二段蒸发器中蒸馏，二段蒸发器切取得到二蒽油，蒸馏得到的混合油气从二段蒸发器的塔顶蒸出进入馏分塔，而蒸馏后剩余的沥青从二段蒸发器的塔底流出进入后续工段；混合油气在馏分塔中蒸馏，馏分塔中切取的三混油经三混油冷却器冷却至80～90℃，冷却后的三混油送往洗涤分解工段，蒸馏得到的二次轻油从馏分塔的塔顶蒸出进入混合轻油收集槽，而蒸馏后剩余的蒽油从馏分塔的塔底流入蒽油换热器与原料焦油进行热交换，换热后的蒽油进入蒽油中间槽，混合轻油收集槽中的二次轻油一部分经轻油回流泵，回流至馏分塔调节控制其塔顶温度，剩余部分进入轻油槽，蒽油中间槽的一部分蒽油经蒽油回流泵回流至二段蒸发器调节控制其塔顶温度，剩余部分进入蒽油槽。

姜秋等[49]发明了一种两塔式减压焦油蒸馏工艺。原料焦油首先进入焦油/重洗油换热器与重洗油馏分换热后，进焦油预热器，在此由导热油加热到125～135℃，然后进入预脱水塔。预脱水塔塔顶温度约110～125℃，塔顶逸出的轻油馏分和水先经1＃轻油空冷器冷却到50～60℃，再经1＃轻油冷却器冷却到40～45℃，流入1＃轻油分离器，分离出的轻油作为脱水塔回流用，分离水进一步分离油后流入氨水槽。预脱水塔塔底的焦油自流入脱水塔。脱水塔塔顶温度为100～115℃，馏出的轻油馏分和水先经2＃轻油空冷器冷却到50～60℃，再经2＃轻油冷却器冷却到40～45℃，流入2＃轻油分离器，在此分离出轻油，一部分轻油由脱水塔回流泵送脱水塔顶作为回流，其余作为产品由轻油采出泵送油库装置；分离水进一步分离油后流入氨水槽，定期由氨水输送泵送煤气净化车间，分离出的油流入放空槽。脱水焦油由脱水塔塔底抽出泵抽出，送入1＃蒸馏塔的下部。1＃蒸馏塔塔底温度约为240～270℃，塔底混合油一部分用1＃塔底循环泵抽出，经1＃管式加热炉加热到260～290℃，然后回到塔底，提供蒸馏所需热量；另一部分由1#塔底抽出泵抽出，送入2#管式加热炉。1#蒸馏塔塔顶不凝性气体经真空冷凝器冷凝后，进入真空系统。由1#蒸馏塔底来的混合油在2#管式加热炉内加热到350～385℃，进入2#蒸馏塔。2#蒸馏塔为减压操作，塔顶压力约为－30～－10kPa，塔顶温度为190～210℃，自塔顶馏出的重洗油汽经焦油/重洗油换热器与原料焦油换热后，在重洗油冷却器内用温水冷却到85～95℃，再流入重洗油回流槽，在此用重洗油回流泵将一部分重洗油送往2#蒸馏塔塔顶作为回流，另一部分至重洗油槽贮存，定期用泵送油库装置。自2#蒸馏塔侧线分别切取蒽油馏分和二蒽油馏分。蒽油馏分出塔温度约260～280℃，经蒸汽发生器换热后温度约170～190℃，然后用蒽油采出泵经蒽油冷却器用温水冷却到85～95℃，送至蒽油槽贮存，定期用泵送油库装置。二蒽油馏分出塔温度约320～340℃，经蒸汽发生器换热后温度约170～190℃，然后用二蒽油采出泵经二蒽油冷却器用温水冷却到85～95℃，送至二蒽油槽贮存，定期用泵送油库装置。2#蒸馏塔塔底温度约为350～370℃，中温沥青由2#蒸馏塔塔底抽出泵抽出送经沥青/导热油换热器与导热油换热后，送至后续生产装置。2#蒸馏塔的真空排气由重洗油冷却器抽出，经真空冷凝器冷凝后进真空系统。

两塔式减压焦油蒸馏流程如图3-21所示。

3.3 粗苯的精制

3.3.1 粗苯的性质

脱苯工段生产的粗苯主要由苯（55%～75%，质量分数，下同）、甲苯（11%～22%）、二甲苯（2.5%～6%）、三甲苯和乙基甲苯（1%～2%）及其衍生物等组成，此外还含有不饱和化合物（5%～15%）、硫化物（0.2%～2%）、饱和烃（0.3%～2%）和萘、酚、吡啶等[50]。粗苯本身用途不大，但经过加工精制后得到的苯、甲苯、二甲苯和三甲苯等却是极为重要的化工原料，因此，粗苯的加工精制在焦化工业中占有举足轻重的地位。

尽管粗苯中的各组分含量常因配煤质量、炼焦工艺条件以及炉体结构的不同而出现波动，但是粗苯中的苯、甲苯、二甲苯和三甲苯含量普遍保持在90%以上，属于粗苯精制的主要产品[51]，其物理性质见表3-5。

表3-5 粗苯精制产品的主要物理性质

名称	结构	分子式	相对分子质量	熔点/℃	沸点/℃	密度/kg·m^{-3}
苯		C_6H_6	78.06	5.5	80.1	879.0
甲苯	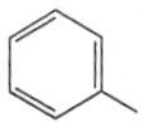	C_7H_8	92.06	−95.0	110.6	866.9
对二甲苯		C_8H_{10}	106.08	13.3	138.4	861.1

续表

名称	结构	分子式	相对分子质量	熔点/℃	沸点/℃	密度/kg·m^{-3}
邻二甲苯	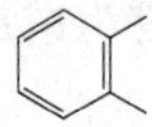	C_8H_{10}	106.08	−25.3	144.4	880.2
间二甲苯	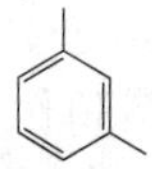	C_8H_{10}	106.08	−47.9	139.1	864.2
1,2,3-三甲苯	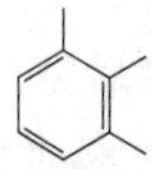	C_9H_{12}	120.09	−22.5	176.1	894.0
1,2,4-三甲苯	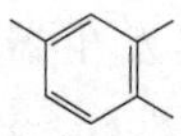	C_9H_{12}	120.09	−43.8	199.3	875.8
1,3,5-三甲苯	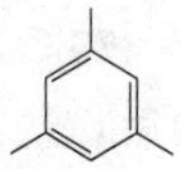	C_9H_{12}	120.09	−44.8	164.7	865.2

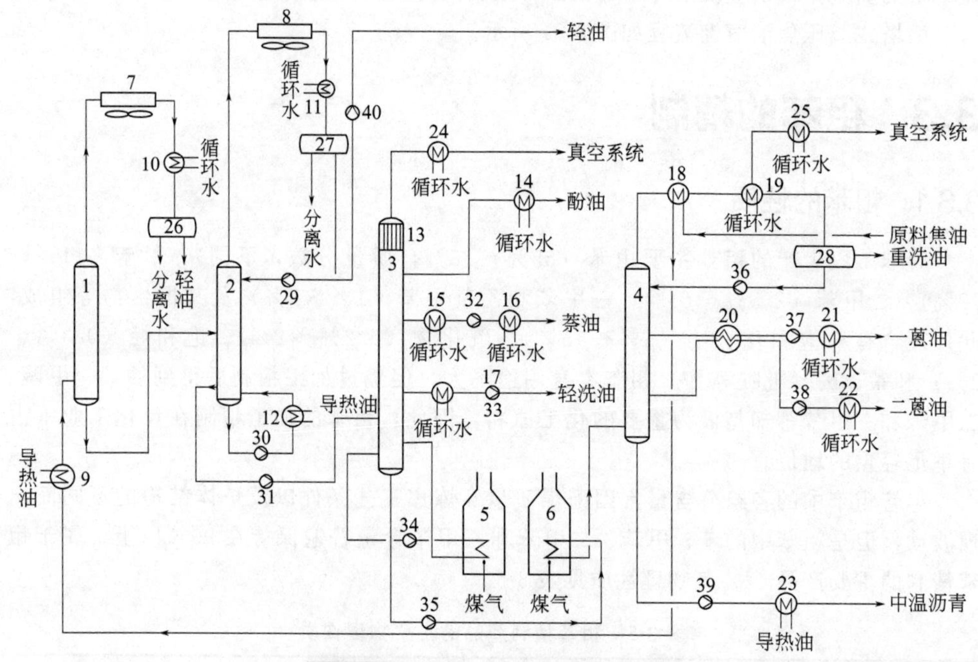

图 3-21 两塔式减压焦油蒸馏流程

1—预脱水塔；2—脱水塔；3—1＃蒸馏塔；4—2＃蒸馏塔；5—1＃管式加热炉；6—2＃管式加热炉；7—1＃轻油空冷器；8—2＃轻油空冷器；9—焦油预热器；10—1＃轻油冷却器；11—2＃轻油冷却器；12—脱水塔重沸器；13—酚油分缩器；14—酚油冷却器；15—软水/萘油换热器；16—萘油冷却器；17—轻洗油冷却器；18—焦油/重洗油换热器；19—重洗油冷却器；20—蒸汽发生器；21—蒽油冷却器；22—二蒽油冷却器；23—沥青/导热油换热器；24，25—真空冷凝器；26—1＃轻油分离器；27—2＃轻油分离器；28—重洗油回流槽；29—脱水塔回流泵；30—脱水塔循环泵；31—脱水塔塔底抽出泵；32—萘油采出泵；33—轻洗油采出泵；34—1＃蒸馏塔底循环泵；35—1＃蒸馏塔底抽出泵；36—重洗油回流泵；37—蒽油采出泵；38—二蒽油采出泵；39—2＃蒸馏塔底抽出泵；40—轻油采出泵粗苯的行业质量标准见表 3-6（YB/T 5022-93）[52]。

表 3-6　我国粗苯质量指标

项目	粗苯		轻苯
	加工用	溶剂用	
外观	黄色透明液体		
密度/kg·m^{-3}	871～900	≤900	870～880
75℃前馏出量(体积分数)/%	—	≤3	—
180℃前馏出量(质量分数)/%	≥93	≥91	—
馏出 96%(体积分数)温度/℃	—	—	≤150
水分	室温(18～25℃)下目测无可见的不溶解的水		

注：外观的测定按 YB/T 5922《粗苯》进行；密度的测定按 GB/T 2013《苯类产品密度测定方法》进行；馏程的测定按 YB/T 5023《粗苯馏程的测定方法》进行；水分的测定按 YB/T 5022-93《粗苯》进行。

不饱和化合物在粗苯中的分布很不均匀，主要集中在 79℃以下的低沸点馏分和 150℃以上的高沸点馏分中，其中，低沸点馏分包括环戊二烯和戊烯类脂肪烃，其在低沸点馏分中的含量高达 50%以上；高沸点馏分则含有古马隆、茚和苯乙烯等，它们的含量约为 30%。由于这些不饱和化合物都属于带有一个或两个双键的环状烃和直链烯烃，极易发生聚合反应，与空气中的氧形成深褐色的树脂状物质，并溶于苯类产品中，使之变成棕色，故在生产苯类产品时必须将其除去[53]。

粗苯中的硫化物含量取决于配煤中的硫含量，它主要是二硫化碳、噻吩及其衍生物。刚生产出来的粗苯中约含 0.2%的硫化氢，在贮存过程中，硫化氢逐渐被氧化成单质硫。粗苯中还有硫醇等有机硫化物，但含量甚微，一般不超过硫化物总量的 0.1%。在所有的硫化物中，只有二硫化碳和噻吩可作为产品加以提取和利用，其它的硫化物都属于有害杂质，在粗苯的精制过程中应予以脱除。

粗苯中的饱和烃主要是环己烷、庚烷等，它们主要集中于高沸点馏分中，并与苯形成恒沸物。由于高沸点馏分产量不大，故其饱和烃含量相对较高，如二甲苯中的饱和烃含量可达 3%～5%，使得产品密度显著降低。

另外，粗苯中还含有少量的萘类、酚类、吡啶及其衍生物等，由于含量较少，一般不作为产品提取。

3.3.2　粗苯的用途

粗苯精制的主要产品包括苯、甲苯、二甲苯和三甲苯。苯的用途极其广泛，我国目前主要用于合成纤维、塑料、合成橡胶、农药及国防工业等方面。甲苯是粗苯精制时所得产品收率仅次于苯的贵重产品。甲苯可由氯化、硝化、磺化、氧化及还原等方法制取染料、医药、香料等中间体以及炸药、糖精等，此外还可用于制取己内酰胺来生产尼龙纤维。

粗苯精制所得到的是工业二甲苯，它主要由对二甲苯（21%）、邻二甲苯（16%）及间二甲苯（50%）3 种同分异构体和乙基苯（7%）以及其它混合物（6%）组成。工业二甲苯可用作橡胶和油漆工业的溶剂。从工业二甲苯中得到的对（邻、间）二甲基苯可用以制取对（邻、间）苯二甲酸，其中对苯二甲酸和邻苯二甲酸是生产增塑剂、聚酯树脂和聚酯纤维（涤纶）的重要原料。

三甲苯和其它组分在150～180℃范围内馏出，是粗苯精制时得到的混合产品，称为溶剂油。溶剂油的组成一般为二甲苯（25%～40%）、脂肪烃和环烷烃（8%～15%）、丙苯和异丙苯（10%～15%）、1,3,5-三甲苯（10%～15%）、1,2,4-三甲苯（12%～20%）和乙基甲苯（20%～25%）。溶剂油主要用作油漆和颜料工业中的溶剂，也可用作制取二甲苯和三甲苯的同分异构体，还可用于生产苯胺染料、医药以及其它一些工业部门。在溶剂油中，还含有微量的四甲苯，其中1,2,4,5-四甲苯最为重要，可用于制取1,2,4,5-苯四甲酸和苯四甲酸二酐，它是制取耐高温树脂聚酰亚胺和环氧树脂的重要原料。

粗苯精制除得到上述苯类产品外，某些不饱和化合物和硫化物也可以得到提取，成为有用的化工原料。以粗苯初馏分为原料，经蒸馏及热聚合得到二聚环戊二烯可用以制取合成树脂。此外，环戊二烯通过氯化和聚合作用可制取氯丹，氯丹是具有高效杀虫能力的有机农药。古马隆-茚树脂是制造油漆、塑料、橡胶制品和绝缘材料的原料。苯乙烯经过聚合也可制成用于生产绝缘材料的无色树脂。二硫化碳在化学工业中用作溶剂，在农药上作为杀虫剂，还可用于生产磺酸盐，在铜选矿时作为浮选剂。噻吩可用于有机合成及制取染料、医药和彩色电影药物。噻吩衍生物——噻吩羰基三氟丙酮是分离放射性元素镎、钚、铀等的提取剂。

3.3.3 粗苯的国内外供需现状和生产

目前，粗苯精制的方法主要有酸洗精制和加氢精制，前者在我国中小型焦化厂得到了广泛应用，后者多用于大型焦化厂，新建的粗苯加工装置也经常采用此工艺。精制后的BTX馏分（即由苯、甲苯、二甲苯等组成的混合馏分）可用精馏方法将其分离成单一的苯、甲苯、二甲苯和三甲苯等产品，同时对低沸点馏分中的环戊二烯和高沸点馏分中的古马隆、茚进行加工。同时，由于从焦油蒸馏工段切取得到的轻油馏分，经碱洗脱酚后，亦含有大量苯族烃和少量古马隆和茚等不饱和化合物，与粗苯组分类似，通常混入粗苯中一并加工精制[54]。

据统计，截至2014年底，全国已有各类粗苯精制企业120多家，其中，粗苯酸洗精制企业约84家，分布在我国11个地区、24个省份，合计产能约571.8万吨/年；粗苯加氢精制企业约36家，合计产能675.3万吨/年；另外还有12家拟建、在建及扩建的粗苯加氢精制企业，合计产能348.6万吨/年。

尽管近几年粗苯原料随焦炭产量、粗苯回收普及率和回收率的提高在逐步增长，但粗苯消耗率仍远远高于增长率。2014年我国粗苯原料供给量为860万吨，而国内酸洗精制与加氢精制所需消耗的粗苯原料总量却达到了1247.1万吨/年，缺口高达387.1万吨/年。同时，由于国外近年来不断加大对我国粗苯原料的战略性收购，故我国粗苯的出口量不断增大而进口量却很少，2012年、2013年和2014年粗苯的进/出口量分别为3.6/47万吨、5.8/49万吨、3.2/58万吨，造成原料供需严重失衡。

3.3.3.1 酸洗精制

由于粗苯组分复杂，故其酸洗精制一般包括初步精馏、酸洗净化和最终精馏等工序[55]。

初步精馏的目的是将低沸点不饱和化合物、硫化物与苯族烃分离。初馏塔顶温度45～50℃，塔底温度90～95℃，塔顶得到初馏分，干点不大于70℃，塔底得到BTX馏分，初馏点大于82℃，干点小于150℃。

酸洗净化是用93%～95%的硫酸洗涤BTX馏分，BTX馏分中的不饱和化合物和硫化物会生成很复杂的产物，其中，黑褐色的深度聚合物（酸焦油）密度较大，能够从混合物中直接分离出来，而聚合程度较低的产物仍然溶于混合物和硫酸中，但它在最终精馏时可以从苯类产品中分离出来，其发生的主要化学反应如下。

(1) 加成反应　不饱和化合物与硫酸作用后，能够生成酸式酯和中式酯，例如，戊烯与硫酸作用发生以下反应：

$$C_3H_7CH=CH_2 + H_2SO_4 \longrightarrow C_3H_7CH(CH_3)-OSO_3H$$

$$C_3H_7CH(CH_3)-OSO_3H + C_3H_7CH=CH_2 \longrightarrow [C_3H_7CH(CH_3)-O]_2SO_2$$

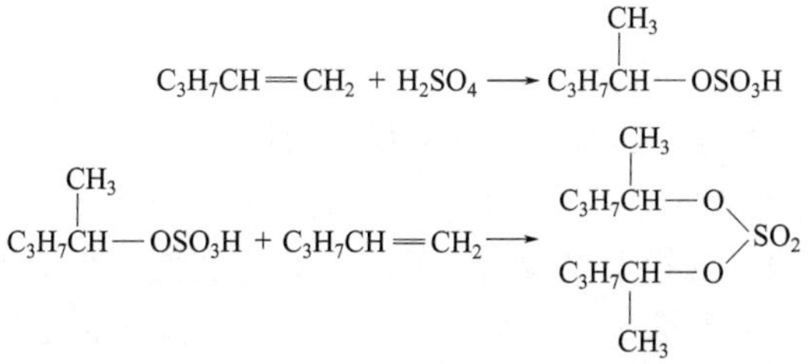

酸式酯易溶于硫酸和水，因此在酸洗以后再水洗时即可除去。中式酯难溶于硫酸和水，但易溶于苯族烃中，在精馏时可以除去。中式酯热稳定性差，当温度较高时，它会发生热解并生成二氧化硫和硫酸。由于生成的二氧化硫和硫酸会腐蚀精馏设备，故要求在初步精馏时BTX馏分中的不饱和化合物应尽可能降低含量。

(2) 聚合反应　不饱和化合物在浓硫酸的作用下很容易发生聚合反应，并生成各种复杂的聚合物。聚合反应的第一阶段是生成酸式酯，聚合反应的第二阶段是酸式酯与不饱和化合物生成二聚物。

例如，异丁烯与硫酸作用发生以下反应：

$$(CH_3)_2C=CH_2 + H_2SO_4 \longrightarrow (CH_3)_3COSO_3H$$

$$(CH_3)_3COSO_3H + (CH_3)_2C=CH_2 \longrightarrow (CH_3)_3CCH=C(CH_3)_2 + H_2SO_4$$

此反应还可继续进行，并生成深度聚合物，聚合度越高，生成的聚合物黏度就越大，有些能够从混合物中直接分离出来。

在上述聚合反应中，硫酸呈游离状态被分离出来，加水稀释后，即形成所谓的再生酸。

(3) 脱硫反应　BTX馏分中的二硫化碳与硫酸不起反应，其它硫化物含量又很少，因此脱硫反应的主要作用是脱除噻吩及其衍生物，其主要反应如下。

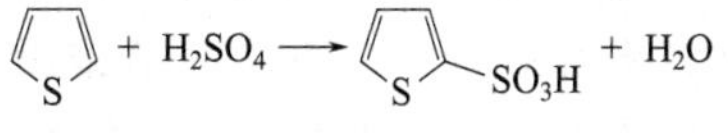

$$\text{噻吩} + H_2SO_4 \longrightarrow \text{噻吩-2-}SO_3H + H_2O$$

噻吩与硫酸反应可以生成噻吩磺酸，但生成速度很慢，为了加快反应必须采用浓硫酸。

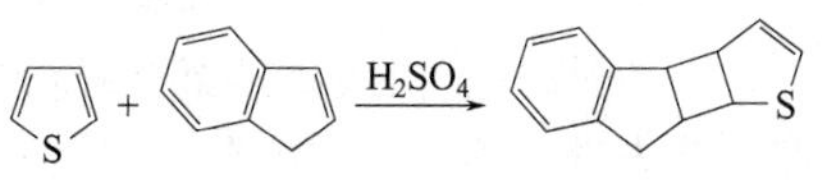

$$\text{噻吩} + \text{茚} \xrightarrow{H_2SO_4} \text{(缩合产物)}$$

噻吩及其衍生物可与不饱和化合物，特别是与高沸点不饱和化合物聚合，在少量硫酸的催化作用下，反应极为迅速且完全。噻吩大部分集中于苯馏分中，但由于苯馏分中不饱和化合物含量较少（1%～2%），故很难脱除其中所含的噻吩，若对BTX馏分进行酸洗，则由于其中不饱和化合物含量较高（4%～6%），极易将噻吩及其衍生物分离出来，硫酸消耗量少，酸焦油的生成量也少。所得聚合物一般均溶于混合物和硫酸中，并在最终精馏时转入釜底残液，因此，一般都采用BTX馏分进行酸洗净化。

酸洗净化的工艺条件如下。

① 反应温度。最适宜的反应温度为35～45℃。温度过低，无法达到所需的净化程度；温度过高，则由于苯族烃的磺化反应及其与不饱和化合物的共聚反应加剧而使苯族烃的损失增加。酸性反应是放热反应，放出热量的多少主要取决于BTX馏分中不饱和化合物的含量。

② 硫酸含量。适宜的硫酸含量为93%～95%。含量太小，无法达到应有的净化效果；含量太大，则会加剧磺化反应，增加苯族烃的损失。

③ 反应时间。适宜的反应时间为10min左右。反应时间不足，欲达到一定的洗涤效果，必须要增加酸量，这样不仅酸消耗量大，而且会使酸焦油产量增高，苯族烃损失增大；反应时间过长，则会加剧磺化反应。因此，需要根据适宜的反应时间来确定反应器的容积以及数量，从而达到预期的洗涤效果。

在酸洗过程中，硫酸的用量大约为47kg/tBTX馏分，大部分硫酸可用加水洗涤再生的方法回收，再生酸的回收量因原料的性质和洗涤条件的不同而波动于65%～80%之间，其含量为40%～50%。

分离出再生酸与已洗混合馏分的剩余物即为酸焦油，它是粗苯精制过程中造成苯族烃损失的重要原因。当酸焦油产量降低时，不仅会减少苯族烃损失，同时还可增加再生酸的回收量。酸焦油的产量与BTX馏分的性质及操作条件有关，当BTX馏分中的二硫化碳含量较高时，会增加酸焦油产量，当BTX馏分中的二硫化碳含量较低时，则易生成酸焦油。酸焦油的组成一般为硫酸（15%～30%）、聚合物（40%～60%）和苯族烃（5%～30%）。为了回收酸焦油中的苯族烃，必须设置酸焦油蒸吹装置。

BTX馏分的连续洗涤流程如图3-22所示。

BTX馏分经加热套管预热至25～32℃，在连洗泵前与浓硫酸混合，进混合球，停留约1min，进入酸洗反应器停留约10min，出反应器后加水停止反应并再生硫酸，经加水混合器进入酸油分离器静置分离约1h。BTX馏分由分离器上部排出，再加含量为12%～16%的碱液进入碱油混合器进行中和，使BTX馏分呈弱碱性，然后进入碱油分离器，停留1～1.5h，静置分离。碱油分离器上部即为已洗混合馏分，送入已洗混合馏分中间槽，残留碱液可作为吹苯塔的原料，而从底部排出的废碱液用于中和酸焦油，从酸油分离器底部排出的再生酸经再生酸泵送入再生酸贮槽，沉降槽顶部的酸焦油以及酸油分离器中积聚的酸焦油间歇排入酸焦油蒸吹釜，根据需要加碱液中和，再用直接蒸汽将其中所含有的苯族烃蒸吹出来。蒸吹出来的苯蒸气经冷凝冷却、油水分离后进入BTX馏分或已洗混合馏分中间槽，釜内残渣排至沉降槽。

带微碱性的已洗混合馏分首先进行蒸吹，即吹苯，然后对吹出苯进行最终精馏。

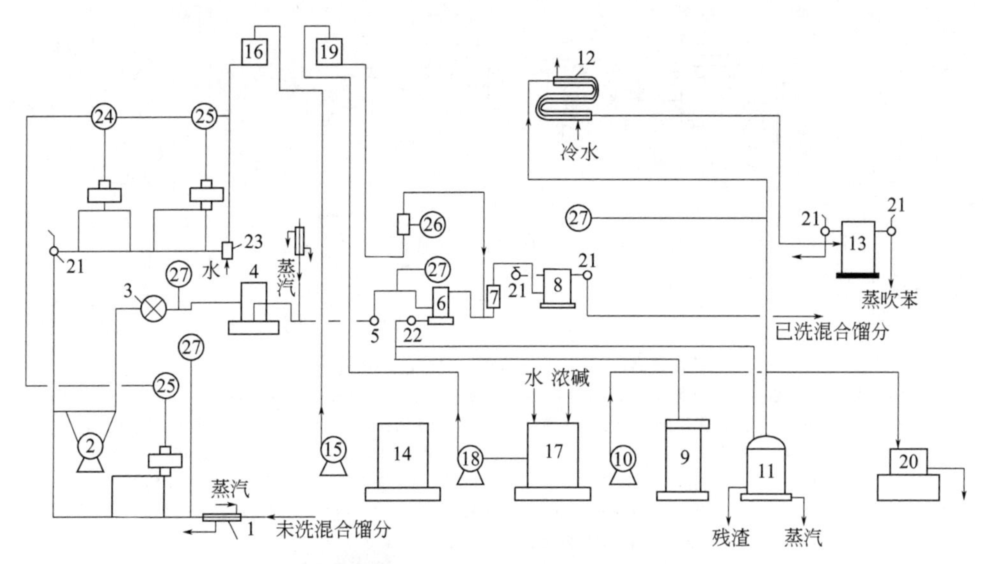

图3-22　BTX馏分的连续洗涤流程

1—加热套管；2—连洗泵；3—混合球；4—酸洗反应器；5—加水混合器；6—酸油分离器；7—碱油混合器；8—碱油分离器；9—再生酸沉降槽；10—再生酸泵；11—酸焦油蒸吹釜；12—蒸吹苯冷凝冷却器；13—油水分离器；14—硫酸槽；15—酸泵；16—硫酸高位槽；17—配碱槽；18—碱泵；19—碱高位槽；20—再生酸贮槽；21—视镜；22—放料槽；23—酸过滤器；24—流量自动调节；25—流量变送、指示；26—流量指示；27—温度指示

吹苯的目的是把酸洗时溶于已洗混合馏分中的各种聚合物作为吹苯残渣排出，该残渣可用作生产古马隆-茚树脂的原料。在酸洗过程中，不饱和化合物和硫酸发生加成反应，生成酸式酯和中式酯。由于中式酯在吹苯的高温下极易分解出二氧化硫等酸性物质，故吹出的苯蒸气需用12%～16%的氢氧化钠溶液进行喷洒。已洗混合馏分吹苯收率为97.5%，残渣收率为2.5%。

对于大规模的粗苯精制，一般可采用吹出苯的连续蒸馏流程，在精馏装置中不断提取苯、甲苯、二甲苯，甚至在足够大的处理量下，还可从二甲苯残油中再提取二甲苯。该工艺一般采用热油进料，即上一精馏装置的残油不经冷却直接用热油泵送入下一工序作为精馏原料。它减少了中间贮槽及冷却设备，节省了水、蒸汽，提高了产品收率，但必须保证各塔原料组成、进料量、回流比、蒸汽压力、塔顶温度及塔底液位等相对稳定。一旦产品质量不合格，必须进行大循环重蒸直至吹出苯槽，同时适当减少吹苯塔的进料量或停塔，以免造成物料不平衡。

吹苯塔为22层筛板塔，苯精馏塔为30～35层浮阀塔。若要从二甲苯残液中提取三甲苯，则需进一步增加塔板数。吹苯塔、苯塔、甲苯塔和二甲苯塔的塔顶温度分别为100～105℃、79～81℃、109～111℃、89～96℃。

已洗混合馏分的连续蒸馏流程如图3-23所示。

吹出苯经苯塔开停工槽由苯塔原料泵送入苯塔，塔顶蒸气经冷凝、油水分离，一部分作为苯产品采出，另一部分经回流泵送至塔顶作回流。塔底残油由甲苯塔热油原料泵送至甲苯塔，顶部得到甲苯产品，甲苯残油经二甲苯塔热油原料泵送入二甲苯塔，

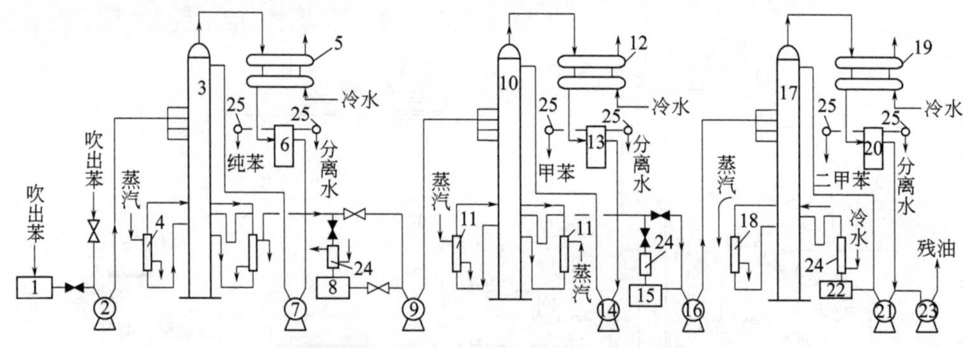

图 3-23 已洗混合馏分的连续蒸馏流程

1—苯塔开停工槽；2—苯塔原料泵；3—苯塔；4—苯塔重沸器；5—苯冷凝冷却器；6—苯油水分离器；7—苯回流泵；8—甲苯塔开停工槽；9—甲苯塔热油原料泵；10—甲苯塔；11—甲苯塔重沸器；12—甲苯冷凝冷却器；13—甲苯油水分离器；14—甲苯回流泵；15—二甲苯塔开停工槽；16—二甲苯塔热油原料泵；17—二甲苯塔；18—二甲苯塔重沸器；19—二甲苯冷凝冷却器；20—二甲苯油水分离器；21—二甲苯回流泵；22—二甲苯残油槽；23—二甲苯残油泵；24—冷却套管；25—视镜

得到二甲苯产品，二甲苯残油送残油槽。若工艺允许，还可继续由二甲苯残油提取三甲苯。

3.3.3.2 加氢精制

将粗苯或 BTX 馏分催化加氢净化，然后对加氢油再进行精制处理得到高纯度苯类产品，不仅可以生产出噻吩含量小于 0.0001%、熔点高于 5.4℃的苯，而且苯类产品收率高，无环境污染，远远优于酸洗精制，国内外现已广泛使用此法[56]。

目前，粗苯加氢精制工艺主要包括 LITOL 法和 LURGI 法，其中，LITOL 法采用三氧化铬为催化剂，反应温度 600～650℃，压力 6MPa，由于苯的衍生物加氢脱烷基后均转化为苯，故苯的收率达到 114%以上，纯度高达 99.9%；LURGI 法采用钴钼系催化剂，反应温度 360～380℃，压力 4～5MPa，以焦炉煤气或氢气为氢源，加氢油通过精馏分离，得到苯、甲苯、二甲苯和三甲苯等产品，收率高达 97%～99%。对于 LITOL 法和 LURGI 法来说，前者属于高温加氢，后者属于低温加氢。

粗苯加氢精制的实质是将粗苯以气相形式在催化剂表面通过，使其所含的硫化物、氮化物和氧化物等转化为硫化氢、氨及水的同时，将不饱和化合物转化为饱和烃及环烷烃，然后再用碱与水洗涤，把硫化氢和氨等从粗苯中除掉，从而达到除去这些杂质的目的，其发生的主要化学反应如下。

（1）硫化物的脱除

$$CS_2 + H_2 \longrightarrow CH_4 + H_2S$$

$$C_4H_4S\ (\text{thiophene}) + H_2 \longrightarrow C_4H_{10} + H_2S$$

$$C_2H_5SH + H_2 \longrightarrow C_2H_6 + H_2S$$

$$C_2H_5SC_2H_5 + H_2 \longrightarrow C_2H_6 + H_2S$$

（2）氮化物的脱除

$$C_5H_5N\ (\text{pyridine}) + H_2 \longrightarrow C_5H_{12} + NH_3$$

(3) 氧化物的脱除

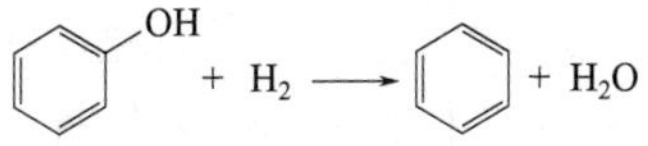

$$\text{OH} + H_2 \longrightarrow \quad + H_2O$$

(4) 不饱和化合物的脱除

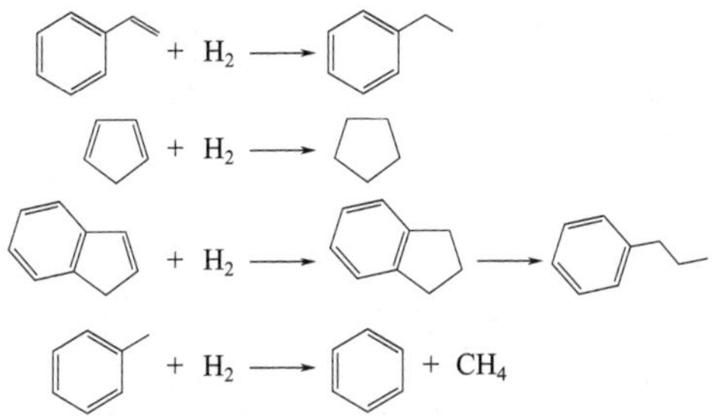

$$+ H_2 \longrightarrow$$

$$+ H_2 \longrightarrow$$

$$+ H_2 \longrightarrow \quad \longrightarrow$$

$$+ H_2 \longrightarrow \quad + CH_4$$

以上的各种加氢反应是基于一定的温度、压力及油气比等条件下在催化剂表面进行的，而催化剂的性质对于上述反应进行的程度具有重要的影响。用于粗苯加氢精制的催化剂除了需要满足稳定性、活性和再生性能等要求外，还必须具备良好的选择性，既能使噻吩等硫化物及不饱和化合物得到完全加氢，又使苯族烃不受损失。加氢催化剂的类别多种多样，但主要来自于化学元素周期表第ⅥB和Ⅷ族金属，如钨镍系、钴钼系的氧化物或硫化物，并多以活性氧化铝作为载体。

催化加氢的氢源可用纯氢、合成氨的氢氮气、水蒸气和天然气重整法生产的氢以及焦炉煤气等。为了使氢在原料气中保持一定的分压，当采用不同原料气进行反应时，其操作压力也有所不同。

LITOL法一般包括粗苯预备蒸馏、粗苯预加氢和主加氢以及苯精制等工序，其工艺流程如图3-24所示。

粗苯预备蒸馏是将粗苯在两苯塔中分馏为轻苯和重苯。轻苯作为加氢原料，一般控制C_9以上的化合物质量含量小于0.15%。经预热到90～95℃的轻苯进入两苯塔，在约26.7 kPa的绝对压力下进行分离。塔顶蒸汽温度控制不高于60℃，逸出的油气经冷凝冷却至40℃进入油水分离器，分离出水中的轻苯，小部分作为回流，大部分送入加氢装置。塔底重苯经冷却至60℃送往贮槽。轻苯的加热汽化在蒸发器内进行，蒸发器为钢制立式中空圆筒形设备，底部装有氢气喷雾器。轻苯用高压泵送经预热器预热至120～150℃后进入蒸发器，液位控制在筒体的1/3～1/2高度。经过净化的纯度约为80%的循环氢气与补充氢气混合后，约有一半氢气进入管式加热炉，加热至约400℃后送入蒸发器底部喷雾器。蒸发器内操作压力为5.8～5.9MPa，操作温度约为232℃。在此条件下，轻苯在高温氢气保护下被蒸吹，大大减少了热聚合，器底排出的残油量仅为轻苯质量的1%～3%，含苯族烃约65%，经过滤后返回预蒸馏塔。

粗苯预加氢的目的是通过催化加氢脱除约占粗苯质量2%的苯乙烯及其衍生物。因为这类不饱和化合物热稳定性差，在高温条件下易聚合，它不但能够引起设备管线的堵塞，而且还会使反应器中的催化剂比表面积减少，活性降低。由蒸发器顶部排出的芳烃蒸气和氢气混合物进入预反应器进行选择性加氢。预反应器为立式圆筒形，内填充直径为3.2mm、高径比为1.4的圆柱形钴钼系催化剂。在催化剂上部和下部均装有

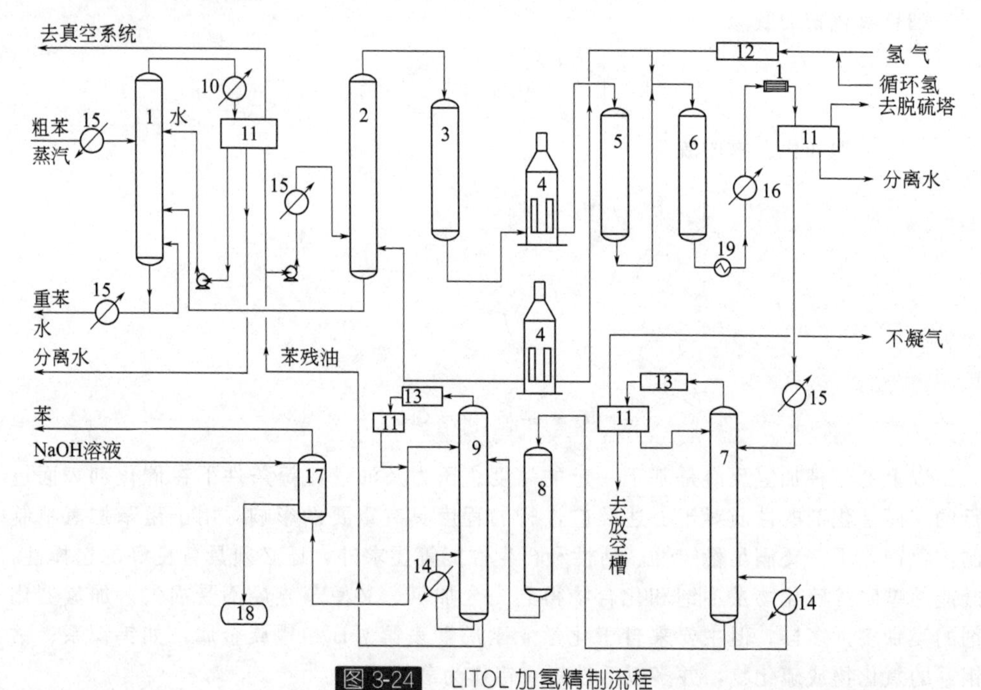

图3-24 LITOL加氢精制流程

1—预蒸馏塔；2—蒸发器；3—预反应器；4—管式加热炉；5—第一反应器；6—第二反应器；7—稳定塔；8—白土塔；9—苯塔；10—冷凝冷却器；11—分离器；12—冷却器；13—凝缩器；14—重沸器；15—预热器；16—换热器；17—碱洗槽；18—中和槽；19—蒸汽发生器

直径为6～20mm的瓷球，以使气体分布均匀。预反应器的操作压力为5.8～5.9MPa，操作温度为200～250℃，温升不大于25℃。

对于主加氢来说，预加氢后的油气经加热炉加热至600～650℃后进入第一反应器，从反应器底部排出的油气温升约17℃，加入适量的冷氢后进入第二反应器，在此完成最后的加氢反应。由第二反应器排出的油气经蒸汽发生器、换热器和凝缩器冷凝冷却后进入高压分离器。分离出的液体为加氢油，分离出的氢气和低分子烃类脱除硫化氢后，一部分送往加氢系统，另一部分送往转化制氢系统制取氢气，剩余部分作为燃料气使用。

在主加氢过程中，影响转化率的因素如下。

(1) 反应温度　温度太低，反应速率过慢；温度太高，则副反应加剧，可考虑采用控制送入冷氢量的方法来对其加以抑制。

(2) 反应压力　适当的压力不但可以使噻吩的脱除率显著提高，而且还能够减少催化剂床层的积炭，有效防止苯族烃加氢裂解反应的发生。

(3) 进料速度　进料速度决定物料在反应器中的停留时间，而停留时间与催化剂的性能有着密切的关系，性能优异的催化剂可以大大缩短物料在反应器中的停留时间。

(4) 氢气与粗苯的摩尔比　氢气与粗苯的实际摩尔比必须大于其化学计量比，以防止生成高沸点聚合物和结焦。

苯精制的目的是使加氢油通过稳定塔、白土塔、蒸馏塔和碱洗处理，得到合格的特级苯。由高压闪蒸分离出来的加氢油在预热器换热升温至120℃后进入稳定塔。稳定塔顶压力约为0.81MPa，温度为155～158℃。用加压蒸馏的方法将在高压闪蒸器中没有闪蒸出去的氢气以及小于C_4的烃及少量硫化氢等组分分离出去，使加氢油得到净化。另外，加压蒸馏可以得到温度为179～182℃的塔底馏出物，以此作为白土塔的进料，从而使白土活性得到充分发挥。稳定塔顶馏出物经冷凝冷却后进入分离器，分离出的油作为塔顶回流，不凝气体经凝缩，分离出苯后外送。经稳定塔处理后的加氢油，仍含有少量烯烃、高沸点化合物及微量硫化氢。通过白土吸附可进一步除去这些杂质。白土塔内填充有以氧化硅和氧化铝为主要成分的活性白土，其真密度为2.4g·mL^{-1}，比表面积为200 m^2·g^{-1}，空隙体积为280 mL·g^{-1}。白土塔的操作温度为180℃，操作压力为0.15MPa。白土可用水蒸气吹扫进行再生以恢复其活性。经过白土塔净化后的加氢油，经调节阀减压后温度约为104℃进入苯塔。苯塔为筛板塔，塔顶压力控制在41.2 kPa左右，温度为92～95℃。苯蒸气由塔顶馏出，经冷凝冷却至约40℃后进入分离器。分离出的液体苯一部分作回流，其余均送入碱处理槽，用质量分数为10%的氢氧化钠溶液去除其中微量的硫化氢后，苯产品纯度可达99.9%，熔点高于5.4℃，全硫小于1mg·kg^{-1}苯。分离出去的不凝气体可作为燃料气使用。苯塔底部排出的苯残油返回粗苯贮槽，重新进行加氢处理。

LURGI法是以生产高纯苯、硝化级甲苯和高纯甲苯为主要目的的。它在预反应器中采用镍钼系催化剂，反应温度为300℃，压力为3MPa。主反应器中使用钴钼系催化剂，反应温度为300℃左右，压力为3MPa。在反应过程中，既不允许出现苯和烷基苯的加氢、缩合以及生碳反应，又要将不饱和化合物、含硫化合物、含氧化合物和含氮化合物等含量降到10^{-6}以下，因此，该方法属于典型的选择性催化加氢精制。要实现选择性催化加氢的关键在于：

① 对于希望发生的加氢反应，在确定的反应温度和压力下，希望它们具有很大的平衡常数（即视为不可逆反应），可达到很高的平衡转化率；对于不希望发生的化学反应，最好具有很小的平衡常数或者这两类反应的平衡常数具有很大的差别，保证希望的反应在热力学上占有绝对优势，这是实现选择性催化加氢的前提。

② 加氢化合物的反应能力既与化合物的结构及其在催化剂上的吸附能力、活化的难易程度有关，也与作用物发生反应时受到空间障碍的影响有关，不同的催化剂对其影响程度也不同。研究表明，烯烃与芳烃在同一种催化剂上加氢反应速率的快慢排序由大到小依次为：

二烯烃＞烯烃＞芳烃

同时，含硫化合物、含氧化合物和含氮化合物也具有较快的反应速率。这一特性也是实现选择性催化加氢的主要依据。

③ 催化剂的选择性要强、反应活性要高、寿命要长。所谓选择性要强和活性要高是指催化剂对希望发生的反应具有好的催化作用，对于不希望发生的反应能够有效加以抑制。寿命要长要求应尽量避免催化剂失活，降低其更换频率，减少装置由于频繁停工所带来的经济损失。

LURGI法主要由两步加氢、预蒸馏和萃取精馏等工序组成，其工艺流程如图3-25所示。

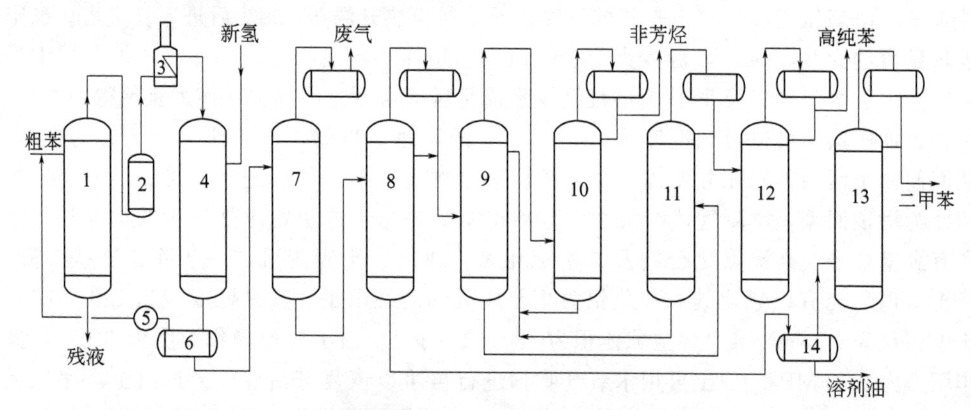

图 3-25 LURGI 加氢精制流程

1—多段蒸发器；2—预反应器；3—主反应器加热器；4—主反应器；5—循环气体压缩机；
6—高压分离器；7—稳定塔；8—预蒸馏塔；9—萃取精馏塔；10—溶剂回收塔；
11—汽提塔；12—BT 分离塔；13—二甲苯塔；14—二甲苯蒸馏釜

粗苯经过滤器、粗苯缓冲槽和原料泵被加压到 3.5MPa，与部分循环气体混合后被送入多段蒸发器顶部。来自循环气体压缩机的大量循环气体送入多段蒸发器的底部。粗苯中各种组分在多段蒸发器进行分离，三甲苯，茚满和萘等难挥发组分进入多段蒸发器底部，这些高沸点组分作为粗苯残油从塔底排出。粗苯蒸气与循环气体混合物从多段蒸发器顶部排出，经加热器加热达到 190℃进入预反应器，易聚合的不饱和化合物如双烯烃、苯乙烯、二硫化碳在高活性镍钼系催化剂作用下发生加氢反应。气体混合物从预反应器顶部流出，经主反应器加热炉被进一步加热到 320℃，气体混合物进入主反应器的顶部，由上向下流过钴钼系催化剂床层，在此发生脱硫、脱氮、脱氧、烯烃加氢饱和反应。催化剂床分为两层，补充氢气通过气体分配装置送到两层催化剂之间，补充氢气中存在的痕量氧气在第二层催化剂中被加氢生成水而除去。由于加氢反应为放热反应，在此加入冷氢气，还可以降低反应温度。主反应器排出的混合气体经冷却进入气液分离器，分离为气相和液相。气相作为循环气体经循环气体压缩机加压送回多段蒸发器，液相送入稳定塔。通过普通蒸馏除去溶于其中的硫化氢、甲烷和乙烷气体，分离出的气体排入废气系统，所得液相称为加氢油。

使用 *N*-甲酰吗啉作为溶剂从加氢油中制取高纯苯和硝化甲苯，首先将其中二甲苯及沸点高于二甲苯的组分分离出去。为此在预蒸馏塔将加氢油分离成含有苯、甲苯和非芳烃的 BT 馏分（即由苯、甲苯等组成的混合馏分）和二甲苯馏分。二甲苯馏分送入二甲苯蒸馏系统生产二甲苯和溶剂油。

BT 馏分送入萃取精馏塔，从塔顶按一定比例加入 *N*-甲酰吗啉，使链烷烃、环烷烃等非芳烃与芳烃分离。非芳烃和少量的芳烃、*N*-甲酰吗啉从萃取精馏塔顶排出，进入溶剂回收塔，把其中的 *N*-甲酰吗啉和芳烃回收下来，并作为溶剂回收塔底产品经塔底泵送入萃取精馏塔塔顶。从溶剂回收塔顶排出的非芳烃作为产品送入油库贮槽。从萃取精馏塔底排出的溶有芳烃的溶剂送入汽提塔进行解吸。为避免 *N*-甲酰吗啉受热分解，汽提塔是在一定真空度下操作的，汽提塔顶产品苯和甲苯送入 BT 分离塔即可得到高纯苯和硝化级甲苯。汽提塔底产品为 *N*-甲酰吗啉，通过塔底泵送入萃取精馏塔顶部循环使用。

赵炜等[57]发明了一种卤化法精制粗苯的方法。将粗苯蒸馏分割为沸点低于85℃的馏分和高于85℃的馏分两部分，低于85℃的馏分与共沸剂按馏分与共沸剂丙酮的体积比为100∶(6～18)进行混合，在精馏塔内进行蒸馏，将二硫化碳、环戊二烯、环己烷等烃类馏分与苯馏分分离，高于85℃的馏分在精馏塔内进行蒸馏，分离出甲苯馏分和二甲苯馏分。对苯馏分进行卤化反应，反应处理后进行油水分离，分离出苯馏分中的水和无机盐，分离出的苯在精馏塔内进行蒸馏，从塔顶采出精苯馏分，塔底采出含有苯和哆吩衍生物馏分。对甲苯馏分进行卤化反应，反应处理后进行油水分离，分离出甲苯馏分中的水和无机盐，分离出的甲苯在精馏塔内进行蒸馏，从塔顶采出精甲苯馏分，塔底采出含有甲苯和噻吩衍生物馏分。将苯和噻吩衍生物馏分、甲苯和哆吩衍生物馏分合并，于真空度－0.08MPa至－0.090MPa进行减压蒸馏，在塔顶温度为37～41℃时采出2-氯噻吩，在55～59℃时采出2-嗅噻吩，在77～80℃时采出2,5-二氯噻吩，在89～93℃时采出2,5-二嗅噻吩。

朱忠良[58]发明了一种焦化粗苯生产苯系芳烃的生产工艺。该工艺由原料初步分离、加氢精制、萃取蒸馏、精制芳烃和蒸馏二甲苯单元组成。加氢精制单元反应所需的补充氢由外界提供；重整油经预蒸馏，分出二甲苯及以上组分的重组分和含苯、甲苯和非芳烃的轻组分，前者送去精馏获得石油级混合二甲苯，后者用 *N*-甲酰吗啉萃取蒸馏，分离出非芳烃和含苯、甲苯的富溶剂，富溶剂再经精馏，分别获得石油级苯和硝化级甲苯，硝化级甲苯经 *N*-甲酰吗啉萃取蒸馏得到石油级甲苯；粗苯与其它烃油的混合油和氢气在装有加氢催化剂的反应器内发生加氢反应，反应条件依次为：温度285～370℃，氢气压力3～9MPa，液体空速5～6h^{-1}，氢油比(1500～1600)∶1，加氢催化剂可选用钼镍钨磷系催化剂、钼镍系催化剂或钼钴系催化剂。

金月昶等[59]发明了一种焦化粗苯加氢精制工艺。该工艺由原料预分离、加氢精制、预蒸馏、萃取蒸馏、芳烃精制和二甲苯蒸馏单元组成。反应所需的补充氢由外界提供；加氢精制中的反应部分采用三段加氢反应，二段加氢及三段加氢反应的温度分别为230～290℃及220～315℃。该发明采用的二、三段加氢反应温度，均大大低于现有工艺的反应温度，有效地减少了苯转化为环己烷和环己烷发生二次裂解反应，减少了芳烃化合物的损失，提高了芳烃的保有率，可达到99.6%以上；同时，由于反应部分采用三段加氢反应，延长了加氢反应过程，保证了含硫含氮有机化合物在更低的温度下，也能转化为无机硫、无机氮化合物，从而达到净化的目的，加氢精制后的产物中总硫、总氮含量均小于1$\mu g \cdot g^{-1}$。

3.4 酚类化合物的精制

3.4.1 酚类化合物的性质

3.4.1.1 酚类化合物的物理性质

酚类化合物是有机化学工业的基本原料之一，可用于合成纤维、塑料、农药、医药、染料、防腐剂、抗氧化剂以及炸药等诸多产品。作为焦油中提取的主要化工产品之一，酚类化合物根据其沸点的不同分为低级酚和高级酚。低级酚是指苯酚、甲酚和二甲酚，高级酚是指三甲酚、乙基酚、丙基酚、丁基酚、苯二酚、萘酚、菲酚和蒽酚等。也可按照酚类化合物是否能与水形成恒沸物并一起挥发而分为挥发酚和不挥发酚，酚、甲酚和二甲酚均属于挥发酚，二元酚和多元酚属于不挥发酚[60]。

一般来说，高温焦油中的酚类化合物含量波动较大，为1%～2.5%，其低级酚含量约占酚类化合物总量的60%以上；中低温焦油中的酚类化合物含量较高，普遍维持在30%左右，有时甚至可达40%～50%，且它的低级酚含量远远大于高温焦油。酚类化合物的组成和收率与配煤组成、性质以及炼焦操作条件有关[61]。炼焦温度越高，酚类收率越低，其中低级酚减少，高级酚增加。几种主要低级酚的物理性质见表3-7。

表3-7 几种主要低级酚的物理性质

性质	苯酚	邻甲酚	间甲酚	对甲酚
沸点/℃	181.80	191.00	202.23	201.94
熔点/℃	40.91	30.99	12.22	34.96
密度(25℃)/kg·m^{-3}	1.071	1.035	1.0302	1.054
动力黏度(50℃)/mPa·s	3.49	3.06	4.17	4.48
折射率 n_D^{50}	1.5372	1.5310	1.5271	1.5269
熔融热/kJ·mol^{-1}	11.44	15.83	10.71	12.72
气化热/kJ·mol^{-1}	49.76	45.22	47.43	47.58
燃烧热/kJ·mol^{-1}	3056	3696	3706	3701
闪点/℃	79.5	81.0	86.0	86.0
着火点/℃	595	555	555	555
临界温度/℃	421.1	424.4	432.6	431.4
临界压力/MPa	6.13	5.01	4.56	5.15
临界密度/kg·m^{-3}	401.0	384.2	346.1	391.4

酚类化合物在焦油及各馏分中的分布情况见表3-8。

表3-8 酚类在焦油及各馏分中的分布（质量分数） %

名称	苯酚	邻甲酚	间甲酚	对甲酚	二甲酚	高级酚
焦油	12.37	13.50	8.53	8.60	16.62	40.38
轻油	76.40	17.70	3.60	2.40	—	—
酚油	44.00	15.00	20.00	10.00	11.00	—
萘油	5.50	13.20	24.80	17.50	26.00	13.00
洗油	4.00	6.80	9.00	5.20	21.00	54.00
蒽油	—	—	—	—	10.00	90.00

由上表可知，大量的低级酚存在于轻油、酚油和萘油中，虽然洗油含有的高级酚提取价值较小，但是为了得到优质洗油，防止洗油在洗苯时因酚类化合物含量过高而导致乳化、变质，必须将洗油中的酚类化合物也一并提取出来[62]。

酚类化合物与水部分互溶，其溶解度随温度的升高而增加，随相对分子质量的增大而减小。酚类化合物具有臭味，有毒，对皮肤有强烈的腐蚀作用。

焦油中部分酚类化合物的产品性质见表 3-9。

表 3-9　焦油中部分酚类化合物的产品性质

名称	结构	沸点/℃	熔点/℃	名称	结构	沸点/℃	熔点/℃
苯酚	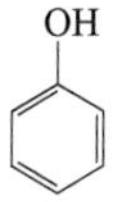 OH	181.80	40.91	3,4-二甲酚	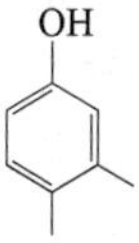 OH	226.91	65.28
邻甲酚	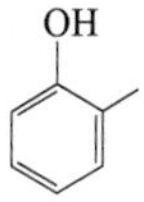 OH	191.00	30.99	3,5-二甲酚	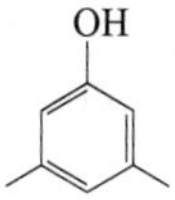 OH	221.73	64.22
间甲酚	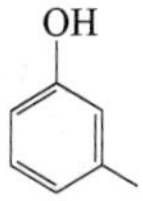 OH	202.23	12.22	2,3,5-三甲酚	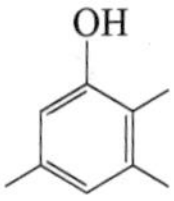 OH	235.30	96.27
对甲酚	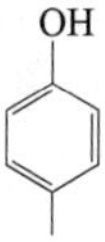 OH	201.94	34.96	2,4,6-三甲酚	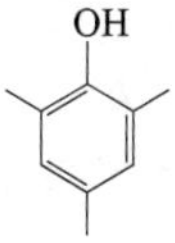 OH	220.64	72.15
2,3-二甲酚	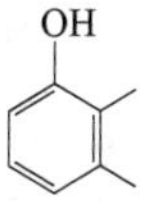 OH	217.12	75.13	3,4,6-三甲酚	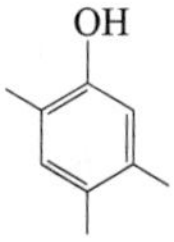 OH	235.25	73.20
2,4-二甲酚	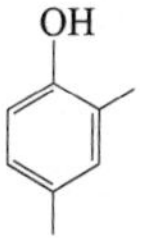 OH	211.30	24.26	α-萘酚	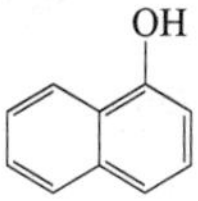 OH	288.41	96.43
2,5-二甲酚	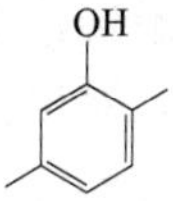 OH	211.54	75.42	β-萘酚	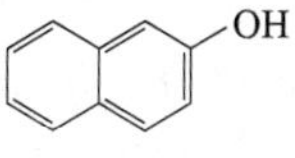 OH	296.38	12.31
2,6-二甲酚	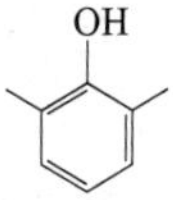 OH	200.62	48.39				

3.4.1.2　酚类化合物的化学性质

（1）酸性　在 p-π 共轭效应的作用下，酚类化合物上的羟基氢容易以 H^+ 形式解离，它们能与氢氧化钠等强碱作用而生成酚盐。

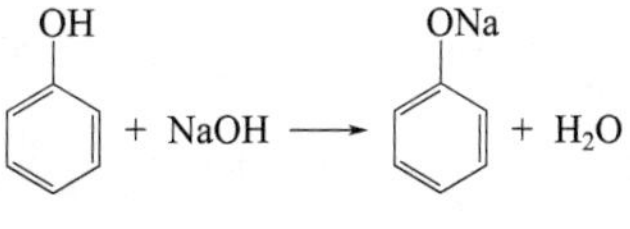

OH　　　　　　　　ONa

$+ NaOH \longrightarrow + H_2O$

酚类化合物的酸性极弱，如苯酚的 $pK_a=9.96$，比醇的酸性略强，但比碳酸的酸性 $pK_a=6.37$ 要弱得多，因此，在苯酚钠溶液中通入二氧化碳，苯酚即游离出来。

$$C_6H_5ONa + CO_2 + H_2O \longrightarrow C_6H_5OH + NaHCO_3$$

由于酚盐具有离子键结构，易溶于水，故酚类化合物易溶于氢氧化钠的水溶液中。此性质可用于酚类化合物的分离与提纯。

(2) 酯化反应　酚类化合物可以同酸、酰氯和酸酐反应生成酯。由于酚类化合物同酸反应较困难，所以一般用酰氯和酸酐与其进行反应。

$$C_6H_5OH + C_6H_5COCl \xrightarrow{NaOH} C_6H_5COOC_6H_5 + HCl$$

$$NO_2-C_6H_4-OH + (CH_3CO)_2O \xrightarrow{CH_3COONa} NO_2-C_6H_4-OCOCH_3 + CH_3COOH$$

(3) 成醚反应　酚类化合物在碱性溶液中同卤代烃（或硫酸酯）反应生成醚，译法称做 Williamson 合成法。在碱性溶液中，酚类化合物以酚盐负离子形式（ArO^-）存在，它作为一个亲核试剂同卤代烃（或硫酸酯）反应。

$$C_6H_5OH + CH_3I \xrightarrow{NaOH} C_6H_5OCH_3 + HI$$

$$C_6H_5OH + C_6H_5Br \xrightarrow{NaOH} C_6H_5-O-C_6H_5 + HBr$$

工业上用 2,4-二氯苯酚与对硝基氯苯反应合成除草醚：

$$Cl-C_6H_3(Cl)-OH + NO_2-C_6H_4-Cl \xrightarrow{NaOH} Cl-C_6H_3(Cl)-O-C_6H_4-NO_2 + HCl$$

(4) 颜色反应　酚类化合物可与氯化铁发生颜色反应，生成酚铁络离子。不同的酚类化合物与氯化铁反应产生不同的颜色，例如，苯酚呈蓝紫色，对甲酚呈蓝色，邻苯二酚和对苯二酚呈深绿色，间苯三酚呈淡棕红色等。除酚类化合物外，凡分子中具有烯醇式结构的化合物和非酚性的芳胺等都能与氯化铁发生颜色反应。这个颜色反应常用来鉴别酚类或具有烯醇式结构的化合物。

(5) 取代反应　羟基使芳香环的邻位和对位活化，所以苯酚比苯更容易发生各种亲电取代反应。

对于卤代反应来说，苯酚与溴水作用，立即生成 2,4,6-三溴苯酚的白色沉淀。

$$C_6H_5OH + Br_2 \longrightarrow 2,4,6\text{-}Br_3C_6H_2OH + HBr$$

由于此反应极为灵敏，故常用它来定性和定量测定苯酚。

对于硝化反应来说，在室温下，苯酚可被稀硝酸硝化，生成邻硝基苯酚和对硝基苯酚。

$$C_6H_5OH + HNO_3 \longrightarrow o\text{-}C_6H_4(OH)NO_2 + p\text{-}C_6H_4(OH)NO_2 + H_2O$$

在酚类化合物羟基的邻、对位上连有硝基这样的吸电子基团时，在苯环上取代的硝基越多，酚类化合物的酸性越强，如2,4,6-三硝基苯酚（俗称苦味酸）的酸性不但比苯酚强得多，而且近于强无机酸的酸性，其 $pK_a=2.30$；若在酚类化合物羟基的邻、对位上连有供电子基团时，可降低其酸性，如邻甲酚的酸性比苯酚就弱得多。

对于磺化反应来说，在室温下磺化生成邻羟基苯磺酸，如果将温度慢慢升高到100℃时，生成的邻羟基苯磺酸就转变成了对羟基苯磺酸。

$$C_6H_5OH + H_2SO_4 \xrightarrow{\text{室温}} o\text{-}C_6H_4(OH)SO_3H + H_2O$$

$$C_6H_5OH + H_2SO_4 \xrightarrow{100^\circ C} p\text{-}C_6H_4(OH)SO_3H + H_2O$$

（6）氧化反应　酚类化合物极容易氧化生成醌类化合物，例如，苯酚在空气中就能被氧化，其产物就是对苯醌。

$$C_6H_5OH + O_2 \longrightarrow p\text{-}C_6H_4O_2 + H_2O$$

邻苯二酚可被氧化生成邻苯醌。

$$o\text{-}C_6H_4(OH)_2 + Ag_2O \longrightarrow o\text{-}C_6H_4O_2 + H_2O + Ag$$

苯环上羟基越多越容易被氧化，例如，1,2,3-苯三酚（焦没食子酸）很容易吸收氧气，故常把它用于气体混合物中氧的定量分析。

3.4.2　酚类化合物的用途和市场

酚类化合物大多具有杀菌能力，例如，甲酚与肥皂溶液的混合物俗称为来苏儿，是医院内常用的消毒剂，这个特性与它的酸性及表面活性有关。同时，一些酚类化合物还可用于食物、木材等的防腐，苯酚、甲酚的混合物和五氯苯酚都是良好的木材防腐剂，而后者的钠盐还能杀灭血吸虫疫区的钉螺。所谓苯酚系数是指一种杀菌剂的杀菌效力与苯酚的杀菌效力之比，它被视为衡量各种杀虫剂效果好坏的标准，该值越大，杀虫剂的杀菌能力越强[63]。

随着酚类化合物及其下游产品的发展，国内外近年来对它的需求量正在逐年增加。据统计，2013 年全国苯酚总需求量约 143 万吨，2014 年总需求量已达到 168.2 万吨。邻甲酚国内十分紧缺，所需大部分依赖进口，2014 年进口量为 2.4 万吨，我国邻甲酚的生产企业有上海焦化有限公司、马钢焦化厂、南京梅山焦化厂等，但由于它们的规模小、工艺落后，产品质量差，远远不能满足国内的需要，目前国内邻甲酚年消费量为 7 万～8 万吨。

间甲酚是合成农药、染料、橡胶塑料抗氧剂、医药感光材料、维生素 E 及香料等产品的重要精细化工中间体。近年来，我国对间甲酚的需求量始终以年均 8%～10%的增幅快速攀升，而目前国内间甲酚产量早已无法满足市场需求，每年需求进口相当数量，因此，间甲酚是我国亟待发展的并具有广阔应用前景的精细化工中间体之一。2014 年我国的间甲酚进口数量为 2.6 万吨，但当年全国各行业间甲酚的需求量在 8.4 万吨以上，目前我国间甲酚规模化装置仅存在于中国石油化工集团公司燕山石化公司，生产能力仅为 1.2 万吨。混二甲酚可用作溶剂、消毒剂、纺织助剂以及制取酚醛树脂和增塑剂等，2014 年产量为 1.5 万吨，基本全部出口。

3.4.3 酚类化合物的生产

3.4.3.1 碱洗脱酚

当使用质量分数为 10%～15%的氢氧化钠溶液对含酚馏分进行洗涤时，酚类化合物可与碱反应生成酚钠和水，其反应如下：

$$\text{(OH)} + NaOH \longrightarrow \text{(ONa)} + H_2O$$

利用酸性物分解中性酚钠，所用的酸性物有硫酸和二氧化碳，其反应如下：

$$\text{(ONa)} + H_2SO_4 \longrightarrow \text{(OH)} + Na_2SO_4$$

$$\text{(ONa)} + CO_2 + H_2O \xrightarrow{CO_2\text{不足}} \text{(OH)} + Na_2CO_3$$

$$\text{(ONa)} + CO_2 + H_2O \xrightarrow{CO_2\text{过量}} \text{(OH)} + NaHCO_3$$

将碳酸钠用石灰乳苛化后得到氢氧化钠，分离除去碳酸钙沉淀后回收氢氧化钠溶液，再用于脱酚，从而形成氢氧化钠的闭路循环，其回收率为 75%左右。

在实际生产中，碱洗脱酚主要由碱液洗涤、酚钠精制和酚钠分解等工序组成。

(1) 碱液洗涤　尽管将 1kg 粗酚加工成中性酚钠在理论上只需大约 0.36kg 纯氢氧

化钠，但实际上最终消耗高达0.4kg，这是因为在碱液洗涤过程中，若馏分中同时存在盐基和酚类化合物，则它们极易生成分子化合物，对碱洗不利。对于碱洗得到的中性酚钠来说，其游离碱小于1.5%，含酚20%～25%。

(2) 酚钠精制　碱液洗涤得到的中性酚钠含有1%～3%的中性油、萘和吡啶碱等杂质，在用酸性物分解前必须除去，以免影响粗酚精制产品质量。酚钠精制国内外广泛采用的工艺有蒸吹法和轻油洗净法两种。

蒸吹法流程如图3-26所示。

中性酚钠与蒸吹柱顶逸出的103～108℃的油水混合气换热至90～95℃进入酚钠蒸吹釜。釜内用蒸汽间接加热至105～110℃，同时用蒸汽直接蒸吹，吹出的油气和水气经冷凝冷却后入油水分离。分离出的油送入脱酚酚油中，分离水含酚7～12g·L^{-1}，送往污水处理设备。精制酚钠的中性油含量小于0.05%，含酚26%～28%。

轻油洗净法流程如图3-27所示。

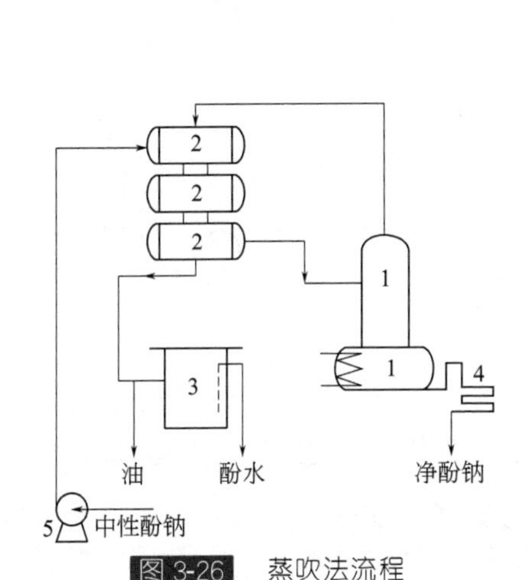

图3-26　蒸吹法流程

1—酚钠蒸吹釜及蒸吹柱；2—冷凝冷却器和油气换热器；3—油水分离器；4—酚钠冷却器；5—泵

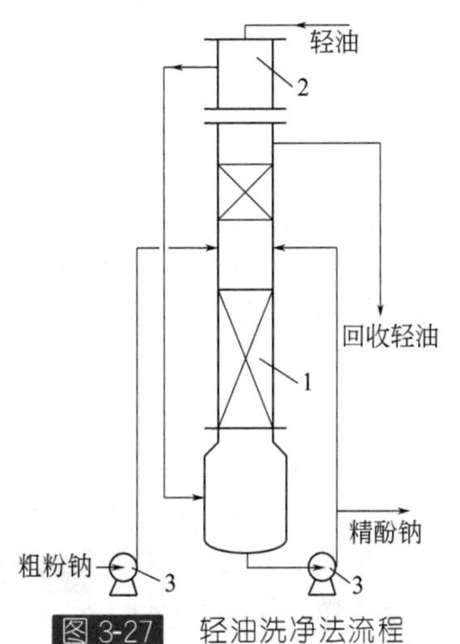

图3-27　轻油洗净法流程

1—轻油洗净塔；2—高位槽；3—泵

轻油采用粗苯馏分，轻油由高位槽流入填料塔，并从塔顶溢流排出。粗酚钠用泵打入塔顶，在塔内与轻油充分接触而洗净，洗净的精制酚钠盐溶液从塔底经调节器排出，一部分向塔顶循环。

(3) 酚钠分解　酚钠分解工艺主要包括硫酸分解法和二氧化碳分解法，硫酸分解法流程如图3-28所示。

将净酚钠和质量分数为60%的稀硫酸，同时送入喷射混合器，再经管道混合器进入1#分离槽，反应得到的粗酚从槽上部排出，底部排出硫酸钠溶液。为洗去粗酚中的游离酸，将粗酚与加入占粗酚量30%的水经管道混合器进入2#分离槽，含酚0.4%的分离水从槽上部排出，粗酚从槽底经液位调节器排入粗酚贮槽。水洗后粗酚中含硫酸钠10～20 mg·kg^{-1}。

二氧化碳分解法流程如图3-29所示。

烟道气经除尘后进入直接冷却器，冷却至40℃，由鼓风机送入酚钠分解塔的上段、

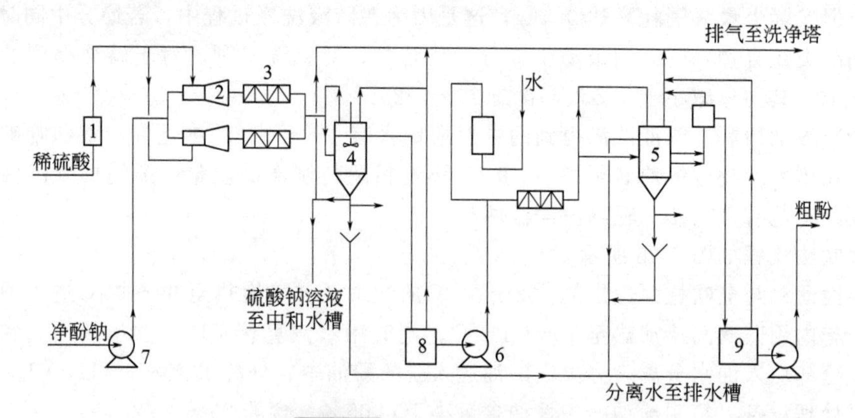

图3-28 硫酸分解法流程

1—稀酸泵；2—喷射混合器；3—管道混合器；4—1#分离槽；5—2#分离槽；6—粗酚泵；7—净酚钠泵；8—粗酚中间槽；9—粗酚贮槽

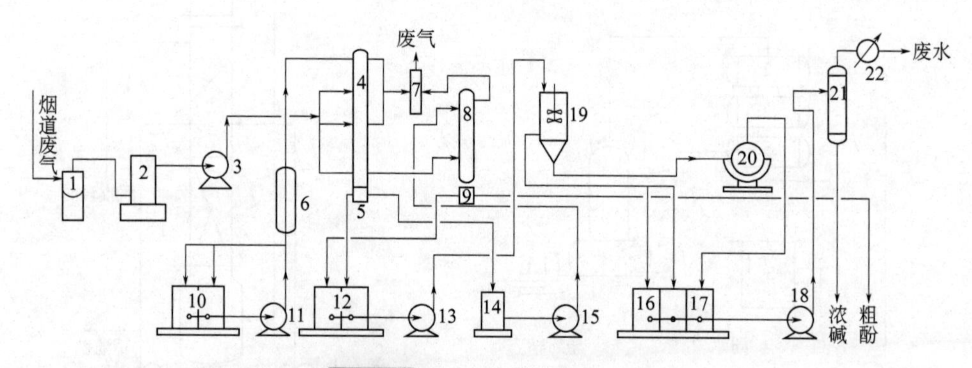

图3-29 二氧化碳分解法流程

1—除尘器；2—直接冷却器；3—罗茨鼓风机；4—酚钠分解塔；5,9—分离器；6—套管加热器；7—酚液捕集器；8—酸化塔；10—酚钠贮槽；11,15—齿轮泵；12—碳酸钠溶液槽；13,18—离心泵；14—粗酚中间槽；16—氢氧化钠溶液槽；17—稀碱槽；19—苛化器；20—真空过滤器；21—蒸发器；22—冷凝器

下段和酸化塔的下段。酚钠溶液经套管加热器加热至40～50℃，送到分解塔顶部，同上升的烟道气逆流接触，然后流入分解塔下段，再次同烟道气逆流接触进行分解，分解率可达99%。粗酚和碳酸钠混合液流入塔底分离器，粗酚从上部排出，碳酸钠从底部排出。粗酚初次产品中含有少量未分解的酚钠，再送到酸化塔顶部进行第三次分解，分解率可达99%。分解塔和酸化塔排出的废气，经酚液捕集器后放散。碳酸钠溶液装入苛化器，加入石灰搅拌，并以蒸汽间接加热至101～103℃，直至溶液中碳酸钠含量低于1.5%后静置分层。氢氧化钠溶液放入接受槽，槽底的碳酸钙沉淀放入真空过滤机过滤，并用水洗涤冲洗滤饼，滤饼干燥即为碳酸钙产品。过滤得到含碱4%～5%的滤液，同氢氧化钠溶液一起送往蒸发器浓缩，得到含量为10%的氢氧化钠溶液。

3.4.3.2 粗酚精制

粗酚精制是指利用不同酚类化合物间的沸点差异，采用精馏方法加工以获得高纯度酚类产品的工艺。粗酚的组成及含量见表 3-10。

表 3-10　粗酚的组成及含量

名称	质量分数/%	名称	质量分数/%
苯酚	38.6	2,5-二甲酚	3.7
邻甲酚	8.8	2,6-二甲酚	1.2
间甲酚	12.4	3,4-二甲酚	0.4
对甲酚	19.1	3,5-二甲酚	0.8
乙基酚	0.3	2,3,5-三甲酚	0.1
2,3-二甲酚	0.5	2,4,6-三甲酚	0.2
2,4-二甲酚	1.6	其它	12.3

粗酚的行业质量标准见表 3-11（YB/T 5079-2012）[64]。

表 3-11　我国粗酚质量指标　　　　%（pH 除外）

项目	指标
酚及同系物含量(按无水计算)	≥83
210℃前馏出量(体积分数)	≥60
230℃前馏出量(体积分数)	≥85
中性油含量(质量分数)	≤0.8
吡啶碱含量(质量分数)	≤0.5
灼烧残渣含量(按无水计算)	≤0.4
水分(质量分数)	≤10
pH 值	5～6

注：酚及同系物含量的测定按 GB/T 24200《粗酚中酚及同系物含量的测定方法》进行；馏程的测定按 GB/T 2282《焦化轻油类产品馏程的测定》进行；中性油含量及吡啶碱含量的测定按 GB/T 3711《酚类产品中性油及吡啶碱含量测定方法》进行；灼烧残渣含量的测定按 YB/T 5082《粗酚灼烧残渣测定方法》进行；水分的测定按 GB/T 2288《焦化产品水分测定方法》进行；pH 值的测定按 YB/T 5079《粗酚》进行。

粗酚精制工艺流程有减压间歇精馏法和减压连续精馏法。

(1) 减压间歇精馏法　减压间歇精馏法主要包括脱水、脱渣和精馏等工序。

脱水和脱渣的目的是为了缩短精馏时间和避免高沸点树脂状物质热聚合，其工艺流程如图 3-30 所示。

粗酚在脱水釜内，用蒸汽间接加热脱水，脱出的酚水和少量轻馏分经冷凝冷却和油水分离后，轻馏分送回粗酚中，含酚 3%～4%的酚水用于配制脱酚用碱液。当脱水填料柱温度达到 140～150℃时，脱水结束。如不脱渣即停止加热，釜内粗酚作为精馏原料。如需脱渣，则在脱水后启动真空系统，当釜顶真空度达 70kPa 和釜顶上升管温度达到 165～170℃时，脱渣结束。馏出的全馏分作为精馏原料。

减压间歇精馏法的精馏流程如图 3-31 所示。

脱水粗酚或全馏分的间歇精馏在减压下进行。蒸馏釜热源为中压蒸汽或高温热载体，间接加热，先蒸出残余的水分，然后按所选择的操作制度切取不同的馏分。由真空泵抽出的气体通过真空捕集器内的碱液层，脱除酚后经真空罐排入大气。

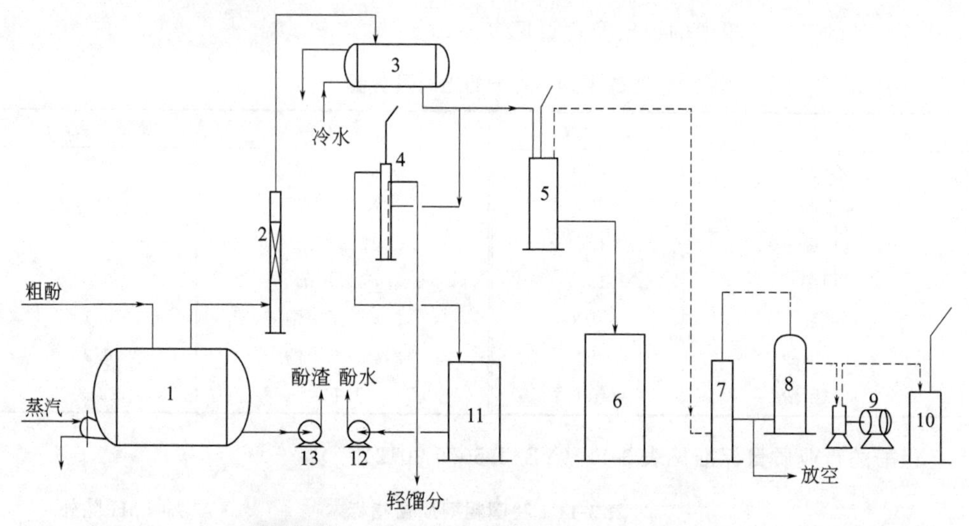

图 3-30 减压间歇精馏法的脱水、脱渣流程

1—脱水釜；2—脱水填料柱；3—冷凝冷却器；4—油水分离器；5—馏分接受槽；6—全馏分贮槽；7—真空捕集器；8—真空罐；9—真空泵；10—真空排气罐；11—酚水槽；12—酚水泵；13—酚渣泵

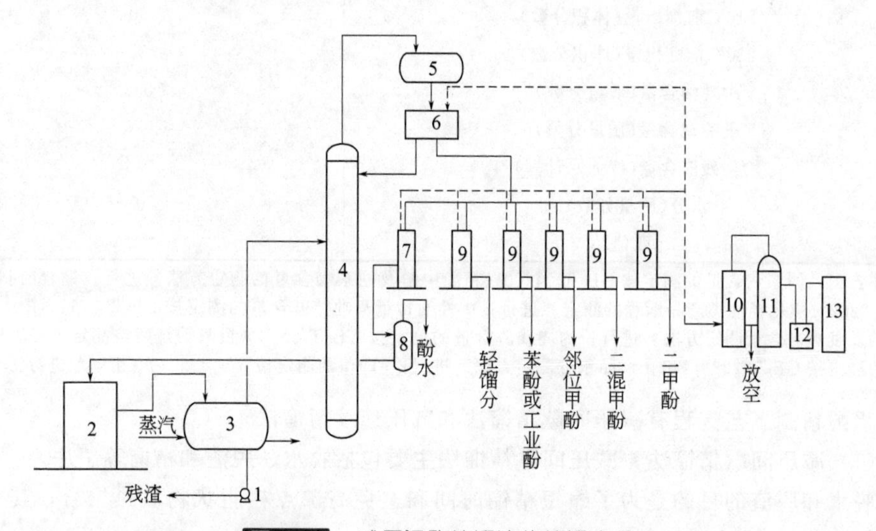

图 3-31 减压间歇精馏法的精馏流程

1—抽渣泵；2—脱水粗酚槽；3—蒸馏釜；4—精馏塔；5—冷凝冷却器；6—回流分配器；7—酚水接受槽；8—油水分离器；9—馏分接受槽；10—真空捕集罐；11—真空罐；12—真空泵；13—真空排气罐

(2) 减压连续精馏法　减压连续精馏法流程如图 3-32 所示。

粗酚经预热器预热到 55℃ 进入脱水塔。脱水塔顶压力为 29.3kPa，温度为 68℃，塔底由重沸器供热，温度为 141℃。脱水塔顶逸出的水汽经凝缩器冷凝成酚水流入回流槽，部分作为回流进入脱水塔顶，多余部分经隔板溢流入液封罐排出。脱水粗酚从塔底送入初馏塔，在初馏塔中分馏为甲酚以前的轻馏分和二甲酚以后的重馏分。初馏塔顶压力为 10.6kPa，温度为 124℃，塔底压力为 23.3kPa，温度为 178℃。从初馏塔顶逸出的轻馏分蒸气经凝缩器进入回流槽，部分作为回流进入初馏塔顶，其余经液封槽

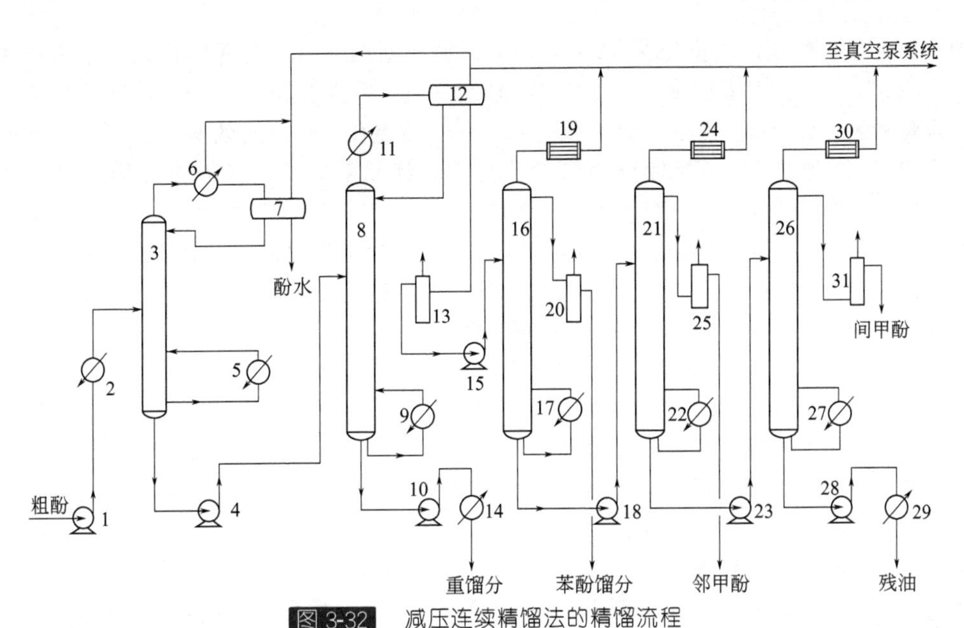

图3-32　减压连续精馏法的精馏流程

1—粗酚泵；2—预热器；3—脱水塔；4—初馏塔进料泵；5,9,17,22,27—重沸器；6,11—凝缩器；7,12—回流槽；8—初馏塔；10—初馏塔底泵；13,20,25,31—液封泵；14,29—冷凝器；15—苯酚馏分塔进料泵；16—苯酚馏分塔；18—邻甲酚塔进料泵；19,24,30—塔顶凝缩器；21—邻甲酚塔；23—间甲酚塔进料泵；26—间甲酚塔；28—残油泵

送入苯酚馏分塔。在苯酚馏分塔中将轻馏分分馏为苯酚馏分和甲酚馏分。苯酚馏分塔顶压力为10.6kPa，温度为115℃，塔底压力为43.9kPa，温度为170℃。从苯酚馏分塔顶逸出的苯酚馏分蒸气经凝缩器进入回流槽，部分回流，另一部分经液封罐流入接受槽。甲酚馏分一部分经重沸器循环供热，一部分从塔底送入邻甲酚塔。邻甲酚塔顶压力为10.6kPa，温度为122℃，塔底压力为33.3kPa，温度为167℃。邻甲酚塔顶采出邻甲酚产品，塔底残油送入间甲酚塔精馏。间甲酚塔顶压力为10.6kPa，温度为135℃，塔底压力为30.6kPa，温度为169℃。间甲酚塔顶采出间甲酚产品，塔底排出残油。各塔内热源均采用蒸汽加热，通过重沸器循环向塔内供热。

初馏塔底得到的重馏分和间甲酚塔底的残油，其组分主要是二甲酚以后的高沸点酚，可以通过减压间歇精馏装置生产二甲酚。

庞昆等[65]发明了一种焦油中酚类化合物及含氮化合物的分离方法。首先，将络合分离剂加入焦油中，与焦油中的酚类化合物及含氮化合物发生络合分离反应，得到上层的油相及下层的络合相；然后，加热络合相以选择性分离含氮化合物，蒸发出富含氮化合物的油相，余下的含络合分离剂和酚类化合物的络合相；最后，将上述得到的含络合分离剂和酚类化合物的络合相中加入有机溶剂反萃酚类化合物，析出可再生的络合分离剂以及含酚的有机溶液。值得注意的是，过程中使用的络合分离剂经干燥后可循环使用，再生方法为将含酚的有机溶液经精馏分离得到酚类化合物和可再生的有机溶剂。该方法具有工艺简单、对环境友好、不产生含酚废水、快速同步脱除酚类化合和含氮化合物、除脱效果好等优点。

该方法的实施实例中列举了具体的方案。10℃下，将络合分离剂（氯化锌∶磷酸钾：甜菜碱盐酸盐，质量比为 12∶4∶100）加入到焦油（来自武钢焦化厂，馏程为 170～230℃）中，两者质量比为 1∶10，搅拌 50min 后静置 8min，测定分离后焦油的酚含量和氮含量，酚类化合物分离效率 81.2%，含氮化合物分离效率 71.1%。得到的络合物 200℃加热 1h 选择性分离含氮化合物，经元素分析，含氮化合物分离效率 82.7%。分离完含氮化合物后的络合物加入 300g 有机溶剂三氯甲烷，40℃下搅拌 20min 后静置 10min，布袋过滤器回收络合分离剂。以上过程重复 5 个循环后络合分离剂的回收率大于 99%。与工业方法相比，该方法避免了酸碱溶液的使用，避免了大量含酚废水的产生，而且络合分离剂可以循环使用。

赵渊等[66]公开了一种从煤液化油或焦油中提取酚类化合物的方法。蒸馏处理煤液化油或焦油，切取<260℃的全部或部分酚油馏分段，对于煤液化油来说主要是常压蒸馏，而对于焦油来说，首先需脱除水分，然后再如上述一样切取馏分；将醇水溶液或是醇胺水溶液作为萃取剂，与上述酚油馏分段以（1∶1）～（10∶1）质量比例混合，在 20～130℃下充分搅拌，混合后分层；分离并收集含有酚类化合物的萃取剂层；对萃取剂层中的酚类化合物进行多级反萃提取，得到反萃剂-酚溶液和萃取剂，萃取剂循环利用；通过精馏分离上述反萃剂-酚溶液，回收反萃剂、循环利用，并分离得到粗酚；水蒸气提除去酚类化合物中夹带的中性油，最终取得粗酚产品。该方法避免了酸和碱的使用，不影响后续加工过程，且保证了较高的酚类提取率和纯度。

以下用实施例进一步说明使用该发明从低温焦油中提取酚类化合物。

原料取自陕西省某煤化工企业低阶煤热解产物低温焦油，经测定水含量约为 12%，常压蒸馏切取馏分 175～210℃，此馏分段约占整体原料的 21%。测得其中含酚类化合物达到 85%以上。对此馏分段进行气相色谱定量分析，结果见表 3-12。

表 3-12 低温焦油中酚类化合物分析结果

序号	酚类化合物	质量百分数/%	序号	酚类化合物	质量百分数/%
1	苯酚	31.21	12	3,4-二甲酚	0.99
2	邻甲酚	2.26	13	2-丙基酚	0.06
3	间甲酚	16.32	14	4-异丙基酚	0.05
4	对甲酚	17.65	15	2,4,6-三甲酚	0.66
5	邻乙酚	2.25	16	4-丙基酚	0.26
6	2,5-二甲酚	3.23	17	2,3,5-三甲酚	0.16
7	间乙酚	0.12	18	2,3,6-三甲酚	0.98
8	2,4-二甲酚	7.25	19	3,4,5-三甲酚	1.45
9	对乙酚	0.25	20	1-萘酚	0.00
10	2,6-二甲酚	0.78	21	2-萘酚	0.00
11	2,3-二甲酚	1.16	22	其它	12.91

吴卫泽等[67]公开了一种从焦油、煤液化油和其它油和酚的混合物（由芳香烃，直链烷烃或其混合物与酚类化合物组成）中，以咪唑类离子液体为分离剂萃取分离油中酚类化合物的方法。该方法避免了大量酸、碱溶液的使用，避免了含酚废水的产生，可实现分离剂重复使用，且分离效率几乎没有下降，有效降低了生产成本，具有很高

的分离效率。

张存社等[68]公开了一种连续精馏分离中低温焦油粗酚的方法。该方法包括脱轻组分单元、苯酚邻甲酚单元、间对甲酚单元、二甲酚单元、三甲酚单元、脱色单元和真空系统，它以抽提中低温焦油所得粗酚为原料，经过六塔连续精馏，有效进行除杂、分离，得到纯度 99.5%以上的苯酚和邻甲酚、含量大于 99%以上的 2，6-二甲基苯酚、4-甲基苯酚、3-甲基苯酚和 2-乙基苯酚的混酚产品及含量大于 96%以上的 2，4-二甲基苯酚、2，5-二甲基苯酚、4-甲基-2-乙基苯酚和 6-甲基-2-乙基苯酚的混酚产品等。此发明针对中低温焦油粗酚组成特点，获得分离酚产品的优化工艺及参数，整个工艺流程合理、过程连续，具有能耗低、产品质量高及稳定性好、生产成本低等特点，是一种高效可行的中低温焦油粗酚连续精馏分离工艺。

连续精馏分离中低温焦油粗酚流程如图 3-33 所示。

该专利的实施例进一步说明了该方法的应用结果：以处理某半焦企业中低温焦油所得粗酚为原料液（组分大致为苯酚 5.2%、邻甲酚 6.7%、间甲酚 12.3%、对甲酚 6.3%、二甲酚 22.1%、乙基酚 13.5%、三甲酚 7.3%、重酚 22.0%），粗酚原料经过预处理后进入精馏塔，依次分离得到各目标组分。原料粗酚由进料泵输送到脱轻组分塔，塔顶采出苯酚和邻甲酚的混合酚，塔顶蒸气进入冷凝器，未冷凝蒸气进入捕集器冷凝，脱轻组分塔操作条件为：塔顶压力为 5kPa，回流比为 8，温度为 104.5℃，塔底压力为 15kPa，温度为 147.6℃；塔顶苯酚和邻甲酚由泵送入苯酚邻甲酚塔，塔顶采出苯酚产品，塔底采出邻甲酚产品，分别经冷却器冷却后进入产品罐，苯酚邻甲酚塔操作条件为：塔顶压力为 5kPa，回流比为 9，温度为 96.2℃，塔底压力为 15kPa，温度为 127.2℃，苯酚的质量分数达到 99.5%，收率达到 96%以上，邻甲酚的质量分数达到 99.5%以上，收率达到 96%以上；脱轻组分塔塔底出料由进料泵送到间对甲酚塔，塔顶主要采出间甲酚、对甲酚、邻乙基酚和 2,6-二甲酚，塔底出料由出料泵送入二甲酚塔，间对甲酚塔操作条件为：塔顶压力为 5kPa，回流比为 6.5，温度为 117.3℃，塔底压力为 15kPa，温度为 164.7℃，塔顶混合酚含量达到 98.0%以上，收率达 98.0%以上；二甲酚塔操作条件为：塔顶压力为 5kPa，回流比为 10，温度为 115.8℃，塔底压力为 15kPa，温度为 159.6℃；塔顶采出 2，4-二甲酚和 2，5-二甲酚及邻近沸点混酚，含量达到 96.0%以上，收率达 99.0%以上，塔底出料由出料泵送入三甲酚塔，三甲酚塔操作条件为：塔顶压力为 5kPa，回流比为 1.2，温度为 136.0℃，塔底压力为 12kPa，温度为 184.8℃；塔顶主要采出间乙基酚、对乙基酚、2，3-二甲酚等混酚，混酚含量达 95%以上，脱色塔操作条件为：塔顶压力为 5kPa，回流比为 0.5，温度为 153.7℃，塔底压力为 12kPa，温度为 262.0℃，塔顶主要采出高沸点酚，塔底为釜残。

3.5 吡啶的精制

3.5.1 吡啶的性质

3.5.1.1 吡啶的物理性质

吡啶是含有一个氮杂原子的六元杂环化合物，其分子式为 C_5H_5N，即苯分子中的

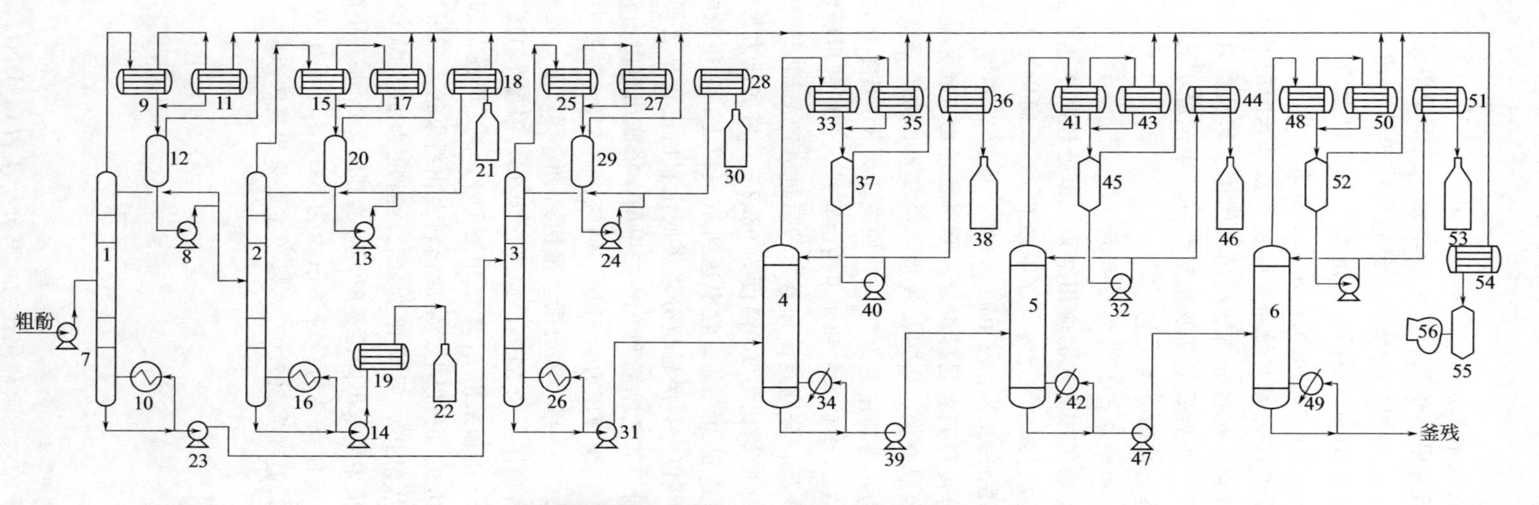

图3-33 连续精馏分离中低温焦油粗酚流程

1—脱轻组分塔；2—苯酚邻甲酚塔；3—间对甲酚塔；4—二甲酚塔；5—三甲酚塔；6—脱色塔；7,23,31,39,47—进料泵；8—回流泵；9,15,25,33,41,48—顶冷凝器；10,16,26,34,42,49—底再沸器；11,17,27,35,43,50—顶捕集器；12,20,29,37,45,52—回流罐；13,24,32,40—顶出料泵；14—底出料泵；18,28,36,44,51—顶冷却器；19—底冷却器；21,30,38,46,53—顶产品罐；22—底产品罐；54—真空冷凝器；55—真空缓冲罐；56—真空泵

一个—CH═被氮取代而生成的化合物，故又称氮苯。相对分子质量 79.1，熔点 −41.6℃，沸点 115.3℃，密度 983.1kg·m^{-3}，闪点（闭口杯法）17℃，自燃点 482℃，爆炸上限 12.4%，爆炸下限 1.7%，溶于水、醇、醚等多数有机溶剂。吡啶可与水形成共沸混合物，沸点 94.4℃，此性质常被用来纯化吡啶。

从焦油中提取的吡啶类物质主要包括甲基吡啶、二甲基吡啶和三甲基吡啶，其均为具有特殊气味的无色液体，它们在焦油中的质量分数为 0.2%～0.3%，提取吡啶及其衍生物的原料是精馏切取的相应的吡啶馏分[69]。

吡啶及其衍生物的物理性质见表 3-13。

表 3-13 吡啶及其衍生物的主要物理性质

名称	结构	分子式	相对分子质量	熔点/℃	沸点/℃	密度/kg·m^{-3}
吡啶	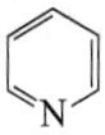	C_5H_5N	79.1	−41.6	115.3	983.1
2-甲基吡啶	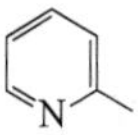	C_6H_7N	93.1	−66.6	129.4	944.3
3-甲基吡啶	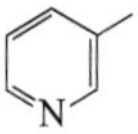	C_6H_7N	93.1	−17.7	144.0	956.5
4-甲基吡啶	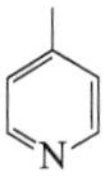	C_6H_7N	93.1	−4.3	145.3	954.8
2,3 二甲基吡啶	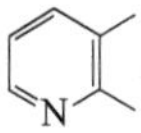	C_7H_9N	107.2	−22.5	162.5	945.0
2,4-二甲基吡啶	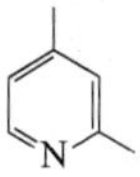	C_7H_9N	107.2	−7.0	158.5	949.3
2,5-二甲基吡啶	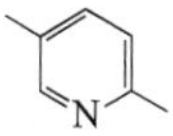	C_7H_9N	107.2	−15.9	157.2	942.8
2,6-二甲基吡啶	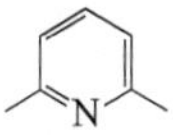	C_7H_9N	107.2	−5.9	144.0	922.6
3,4-二甲基吡啶	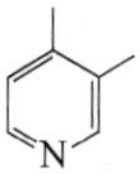	C_7H_9N	107.2	−12.0	178.9	953.7
3,5-二甲基吡啶	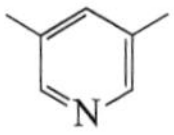	C_7H_9N	107.2	−5.9	171.6	938.5
2,3,4-三甲基吡啶	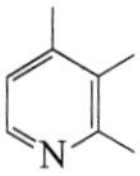	$C_8H_{11}N$	121.2	−7.6	186.3	956.6

续表

名称	结构	分子式	相对分子质量	熔点/℃	沸点/℃	密度/kg·m^{-3}
2,3,6-三甲基吡啶	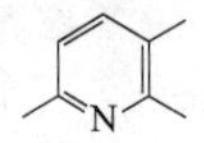	$C_8H_{11}N$	121.2	−11.5	173.0	917.0
2,4,6-三甲基吡啶	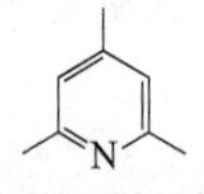	$C_8H_{11}N$	121.2	−46.0	170.5	919.1

3.5.1.2 吡啶的化学性质

（1）碱性　由于吡啶环上的氮原子有一对未共用电子对处于 sp^2 杂环轨道上，并不参与环上的共轭体系，故它能够与质子结合，具有弱碱性，其碱性（pK_a=5.20）比苯胺（pK_a=4.70）强，但比氨（pK_a=9.24）弱得多，吡啶可与无机酸生成盐。

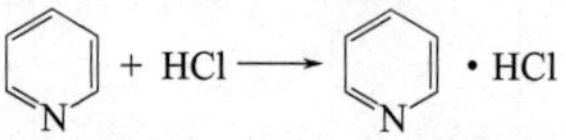

吡啶容易和三氧化硫结合生成无水 *N*-磺酸吡啶，该物质可作为缓和的磺化剂。

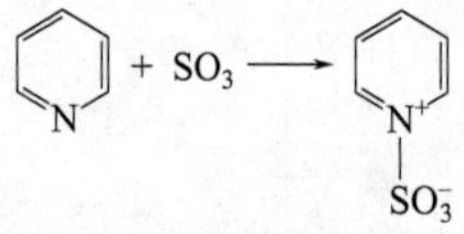

吡啶与叔胺相似，也可与卤烷结合生成相当于季铵盐的产物，这种盐受热后极易发生分子重排而生成吡啶的衍生物。

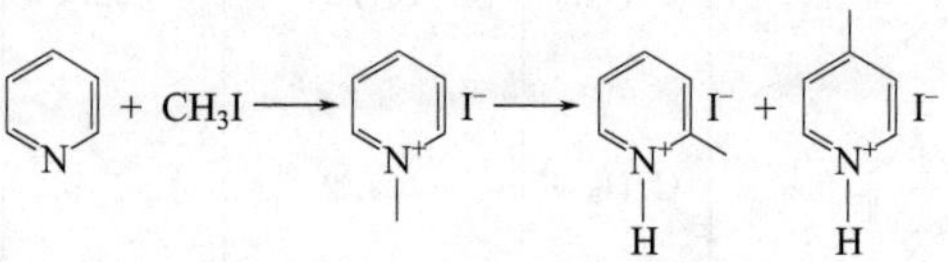

吡啶与酰氯作用亦可生成盐，产物是良好的酰化剂。

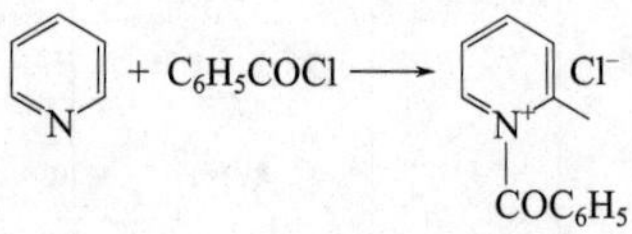

（2）取代反应　吡啶的亲电取代反应类似于硝基苯，发生在 *β*-位上，它较苯难于磺化、硝化和卤化。

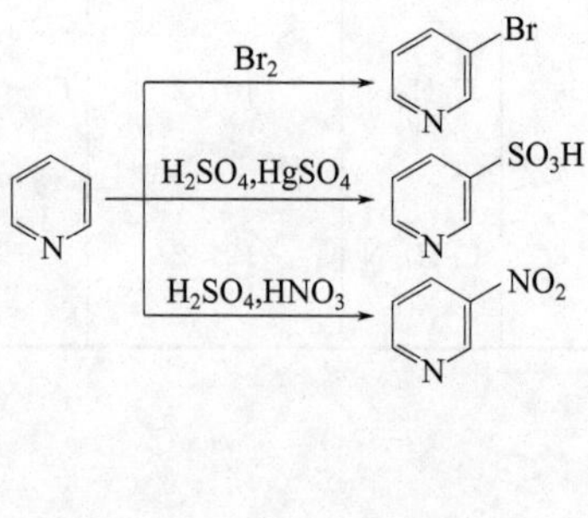

与硝基苯相似，吡啶可与强的亲核试剂发生亲核取代反应，主要生成 α-取代产物。

$$\text{吡啶} + NaNH_2 \longrightarrow \text{2-氨基吡啶}(NH_2)$$

与2-硝基氯苯相似，2-氯吡啶与碱或胺等亲核试剂作用，可生成相应的羟基吡啶或氨基吡啶。

$$\text{2-氯吡啶}(Cl) + KOH \longrightarrow \text{2-羟基吡啶}(OH)$$

$$\text{2-氯吡啶}(Cl) + NH_3 \longrightarrow \text{2-氨基吡啶}(NH_2)$$

(3) 氧化/还原反应　吡啶比苯稳定，不易被氧化剂氧化。吡啶衍生物的氧化总是从侧链开始而不破坏杂环，结果生成相应的吡啶甲酸。

$$\text{3-甲基吡啶} \xrightarrow[\triangle]{KMnO_4,OH^-} \text{3-吡啶甲酸}(COOH)$$

$$\text{4-甲基吡啶} \xrightarrow{O_2,V_2O_5} \text{4-吡啶甲酸}(COOH)$$

烟酸(3-吡啶甲酸）为B族维生素之一，用于治疗癞皮病、口腔类及血管硬化等症，而异烟酸(4-吡啶甲酸）是制造抗结核病药物异烟肼（雷米封）的中间体。

吡啶用过氧羧酸氧化时，生成吡啶 N-氧化物，即氧化吡啶。

$$\text{吡啶} + CH_3\overset{O}{\overset{\|}{C}}OOH \longrightarrow \text{吡啶}N\rightarrow O$$

氧化吡啶的亲电活泼性高于吡啶，其4位较易发生亲电反应。

$$\text{吡啶}N\rightarrow O + HNO_3 \xrightarrow{H_2SO_4,90^\circ C} \text{4-}NO_2\text{-吡啶}N^+\text{-}O^- \xrightarrow{PCl_3} \text{4-}NO_2\text{-吡啶}$$

吡啶经催化加氢或乙醇、钠还原，可得六氢吡啶。

$$\text{4-甲基吡啶} \xrightarrow{H_2,Pt/C_2H_5OH,Na} \text{(COOH)}$$

六氢吡啶又称为哌啶，为无色具有特殊臭味的液体，熔点－7℃，沸点106℃，易溶于水，它的碱性比吡啶大，化学性质和脂肪族仲胺相似，常用作溶剂和有机合成原料。

3.5.1.3　吡啶的用途

吡啶及其衍生物主要应用于农用化学品、食品及饲料添加剂、医药、日用化学品、染料等领域。在农用化学品方面，它可生产 30 余种农药产品，如百草枯、敌草快、毒莠定、绿草定、吡虫啉、毒死蜱、啶虫脒、吡嗪酮、稳杀得、哌草丹、氟禾草灵等，还用于生产植物生长调节剂、化肥增效剂等；在食品及饲料添加剂方面，它是生产饲料添加剂烟酸/烟酰胺的主要原料；在日用化学品中，它可用于去头屑洗发水、杀菌剂、涂料和子午轮胎的制造以及用于生产橡胶硫化促进剂和 SBV 吡啶胶乳。SBV 吡啶胶乳可作为轮胎帘布黏合剂、纤维与弹性体间的黏合剂、汽车 V 形传送带和丙烯酸纤维共聚单体助染剂等；作为医药中间体，它可用于合成 50 多种药物，包括抗肿瘤药物、青霉素、血管扩张药、烟酸酯、肌醇烟酸酯、甘露醇烟酸酯、尼可杀米、氟哌酸、地塞米松、乙酰螺旋霉素、磺胺、溴化十五烷基吡啶、奥美拉唑、兰索拉唑、可的松等；在染料方面，它可以制取 *N*-乙基吡啶酮系列、蓝色基 BB、蓝色基 RR、分散蓝 S-RB、可溶性还原灰 I-BL、可溶性还原蓝 IBC 等[70]。

3.5.1.4 吡啶的市场

由于吡啶及其衍生物与人们的生产、生活密切相关，故它的需求量甚大，据统计，截止 2014 年，全球吡啶及其衍生物的总产量约为 26 万吨/年，预计到 2020 年将达到 30 万吨/年左右[71]。目前，世界上吡啶及其衍生物的生产企业有 10 家左右，分布在美国、欧洲、中国和印度等几个国家，其中，VERTELLUS 公司和 JU-BILANT 公司是世界上最大的两家吡啶生产商，LONZA 公司生产的产品主要用于自己烟酸/烟酰胺的生产，红太阳集团有限公司生产的产品也大部分自用，生产百草枯和毒死蜱，详见表 3-14。

表 3-14 世界吡啶及其衍生物的主要生产企业

名称	地址	产品	年产量/万吨
VERTELLUS 公司	美国，中国	吡啶，甲基吡啶	5.9
JU-BILANT 公司	印度	吡啶，甲基吡啶	4.2
LONZA 公司	瑞士	2-甲基-5-乙基吡啶，3-甲基吡啶	2.4
红太阳集团有限公司	中国	吡啶，甲基吡啶	3.7
长春石油	中国台湾	吡啶，甲基吡啶	0.9
广荣化学	日本	吡啶，甲基吡啶	0.8
DSM	荷兰	2-甲基吡啶	0.4
合计			18.3

2014 年，我国吡啶及其衍生物的生产企业共有 7 家，总产量为 10 万吨/年，开工率约 50%，其中，红太阳集团有限公司作为我国唯一拥有自主知识产权的规模化生产企业，它的年产量为 3.7 万吨，居世界第四位，其吡啶、3-甲基吡啶产量分别为 2.5 万吨/年和 1.2 万吨/年，比例约为 2∶1，吡啶大部分自用，3-甲基吡啶外销。南通瑞利化学有限公司是 VERTELLUS 公司和南通醋酸化工有限公司的合资企业，2001 年建成，目前拥有 2.2 万吨/年的吡啶、甲基吡啶生产能力，产品被英国 SYNGENTA、美国 DOW、瑞士 LONZA 等跨国公司全部垄断，基本不供应国内企业使用。广州龙沙有限公司是瑞士 LONZA 和广州农药厂的合资公司，1999 年建厂，生产的 3-甲基吡啶主要用于生产烟酰胺。鞍山钢铁公司和上海宝钢化工股份有限公司采用焦油分离法生产

吡啶及其衍生物，产能分别为 210 吨/年和 240 吨/年。湖北沙隆达股份公司 1 万吨/年新建项目和安徽国星生物化学有限公司 2.5 万吨/年扩建项目亦于 2013 年投产运行。另外，中国台湾长春石化公司也有一套产能为 0.9 万吨/年的吡啶和甲基吡啶的生产装置[72]。

3.5.2　3-甲基吡啶的生产

一般来说，3-甲基吡啶馏分主要由质量分数为 5%的 2-甲基吡啶、35%的 3-甲基吡啶、27%的 4-甲基吡啶和 30%的 2,6-二甲基吡啶以及 3%的 2,5-二甲基吡啶共同组成。由于这些化合物的物理化学性质较为接近，其沸点差不大于 1.3℃，单纯依靠精馏法很难分离，故常常采用物理与化学相结合的方法来对 3-甲基吡啶进行精制。

3.5.2.1　络合法

将 3-甲基吡啶馏分加热至 80℃，加入含尿素质量分数为 60%的水溶液，冷却使 2,6-二甲基吡啶与尿素生成络合物析出，反应如下。

$$\text{(N)} + 2(NH_2)_2CO + H_2O \longrightarrow \text{(N)} \cdot 2(NH_2)_2CO \cdot H_2O$$

过滤分离后的滤液再加入氯化铜溶液，3-甲基吡啶与氯化铜发生选择性络合反应，反应如下：

$$6\,\text{(N)} + CuCl_2 \longrightarrow CuCl_2 \cdot 6\,\text{(N)}$$

冷却使 3-甲基吡啶与氯化铜生成的络合物析出，而 4-甲基吡啶不能，经过滤将二者分离，滤液中再加入一定量的氯化钴，4-甲基吡啶与氯化钴发生络合，反应如下：

$$2\,\text{(N)} + CoCl_2 \longrightarrow CoCl_2 \cdot 2\,\text{(N)}$$

将各阶段络合得到的滤饼分别蒸馏便可得到纯度为 99.5%的 2,6-二甲基吡啶、纯度为 98%的 3-甲基吡啶和 4-甲基吡啶。

3.5.2.2　与酚共沸精馏法

3-甲基吡啶馏分与酚形成的共沸物性质见表 3-15。

表 3-15　3-甲基吡啶馏分与酚形成的共沸物性质

名称	压力/kPa	共沸点/℃	质量分数/%
3-甲基吡啶	101.32	187.0	25.00
	60.79	178.0	26.49
	53.33	167.0	28.28
	26.66	146.0	41.27
4-甲基吡啶	101.32	190.5	31.27
	60.79	181.5	32.26
	53.33	168.5	33.26
	26.66	147.5	34.76

续表

名称	压力/kPa	共沸点/℃	质量分数/%
2,6-二甲基吡啶	101.32	186.0	25.91
	60.79	179.0	29.00
	53.33	164.5	33.31
	26.66	143.5	35.40

由上表可知，以上各共沸物间的沸点间隔较原组分显著增加，降低压力可使共沸物中的吡啶衍生物质量分数提高，有利于分离，特别是2,6-二甲基吡啶。采用30～40块精馏塔塔板，回流比40，经二次精馏即可得到纯度较高的吡啶衍生物产品。

3.5.2.3 萃取法

选择两段萃取法，第一段采用极性较强的水和极性较弱的煤油或正己烷等作为溶剂对3-甲基吡啶馏分进行萃取，萃取塔顶为煤油和2,6-二甲基吡啶，塔底为3-甲基吡啶和4-甲基吡啶水溶液；第二段采用苯和pH＝3.6的磷酸二氢钠水溶液作为溶剂对第一段的塔底液进行萃取，塔顶为3-甲基吡啶苯溶液，塔底为4-甲基吡啶磷酸二氢钠水溶液。萃取法可得到纯度大于90%的吡啶衍生物产品。

3.5.3 2，4-二甲基吡啶和2，4，6-三甲基吡啶的生产

2,4-二甲基吡啶的生产方法包括氯化氢法和共沸精馏法等。氯化氢法基于2,4-二甲基吡啶盐酸化物的选择性析出，它将二甲基吡啶馏分加热到120～130℃后，使之与氯化氢气体反应，生成2,4-二甲基吡啶盐酸化物，经过滤、碱分解和蒸馏，便可得到沸点为157～157.5℃的2,4-二甲基吡啶。采用二甲基吡啶馏分与水共沸精馏，将2,4-二甲基吡啶以99.7%的纯度分离出来。2,4-二甲基吡啶与水形成的共沸物沸点为97℃，共沸物中2,4-二甲基吡啶的质量分数为39%，回收率为80%。此外，也可使用与酚共沸精馏法，二甲基吡啶馏分与酚形成的共沸物性质见表3-16。

表3-16 二甲基吡啶馏分与酚形成的共沸物性质

名称	共沸点/℃	质量分数/%
2,3-二甲基吡啶	154.0	42.35
2,4-二甲基吡啶	155.3	40.38
2,5-二甲基吡啶	152.5	38.10
2-甲基-5-乙基吡啶	148.1	36.02

对于2,4,6-三甲基吡啶来说，不但可以通过精馏得到高纯度产品，而且还可将三甲基吡啶馏分用浓盐酸处理，加入苯，在加热时从反应物中析出盐酸化物，经冷却过滤后，得到粗盐酸化物。将其从乙醇中再结晶，然后用碱液分解、干燥和蒸馏，即可得到熔点为－46℃、沸点为169.5～170℃的2,4,6-三甲基吡啶。

杨辉等[73]公开了一种由焦化粗苯提取2-甲基吡啶、3-甲基吡啶的方法。将焦化粗苯送入脱二甲苯塔，负压蒸馏，塔顶采出焦化粗苯负压蒸馏后的轻组分、苯、甲苯，塔底采出焦化粗苯负压蒸馏后的二甲苯、2-甲基吡啶、3-甲基吡啶及重苯，二甲苯、2-甲基吡啶、3-甲基吡啶及重苯进入2-甲基吡啶、3-甲基吡啶回收单元进行甲基吡啶回

收；将二甲苯塔的塔顶采出物料放入两苯脱轻塔，常压蒸馏脱除苯、甲苯中的轻组分；将两苯脱轻塔的塔底采出物料放入两苯分离塔，负压蒸馏分离苯与甲苯，分别得到苯窄馏分与甲苯窄馏分，苯窄馏分进入苯精制单元进行提纯，甲苯窄馏分进入甲苯精制单元进行提纯；将二甲苯塔的塔底采出物料送入二甲苯脱重塔，从二甲苯脱重塔的塔顶采出二甲苯、2-甲基吡啶、3-甲基吡啶馏分，从二甲苯脱重塔的塔底采出重苯；将二甲苯脱重塔的塔顶采出物料送入水萃取塔，常压萃取，用水萃取2-甲基吡啶、3-甲基吡啶，使之与二甲苯分离，二甲苯进入二甲苯精制单元进行提纯；将2-甲基吡啶、3-甲基吡啶水溶液送入苯共沸蒸馏塔，共沸蒸馏塔的塔顶得到带有少量水分的2-甲基吡啶、3-甲基吡啶，共沸蒸馏塔的塔底采出水萃取剂，经处理后的水进入水萃取塔循环使用；将带有少量水分的2-甲基吡啶、3-甲基吡啶送入脱水塔，脱除2-甲基吡啶、3-甲基吡啶中的少量水分，得到2-甲基吡啶、3-甲基吡啶成品。

该发明中实施例的具体方式如下：

将焦化粗苯送入脱二甲苯塔，负压蒸馏，控制压力为10kPa，脱二甲苯塔的塔顶温度为60℃，塔底温度为150℃，回流比为2，从脱二甲苯塔的塔顶采出二甲苯、2-甲基吡啶、3-甲基吡啶及重苯，二甲苯、2-甲基吡啶、3-甲基吡啶及重苯进入2-甲基吡啶、3-甲基吡啶回收单元进行甲基类吡啶回收；将从脱二甲苯塔的塔顶采出的物料放入两苯脱轻塔，常压蒸馏，控制两苯脱轻塔的塔顶温度在50℃，塔底的温度在100℃，回流比为3，脱除苯、甲苯中的轻组分，将从两苯脱轻塔的塔底物料放入两苯分离塔，负压蒸馏，控制两苯分离塔的塔内压力在10kPa，塔顶温度在40℃，塔底温度在70℃，回流比为4，分离苯与甲苯，分别得到苯窄馏分与甲苯窄馏分，苯窄馏分进入苯精制单元进行提纯，甲苯窄馏分进入甲苯精制单元进行提纯；将从脱二甲苯塔的塔底采集的物料送入二甲苯脱重塔，控制二甲苯脱重塔的塔内压力在5kPa，塔顶温度在60℃，塔底温度在100℃，回流比为1，从二甲苯脱重塔的塔顶采出二甲苯、2-甲基吡啶、3-甲基吡啶等馏分，塔底采出重苯，将二甲苯脱重塔中塔顶采出物料送入水萃取塔，常压萃取，用水萃取2-甲基吡啶、3-甲基吡啶，使之与二甲苯分离，二甲苯进入二甲苯精制单元进行提纯；将得到的2-甲基吡啶、3-甲基吡啶水溶液送入共沸蒸馏塔，控制共沸蒸馏塔的塔顶温度在80℃，塔底温度在90℃，回流比为4，从共沸蒸馏塔的塔顶得到带有少量水分的2-甲基吡啶、3-甲基吡啶，从塔底采出水萃取剂，经处理后的水进入水萃取塔循环使用，将得到的带有少量水分的2-甲基吡啶、3-甲基吡啶送入脱水塔，脱水塔中装有脱水剂无水碳酸钠，以脱除2-甲基吡啶、3-甲基吡啶中的少量水分，得到2-甲基吡啶、3-甲基吡啶成品。

李军等[74]公开了一种提取高纯度2,4-二甲基吡啶的方法。选取纯度为20%～70%的2,4-二甲基吡啶原料，在其中加入1～10倍粗吡啶质量的溶剂；将温度控制在40～100℃间并将0.1～2.0倍质量的30%～39%盐酸滴加到反应瓶中，在盐酸滴加完毕后，升温至回流，分水；当分出0.1～2.0倍质量的水时，停止加热，冷却至0～60℃后，固体析出，过滤；对2，4-二甲基吡啶盐酸盐结晶中的杂质进行处理，将洗涤过的盐结晶投入到结晶质量0.5～10倍的甲苯溶剂中，用甲苯溶剂洗涤2，4-二甲基吡啶盐酸盐，其它条件与步骤与上述相同重复两次；对2,4-二甲基吡啶盐酸盐用10%～50%氢氧化钠溶液游离，分出油层，弃除水层，此时2,4-二甲基吡啶纯度为85%～95%；以上述得到的85%～95%纯度的2,4-二甲基吡啶为原料，重复上述各步骤，即可获得98%以上纯度的2,4-二甲基吡啶。

该发明的实施例中列举了具体的方案。在配有机械搅拌和油水分离器的500mL四口烧瓶中，加入100g粗吡啶原料（含20% 2,4-二甲基吡啶，0.18mol·L^{-1}）和150mL甲苯。在不断搅拌下，将温度控制在80℃以下，慢慢将37%盐酸（17g，0.18mol·L^{-1}）滴加到反应瓶中。滴毕，升温至回流，分水。约分去10mL水后，瓶壁有固体析出，反应到达终点，停止加热。冷却至室温后，有大量固体析出，过滤，滤饼用甲苯洗涤。滤饼用20%氢氧化钠溶液游离，分出油层，弃除水层，得到2,4-二甲基吡啶产品20g，收率100%，纯度为90.5%。在配有机械搅拌和油水分离器的500mL四口烧瓶中，加入上述得到的纯度为90.5%的2,4-二甲基吡啶（60g，0.56mol·L^{-1}）和200mL甲苯。在不断搅拌下，控制温度在80℃以下，将37%盐酸（17g，0.18mol·L^{-1}）慢慢滴加到反应瓶中。滴毕，升温至回流，分水。约分去10mL水后，瓶壁有固体析出，反应到达终点，停止加热。冷却至室温后，有大量固体析出，过滤，滤饼用甲苯洗涤。滤饼用20%氢氧化钠溶液游离，分出油层，弃除水层，得到2,4-二甲基吡啶产品58g。再精馏，切取157～159℃馏分，得2,4-二甲基吡啶16g，总收率为80%，纯度为99.2%。

沈永嘉等[75]公开了一种甲基吡啶混合物的分离方法。将来自于焦油中的吡啶碱馏分（主要含质量分数为34%的2,6-二甲基吡啶、34%的4-甲基吡啶、30%的3-甲基吡啶和2%的未知杂质）于精馏釜中，再加入待分离吡啶碱馏分质量5～6倍的共沸剂进行常压精馏，收集2,6-二甲基吡啶与所用共沸剂形成共沸物（以体积分数80%～90%的甲醇水溶液为共沸剂时，则2,6-二甲基吡啶与甲醇水溶液形成共沸物的收集温度为62～63℃）。将精馏釜的釜温度冷却至室温，再补加少量共沸剂，使精馏釜共沸剂的质量为待分离混合物质量5～6倍，进行第二次常压精馏，收集3-甲基吡啶与所用共沸剂形成共沸物（以体积分数80%～90%的甲醇水溶液为共沸剂时，收集馏分的收集温度为65～66℃）。再将精馏釜的釜温冷至室温，再补加共沸剂，使精馏釜共沸剂的质量为待分离混合物质量5～6倍，进行第三次常压精馏，除去残余的2,6-二甲基吡啶、3-甲基吡啶和未知杂质，得富含4-甲基吡啶的残余液。采用已有纯化方法纯化所得馏分，即先以苯为共沸剂，分别对所得的2,6-二甲基吡啶共沸物、3-甲基吡啶共沸物和富含4-甲基吡啶的残余液进行常压共沸精馏脱去其中的水分（含有溶剂），再精馏脱去溶剂后得目标物。

该发明中实施例的具体方式如下。

将100kg含34% 2,6-二甲基吡啶、34% 4-甲基吡啶、30% 3-甲基吡啶的混合物投入蒸馏釜中，再投入360kg甲醇和40kg水，作为共沸剂，加热这个溶液通过精馏塔（塔板数为20）精馏，常压下，在62～63℃时塔顶流出的是2,6-二甲基吡啶与甲醇/水的共沸物，收集该沸点的馏分220kg（气相色谱分析：含2,6-二甲基吡啶15%，甲醇76.5%，水8.5%）。将蒸馏釜温度冷却到室温，再加170.1kg甲醇和18.9kg水，接着进行精馏，收集沸点为65～66℃的馏分300kg（气相色谱分析：含3-甲基吡啶9%，甲醇 81.9%，水 9.1%）。将蒸馏釜温度冷却到室温，再加 90kg 甲醇和 10kg 水，接着进行精馏，收集 66～68℃的馏分 100kg（气相色谱分析：含 2,6-二甲基吡啶 1%，3-甲基吡啶 1%，未知杂质 2%，甲醇 86.4%，水 9.6%）。将蒸馏釜温度冷却到室温，此时釜内的残余物是 4-甲基吡啶（34kg）和甲醇/水 32.1kg。在各个温度段的馏分中加入苯，再分别通过苯/水/醇三元共沸蒸馏脱去馏分中的水（含有甲醇），再通过其它的精馏塔脱去甲醇分别得到 2,6-甲基吡啶（纯度 99%，GC），4-甲基吡啶（纯度 99%，GC）和 3-甲基吡啶（纯度 99%，GC）。

3.6　洗油的精制

3.6.1　洗油的性质、用途和市场

作为焦油蒸馏过程中的重要馏分之一，洗油是焦油蒸馏时切取的 230～300℃馏分，约占焦油的 4.5%～6.5%。它以中性组分为主，其含量达 90%左右，其余是酸性（包括苯酚、甲酚、二甲酚等）和碱性组分（包括吡啶、喹啉、硫茚等）[76]。

洗油是一种复杂的混合物，富含萘、苊、吲哚、芴、氧芴和联苯等宝贵的有机化工原料。洗油的性质与组成直接取决于焦油蒸馏的切割方式，切割方式不同，它的性质与组成差异很大。洗油的主要物理性质见表 3-17，其组成及含量见表 3-18。

表 3-17　洗油的主要物理性质

名称	数值	名称	数值
相对分子质量	145	蒸发热/$kJ \cdot mol^{-1}$	42.05
密度(20℃)/$kg \cdot m^{-3}$	1030～1060	闪点(闭口杯法)/℃	110～115
沸点/℃	265	燃点/℃	127～130
比热容/$kJ \cdot kg^{-1} \cdot ℃^{-1}$	2.09	自燃点/℃	478～480

表 3-18　洗油的组成及含量

名称	结构	分子式	相对分子质量	熔点/℃	沸点/℃	质量分数/%
萘		$C_{10}H_8$	128.2	80.3	217.9	4～7
α-甲基萘		$C_{11}H_{10}$	142.2	−30	244.6	8～10
β-甲基萘		$C_{11}H_{10}$	142.2	34.5	241.0	16～19
二甲基萘		$C_{12}H_{12}$	156.2	108.0	264.0	12～16
苊		$C_{12}H_{10}$	154.2	95.0	276.9	17～20

续表

名称	结构	分子式	相对分子质量	熔点/℃	沸点/℃	质量分数/%
吲哚	(结构式, N-H)	C_8H_7N	117.2	53.0	253.0	1～3
芴	(结构式)	$C_{13}H_{10}$	166.2	123.0	297.9	7～9
氧芴	(结构式, O)	$C_{12}H_{10}O$	168.2	86.0	285.1	9～11
联苯	(结构式)	$C_{12}H_{10}$	154.2	70.5	254.9	4～5

洗油的国家质量标准见表 3-19（GB/T 24217—2009）[77]。

表 3-19　我国洗油质量指标

项目	要求	
	一等品	合格品
密度(20℃)/kg·m^{-3}	1030～1060	
230℃前馏出量(体积分数)/%	≤3	
270℃前馏出量(体积分数)/%	≥70	—
300℃前馏出量(体积分数)/%	90	
酚含量(体积分数)/%	≤0.5	
萘含量(质量分数)/%	≤10	≤15
水分含量(质量分数)/%	≤1	
恩氏黏度(50℃)/(°)	≤1.5	—
15℃结晶物	无	

注：密度的测定按 GB/T 2281《焦化油类产品密度测定方法》进行；馏程的测定按 GB/T 18255《焦化粘油类产品馏程的测定》进行；酚含量的测定按 GB/T 24207《洗油酚含量的测定方法》进行；萘含量的测定按 GB/T 24208《洗油萘含量的测定方法》进行；水分的测定按 GB/T 2288《焦化产品水分测定方法》进行；黏度的测定按 GB/T 24209《洗油黏度的测定方法》进行；15℃结晶物的测定按 GB/T 24206《洗油 15℃结晶物的测定方法》进行。

由于洗油具有良好的稳定性和理想的溶解能力，故其主要作为焦炉煤气中苯族烃的吸收剂。洗油各组分对苯族烃的吸收能力由大到小依次为：

甲基萘＞二甲基萘＞吲哚＞联苯＞苊＞萘＞芴＞氧芴

对于洗油中的各馏分来说，它们吸收苯族烃的能力由大到小依次为：

甲基萘（馏程 235～250℃）＞二甲基萘（馏程 250～270℃）＞轻质洗油（馏程 234～275℃）＞原料洗油（馏程 230～300℃）

然而，随着洗油的不断循环使用，其往往会出现相对分子质量增大、黏度提高以及吸收率降低等一系列问题，大量研究表明，造成上述现象的主要原因是洗油中存在沸点高于 270℃的苊、芴和氧芴等重组分。因此，对洗油进行精制并提取出宝贵的苊、氧芴、芴等不仅能够生产出高附加值的产品，同时还可以得到重组分含量显著减小的中质洗油。中质洗油的洗苯效果远远优于传统洗油，且可在一定程度上缓解洗苯塔的堵塞问题[78,79]。

我国于20世纪50年代开始洗油的加工与利用，但至今洗油的加工利用技术还很单一，效益也不是很理想，随着焦油加工能力的不断发展，洗油的产量增长较快，2014年全国焦油产量约1701万吨，折合洗油量约102万吨/年，而实际洗油加工能力仅约为46万吨/年，远远达不到现有生产量的要求，而且洗油加工水平都不高，洗油资源受到极大的浪费。

3.6.2 洗油的生产

虽然洗油中大多数组分具有较高的熔点，但是它们彼此之间能形成低共熔点混合物，由此给冷却结晶分离带来困难。针对上述问题，工业上通常采用的分离方法是首先对洗油进行酸碱洗涤，然后采用初次精馏切取各宽馏分，并从所得的宽馏分中再次精馏切取相应的窄馏分，最后对窄馏分进行结晶、离心或萃取等处理而得到高纯度产品。

3.6.2.1 碱洗

碱洗的目的是除掉油品中的硫化氢、硫醇、环烷酸和酚类，其中，酚类是柴油馏分中最有害的组分，它能提高油品的残炭值，引起腐蚀并降低抗震性和热值。在碱洗过程中，用碱量一般根据油品中的酸性组分含量来确定。

碱洗操作应注意以下几点。

(1) 碱液含量　当油品酸值较高时，宜采用含量较高的碱液进行中和反应，从而有效除去有机酸。然而，若碱液含量过高，会导致碱液分离不彻底，并在水洗时产生皂化反应，造成有机酸返回油品中。为了防止出现皂化反应，宜采用质量分数为10%～20%的碱液。

(2) 碱液温度　在较低的温度下使用浓碱液能够减少环烷酸的水解作用，有利于除酸。然而，当温度过低时，浓碱液容易造成油品乳化现象，因此，在实际生产中，通常采用较高的温度和较低的碱液含量来进行碱洗操作，碱洗温度一般为70～90℃。

(3) 防止油品乳化　在碱洗过程中，如果温度、含量、搅拌等操作条件选择不当，很容易造成油品乳化。为了有效解决上述问题，在实际生产中，一般可从破坏乳化产生条件和对乳化后的油品进行破乳处理这两个方面分别着手。若搅拌速度过快，油品很容易乳化，因此确定合适的搅拌速度是碱洗过程中最重要的工艺条件之一；破乳有加热破乳和化学破乳两种方法，其中，所谓化学破乳是指利用破乳剂进行破乳，对于亲水型（水包油型）乳液，可将乙醇、食盐、氯化钙等水溶液作为破乳剂，而对于亲油型（油包水型）乳液，则可将硫酸、环烷酸钠等溶液作为破乳剂。

3.6.2.2 酸洗

酸洗的目的是利用浓硫酸在一定条件下与油品中某些组分发生强烈的化学反应，起到溶解这些组分的作用，从而将油品中的有害组分除去。

影响酸洗效果的因素主要包括以下几个方面。

(1) 硫酸含量　用于油品酸洗的硫酸含量必须足够高，若硫酸含量过低，则无法起到对洗液中有害组分进行溶解、缩合与磺化的作用。硫酸含量越高，酸洗效果越好。

但是，当硫酸含量过高时，由于磺化反应过于强烈，又会降低油品的收率，使其磺酸含量过高，进一步导致中和困难，因此，一般使用质量分数为70%～80%的硫酸为佳。

(2) 反应温度　不同的油品具有不同的适宜酸洗温度。若温度太低，黏度较大的重柴油与硫酸接触不均匀，反应不充分，造成酸渣沉降困难，沉降时间过长。但温度过高，反应过于强烈，又会大大降低油品的收率，并产生过多的油溶性磺酸，提高了基础油的酸值，因此，在确保顺利分渣的条件下，酸洗的反应温度不宜过高，一般在40～50℃比较适宜。

(3) 硫酸用量　硫酸用量对油品的质量、颜色影响很大，在保证硫酸充分参与反应的前提下，加大硫酸用量会使油品的酸洗效果提高，但硫酸用量过大，不仅对油品质量不利，造成油品抗氧化性变差，同时还会显著降低油品的收率。合理的硫酸用量需要通过具体试验才能确定，一般来说，硫酸用量在5%～10%之间较为适宜。

(4) 反应时间　在酸洗过程中，掌握好油品与硫酸的反应时间以及酸渣沉降时间对于提高洗油质量具有重要意义。若接触时间不足，则硫酸不能与油品充分接触，造成硫酸浪费且油品中的有害组分无法彻底除去，若接触时间过长，某些酸渣组分又会返回油品中，影响油品质量。为了缩短反应与沉降时间，可通过将硫酸缓慢均匀洒入、加强搅拌、保持适宜反应温度等手段来确保硫酸与油品充分进行化学反应。在反应之后，向体系中加入一定量的水能够加速酸渣沉降，缩短静置分层时间。

3.6.2.3 精馏

精馏的目的是除去油品中所含的水分以及一些高沸点物质，从而提高洗油的质量。精馏得到的洗油随着馏分温度的升高，颜色逐渐加深。影响洗油颜色的主要原因是洗油中胶质的存在。胶质主要存在于300℃以上的馏分中，300℃以下的馏分中胶质含量极少，胶质的存在对产品的黏度、浊度都有较大的影响。因此，切掉300℃以上的馏分对于提高洗油的质量是极为有利的。同时，300℃以上馏分含量一般占洗油总质量的15%左右，可作为副产物进一步生产燃料油或制备炭黑。

目前，国内外洗油精制工艺主要有洗油切取窄馏分工艺、洗油恒沸精馏工艺、洗油萃取精馏工艺和洗油再生工艺等。

(1) 洗油切取窄馏分工艺　洗油与其它装置来的萘油混合后进入碱洗塔，用一定含量的氢氧化钠溶液洗涤脱酚，通过控制碱洗塔的液位分离已洗混合分和酚盐，已洗混合分经管式加热炉加热后送入混合分蒸馏塔，蒸馏切取低萘洗油、中油和苊油，低萘洗油用于洗苯，苊油经蒸馏得到工业苊，中油经管式加热炉加热后进入工业萘蒸馏塔切取工业萘、甲基萘油和残油。甲基萘油经泵送至酸洗塔，用质量分数为30%的硫酸洗涤，以脱除吡啶和喹啉等。酸洗后的甲基萘油呈酸性，向中和塔里加入适量的氢氧化钠溶液并反应至中性。在甲基萘蒸馏塔中蒸馏切取工业甲基萘和残油，再将工业甲基萘精馏得到含量大于98%的β-甲基萘。

洗油切取窄馏分工艺流程如图3-34所示。

通过洗油切取窄馏分工艺可得到优质洗油、工业苊、工业萘、工业甲基萘和含量大于98%的β-甲基萘等产品，产品中的工业甲基萘和β-甲基萘可根据市场需求情况来不断调整它们的产量。

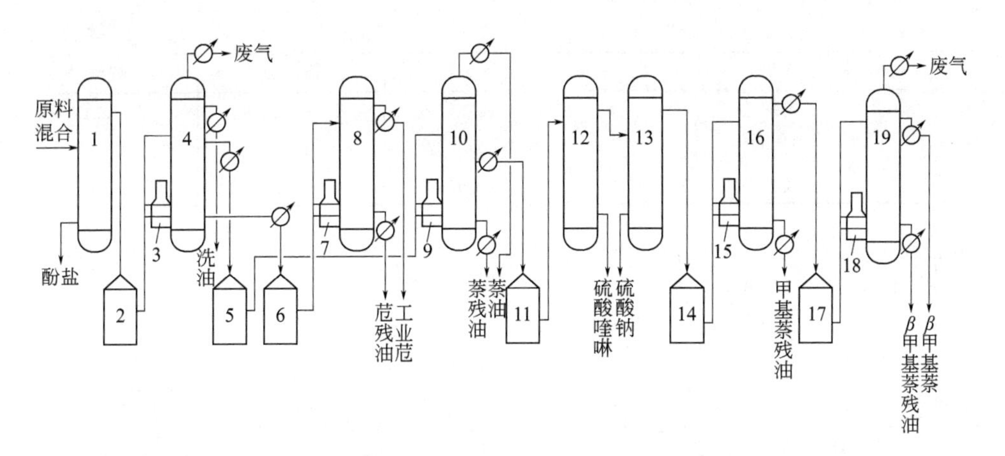

图 3-34　洗油切取窄馏分工艺流程

1—碱洗塔；2—已洗混合分原料槽；3—混合分原料加热炉；4—混合分原料蒸馏塔；5—中油槽；6—苊油槽；7—苊油加热炉；8—苊油蒸馏塔；9—工业萘加热炉；10—工业萘蒸馏塔；11,14—甲基萘油槽；12—酸洗塔；13—中和塔；15—甲基萘加热炉；16—甲基萘蒸馏塔；17—工业甲基萘油槽；18—工业甲基萘加热炉；19—工业甲基萘蒸馏塔

(2) 洗油恒沸精馏工艺　洗油恒沸精馏工艺以工业萘塔底油为原料，其组成及含量见表 3-20，它的蒸馏曲线如图 3-35 所示。

表 3-20　工业萘塔底油的组成及含量

名称	分子式	相对分子质量	沸点/℃	质量分数/%
萘	$C_{10}H_8$	128.2	217.9	6.3
α-甲基萘	$C_{11}H_{10}$	142.2	244.6	19.1
β-甲基萘	$C_{11}H_{10}$	142.2	241.0	45.5
吲哚	C_8H_7N	117.2	253.0	3.2
联苯	$C_{12}H_{10}$	154.2	254.9	3.7
喹啉	C_9H_7N	129.2	238.0	10.1
硫茚	C_8H_6S	134.2	221.0	1.4
其它	—	—	—	10.7

由以上图表可知，由于工业萘塔底油中各组分的沸点较为相近，普通蒸馏很难将它们有效地分开，故可以考虑通过采用恒沸蒸馏这一特殊蒸馏方式对洗油进行加工与精制。研究表明，向原料中加入一定量的二甘醇后，它可与甲基萘形成最低恒沸物并提前蒸出，吲哚、联苯和喹啉等在甲基萘后陆续分离出来，其组成及含量见表 3-21，它的共沸蒸馏曲线如图 3-36 所示。

表 3-21　工业萘塔底油的组成及含量（质量分数）　%

名称	恒沸原料	馏出液	残液
α-甲基萘	6.8	0.0	21.7
β-甲基萘	31.9	44.6	5.3

续表

名称	恒沸原料	馏出液	残液
喹啉	12.8	13.3	7.3
二甘醇	30.9	41.1	17.1
其它	17.6	1.0	48.6

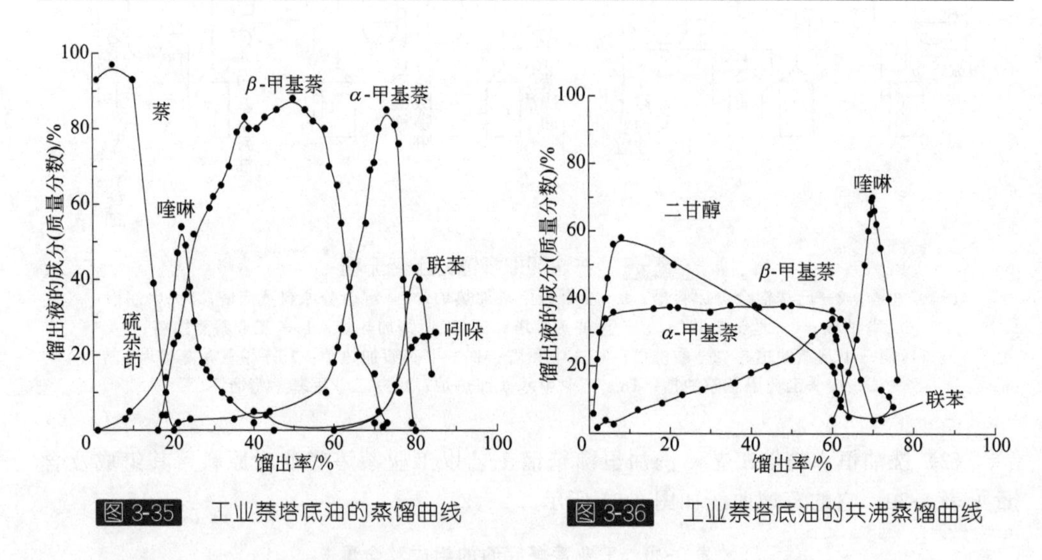

图 3-35 工业萘塔底油的蒸馏曲线

图 3-36 工业萘塔底油的共沸蒸馏曲线

洗油恒沸精馏工艺流程如图 3-37 所示，所得产品质量见表 3-22。

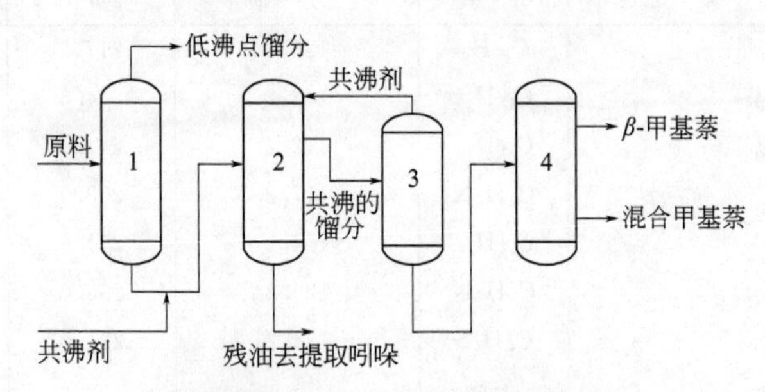

图 3-37 洗油恒沸精馏工艺流程

1—蒸馏塔；2—共沸蒸馏塔；3—溶剂回收塔；4—精馏塔

表 3-22 产品质量

名称	熔点/℃	色度	质量分数/%
α-甲基萘	−15.0	70	>98
混合甲基萘(α-甲基萘的质量分数为 53%)	−14.0	80	>98
混合甲基萘(α-甲基萘的质量分数为 70%)	−15.0	70	>98
混合甲基萘(β-甲基萘的质量分数为 53%)	−6.0	80	>98
β-甲基萘	32.0	70	>98

（3）洗油萃取精馏工艺　脱酚脱盐基的洗油进入蒸馏塔底部，萃取蒸馏溶剂也送入蒸馏塔，抑制吲哚蒸气的形成，并使之不与甲基萘形成恒沸物，直至其它物质从塔顶馏出为止。塔底由重沸器循环供热，高沸点组分适当排出。塔顶的馏出物经冷凝冷却后到分配器，其中一部分作为塔顶回流，其余采出。最先采出的 α-甲基萘馏分、β-甲基萘馏分和联苯、二氢苊馏分在分离槽中分离成烃类化合物相和乙二醇两相。第四种馏分主要是乙二醇，它与分离槽下部的乙二醇一起回到蒸馏塔。第五种含有乙二醇的吲哚馏分送至结晶器，在此形成吲哚乙二醇的浆液，经离心分离后得到吲哚晶体，母液用蒸馏法回收乙二醇，蒸馏残液返回到结晶器或蒸馏塔。

洗油萃取精馏工艺流程如图 3-38 所示。

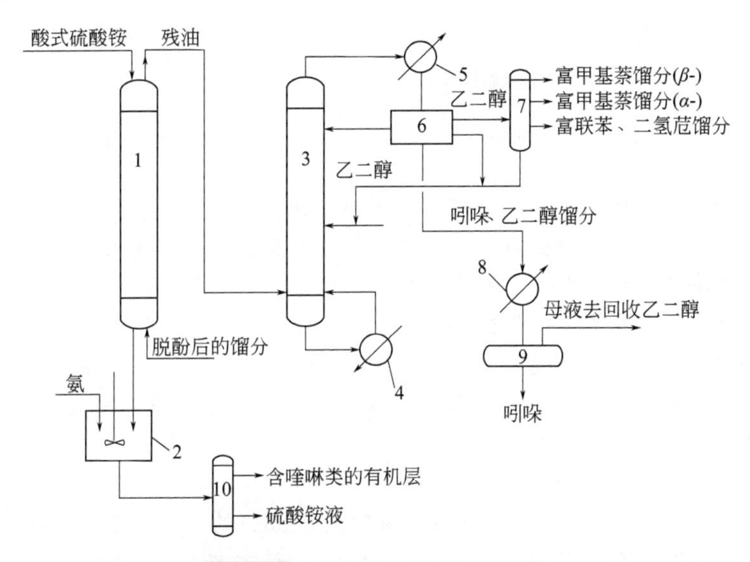

图 3-38　洗油萃取精馏工艺流程
1—萃取塔；2—混合器；3—蒸馏塔；4—重沸器；5—冷却器；6—分配器；
7—分离槽；8—结晶器；9，10—分离器

（4）洗油再生工艺　洗苯塔底流出的富油进入脱苯塔脱苯，为了保持循环洗油的质量，必须将 1%～1.5%的富油引入再生塔再生。在再生塔中用 0.8～1MPa 的间接蒸汽将洗油加热到 160～180℃，并用过热蒸汽吹蒸，从再生塔顶部吹蒸出来的温度为 155～175℃的油气和通入的水蒸气进入脱苯塔底部，残留于再生塔底部的高沸点聚合物及油渣作为树脂沥青排出。脱苯塔底部出来的贫油进入贫油槽，塔顶分缩器上部出来的粗苯进入两苯塔蒸馏，分缩器中部出来的轻分缩油进入脱萘塔蒸馏，分缩器底部出来的重分缩油循环到富油泵前。两苯塔顶出来的粗苯送到精苯工段精制分离出 3 种苯，塔底出来的粗重苯到脱萘塔进一步分离，脱萘塔顶出来的重苯送到苯精制工段的粗制塔生产粗苯和粗制残渣，中部出来的萘送到萘精制工序的油槽中，底部出来的洗油进贫油槽。

洗油再生工艺流程如图 3-39 所示。

许春建等[80]公开了一种焦油洗油深加工工艺。洗油馏分是馏程为 230～300℃的馏

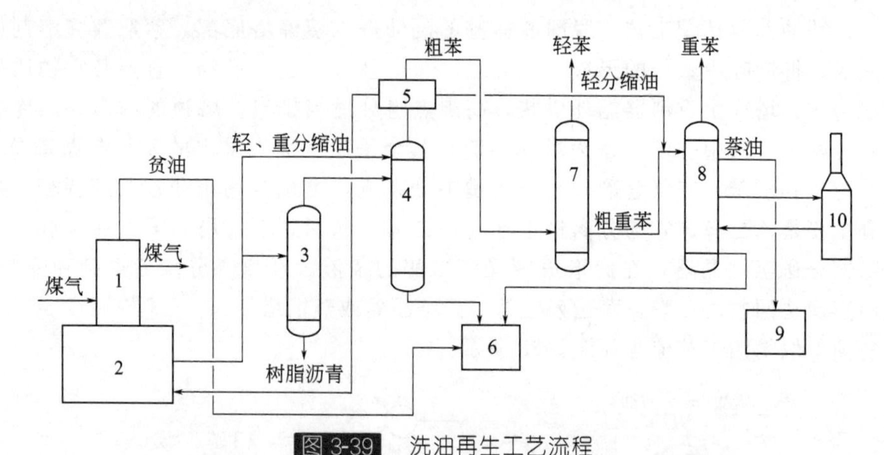

图 3-39 洗油再生工艺流程

1—洗苯塔；2—富油槽；3—再生塔；4—脱苯塔；5—分缩器；
6—贫油槽；7—两苯塔；8—脱萘塔；9—萘油槽；10—管式加热炉

出物，洗油馏分首先通入洗塔经过酸洗和碱洗过程，再经萘、洗分离塔，萘油馏分从萘、洗分离塔顶采出，其余物质从萘、洗分离塔底部进入甲基萘塔，甲基萘混合物馏分从甲基萘塔塔顶采出，进入甲基萘分离塔，其余物质从甲基萘塔塔底采出进入吲哚、联苯塔，2-甲基萘从甲基萘分离塔塔顶产出，甲基萘分离塔塔底产出 1-甲基萘，吲哚、联苯塔塔顶采出吲哚、联苯混合物，其余物质从吲哚、联苯塔塔底采出进入二甲基萘塔，二甲基萘塔塔顶采出 2,6-二甲基萘，其余物质从二甲基萘塔塔底采出进入苊塔，苊从苊塔塔顶采出，其余物质从苊塔塔底采出进入二苯并呋喃塔，二苯并呋喃塔塔顶采出二苯并呋喃，二苯并呋喃塔塔底采出物质进入芴塔，芴塔塔顶采出芴，其余物质从塔底采出与蒽油馏分混合，得到了质量分数大于96%的 1-甲基萘，纯度大于 98%的 2-甲基萘，纯度均大于 99%的萘、2,6-二甲基萘、苊、二苯并呋喃和芴等高附加值产品，其具体流程如图 3-40 所示。

在该发明的实施例中列举了具体的方案。洗油馏分是馏程为 230～300℃的馏出物，洗油馏分首先通入洗塔经过酸洗和碱洗过程（酸洗和碱洗方法采用现有技术中的酸洗和碱洗方法），使喹啉类物质的脱除率达到 99.0%以上，进入萘洗、分离塔。萘洗、分离塔由 80 块塔板组成，原料从第 40 块塔板加入，流量为 3556kg · h^{-1}，塔顶压强为 5kPa，塔顶温度 130℃，回流比为 5。塔顶产出浓度超过 99.5%的萘，塔底馏分进入甲基萘塔。甲基萘塔由 80 块塔板组成，原料从第 40 块塔板加入，流量为 3284kg · h^{-1}，塔顶压强为 5kPa，塔顶温度 135℃，回流比为 6。其塔底产物主要是 1-甲基萘和 2-甲基萘，含量分别达到 39.4%和 59.9%，并进入甲基萘分离塔继续精制。甲基萘分离塔拥有 120 块塔板，原料从第 60 块板加入。塔顶压强 5kPa，塔顶温度控制在 135℃，回流比为 15。塔顶产出 96.2%的 1-甲基萘，塔底产出 98.4%的 2-甲基萘。甲基萘塔塔底物料进入吲哚、联苯塔。吲哚、联苯塔采用 100 块塔板，50 块进料，塔顶压强 5kPa，塔顶温度控制在 140℃，回流比为 35，塔顶得到 58.0%的吲哚和 41.3%的联苯。塔底流股依次经过二甲基萘塔、苊塔、二苯并呋喃塔和芴塔。二甲基萘塔采用 40 块塔板，20 块进料，塔顶压强 30kPa，塔顶温度控制在 130℃，回流比为 13，苊塔采用 40 块塔板，

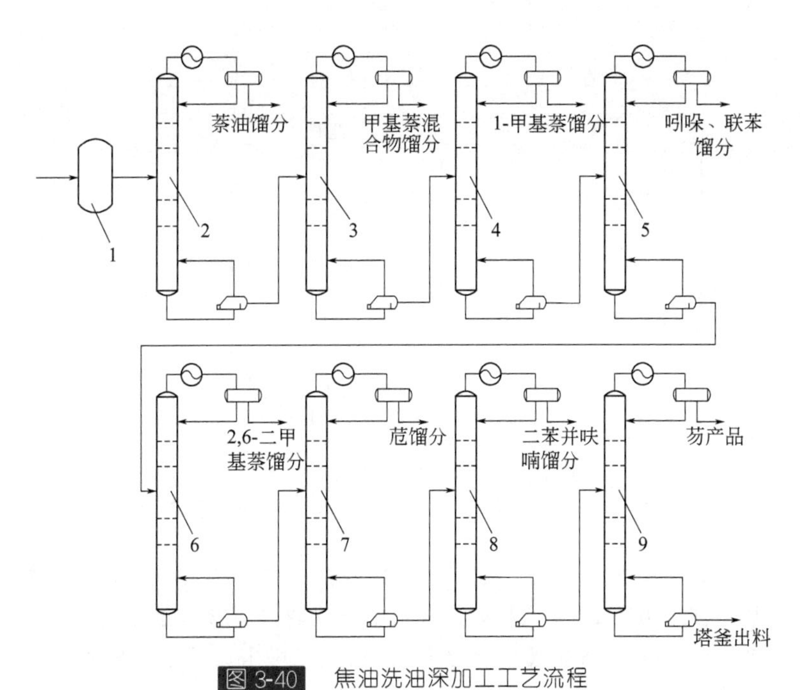

图 3-40 焦油洗油深加工工艺流程

1—洗塔；2—萘、洗分离塔；3—甲基萘塔；4—甲基萘分离塔；5—吲哚、联苯塔；6—二甲基萘塔；7—苊塔；8—二苯并呋喃塔；9—芴塔

20块进料，塔顶压强30kPa，塔顶温度控制在125℃，回流比为10，二苯并呋喃塔采用40块塔板，20块进料，塔顶压强30kPa，塔顶温度控制在145℃，回流比为16，芴塔采用40块塔板，20块进料，塔顶压强30kPa，塔顶温度控制在160℃，回流比为2。分别从塔顶得到99.4%的2，6-二甲基萘，99.3%的苊，99.1%的二苯并呋喃，99.6%的芴产品。芴塔塔釜出料将与蒽油馏分进行混合。

鄂永胜等[81]公开了一种焦化洗油深加工工艺。原料洗油与塔顶萘油蒸气换热后进入第一精馏塔，塔顶采出萘馏分，侧线采出β-甲基萘馏分，塔底残油作为第二精馏塔的原料；第一精馏塔塔底残油与苊馏分经冷却结晶离心后的苊残液混合进入第二精馏塔，塔顶采出α-甲基萘馏分，侧线采出主要含有二甲基萘和联苯的中质洗油，塔底残油作为第三精馏塔的原料；第二精馏塔塔底残油进入第三精馏塔，塔顶采出苊馏分，侧线采出氧芴馏分，塔底残油为芴馏分。该工艺操作简单，设备投资少，产品馏分种类多，为进一步获得工业品萘、β-甲基萘、α-甲基萘、苊、芴等提供了极大便利，特别适合于配套规模为15万～30万吨/年焦油加工企业的洗油馏分深加工，其具体流程如图3-41所示。

该发明中实施例的具体方式如下：原料洗油与塔顶萘油蒸气换热达到180～200℃后从中部进入第一精馏塔，塔顶温度保持在220～222℃，采出的萘馏分含萘量为84%（色谱法），从上部侧线（从上往下数第12块塔板处）采出β-甲基萘馏分，采出温度为237～238℃，含β-甲基萘72%、α-甲基萘6.5%，塔底温度保持在297～298℃。塔底气相压力为42kPa。一塔塔底残油与苊残液按4∶1的比例混合后进入第二精馏塔，塔

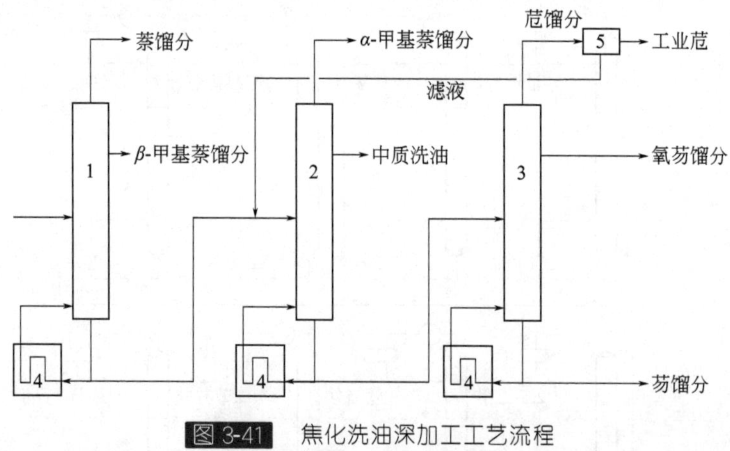

图 3-41 焦化洗油深加工工艺流程

1—第一精馏塔；2—第二精馏塔；3—第三精馏塔；4—管式加热炉；5—苊结晶机

顶温度保持在 242～243℃，采出的 α-甲基萘馏分含 β-甲基萘 22%、α-甲基萘 62%，从上部侧线（从上往下数第 20 块塔板处）采出中质洗油，采出温度为 255～256℃，塔底温度保持在 307～308℃。塔底气相压力为 30kPa。二塔塔底残油从塔中部进入第三精馏塔，塔顶温度保持在 267～268℃，采出的苊馏分含苊 62%、氧芴 8%，上部侧线（从上往下数第 20 块塔板处）采出氧芴馏分，采出温度为 278～279℃，含苊 8%、芴 10%、氧芴 58%，塔底温度保持在 328～329℃，采出的芴馏分含芴 52%、氧芴 8%，塔底气相压力为 38kPa。

3.7 萘的精制

按照生产原料的不同可将萘分为焦油萘和石油萘，自 1820 年 A. Garden 等在焦油馏分中发现萘，并由 Phil Kidd 于 1821 年从裂解焦油中分离出纯萘起，焦油至今仍然是国内外大多数企业提取萘最主要的来源途径。萘在焦油中的含量与炼焦温度、煤热分解产物在焦炉炭化室顶部空间的停留时间以及温度条件有关[82]。一般来说，高温炼焦萘在焦油中的含量约为 10%。作为合成有机化工产品的基本原料之一，萘与三烯（乙烯、丙烯、丁二烯）、三苯（苯、甲苯、二甲苯）、一炔（乙炔）广泛应用于合成纤维、橡胶、树脂、塑料、染料、医药及国防工业等诸多部门[83]。

3.7.1 萘的物理性质

萘在常温下是白色有光泽的片状晶体，易挥发、易升华并有特殊气味，分子式为 $C_{10}H_8$，相对分子质量为 128.2。遇明火、高温可燃，燃烧时放出有毒的刺激性烟雾，与铬酸钾酐、氯酸盐和高锰酸钾等强氧化剂接触能发生强烈反应，引起燃烧或爆炸。萘的粉体可与空气形成爆炸性混合物，当达到一定含量时，遇火星会发生爆炸。

萘的主要物理性质见表 3-23。

表 3-23　萘的主要物理性质

名称	数值	名称	数值
固态密度/kg·m^{-3}	1145.0	燃烧热/kJ·mol^{-1}	5158.41
液态密度(85℃)/kg·m^{-3}	975.2	升华热/kJ·mol^{-1}	66.52±1.67
液态密度(100℃)/kg·m^{-3}	962.3	临界温度/℃	478.5
动力黏度(80.3℃)/Pa·s	0.886×10^{-3}	临界压力/MPa	4.2
动力黏度(90℃)/Pa·s	0.759×10^{-3}	临界密度/kg·m^{-3}	314.0
动力黏度(150℃)/Pa·s	0.217×10^{-3}	介电常数	2.54
沸点/℃	218.0	溶解度参数	9.9
熔点/℃	80.3	闪点(闭口杯法)/℃	78.9
折射率 n_D^{85}	1.5898	自燃点/℃	526.1
比热容/kJ·kg^{-1}·℃$^{-1}$	1.47	爆炸上限/%	5.9
蒸发热/kJ·mol^{-1}	46.42	爆炸下限/%	0.9
熔融热/kJ·mol^{-1}	19.18		

萘溶于苯、甲苯、二甲苯、乙酸、四氢化萘、丙酮、四氯化碳、二硫化碳、甲醇、乙醇等大多数有机溶剂。熔融的萘是各种有机化合物的优良溶剂，常温下在有机溶剂中难溶的靛蓝、硝基茜素蓝等染料可溶于熔融的萘。萘溶解大多数含磷、硫、碘的化合物[84,85]。萘在水中的溶解度极小，1L 水中 0℃时溶解 0.019g，100℃溶解 0.03g。萘在一些溶剂中的溶解度见表 3-24。

表 3-24　萘在一些溶剂中的溶解度　　g·100mL^{-1}

温度/℃	0	10	20	30	40	50	60
苯	20.3	30.0	37.0	45.0	55.0	66.0	77.0
甲苯	20.0	26.0	33.0	41.0	50.0	61.0	72.5
二甲苯	17.8	23.0	30.0	38.3	47.5	58.0	70.5
酚油	16.0	21.6	28.0	36.1	45.5	56.5	70.0
萘油	14.2	19.3	25.6	33.0	42.0	52.5	67.0
洗油	9.6	13.9	20.0	28.9	36.0	48.5	61.6
蒽油	10.8	14.8	20.0	26.5	33.0	42.0	56.0
10#轻柴油	—	—	14.59	16.34	24.94	34.24	46.34
甲醇	3.85	5.30	7.83	10.71	15.25	23.37	37.89
乙醇	4.85	7.06	9.26	11.82	15.25	27.01	44.45
四氯化碳	12.0	16.2	23.2	31.0	—	—	—
硝基苯	15.7	20.0	26.6	34.5	45.0	—	—

当萘中含有杂质时，其结晶温度下降。萘的纯度与结晶温度的对应关系见表 3-25，通常用测熔点的方法即可知道萘的纯度。

表 3-25　萘的纯度与结晶温度之间的关系

质量分数/%	结晶温度/℃	质量分数/%	结晶温度/℃	质量分数/%	结晶温度/℃
81.00	70.5	87.70	74.0	94.95	77.5
81.95	71.0	88.70	74.5	96.05	78.0

续表

质量分数/%	结晶温度/℃	质量分数/%	结晶温度/℃	质量分数/%	结晶温度/℃
82.85	71.5	89.75	75.0	97.20	78.5
83.80	72.0	90.80	75.5	98.40	79.0
84.75	72.5	91.80	76.0	99.30	79.5
85.70	73.0	92.85	76.5	100	80.3
86.70	73.5	93.85	77.0		

3.7.2 萘的化学性质

(1) 取代反应　因为萘环的α-位电子云密度比β-位高，所以萘比苯更容易发生α-位的亲电取代反应，但是，由于β-位取代产物的热力学稳定性大于α-位取代产物，故当温度较高时，主要为β-位取代产物。例如，在三氯化铁催化下，将氯气通入萘的苯溶液中，主要生成α-氯萘。光照下与氯作用生成四氯化萘。萘的硝化比苯容易，常温下即可反应，生成α-硝基萘。萘的磺化产物与温度有关，萘在较低的温度下磺化主要生成α-萘磺酸，在较高温度时磺化主要生成β-萘磺酸。

$FeCl_3$ Cl Cl

$+ Cl_2$

光照 Cl Cl Cl

NO_2

$+ HNO_3$ H_2SO_4

SO_3H

60℃

$+ H_2SO_4$ 165℃

165℃ SO_3H

(2) 加成反应　萘比苯容易加成，在不同条件下分别生成不同的加氢产物。

$+ H_2$ ⇌ $+ H_2$ ⇌

Na C_2H_5OH Na C_2H_5OH

(3) 氧化反应　以硅胶为载体，在五氧化二钒和硫酸钾的催化作用下，萘的蒸汽可被空气氧化，生成邻苯二甲酸酐。萘在乙酸溶液中用氧化铬进行氧化，得到α-萘醌。

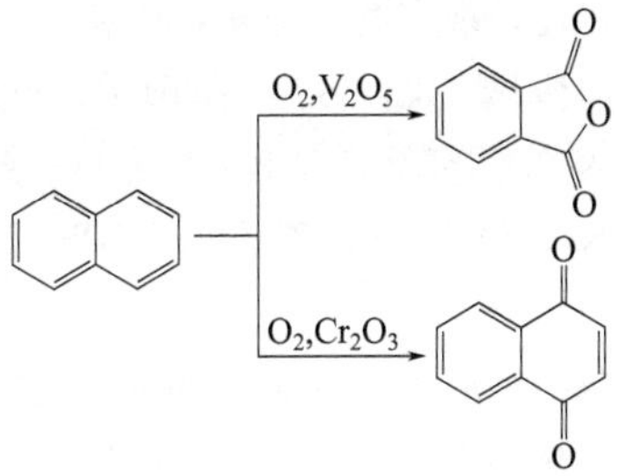

O_2,V_2O_5

O_2,Cr_2O_3

3.7.3 萘的用途

萘是工业上最重要的稠环烃，它的用途广泛，主要用于生产苯酐、苯酚、苯胺等，是合成树脂、增塑剂、染料、皮革、纤维、涂料、杀虫剂、医药、香精和橡胶助剂主要原料。其中，用于生产苯酐的大致占70%，用于染料和橡胶助剂的约占15%，用于杀虫剂的约占6%，用于鞣革剂的约占4%。美国用于生产杀虫剂的比例较大，主要是用于生产西维因。以萘为原料，经磺化、硝化、还原、氨化和水解等处理后，可以用来制得多种有机中间体。随着科学技术水平的不断提高，萘的用途还在不断拓宽，例如，Nielsen等以萘-2-硼酸、6-氢萘-2-硼酸及其碱金属盐作为液体洗涤剂中的酶稳定剂。Shroot等以聚萘取代衍生物1-甲基-6-(5,6,7,8-四氢-5,5,8,8-四甲基-2-萘基)-2-萘甲酸治愈皮肤上的各种斑点，将其用于洗涤剂凝胶、香皂、洗发水中则可以除去皮肤和头发上的油脂，减轻皮肤生理性干燥，保持皮肤湿润，促进头皮生长，抑制脱发；含有可转化为羟基的氮杂环萘衍生物能够用于照片冲洗，是一种热显影光敏材料的显影抑制剂的释放剂，使冲洗出来的照片具有较高的分辨率及色度高密性，从而使照片更加清晰和逼真；萘衍生物可作为治疗神经系统和前列腺方面疾病以及抑制肺癌细胞生长的抑制剂；此外，萘还被用作杀虫剂以及新型萘系偶氮类活性染料等。

3.7.4 萘的市场

2014年，全球工业萘的生产能力约为244万吨，其中，来自焦油的萘约占97%，石油萘约占3%。据预测，2020年全球工业萘的生产能力有望达到287万吨。全球工业萘的生产能力按地区分布见表3-26。

表3-26 2014年全球工业萘的年生产能力

地区	年生产能力/万吨	占总产能比例/%	焦油萘所占比例/℃
北美	25	10.23	88
西欧	35	14.33	76
东欧	25.4	10.40	98
亚洲	157.5	64.47	95
其它	1.4	0.57	86
合计	244.3	100.00	

美国工业萘主要生产企业有三家，KOPPERS公司生产焦油萘，ADVANCED AROMATICS公司和KOCHINDUSTRIES公司生产石油萘。

西欧是世界上萘的最重要产地，现有九家公司：比利时 N. V. VFT BELGIUM S. A，丹麦 KOPPERS DENMARK A/S，法国 HCD SA，德国 RUTGERS CHEMICALS AC，新西兰 CINDU CHEMICALS BV，西班牙 BILBAINA DE ALQUITRANES S. A 和 INDUSTRIAL QUIMICA DEL NALON SA，英国 KOPPERS UK LTD.，意大利 CARBCHMICA S. P. A。

东欧工业萘生产主要集中在捷克、波兰和俄罗斯，它们均以焦油为原料，其中俄罗斯产量居第一，占东欧产量的 45%以上，其次是捷克，占 25%以上，而波兰则占 15%左右。

日本工业萘全部来自焦油，目前有三家生产公司，分别是 JFE 化学株式会社、新日本制铁株式会社和住友金属工业株式会社。自 20 世纪 80 年代中期以来，由于日本国内焦油供应处于逐年下降的趋势，每年需进口 10 万吨左右的焦油，以保持其工业萘产量基本处于平稳状态。

2014 年，全球工业萘总消费量约 241.6 万吨，其中亚洲消费量占全球总消费量的 66.3%，西欧约占 10.4%，北美约占 14.6%，东欧约占 8.7%。2020 年全球工业萘需求量将达到 282 万吨，年均需求增长率在 5%左右。

我国现有 70 多家工业萘生产企业，2014 年生产能力为 103 万吨，产量达到 101 万吨，预计今后几年我国工业萘的生产能力、产量年均增长率为 6%左右，2020 年生产能力将达到 127 万吨，产量将达到 113 万吨。我国工业萘基本来自焦油，从事焦油萘生产的大多数企业是冶金系统的焦化厂，生产规模较大的企业主要有上海宝钢化工有限公司、鞍钢实业化工公司、武汉钢铁集团焦化有限责任公司、首都钢铁公司焦化厂、攀枝花钢铁集团煤化工公司等。

我国工业萘消费中比例最大的是生产高效水泥减水剂。萘系高效减水剂约占高效减水剂总用量的 81%，占水泥添加剂总用量的 40%以上。萘系减水剂特点是生产技术成熟、应用可靠稳定、性价比高、市场占有率大。尽管近年来越来越多的新品种高效减水剂如聚羧酸系减水剂不断涌现，使得原本单一的萘系减水剂市场受到一定程度的冲击，但其生产技术尚不成熟，产品可靠性稍差，性价比相对低，在国内市场尚不能成为主流，在未来相当长一段时期内无法取代萘系减水剂的地位。而我国正处于大规模建设时期，萘系减水剂具有非常大的发展空间。2013 年萘系高效减水剂产量约 145 万吨，消耗工业萘约 68 万吨，2014 年我国减水剂对工业萘的需求更是达到了 74 万吨。

工业萘的另一主要应用领域是制成精萘，用于生产染料及有机颜料中间体，产量最大的是 2-萘酚和 H-酸。我国已成为世界上最大的染料和有机颜料生产国，近年来生产技术和产品结构变化较大，但对精萘的需求总体呈平稳增长趋势。2013 年我国消费精萘约 19 万吨，折合工业萘约 21 万吨，2014 年该领域对精萘的需求量达到 22 万吨，折合工业萘约 25 万吨。

萘在农用化学品和医药领域的主要下游产品包括植物生长调节剂、除草剂、熏蒸剂、鞣革剂和饲料添加剂以及计生药品等。这也是萘消费中增长最快的部分，但目前应用量较少。2013 年这些领域消费工业萘约 14 万吨，2014 年该领域对工业萘需求量达到 16 万吨。

预计2015～2020年我国对工业萘的需求量平均增速约7%，2020年我国对工业萘的需求量将达到148万吨左右。国内工业萘消费量及预测见表3-27。

表3-27　我国工业萘消费量及预测　　万吨

名称	2015年	2018年	2020年
萘系高效减水剂	74	86	95
染料及有机颜料	25	27	30
农药和医药领域	16	19	23
合计	115	132	148

3.7.5　萘的生产

根据焦油蒸馏工艺的不同，生产萘的原料有萘油，萘、洗油二混馏分和酚、萘、洗油三混馏分共3种，制得的萘产品主要包括工业萘和精萘，其国家质量标准见表3-28（GB/T 6699—1998）[86]。

表3-28　我国萘产品质量指标

名称	指标					
	工业萘			精萘		
	优等品	一等品	合格品	优等品	一等品	合格品
外观	白色，允许带微红或微黄粉状、片状结晶			白色，粉状、片状结晶	白色，略带微红或微黄粉状、片状结晶	
熔点/℃	≥78.3	≥78.0	≥77.5	≥79.8	≥79.6	≥79.3
不挥发物/%	≤0.04	≤0.06	≤0.08	—	≤0.01	≤0.02
灰分/%	≤0.01	≤0.01	≤0.02	—	≤0.06	≤0.008
酸洗比色（按标准比色液）	—	—	—	不深于2号	不深于4号	—

注：外观的测定按GB/T 6699《焦化萘》进行；熔点的测定按GB/T 3069.2《萘熔点的测定方法》进行；不挥发物的测定按GB/T 6701《萘不挥发物的测定方法》进行；灰分的测定按GB/T 3069.1《萘灰分的测定方法》进行；酸洗比色的测定按GB/T 6702《萘酸洗比色的试验方法》进行。

目前，生产萘产品的方法主要有化学法和物理法两种，其中，化学法包括硫酸洗涤法、磷酸洗涤法、加氢精制法、甲醛缩合法、氧化法和原位氢还原法等，而物理法则包括熔融结晶法、溶剂结晶法、升华法和精馏法等。

对于化学法来说，硫茚分子中硫原子的存在，使其在发生磺化、烷基化等化学反应时的活性比萘高，化学方法就是利用萘与硫茚化学反应性质的不同，使硫茚反应生成易于与萘分离的新物质而实现对萘的精制；对于物理法来说，它是利用待分离组分之间物性差别而实现分离的。萘与硫茚物理性质见表3-29。

表3-29　萘与硫茚的物理性质

名称	熔点/℃	沸点/℃	偶极距/Debye	溶解度(25℃)/$10^6(J\cdot m^{-3})^{0.5}$
萘	80.28	217.99	0	19.49
硫茚	31.35	219.90	2.1×10^{-30}	21.47

由表3-29可知，因为萘和硫茚的沸点相差不到2℃，而熔点却相差49℃，所以利用这一差别可采用熔融结晶的方法对二者进行分离，但是，由于萘-硫茚属于典型的固液相体系，一次结晶得到的产品达不到精萘质量要求，故必须采用分步结晶。此外，萘的分子为对称结构，偶极矩为0，而硫茚分子为一苯环并一五元杂环，分子中的电子云密度不对称，分子的极性比萘大，所以，有可能通过特殊精馏的方法将硫茚脱除，如萃取精馏、共沸精馏等。

(1) 硫酸洗涤法　硫酸洗涤法一般采用质量分数为96%～98%的浓硫酸洗涤粗萘，使原料中的硫茚和不饱和化合物与其发生磺化反应并聚合为树脂，碱性化合物与硫酸结合转入硫酸层，酚类在酸洗时存在于熔化的萘中，在随后的碱洗过程中除去，碱洗后的液体萘经真空蒸馏，从塔顶采出精萘。然而，在酸洗过程中，磺化反应使萘损失率较高，有的高达10%以上；硫酸茚脱除率不高，产品一般只能达到国家合格品标准；酸性设备因腐蚀严重需要更换特殊钢材；此外，酸性过程中产生的再生酸和污水等废液难以处理。由于这些缺点，该传统工艺已被淘汰。

(2) 磷酸洗涤法　磷酸洗涤法利用磷酸对工业萘进行精制，此法通过磷酸与工业萘中的吲哚作用生成三聚体，与喹啉作用生成盐，并使茚与吲哚在磷酸作用下发生聚合、共聚、缩合和烃化反应，生成的产物分布在磷酸层和熔融萘层之间。

西伯利亚钢铁公司焦化生产的萘采用磷酸洗涤法进行精制。在搅拌下，向90～95℃熔融萘中加入一定量的磷酸（85%～95%），混合30min，放出液体萘，再进行普通蒸馏即可得到熔点为79.6℃的精萘产品。

(3) 加氢精制法　在催化加氢条件下，粗萘中含有的硫茚和微量苯甲腈、茚、酚类、吡啶碱以及不饱和化合物很容易除去，其主要反应如下：

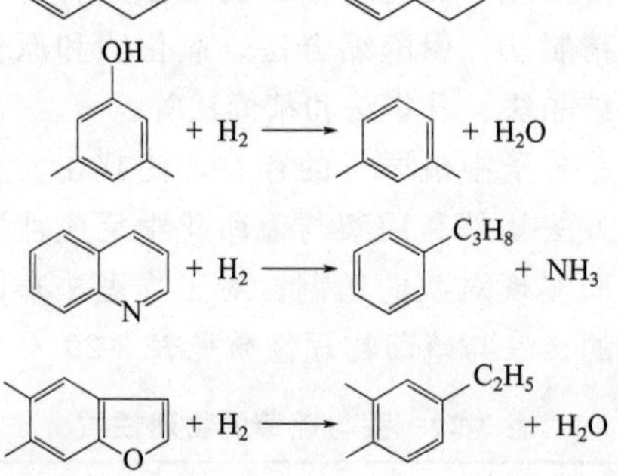

S $+ H_2 \longrightarrow$ C_2H_5 $+ H_2S$

CN $+ H_2 \longrightarrow$ $+ NH_3$

$+ H_2 \longrightarrow$

OH $+ H_2 \longrightarrow$ $+ H_2O$

N $+ H_2 \longrightarrow$ C_3H_8 $+ NH_3$

O $+ H_2 \longrightarrow$ C_2H_5 $+ H_2O$

在此过程中，萘亦被部分氢化：

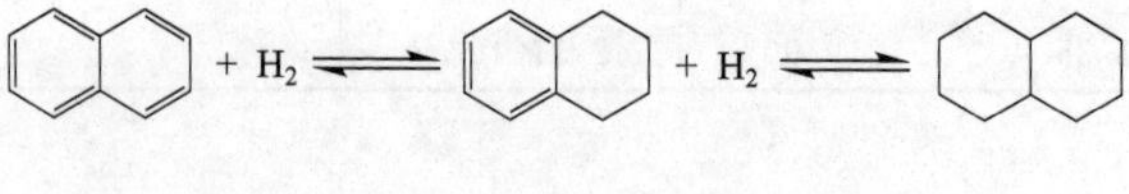

$+ H_2 \rightleftharpoons$ $+ H_2 \rightleftharpoons$

萘被加氢为四氢化萘的量与操作压力、反应温度和氢萘摩尔比等因素有关。当温度升高或压力降低时，便产生可逆反应。当萘转化为四氢化萘达到一定程度后，若仍然存在过量的氢，一部分的四氢化萘还会进一步加氢生成十氢化萘。在萘加氢精制过程中，不希望生成四氢化萘，选择合适的加氢精制制度可以将四氢化萘的生成限制在加氢精萘的 0.3%以下。以上反应是加氢精制的主反应，实际上还发生许多异构化、歧化及裂解等副反应，这些副产物有许多可在最后精馏时与精萘分开。

萘的加氢精制多采用 Al-Co-Mo 催化剂，也有采用 Al-Ni-Mo 催化剂的，它主要用于生产低硫萘，这种萘用于流化床生产邻苯二甲酸酐，可避免催化剂中毒，另外也适用于生产 2-萘酚、H-酸、甲萘胺及苯胺染料中间体等化工产品。

加氢精制法的工艺流程如图 3-42 所示。

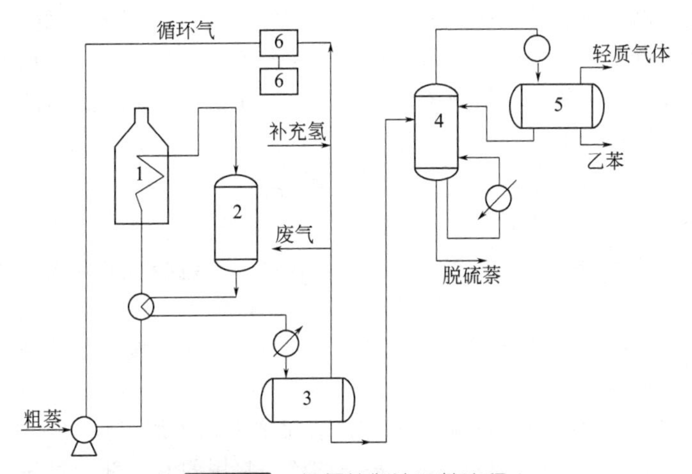

图 3-42　加氢精制法工艺流程

1—管式加热炉；2—固定床反应器；3—气液分离器；4—提馏塔；5—分离器；6—循环气压缩机

原料工业萘与含氢循环富气混合送至换热器预热后，经管式加热炉加热到所需的反应温度并进入固定床反应器。反应器内装有钴钼催化剂，在压力为 1.4MPa、反应温度为 440℃、液体空速为 1.5～3h^{-1}下进行催化加氢。反应器流出物通过换热器和冷却器至气液分离器，含氢富气于此分出并循环送至反应器。补充的氢气于循环气压缩机前加入循环系统。为了除去系统中的硫化氢，部分尾气必须放空。自气液分离器出来的液体直接送至提馏塔，自塔顶逸出的气体经冷凝冷却后进入分离器。分离器上方引出的轻油气中含有少量硫化氢和氨等，分离器底部放出乙苯。由提馏塔底采出的样品为低硫萘，其硫含量仅为 10～100 mg·kg^{-1}，熔点在 77.5～79℃之间，副产四氢化萘，含量约为 1%。

日本川崎公司在其一套 3 万吨/年的粗萘精制装置中一直采用加氢技术，在 0～2MPa、100～300℃下的液相中进行反应，精萘的硫质量分数小于 250mg·kg^{-1}，精制后的萘主要用于生产苯酐。虽然在加氢过程中，有部分萘被过加氢生成四氢化萘，影响了精萘的收率，但对于生产苯酐来讲，萘和四氢萘在催化氧化时均生成苯酐，可以不考虑这部分萘损失。

法国石油公司对加氢精制工艺进行了改进，采用负载型催化剂，活性组分包括至少一种第Ⅷ族金属和至少一种第Ⅵ族金属，还可以选择性地含有磷。催化剂比表面积最大达 $220m^2 \cdot g^{-1}$，孔体积 $0.35 \sim 0.7mL \cdot g^{-1}$，且平均孔径大于 10nm。反应温度 150～325℃，压力 0.1～0.9MPa、空速为 $0.05 \sim 10h^{-1}$，氢气与萘的摩尔比为 0.1～1.3。粗萘中的硫茚及其他含硫氮及羟基的杂质被转化成量硫化氢、氨和水而除去，通过蒸馏和分步结晶进一步提纯后，精萘质量分数最高达 99.9%以上。加氢过程中也有部分四氢萘生成，但通过将四氢萘循环至反应器入口，可以抑制加氢过程中四氢萘的生成，显著提高精萘的收率。

加氢精制不但脱硫效率高，可达 98%以上，而且还能脱除有机氮类和酚类杂质，没有设备腐蚀问题和三废处理问题，是一种高效、清洁的精制工艺。但是，加氢精制反应需要在高温高压下进行，耗氢量大，而氢资源也较贵，对操作人员的要求较高。

(4) 甲醛缩合法　由于甲醛易与硫茚发生缩合反应，生成大分子化合物，而萘无此特点，故在硫茚含量较高的粗萘中，为了既深度除去硫茚又减少萘的损失，经常采用甲醛缩合法。硫茚与甲醛发生如下反应：

$$\text{硫茚} + CH_2O \xrightarrow{H_2SO_4} \text{二(3-苯并噻吩基)甲烷}$$

徐志珍等[87]利用该特性，采用无机酸为催化剂，将粗萘与甲醛水溶液加入有机溶剂中反应，使硫茚脱除。甲醛和催化剂的用量均为粗萘的 1.5%，精制后萘的质量分数为 99.6%，熔点 79.7℃，精萘收率未报道。由于存在废水、废酸的处理和设备腐蚀问题，甲醛缩合法作为工业化生产方法尚不成熟。

(5) 氧化法　硫茚分子中的硫原子易被氧化剂氧化为水溶性的砜或亚砜化合物，因而可以利用硫茚的这一性质脱除工业萘中的硫。常用的氧化剂为过氧化氢，催化剂为甲酸、乙酸等小分子有机酸，据称添加少量无机酸脱硫效果更好。研究结果表明，过氧化氢氧化脱硫的效果令人满意，用于工业萘脱硫时，可以得到质量分数为 99.9%的精萘，硫的脱除率接近 98%。

过氧化氢氧化脱硫的优点是设备简单、反应条件温和且脱硫率高，但是该过程中用到的过氧化氢在储运过程中存在安全隐患，采用有机酸和无机酸作催化剂还存在设备腐蚀的问题，采用耐腐蚀材料的设备则会增加投资。此外，硫茚等杂质氧化后转化为砜或亚砜进入反应体系中的水相，形成一种含有机酸/无机酸/砜和亚砜的废水，酸作为催化剂需要回收循环利用，而生成的砜和亚砜都是重组分，因此，这部分废水的处理能耗较大。

(6) 原位氢还原法　在质子化溶剂中，氯化钴与硼氢化钾反应可以产生氢气，而反应的另一产物硼化钴本身是一种加氢催化剂，产生的氢吸附在硼化钴表面并与噻吩类硫化物反应，生成加氢和氢解两类产物。反应生成的硫化物沉积在硼化钴表面上而不像通常的加氢脱硫过程那样以硫化氢的形式溢出。此外，原位氢还原脱硫的过程需要在低温下进行。研究表明，反应温度超过 20℃时，脱硫率将显著下降，其主要原因可能是较高的温度降低了原位氢在硼化钴表面的吸附含量，影响反应效果。郭秀艳等指出，反应温度要控制在 15℃以下，在适当的溶剂和氯化钴、硼氢化钾用量下，苯并噻吩中硫的脱除率可达88.4%。

原位氢还原法是一种全新的脱硫方法，它的反应条件温和，避免了常规加氢反应对设备 安全及人员的苛刻要求，但该方法反应温度在低于常温下反应，具体实施时需要配制冷设备，增加了投资和能耗，另外，反应生成的固体物也需要有相应的处理方法，最好能加以回收并循环利用。这种方法目前尚无工业化的先例。

(7) 熔融结晶法　熔融结晶法用于生产工业萘或精萘的原理是基于混合物中各组分在相变时有重分布的现象。目前，最具有代表性的主要工艺包括20世纪60年代法国PROAD公司开发的间歇式分步结晶法、70年代澳大利亚UNION CARBIDE公司研制的连续式多级分步结晶精制法和新日本制铁株式会社开发的连续结晶法以及80年代德国RUETGERS公司研制的鼓泡式熔融结晶法和瑞士SULZER公司开发的立管降膜结晶法等。

间歇式分步结晶法在捷克乌尔克斯焦油加工厂实施，其工艺流程如图3-43所示。

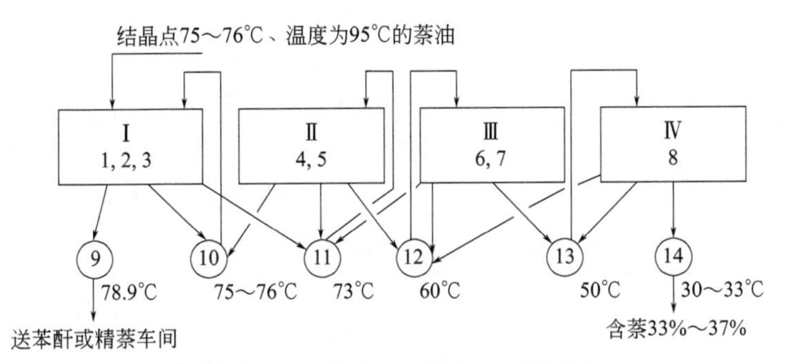

图3-43　间歇式分步结晶法工艺流程

1～8—结晶箱；9～14—中间槽（温度为熔点）

熔点在71.5～73℃的萘油先经碱洗脱酚，再在60块塔板精馏塔内精馏，并从第50块塔板引出熔点为75～76℃的萘油作为分步结晶的原料。分步结晶的过程设有8个结晶箱，按4个工序进行。

工序Ⅰ：熔点为75～76℃，温度为95℃的萘油进入1号、2号和3号结晶箱，结晶箱以2.5℃·h^{-1}的速度根据需要进行冷却或加热。当萘油温度降至63℃时，开始放出不合格的萘油，其熔点为73℃，作为工序Ⅱ的原料。放完后升温至75℃，放出熔化的萘油，熔点为75～76℃，作为下一次的结晶原料，然后继续升温至全部熔化，产品为工业萘，熔点不小于78.9℃，作为生产苯酐或精萘的原料。

工序Ⅱ：来自工序Ⅰ和工序Ⅲ熔点为73℃，温度为90℃的萘油，在4号和5号结晶箱中以5℃·h^{-1}的速度冷却或加热。当温度降至56℃时，开始放出熔点为60℃的萘油，作为工序Ⅲ的原料，然后升温至71℃放出熔点为73℃的萘油返回使用。最后升温至全部熔化，得到熔点为75～76℃的萘油作为工序Ⅰ的原料。

工序Ⅲ：熔点为60℃，温度为85℃的萘油装入6号和7号结晶箱，以6℃·h^{-1}的速度冷却或加热。当温度冷却到48～49℃时，放出熔点为50℃的萘油，作为工序Ⅳ的原料。然后升温至57～58℃放出熔点为60℃的萘油返回使用。最后升温至全部熔化，得到熔点为73℃的萘油作为工序Ⅱ的原料。

工序Ⅳ：熔点为50℃，温度为80℃的萘油装入8号结晶箱，以0.5～2℃·h^{-1}的速度冷却或加热。当温度冷却到28～32℃时，放出熔点为30～33℃的萘油，含萘33%～37%。这部分萘油硫茚含量较高，可作为提取硫茚的原料或作为燃料油使用。然后升温，放入熔点为40～45℃的萘油返回使用。最后升温至全部熔化，得到熔点为60℃的萘油作为工序Ⅲ的原料。

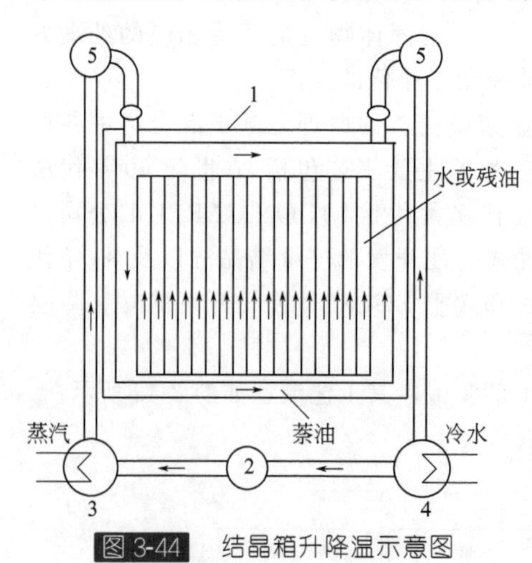

图3-44 结晶箱升降温示意图
1—结晶箱；2—泵；3—加热器；4—冷却器；5—汇总管

结晶箱的升温和降温是通过一台泵、一台加热器、一台冷却器和结晶箱串联起来而实现的，如图3-44所示。冷却时加热器停止供蒸汽，用泵使结晶箱管片内的水或残油经冷却器冷却，再送回结晶箱管片内，使管片间的萘油逐渐降温结晶。加热时冷却器停止供冷水，由加热器供蒸汽，通过泵循环使水或残油升温，管片间的萘结晶吸热熔化。

间歇式分步结晶法的操作条件见表3-30。

表3-30 间歇式分步结晶法的操作条件

名称	工序Ⅰ	工序Ⅱ	工序Ⅲ	工序Ⅳ
中间槽温度/℃	85～90	70～75	60～65	50～55
装料温度/℃	95	90	85	80
升降温速度/℃·h^{-1}	2.5	5	6	0.5～2
分离温度/℃	63	56	48～49	28～32
加料时间/h	5～6	6～7	5～6	9～10
升温时间/h	8～9	5～7	4～5	1～5
放料时间/h	2～3	2	2	2
循环周期/h	16～18	14～17	12～14	16～18

连续式多级分步结晶精制法又称萘区域熔融精制法，其主要设备是萘区域熔融精制机，如图3-45所示。

该精制机由两个相互平行的水平横管和一个垂直立管及传动机构等部件组成。工业萘进入的横管称为管1，向立管连接方向倾斜。排出晶析残油的横管称为管2，向管1连接处倾斜。立管称为管3，在其底部有一个结晶熔化器，晶体萘从这里排出。管1和管2外部有温水冷却夹套，内部有转动轴，轴上附有带刮刀的三向螺旋输送器和支撑转动轴的中间轴承。管1和管2由转换导管连接，其中间有可调节结晶满流的调节挡板。管3内部有立式搅拌机，管外缠有通蒸汽的铜保温管。螺旋输送器和立式搅拌器各由驱动装置带动。

连续式多级分步结晶精制法的工艺流程如图3-46所示。

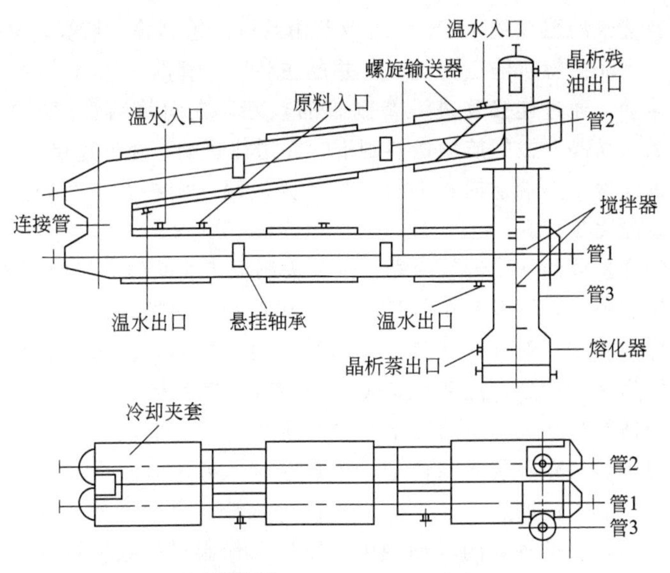

图 3-45　萘区域熔融精制机

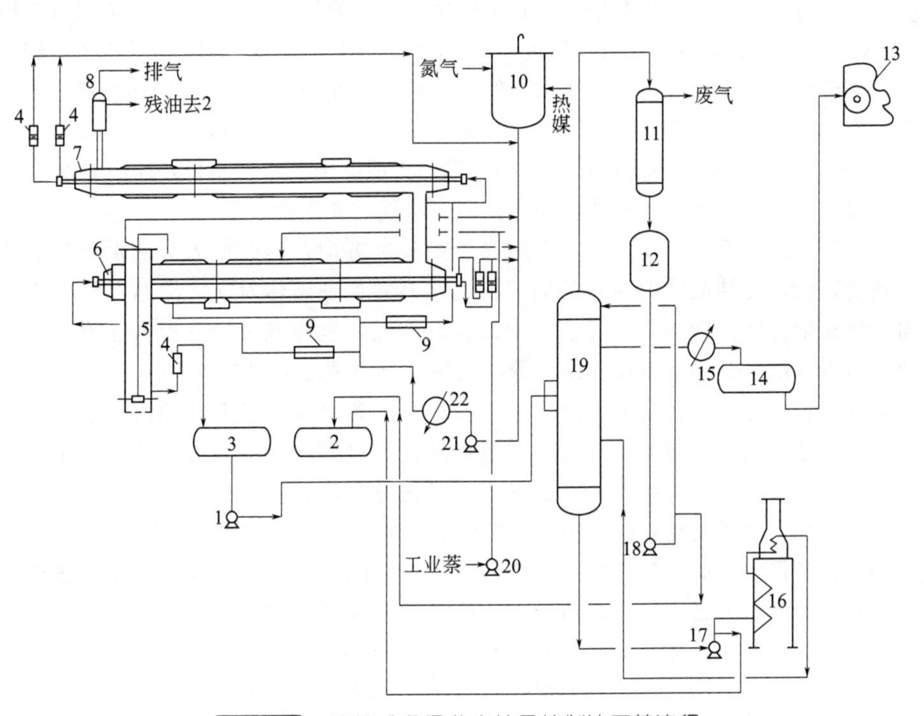

图 3-46　连续式多级分步结晶精制法工艺流程

1—蒸馏塔原料泵；2—晶析残油中间槽；3—中间槽；4—流量计；5～7—萘区域熔融精制机管；
8—晶析残油罐；9—冷却水夹套；10—热介质高位槽；11—凝缩器；12—回流槽；
13—转鼓结晶机；14—精萘槽；15—冷却器；16—管式加热炉；17—循环泵；
18—回流泵；19—蒸馏塔；20—装入泵；21—热介质循环泵；22—加热器

由萘蒸馏装置来的温度约110℃的工业萘用泵送入精制管，被管外夹套中的温水冷却而析出结晶。结晶由螺旋输送器刮下，并送往靠近立管的一端（热端），残油则向另一端（冷端）移动，通过连接管进入精制管的热端，在向精制管的冷端移动过程中，又不断析出结晶。结晶又被螺旋输送器刮下，并送往热端，经过连接管下沉到管1。在残液和结晶分别向冷、热端逆向移动过程中，固液两项始终处于充分接触、不断相变的状态，以使结晶逐步提纯。

富集杂质的晶析残油从精制管冷端排出，去制取工业萘的原料槽。结晶从精制管1的热端下沉到精制管。管下部有用低压蒸汽作热源的加热器，由上部沉降下来的结晶在此熔化。熔化的液体一部分作回流液与结晶层对流接触，同时由于密度差而向上流动，另一部分作为精萘产品，温度约90℃，自流入中间贮槽。

精制管1和精制管2夹套用的温水来自温水槽，用后的温水冷却至规定温度后返回温水槽循环使用。热介质装入高位槽，依靠液位压差进入热介质循环泵的入口，经泵加压后，在加热器中被加热至85℃，再用冷却水调整温度，使热介质分别以不同温度送入萘区域熔融精制机各管的转动轴中，以控制精制机的温度梯度，用后的冷介质和热介质循环进入泵的吸入口。

晶体萘由原料泵送入蒸馏塔，进料温度由蒸汽夹套管加热到140℃。蒸馏塔顶馏出的220℃油气冷凝冷却至约114℃后进入回流槽，其中一部分作为轻质不纯物送到晶析残油中间槽，其余作为回流。侧线采出的液体精萘温度约220℃，经冷却后流入精制萘贮槽，再送入转鼓结晶机结晶，得到精萘产品。塔底油一部分经管式加热炉加热至227℃作为蒸馏塔热源循环使用，另一部分作为重质不纯物送到晶析残油中间槽。

连续式多级分步结晶精制法在操作控制上特别需要注意以下几点。

第一，保证合理的温度分布。沿结晶管的长度方向，热介质入口侧温度较高，出口侧温度较低，使结晶管内的物料能够析出结晶并保证液体对流。沿结晶管的横截面方向，转动轴部位温度高，靠近管内壁部位温度低，这样既可保证固液正常对流，又能使夹套冷却面处结晶不熔化。结晶管内的温度分布情况如图3-47所示。

第二，选择适宜的回流量。回流量是指从管3底部熔化器上升的高纯度液体萘流量。这部分液体萘与下降的结晶进行对流接触时，可以将结晶表面熔化，使杂质从结晶表面排出，从而纯化了结晶。一般来说，回流量与进料量的比值控制在0.5左右为佳，过小不利于结晶纯化，过大易产生偏流短路现象。

第三，确保较慢的冷却速度。欲获得大颗粒的结晶，减少不纯物在结晶表面的吸附，母液的过饱和度必须较小，精制管的冷却速度应该控制得慢一些，故沿结晶管的长度方向，每一截面流体冷却速度通常不应超过3℃·h^{-1}。

连续结晶法的主体设备是直立圆筒结晶塔，如图3-48所示。

该塔由上到下依次分为冷却段、精制段和熔融段。塔内装有回转轴，冷却段内回转轴上装有刮刀，精制段回转轴上装有若干搅拌棒。原料以液态加入，沿塔上升到冷却段，该段从外部进行冷却，使萘结晶析出，析出的晶体一面与上升的母液逆流接触，一面在重力的作用下沿塔下降到熔融段，由于在此过程中两相逆流接触形成了良好的传质条件，加上晶体本身熔融再结晶的作用，原料得到了很好的精制。精制后的结晶到达熔融段被加热而成为液体，一部分作为产品采出，其余作为回流液沿塔上升对下降的结晶起精制作用。塔顶采出晶析残油。通过调节冷却温度、加热量和产品采出量使结晶层的上端保持在冷却端下部的位置。

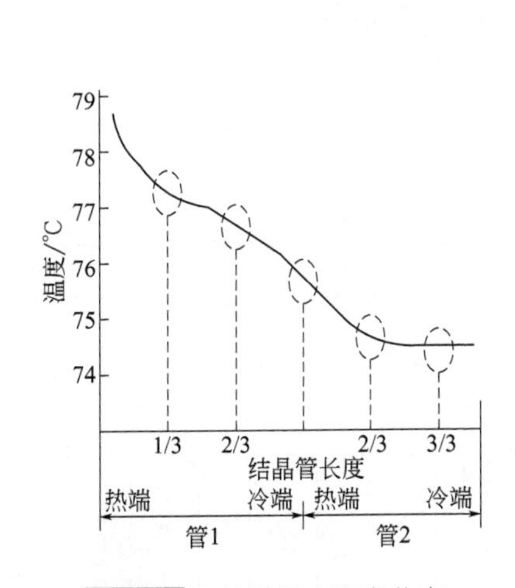

图 3-47 结晶管内温度分布

注：1/3 指结晶管从热端起在管长的 1/3 处管段上的温度计测量点；2/3、3/3 含义同上。

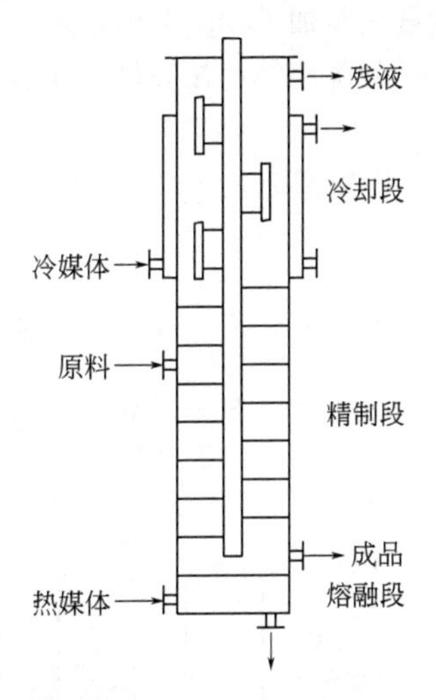

图 3-48 直立圆筒结晶塔

鼓泡式熔融结晶法的主要设备是类似管束式换热器的结晶器，它的顶部有气体导入管、进料口和气体导出管，底部有出料口，如图 3-49 所示。

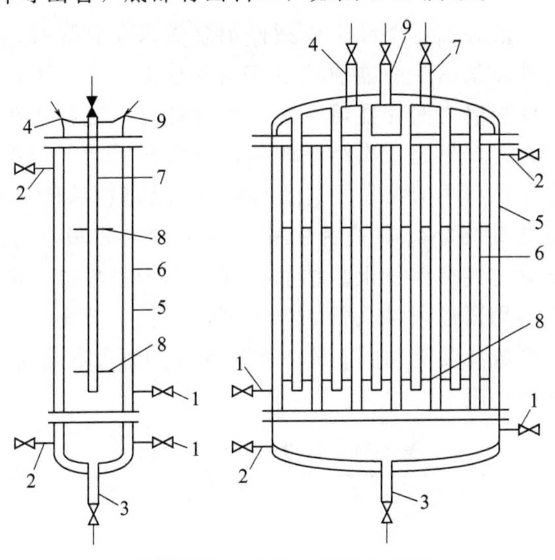

图 3-49 鼓泡式熔融结晶器

1，2—加热或冷却介质出口；3—出料口；4—进料口；5—外壳；6—结晶管；7—气体导入管；8—支撑杆；9—气体导出管将液态原料送入结晶器内，再由气体导入管通入氮气，气泡自每根结晶管底部沿壁上升，形成湍流，以改善传热和传质，同时在壳程通入冷却介质冷却。在管壁上附有适当结晶层后，由底部出口放出残液，升温发汗后，将管壁上的结晶物熔化作为产品或进一步加工。

立管降膜结晶法在鞍钢实业化工公司实施的工艺流程如图 3-50 所示。

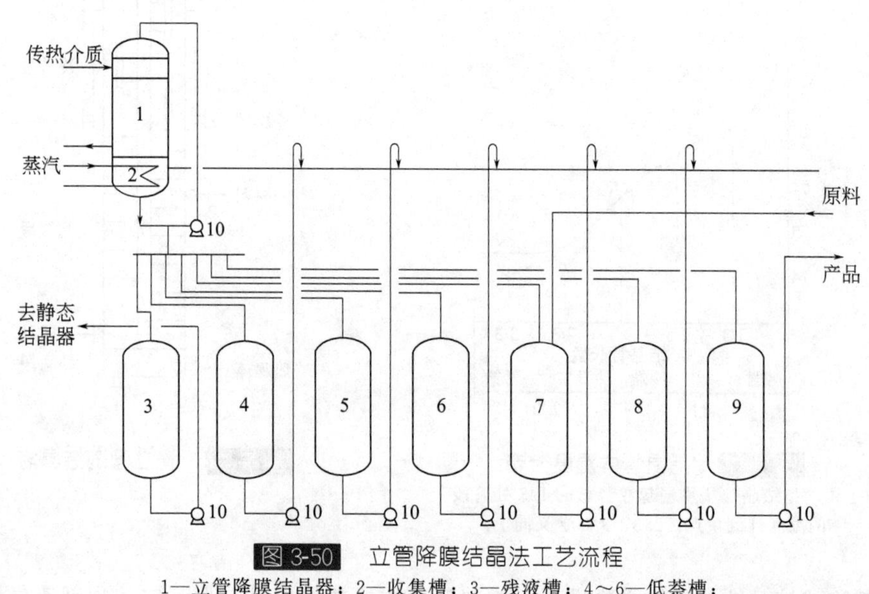

图 3-50 立管降膜结晶法工艺流程

1—立管降膜结晶器；2—收集槽；3—残液槽；4～6—低萘槽；7—工业萘槽；8—全熔液槽；9—液态精萘槽；10—泵

由工业萘装置来的液态工业萘经工业萘槽用泵送入立管降膜结晶器收集槽，然后启动物料循环泵，使液体萘从结晶器顶端沿管内壁呈降膜状流下，传热介质沿管外壁也呈降膜状流下。管内外壁之间存在着一定的温度梯度，使物料在结晶器中完成冷却结晶、加热发汗和熔化三个过程。未结晶的萘油与发汗液放入低萘槽和残液槽中，其含萘量逐渐递减。全熔液槽中为第 5 段结晶的原料。液态精萘槽中为液态精萘。

立管降膜结晶器的直径为 4m，高为 14m，内设 1700 多根立管，顶部是分配装置，由弯曲的细管和分配伞连接在钢管上。结晶器的下部为收集槽，用泵将槽内物料送入结晶器顶部。冷热介质用泵送入结晶器的侧上部，从侧下部排出。操作要求每根管的内外壁上保证均匀地形成降膜流动。立管降膜结晶器的温度分布情况如图 3-51 所示。

这 6 段的精制效果见表 3-31。

表 3-31 各段精制效果对比

名称	第 1 段	第 2 段	第 3 段	第 4 段	第 5 段	第 6 段
萘的质量分数/%	77.09	84.40	89.55	95.39	98.40	99.51
硫茚的质量分数/%	11.14	8.14	6.01	2.72	1.44	0.47

(8) 溶剂结晶法　溶剂结晶法主要利用萘与杂质在醇类中溶解度的差异来对萘进行精制。波兰西里西亚工业大学煤化工研究所开发的甲醇溶剂结晶法于 1984 年在布拉

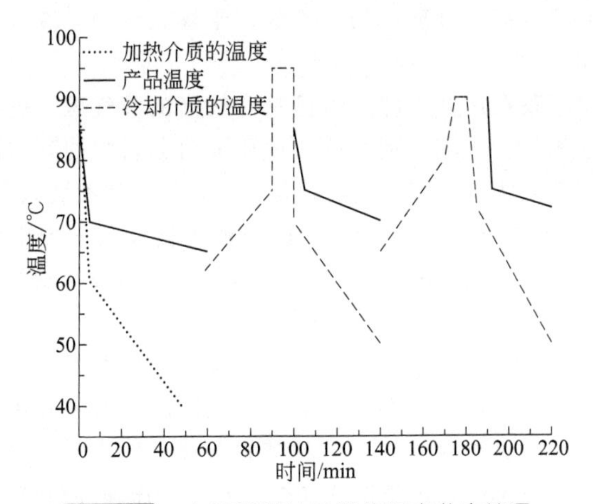

图 3-51　立管降膜结晶器的温度分布情况

霍夫尼亚焦油厂采用，年产 8000 吨精萘。首先，将工业萘以一定比例溶解在甲醇中，然后在塔式结晶器中以一定的降温速度结晶，结晶完成后洗涤晶体，最后分离晶体与母液，并对溶剂进行再生。同时，针对硫茚和萘可形成低共熔体的特点，添加少量酚类物质，使酚羟基与硫茚形成较强氢键而有利于脱除硫茚。该方法能够得到熔点为 79.8～80℃的精萘，收率约为 90%。

国外有学者利用甲醇-丙酮两步结晶法以熔点为 71.2℃、萘含量为 84%的粗萘作原料进行溶剂重结晶提纯。第一步以甲醇为溶剂，溶剂与原料质量比为（1～1.5）∶1，结晶最终温度为－10℃，得到纯度为 98.83%、熔点为 79.5℃的萘；第二步以丙酮为溶剂，溶剂与原料质量比为（1～1.5）∶1，结晶最终温度为－5～－10℃，得到的精萘产品纯度为 99.81%，熔点为 80.1℃。第一步结晶分离后的母液进行蒸馏回收甲醇，残液含硫茚的质量分数为 12%～15%，可用于生产纯硫茚。第二步结晶分离后的母液进行蒸馏回收丙酮，残液组成与粗萘相近，作为第一步结晶的原料。此外，还有人通过甲醇-白土精制法以熔点为 61～69.5℃、萘含量为 72.2%～82.5%的萘油作为精制原料，用与原料质量比为 2∶1 的甲醇进行两次结晶，将第二次结晶得到的精萘熔融，放在压力容器中，用占原料质量 1%～10%的白土在 80～100℃条件下精制处理，经过滤、蒸馏后得到熔点为 80.1℃、纯度为 99.6%的精萘。

马红龙等[88]用萘渣或焦油渣进行蒸馏，当温度上升到 210℃时进行回收，控制温度升至 230℃时止，回收温度在 210～230℃期间的馏分主要是工业萘，将回收的工业萘加入反应釜，再加入含量 80%～85%的乙醇，其用量为工业萘∶乙醇＝1∶（3～3.5），加温至 70～80℃使全部工业萘溶解，然后逐渐降温至 20～15℃，重新结晶，再进入离心机分离。分离出的精萘放入干燥箱干燥，冷却后包装成产品；分离出的溶剂回收再用。

此外，工业萘或生产工业萘过程中排出的水萘亦可作为生产精萘产品的原料。直接采用工业萘或水萘加入反应釜，再按质量比为 1∶（2.5～3）的用量加入含量为 75%～80%的乙醇，加温至 70～75℃使全部原料溶解，然后逐渐降温至 25～20℃，重新结晶，再进入离心机分离，分离出的精萘放入干燥箱干燥，冷却后包装成产品，分离出的溶剂回收再用。

(9) 升华法　由于萘在远低于沸点时已具有较高的蒸气压，故萘蒸气冷却时可不经过液相直接凝结成固体。升华法利用这一性质来对原料中的萘与高沸点油类杂质分离，从而得到高纯度的升华萘，其工艺过程是将熔化后的粗萘装入蒸发器并保持115～125℃，液面上萘蒸气温度不应超过97℃，以免油类被萘蒸气带出而降低升华萘的纯度。萘蒸气进入升华室，室内温度为40～50℃，萘即凝结成片状结晶。萘的升华亦可在减压下进行，以降低升华温度和增加升华速度。

(10) 精馏法　焦油蒸馏得到的萘油是生产工业萘的主要原料，它的一般加工工序为：萘油→碱洗→酸洗→碱洗→精馏→工业萘。碱洗的目的是除去酚类，酸洗的目的是脱除吡啶碱类，最后再碱洗除去游离酸和其它杂质。生产工业萘的精馏法主要有双炉双塔连续精馏法、单炉单塔连续精馏法和单炉双塔加压连续精馏法。

双炉双塔连续精馏法的工艺流程如图3-52所示。

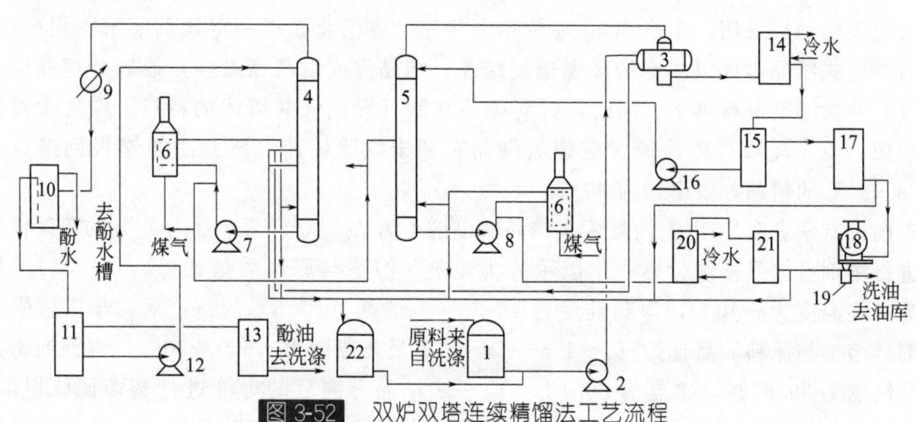

图3-52　双炉双塔连续精馏法工艺流程

1—原料槽；2—原料泵；3—原料与工业萘换热器；4—初馏塔；5—精馏塔；6—管式加热炉；7—初馏塔热油循环泵；8—精馏塔热油循环泵；9—酚油冷凝冷却器；10—油水分离器；11—酚油回流槽；12—酚油回流泵；13—酚油槽；14—工业萘气化冷凝冷却器；15—工业萘回流槽；16—工业萘回流泵；17—工业萘贮槽；18—转鼓结晶机；19—工业萘装袋自动称量装置；20—洗油冷却器；21—洗油计量槽；22—中间槽

静置脱水后的萘油由原料泵送至工业萘换热器，温度由80～90℃升至200℃左右，进入初馏塔。初馏塔顶逸出的酚油蒸气经冷凝冷却和油水分离后进入回流槽。在此大部分作初馏塔的回流，少部分从回流槽溢流入酚油成品槽。已脱除酚油的萘洗塔底油用热油泵送往初馏塔管式加热炉加热后返回初馏塔底，以供给初馏塔热量。同时，在热油泵出口分出一部分萘洗油打入精馏塔。精馏塔顶逸出的工业萘蒸气在换热器中与原料油换热后进入气化冷凝冷却器，液态的工业萘流入回流槽，一部分作为精馏塔回流，一部分经转鼓结晶机冷却结晶得到工业萘片状结晶，即工业萘产品。精馏塔底残油用热油泵送至管式加热炉加热至290℃左右后返回塔底，以供给精馏塔热量。同时在热油泵出口分出一部分残油作低萘洗油，经冷却后进入洗油槽。

单炉单塔连续精馏法的工艺流程如图3-53所示。

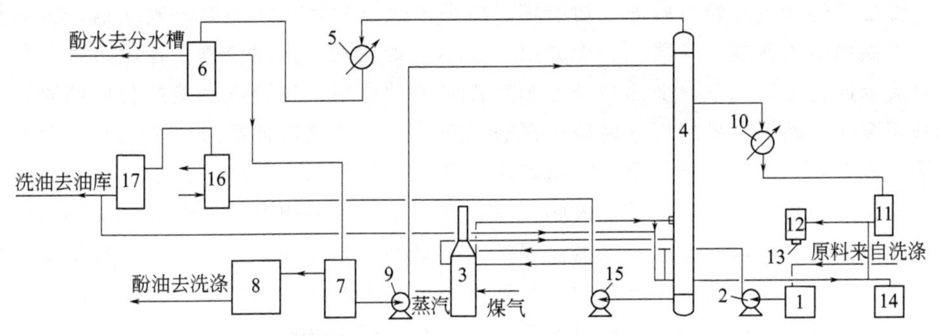

图 3-53 单炉单塔连续精馏法工艺流程

1—原料槽；2—原料泵；3—管式加热炉；4—工业萘精馏塔；5—酚油冷凝冷却器；6—油水分离器；7—酚油回流槽；8—酚油槽；9—酚油回流泵；10—工业萘气化冷凝冷却器；11—工业萘贮槽；12—转鼓结晶机；13—工业萘装袋自动称量装置；14—中间槽；15—热油循环泵；16—洗油冷却器；17—洗油计量槽

已洗含萘馏分经原料槽加热、静置脱水后，用原料泵送往管式加热炉对流段，然后进入工业萘精馏塔。由塔顶逸出的酚油气，经冷凝冷却、油水分离后，流入回流槽。由此，一部分酚油送往塔顶作回流，剩余部分采出，定期送往洗涤工段。塔底的洗油用热油循环泵送至管式加热炉辐射段加热后返回塔底，以此供给精馏塔热量。同时从热油泵出口分出一部分作洗油采出，经冷却后进入洗油槽。工业萘由精馏塔侧线采出，经气化冷凝冷却器冷却后进入工业萘高位槽，然后放入转鼓结晶机。

单炉双塔加压连续精馏法的工艺流程如图 3-54 所示。

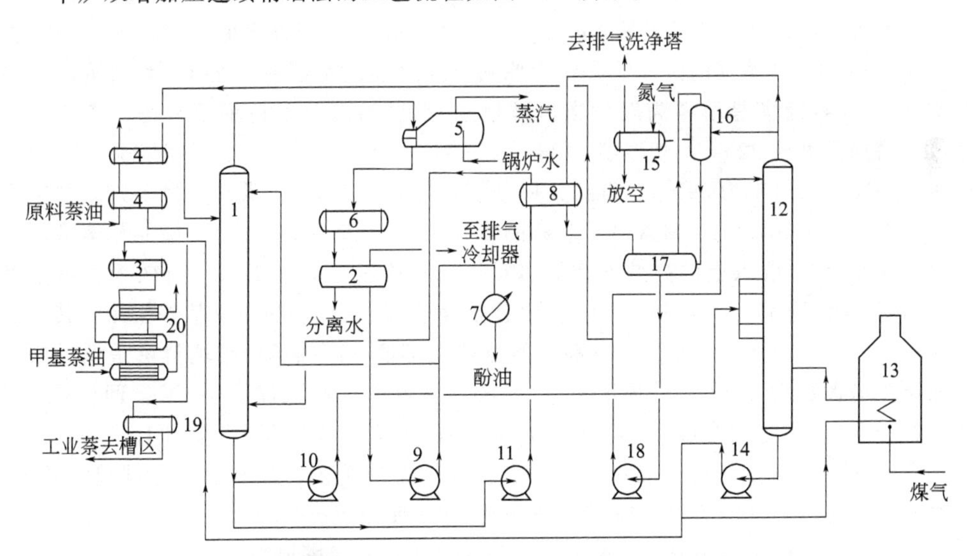

图 3-54 单炉双塔加压连续精馏法工艺流程

1—初馏塔；2—初馏塔回流液槽；3—第一换热器；4—第二换热器；5—初馏塔第一凝缩器；6—初馏塔第二凝缩器；7—冷却器；8—重沸器；9—初馏塔回流泵；10—初馏塔底抽出泵；11—初馏塔重沸器循环泵；12—萘塔；13—加热炉；14—萘塔底液抽出泵；15—安全阀喷出气凝缩器；16—萘塔排气冷却器；17—萘塔回流液槽；18—萘塔回流泵；19—工业萘冷却器；20—甲基萘油冷却器

脱酚后的萘油经换热后进入初馏塔，由塔顶逸出的酚油气经第一凝缩器，将热量传递给锅炉给水使其产生蒸汽。冷凝液再经第二凝缩器进入回流槽。在此，大部分作为回流返回初馏塔塔顶，少部分经冷却后作脱酚的原料。初馏塔底液被分成两路，一部分用泵送入萘塔，另一部分用循环泵送入重沸器，与萘塔顶逸出的萘气换热后返回初馏塔，以供初馏塔热量。为了利用萘塔顶萘蒸气的热量，萘塔采用加压操作。此压力是靠调节阀自动调节加入系统内的氮气量和向系统外排出的气体量而实现的。从萘塔顶逸出的萘蒸气经初馏塔重沸器冷凝后入萘塔回流槽。在此，一部分送到萘塔顶作回流，另一部分送入第二换热器和冷却器冷却后作为产品排入贮槽。回流槽的未凝气体排入排气冷却器冷却后，用压力调节阀减压至接近大气压，再经过安全阀喷出气凝缩器而进入排气洗净塔。在排气冷却器冷凝的萘液流入回流槽。萘塔底的甲基萘油一部分与初馏原料换热，再经冷却排入贮槽，另外大部分通过加热炉加热后返回萘塔，供给精馏所必需的热量。

于锦军[89]公开了一种从焦油洗油中提取高纯度β-甲基萘的方法。以焦油洗油馏分为原料，在连续初馏塔中进行连续预蒸馏，预蒸馏阶段采用常压蒸馏，该阶段连续预蒸馏分两个阶段，其中，1＃初馏塔连续预蒸馏阶段不断进料，从上层侧线采出富含β-甲基萘的馏分，2＃初馏塔连续预蒸馏阶段将富含β-甲基萘的馏分不断进入2＃预蒸馏塔，塔顶不断采出β-甲基萘粗品，将上述β-甲基萘粗品在精馏塔中进行间歇减压精馏，分别采出前馏分、成品前馏分、β-甲基萘成品、成品后馏分以及塔釜液，实现高效间歇蒸馏。该发明操作方便简单，设备要求低，工艺条件温和，能耗低，原料要求低，设备腐蚀小，降低了环境污染，得到的β-甲基萘的化学纯度可达到97.5%以上。

该发明的实施例中列举了具体的方案。将120吨β-甲基萘含量为27.5%、吲哚含量为3.92%的焦油蒸馏的洗油馏分作为原料，经过连续预蒸馏，先在1＃预蒸馏塔中蒸馏（1＃预蒸馏塔是填料高度相当于塔板数60层的高效不锈钢填料塔，塔顶压力5kPa，塔顶温度为220℃，切取温度235～255℃，回流比为15，上层侧线采出富含β-甲基萘的馏分采出率为39%），得到β-甲基萘含量69.76%，吲哚含量为2.79%的富含β-甲基萘的馏分46.8吨；富含β-甲基萘的馏分在2＃预蒸馏塔中蒸馏（2＃预蒸馏塔优选填料高度为80层以上的高效不锈钢填料塔，塔顶压力优选5kPa，有效采出段温度241℃，回流比为17），得到29.2吨β-甲基萘含量为90.12%的β-甲基萘粗品，其中吲哚含量为3.14%；β-甲基萘粗品经高效间歇减压蒸馏（高效不锈钢填料塔是填料层高度相当于塔板数为80层，塔顶压力－90kPa，有效采出段温度为140℃，回流比38）得到21.5吨β-甲基萘含量为97.86%的β-甲基萘成品，其中吲哚含量为1.17%。

段伦虎[90]公开了一种从煤焦油中提取并提纯萘的工艺。萘油馏分通过碱洗脱酚，经过碱洗后温度为80～90℃的原料，静置脱水，使温度升到210～215℃，打入初馏塔，原料在初馏塔中初步分离，原料中所含的酚油从初馏塔顶溢出，进入冷凝器冷却，再进入油水分离器，分离水得到酚油再打入初馏塔，初馏塔分馏出的萘油和洗油馏分流入初馏塔底的储槽，此时温度约为230～240℃，然后一部分打入初馏塔管式加热炉，在加热炉内被加热到260～270℃后再回到初馏塔下部，另一部分打入精馏塔，在精馏塔内和精馏塔管式加热炉循环加热保持215～220℃，气体萘从精馏塔顶溢出，经过换热器、冷凝器后变为110℃的液态萘油，然后装入收集槽中送到结晶工艺段处理，其具体流程如图3-55所示。

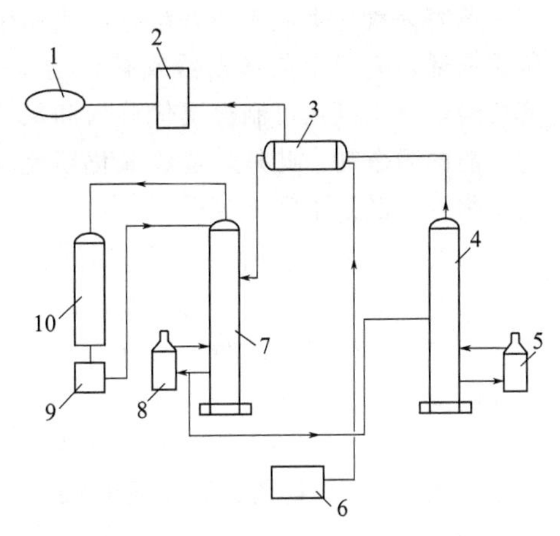

图3-55 焦油中提取并提纯萘工艺流程
1—结晶器；2,10—冷凝器；3—换热器；4—精馏塔；5,8—管式加热炉；6—原料槽；7—初馏塔；9—油水分离器

该方法的实施实例中列举了具体的方案。萘油馏分通过浓度为10%～15%的氢氧化钠溶液碱洗脱酚，经过碱洗后温度为80～90℃的原料，静置脱水，由原料泵从原料槽中泵出，打入萘换热器，与从精馏塔塔顶来的温度为210～220℃的萘蒸气进行热交换，使温度升到210～215℃，再进入初馏塔，原料在初馏塔中初步分离，原料中所含的酚油从初馏塔顶溢出，进入冷凝器冷却，再进入油水分离器，分离水得到酚油再打入初馏塔，初馏塔分馏出的萘油和洗油馏分流入初馏塔底的贮槽，再由热馏循环泵抽出，此时温度约为230～240℃，然后一部分打入初馏塔管式加热炉，在加热炉内被加热到260～270℃后再回到初馏塔下部，另一部分打入精馏塔，在精馏塔内和精馏塔管式加热炉循环加热保持215～220℃，气体萘从精馏塔顶溢出，经过换热器、冷凝器后变为110℃的液态萘油，然后装入收集槽中送到结晶工艺段处理。结晶工艺采用阶梯分步结晶法，将萘油在结晶器内降温，并以2～3℃ · h^{-1}的速度降温，当降至70℃时，放出不合格的杂质油，再升温至78℃，再放出另一部分杂质油，再将结晶器内加热到90～95℃全部融化，再降温到60℃，放出不合格杂质油，再升温到75℃放出另一部分杂质油，然后再升温到90℃，再降温到50℃，放出结晶点为60℃左右的不合格杂质，再升温，然后再降温到40℃，放出结晶点低于50℃的不合格杂质。最后可得到纯度为98%的精制萘。

3.8 苊的精制

3.8.1 苊的性质、用途和市场

苊是由Pierre E. M. Berthelot于1873年在焦油中发现的，由于苊具有萘和乙烷并合结构的稠环芳烃，故它又名萘并乙烷、萘嵌戊烷，如图3-56所示。

苊是焦油中的主要成分之一，在焦油中约占1.2%～1.8%，主要集中于洗油中，约占洗油的15%，是焦油洗油中分离和利用最早的产品[91]。

苊为白色或微黄色斜方针状结晶，易燃，分子式为$C_{12}H_{10}$，相对分子质量为154.2，熔点95.5℃，沸点278.0℃，密度1024.2kg · m^{-3}，折射率1.6048，熔融热38.13 kJ · mol^{-1}，汽化热20.71 kJ · mol^{-1}，几乎不溶于水，微溶于甲醇、乙醇、丙醇和冰乙酸，溶于苯、甲苯、三氯甲烷和乙醚等。

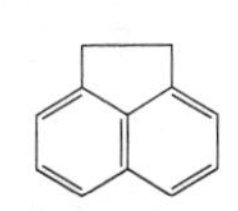

图3-56 苊的分子结构式

芘容易氧化生成1,8-萘酐，广泛用于合成各种高级颜料和染料等。芘也容易脱氢生成芘烯，生产光电感光器或有机场致发光设备所用的导电材料、离子交换树脂等。芘烯经溴化、氯化可制得溴代芘烯和氯代芘烯，进一步聚合后即可得到具有优异抗辐射性能的阻燃剂。此外，芘经氧化还能够制备芘醌，用作杀菌剂、杀虫剂、除草剂以及植物生长激素中间体等[92,93]。

目前，我国年产芘1.86万吨，生产企业主要有鞍钢实业化工公司、上海焦化有限公司、攀钢焦化厂、宝钢化工公司、太钢焦化厂、武钢焦化厂和石家庄焦化厂等，除了上海焦化有限公司的精芘熔点约为93℃、纯度约为99%外，其它大部分产品的熔点和纯度基本都在91℃、94%左右。国外一些大的焦油加工企业也生产芘，德国生产的工业芘纯度为97%～98%，前苏联生产的工业芘熔点不低于91℃，灰分不大于2%，水分不大于3%，精芘熔点不低于92.3%，纯度不小于98%，沸点为276℃，灼烧残渣不大于0.1%。

3.8.2 芘的生产

目前，国内外主要采用“双炉双塔”或“三炉三塔”从焦油洗油中提取芘馏分，其具体方法是对洗油进行脱萘、脱酚、脱吡啶和脱水处理后，用60块塔板的精馏塔精馏，切取大于270℃的馏分，将此馏分再用60块塔板的精馏塔精馏，切取270～280℃芘馏分（或用70块塔板的精馏塔进行连续精馏，从第42块塔板引出馏程为268～282℃的芘馏分），然后将浓度为50%～60%的芘馏分装入结晶机内，通过冷却、结晶、过滤后得到94.38%～96.55%的工业芘[94,95]。

3.8.2.1 芘馏分的提取

采用“双炉双塔”从焦油洗油中提取芘馏分的工艺流程如图3-57所示。

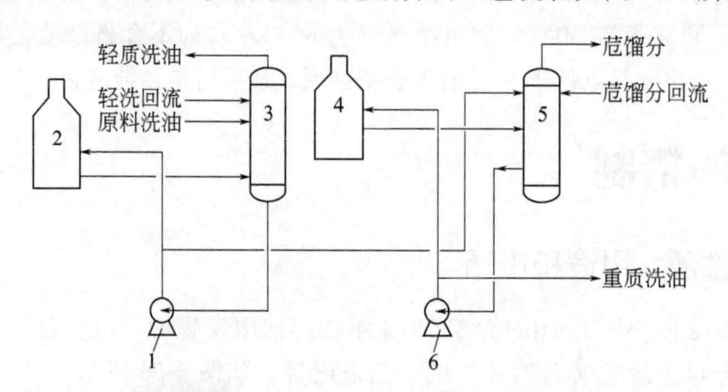

图3-57 双炉双塔提取芘馏分工艺流程

1,6—热油泵；2—初馏塔管式加热炉；3—初馏塔；4—精馏塔管式加热炉；5—精馏塔

用泵将洗油打入精馏塔顶换热器换热后进入初馏塔，塔顶分馏出轻质洗油经冷凝后进入轻质洗油槽，并用泵打回流。塔底液由热油泵抽出进入管式加热炉换热后再进入初馏塔，以提供塔所需的热量。同时，从进入管式加热炉以前的管线中引出一股进入精馏塔，作为精馏塔的原料，精馏塔顶引出芘馏分，经换热器、汽化器后再进入芘馏分槽，并用芘馏分打回流。塔底用热油泵抽出进入管式加热炉换热后再进入精馏塔，

以提供精馏塔的热量，同时，从进管式加热炉以前的管线中引出一股，经冷却器进入重质洗油槽。

3.8.2.2 芘的精制

对于工业芘的精制来说，分步结晶法具有工艺简单、设备少、能耗低、产品收率高和成本低等独特优点，在实际生产中应用最为广泛。分步结晶法分为两大类，一类是多级逆流连续分步结晶法，另一类是间歇分步结晶法，前者涉及的主要设备是塔式结晶器，其工作原理与精馏类似；后者则主要采用间冷壁式结晶器。

作为间歇分步结晶法的典型代表，德国 RUETGERS 法的主要优点如下：

① 由于往结晶器中鼓入惰性气体，强化了传质和传热过程，气泡对晶体层产生的压力，可使晶体层更致密；

② 晶体层得到支撑，熔出时不易滑落；

③ 能耗低，既没有大量的母液循环，也不需将母液过热；

④ 设备运行可靠，除泵外无其它运动部件，投资少，较适合我国国情。

工业芘的精制通常是在结晶机中进行，开始结晶冷却速度为 3～5℃ • h^{-1}，当冷却温度接近结晶点时，冷却速度改为 1～2℃ • h^{-1}，整个结晶过程所需时间约 15h 左右，制得芘含量为 95％的工业芘产品。

舒歌平等[96]发明了一种逐步升温乳化结晶法制备精芘的工艺，它主要解决了在传统的溶剂结晶精制方法中精芘收率低、生产成本高和环境污染等问题，其工艺特征在于水作为连续相，在加热和乳化剂十二烷基苯磺酸钠/烷基酚聚氧乙烯醚的作用下通过搅拌逐步将粗芘和水乳化成乳状液，然后经过冷却、分离、洗涤、干燥制得产品。它的工艺过程分 3 个步骤：第一步是溶液的配制，以自来水或蒸馏水配制乳化剂溶液，水溶液中乳化剂的含量为 0.05％～3％；第二步是乳状液的制备，将工业芘和乳化剂溶液混合，混合液中芘含量为 5％～20％，在 2～10℃ • min^{-1} 加热速度下经搅拌制成乳化液，整个乳化时间为 10～40min，最终乳化温度为 80～100℃，乳化过程在通常的乳化设备中进行；第三步是精芘的制备，将第二步制备的乳状液冷却至室温，经分离、洗涤、干燥得到产品。该发明工艺简单、操作方便，可以很容易地把纯度为 79％以上的粗芘原料精制成纯度在 99％以上的精芘，由于使用了自来水代替了有机溶剂，不但降低了生产成本，提高了精芘收率，而且还使工人的作业环境大大改善，具有很高的经济效益和社会效益。

卫宏远等[97]发明了一种从焦油中提纯制备精芘的方法。该方法将芘含量为 50％～80％芘馏分高温溶化后，加入（0.7～1.6）：1 的工业级甲苯、二甲苯或乙醇为结晶的有机溶剂按照一定的冷却曲线冷却至 0～20℃，过滤并洗涤晶体后得到芘含量为 98.5％～99.9％的固体产品。该方法适用于现有工业装置生产出的两类不同芘含量的原料：一类以现有精馏工艺方法得到的芘馏分为原料，芘含量为 50％～80％；另一类直接以焦油洗油为原料，其中芘含量为 8％～15％。以上两种原料经过结晶操作以后，芘产品纯度均达到 98.5％以上。该过程操作简单无污染，产品芘的纯度和收率高，溶剂廉价易得、可循环使用，生产成本低，并且可使用的原料芘浓度范围很广，具有明显的经济效益。

3.9 联苯的精制

3.9.1 联苯的性质、用途和市场

联苯是由两个独立苯环构成的多环芳香烃，它的分子式为 $C_{12}H_{10}$，纯品为白色或微黄色鳞片状结晶，具有独特的香味。熔点 69.7℃，沸点 255.2℃，密度 $992.0kg \cdot m^{-3}$，闪点（闭口杯法）113℃，自燃点 540℃，爆炸上限 5.8%，爆炸下限 0.6%，不溶于水，溶于甲醇、乙醇和乙醚等。联苯在焦油中的质量分数为 0.2%～0.4%，其绝大部分集中在洗油中，它在洗油中的质量分数约为 3.7%[98]。

联苯的化学性质与苯相似，可发生卤化、硝化、磺化和加氢等反应，通过反应可制备出一系列的重要衍生物产品，如乳化剂、荧光增白剂、染料、联苯类液晶等。当联苯发生取代反应时，联苯的一个苯环可视为邻、对位定位基，由于邻位取代时的空间阻碍效应，对位产物占优势，故它的取代产物为：

$$C_6H_5-C_6H_5 + HNO_3 \longrightarrow C_6H_5-C_6H_4-NO_2 + H_2O$$

再次取代时，进入另一个苯环，产物为：

$$C_6H_5-C_6H_4-NO_2 + HNO_3 \longrightarrow NO_2-C_6H_4-C_6H_4-NO_2 + H_2O$$

或

$$C_6H_5-C_6H_4-NO_2 + HNO_3 \longrightarrow NO_2-C_6H_4-C_6H_4(NO_2) + H_2O$$

联苯的行业质量标准见表 3-32（YB/T 4380-2014）[99]。

表 3-32 我国联苯质量指标

<table>
<tr><th rowspan="2">项目</th><th colspan="3">要求</th></tr>
<tr><th>优等品</th><th>一等品</th><th>合格品</th></tr>
<tr><td>联苯含量(体积分数)/%</td><td>≥99.9</td><td>≥99.5</td><td>≥99</td></tr>
<tr><td>熔点/℃</td><td colspan="3">≥68.5</td></tr>
<tr><td>颜色(黑曾单位)</td><td colspan="3">≤100</td></tr>
<tr><td>苯溶解试验</td><td colspan="3">合格</td></tr>
</table>

注：联苯含量的测定按 YB/T 4380《联苯》进行；熔点的测定按 GB/T 617《化学试剂 熔点范围测定通用方法》进行；颜色的测定按 GB/T 605《化学试剂 色度测定通用方法》进行；苯溶解试验的测定按 YB/T 4380《联苯》进行。

联苯是重要的化工、医药、塑料和染料原料，还可制备出许多重要的衍生物产品如乳化剂、荧光增白剂、织物染料、合成树脂、农药和医药等。除此之外，由于联苯热稳定性好，还可在加热流体中作为热载体，联苯系物质是目前最好的合成导热油原料。由于联苯与联苯醚的混合物（联苯的质量分数为 26.5%）作为热载体，其加热温度可达 300～400℃，故它是核电站汽轮机体系理想的工作介质[100]。

目前，联苯的国内市场需求量为 2 万～3 万吨/年，并以年均约 10%的速率不断递增，国际市场需求量为 7 万～10 万吨/年，国内联苯产量仅 1.6 万～1.8 万吨/年，其它仍然依赖进口，国内的联苯生产企业主要有江苏中能化学有限公司、上海巨盛化工有限公司、苏州化工集团、浙江湖州国晨科技有限公司和江苏镇江润州化工公司等，其中，江苏中能化学有限公司是我国最大的联苯生产企业，它以合成法生产低硫联苯，其年产量可达 1 万吨。随着市场需求的迅速增长，联苯的发展前景必将更加广阔。

3.9.2 联苯的生产

联苯的制备方法有通过苯热解制联苯的化学合成法和从焦油中分离提取联苯的焦油提取法。我国的联苯基本上都是通过化学合成法生产的，焦油提取法尚未实现工业化。目前，从焦油洗油中提取联苯的方法主要有钾融法、精馏法、共沸精馏法等[101]。

钾融法是从洗油中提取联苯和吲哚的成熟方法。首先，将脱酚和脱吡啶的洗油在理论板数为 20～25 的填料塔内精馏，控制回流比 8～10，切取 245～260℃的联苯吲哚馏分，用钾融法脱除吲哚，得到的吲哚钾盐作为提取吲哚的原料，分出的中质洗油作为提取联苯的原料。从中质洗油中提取联苯，采用理论板数为 20 的精馏柱，控制回流比 8～10，切取 252～260℃的联苯馏分，冷却结晶得到联苯产品，然后用乙醇重结晶粗品，乙醇的加入量约为粗品质量的两倍，即可得到纯度大于 90%的工业联苯。

精馏法以中质洗油为原料，在理论板数为 40 的精馏塔内切取联苯含量大于 60%的联苯馏分，进行冷却结晶和抽滤，得联苯粗品。粗品用乙醇重结晶去掉杂质得联苯产品。精馏得到含联苯 20%～59%的前、后中间馏分，在理论板数为 70 的精馏塔内进行二次精馏，切取质量分数大于 60%的联苯馏分与之前质量分数大于 60%的联苯馏分合并处理。采用该法可得到熔点 68～69℃、纯度大于 95%的工业联苯。

共沸精馏法利用乙二醇作共沸剂，联苯与乙二醇形成的共沸物沸点为 230.4℃，吲哚与乙二醇形成的共沸物沸点为 242.6℃，二者相差 12.2℃，故可分离出联苯。

除了以上方法外，近年来又陆续报道了一些从焦油中提取联苯的新方法。

李本明[102]首先使用填料塔对焦油洗油进行精馏，获取沸点为 208～212℃的粗联苯馏分，然后将粗联苯馏分与无水乙醇或甲苯等有机溶剂混合，冷却结晶，接着抽滤获得联苯产品。该方法使焦油洗油中的联苯得到有效的回收利用，其中联苯的单程回收率可达 50%以上，通过进一步结晶可获得纯度为 99%以上的联苯产品。

该发明的实施例中列举了具体的实施方案。使用填料塔对煤焦油洗油进行精馏，操作压力设定为 25kPa，回流比设定为 11，获取沸点为 208～212℃的粗联苯馏分。然后将粗联苯馏分与有机溶剂乙醇混合，两者的体积比为 1∶4，冷却结晶，降温速率为 13℃·h^{-1}，结晶终温为 4℃，接着抽滤获得联苯产品。结果表明，该工艺的联苯单程回收率为 51%，通过进一步结晶可获得纯度为 99.2%的联苯产品。

王彦飞等[103]发明了一种从焦油回收洗油减压精馏后的富集联苯馏分制备高纯度联苯的方法。该发明将液态联苯馏分加入悬浮熔融结晶器内，按照 0.5～6℃·h^{-1}降温，终温为 20～40℃。液相进入减压精馏塔进行分离，固相作为后续工序的原料。将固相熔化后，加入层式熔融结晶器内，按照 1～4℃·h^{-1}降温，降温至 60～64℃，恒温

0.5h，母液返回悬浮熔融结晶器作为原料，对晶体进行发汗，升温速率为2～6℃·h^{-1}，升温至68～69℃，恒温0.5h，排出母液返回层式熔融结晶器作原料，将晶体全部熔化后作为产品。此方法具有产品纯度高、成本低、收率高、环境友好等优点。

该发明实施例的具体方式如下。

称取质量分数为70%的联苯原料140.00g，加入到悬浮熔融结晶器内，升温至50℃，直到物料全部熔化成液态，按照2℃·h^{-1}的降温速率降温至25℃时，恒温0.5h，进行固液分离，得到固相105.00g，固相中联苯质量分数为90%，悬浮结晶阶段联苯回收率为96.4%。将上述固相升温至69℃以上至全部熔解后，加入到层式熔融结晶器内，在63.9℃前，按照30℃·h^{-1}的降温速率进行降温，当温度达到63.9℃时，降温速率控制在2℃·h^{-1}，结晶终温为60℃，恒温0.5h进行发汗，发汗的升温速率为3.4℃·h^{-1}，发汗终温为69℃。将发汗母液反复套用并结晶情况下，可制备质量分数为99.75%的联苯81.20g，层式熔融结晶过程的联苯收率为85.92%，联苯提纯过程的联苯总收率可达82.86%。

韩钊武[104]在专利技术中以焦油加工过程中230～270℃之间的馏分为原料，减压精馏得到富集的联苯馏分，然后采用超临界流体萃取，将萃取液精馏结晶得到联苯产品。采用超临界流体萃取分离得到的联苯产品中联苯含量可达99.6%，提取联苯后的洗油中联苯的残存量小于0.05%。该工艺分离效率高，溶剂可循环使用，萃取液仅分离出联苯，整个过程绿色环保，对环境无污染。分离过程中对其它物质没有影响，萃余液可继续分离提纯其它成分产品。

其实施例进一步说明了该方法的应用结果：将焦油加入到蒸馏釜中，加热至沸腾，收集230～270℃之间的馏分；将收集到的2000g馏分加入到精馏塔中，在真空压力为30MPa，理论塔板数为50块，回流比为15∶1的条件下进行精馏，收集230～250℃的馏分，获得富集的联苯150g；将以上所得的150g富集的联苯馏分加入到超临界萃取分馏装置中，萃取温度控制在200℃，分馏温度控制在210℃，丙烷流量为70 mL·min^{-1}，压力控制在10MPa，反应直至馏出液不再增加；将馏出液冷却至室温后，于0℃结晶10h，过滤，滤液回收循环使用，得到的40g晶体即为联苯。经液相色谱分析，其纯度可以达到99.8%，提取联苯后的洗油中联苯的残存量为0.03%。

侯文杰等[105]公布了一种从焦油回收洗油中同时提取联苯和吲哚的方法。它将回收洗油减压精馏获得富集的吲哚联苯馏分，将富集的吲哚联苯馏分用包含一种极性溶剂和一种非极性溶剂的双溶剂萃取剂进行多级萃取分离，其中，极性溶剂选自三甘醇、乙二醇、一乙醇胺、二乙醇胺和二甲基亚砜，非极性溶剂为C_5～C_8烷烃或环烷烃。吲哚联苯馏分∶极性溶剂∶非极性溶剂的质量比为1∶(0.25～1)∶(0.5～1.5)，萃取温度在10～50℃之间，将萃取液精馏提纯和结晶提纯，得到含量大于95%的吲哚产品，将萃余液精馏提纯和结晶提纯，得到含量大于99%的联苯产品。该方法简单，可同时从焦油回收洗油中提取得到高纯度联苯和吲哚，提升了焦油回收洗油的再利用价值，溶剂的循环使用降低了生产成本，适合工业化生产。

该发明的实施例中列举了具体的方案。将原料在真空度74kPa、精馏塔理论塔板数为40块、回流比为8的条件下进行精馏以富集吲哚联苯馏分，得到联苯含量为

27.3%、吲哚含量为 6.42%的吲哚联苯馏分。然后按吲哚联苯馏分：三甘醇：正庚烷的质量比为 1：0.5：1 进行萃取，三级错流萃取后吲哚萃取液中吲哚含量为 20.53%，吲哚萃取率 85.6%。吲哚萃取液在真空度为 74kPa、精馏塔理论塔板数为 40 块、回流比为 8 的条件下进行精馏提纯，得到纯度 95.2%的吲哚产品，其单程收率为 85.6%，溶剂三甘醇含量 98%，回收率 95%。萃取后的联苯萃余液通过简单蒸馏回收正庚烷，纯度 99.5%，回收率 96%，供循环使用，继续在真空度 75kPa，精馏塔理论塔板数为 40 块，回流比为 10 的条件下进行精馏提纯，得到粗联苯的纯度 78.3%，单程回收率 78.4%。用无水乙醇进行冷却结晶，粗联苯：无水乙醇的质量比为 1：1.5，得到 99.2%精联苯，回收率 62%。

3.10 吲哚和喹啉的精制

3.10.1 吲哚和喹啉的性质

3.10.1.1 吲哚和喹啉的物理性质

吲哚是由 Weissgerber 于 1910 年在焦油中发现的，它是一种芳香杂环有机化合物，在其双环结构中，包含了一个六元苯环和一个五元吡咯环，故又称氮杂茚或苯并吡咯。吲哚的分子式为 C_8H_7N，相对分子质量为 117.1，它是白色鳞片状晶体，熔点 53.0℃，沸点 253.0℃，密度 1220.0kg·m^{-3}，溶于乙醇、乙醚及苯等有机溶剂，也溶于热水。吲哚暴露在空气中颜色逐渐加深并树脂化，加热至沸点时有分解现象。自然情况下，吲哚存在于人类的粪便中，并且具有强烈的粪臭味，然而，在很低的浓度下，由于吲哚具有类似于花的香味，是许多花香的重要组成，故它也被用来制造香水。

喹啉的分子式为 C_9H_7N，相对分子质量为 129.2，亦称为氮杂萘、苯并吡啶，异喹啉是它的同分异构体，无色液体，熔点−15.6℃，沸点 237.3℃，密度 1095.0kg·m^{-3}，有特殊气味，吸水性极强，微溶于水，可溶于乙醇、乙醚和二硫化碳，暴露在空气中或阳光下色泽逐渐变深[106]。

3.10.1.2 吲哚和喹啉的化学性质

吲哚的主要化学性质如下。

(1) 颜色反应　吲哚能使浸有盐酸的松木片显红色，用 4-二甲氨基苯甲醛和盐酸处理吲哚及其衍生物时可显示出红到紫色，但当吲哚的 2 位或 4 位有取代基时则不显色。

(2) 取代反应　吲哚上最容易发生亲电取代反应的位置是 3 位，它的活性远远大于苯环碳。由于吡咯环上电子富集，往往只有在 1 位氮和 2、3 位碳都被取代后，苯环上的亲核取代反应才可能进一步发生。

以吡啶三氧化硫为磺化剂，吲哚发生如下反应：

N·SO_3　SO_3^-　H^+(阳离子交换剂)　SO_3H
NH　NH　NH

卤化时用1,4-二氧六环在0℃下溴化，亦得到3位取代产物。

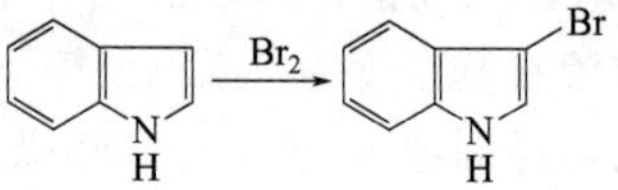

由于强酸能使吲哚发生聚合，故硝化时选择苯甲酰硝酸酯低温作用：

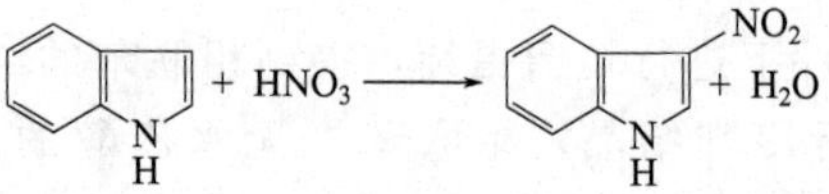

$$\text{吲哚} + HNO_3 \longrightarrow \text{3-硝基吲哚} + H_2O$$

(3) 碱性　吲哚是一种亚胺，具有弱碱性，它的成键环境与吡咯极为相似，只有像盐酸这样的强酸才可能使其质子化，得到的共轭酸 $pK_a=3.60$，许多吲哚类化合物在酸性条件下的活性都是由此产生的。

(4) 氧化/还原反应　由于吲哚的富电子性，它很容易被氧化。*N*-溴代丁二酰亚胺可以选择性地将吲哚氧化为羟吲哚。

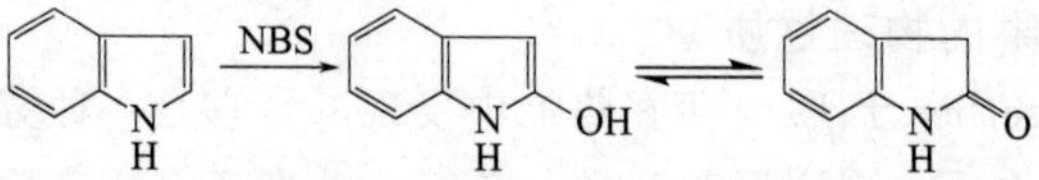

吲哚还原时，条件不同，得到的产物亦不同。

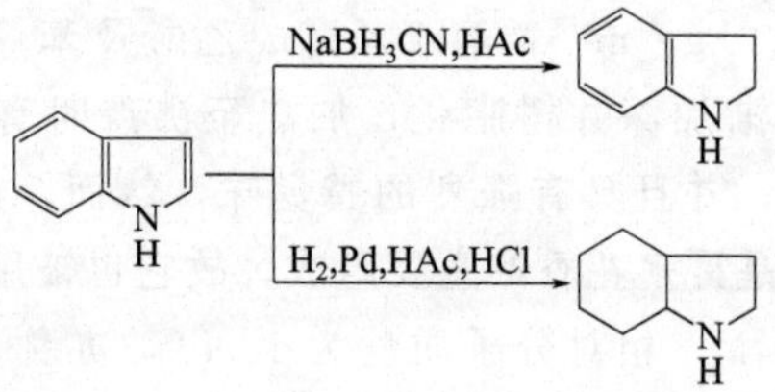

喹啉的主要化学性质如下。

(1) 碱性　喹啉及其衍生物都存在有吡啶环，可看作是一种叔胺，故都具有碱性。喹啉的 $pK_a=4.90$，是一种弱碱，可与酸生成盐，异喹啉的 $pK_a=5.40$，碱性略强于喹啉。工业上利用喹啉硫酸盐溶于乙醇，而异喹啉硫酸盐不溶于乙醇的这种性质来实现两者的分离。

(2) 取代反应　由于喹啉吡啶环上氮原子的电负性，使吡啶环上的电子密度相对比苯环上的少，故喹啉比吡啶更容易发生亲电取代反应，而比苯或萘反应困难。

在强酸条件下进行取代反应时，由于杂环氮上接受质子而带正电荷，故在杂环上较难发生亲电取代反应，而倾向于发生在苯环上的5或8位，相当于萘的 α 位。

对于磺化反应来说

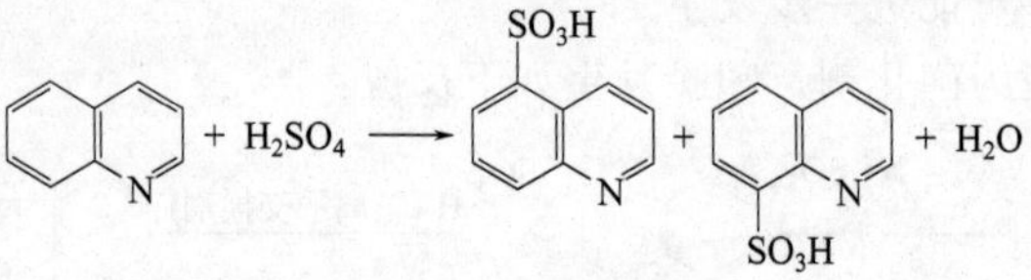

$$\text{喹啉} + H_2SO_4 \longrightarrow \text{5-}SO_3H\text{-喹啉} + \text{8-}SO_3H\text{-喹啉} + H_2O$$

对于卤化反应来说

$$\text{喹啉} + Br_2 \xrightarrow{H_2SO_4, Ag_2SO_4} \text{5-溴喹啉} + \text{8-溴喹啉} + HBr$$

对于硝化反应来说

$$\text{喹啉} + HNO_3 \xrightarrow{H_2SO_4} \text{5-硝基喹啉} + \text{8-硝基喹啉} + H_2O$$

喹啉的亲核取代反应比吡啶容易进行，主要发生在吡啶环上，喹啉取代在 2 或 4 位上，异喹啉取代主要在 1 位上。如喹啉的亲核取代反应：

$$\text{喹啉} + KOH \longrightarrow \text{(5-}NO_2\text{, 2-H, 2-OH, }N^-K^+\text{)} \longrightarrow \text{(5-}NO_2\text{-2-}O^-K^+\text{喹啉)} \xrightarrow{NH_4Cl} \text{2(1H)-喹啉酮}$$

如果是 2-卤代喹啉和 4-卤代喹啉，亲核取代就比喹啉容易进行。

$$\text{2-氯喹啉} + H_2O \longrightarrow \text{2(1H)-喹啉酮}$$

$$\text{4-氯喹啉} + NaHSO_3 \longrightarrow \text{4-}SO_3Na\text{喹啉} + HCl$$

(3) 自由基反应　喹啉可与过氧化苯甲酰作用，苯基自由基进入喹啉的 2～8 位上，可得 7 种不同单苯基取代喹啉（其中得到最少的 2-苯基喹啉仅含 6%，4-苯基喹啉含 20%，8-苯基喹啉最多，占 30%）。

$$\text{喹啉} \xrightarrow{BPO} \text{8-苯基喹啉} + \text{4-苯基喹啉} + \cdots$$

(4) 氧化/还原反应　喹啉与吡啶的相似之处还表现在不易氧化。如喹啉对一般氧化剂（即使铬酸等）亦作用很慢，在高锰酸钾存在下，喹啉氧化时苯环破裂，主要得到吡啶-2,3-二甲酸。而异喹啉氧化时如在碱性条件下，既开裂苯环亦使吡啶环开裂。

$$\text{喹啉} \xrightarrow{KMnO_4} \text{吡啶-2,3-二甲酸 (HOOC, HOOC)}$$

$$\text{异喹啉} \xrightarrow{KMnO_4, OH^-} \text{吡啶-3,4-二甲酸 (HOOC, HOOC)} + \text{邻苯二甲酸 (COOH, COOH)}$$

喹啉还可在催化剂作用下加氢生成四氢喹啉。

H_2,Pt

N
H

Na,C_2H_5OH

N
H

3.10.2 吲哚和喹啉的用途和市场

作为一种重要的精细化工原料，吲哚及其衍生物广泛用于医药、农药、香料、染料和树脂等领域。在医药工业中，吲哚凭借其独特的生理活性而备受瞩目，例如，2-甲基吲哚、3-甲基吲哚、1-丁基-2-甲基吲哚、*N*-甲基-2-苯基吲哚、3-二甲胺甲基吲哚、吲哚-3-乙酸、吲哚-3-丁酸、吲哚满、5-羟基吲哚、5-甲氧基吲哚、吲哚-3-甲醛、5-硝基吲哚、吲哚-3-羧酸、吲哚-2-羧酸、*N*-甲基吲哚、2-甲基二氢化吲哚、吲哚-3-甲腈、吲哚乙腈等均为常用的有机中间体，用于合成解热镇痛药、降压药、血管扩张药和抗阻胺药等，而色氨酸作为吲哚最重要的衍生物，是一种优良的抗缺乏蛋白症胃溃疡药；对于农药来说，吲哚及其衍生物是高效的植物生长调节剂和杀菌剂，据报道，吲哚乙腈作为植物生长调节剂的使用效果是吲哚乙酸的10倍，它可显著促进植物根系的生长；吲哚和3-甲基吲哚稀释后具有花香味，常用于茉莉、柠檬、兰花等人造花精油的调和，用量一般为千分之几；在染料工业中，吲哚及其衍生物能够生产偶氮染料、酞菁染料、阳离子染料和吲哚甲烷染料以及多种新型功能性染料，例如，2-甲基吲哚可以合成阳离子黄，2-苯基吲哚可以合成阳离子橙和阳离子红，吲哚不但可以代替苯胺合成重要的染料中间体1,3,5-三甲基二亚甲基吲哚，同时还能够用于合成照相乳剂滤光层用咔唑酞染料等；此外，吲哚与甲醛可以通过缩聚生成吲哚甲醛树脂[107]。

喹啉及其衍生物可用于制取医药、染料、感光材料、橡胶、溶剂和化学试剂等。喹啉主要用于制造烟酸系、8-羟基喹啉系和奎宁系三大类药物以及消毒剂、防霉剂与纺织助剂等，此外，经喹啉氧化得到的喹啉酸还可用来制备植物保护剂灭草烟；异喹啉可用于生产杀虫剂、抗疟药、橡胶硫化促进剂和测定稀有金属用的化学试剂；甲基喹啉可用于制造彩色胶片增感剂和染料，还可作为溶剂、浸渍剂、腐蚀抑制剂、奎宁系药物和杀虫剂等[108]。

吲哚和喹啉在焦油中的质量分数分别为0.1%～0.2%、0.3%～0.5%，前者主要集中在洗油内，后者则广泛存在于喹啉馏分中。全球吲哚的生产主要集中在美国、西欧、日本等工业发达国家及地区。焦油提取法和化学合成法并存，年生产能力约7000吨/年，其中，日本主要有新日本制铁株式会社和三井化学株式会社两家公司。新日本制铁株式会社采用焦油分馏法生产，年生产能力约800吨/年，三井化学株式会社采用苯胺法生产，年生产能力约500吨/年。日本的川研精细化学株式会社和庵原化学工业株式会社不生产吲哚，它们生产叫吲哚衍生物，如庵原化学工业株式会社拥有大规模的甲苯氯化装置，其生产的对氯甲苯用于农药和染料的生产，由于邻氯甲苯用途较少，因此便利用副产的邻氯甲苯生产吲哚满，进而生产各种吲哚衍生物。目前，我国尚未建立起真正的吲哚工业化装置，需求主要依赖进口。由于国际上近年来吲哚下游产品开发进展较快，许多生产吲哚公司进行下游产品深加工，因此贸易量日趋减少。

对于喹啉来说，全国85%以上的喹啉是以焦油洗油为原料进行生产的，而不到15%的喹啉则来自化学合成法。我国于1963年开始生产喹啉，据统计，1999年我国只有5家喹啉生产企业，总产能和产量分别仅为1020吨/年、778吨/年，随着我国洗油深加工技术的逐渐提高，喹啉产量得到了快速增长，截止2014年底，我国喹啉总产量达到14682吨/年，开工率约74.9%。

3.10.3 吲哚和喹啉的生产

3.10.3.1 吲哚的生产

目前，国内外从焦油中提取和精制吲哚的主要方法包括碱熔法、酸聚合法、溶剂萃取法、络合法、共沸精馏法、超临界萃取法和压力结晶法等。

(1) 碱熔法　碱熔法生产吲哚的原料是甲基萘馏分，经精馏、碱熔、水解、再精馏、结晶和重结晶等工序分离精制。首先，将吲哚与氢氧化钾熔合，发生如下反应：

$$\text{C}_8\text{H}_6\text{NH} + \text{KOH} \longrightarrow \text{C}_8\text{H}_6\text{NK} + \text{H}_2\text{O}$$

用于熔合反应的馏分为洗油精馏切割的225～245℃馏分，含吲哚约5%，氢氧化钾用量为理论量的120%。熔合反应温度170～240℃，时间2～4h，同时搅拌直到不再有反应水析出为止。氢氧化钾吲哚熔合物再用苯洗涤几次，以除去中性油。

水解条件50～70℃，钾熔物：水约为1∶2，时间20min，为减少吲哚在水层中溶解造成的损失，可加入少量苯，得到吲哚苯溶液。

将上述吲哚苯溶液在20块理论塔板的塔中精馏，回流比维持在8～10，用于冷却结晶的馏分可取245～254℃之间的馏出物或更宽一些的馏分，其结果见表3-33。

表3-33 吲哚苯溶液再精馏结果一览表

馏程/℃	质量分数/%	结晶收率/%	结晶熔点/℃	
			起点	终点
<150	7.4	—	—	—
222～245	1.7	—	—	—
245～249.5	4.2	26.7	44.5	51.0
249.5～251	5.4	51.6	47.0	50.5
251～252	9.5	72.4	47.0	50.5
252～253	17.8	94.3	47.0	50.5
253～254	37.2	96.2	47.0	49.5
>254	15.6	33.9	41.5	47.5
损失	1.2	—	—	—

粗结晶用压榨法除去吸附的油类即得压榨吲哚，再用乙醇重结晶，所得产品即为纯吲哚。

(2) 酸聚合法　酸聚合法的基本原理基于吲哚呈弱碱性，易于质子化。吲哚的质子化主要发生在β位，质子化后的吲哚容易发生低聚反应。

酸聚合法主要包括以下步骤：首先，酸聚合生成吲哚低聚物盐，将酸性较强的无机酸加入含有吲哚的洗油中，吲哚发生低聚反应生成二聚体和三聚体盐，引起吲哚发生聚合的酸有卤氢酸、硫酸及磷酸等供质子酸；其次，吲哚低聚物盐脱酸，在芳烃存在下使吲哚低聚物盐和碱性物接触，或者将吲哚低聚物盐溶解于醇类中，再向其中加入碱性物，碱性物可采用碱金属化合物、碱土金属化合物及氨化合物等，芳烃或醇类用简单蒸馏方法与吲哚低聚物分离；最后，吲哚低聚物的分解，一般在惰性气氛下将吲哚低聚物加热分解得到吲哚单体，热分解得到的吲哚油进一步精制可以采用冷却结晶、重结晶、减压精馏及恒沸精馏等方法。酸聚合法最突出的优点是在原料中吲哚含量较低的情况下，回收率大于90%。

(3) 溶剂萃取法　先用氢氧化钠溶液对洗油进行脱酚处理，然后用pH＝2的硫酸氢铵和硫酸铵缓冲酸液脱吡啶，以减少吲哚损失。将脱酚、脱吡啶的洗油经常压蒸馏切取230～265℃的馏分段作为萃取原料，其吲哚含量为3.65%。

溶剂萃取法是回收吲哚比较成熟的方法之一，其优点是在使用选择性较好的萃取剂、适宜的萃取设备和操作条件下，可得到纯度较高的吲哚，而且回收率较高。萃取方法的主要缺点是目前所使用的萃取剂的选择性均不理想，极性溶剂与非极性溶剂有互溶现象，造成目的产物损失及溶剂回收困难，导致生产成本高，尤其在原料洗油中吲哚含量较低时，此缺点尤为突出。

(4) 络合法　络合法利用α-环糊精的空腔能容纳某些特定的有机化合物而形成络合物这一特性来分离吲哚。将含有吲哚的洗油与α-环糊精相接触，形成吲哚包含物，以结晶形式从洗油中析出，得到的包含物再用醚类、酮类、卤代烃类或芳香烃类溶剂将其中包含的吲哚萃取出来，蒸出萃取剂，从而得到吲哚。该法工艺简单，吲哚收率高，但是α-环糊精溶液的制备比较困难。

(5) 共沸精馏法　共沸精馏法以245～256℃的吲哚窄馏分为原料，向其中加入共沸剂二甘醇进行精馏，其加入量为甲基萘、联苯、苊及喹啉等非目的物量的0.6倍以上，将该混合物在理论板数为50、回流比为10的填料塔中进行蒸馏，塔顶温度约235℃，非目的物与共沸剂共沸，在低于吲哚沸点的温度下几乎全部馏出，吲哚浓缩物残留在塔底。向吲哚浓缩物中加入一定量的水并分出二甘醇后，将其冷却结晶和萃取后即可得到纯度大于99%、收率为80%左右的吲哚产品。

(6) 超临界萃取法　将粗吲哚送入萃取器，在压力为8MPa，温度为45℃的条件下，通入液态二氧化碳，萃取器和分离器内的物料组成见表3-34。萃取完毕后，在萃取器中可得到纯度为90.4%的吲哚，再用正己烷对其进行重结晶，最终生产出纯度为99.7%的吲哚产品，回收率约80%。

表3-34　超临界萃取法试验结果

名称	质量分数/%		
	粗吲哚	萃取器	分离器
α-甲基萘	4.0	0.1	19.6
β-甲基萘	2.3	0.3	10.6

续表

名称	质量分数/%		
	粗吲哚	萃取器	分离器
联苯	7.2	1.0	32.0
二甲基萘	0.8	0.6	1.7
吲哚	78.5	90.4	30.4
其他	7.2	7.6	5.7

(7) 压力结晶法 将纯度为70%的吲哚混合液在200MPa、50℃下结晶，便可得到纯度为99.5%以上的高纯度吲哚。当压力降到100MPa时，结晶中的杂质就会自动溶解出来。反复上述操作可以得到纯度为99.99%～99.9999%的吲哚产品。

李春山等[109]发明了一种从煤焦油洗油中富集吲哚物质的方法。首先，将离子液体加入油中，与油中的吲哚化合物相互作用，由于离子液体与油不互溶，形成液-液分层，且吲哚在离子液体中溶解度大于油中，进而将吲哚富集至离子液体层。油中吲哚化合物的浓度为10～120g·L^{-1}，离子液体与吲哚化合物体积比为0.1～2.0，萃取温度为0～150℃，萃取时间为5～100min。然后，对吲哚富集层（离子液体层）进行溶剂反萃取处理，对离子液体进行回收利用，反萃取温度为1～100℃，反萃取时间为5～120min，所得吲哚类化合物的萃取率在90%左右。该发明为吲哚类化合物从洗油中进行分离提供了一种新的工艺简单、环境友好的分离路线，与传统的碱溶法分离吲哚相比较，此发明使用绿色溶剂离子液体为萃取剂，避免了分离过程中大量强酸强碱的使用，因此抑制了强酸碱对设备的腐蚀及相关废水的产生，对环境保护有积极的作用，同时，它利用咪唑类离子液体和乙醚不互溶且吲哚更易溶于乙醚的特性，利用反萃取对离子液体进行回收，离子液体具有较好的可循环性，降低了生产成本。

该发明中实施例的具体方式如下。

吲哚、萘、喹啉、芘以质量比为1∶10∶1.67∶11.67（参考洗油组分比）溶于甲苯中配制洗油模型油，具体组分浓度为：吲哚12.05g·L^{-1}，萘120.0g·L^{-1}，喹啉20.07g·L^{-1}，芘140.0g·L^{-1}。离子液体加入洗油模型油中，离子液体为$BmimBF_4$（$C_8H_{15}N_2BF_4$），$BmimBF_4$与模型洗油体积比为1∶2，萃取温度为30℃，萃取时间为60min。30℃下，5 mL $BmimBF_4$、加入10mL模型洗油中，搅拌萃取60min，静置30min，准确测定上下层体积，采用GC测定上层油相中吲哚浓度，吲哚富集率为90.07%，将上层萃余相移出，将反萃取剂乙醚20 mL加入下层离子液体相，搅拌40min，静置30min，出现液-液分层现象，将上下层液相分离，下层离子液体相放入真空干燥箱70℃干燥5h，称重计算离子液体回收率。以上过程重复进行3次，吲哚萃取率为90.06%，4个循环$BmimBF_4$回收率为95.12%。

汪旭等[110]公开了从煤焦油中同时提取高纯度β-甲基萘和吲哚的方法。首先，以煤焦油蒸馏的洗油馏分为原料，在减压蒸馏塔中进行减压预蒸馏，从上层侧线采出富含β-甲基萘的馏分；然后，将富含β-甲基萘的馏分在间歇精馏塔中进行间歇高效精馏，分别采出前馏分、回配前馏分、β-甲基萘粗品、回配后馏分以及塔釜液；其次，将β-甲基萘粗品在精馏塔中进行半连续共沸精馏，半连续共沸精馏中的精馏塔是填料高度相当于塔板数为60层以上的高效不锈钢填料精馏塔，采用常压或者减压蒸馏工艺，减压蒸馏工艺控制塔顶压力为－60～10kPa，该半连续共沸精馏分两个阶段，对于半连续阶段来说，该阶段不断进料，塔顶不断采出β-甲基萘和共沸剂乙二醇的混合物，静置分层后分离得到β-甲基萘，其塔顶温度为乙二醇和甲基萘共沸的温度，对于共沸剂回收阶段和吲哚生产阶段来说，该阶段进料停止，塔釜不断蒸出共沸剂和粗喹啉，最后蒸出吲哚，其塔顶温度为吲哚的沸点温度。该发明不采用酸洗，且能同时回收β-甲基萘和吲哚，解决了现有β-甲基萘精制工艺存在的产品单一、污染和设备腐蚀严重等问题。

在该方法的实施实例中列举了具体的方案。将300吨β-甲基萘含量为35.24%，吲哚含量为4.12%的煤焦油蒸馏的洗油馏分作为原料（DMNO-1）经过预蒸馏（减压蒸馏塔是塔板数为60层的筛板塔，塔顶压力控制为－66kPa，切取温度为205～215℃，回流比控制为8），上层侧线采出富含β-甲基萘的馏分（采出率控制为36%），得到β-甲基萘含量为76.67%，吲哚含量为3.01%的富含β-甲基萘的馏分（DMNO-2）155吨；富含β-甲基萘的馏分（DMNO-2）在高效不锈钢填料间歇精馏塔中蒸馏（高效不锈钢填料间歇精馏塔的填料高度相当于塔板数为110层，塔顶压力控制为－80 Pa，有效采出段温度约181℃，回流比为32）得到72吨β-甲基萘含量为96.4%的β-甲基萘粗品，其中吲哚含量为1.2%；β-甲基萘粗品经半连续共沸蒸馏装置共沸蒸馏（高效不锈钢填料精馏塔的填料高度相当于塔板数60层，塔顶压力为常压），共沸剂乙二醇和原料比为1.8∶1，得到化学纯度为97.6%的β-甲基萘69.5吨，化学纯度为97.1%的吲哚产品0.75吨。

3.10.3.2 喹啉的生产

馏程为230～265℃的喹啉馏分组成见表3-35。

表3-35 馏程为230～265℃的喹啉馏分组成与含量

名称	质量分数/%	名称	质量分数/%
喹啉	41.03	6-甲基喹啉	1.80
异喹啉	13.02	7-甲基喹啉	1.35
2-甲基喹啉	10.60	8-甲基喹啉	1.46
3-甲基喹啉	1.75	1-甲基异喹啉	1.04
4-甲基喹啉	5.70	3-甲基异喹啉	2.05
5-甲基喹啉	0.70	2,8-二甲基异喹啉	0.75

由上表可知，喹啉和异喹啉在喹啉馏分中所占的比例最大，分别约为41.03%、13.02%，2-甲基喹啉和4-甲基喹啉次之，分别占10.60%、5.70%左右，其他组分的含量均较低，普遍保持在0.70%～2.05%，故在焦油中值得分离提纯的产品主要包括喹啉、异喹啉、2-甲基喹啉和4-甲基喹啉。

（1）喹啉和异喹啉　提纯与精制喹啉、异喹啉的方法大体上有磷酸盐法、硫酸盐法、精馏法、盐酸-苯逆流萃取法和络合法。

磷酸盐法是根据磷酸喹啉和磷酸异喹啉在水中溶解度不同而实现分离的。磷酸异喹啉易溶于水，而磷酸喹啉则不易溶于水。向工业喹啉中加入质量分数为50%的磷酸溶液，然后用直接蒸汽吹提所得到的磷酸喹啉水溶液，以除去少量中性油。当溶液冷却时，首先析出磷酸喹啉结晶，将其过滤，再在水中进行几次重结晶。然后经碱性水溶液分解、干燥和蒸馏，可以得到结晶点为－13.9℃、馏程为237～237.5℃的化学纯喹啉。

硫酸盐法是根据硫酸喹啉和硫酸异喹啉在乙醇中溶解度的差别而分离的，见表3-36和表3-37。

表3-36 两种硫酸喹啉在不同质量分数乙醇中的溶解度之比

乙醇质量分数/%	95	90	85	80	75
硫酸喹啉：硫酸异喹啉	2.8	3.2	3.4	2.8	2.2

表3-37 不同温度下两种硫酸喹啉在浓度为85%乙醇中的溶解度之比

温度/℃	0	10	20	30	40	50
硫酸喹啉：硫酸异喹啉	3.4	2.8	2.4	2.1	1.9	1.9

原料喹啉馏分经精馏得到的富集馏分以1∶1溶于浓度为85%的乙醇中，然后在冷却条件下不断搅拌，并缓缓加入理论所需要量的浓硫酸进行反应。反应液冷却到35℃，过滤分离出硫酸异喹啉，再用溶剂洗涤，即得到硫酸异喹啉的精制盐，喹啉硫酸盐留在滤液中。将得到的两种硫酸喹啉分别用氨水或浓度为10%～15%的氢氧化钠分解，则得到喹啉和异喹啉，经分离、干燥和蒸馏便得到试剂级喹啉和异喹啉。

对于精馏法来说，由于工业喹啉中喹啉含量达90%，故采用高效精馏便可得到纯喹啉。以喹啉釜渣（含异喹啉大于30%）为原料，经过两次精馏便可得到纯度大于95%的异喹啉产品，见表3-38。

表3-38 精馏法试验结果 %

名　称	甲酚	二甲酚	喹啉	异喹啉	2-甲基喹啉	3-甲基喹啉
喹啉釜渣	13.07	2.13	2.55	32.90	32.00	7.29
第一次精馏的异喹啉馏分	0.64	1.24	2.48	70.72	14.08	10.11
第二次精馏的异喹啉馏分	0.53	0.48	0.96	97.84	0.12	0.07

盐酸-苯逆流萃取法利用2mol·L^{-1}盐酸-苯对喹啉馏分进行逆流多级萃取，因为异喹啉的碱性（pK_a=5.14）比喹啉稍强，几乎与吡啶相当，故喹啉逐渐浓缩在苯中，而异喹啉逐渐浓缩在盐酸中。

络合法以氯化钴、氯化锌等金属盐作络合剂，在盐酸存在下，异喹啉易生成络合物沉淀，经过滤、洗涤和分解，即可得到纯异喹啉。

雷武等[111]发明了一种从煤焦油粗品中提纯异喹啉的方法。将50g煤焦油，20～40g甲醇，120～140g异丙醇加入四口烧瓶中，混合搅拌均匀，加入5～10g活性炭，滴加16～20g浓盐酸和5～10g浓硫酸，反应温度控制在60～80℃，回流2～4h，减压抽滤，用甲醇/异丙醇洗涤滤饼2次，真空干燥3～4h。称重，得白色固体58.5g。将此固体溶于适量水中，缓慢滴加60g 20%～30%的氨水溶液，溶液中慢慢有许多油层析出，反应 0.5～1h，静置分层，用 2 倍油层体积的冰水洗涤油层 2 次。得淡黄色粗品 33.3g。再进行减压蒸馏，得无色透明液体 32.1g，纯度 99.2%，收率 94.4%。该方法可提取异喹啉纯度≥98%，回收率可达 90%以上，且能耗低，产生的污染小，三废回收简单可行，适合工业化的生产。

徐广苓[112]公开了一种从煤焦油洗油中提取喹啉和异喹啉的方法。将煤焦油洗油投入精馏塔中进行常压精馏，回流比控制在 5～15，塔釜温度控制在 240～280℃，柱温控制在 200～220℃，获取常压沸点为 230～250℃的馏分；将上述釜底残留物接着进行减压精馏，压力控制在 0.04～0.06MPa，回流比控制在 5～10，获得沸点为 200～220℃的馏分；将前述两种馏分与硫酸氢铵混合，室温下搅拌 20～40min，静止分层，分离下层溶液为喹啉盐溶液；用甲苯萃取上述喹啉盐溶液，分离出的水层用氨水中和，静止分层，分离得粗喹啉油溶液；将上述粗喹啉油溶液进行精馏，回流比为 12～14，塔顶获得喹啉产品；将经精馏后的釜底残留物富集后，再进行精馏，回流比为 12～14，塔顶获得异喹啉产品。通过该方法可获得质量分数在 97%以上的喹啉和质量分数在 95%以上的异喹啉产品，喹啉和异喹啉的产品收率分别达 82%和 78%以上。

在该方法的实施实例中列举了具体的方案。将煤焦油洗油投入精馏塔中进行常压精馏，精馏塔的塔板数为 48，回流比控制在 5，塔釜温度控制在 240～250℃，柱温控制在 200～220℃，获取常压沸点为 230～250℃的馏分；将上述釜底残留物接着进行减压精馏，精馏塔的塔板数为 48，将压力控制在 0.04MPa，回流比控制在 5，获得沸点为 200～220℃的馏分；将以上两种馏分与硫酸氢铵混合，加入硫酸氢铵的质量分数为 18%，两种馏分与硫酸氢铵的体积比为 1∶2，室温下搅拌 20min，静止分层，分离下层溶液为喹啉盐溶液；用甲苯萃取上述喹啉盐溶液，分离出的水层用氨水中和，静止分层，分离得粗喹啉油溶液；将上述粗喹啉油溶液进行精馏，回流比为 12，塔顶获得喹啉产品；将经精馏后的釜底残留物富集后，再进行精馏，回流比为 12，塔顶获得异喹啉产品。获得质量分数为 96%的喹啉和质量分数为 95%的异喹啉产品，喹啉和异喹啉的产品收率分别为 82.5%和 76.3%。

(2) 2-甲基喹啉　提纯与精制 2-甲基喹啉的方法大体上有磷酸盐法和络合法。

磷酸盐法以馏程为 246～249℃、含 2-甲基喹啉 60%和异喹啉 30%的窄馏分为原料，加入其量 1.9 倍、浓度为 40%的磷酸，在 30～50℃反应 1h 生成磷酸复盐，冷却到 5℃首先析出 2-甲基喹啉磷酸盐，经过滤得到的结晶盐再用水重结晶。当结晶的熔点达到 223.5～224.5℃后，用氨水分解，所得油层经水洗后，在具有 20 块塔板的塔中精馏，切取 246～247℃馏分，即为纯 2-甲基喹啉。

络合法将异喹啉和 2-甲基喹啉窄馏分用浓度 30%的尿素水溶液处理，则甲基喹啉与尿素生成稳定的络合物而得到分离。

(3) 4-甲基喹啉　以馏程为 260～267℃、含 4-甲基喹啉 35%～36%的富集馏分为原料，在乙醇中加入浓硫酸，在 35℃下反应生成 4-甲基喹啉硫酸盐，经冷却过滤后，得到粗盐结晶。再用 3 倍质量的乙醇重结晶，得到熔点大于 210℃的精盐结晶。然后用浓度为 20%的氨水分解，得到的油层经水洗，再精馏切取 262.3～266.8℃馏分，即可得到含量大于 95%的 4-甲基喹啉。

3.11 芘、䓛和荧蒽的精制

3.11.1 芘、䓛和荧蒽的性质

芘、䓛和荧蒽在焦油中的含量分别约占总质量的 2.5%、2%、2%，它们分别是由 Carl Graebe 于 1871 年、Carl Graebe 于 1870 年、Rudolph Fittig 和 Ferdinand Gebhard 于 1878 年从焦油中发现的。

芘是淡黄色单斜片晶，可燃，不溶于水，易溶于苯、乙醇、乙醚、二硫化碳和四氢呋喃等有机溶剂。芘不但可进行卤化、硝化、磺化等亲电取代反应，而且还可发生氧化反应生成芘醌，此外，其亦能发生聚合，得到聚芘。

䓛是白色斜方晶体，易燃，不溶于水，极难溶于乙醚，难溶于乙醇，微溶于二硫化碳和冰醋酸，可溶于热甲苯，易溶于浓硫酸，在真空中易升华，在紫外线下呈紫色荧光。

荧蒽是无色或黄绿色针状晶体，有腐蚀性，不溶于水，微溶于冷乙醇，可溶于二硫化碳和冰醋酸，易溶于乙醚，遇明火、高热可燃，与氧化剂能发生强烈反应[113,114]。

芘、䓛和荧蒽的物理性质见表 3-39。

表 3-39 芘、䓛和荧蒽的主要物理性质

名称	结构	分子式	相对分子质量	熔点/℃	沸点/℃	密度/kg·m^{-3}
芘	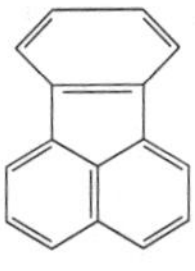	$C_{16}H_{10}$	202.3	151	393	1277
䓛	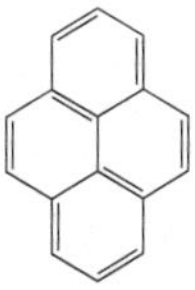	$C_{18}H_{12}$	228.3	256	448	1274
荧蒽	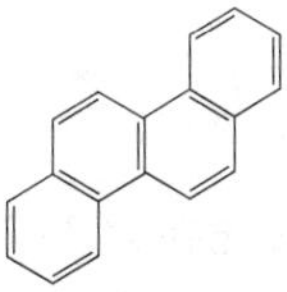	$C_{16}H_{10}$	202.3	109	382	1252

3.11.2 芘、䓛和荧蒽的用途和市场

芘主要被用来制取 1,4,5,8-萘四羧酸，它可用来制取热稳定性好的颜料，此外，以芘为原料还可生产染料、合成树脂、杀虫剂等产品。

䓛主要用作紫外线过滤剂、非磁性金属表面探伤荧光剂以及合成染料中间体等。

荧蒽主要用于生产荧光染料，也可作为非磁性金属表面探伤荧光剂。

国内外生产芘、䓛和荧蒽的焦油加工企业较少，且年产量也都不大。

3.11.3 芘、䓛和荧蒽的生产

提取芘、䓛和荧蒽的主要原料是二蒽油或沥青馏出油，二蒽油和沥青馏出油中的芘、䓛、荧蒽等主要组分含量见表 3-40。

表 3-40 二蒽油和沥青馏出油中主要组分的质量分数

组分	质量分数/%	
	二蒽油	沥青馏出油
萘	6.0	—
α-甲基萘	0.5	—
β-甲基萘	0.2	—
联苯	0.3	—
苊	2.0	0.75
芴	1.8	—
氧芴	2.2	—
硫芴	1.5	0.5
咔唑	8.4	8.9
菲	8.0	14.7
蒽	4.7	2.6
荧蒽	13.3	6.6
芘	12.3	4.8
2,3-苯并芴	2.1	—
1,2-苯并芴	1.0	—
甲酚	—	0.3
䓛	13.3	2.0

一般来说，首先采用减压蒸馏对二蒽油或沥青馏出油进行窄馏分切取，然后再通过溶剂结晶的方法对其进行提纯处理即可得到高纯度的芘、䓛、荧蒽产品。

3.11.3.1 芘的生产

芘的生产流程主要包括二蒽油或沥青馏出油精馏、芘馏分结晶和溶剂再生等工序，如图 3-58 所示。

将二蒽油或沥青馏出油用泵送入明火加热的蒸馏釜内，首先在常压下脱水，然后在减压下切取芘馏分。将精馏得到的芘馏分按 1∶1.2 的质量比与溶剂混合。溶剂采用质量分数为 75%的乙醇和 25%的焦油溶剂油配制的混合物。结晶在连洗搅拌下进行，温度由 70℃左右降到 25～30℃的持续时间为 30h。析出结晶的悬浮液经螺旋输送机由结晶器排入离心机。离心分离液送去再生或掺入溶剂中供芘馏分结晶使用。根据芘馏分的纯度和对芘产品质量的要求，可采用一段结晶或两段结晶。将离心母液送入再生装置以回收溶剂循环使用，再生乙醇的质量分数必须大于 85%。从母液中蒸出乙醇和溶剂油后，将含有芘的釜渣与原料混合并继续蒸馏。

张天衡等[115]发明了一种芘的提取装置及方法。将经导热油预热到 90～100℃的原

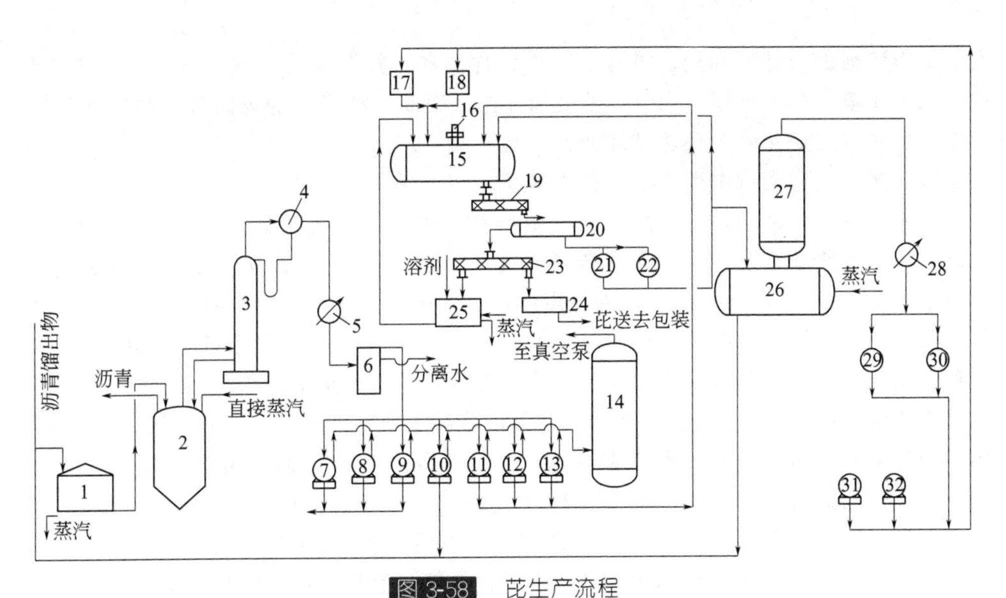

图 3-58 芘生产流程

1—原料槽；2—蒸馏釜；3—精馏柱；4—分缩器；5,28—冷凝冷却器；6—分离器；7～13—馏分槽；14—缓冲罐；15—结晶器；16—搅拌器；17，18，29～32—溶剂槽；19,23—螺旋输送机；20—离心机；21,22—离心母液接受槽；24—干燥器；25—混合槽；26—溶剂再生釜；27—溶剂再生柱

料蒽油定时、定量输送到间歇蒸馏釜内，间歇蒸馏釜底部由煤气燃烧加热，间歇蒸馏釜内温度410～420℃，保持90～100h，蒽油加温后，产生油气进入精馏塔；精馏塔塔顶抽真空，当塔顶压力在－0.09MPa、塔底温度在280～300℃时，精馏塔采出含芘馏分；含芘馏分用200＃溶剂油洗涤结晶，含芘馏分与溶剂的体积比为1∶10，经重复结晶至芘含量合格后，经3000 $r \cdot min^{-1}$的离心机甩干，再在干燥器200℃温度下干燥8～10h直到溶剂含量小于1％时包装。溶剂洗涤后的母液中含有90％以上的溶剂和其它馏分，将母液输送到间歇蒸馏釜中，升温到200℃将溶剂全部蒸出，溶剂冷却后重复使用。该发明采用蒽油提取芘的工艺方法简单，易操作，设备造价低，提取芘的纯度高，可达98％以上，工艺稳定性好，且能同时提取多组分产品，此外，此发明的流程测控系统中，采用Profibus-DP和Modbus现场总线，实现了网络智能化控制，具有GPRS无线和远程监控能力。

王德慧等[116]发明了一种高效分离煤沥青中苯并芘的方法。首先，将样品煤沥青做粉碎处理，选取10～30g破碎后的煤沥青，放在研钵内进行研磨，直至所有煤沥青完全通过80目的筛子，从中精确称取1～3g沥青粉末，用50～300mL溶剂溶解，常温下用超声波震荡30min；然后，将震荡后的固液经过滤纸自然过滤，捆封住滤纸，包裹住固相，将过滤后固体部分连同滤纸转移至索氏抽提器中；将滤液转移至索氏抽提装置加热溶剂瓶中，补加50～300mL溶剂，将装置升温至75～105℃回流，当抽提溶剂液位高于索氏抽提器一半时，开启索氏抽提器中的超声波探头，直至虹吸现象结束，抽提至第4～5次时，回流溶剂已经完全无色，抽提结束，抽提时间为2～3h；其次，将上述抽提溶液冷却至室温，用200mL棕色容量瓶定容，将滤纸及固相部分称量记录，利用高效液相色谱法对抽提液进行组成分析及苯并芘含量的测定；最后，利用旋转蒸发仪蒸出溶剂进行循环利用。该方法操作条件温和、投资及运行成本低、无污染物排放、工艺简单、易于操作。同时，抽提苯并芘效率高，抽提后的煤沥青产品性能不变，适宜于大规模工业化生产环保型煤沥青。

该方法的实施实例中列举了具体的方案。以本溪某厂中温煤沥青作为原料（苯并芘含量 8970mg·kg^{-1}），将样品煤沥青做粉碎处理，选取约 20g 破碎后的煤沥青，放在研钵内进行研磨直至所有煤沥青能够通过 80 目的筛子为止；从中精确称取 2.0g 沥青粉末，用 100mL 环己烷溶解，用超声波震荡 30min。将震荡后的固液经过漏斗形滤纸自然过滤后，用干净的铁丝捆封住滤纸，包裹住固相。将过滤后固体部分连同滤纸转移至索氏抽提器中。将滤液转移至索氏抽提装置的加热溶剂瓶中，补加 100mL 环己烷。将装置升温至 105℃回流。当抽提溶剂液位高于索氏抽提器一半时，开启索氏抽提器中的超声波探头，直至虹吸现象结束。抽提至第 4 次时，回流溶剂已经完全无色，抽提结束，抽提时间约为 3h。将抽提溶液用 200mL 棕色容量瓶定容。将滤纸及固相部分称量记录，利用高效液相色谱法对抽提液进行组成分析及苯并芘含量的测定。采用该发明进行提取时，煤沥青的产出率超过 99%，成品煤沥青中苯并芘的含量为 335 mg·kg^{-1}。

3.11.3.2 䓛的生产

以 370～440℃的二蒽油为原料，精馏切取小于 50%的 400℃前馏出物和大于 50%的 445℃䓛前馏分，或以沥青馏出油为原料，切取 400～420℃的䓛馏分，进行溶剂结晶精制。

将切取的䓛馏分与苯、甲苯或苯、三甲苯混合溶剂以 1∶1 的质量比混合，加热溶解，冷却结晶，过滤得粗结晶，再用洗油重结晶两次，即得粗䓛。向粗䓛中加入质量分数为 2%～5%的顺丁烯二酸酐，按 1∶5 的质量比溶于干净的洗油中，加热 125～135℃，使苯并蒽和并四苯与顺丁烯二酸酐缩合而除去，然后经冷却、过滤和苯洗涤，即得白色或浅黄色䓛结晶，熔点 254～255℃，纯度 95%以上。

䓛的生产流程如图 3-59 所示。

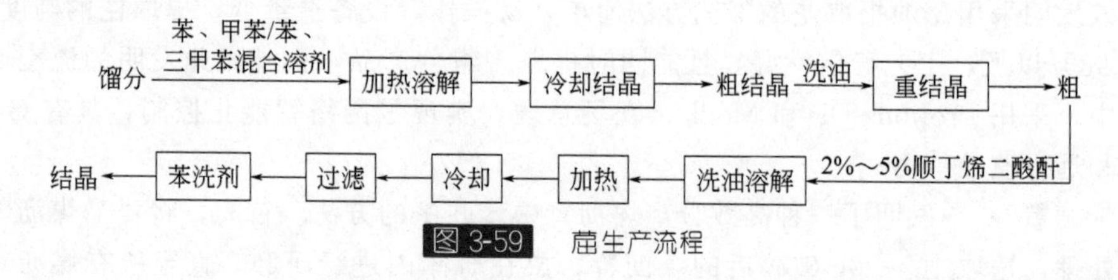

图 3-59 䓛生产流程

徐虹等[117]发明了一种䓛的精制方法。将原料䓛和酸在 20～110℃条件下混合酸洗 1～10h，降至室温后过滤得到固体，将所得固体用蒸馏水洗涤，过滤后烘干，其中，酸为醋酸、硫酸、硝酸、盐酸和磷酸中的一种或几种的混合物，原料䓛与酸质量比为 1∶(2～30)；将烘干后的固体与苯类溶剂进行混合，加热至溶剂沸点，冷却至室温，析出固体，过滤后烘干，再将烘干后的固体重新与苯类溶剂进行混合，加热至溶剂沸点，冷却至室温，析出固体，过滤后烘干得到银白色片状结晶，即完成了䓛的精制，其中，苯类溶剂为苯、甲苯、二甲苯和偏三甲苯中的一种，烘干后的固体与苯类溶剂的质量体积比为 1g∶(5～30) mL。该精制方法简单、条件温和，采用苯类溶剂作为重结晶溶剂，分离效果好，产品䓛的纯度可达98%以上。

张天衡等[118]发明了一种䓛提取装置的网络控制系统及提取方法。将经导热油预热到100～120℃的原料蒽油定时、定量输送到蒸馏釜内，蒸馏釜底部由煤气燃烧加热，蒸馏釜内温度360～400℃，保持90～100h，蒽油加温后，产生油气进入精馏塔；精馏塔塔顶抽真空，当塔顶压力在－0.09MPa、塔底温度在370～400℃时，精馏塔采出䓛馏分；䓛馏分用芳烃复合溶剂洗涤结晶，䓛馏分与溶剂的体积比为1∶10，经重复结晶至䓛含量合格后，经固液分离装置得到晶体，再在干燥器85～90℃温度下干燥，直到溶剂含量小于0.03%时包装。溶剂洗涤后的母液中含有90%以上的溶剂和其它馏分，将母液输送到蒸馏釜中，升温到200℃将溶剂全部蒸出，溶剂冷却后重复使用。该发明以蒽油为原料，工艺方法简单，易操作，设备造价低，提取䓛的纯度高，达99%以上，收率高，达90%以上，且工艺稳定性好，工艺参数控制精度高，具有GPRS无线和远程监控能力。

3.11.3.3　荧蒽的生产

以二蒽油或沥青馏出油为原料，在精馏塔中通过减压精馏得到质量分数为50%的荧蒽馏分。将荧蒽馏分放入带搅拌器和加热器的结晶器中，并加入溶剂进行重结晶，生成的粗荧蒽经离心分离脱油后，再返回结晶器进行溶剂重结晶。重结晶次数依原料和产品质量确定。溶剂送入蒸馏釜再生。

荧蒽的生产流程如图3-60所示。

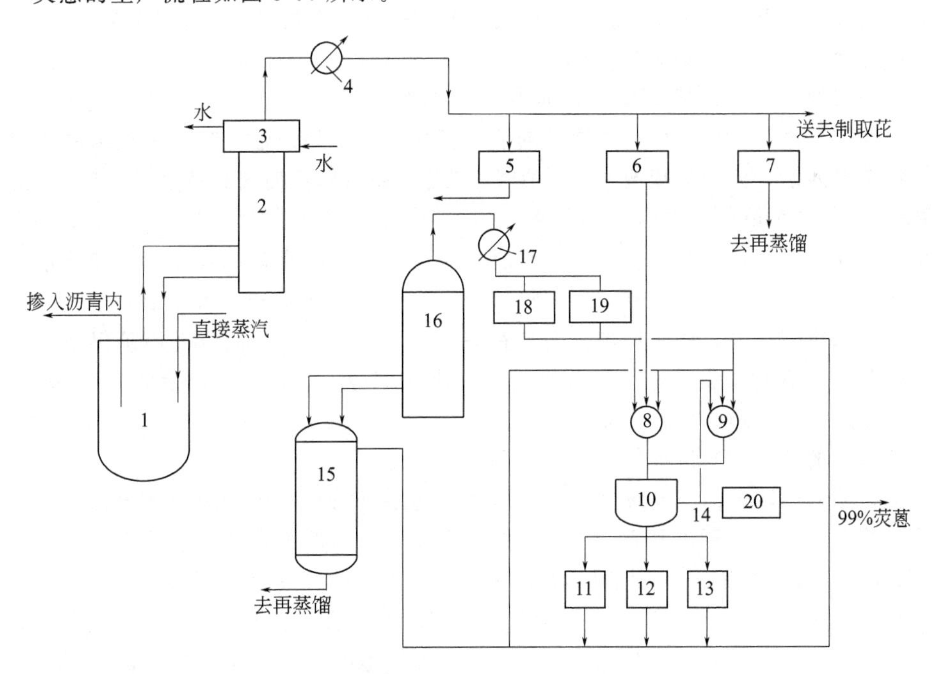

图3-60　荧蒽生产流程

1—蒸馏釜；2,16—精馏塔；3—分凝器；4,17—冷凝器；5—<375℃馏分储槽；6—荧蒽馏分储槽；7—中间馏分储槽；8,9—结晶器；10—离心机；11～13—母液槽；14—螺旋输送机；15—溶剂蒸馏釜；18—乙醇储槽；19—溶剂油储槽；20—干燥室

李信成[119]发明了蒽油中菲、荧蒽、芘产品提取装置及工艺。静置脱水蒽油（含水量≥0.5%）经三级换热把蒽油温度提高到180～190℃，进管式加热炉Ⅰ加热到220℃以上送脱水塔脱水，脱水后的无水蒽油再经管式加热炉Ⅰ辐射段提温后进入蒽塔，脱水塔气相将水及轻质油带进油水分离器，分离后水和轻质油分别自流到储槽；进入到蒽塔的无水蒽油进行减压分离，塔顶气相采出洗油油气经蒸汽发生器Ⅰ冷凝至180℃后进入回流槽Ⅰ，一部分回流液打回蒽塔中，一部分经换热器Ⅰ冷却到105℃后进入洗油储槽，采出的洗油馏分，其主要成分为萘、苊、氧芴、芴；蒽塔侧线采出蒽菲馏分，温度控制在274～276℃，经换热器Ⅱ冷却到140℃以下送入储槽，作为生产精蒽的原料，此处得到的蒽菲馏分的蒽含量为25%～30%，菲含量55%～60%；蒽塔塔底物均为蒽菲以后的组分，这部分馏分经过液位和流量串级调节，部分进入咔唑馏分塔，部分回到管式加热炉Ⅰ，给蒽塔提供热源；咔唑馏分塔，气相采出咔唑馏分，塔顶油气经蒸汽发生器Ⅱ冷却后进回流槽Ⅱ，一部分咔唑馏分回流进咔唑馏分塔，一部分经冷却至138～142℃，用泵打入储槽参加下道工序洗涤，洗涤后为成品咔唑；从咔唑馏分塔的侧线采出为炭黑油，塔底为软沥青，即为荧蒽和芘的原料，此时采出的软沥青荧蒽含量≥40%，芘含量≥30%，沥青成分占10%～12%，其它为䓛及杂油馏分；荧蒽/芘塔，原料为咔唑馏分塔塔底物软沥青，经过液位和流量串级调节，部分软沥青进入荧蒽/芘塔，部分回到管式加热炉Ⅱ，给咔唑馏分塔提供热源，荧蒽/芘塔塔底物通过管式加热炉Ⅲ加热，出口温度控制在370～380℃进入荧蒽/芘塔，塔顶气相采出荧蒽馏分，油气经蒸汽发生器Ⅲ冷却后进入回流槽Ⅲ；一部分荧蒽馏分回流进荧蒽/芘塔，一部分冷却至158～162℃进入馏分储槽，作为生产荧蒽的原料，荧蒽/芘塔侧线采出芘馏分，与原料换热后打入馏分储槽，即为生产芘的原料；溶剂再生塔，本工艺的精蒽、咔唑、芘均用溶剂进行洗涤，含油溶剂油的精蒽一次结晶残油、咔唑一次结晶残油及芘一次结晶残油，分别与咔唑塔塔顶油气、荧蒽/芘塔塔顶油气经换热器加热到235±3℃进入溶剂再生塔的塔中部，塔顶脱出的溶剂油经分缩器、换热器冷却至35℃进入溶剂储槽，反复使用，溶剂再生塔塔底残油为含菲组分，含菲80%以上；菲馏分塔，原料为溶剂再生塔塔底含菲组分，用泵将溶剂再生塔塔底菲组分送入菲馏分塔，因为溶剂再生塔采出溶剂时，还存留部分溶剂在菲馏分中，因此，菲馏分塔塔顶仍采出溶剂油，冷却后回溶剂接受槽，菲馏分塔侧线采出菲馏分，经换热冷却后进入菲成品槽，然后用转鼓结晶机结晶出合格菲。

该方法的蒸馏工艺流程如图3-61所示。

该发明采取四炉四塔连续精馏，同时生产蒽菲馏分、咔唑馏分、荧蒽馏分、芘馏分和菲馏分，操作方便、灵活，在不增加更多投资的情况下，将占蒽油中含量近40%的菲、荧蒽、芘提取出来，收率可达到80%以上，取得了可观的经济效益。

张天衡等[120]发明了一种荧蒽提取装置的网络控制系统及提取方法。将经导热油预热到100～120℃的原料蒽油定时、定量输送到蒸馏釜内，蒸馏釜底部由煤气燃烧加热，蒸馏釜内温度390～410℃，保持90～100h，蒽油加温后，产生油气进入精馏塔；精馏塔塔顶抽真空，当塔顶压力在－0.09MPa、塔底温度在280～300℃时，精馏塔采出荧蒽馏分；荧蒽馏分用芳烃复合溶剂洗涤结晶，荧蒽馏分与溶剂的体积比为1∶15，经重复结晶至荧蒽含量合格后，经固液分离装置得到晶体，再在干燥器 85～95℃温度下干燥 8～10h，直到溶剂含量小于 0.03%时即为成品并包装。该发明在网络控制系统的控制下，可获得 99%以上的高纯荧蒽产品，并且收率≥90%。

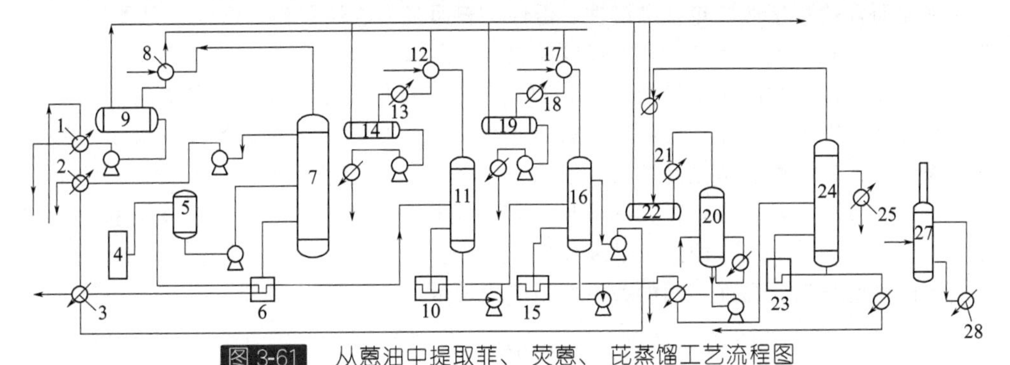

图 3-61 从蒽油中提取菲、荧蒽、芘蒸馏工艺流程图

1—换热器Ⅰ；2—换热器Ⅱ；3—换热器Ⅲ；4—油水分离器；5—脱水塔；6—管式加热炉Ⅰ；7—蒽塔；8—蒸汽发生器Ⅰ；9—回流槽Ⅰ；10—管式加热炉Ⅱ；11—咔唑馏分塔；12—蒸汽发生器Ⅱ；13，18，21，25，26—换热器；14—回流槽Ⅱ；15—管式加热炉Ⅲ；16—荧蒽/芘塔；17—蒸汽发生器Ⅲ；19—回流槽Ⅲ；20—溶剂再生塔；22—溶剂接受槽；23—管式加热炉Ⅳ；24—菲馏分塔；27—尾气净化塔；28—泵

3.12 沥青的精制

焦油沥青又称煤沥青，是一种成分复杂、多变而又相互结合的以多环芳香烃为主的高分子物质，其相对分子质量为 2000～3000。焦油沥青来自于焦油蒸馏提取轻油、酚油、萘油、洗油和蒽油等馏分后的残留物，它是焦油加工过程中分离出的大宗产品，约占焦油总量的 50%～60%，其利用程度的高低和经济效益的好坏直接关系到整个焦油加工工艺。焦油沥青常温下为黑色固体，无固定熔点，呈玻璃相，密度为 1250～1350kg・m^{-3}，受热后软化继而熔化[121,122]。

按照软化温度的不同，焦油沥青可分为低温沥青、中温沥青和高温沥青，其国家质量标准见表 3-41（GB/T 2290—2012）[123]。

表 3-41 我国焦油沥青质量指标

名称	低温沥青		中温沥青		高温沥青	
	1 号	2 号	1 号	2 号	1 号	2 号
软化点/℃	35～45	46～75	80～90	75～95	95～100	95～120
甲苯不溶物/%	—	—	15～25	≤25	≥24	—
灰分/%	—	—	≤0.3	≤0.5	≤0.3	—
水分/%	—	—	≤5	≤5	≤4	≤5
喹啉不溶物/%	—	—	≤10	—	—	—
结焦值/%	—	—	≥45	—	≥52	—

注：软化点的测定按 GB/T 2294《焦化固体类产品软化点测定方法》进行；甲苯不溶物的测定按 GB/T 2292《焦化产品甲苯不溶物含量的测定》进行；灰分的测定按 GB/T 2295《焦化固体类产品灰分测定方法》进行；水分的测定按 GB/T 2288《焦化产品水分测定方法》进行；喹啉不溶物的测定按 GB/T 2293《焦化沥青类产品喹啉不溶物试验方法》进行；结焦值的测定按 GB/T 8727《煤沥青类产品结焦值的测定方法》进行。

3.12.1 焦油沥青的性质

3.12.1.1 焦油沥青的物理性质

焦油沥青的物理性质包括黏滞性、塑性、表面张力、润湿性、密度、温度稳定性、热容量、线膨胀系数、热导率和闪点以及燃点等[124]。

(1) 黏滞性　黏滞性是指沥青在外力作用下，抵抗发生形变的性能指标。对于不同类别的沥青来说，其黏滞性的变化范围很大，这主要是由沥青的性质和温度所决定的。表征沥青黏滞性的指标是黏度，它表示液体沥青在流动时的内部阻力。测定沥青绝对黏度的方法比较复杂，在实际应用中多采用相对黏度来表示。测定相对黏度的主要方法是恩格勒黏度计（即恩氏黏度计）。

恩氏黏度与运动黏度之间的关系可用下式表示：

$$\upsilon_t = 0.075E_t - \frac{0.063}{E_t}$$

式中，E_t为沥青的恩氏黏度；υ_t为运动黏度，$cm^2 \cdot s^{-1}$。

沥青的动力黏度与温度具有指数性质的关系。这是因为在加热温度升高时，沥青由玻璃状态转为液流状态的过程中，发生分子间的键变弱和分子外层结构的桥键断裂，不断有新的结构成分掺入，使黏滞流的活化能条件发生改变。

不同软化温度的沥青动力黏度与加热温度的关系如图 3-62 所示。

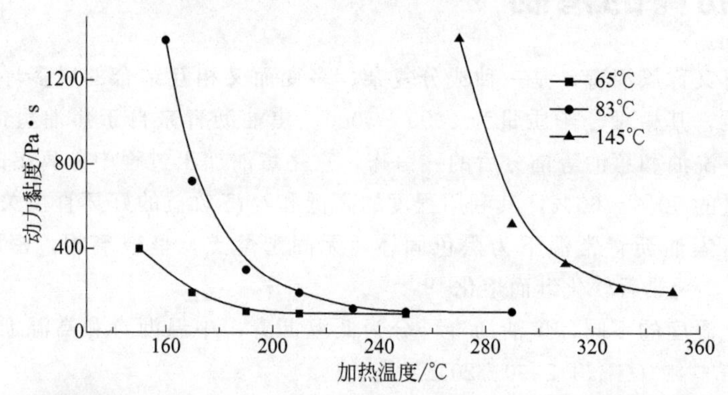

图 3-62　不同软化温度的焦油沥青动力黏度与加热温度的关系

沥青的动力黏度也可用如下公式进行计算：

在 135～165℃范围内

$$\lg\eta_{60} = 92.4414 - 35.63\lg t$$

$$\lg\eta_{67} = 81.555 - 31.39\lg t$$

$$\lg\eta_{70} = 93.1906 - 35.813\lg t$$

在 165～200℃范围内

$$\lg\eta_{60} = (1.7966\lg t - 4.7057)^{-1} \times 10^{-3}$$

$$\lg\eta_{67} = (1.9841\lg t - 5.218)^{-1} \times 10^{-3}$$

$$\lg\eta_{70} = (2.3385\lg t - 6.1502)^{-1} \times 10^{-3}$$

式中，η_{60}、η_{67} 和 η_{70} 分别为软化温度在 60℃、67℃、70℃时沥青的动力黏度，Pa·s；t 为温度，℃。

（2）塑性 所谓塑性是指在外力作用下，能够稳定地发生永久变形而不破坏其完整性的能力。油沥青的塑性较小，并随着软化温度的升高而减小。沥青的塑性通常是用在一定条件下，能够拉成细丝的长度表示，即伸长度或延伸度。软化温度为 75℃的沥青的伸长度在 25℃时为 0.15 cm，在 45℃时为 0.20 cm，在 55℃时为 0.40 cm。

（3）表面张力 表面张力是一种物理效应，它使得液体的表面总是试图获得最小的、光滑的面积，就好像它是一层弹性的薄膜一样，其原因是液体的表面总是试图达到能量最低的状态。沥青的表面张力与它的黏滞性、温度和化学组成有密切的关系。沥青在开始加热时，表面张力很大，随着加热温度的升高，表面张力呈线性关系下降，同时，沥青的表面张力随软化温度的提高而增大。

不同软化温度的沥青表面张力与加热温度的关系如图 3-63 所示。

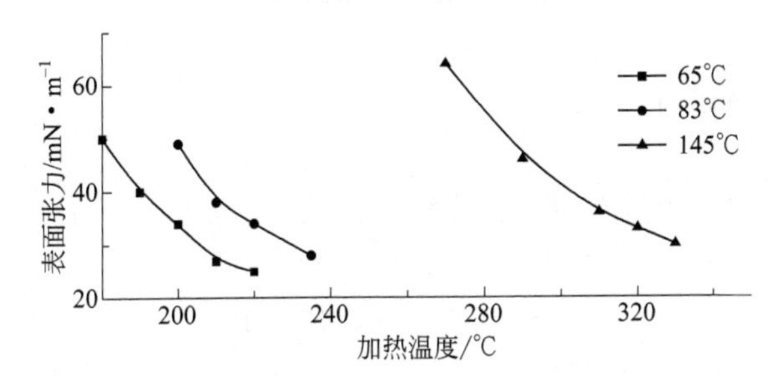

图 3-63 不同软化温度的焦油沥青表面张力与加热温度的关系

（4）润湿性 沥青具有较高的润湿性，但这一能力在加热时显著降低，如图 3-64 所示。

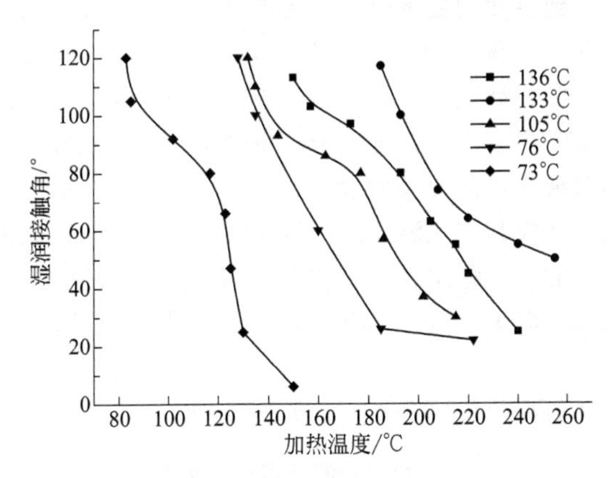

图 3-64 不同软化温度的焦油沥青润湿接触角与加热温度的关系

（5）密度 不同软化温度的沥青密度随着加热温度的升高而减小，随着软化温度的升高而增大，如图 3-65 所示。

沥青的密度也可用如下公式进行计算：

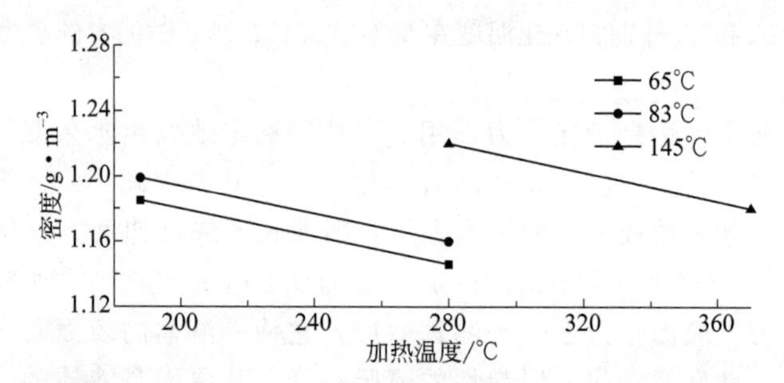

图 3-65 不同软化温度的焦油沥青密度与加热温度的关系

在 140～240℃范围内

$$d^{60}=1.297-0.629\times10^{-3}t$$
$$d^{67}=1.299-0.625\times10^{-3}t$$
$$d^{70}=1.296-0.688\times10^{-3}t$$

在 240～310℃范围内

$$d^{113}=1.336-0.582\times10^{-3}t$$
$$d^{139}=1.338-0.571\times10^{-3}t$$
$$d^{145}=1.306-0.422\times10^{-3}t$$
$$d^{155}=1.310-0.417\times10^{-3}t$$
$$d^{165}=1.317-0.417\times10^{-3}t$$

式中，d^{60}、d^{67}、d^{70}、d^{113}、d^{139}、d^{145}、d^{155} 和 d^{165} 分别为软化温度在 60℃、67℃、70℃、113℃、139℃、145℃、155℃和 165℃时沥青的软化温度，℃；t 为温度，℃。

(6) 温度稳定性　作为无定型的非结晶高分子化合物，沥青的温度稳定性由分子运动的状况决定，并受到温度的显著影响。当温度很低时，沥青分子的活化能量较小，整个分子无法自由运动，沥青像玻璃一样脆硬，通常称为“玻璃态”；随着温度的升高，沥青分子获得了一定的活化能量，整个大分子长链逐渐开始运动，此时沥青表现出明显的塑形；若继续升高温度，沥青分子获得的活化能量更多，能够达到自由运动，并使分子之间出现相对滑动，此时沥青就像液体一样发生黏性流动，称为黏流态，沥青处于黏流态下的温度即为其软化温度。一般来说，沥青没有严格的软化温度。

为了准确描述沥青的温度稳定性，可采用环球法、梅特勒法和水印法以及空气立方法等来测定沥青的软化温度，其中，环球法与梅特勒法是目前应用较为普遍的两种检测方法。

(7) 比热容　焦油沥青的比热容不大，见表 3-42。

表 3-42　焦油沥青的比热容

温度/℃	比热容/kJ·kg^{-1}·℃$^{-1}$		
	软化温度 65℃	软化温度 83℃	软化温度 145℃
50	1.24	1.26	1.30
60	1.36	1.31	1.30

续表

温度/℃	比热容/kJ·kg^{-1}·℃$^{-1}$		
	软化温度65℃	软化温度83℃	软化温度145℃
70	1.42	1.36	1.32
80	1.43	1.40	1.33
100	1.44	1.47	1.37
120	1.47	1.53	1.42
140	1.50	1.57	1.45
160	1.53	1.60	1.53
180	1.60	1.64	1.60
200	1.71	1.78	1.69
220	1.78	1.83	1.70
240	1.83	1.88	1.85
260	1.85	1.94	1.89
280	1.90	1.98	1.96
300	1.96	2.02	2.04
320	1.99	2.05	2.01
340	2.00	2.02	1.98
360	2.01	2.04	1.96

(8) 线膨胀系数 对于不同软化温度的沥青来说，它们的线膨胀系数也各有差异，通常低温沥青为0.00042，中温沥青为0.00055，高温沥青为0.00047。软化温度每升高1℃，线膨胀系数降低0.000001。

(9) 热导率 焦油沥青的热导率较小，见表3-43。

表3-43 焦油沥青的热导率

温度/℃	热导率/W·m^{-1}·K^{-1}		
	软化温度65℃	软化温度83℃	软化温度145℃
50	0.0903	0.1034	0.1145
60	0.0919	0.1065	0.1274
70	0.0939	0.1087	0.1315
80	0.0951	0.1092	0.1342
100	0.0973	0.1121	0.1387
120	0.0981	0.1128	0.1426
140	0.0984	0.1132	0.1482
160	0.0992	0.1136	0.1552
180	0.1055	0.1144	0.1581
200	0.1076	0.1152	0.1604
220	0.1083	0.1167	0.1628
240	0.1096	0.1183	0.1657

续表

温度/℃	热导率/W·m^{-1}·K^{-1}		
	软化温度 65℃	软化温度 83℃	软化温度 145℃
260	0.1107	0.1190	0.1675
280	0.1113	0.1194	0.1696

(10) 闪点和燃点　闪点是沥青发生闪光时的温度，而燃点则是沥青燃烧达 5s 时的温度，它们通常相差 10℃左右。重质成分愈多，闪点与燃点相差愈大；轻质成分愈多，闪点与燃点相差愈小。沥青的闪点随其软化温度的升高而增大，一般来说，低温沥青闪点为 90～120℃，中温沥青闪点为 200～250℃，高温沥青闪点为 360～400℃。

3.12.1.2　焦油沥青的化学性质

焦油沥青的化学性质包括沥青的元素组成、结构组组成和化学组成。

(1) 元素组成　沥青主要由碳元素和氢元素组成，其余为氮、氧、硫等。一般来说，沥青的含碳量均大于 90%，含氢量一般不超过 5%，其值因原料煤种类、加工方法、焦油蒸馏条件的不同而发生变化。碳元素与氢元素的组分比例直接影响着沥青的物理和化学性质。

(2) 结构组组成　由于沥青的化学结构复杂，通常利用溶剂萃取的方法将沥青分成许多与一定溶剂具有相似性质的结构组。沥青中的主要结构组分为甲苯不溶物（TI）和甲苯可溶物（TS，即 γ 组分），而甲苯不溶物又可分为喹啉不溶物（QI，即 α 组分）和喹啉可溶物（QS，即 β 组分）。

甲苯不溶物，亦称游离炭，是沥青中不溶于甲苯的残留物，相对分子质量在 800 以上，易熔化、易烧结，其有机物组成近似于 $C_{112}H_{58}O_3$。甲苯不溶物的含量与焦化条件有关，焦化温度越高，热解越深，甲苯不溶物含量越多。虽然甲苯不溶物的黏结性不好，但在加热后有可塑性且参与生成焦炭网格，其结焦值可达 90%～95%。在一定范围内，沥青的结焦值随着甲苯不溶物含量的增加而提高。

甲苯可溶物又称石油质、沥青质、轻油组分或低分子树脂，属于碳环化合物和杂环化合物的混合体，它为可溶性组分，能溶于甲苯和石油醚，常温下为半流化黏合体，相对分子质量为 270 左右，具有较好的流动性、浸润性，但残炭值较甲苯不溶物和喹啉不溶物小。甲苯可溶物含量越多，沥青流动性越好，甲苯可溶物含量越少，沥青流动性越差。

喹啉不溶物又称高分子树脂，它通常含有两种不同的粒子，一种是原生喹啉不溶物，在原生喹啉不溶物中，约 98%为有机物，是焦化过程中的热解粒子，直径小于 1μm，碳氢比为 3.5～4，约 2%为焦煤等杂质微粒，直径为 10μm，改进操作或沉降洗涤都能够减少这些微粒；另一种为次生喹啉不溶物，是热聚合过程中 380℃以上生成的中间液晶粒子，直径为 1～100μm，碳氢比为 2～2.5，采用中等真空蒸馏技术降低蒸馏温度后即可降低次生喹啉不溶物含量。提高喹啉不溶物含量，可使沥青的焦炭结构得到增强，但喹啉不溶物含量过高会导致沥青的流动性显著降低。

喹啉可溶物又称为沥青树脂或沥青脂，相对分子质量约 320，它含有许多线性多环芳香族化合物，是沥青最主要的黏结剂成分，它不溶于甲苯而溶于喹啉，在含量上等于甲苯不溶物和喹啉不溶物的差值。喹啉可溶物生成的焦结焦值大，焦化性能好，孔壁结实，呈纤维状结构，强度较高。

(3) 化学组成 沥青的化学组成很复杂，其所含化合物高达5000余种，大多数为三环以上的芳香族化合物，还有含氧、氮和硫等元素的杂原子化合物以及少量高分子碳素物质。沥青的低分子组成具有结晶性，可形成多种组成的共熔混合物。

中温焦油沥青化学组成的质谱分析数据见表3-44。

表3-44 中温焦油沥青的组成及含量

名称	分子式	相对分子质量	碳氢比	质量分数/%
茚	C_9H_8	116	1.125	0.1
萘	$C_{10}H_8$	128	1.250	0.8
苊,荧蒽	$C_{12}H_8$	152	1.500	1.3
苊,联苯	$C_{12}H_{10}$	154	1.200	1.8
蒽,菲	$C_{14}H_{10}$	178	1.400	5.5
甲基菲,苯基萘	$C_{15}H_{10}$	190	1.500	3.4
四环化合物:				
迫位凝聚	$C_{16}H_{10}$	202	1.600	9.6
渺位凝聚	$C_{18}H_{12}$	228	1.500	6.9
甲基菌,苯基蒽,苯并荧蒽	$C_{18}H_{10}$	226	1.800	2.1
五环化合物:				
迫位凝聚	$C_{20}H_{12}$	252	1.667	9.8
渺位凝聚	$C_{21}H_{12}$	264	1.750	2.3
六环化合物:				
迫位凝聚	$C_{22}H_{12}$	276	1.833	3.7
渺位凝聚	$C_{24}H_{14}$	302	1.714	1.4
苯并芘	$C_{26}H_{16}$	328	1.625	0.2
七环化合物:				
晕苯	$C_{24}H_{12}$	300	2.000	0.2
二苯并芘	$C_{26}H_{16}$	326	1.857	0.2
杂原子化合物:				
氧	—	—	—	18.2
氮	—	—	—	2.1
硫	—	—	—	1.4
未蒸发的残渣	—	—	—	29.0

3.12.2 焦油沥青的用途及市场

焦油沥青的用途极广，小至日常生活所用的手电筒电池，大至国防工业、宇宙技术、原子能工业所需尖端材料都需要沥青，其主要用途是作为炭材料黏结剂、耐火材料黏结剂、浸渍剂、涂料及筑路材料等。近年来，沥青还被用来生产针状焦、碳纤维、中间相沥青和配制燃料油等[125~127]。

(1) 炭材料黏结剂　在碳素制品生产中，沥青是不可缺少的黏合剂，尤其是在电极生产过程中用于使粉状固体料成型的黏合剂好坏对电极质量起着至关重要的作用。随着炼铝工业和钢铁工业的发展，铝厂对阳极糊和钢厂对石墨电极的要求越来越高，因此提高黏结剂沥青的质量十分重要。我国自从20世纪50年代前苏联援建吉林碳素厂和哈尔滨电碳厂起，各种炭材料的生产一直选用中温沥青作为黏结剂。20世纪80年代，贵阳铝厂和青铜峡铝厂引进电解铝装置，需要质量好、软化点高的改质沥青，至此，我国开始自行研制改质沥青。随着沥青种类的增加和质量的提高，我国铝用炭材料生产中逐渐采用改质沥青取代中温沥青作为黏结剂，黑色冶金碳素行业也在着手开展这方面的工作。改质沥青取代中温沥青作为炭材料生产用黏结剂已是必然趋势。由于受到我国现有碳素制品生产技术装备的限制，很多碳素厂希望黏结剂沥青有较高的结焦值、甲苯不溶物、喹啉可溶物和适宜的喹啉不溶物，又不希望软化点太高。面对这种市场需求，我国陆续研制生产了质量指标各异的沥青品种，形成了系列产品，有力地支持了碳素行业的发展。

(2) 耐火材料黏结剂　耐火材料以沥青作黏结剂由来已久，例如，当生产镁碳砖时，常希望黏结剂沥青的软化点在180～200℃范围内，并具有较高的结焦值（65%～70%）。沥青的使用形式有液体（单独或复合）、固体（粉、粒、球）等，其中，球状沥青是由沥青经特殊成型工艺制成的一种新型产品，它要求原料的软化点应在115～140℃，结焦值应大于60%，其现已广泛用于高炉出铁沟浇铸料中。

(3) 浸渍剂　浸渍剂是生产电炉炼钢用高功率、超高功率石墨的主要原料之一。发达国家在高功率、超高功率石墨电极生产中非常重视原料的选择，浸渍工序普遍使用专用浸渍剂，国内一直没有专用的浸渍剂，高功率、超高功率石墨电极生产用浸渍剂往往以普通中温沥青代替。与国外先进生产工艺相比，始终存在生产周期长、生产费用高、产品质量差且不能生产大直径优质超高功率石墨电极等缺点，产品在国际市场上无竞争力。在浸渍剂研制开发方面，鞍山热能研究院、武汉科技大学、安徽工业大学和无锡焦化厂等做了大量的试验工作。山东兖矿科蓝煤焦化有限公司采用溶剂沉降法净化沥青，在工业装置上试产浸渍剂获得成功，生产的浸渍剂各项质量指标已达到国际先进水平。

(4) 涂料　沥青具有良好的耐水、耐潮、防霉、防微生物侵蚀、耐酸性气体等特性，对盐酸和其它稀酸亦有一定的抵抗作用，被广泛应用于涂料生产。国内外生产沥青涂料已有几十年的历史，由于沥青在生产涂料方面具有价格低廉、性能优良的优点，沥青涂料发展很快。根据用途不同，沥青涂料有很多种类，最具有代表性的是环氧沥青涂料。利用沥青改性环氧树脂制成的环氧沥青，综合了沥青和环氧树脂的优点，得到了耐酸、耐碱、耐水、耐溶剂、耐油和附着性、保色性、热稳定性、抗微生物侵蚀、电绝缘良好的涂层。这种涂料应用领域非常广，在码头、港口、采油、平台、矿井下的金属构筑、油轮的油水舱、埋地管道、化工建筑及设备、贮池、气柜、凉水塔、污水处理水池等广泛采用。除了环氧沥青涂料外，沥青涂料还有无溶剂环氧沥青涂料、沥青清漆、沥青烘干漆和沥青瓷漆等。

(5) 筑路材料　随着我国城乡道路建设特别是高等级公路的发展，对道路沥青的数量和质量提出了更高的要求。我国主要用于筑路材料的石油沥青供应紧张，而近几年国内才开发出高等级公路石油沥青。焦油沥青的组成和结构与石油沥青不同，它们的路用性能有较大差别。焦油沥青的路用优点是具有较好的润湿和黏附性能、抗油侵蚀性能好、所筑路面摩擦系数大，但热敏性高、延展性差、易老化、易污染环境等缺点使其在应用上受到了极大的限制。与焦油沥青相比，石油沥青的热敏性低，黏弹性温度范围较宽，抗老化性较好，但其主要缺点是对碎石的黏附性能较差。研究表明，若将两种沥青共混改性制成焦油-石油基混合沥青，其综合性能比单一沥青更为优异，是最好的筑路沥青。

混合沥青的优点较多，如与石料的黏附性能好，可改善路面的坚固性，黏度随温度的变化有利，能降低混合料生产、摊铺和压实的操作温度，抗油侵蚀性能好，路面抗荷载性能高，路面摩擦系数大等。1970年以来，德国、瑞士、法国、波兰等许多国家开始生产以石油沥青为主要成分的混合沥青，用于铺设最高负荷的公路。混合沥青中石油沥青的比例各国都有所不同，一般在65%～85%。国外混合沥青铺路材料已有多年的生产与公路应用的实际经验，并且用于高等级公路建设，足以表明焦油沥青与石油沥青共混生产混合筑路沥青是有前途的。国内在混合沥青开发方面还处于试验阶段，没有工业化生产。

(6) 针状焦　针状焦是20世纪70年代炭材料中大力发展的一个优质品种，具有低热膨胀系数、低空隙度、低硫、低灰分、低金属含量、高导电率等一系列优点。它的石墨化制品化学稳定性好、耐腐蚀、热导率高、低温和高温时机械强度良好，主要用于制造超高功率电极和特种碳素制品，是发展电炉炼钢新技术的重要材料。

根据原料线路不同，针状焦分为油系和煤系两种，其生产方法也有一定差异。世界针状焦年总产量约120万吨，主要生产国只有美国和日本等少数几个国家，长期以来，我国针状焦一直依赖进口。“六五”期间，针状焦被列为国家重点科技攻关项目，经过多家科研院所和企业共同努力，技术上有所突破，并获得了我国自己的专利。“八五”期间，国家安排了辽宁鞍山沿海化工厂2万吨/年煤系针状焦（改制法）项目、山东兖矿科蓝煤焦化有限公司2万吨/年煤系针状焦（溶剂法）项目、辽宁锦州石化公司3万吨/年油系针状焦项目及安徽安庆石化公司油系针状焦项目4个针状焦试验项目。后来，山东海化集团又建设了2万吨/年油系针状焦装置。目前生产的针状焦已经用于高功率电极的生产，但是不能满足超高功率电极生产的质量要求，生产超高功率电极的针状焦仍然全部依靠进口。

(7) 碳纤维　碳纤维属于高科技产品，按原料分类可分为聚丙烯腈基碳纤维、沥青基碳纤维、胶黏基和酚醛树脂碳纤维。目前主要以聚丙烯腈基碳纤维、沥青基碳纤维为主，其它碳纤维极少。碳纤维既具有炭素材料的固有本性，又具有金属材料的导电和导热性、陶瓷材料的耐热和耐腐蚀性、纺织纤维的柔软可编性以及高分子材料的轻质、易加工性能，是一材多能和一材多用的功能材料和结构材料，目前几乎没有什么材料具有这种多方面的特性。

碳纤维的比强度、比模量都相当高，而且具有耐高温、耐腐蚀、耐冲击、热膨胀系数接近零等特性，能与树脂、金属陶瓷、水泥等材料广泛地复合，一直是增强复合材料领域的佼佼者。高性能沥青碳纤维主要应用于飞机或汽车刹车片、增强混凝土或耐震补强材料、密封填料、摩擦材料、增强热塑性树脂、电磁波屏蔽材料和锂电池的负极材料，另外也正在开拓高尔夫球杆等体育器材的用途，今后最大的市场将是土木建筑用于包括修补和加固材料。通用级低性能沥青碳纤维主要用于幕墙混凝土的增强。

目前，世界沥青基碳纤维生产主要集中在美国和日本。国内碳纤维还处于开发研制阶段，到2000年已建3套百吨级通用沥青基碳纤维生产线，总设计能力为400～500吨/年，但运行状况都不太好，科研单位和生产厂在优化工艺条件、改进技术装备方面做了大量工作，以期碳纤维的研制和生产出现突破性进展。

我国碳纤维的应用领域涉及航空航天、文体器材、纺织机械、医疗机械、电子工程、汽车、冶金、石油化工、环境工程、劳动保护、土木建筑和原子能等行业，但使用的数量、应用的深度与世界其他国家和地区还有差距。随着我国经济的发展和应用领域的不断开发，碳纤维的需求量会进一步增加，生产能力将随之进一步提高。虽然聚丙烯腈基碳纤维仍是今后发展的主流，但沥青碳纤维因成本低、价廉，加上新用途的开发，需求量也将相应增加，市场将进一步扩大。

(8) 中间相沥青　中间相沥青是经热处理后含有相当数量中间相的沥青，在常温下中间相沥青为黑色无定形固体。中间相沥青的中间相组分具有光学各向异性的特征，中间相在形成初期呈小球状，称中间相小球体。中间相沥青的密度为1400～1500kg·m^{-3}，中间相沥青的软化点和黏度都随中间相含量的增加而提高，如中间相含量为57%的中间相沥青，其软化点为288℃，当中间相含量增加到80%以上时，其软化点为345℃。中间相沥青的黏度与温度有密切关系，同一种中间相沥青的黏度随温度升高明显下降。

中间相沥青主要用于制备中间相沥青碳纤维，还可以用于制备针状焦以及碳-碳复合材料，因此中间相沥青作为一种新材料，具有广阔的发展前景。

(9) 配制燃料油　以沥青回兑黏度较小的焦油馏分生产沥青燃料油已获得成功，并有逐渐推广的趋势。近几年来，沥青燃料油已在玻璃窑炉、耐火材料和铝用阳极炭块焙烧窑等行业代替重油使用。沥青燃料油在配制时，可使其黏度和热值与重油接近，只是密度比石油重油大，在燃烧操作时须做适当调整。

3.12.3 焦油沥青的生产

对于焦油沥青来说，通过连续蒸馏或间歇蒸馏得到的产物为中、低温沥青，进一步加工可制得高温沥青和改质沥青等。连续蒸馏一般用来制备中温沥青，而间歇蒸馏由于生产灵活性较大，通常可根据需要得到软化点不同的低温沥青和中温沥青。

3.12.3.1 中、低温焦油沥青的生产

由二段蒸发器底部或间歇蒸馏釜引出的焦油沥青温度高达350～400℃，由于高温沥青在空气中极易着火燃烧，故必须对其进行冷却处理。工业上大多采用在水池内靠金属链板冷却运输机在连续缓慢运行中冷却沥青。

沥青由二段蒸发器底部或间歇蒸馏釜底先放入沥青冷却贮槽中冷却至150～200℃，然后放入给料分配盘，并以直径6～12mm的细流流至水池内移动的链板输送机上，沥青随链板冷却输送机的移动逐渐冷却凝固成条状固体，从水池内带出后，经漏嘴放至

皮带输送机，装车外运或由漏嘴放至翻斗提升机，卸入沥青贮槽。链板输送机移动速度为 $10m \cdot min^{-1}$，沥青在水池中停留时间约为2～3min。

尽管该方法均为机械化操作，劳动条件得到大大改善，但仍存在一定的污染环境问题。为了克服以上缺点，许多焦化厂目前都广泛应用设有沥青气化冷凝冷却器及沥青烟捕集装置的沥青冷却工艺流程。

温度为350～400℃的中、低温沥青，经过沥青气化冷凝冷却器冷却至220～240℃，然后进入沥青高置槽静置并自然冷却8h，经给料分配盘放入浸在水池中的沥青链板冷却输送机上，冷却凝固成条状固体装车或放入沥青仓库。

由高置槽顶及给料分配器放出的沥青烟雾被引入沥青烟捕集器中，用泵将洗油循环槽中的洗油压送至沥青烟捕集器顶部进行喷洒，以将气体中沥青烟吸收下来。除掉了沥青烟后的气体，通过捕液罐捕集液滴，再用风机引出，由烟囱排入大气中。洗油循环使用，一般每两个月更换新洗油一次。

中、低温焦油沥青冷却流程如图3-66所示。

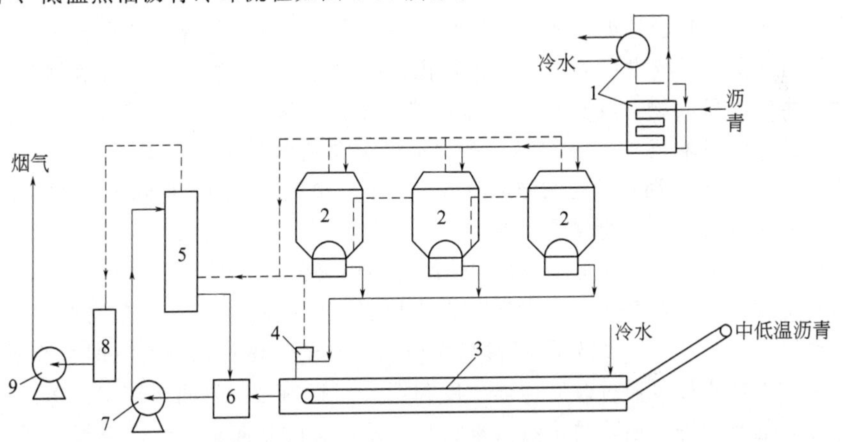

图3-66 中、低温焦油沥青冷却流程

1—沥青气化冷凝冷却器；2—沥青高置槽；3—沥青链板冷却输送机；4—吸风罩及给料分配盘；5—沥青烟捕集器；6—洗油循环槽；7—油泵；8—捕液罐；9—吸风机

3.12.3.2 高温焦油沥青的生产

高温焦油沥青不能直接由蒸馏过程得到，通常需采用蒸汽法或氧化法制取。

(1) 蒸汽法 将软化点为75～95℃的中温沥青装入蒸馏釜中加热，当沥青温度达到340℃时吹入过热蒸汽，同时将冷凝器的真空度保持到40kPa，操作14～16h后，进行冷却。

(2) 氧化法 在320℃下，将软化点为75～90℃的中温沥青装入氧化釜中，氧化釜用煤气火加热，用空气压缩机由下部的扩散器往氧化釜内送空气。在高温下，以空气氧化液体中温沥青，使之发生热聚合和热缩合反应，形成更高分子芳香族化合物。同时，一部分低沸点物质被蒸出来，沥青软化点提高，得到高温沥青和蒽油。当氧化釜中温度达到350～390℃时，定时取样测定沥青的软化点，若其达到135～150℃，不再送入空气并停止加热。

氧化过程中，釜内蒸出的气体经上升管和空气冷却管进入冷却器，所得约占沥青总量5%～6%的芘油流入芘油槽内。釜内被氧化的高温沥青，用蒸汽压入外部保温良好的密闭贮槽中。由上升管逸出的废气应取样分析，其含氧量以不超过3%～5%为限，过高时有发生着火燃烧的危险。

一次氧化时间为1.5～2h，釜内沥青温度不得超过400℃。压缩空气量宜逐渐增加，以防空气量骤增，导致氧化反应过于剧烈，温度过高，这会使沥青形成半焦而起火。如发生着火情况时，须立即停送煤气。

氧化法已广泛用于高温沥青的制取。为了强化生产过程，还可以直接将氧气通入氧化釜内，这能极大缩短沥青中芳香族化合物的聚合时间，从而提高设备的生产能力。

3.12.3.3 改质焦油沥青的生产

改质焦油沥青是生产电极的重要原料，其作为黏结剂在电极成型过程中使分解的碳质原料形成塑料糊，并压制成各种形状的工程结构。沥青在焙烧过程中发生焦化，将原来分散的碳质黏结成碳素的整体，从而满足结构强度的要求。

沥青中主要起黏结作用的是喹啉可溶物，普通中温沥青中的喹啉可溶物含量为12%左右，当对此种沥青进行高温加热时，沥青中的芳香族化合物在高温下发生聚合反应，沥青中原有的喹啉可溶物一部分转化为次生喹啉不溶物，甲苯可溶物的一部分转化为次生喹啉可溶物，其转化程度随加热温度的升高而增大。经热处理后的沥青，其甲苯不溶物含量增至28%～34%，喹啉不溶物含量增至8%～12%，喹啉可溶物含量可增至18%以上，沥青中的黏结成分含量有了显著提高，沥青得到了有效改质。

国内外比较有代表性的改质沥青生产方法主要有釜式连续加热聚合、焦油连续加热加压聚合、焦油连续加热常压聚合和热沥青循环聚合以及真空闪蒸等。

(1) 釜式连续加热聚合　以中温沥青为原料，连续用泵送入带有搅拌的反应釜，经过加热至390～400℃，大分子间相互作用，小分子气体析出，釜液即为改质沥青，其软化点和性能指标可通过改变加热温度和沥青在釜内停留时间来控制。在具体操作过程中，有的是向釜中通入过热蒸汽来进行调质，有的是向釜中通入空气进行氧化来进行调质。工艺流程主要有两种，一种是间歇法，中温沥青在卧式釜中加热到一定温度和恒温一定时间后放料，即为改质沥青；另一种是连续法，中温沥青连续不断地从立式釜上部进入第一釜，然后从第一釜下部流到第二釜上部（第二釜比第一釜低400mm），最后沥青从第二釜下部连续不断地放出。前一种方法工艺简单，但它不能大规模生产，由于是间歇式操作，质量不易稳定，放料困难。后一种方法工艺相对复杂一些，但较前者而言，指标易于控制，可使中温沥青处理量大幅提高，该方法目前在我国被广泛使用。

(2) 焦油连续加热加压聚合　中温沥青由焦油蒸馏的二段蒸发器底部自流到中温沥青中间槽，由此用泵送到反应釜，反应釜外设有煤气加热炉，中温沥青在此进行热聚反应，然后用泵将沥青由釜底送往闪蒸塔进行闪蒸，并调整其软化点。塔底改质沥青自流到改质沥青中间槽，然后定期送往沥青冷却器、沥青高置槽冷却成型。反应釜和闪蒸塔顶逸出的反应气体和油气分别经冷凝冷却器冷凝成液体后，自流入闪蒸油槽，尾气经两个洗涤塔两级洗涤后，送加热炉烧掉。

焦油连续加热加压聚合流程如图3-67所示。

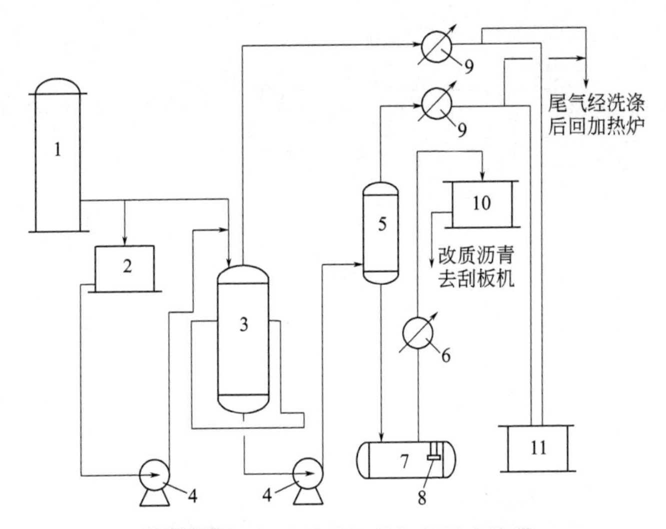

图3-67 焦油连续加热加压聚合流程

1—二段蒸发器；2—中温沥青中间槽；3—反应釜；4，8—沥青泵；5—闪蒸塔；6—沥青冷却器；7—改质沥青中间槽；9—冷凝冷却器；10—沥青高置槽；11—闪蒸油槽

(3) 焦油连续加热常压聚合　焦油连续加热常压聚合流程与焦油连续加热加压聚合流程基本一致。前者是在后者的基础上，把沥青管线稍加改动，即中温沥青由二段蒸发器底部直接流入反应釜，釜底改质沥青自流到改质沥青中间槽，其余和后者相同。

(4) 热沥青循环聚合　80～90℃的中温沥青与喹啉可溶物反应器来的370℃的热沥青混合后进入1#管式加热炉，加热到380℃后再进入喹啉可溶物反应器，沥青在此进行聚合，产生一些喹啉可溶物；一次聚合后的沥青通过喹啉可溶物反应器循环泵一部分进入喹啉不溶物反应器循环系统，与喹啉不溶物反应器底部出来的沥青混合后进入2#管式加热炉，加热到400℃后再进入喹啉不溶物反应器，沥青在此进行再聚合，生成喹啉不溶物。经过聚合后的沥青从闪蒸塔的中上部进入闪蒸塔进行闪蒸，闪蒸出的油气与两台反应器顶部出来的油气一起进入分馏塔，分离出轻油馏分、三混油馏分和蒽油馏分。闪蒸出油气后的沥青即为改质沥青。

该工艺主要优点在于生产运行稳定，所生产的改质沥青不含中间相，产品质量较高，能够适合大规模生产。

热沥青循环聚合流程如图3-68所示。

(5) 真空闪蒸　原料焦油经管式加热炉对流段加热后进入一段蒸发器进行脱水，脱水后的无水焦油用二段泵经管式加热炉辐射段加热到395～400℃后进入二段蒸发器，油气进入馏分塔。二段蒸发器底部温度为370～375℃、软化点为82～88℃的中温沥青自流进入绝对压力为20kPa的真空闪蒸器内进行闪蒸，沥青中的轻质油分再次被蒸发。从真空闪蒸器出来的软化点为108～115℃的沥青用沥青泵打入沥青高位槽进行冷却成型，即为改质沥青。

真空闪蒸流程如图3-69所示。

目前，国内绝大部分改质沥青生产厂家都采用釜式连续加热聚合，但由于其两釜

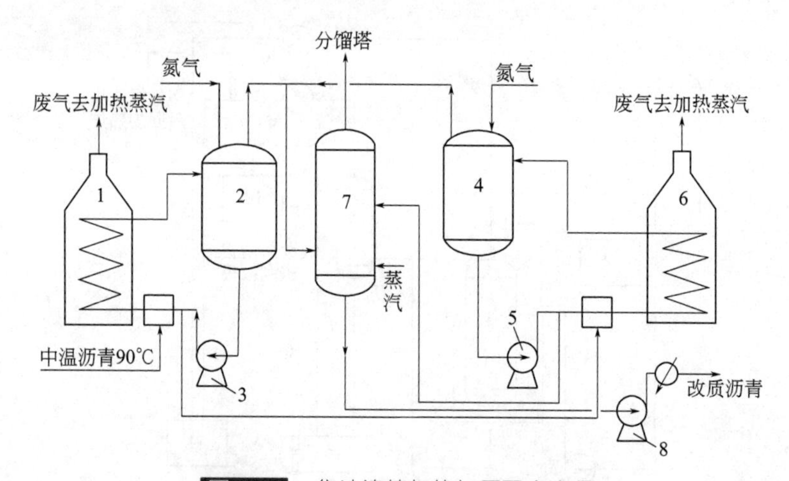

图 3-68 焦油连续加热加压聚合流程

1—1#管式加热炉；2—喹啉可溶物反应器；3，5，8—沥青泵；4—喹啉不溶物反应器；6—2#管式加热炉；7—闪蒸塔

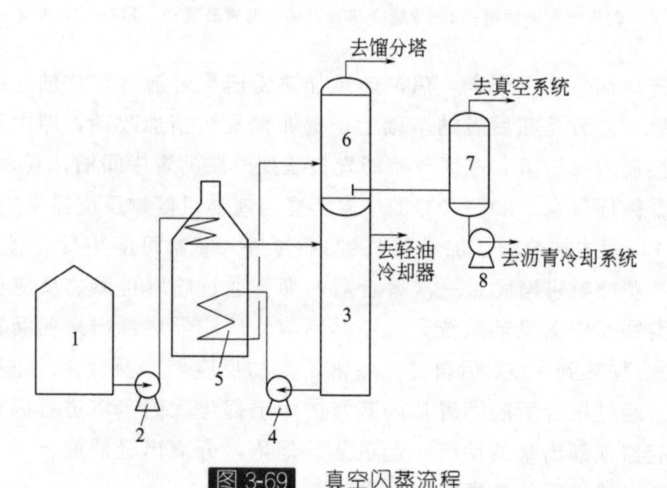

图 3-69 真空闪蒸流程

1—焦油槽；2—一段泵；3—一段蒸发器；4—二段泵；5—管式加热炉；6—二段蒸发器；7—真空闪蒸器；8—沥青泵

（有的厂家采用三釜）串联使用，沥青在管道内自流，很容易造成釜内液位不稳定、管道堵塞。另外，由于沥青的传热性较差，改质釜不能做得太大，这就限制了改质沥青的生产量，并且操作环境也较差。国内生产改质沥青用的反应釜一般都是 ϕ2460mm×30mm，H=4000mm，V=20m^3，10万吨/年焦油加工规模需两釜串联使用，15万吨/年焦油加工规模一般需三釜串联使用，才能达到理想效果。这种方法在国外发达国家已被淘汰。

焦油连续加热加压聚合是日本大阪煤气公司开发的技术，能从焦油直接生产改质沥青，产品指标可通过温度、压力、釜底过热蒸汽任意调整，可生产软化点为85～105℃、甲苯不溶物含量为25%～38%，喹啉可溶物含量为20%～25%以上任何等级的改质沥青。与釜式连续加热聚合相比，焦油连续加热加压聚合的优点在于热缩聚加强，热分解减弱，喹啉可溶物含量明显提高。此法被广泛地应用于日本、德国等发达国家，但操作条件属高温高压，设备较多，对设备的要求也较高。

焦油连续加热常压聚合是把焦油常压蒸馏和釜式连续加热聚合结合在一起的新型改质沥青生产方法，它能从焦油蒸馏的过程中直接生产改质沥青，该方法投资少、工艺流程简单、操作方便，没有特殊设备，操作费用和维修费用低，能耗也较低，可适用于30万吨/年规模以下的焦油加工企业。目前山东充矿科蓝煤焦化有限公司有2套装置已分别正常运行了8年和9年，运行效果很好，产品质量稳定。

热沥青循环聚合是法国IRH工程公司的技术，在法国及国外的所属工厂已广泛使用，其主要优点在于生产运行稳定，所生产的改质沥青不含中间相，产品质量较高，能够适合大规模生产。然而，由于沥青在釜内循环加热，能耗较高，同时增加2台热沥青循环泵，但国产泵无法满足使用要求，如果从国外进口此泵，不仅价格昂贵，维修费用较高，而且对维修人员的技术水平要求也较高。

真空闪蒸是一种较为先进的改性沥青生产方法，虽然它的甲苯不溶物含量不高，但其喹啉可溶物含量较高。由于管式加热炉出口温度低，炉管不易结焦，所生产的沥青不含有中间相，故该方法具有工艺设备简单、易于操作、能耗低等优点，用这种沥青生产出的碳素制品成品率高、导电性好、消耗低。这种工艺广泛地应用于拉美、西欧等国家。目前，国内仅有唐山考伯斯开滦炭素化工公司、黄骅市信诺立兴精细化工股份有限公司、山东杰富意振兴化工公司和邢台旭阳煤化工有限公司4家焦油加工企业用这种方法生产改质沥青，总产能可达80万吨/年左右。

梁剑等[128]发明了一种改性的煤沥青产品。首先，将50～80份煤沥青、10～20份石油沥青和20～30份助溶剂投入反应器内，升温至150～180℃，加入1～4份SBS，用胶体磨剪切0.2～0.4h；然后，将5～35份废橡胶粉加入剪切后的产物中，加温后，在150～300r·min^{-1}的条件下搅拌，并用胶体磨剪切0.4～0.6h；最后，将第二次剪切后的产物送至发育罐，在170～180℃和150～300r·min^{-1}条件下溶胀0.6～1h，并加入0.2～0.3份稳定剂、0.5～1份阻燃剂和0.01～2份抗老化剂，发育0.6～1h，制得改性的煤沥青产品。该发明制备方法简单，制备的产品使用寿命长，原料来源广，成本低，设备投资少，占地面积小，易于大规模生产。

该发明的实施例中列举了具体的实施方案。将50份煤沥青、10份石油沥青和200份的助溶剂投入反应器内，升温至150℃，加入1份线型SBS，用胶体磨剪切0.2h；将5份废橡胶粉加入剪切后的产物中，加温后，在150r·min^{-1}的条件下搅拌然后用胶体磨剪切0.4h；将第二次剪切后的产物送至发育罐，在170℃和15r·min^{-1}条件下溶胀0.6h，并加入0.2份稳定剂、0.5份阻燃剂和0.01份抗老化剂，发育0.6h，制得改性的煤沥青产品，此产品的软入点为85℃，针入度（25℃）为7.5mm，黏度为1688cP，老化前后的延伸度（5℃）分别为48cm、44cm。

李其祥等[129]公开了一种改性煤沥青及其制备方法。先将30～40份煤沥青置入带有回流装置的反应釜内，然后在75～95℃条件下，向反应釜内加入57～67份混合溶剂，搅拌10～15min，搅拌速度为100～150r·min^{-1}，再在相同温度和搅拌速度的条件下，加入1.8～3.5份改性剂和0.20～0.35份催化剂，搅拌1～4h，得到改性煤沥青混合物；将所得改性煤沥青混合物在95～110℃条件下，采用减压蒸馏方法回收溶剂，得到改性煤沥青。该发明具有工艺简单、反应温度低、改性剂用量少、溶剂可回收、成本低和有效降低煤沥青中的多环芳烃3,4-苯并芘含量的特点。

该专利的实施例进一步说明了该方法的应用结果：先将30～35份中温煤沥青置入带有回流装置的反应釜内，然后在75～95℃条件下，向反应釜内加入63～67份无水乙醇与甲苯的混合溶剂，搅拌10～15min，搅拌速度为100～150r·min^{-1}，再在相同温度和搅拌速度的条件下，加入1.8～2.7份酸酐类改性剂和0.20～0.30份催化剂对甲苯磺酸，搅拌1～4h，得到改性煤沥青混合物；将所得改性煤沥青混合物在95～110℃条件下，采用减压蒸馏方法回收溶剂，得到改性煤沥青。

吴其修等[130]发明了一种用煤沥青生产通用级沥青碳纤维用高软化点沥青的制备方法。首先，采用超级离心机脱除焦油中的QI和微小固体颗粒，通过高温闪蒸、过滤后得到净化的煤沥青；然后，将此煤沥青在真空负压（0.06～0.85MPa）下，在高于煤沥青熔融温度至低于或等于335℃的温度下在至少两级中氧化，氧化剂为空气、氧气或者空气与氧气的混合物；最后，在真空负压和340～350℃的温度下氧化所得沥青。该发明工艺为连续式生产过程，原料来源广泛，可控性好，容易操作，无污染，适合工业化生产。

该发明中实施例的具体实施方式如下：

将焦油先在脱水塔脱去水分和轻油，通过循环泵循环进入超级离心机离心分离脱出其中的机械杂质及喹啉不溶物，得到净焦油。将净焦油通过循环泵循环进入蒸馏塔，在真空负压为0.01～0.1MPa、蒸馏初始温度为150℃下进行蒸馏，蒸馏过程中不断升温，升温速度为4℃·min^{-1}，当蒸馏温度上升到360℃，蒸馏器中无明显馏分产出时，停止蒸馏得到煤沥青，采用过滤精度为10μm不锈钢滤网过滤煤沥青，继续滤除喹啉不溶物，得到低喹啉净化煤沥青。将净化煤沥青预热到100℃后送入熔融槽，在真空负压0.06MPa条件下加热到200℃。将熔融后的沥青原料送入一级氧化槽，使用空气压缩机从氧化槽的底部将空气氧化剂连续送入。沥青原料的送入量为35kg·h^{-1}，空气氧化剂的送入量为10 m^3·h^{-1}。在280℃、真空负压0.08MPa下搅拌氧化8h。将一级氧化槽氧化后产物送入二级氧化槽，使用空气压缩机从氧化槽的底部将空气氧化剂连续送入。沥青原料的送入量为30kg·h^{-1}，空气氧化剂的送入量为15 m^3·h^{-1}。在300℃、真空负压0.08MPa下搅拌氧化6h。将二级氧化槽氧化后产物送入三级氧化槽，使用空气压缩机从氧化槽的底部将空气氧化剂连续送入。沥青原料的送入量为25kg·h^{-1}，空气氧化剂的送入量为15 m^3·h^{-1}。在340℃、真空负压0.06MPa搅拌氧化8h。将三级氧化槽氧化后产物用过滤精度为60μm的盘式过滤器过滤后，在常温、常压下采用钢带间冷固化冷却成型，获得高软化沥青。制得的高软化点沥青为各向同性，收率为85%，软化点为280℃。

参考文献

[1] 陈惜明，彭宏，林可鸿. 煤焦油加工技术及产业化的现状与发展趋势 [J]. 煤化工，2005，121 (6)：26-

29+61.
[2] 胡发亭，张晓静，李培霖．煤焦油加工技术进展及工业化现状［J］．洁净煤技术，2011，17（5）：31-35.
[3] 李艳红，赵文波，夏举佩，等．煤焦油分离与精制的研究进展［J］．石油化工，2014，43（7）：848-855.
[4] 肖瑞华．煤焦油化工学［M］．北京：化学工业出版社，2009.
[5] 高晋生．煤的热解、炼焦和煤焦油加工［M］．北京：化学工业出版社，2010.
[6] 水恒福，张德祥，张超群．煤焦油分离与精制［M］．北京：化学工业出版社，2007.
[7] 商铁成．热解温度对低阶煤热解性能影响研究［J］．洁净煤技术，2014，20（6）：28-31.
[8] 王鹏，文芳，步学朋，等．煤热解特性研究［J］．煤炭转化，2005，28（1）：8-13.
[9] 郭艳玲，胡俊鸽，周文涛，等．我国高温煤焦油深加工现状及发展趋势［J］．现代化工，2014，34（8）：11-14.
[10] 徐广成．国内煤焦油加工现状分析［J］．煤化工，2008，（3）：41.
[11] 孙会青，曲思建，王利斌．低温煤焦油生产加工利用的现状［J］．洁净煤技术，2008，14（5）：34-38.
[12] 刘芳，王林，杨卫兰，等．中低温煤焦油深加工技术及市场前景分析［J］．现代化工，2012，32（7）：7-11.
[13] 郭树才．煤化工工艺学［M］．北京：化学工业出版社，2006.
[14] 何建平，李辉．炼焦化学产品回收技术［M］．北京：冶金工业出版社，2013.
[15] 肖瑾，姜秋，叶煌．煤焦油蒸馏工艺的选择［J］．燃料与化工，2011，42（2）：50-53.
[16] 柳雨春．煤焦油分离技术探究［J］．中国石油和化工标准与质量，2014，34（2）：26.
[17] 谭天恩，窦梅，周明华．化工原理［M］．北京：化学工业出版社，2012.
[18] 陈敏恒，丛德滋，方图南，等．化工原理［M］．北京：化学工业出版社，2006.
[19] 陈冬霞．国内成熟的煤焦油蒸馏工艺比较［J］．能源与节能，2014，105（6）：145-148.
[20] 魏忠勋，王宗贤，甄凡瑜，等．国内高温煤焦油加工工艺发展研究［J］．煤炭科学技术，2013，41（4）：114-118+123.
[21] 李鑫钢．现代蒸馏技术［M］．北京：化学工业出版社，2009.
[22] 张一安，徐心茹．石油化工分离工程［M］．上海：华东理工大学出版社，1998.
[23] 汪家鼎，陈家镛．溶剂萃取手册［M］．北京：化学工业出版社，2001.
[24] 朱屯，李洲．溶剂萃取［M］．北京：化学工业出版社，2008.
[25] 程能林．溶剂手册［M］．北京：化学工业出版社，2002.
[26] 汪家鼎，骆广生．溶剂萃取手册［M］．北京：清华大学出版社，2004.
[27] 王开毅．溶剂萃取化学［M］．长沙：中南工业大学出版社，1991.
[28] 江卫，王明南，殷涛，等．煤焦油低温萃取分离轻质组分方法［P］．CN103215058A，2013-07-24.
[29] 张镜澄．超临界流体萃取［M］．北京：化学工业出版社，2000.
[30] 陈维杻．超临界流体萃取的原理和应用［M］．北京：化学工业出版社，1998.
[31] 廖传华，周勇军．超临界流体技术及其过程强化［M］．北京：中国石化出版社，2007.
[32] 刘茉娥，陈欢林．新型分离技术基础［M］．杭州：浙江大学出版社，1993.
[33] 戴猷元．新型萃取分离技术的发展及应用［M］．北京：化学工业出版社，2007.
[34] 骆广生．一种新型的化工分离方法——萃取结晶法［J］．化工进展，1994，13（6）：8-11.
[35] 高建业．煤焦油化学品制取与应用［M］．北京：化学工业出版社，2011.
[36] 山本佳孝，张国富．用溶剂压力晶析法提高多环芳烃的纯度［J］．燃料与化工，1999，30（1）：42-46.
[37] 冯孝庭．吸附分离技术［M］．北京：化学工业出版社，2000.
[38] 孙绪江，张军，齐彦伟．分子筛吸附分离2，6-二甲基萘［J］．精细石油化工，1999，16（5）：4-6.
[39] 薛新科，陈启文．煤焦油加工技术［M］．北京：化学工业出版社，2007.
[40] 刘国信，刘录声．膜法分离技术及其应用［M］．北京：中国环境科学出版社，1991.
[41] 任建新．膜分离技术及其应用［M］．北京：中国环境科学出版社，2003.

[42] 张晓鹏，李晓月，郭瑞丽. 蒽、菲、咔唑混合物乳化液膜分离技术的研究 [J]. 石河子大学学报（自然科学版），2012，30（2）：244-248.
[43] 谢克昌，赵炜. 煤化工概论 [M]. 北京：化学工业出版社，2012.
[44] 胡瑞生，李玉林，白雅琴. 现代煤化工基础 [M]. 北京：化学工业出版社，2012.
[45] 向英温，杨先林. 煤的综合利用基本知识问答 [M]. 北京：冶金工业出版社，2002.
[46] 周敏. 焦化工艺学 [M]. 徐州：中国矿业大学出版社，1995.
[47] 赵刚山，胡倩，陈福利. 煤焦油不加碱短流程常压减压蒸馏工艺及装置 [P]. CN102161903B，2013-07-17.
[48] 陈义涛. 一种焦油蒸馏工艺 [P]. CN103468293A，2013-12-25.
[49] 姜秋. 两塔式减压焦油蒸馏工艺及其装置 [P]. CN101475819B，2009-07-08.
[50] 祁新萍. 煤矿企业中焦化粗苯精制工艺现状 [J]. 煤炭技术，2013，32（3）：221-223.
[51] 江大好，宿亮虎，陆殿乔，等. 焦化粗苯的组成及其加氢精制工艺技术的开发 [J]. 现代化工，2009，29（5）：72-77.
[52] 中华人民共和国冶金工业部. YB/T 5022-93 粗苯 [S]. 北京：冶金工业出版社，1993.
[53] 李文秀，陈国兆，郎会荣. 炼焦化学产品回收与加工 [M]. 北京：煤炭工业出版社，2012.
[54] 曹德彧，张虽栓，张根明. 焦化粗苯精制工艺的研究进展 [J]. 应用化工，2010，39（2）：276-279.
[55] 杜雄伟，凌开成，申峻. 焦化粗苯及其深加工的探讨 [J]. 现代化工，2007，27（S1）：344-346-348.
[56] 廖俊杰，王文博，王海堂，等. 焦化苯中噻吩类硫化物脱除的研究 [J]. 现代化工，2009，29（S1）：219-221.
[57] 赵炜，左强，王宇，等. 一种卤化法粗苯精制的工艺流程 [P]. CN102432422A，2012-05-02.
[58] 朱忠良. 一种焦化粗苯生产苯系芳烃的生产工艺 [P]. CN104355959A，2015-02-18.
[59] 金月昶，曾蓬，李柏，等. 一种焦化粗苯加氢精制工艺 [P]. CN101519338B，2012-06-06.
[60] 任庆烂. 炼焦化学产品的精制 [M]. 北京：冶金工业出版社，1987.
[61] 孙鸣，刘巧霞，王汝成，等. 陕北中低温煤焦油馏分中酚类化合物的组成与分布 [J]. 中国矿业大学学报，2011，40（4）：622-627.
[62] 王汝成，孙鸣，刘巧霞，等. 陕北中低温煤焦油中酚类化合物的提取与 GC/MS 分析 [J]. 煤炭学报，2011，36（4）：664-669.
[63] 王汝成，孙鸣，刘巧霞，等. 陕北中低温煤焦油中酚类化合物的抽提研究 [J]. 煤炭转化，2011，34（1）：34-38.
[64] 中华人民共和国工业和信息化部. YB/T 5079-2012 粗酚 [S]. 北京：冶金工业出版社，2012.
[65] 庞昆，李繁荣，朱阳明，等. 煤焦油中酚类化合物及含氮化合物的分离方法 [P]. CN103937522A，2014-07-23.
[66] 赵渊，黄彭，毛学锋，等. 一种从煤液化油或煤焦油中提取酚类化合物的方法 [P]. CN102219649B，2014-05-07.
[67] 吴卫泽，彭威. 一种新型的从油中分离酚类化合物的方法 [P]. CN103420802A，2013-12-04.
[68] 张存社，张金峰，沈寒晰，等. 一种连续精馏分离中低温煤焦油粗酚的方法及装置 [P]. CN102731264B，2014-05-07.
[69] 薛利平. 炼焦化学产品回收与加工技术 [M]. 北京：化学工业出版社，2012.
[70] 王利斌. 焦化技术 [M]. 北京：化学工业出版社，2012.
[71] 周敏，王泉清. 焦化工艺学 [M]. 徐州：中国矿业大学出版社，2011.
[72] 陈启文. 煤化工工艺 [M]. 北京：化学工业出版社，2008.
[73] 杨辉，秦国栋，张建梅. 一种由焦化粗苯提取 2-甲基吡啶、3-甲基吡啶的方法 [P]. CN103044319B，2014-09-24.
[74] 李军，周磊磊，何水，等. 提取高纯度 2，4-二甲基吡啶的方法 [P]. CN103058915A，2013-04-24.

[75] 沈永嘉，朱健明，王成云，等. 一种甲基吡啶混合物的分离方法 [P]. CN101066946A，2007-11-07.
[76] 熊道陵，陈玉娟，王庚亮，等. 洗油分离精制应用技术 [M]. 北京：冶金工业出版社，2009.
[77] 中华人民共和国国家质量监督检验检疫总局. GB/T 24217-2009 洗油 [S]. 北京：中国标准出版社，2009.
[78] 王凤武. 煤焦油洗油组分提取及其在精细化工中的应用 [J]. 煤炭转化，2004，32 (2)：26-28.
[79] 马利军. 洗油深加工产品的提取及应用前景 [J]. 化学工业，2011，29 (4)：25-29.
[80] 许春建，李成杰，张新桥，等. 煤焦油洗油深加工工艺 [P]. CN101899313A，2010-12-01.
[81] 鄂永胜，鄢景森，代文双，等. 一种焦化洗油深加工工艺 [P]. CN102268273B，2013-09-11.
[82] 贺永德. 现代煤化工技术手册 [M]. 北京：化学工业出版社，2011.
[83] 中冶焦耐工程技术有限公司. 现代焦化生产技术手册 [M]. 北京：冶金工业出版社，2010.
[84] 肖瑞华，白金锋. 煤化学产品工艺学 [M]. 北京：冶金工业出版社，2008.
[85] 张春雷. 芳烃化学与芳烃生产 [M]. 长春：吉林大学出版社，2000.
[86] 中华人民共和国国家质量技术监督局. GB/T 6699-1998 焦化萘 [S]. 北京：中国标准出版社，1998.
[87] 徐志珍，潘鹤林，鲁锡兰，等. 化学法精制萘的研究 [J]. 华东理工大学学报，1999，25 (6)：595-597.
[88] 马红龙，赵树昌，王禹清. 溶剂结晶法制取精萘工艺 [P]. CN1040576A，1990-03-21.
[89] 于锦军. 从煤焦油洗油中提取高纯度 β-甲基萘的方法 [P]. CN103992199A，2014-08-20.
[90] 段伦虎. 一种从煤焦油中提取并提纯萘的工艺 [P]. CN102731244A，2012-10-17.
[91] 何建平. 炼焦化学产品回收与加工 [M]. 北京：化学工业出版社，2005.
[92] 姚润生，薛永强，王志忠，等. 从洗油中分离和精制苊的新工艺研究 [J]. 煤炭转化，2010，33 (1)：86-88.
[93] 王军，刘文彬，白雪峰，等. 从煤焦油洗油中提取高纯度苊的研究究 [J]. 化学与黏合，2005，27 (2)：85-87.
[94] 许晓海. 炼焦化工实用手册 [M]. 北京：冶金工业出版社，1999.
[95] 张振华，王瑞，赵欣，等. 煤焦油洗油中苊的分离提纯研究 [J]. 煤炭转化，2012，18 (3)：71-73+77.
[96] 舒歌平，陈鹏，李文博，等. 逐步升温乳化结晶法制备精苊工艺 [P]. CN1201815C，2001-02-21.
[97] 卫宏远. 提纯制备精苊的方法 [P]. CN101177372A，2008-05-14.
[98] 李峻海，侯文杰. 联苯及其衍生物的研究进展 [J]. 燃料与化工，2005，36 (3)：27-29.
[99] 中华人民共和国工业和信息化部. YB/T 4380-2014 联苯 [S]. 北京：冶金工业出版社，2014.
[100] 司雷霆，王志忠，薛永强，等. 煤焦油洗油中提取联苯工艺的探讨 [J]. 山西化工，2010，30 (1)：14-16.
[101] 王兆熊. 焦化产品的精制和利用 [M]. 北京：化学工业出版社，1989.
[102] 李本明. 一种从煤焦油洗油中提取联苯的方法 [P]. CN103772132A，2014-05-07.
[103] 王彦飞，黄岐汕，彭南玉，等. 耦合熔融结晶制备高纯联苯的方法 [P]. CN104311380A，2015-01-28.
[104] 韩钊武. 一种从煤焦油洗油中提取联苯的环保方法 [P]. CN102731238A，2012-10-17.
[105] 侯文杰. 从煤焦油回收洗油中提取联苯和吲哚的方法 [P]. CN101245044A，2008-08-20.
[106]《炼焦化产理化常数》编写组. 炼焦化产理化常数 [M]. 北京：冶金工业出版社，1980.
[107] 邢俊德. 吲哚合成工艺的研究 [D]. 天津：天津大学，2006.
[108] 卢胜梅. 芳香杂环化合物喹啉和异喹啉的不对称氢化研究 [D]. 大连：中国科学院大连化学物理研究所，2005.
[109] 李春山，焦甜甜，陈洪楠，等. 一种从煤焦油洗油中富集吲哚物质的方法 [P]. CN104478785A，2015-04-01.
[110] 汪旭，顾镇钧，袁康入，等. 从煤焦油中同时提取高纯度 β-甲基萘和吲哚的方法 [P]. CN101774879B，2013-05-08.

[111] 雷武，陈连锋，钱梦飞，等. 一种从煤焦油粗品中提纯异喹啉的方法 [P]. CN103641780A，2014-03-19.

[112] 徐广苓. 一种从煤焦油洗油中提取喹啉和异喹啉的方法 [P]. CN103641778A，2014-03-19.

[113] 肖瑞华. 炼焦化学产品生产技术问答 [M]. 北京：冶金工业出版社，2007.

[114] 王五喜. 炼焦化学产品的精制与加工利用 [M]. 北京：冶金工业出版社，1989.

[115] 张天衡，王春岩. 一种芘的提取装置及方法 [P]. CN102911004B，2014-08-20.

[116] 王德慧，赵德智，宋官龙. 一种高效分离沥青质中苯并芘的方法 [P]. CN104479714A，2015-04-01.

[117] 徐虹，白雪峰，吕宏飞，等. 一种䓛的精制方法 [P]. CN102924222A，2013-02-13.

[118] 张天衡，张建宇，马佳，等. 一种䓛提取装置的网络控制系统及提取方法 [P]. CN103257640A，2013-08-21.

[119] 李信成. 蒽油中菲、荧蒽、芘产品提取装置及工艺 [P]. CN104045506A，2014-09-17.

[120] 张天衡，张建宇，宛妍，等. 一种荧蒽提取装置的网络控制系统及提取方法 [P]. CN103092178B，2014-11-05.

[121] 郭树才，胡浩权. 煤化工工艺学 [M]. 北京：化学工业出版社，2012.

[122] 李好管，朱凌浩. 煤沥青高附加值产品开发及应用 [J]. 煤炭转化，2000，23 (4)：31-36.

[123] 中华人民共和国国家质量监督检验检疫总局. GB/T 2290-2012 煤沥青 [S]. 北京：中国标准出版社，2012.

[124] 陈文敏，梁大明. 煤炭加工利用知识问答 [M]. 北京：化学工业出版社，2006.

[125] 肖劲，王英，刘永东，等. 煤沥青的改性研究进展 [J]. 碳素技术，2010，29 (2)：31-37.

[126] 朱照中，薛永兵，王远洋，等. 煤沥青材料的应用及其发展前景 [J]. 山西化工，2012，32 (3)：17-20-54.

[127] 高天秀. 煤沥青应用研究综述 [J]. 淮南职业技术学院学报，2014，14 (3)：10-14.

[128] 梁剑，林国友，罗永城，等. 改性的煤沥青产品及其制备方法 [P]. CN103694716A，2014-04-02.

[129] 李其祥，孙昱，柏红学，等. 一种改性煤沥青及其制备方法 [P]. CN103834423B，2015-04-29.

[130] 吴其修，刘明东，李佳坤，等. 一种用煤沥青生产通用级沥青碳纤维用高软化点沥青的制备方法 [P]. CN103952168A，2014-07-30.

第 4 章 煤焦油加氢反应原理

4.1 加氢脱氮

4.1.1 含氮化合物的类型

不同原油和煤焦油中都含有一定量的氮，其氮含量各不相同。一般来说，原油中氮含量要比硫含量低一些，通常在 0.05%～0.50%，煤焦油中的氮含量一般比硫含量高，通常在 0.90%～1.50%。

化石燃料中有机氮化合物一般分为两类：杂环和非杂环化合物。杂环化合物一般分为碱性和非碱性氮化物两大类，具体见表 4-1。其主要包含六环的吡啶族化合物和含五环的吡咯族化合物，而且都具有芳香性，比较稳定。因此，此含氮化合物的加氢脱氮是比较困难的。一般而言，油品的残炭越高，其氮含量也越高，馏分越重，氮的比例越高。

煤焦油中含氮化合物在燃烧时，排出的 NO_x 污染环境；作为二次加工催化重整、催化裂化及加氢裂化装置的进料，若氮化合物含量高，会导致催化剂快速中毒而失活，缩短运转周期；含氮化合物会促使油品质量降低、安定性变坏；重质油中的氮化物尤其是煤焦油和页岩油中的稠环芳香氮化物，具有致癌性。

表 4-1　化石燃料中的典型含氮化合物

化合物	分子式	结构式
非杂环氮化物：苯胺 戊胺	$C_6H_5NH_2$ $C_5H_{11}NH_2$	NH_2
非碱性杂环氮化物：吡咯	C_4H_5N	N H
吲哚	C_8H_7N	N H
咔唑	$C_{12}H_9N$	N H
碱性杂环氮化物：吡啶	C_5H_5N	N

续表

化合物	分子式	结构式
喹啉	C_9H_7N	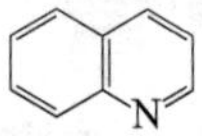
二氢吲哚	C_8H_9N	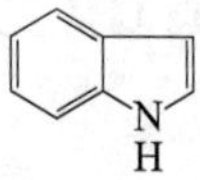
10-氮杂蒽	$C_{13}H_9N$	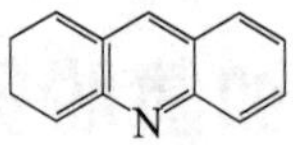
苯并(*a*)10-氮杂蒽	$C_{17}H_{11}N$	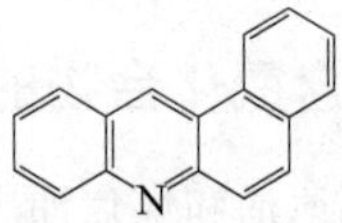
苯并(*c*)10-氮杂蒽	$C_{17}H_{11}N$	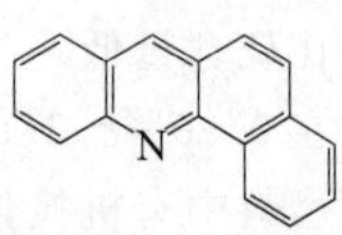
二苯并 10-氮杂蒽	$C_{21}H_{13}N$	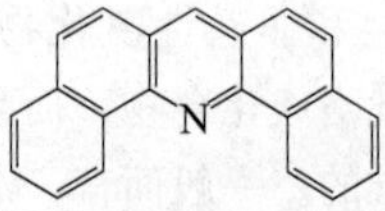

近年来，有研究者对煤焦油中的含氮化合物进行了研究，如孙鸣等[1,2]借鉴酸碱溶液萃取的分离方法，结合低温煤焦油的自身特征，采用 GS-MS 对陕北两种中温煤焦油的成分进行定性定量分析，从中分别检测出 295 种和 302 种化合物，含氮化合物的质量分数各为 0.78%、1.59%。吴婷等[3]也采用酸碱溶液萃取的方法将新疆中温煤焦油分离为酸性、碱性及中性组分。利用 GC-MS 及元素分析仪，对酸性组分和碱性组分的化学组成和结构进行定性定量分析。结果表明：碱性组分中共检测出质量分数不小于 0.1%的化合物 57 种，其中含氮化合物有 55 种，质量分数占 65.5%。根据含氮化合物类型的不同，分别鉴定出苯胺、萘胺、喹啉、异喹啉、吲哚、吡啶、吖啶等含氮化合物。其中喹啉类的质量分数为 27.9%，是该组分中含量最高的化合物，其中喹啉质量分数是 2.5%，甲基喹啉、二甲基喹啉、丙基喹啉的质量分数分别是 3.0%、8.0%和 2.7%。这些喹啉类化合物都是在该组分中单一化合物所占比重较大的化合物，是碱性组分颇具代表性的化学物质。苯并异喹啉在碱性组分中所占的比重也比较大，质量分数为 4.9%。百分含量相对次之的是苯胺类，质量分数 11.7%，其中联苯二胺在苯胺类中所占比例最高，在全组分中占 5.0%。其它类化合物如吡啶、吖啶，大部分是有 1～2 个取代基的同系物，其结构形式较为简单，衍生物种类也较少，在组分中的含量也不高。酸性组分中共定性定量出质量分数不小于 0.1%以上的化合物 74 种，全部为含氧化合物，其质量分数为 95.4%，主要是以酚类、酮类、醚类等为主的含有 1～2 个氧原子的烃类化合物。

4.1.2 加氢脱氮反应的热力学

C═N 键能为 615kJ·mol^{-1}，而 C—N 键能仅为 305kJ·mol^{-1}，因此实际加氢脱氮反应过程中加氢饱和优先于氢解反应。由于热力学平衡问题，在某些情况下杂环氮化物与其加氢产物的热力学平衡能够限制和影响总的加氢脱氮反应速率。以吡啶加氢脱氮反应为例：

$$\text{吡啶} \underset{-3H_2\ (2)}{\overset{+3H_2\ (1)}{\rightleftharpoons}} \text{哌啶} \underset{(3)}{\overset{+H_2}{\rightleftharpoons}} C_5H_{11}NH_2 \xrightarrow{+H_2} C_5H_{12} + NH_3$$

吡啶和哌啶之间的平衡浓度可能影响总的加氢脱氮反应速率。如果第（3）步 C—N 键氢解比第（1）步慢，则整个反应主要受限于哌啶的平衡浓度，在这种情况下 C—N 键氢解速率以及总的加氢脱氮反应速率比没有明显热力学限制的反应速率要低。若第（1）步是反应速率控制步骤，则环饱和的平衡不影响总的加氢脱氮速率[4]。Satterfield 等[5]在 Ni-W/Al_2O_3催化剂上，5.0MPa 的反应压力下，当反应温度在 350℃以下时，第（3）步是控制步骤，350℃以上时，第（1）步是控制步骤。Sonnemans[6,7]发现，在 400℃以上时，吡啶转化率随着反应温度的升高而下降。其原因在于：虽然随着反应温度的升高哌啶氢解的速率常数增加，但是达到某一温度后，由于哌啶平衡温度的下降影响大于哌啶氢解反应速率常数的增加，因而总的加氢脱氮反应速率下降。此外，哌啶达到最高转化的温度与操作压力有关，压力越高达到最高转化率的温度也越高，在相当高的压力下吡啶和哌啶之间的平衡限制已经不再存在，这也是高压有利于加氢脱氮的原因。所以，提高反应温度不能达到高脱氮率的目的，只有设法改进催化剂，提高催化剂的加氢活性和 C—N 键的氢解活性，从而使脱氮反应有可能在比较低的温度下进行，以摆脱热力学平衡的限制。

鉴于某种情况下，热力学平衡限制了总的加氢脱氮反应速率，因此了解原油和焦油等化石燃料中各种典型杂环氮化物加氢脱氮反应的热力学平衡问题非常有必要。根据各种杂环氮化物加氢脱氮反应，从相应的标准自由能变化可以计算有关反应的热力学平衡常数。Satterfield 等[5]报道了详细的计算方法。由于在多数情况下从手册中难以查到有关化合物的生成自由能数据，目前大多是根据 Benson 等[8]以及 Van Krevelen 等[9]提出的基团贡献法估算的。

Van Krevelen 的方法是直接估算化合物的标准生成自由能与温度的关系：

$$\Delta G_f^0 = A + BT$$

常数 A 和 B 是组成化合物原子基团的加和函数。Van Krevelen 对某几种基团贡献的估算值与最近的数据有偏差。Benson 的方法有了进一步的改进，他们计算了标准生成热和相应的标准熵变。标准生成自由能形式如下：

$$\Delta G_f^0 = \Delta H_f^0 - T\Delta S_f^0$$

式中，ΔH_f^0 为化合物的标准生成热；ΔS_f^0 为从元素生成化合物的标准熵；ΔG_f^0 为从元素生成化合物的标准吉布斯自由能。

综上所述，如果杂环氮化物的加氢反应是反应速率的控制步骤，那么生成的饱和杂环氮化物立即反应，因此第一步杂环饱和的平衡对总的加氢脱氮速率没有影响。然而，如果氢解反应（C—N键断裂）是速率控制步骤，则可逆的杂环饱和反应可以达到平衡。饱和杂环化合物的分压决定于平衡的位置。在这种情况下，C—N氢解速率代表总的加氢脱氮的反应速率，其数值决定于与温度有关的速率常数以及饱和杂环化合物的分压，而后者是由杂环化合物加氢饱和的速率常数决定的。当升高反应温度时，速率常数增加，但是杂环化合物的加氢饱和的平衡常数下降，从而降低了饱和杂环化合物的分压。因此随着反应温度的升高，总的加氢脱氮速率有一个极大值。

4.1.3 加氢脱氮的化学反应

化石燃料中所含氮化物主要有胺类、吡啶类和吡咯类等，其HDN（加氢脱氮）后生成相应的烃类和氨，例如：

$$R—NH_2 + H_2 \longrightarrow RH + NH_3$$

$$RCN + 3H_2 \longrightarrow RCH_3 + NH_3$$

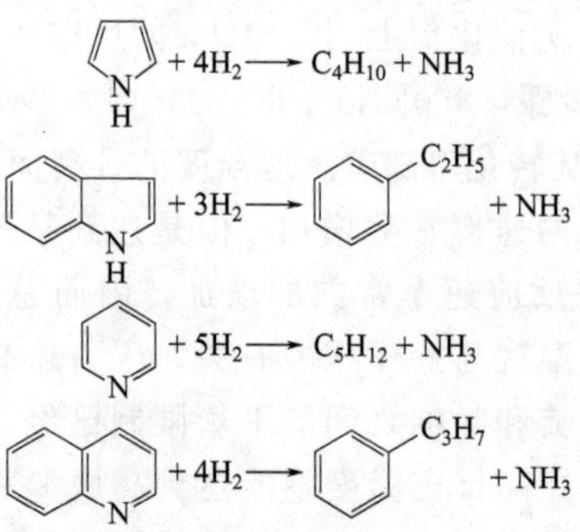

N H $+ 4H_2 \longrightarrow C_4H_{10} + NH_3$

N H $+ 3H_2 \longrightarrow$ C_2H_5 $+ NH_3$

N $+ 5H_2 \longrightarrow C_5H_{12} + NH_3$

N $+ 4H_2 \longrightarrow$ C_3H_7 $+ NH_3$

不同类型的含氮杂环化合物加氢脱氮反应活性按下列顺序依次增大：

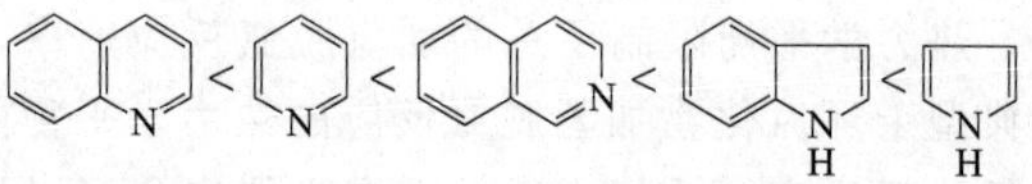

N < N < N < N H < N H

Girgis等[10]研究了芳烃对其加氢脱氮反应活性的影响（见表4-2）。由表可知，喹啉脱氮速率最高，随着芳环的增加脱氮速率略有下降。但是，这些碱性氮化物的反应速率常数的差别较小。Bhinde[11]研究了喹啉及其衍生物的加氢脱氮动力学，结果表明，各种二甲基喹啉脱氮反应速率相近并都略低于喹啉脱氮的反应速率（表4-3）。由此推断，各种二甲基喹啉的空间位阻效应是相同的，其脱氮机理不大可能是通过氮原子的端点吸附进行的，而是通过芳环π键吸附进行的。

表4-2 芳烃对碱性氮化物加氢脱氮反应活性的影响

化合物	结构式	浓度/%	拟一级反应速率常数/$L \cdot g^{-1} \cdot s^{-1}$
喹啉	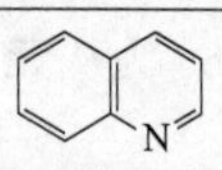 N	1.0	9.39×10^{-4}

续表

化合物	结构式	浓度/%	拟一级反应速率常数/L·g^{-1}·s^{-1}
吖啶	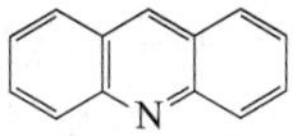	0.54	6.56×10^{-4}
10-氮杂蒽	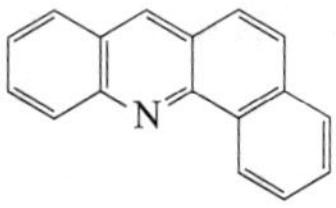	0.47	5.72×10^{-4}
苯并(*a*)10-氮杂蒽	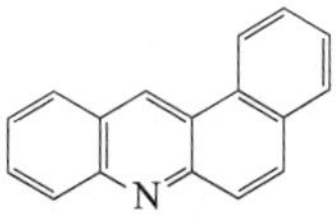	0.42	4.03×10^{-4}
苯并(*c*)10-氮杂蒽	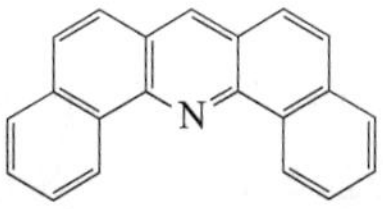	0.41	1.41×10^{-4}

注：反应温度376℃，压力13.6MPa，Ni-Mo/Al_2O_3催化剂，用白油作溶剂。

表4-3 喹啉和二甲基喹啉加氢脱氮的反应活性

化合物	结构式	拟一级反应速率常数/L·g^{-1}·s^{-1}
喹啉	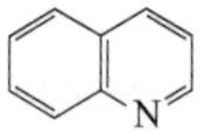	3.81×10^{-5}
2.6-二甲基喹啉	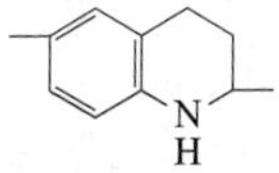	3×10^{-5}
2.7-二甲基喹啉	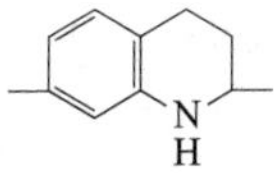	2×10^{-5}
2.8-二甲基喹啉	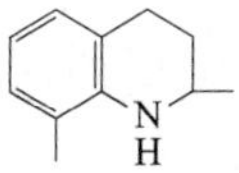	3×10^{-5}

注：反应温度350℃，压力3.3MPa，Ni-Mo/Al_2O_3催化剂，用正十六烷油作溶剂。

4.1.3.1 含氮化合物HDN的反应机理

一般芳香氮杂环化合物的HDN过程主要包括加氢和C—N键氢解反应，加氢反应又包括氮杂环加氢和芳环加氢两类。由于氮杂环的芳香性比芳环弱，一般含氮杂环组分的HDN必须先使含氮环完全加氢，然后才能脱除N原子。而苯胺类含氮化合物在C—N键断裂之前也需要先进行芳环加氢饱和。C—N键的断裂则多以Hofmann消除和HS^-的亲核取代机理为主。在Hofmann消除反应中，加氢饱和的含氮杂环中间体或烷基胺β碳上的氢转移到氮上，脱除氨形成不饱和烃中间体，继续加氢。含氮杂环中间体最初生成烷基胺，彻底脱氮需进行第二次C—N键的断裂。烷基胺在β位碳原子无氢

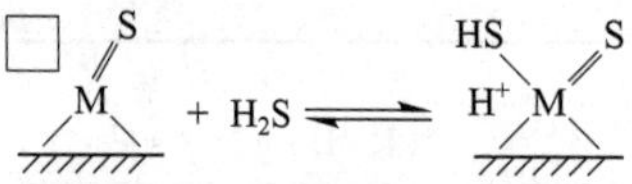

$$\square\overset{S}{\underset{}{M}} + H_2S \rightleftharpoons HS\,H^+\overset{S}{M}$$

注：□表示硫空穴(CUS)

图4-1 CUS和B酸位之间的相互转化示意图

原子的情况下仍能脱氮，说明消除反应不是唯一的脱氮途径。

(1) hDN硫化物催化剂上活性中心的本质　一般认为，对于传统的硫化物催化剂，使含氮化合物活化和使氢活化的活性位是不相同的。活化含氮化合物的活性中心多认为是B酸中心及Mo的硫空穴（CUS）。Mo的硫空穴形成于MoS_2晶体的边缘处。Yang和Satterfiedf[12]对硫化态Ni-Mo/Al_2O_3催化剂的研究表明，至少存在两种活性位可以促进氮环HDN反应。如图4-1所示，Ⅰ型为Ni-Mo-S相中与Mo与Ni有关的硫阴离子空穴，Ⅱ型为与Mo有关的B酸位。他们认为前者主要是加氢活性位，后者主要是氢解反应的活性中心。在一定的催化剂表面，这两类活性位可以互相转化，其相对量很大程度上取决于催化剂的硫化方法以及H_2S和H_2的局部浓度。

(2) C—N断裂的反应机理　有机含氮化合物的HDN反应可能涉及的反应主要包括以下3类：①氮杂环的加氢；②芳环的加氢；③C—N键的氢解。根据含氮化合物的类型差异，反应可以包含以上三类，其中③类反应是脱氮过程的必要步骤。因此，探讨C—N键断裂的方式及相关机理对整个HDN反应至关重要[13]。

在胺类化合物中，由于氨基属于很弱的离去基团，C—N键较难通过消除或取代断裂，通常脱氨反应用Hofmann降解机理来解释[14]。Nelson和Levy[15]最先提出在脂肪胺HDN反应中Hofmann类型消除和亲核取代机理并存。C—N断裂的初始步骤为氨基质子化形成季铵离子化合物，然后C—N键的断裂可经以下两种途径进行：β-H消除(E2)，同时生成烯烃［图4-2（a）］；亲核取代（S_N2），用巯基取代α-C原子上氨基，形成烷基硫醇［图4-2（b）］[16]。在实际HDN反应中，图4-2（a）中形成的烯烃化合物易与图4-2（b）中的硫醇通过C—S键氢解则转化成烃类。E2和S_N2的主要差别在于E2机理需要α-C、β-C同时sp^3杂化而S_N2中仅需α-C sp^3杂化。根据有机氮化物及碱分子（或亲核试剂）的本性差异，单分子的E1和S_N1机理也可能发生［图4-2（c）和图4-2（d）］，单分子机理与双分子机理的主要差别在于，前者在消除和亲核取代发生前要有碳正离子的生成[17]。反应中所需要的碱分子或亲核试剂可以由H_2S和胺等提供。

近年来许多研究者对C—N键断裂的可能机理提出了各自的认识或观点，Portefaix等[16]发现，在硫化Ni-Mo/Al_2O_3催化剂上，250℃、2MPa条件下，当反应物从新戊胺→戊胺→叔戊胺变化时，脱氮速率增加，这与胺化合物中β-H原子数目的增加有较好对应关系，从而认为脂肪胺中C—N键断裂主要以Hofmann消除方式进行。Vivier等[18]首次证实C—N键断裂能够以亲核取代方式进行，在硫化Ni-Mo/Al_2O_3催化剂上，350℃、7MPa条件下，1,2,3,4-四氢异喹啉HDN的主要产物为乙基甲苯，而甲基乙基环己烷很少，说明在该条件下C—N键断裂的主要机理为亲核取代；同时随α-C原子取代程度的不同，C—N键断裂机理可能从S_N2变到S_N1或Hofmann消除。Cattenot等[17]观察到，在4种不同的过渡金属硫化物NbS_3、MoS_2、RuS_2和Rh_2S_3上，对于一系列α和β位上碳数不同的不同结构胺类分子的HDN反应，C—N键的断裂方式取决于

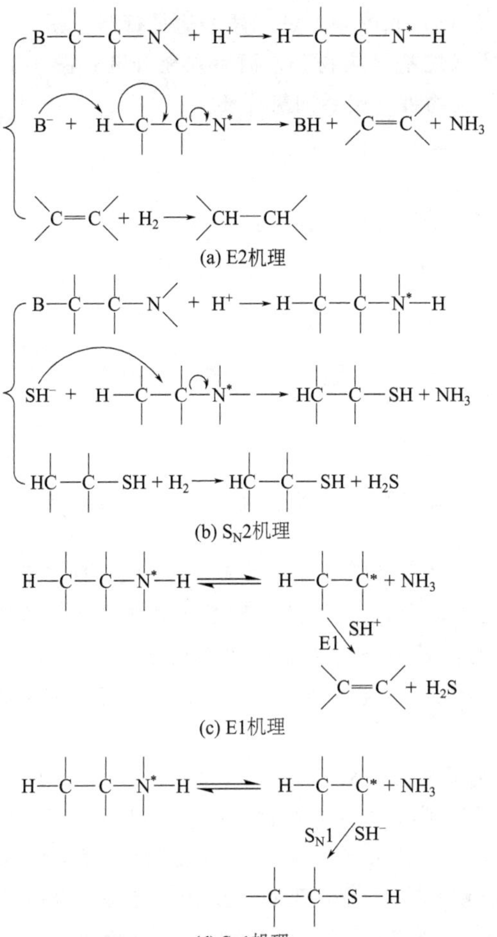

(a) E2机理

(b) S_N2机理

(c) E1机理

(d) S_N1机理

图4-2 C—N键断裂的可能机理

氮化物结构类型和硫化物的本性。由于NbS_3的较高酸性使其最适合发生消除反应，而Rh_2S_3上主要适合取代而不是消除，其余硫化物介于两者之间，同时在特定催化剂上含氮分子的结构类型对其转化的基本步骤有较强影响。Zhao等[19]研究了正己胺类化合物在硫化Ni-Mo/Al_2O_3上消除和亲核取代对HDN的贡献，发现初始烯烃选择性很低，仅占正烷基胺转化率的很小部分，由于胺HDN中的烯烃/烷烃比值与胺存在下戊硫醇HDS过程中的对应比值几乎相等，进而推测己胺HDN中大多数己烯源于己硫醇，所以H_2S对胺的亲核取代形成烷基硫醇为正己基胺的主要HDN反应。除金属硫化物外，在金属碳化物、金属氮化物和金属磷化物上也分别发现C—N键可以通过β-消除进行[20,21]。

除上述的消除和取代机理外，也有人试图用金属有机化学的观点对C—N键断裂机制给予解释。基于表面金属与有机氮化物的相互作用，Laine[22]认为对饱和的氮杂环化合物中C—N键断裂起关键作用的是金属原子或其离子而不是酸性位，并提出了金属参与的C—N键断裂机理。哌啶C—N断裂方式如图4-3所示。在哌啶HDN过程中，

C—N 键可以通过图 4-3（a）和图 4-3（b）两条途径打开：图 4-3（a）途径通过金属氮杂环丙烷中间体生成环状烷基金属物种，而后加氢开环；图 4-3（b）途径经由亚胺络合物中间体形成金属卡宾物种，然后加氢开环。

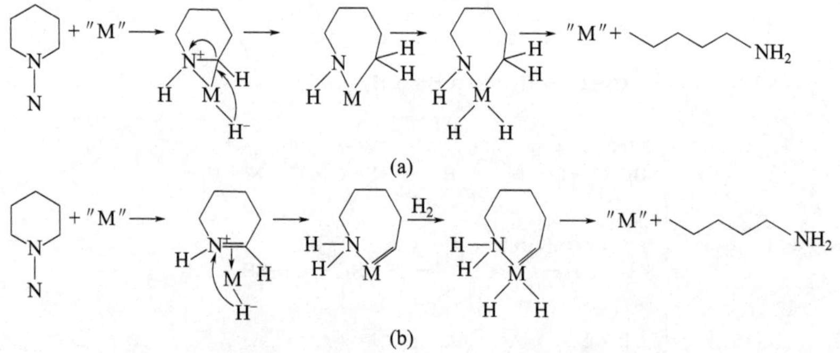

图 4-3 金属参与的 C—N 键断裂机理

总之，受催化剂的本性、反应物种及反应条件的影响，HDN 过程中 C—N 键的断裂机理具有多样性，但总体上，C—N 键的断裂方式主要包括消除（E1 和 E2）和取代（S_N1 和 S_N2）两大类型，其中又可以细分为单分子和双分子机理两种。金属参与的 C—N 键断裂机理是基于均相催化的研究而提出，用之解释多相催化中的相关问题较为少见。

4.1.3.2 非杂环类化合物的 HDN

（1）脂肪胺的 HDN 脂肪胺反应活性较高，容易达到完全脱除的要求，一般作为氮杂环化合物的脱氮反应的中间体，其 C—N 键断裂机理可作为复杂含氮化合物脱氮机理的基础。常用的脂肪胺有[23~29]：丁胺、戊胺、己胺、金刚烷胺及其相应的取代基胺、异构胺。在 HDN 反应条件下，烷基胺通过消除脱氨太困难，Kukula 等[30] 在 300℃、3MPa，硫化 Ni-Mo/γ-Al_2O_3 催化剂上考察了 2-丁胺生成 2-丁硫醇和二仲丁胺的 HDN 反应（见图 4-4）。其认为反应机理为：胺脱氢生成亚胺或是胺通过电子和质子转移生成亚胺阳离子，然后 H_2S 或胺分子与亚胺或亚胺阳离子发生加成反应，消除后加氢生成硫醇或二烷基胺，最后硫醇中 C—S 键氢解脱去硫。

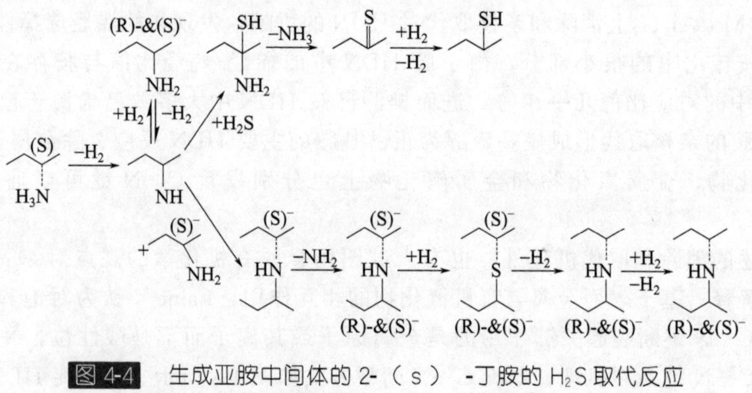

图 4-4 生成亚胺中间体的 2-（s）-丁胺的 H_2S 取代反应

（2）苯胺的 HDN 苯胺中氨基受苯环共轭效应影响，C—N 键较为稳定，苯胺脱氮主要通过芳环的预先饱和进行[31]。目前，以取代基苯胺（烷基苯胺[32,33]、萘胺[34]等）及其加氢中间体[35]作为模型化合物考察 HDN 反应机理。苯胺的 HDN 反应网络见图 4-5，苯胺缓慢加氢为环己基胺活性中间体，然后通过消除机理快速脱氨形成环己烯，可以加（脱）氢而生成环己烷（苯）。但 Qu 等[36]认为苯胺直接脱氮是通过 Bucherer 反应机理，即 H_2S 加成、脱氨后 NH_2 与 SH 互换生成硫醇，经脱氢、C—S 键氢解得直接脱氮产物苯。

（3）腈的 HDN 油品中的腈类物质会导致催化剂中毒，因此，腈类的脱除能延长催化剂的使用寿命。由于 C≡N 键的存在，大多数研究集中在腈类加氢制备胺类物质，对加氢产物选择性研究的较多，腈在不同条件和催化剂上加氢生成伯胺或仲胺[37,38]。

4.1.3.3 碱性杂环化合物的 HDN

由于碱性含氮杂环化合物 C—N 键较强，难以断裂，不仅影响油品深度脱氮，更对油品性质及深度加氢脱硫、脱芳反应有明显的抑制作用，特别是重油中较复杂的氮杂环物质（如苯并喹啉、吖啶等）更难脱除。因此，大多数 HDN 研究以碱性氮杂环化合物为反应物。

（1）吡啶的 HDN 吡啶是结构最简单的碱性氮杂环化合物，但由于环的芳香性，C—N 键难以断裂，一般吡啶先加氢生成哌啶，然后开环生成的戊胺 C—N 键断裂。对于少量 *N*-戊基哌啶等副产物，Hanlon[39]认为是哌啶与戊胺或哌啶与戊烯反应的结果。

Wang 等[40]对 2-甲基吡啶（MPy）、2-甲基哌啶（MPi）和 2,3,4,5-四氢-6-甲基吡啶（TH-6MPy）的 HDN 反应网络（见图 4-6）及机理做了研究，认为：四氢-甲基吡啶是加氢和脱氮的亚胺中间体。与 H_2S 生成氨基-己硫醇，氢解为己胺后脱氨。Gott 等[41]研究吡啶在 Ni_2P/SiO_2 上的 HDN 反应时也证实吡啶加氢中间产物不是哌啶而是四氢吡啶。

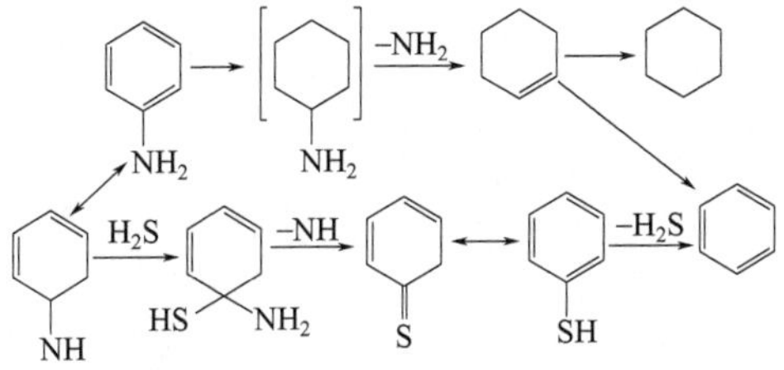

图 4-5 苯胺直接脱氮反应网络

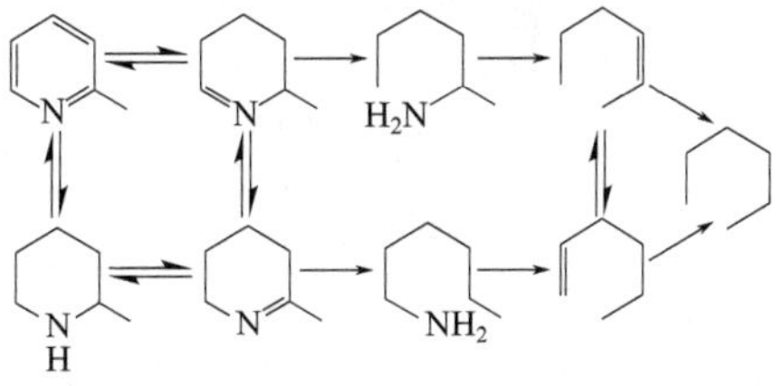

图 4-6 2-甲基吡啶 HDN 反应网络

（2）喹啉的 HDN 喹啉同时含有苯环和吡啶环，其 HDN 反应网络几乎包含了 HDN 的全部反应，如 C—N 键断裂、氮杂环加氢和苯环加氢，因此经常用作 HDN 反应的模型化合物（反应网络[42]见图 4-7）。Jian 等[42]在 Ni-Mo（P）/Al_2O_3 催化剂上，370℃、3MPa 和 615kPaH_2S 条件下发现，大约 40%的喹啉 HDN 通过 THQ1→OPA 路线进行，认为喹啉 HDN 的两条路径都很重要。Lee 等[43]考察了无硫条件下喹啉在 Mo_2N 催化剂的 HDN 反应，发现反应仅通过 THQ1→OPA 进行，产物都为芳香烃类（苯、甲苯、乙苯和丙苯），表明仅是喹啉中的吡啶环发生了反应。

（3）异喹啉的 HDN 异喹啉在煤焦油中含量较少，但其碱性较喹啉强，对油品质

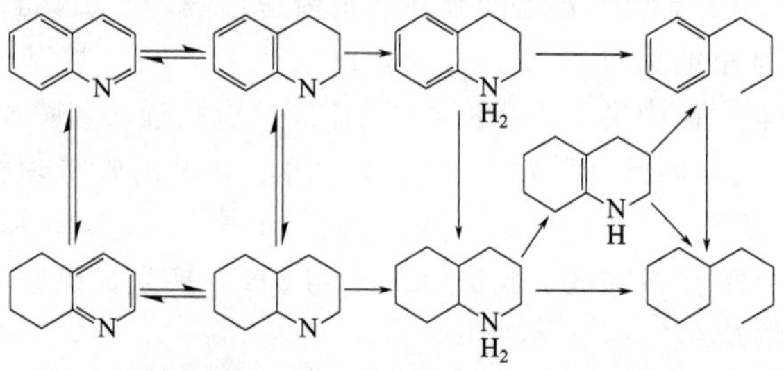

图 4-7 喹啉加氢脱氮反应网络

量有一定的影响。Miki[44]等考察了异喹啉在硫化 Ni-Mo/Al_2O_3催化剂上的 HDN 反应，用质谱分析，产物可分为异喹啉的加氢衍生物、含氮开环产物、脱氮产物、加成产物和裂化产物 5 组。含氮加成产物较多，并且大部分取代发生在氮原子上。异喹啉 HDN 反应比喹啉快 10 倍多，然而加氢活性比喹啉弱。

（4）吖啶的 HDN　吖啶对煤焦油加氢精制有抑制作用，特别是其加氢产物的抑制作用更强，其反应网络见图 4-8。Nagai[45]考察了 H_2S 存在下吖啶在硫化 Ni-Mo/Al_2O_3 催化剂上的 HDN 反应，280℃时吖啶即可由 1,2,3,4,4a,9,9a,10-八氢吖啶（OHA2）完全加氢生成全氢吖啶（PHA），而高于 300℃则优先生成 1,2,3,4,5,6,7,8-八氢吖啶（OHA1）。Rabarihoela-Rakotovao 等[46]在硫化 Ni-MoP/Al_2O_3 催化剂上进行吖啶 HDN 反应，340℃条件下主要加氢产物是 OHA1，随接触时间延长才检测到 HDN 产物：环己烯基环己基甲烷（CHCHM）、苄基环己烷（BCH）和二环己基甲烷（DCHM）。可见，适宜的反应条件下，吖啶可以脱氮。

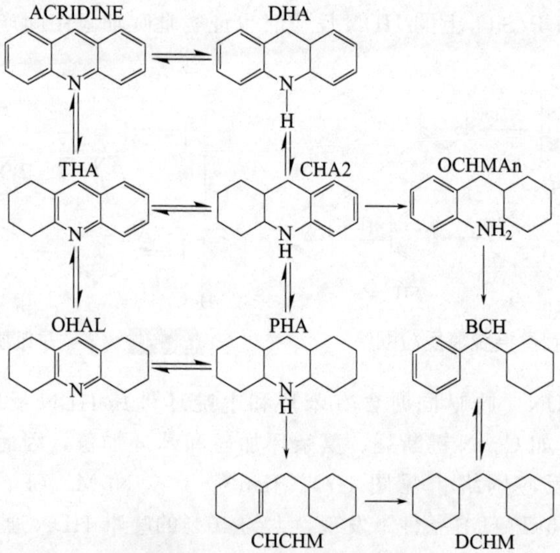

图 4-8 吖啶 HDN 反应网络

（5）苯并喹啉的 HDN　苯并喹啉是煤焦油中典型的杂环含氮化合物，包含 2 种同分异构体：7,8-苯并喹啉和 5,6-苯并喹啉。Moreau[47]等在 340℃、7MPa、硫化型 NiO-

MoO_3/γ-Al_2O_3催化剂上考察了2种异构体的HDN反应及动力学，其反应网络见图4-9。氮杂环加氢先于C—N键断裂，两同分异构苯并喹啉氮环的加氢速率（即1.B和2.B的生成速率）相近。对于C—N键断裂，Malakani等[48]认为7,8-苯并喹啉脱氮是通过加氢饱和后的C（sp^3）—N键断裂实现的；然而Moreau等认为产物中显著的芳香烃是1,2,3,4-四氢苯并喹啉C（sp^2）—N键断裂的结果。

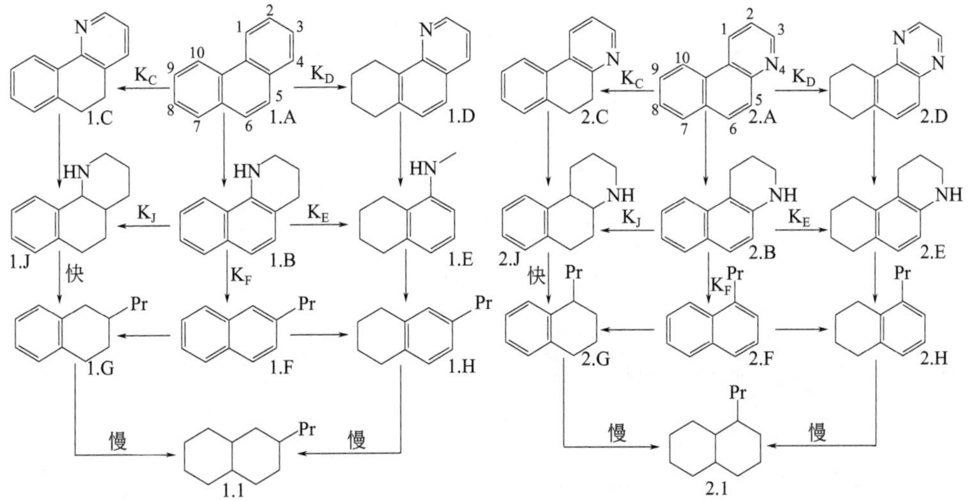

图4-9 7，8-苯并喹啉（1.A）和5，6-苯并喹啉（2.A）HDN反应网络

4.1.3.4 非碱性杂环化合物的HDN

（1）吡咯的HDN 五元氮杂环化合物吡咯的溶解性及稳定性较差，HDN方面的实验研究较少。Wang[49]等报道了2-甲基四氢吡咯（Mprld）在硫化Ni-Mo/γ-Al_2O_3催化剂、340℃、1.0MPa、无H_2S条件下的HDN反应（见图4-10），发现此条件下Mprld以脱氢生成2-甲基-1-吡咯啉（Mprl）和2-甲基吡咯（Mpr）为主，脱氮C_5产物仅有4.5%，说明此条件不利于脱氮。由于吡咯环的芳香性，*N*-烷基取代的2-甲基吡咯比*N*-烷基取代的2-甲基四氢吡咯多。

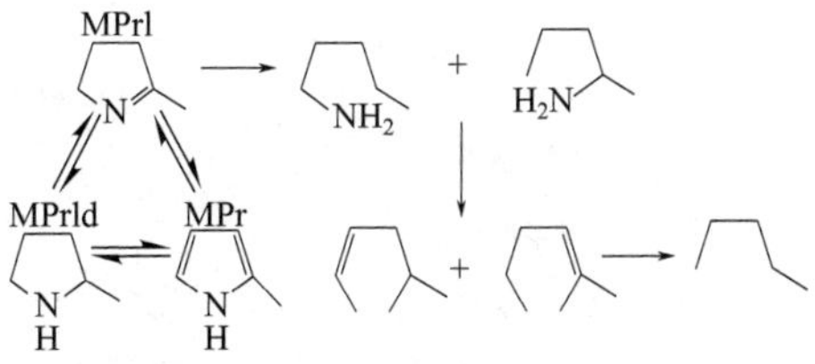

图4-10 2-甲基四氢吡咯在Ni-Mo/γ-Al_2O_3催化剂上的反应网络

（2）吲哚的HDN 五元环吲哚的芳香性较六元氮杂环弱，故吲哚氮杂环较容易加氢。吲哚HDN可以经由两条路径（见图4-11）进行脱氮[50]：一为吲哚（Indole）快速加氢为2,3-二氢吲哚（Indoline），开环后经途径Ⅰ最终形成乙苯（EB）或者经途径Ⅱ加氢成邻乙基环己基胺（OECHA）；二为吲哚加氢为八氢吲哚（HHI）开环脱氨生成乙基环己烯（ECH=），最后加氢为乙基环己烷（ECH）。Bunch[51]等对吲哚在Ni-MoS/γ-Al_2O_3的HDN进行研究，反应的主产物为ECH和EB。乙苯主要通过OEA得到；H_2S存在下促进OECHA转化为ECH=，是SH—亲核取代的结果。

（3）咔唑的HDN 咔唑类氮化物分子结构复杂，空阻效应明显，是煤焦油中较难处理的化合物之一。见图 4-12，咔唑很难直接脱氮（路径 1），Szymaska[52] 等发现，咔唑的苯环优先加氢成 1,2,3,4-四氢咔唑（产量较多），继续加氢为六氢咔唑（因高活性而没有检测到），开环形成的邻环己基苯胺可以直接脱氮形成环己基苯（路径 2），或其苯环加氢中间体邻环己基环己基胺快速除氨生成产物双环己烷（路径 3）。双环己烷与环己基苯的选择性比值为 9，说明反应以路径 3 为主。

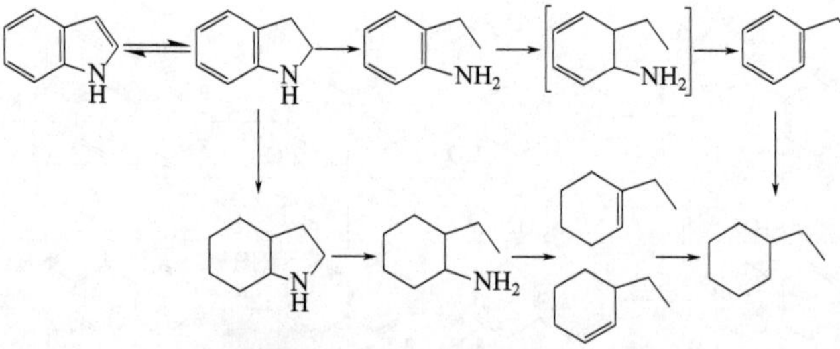

图 4-11 吲哚加氢脱氮反应网络

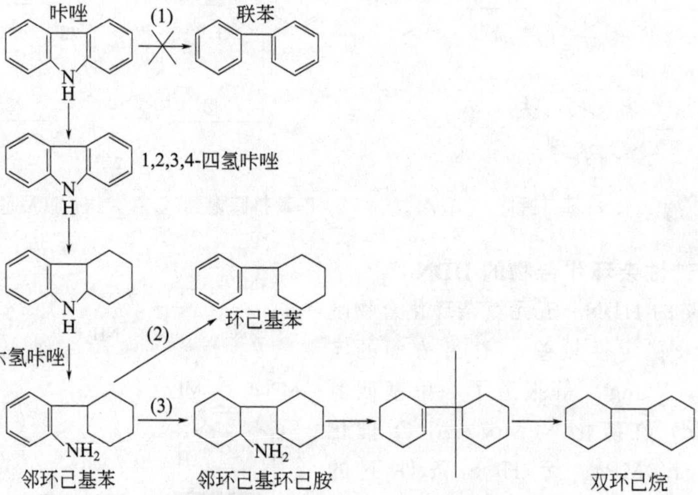

图 4-12 咔唑 HDN 反应网络

4.1.4 加氢脱氮反应动力学

为了适应石油和煤焦油加氢工艺过程的开发和优化，以及新型催化剂的开发[53]，人们不得不研究加氢脱氮动力学。油品中的含氮化合物主要有吡啶、吲哚和喹啉等，这些含氮化合物的 HDN 动力学是炼油催化过程的重要研究内容。

其中喹啉是比较有代表性的一种含氮化合物，有关喹啉在 Co-Mo、Ni-Mo 和 Ni-W 等加氢精制催化剂的 HDN 反应动力学方面的研究较多。一般认为喹啉加氢脱氮反应符合一级反应动力学模型，但在高脱氮率的情况下，一级反应动力学模型预测的脱氮率往往高于实验值，反应中生成的含氮中间产物会强吸附在催化剂表面的活性中心上，从而对其它各步产生了很强的抑制作用。Satterfield 等[54,55] 假设含氮化合物在催化剂表面的活性中心上只发生单层吸附，而且所有活性中心都被完全覆盖，在此基础上研究了喹啉的 HDN 动力学；Massoth 等[56]推断出催化剂表面喹啉 HDN 反应中存在加氢和氢解两种活性中心。而 Jian 等[57,58]推断出含氮化合物的 HDN 反应存在三种不同的活性中心，徐征利等[59]根据对高压加氢脱氮反应机理的研究，采用了带有含氮化合物吸附的拟一级反应动力学模型，该模型虽然考虑了含氮化合物吸附对 HDN 反应的抑制影响，但是由于它假设所有喹啉加氢生成的含氮中间产物在催化剂上的吸附常数是相同的，从而误差较大。由于人们对 HDN 反应机理的研究还存在异议，很多学者通过实验研究得到的结果并不一致，甚至不乏相互矛盾之处，所得的动力学方程对于 HDN 过程的工业生产缺乏指导意义。

一般认为，加氢脱氮反应符合拟一级反应速率方程：

$$-\frac{\mathrm{d}N}{\mathrm{d}t}=kN$$

但也有不少研究认为，加氢脱氮反应符合 Langmuir-Hinshelwood 速率方程，因为杂环氮化物吸附于催化剂活性中心对 HDN 有自阻作用，从而偏离一级速率方程。根据对高压加氢脱氮反应机理的分析，对于加氢精制脱氮反应，本章将采用带有氮化合物吸附的拟一级反应动力学模型，即：

$$-\frac{\mathrm{d}N}{\mathrm{d}t}=\frac{kN}{1+AN}$$

积分得：

$$\ln\frac{N_0}{N_t}+A(N_0-N_t)=kt$$

以上速率方程表明，当原料氮浓度较低时，$AN\approx 0$，接近一级反应速率方程。而原料氮浓度较高时，反应级数小于一级。

孙智慧等[60]依据煤焦油加氢大量实验数据，运用 Levenberg-Marquardt 法拟合出各动力学参数，建立了煤焦油加氢脱氮动力学模型和催化剂失活函数表达式。该模型不仅能较为准确地预测不同工艺条件下加氢产品的氮含量，而且可以根据加氢工艺条件和产品指标的要求，预测催化剂的使用寿命。

(1) 动力学模型的建立　由于煤焦油的复杂组分直接导致其加氢反应过程极其复杂，无法采用简单的现有模型处理。为突出研究目的，简化解决问题，作如下几点规定和假设：(a) 固定床加氢反应器的流动模式采用活塞流[61]；(b) 假设煤焦油加氢过程中的各个反应遵循“互不作用”原则；(c) 不考虑分子扩散的影响。

假设中温煤焦油加氢脱氮过程的反应级数为 n，反应速率的表达式如式 (4-1) 所示。对式 (4-1) 积分得式 (4-2)。

$$\frac{\mathrm{d}w}{\mathrm{d}t}=-kw^n \tag{4-1}$$

$$\begin{cases} w_{\text{outlet}}^{1-n}-w_{\text{inlet}}^{1-n}=(n-1)kt & n\neq 1 \\ \ln\dfrac{w_{\text{inlet}}}{w_{\text{outlet}}}=kt & n=1 \end{cases} \tag{4-2}$$

有不少研究结果认为[62,63]，加氢脱氮反应不是简单地拟一级反应，因此后续研究工作在 $n\neq 1$ 的基础上进行。

在小型试验装置中的流体可能会偏离活塞流，引入一指数项 a 对液体体积空速进行修正，则加氢脱氮的速率表达式可改写成式（4-3）。

$$w_{\text{outlet}}^{1-n}-w_{\text{inlet}}^{1-n}=(n-1)k\,(\text{LHSV})^{a} \tag{4-3}$$

考虑氢分压对脱氮反应速率的影响，且假设脱氮反应速率常数受温度影响符合 Arrhenius 公式，式（4-3）可改写为式（4-4）。

$$w_{\text{outlet}}^{1-n}-w_{\text{inlet}}^{1-n}=(n-1)k_0\exp\left(\frac{-E_a}{RT}\right)(\text{LHSV})^{a}p_{\text{H}_2}^{b} \tag{4-4}$$

随着装置运行时间的延长，催化剂表面的金属沉积和积炭不可避免，必须考虑催化剂失活因素对加氢脱氮的影响。假设催化剂失活动力学形式符合时变失活形式[64]，则函数关系式如式（4-5）所示。

$$\alpha=\frac{1}{1+\left(\frac{t_1}{t_c}\right)^{\beta}} \tag{4-5}$$

将式（4-5）代入式（4-4），则得到式（4-6）。

$$w_{\text{outlet}}^{1-n}-w_{\text{inlet}}^{1-n}=(n-1)k_0\exp\left(\frac{-E_a}{RT}\right)(\text{LHSV})^{a}p_{\text{H}_2}^{b}\frac{1}{1+\left(\frac{t_1}{t_c}\right)^{\beta}} \tag{4-6}$$

对式（4-1-6）变形可得式（4-7）。

$$w_{\text{outlet}}=\left[(n-1)k_0\exp\left(\frac{-E_a}{RT}\right)(\text{LHSV})^{a}p_{\text{H}_2}^{b}\frac{1}{1+\left(\frac{t_1}{t_c}\right)^{\beta}}+w_{\text{inlet}}^{1-n}\right]^{1/(1-n)} \tag{4-7}$$

式（4-7）即为建立的煤焦油加氢脱氮总动力学模型。此模型反映了操作条件以及催化剂失活对加氢产品氮含量的影响。

（2）煤焦油加氢脱氮反应动力学模型参数的确定　以氮质量分数为 1.16% 的煤焦油为原料，进行加氢脱氮反应实验。在反应温度 633～673K、液体体积空速 0.2～0.4h^{-1}、氢分压 12～14MPa 条件下，选取煤焦油加氢催化剂活性稳定期（300～1500h）的运行数据用于求解脱氮动力学模型，结果列于表 4-4。

表 4-4　不同工艺条件下煤焦油加氢脱氮反应实验结果

t_1/h	T/K	LHSV/h^{-1}	p_{H2}/MPa	w_{N}/(μg·g^{-1})
300	633	0.4	12	823
348	633	0.3	14	546
396	633	0.2	13	328
444	633	0.2	14	316
492	633	0.4	13	802
540	643	0.4	12	575
588	643	0.3	14	367
636	643	0.2	13	211
684	643	0.2	14	203
732	643	0.4	13	559

续表

t_1/h	T/K	LHSV/h^{-1}	p_{H2}/MPa	w_N/(μg·g^{-1})
780	653	0.4	12	395
828	653	0.3	14	244
876	653	0.2	13	132
924	653	0.2	14	129
972	653	0.4	13	382
1020	663	0.4	12	265
1068	663	0.3	14	157
1116	663	0.2	13	82
1164	663	0.2	14	79
1212	663	0.4	13	257
1260	673	0.4	12	175
1308	673	0.3	14	102
1356	673	0.2	13	52
1404	673	0.2	14	50
1452	673	0.4	13	170

将表 4-4 所列实验数据通过 SPSS（statistical product and service solutions）软件对式（4-7）的动力学方程进行非线性拟合，采用麦夸特（Levenberg-Marquardt）法拟合，可得模型中各动力学参数，结果列于表 4-5。结果显示该模型拟合情况良好。

表 4-5　煤焦油加氢脱氮反应动力学模型参数

n	k_0	E_a/(J/mol)	a	b	t_c/h	β
1.21	11453	58103	−0.565	0.192	19140	1.473

（3）煤焦油加氢脱氮反应动力学模型的验证和应用　采用脱氮动力学模型［式（4-7）］与表 4-5 动力学模型参数，在不同实验条件下，对催化剂运转 2000h、2100h、2200h、2300h、2400h 的产品油氮含量进行预测，并与实验值比较，结果列于表 4-6。由表 4-6 可知，脱氮率的预测值与实际值较为吻合，相对误差均小于 1%，说明所建立的动力学模型具有较好的预测能力，可以准确反映煤焦油加氢脱氮的反应历程，预测稳定操作条件下的产品油氮含量。

表 4-6　不同条件下煤焦油加氢脱氮反应实验结果与动力学模型预测值的比较

t_1/h	T/K	LHSV/h^{-1}	p_{H2}/MPa	w_N/(μg·g^{-1})		y_{HDN}/%		相对误差①/%
				预测值	测定值	预测值	测定值	
2000	663	0.3	13	173.0	180.0	98.51	98.45	0.06
2100	673	0.3	13	111.0	100	99.00	99.14	−0.14
2200	663	0.4	12	283.0	310.0	97.60	97.33	0.27
2300	663	0.2	12	95.5	130.0	99.20	98.88	0.32
2400	643	0.3	13	421.0	391.0	96.40	96.63	−0.23

①y_{HDN}预测值与测定值之间的相对误差。

将式（4-7）进行适当的变换，可推导出式（4-8）。运用表4-5所列动力学模型参数，根据装置生产工艺条件，由式（4-8）可计算出满足产品指标要求时的催化剂寿命，即装置运行时间。

$$T=-\frac{E_a}{R}\left[\ln\frac{w_{\text{outlet}}^{1-n}-w_{\text{inlet}}^{1-n}}{(n-1)k_0\ (\text{LHSV})^a p_{\text{H}_2}^b\ \dfrac{1}{1+(t_1/t_c)^\beta}}\right]^{-1} \tag{4-8}$$

工业运行的加氢装置在生产过程中，随着催化剂活性缓慢下降，加氢产品的质量也会相应地降低，为了确保产品质量和装置稳定运行，常规的做法是提高加氢反应温度，增强催化剂的活性以保障产品质量稳定。根据式（4-8）和表4-5中动力学模型参数，将在体积空速0.3h^{-1}、氢分压13MPa下得到产品油的氮质量分数分别为150$\mu g \cdot g^{-1}$、180$\mu g \cdot g^{-1}$、210$\mu g \cdot g^{-1}$和240$\mu g \cdot g^{-1}$时所需的操作温度与催化剂使用寿命绘制成图，结果如图4-13所示。由图4-13可以看出，当装置末期反应器床层温度升至683K时，产品油的氮质量分数为150$\mu g \cdot g^{-1}$、180$\mu g \cdot g^{-1}$、210$\mu g \cdot g^{-1}$和240$\mu g \cdot g^{-1}$时的催化剂寿命分别为10000h、11500h、12500h和14000h，说明要求的产品氮质量分数越低，催化剂的失活速率越快，寿命越短，反之，催化剂使用寿命越长。

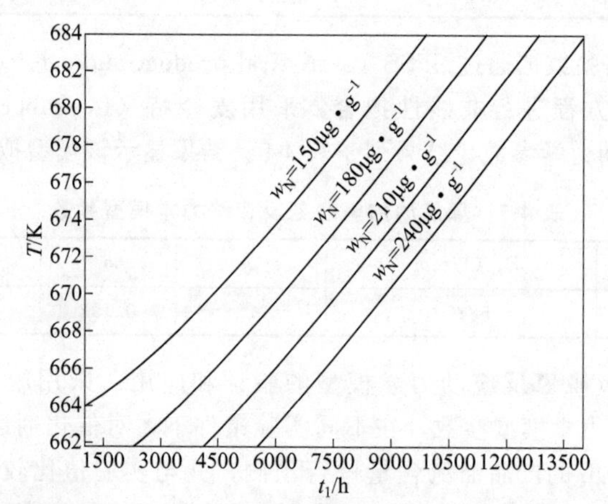

图4-13 采用煤焦油加氢脱氮动力学模型预测的加氢反应床层温度与催化剂寿命（t_1）的关系

4.2 加氢脱硫

4.2.1 含硫化合物的类型及其危害

4.2.1.1 含硫化合物的类型

硫在化石燃料中以元素硫、硫醇、硫醚、二硫化物等形态出现，从设备腐蚀与防护的角度考虑，一般将其分为活性硫和非活性硫。元素硫、硫化氢和低分子硫醇都能与金属直接作用而引起设备的腐蚀，因此它们统称为活性硫。其余不能与金属直接作用的含硫化合物统称为非活性硫，非活性硫在高温、高压和催化剂的作用下可部分分解为活性硫。也可将其分为有机硫和无机硫，除了硫单质和硫化氢之外，硫化物都以有机硫化物形式存在。有机硫化物可分为非噻吩类和噻吩类两种，非噻吩类硫化物包括：(R—SH)、硫醚（R—S—R′）（单键表示方法有误）和二硫化物（R—S—S—R′）等；噻吩类硫化物包括：噻吩、二苯并噻吩、萘并噻吩及其烷基衍生物。

不同油品中的硫含量及其种类各不相同，得克萨斯 WASSON 原油中硫化物的种类的鉴定分析结果表明，该原油含有 160 种不同类型的硫化物，沙特阿拉伯原油不同类型的含硫化合物分布如表 4-7 所示[66]。由表可知，直馏轻质馏分油中的硫化物，主要是非噻吩硫，即硫醇，二硫化物和硫醚为主，也含有少量结构简单的噻吩类。大于 300℃的馏分油，非噻吩类硫化物相对减少，而噻吩类硫化物逐渐增加。

表 4-7　沙特阿拉伯原油常压馏分含硫化合物类型的分布

沙特原油	馏程/℃	硫含量/%	硫类型分布(占馏分中硫)/%					
			单质硫	硫化氢	硫醇硫	硫醚硫	二硫化物硫	噻吩类硫
特轻	20～100	0.09	0.00	0.56	53.56	39.64	3.29	2.95
	100～150	0.07	0.00	1.57	59.14	32.14	4.29	2.81
	150～200	0.10	0.00	0.40	33.80	57.21	2.60	6.10
	200～250	0.21	0.00	0.19	13.10	51.37	1.14	34.20
	250～300	0.62	0.00	0.00	3.63	26.89	0.25	69.20
	300～350	0.84	0.00	0.00	2.62	23.78	0.00	73.60
轻质	20～100	0.03	1.61	1.16	52.56	21.90	20.00	2.59
	100～150	0.03	5.71	3.14	29.71	30.80	16.29	14.35
	150～200	0.10	2.10	0.05	11.16	33.50	5.05	48.14
	200～250	0.25	0.00	0.00	1.91	40.80	0.69	56.75
	250～300	0.72	0.00	0.00	0.50	29.30	0.08	70.06
	300～350	0.96	0.00	0.00	0.41	24.60	0.00	74.99
中质	20～100	0.05	0.00	2.14	49.00	35.45	9.00	4.45
	100～150	0.07	0.00	1.80	43.60	33.99	4.29	16.32
	150～200	0.11	0.00	0.36	16.36	54.55	2.27	26.45
	200～250	0.41	0.00	0.00	0.73	48.25	0.12	50.90
	250～300	1.06	0.00	0.00	0.26	25.28	0.00	74.44
	300～350	1.46	0.00	0.00	0.18	21.23	0.00	78.59
重质	20～100	0.01	0.01	0.00	3.00	43.00	1.70	52.30
	100～150	0.03	0.03	0.00	0.69	41.83	0.30	57.63
	150～200	0.16	0.16	0.00	0.13	56.69	0.05	43.13
	200～250	0.68	0.68	0.00	0.06	37.06	0.01	62.87
	250～300	0.95	0.95	0.00	0.11	34.92	0.00	64.92
	300～350	1.10	1.10	0.00	0.22	35.45	0.00	64.32

煤焦油中的含硫化合物有中性和酸性硫化物，包括硫醇、硫醚、二硫化物、噻吩、苯并噻吩（BT）、二苯并噻吩（DBT）、4-甲基二苯并噻吩（4-MDBT）和 4,6-二甲基二苯并噻吩（4,6-DMDBT）等[67～70]。

① 中性含硫化合物主要是具有噻吩环的化合物，其主要代表是噻吩、硫杂茚、硫芴和 2,3-苯并硫芴，以及它们的甲基衍生物和少量的硫杂茚的二甲基衍生物。

噻吩　硫杂茚　硫芴　2，3-苯并硫芴

② 酸性含硫化合物主要是具有硫酚环的化合物，如苯硫酚、萘硫酚等，它们大部分属于高沸点化合物，主要存在于洗油馏分和蒽油馏分中。

苯硫　酚萘硫酚

4.2.1.2 含硫化合物的危害

油品中的硫会对各类金属设备造成严重腐蚀，并造成环境污染，含硫化合物的危害主要表现在以下几方面。

① 含硫化合物对油品储存安定性影响较大，由于烃类与非烃类之间或彼此之间都有发生反应的可能性，再加上光照、空气和温度等外部条件的影响，其变化更加复杂。含硫化合物对油品安定性危害程度的递减顺序大致如下：硫酚（芳基硫醇）＞脂肪族硫醇＞单质硫、二硫化物＞硫醚＞噻吩。

② 含硫化合物与氧化物、氯化物、氮化物、氰化物、环烷酸和氢气等其它腐蚀性介质相互作用，可以形成多种含硫腐蚀环境，对炼油生产设备及发动机等有较大的危害。

③ 各种含硫化合物燃烧之后均转化为 SO_x，SO_x 除了明显增加大气中的颗粒之外，还与空气中的水分结合形成酸雨，对生态环境造成极大的危害。

④ 在加氢精制过程中，反应系统生成的硫化氢会产生两方面影响。一方面需要保持一定的硫化氢分压，以防止因催化剂硫的流失而引起活性的衰减；另一方面，硫化氢的存在会抑制催化剂的脱硫活性，或与 NH_3 形成铵盐结晶而堵塞系统，又或当硫化氢浓度高时会对反应设备产生腐蚀作用。

4.2.2 加氢脱硫反应的热力学

在较宽的温度和压力范围内，大多数硫化物 HDS（加氢脱硫）反应的化学平衡常数都是相当大的。所以，对大多数含硫化合物来说，决定脱硫率高低的是反应速率而不是化学平衡[71,72]。表 4-8 列出了各类含硫化合物在不同温度下加氢脱硫反应的化学平衡常数。由表 4-8 可知，除噻吩类硫化物之外，其它含硫化合物的反应平衡常数在很大的温度范围内都是正值，而且其数值也较大，这说明从热力学上看它们都可以达到很高的平衡转化率。由于含硫化合物的加氢脱硫反应是相当强的放热反应，这些平衡常数的值都是随温度的升高而降低的，即过高的反应温度对加氢脱硫反应是不利的。

表 4-8 含硫化合物加氢脱硫化反应的化学平衡常数及热效应

反应	$\lg K_p$			ΔH(700K) /(kJ·mol^{-1})
	500K	700K	900K	
$CH_3SH+H_2 \longrightarrow CH_4+H_2S$	8.37	6.10	4.69	
$C_2H_5SH+H_2 \longrightarrow C_2H_6+H_2S$	7.06	5.01	3.84	−70

续表

反应	$\lg K_p$			ΔH(700K)/(kJ·mol^{-1})
	500K	700K	900K	
n-$C_3H_7SH+H_2 \longrightarrow C_3H_8+H_2S$	6.05	4.45	3.52	
$(CH_3)_2S+H_2 \longrightarrow 2CH_4+H_2S$	15.68	11.42	8.96	
$(C_2H_5)_2S+2H_2 \longrightarrow 2C_2H_6+H_2S$	12.52	9.11	7.13	−117
$CH_3-S-S-CH_3+3H_2 \longrightarrow 2CH_4+2H_2S$	26.08	19.03	14.97	
$C_2H_5-S-S-C_2H_5+3H_2 \longrightarrow 2C_2H_6+2H_2S$	22.94	16.79	13.23	
 S $+ H_2 \longrightarrow n$-$C_4H_{10}+H_2S$	8.79	5.26	3.24	−122
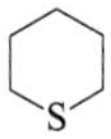 S $+ 2H_2 \longrightarrow n$-$C_5H_{12}+H_2S$	9.22	5.92	3.97	−113
 S $+ 4H_2 \longrightarrow n$-$C_4H_{10}+H_2S$	12.07	3.85	−0.85	−281
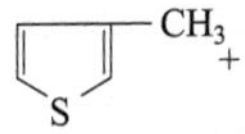 S CH_3 $+ 4H_2 \longrightarrow i$-$C_5H_{12}+H_2S$	11.27	3.17	−1.43	−276

含硫化合物的加氢反应速率与其分子结构有密切的关系。不同类型的含硫化合物的加氢反应速率按以下顺序依次增大：噻吩<四氢噻吩≈硫醚<二硫化物<硫醇。噻吩及其衍生物加氢脱硫的反应活性顺序是噻吩>苯并噻吩>二苯并噻吩，随着环烷环和芳香环数目的增加，其加氢反应速率下降。若继续增加环数，加氢脱硫反应速率又有所回升，这种现象可能是多元芳香环在加氢之后，由于氢化芳香环皱起，空间阻碍变得不那么严重所致（表 4-9）[66]。

表 4-9　某些噻吩类化合物的加氢反应速率常数

化合物		相对反应速率常数
噻吩	 S	100
苯并噻吩	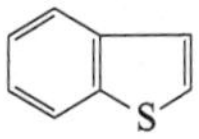 S	58.7
二苯并噻吩	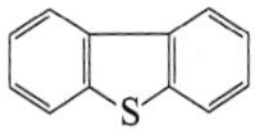 S	4.4
苯(b)萘(2,3-d)并噻吩	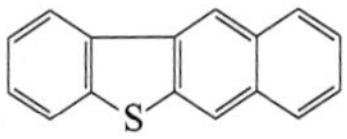 S	11.4

注：反应条件为 300℃，7.1MPa，Co-Mo/Al_2O_3 作催化剂。

表 4-10 为噻吩在不同温度和压力下的加氢脱硫反应的平衡转化率。由表 4-10 可知，较低的反应压力下反应温度对噻吩的转化率影响显著；随着反应温度升高，压力

的影响越显著。显然，对噻吩而言，欲想达到较高的加氢脱硫率，反应压力应不低于4MPa，反应温度应不高于700 K。

表 4-10 噻吩加氢脱硫反应的平衡转化率 %（mol）

温度/ K	压力/MPa			
	0.1	1.0	4.0	10.0
500	99.2	99.9	100	100
600	98.1	99.5	99.8	99.8
700	90.7	97.6	99.0	99.4
800	68.4	92.3	96.6	98.0
900	28.7	79.5	91.8	95.1

4.2.3 加氢脱硫的化学反应

在加氢过程中，C—S 键较易断开并生成相应的烃类和硫化氢，由表 4-11 看出，C—S 键的键能为 $272kJ \cdot mol^{-1}$，小于 C—C 键的键能 $348kJ \cdot mol^{-1}$。

表 4-11 各种化学键的键能

化学键	C—H	C—C	C═C	C—N	C═N	C—S	N—H	S—H
键能/$(kJ \cdot mol^{-1})$	413	348	614	305	615	272	391	367

典型含硫化合物的加氢脱硫反应如下：

（1）硫醇

$$RSH + H_2 \longrightarrow RH + H_2S\uparrow$$

（2）二硫化物

$$RSSR' + 3H_2 \longrightarrow RH + R'H + 2H_2S\uparrow$$

（3）硫醚

$$R—S—R' + 2H_2 \longrightarrow RH + R'H + H_2S\uparrow$$

（4）噻吩

$$\text{噻吩} + 4H_2 \longrightarrow CH_3CH_2CH_2CH_3 + H_2S\uparrow$$

（5）苯并噻吩

$$\text{苯并噻吩} + 3H_2 \longrightarrow C_6H_5CH_2CH_3 + H_2S\uparrow$$

（6）二苯并噻吩

$$\text{二苯并噻吩} + 3H_2 \longrightarrow C_6H_5-C_6H_5 + H_2S\uparrow$$

上述反应是硫化物加氢后的最终产物，在实际的加氢过程中，各反应的先后顺序不尽相同。一般来说，结构简单的非噻吩类硫化物容易被脱除，而结构较复杂的噻吩类硫化物则难以脱除。对于脂肪族含硫化合物来说，在催化剂上都具有很高的反应活性，容易达到完全脱除的要求。但对于噻吩、BT、DBT 或其衍生物，其反应活性要低很多。而对于更复杂的含硫稠环化合物，不仅脱硫极为困难，甚至其反应机理也还有待进一步研究[73~77]。

4.2.3.1　噻吩的 HDS 反应

噻吩及其衍生物由于其中硫杂环的芳香性，难以氢解，导致噻吩硫要比非噻吩硫难脱除得多。噻吩的加氢脱硫反应是通过加氢和氢解两条平行的途径进行，由于硫化氢对 C—S 键氢解有强抑制作用而对加氢影响不大。因此，可以认为，加氢和氢解是在催化剂的不同活性中心上进行的。此外由于噻吩的结构特点和脱硫具有一定的难度，通常被用于含硫芳香类化合物 HDS 的模型。关于噻吩 HDS 的机理大多来自于微反装置[78~80]、金属单晶表面[81~83]、有机金属配合物[84]、担载的金属原子簇[85]等。对于文献中提出的噻吩 HDS 机理总结在图 4-14 中。

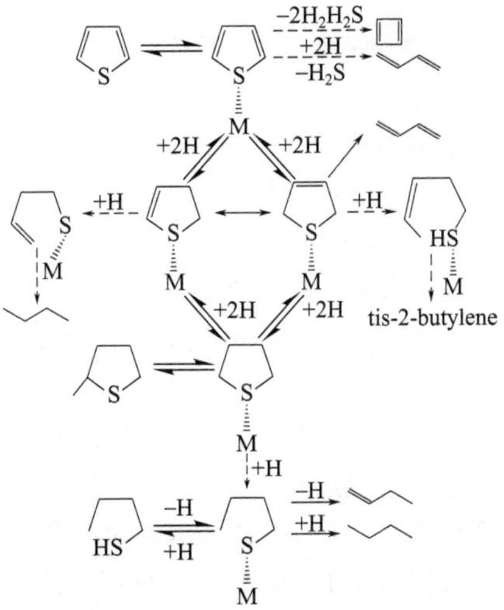

图 4-14　噻吩 HDS 的反应途径

Lipsch[78]认为 C—S 键的断裂是首先经过氢解以形成丁二烯来完成的。Kolboe 等[79]对噻吩、四氢噻吩（THT）和 1-丁硫醇的 HDS 研究之后认为：噻吩和四氢噻吩没有经过加氢步骤，也不是经过相同的过渡态而脱硫。在 HDS 过程中，β-H 向 S 原子转移，同时 C—S 断裂，即通过分子内氢解而完成。但是，更多的研究表明，要使芳环中的 C—S 直接断裂是相当困难的。对于噻吩的加氢脱硫，认为先进行 C═C 的饱和，然后再进行 C—S 的断裂[86]。由于加氢饱和破坏了噻吩环的芳香性，使得脱硫变得容易。在这一过程中二氢噻吩的氢解与 C═C 的加氢存在着竞争。但由于噻吩、二氢噻吩和四氢噻吩的 HDS 发现具有相同的产物分布，因而被认为是按照相同的机理进行的[87~89]。

Moser 等[90]还提出了一种 THT 通过 β 位的 H 消去生成了丁烯硫醇盐的机理。部分加氢的观点认为，在相对低氢压下，部分加氢的噻吩生成了 2,3-二氢噻吩和 2,5-二氢噻吩中间体。Hensen 等[91]通过负载在活性炭上的过渡金属硫化物催化剂催化噻吩 HDS 反应发现，加氢过程中有 2,3-二氢噻吩生成，接着 2,3-二氢噻吩通过脱硫、异构化生成 2,5-二氢噻吩，或进行快速加氢作用生成 THT。Hesen 还指出，部分加氢中间体的产率与催化剂的活性反向相关，即 HDS 活性高时，中间体的产率很低，反之很高。另外，Gott 等[92]报道了一种瞬态覆盖分析（ACT）方法，即通过比较待观察物种在惰性、活性气体中的吸附-解吸和反应过程的响应时间，来研究中间体在多相反应中的反应机理。

4.2.3.2　苯并噻吩的 HDS 反应

苯并噻吩在进行 HDS 时只发现乙苯和少量的二氢苯并噻吩作为产物[73,74]，而二氢苯并噻吩进行 HDS 时，并没有观察到苯并噻吩的形成，所以可认为乙苯是通过二氢苯

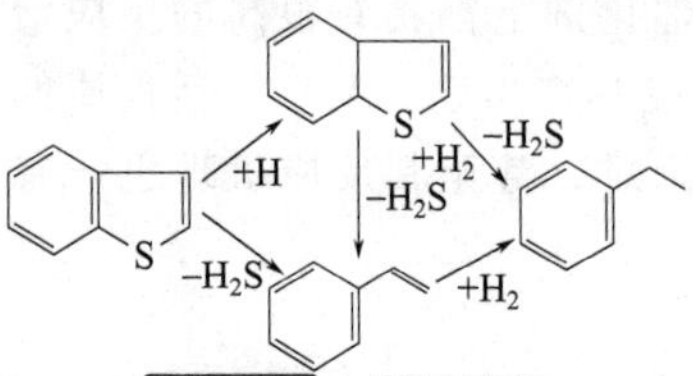

图 4-15 苯并噻吩的 HDS 的反应途径

并噻吩作为中间物所形成的。Van Parijs 等[93]提出了一个如图 4-15 所示的平行反应历程，与噻吩的 HDS 相似，也有直接脱硫和加氢脱硫两条途径。

4.2.3.3 二苯并噻吩的 HDS 反应

Gates 等[94]对二苯并噻吩的 HDS 进行了研究，提出了图 4-16 所示的反应机理。因为发现联苯（Bi-Ph）是反应的主要产物，而环己基苯（CHB）只有极少量。在添加 Bi-Ph 和 H_2S 的条件下进行二苯并噻吩的 HDS 时，发现 Bi-Ph 的添加显著地减少了二苯并噻吩的转化率，而添加 H_2S 则没有影响，这表明二苯并噻吩的 HDS 受到了 Bi-Ph 的抑制[95]。

Rollman 等[96]考察了二苯并噻吩的催化加氢，研究结果表明：环己基苯的量随温度的升高而增加，并认为环己基苯不是经由 Bi-Ph 的加氢所生成。Geneste 等[97,98]虽利用连续机理也能解释环己基苯的形成，但 Bi-Ph 的加氢数据表明 CHB 不可能全部由连续反应的机理所得到。为了解释这一现象，Singhal 等[99]提出了如图 4-17 所示的 DBT 的平行反应途径。这一机理与连续反应机理有所不同，它认为大部分环己基苯是通过活泼的中间物 A^* 的加氢、脱硫所形成。由于只有有限部分来自于连续反应机理，而温度升高对于 Bi-Ph 的加氢是不利的，这就可以解释环己基苯的量随温度的升高而增加的现象。

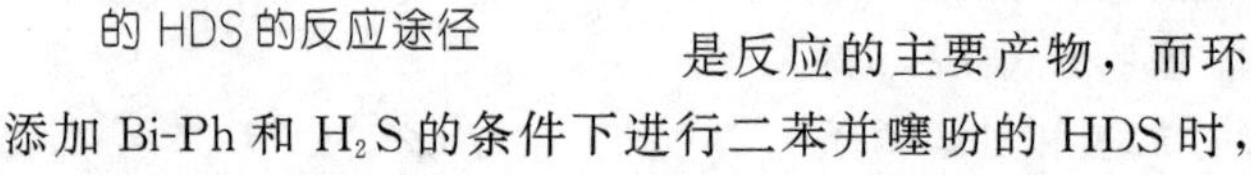

图 4-16 二苯并噻吩的 HDS 途径

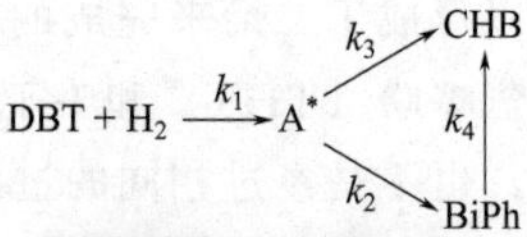

图 4-17 二苯并噻吩的平行反应途径

Houalla 等[100]提出了图 4-18 所示的反应机理，图中的数据表示在 Co-Mo/Al_2O_3 催化剂存在下，反应条件为 300℃、10.2MPa 时的表观反应速率常数（L/g 催化剂·s）。它表明反应可以通过最少量的氢耗来完成，且 Bi-Ph 与环己基苯的加氢速率很低。二苯并噻吩的加氢速率随着 H_2S 的浓度的增加而增加，当采用 Ni-Mo/Al_2O_3 催化剂时得到的环己基苯的浓度比采用相似的 Co-Mo/Al_2O_3 催化剂高两倍。从这一反应历程看，主要反应是二苯并噻吩中 C—S 键断裂脱硫化氢生成联二苯，而芳香环先加氢再脱硫化氢的反应速率要慢得多，两者相差达 600 多倍。至于第二个苯环的加氢则更慢，所以主要产物是联二苯和环己基苯[101]。

4.2.3.4 4-甲基二苯并噻吩的 HDS 反应

当二苯并噻吩的 4 位被甲基取代，反应途径亦发生了变化，4 位被甲基取代后，具有甲基的苯环比另一个苯环容易加氢，而且 4-甲基二苯并噻吩通过甲苯环加氢进一步氢解脱硫的途径变得更加有利了。由于 4-甲基二苯并噻吩的不对称结构，造成其加氢反应产物中部分加氢产物及环己基苯类化合物存在大量异构体（包括结构异构和立体异构）。

4-甲基二苯并噻吩加氢脱硫反应网络主要经过 3 个平行的反应途径（如图 4-19 所

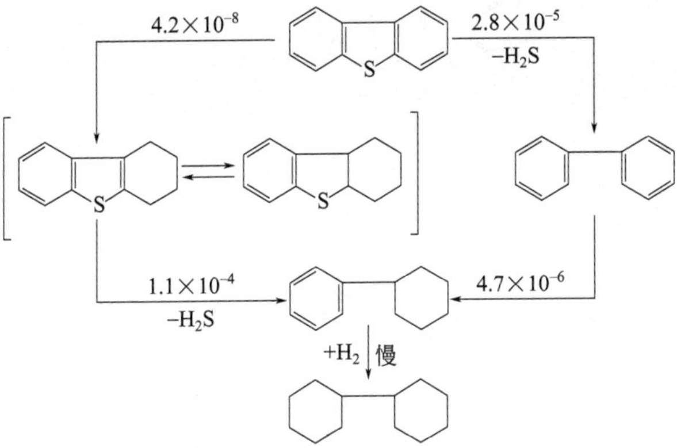

图 4-18　二苯并噻吩的加氢脱硫反应

示)[102,103]：一个氢解脱硫路径和两个预加氢脱硫路径。氢解脱硫路径，即 4-MDBT 的 C—S 键直接氢解脱硫生成 3-甲基联苯，3-甲基联苯再经 2 个平行的加氢路径生成 1-甲基-3-环己基苯和 3-甲基环己基苯，由此加氢生成 3-甲基二联环己烷。4-甲基二苯并噻吩脱硫产物的进一步加氢过程与苯并噻吩类似，主要是深度加氢、异构和重排反应。

4.2.3.5　4,6-二甲基二苯并噻吩的 HDS 反应

当二苯并噻吩的 4,6 位上都被甲基取代后，其 HDS 更难进行，4,6-二甲基二苯并噻吩分子中有两个甲基，对 S 原子形成了很强的位阻效应，使 S 原子不容易被催化剂通过端连吸附的方式脱除。4,6-DMDBT 在催化剂上也主要通过两条路径进行反应：预加氢路径和氢解脱硫路径，由于 4,6 位甲基的空间位阻效应，一般氢解脱硫路径所占的比例较少。在要求深度脱硫或更进一步超深度脱硫的情况下，使用加氢性能好的 Ni-W 催化剂比 Ni-Mo 或 Co-Mo 催化剂更利于 4-甲基二苯并噻吩和 4,6-二甲基二苯并噻吩的加氢脱硫。

Kim 等[104]提出了如图 4-20 所示的 4,6-二甲基二苯并噻吩的 HDS 反应机理，并通过动力学数据的求解研究了 4,6-二甲基二苯并噻吩的 HDS 反应途径。图中，k_1和 k_2分别代表 HYD 和 DDS 路径的反应速率常数。HYD 反应路径的中间产物为 6H-二甲基二苯并噻吩（6H-DMDBT），也存在部分的 4H-二甲基二苯并噻吩（4H-DMDBT）和 12H-二甲基二苯并噻吩（12H-DMDBT），加氢还原后生成间甲基甲苯基环（MCHT），继续还原生成二甲基联环己烷（DMBCH），而 DDS 反应路径的反应产物为 3,3-二甲基联苯（3,3-DMBP）。k_1和 k_2之和是 HDS 反应的总脱硫率，通过脱硫实验很容易得到，所以，如果能够确定 k_1与 k_2的比值，就可以求出 k_1和 k_2值。Kim 等[105]提出了 3 种模型来计算 k_1/k_2的值。在第 1 种模型中，忽略不计 DMBP 转化成 MCHT 过程，则 $k_1/k_2=[c_{\text{H-DMDBT}}+c_{\text{MCHT}}+c_{\text{DMDCH}}]/c_{\text{DMBP}}$；在第 2 种模型中，$k_1/k_2$为 H-DMDBT 产物（3 种）的最初选择性与 DMBP 最初选择性之比。在第 3 种模型中，因 $c_{\text{H-DMDBT}}+c_{\text{MCHT}}+c_{\text{DMBCH}}=c_0te^{-k_1}$，$c_{\text{DMBP}}=c_0te^{-k_2}$，由此求出 k_1，k_2值。求解结果表明，第 2 种模型计算 k_1和 k_2值的方法较为合理，且 DDS 反应路径的反应速率常数 k_2值较低，此乃 4 和 6 位的甲基的空间位阻效应严重所致。此结果与普遍为 4,6-二甲基二苯并噻吩的 HDS 过程

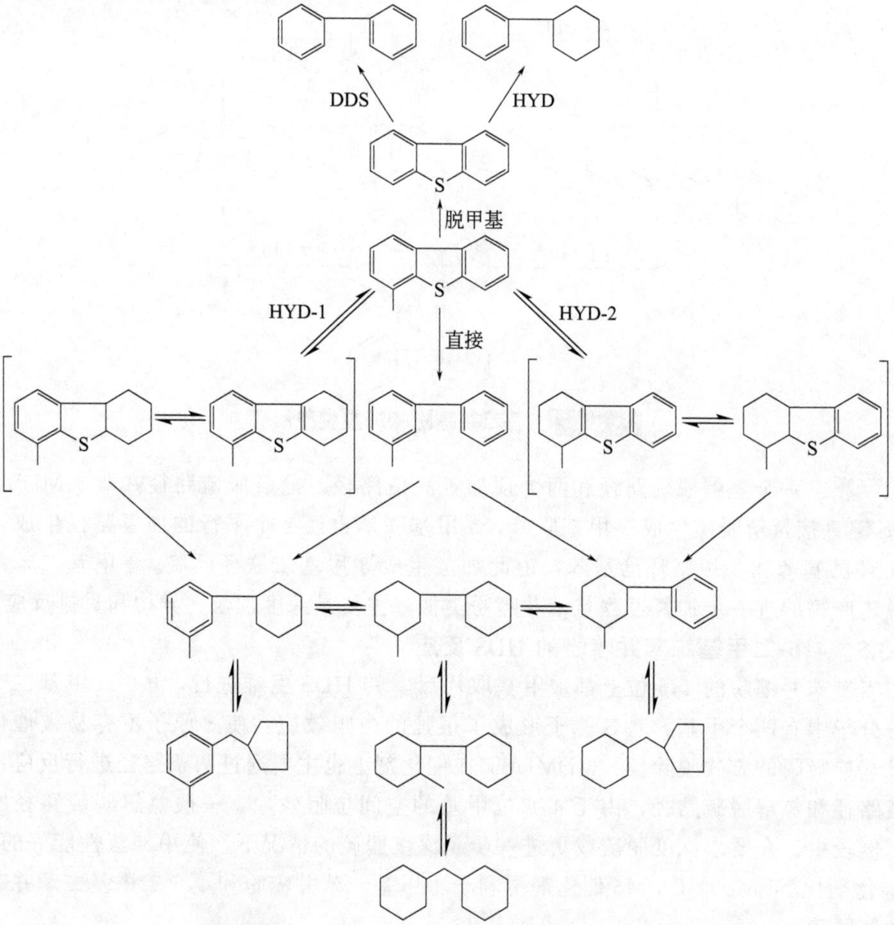

DDS HYD

脱甲基

HYD-1 HYD-2

直接

图 4-19 4-甲基二苯并噻吩加氢脱硫反应网络

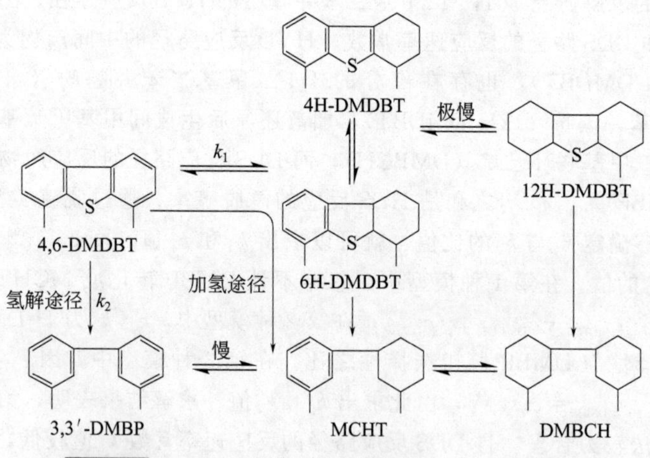

图 4-20 4，6-二甲基二苯并噻吩的 HDS 反应网络

中 HYD 反应路径为主要路径的观点相吻合。因为在 DDS 反应路径中，反应物需要 δ 键垂直吸附在催化剂表面才能进行反应，但甲基的空间扩展比 S 原子成 d 键的孤对电子远，故 4 和 6 位的甲基阻碍了催化剂活性组分与 S 原子的键合。

一般情况下，二苯并噻吩类化合物加氢脱硫转化率顺序为 4,6-DMDBT≈4-MDBT＜DBT，4,6-DMDBT 位于 4、6 位烷基的空间位阻是造成其转化率相对较低的主要原因，而非负载型 Ni-Mo-W 催化剂具有很高的芳环加氢活性，促进了烷基取代的芳环加氢，减弱空间位阻效应，使烷基取代的二苯并噻吩类化合物得到有效脱除。

4.2.4　加氢脱硫反应的动力学

HDS 动力学研究不仅对研制新 HDS 催化剂的指导有重要意义，而且也是探讨各种硫化物在不同催化剂上的加氢反应机理的途径，还是开发新型加氢反应器和优化工艺的基础。目前有关 HDS 反应动力力学研究方法依据研究对象分为以下两种。

(1) 以真实油品作为研究对象，不具体研究某种物质的反应机理，而把反应过程当做黑箱模式，选择硫含量、密度、黏度和沸点等油品性质作为输入参数，脱硫率作为输出。考察反应条件以及性质参数对加氢脱硫结果影响规律，得到表观反应速率、脱硫率随参数和反应条件的经验表达式，用于对研究对象脱硫率的预测以及反应条件的优化。不同研究者使用的催化剂、反应器、操作方式以及流体流动方式不完全相同，获得了很多具有特色和适用局限性的动力学模型，但目前为止没有一种动力学模型适用不同原料油品。

(2) 以模型化合物作为研究对象，对于深度脱硫，他们认为只要能够把含硫量较多且难脱除的二苯并噻吩类化合物中的硫脱除，就可以满足含硫量的要求，因此选择二苯并噻吩或 4,6-二甲基-二苯并噻吩作为研究对象。这样可以把真实油品在催化剂上的复杂反应简单化，利于研究脱硫反应机理，分析影响脱硫的主要因素。对于模型化合物动力学研究，由于采用催化剂及操作条件不同，不同研究者所得的结论各有差异[106]。

4.2.4.1　模型化合物加氢脱硫反应动力学模型

一般可以将 HDS 反应动力学模型归为两类：一类是 Langmuir-Hinshelwood（L-H）方程为出发点推导的机理模型，另一类是拟 1 级动力学模型；而对于真实油品而言，其所含组分较多，反应快慢不一致，还有拟 2 级、n 级、快慢 1 级和集总动力学模型。

Satterfield 和 Roberts[107] 根据稳态循环流动反应器的实验结果报道了噻吩的反应动力学结果，用 Langmuir-Hinshelwood 速率方程表示如下：

$$r_{HDS}=k\frac{K_T P_T K_H P_H}{(1+K_T P_T+K_S S_S)^2} \tag{4-9}$$

式中，k 为速率常数；K_T，K_H，K_S 分别为噻吩，氢，硫化氢的吸附平衡常数；P_T，P_H 分别为噻吩，氢的分压；下标 T 表示噻吩，H 表示氢，S 表示硫化氢。

Kilanowski 和 Gates[108] 利用稳态微分流动反应器研究了苯并噻吩加氢脱硫反应动力学，催化剂为硫化的 $Co-Mo/Al_2O_3$ 催化剂。在 252℃、302℃ 和 332℃ 的条件下粗略地可以用下列 Langmuir-Hinshelwood 速率方程表示：

$$r_{HDS}=k\frac{K_{BT}P_{BT}K_{H}P_{H}}{(1+K_{BT}P_{BT}+K_{S}S_{S})^{2}} \tag{4-10}$$

式中，K_{BT}为苯并噻吩的吸附平衡常数；P_{BT}为苯并噻吩的分压；其它符号与式(4-9) 中的含义相同。

根据 Broderick[109] 的报道，用硫化的 Co-Mo/Al_2O_3催化剂在 275～322℃，3.3～15.7MPa 的条件下得到的动力学方程如下：

$$r_{HDS}=k\frac{K_{DBT}P_{DBT}}{(1+K_{DBT}P_{DBT}+K_{S}S_{S})^{2}}P_{H}\frac{K_{T}P_{T}}{(1+\sqrt{K_{H}P_{H}})^{2}} \tag{4-11}$$

式中，K_{DBT}为二苯并噻吩的吸附平衡常数；P_{DBT}为二苯并噻吩的分压。

Edvinsson 等[110] 研究二苯并噻吩的 HDS 动力学时认为：①反应过程中存在两类活性位，即σ活性位和τ活性位；②在σ活性位上进行直接脱硫反应，同时发生氢解反应；在τ活性位上二苯并噻吩先加氢部分饱和，随后再进行脱硫反应；③反应速率较低，表面反应为速率控制步骤；④反应速率对二苯并噻吩和H_2均为 1 级反应；⑤体系中H_2S浓度很低，对反应的影响可以忽略。以此推导出了二苯并噻吩在整体式 Co-Mo/Al_2O_3催化剂上的 HDS 的 L-H 型动力学方程。

直接脱硫反应（σ活性位）

$$r_1=k_1\theta_{DBT,\sigma}\theta^2_{H,\sigma}=\frac{k_1K_{H,\sigma}K_{DBT,\sigma}C_{DBT}C_{H_2}}{[1+(K_{H,\sigma}C_{H_2})^{\frac{1}{2}}+K_{DBT,\sigma}C_{DBT}]^3} \tag{4-12}$$

间接脱硫反应（τ活性位）：

$$r_2=k_2\theta_{DBT,\tau}\theta^2_{H,\tau}=\frac{k_2K_{H,\tau}K_{DBT,\tau}C_{DBT}C_{H_2}}{[1+(K_{H,\tau}C_{H_2})^{\frac{1}{2}}+K_{DBT,\tau}C_{DBT}+K_{BPh,\tau}C_{BPh}]^3} \tag{4-13}$$

$$\frac{-\mathrm{d}[BDT]}{\mathrm{d}t}=\frac{k_1K_{BDT}K_{H_2}p_{BDT}p_{H_2}}{(1+k_{DBT}p_{BDT}+K_{prod}p_{prod})(1+K_{H_2}p_{H_2})}$$

研究中综合考虑了反应物在催化剂上的吸附与脱附，回归计算出吸附平衡常数、吸附热、反应活化能和指前因子等参数。

Orozco 等[111] 在研究二苯并噻吩的 HDS 动力学时考虑了H_2S抑制作用，并运用此模型解释了不同H_2S分压对 HDS 的影响。以 L-H 方程为出发点，推导了二苯并噻吩在催化剂上加氢脱硫机理型反应动力学模型如下：

当$P_{H_2S}>250$Pa 时

$$r=k\frac{K_{DBT}C_{DBT}K_{H_2}P_{H_2}(1+K_{DBT}C_{DBT})^{-\frac{1}{2}}(K_{H_2}P_{H_2}+K_{H_2S}P_{H_2S})^{-\frac{1}{2}}}{(\sqrt{1+K_{DBT}C_{DBT}}+\sqrt{K_{H_2}P_{H_2}+K_{H_2S}P_{H_2S}})^2} \tag{4-14}$$

当$P_{H_2S}<250$Pa 时

$$r=kK_{H^-}K_{H^+}K_{DBT}C_{DBT}K_{H_2}P_{H_2}\left(\sqrt{K_{H_2}P_{H_2}+K_{H_2S}P_{H_2S}+K_{H^+}K_{DBT}C_{DBT}K_{H_2}P_{H_2}}+\sqrt{1+K_{DBT}C_{DBT}+K_{H^-}K_{H^+}K_{DBT}C_{DBT}K_{H_2}P_{H_2}}\right)^{-2} \tag{4-15}$$

Orozco 对此模型做以下假设：①反应过程中存在稳定的S^{2-}和不饱和的金属 Mo 离子两种活性中心；②两种活性中心 MD 和S^{2-}的活性中心数相等；③初始负电荷量等于

S^{2-} 活性中心数目的两倍；④H_2 和 H_2S 在 MoS_2 上吸附后，与不饱和的金属 Mo 离子相互作用发生异裂解离，在反应过程中这种异裂解离受 H_2S 浓度的影响；⑤若两种活性中心中 M 和 S^{2-} 的任何一种吸附中心位吸附饱和后了，则 H_2、H_2S 的异裂终止。

目前对深度 HDS 动力学的研究，由于化石燃料中含有很多种含硫化合物，并且各种含硫化合物脱硫难易程度不同，大多数研究者所得的幂级数型动力学都是表观动力学。而 Schulz 等[112]考虑了各化合物相互之间在催化剂活性中心的竞争吸附对 HDS 效率的影响，以 L-H 型方程为基础，建立了柴油中各种含硫化合物 HDS 动力学方程组，并用初始硫含量、密度等性质，对动力学模型进行修正，结果表明模型计算结果与实验测定结果能很好地吻合。而李翔[113]等在研究 DBT 在 Co-Mo/MCM-41 催化剂上动力学时证明 L-H 机理型动力学方程不适合用来研究气、液、固三相反应。三相体系中反应不仅与气液体在固体催化剂吸附有关，而且还与气液、气固、液固之间的传递过程有关，而 L-H 方程的右侧不含有气液传质项，因此 L-H 方程更适合研究气固两相反应。但在消除内外扩散的影响条件下，L-H 机理型动力学方程更适合探讨 HDS 催化活性中心种类和活性位上如何吸附，更好地解释反应催化机理。

加氢脱硫属于气、液、固三相反应，在传统三相反应器滴流床反应器中，气相和液相的流动都可看作平推流，氢油体积比较大，氢气大大过量，原料油完全润湿了床层中的催化剂，因而假 1 级平推流反应模型是在 DBT 类模型化合物的 HDS 反应动力学研究中应用较多的数学模型之一。许多研究结果表明，在 Ni-P/SiO_2、Co-Mo/Al_2O_3 等催化剂上，DBT、4-MDBT 和 4,6-DMDBT 等模型化合物在溶剂中或真实油品中的加氢脱硫反应均符合假 1 级反应动力学规律。

4.2.4.2 煤焦油加氢脱硫反应动力学模型

研究煤焦油 HDS 反应动力学的主要目的是加氢工艺过程的开发和优化。加氢脱硫反应的动力学模型方程主要分经验型动力学方程和机理型动力学方程。经验型动力学方程通常都是在一定的假设或实践经验的基础上提出某种数学模型，然后再根据实验测得的动力学数据对模型进行回归拟合，从而确定各模型参数。

李冬等[114]在小型固定床加氢装置上，用加氢保护催化剂和加氢精制催化剂对陕北的煤焦油进行加氢脱硫动力学研究。考察了反应温度、氢分压、液体体积空速等操作参数对加氢脱硫反应活性的影响，建立了煤焦油加氢脱硫反应的动力学模型。通过 Levenberg-Marquardt 法拟合出各动力学参数，并采用实测数据对模型进行了验证。

(1) 动力学模型的建立　假设煤焦油加氢脱硫的反应级数为 n，考虑到氢分压对脱硫反应的影响，脱硫反应的速率表达式可写为：

$$dS/dt = -k_{app} S^n P_{H_2}^a \tag{4-16}$$

式中，k_{app} 为表观反应速率常数；S 为油品中硫的质量含量，μg/g；t 为反应物停留时间：s；P_{H_2} 为氢分压，MPa；n 为反应级数；a 为氢分压指数。

对式（4-16）积分得：

$$S_p^{1-n} - S_f^{1-n} = (n-1) k_{app} P_{H_2}^a t \tag{4-17}$$

式中，S_p 为产品中的硫含量，μg/g；S_f 为原料中的硫含量，μg/g。

考虑到小型试验装置内的流体可能会偏离活塞流，引入一指数项 b 对液体体积空速进行修正。

$$S_p^{1-n} - S_f^{1-n} = (n-1)k_{app}P_{H_2}^a(LHSV)^b \tag{4-18}$$

式中，LHSV为液体体积空速，h^{-1}；b为空速指数。

假设脱硫反应速率常数受温度影响符合Arrhenius公式，则：

$$S_p^{1-n} - S_f^{1-n} = (n-1)k_0P_{H_2}^a(LHSV)^b\exp(-E/RT) \tag{4-19}$$

式中，k_0为Arrhenius方程的指前因子；E为反应的表观活化能，$J \cdot mol^{-1}$；T为反应温度，K；R为普适因子，8.314J/（mol·K）。

对公式（4-19）进行变形，得

$$S_p = [(n-1)k_0P_{H_2}^a(LHSV)^b\exp(-E/RT) + S_f^{1-n}]^{\frac{1}{1-n}} \tag{4-20}$$

式（4-20）即为建立的动力学方程。

（2）动力学方程参数的确定　在不同的温度、压力和空速条件下，考察煤焦油加氢脱硫的变化。操作条件：温度在643～683K之间变化，液体体积空速在0.3～0.5h^{-1}之间变化，压力在9.7～13.6MPa之间变化。实验结果见表4-12。

表4-12　求取动力学模型参数的数据

反应温度/K	氢分压/MPa	液体体积空速/h^{-1}	加氢产品硫含量/$\mu g \cdot g^{-1}$
643	9.7	0.4	164
683	9.7	0.4	115
643	13.6	0.4	76
683	13.6	0.4	32
643	11.6	0.3	58
683	11.6	0.3	26
643	11.6	0.5	103
683	11.6	0.5	65
663	9.7	0.3	151
663	13.6	0.3	38
663	9.7	0.5	168
663	13.6	0.5	74
663	11.6	0.4	50

用表4-12的实验数据在软件SPSS上对动力学方程进行拟合，得到动力学方程参数如下：

$$E=42150;\ n=2.022;\ a=3.905;\ b=-0.666;\ k_0=472500$$

通过Levenberg-Marquardt法拟合和公式得：

$$S_p = [43077P_{H_2}^{3.905}(LHSV)^{-0.666}\exp(-42150/RT) + S_f^{-1.022}]^{-0.978}$$

公式中$n=2.022$，即该煤焦油加氢脱硫为2级反应；$E=42150$，即煤焦油加氢脱硫反应的活化能为42.15$kJ \cdot mol^{-1}$，符合加氢脱硫活化能范围。$b=-0.666$，空速指数为负值说明若进料量增加，产品的硫含量将增加。该模型的相关系数为0.919，表明该方程和实验数据拟合情况较好。

(3) 动力学模型的验证 为了验证所建模型的可靠性，在求取动力学参数的操作范围外，其取了5组数据。温度在633～693K之间变化，空速在0.2～0.6h^{-1}之间变化，压力在8.7～14.7MPa之间变化。由表4-13可见，联合动力学模型得到的相对误差均小于2%，说明该模型可以较好的来预测产品的硫含量。

表4-13 验证动力学模型参数的数据

反应温度/K	氢分压/MPa	液体体积空速/h^{-1}	实际硫含量/$\mu g \cdot g^{-1}$	实际脱硫率/%	预测硫含量/$\mu g \cdot g^{-1}$	预测脱硫率/%	相对误差
633	11.6	0.6	112	97.07	130	96.60	−0.47
693	13.6	0.2	26	99.32	19	99.50	0.18
653	12.7	0.4	73	98.09	57	98.51	−0.48
633	8.7	0.2	216	94.35	189	95.05	0.80
693	14.7	0.6	18	99.53	28	99.27	0.26

4.3 加氢脱氧

4.3.1 含氧化合物的类型

传统原油的氧含量一般低于2%，但煤液化油、煤焦油、油页岩和生物油中的氧含量一般较高（表4-14），化石燃料中常见的氧化物结构见图4-21。在同一原料中各馏分的氧含量随着馏程的增加而增加，在渣油中氧含量可能超过8%（质量分数）。原料中氧含量和氧化物的类型决定了实现较高的加氢脱氧（HDO）转化率时的氢耗和操作难度[115]。在轻馏分加氢中，HDO并不是很重要，但在重质油加氢催化改质过程中很重要。目前，对于重油中高分子量的含氧化合物的结构研究较少，研究较多的低分子量含氧化合物主要是羧酸类和酚类[116]。

表4-14 各种化石燃料和生物油得到的平均化学组成 %

元素	原油	煤	中低温煤焦油	油页岩	生物油	
					液化	热解
碳	86.5	86.0	83.5	84.5	74.8	45.3
氢	12.3	8.6	8.3	11.5	8.0	7.5
氧	0.5	3.8	6.7	1.4	16.6	46.9
氮	0.2	1.2	1.2	1.7	<0.1	<0.1
硫	1.0	0.5	0.3	0.7	<0.1	<0.1

HDO是煤液化油生产燃料产品中最重要的反应。液化方法和煤的结构决定了氧化物的类型。为了研究其加氢过程中的HDO反应，Gates等[117～124]对溶剂精炼煤法（SRC）生成的煤液化油进行了大量表征。这些学者使用制备液相层析法从SRC液体里

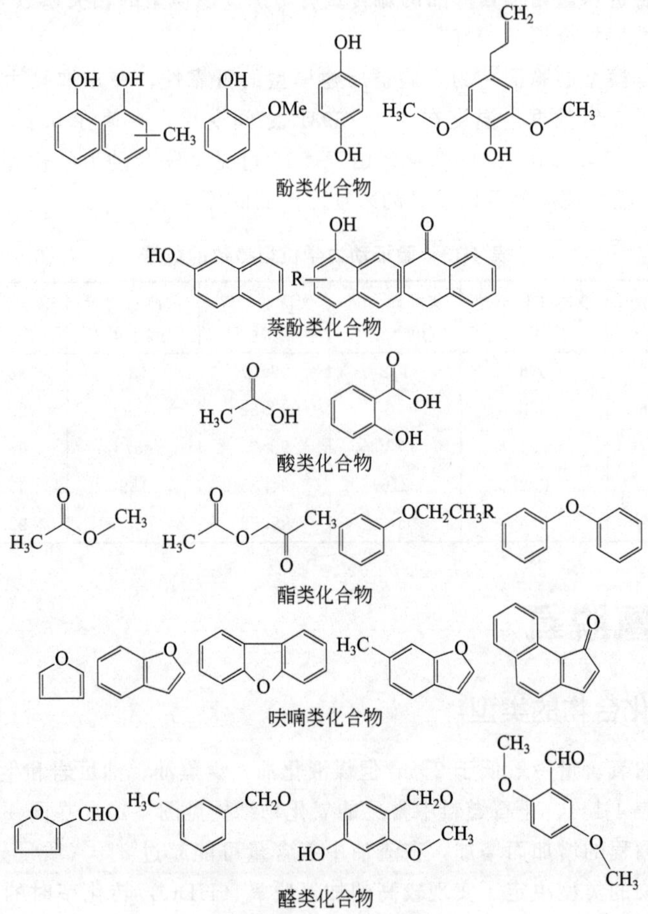

酚类化合物

萘酚类化合物

酸类化合物

酯类化合物

呋喃类化合物

醛类化合物

图 4-21 氧化物结构

分出了九个馏分段，5,6,7,8-四氢化-1-萘酚，2-羟苯基苯，4-环己基苯基苯酚等酚类化合物主要集中在弱酸馏分段中。其它的含氧化合物，如呋喃类、醚类和酮类集中在中性油馏分段中，在碱性馏分段发现了羟基吡啶和羟基吲哚。

Bett 等[125]和 Rovere 等[126]对油页岩里的单环酚（除了萘酚和茚满）进行了鉴定。Afonso 等[127]在油页岩里发现含有 1.2%（质量分数）的羧酸，Novotny 等[128]和 Boduszynski 等[129,130]分别鉴定了含有羧基和醌类的化合物。

高压液化和热解这两种方法所生产的生物油组成范围差别很大，热解油的氧含量接近 50%，而液化油的氧含量低于 25%[131,132]。Maggi 等[132]对木质纤维素热解油作了大量的表征研究，发现的典型含氧结构见图 4-22。其中，酚类物质约占 1/4，其它的氧化物包括酮、醛、羧酸、酯、醇和醚。

耿层层、李术元等[133]对低温煤焦油中的含氧化合物进行了分析鉴定。结果表明低温煤焦油酸性组分主要为苯酚、茚满酚、萘酚、联苯酚、芴酚、菲酚及其衍生物和少量的苯二酚及其衍生物。其中苯酚及其衍生物的相对含量高达 33.43%。吴婷、凌凤香等[134]采用 GC-MS 及元素分析仪对低温煤焦油中酸性组分的化学组成和结构进行定性定量分析，分析结果见表 4-15。其中，质量分数不小于 0.1%以上的化合物有 74 种，全部为含氧化合物，其质量分数为 95.4%，主要是以酚类、酮类、醚类等为主的含有 1～2 个氧原子的烃类化合物。酸性组分中酚类化合物的种类最多、含量最高，共有 62 种，其占酸性组分总质量分数 91.2%，而其它种类含氧化合物质量分数之和仅占 3.9%，由此可见酚类化合物是煤焦油酸性组分的主要组成物质。

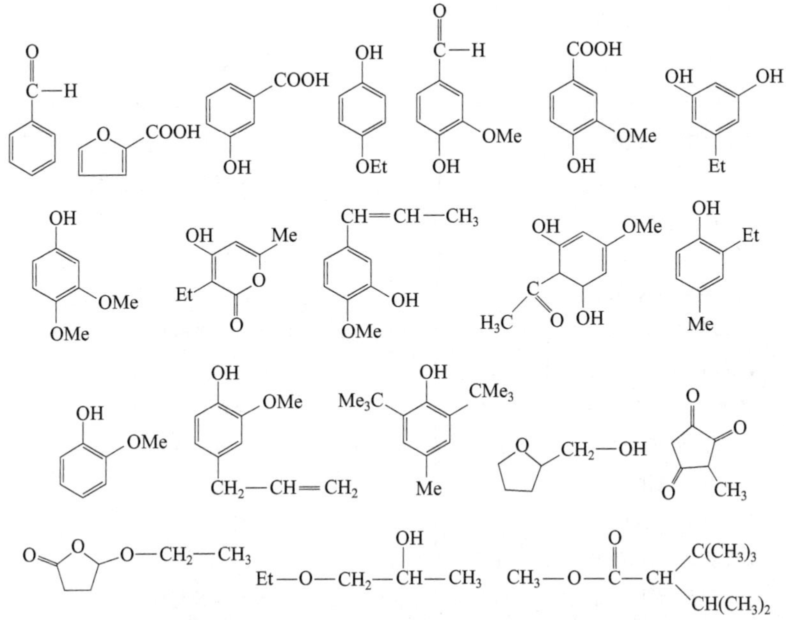

图 4-22　热解生物油中含氧化合物中典型的结构

表 4-15　低温煤焦油酸性组分分布　　%

序号	化合物	ω	序号	化合物	ω
1	5-甲基-环戊酮	0.1	13	2,3,6-三甲基-苯酚	0.5
2	苯酚	2.8	14	2-丙基-苯酚	0.7
3	邻甲基苯酚	3.2	15	3-乙基-5-甲基-苯酚	2.7
4	对甲基苯酚	8.5	16	2-乙基-6-甲基-苯酚	1.5
5	间甲基苯酚	4.9	17	4-乙基-2-甲基-苯酚	0.9
6	2,6-二甲基苯酚	0.1	18	3-丙基-苯酚	6.3
7	4-乙基-苯酚	0.8	19	2,3,5-三甲基-苯酚	0.6
8	2-乙基-苯酚	0.6	20	2,4,6-三甲基-苯酚	0.5
9	2,5-二甲基-苯酚	4.7	21	2-异丙基-苯酚	1.0
10	2-乙基-苯酚	9.9	22	2-甲基-5-异丙基-苯酚	0.5
11	2,3-二甲基-苯酚	1.2	23	2,5-二乙基-苯酚	0.3
12	3,4-二甲基-苯酚	1.7	24	3,4-二乙基-苯酚	0.8

续表

序号	化合物	ω	序号	化合物	ω
25	5-茚酚	2.7	51	3-环乙基-苯酚	0.1
26	2-丁基-苯酚	0.1	52	1-甲基-4-戊二烯基-苯醚	0.3
27	3-甲基-4-异丙基-苯酚	0.2	53	2-环已基-苯酚	2.0
28	2-甲基-6-丙基-苯酚	0.8	54	4-甲基-2-苯基-苯酚	0.4
29	3-甲基-6-丙基-苯酚	0.5	55	6H-菲酮	0.4
30	2-茚酚	4.5	56	2-甲基-1-萘酚	0.7
31	3,5-二乙基-苯酚	1.3	57	3,6-二甲基-2-异戊烯基-苯酚	0.2
32	2-异丁烯基-苯酚	0.6	58	4-环已基-苯酚	0.2
33	4-异丁基-苯酚	0.7	59	5,8-二甲基-4H-苯酚	0.5
34	4-甲基-2-丙烯基-苯酚	1.2	60	4,5,6-三甲基-2H-萘酮	0.2
35	异戊基-苯酚	0.1	61	2-环已基-4-甲基-苯酚	0.3
36	4-异丁烯基-苯酚	5.1	62	8-甲基-2H-萘酚	0.5
37	2-乙基-5-丙基-苯酚	0.7	63	6,7-二甲基-1-萘酚	0.2
38	6-甲基-4-茚酚	2.1	64	苊酚	0.2
39	4-异丙基-苯异丙酮	0.2	65	2-甲基-2,2-二酚	0.3
40	2-甲基-6-丙烯基-苯酚	2.0	66	2-羟基-二苯并呋喃	0.1
41	4-异戊烯基-苯酚	1.9	67	2-羟基芴酚	0.4
42	4H-2-萘酚	0.6	68	4H-菲酚	0.2
43	4,7-二甲基-苯并呋喃酮	0.5	69	3-甲基-2,2-二酚	0.1
44	5-羟基-3-甲基-茚酮	0.7	70	萘苯醚	0.2
45	4,5-二甲基-苯并呋喃酮	1.3	71	邻萘基酚	0.1
46	苯基苯酚	2.3	72	苯并氧芴酚	0.1
47	2-萘酚	0.9	73	十八烯基-酰胺	0.2
48	4-环戊基-苯酚	0.7	74	十八烷基-酰胺	0.1
49	4-甲基-2-异戊烯基-苯酚	0.7	75	未知物	4.6
50	2,3,4-三甲基-苯乙酮	0.2			

4.3.2 含氧化合物加氢反应活性

研究不同温度下含氧化合物的加氢反应活性对油品改质过程的调控至关重要。热力学数据可以预测含氧官能团的相对稳定性，但是只能给出反应活性的相对趋势，有时还要受到动力学的限制。根据含氧化合物在400℃脱氧的难易程度可以将含氧化合物大体分为三类：第一类包括醇、羧酸、醚等，其反应性最大，在没有还原剂和活性催化剂的条件下，这些不稳定的官能团可以通过热分解反应脱氧；第二类包括酮、酰胺等，这些化合物至少在还原剂存在的情况下才可以脱氧；第三类包括呋喃、酚、醌、苯基醚等，反应性最小，即使有还原剂存在的情况下，这些稳定的含氧化合物仍然难以进行 HDO 反应，只有高活性催化剂同时存在的情况下才能达到完全 HDO[101]。

Cronauer[135] 在有四氢化萘的条件下，研究了在 400～450℃范围内一系列含氧化合物的反应活性。结果表明苯甲基醚的温度低于 400℃时已经有了很高的反应活性，然而有取代基的酚类在 450℃时仍未反应。研究得到了含氧化合物反应活性的顺序是：呋喃环类＜酚类＜酮类＜醛类＜烷基醚类。Kamiya[136]研究了在有四氢化萘的条件下一些含氧化合物的反应活性，结果发现在 450℃时二苯基醚比二苯并呋喃更稳定。研究还发现芳环取代醚类的稳定性取决于芳环的数目。例如，在同样反应条件下二苯基醚未转化，而二萘基醚转化 23%，苯基菲基醚转化 45%。

酚类的反应活性很大程度上取决于其结构，在 400℃时，1-萘基酚大部分转化为二苯并呋喃，在同样条件下邻-甲酚和 2,4-二甲基苯酚可转化为其它酚类。延长反应时间并采用更高的温度时，酚类可以发生裂化反应，其裂化反应产物有二苯基醚、苯并呋喃、二苯并呋喃和苯基二苯并呋喃。Weigold[137]发现酚比被取代酚的反应性低，Gevert 等[138]的研究结果表明甲基取代酚的反应性顺序如下：对甲基苯酚＞邻甲基苯酚＞2,4-二甲酚＞2,6-二甲酚＞2,4,6-三甲基苯酚。Odebunmi 和 Ollis[139]在连续系统中建立了常见的反应性顺序，即：间甲基苯酚＞对甲基苯酚＞邻甲基苯酚。Moreau 等[140]使用 NiMo/Al_2O_3催化剂，在 340℃，氢压为 7MPa 下比较了联苯和未被取代酚的 HDO，发现后者比联苯的活性大约高 5 倍。Furimsky[141]建立了多种含氧化合物的 HDO 反应性的顺序：醇类＞酮类＞烷基醚类＞羧酸类≈间（或对）甲基苯酚类≈萘酚＞苯酚＞二芳基醚类≈邻甲基苯酚类＞烷基呋喃类＞苯并呋喃类＞二苯并呋喃类。

4.3.3　加氢脱氧的反应机理

4.3.3.1　呋喃类

呋喃类化合物在原料中的含量相对较多，研究较多的模型化合物是四氢呋喃、呋喃、苯并呋喃和二苯并呋喃等。

Furimsky[142]研究了四氢呋喃的加氢脱氧反应，提出了两种反应机理：①四氢呋喃首先发生分子内氢原子的迁移，再脱水生成丁二烯；②四氢呋喃在分子内氢的作用下，C—O 键断裂，形成烃基-O-催化剂相连的过渡，然后 C—O 键断裂，生成丁烯，或者 C—C 键断裂，生成丙烯。反应过程如图 4-23 所示。其中途径 1 阐明了在没有外部参与的情况下生成丁二烯和 H_2O 的机理，途径 2 阐明了四氢呋喃逐步开环生成丁烯和丙烯。

反应发生后，在还原型与硫化态 Co-Mo 催化剂表面均会形成积炭，随着时间的变化，前者的积炭速率比后者大，积炭量不断增加，加氢脱氧转化率不断降低，产物分布明显不同，还原型催化剂的主要催化产物为丙烯和丁二烯[143]。随着温度的升高，硫化态催化剂表面氢增多，进而迁移到吸附在催化剂表面上的四氢呋喃分子内，促进过渡态 C—O 键断裂，丁烯成为硫化态催化剂催化四氢呋喃加氢脱氧的主要产物。

Furimsky[144]使用 Co-Mo/Al_2O_3催化剂对呋喃的 HDO 反应进行了研究，提出了呋喃 HDO 反应机理示于图 4-24。在上述反应机理中，可利用的表面活化氢是影响反应途径的决定性因素。途径 1 为在一定的反应条件下氧从环中脱出；途径 2 为在活化氢浓度更高的情况下，在发生开环反应之前呋喃环产生了部分加氢反应，在后续的反应中生成丙烯或生成丁烯；途径 3 为在较高氢分压下的反应，在这种条件下催化剂表面大

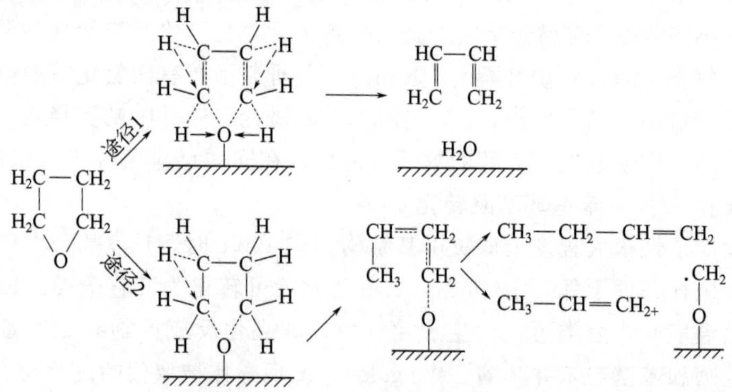

图 4-23 四氢呋喃的 HDO 反应网络

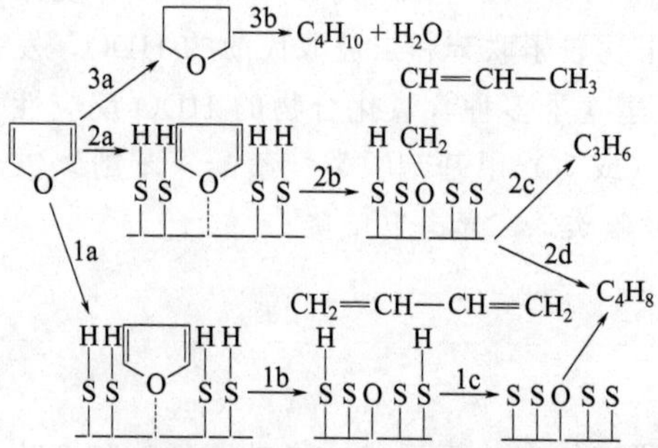

图 4-24 呋喃 HDO 反应机理

部分被活化氢所覆盖，呋喃环可以完全加氢，主要反应产物为丁烷和 H_2O。

表 4-16 中是在还原态和硫化态 $CoMo/Al_2O_3$ 催化剂作用下，呋喃和四氢呋喃加氢脱氧的产物分布和产率[101]。由表 4-16 可知，四氢呋喃的反应性显著高于呋喃的反应活性。热力学平衡计算说明在较高的加氢压力下，呋喃环将完全加氢生成四氢呋喃[145]。在和呋喃的 HDO 相同的反应条件下[141]，也就是氢分压接近常压时，四氢呋喃的 HDO 速率大约是呋喃的三倍[142]。尤其是在还原态 $CoMo/Al_2O_3$ 催化剂上丁二烯是重要的产物。不同催化剂对四氢呋喃的 HDO 反应的影响如图 4-25 所示，由图 4-25 可知，HDO 转化率在预硫化催化剂上更高[143]。

表 4-16 呋喃和四氢呋喃 HDO 反应的产物分布和产率

产物	还原态催化剂		硫化态催化剂	
	呋喃/%	四氢呋喃/%	呋喃/%	四氢呋喃/%
乙烯	0.5	痕量	2.3	1.4
丙烷	痕量	0.5	1.2	0.6
丙烯	1.0	21.2	6.5	12.4
正丁烷	0.5	0.6	1.1	1.0
异丁烯	2.6	4.1	5.0	17.0
反丁烯	0.8	0.7	6.8	11.0
顺丁烯	0.9	0.7	5.3	10.4
丁炔	痕量	14.7	痕量	7.8

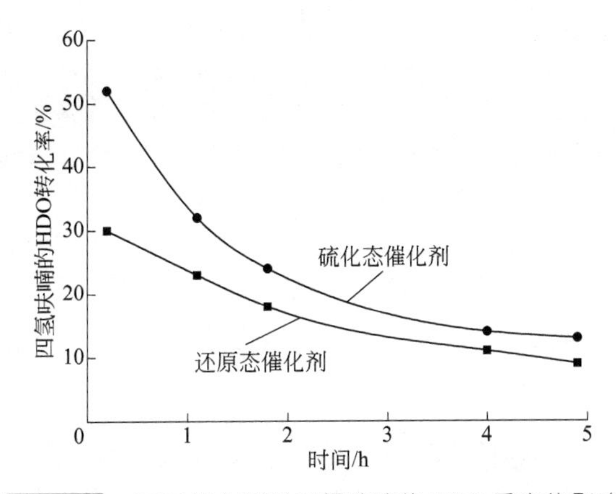

图4-25 不同催化剂对四氢呋喃的HDO反应的影响

Chary等[146]在氢分压接近常压条件下，比较了使用C负载CoMo、NiMo催化剂和Al_2O_3负载CoMo、NiMo催化剂时呋喃的HDO反应。结果表明，前者的HDO活性大于Al_2O_3负载催化剂。Kordulisc等[147]比较氟化与未氟化的NiMo/Al_2O_3催化剂对四氢呋喃的催化作用，研究发现，氟化催化剂催化四氢呋喃的加氢脱氧总收率高。Bartok等[148]分析了Pt负载在TiO_2、SiO_2和Al_2O_3载体上四氢呋喃的HDO，结果发现这些载体对产物的选择性有明显的作用。Kreuzer和Kramer[149]做了类似的研究，发现催化剂的活性顺序是：Pt/SiO_2＜Pt/Al_2O_3＜Pt/TiO_2。其中丁醇是主要的产物，然后再进一步脱氧生成丁烷，或者脱羰基生成CO和丙烷，CO会造成Pt表面活性中心中毒。加氢产物分布受温度和时间的影响，200℃时，生成丁烷和丙烷的选择性基本相等，但随着时间的延长，生成丙烷和CO的量增多。低于200℃，只有微量的甲烷生成，高于此温度，甲烷和丙烷的生成量大致相等。

Bunch等[150,151]使用硫化态和还原态NiMo/Al_2O_3催化剂研究了苯并呋喃的HDO反应，提出的反应机理示于图4-26中。研究结果表明，使用硫化态NiMo/Al_2O_3催化剂，生成约50%的乙基苯酚及少量的乙苯和乙基环己烷，并且只发现一种加氢含氧中间产物2,3-二氢苯并呋喃。使用还原态NiMo/Al_2O_3催化剂，苯并呋喃加氢脱氧反应只有氢化反应，经HDO反应生成含氧中间产物的类型较多（如六氢苯并呋喃、2-乙基环己醇和八氢苯并呋喃），中间产物再脱氧生成乙基环己烯和乙基环己烷，产物中并没有发现乙基苯酚和乙苯。在原料中加入H_2S时，由于乙基苯酚不能经过氢解生成乙苯，导致HDO反应速率下降，H_2S的分压从0kPa增加到5kPa，氧脱除率从60%下降到44%，H_2S分压继续增加到75kPa，对结果没有进一步的影响。

Krishnamurthy等[152]根据二苯并呋喃HDO的产物分布和某些中间体的反应活性，提出了二苯并呋喃的HDO反应机理，见图4-27。二苯并呋喃的HDO主要按照3种途径进行：①加氢途径，首先芳环加氢饱和生成含氧中间产物，然后C—O键断裂生成单环烃；②氢解途径，先发生C—O键断裂生成苯基苯酚，再加氢生成单环产物；③直接脱氧途径，二苯并呋喃直接脱氧生成联苯。在较高的氢分压下，在杂环开环以前，首先进行的是一个芳环的加氢反应。在反应中生成了邻-环乙基苯酚中间产物，其

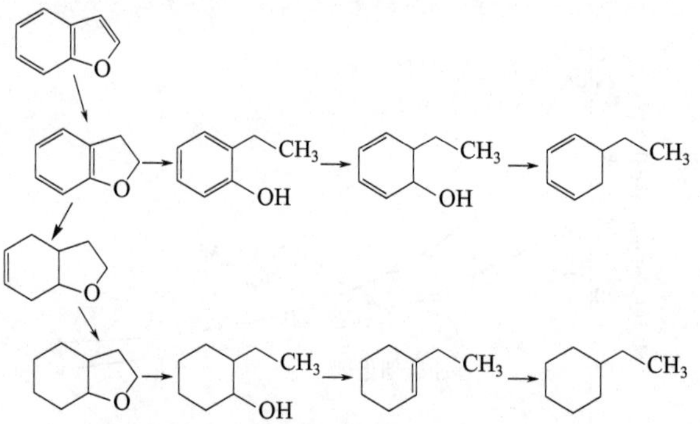

图 4-26 苯并呋喃的 HDO 反应网络

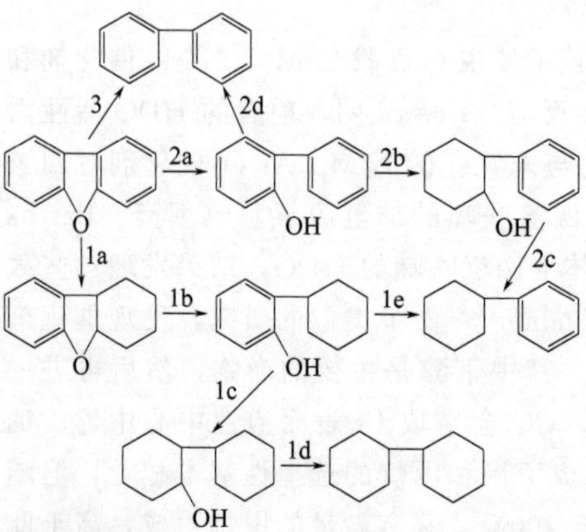

图 4-27 二苯并呋喃 HDO 反应网络

进一步脱氧生成二环己烷或是苯基环己烷。这就说明，与相应的含硫化合物 HDS 反应相比，HDO 反应需要更高的氢耗[153]。二苯并呋喃在反应过程中的主要产物为单环烃和联环己烷（选择性约为 60%），联苯的选择性较低，且随反应时间的延长，单环烃和联环己烷的选择性逐渐增大，说明二苯并呋喃在反应过程中经历了杂环饱和继而 C—O 键断裂的过程。

Lee 和 Ollis[154]使用硫化态 $CoMo/Al_2O_3$ 催化剂对苯并呋喃的 HDO 反应进行了研究，得到了二苯并噻吩对苯并呋喃的 HDO 总转化率的影响。图 4-28 的结果表明，含有 0.15mol 苯并呋喃的混合物里二苯并噻吩的含量达到最大值约 0.075mol 之前，增加二苯并噻吩的含量会对反应有促进作用。随着二苯并噻吩含量的进一步增加，HDO 速率会因为过量的 H_2S 对 HDO 反应的抑制作用而降低。同时，苯并呋喃对二苯并噻吩的 HDS 反应有相反的作用。相比之下，使用 Mo_2C 催化剂，苯并呋喃的 HDO 转化率随着混合物里二苯并噻吩含量的增加而减少[155]。另外，二苯并噻吩的存在会对产物分布有很大影响。在平衡状态，二苯并噻吩存在时，产物包括 17%乙基环己烷，7%乙苯，32% 2,3-二氢苯并呋喃和 44%乙基苯酚，二苯并噻吩不存在时，产物包括 4%乙苯，96%环己烷。

Satterfield 和 Yang[156]对苯并呋喃的 HDO 进行了研究，主要产物分布见图 4-29，由图可知，反应条件对产物分布的影响非常显著。Lavopa 等[157]研究了硫化态和氧化态 $NiMo/Al_2O_3$ 催化剂对苯并呋喃的加氢脱氧反应。使用硫化态催化剂催化反应，产物中单环烃类占 75%，环己烷占主要部分，还有一些重要但含量少的物质如甲基环戊烷、环戊烷、苯、甲基环己烷和环己烯等。使用氧化态催化剂催化反应，单环化合物收率为 25%。

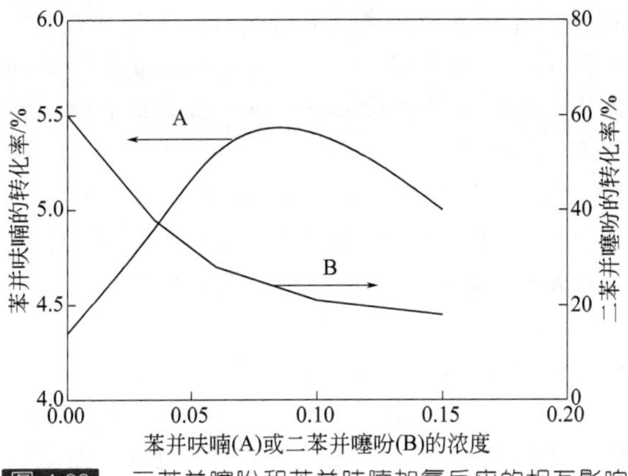

图4-28 二苯并噻吩和苯并呋喃加氢反应的相互影响

4.3.3.2 酚类化合物

由于酚类化合物中羟基氧直接与苯环相连，断裂此C—O键所需的活化能比断裂氧与脂肪碳间的化学键所需的活化能高，因此酚被认为是较难脱除的含氧化合物[158]。在所有的合成油中，特别是煤液化产物中，都含有大量的酚类含氧化合物。酚类加氢脱氧反应网络较为复杂，以苯酚和取代苯酚研究较多。酚类催化生成烃的主要反应机理为[159~164]：①氢化-氢解路径，芳环氢化生成环己醇中间产物，然后立即发生消除反应除去氧；②直接氢解路径，C—O键氢解直接消除氧。图4-30为苯酚HDO反应机理图，主要反应是芳环饱和生成环己醇或取代环己醇，然后再以生成H_2O的形式脱氧。

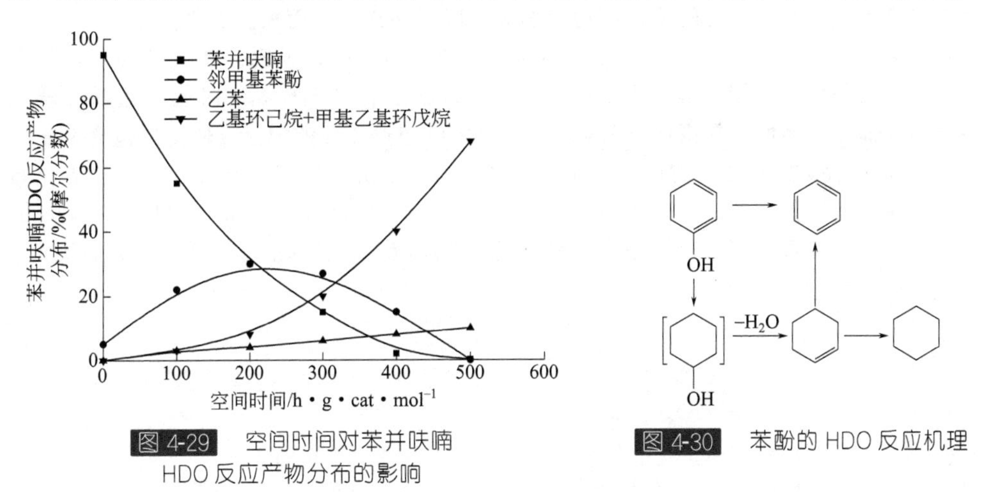

图4-29 空间时间对苯并呋喃HDO反应产物分布的影响

图4-30 苯酚的HDO反应机理

Odebunmi和Ollis[139]在连续微型反应器内，使用硫化态$CoMo/Al_2O_3$催化剂在氢分压范围为3.01～2.0MPa下，研究了甲基苯酚的HDO反应，研究发现主要加氢产物是甲苯和环己烷，同时生成了少量环己烯。在225～275℃的低温度范围内，甲基苯酚HDO反应的主要产物是甲苯，甲苯可继续加氢生成甲基环己烷；在350～401℃的较高温度范围内，甲基苯酚先吸附在催化剂表面，然后直接反应生成甲基环己烷。不同取代位甲基苯酚的HDO反应顺序为：间甲基苯酚＞对甲基苯酚＞邻甲基苯酚。

Samchenko 和 Pavlenko[162]使用 Ni/Cr 催化剂研究发现邻甲基苯酚和对甲基苯酚比间甲基苯酚更稳定。Shin 和 Keane[163]使用 Ni/SiO_2 催化剂建立了下面的加氢反应顺序：苯酚≈间甲基苯酚＞对甲基苯酚＞邻甲基苯酚。研究结果均表明，邻位取代酚的位阻效应影响很大[164]。

Gevert 等[138]在间歇式反应器中，使用硫化态 $CoMo/Al_2O_3$ 催化剂，在温度为300℃，氢气压力为 5MPa 下研究了 4-甲基苯酚的 HDO 反应，加氢产物组成见图 4-31。反应开始时，形成了少量的甲基环己烯，但它逐渐转化为甲基环己烷。这表明甲基环己烯是甲基环己烷的先导化合物。

Wandas 等[165]使用 $CoMo/Al_2O_3$ 催化剂，在氢气压力为 7MPa，温度为 360℃条件下研究了甲酚的 HDO 反应。同样，直接脱氧生成了许多种类的化合物，甲基环己烷、甲苯和乙基环戊烷是主要的加氢脱氧产物。其它产物包括环己烷、二甲基环己烷、二甲苯和含氧中间产物（苯酚、邻甲基苯酚、二甲基苯酚、三甲基苯酚等），反应的机理见图 4-32。

Furimsky 等[141]采用氧化的硫化态 $CoMo/Al_2O_3$ 催化剂，对邻位和对位取代苯酚的 HDO 反应进行了研究。研究结果表明，邻位取代苯酚的 HDO 反应活性最弱，苯酚、对乙基苯酚和对叔丁基苯酚 HDO 反应的转化率基本相同。邻位取代苯酚的 HDO 反应主要按两种途径进行：a. 苯酚直接加氢脱氧；b. 苯酚先加氢然后再脱氧。若反应按途径 a. 进行时，可能会发生消去反应，生成中间产物甲基环己烯，然后甲基环己烯迅速加氢生成甲基环己烷。邻位、对位取代苯酚的 HDO 反应网络见图 4-33 和图 4-34。

Vogelzang 等[166]提出了萘酚的 HDO 反应网络（图 4-35），反应网络中四氢萘酮生成速率最大，表明该反应的最终产物大部分由四氢萘酮转化而来。试验使用硫化态 $NiMo/Al_2O_3$ 作为催化剂，反应温度为 200℃，氢气压力为 3.5MPa。在此条件下，芳香环的加氢比萘酚的直接 HDO 更容易。因此，四氢化萘和 5,6,7,8-四氢-1-萘酚占转化萘酚的大部分。然而，在高温下萘酚的直接 HDO 超过了环的加氢。他提出包含 1,2-二氢萘酚和四氢萘酮、酮-烯醇的转化是反应网络的一部分。而且，顺式和反式十氢化萘的生成速率非常低。萘酚在硫化态 $NiMo/Al_2O_3$ 催化剂和氧化态 $NiMo/Al_2O_3$ 催化剂的加氢过程，结果表明前者遵循路线 1 和路线 3 的反应，后者则沿着路线 2 的方向进行。

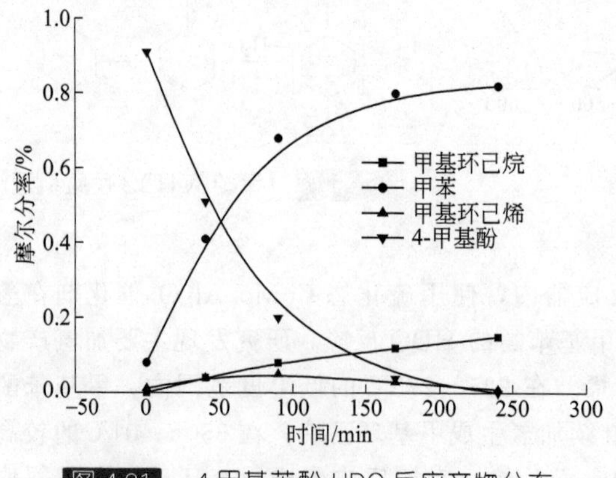

图 4-31 4-甲基苯酚 HDO 反应产物分布

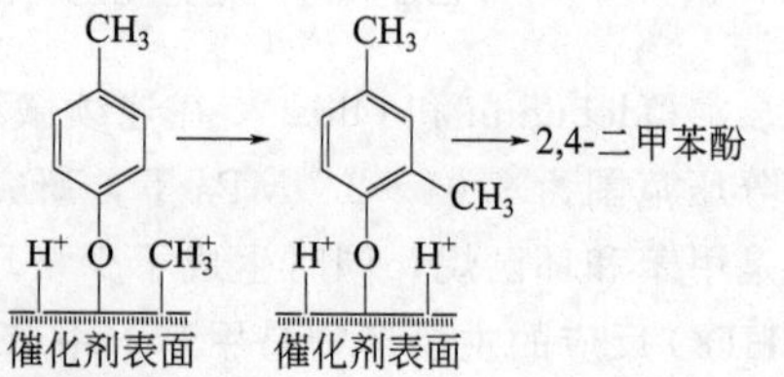

图 4-32 甲酚生成二甲苯酚的反应机理

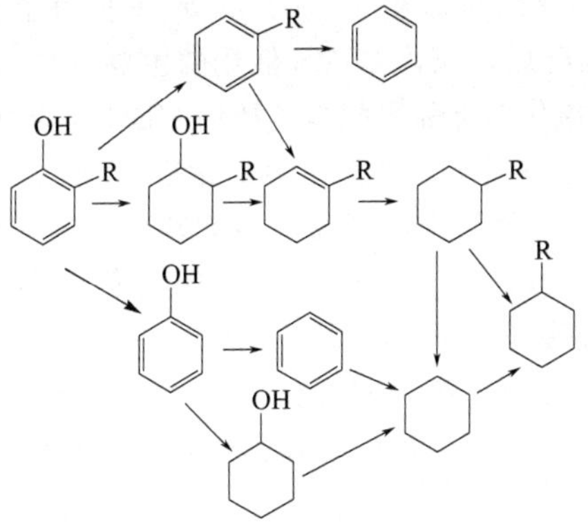

图4-33 邻位取代苯酚的HDO反应网络

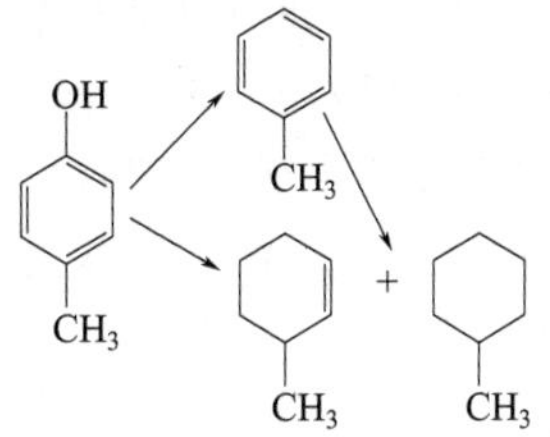

图4-34 对甲基苯酚的HDO反应网络

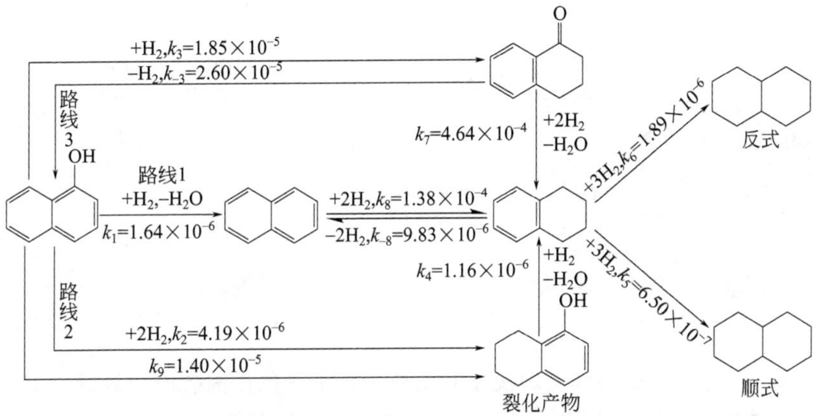

图4-35 萘酚的HDO反应网络

Bui等[167,168]研究了负载在Al_2O_3、TiO_2、ZrO_2上的硫化态Mo和CoMo催化剂催化邻甲氧基苯酚的HDO反应。研究结果表明，采用Mo催化剂，载体为Al_2O_3时，邻甲氧基苯酚HDO反应的主要产物为邻苯二酚，载体为ZrO_2时，原料的脱氧率最高。加入金属Co后，邻甲氧基苯酚氢解速率加快，先脱甲氧基生成苯酚，再直接脱氧生成苯。采用$CoMo/ZrO_2$催化剂时脱氧率约为80%，产物中含有大量的苯；而采用$CoMo/TiO_2$和$CoMo/Al_2O_3$催化剂时脱氧率约为60%。在这3种催化剂中$CoMo/ZrO_2$催化剂的氢解活性最高，可使邻甲氧基苯酚直接脱氧生成苯。

Centeno等[169]研究了硫化CoMo负载在不同载体（Al_2O_3、C和SiO_2）上催化邻甲基苯酚的HDO反应。研究结果表明，Al_2O_3负载催化剂效果较好。催化剂中加入助剂碱金属K，能够缓和烧结程度，但不能完全控制烧结现象。

酚类化合物在硫化态催化剂上进行HDO反应时，反应沿氢解途径进行，氢耗较低；而在贵金属催化剂和非晶态催化剂上进行反应时，反应沿氢化-氢解途径进行，氢耗较高。因此，可以从目标产物的特点和氢耗上考虑，选取较适宜的催化剂进行HDO反应。徐春华[170]研究了不同反应温度和压力下邻甲酚在硫化态$CoMo/Al_2O_3$催化剂上的 HDO 性能，反应中直接脱氧产物甲苯的选择性高达 90%。Senol 等[171]报道了硫化 NiMo 催化苯酚加氢脱氧反应的主要产物为环己烷，硫化 CoMo 催化的主要产物为苯，环己烯收率低于 2%。Lin 等[172]研究了 Rh 基催化剂上邻甲氧基苯酚的 HDO 反应过程。研究结果表明，邻甲氧基苯酚在 Rh 基催化剂上是按先加氢后脱氧的途径进行反应，反应过程见图 4-36。邻甲氧基苯酚先发生加氢反应得到中间产物邻甲氧基环己酮和邻甲氧基环己醇，再脱甲氧基和羟基生成环己烷（选择性达 45%）。王威燕等[173]研究了 270℃下非晶态催化剂 La-Ni-Mo-B 催化 4-甲基苯酚的 HDO 反应（见图 4-37）。在整个反应过程中，没有检测到甲苯的生成，这说明在 La-Ni-Mo-B 催化下，4-甲基苯酚没有发生直接脱氧反应，而是先加氢生成环己醇，再脱氧生成甲基环己烷，即按照氢化-氢解的途径进行反应。

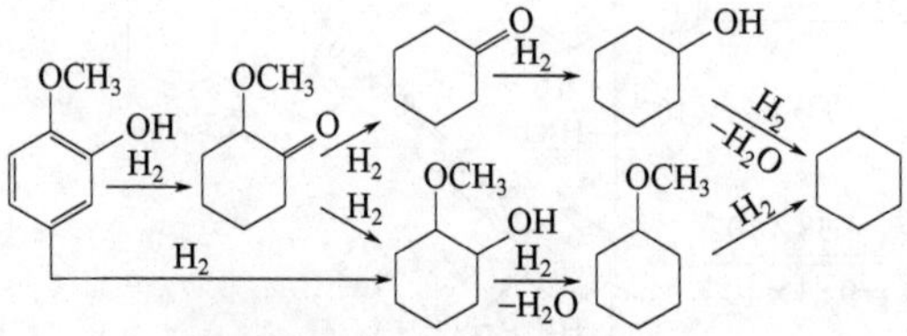

图 4-36 邻甲氧基苯酚在 Rh 基催化剂上的 HDO 反应途径

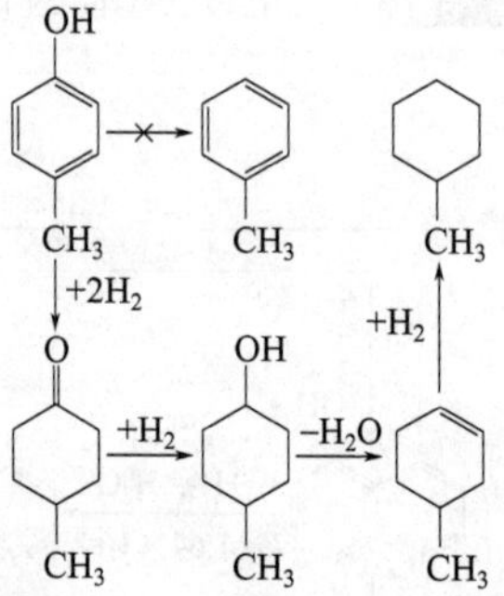

图 4-37 非晶态催化剂 La-Ni-Mo-B 催化 4-甲基苯酚的 HDO 反应路径

酚类 HDO 反应的难易程度取决于其结构。由于与催化剂表面接触时空间位阻的影响，在典型的加氢处理反应条件下，邻烷基苯酚比间烷基苯酚稳定。Bredenberg 等[174]在氢压 5MPa 和 275～325℃条件下，研究硫化 $CoMo/\gamma\text{-}Al_2O_3$，催化剂催化 3 种甲氧基苯酚异构体的加氢脱氧反应，3 种异构体的反应活性顺序为对甲氧基苯酚＞邻甲氧基苯酚＞间甲氧基苯酚。Kallury 等[175]研究了 $Mo\text{-}Ni/Al_2O_3$ 催化剂催化二羟基苯异构体的加氢脱氧反应，结果表明，间苯二酚活性较弱，邻苯二酚和对苯二酚的活性比苯酚强，催化脱除一个羟基得到苯酚的收率为 60%。

4.3.3.3 醚类化合物

醚在原料中的含量相对较少，在含羟基的加氢脱氧反应中可能生成醚。Artok 等[176]在温度范围为 375～425℃，氢气压力为 6.9MPa，含有 MoS_2 的条件下研究了二苯醚的 HDO 过程。二苯醚的醚键首先加氢裂化生成了苯和酚，并通过将酚转化为苯和环己烷以及环己烷的异构化反应生成甲基环戊烷完成整个反应。类似的，Petrocelli 和 Klein[177]使用硫化态 $CoMo/Al_2O_3$ 催化剂，在压力为 7.0MPa 下发现酚和苯是二苯醚 HDO 反应的主要产物。在高的转化率下（温度高于 300℃），酚被转化为苯和环己烷（见图 4-38），这与 Shabtai 等[178]的结果一致。

Viljava 等[179]研究了苯甲醚的加氢脱氧反应，发现 H_2S 的浓度影响加氢脱氧反应方式。使用硫化态 $CoMo/\gamma\text{-}Al_2O_3$ 催化剂，温度为 225℃时，苯甲醚是唯一的脱氧产物；温度为 250℃时，苯和甲苯是加氢脱氧产物；温度为 300℃时生成环己烷和环己烯。H_2S 的加入，有利于苯甲醚脱甲基生成苯酚，苯甲醚的总转化率提高，但对加氢脱氧反应速率没有明显影响，还会抑制进一步加氢脱氧反应。当反应体系中含有其它取代基或者同一分子中含有其它取代基时，由于取代基的相互作用，对脱氧率有一定的影响。研究还发现，当同一分子中含有巯基和甲氧基，加氢脱硫反应速率和选择性取决于分子结构，对位和间位巯基苯甲醚反应的主要产物为苯甲醚，间位的主要产物是苯酚。

4.3.3.4 酮类

酮类主要有两种 HDO 反应途径：a. 直接氢解生成烃类化合物；b. 先加氢生成醇，再氢解生成烃类化合物（见图 4-39）。

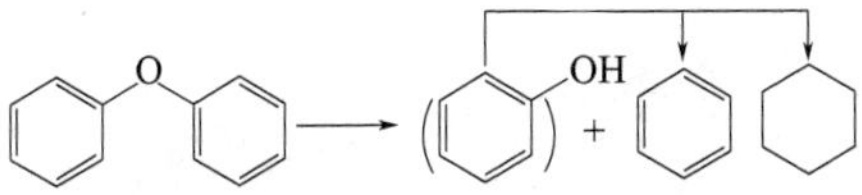

图 4-38 二苯醚的 HDO 反应机理

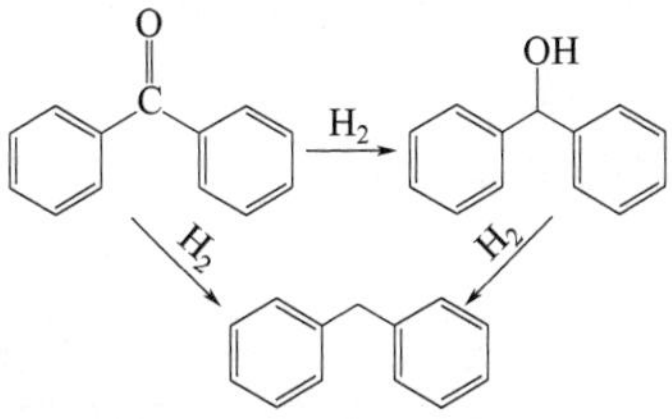

图 4-39 二苯甲酮的 HDO 反应途径

Durand 等[180]在 250℃下用 Ni-Mo/γ-Al_2O_3催化剂催化环己酮加氢脱氧反应，环己烷为主要的反应产物，反应收率达 95%。Oliva 等[181]认为，在金属中心催化环己酮C=O氢化生成环己醇，然后在酸中心脱水生成环己烯。杨彦松等[182]研究了非晶态 La-Ni-Mo-B 和 La-Co-Mo-B 催化剂催化苯乙酮的 HDO 反应性能，在反应温度 225～275℃内，苯乙酮的转化率和脱氧率可达 100%，得到的产物为乙基环己烷和乙苯。两种催化剂上产物的选择性不同，采用 La-Ni-Mo-B 催化剂，当温度高于 250℃时，产物中乙基环己烷的选择性逐渐降低；而采用 La-Co-Mo-B 催化剂时，乙基环己烷的选择性则逐渐增大。

不同载体对酮的加氢脱氧反应影响较大。Puente 等[183]用硝酸对活性炭进行处理，在 280℃，催化反应 120min，对甲基苯乙酮转化率达 100%，对甲基乙基苯为主要产物。Centeno 等[169]报道了对甲基苯乙酮在不同催化剂上加氢脱氧的反应能力，结果表明，SiO_2负载催化剂比 Al_2O_3负载催化剂的催化活性低 5～10 倍。Martina 等[184]发现 Pd 负载在活性炭和沸石负载催化剂对二苯甲酮加氢脱氧生成二苯甲烷有较好的活性。

4.3.4 加氢脱氧反应动力学

4.3.4.1 呋喃类

Krishnamurthy 等[152]用硫化态 Ni-Mo/Al_2O_3催化剂，在温度 343～376℃、氢分压为 6.9～13.8MPa 范围内，详细研究了二苯并呋喃及有关酚类的 HDO 反应动力学。确定了氢分压，温度和初始二苯并呋喃浓度对速率常数的影响。研究结果表明，所有反应物的反应都符合一级动力学方程。二苯并呋喃转化的速率常数随氢分压的增加而增加，但其转化为联苯的速率常数对氢分压的变化不敏感。

Lee 和 Ollis[185] 使用硫化的 $CoMo/Al_2O_3$ 催化剂，在低于 350℃下，氢气压力为 6.9MPa 条件下，通过 Langmuir-Hinshelwood 模型研究了苯并呋喃的 HDO 的一级动力学。在恒定的氢气压力下，得到了反应动力学方程：

$$-\ln(1-X_{HDO})=kC_R^0(\frac{w}{F})=k(\frac{w}{Q})$$

式中，X_{HDO}为苯并呋喃的转化率；C_R^0 为初始反应物浓度；w 为催化剂的质量；F 为进料速度；k 为反应速率。

图 4-40 为苯并呋喃的 HDO 过程中 w/Q 和 $-\ln(1-X)$ 的关系。

Lavopa 和 Satterfield[157] 在连续的反应系统里确定了单环产物的形成是二苯并呋喃的 HDO 过程中最重要的途径。当使用硫化态 $NiMo/Al_2O_3$ 催化剂时，HDO 反应中对于氢气和二苯并呋喃来说是一个一级反应；但是当使用氧化态的催化剂时，二苯并呋喃的 HDO 是一个零级反应。研究确定了温度对速率常数的影响，即 HDO 反应速率常数随着温度逐渐增加，见图 4-41。

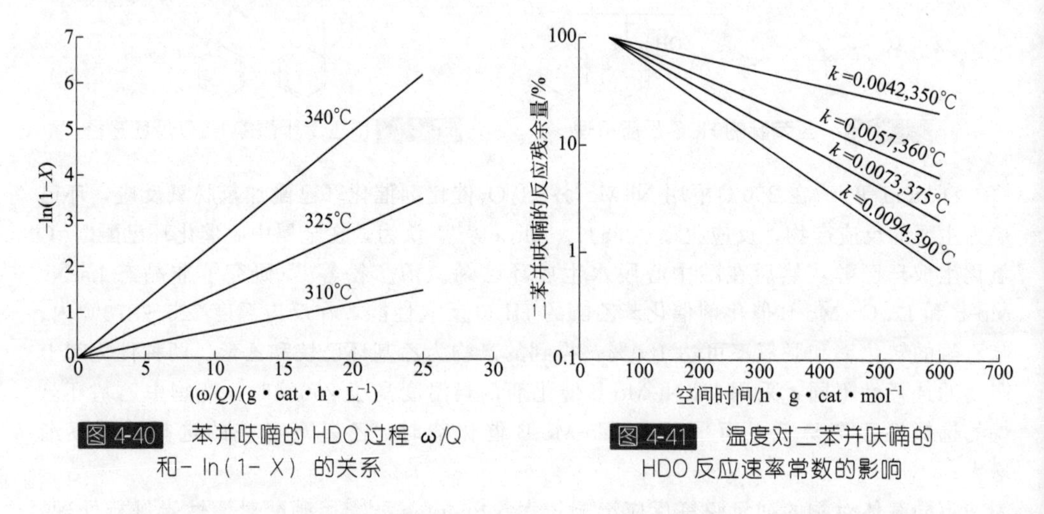

图 4-40 苯并呋喃的 HDO 过程 ω/Q 和 - ln(1- X) 的关系

图 4-41 温度对二苯并呋喃的 HDO 反应速率常数的影响

Gates 等[186~188]研究了含有芘、菲、荧蒽、5,6,7,8-四氢化-1-萘酚和二苯并呋喃的煤液化油模型化合物的 HDO 过程。Furimsky[142] 使用硫化态 $CoMo/Al_2O_3$ 催化剂、氢分压接近常压的条件下，对四氢呋喃的 HDO 反应动力学进行了研究。结果表明 HDO 反应速率随反应温度上升而逐渐增加。温度对四氢呋喃 HDO 产率和产物分布的影响见表 4-17。

表 4-17 温度对四氢呋喃 HDO 产率和产物分布的影响

产物/%	反应温度/℃			
	340	375	400	430
丙烯	0.4	2.8	12.4	17.0
丁烷	0.4	1.5	1.0	0.2
邻丁烯	2.4	7.2	17.0	20.7
反式丁烯	5.9	14.5	11.0	10.2

续表

产物/%	反应温度/℃			
	340	375	400	430
顺式丁烯	4.4	11.8	10.4	9.6
丁炔	痕量	痕量	7.8	16.5
总计	13.5	37.8	59.6	74.2

4.3.4.2　酚类化合物

众多研究者在滴流床反应器[124,139,189]和间歇式反应器[138,160,190]上做了许多单酚类和酚的混合物的 HDO 的动力学研究，硫化态 $CoMo/Al_2O_3$ 和 $NiMo/Al_2O_3$ 是最常用的催化剂。Gevert 等[138]使用间歇式反应器对 2,4-取代酚和 2,6-取代酚进行了研究，图 4-42 为 4-甲基苯酚的 HDO 简单反应网络。

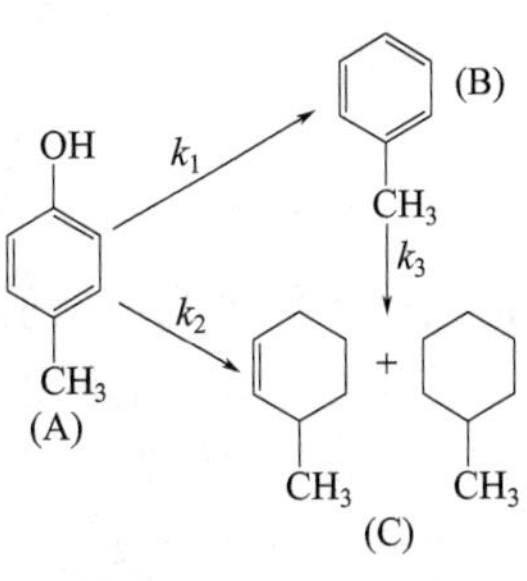

图 4-42　4-甲基苯酚加氢脱氧机理

通过研究得到了酚（X_A）、芳香族化合物（X_B）、环己烷+环己烯（X_C）和假一级速率常数之间的关系为：

$$X_B=\frac{k_1}{k_1+k_2}(1-X_A)X_C=\frac{k_2}{k_1}X_B$$

假一级速率常数可由下面的方程计算：

$$\frac{dX_B}{df(t/V)}=k_1WX_A$$

式中，W 为催化剂的质量；V 为反应器体积；t 为反应时间。

表 4-18 是得到的各种酚类化合物加氢反应的速率常数[175]，包含了在 NH_3 和 H_2S 存在时得到的速率常数。在整个 HDO 过程中，随着反应物浓度的减小，速率常数增加，表明酚类化合物在 HDO 过程中有自我抑制作用。Eevert 等[159]对 3,5-二甲酚和 2,6-二甲酚做了详细的对比。对于前者，k_1 是 2,6-二甲酚的 10 倍，然而 k_2 的区别不是很明显。

表 4-18　甲基苯酚 HDO 的假一级反应速率常数①

苯酚的种类	$k_1/g^{-1}\times10^5$	$k_2/g^{-1}\times10^5$
4-甲基酚	4.0	0.9
4-甲基酚②	6.5	1.3
2-甲基酚	2.1	0.3
2,4-二甲基酚	2.5	0.3
2,6-二甲基酚	0.5	0.2
2,4,6-三甲基酚	0.8	0.1
4-甲基酚+氨气(8.5)③	0.8	0.1
4-甲基酚+氨气(43)	0.2	0.03
4-甲基酚+硫化氢(36)	0.5	0.8
4-甲基酚+硫化氢(72)	0.2	0.6
参考文献[191]		

续表

苯酚的种类	k_1/g^{-1}×10^5	k_2/g^{-1}×10^5
苯酚	1.1	
参考文献[157]		
2-乙基酚	1.1[d]	
3-甲基酚	1.6	

①所用催化剂为硫化态的 $CoMo/Al_2O_3$，反应温度为300℃；②起始浓度为70mmol·l^{-1}，其它所有浓度为142mol·l^{-1}；③括号里的数值表明其浓度（mmol·l^{-1}）；d 数据由阿伦尼乌斯曲线图外推所得。

Cho 和 Allen[191] 使用间歇式反应器在硫化态 $NiMo/Al_2O_3$ 催化剂上，在和文献［138］相似的条件下，研究了氯酚类和苯酚的 HDO 动力学。研究结果表明，脱氯反应的速率常数比 HDO 的速率常数高两个数量级，说明在氯酚类的 HDO 过程中脱氯反应是主要的部分。他们还研究了酚类的 HDO 的速率常数（表 4-19），苯酚的假一级反应速率常数是在低温下评估的速率常数值。Odebunmi 和 Ollis[192] 使用硫化态 $CoMo/Al_2O_3$ 催化剂在滴流床反应器内研究了甲酚的 HDO 动力学。研究中，根据 ln（$1-X_c$）与 P_{H_2}，ln（$1-X_c$）与 W/F 的关系确定了反应的速率常数。研究得到的速率常数比 Gevert 等[138] 和 Laurent 和 Delmon[193] 的结果小两个数量级。此外，Odebunmi 和 Ollis[192] 还在 300℃下计算得到了间甲基类和邻甲酚的 HDO 的假一级速率常数，分别是 $1.6\times10^{-5}g^{-1}$ 和 $1.1\times10^{-5}g^{-1}$。

Odebunmi 等[139] 研究了甲酚类物质的 HDO 动力学，邻甲酚、对甲酚、间甲酚的阿伦尼乌斯曲线见图 4-43。计算得到的邻甲酚、间甲酚、对甲酚的 HDO 的活化能分别是 96kJ·mol^{-1}、113kJ·mol^{-1} 和 156kJ·mol^{-1}，而苯酚在间歇式反应器中的活化能是 125kJ·mol^{-1}[190]。

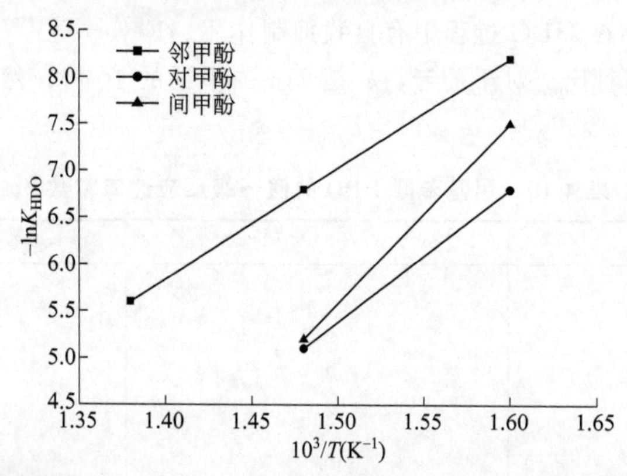

图 4-43 邻甲酚、对甲酚、间甲酚的阿伦尼乌斯曲线

Li 等[190] 在硫化态 $NiMo/Al_2O_3$ 催化剂上研究了萘酚的 HDO 的动力学。表 4-18 是在 154℃时计算得到的假一级速率常数。在此温度下，萘酚直接脱氧途径的速率常数比先加氢再脱氧的路径更低。但是，当反应温度高于 277℃时，直接脱氧的速率常数高于先加氢后脱氧途径，表 4-19 里的活化能也支持了这一结果。

表 4-19 图 4-35 中的反应活化能

反应	活化能/(kJ/mol)	反应	活化能/(kJ/mol)
1	139±32	4	132±38
2	100±23	5	77±23
3	44±20		

Ternan 等[194]在 $CoMo/Al_2O_3$ 催化剂上，温度在 300～500℃，氢分压为 1～30MPa 范围内研究了从煤直接液化产物得到的石脑油的 HDO 反应动力学。他们认为石脑油的 HDO 反应符合一级反应动力学。反应温度和氢分压对 HDO 转化率的影响示于图 4-44，HDO 转化率随着反应温度、氢分压和停留时间的增加而增加。

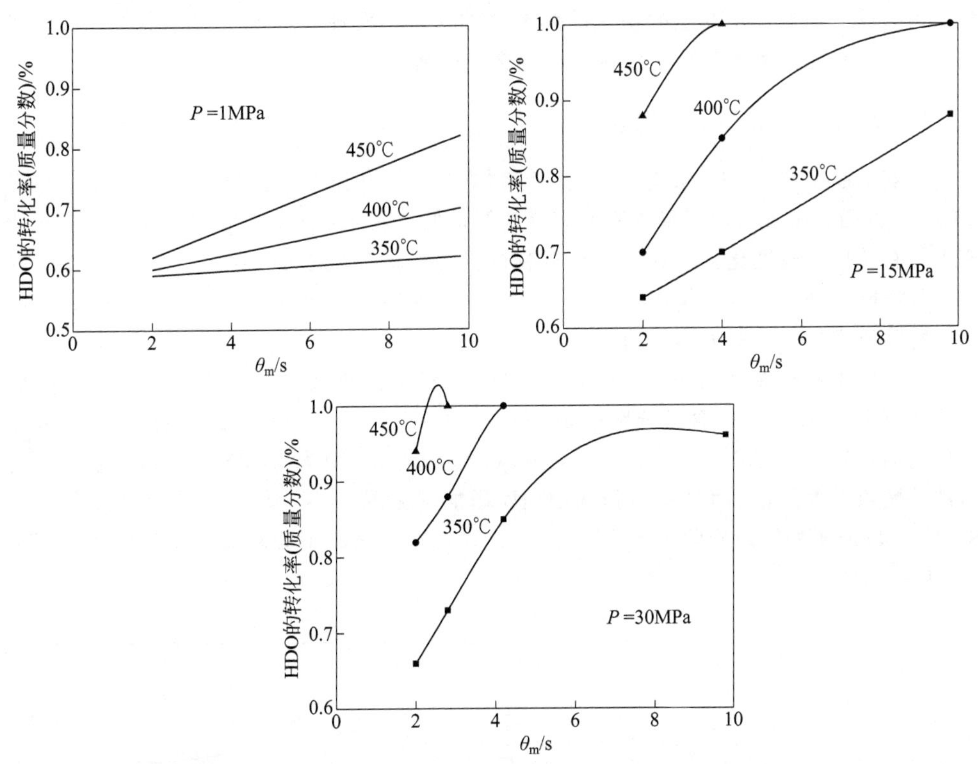

图 4-44 反应温度、氢分压和停留时间对石脑油 HDO 转化率的影响

此外，White 等[195]使用 $Ni\text{-}Mo/Al_2O_3$ 催化剂，在反应温度为 400～500℃范围，氢分压为 20.6MPa 的条件下，研究了煤热解液体产物 HDO 反应动力学。Hurff 和 Klein[196]在硫化态 $CoMo/Al_2O_3$ 催化剂上研究了苯甲醚的 HDO 动力学，其假一级速率常数（$s^{-1}\cdot g^{-1}cat$）在 250℃、275℃和 325℃下，分别是 0.0763×10^{-3}、0.603×10^{-3} 和 2.78×10^{-3}。研究发现，苯酚是苯甲醚加氢的主要产物，苯酚的 HDO 是苯甲醚加氢过程的控制步骤，在此温度范围内得到的活化能为 124 $kJ\cdot mol^{-1}$。Artok 等[176]发现，二萘醚的 HDO 反应比二苯醚快很多，其原因可能在于苯氧基的共振能力比萘氧基低。

Laurent 和 Delmon[169,197]对生物油含氧模型化合物的 HDO 动力学进行了研究。这项研究是在间歇式反应器中完成，温度范围是 250～300℃，氢气压力是 7MPa，使用的催化剂是硫化态 CoMo/Al_2O_3 和 NiMo/Al_2O_3，得到了加氢脱氧反应的一级动力学方程：

$$-\ln X_i = kWt$$

式中，X_i为样品（C_i）和初始样品（C_0）的反应物浓度之比；k 为假一级速率常数，$min^{-1} \cdot g^{-1}cat$；W 为催化剂重量；t 为时间。

实验对甲基苯乙酮、癸二酸二乙酯和邻甲氧基苯酚的假一级反应数据进行了拟合。结果表明，在大多数情况下，实验数据没有很好地遵从反应速率方程。当反应物的转化率较高时，实验数据和假一级反应速率方程出现了较大的偏差，其原因可能是在实验早期的反应物在催化剂上的快速结焦造成的。研究发现，若苯环上有多种含氧取代基时，其生焦能力大于苯环上仅有一种含氧取代基。

4.3.5 真实油品的加氢脱氧

真实油品中由于组分复杂，目前对其加氢反应的研究主要集中在 HDS、HDN、HDM 等方面，此外，由于传统原油馏分含氧量低，其 HDO 研究报道较少。在一些研究中，有关单一模型化合物和模型化合物的混合物的研究表明 HDS、HDN、HDO 存在自我抑制、抑制和毒化作用。对于实际油品，这些影响更加复杂，只能从杂原子的相关脱除研究建立一些大体的趋势。

最早关于实际油品的 HDO 是 Furimsky[198]对重油热加氢裂化生成的瓦斯油的研究。原料里的 S、N、O 含量分别是 3.69%、0.39%和 0.44%（质量分数）。实验使用的催化剂是硫化态 CoMo/Al_2O_3，温度为 400℃，氢气压力为 13.7MPa。研究发现，瓦斯油的酸值随着催化剂里 Mo 含量的增加而增加（见图 4-45、图 4-46）。后来，他们对 S、N 和 O 原子的同时脱除进行了研究[199]，并且建立杂原子脱除的难易顺序为：HDS＞HDN＞HDO。

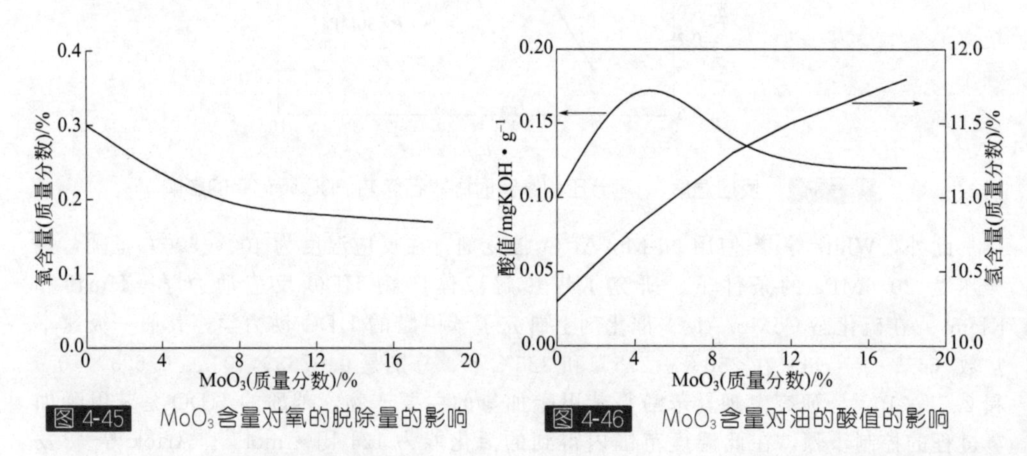

图 4-45 MoO_3含量对氧的脱除量的影响　　图 4-46 MoO_3含量对油的酸值的影响

Dalling 等[200]在半连续反应器中，使用硫化态 CoMo/Al_2O_3 和 NiW/Al_2O_3 催化剂，氢气压力为 12MPa 条件下，研究了温度对 SRC 馏分（230～455℃）改质的影响。原料里的 S、N、O 含量分别是 0.4%、2.2%和 3.0%（质量分数）。杂原子的脱除难易顺序为 HDS＞HDN＞HDO。Yoshimura 等[201]在间歇式反应器中，使用硫化 NiMo/Al_2O_3 催化剂，在 400℃下，对来自于煤液化油的正己烷可溶油的改质进行了研究。该原料的 S、N、O 含量分别是 0.27%、0.61%和 2.8%（质量分数）。在这种条件下，尽管氧的脱除量比氮大很多，但整个 HDO 转化率比 HDN 更低。Liaw 等[202]对煤液化石脑油里的加氢精制进行了研究，表 4-20 是得到的活化能数据。由表 4-20 可知，在包含不同催化剂和石脑油组合的 5 种情况下，HDN、HDO 和 HDS 的反应活化能变化较大，这些结果说明催化剂类型和原料来源对杂原子脱除有较大影响。

表 4-20　煤基原料的 HDN、HDS 和 HDO 的活化能　　kJ · mol^{-1}

原料	催化剂	E_{HDN}	E_{HDS}	E_{HDO}
伊利诺伊州	Co-Mo	49	31	48
伊利诺伊州	Ni-W	50	36	35
伊利诺伊州	Ni-Mo	48	42	38
黑雷	Co-Mo	33	45	19
黑雷	Ni-W	40	41	20

Landau[203]研究了各种油页岩原料的加氢处理，建立了下面的整体杂原子脱除的顺序：HDS＞HDO＞HDN。Holmes 和 Thomas[204]使用硫化态 NiMo/Al_2O_3 催化剂，在温度为 400℃下，对页岩油的加氢精制进行了研究。原料里 S、O 和 N 的含量分别是 0.7%、2.0%和 2.2%（质量分数），在实验条件下，实现了对 S 的完全脱除，O 和 N 的脱除率分别是 95%和 80%。

高压液化和热解是获取生物油的两种主要方法，热解所得到的生物油的氧含量很高，而且没有高压液化的稳定。因为 S 和 N 含量非常低（通常低于 0.1%），所以在大多数情况下，HDS 和 HDN 不是生物油改质的主要反应。Elliott 和 Baker[205,206]对热解和液化生物油的改质进行了研究。热解油的加氢采用了两段加氢的工艺，一段加氢的反应温度为 300℃，二段加氢在 353℃下进行，油品的氧含量从 52.6%（质量分数）降到了 2.3%（质量分数）。液化生物油的加氢采用一段加氢工艺，在硫化 CoMo/Al_2O_3 催化剂上，反应温度为 400℃的情况下，原料里的氧几乎被完全脱除，实现了液化生物油的实质性改质。Churin 等[207]研究了从橄榄油工业的废料热解获取的生物油的改质。原料里氧和氮含量分别是 15.3%和 3.3%（质量分数）。一段加氢在 300℃、12MPa 下进行，如果使用 CoMo/Al_2O_3 催化剂，大约分别脱除了 64%和 24%的 O 和 N，如果使用 NiMo/Al_2O_3 催化剂，大约分别脱除了 69%和 58%的 O 和 N，二段加氢在 400℃下完成。

朱永红等[208]在小型固定床加氢装置上，研究了全馏分中低温煤焦油加氢脱氧工艺过程中反应温度、反应压力、液态空速和氢油体积比对加氢脱氧效果的影响。其原料煤焦油为取自陕北的中低温煤焦油，其性质见表 4-21。HDO 催化剂为自行研发的中低温煤焦油加氢催化剂，其物化性质见表 4-22。

表 4-21 中低温煤焦油的性质

项目	数值	项目	数值
氧含量(质量分数)/%	6.86	馏程/℃	
残碳(质量分数)/%	7.62	IBP	214
密度(20℃)/g·mL^{-1}	1.041	10%	268
黏度(50℃)/mm^2·s^{-1}	14.23	30%	315
成分(质量分数)/%		50%	351
饱和烃	44.38	70%	414
芳香烃	18.49	90%	462
胶体	27.51	95%	488
沥青	9.62	EBP	510

表 4-22 HDO 催化剂的物化性质

BET 比表面积/m^2·g^{-1}	孔容/mL·g^{-1}	堆积密度/g·mL^{-1}	MoO_3(质量分数)/%	NiO(质量分数)/%
185	0.45	0.74	17.56	5.14

实验在小型固定床加氢装置中进行，在反应温度 320～400℃、氢分压 6～14MPa、液态空速 0.3～1.5h^{-1}条件下进行煤焦油的 HDO 实验。

反应温度对中低温煤焦油加氢脱氧率的影响见表 4-23。由表 4-23 可知，随反应温度升高，加氢脱氧率增大；当反应温度达到 360℃以后加氢脱氧率增幅变缓，达到 380℃时加氢脱氧率基本稳定。这表明中低温煤焦油 HDO 反应在较高的温度下进行才能达到较好的效果，当反应温度低于 380℃时酚类化合物的 HDO 反应主要受反应动力学规律的影响。

表 4-23 反应温度对中低温煤焦油加氢脱氧率的影响

温度/℃	加氢脱氧率/%	温度/℃	加氢脱氧率/%
320	52.5	380	86.7
340	71.2	400	86.1
360	84.6		

注：反应条件：P=12MPa，LHSV=0.6h^{-1}，$V(H_2)$∶V(Oil)=1100∶1。

中低温煤焦油中低级酚的 HDO 反应均为可逆放热反应，Viljava 等[209]和 Yang 等[210]发现温度低于 350℃，苯酚的 HDO 反应速率常数随温度的升高而增大，当温度高于 350℃时，反应速率常数随温度的升高而降低。王洪岩[211]发现在一定温度范围内邻甲酚的转化率随温度的升高而增大，而在较高的温度下其转化率反而下降。朱永红等[208]的研究中，所涉及的全馏分中低温煤焦油加氢脱氧过程中也出现了同样的规律，煤焦油加氢的最终目的就是得到不含杂原子的清洁燃料，所以 HDO 反应必须在相对较高的温度下进行，以确保产品中较低的氧含量。

Wang 等[212]的研究结果表明，低级酚在较低的反应温度下（<360℃）时，HDO 反应以直接脱氧为主，当温度继续升高（>360℃）时，HDO 反应以氢化-氢解途径为主。若煤焦油中低级酚的 HDO 反应均按照氢化-氢解途径进行，则主要反应产物将以环烷烃的形式存在。Li 等[213,214]在高于 360℃下对煤焦油的加氢实验结果表明，煤焦油深度加氢后，石脑油馏分中环烷烃的含量占到了 65%（质量分数）以上。这些结果也证明了氢化-氢解是煤焦油中酚类化合物高温下加氢的主要反应途径。

反应压力对中低温煤焦油加氢脱氧率的影响见表 4-24。由表 4-24 可知，反应压力增大加氢脱氧率迅速增加；当反应压力大于 10MPa 以后，加氢脱氧率增大的趋势变缓。这是由于一些不稳定的含氧官能团被脱除或转化为稳定的含氧官能团后，使其进一步脱氧变得困难。另一方面，在加氢过程中硫、氮、氧等杂质是同时脱除的，多个加氢反应之间必然会相互影响。煤焦油中的氮化物含量远高于石油馏分中的氮化物含量，而氮化物的存在会导致活化氢从催化剂表面活性中心脱除，从而使 HDO 反应速率下降。

表 4-24　反应压力对中低温煤焦油加氢脱氧率的影响

压力/MPa	加氢脱氧率/%	压力/MPa	加氢脱氧率/%
6	55.6	12	96.5
8	75.3	14	96.6
10	93.8		

注：反应条件：T=380℃，LHSV=0.3h^{-1}，$V(H_2)$∶$V(Oil)$=1100∶1。

在低级酚模型化合物加氢脱氧过程中[141]，较低的反应压力下（6～8MPa）低级酚即可达到较高的加氢脱氧率（＞90%），但对煤焦油加氢反应压力却需要达到 10～12MPa 才能达到较高的加氢脱氧率。该结论与 Sato 等[215]研究煤液化油的 HDO 反应和 Leckel 等[216]研究高温费托合成燃料油加氢脱酚的结果一致，即真实油品的 HDO 反应需要更高的反应压力。升高反应压力一方面有助于促进苯酚和酚类化合物中的不饱和基团加氢饱和，降低芳香烃的含量，有利于更加彻底地加氢脱氧精制[211]。另一方面，因为 HDO 反应在高温高压下主要受热力学平衡的影响[216]，为了保证催化剂表面保持一定的活化氢浓度，保证较高的氢分压尤其重要。

液态空速对中低温煤焦油加氢脱氧率的影响见表 4-25。由表 4-25 可知，当液态空速从 1.5h^{-1}减小至 0.9h^{-1}时加氢脱氧率从 60.1%增大至 71.6%，增大的幅度不大；当液态空速从 0.9h^{-1}减小至 0.3h^{-1}时加氢脱氧率从 71.6%增大至 96.5%，增大的幅度较大。这说明中低温煤焦油 HDO 反应必须在较小的空速下才能达到较高的加氢脱氧率。在较小的空速下，HDO 反应可以在较低温度的情况下获得较好的加氢脱氧效果，又可以延长催化剂的寿命[217]。当液态空速降低到 0.3h^{-1}后，随着反应时间的延长，中低温煤焦油中的含氧官能团大部分被脱除，剩余小部分难脱除的含氧官能团的 HDO 反应活化能较高，在一定温度下很难进行反应，因此加氢脱氧率趋于稳定。王洪岩[211]在不同空速下对焦油催化加氢脱氧进行了研究，也发现适当地降低空速，增加接触时间，有利于 HDO 反应的进行。

表 4-25　液态空速对中低温煤焦油加氢脱氧率的影响

LHSV/h^{-1}	加氢脱氧率/%	LHSV/h^{-1}	加氢脱氧率/%
0.3	96.5	1.2	65.6
0.6	86.7	1.5	60.1
0.9	71.6		

注：反应条件：T=380℃，P=12MPa，$V(H_2)$∶$V(Oil)$=1100∶1。

氢油比对中低温煤焦油加氢脱氧率的影响见表 4-26。由表 4-26 可知，随氢油比的增大，加氢脱氧率增大后降低，但增幅和降幅都很小。这是因为较高的氢油比虽然能抑制催化剂表面积炭[218]，但如果氢油比过高则会使能耗增大，同时还会导致反应物与催化剂接触时间减少，降低反应速率，不利于 HDO 反应的进行[211]。

表 4-26 氢油比对中低温煤焦油加氢脱氧率的影响

$V(H_2):V(Oil)$	加氢脱氧率/%	$V(H_2):V(Oil)$	加氢脱氧率/%
800∶1	84.5	1700∶1	86.1
1100∶1	86.7	2000∶1	85.8
1400∶1	86.3		

注：反应条件：$T=380℃$，$P=12MPa$，$LHSV=0.6h^{-1}$。

在单因素实验的基础上，采用响应面分析法（RSM）对 HDO 工艺条件进行了优化。选择氢油比为 1100∶1，反应温度 370～390℃、反应压力 12～14MPa 和液态空速 0.3～0.6h^{-1}，根据 Box-Benhnken 的中心组合实验原理进行设计，响应面分析实验因素与水平设计见表 4-27。

表 4-27 响应面分析实验因素与水平

编码	温度/℃(x_1)	压力/MPa(x_2)	液态空速/h^{-1}(x_3)
−1	370	12	0.30
0	380	13	0.45
1	390	14	0.60

响应面实验设计方案及结果分析见表 4-28。表 4-28 中第 1～12 号实验是析因实验，第 13～17 号实验是中心实验。用 RSM 软件对所得实验数据进行回归分析，回归方程的方差分析结果见表 4-29。经 RSM 软件对各因素回归拟合后，得到煤焦油加氢脱氧率的回归方程，见下式：

$$
\begin{aligned}
Y = & -2352.51250 + 11.95875\chi_1 = 25.70000\chi_2 - 156.25000\chi_3 + \\
& 0.010000\chi_1\chi_2 + 0.45000\chi_1\chi_3 + 1.66667\chi_2\chi_3 - \\
& 0.015875\chi_1^2 - 1.11250\chi_2^2 - 77.22222\chi_3^2
\end{aligned}
$$

表 4-28 实验方案及结果分析

实验序号	χ_1	χ_2	χ_3	响应值/%
1	−1	−1	0	89.7
2	1	−1	0	93.5
3	−1	1	0	92.3
4	1	1	0	96.5
5	−1	0	−1	95.8
6	1	0	−1	99.4
7	−1	0	1	83.9

续表

实验序号	χ_1	χ_2	χ_3	响应值/%
8	1	0	1	90.3
9	0	−1	−1	96.5
10	0	1	−1	98.5
11	0	−1	1	86.7
12	0	1	1	89.7
13	0	0	0	95.9
14	0	0	0	95.5
15	0	0	0	95.8
16	0	0	0	95.7
17	0	0	0	95.6

表 4-29 回归方程的方差分析结果

变量来源	平方和	自由度	均方	F 值	显著水平
模型	285.86	9	31.76	150.48	<0.0001
χ_1	40.95	1	40.95	194.02	<0.0001
χ_2	14.05	1	14.05	66.54	<0.0001
χ_3	197.01	1	197.01	533.39	<0.0001
$\chi_1\chi_2$	0.04	1	0.04	0.19	0.6764
$\chi_1\chi_3$	1.82	1	1.82	8.63	0.0218
$\chi_2\chi_3$	0.25	1	0.25	1.18	0.3125
χ_1^2	10.61	1	10.61	50.27	0.0002
χ_2^2	5.21	1	5.21	24.69	0.0016
χ_3^2	12.71	1	12.71	60.22	0.0001
失拟项	1.38	3	0.46	18.37	0.0841
误差	0.10	4	0.03		
残差	1.48	7	0.21		
总偏差	287.34	16			

从表 4-29 可看出，用上述回归方程描述各因素与响应值之间的关系时，其因变量和全体自变量之间的线性关系显著（相关系数为 0.9948），方程的显著水平远远小于 0.05，此时 Quadratic 回归方差方程是高度显著的。从表 4-29 还可看出，各因素对加氢脱氧率影响的大小的顺序为：液态空速＞反应温度＞反应压力。

反应温度、反应压力和液态空速对加氢脱氧率的响应曲面图见图 4-47。由图 4-47 可知，液态空速对加氢脱氧率的影响最为显著。通过 RSM 软件分析，得到中低温煤焦油 HDO 反应的最佳工艺条件为：反应温度 385.17℃，反应压力 13.51MPa，液态空速 0.3h^{-1}，预期的加氢脱氧率可达 99.6%。

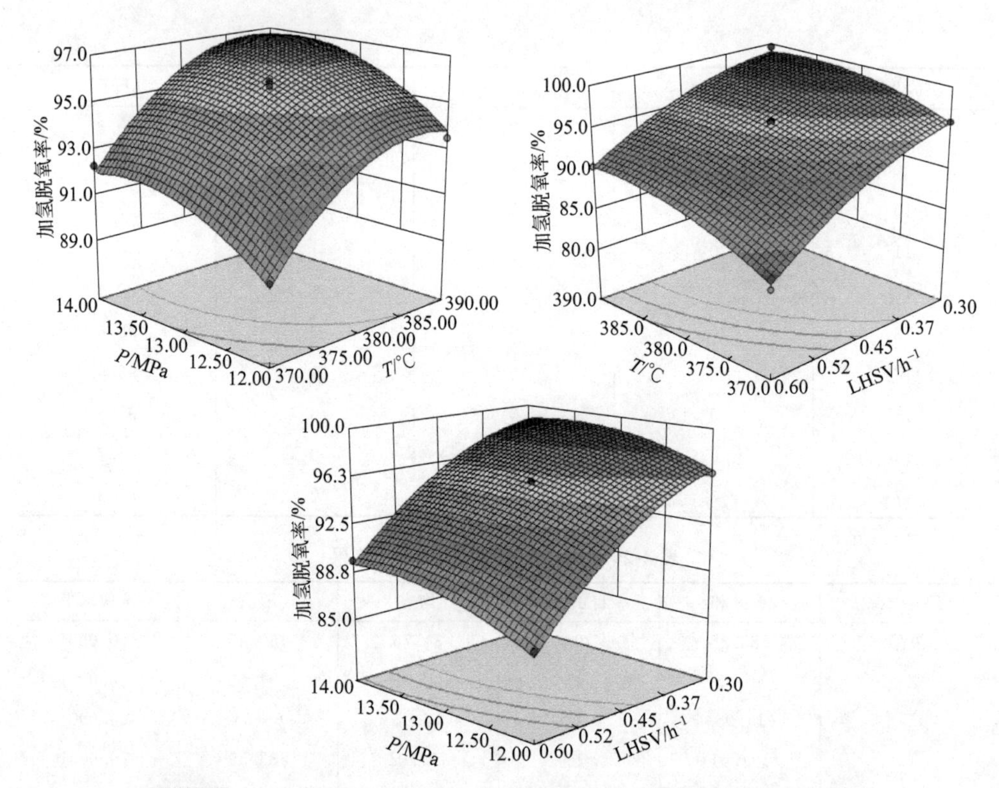

图 4-47 反应温度、反应压力和液态空速对加氢脱氧率的响应曲面图

4.4 加氢脱金属

4.4.1 化石燃料中金属元素的类型

化石燃料中金属元素含量较多的有 V、Ni、Fe、Ca、Na、K、Mg、As 等，这些金属对原油和焦油加工过程均具有一定的危害。油品中的金属大致可分为以下几类。①碱金属：Na、K 等，此类金属主要以无机盐的形式分散于原油所含的水中；②碱土金属：Ba、Ca、Sr、Mg 等，此类金属一部分是以无机盐形式分散于原油所含的水中，如 $CaCl_2$、$MgCl_2$ 等；一部分则是以有机化合物的形式存在，如环烷酸钙等；③变价金属：V、Ni、Fe、Mo、Co、W、Cr、Cu、Mn、Pb、Ga 等，此类金属则主要是以有机化合物或络合物的形式存在，如 V、Ni 主要结合于卟啉类化合物；④其它元素：如 Si、Al 等。此外，还发现 Au、Ag、Pt、Pd 等贵金属的存在，但其含量甚微，一般介于 0.001～0.1$\mu g \cdot g^{-1}$。表 4-30 为几种原油和焦油中金属元素的含量[219,220]。

表 4-30 我国几种原油和焦油中金属元素的含量 $\mu g \cdot g^{-1}$

金属元素	高升	王官屯	孤岛	胜利	陕北中温煤焦油	鄂尔多斯煤焦油
Ca	1.6	15.0	3.6	8.9	5.4	183.2

续表

金属元素	高升	王官屯	孤岛	胜利	陕北中温煤焦油	鄂尔多斯煤焦油
Fe	22.0	8.2	12.0	13.0	52.6	34.3
Ni	122.5	92.0	21.1	26.0	1.4	0.78
Na	29.0	30.0	26.0	81.0	1.2	132.6
Mg	1.2	3.0	3.6	2.6	20.9	15.5
V	3.1	0.5	2.0	1.6		1.23
Cu	0.4	0.1	<0.2	0.1	1.2	
Zn	0.6	0.4	0.5	0.7		
As	0.2	0.1	0.3			
Co	17.0	13.0	1.4	3.1		
Al	0.5	0.5	0.3	12.0		51.4
Pb	0.1	0.1	0.2	0.2	0.2	

化石燃料中Ni和V等多以卟啉和非卟啉两类化合物存在。镍钒卟啉化合物种类较多，在分子结构上存在明显不同。Ni在卟啉化合物中以二价的离子形式位于大环形平面中央；而钒卟啉化合物的V原子以$(VO)^{2+}$形式存在，V原子与一个O原子相连并且O原子垂直于分子的大平面，O原子使钒卟啉的极性比镍卟啉强。镍钒卟啉化合物典型的结构如图4-48所示[221]。镍钒非卟啉化合物多为含S、N、O原子的四配位络合物，其可能的结构见图4-49[222]。这种混合向心配位的金属络合物与卟啉相比，具有更高的极性，从而更易于与沥青质发生相互作用，从而难以分离与鉴定。金属卟啉化合物主要集中在多环芳烃、胶质和部分沥青质之中，而沥青质中的金属非卟啉化合物可能与沥青质的片层交联在一起，所以金属非卟啉化合物相对来说更难脱除。

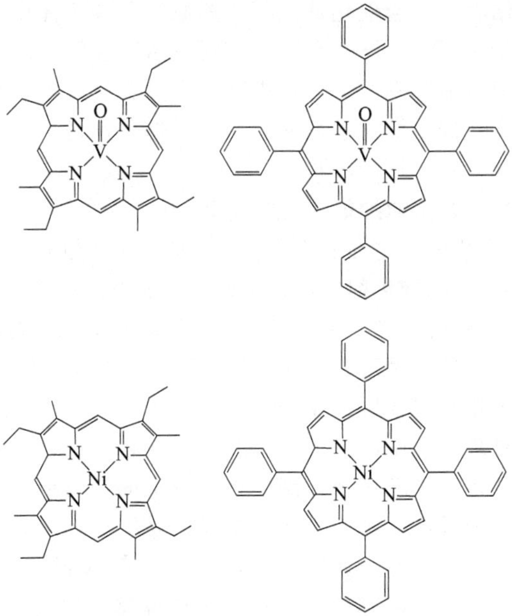

图4-48 镍钒卟啉的典型结构

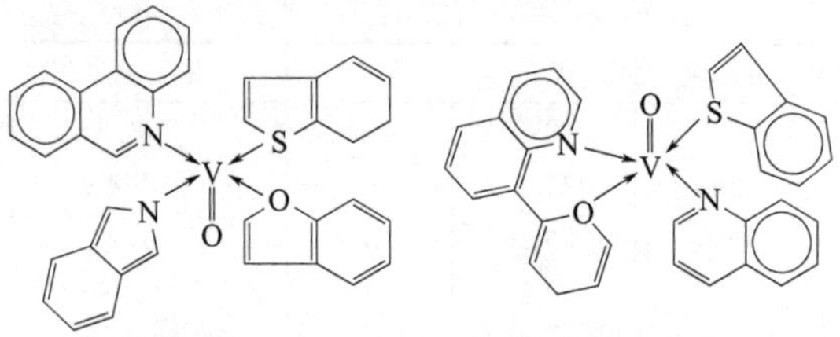

图 4-49 镍钒非卟啉化合物的典型结构

化石燃料中的 Fe 主要分布在胶质沥青质组分中，随着化石燃料馏分沸程的升高，沥青质中的 Fe 含量不断增加。原油中的 Fe 主要是油溶性 Fe，占总 Fe 质量分数的 75%～99%，卟啉铁和非卟啉铁含量之和随着化石燃料的重质化而增加[223]。

化石燃料中的 Ca 分为无机钙和有机钙两大类。无机钙以氯化钙、碳酸钙、硫酸钙等形式存在，有机钙以环烷酸钙、脂肪酸钙、酚钙等形式存在。而且 Ca 大部分是以非水溶性的有机钙形式存在，在电脱盐过程中很难被脱除[224,225]。由于在不同化石燃料中的存在形态不同，Ca 的分布相差较大[225]。通过对减压渣油的四组分分析结果的评价可知，在渣油中的 Ca 占原油中 Ca 总量的 82%左右，高的可以占到 96%，且随着馏分的变重，酸性的提高，Ca 含量相应增加。Ca 在胶质及沥青质中的含量占渣油中 Ca 总量的 90%以上，在饱和分和芳香分中仅占 3%左右。

4.4.2 金属元素的危害

随着世界化石燃料资源日趋重质化和劣质化，金属元素的含量不断上升。这些金属元素会给加工过程带来不利影响，能直接或间接地引起蒸馏塔顶及冷凝系统腐蚀、加热炉管及换热设备结垢，加速催化剂的聚积和黏结、破坏催化剂结构，甚至导致催化剂永久性中毒、失活等[226～228]，这不仅危害到炼油装置的生产安全，还会引起炼油厂能耗的增加和经济效益的下降。煤焦油中存在大量金属元素，虽然经过预处理后其含量大幅下降，但还会在催化加氢过程中引发加氢催化剂迅速失活、催化剂选择性改变和生成油收率下降等问题。

4.4.2.1 Ni 和 V 对催化裂化和加氢过程的危害

Ni 和 V 主要是以有机配合物的形式存在。在催化裂化过程中，原料中的金属配合物发生分解，Ni 和 V 沉积在催化剂的内、外表面上堵塞孔道，甚至造成催化剂中毒失活。Ni 和 V 对催化剂影响的区别源于它们毒害催化剂的作用方式不同，Ni 中毒主要是改变催化剂的结构和选择性，对活性影响不大；而 V 中毒对催化剂活性的危害比较大，对选择性也有影响，但影响程度比 Ni 的小。

在化石燃料加氢处理过程中，由于脱金属反应最容易进行，而且脱除的金属随即以硫化物的形式沉积在催化剂表面上，因此原料油中的金属必然会给加氢催化剂带来不利影响。金属沉积物引起催化剂中毒的主要原因是沉积物堵塞催化剂孔道，阻止原料接近其活性中心[219]。程之光[229]研究发现，Ni 可在较大程度进入催化剂粒子内部，在催化剂孔道内呈均匀分布，但 V 在多数情况下在催化剂的表层和近表层沉积，堵塞催化剂的孔道，造成催化剂活性降低，并随之在催化剂的表层产生大量的积炭和金属的沉积，最终导致催化剂孔道被堵塞和外表面完全被覆盖而失去活性。Galiasso 等[230]使用南美洲奥里诺科河重油，对 Co-Mo 催化剂失活过程进行了详细的研究。研究发现，催化剂最初的失活是由微孔中的积炭造成的。反应一段时间后，V 的沉积物阻碍原料分子向孔中扩散。最后，V 沉积物在催化剂上积累到一个非常大的程度，致使大的分子无法渗入到催化剂的内部，催化剂难以发挥催化作用。此外，金属引起催化剂失活的另一个原因是金属沉积对催化剂活性相的污染。

抑制 Ni 和 V 对催化剂毒害的措施比较多，其中比较有使用价值的方法是金属钝化法、金属捕集法及催化剂法。金属钝化法是目前应用广泛而有效的方法。所谓钝化法是指通过进料或直接将一种对污染金属有钝化作用的化合物溶液加入到正在运转中的催化剂上，以抑制污染金属毒害作用的方法。目前开发出的钝镍剂主要是锑剂和铋剂。金属捕集法是指将固体捕集剂混入到催化剂中以降低污染金属对其毒害的一种方法。金属捕集剂一般对反应没有不利影响，但它可把污染金属吸引到自身中。对钒而言，捕钒剂可以和 V_2O_5 形成稳定的化合物，从而有效防止 V 的迁移，减缓 V 对催化剂的危害程度；对 Ni 而言，捕镍剂可以将 Ni^{2+} 封闭，使其难以还原成脱氢能力高的 Ni 原子。一些碱土金属氧化物、碱土金属复合物、稀土金属氧化物以及活性氧化铝都具有捕集污染金属的作用。催化剂法是指将催化剂改进，使之成为抗重金属污染的催化剂。通常有两种改进方法，其一是改变催化剂基质的部分物理性质，如孔径、比表面积等；其二是往催化剂基质中掺入特殊成分，由于重金属首先沉积在催化剂的基质表面，若及时将重金属在基质上捕获，则可有效地保护活性组分。由于 Ni 和 V 的危害机理不同，因而对抗镍和抗钒催化剂的要求不同。除此之外，催化剂脱金属再生技术是解决催化剂中毒的理想方法[231]。

4.4.2.2　Fe 和 Ca 对催化裂化和加氢过程的危害

Fe 也是原油中含量较高的金属元素之一，其含量仅次于 Ni 和 V，在煤焦油中却远高于 Ni 和 V。Fe 在催化裂化装置中大部分时间处于亚铁状态，当其与催化剂的主要成分氧化硅等结合时混合相的初始熔点低于提升管和再生器的操作温度，导致催化剂骨架熔化。低熔点相的形成使氧化铝易于流动，从而堵塞和封闭催化剂孔道，导致大分子烃类难以进入催化剂内部，降低了催化效率。即使不熔化，由于熔点降低引起的烧结也会使大分子烃类扩散受到限制，催化效率降低。在加氢反应过程中，加氢原料油中的 Fe 与催化剂中吸收的硫化氢和循环氢中的硫化氢反应，生成硫化物沉积在催化剂床层上不仅能够封闭催化剂活性中心，使催化活性降低。而且，这些硫化物在催化剂上大量沉积，堵塞了床层，导致催化剂床层压降大幅度上升[219]。

原油中含 Ca 量过高会给原油加工带来一系列影响[232]。加氢原料中的 Ca 与硫化氢反应生成硫化物沉积在催化剂床层上，这些沉积物不仅封闭催化剂的活性中心，使加氢催化剂迅速失活或结垢，表面积、孔体积、比表面积减少。而且，这些沉积物极易沉积在催化剂颗粒间，尤其在固定床床层顶部，堵塞反应器的床层，造成反应器压降大幅度上升，严重阻碍原料油和循环氢通过催化剂床层的正常流动，导致装置无法正常运行。Rreugdenhil[233]的研究结果表明，Ca 对各种裂化催化剂均会造成活性降低，反应物无法接近活性中心，比表面积减少，催化剂结块等后果，不同类型裂化催化剂受影响的程度不同。原油中 Ca 还会造成常减压装置塔顶冷凝系统、换热设备的腐蚀，使原油电脱盐装置电流升高，电耗增加，操作过程中跳闸，影响正常生产。

4.4.3 Ni、V 卟啉化合物的加氢脱金属反应机理

化石燃料的组成及结构十分复杂，直接研究金属化合物的加氢脱金属反应比较困难。目前，一般采用模型化合物进行研究，这些模型化合物都是化石燃料中存在的金属化合物或者是与化石燃料中的金属化合物结构接近的化合物。目前，从化石燃料中脱除金属主要有两种方法：一种是用强酸萃取，另一种是加氢脱金属。但由于前者往往会发生副反应，影响化石燃料的质量，并降低其收率。所以一般不被采用，而广泛采用加氢法脱金属[234]。

镍、钒卟啉化合物 HDM 反应关键是采用脱金属催化剂，使镍、钒卟啉化合物加氢分解，大部分 Ni、V 沉积于脱金属催化剂上而脱除。目前加氢脱金属催化剂主要选择低活性、大孔径小颗粒的类型，促进镍钒化合物向催化剂内部扩散并扩大金属容量，减少金属在催化剂孔道入口处沉积[231]。镍钒卟啉的加氢反应过程遵循顺序反应机理：①发生可逆加氢反应生成中间产物；②中间产物发生氢解反应。这一过程不可逆，脱除下来的金属沉积在催化剂的表面。第一步是速率控制步骤，以后为快反应[222]。

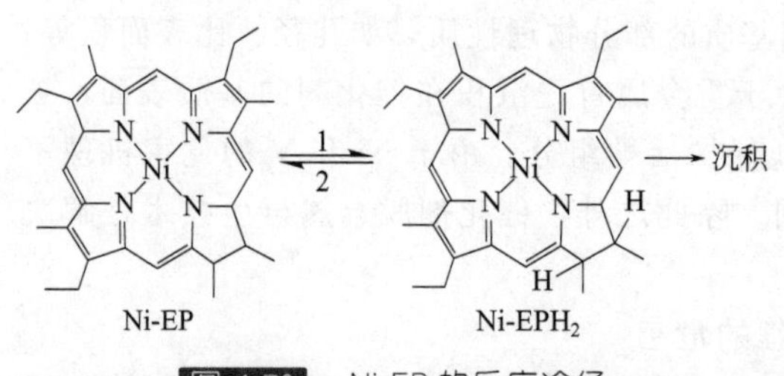

图 4-50 Ni-EP 的反应途径

基于 HDM 反应后中间产物二氢卟吩[235,236]的存在，Ware 等[237]在进行初卟啉镍（Ni-EP）的 HDM 试验后，提出了如下的反应过程（见图 4-50）：即首先 Ni-EP 外围的四个吡咯环之一进行可逆加氢形成中间产物氢化卟啉（Ni-EPH_2），卟啉环的芳香度降低，分子的稳定性也随之降低。然后二氢卟酚（Ni-PH_2）加氢裂解开环，金属沉积在催化剂上，加氢和氢解发生在催化剂的不同活性中心。

另外，基于镍卟啉（Ni-P）进行 HDM 反应后存在中间产物 Ni-PH_4 和 Ni-X，Ware 等[237]提出了如下反应机理：①Ni-P 可逆加氢形成二氢卟酚；②Ni-PH_2 进一步可逆加氢形成四氢卟吩（Ni-PH_4）；③Ni-PH_4 的 Ni 加氢裂解直接沉积在催化剂表面上（图 4-51，路线 5）；或者进一步加氢脱除甲苄基后形成较稳定的中间产物 Ni-X（图 4-51，路线 6），其可能的反应路径，如图 4-51 所示。然后，Ni-X 的 Ni 加氢裂解直接沉积在催化剂表面上。

对于钒卟啉化合物，由于钒卟啉 V=O 基团特殊的空间结构，使得钒卟啉的极性比镍卟啉强；另一方面，V=O 中的氧凸出，含有孤对电子，容易吸附在加氢催化剂表面的金属阴离子空穴上，和金属离子相互作用，使得钒卟啉比镍卟啉容易加氢脱金属[238]。关于钒卟啉模型化合物的研究也有类似的结果，其脱金属过程中间产物的形成和反应机理与镍卟啉没有显著的不同[239,240]。

在相同的反应条件下，钒卟啉比镍卟啉具有更高的脱金属率和卟啉转化率。这主要是由于它们的分子结构不同以及在催化剂表面吸附能力的差别造成的。镍钒卟啉催

化加氢脱镍钒反应 HDM 的影响因素有很多，其中最重要的就是催化剂性质、反应温度、压力、时间、添加物等因素。延长反应时间，提高反应温度，增大反应压力都会促进镍钒卟啉的加氢反应，有效提高脱镍钒率。硫化物对镍钒卟啉的加氢脱金属反应有促进作用，而氮化物对镍钒卟啉的加氢脱金属反应具有抑制作用，但它们的加入并不会改变加氢脱金属的反应历程[241]。

4.4.4　加氢脱金属反应动力学

HDM 反应动力学研究在催化剂开发、优化和筛选方面发挥着重要作用。由于原料油中的金属有机化合物组成比较复杂，因此，人们为了方便研究，多采用多种模型化合物进行 HDM 反应，对加氢脱金属反应进行动力学研究。

文献［237～241］研究了含 Ni 和 V 的卟啉等模型化合物，认为含钒卟啉和含镍卟啉脱金属均为一级动力学反应。但以渣油为原料时，加氢脱金属反应文献报道的结论存在分歧。表 4-31 和表 4-32[242] 分别为部分渣油加氢脱镍、钒反应动力学的文献报道。由表可以得到，渣油加氢过程中脱镍和脱钒动力学反应级数为 0.5～2。动力学反应级数的差异可以归因于不同实验条件，特别是反应器类型[247]。

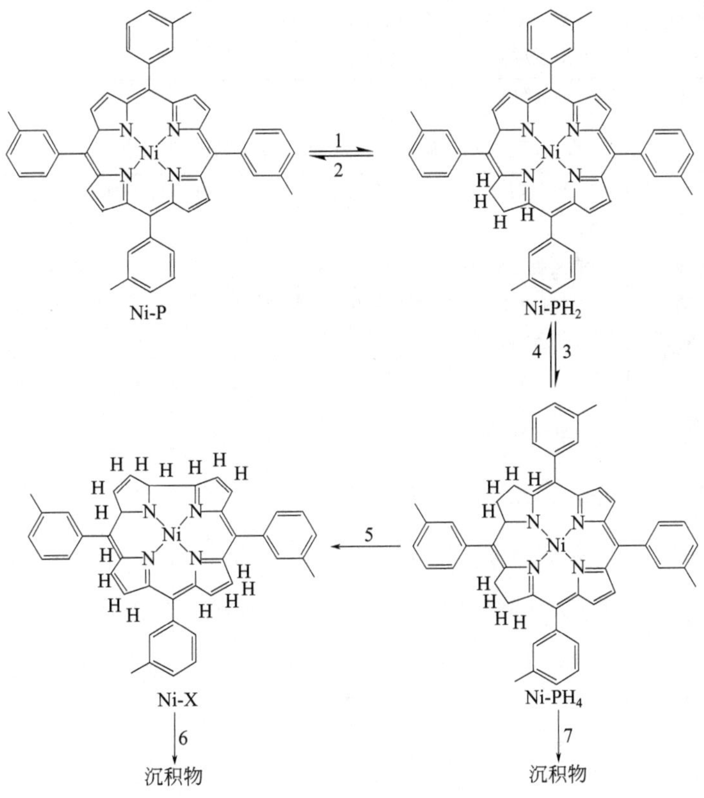

图 4-51　Ni-4（3-甲基苯基）卟啉的反应途径

表 4-31 渣油加氢脱镍反应动力学的文献报道

进料	催化剂	反应器类型	反应级数	活化能/kJ·mo^{-1}	参考文献
玛雅渣油	Ni-Mo/Al_2O_3	连续搅拌釜	1	399.00	[243]
辽河减压渣油	加氢脱硫	固定床	1	108.00	[244]
伊朗常压渣油	加氢脱金属	固定床	1	116.00	[244]
科威特常压渣油	Mo/Al_2O_3	固定床	1.5	53.12	[245]
脱金属科威特常压渣油	Ni-Mo/Al_2O_3	固定床	2	100.00	[246,247]
脱金属脱硫科威特常压渣油	Ni-Mo-P/Al_2O_3	连续搅拌釜	2	95.16	[246,247]
阿萨巴斯卡沥青	加氢脱金属	连续搅拌釜	1	207	[248]
墨西哥重油常压渣油	三剂体系①	多级固定床	0.55	85.00	[249]
KEC 常压渣油	Mo/Al_2O_3	固定床	2	105.00	[250]
KHC 常压渣油	Mo/Al_2O_3	固定床	2	105.00	[250]
EOC 常压渣油	Mo/Al_2O_3	固定床	2	130.00	[250]
KEC 常压渣油	Ni-Mo/Al_2O_3	固定床	2	87	[250]
KHC 常压渣油	Ni-Mo/Al_2O_3	固定床	2	78	[250]
EOC 常压渣油	Ni-Mo/Al_2O_3	固定床	2	112	[250]

①加氢脱金属/加氢脱硫/加氢脱氮。

表 4-32 渣油加氢脱钒反应动力学的文献报道

进料	催化剂	反应器类型	反应级数	活化能/kJ·mo^{-1}	参考文献
玛雅渣油	Ni-Mo/Al_2O_3	连续搅拌釜	0.5	225.12	[243]
伊朗常压渣油	加氢脱金属	固定床	1	110.46	[244]
中国减压渣油	加氢脱硫	固定床	1	133.56	[244]
科威特常压渣油	Mo/Al_2O_3	固定床	1.5	116.26	[245]
科威特常压渣油	Ni-Mo/Al_2O_3	固定床	2	124.32	[246,247]
脱金属科威特常压渣油	Ni-Mo/Al_2O_3	固定床	2	107.10	[246,247[
脱金属脱硫科威特常压渣油	Ni-Mo-P/Al_2O_3	连续搅拌釜	2	66.19	[246,247]
阿萨巴斯卡沥青	加氢脱金属	连续搅拌釜	1	265.86	[248]
墨西哥重油常压渣油	三剂体系①	多级固定床	1.56	98.70	[249]
KEC 常压渣油	Mo/Al_2O_3	固定床	2	126.84	[250]
KHC 常压渣油	Mo/Al_2O_3	固定床	2	145.74	[250]
EOC 常压渣油	Mo/Al_2O_3	固定床	2	166.74	[250]
KEC 常压渣油	Ni-Mo/Al_2O_3	固定床	2	110.04	[250]
KHC 常压渣油	Ni-Mo/Al_2O_3	固定床	2	151.62	[250]
EOC 常压渣油	Ni-Mo/Al_2O_3	固定床	2	176.82	[250]

①加氢脱金属/加氢脱硫/加氢脱氮。

Agrawal[251]在 Co-Mo 系催化剂上研究了金属卟啉化合物 HDM 反应的动力学。他们发现该反应包括三个动力学步骤，第一步是金属卟啉加氢生成反应中间物，反应速率对氢分压为一级反应，对溶液中金属卟啉的浓度为一级反应；第二步是中间物脱氢生成金属卟啉，对氢分压为零级反应，对溶液中间物的浓度为一级反应；第三步是中间物不可逆氢解反应和脱金属反应，对氢分压为二级反应，对中间物浓度为一级反应。过程可用下式表达：

$$A \underset{k_2}{\overset{k_1}{\Longleftrightarrow}} B \xrightarrow{k_3} C$$

各步骤速率表达式为：

$$r_1 = k_1 C_A P_{H_2}$$

$$r_2 = k_2 C_B$$

$$r_3 = k_3 C_B P_{H_2}^2$$

式中，A 为金属卟啉及其浓度；B 为反应中间物及其浓度；C 为金属沉积物；k_1、k_2和 k_3分别为相应各反应步骤的速率常数。

催化剂类型对脱金属动力学参数影响明显。文献[245]采用 Mo/Al_2O_3加氢脱金属催化剂于连续固定床反应器中进行科威特常压渣油转化实验，得到 V 和 Ni 脱除反应均为 1.5 级。使用活性更高的 $Ni\text{-}Mo/Al_2O_3$催化剂时，加氢脱钒和加氢脱镍动力学反应级数均增加为 2 级[248,249]。

Bahzad 等[250]使用 3 种科威特渣油研究了渣油反应动力学。渣油性质见表 4-33。实验在 643 K、663 K 和 683 K 及 12MPa 条件下进行，所用 3 种催化剂中的一种是 Mo/Al_2O_3型加氢脱金属催化剂，另外两种是 $NiMo/Al_2O_3$型加氢脱金属/加氢脱硫和加氢脱硫/加氢脱氮催化剂。研究得到的加氢脱钒和加氢脱镍动力学参数列于表 4-31 和表 4-32。原料来源和催化剂类型对活化能影响非常明显，对加氢脱钒反应的影响比加氢脱镍反应更显著。

表 4-33　科威特渣油性质

项目	KEC 常压渣油	KHC 常压渣油	EOC 常压渣油
ω(康氏残炭)/%	12.3	16.8	16.2
ω(沥青质)/%	4.9	9.9	9.7
ω(胶质)/%	6.4	6.9	6.3
ω(S)/%			
总量	4.6	5.8	5.4
胶质中	5.4	6.4	4.6
沥青质中	6.7	8.6	8.1
金属含量/10^{-6}			
总量			
V	69	73	72
Ni	21	35	29
沥青质中			

续表

项目	KEC常压渣油	KHC常压渣油	EOC常压渣油
V	777	514	923
Ni	275	309	318

Galiasso等[252]提出了渣油中总Ni（包含镍卟啉和非镍卟啉）HDM反应经验算式：

$$[Ni]/[Ni]_0 = \exp\{-1.15\times10^4[\exp(-23000)/RT]P_{H_2}^{1.05}/LHSV\}$$

式中，T为反应温度，K；R为普适因子，8.314J/（mol·K）；P_{H_2}为氢分压，MPa；LHSV为液体体积空速，h^{-1}。

其中，加氢脱镍反应与镍浓度为一级关系，与氢分压为一级关系。

对总V（包含钒卟啉和非钒卟啉）的加氢脱钒反应的表达式如下：

$$[V]/[V]_0 = \exp[-2.00\times10^3\exp(-25000/RT)P_{H_2}^{0.5}/LHSV]$$

其中，反应速率与V浓度是1级关系，与氢分压是0.5级关系。

目前国内外主要在渣油加氢脱金属（Ni、V）动力学方面做了大量研究，而有关煤焦油加氢脱金属动力学方面的研究相当少。马伟等[220]采用自行研发的催化剂在小型固定床加氢装置上进行了煤焦油中加氢脱总金属的实验，建立了煤焦油加氢脱金属反应动力学模型。实验原料为内蒙古鄂尔多斯地区中低温煤焦油，原料性质见表4-34。实验所用催化剂有加氢保护催化剂、加氢脱金属催化剂、加氢裂化催化剂3种，其物化性质见表4-35。

表4-34 原料煤焦油的性质

项目	数据	元素种类	含量/$\mu g\cdot g^{-1}$
密度(293K)/($g\cdot mL^{-1}$)	1.0442	Fe	34.36
黏度(323K)/($mm^2\cdot s^{-1}$)	14.29	Ga	132.60
碳含量(质量分数)/%	83.42	Na	183.21
氢含量(质量分数)/%	8.31	Mg	15.46
残炭(质量分数)/%	7.81	Al	51.42
灰分(质量分数)/%	0.173	Ni	0.78
氮含量(质量分数)/%	1.14	V	1.23
硫含量(质量分数)/%	0.38	Tatal	419.06
水含量/$\mu g\cdot g^{-1}$	24611		

表4-35 催化剂的物理性质

催化剂	比表面积/$m^2\cdot g^{-1}$	孔容/$mL\cdot g^{-1}$	堆积密度/$g\cdot mL^{-1}$	MoO_3质量分数/%	NiO质量分数/%
加氢保护催化剂	167	0.65	0.59	7.36	3.54
加氢脱金属催化剂	120	0.60	0.60	10.32	5.25
加氢裂化催化剂	185	0.45	0.45	17.56	5.14

在原料预处理的过程中，首先采用固液分离法，在小型过滤分离装置上对煤焦油中主要存在的煤粉、焦粉和热解碳等固态物质进行分离；然后，利用串联YS-3电脱盐

盐试验仪两级装置进行脱盐、脱水操作，脱除结果见表4-36。由表4-36可知，煤焦油中的大部分金属采用物理方法仍难以脱除。

表4-36 预处理后煤焦油的性质 $\mu g \cdot g^{-1}$

水含量	固体杂质	金属
3300	3021	248.96

在动力学模型的建立过程中，假设煤焦油加氢脱金属的反应级数为 n，考虑到氢分压对脱金属反应的影响，脱金属反应的速率表达式可写为：

$$dM/dt = -k_{app} M^n P_{H_2}^a \tag{4-21}$$

式中，k_{app}为表观反应速率常数；M 为油品中金属的质量含量，$\mu g \cdot g^{-1}$；t 为反应物停留时间；P_{H_2}为氢分压，MPa；n 为反应级数；a 为氢分压指数。

对式（4-21）积分得：

$$M_p^{1-n} - M_f^{1-n} = (n-1) k_{app} P_{H_2}^a t \tag{4-22}$$

式中，M_p为产品中的金属含量，$\mu g \cdot g^{-1}$；M_f为原料中的金属含量，$\mu g \cdot g^{-1}$。

考虑到小型试验装置内的流体可能会偏离活塞流，引入一指数项 b 对液体体积空速进行修正。

$$M_p^{1-n} - M_f^{1-n} = (n-1) k_{app} P_{H_2}^a (\mathrm{LHSV})^b \tag{4-23}$$

式中，LHSV 为液体体积空速，h^{-1}；b 为空速指数。

假设脱金属反应速率常数受温度影响符合 Arrhenius 公式，则

$$M_p^{1-n} - M_f^{1-n} = (n-1) k_0 P_{H_2}^a (\mathrm{LHSV})^b \exp(-E/RT) \tag{4-24}$$

式中，k_0为 Arrhenius 方程的指前因子；E 为反应的表观活化能，$J \cdot mol^{-1}$；T 为反应温度，K；R 为普适因子，8.314J/（mol·K）。

对公式（4-24）进行变形，得

$$M_p = [(n-1) k_0 P_{H_2}^a (LHSV)^b \exp(-E/RT) + M_f^{1-n}]^{\frac{1}{1-n}} \tag{4-25}$$

式（4-25）即为建立的动力学方程。

在反应温度639～683 K，液体体积空速0.3～0.5h^{-1}，反应压力9.6～13.8MPa的实验条件范围内，考察煤焦油加氢脱金属产品中总金属含量的变化情况，求取动力学模型参数，实验结果见表4-37。

表4-37 求取动力学模型参数的数据

反应温度/K	氢分压/MPa	LHSV/h^{-1}	产品金属含量/$\mu g \cdot g^{-1}$
655	9.6	0.3	26
655	13.8	0.3	23
655	9.6	0.5	117
655	13.8	0.5	98
639	11.3	0.3	22
639	9.6	0.4	101

续表

反应温度/K	氢分压/MPa	LHSV/h^{-1}	产品金属含量/$\mu g \cdot g^{-1}$
683	9.6	0.4	87
639	13.8	0.4	52
683	13.8	0.4	40
639	11.3	0.5	76
683	11.3	0.5	46
655	11.3	0.4	63
683	9.6	0.5	66
683	11.3	0.3	21
639	9.6	0.5	110
683	13.8	0.3	20

根据脱除率相对误差平方和最小的原则，用表 4-37 的实验数据在软件 SPSS 上对动力学方程进行拟合，得到动力学方程最佳参数如下：

$$E=53896;\ n=1.211;\ a=3.405;\ b=-0.820;\ k_0=486565$$

通过 Levenberg-Marquardt 法拟合公式为：

$$M_p=[10218P_{H_2}^{3.405}(\mathrm{LHSV})^{-0.820}\exp(-53896/RT)+M_f^{-0.021}]^{-4.739}$$

公式中 $n=1.211$，即该煤焦油加氢脱金属为 1.2 级反应。$E=53.896\mathrm{kJ \cdot mol^{-1}}$，即煤焦油加氢脱金属反应的活化能为 $53.896\mathrm{kJ \cdot mol^{-1}}$，也在渣油加氢脱金属活化能范围内，说明煤焦油加氢脱金属与渣油加氢脱金属类似；$b=-0.820$，空速指数为负值，说明若进料量越大，产品的金属含量越多，脱金属率越小。该模型的相关系数为 0.927，表明该方程和实验数据拟合情况较好。

图 4-52 是煤焦油脱金属动力学方程的四维切片模型图，颜色变化反映了产品的金属含量多少。从图中可以看出，在切片条件为温度 640 K，氢分压 12MPa 时，液体体积空速由 $0.5h^{-1}$变化到 $0.2h^{-1}$时，对应的产品油中金属含量由 $100\mu g \cdot g^{-1}$降到 $30\mu g \cdot g^{-1}$，切片颜色变化显著，说明了在煤焦油加氢脱金属实验中空速影响显著，这一结果与文献［227］在研究渣油加氢脱金属动力学模型中所得的结论一致；切片条件为空速 $0.3h^{-1}$，氢分压 12MPa 时，温度由 620 K 升高到 680 K，对应的产品油金属含量由 $100\mu g \cdot g^{-1}$降到 $70\mu g \cdot g^{-1}$，切片颜色变化较为显著，说明了在煤焦油加氢脱金属实验中温度影响较为显著；切片条件为温度 640 K，空速为 $0.3h^{-1}$时，氢分压由 9MPa 升到 13MPa，对应的产品油中金属含量由 $35\mu g \cdot g^{-1}$降到 $20\mu g \cdot g^{-1}$，切片颜色变化较为接近，说明了在煤焦油加氢脱金属实验中氢分压影响最小。因此，可以得出空速、氢分压、温度三个因素对煤焦油加氢脱金属影响大小顺序依次为空速>温度>氢分压。

为了验证所建模型的可靠性，在求取动力学参数的操作范围外，取了 5 组数据。温度在 635～691 K 之间变化，空速在 0.2～$0.6h^{-1}$之间变化，压力在 8.8～14.8MPa 之间变化，验证结果见表 4-38。由表 4-38 和表 4-39 可见，联合动力学模型得到的相对误差均小于 2.5%，说明该模型可以较好的预测产品的金属含量。

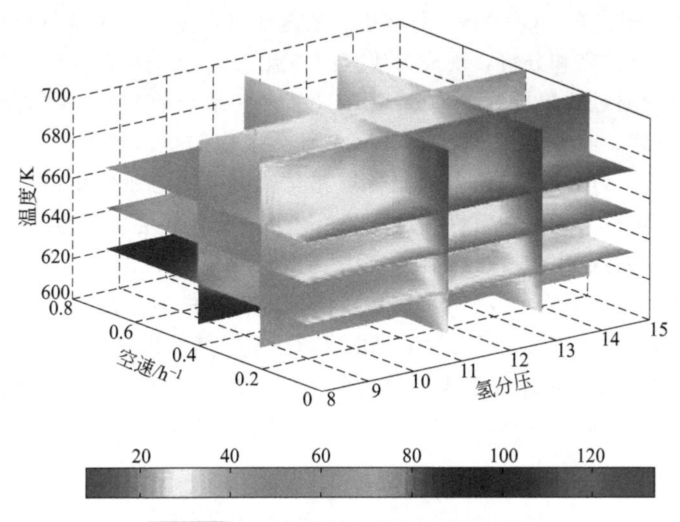

图 4-52　四维切片加氢脱金属模型图

表 4-38　验证动力学模型参数的数据

反应温度/K	氢分压/MPa	LHSV/h^{-1}	实验金属含量/$\mu g \cdot g^{-1}$
635	11.5	0.6	60
691	13.8	0.2	15
652	12.6	0.4	45
635	8.8	0.2	29
691	14.8	0.6	55

表 4-39　产品的金属含量

实验金属脱除率/%	预测金属含量/$\mu g \cdot g^{-1}$	预测金属脱除率/%	相对误差/%
75.89	65	73.89	−1.99
93.97	14	94.37	0.40
81.92	40	83.93	2.01
88.35	28	88.75	0.40
77.91	51	79.51	1.60

4.5　加氢脱芳烃

4.5.1　煤焦油中芳烃化合物类型

煤焦油中存在着多种多环芳烃及杂环化合物，组分极多，大体上可以分为四种类型：单环、二环、三环及多环芳烃。煤焦油化学组成的最大特点就是含有大量的芳香化合物，而且大多数是两个以上的稠环芳香族化合物。对于多环芳烃，其分析方法主要有气相色谱法、液相色谱法、紫外分光光度法、质谱法、核磁共振和荧光光谱法等。

气相色谱-质谱联用技术（GC-MS）可准确、快速地对煤焦油中的多环芳烃的各成分含量和化学结构进行测定和分析，现成为研究的热点。

王世宇等[253]通过柱层析族组分分离和GC-MS相结合的方法，将低温煤焦油划分为脂肪族、芳香族、酯族和极性物等，深入研究了脂肪烃（链烷烃、环烷烃和烯烃等）、芳香烃（萘、蒽和菲等）、含氧化合物和含氮化合物的种类和相对含量，对低温煤焦油化学组成进行了较好的定性、定量分析。其中芳香族层析产物的GC-MS检测结果显示，芳香族共检测出55种化合物，其中芳香烃化合物29个，含氧化合物8个，含氮化合物18个。路正攀等[254]利用实沸点蒸馏技术将煤焦油分割成7个馏分段蒸馏产物，然后通过GC/MS对其组成进行了定性定量分析。结果表明，芳香族化合物占煤焦油馏出组分的70%以上，主要有苯、萘、茚、芴、蒽、芘以及它们的衍生物；其中随着馏分沸点温度的升高，苯族、萘族、苊族、芴族、蒽族的含量逐渐升高。

4.5.2 芳烃加氢饱和反应的热力学

芳烃加氢反应（HDA）的热力学、动力学及微观机理等方面前人都进行了大量的研究并取得了一定的成果。芳烃加氢是可逆反应，由于热力学平衡的限制，在典型加氢处理反应条件下芳烃不可能完全转化。芳烃物种的平衡浓度可以用下式表示[255]：

$$\frac{Y_A}{Y_A+Y_{AH}}=\frac{1}{1+K_a\times(P_{H_2})^n}$$

式中，Y_A和Y_{AH}为芳烃和环烷烃的摩尔数；K_a为平衡常数；P_{H_2}为氢分压。

在推导上式的过程中，假定Y_A和Y_{AH}的活度系数和逸度是相同的，并假定氢的活度系数是1。

文献表明[101]，高压有利于芳烃保持高转化率，其平衡常数K_a随着反应温度的升高而下降，芳烃的平衡浓度随着反应温度的增加而增加。在较缓和的加氢条件下，多环芳烃加氢比相应的单环芳烃加氢更容易。多于一个苯环的芳烃化合物的加氢反应是通过逐步反应进行的，其中每一步反应都可逆。直接用于计算芳烃加氢平衡常数的实验数据很少[256,257]，研究者常根据基团贡献法估算反应的平衡常数，但该方法的计算误差较大。Girgis等[258]曾指出，由于估算方法的不准确性，计算的平衡常数的误差可能大于一个数量级。Frye等[259,260]采用气相体系测定了不同温度、压力下，联苯、茚、萘、菲、二氢苊和芴等几种芳烃与氢气混合物的平衡组成。实验结果表明，当加氢反应温度高于340℃时，常压下加氢反应平衡常数小于1。为使芳烃加氢反应具有工业意义，该反应必须在氢压较高的条件下操作。计算结果表明，当氢压由9.7MPa增至13.7MPa时，396℃下萘的平衡转化率从17%增至84%。在传统的加氢条件下，多环芳烃第一个芳环的加氢平衡常数一般较高[261,262]。

侯朝鹏等[263]利用商业软件HSC-Chemistry4.0对蒽和菲加氢反应进行了热力学计算，各物质的热力学数据由商用软件的数据库引出，考察了反应温度和体系压力对芳烃加氢转化率的影响，为多环芳烃加氢反应过程提供相关操作条件。胡意文等[264]采用Benson基团贡献法对几种芳烃加氢反应的热力学进行分析，结果表明，芳烃加氢的平衡转化率随氢压的增高而加大，随温度的升高而减小。芳环数、环烷环数及非取代芳香碳数综合影响着芳烃的加氢平衡；一般而言，芳烃的芳环越少、环烷环越多、非取代芳香碳越多，其加氢反应的平衡转化率就越大。

4.5.2.1 蒽加氢饱和热力学分析

多环芳烃加氢的模型反应物通常为蒽和菲[265~270]。气相蒽的加氢产物有多种，为简化描述，主要考虑部分加氢产物四氢蒽和饱和加氢产物全氢蒽两种，其中全氢蒽有cis-trans-式（ct-全氢蒽）和trans-syn-trans-式（tst-全氢蒽）两种同分异构体。在标准状况下，蒽加氢生成四氢蒽和全氢蒽的化学反应方程式见式（4-26）～（4-30）。

$$(g)+2H_2(g) \rightleftharpoons (g)+134.7kJ/mol \quad (4\text{-}26)$$

$$(g)+7H_2(g) \rightleftharpoons ct(g)+457.7kJ/mol \quad (4\text{-}27)$$

$$(g)+7H_2(g) \rightleftharpoons tst(g)+470.9kJ/mol \quad (4\text{-}28)$$

$$(g)+5H_2(g) \rightleftharpoons ct(g)+323.0kJ/mol \quad (4\text{-}29)$$

$$(g)+5H_2(g) \rightleftharpoons tst(g)+336.2kJ/mol \quad (4\text{-}30)$$

ct： cis-trans-；tst: trans-syn-trans-

蒽加氢反应为强放热反应，降低温度在热力学上对蒽加氢有利。另外蒽加氢反应为体积缩小的反应，增加压力有利于提高蒽的转化率，同时提高氢气分压也有利于蒽的转化。蒽加氢反应体系的共同特点是：在100～400℃内，ΔG随温度的升高而近似线性的增加；当温度低于250℃时，ΔG为负值，表明这些反应在低于250℃时为自发过程，且温度越低，ΔG越小。

大多数的加氢反应是在高氢烃比的条件下进行的，当氢与烃摩尔比为10时，且在低温区域反应时，蒽含量为零，这表明低温在热力学上对蒽加氢反应有利。在蒽加氢体系中，对应于不同压力，随温度的升高，体系中蒽的平衡含量不断增加，即蒽的平衡转化率随温度的升高而降低。但随压力的升高，蒽平衡含量较低的温度区域逐渐变宽，说明升高压力有利于蒽加氢反应的进行。如在0.1MPa下，蒽接近完全转化的温度约为200℃，而在5.0MPa时，蒽接近完全转化的温度升至350℃。在该体系中，对应于不同压力，在较低温度时，随温度的升高，四氢蒽的平衡含量均逐渐增加；当温度超过某一值时，四氢蒽的平衡含量又逐渐减小，并存在一个最大值；当压力为0.1MPa时，该最大值在250℃附近。随压力的升高，四氢蒽的最大平衡含量逐渐向高温偏移。对应于不同压力，随温度的升高，tst-全氢蒽的平衡含量均逐渐减少。但随压力的升高，生成tst-全氢蒽的温度区域逐渐变宽，说明升高压力有利于tst-全氢蒽的生成，高压下蒽加氢的可操作温度更宽。在该体系中，对应于不同压力，随温度的升高，ct-全氢蒽的平衡含量存在一个最大值；当压力为0.1MPa时，ct-全氢蒽的最大平衡含量出现在200℃左右。随压力的升高，ct-全氢蒽的最大平衡含量逐渐向高温偏移，且在平衡组成中所占的比例逐渐增加。在热力学上，蒽加氢生成tst-全氢蒽比生成ct-全氢蒽更有利，如在 0.1MPa 下，体系中 tst-全氢蒽的平衡含量最高可达 23.8%，而 ct-全氢蒽的平衡含量最高只有 2.8%。因此，在以气相蒽为模型反应物的芳烃加氢体系中，必须考虑温度、压力和氢烃比等因素，以得到合适的操作条件。

4.5.2.2 菲加氢饱和热力学分析

菲作为中间馏分油的组成成分，在中间馏分油加氢的研究中，常用作模型反应物[271~277]。气相菲的加氢产物一般有部分加氢的四氢菲和全部加氢的全氢菲两种，其中全氢菲有 cis-anti-trans-式、cis-syn-trans-式、trans-anti-trans-式和 trans-syn-cis-式 4 种同分异构体，分别简写为 cat-全氢菲、cst-全氢菲、tat-全氢菲和 tsc-全氢菲。

由于全氢菲的同分异构体较多，因此菲加氢体系中的产物分布与蒽加氢的有所不同。式（4-31）～（4-33）为四氢菲和 cat-全氢反应方程式。

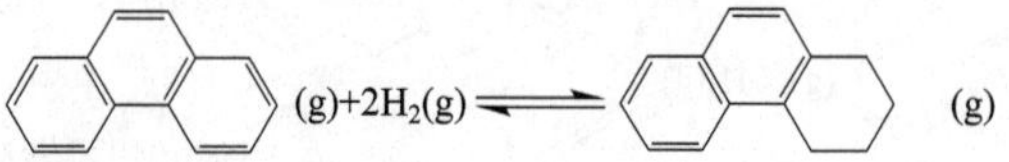

$$(g)+2H_2(g) \rightleftharpoons (g) \tag{4-31}$$

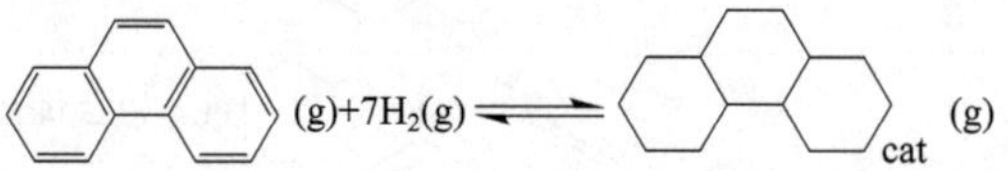

$$(g)+7H_2(g) \rightleftharpoons {}_{cat}\ (g) \tag{4-32}$$

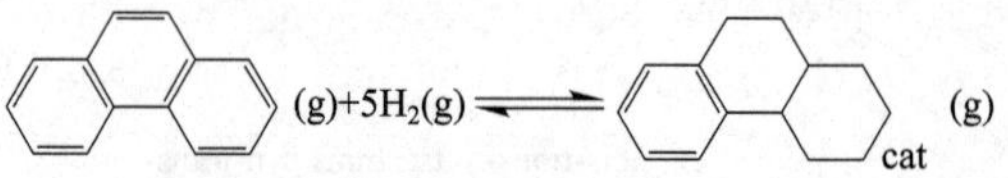

$$(g)+5H_2(g) \rightleftharpoons {}_{cat}\ (g) \tag{4-33}$$

加氢反应的 ΔG 和 $\lg K$ 随温度的变化情况与蒽加氢相似。在 100～400℃内，ΔG 随温度的升高而近似线性的增加；当温度低于 250℃时，ΔG 为负值。这表明这 3 个反应在低于 250℃时为自发过程，且温度越低，ΔG 越小，反应越倾向于自发进行。这 3 个反应的 ΔG 随温度变化的趋势有所差别，其中菲加氢生成四氢菲的 ΔG 随温度的变化率最小。在这 3 个反应中，当温度高于 250℃时，菲加氢生成四氢菲的 $\lg K$ 最大；但当温度低于 250℃时，菲加氢生成四氢菲的 $\lg K$ 最小。在 0.1MPa 下，当温度低于 200℃时，菲的平衡转化率很高，产物主要为 4 种同分异构的全氢菲。随温度的升高，菲的平衡转化率降低。部分加氢产物四氢菲的平衡含量随温度的升高先增大后减小，在温度为 250℃左右时出现最大值。tat-全氢菲的平衡含量最高，说明热力学上 tat-全氢菲比其它全氢菲更易自发生成；对于全氢菲，当温度低于 210℃时，随温度的升高，tat-全氢菲的平衡含量有所降低，而其它全氢菲的平衡含量则有所提高；当温度高于 210℃后，所有全氢菲的平衡含量都降低。

在压力为 5.0MPa 时，菲加氢体系中的平衡组成随温度的变化趋势与压力为 0.1MPa 时的类似，但整体范围向高温方向移动。当温度低于 350℃时，菲的平衡转化率很高，与 0.1MPa 时相比，温度范围加宽约 150℃，表明压力对平衡组成的影响非常大。随温度的升高，菲的平衡转化率降低。部分加氢产物四氢菲的平衡含量随温度的升高先增大后减小，在温度为 400℃左右时有（出现）最大值。另外，对于全氢菲，当温度低于 350℃时，随温度的升高，tat-全氢菲的平衡含量有所降低，而其它全氢菲的平衡含量则有所提高。当温度高于 350℃后，全氢菲 4 种异构体的平衡含量均降低。

4.5.2.3 苯加氢反应的热力学分析

苯加氢反应是一个复杂的反应系统，式（4-34）～式（4-37）为 227℃下苯与氢可能发生的反应[278]。其中：反应（4-34）为主反应，生成目的产物环己烷；反应（4-35）则是环己烷的裂解反应；反应（4-36）是环己烷的异构化；反应（4-37）是苯的加氢裂解，最终产物为碳和甲烷。对于苯而言，反应（4-34）和反应（4-37）是平行反应，反应（4-34）和反应（4-36）均为可逆反应，但前者为放热反应，体积减小，低温和高压对该反应有利，当温度超过287℃以后，反应（4-34）的苯转化率将减小，这表明苯加氢制环己烷的适宜反应温度不应超过287℃。反应（4-36）为吸热反应，说明温度对反应的影响各不相同。

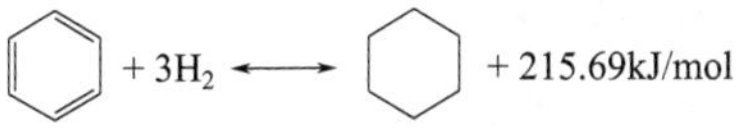

$$\text{苯} + 3H_2 \longleftrightarrow \text{环己烷} + 215.69kJ/mol \quad (4\text{-}34)$$

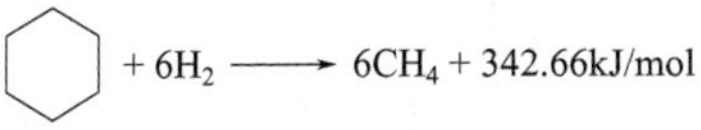

$$\text{环己烷} + 6H_2 \longrightarrow 6CH_4 + 342.66kJ/mol \quad (4\text{-}35)$$

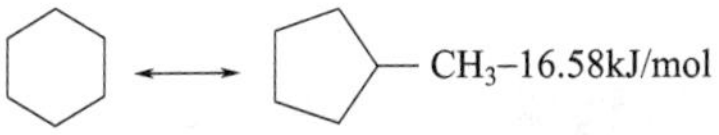

$$\text{环己烷} \longleftrightarrow \text{环戊烷}-CH_3 - 16.58kJ/mol \quad (4\text{-}36)$$

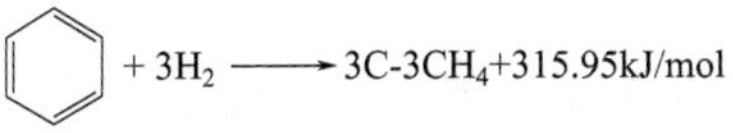

$$\text{苯} + 3H_2 \longrightarrow 3C\text{-}3CH_4 + 315.95kJ/mol \quad (4\text{-}37)$$

在实际操作和工业生产中，温度是影响芳烃加氢反应热力学平衡的重要因素。芳烃加氢反应是可逆反应，由于反应是强放热过程，因此芳烃加氢平衡转化率随温度的升高而降低。虽然低温从热力学平衡角度上有利于芳烃的加氢转化，但从动力学角度上讲，温度不能太低，否则反应速率太慢，因此，必须针对工艺选取合适的操作温度。

在常规的加氢条件下，多环芳烃加氢反应速率很慢，一般需在300℃以上的高温下进行，但高温时热力学对芳烃加氢的限制起主导作用，反应平衡常数变小。所以，在使用硫化态的金属催化剂时，馏分油中的芳烃（特别是单环芳烃）加氢饱和较困难，加氢深度也较低。而采用高活性的金属催化剂，芳烃加氢反应的活化能较低，加氢反应可在低温下进行，在热力学上几乎不受限制，反应平衡常数也很大，有利于提高芳烃的转化率[279~282]。

4.5.3 芳烃加氢饱和反应的机理

萘的加氢过程见图4-53，由图可知，首先萘被加氢为四氢萘，随后四氢萘进一步被加氢生成具有顺/反异构的十氢萘。

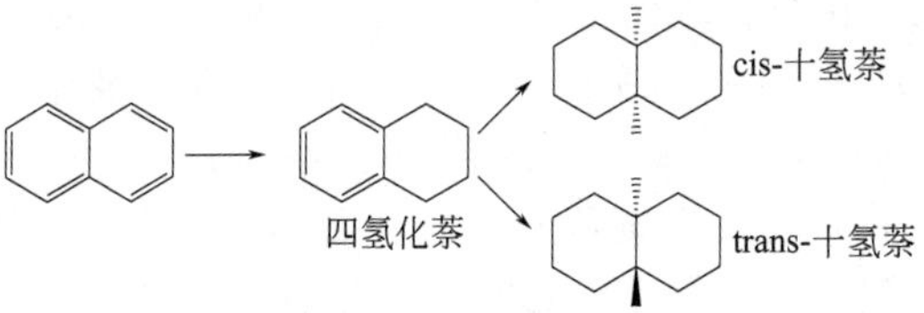

四氢化萘

cis-十氢萘

trans-十氢萘

图4-53 萘的加氢过程图

联苯（BP）的催化加氢的反应过程如图4-54所示，从图中可以看出，BP加氢是典型的连串反应[283]。首先联苯催化加氢得到中间体环己基苯（CHB），随后CHB进一步加氢生成联环己烷（BCH）。由于联苯类及多苯代芳烃中取代基团的种类及位置对这个分子的空间结构和电子分布都有明显的影响，因此，联苯类及多苯代芳烃的加氢过程往往会产生多种中间体且会相互转化，使整个过程变得复杂，产物选择性难以控制。联苯的加氢速率随着反应温度的上升而加快，而选择性则体现出相反的规律，随着反应温度的上升而下降。根据袁履冰等[284]的计算结果，由联苯转化为环己基苯时，损失的共振能为 66.8 kJ·mol^{-1}。而由环基苯转化为联环己烷则要损失 93.4 kJ·mol^{-1} 的共振能。由于第二阶段损失的共振能高于第一阶段，因此在适当的温度和压力下，反应更倾向于停留在以 CHB 为产物的阶段。

$$BP \xrightarrow{3H_2} 苯基环己烷\ CHB \xrightarrow{3H_2} 联环己烷\ BCH$$

图 4-54 联苯加氢的反应过程

4-羟基联苯（*p*-PP）选择性催化加氢的反应路径如图 4-55 所示。从图中可以看出，*p*-PP 加氢反应是一个平行连串反应。第一阶段单环加氢生成对环己基苯酚（*p*-CP）和对苯基环己醇（*p*-PC）两种互为同分异构体的产物。第二阶段两种中间体进一步加氢生成对环己基环己醇（*p*-CC）。

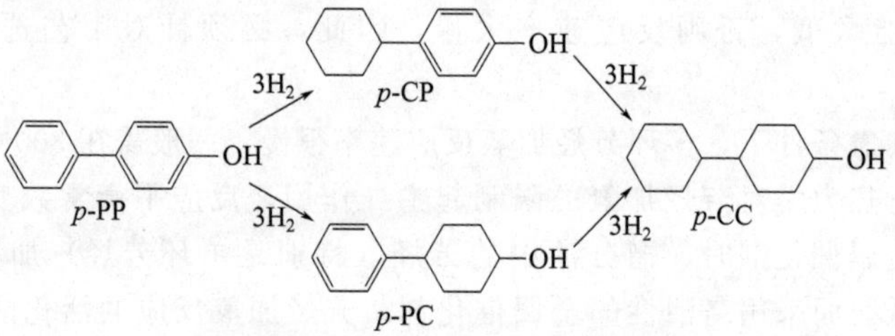

$$p\text{-PP} \xrightarrow{3H_2} p\text{-CP} \xrightarrow{3H_2} p\text{-CC};\quad p\text{-PP} \xrightarrow{3H_2} p\text{-PC} \xrightarrow{3H_2} p\text{-CC}$$

图 4-55 p-PP 的选择性加氢反应

4.5.4 芳烃加氢反应的动力学

对于芳烃模型化合物在硫化态金属类加氢催化剂上的芳烃加氢反应，已经有了较为广泛的研究。其简单归纳，可以得到以下几点规律。

① 许多研究表明，在金属硫化物（Co-Mo、Ni-W、Ni-Mo）催化剂上的芳烃加氢反应级数都近似为一级。原料中过量的硫、氮化合物会对芳烃加氢反应起抑制作用。

② 对于多环芳烃而言，反应是逐环进行的，优先加氢其中一个环。多环芳烃中第一个环的加氢速率最快，随后逐渐降低，末环加氢比较困难。Kokaye[285] 和 Bouchy 等[286,287]研究证实，多环芳烃（如萘）的第一个环的加氢速率比单环芳烃（包含联苯、四氢萘和环己基苯）的加氢速率大一个数量级。对于多环芳烃，由于不同环的芳香性（或局部共振能）的差异，其中具有较低芳香性的环优先加氢。

③ 受 π 电子离域效应影响，在芳烃分子中给电子取代基的存在对加氢有利，所以金属硫化物上芳烃加氢的活性顺序为：苯＜甲苯＜二甲苯＜乙苯。

④ 热力学平衡数据对HDA动力学的影响是不容忽视的。总的来说，同类结构的芳烃，分子越大，热力学平衡常数越小；不同芳烃分子的加氢饱和深度越大，热力学平衡常数越小。不同芳烃第一个环加氢饱和的热力学平衡常数大小顺序为：蒽＞萘＞菲＞苯，它与其反应速率大小顺序是一致的。

⑤ 环烷开环反应能够促进HDA反应，这种促进作用源自开环反应有效地降低了系统中环烷的比例，从而使热力学平衡向有利于HDA反应的方向移动；同时开环反应降低了分子的复杂程度及非“平面性”，减少了反应的空间位阻作用。

4.5.4.1 简单集总模型

所谓简单集总模型就是指将芳烃或芳碳划分为一个集总的模型。由于油品组成的复杂性，对油品加氢的动力学研究有一定难度。Yui等[288,289]假设如下两个条件。

① 芳烃加氢反应速率对芳烃和氢气浓度的反应级数都是1；

② 芳烃加氢是可逆反应。对中馏分进行芳烃加氢动力学研究，建立了动力学模型，见式（4-38）。

$$-\frac{\mathrm{d}C_A}{\mathrm{d}t}=k_f P_{H_2}^n C_A^m - k_f(1-C_A) \tag{4-38}$$

式中，k_f为正向一级反应的反应平衡常数，h^{-1}；P_{H_2}为氢气压力，MPa；C_A为芳碳反应浓度，%。其中，$C_A=k_r/(k_f P_{H_2}+k_r)$积分后得到芳烃加氢反应的动力学方程如式（4-39）。

$$\ln\frac{C_A-C_{Ae}}{C_{A0}-C_{Ae}}=-\frac{1}{C_{Ae}}\left(\frac{k_r}{\mathrm{LHSV}}\right) \tag{4-39}$$

式中，C_A为芳碳反应浓度，%；C_{A0}为芳碳初始浓度，%；C_{Ae}为芳碳平衡浓度，%；LHSV为体积空速，h^{-1}；k_r为逆向一级反应的反应平衡常数，h^{-1}。

根据实验求出其中的参数后，可利用该方程求出不同操作条件下芳烃含量。使用硫化态催化剂在不同条件下对不同来源的原料油进行加氢处理，实验结果与计算结果具有很好的一致性。

方向晨等[290]以反应前后碳原子守恒为基础建立了脱芳烃反应动力学模型。

$$\begin{cases}-\dfrac{\mathrm{d}C_A}{\mathrm{d}t}=-K_1C_A+K_2C_N\\ -\dfrac{\mathrm{d}C_N}{\mathrm{d}t}=-K_1C_A-(K_2+K_3)C_N\\ C_A+C_N+C_P=1\end{cases}$$

式中，C_A为芳碳反应浓度，%；C_N为环烷碳反应浓度，%；C_P为烷碳反应浓度，%；K_1，K_2，K_3为速率反应常数。

解此微分方程组可得式（4-40）、式（4-41）。

$$C_A=\frac{1}{2\sqrt{R_2}}\left\{\begin{aligned}&[C_{A0}(R_1+\sqrt{R_2})-2C_{N0}K_2]\exp\left(-\frac{R_3+\sqrt{R_2}}{2\mathrm{LHSV}}\right)-\\&[C_{A0}(R_1-\sqrt{R_2})-2C_{N0}K_2]\exp\left(-\frac{R_3-\sqrt{R_2}}{2\mathrm{LHSV}}\right)\end{aligned}\right\} \tag{4-40}$$

式中，

$$\begin{cases} R_1 = K_1 - K_2 - K_3 \\ R_2 = R_1 = K_1^2 - K_2^2 - K_3^2 + 2K_1K_2 + 2K_2K_3 - 2K_1K_3 \\ R_3 = K_1 + K_2 + K_3 \\ R_4 = K_1 + K_2 - K_3 \end{cases} \tag{4-41}$$

其中各速率反应常数定义见式 (4-42)，

$$\begin{cases} K_1 = k_{10}\left(\dfrac{P_{H_2}}{5.0}\right)^{\alpha} \exp\left(-\dfrac{E_1}{RT}\right) \\ K_2 = k_{20}\left(\dfrac{P_{H_2}}{5.0}\right)^{\beta} \exp\left(-\dfrac{E_2}{RT}\right) \\ K_3 = k_{30}\left(\dfrac{P_{H_2}}{5.0}\right)^{2} \exp\left(-\dfrac{E_3}{RT}\right) \end{cases} \tag{4-42}$$

方向晨等采用改进的高斯-牛顿法得到脱芳模型中的参数，并在 200mL 连续小试装置上，采用几种原料油在不同反应条件下对模型进行验证。结果表明，用该模型的计算误差都比较小，平均误差为 0.00286，说明该模型可以用来描述柴油深度加氢脱芳烃过程。

Yui 等[291]在进行加氢脱芳反应动力学研究时，虽然没有使用柴油作为原料，但仍然对于柴油芳烃加氢饱和反应得到了有用的结论：芳烃加氢反应的平衡转化温度受反应压力的影响，反应压力升高，平衡转化温度也升高；同时，馏分油越重，平衡常数越小。

总体来说，这类模型比较简单实用，使用时所需的分析数据并不多。但是，由于油品组成的复杂和多样，仅仅单划分出芳烃集总，在最后的计算精确性上可能还是显得有些不够。

4.5.4.2 复杂集总模型

复杂集总模型是指把芳烃按环数划分或按组成分析划分为多个虚拟分子的各类模型。Stanislans 等[292]建立了包括单环芳烃 (MA)、双环芳烃 (DA) 和加氢产物 (AH) 之间平衡的芳烃顺序加氢反应动力学模型，见式 (4-43) ～式 (4-45)。

$$\frac{\mathrm{d}[\mathrm{DA}]}{\mathrm{d}t} = -k_1[\mathrm{DA}]P_{\mathrm{H_2}}^{a} + k_2[\mathrm{MA}] \tag{4-43}$$

$$\frac{\mathrm{d}[\mathrm{MA}]}{\mathrm{d}t} = -k_3[\mathrm{MA}]P_{\mathrm{H_2}}^{b} + k_1[\mathrm{DA}]P_{\mathrm{H_2}}^{a} - k_2[\mathrm{MA}] + k_4[\mathrm{AH}] \tag{4-44}$$

$$\frac{\mathrm{d}[\mathrm{AH}]}{\mathrm{d}t} = -k_4[\mathrm{AH}] + k_3[\mathrm{MA}]P_{\mathrm{H_2}}^{b} \tag{4-45}$$

文献中没有给出反应的动力学参数，但对含有 DA 和 MA 的原料油的模型计算结果表明，反应开始时，DA→MA 反应速率快于 MA→AH 反应速率，在反应器的前部，DA 减少，而 MA 增加，总的芳烃量变化很小。当 DA→MA 反应达到平衡时，只有当 MA 以较慢的速率不断转化为 AH 破坏了 DA 和 MA 之间的平衡时，DA 才继续转化为 MA。该模型将原料油的芳烃划分为单环芳烃和双环芳烃两个集总，比上述总包反应接近馏分油芳烃加氢反应的实际机理。

蒋东红等[293]建立了与Stanislans等相类似的模型，与之略有不同的是将芳烃加氢分为快和慢两步。

快反应 $PA \underset{k_2}{\overset{k_1}{\rightleftharpoons}} MA$

慢反应 $MA \underset{k_2}{\overset{k_1}{\rightleftharpoons}} NT$

则该模型的方程式见式（4-46）、式（4-47）。

$$\frac{dC_{PA}}{dt} = -k_1 C_{PA} P_{H_2}^{a_1} + k_2 C_{MA} \tag{4-46}$$

$$\frac{dC_{MA}}{dt} = -k_3 C_{PA} P_{H_2}^{a_2} + k_4 C_{NT} \tag{4-47}$$

当氢油体积比小于600时，在速率常数中还必须加入氢油比项，见式（4-48）。

$$k_i = k_{i0} \exp(-E_{ai}/RT)(H/Oil)^{\beta_i} \tag{4-48}$$

蒋东红等采用高斯-牛顿法估算出快反应的 k_1、k_2，并进一步求出快反应的动力学参数。慢反应的动力学参数是通过确定不同温度下的平衡常数来确定慢反应的正逆反应速率常数之比，以解析法求得的。从模型验证数据来看，多环芳烃和单环芳烃预测值与试验值的绝对误差均在1个百分点左右。因此，建立的催化柴油芳烃加氢饱和动力学模型是可靠的。

Magnabosco[294]建立了喷气燃料和轻柴油馏分的芳烃平行，顺序加氢反应动力学模型。首先通过分析得到原料油的单环、双环和三环芳烃和环烷烃的组成数据，利用文献中发表的反应热和平衡常数的数据，通过加氢实验数据的回归分别得到喷气燃料和轻柴油中单环、双环和三环芳烃的动力学参数。反应速率的表达式为式（4-49）。

$$\frac{d[S_1]}{d\tau} = -k_f P_{H_2}^Z e^{-E/RT}[S_1] + \frac{k_f P_{H_2}^Z e^{-E/RT}}{K_P P_{H_2}^{\alpha-\chi}} \tag{4-49}$$

式中，S_1为芳烃和芳烃加氢后的产物；χ为氢分压反应级数。

由计算结果得到，单环芳烃的氢分压反应级数为1.8，双环芳烃每步加氢反应的氢分压级数都为1.5，对于三环芳烃，各步加氢反应的氢分压反应级数为0.077～0.346。单环芳烃加氢反应的平衡常数很小，氢分压对反应速率的影响大，氢分压反应级数大，而多环芳烃第一个芳环的加氢反应的有效速率常数（$K_f P_{H_2}$）约为单环芳烃的6倍，第二个芳环加氢反应的有效速率常数也高于单环芳烃的速率常数。反应温度为315℃时，三环芳烃的加氢反应速率显著高于环烷烃脱氢反应速率；当反应温度为400℃时，脱氢反应速率与加氢反应速率相当。

Chowdhury等[295]建立了柴油馏分的芳烃HDA反应动力学模型。芳烃化合物分为3个集总，包括单环、双环和三环以上的芳烃，每个芳烃集总的加氢脱芳反应皆为一级可逆的反应，反应热取为67kJ·mol^{-1}。由实验数据的回归分析得到，对于单环芳烃，氢分压反应级数为1；对于双环和三环以上的芳烃，氢分压反应级数为0.5。

Sanchez等[296]建立了柴油的多集总、两相加氢反应动力学模型。首先分析原料的硫含量、碳含量、氢含量、密度、馏程和分子量等性质，然后使用纯组分物性库，优化得到与实际原料分析性质相符的组分组成数据。将得到的组分划分为4类：烷烃

(P)、环烷烃（N）、单环芳烃（MA）和多环芳烃（PA），每类化合物又按碳数分为5组（G1～G5），共计有20个组分（其中一个无效组分PA1，实际组分数为19），每一个这样的组分都视为一个虚拟组分。先计算各组分中纯组分的各种物性，再利用混合规则计算虚拟组分的性质。通过分析比较原料组成和反应器出口产品组成，最后确定反应网络如下列反应所示。

$$MA1 + H_2 \longrightarrow N1$$
$$PA2 + H_2 \longrightarrow MA2$$
$$MA2 + H_2 \longrightarrow N2$$
$$PA3 + H_2 \longrightarrow MA3$$
$$PA4 + H_2 \longrightarrow MA4$$
$$PA5 + H_2 \longrightarrow MA5$$
$$MA5 + H_2 \longrightarrow N5$$
$$MA5 + H_2 \longrightarrow N4 + MA4$$
$$N4 + H_2 \longrightarrow N3 + N1$$

反应器模型的建立是将反应器分为若干个单元，每个反应器单元可看做由两个小型的气相和液相全混反应器组成，反应物在单元反应器内分为气液两相。首先按单元入口的反应条件计算出气液相的组成、气液相流速等，然后按反应方程式分别计算出气液相的反应，并将气液相的反应产物混合后送入下一单元，重复上述计算至反应器的出口单元。作者考察了将反应器床层分为25个单元和150个单元两种情况的计算结果并进行了比较，认为两者计算的结果相差不大。由实验数据得到的反应速率常数列于表4-40中。速率常数的大小表明，多环芳烃第一个芳环加氢的反应速率（k_2，k_4，k_5，k_6）远远大于单环芳烃加氢的反应速率（k_1，k_3，k_7）。在上述反应条件下，裂化反应速率（k_8，k_9）很小。

表4-40 反应速率常数（370℃）$(cm^3 \cdot h) \cdot (g \cdot mol)^{-1}$

项目	数值	项目	数值
k_1	153.51	k_6	1508.0
k_2	2257.5	k_7	602.0
k_3	256.15	k_8	150.5
k_4	1357.5	k_9	3×10^{-3}
k_5	1357.5		

该模型利用馏分油的常规分析数据，并借助纯组分的物性数据库，得到了馏分油的20个虚拟组分，既较准确地反映了馏分油的组成情况，又避免了费时费力的详细组分的分析。实验研究的反应温度为370℃，模型没有考虑芳烃加氢热平衡的影响，不适用于高转化率或高反应温度的情况。

Dassori等[297]采用与文献［296］相同的原料处理方法、反应速率方程式和反应器模型建立方法，在小型固定床反应器中建立了柴油馏分的加氢反应动力学模型。该模型反应网络的确定方法是，通过分析原料和产品的组成分布，从包含有60个反应的组中筛选。选定的反应网络中，考虑了芳烃加氢的可逆反应和多环芳烃的顺序加氢反应，反应网络见下列反应式：

$$N3 \longrightarrow N2 + P1$$
$$PA2 \longrightarrow MA2 \longrightarrow N2$$
$$PA3 \longrightarrow MA3 \longrightarrow N3$$
$$PA4 \longrightarrow MA4 \longrightarrow N4$$
$$PA5 \longrightarrow MA5$$

复杂集总模型在计算准确性和精度上明显要高于简单集总模型，这是它最突出的优势。但是，这类模型在使用时必须依赖复杂精确的油品分析数据，或是使用计算机模拟，将油品划分为若干个虚拟组分。对于普通应用而言，这类模型无疑显得过于复杂，而且昂贵。

从上面的分析来看，对于 HDA 动力学模型的研究要在简单实用和计算精确上取得平衡。这就要求研究者更加关注油品的性质关联和组成分布规律。并且，以此为基础，建立兼顾简单实用并且计算准确的动力学模型，为反应器开发和不同操作条件下芳烃饱和反应的预测及工艺条件优化提供准确的理论计算数据，同时也为芳烃在催化剂上的加氢机理的理解、指导新催化剂的研制提供一定的理论基础。

4.6 加氢脱沥青

4.6.1 沥青质在加氢过程中化学结构的变化

沥青质的基本结构单元是以多个芳香环组成的稠合芳香环系为核心，周围连接有若干个环烷环。芳香环和环烷环，其上一般都带有若干个长度不一的正构烷基侧链，另外含有各种含硫、氮、氧的基团及络合钒、镍等多种金属。沥青质就是若干个这类结构单元通过烷基或杂原子形成的桥键连接而成的，以缔合状态存在[298,299]。Tanaka 等利用小角中子散射研究沥青质的尺寸和形状，发现不同母质来源的沥青质存在着较大差异[300]。不同母质来源的沥青质中所含单元结构的尺寸和数量不一样，即化学结构不同，而相同母质来源的沥青质具有相似的分子尺寸[301]。

含有高浓度沥青质的重质油处理起来十分困难，这是由于沥青质抑制了重质油的临氢催化裂化过程。在加氢处理过程中，沥青质经历了裂解和加氢等多重反应，改变了沥青质的结构[302~312]。当沥青质分子中稠合芳香单元薄片上较易脱除的烷基侧链断裂后，沥青质主要通过断裂连接单元薄片的各种桥键来使单元薄片从沥青质结构中剥离出去，从而生成相对较小的分子。因此，加氢过程中沥青质主要是以单元薄片为基本单元参与反应的。加氢后渣油中的沥青质已不再是原生的沥青质，而是原生沥青质的加氢反应产物和胶质缩合生成的次生沥青质的混合物[313]。

4.6.1.1 沥青质碳氢元素在加氢过程中的变化

Trejo 等[314]研究了沥青质中碳、氢、氧、氮、硫等元素在加氢过程中的变化规律。一般情况下，碳和氢的含量会随着反应条件的苛刻程度而降低，H/C 原子比随着反应条件的变化情况见图4-56。由图可知：当空速降低时，由于沥青质在催化剂床层的停留时间增加、转化深度增加，导致H/C原子比降低，芳香度增加。当反应压力增加时，H/C原子比增加的较为缓慢。当反应温度变化时，沥青质的变化非常明显。因为反应温度的增加不仅可以提高沥青质烷基侧链的脱除，还可使热裂化反应变得更剧烈，从而得到更大芳香度的沥青质。Whitehead[315]研究表明：当反应温度高于400℃时，C—C键非常容易断裂，饱和碳也容易裂化，导致了沥青质中出现大量的多环芳烃。

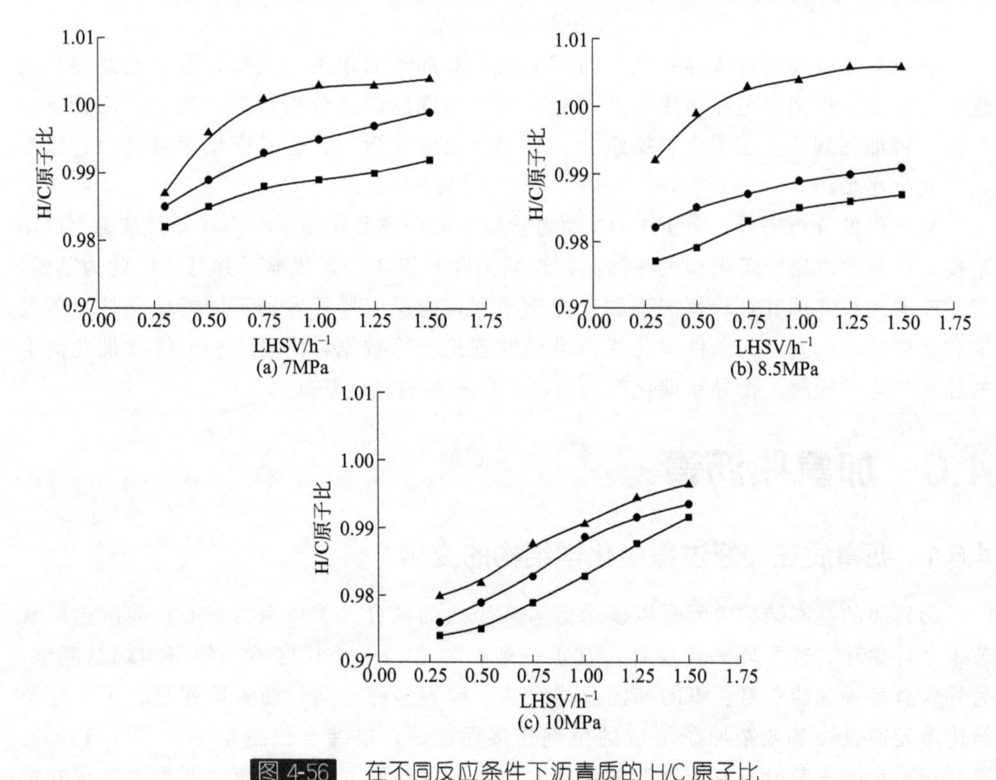

图4-56 在不同反应条件下沥青质的H/C原子比

—▲—380℃；—●—400℃；—■—420℃

4.6.1.2 沥青质杂原子在加氢过程中的变化

沥青质分子结构中含有硫、氮、氧、钒、镍、铁等多种杂原子。在加氢处理中，通过核磁共振氢谱、元素分析、平均相对分子质量等对反应前后的沥青质进行分析，沥青质中各原子含量的变化如表4-41所示[316]。由表4-41可知，沥青质中的氮含量一般不发生变化，有的时候甚至会增加[309]，这是由于氮处于沥青质芳香分中，进一步浓缩在沥青质中难以被脱除[317,318]。沥青质中的含氮化合物主要以具有高芳香性的吡咯和吡啶的稳定形式存在，并且从热力学角度考虑，氮对这些复合物的加氢作用是不利的。因此，含氮化合物的存在明显抑制芳烃的加氢脱硫反应，且随着原料中沥青质含量的增加，硫、氮含量均呈增加趋势。重质油加氢处理中使用催化剂将有助于原料中硫、氮、金属离子的脱除[319]。加氢后沥青质结构单元的平均相对分子质量和总碳数相比原生沥青质有所增加。

表 4-41 加氢反应前后沥青质结构单元组成分析（质量分数） %

原料	C	H	S	N	M
原生沥青质	84.52	7.46	4.85	1.36	865
2%沥青质	84.82	6.24	2.96	1.47	1128
4%沥青质	84.40	6.09	3.36	1.49	1061
7%沥青质	84.99	6.10	3.24	1.52	1083
10%沥青质	86.32	5.80	3.45	1.64	1078
12%沥青质	85.77	5.72	4.44	1.62	1062

重质油沥青质中的含硫化合物主要以噻吩的形态存在，噻吩环的加氢首先是 C—S 键的断裂，生成 H_2S 和烯烃，烯烃进一步加氢生成烷烃。沥青质分子的脱硫分解反应是重质油临氢裂化反应中沥青质发生的一种主要反应，并且含硫量高的沥青质比含硫量低的沥青质更容易转化，这是由于沥青质中 C—S 键的键能比 C—O、C—N 和 C—C 键的键能都低，易于断裂，硫较易脱除，故反应后沥青质的硫质量分数比原生沥青质低[320~322]。沥青质中部分硫位于稠合芳香环系中，这部分硫很难被去除，而临氢条件促进了杂环中硫的去除。沥青质脱硫反应的活性低于石油中其它组分脱硫反应的活性。当加氢脱硫的原料总脱硫量小于 50%时，沥青质中的硫几乎未被脱除；只有当总脱硫量超过 60%～80%时，沥青质的结构开始遭到破坏，沥青质中的硫才逐渐得到脱除，结果如图 4-57 所示[302]。虽然沥青质中硫含量随着温度的升高而降低，但硫含量的变化与温度的变化不成比例。

沥青质中钒和镍等微量金属与沥青质之间的结合类型有两种：一种是以螯合或络合形式结合到配位体上；另一种是金属离子结合在沥青质芳香片的缺陷中心导致的配位基上，位于沥青质分子的核心。加氢处理后的沥青质分子中钒、镍金属含量均有所增加[320]。图 4-58 为 Khafji 常压渣油在催化剂上沥青质的脱除率和脱金属率之间的关系。在相同的沥青质脱除率下，脱钒率明显高于脱镍率[309]。

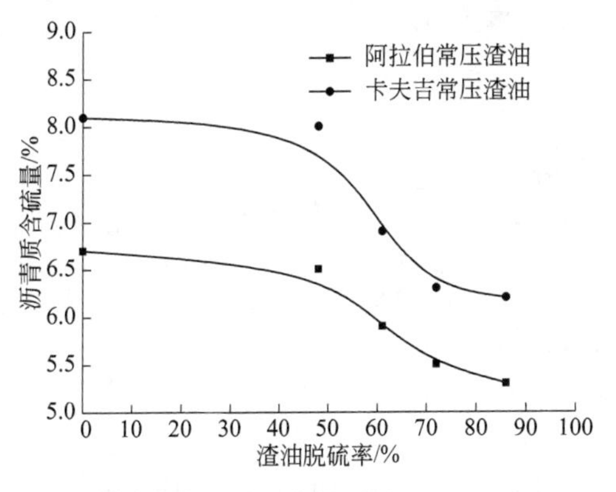

图 4-57 沥青质含硫量与常压渣油总脱硫率之间的关系

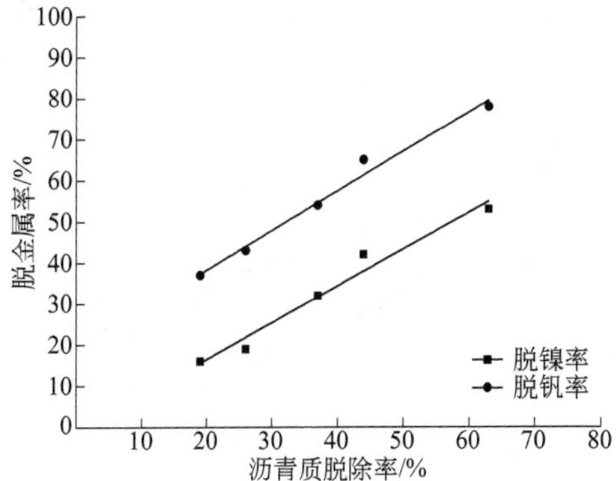

图 4-58 Khafji 常压渣油沥青质脱除率与脱金属率的关系

Trejo 等[314]也研究了沥青质中金属元素镍和钒在加氢过程中的变化规律，图 4-59 和图 4-60 分别是镍和钒在加氢过程中的变化情况。由图可知，沥青质中的镍和钒含量随着反应温度和反应压力的增加及空速的降低而增加，其原因在于随着沥青质加氢脱烷基反应的发生，沥青质分子尺寸变小，但沥青质大分子中的金属元素却依然存在。

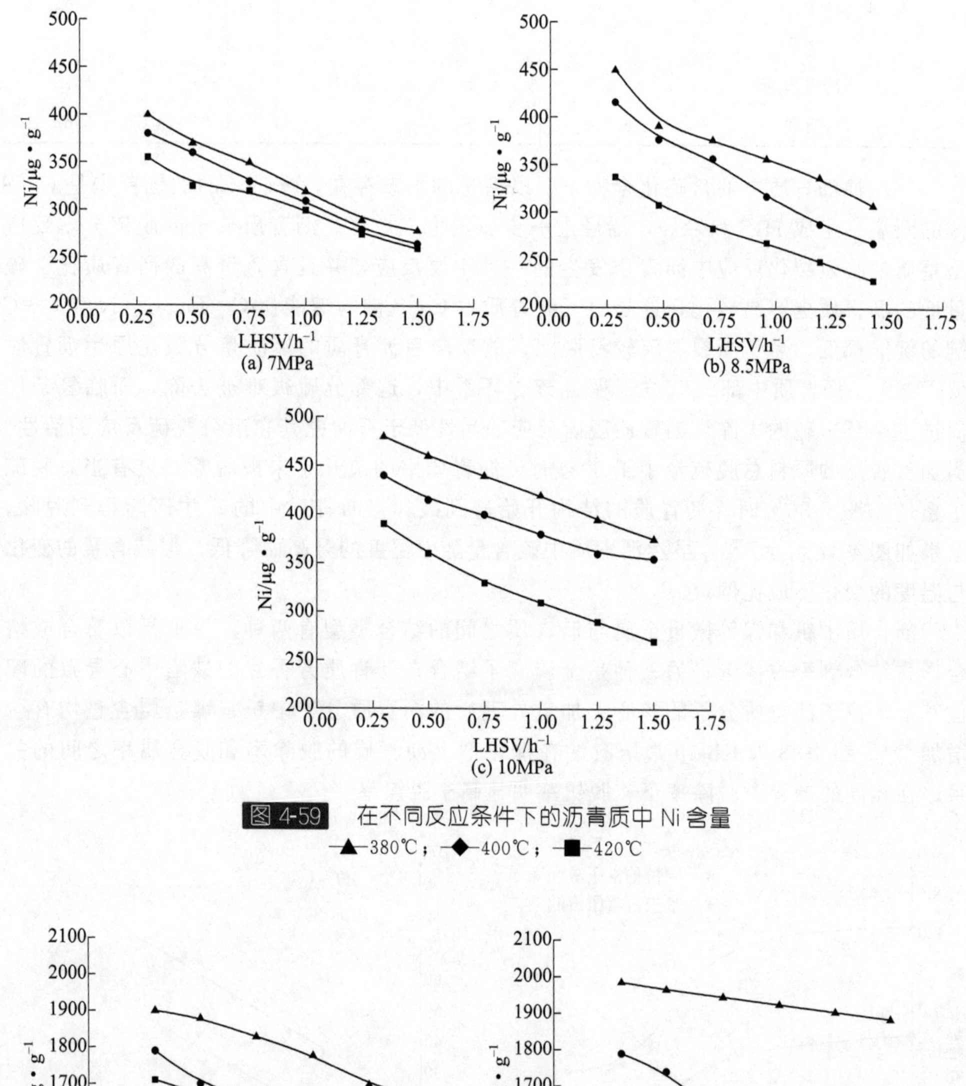

图 4-59 在不同反应条件下的沥青质中 Ni 含量

▲380℃；◆400℃；■420℃

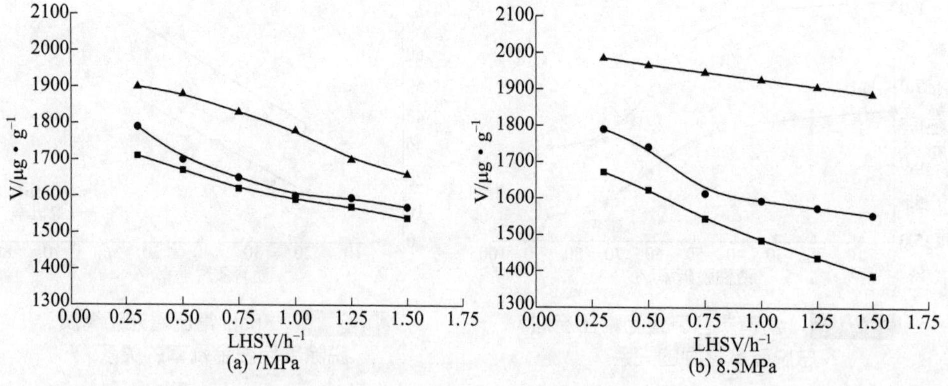

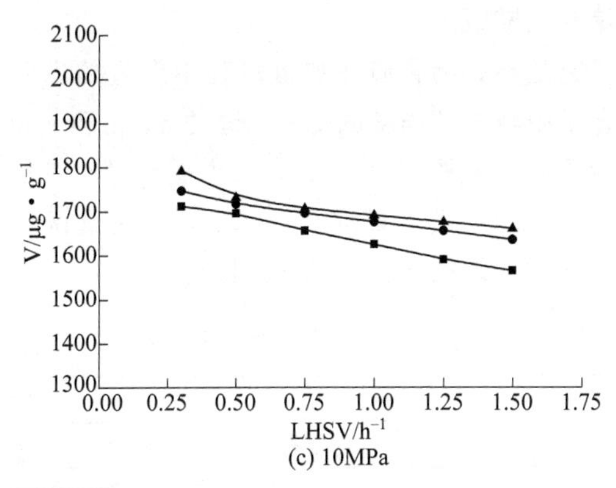

图 4-60　在不同反应条件下的沥青质中 V 含量

—▲—380℃；—●—400℃；—■—420℃

4.6.1.3　沥青质分子量及分子结构在加氢过程中的变化

Ancheyta 等[309]研究了沥青质在加氢过程中相对分子质量的变化情况，随着反应温度的增加，沥青质的相对分子质量变小。当反应温度达到 440℃后，芳核的侧链烷基显著减少，大量芳烃分子发生重排，芳香环数量减少。图 4-61 为随着温度的增加，芳香环数量（R_a）、分子质量（AMW）及芳环取代率（A_s）变化情况。

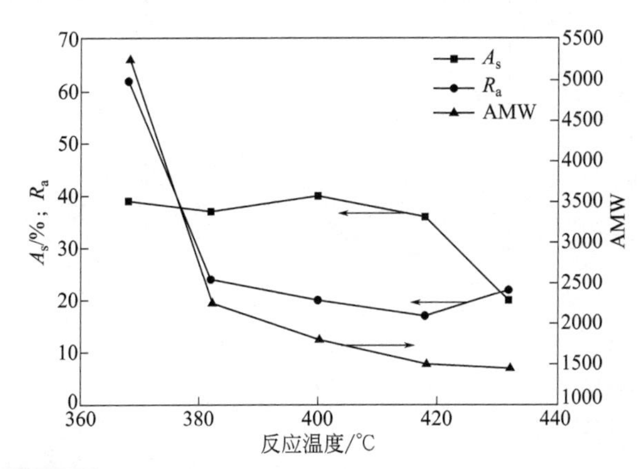

图 4-61　沥青质经加氢精制后性质随反应温度的变化规律

Merdrignac 等[323]也发现当加氢反应温度增加时，较大沥青质分子裂解为小分子或沥青质发生脱侧链烷基反应，导致其相对分子质量降低。Seki 和 Kumata[306]研究了沥青质和胶质在加氢脱金属催化剂上的转化规律，研究表明当反应温度达到 400℃时沥青质的侧链烷基明显变短，同时提出对催化剂的结焦影响较大的是沥青质的本质结构而不是其数量多少。

Ali 等[324]研究表明，当沥青质的相对分子质量较大时，其芳香度和杂原子含量较高。文献指出，小分子量的沥青质通过加氢后可转化为馏分油，但大分子量的沥青质仍然会保留在加氢产品中。虽然加氢后沥青质的总量减少，但是未完全加氢转化的沥青质的芳香度增加，烷基侧链减少。

Michael 等[325]的研究指出，沥青质在加氢过程中发生的主要变化是其烷基侧链和环烷烃。加氢后，沥青质中与芳环连接的 C—C 键的 α、β 和 γ 位发生断裂，得到了较短的侧链烷基和较高芳香度的芳核。表 4-42 为沥青质经过临氢热裂解后的结构参数变化情况。由表可知，沥青质的碳氢含量均大幅降低，但是这两种沥青的芳核结构未发生明显变化。此外，沥青质的硫氮含量均有明显降低。

表 4-42 进料和产品通过核磁共振分离出来的沥青质的一般结构参数

性质	每个分子中原子总数	
	进料	产品
总氢	163	57
芳香氢	13	15
脂肪氢	150	42
α-脂肪氢	15	13
β-脂肪氢	98	20
γ-脂肪氢	38	9
总碳	128	73
芳碳	59	55
叔芳碳	13	15
季芳碳	47	40
被取代的芳碳	7	5
被架桥的芳碳	35	32
没架桥的芳碳	25	23
脂肪碳	69	18
脂肪环碳	14	3
正烷基碳	43	10
甲基中的脂肪碳	11	5
脂肪链中的平均碳数	10	3
每个分子芳香环总数	18	17
每个分子脂肪环总数	4	1
芳香性	0.46	0.76
总硫	2.33	1.17
总氮	1.21	0.91
分子式	$C_{128}H_{163}S_{2.33}N_{1.21}$	$C_{73}H_{57}S_{1.17}N_{0.91}$

Zou 等[302]对不同来源的沥青质临氢处理进行了研究，结果如图 4-62 和图 4-63 所示。由图 4-62 可知，随着沥青质转化率的增加，沥青质分子中分子结构单元质量(UW)和结构单元数（n）减少。由图 4-63 可知，随着加氢反应温度增加，沥青质和胶质的芳碳率（f_a）增加。f_a的增加以及 AMW 的降低是由于沥青质的脱烷基化作用而不是由芳香族结构的变化所引起。

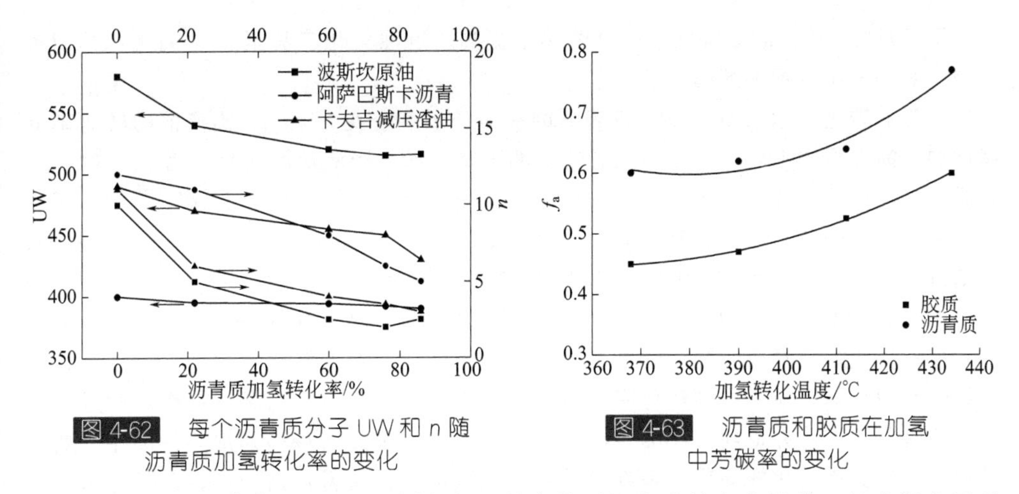

图4-62 每个沥青质分子UW和n随沥青质加氢转化率的变化

图4-63 沥青质和胶质在加氢中芳碳率的变化

Merdrignac等[326]研究了在不同加氢工艺条件下沥青质的变化规律，首次提出了通过CH_2/CH_3的比例推测烷基侧链的脱除机制。在沥青质发生侧链烷基脱除反应中，应该遵循β-位断键机理，较低的CH_2/CH_3比例代表了较深入的脱烷基程度。于是，当沥青质脱侧链烷基反应深度较大时，加氢后其芳核保留较多的CH_3，沥青质的芳香度增大。

在研究中应用尺寸排阻色谱-质谱联用仪（SEC-MS）测定了沥青质的分子量，并在流化床和固定床中研究了渣油转化率和沥青质相对分子质量的关系。由图4-64可知，当渣油的转化率较低（固定床）时，由于沥青质的聚集，其相对分子质量较高。当渣油的转化率在30%～50%（质量分数）时，沥青质的相对分子质量显著降低；当渣油转化率大于50%（流化床）时，将得到很小相对分子质量的沥青质。

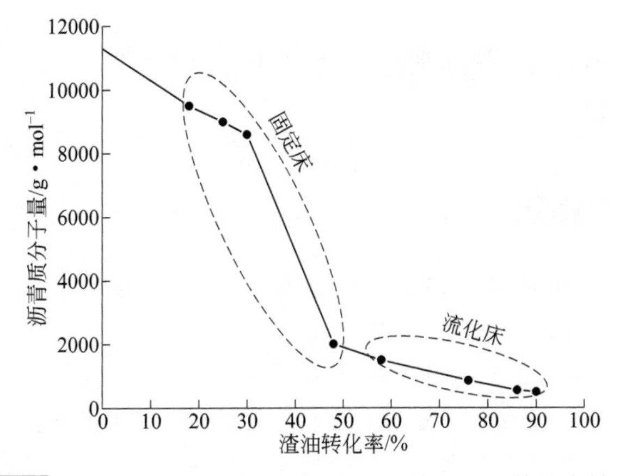

图4-64 沥青质的相对分子质量是渣油转化率函数的定性评价

Heck和Diguiseppi[327]在高压反应釜中研究了高沥青含量的Maya减压渣油的加氢转化规律。研究发现，若要达到较高的渣油转化率且催化剂不发生结焦，反应必须先在较低的温度下进行一段时间，然后逐步升温至所需温度，其目的在于保证加氢反应和裂解反应的平衡。研究还发现，沥青质的相对分子质量在加氢后减少为原来的1/3。另外值得提出的是，当渣油转化率达到68%时，沥青质的相对分子质量已经达到原相对分子质量的 1/3，但随着反应条件苛刻度提高，渣油转化率甚至达到 91%，其沥青质的相对分子质量不再继续降低。

当渣油转化率达到 50%时，沥青质的平均分子直径变为 4nm。当渣油的转化率继续增加，沥青质的平均分子直径只有略微的下降，如：当渣油的转化率为 80%时，沥青质的平均分子直径降低为 3.5nm。由于沥青质的侧链烷基断裂后只剩下芳核，所以其分子大小急剧减小。在加氢反应的开始阶段，沥青质的转化率较高、分子变化较大，但随着反应的深入进行，渣油的转化和沥青质的转化逐渐达到一种平衡。

图 4-65 是沥青质分子大小随着渣油转化率变化的情况，由图 4-65 可知，随着渣油转化率的变化，沥青质的分子结构和大小均发生变化。在低转化率阶段，发生沥青质的解聚和脱烷基反应，在中转化率阶段主要发生脱烷基反应，在高转化率阶段进一步发生脱烷基反应，并得到高度缩合的芳核。侧链烷基脱除后转移到加氢油品中，剩余的沥青变成更难转化的物质存留在高沸点加氢残渣中。值得指出的是，此图并未考虑沥青质中金属的转化情况。

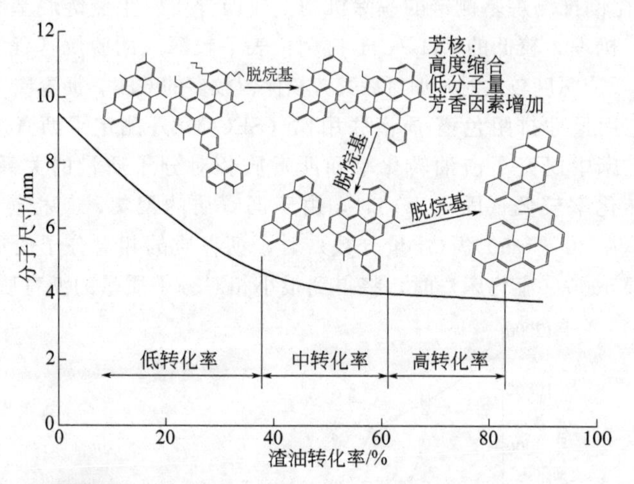

图 4-65 渣油中的沥青质的改变是渣油转化率的函数

Gauthier 等[328,329]在研究渣油加氢时也提出了类似的结论，当渣油的转化率在 55%～85%之间变化时，沥青质的转化率在 62%～89%之间变化。研究认为提出沥青质加氢转化有 3 个步骤：①当渣油转化率小于 40%，沥青质只发生解离和解聚；②当渣油转化率在 40%～80%时，沥青质主要发生侧链烷基的脱除反应；③当渣油转化率大于 80%，沥青质转变成不带侧链烷基的高缩合芳核。

Trejo 等用^{13}CNMR 研究了沥青质加氢前后的变化规律，通过公式（4-50）～式（4-53）可求出芳碳分数（f_a）、平均侧链烷基长度（N）、芳环取代度（A_s）和芳香环数（R_a）。表 4-43 为沥青质相关结构参数的变化规律，由表可知，当反应压力和温度增加、空速降低时，沥青质芳环数和芳环取代度降低。这意味着沥青质的烷基侧链从芳核脱除，从而得到缩合度更大的沥青。更少的烷基侧链和芳香度更高的芳核导致沥青质的芳香度增加。

Calemma 等[330]从核磁共振光谱得到的结构参数适用于以下方程：

$$f_a=\frac{C_{芳香}}{C_{芳香}+C_{脂肪}} \tag{4-50}$$

式中，$C_{芳香}$和$C_{脂肪}$为芳香碳和脂肪碳数目。

$$N=\frac{C_{脂肪}}{C_{被取代的芳香碳}} \tag{4-51}$$

式中，$C_{被取代的芳香碳}$是指所有只有一个连接到芳香核上的烷基取代基的芳香碳。

$$A_s=\frac{被取代的芳香碳百分数}{没有搭桥的芳香碳百分数}\times 100 \tag{4-52}$$

$$R_a=\frac{C_{芳香}-(C_{未被取代的芳香碳}+C_{被取代的芳香碳})}{2}-1 \tag{4-53}$$

式中，$C_{未被取代的芳香碳}$为所有没有烷基取代基的芳香碳。

表 4-43 沥青质加氢处理前后的结构参数

性质	反应条件		
	Maya 沥青质		
R_a	62.0		
A_s	38.9		
N	6.80		
f_a	0.52		
	T=400℃，LHSV=1.0h^{-1}		
	7MPa	85kg/cm^2	100kg/cm^2
R_a	28.32	27.86	25.90
A_s	33.89	34.29	32.70
N	6.07	5.90	5.22
f_a	0.55	0.55	0.58
	P=10MPa，LHSV=1.0h^{-1}		
	380℃	400℃	420℃
R_a	40.18	25.90	31.35
A_s	36.61	32.70	26.95
N	6.01	5.22	3.34
f_a	0.55	0.58	0.72
	P=10MPa，T=400℃		
	1.5h^{-1}	1.0h^{-1}	0.33h^{-1}
R_a	46.97	25.90	28.10
A_s	46.54	32.70	21.53
N	6.07	5.22	4.63
f_a	0.55	0.58	0.70

孙昱东等[313]对不同沥青含量的渣油加氢过程进行了研究，结果见表 4-44。重油加氢处理中，沥青质单元薄片较稳定，加氢过程中不易发生化学反应，而单元薄片上的

部分烷基侧链较易断裂生成轻质油品，使烷基侧链总体变短，总的饱和碳分率（f_S）减小，部分发生环化脱氢反应生成环烷环；而环烷环会进一步脱氢生成芳香环，导致反应后沥青质的H/C原子比降低，芳碳分率（f_A）及缩合度增加。随着原料中沥青质含量增加，加氢后沥青质结构单元的H/C原子比逐渐降低，f_A增大，芳香环系周边氢取代率（σ）及芳香环系缩合度参数（H_{AU}/C_A）减小，这都表明加氢反应后沥青质的缩合度比反应前有所增大。加氢后沥青质的取代芳碳分率（f_{sub}）明显减少，质子芳碳分率（f_{aro}）增加。且随原料中沥青质质量分数增加，加氢后的沥青质f_{sub}减小，f_{aro}增加。随原料中沥青质质量分数增加，加氢后沥青质的总环数（R_t）中环烷环数（R_n）和芳香环数（R_a）均逐渐增加，特别是当原料中沥青质质量分数接近或超过10%以后，反应后沥青质的R_a甚至大于原生沥青质，但环烷环的开环断裂速率比芳环的加氢饱和速率大，所以反应后沥青质的R_n小于原生沥青质。沥青质加氢反应后的高芳香性剩余结构进一步缩合导致沥青质分子中芳香环和总环数增加。

表 4-44 加氢反应前后沥青质结构参数变化

结构参数	原生沥青质	2%沥青质	4%沥青质	7%沥青质	10%沥青质	12%沥青质
H/C 比	1.06	0.88	0.87	0.86	0.81	0.80
f_A	0.5198	0.6263	0.6472	0.6433	0.6745	0.6765
f_{sub}	0.1316	0.0858	0.0723	0.0808	0.0777	0.0825
f_{aro}	0.0996	0.1361	0.1610	0.1486	0.1559	0.1540
f_S	0.4802	0.3727	0.3528	0.3567	0.3255	0.3235
σ	0.57	0.39	0.31	0.35	0.33	0.35
H_{AU}/C_A	0.44	0.35	0.36	0.36	0.35	0.35
R_a	85.51	48.10	57.97	79.86	92.97	97.69
R_n	20.79	10.93	9.86	14.80	16.68	18.04
R_t	106.29	59.04	67.83	94.67	108.96	115.73
N	8.23	2.97	3.69	4.94	5.38	5.79

4.6.1.4 沥青质晶体结构参数在加氢过程中的变化

1961年，Yen等[331]首次利用XRD方法研究了沥青质芳香片层之间的距离等结构参数。2θ在26°的002峰可代表芳碳的贡献，2θ在19°的γ峰可代表脂链碳的贡献。002峰和γ峰的面积之比可以估算沥青质的f_A，从而对芳香层的层间距（d_m）、脂肪链之间的层间距（d_r）、芳香片层的直径（L_a）、芳香片层堆积平均高度（L_c）、芳香层层数（M）等进行计算。

Trejo等[332]研究了Maya渣油的沥青质加氢前后晶体结构参数的变化规律，结果汇总于表4-45。由表可知，反应温度对沥青质结构影响较大，当反应温度从380℃到420℃变化时，M从10.6降到了8.3，d_m从3.60Å降到了3.53Å。研究结果表明，沥青质在经过较为苛刻条件的加氢后其结构趋近于无定型碳或半焦（H/C原子比为0.75，d_m为3.52Å）。当M变小，d_m有变小的趋势。空速对沥青质晶体结构参数也有较大的影响，当空速降低，M从10.7降到了10.1，L_c从34.9降到了31.7，此外d_m也有所降低。M对反应压力的变化不敏感，原因可能是反应压力对沥青质结构参数影响不大。当反应压力从7MPa增加至10MPa，M仅从10.6降到了10.4，而L_c基本无变化。由表4-45可知，在不同的反应条件下，d_m在3.48～3.60Å之间变动，M在10左右变动，Sharma等[333]也发现d_m约为3.7Å。

通过XRD分析发现，当加氢反应条件变得苛刻时，沥青质分子减小，且层间距参数和无定型碳接近。此外XRD分析还表明，脂肪链的参数指标变化较小，其原因可能为沥青质的烷基侧链在空间无规则的堆积、重叠导致。

表4-45 Maya原油的沥青质在加氢前后晶体结构参数变化

项目	层间距 d_m/Å		堆积平均高度 L_c/Å		层数 M	
	芳香片层	烷基片层	芳香片层	烷基片层	芳香片层	烷基片层
Maya原油沥青质	3.53	4.98	69.5	21.3	20.7	5.3
压力/(MPa)	$T=400℃$,LHSV$=1.0h^{-1}$					
7	3.58	4.72	35.6	19.9	10.6	5.2
8.5	3.51	4.87	33.5	19.0	10.4	4.9
10	3.53	4.87	33.5	16.3	10.5	4.3
温度/℃	$P=10MPa$,LHSV$=1.0h^{-1}$					
380	3.60	4.83	32.5	19.3	10.6	5.0
400	3.53	4.87	33.5	16.3	10.5	4.3
420	3.53	4.72	26.3	16.6	8.3	4.5
LHSV/h^{-1}	$P=10MPa$,$T=400℃$					
1.5	3.60	4.82	34.9	18.8	10.1	4.9
1.0	3.53	4.87	33.5	16.3	10.5	4.3
0.33	3.48	4.80	31.7	17.9	10.1	4.7

4.6.2 加氢反应条件对沥青质结构的影响

由于沥青质的结构参数在加氢过程中会发生较大的变化，研究反应温度、反应压力、空速、氢油比等不同反应条件的影响规律对获取沥青质加氢转化行为特征具有一定的意义。

4.6.2.1 反应温度对沥青质结构的影响

沥青质发生的化学反应过程受到加氢条件的影响，其中温度是最主要的影响因素。在较低的加氢处理温度下，沥青质主要发生烷基侧链的断裂反应和聚合芳环的氢解反应，生成分子质量较小的组分，氢化作用会导致一部分沥青质转化为胶质。在较高温度下，沥青质的加氢裂化及其芳核边缘的杂原子脱除反应占据主导地位[312]。

Amerik和Hadjiev[334]指出，沥青质的一些自身特性会影响其加氢反应性。如沥青质的一些结构性碎片容易发生磺化和氧化反应，导致沥青质的聚集、缩合；沥青质的顺磁性、低电势、高电子亲和能等影响沥青质的加氢反应活性；沥青质容易在催化剂表面产生强烈的吸附；沥青质的稠合芳香环结构使沥青质在热处理中易分解为芳烃、链烷烃和环烷片段。Usui 等[335]研究表明，沥青质的极性也会影响它们加氢裂化的反应性，含有极性与非极性沥青质比率高的原料表现出了低反应性。在临氢条件下用四氢化萘和 Ni-Mo/Al_2O_3催化剂对沥青质样品进行预处理可以增强沥青质的转化。实验表明，对样品在 Pd-Ni/Y 催化剂上进行临氢裂化预处理，高达 60%的沥青质可以转化为轻质片段。

Seki 和 Kumata[306]在加氢脱金属剂上研究了科威特常压渣油的沥青质在不同反应温度下的结构参数变化规律，反应条件为：压力 14MPa、空速 0.5h^{-1}、氢油体积比 356：1、反应温度 370～430℃。实验结果表明，当反应温度上升到 410℃过程中，沥青质芳核内的碳原子数增加，但一旦超过此温度却急剧下降。此外，整个沥青质骨架从 410℃开始也变得更加紧密。研究结果还表明，沥青质芳核大小和反应温度有关而与芳核中的芳环数量无关。

Bartholdy 和 Andersen[303]指出在 370℃以下沥青质发生的化学反应主要以加氢为主，在 190～200℃的温度沥青质开始发生轻微的裂化，当温度高于 380℃后裂化反应占主导作用，引起侧链的断开和环烷烃的裂解。研究表明，当加氢的反应条件较为缓和时，加氢产品的稳定性较好，但当反应条件变苛刻，沥青质在油品中的稳定性变差。其原因在于，当反应条件剧烈时，沥青质的脱烷基反应增加，结果造成加氢产品中含有较多的脂肪烃，且沥青质具有了更高的芳香度。于是，沥青质更易于聚沉，该结果和 Mochida 等[336]的结论一致。Buch 等[305]研究表明高温下进行加氢反应，沥青质的分子变小、芳香性增加，导致溶解性变差。

Ancheyta 等[309]研究了 Maya 原油沥青质在 380～440℃的温度范围内的结构参数变化规律，其它反应条件为压力 7MPa、空速 0.5h^{-1}、氢油体积比 890：1。结果表明，随着沥青质加氢转化率的提高，杂原子的转化率相应也得到提高。研究还表明沥青质分子裂化的转变温度在 420℃以上，沥青质分子越大，它的反应速率越快。图 4-66 与图 4-67 分别为不同温度加氢后，沥青质和胶质烷基侧链平均链长与烷基侧链数的变化。由图可知，随着加氢温度的升高，胶质和沥青质的烷基侧链平均链长和烷基侧链数在降低，但胶质和沥青质的结构变化趋势有所不同，这正是沥青质在 400℃以后发生大量烷基侧链的断裂所致。

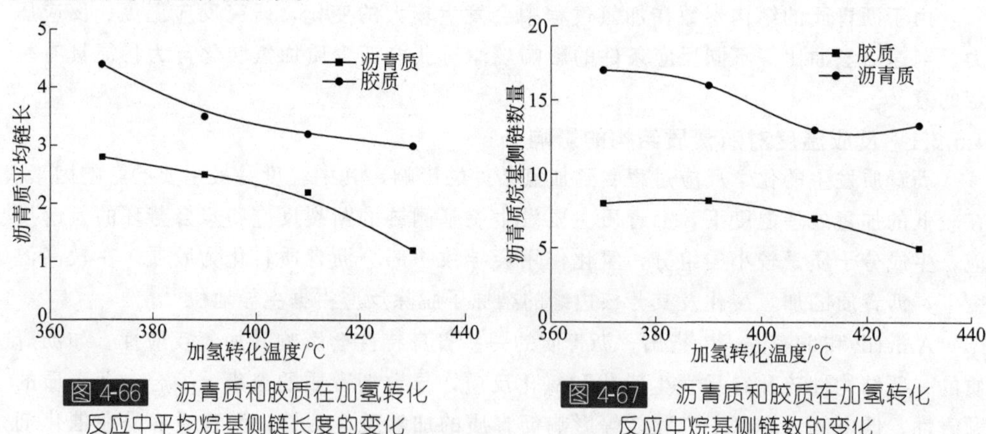

图 4-66 沥青质和胶质在加氢转化反应中平均烷基侧链长度的变化

图 4-67 沥青质和胶质在加氢转化反应中烷基侧链数的变化

Ancheyta 等[309]总结了温度对沥青加氢的影响规律：①沥青质中的硫以硫桥的方式存在，所以随着反应温度的提高、侧链烷基的脱除，硫含量相应的降低。由于沥青质的氮和金属位于其芳核中，所以随着反应条件的苛刻，其含量变化不大，较难脱除；②当反应温度提高，H/C 原子比和烷基侧链碳数明显降低，而 f_a 却升高，表明沥青质的芳香性增加；③沥青质加氢后 R_a 减少，表明沥青质的芳核部分转化为轻质组分。

Trejo 等[314]也研究了沥青质在不同加氢温度过程中的变化规律，反应温度 380～420℃，反应压力 10MPa、空速 1h^{-1}，结果见图 4-68。由图 4-68 可知，当反应温度提高，沥青质的 n 降低，f_a 增加及 AMW 降低。此外，从图中明显看出，当反应温度高于 400℃时，沥青质的结构变化较为明显。

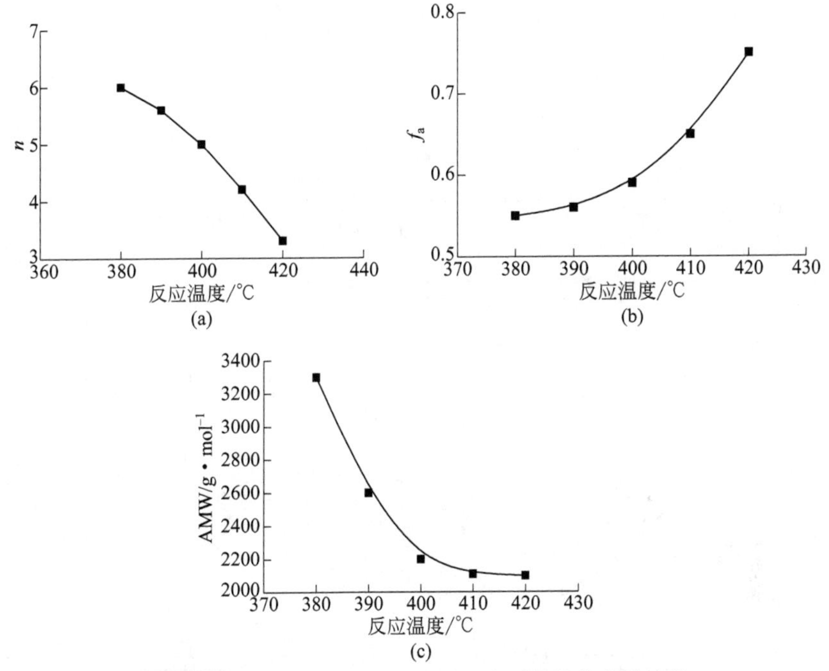

图 4-68　不同加氢反应温度下沥青质的结构参数变化

Mosio-Mosiewski 和 Morawski[337]研究了反应温度对乌拉尔减压渣油沥青质转化的影响。其它反应条件为：反应温度 410～450℃，催化剂浓度 1%（质量分数），反应压力 16MPa，空速 0.5h^{-1}。研究发现沥青质的转化率和温度基本呈线性关系。

4.6.2.2　空速对沥青质结构的影响

在低空速下进行反应就意味着反应物和催化剂的接触时间较长，所以可以获得较高的转化率。Trejo 等[314]在反应温度 400℃，反应压力 10MPa 下研究了沥青质在不同空速的变化规律，结果见图 4-69。当空速降低，沥青质的 n 降低，f_a 增加及 AMW 降低。此外，从图中明显可知，当空速为 0.33h^{-1}时，沥青质的结构变化最为明显。

Morawski 和 Mosio-Mosiewski[338]也研究了空速和反应温度对乌拉尔减压渣油沥青质转化的影响，结果见图 4-70。研究发现，沥青质的最高转化率可达 80%，这表明了降低空速对获取较高的沥青转化率有积极意义。同时研究还发现，当空速和温度变化比例相当时，沥青质的结构参数变化范围较为接近。

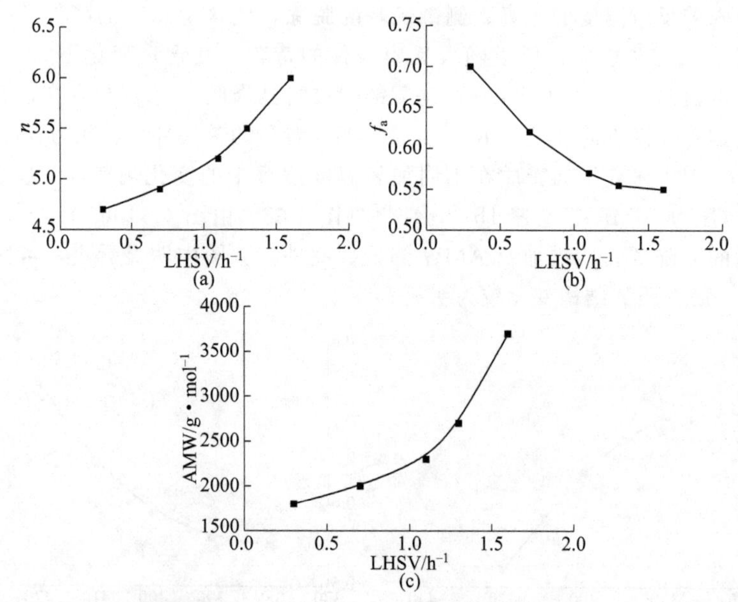

图 4-69 不同空速下沥青质的结构参数变化

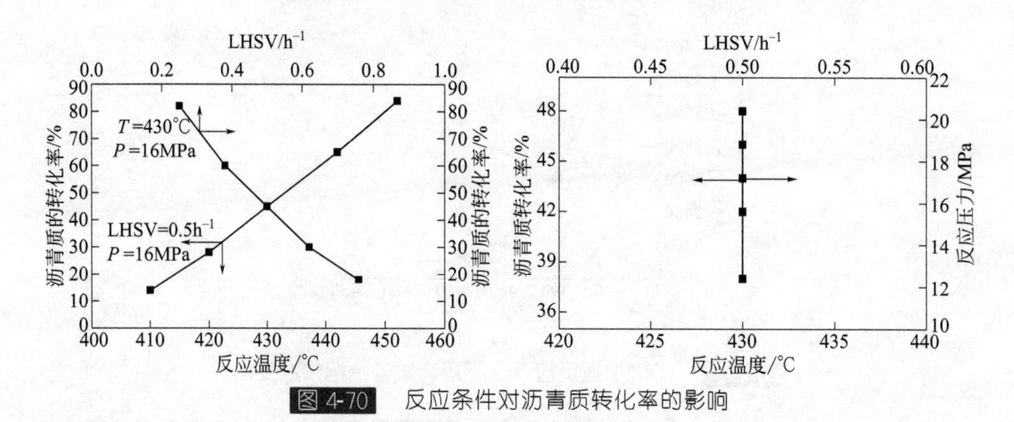

图 4-70 反应条件对沥青质转化率的影响

4.6.2.3 反应压力对沥青质结构的影响

在加氢反应中，反应压力是一个非常重要的条件参数，在较高的氢分压下氢气在催化剂的孔道中和烃自由基进行反应，达到中和自由基防止生焦反应，增加轻质油品收率的目的。Trejo[314]在反应温度 400℃，空速 1.0h^{-1}下研究了沥青质在不同反应压力下的变化规律，结果见图 4-71。当压力增加，沥青质的 n 降低，f_a增加及 AMW 降低。沥青质的 n 在低压和中压下基本保持不变，其变化主要在高压情况下发生，同样，f_a在高压下也变得较大。虽然反应压力对沥青质结构的影响没有反应温度显著，但是当压力高于 8.5MPa 时沥青质的结构变化较为明显。

在反应温度、压力及空速共同作用下沥青质结构的变化更为明显，研究表明当温度大于 400℃、压力大于 8.5MPa、空速小于 1h^{-1}的情况下沥青质裂化反应加剧。沥青

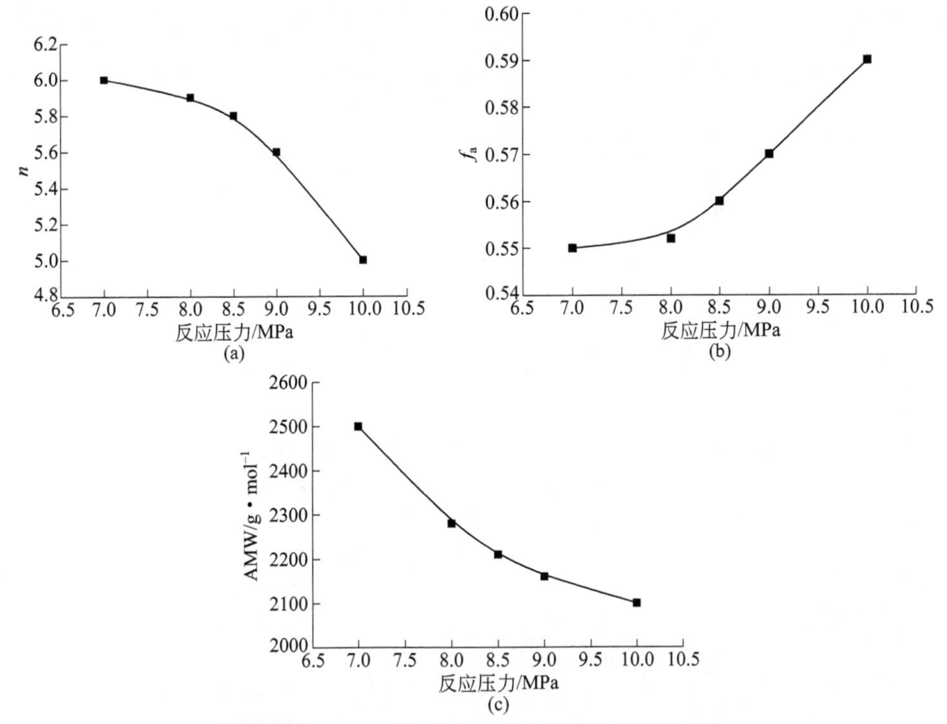

图 4-71　不同反应压力下沥青质的结构参数变化

质侧链烷基的脱除受加氢反应温度的改变最为敏感。当反应温度从 400℃升高到 420℃时，沥青质的 n 从 5.2 降低到 3.3，若要产生与此相同的变化，反应压力需要在更大范围内进行增加。当反应温度从 400℃升高到 420℃时，沥青质的 f_a 从 0.58 增加到 0.70，这意味着约有 70% 的碳原子是芳香碳。当空速从 1.5 降低到 1.0h^{-1}时，沥青质的 AMW 从 3666g・mol^{-1}降低到 2230g・mol^{-1}。但是另一方面，反应温度从 380℃升高到 400℃时，AMW 从 3284g・mol^{-1}降低到 2230g・mol^{-1}。所以，反应压力对沥青质加氢后结构的影响程度小于反应温度和空速。

4.6.2.4　催化剂对沥青质结构的影响

催化剂的孔径和孔分布对重质油的加氢活性有较大影响。Song 等[339]研究了 Ni-Mo 催化剂的孔结构对沥青质加氢转化的影响规律，结果见图 4-72。研究表明，沥青质加氢后 H/C 原子比降低、芳香性增加、氮和氧含量增加。此外，从图 4-72 可知，催化剂的活性和其孔结构有关，较大的催化剂孔径有利于沥青质的转化，最佳的平均孔径为 30nm。

Stanislaus 等[340]研究了催化剂孔结构对科威特减压渣油中沥青质加氢转化的影响。反应条件为：反应温度 440℃，氢油体积比 1000∶1，反应压力 12MPa，空速 2h^{-1}。研究中测试了介孔和大孔催化剂的加氢活性，结果表明，若催化剂的孔分布有 60% 在 10～20nm 之间（催化剂 P），则其对沥青质的加氢转化活性最高。虽然其活性较高，可以促进沥青质的转化，但也发现该催化剂具有较高的生焦趋势（见图 4-73，表 4-46）。

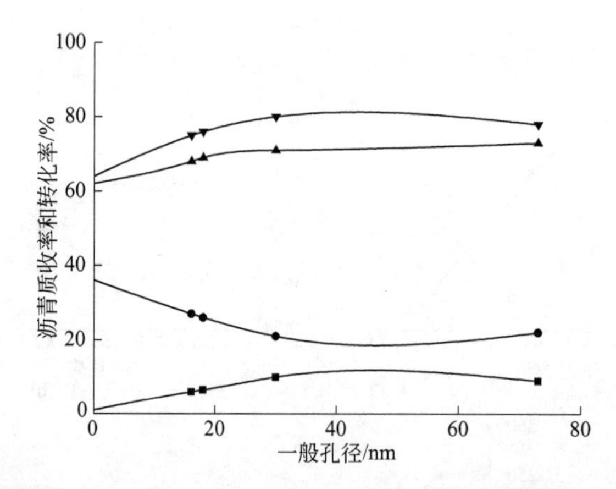

图 4-72 Ni-Mo/Al_2O_3催化剂的孔结构对沥青质加氢转化的影响

—▼—总转化率；—▲—油＋气；—●—沥青质；—■—焦炭

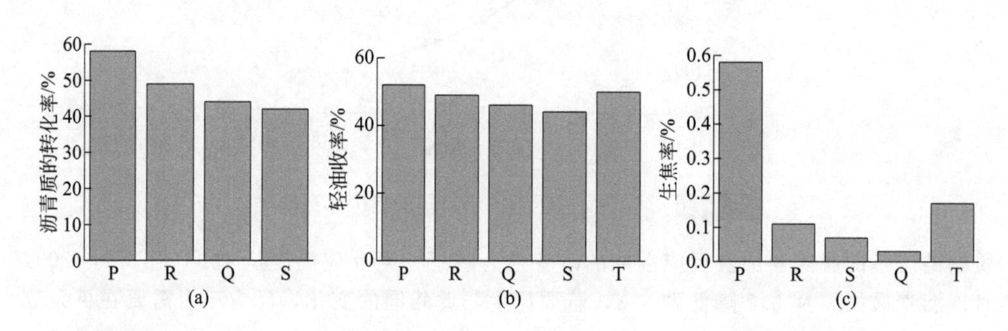

图 4-73 催化剂孔径对沥青质的转化率、轻油收率、生焦率（质量分数）的影响

表 4-46 不同催化剂介孔和大孔的分布

催化剂	总的孔体积/mL·g^{-1}	介孔分布/%			大孔分布/%		
		3～10nm	10～20nm	20～50nm	50～100nm	100～300nm	＞300nm
P	0.53	38	60.5	1.5	0	0	0
Q	0.60	4	11	27	15	43	0
R	0.73	7	34	19	6	16	18
S	0.75	55	8	8	6	21	2
T	0.69	38	22	10	6	19	5

研究结果表明，当催化剂的大孔较多时（催化剂 Q），加氢后沥青质的硫含量和金属含量最低。具有大孔和介孔的双峰型催化剂对沥青质具有较好的脱硫活性，但脱金属活性较低。催化剂 P 虽然具有最高的沥青质转化率活性，但其脱硫率和脱金属活性最低。沥青质是包含多种多环芳烃的混合物，其分子大小各异。较大的沥青质分子可能含有更多的硫化物和金属，他们不能进入介孔尺度的催化剂孔道，所以以介孔为主

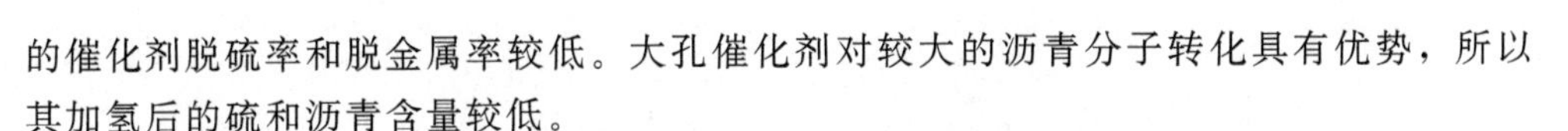

的催化剂脱硫率和脱金属率较低。大孔催化剂对较大的沥青分子转化具有优势，所以其加氢后的硫和沥青含量较低。

获取沥青质分子大小及其形态的相关参数对催化剂的设计具有非常重要的意义。一般的原则是，催化剂必须有一定比例介孔和大孔，但对不同的沥青质原料和反应条件，其介孔和大孔的比例优化是研究的重点[341~343]。

Lannic 等[344]在双反应器固定床加氢装置中研究了伊拉克减压渣油加氢转化规律，反应条件为：反应压力 15MPa、空速 0.1～1h^{-1}、反应温度 380～400℃。第一个反应器中装填 HDM 催化剂，在较为苛刻的反应条件下，由于热裂化作用沥青质的分子量明显降低。沥青质经过该催化剂床层后芳香碳增加，H/C 原子比降低。Guibard 等[345]在研究渣油加氢时发现，原料在通过 HDM 催化剂床层前，硫在沥青质和胶质中富集，但经过 HDM 催化剂后硫却在胶质和芳烃中富集，说明 HDM 催化剂将沥青质中的硫桥破坏。在第二个反应器中装填了孔径较小的 HDS 催化剂，较小分子量的沥青质在此进行反应。为了得到较小分子量的沥青质，在 HDM 阶段的反应条件必须较为苛刻。所以，当 HDM 催化剂已经将沥青质的侧链烷基脱除，沥青质进入 HDS 床层后不再发生脱烷基反应，于是其芳香性也不再增加。

HDM 和 HDS 催化剂也会影响沥青质的最终结构参数。Seki 和 Yoshimoto[346]在 HDS 和 HDM 催化剂上研究了阿拉伯轻质常压渣油的加氢反应。研究结果表明，在 HDM 和 HDS 催化剂上均发生了明显的脱烷基反应，而未发生明显的芳烃饱和反应，所以最终生成了大量的六苯并苯类物质。此外 Marafi 等[347]发现，当使用活性较低的催化剂时，沥青质将会发生较多的热裂化和缩合反应，导致生成缩合度更高的沥青质。

4.7 煤焦油加氢裂化

4.7.1 正碳离子机理

加氢裂化是指在较高的压力、温度等操作条件下，氢气经双功能催化剂作用使重质化石燃料发生加氢、裂化和异构化反应，进而转化为轻质油的加工过程。加氢裂化实质上是指加氢和催化裂化的有机结合，采用的是具有加氢和裂化两种作用的双功能催化剂。其加氢功能由金属活性组分提供，裂化功能由具有酸性的分子筛或其它酸性载体提供[348]。加氢裂化具有产品质量好、轻质油收率高的突出特点，此技术也可应用到煤化工领域来得到优质的燃料油产品[349]。作为催化裂化原料的煤焦油中主要的烃类有烷烃、环烷烃及带取代基的芳烃、有环烷取代基的芳烃，还有不带取代基的多环芳烃。

在由加氢组分和酸性载体构成的双功能催化剂上，加氢裂化反应整个过程可由图 4-74 表示。原料首先在加（脱）氢活性中心上脱氢成烯烃，然后在酸性中心上生成正碳离子，正碳离子的 β 位置上发生 C—C 键的断裂，得到一个烯烃和一个较小的仲（叔）碳离子，产生的烯烃可以在加氢活性中心上加氢饱和，一次裂化产生的正碳离子还可以进一步裂化生成更小的分子，而得到二次裂化产物[350]。

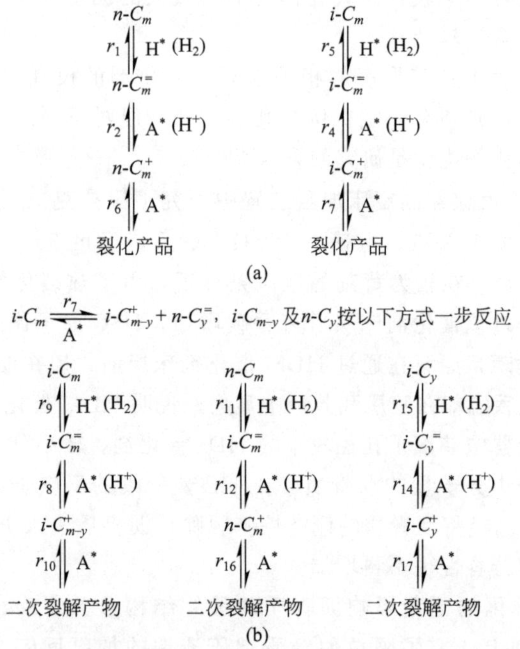

$$n\text{-}C_m \underset{r_1}{\overset{H^*(H_2)}{\rightleftharpoons}} n\text{-}C_m^{=} \underset{r_2}{\overset{A^*(H^+)}{\rightleftharpoons}} n\text{-}C_m^{+} \underset{r_6}{\overset{A^*}{\rightleftharpoons}} \text{裂化产品}$$

$$i\text{-}C_m \underset{r_5}{\overset{H^*(H_2)}{\rightleftharpoons}} i\text{-}C_m^{=} \underset{r_4}{\overset{A^*(H^+)}{\rightleftharpoons}} i\text{-}C_m^{+} \underset{r_7}{\overset{A^*}{\rightleftharpoons}} \text{裂化产品}$$

(a)

$i\text{-}C_m \underset{A^*}{\overset{r_7}{\rightleftharpoons}} i\text{-}C_{m-y}^{+} + n\text{-}C_y^{=}$，$i\text{-}C_{m-y}$及$n\text{-}C_y$按以下方式一步反应

$$i\text{-}C_m \underset{r_9}{\overset{H^*(H_2)}{\rightleftharpoons}} i\text{-}C_m^{=} \underset{r_8}{\overset{A^*(H^+)}{\rightleftharpoons}} i\text{-}C_{m-y}^{+} \underset{r_{10}}{\overset{A^*}{\rightleftharpoons}} \text{二次裂解产物}$$

$$n\text{-}C_m \underset{r_{11}}{\overset{H^*(H_2)}{\rightleftharpoons}} i\text{-}C_m^{=} \underset{r_{12}}{\overset{A^*(H^+)}{\rightleftharpoons}} n\text{-}C_m^{+} \underset{r_{16}}{\overset{A^*}{\rightleftharpoons}} \text{二次裂解产物}$$

$$i\text{-}C_y \underset{r_{15}}{\overset{H^*(H_2)}{\rightleftharpoons}} i\text{-}C_y^{=} \underset{r_{14}}{\overset{A^*(H^+)}{\rightleftharpoons}} i\text{-}C_y^{+} \underset{r_{17}}{\overset{A^*}{\rightleftharpoons}} \text{二次裂解产物}$$

(b)

图 4-74 加氢裂化反应机理

用正碳离子机理解释催化裂化反应是目前普遍公认的。无论是无定形硅铝催化剂还是新型分子筛催化剂均为酸性物质。各种烃类在这类物质上所进行的反应均与在强酸的均相溶液中发生的正碳离子反应相似。在双功能催化剂加氢过程中，正碳离子的生成主要通过以下途径：不饱和烃均可在催化剂的酸性位获取质子而生成正碳离子；烷烃失去负氢离子也可生成正碳离子。当烷烃与正碳离子反应时，能发生负氢离子转移，生成新的正碳离子。正碳离子生成后可发生许多反应，而最重要的是异构化反应，主要是双键的异构化和骨架异构化反应[351]。

4.7.2 烃类的加氢裂化反应

4.7.2.1 烷烃的加氢裂化

烷烃的加氢裂化是指分子中某一处 C—C 键的断裂，以及生产不饱和分子的加氢。通常反应过程中先进行异构化生成烯烃，然后烯烃进行加氢生成异构的烷烃。烷烃的相对分子质量越大，加氢裂化的反应速率就越快。通常烷烃加氢裂化在烷烃链中心部分的 C—C 键上进行主要的反应，这是因为分子中间键的分解速率要远大于两端键的反应速率。烷烃加氢裂化的产物组成主要是由烷烃碳离子的异构、稳定和分解速率以及它们的反应速率决定的。当所使用的催化剂具有较低的酸性活性和较高的加氢活性时，烷烃只发生氢解作用，不发生异构化，得到的产品饱和程度大，在高酸性活性催化剂上，碳离子反应机理表现十分明显。因此，通过改变催化剂中酸性活性和加氢活性的比例关系，便可得到最佳的反应产物比值。

正构烷烃在双功能催化剂上的加氢裂化反应经历的反应步骤是（图 4-75）：①正构烷烃在催化剂的加（脱）氢位吸附，并脱氢生成正构烯烃；②正构烯烃从加-脱氢位扩散到催化剂的酸性位，烯烃在酸性位获得质子生成仲正碳离子；③仲正碳离子通过转化生成叔正碳离子；④叔正碳离子通过 β-断裂生成异构烯烃和一个新的正碳离子；⑤叔正碳离子失去质子生成异构烯烃；⑥正、异构烯烃从酸性位扩散到金属位，在金属位上加氢饱和；⑦新生成的正碳离子既可获得负氢离子变成烷烃，也可继续发生 β-断裂，直至生成不能再进行 β-断裂的 C_3 和 i-C_4 正碳离子为止。

烷基正碳离子的裂化一般遵循 β-断裂机理，β-断裂生成的正碳离子包括伯正碳离子、仲碳离子、叔正碳离子，正碳离子的相对稳定性顺序为：叔正碳离子＞仲正碳离子＞伯正碳离子。因为伯正碳离子很不稳定，极易变成仲碳离子，所以一般都是叔、仲正碳离子反应。有支链仲、叔碳离子的 β-断裂机理，见表 4-47[351,352]。表 4-47 中所示四类 β-断裂反应的速率顺序如下：$A \gg B_1 > B_2 > C$。即三支链正碳离子生成两个异构产物的 A 型 β-断裂要比其它类型的裂化要快得多，而单支链正碳离子生成两正构产物很慢。以 C_{10} 烷烃加氢裂化为例，其 B_1、B_2 和 C 型 β-裂化的相对速率为 6.9，2.5 和 1.0[353]。

表 4-47 烷基正碳离子 β-断裂机理

β-断裂类型	β-断裂反应正碳离子类型①	对正碳离子要求		
		最小正碳离子	最少支链	支链位置
A	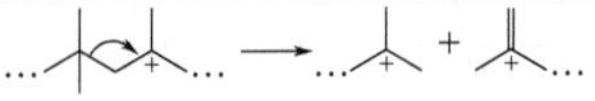 t-t	$C_8H_{17}^+$	三支链	α、γ、γ
B_1	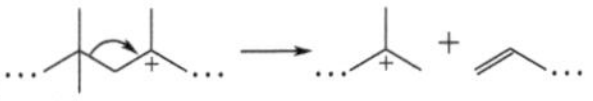 s-t	$C_7H_{15}^+$	二支链	γ、γ
B_2	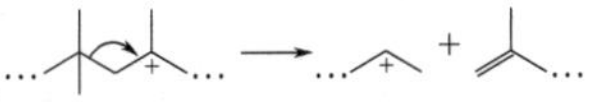 t-s	$C_7H_{15}^+$	二支链	α、γ
C	 s-s	$C_6H_{13}^+$	单支链	γ

①s、t 分别表示烷基仲、叔正碳离子。

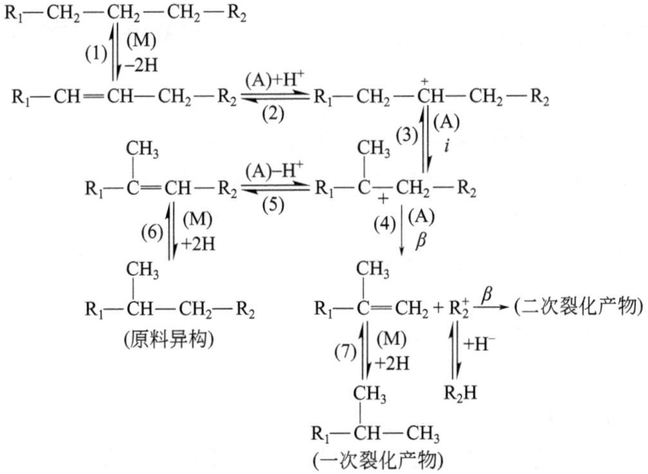

$R_1—CH_2—CH_2—CH_2—R_2$

(1) ⇅ (M) −2H

$R_1—CH═CH—CH_2—R_2$ ⇄ [(A)+H⁺ / (2)] $R_1—CH_2—\overset{+}{C}H—CH_2—R_2$

(3) ⇅ (A) i

$R_1—C(CH_3)═CH—R_2$ ⇄ [(A)−H⁺ / (5)] $R_1—\overset{+}{C}(CH_3)—CH_2—R_2$

(6) ⇅ (M) +2H　　(4) ↓ (A) β

$R_1—CH(CH_3)—CH_2—R_2$（原料异构）　　$R_1—C(CH_3)═CH_2 + R_2^+$ —β→（二次裂化产物）

(7) ⇅ (M) +2H　　⇅ $+H^-$

$R_1—CH(CH_3)—CH_3$（一次裂化产物）　　R_2H

图 4-75 正构烷烃的典型双功能加氢转化机理

注：(M)：金属位；(A)：酸性位；i：异构化反应；β：β-断裂反应

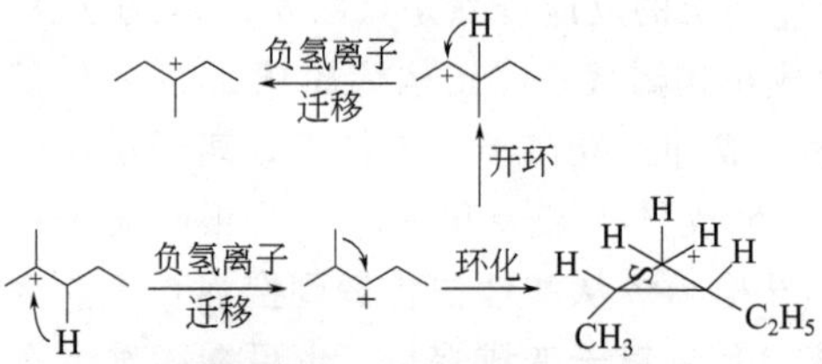

图 4-76 A 型异构化机理

在双功能催化剂上的烷烃异构化反应是通过正碳离子机理进行的，异构化本身是正碳离子链的一部分，该链反应包括链引发，正碳离子异构化和链传播，链传播是指异构的烷基正碳离子与原料正烷烃分子之间的反应。烷烃异构化反应机理可分为 A 型异构和 B 型异构（图 4-76 和图 4-77）。A 型异构化反应保持碳骨架的分支程度不变，但可涉及烷基迁移和侧链增长或缩短。B 型异构化反应则改变碳骨架的分支程度，与 A 型异构化的主要区别在于前者在质子化环丙烷之前质子从环丙烷的一个角跃迁到另一个角。

4.7.2.2 环烷烃的加氢裂化

环烷烃加氢裂化反应主要是由催化剂的酸性活性和加氢的强弱决定的。单环环烷烃的加氢裂化过程通常发生异构化、开环、脱烷基和脱氢反应。环烷正碳离子与烷烃正碳离子最大的不同在于前者裂化困难，只有在苛刻的条件下，环烷正碳离子才发生 β-断裂。而且环烷烃正碳离子发生 β-断裂后生成的非环正碳离子有强的环化倾向。

烷烃正碳离子的 β 轨道与裂化的 β 键在一个平面上有利于裂化，而环烷烃中二者近乎垂直难以裂化。Miki 等[354]研究发现甲基环戊烷比环己烷开环活性高得多，而开环产物相对量却差不多。环己烷的加氢裂化反应如图 4-78 所示，环己烷首先发生链的断裂，由于六元环非常稳定，通常并不发生开环，由环己烷异构化生成环戊烷。

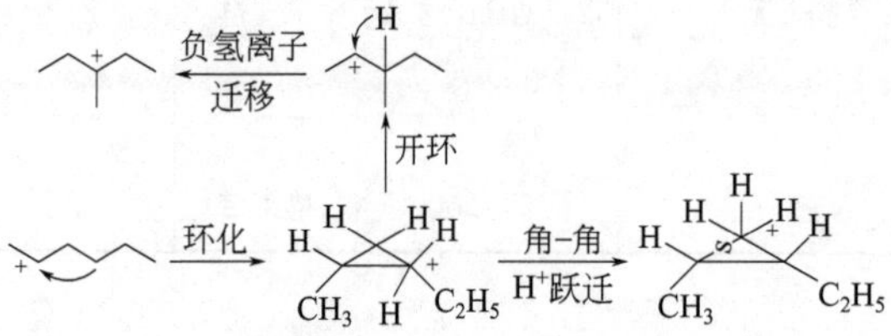

图 4-77 B 型异构化机理

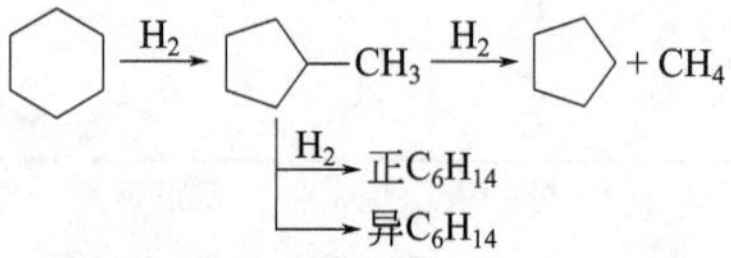

图 4-78 环己烷的加氢裂化反应

在加氢裂化条件下，环烷烃在双功能催化剂上的异构化反应主要是五、六元环烷烃之间的相互转化，烷基侧链的异构烷基在环上的迁移和烷基数目大小的变化。Froment 等[355]在 Ni-Mo-S/Y 沸石催化剂上研究了丁基环己烷的加氢裂化反应。提出的反应网络和机理分别示于图 4-79 和图 4-80 中。正丁基环己烷的转化是通过两个平行反应：环异构化和侧链异构化，随后脱烷基。正丁基环己烷转化的主要产物是异构物双烷基（如甲基、丁基）环戊烷和双烷基（如甲基、丙基）环己烷，裂化产物是原料异构物二次反应生成的，主要是丁烷和 C_6 环烷（环己烷和甲基环戊烷），没有明显的开环产物生成。

4.7.2.3 芳烃的加氢裂化

芳烃按芳环个数主要分为四类：①单环芳烃，包括苯、烷基苯、苯基或苯并环烷烃；②双环芳烃，包括萘、烷基萘、联苯和萘并环烷烃；③三环芳烃，包括蒽、菲和芴及它们的烷基化合物；④多环芳烃，如芘、荧蒽。各种油中芳烃含量如表 4-48

所示[356]。

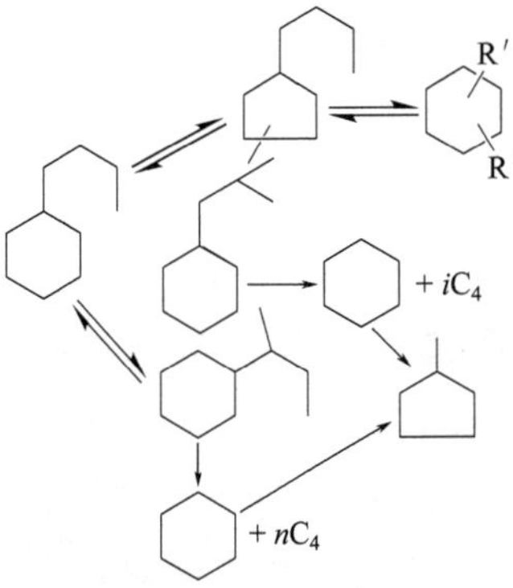

图4-79 正丁基环己烷加氢异构裂化反应途径图

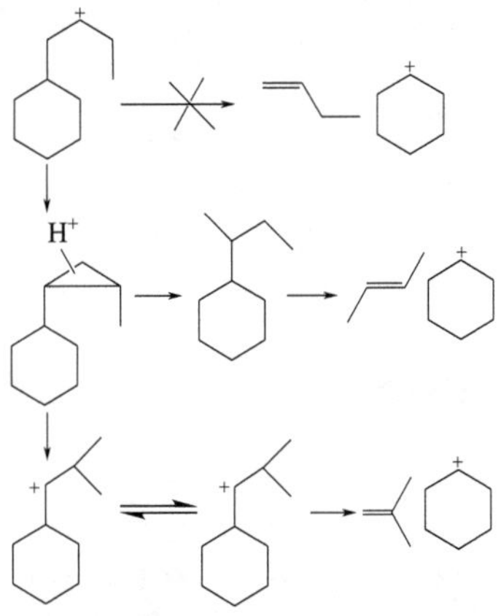

图4-80 正丁基环己烷加氢异构裂化反应机理

表4-48 不同瓦斯油中的芳烃分布

烃类组成①/%	LGO②	LCO③	LGO/LCO④	FE-LCO⑤	BE-LCO⑥
总芳烃	26.0	70.2	40.6	74.8	41.6
单环芳烃	16.8	11.2	12.6	29.0	0.1
双环芳烃	8.8	49.5	24.3	45.8	32.0
三环芳烃	0.4	9.5	3.7	0	9.5
多环芳烃	0	0.8	0	0	0.8

①高压液相色谱分析数据；
②LGO为直馏轻瓦斯油；
③LCO为FCC装置的轻循环油；
④混合油，LGO/LCO=70/30；
⑤LCO中<290℃馏分；
⑥LCO中>290℃馏分。

芳烃的加氢裂化反应是一个逐步的过程，苯环首先加氢饱和生成环己烷，然后进行开环等反应。多环芳烃的加氢裂化过程也包括上述反应过程，从热力学分析，多环芳烃的第一个环加氢较为容易。烷基苯和多环芳烃的加氢裂化过程如下。

(1) 烷基苯的加氢裂化　烷基苯加氢裂化反应主要有脱烷基、异构化、烷基转移、“剥皮”反应和环化反应[354]。Covion等[357]对C_1～C_4侧链烷基苯的加氢裂化进行了研究，发现脱烷基反应为其主要反应，异构和烷基转移为次，分别生成侧链为异构程度不同的烷基苯以及苯、二烷基苯。对于脱烷基反应，异构烷基比正构烷基容易，即α-碳原子上支链越多越容易断裂，以正丁苯为例，脱烷基速率有以下顺序：叔丁苯>仲丁苯>异丁苯>正丁苯。这与脱下来的正碳离子稳定性顺序一致，因此正丁苯的侧链一般不可能直接脱烷基，而是通过侧链异构化再脱烷基[353]。正丁苯的侧链C—C键断裂的速率按以下顺序递减：βC-γC、αC-βC、γC-δC。正丁苯和叔丁苯的脱烷基反应历程见图4-81和图4-82。

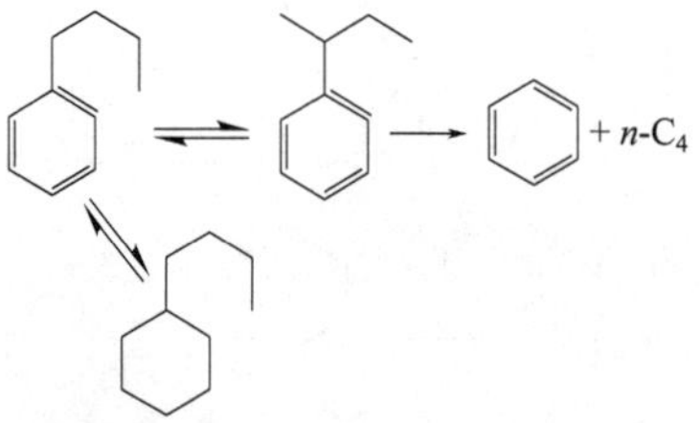

图 4-81 正丁苯加氢裂化反应

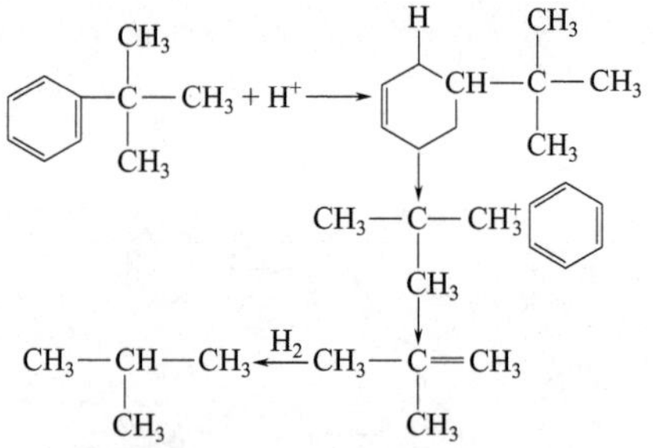

图 4-82 叔丁苯加氢裂化反应

Sullivan 等[358]把 C_{10} 以上烷基芳烃具有的这种特殊产物分布的加氢裂化反应称之为“剥皮”反应。“剥皮”反应是一种产物分布特殊的脱烷基反应，裂化产物中甲烷生成量很少，轻烃以 C_4 为主，环烷烃集中在 C_7～C_9，芳烃集中在 C_{10} 和 C_{11}；环结构破坏极少，对反应的六甲苯，环产率在 90%以上。很明显，这种产物分布不是六甲苯简单脱烷基反应的结果。

（2）多环芳烃的加氢裂化　长期以来，由于多环芳烃在提高轻质产品的收率、改善产品质量等方面起着至关重要的作用，所以备受关注。在加氢裂化条件下，多环芳烃的反应十分复杂，发生的反应主要有环加氢、开环、异构和脱烷基等一系列平行、顺次反应，图 4-83 表明了这些反应之间的关系和相对速率[359]。

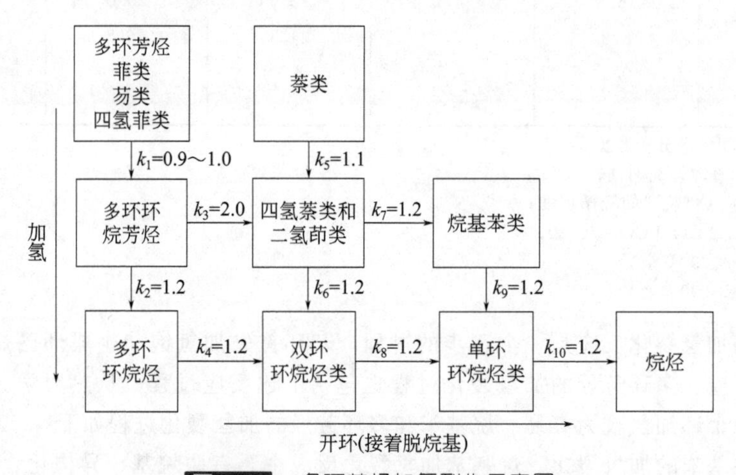

图 4-83 多环芳烃加氢裂化示意图

从图 4-83 可以看出，多环芳烃很快加氢生成多环环烷芳烃，其中环烷环较易开环，并相继发生异构化、断侧链或脱烷基反应。分子中含有两个以上芳环的多环芳烃加氢饱和开环断侧链反应较容易进行，而含单芳环的多环化合物，苯环加氢较慢。因此，多环芳烃加氢裂化的最终产物可能主要是苯类和较小分子烷烃的混合物。

以下对一些代表性的多环芳烃加氢裂化反应进行了分述。

① 四氢萘的加氢裂化。萘类的反应首先是一个芳环饱和生成四氢萘，四氢萘是多环芳烃加氢裂化的重要中间产物之一。四氢萘的反应网络见图 4-84[356]。四氢萘在加氢

功能较强和较低温度下主要按加氢裂化途径生成十氢萘，而在酸性功能较强、反应温度较高时主要异构生成甲基茚满。四氢萘加氢生成的十氢萘既可生成环异构物，也可开环生成正丁基环己烷，进而按图 4-79 反应途径进行反应。正丁苯可能是 2-甲基二氢茚经仲碳离子生成，正丁苯进而按图 4-81 反应途径继续反应。

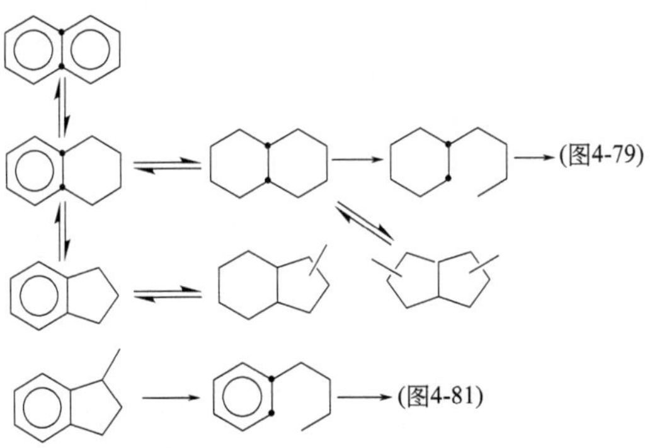

(图4-79)

(图4-81)

图 4-84　四氢萘加氢裂化反应网络

② 蒽的加氢裂化。蒽的加氢裂化反应过程如图 4-85 所示。在加氢裂化条件下，通过 1,2,3,4-四氢萘，一部分异构化生成 5,6-苯并茚满再裂化成环烷基萘，然后加氢生成四氢萘，另一部分异构成茚满生成烷基苯。

③ 菲的加氢裂化。菲在加氢裂化条件下的反应网络见图 4-86，主要产物是四氢菲和甲基环己烷，烷烃少，C_4 更少。环加氢且中心环开环、裂化，是生成大量甲基-环己烷和乙基-环己烷的原因。主要反应是生成双环化合物而不是生成相当数量环烷的裂化反应[360]。

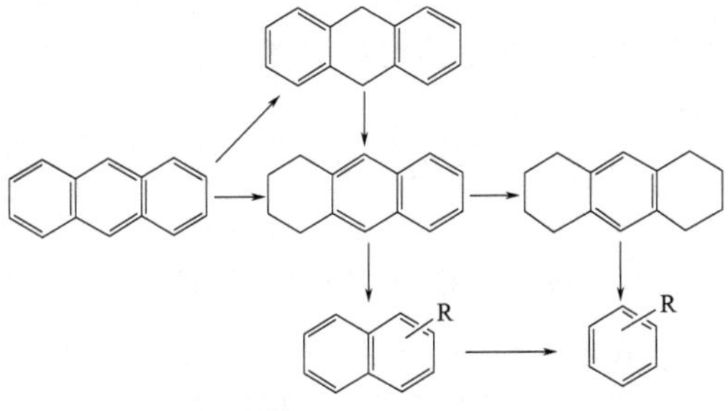

R

R

图 4-85　蒽加氢反应网络

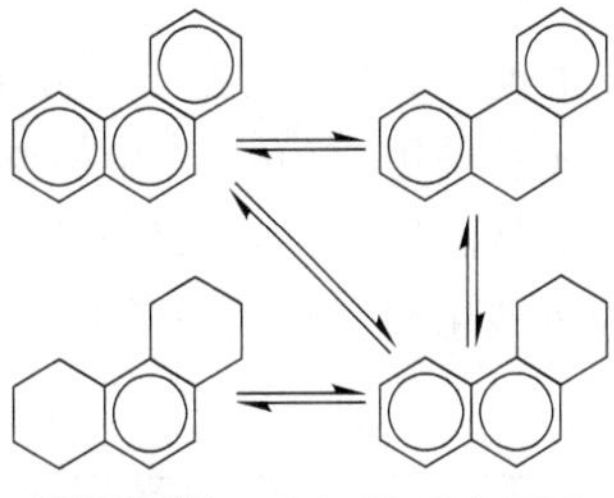

图 4-86　菲加氢反应网络

Lemberton 等[361]在 Ni-Mo-S/Al_2O_3 催化剂上对菲加氢裂化的产物分布进行了研究，发现菲加氢转化的第一步是菲加氢，菲的加氢逐步进行如下：菲→二氢菲→四氢菲→八氢菲。由于最后一个芳环加氢困难，全氢菲很难生成。其中生成四氢菲的反应是快反应，而它转化为八氢菲的反应则慢得多。

④ 氢化芘的加氢裂化。Haynes 等[362]在 Ni-W-S/USY 催化剂上研究了芘加氢产物的加氢裂化反应，发现其反应产物的分布与菲有很大不同。芘的产物含大量丙烷和 C_{13} 烃，说明其主要裂化途径是芘的氢化物掉一个丙烷生成 C_{13} 烃，C_{13} 烃裂化生成 C_{10} 烃的

结果。提出了下列的反应途径：$C_{16} \rightarrow C_{13} \rightarrow C_{10} \rightarrow C_6$，在各种氢化芘中，十氢芘最为活泼，其反应过程示于图 4-87（a）和图 4-87（b）[363]。

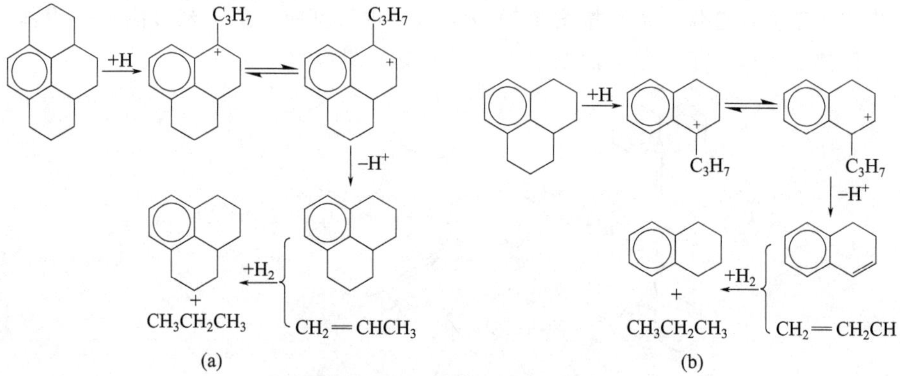

图 4-87 十氢芘加氢裂化机理

4.7.3 煤焦油加氢裂化

近年来，煤焦油加氢裂化工艺的研究得到了较大的关注，煤焦油工业加氢裂化的主要目的是将重质馏分油转化为轻质油。在此主要是对煤焦油加氢裂化中的工艺参数以及动力学研究等进行简单的阐述。

4.7.3.1 工艺参数对煤焦油加氢裂化的影响

加氢裂化过程中，反应温度、操作压力、氢油体积比、体积空速等是影响加氢裂化过程的主要工艺参数。近年来，针对煤焦油轻馏分加氢、煤焦油中间馏分加氢和煤焦油脱酚加氢等方面的研究较多[364~367]。但是这些工艺技术均存在一个共同的问题，即不能充分利用煤焦油资源生产燃料油。相比而言，煤焦油全馏分加氢在此方面有着明显的优势。李斌等[368]在小型加氢精制-加氢裂化双管固定床加氢装置上，选择加氢精制温度 653 K，研究了中温煤焦油全馏分加氢裂化工艺过程各因素对裂化效果的影响。实验采用 200mL 小型加氢精制-加氢裂化双管固定床反应装置，在第一反应管中进行加氢精制反应，第二反应管中进行裂化反应。采用的催化剂为自行研发的中温煤焦油加氢催化剂，分别为脱金属剂、脱硫剂、脱氮剂和裂化剂，其基本性质见表 4-49。

表 4-49 催化剂性质

催化剂	比表面积 /$m^2 \cdot g^{-1}$	孔容 /$mL \cdot g^{-1}$	堆密度 /$g \cdot mL^{-1}$	MoO_3/%	NiO/%	WO_3/%
脱金属剂	164	0.66	0.57	7.28	3.63	—
脱硫剂	182	0.47	0.77	17.72	5.26	—
脱氮剂	221	0.38	0.81	—	5.76	14.58
裂化剂	234	0.42	0.83	23.78	3.62	31.08

在反应压力 13MPa，液体体积空速 0.3h^{-1}，氢油体积比 1800，加氢精制温度 653 K 条件下，裂化温度变化对煤焦油加氢裂化水平的影响见图 4-88。由图 4-88 可知，加

氢裂化率随着裂化温度的增加而提高，当床层温度达到 673 K 时，这种趋势趋于平缓；如果继续提高反应温度，加氢裂化率只会有微小的提升，同时裂化反应深度会进一步增加，即意味着气体产物和小分子产物增加，汽柴油馏分的选择性降低，严重影响产品分布。

在加氢裂化温度 673 K，液体体积空速 0.3h^{-1}，氢油体积比 1800，加氢精制温度 653 K 条件下，反应压力变化对煤焦油加氢裂化水平的影响见图 4-89。由图 4-89 可知，反应压力的提高有利于加氢裂化率的提升，同时，较高的反应压力在很大程度上可以抑制缩合和生焦反应的发生，降低催化剂积炭水平。因此，加氢反应须在较高的反应压力下进行。

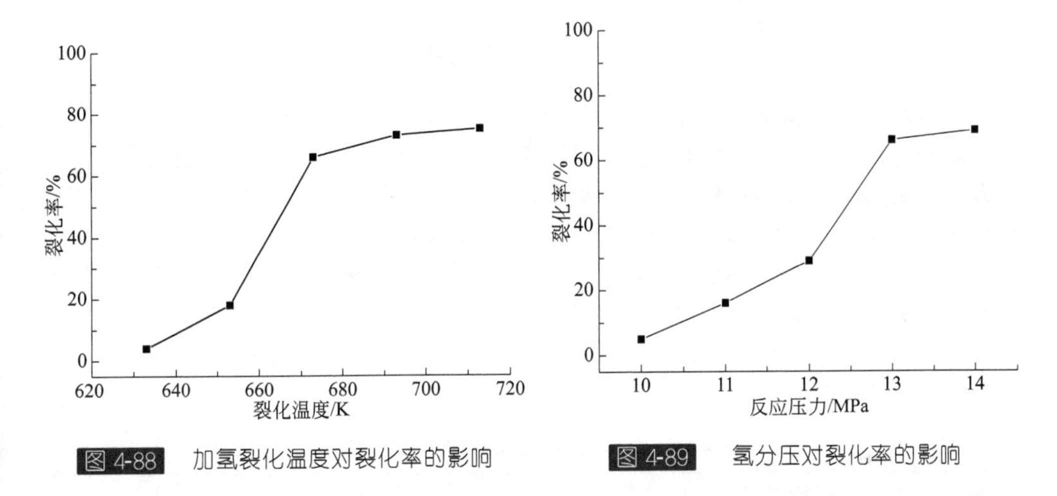

图 4-88 加氢裂化温度对裂化率的影响

图 4-89 氢分压对裂化率的影响

在反应压力 13MPa，裂化温度 673K，氢油体积比 1800，加氢精制温度 653 K 条件下，液体体积空速变化对煤焦油加氢裂化水平的影响见图 4-90。由图 4-90 可知，当液体体积空速降低时，物料与催化剂床层的接触时间随之增加，进而促使裂化程度加深，提高加氢转化率。液体体积空速降至 0.3h^{-1}以后，加氢裂化率基本可以维持一个较高的水平。

在反应压力 13MPa，裂化温度 673K，液体体积空速 0.3h^{-1}，加氢精制温度 653K 条件下，氢油体积比变化对加氢裂化率的影响见图 4-91。由图 4-91 可知，加氢裂化率随着氢油体积比的增加而提高，这是由于氢油体积比反映的是循环氢流量的状况。循环氢流量的增加有利于原料油的雾化，提高油气混合水平，改善物料分布状况，促使物料与催化剂充分接触，进而提高裂化率。但氢油体积比的影响相对较小，在一个较大范围内均可维持较高的裂化水平。

通过单因素和响应面分析，建立了加氢转化率与工艺条件之间的回归方程。研究表明，液体体积空速对加氢转化率的影响最大，其次为反应温度和反应压力，氢油体积比的影响最小。中温煤焦油加氢裂化的优化条件为反应压力 13.4MPa，反应温度 682 K，液体体积空速 0.3h^{-1}，氢油体积比 1895，煤焦油加氢裂化率为 77%～78%。

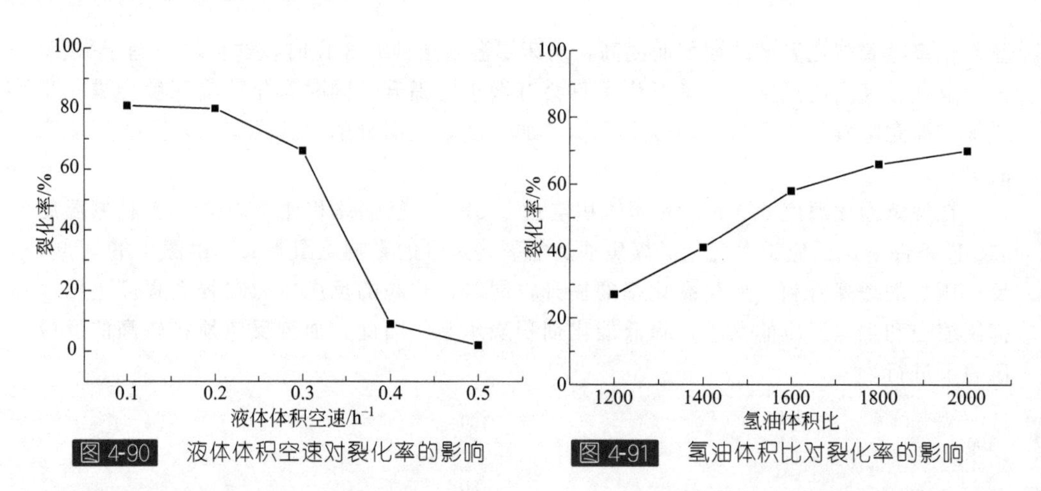

图 4-90 液体体积空速对裂化率的影响

图 4-91 氢油体积比对裂化率的影响

李冬等[369]在小型固定床加氢装置上，采用自行开发的加氢精制催化剂和加氢裂化催化剂对陕北神木中低温煤焦油进行了加氢改质工艺研究。通过考察反应温度、反应压力、氢油体积比和液体体积空速对加氢效果的影响，得到了优化的工艺条件：反应压力14MPa，反应温度390℃，氢油体积比1600∶1，液体体积空速0.25h^{-1}。

在最优工艺条件下，对神木煤焦油进行加氢后，极大地改善了油品的质量。将积累产品切割为汽油馏分（＜180℃）、柴油馏分（180～360℃）和加氢尾油（＞360℃），得到其质量百分比分别为9.82%、73.12%、16.43%。得到的产品性质见表4-50～表4-52。

表 4-50 煤焦油加氢改质后汽油馏分性质

性质	密度(20℃)/g·mL^{-1}	N/μg·g^{-1}	S/μg·g^{-1}	胶体/mg·100mL^{-1}	RON	MON
汽油	0.795	32	23.6	3.2	72.1	61.7
GB 17930—2006		＜150		＜5	＞90	

性质	馏程/℃					成分/%		
	IBP	10	50	90	EBP	饱和烃	烯烃	芳香烃
汽油	70	63	126	175	205	35.86	0.02	23.52
GB 17930—2006		＜70	＜120	＜190	＜205		＜30	＜40

表 4-51 煤焦油加氢改质后柴油馏分性质

性质	密度(20℃)/g·mL^{-1}	N/μg·g^{-1}	S/μg·g^{-1}	凝点/℃	闪点/℃	灰分/%	十六烷值	残炭/%
柴油	0.865	124	81.4	−20	81	＜0.001	40.2	＜0.01
GB 252—2000			≤2000	≤0	≥55	≤0.01	≥45	≤0.3

性质	馏程/℃					黏度(20℃)/mm^2·s^{-1}	酸值(KOH)/mg·mL^{-1}	铜片腐蚀(50℃,3h)
	IBP	50	90	95	EBP			
柴油	204	261	306	314	321	4.8	5.77	1
GB 252—2000		≤300	≤355	≤365		3.0～8.0	≤7	≤1

表 4-52 煤焦油加氢改质后尾油性质

密度(20℃)/g·mL^{-1}	C/%	H/%	N/μg·g^{-1}	S/μg·g^{-1}	残炭/%	灰分/%	闪点/℃
0.9146	87.29	12.14	0.08	0.02	0.22	0.002	140

馏程/℃		金属/μg·g^{-1}						
IBP/10%/50%	90%/95%/EBP	Fe	Na	Ni	V	Al	Ca	Mg
236/374/390	449/472/503	0.8	0.5	<0.1	<0.1	8.1	9.6	<0.1

由表 4-50 可知，加氢得到的汽油硫、氮、烯烃含量很低，芳烃含量小于 40%。RON 仅为 72.1，小于 90，50%馏出温度大于 120℃，其它指标均达到车用汽油 GB 17930—2006 标准。烷烃含量为 35.86%，芳烃含量为 23.52%，可以作为优质汽油调和组分或溶剂油。由表 4-51 可知，柴油馏分除十六烷值较低以外，其余指标均达到了国家标准 GB 252—2000 的规定，柴油硫、氮含量很低，可作为优质柴油调和组分或溶剂油。由表 4-52 可知，加氢尾油中还有少部分的柴油组分，硫、氮和灰分等杂质含量很低，这部分是优质的 FCC 原料或直接作为燃料油。

另外，黄澎等[370]利用悬浮床加氢对高温煤焦油进行加氢裂化研究。反应温度（T）、时间（t）、压力（p）对产物分布的影响见表 4-53。由表 4-53 可知，随着温度的升高，气体的产率和生成的甲苯不溶物增多，重油产率减少。当反应温度由 410℃升至 450℃时，气体产率由 6.54%增加到 8.13%，甲苯不溶物由 2.30%增加到 3.81%，重油收率由 61.50%减少到 49.74%。说明随温度的升高，产物裂解程度加深，反应生成的轻组分二次裂解后产生更多的气体、石脑油和柴油馏分，与此同时，缩聚反应也加快，甲苯不溶物产率增加。随着反应时间的增加，气产率和甲苯不溶物均明显增加，石脑油组分逐渐增加，由 7.47%增加到 11.21%，重油产率降低明显。对于以热裂解反应为主的悬浮床加氢反应，反应时间和温度之间具有互补性。随着反应压力由 12MPa 增加到 15MPa，气产率增加明显，石脑油和柴油馏分产率显著增加，当反应压力继续增加至 19MPa 时，气产率变化不大，石脑油和柴油馏分产率有轻微增加，但甲苯不溶物的量显著增加。说明反应压力达到一定数值后，继续增加压力对汽柴油产率的提高影响不大，反而会增加甲苯不溶物（缩聚的产物）的量，从设备要求考虑，在汽柴油产率变化不大的前提下，优先选择较低的反应压力条件。

表 4-53 反应温度、时间、压力对产物分布的影响

反应条件		组分/%					
		气产率	水产率	石脑油	柴油	重油	甲苯不溶物
T/℃ (t=50min P=19MPa)	410	6.54	1.98	8.26	19.42	61.50	2.30
	430	7.27	2.18	10.78	22.58	53.60	3.59
	450	8.13	2.96	11.57	23.79	49.74	3.81
t/min (T=430℃ P=19MPa)	20	5.84	1.76	7.47	21.11	61.50	2.32
	50	7.27	2.18	10.78	22.58	53.60	3.59
	80	7.91	2.67	11.21	22.94	50.20	5.07

续表

反应条件		组分/%					
		气产率	水产率	石脑油	柴油	重油	甲苯不溶物
P/MPa（T=430℃ t=50min）	12	6.14	1.72	8.37	19.64	61.30	2.65
	15	7.07	2.04	10.16	22.35	55.21	3.17
	19	7.27	2.18	10.78	22.58	53.60	3.59

张世万等[371]以煤焦油为原料，研究了加氢裂化反应类型及反应产物油馏分的调制机理。实验条件以γ-Al_2O_3为载体，Mo、Ni为加氢活性组分，采用分步浸渍法制备负载型MoO_3-NiO/γ-Al_2O_3加氢裂化催化剂。在高压反应釜上考察反应压力、反应温度对煤焦油加氢催化裂化反应的影响。通过比较3种不同NiO质量分数的催化剂加氢反应活性，得到NiO质量分数为3.68%的催化剂活性最好。在13MPa和350℃加氢催化条件下，得到反应产物油及原料煤焦油的性质见表4-54。

表4-54 原料油与产物油的性质

物质	密度/g·mL^{-1}	二元苯环芳烃质量分数/%	硫质量含量/μg·g^{-1}	氮质量含量/μg·g^{-1}	油品凝点/℃
原料油	1.055	84.55	11700	11850	−1
产物油	0.899	30.23	175	698	−11

由表4-54知，加氢反应前后得到产物油密度下降0.156g·mL^{-1}，芳烃质量分数下降54.32%，硫、氮含量分别下降11525、11152μg·g^{-1}，凝点下降10℃，芳烃转化率为64.25%，达到了煤焦油轻质化的效果，获得了低硫、低氮、低芳烃的反应产物油。研究表明选择高活性的催化剂，有利于提高加氢脱硫反应、加氢脱氮反应、加氢饱和及选择性开环反应，缩合反应、自由基开环聚合反应的速率。

4.7.3.2 煤焦油加氢裂化动力学

针对煤焦油加氢裂化动力学的研究不仅可以研究煤焦油加氢裂化的反应机理，而且对于指导加氢裂化催化剂的研制具有重要意义，也是加氢反应器开发和优化工艺条件以及预测效果的重要基础。

代飞等[372]以去除沥青的中低温煤焦油为原料（蒸馏小于370℃馏分段），以自制Ni-Mo/γ-Al_2O_3作为催化剂，在两段固定床反应器中进行加氢处理。实验条件为：温度为370℃，空速为（0.4～1.2）h^{-1}，氢油比为1400～1800，氢气初压为（6～12）MPa。基于对焦油加氢裂化反应过程的分析，建立了五个集总煤焦油加氢裂化反应动力学模型。5个集总组分划分如下：煤焦油原料单独作为第一个集总；然后将目的产物柴油和汽油分别划分为第二、第三个集总；把烷烃、烯烃等低碳的裂解气作为第四个集总；缩合反应得到的焦炭作为第五个集总。根据划分的集总，建立了下面的反应网，如图4-92所示。

由反应速率方程推导模型的基本方程式为：

$$
\begin{cases}
\dfrac{dy_A}{dt}=-(k_1+k_2+k_3)y_A \\
\dfrac{dy_B}{dt}=k_1y_A-(k_4+k_5+k_6)y_B \\
\dfrac{dy_C}{dt}=k_4y_B-(k_7+k_8)y_C \\
\dfrac{dy_D}{dt}=k_2y_A+k_5y_B+k_7y_C \\
\dfrac{dy_E}{dt}=k_3y_A+k_6y_B+k_8y_C
\end{cases}
$$

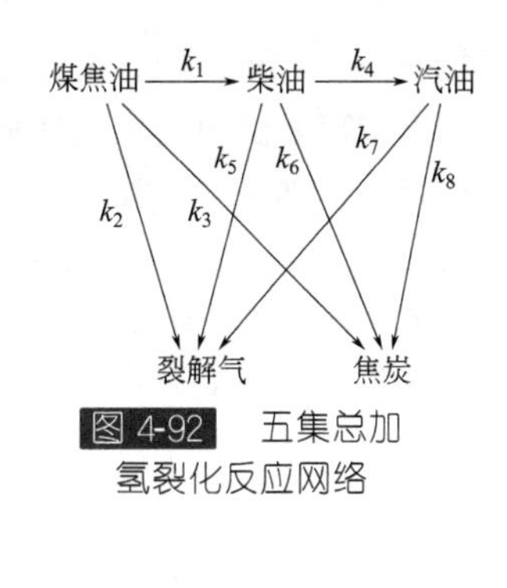

图 4-92　五集总加氢裂化反应网络

在特定温度下，研究了空速、氢油体积比和反应压力对产物收率的影响，见表 4-55。由表 4-55 可知，随着空速的增加，主要产物柴油和汽油的收率呈下降趋势，而且生成气体的量也会减少，但半焦的收率却略有增加，(0.5～0.6) h^{-1}空速条件下过程最优，得到的目的产物收率最大。氢油比的不同会得到不同的产品收率，在氢油体积比 1600 时得到目的产物的量最大，效果最好。选择合适的氢气初始压力有利于提高柴油和汽油的收率，可以抑制半焦副产品的产生，从而使得整个工艺过程得到了优化。研究得到，在空速为 0.5～0.6h^{-1}，氢油比为 1600，氢气初压为 12MPa 的条件下过程最优，得到的目的产物收率最大，并且经检验实验值与动力学模型的计算值吻合较好。

表 4-55　空速、氢油比和反应压力对产物收率的影响

反应参数		反应条件	反应时间/h	煤焦油(质量分数)/%	柴油(质量分数)/%	汽油(质量分数)/%	气体(质量分数)/%	半焦(质量分数)/%
LHSV/h^{-1}	0.4	T=370℃ p=6MPa H_2/Oil=1600		0.015	0.756	0.196	0.025	0.008
	0.8			0.042	0.737	0.184	0.019	0.018
	1.2			0.076	0.713	0.173	0.008	0.030
H_2/Oil	1400	T=370℃ p=6MPa LHSV=0.4h^{-1}		0.051	0.737	0.184	0.0177	0.0184
	1600			0.025	0.753	0.192	0.018	0.012
	1800			0.034	0.745	0.188	0.0174	0.0157
p/MPa	6	T=370℃ H_2/Oil=1600 LHSV=0.4h^{-1}	0.833	0.076	0.7134	0.1726	0.008	0.030
			1.25	0.051	0.737	0.184	0.0177	0.0184
			2.5	0.0211	0.756	0.196	0.0189	0.008
	8		0.833	0.058	0.7286	0.1794	0.011	0.023
			1.25	0.025	0.7528	0.1922	0.018	0.012
			2.5	0.010	0.761	0.201	0.022	0.006
	12		0.833	0.0547	0.7302	0.1821	0.017	0.016
			1.25	0.0183	0.7564	0.1973	0.211	0.007
			2.5	0.005	0.764	0.203	0.025	0.003

孙晋蒙等[373]通过煤焦油加氢中试装置，研究了全馏分煤焦油加氢裂化的集总反应动力学。实验采用的原料是固体热载体热解技术副产的陕北中温煤焦油。原料粉煤小于 6mm，在移动床内（隔绝空气）进行热解，热解温度为 610～750℃，煤气产率为

132.7m³（标）·t^{-1}煤。实验装置和催化剂采用的是自行研制的200mL实验加氢装置和自行研发的中温煤焦油加氢系列催化剂，催化剂通过合理的级配装填。按照原料油族组成和加氢生成油切割方案（或馏程）的差异，建立了六集总煤焦油加氢裂化反应动力学模型。6个集总分别为：沥青质或胶质、芳香烃、饱和烃、柴油、汽油或石脑油、气体。通过合理假设、简化和集总处理，提出的中温煤焦油加氢裂化反应网络见图4-93。

建立的加氢裂化集总动力学反应网络的反应速率方程见下式：

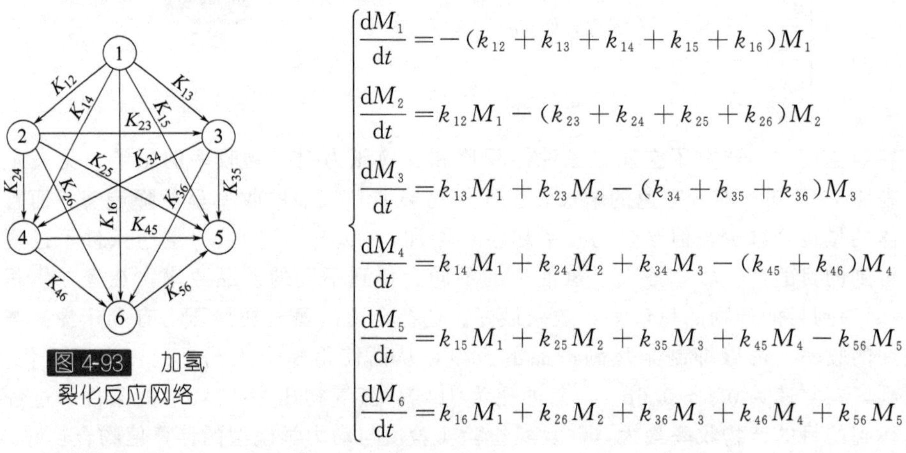

图4-93 加氢裂化反应网络

$$
\begin{cases}
\dfrac{dM_1}{dt}=-(k_{12}+k_{13}+k_{14}+k_{15}+k_{16})M_1 \\
\dfrac{dM_2}{dt}=k_{12}M_1-(k_{23}+k_{24}+k_{25}+k_{26})M_2 \\
\dfrac{dM_3}{dt}=k_{13}M_1+k_{23}M_2-(k_{34}+k_{35}+k_{36})M_3 \\
\dfrac{dM_4}{dt}=k_{14}M_1+k_{24}M_2+k_{34}M_3-(k_{45}+k_{46})M_4 \\
\dfrac{dM_5}{dt}=k_{15}M_1+k_{25}M_2+k_{35}M_3+k_{45}M_4-k_{56}M_5 \\
\dfrac{dM_6}{dt}=k_{16}M_1+k_{26}M_2+k_{36}M_3+k_{46}M_4+k_{56}M_5
\end{cases}
$$

加氢裂化反应动力学模型中的各反应速率可以写成下式：

$$k=k_0\exp(-E/RT)P_{H_2}^{a}(\text{LHSV})^{b}$$

式中，M_i为虚拟组分质量分数（质量分数），%；t为反应物停留时间，h；k_{ij}为表观反应速率常数；p_{H_2}为系统氢气分压，MPa；LHSV为液体体积空速，h^{-1}；a为反应压力修正指数；b为空速修正指数；k_0为Arrhenius方程的指前因子；E为反应的表观活化能，J·mol^{-1}；T为反应温度，K；R为普适因子，8.314J/（mol·K）。

根据氢分压、裂化床层温度、液体体积空速对中温煤焦油加氢裂化反应产物组成影响的实验结果，拟合出了模型的动力学常数。接着通过线性回归得到的各动力学参数见表4-56。

表4-56 参数拟合结果

反应时间/h^{-1}	k_0/(h^{b+1}·MPa^{-a})	E/kJ·mol^{-1}	a	b
k_{12}	0.00014	2345	2.866	−0.976
k_{13}	0.00012	1534	2.934	−1.015
k_{14}	0.000458	1432	2.223	−0.865
k_{15}	0.000642	2031	2.263	−0.832
k_{16}	0.000109	3145	3.119	−1.002
k_{23}	0.0000712	5903	3.344	−1.239
k_{24}	0.003356	7833	2.011	−0.801
k_{25}	0.006431	9482	1.873	−0.798
k_{26}	0.000959	6239	0.867	−0.693

续表

反应时间/h^{-1}	$k_0/(h^{b+1} \cdot MPa^{-a})$	$E/kJ \cdot mol^{-1}$	a	b
k_{34}	0.000596	4267	2.501	−0.955
k_{35}	0.000684	698	1.773	−0.902
k_{36}	0.0000972	13490	0.529	−2.593
k_{45}	0.017101	24109	1.464	−1.729
k_{46}	0.000946	14569	0.881	−1.801
k_{56}	0.000853	15485	0.729	−1.833

从原料族组成的角度来看，煤焦油中生成饱和分的反应速率 $k_{23}+k_{13}$ 远大于饱和分裂化成轻质油气的速率之和 $k_{34}+k_{35}+k_{36}$，并且高于重组分裂化为芳香分的速率 k_{12}，说明在加氢裂化工艺下煤焦油中的胶质、沥青质和芳香分等组分大幅转化为饱和分等轻质油品组分，但是生成气体的反应速率 $k_{16}+k_{26}+k_{36}$ 均相当低，因此饱和分不利于继续深度裂化为气体产品，这与加氢生成油的四组分分析结果相符。从生成油产品分布的角度来看，$k_{14}+k_{24}+k_{34}>k_{15}+k_{25}+k_{35}+k_{45}$，说明生成油中柴油馏分的生成速率大于汽油馏分，更远远大于汽、柴油馏分裂化成气体的反应速率之和 $k_{45}+k_{56}$，中低温煤焦油加氢裂化的主要生成物为汽、柴油馏分等烷烃、环烷烃饱和化合物。同时，饱和分裂化为柴油的反应速率 k_{34} 相对大于生成汽油的反应速率 k_{35}，也高于柴油裂化为小分子链的汽油馏分的反应速率 k_{45}，在加氢裂化条件下胶质和沥青质等重组分裂化生成的饱和分主要是 $C_{10}\sim C_{20}$ 大分子链的柴油馏分，结合生成油馏程数据可以看出，生成的饱和分主要为相对大分子链的柴油馏分。从柴油的生成速率来看，芳香分裂化为柴油的反应速率 k_{24} 大于胶质和沥青质的裂化速率 k_{14}。说明芳烃有利于加氢裂化，而沥青和胶质等稠环类芳烃大分子物质难以直接加工为轻质油品，而汽油的规律则相反。从活化能角度来看，一方面生成气体的活化能 k_{36}、k_{46}、k_{56} 和汽油生成的活化能 k_{45} 及 k_{25} 较高，远远大于柴油生成的活化能。因此提高反应床层温度有利于汽油和裂化气的生成，即温度提高会显著的增加汽、柴油馏分的二次裂化程度。

Qader 等[374]对焦油加氢反应动力学机理作了详细研究，假设焦油加氢反应都是一级反应，用下面的一级速率方程来分析焦油加氢裂解的结果。

$$\begin{cases} \dfrac{d(\text{焦油})}{dt}=k_g(\text{焦油}) \\ \dfrac{-d(\text{硫})}{dt}=k_s(\text{硫}) \\ \dfrac{-d(\text{氧})}{dt}=k_o(\text{氧}) \\ \dfrac{-d(\text{氮})}{dt}=k_n(\text{氮}) \end{cases}$$

方程式中，k_g、k_s、k_o、k_n 分别为汽油速率形成的一级速率常数，脱硫、脱氧、脱氮一级速率常数。图 4-94 表示的是焦油加氢裂解实验，在 400～500℃、10.34MPa 条件下，一次速率常数与 Arrhenius（阿仑尼乌斯）温度的函数关系。

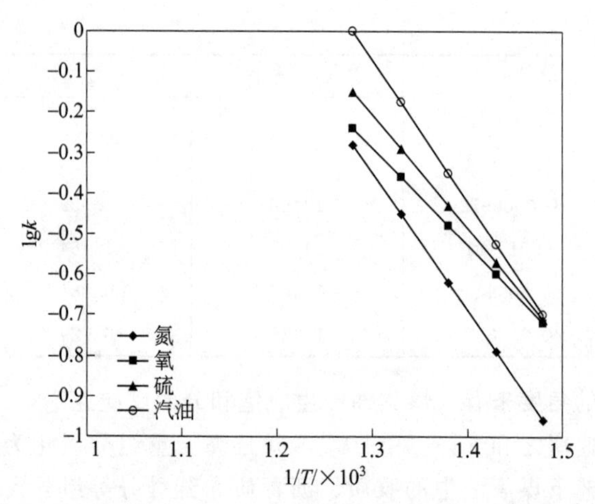

图 4-94 依据 Arrhenius 方程绘制的生成汽油、脱硫、脱氮的（k-1/T）图

下面的方程式表示的是加氢裂解的反应速率常数。

$$\begin{cases} k_g = 0.1567 \times 10^6 e^{-17600/RT} h^{-1} \\ k_s = 0.2134 \times 10^5 e^{-14500/RT} h^{-1} \\ k_o = 0.3612 \times 10^5 e^{-13600/RT} h^{-1} \\ k_n = 0.4738 \times 10^5 e^{-15900/RT} h^{-1} \end{cases}$$

在 450℃时由焦油生成汽油的速率常数见图 4-95，在 3.45～10.34MPa、17.24～20.68MPa 范围内，氢浓度对反应速率有很大的影响，但是在 10.34～17.24MPa 内，影响不是很明显。

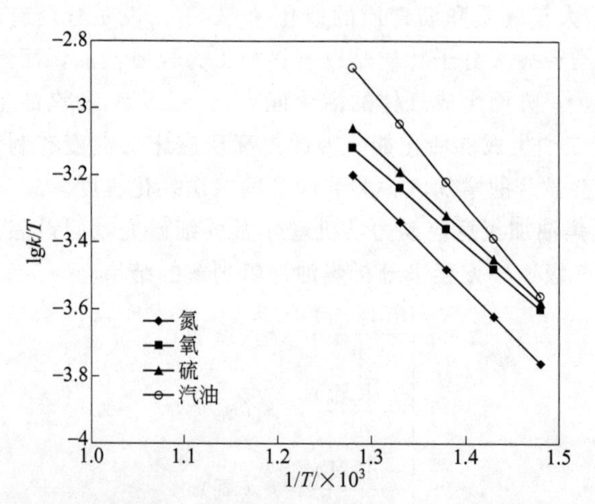

图 4-95 依据 Eyring 方程绘制的生成汽油、脱硫、脱氧、脱氮的 lg(k/T)-1/T 图

焦油中烃类化合物裂解反应能进行下去主要是由于正碳离子机理，在正碳离子机理中由于游离基的作用，烃类化合物失去一个氢阴离子或加上一个质子来形成正碳离子和杂原子，Greensfelder 等[375]认为游离基具有热力学裂解的特点。因此焦油中烃类化合物裂解能用以下（ⅰ）～（ⅵ）步骤表示：

$$C_aH_{2a+2} \longrightarrow C_aH_{2a+1}^{+}\text{（正碳离子）} + H^{-} \qquad (\text{i})$$
$$\quad | \quad C_bH_{2b} + C_cH_{2c+2}$$

$$C_dH_{2d} + H^{+}\text{（酸性部位）} \longrightarrow C_dH_{2d+1}^{+} \longrightarrow C_eH_{2e} + C_fH_{2f-2} \qquad (\text{ii})$$

$$AR + H^{+}\text{（酸性部位）} \longrightarrow A + R^{+}\text{（正碳离子）} \qquad (\text{iii})$$

$$AN \longrightarrow AN^{+} + H^{-} \qquad (\text{iv})$$
$$\quad | \quad AR_1 + R_2H$$

$$H^{+} + H^{-} \longrightarrow H_2 \qquad (\text{v})$$

$$H^{-} + R^{+} \longrightarrow H_2 \qquad (\text{vi})$$

其中，AR、AN 分别表示烷基芳香烃、氢化芳香烃化合物，A 表示熔融的芳香环，N 表示熔融的环烷烃，R、R_1、R_2 表示烷基主链，步骤（ⅰ）～（ⅳ）表示的是正碳离子的形成，产物是通过正碳离子 C—C 间的断裂而形成的，正碳离子的裂解是主要反应，产物性质是由主要反应进行的程度决定的。步骤（ⅴ）表示的是在氢化下，氢阴离子的合成反应，步骤（ⅵ）表示的是反应中正碳离子的消失，小的正碳离子可能会与母体分子或其它正碳离子发生反应。

在低温煤焦油的催化加氢裂解中，三个主要反应是裂解反应（包括 C—S、C—N、C—O 键的断裂），异构化反应（包括烃主链的重排）和烯烃类的加氢反应。由于异构反应的发生，可认为异构化反应很快，不能控制反应速率。研究发现[376]在低温煤焦油氢化裂解中，包括在双功能催化剂表面发生的化学键的断裂，可认为裂解反应可以控制反应速率。

常娜等在 360～400℃，氢气初压 1～2.5MPa，5～40min 以及 0.5～3 剂油比条件下，在自制的间歇式反应器上对高温煤焦油在超临界二甲苯中加氢裂解的宏观反应动力学进行了研究，提出了高温煤焦油在超临界二甲苯中加氢裂解的三集总宏观动力学模型，较好地解释了高温煤焦油在超临界二甲苯中加氢裂解过程中轻质油收率与反应时间、氢气初始压力、温度以及剂油比之间的变化规律。

Hill 等[376]用＜200℃的焦油轻油为原料，选用催化剂 NiS-WS_2（含 NiS 6%、WS_2 19%），载体是 SiO_2-Al_2O_3，对低温焦油加氢裂化反应动力学做了研究。在分批的高压釜内进行低温煤焦油氢化裂解反应，结果表明在 500℃、20.68MPa 的压力下，可以生成含芳烃 60%，异链烷烃 13%的高品质汽油。反应脱除了煤焦油中大部分 S、O 和 N。在生成汽油过程中，脱硫、脱氧和脱氮反应都是一级反应，活化能分别是 71.06kJ·mol^{-1}、60.61kJ·mol^{-1}、62.70kJ·mol^{-1}。汽油生成速率、脱硫和脱氮反应速率都是线性关系。

参 考 文 献

[1] 孙鸣，刘巧霞，王汝成，等. 陕北中低温煤焦油馏分中酚类化物的组成与分布 [J]. 中国矿业大学学报，2011，40 (4)：622-627.

[2] 孙鸣，冯光，王汝成，等. 陕北中低温煤焦油的分离与 GC-MS 分析 [J]. 石油化工，2011，40 (6)：667-672.

[3] 吴婷，凌凤香，马波，等. GC-MS 分析低温煤焦油酸性组分及碱性组分 [J] 石油化工高等学校学报，

2013，26（3）：44-52.

［4］曾心华. 石油炼制［M］. 北京：化学工业出版社，2009.

［5］Satterfield C N，Cocchetto J F. Pyridine hydrodenitrogenation：anequilibrium limitation on the formation of piperidine intermediate ［J］. American Institute of Chemical Engineers，1975，21（6）：1107-1111.

［6］Sonnemans J，Mars P. The mechanism of pyridine hydrogenolysis on molybdenum-containing catalysts. I. The monolayer $MoO_3 Al_2O_3$ catalyst：Preparation and catalytic properties ［J］Journal of Catalysis，1973，31（2）：209-219.

［7］Sonnemans J. The mechanism of pyridine hydrogenolysis on molybdenum-containing catalysts. Ⅳ The conversion of piperidine ［J］. Journal of Catalysis ［J］. 1974，34（2）：230-241.

［8］Benson S W. Some recent advances in understanding of kinetics of pyrolysis of hydrocarbons ［J］. American Chemical Society 1969，69（3）：297.

［9］Van Krevelen D W，Chermin H A G. Estimation of the free enthalpy（Gibbs free energy）of formation of organic compounds from group contributions ［J］. Chemical Engineering Science，1951，1（2）：66-80.

［10］Girgis M J，Gates B C. Reactivities，reaction networks，and kinetics in high-pressure catalytic hydroprocessing ［J］. Industrial & Engineering Chemistry Research，1991，30（9）：2021-2058.

［11］Bhinde M V. Quinoline，Hydrodentitrogenation Kinetic and Reaction Inhibition ［D］. Ph. D. Dissertation，University of Delaware，Newark，1979.

［12］Yang S H，Satterfield C N. Catalytic hydrodenitrogenation of quinoline in a trickle-bedreactor. Effect of hydrogen sulfide ［J］. Industrial&Engineering Chemistry Process and Development，1984，23（1）：20-25.

［13］Perot G. The reactions involved in hydrodenitrogenation ［J］. Catalysis Today，1991，10（4）：447-472.

［14］March J. Advanced organic chemistry：reactions mechanisms and structure ［M］. New York：McGraw-Hill，1968.

［15］Nelson N，Levy R B. The organic chemistry of hydrodenitrogenation ［J］. Joural of catalysis. 1979，5（2）：485-488.

［16］Portefaix J L，Cattenot M，Guerriche M，et al . Conversion of saturated cyclic and noncyclic amines over a sulphided Ni-Mo/Al_2O_3 catalyst ：mechanisms of carbon-nitrogen bond cleavage ［J］. Catalysis Today，1991，10（2）：473-487.

［17］Cattenot M，Portefaix J L，Afonso J，et al. Mechanism of carbon-nitrogen bond scission on unsupported transition metal sulfides ［J］. Journal of Catalysis. 1998，173（2）：366-373.

［18］Vivier L，Dominguez V，Perot G，et al. Mechanism of C - N bond scission. Hydrodenitrogenation of 1，2,3,4-tetrahydroquinoline and of 1,2,3,4-tetrahydroisoquinoline ［J］. Journal of Molecular Catalysis，1991，67（2）：267-275.

［19］Zhao Y，KukuIa P，Prins R. Investigation of the mechanism of the hydrodenitrogenation of nhexylamines over sulfided Ni-Mo/γ-Al_2O_3 ［J］. Journal of Catalysis，2004，221（2）：441-454.

［20］Lee K S，Abe H，Reimer J A，et al. Hydrodenitrogenation of quinoline over high-surface-area Mo_2N ［J］. Journal of Catalysis 1993，139（1）：34-40.

［21］CIark P，Wang X，Deck P，et al. Push-pull mechanism of hydrodenitrogenation over silica-supported MoP，WP，and MOS_2 hydroprocessing catalysts ［J］. Journal of Catalysis，2002，210（1）：116-126.

［22］Laine R M. Comments on the mechanisms of heterogeneous catalysis of the hydrodenitrogenation reaction ［J］. Catalysis Reviews-Science and Engineering，1983，25（32）：459-474.

［23］Prins R，Zhao Y，Sivasankar N，et al. Mealhanism of C-N bond breaking in hydrodenitrogenation ［J］. Journal of Catalysis，2005，234（2）：509-512.

［24］Portefaix J L，Cattenot M，Guerriche M，et al. Mechanism of carbon-nitrogen bond cleavage during amylamine hydrndenitrogenation over a sulphided Ni-Mo/Al_2O_3 catalyst ［J］. Catalysis Letters，1991，9

(1-2): 127-132.
[25] Cattenot M, Portefaix J L, Afonso J, et al. Mechanism of carbon-nitrogen bond scission on unsupported transition metal sulfides [J]. Journal of Catalysis, 1998, 173 (2): 366-373.
[26] Zhao Y, Kukula P, Prins R. Investigation of the mechanism of the hydrodenitrogenation of nhexylamines over sulfided Ni-Mo/γ-Al_2O_3 [J]. Journal of Catalysis, 2004, 221 (2): 441-454.
[27] Zhao Y, Sivasankar N, Czyzniewska J. et al. Mechanism of the hydrodenitrogenation of neopentylamine and adamantylamine on sulfided Ni-Mo/Al_2O_3 [J]. Catalysis Letters, 2006, 110 (3-4): 221-228.
[28] Sivasankar N, Prins R, Reactions of mixed dialkyl-and trial-kylamines over Pdγ-Al_2O_3 [J]. Journal of Catalysis, 2006, 241 (2): 342-355.
[29] Zhao Y, Pans R. Mechanisms of the hydrodenitrogenation of alkylamines with secondary and tertiary acarbon atoms on sulfided Ni-Mo/Al_2O_3 [J]. Journal of Catalysis, 2004, 222 (2): 532-544.
[30] Kukula P, Dutly A, Sivasankar N. et al. Investigation of the steric course of the C—N bond breaking in the hydirodenitrogenation of alkylamines [J]. Journal of Catalysis, 2005, 236 (1): 14-20.
[31] Geneste P, Moulinas C, Olive J L. Hydrodenitrogenation of aniline over Ni-W/Al_2O_3 catalyst [J]. Journal of Catalysis, 1987, 105 (1): 254-257.
[32] Rot F, Prins R. Mechanism of the hydrodenitrogenation of o-toluidine and methylcyclohexylamine over Ni-Mo/Al_2O_3 [J]. Topics in Catalysis, 2000, 11/12 (1-4): 327-333.
[33] Dujardin C, Lelias M A, Van Gestel J, et al. Towards the characterization of active phase of (Co) Mo sulfide catalysts under reaction conditions-parallel between IR spectroscopy. HDS andhDN tests [J]. Applied Catalysis A: General, 2007, 322 (16): 46-57.
[34] Zhao Y C, zyzniewska J, Prins R. Mechanism of the directhydrodenitrogenation of naphthylamine on sulfided Ni-Mo/$A1_2O_3$ [J]. Catalysis Letters, 2003, 88 (3-4): 155-162.
[35] Rota F, Ranade V S, Prins R. Stereochemistry of hydrodenitrogenation: the mechanism of elimination of the aminogroup from cyclohexylamines over sulfided Ni-Mo/γ-Al_2O_3 catalysts [J]. Journal of Catalysis, 2001, 200 (2): 389-399.
[36] Qu L, Prins R. Different active sites in hydrodenitrogenation as determined by the in fluence of the support and fluorination [J]. Applied Catalysis A: General, 2003, 250 (1): 105-115.
[37] Huang Y, Sachtler W M H. Catalytic hydrogenation of nitales over dupported mono and bimetallic catalysts [J]. Journal of Catalysis, 1999, 188 (1): 215-225.
[38] Scharringer P, Mailer T E, Lercher J A. Investigations into the mechanism of the liquid-phase hydrogenation of nitrilesover Raney-Co-catalysts [J]. Journal of Catalysis, 2008, 253 (1): 167-179.
[39] Hanlon R T. Effects of PH_2S, PH_2, and PH_2S/PH_2 on the hydrodenitrogenation of pyridine [J]. Energy Fuel, 1987, 1 (5): 424-430.
[40] Wang H, Liang C, Prins R. Hydrodenitrogenation of 2-methylpyridine and its intermediates 2-methylpiperidine and tetrahydro-methylpyridine over sulfided Ni-Mo/γ-Al_2O_3 [J]. Journal of Catalysis, 2007, 251 (2): 295-306.
[41] Gott T, Oxams S T. A general method for determining the role of spectroscopically observed species in reaction mechanisms: Analysis of coverage transients (ACT) [J]. Journal of Catalysis, 2009, 263 (2): 359-371.
[42] Jian M, Prins R. Mechanism of the hydrodenitrogenation of quinoline over Ni-Mo (P) /$A1_2O_3$ catalysts [J]. Journal of Catalysis, 1998, 179 (1): 18-27.
[43] Lee K S, Abe H, Reimer J A. Hydrodenitrogenation of quinoline over high-surface-area Mo_2N [J]. Journal of Catalysis, 1993, 139 (1): 34-40.
[44] Miki Y, Sugimoto Y. Hydrodenitrogenation of isoquinoline [J]. Applied Catalysis A: General, 1999,

180 (1-2): 133-140.

[45] Nagai M. The effect of hydrogen sulfide on acridine hydrodenitrogenation on sulfided Ni-Mo/Al_2O_3 catalyst [J]. Bulletin of the Chemical Society of Japan, 1991, 64 (1): 330-332.

[46] Rabarihoela-Rakotovao V, Brunet S, Berhault G. Effect of acridine and of octahydroacridine on the HDS of 4,6-dimethyldib-enzothiophene catalyzed by sulfided Ni-MoP/Al_2O_3 [J]. Applied Catalysis A: General, 2004, 267 (1-2): 17-25.

[47] Moreau C, Durand R, Zmimita N, et al. Hydrodenitrogenation of benzo (f) quinoline and benzo (h) quinoline over a sultided NiO-MoO_3/γ-Al_2O_3 catalyst [J]. Journal of Catalysis, 1988, 112 (2): 411-417.

[48] Malakani K, Magnoux P, Perot G. Hydrodenitrogenation of 7,8-benzoquinoline over nickel molybdenum alumina [J]. Applied Catalysis, 1987, 30 (2): 371-375.

[49] Wang H, Prins R. On the formation of pentylpipefidine in the hydrodenitrogenation of pyridine [J]. Catalysis Letters, 2008, 126 (1-2): 1-9.

[50] Sayag C, Benkhaled M, Suppan S, et al. Comparative kinetic study of the hydrodenitrogenation of indole over activated carbon black composites (CBC) supported molybdenum carbides [J]. Applied Catalysis A: General, 2004, 275 (1-2): 15-24.

[51] Bunch A, Zhang L, Karakas G. et al. Reaction network of indole hydrodenitrogenation over Ni-MoS/γ-Al_2O_3 catalysts [J]. Applied Catalysis A: General, 2000, 190 (1-2): 51-60.

[52] Szymaska A, Lewandowski M, Sayag C, et al. Kinetic study of the hydrodenitrogenation of carbazole over bulk molybdenum carbide [J]. Journal of Catalysis, 2003, 218 (1): 24-31.

[53] Mochida I, Isoda T, Ma X L, et al. Deep hydrodesulfurization of diesel fuel: Design of reaction process and catalysts [J]. Catalysis Today, 1996, 29 (2): 185-189.

[54] Satterfield C N, Field C N, Cocchetto J F. Reaction network and kinetics of the vapor-phase catalytic hydrodenitrogenation of quinoline [J]. Industrial & Engineering Chemistry Process and Development, 1989, 20 (1): 53-62.

[55] Satterfield C N, Yang S H. Catalytic hydrodenitrogenation of quinoline in a trickle-bed reactor. Comparison with vaporphase reaction [J]. Industrial & Engineering Chemistry Process and Development. 1984, 23 (1): 11-19.

[56] Massoth F E, Kim S C. Kinetics of the HDN of quinoline under vapor-phase conditions [J]. Industrial & Engineering Chemistry Process and Development, 2003, 42 (5): 1011-1022.

[57] Jian M, Prins R. Mechanism of hydrodenitrogenation of quinoline over Ni-Mo (P) /Al_2O_3 catalysts [J]. Journal of Catalysis, 1998, 179 (2): 18-27.

[58] Jian M, Prins R. Kinetics of the Hydrodenitrogenation of Decahydroquinoline over Ni-Mo (P) /Al_2O_3 Catalysts [J]. Chemical Engineering Research and Design, 1998, 37 (1): 834-840.

[59] 徐征利，吴辉，李承烈. 加氢脱氮动力学模型 [J]. 华东理工大学学报，2001，27 (1): 42-45.

[60] Li D, Li W H, Cui L W, et al. Optimization of processing parameters and macroknietics for hydrodenitrogenation of coal tar [J]. Advanced Science Letters, 2011, 4 (4): 1514-1518.

[61] 李绍芬. 反应工程 [M]. 北京：化学工业出版社，1990: 61-68.

[62] Teh C. Ho. Hydrodenitrogenation catalysis [J]. Catalysis Reviews, 1988, 30 (1): 117.

[63] Yui S M, Sandford E C. Mild hydrocracking of bitumen-derived coker and hydrocracker heavy gas oils: Kinetics, product yields, and product properties [J]. Industrial & Engineering Chemistry Research, 1989, 28 (9): 1278-1284.

[64] 马宝岐，任沛建，杨占彪，等. 煤焦油制燃料油品 [M]. 北京：化学工业出版社，2011: 9-15.

[65] 孙锦宜. 工业催化剂的失活与再生（第一版）[M]. 北京：化工工业出版社，2006: 12-20.

[66] 方向晨，关明华，廖士纲. 加氢精制 [M]. 北京：中国石化出版社，2006.
[67] 水恒福，张德祥，张超群. 煤焦油分离与精制 [M]. 北京：化学工业出版社，2007.
[68] 高晋生. 煤焦油及其产品. 见：《化工百科全书》编辑委员会，化学工业出版社《化工百科全书》编辑部. 化工百科全书 [M]：第11卷，北京：化学工业出版社，1996.
[69] 肖瑞华. 煤焦油化工学 [M]. 北京：化学工业出版社，2007.
[70] 薛新科. 陈启文. 煤焦油加工技术 [M]. 北京：化学工业出版社，2007.
[71] 马宝岐，任沛建，杨占彪，等. 煤焦油制燃料油品 [M]. 北京：化学工业出版社，2011.
[72] Grange P. Catalytic hydrodesulfurization [J]. Catalysis Reviews-science and Engineering, 1980, 21 (1): 135-181.
[73] Ted Oyamaa S, Yong-Kul Lee. The active site of nickel phosphide catalysts for the hydrodesulfurization of 4, 6-DMDBT [J]. Journal of Catalysis, 2008, 258 (2): 393-400.
[74] Kilanowski D R, Gates B C. Kinetics of hydrodesulfurization of benzothiophene catalyzed by sulfide Co-Mo/Al_2O_3 [J]. Journal of Catalysis, 1980, 62 (2): 70-78.
[75] Liu Yun-qi, Liu Chen-guang, Que Guo-he. Dibenzothiophene hydrodesulfurization on alumina-supported nitride catalyst [J]. Journal of Fuel Chemistry and Technology, 2000, 28 (2): 129-133.
[76] Venezia A M, Liotta L F, Pantaleo G, et al. Activity of SiO_2 supported gold-palladium catalysts in CO oxidation [J]. Applied catalysis, 2003, 251 (2): 359-368.
[77] Nag N K, Sapre A V, Broderick D H, et al. Hydrodesulfurization of polycyclic aromatics catalyzed by sulfided CoO-MoO_3/γ-Al_2O_3: The relative reactivities [J]. Journal of Catalysis, 1979, 57 (3): 509-512.
[78] Lipsch J M J G, Schuit G C A. The CoO-MoO_3/γ-Al_2O catalyst. Ⅲ. Catalytic properties [J]. Journal of Catalysis, 1969, 15 (3): 179-189.
[79] Kolboe S. Catalytic hydrodesulfurization of thiophene. Ⅶ. Comparison between thiophene, tetrahydrothiophene, and n-butanethiol [J]. Canadian Journal of Chemistry, 1969, 47 (2): 352-355.
[80] Hensen E J M, Vissenberg M J, De Beer V H J, et al . Kinetics and mechanism of thiophenehydrodesulfurization over carbonsupported transition metal sulfides [J]. Journal of catalysis, 1996, 163 (2): 429-435.
[81] Weigand B C, Friend C M. Model studies of the desulfurization reactions on metal surfaces and in organometallic complexes [J]. Chemical Reviews, 1992, 92 (4): 491-504.
[82] Zaera F, Kollin E B, Gland J L. Vibrational characterization of thiophene decomposition on the Mo (100) surface [J]. Surface science, 1987, 184 (1): 75-89.
[83] Liu A C, Friend C M. Evidence for facile and selective desulfurization : the reactions of 2, 5-dihydrothiophene on Mo (110) [J]. Journal of the American Chemical Society, 1991, 113 (3): 820 -826.
[84] Markel E J, Schrader G L, Sauer N N, et al. Thiophene, 2, 3-and 2, 5-dihydrothiophene, and tetrahydrothiophene hydrodesulfuri-zation on Mo and Re/γ-Al_2O_3 catalysts [J]. Journal of Catalysis, 1989, 16 (2): 11-22.
[85] Neurock M, van Santen R A. Atomic and molecular oxygen as chemical precursors in the oxidation of ammonia by copper [J]. Journal of the American Chemical Society 1994, 116 (15): 4427-4439.
[86] Angelici R J. Organometallic complexes as models for the adsorption of thiophenes on hydrodesulfurization (hds) catalysts [J] Bulletin des Societes Chimiques Belges, 1995, 104 (4-5): 265-282.
[87] Desikan P, Amberg C H. Catalytic hydrodesulphurization of thiophene: v. the hydrothiophenes selective poisoning and acidity of the catalyst surface [J]. Canadian Journal of Chemistry, 1964, 42 (4): 843-850.
[88] Sullivan D L, Ekerdt J G. Mechanisms of thiophene hydrodesulfurization on model molybdenum catalysts

[J]. Journal of Catalysis, 1998, 178 (1): 226-233 .
[89] Friend C M, Chen D A. Fundamental studies of hydrodesulfurization by metal surfaces [J]. Polyhedron, 1997, 16 (18): 3165-3175.
[90] Moser W R, Rossetti J G A, Gleaves J T. Tetrahydrothiophene desulfurization on Co-Mo/γ-Al_2O_3: A temporal analysis of products (TAP) investigation [J]. Journal of Catalysis, 1991, 127 (1): 190-200.
[91] Hensen E J M, Vissenberg M J, Debeer V H J, et al. Kinetics and mechanism of thiophene hydrodesulfurization over carbon supported transition metal sulfides [J]. Journal of Catalysis, 1996, 163 (2): 429-435.
[92] Gott T, Oyama S T. A general method for determining the role of spectroscopically observedspecies in reaction mechanisms: Analysis of coverage transients (ACT) [J]. Journal of Catalysis, 2009, 263 (2): 359-371.
[93] Van Parijs I A, Froment G F. Kinetics of hydrodesulfurization on a Co-Mo/γ-Al_2O_3 catalyst. I: Kinetics of the hydrogenolysis of thiophene [J]. Industrial & Engineering Chemistry Research, 1986, 25 (2): 431-436.
[94] Gates B C, Sapre A V, Hydrogenation of aromatic compounds catalyzed by sulfided CoO-MoO_3/γ-Al_2O_3 [J]. Journal of Catalysis, 1982, 73 (1): 45-49.
[95] Bartsch R, Tanielian C. Hydrodesulfurization: I. hydrogenolysis of benzothiophene and dibenzothiophene over CoO-MoO_3/γ-Al_2O_3 catalyst [J] Journal of Catalysis, 1974, 35 (3): 353-359.
[96] Rollman L D. Catalytic hydrogenation of model nitrogen, sulfur, and oxygen compounds [J]. Journal of Catalysis, 1977, 46 (1): 243-252.
[97] Geneste P, Bonnet M, Frouin C, et al. An efficient and selective deoxygenation of sulfoxides over CoO-MoO_3/Al_2O_3 hydrodesulfurization catalyst [J]. Journal of Catalysis, 1980, 61 (1): 227-278.
[98] Babich I V, Moulijn J A. Science and technology of novel processes for deep desulfurization of oil refinery streams: a review [J]. Fuel, 2003, 82 (6): 607-631.
[99] Singhal L, Gopal H, Ramon L, Espino, Jay E, Sobel, G. A. Huff J R, et al Hydrodesulfurization of sulfur heterocyclic compounds: Kinetics of dibenzothiophene [J]. Journal of Catalysis, 1981, 67 (2): 457-468.
[100] Houalla M, Broderick D H, Sapre A V, et al. Hydrodesulfurization of methyl-substituted dibenzothiophenes catalyzed by sulfided Co-Mo/ γ-Al_2O_3 [J]. Journal of Catalysis, 1980, 61 (2): 523 -527.
[101] 李大东，加氢处理工艺与工程 [M]. 北京：中国石化出版社，2004.
[102] 徐永强，赵瑞玉，商红岩，等. 二苯并噻吩和 4. 甲基二苯并噻吩在 Mo 和 coMo/T・A1203 催化剂上加氢脱硫的反应机理 [J]. 石油学报（石油加工），2003，19（5）：14-21.
[103] Landau M V, Berger D, HerskOwnz M. Hydrodesulfurization of metllyl-subtituted dibenzothiohenes: Fundamental study of routes to deep desulfurization [J]. Journal of Catalysis, 1996, 159 (1): 236-245.
[104] Kim J H, Ma X L, Song C S, et al. Kinetics of two pathways for 4, 6-dimethyldibenzothiophene hydrodesulfurization over Ni-Mo, Co-Mo sulfide, and nickel phosphide catalysts [J]. Energy Fuels, 2005, 19 (2): 353-364.
[105] Kim J H, Ma X L, Song C S, et al. Kinetic study of 4, 6-dimethyldibenzothiophene hydrodesulfurization over Ni phosphide, Ni-Mo and Co-Mo sulfide catalysts [J]. Fuel Chemistry Division Preprints, 2003, 48 (1): 40-41.
[106] 余夕志，董振国，任晓乾，等. 柴油馏分加氢脱硫动力学及反应器研究进展 [J]. 燃料化学学报，2005，33（3）：372-376.
[107] Satterfield C N, Roberts G W. Kinetics of thiophene hydrogenolysis on a cobalt molybdate catalyst [J].

American Institute of Chemical Engineers Journal, 1968, 14 (1): 159-164.

[108] Kilanowski D R, et al. Kinetics of hydrodesulfurization of benzothiophene catalyzed by sulfided Co-Mo/Al_2O_3 [J]. Journal of catalysis, 1980, 62 (1): 70-78.

[109] Broderick D H, Gates B C. Hydrogenolysis and hydrogenation of dibenzothiophene catalyzed by sulfided CoO - MoO_3/γ-Al_2O_3: The reaction kinetics [J]. American Institute of Chemical Engineers, 1981, 27 (3): 663-673.

[110] Edvinsson, Irandoust S. Hydrodesulfurization of dibenzothiophene in a monolithic catalyst reactor [J]. Industrial & Engineering Chemistry Research, 1993, 32 (2): 391-395.

[111] Orozco E O, Vrinat M. Kinetics of dibenzothiophene hydrodesulfurization over MoS_2 supported catalysts: modelization of the H_2S partial pressure effect [J]. Applied Catalysis, 1998, 170 (2): 195-206.

[112] Schulz H, Bohringer W, Waller P, et al. Gas oil deep hydrodesulfurization: refractory Compounds and retarded kinetics [J]. Catalysis Today, 1999, 49 (1-3): 87-97.

[113] 李翔，王安杰，孙仲超，等. 全硅 MCM-41 担载的 Ni-W 催化剂上二苯并噻吩加氢脱硫反应动力学研究 [J]. 石油学报，2003，19 (4)：1-7.

[114] 李冬，李稳宏，杨小彦等. 煤焦油加氢脱硫动力学研究 [J]. 化学工程，2010，38 (2)：50-52.

[115] Furimsky E. Chemistry of catalytic hydrodeoxygenation [J]. Catalysis Reviews: Science and Engineering, 1983, 25 (3): 421-458.

[116] Robbins W K. Challenges in the characterization of naphthenic acids in petroleum [J]. Preprints-American Chemical Society: Division of Petroleum Chemistry, 1998, 43 (1): 137-140.

[117] Grandy D W, Petrakis L, Young D C. Determination of oxygen functionalities in synthetic fuels by NMR of naturally abundant ^{17}O [J]. Nature Y, 1984, 308 (5955): 175-177.

[118] Petrakis L, Young D C, Ruberto R G. Catalytic hydroprocessing of SRC-Ⅱ heavy distillate fractions. 2. Detailed structural characterizations of the fractions [J]. Industrial and Engineering Chemistry Process Design and Development Y, 1983, 22 (2): 298-305.

[119] Petrakis L, Ruberto R G, Young D C, et al. Catalytic hydroprocessing of SRC-Ⅱ heavy distillate fractions. 1. Preparation of the fractions by liquid chromatography [J]. Industrial and Engineering Chemistry Process Design and Development Y, 1983, 22 (2): 292-298.

[120] Grandy D W, Petrakis L, Li C L, et al. Catalytic hydroprocessing of SRC-Ⅱ heavy distillate fractions. 5. Coversion of the acidic fractions characterized by gas chromatography/mass spectrometry [J]. Industrial and Engineering Chemistry Process Design and Development A, 1986, 25 (1): 40-48.

[121] Katti S S, Westerman D W B, Gates B C, et al. Catalytic hydroprocessing of SRC-Ⅱ heavy distillate fractions. 3. Hydrodesulfurization of the neutral oils [J]. Industrial and Engineering Chemistry Process Design and Development A, 1984, 23 (4): 773-778.

[122] Li C L, Xu Z, Gates B C, et al. Catalytic hydroprocessing of SRC-Ⅱ heavy distillate fractions. 4. Hydrodeoxygenation of phenolic compounds in the acidic fractions [J]. Industrial and Engineering Chemistry Process Design and Development A, 1985, 24 (1): 92-97.

[123] Mcclennen W H, Meuzelaar H L C, Metcalf G S, et al. Characterization of phenols and indanols in coal-derived liquids. Use of Curie-point vaporization gas chromatography/mass spectrometry [J]. Fuel, 1983, 62 (12): 1422-1429.

[124] Furimsky E. Characterization of deposits formed on catalyst surfaces during hydrotreatment of coal-derived liquids [J]. Fuel processing Technology A, 1982, 6 (1): 1-8.

[125] Bett G, Harvey T G, Matheson T W, et al. Determination of polar compounds in Rundle shale oil [J]. Fuel, 1983, 62 (12): 1445-1454.

[126] Rovere C E, Crips P T, Ellis J. Chemical class separation of shale oils by low pressure liquid chromatography on thermally-modified absorbants [J]. Fuel, 1990, 69 (9): 1099-1104.

[127] Afonso J C, Schmal M, Cardoso J N. Acidic oxygen compounds in the irati shale oil [J]. Industrial and engineering chemistry research A, 1992, 31 (4): 1045-1050.

[128] Novotny M, Strand J W, Smith S L, et al. Compositional studies of coal tar by capillary gas chromatography mass spectrometry [J]. Fuel A, 1981, 60 (3): 213-220.

[129] Boduszynski M M, Hurtubise R J, Silver H F. Separation of solvent-refined coal into solvent-derived fractions [J]. Analytical Chemistry A, 1982, 54 (3): 372-375.

[130] Boduszynski M M, Hurtubise R J, Silver H F. Separation of solvent-refined coal into compound-class fractions [J]. Analytical Chemistry A, 1982, 54 (3): 375-381.

[131] Beckman D, Elliott D C. Comparisons of the yields and properties of the oil products from direct thermochemical biomass liquefaction processes [J]. Canadian journal of chemical engineering A, 1985, 63 (1): 99-104.

[132] Maggi R, Delmon B. Characterization and upgrading of bio-oils produced by rapid themal processing [J]. Biomass and Bioenergy A, 1994, 7 (1-6): 245-249.

[133] 耿层层，李术元，岳长涛，等. 神木低温煤焦油中含氧化合物的分析与鉴定 [J]. 石油学报，2013，29 (1): 130-136.

[134] 吴婷，凌凤香，马波，等. GC-MS分析低温煤焦油酸性组分及碱性组分 [J]. 石油化工高等学校学报，2013，26 (3): 44-52.

[135] Cronauer D C, Jewell D M, Shah Y T. Mechanism and kinetics of selected hydrogen transfer reactions typical of coal liquefaction [J]. Industrial and Engineering Chemistry Fundamentals, 1979, 18 (2): 153-162.

[136] Kamiya Y, Yao T. Thermal treatment of coal-related aromatic ethers in tetralin solution [J]. ACS Division of Fuel Chemistry Preprints A, 1979, 24 (1-2): 116-124.

[137] Weigold H. Behaviour of Co-Mo-Al_2O_3 catalysts in the hydrodeoxygenation of phenols [J]. Fuel A, 1982, 61 (10): 1021-1026.

[138] Gevert B S, Otterstedt J E, Massoth F E. Kinetics of the HDO of methyl-substituted phenols [J]. Applied catalysis A, 1987, 31 (1): 119-131.

[139] Odebunmi E O, Ollis D F. Catalytic hydrodeoxygenation. 1. Conversions of o-, p-, and m-cresols [J]. Journal of Catalysis, 1983, 80 (1): 56-64.

[140] Moreau C, Aubert C, Durand R, et al. Structure-activity relationships in hydroprocessing of aromatic and heteroaromatic model compounds over sulphided NiO-MoO_3/Y-Al_2O_3 and NiO-WO_3/Y-Al_2O_3 catalysts: chemical evidence for the existence of two types of catalytic sites [J]. Catalysis Today, 1988, 4 (1): 117-131.

[141] Furimsky E. Catalytichydrodeoxygenation [J]. Applied Catalysis A: General A, 2000, 199 (2): 147-190.

[142] Furimsky E. Mechanism of catalytic hydrodeoxygenation of tetrahydrofuran [J]. Industrial and Engineering Chemistry Product Research and Development A, 1983, 22 (1): 31-34.

[143] Furimsky E. Deactivation of molybdate catalyst during hydrodeoxygenation of tetrahydrofuran [J]. Industrial and Engineering Chemistry Product Research and Development A, 1983, 22 (1): 34-38.

[144] Furimsky E. The mechanism of catalytic hydrodeoxygenation of furan [J]. Applied Catalysis A, 1983, 6 (2): 159-164.

[145] Furimsky E. Thermochemical and mechanistic aspects of removal of sulphur, nitrogen and oxygen from petroleum [J]. Erdol und Kohle, Erdgas, Petrochemie A, 1983, 36 (11): 518-522.

[146] Chary K V R, Rama Rao K S, Muralidhar G, et al. Hydrodeoxygenation of furan by carbon supported molybdenum sulphide catalysts [J]. Carbon (New York, NY) A, 1991, 29 (3): 478-479.

[147] Kordulis C, Gouromihou A, Lycourghiotis A. Fluorinated hydrotreatment catalysts: hydrodeoxygenation and hydrocracking on fluorine-nickel-molybdenum/γ-alumina catalysts [J]. Applied Catalysis A, 1990, 67 (1): 39-47.

[148] Bartok M, Szollosi G, Apjok J. Mechanism of hydrogenolysis and isomerization of oxacycloalkanes on metals, XVl. Transformation of tetrahydrofuran on platinum catalysts [J]. Reaction Kinetics and Catalysis Letters (print) A, 1998, 64 (1): 21-28.

[149] Kreuzer K, Kramer R. Support effects in the hydrogenolysis of tetrahydrofuran on platium catalysts [J]. Journal of Catalysis (Print) A, 1997, 167 (2): 391-399.

[150] Bunch A Y, Ozkan U S. Investigation of the reaction network of benzofuran hydrodeoxygenation over sulfided and reduced Ni-Mo/Al_2O_3 catalysts [J]. Journal of Ctalysis (Print) A, 2002, 206 (2): 177-187.

[151] Bunch A Y, Wang X Q, Ozkan U S. Hydrodeoxygenation of benzofuran over sulfided and reduced Ni-Mo/γ-Al_2O_3 catalysts: effect of H_2S [J]. Journal of Molecular Catalysis A, Chemical A, 2007, 270 (1-2): 264-272.

[152] Krishnamurthy S, Panvelker S, Shah Y T. Hydrodeoxygenation of dibenzofuran and related compounds [J]. AIChE Journal A, 1981, 27 (6): 994-1001.

[153] Badilla O R, Pratt K C, Trimm D L. A study of nickel-molybdate coal-hydrogenation catalysts using model feedstocks [J]. Fuel A, 1979, 58 (4): 309-314.

[154] Chung L L, Ollis D F. Interactions between catalytic hydrodeoxygenation of benzofuran and hydrodesulfurization of dibenzothiophene [J]. Journal of Catalysis (Print) A, 1984, 87 (2): 332-338.

[155] Dhandapani B, Clair T S, Oyama S T. Simultaneous hydrodesulfurization, hydrodeoxygenation, and hydrogenation with molybdenum carbide [J]. Applied Catalysis A, General A, 1998, 168 (2): 219-228.

[156] Satterfield C N, Yang S H. Simultaneous hydrodenitrogenation and hydrodeoxygenation of model compounds in a trickle bed reactor [J]. Journal of Catalysis A, 1983, 81 (2): 335-346.

[157] Lavopa V, Satterfield C N. Catalytic hydrodeoxygenation of dibenzofuran [J]. Energy and fuels A, 1987, 1 (4): 323-331.

[158] Echeandia S, Arias P L, Barrio V L, et al. Synergy effect in the HDO of phenol over Ni-W catalysts supported on active carbon: effect of tungsten precursors [J]. Applied Catalysis B, Environmental A, 2010, 101 (1-2): 1-12.

[159] Gevert S B, Eriksson M, Eriksson P. Direct hydrodeoxygenation and hydrogenation of 2, 6-and 3, 5-dimethylphenol over sulphided CoMo catalyst [J]. Applied Catalysis A: General, 1994, 117 (2): 151-162.

[160] Michael J G, Bruce C G . Catalytichydroprocessing of simulated heavy coal liquids. Ⅱ: Reaction networks of aromatic hydrocarbons and sulfur and oxygen heterocyclic compounds [J]. Industrial and Engineering Chemistry Research A, 1994, 33 (10): 2301-2313.

[161] Odebunmi E O, Ollis D F. Catalytic hydrodeoxygenation. I. Conversions of o-, p-, and m-cresols [J]. Journal of Catalysis A, 1983, 80 (1): 56-64.

[162] Samchenko N P, Pavlenko N V. Reactivity of alkylphenols in liquid phase catalytic hydrogenation [J]. Reaction Kinetics and Catalysis Letters A, 1982, 18 (1-2): 155-158.

[163] Shin E J, Keane M A, Catalytichydrogen treatment of aromatic alcohols [J]. Journal of Catalysis (Print) A, 1998, 173 (2): 450-459.

[164] Weigold H. Behaviour of Co-Mo-Al_2O_3 catalysts in the hydrodeoxygenation of phenols [J]. Fuel A, 1982, 61 (10): 1021-1026.

[165] Wandas R, Surygala J, Sliwka E. Conversion of cresols and naphthalene in the hydroprocessing of three-component model mixtures simulating fast pyrolysis tars [J]. Fuel (Guildford) A, 1996, 75 (6): 687-694.

[166] Vogelzang M W, Li C L, Schuit G C A, et al. Hydrodeoxygenation of 1-naphthol: activities and stabilities of molybdena and related catalysts [J]. Journal of catalysis (Print) A, 1983, 84 (1): 170-177.

[167] Bui V N, Laurenti D, Delichere P. Hydrodeoxygenation of guaiacol Part Ⅱ: Support effect for CoMoS catalysts on HDO activity and selectivity [J]. Applied catalysis. B, Environmental A, 2011, 101 (3-4): 246-255.

[168] Bui V N, Laurenti D, Afanasiev P. Hydrodeoxygenation of guaiacol with CoMo catalysts. Part I: Promoting effect of cobalt on HDO selectivity and activity [J]. Applied catalysis. B, Environmental A, 2011, 101 (3-4): 239-245.

[169] Centeno A, Laurent E, Delmon B. Influence of the support of CoMo sulfide catalyts and of the addition of potassium and platinum on the catalytic performances for the hydroeoxygenation of carbonyl, carboxyl, and guaiacol-type molecules [J]. Journal of Catalysis (Print) A, 1995, 154 (2): 288-298.

[170] 徐春华. 加氢脱氧反应对硫化态催化剂结构的影响 [D]. 北京: 石油化工科学研究院, 2011.

[171] Senol O I, Ryymin E M, Viljava T R. Effect of hydrogen sulphide on the hydrodeoxygenation of aromatic and aliphatic oxygenates on sulphided catalysts [J]. Journal of Molecular Catalysis. A, Chemical A, 2007, 277 (1-2): 107-112.

[172] Lin Y C, Li J L, Wan H P. Catalytic Hydrodeoxygenation of Guaiacol on Rh-Based and Sulfided CoMo and NiMo Catalysts [J]. Energy Fuels, 2011, 25 (3): 890-896.

[173] 王威燕, 杨运泉, 罗和安, 等. La-Ni-Mo-B非晶态催化剂的制备\加氢脱氧性能及失活研究 [J]. 燃烧化学学报, 2011, 39 (5): 367-372.

[174] Bredenberg J B S, Huuska M, Toropainen P. Hydrogenolysis of differently substituted methoxyphenols [J]. Journal of Catalysis (Print) A. 1989, 120 (2): 401-408.

[175] Kallury R K M R, Wanda M. Hydrodeoxygenation of hydroxy, methoxy, and methyl phenols with molybdenum oxide/nickel oxide/alumina catalyst [J]. Journal of Catalysis (Print) A, 1985, 96 (2): 535-543.

[176] Artok L, Erbatur O, Schobert H H. Reaction of dinaphthyl and diphenyl ethers at liquefaction conditions [J]. Fuel processing technology A, 1996, 47 (2): 153-176.

[177] Petrocelli F P, Klein M T. Modeling lignin liquefaction. I: Catalytic hydroprocessing of lignin-related methoxyphenols and interaromatic unit linkages [J]. Fuel Science and Technology International A, 1987, 5 (1): 25-62.

[178] Shabtai J, Nag N K, Massoth F E. Catalytic functionalities of supported sulfides. IV: C-O hydrogenolysis selectivity as a function of promoter type [J]. Journal of Catalysis (Print) A, 1987, 104 (2): 413-423.

[179] Viljava T R, Saari E R M, Krause A O I. Simultaneous hydrodesulfurization and hydrodeoxygenation: interactions between mercapto and methoxy groups present in the same or in separate molecules [J]. Applied catalysis. A: General A, 2001, 209 (1-2): 33-43.

[180] Durand R, Geneste P, Moreau C. Hetergeneous hydrodeoxygenation of ketones and alcohols on sulfided NiO-MoO_3/γ-Al_2O_3 catalyst [J]. Journal of Catalysis, 1984, 90 (1): 147-149.

[181] Oliva A, Samano E C, Fuentes S. Hydrogenation of cyclohexanone on nickel-tungsten sulfide catalysts

[J]. Applied Catalysis A: General, 2001, 220 (1-2): 279-285.

[182] 杨彦松，彭会左，杨运泉，等. La-Ni (Co) -Mo-B 非晶态催化剂苯甲醛 \ 苯乙酮加氢脱氧反应 [J]. 化工进展，2012，31 (12)：2666-2671.

[183] De L P, Gil G, Pis A J. Effects of support surface chemistry in hydrodeoxyg-enation reactions over Co-Mo/activated carbon sulfided catalysts [J]. Langmuir, 1999, 15 (18): 5800-5806.

[184] Bejblova M, Zamostny P, Cerveny L. Hydro-deoxygenation of benzophenone on Pd catalysts [J]. Applied Catalysis A: General A, 2005, 296 (2): 169-175.

[185] Lee C L, Ollis D F. Catalytic hydrodeoxygenation of benzofuran and o-ethylphenol [J]. Journal of Catalysis (Print) A, 1984, 87 (2): 325-331.

[186] Girgis M J, Gates B C. Reactivities, reaction networks, and kinetics in high-pressure catalytic hydroprocessing [J]. Industrial and Engineering Chemistry Research A, 1991, 30 (9): 2021-2058.

[187] Girgis M J, Gates B C. Catalytic hydroprocessing of simulatedheavy coal liquids. Ⅰ: Reactivities of aromatic hydrocarbons and sulfur and oxygen heterocyclic compounds [J]. Industrial and Engineering Chemistry Research A, 1994, 33 (5): 1098-1106.

[188] Girgis M J, Gates B C. Catalytic hydroprocessing of simulated heavy coal liquids. Ⅱ: Reaction networks of aromatic hydrocarbons and sulfur and oxygen heterocyclic compounds [J]. Industrial and Engineering Chemistry Research A, 1994, 33 (10): 2301-2313.

[189] Odebunmi E O, Ollis D F. Catalytic hydrodeoxygenation. Ⅲ. Interactions between catalytic hydrodeoxygenation of m-cresol and hydrodenitrogenation of indole [J]. Journal of Catalysis A, 1983, 80 (1): 76-89.

[190] Li C L, Xu Z R, Cao Z A, et al. hydrodeoxygenation of 1-naphthol catalyzed by sulfided Ni-Mo/γ-Al_2O_3: reaction network [J]. AIChE Journal A, 1985, 31 (1): 170-174.

[191] Chon S, Allen D T. Catalytichydroprocessing of chlorophenols [J]. AIChE Journal A, 1991, 37 (11): 1730-1732.

[192] Odebunmi E O, Ollis D F. Catalytic hydrodeoxygenation. Ⅱ. Interactions between catalytic hydrodeoxygenation of m-cresol and hydrodesulfurization of benzothiophene and dibenzothiophene [J]. Journal of Catalysis A, 1983, 80 (1): 65-75.

[193] Laurent E, Delmon B. Influence of oxygen-, nitrogen-, and sulfur-containing compounds on the hydrodeoxygenation of phenols over sulfided CoMo/γ-Al_2O_3 and NiMo/γ-Al_2O_3 catalysts [J]. Industrial and Engineering Chemistry Research A, 1993, 32 (11): 2516-2524.

[194] Ternan M, Brown J R. Hydrotreating a distillate liquid derived from subbituminous coal using a sulphided CoO-MoO_3-Al_2O_3 catalyst [J]. Fuel A, 1982, 61 (11): 1110-1118.

[195] White P J, Jones J F, Eddinger R T. To treat and crack oil from coal [J]. Hydrocarbon Processing A, 1968, 47 (12): 97.

[196] Hurff S J, Klein M T. Reaction pathway analysis of thermal and catalytic lignin fragmentation by use of model compounds [J]. Industrial and engineering chemistry fundamentals A, 1983, 22 (4): 426-430.

[197] Laurent E, Delmon B. Study of the hydrodeoxygenation of carbonyl, carboxylic and guaiacyl groups over sulfided CoMo/γ-Al_2O_3 and NiMo/γ-Al_2O_3 catalysts. I: Catalytic reaction schemes [J]. Applied catalysis A: General A, 1994, 109 (1): 77-96.

[198] Furimsky E. Catalytic deoxygenation of heavy gas oil [J]. Fuel A. 1978, 57 (8): 494-496.

[199] Furimsky E. Catalytic removal of sulfur, nitrogen, and oxygen fromheavy gas oil [J]. AIChE Journal A, 1979, 25 (2): 306-311.

[200] Dalling D K, Haider G, Pugmire R J, Shabtai J, Hull W E. Application of new^{13}C n. m. r. techniques to the study of products from catalytic hydrodeoxygenation of SRC-II liquids [J]. Fuel

(Guildford) A，1984，63 (4)：525-529.
[201] Yoshimura Y，Hayamizu K，Sato T，et al. The effect of toluene-insoluble fraction of coal on catalytic activities of a Ni-Mo-γ-Al_2O_3 catalyst in the hydrotreating of coal liquids [J]. Fuel processing technology A，1987，16 (1)：55-69.
[202] Liaw S L，Keogh R A，Thomas G A et al. Catalytic hydrotreatment of coal-derived naphtha using commercial catalysts：Resid upgrading [J]. Energy and Fuels A，1994，8 (3)：581-587.
[203] Landau M V. Deep hydrotreating of middle distillates from crude and shale oils [J]. Catalysis today A，1997，36 (4)：393-429.
[204] Holmes S A，Thomas L F. Nitrogen compound distributions in hydrotreated shale oil products from commercial-scale refining [J]. Fuel A，1983，62 (6)：709-717.
[205] Elliott D C，Baker E G. Hydrotreating biomass liquids to produce hydrocarbon fuels [R]. Pacific Northwest Lab.，Richland，WA (USA)，1986.
[206] Baker E G，Elliott D C. Catalytic upgrading of biomass pyrolysis oils [M] //Research in thermochemical biomass conversion. Springer Netherlands，1988：883-895.
[207] Churin E，Maggi R，Grange P. Characterization and upgrading of a bio-oil produced by pyrolysis of biomass [M] //Research in Thermochemical biomass conversion. Springer Netherlands，1988：896-909.
[208] 朱永红，王娜，淡勇，等. 中低温煤焦油加氢脱氧工艺条件的优化 [J]. 石油化工，2015，44 (3)：345-350.
[209] Viljava T R，Komulainen R S，Krause A O I. Effect of H_2S on the stability of $CoMo/Al_2O_3$ catalysts during hydrodeoxygenation [J]. Catalysis Today，2000，60 (1)：83-92.
[210] Yang Y Q，Luo H A，Tong G S，et al. Hydrodeoxygenation of phenolic model compounds over MoS_2 catalysts with different structures [J]. Chinese Journal of Chemical Engineering，2008，16 (5)：733-739.
[211] Wang H，Male J，Wang Y. Recent advances in hydrotreating of pyrolysis bio-oil and its oxygen-containing model compounds [J]. ACS Catalysis，2013，3 (5)：1047-1070.
[212] Li D，Li Z，Li W H，et al. Hydrotreating of low temperature coal tar to produce clean liquid fuels [J]. Journal of Analytical and Applied Pyrolysis，2013，100：245-252.
[213] Kan T，Sun X Y，Wang H Y，et al. Production of gasoline and diesel from coal tar via its catalytic hydrogenation in serial fixed beds [J]. Energy Fuels，2012，26 (6)：3604-3611.
[214] Sato Y. Hydrotreating of heavy distillate derived from wandoan coal liquefaction [J]. Catalysis Today，1997，39 (1)：89-98.
[215] Leckel D. Catalytic hydroprocessing of coal-derived gasification residues to fuel blending stocks：effect of reaction variables and catalyst on hydrodeoxygenation (HDO)，hydrodenitrogenation (HDN)，and hydrodesulfurization (HDS) [J]. Energy Fuels，2006，20 (5)：1761-1766.
[216] 王洪岩. 淮南煤多联产焦油催化加氢试验研究 [D]. 杭州：浙江大学，2013.
[217] Dai F，Gao M J，Li C S，et al. Detailed description of coal tar hydrogenation process using the kinetic lumping approach [J]. Energy & Fuels，2011，25 (11)：4878-4885.
[218] 张继昌，刘黎明，王军霞，等. 加氢裂化装置长周期运行的影响因素分析 [J]. 中外能源，2010，15 (11)：79-81.
[219] 王磊. 石油中铁的分布和赋存状态研究 [D]. 上海：华东理工大学，2007.
[220] 马伟，李冬，李稳宏，等. 中低温煤焦油加氢脱金属动力学研究 [J]. 石油化工，2011，40 (7)：749-752.
[221] 刘勇军，付庆涛，刘晨光. 渣油加氢脱金属反应机理的研究进展 [J]. 化工进展，2009，28 (9)：1546-1552.
[222] 周红军. 催化裂化原料油加氢脱金属催化剂研究 [D]. 北京：中国石油大学，2011.

[223] 高鑫，蔡婷婷，朱丽君，等. 原油及渣油中 Fe 含量分布及其存在形态 [J]. 石油学报（石油加工），2014，30：256-261.

[224] 侯典国，汪燮卿. 我国一些原油中钙化合物分布及形态的研究 [J]. 石油学报，2000，16（1）：54-59.

[225] 王玉春. 原油脱钙剂的研究 [D]. 兰州：兰州大学，2001.

[226] Brandão G P，Campos R C，Castro E V R，et al. Determination of copper，iron and vanadium in petroleum by direct sampling electrothermal atomic absorption spectrometry [J]. Spectrochimica Acta Part B：Atomic Spectroscopy，2007，62（9）：962-969.

[227] Maity S K，Perez V H，Ancheyta J，et al. Catalyst deactivation during hydrotreating of Maya crude in a batch reactor [J]. Energy & Fuels，2007，21（2）：636-639.

[228] Hernández-Beltrán F，Moreno-Mayorga J C，Quintana-Solórzano R，et al. Sulfur reduction in cracked naphtha by a commercial additive：effect of feed and catalyst properties [J]. Applied Catalysis B：Environmental，2001，34（2）：137-148.

[229] 程之光. 重油加工技术 [M]. 北京：中国石化出版社，1994：99-133，259-266.

[230] Galiasso R，Blanco R，Gonzalez C，et al. Deactivation of hydrodemetallization catalyst by pore plugging [J]. Fuel，1983，62（7）：817-822.

[231] 刘光轩. 高岭土载体催化剂加氢脱金属研究 [D]. 北京：中国石油大学，2010.

[232] Reynolds J G. Demetalation of hydrocarbonaceous feedstocks using dibasic carboxylic acids and salts thereof [P]. US：4853109，1989-8-1.

[233] Vreugdenhil W，Mao M. Calcium contamination in FCC catalysts [J]. Catalysts Courier，1999，37（10）：3-5.

[234] 刘文勇，张文成，郭金涛，等. 加氢脱金属催化剂的反应机理研究 [J]. 第三届全国工业催化技术及应用年会论文集，2006.

[235] Furimsky E，Massoth E E. Deactivation of hydroprocessing catalysts [J]. Catalysis Today 1999，52（4）：381-495.

[236] Agrawal R，Wel J. Hydrodemetalation of nickel and vanadium porphyrins. 1. Intrinsic kinetics [J]. Industrial and Engineering Chemistry. Process Des. Dev. 1984，23：505-514.

[237] Ware. Catalytic hydrodemetallation of nickel porphyrins I. Porphyrin structure and reactivity [J]. Journal of Catalysis 1985，93：100-121.

[238] Quann R J，Ware R A，Hung C W，et al. Advances in chemical engineering：catalytic hydrodemetallation of petroleum [M]. London：Academic Press，1988：95-295.

[239] Gevert B S，Long F X. Kinetics of vanadyl etioporphyrin hydrodemetallization [J]. Journal of Catalysis，2001，200（1）：91-98.

[240] Long F X，Gevert B S. Kinetic parameter estimation and statistical analysis of vanadyl etioporphyrin hydrodemetallization [J]. Computers & Chemical Engineering，2003，27（5）：697-700.

[241] Furimsky. Deactivation of hydroprocessing catasts [J]. Catal Today，1999，52：381-495.

[242] 范建光，赵愉生，胡长禄. 渣油加氢脱金属反应动力学研究进展 [J]. 工业催化，2013，21（10）：10-15.

[243] Callejas M A. Hydroprocessingof Maya residue：intrinsic kinetics of sulfur-，nitrogen-，nickel-，and vanadium-removal reactions [J]. Energy & Fuels，1999，13：629-636.

[244] Chang J. Kinetics of resid hydrotreating reactions [J]. Catalysis Today，1998，43：233-239.

[245] Stanislaus A，Fukase S，Koidel R，et al. Pilot plant study of the performance of all industrial MoO_3/Al_2O_3 catalyst in hydrotreatment of Kuwaiti atmospheric residue [R]. Kuwait：Kuwmt Institute of Scientific Research，1999：55-78.

[246] Marafi A，Al-Bazzaz H，Al-Malri M，et al. Residual-oil hyrdrotreating kinetics for graded catalyst systems：effect of original and treated feedstocks [J]. Energy & Fuels，2003，17：1191-1197.

[247] Marafi A, Fukase S, Al-Marri M, et al. A comparative study of the effect of catalyst type on hydrotreating kinetics of kuwaiti atmospheric residue [J]. Energy & Fuels, 2003, 17: 661-668.

[248] Abusalehi A. Kinetic modeling of demetalization reactions of topped Athabasca bitumen [J]. Petrol Coal, 2007, 40: 41-44.

[249] Alvarez A. Modeling residue hydroprocessing in a multi-fixed-bed reactor system [J]. Applied Catalysis A: General, 2008, 351 (2): 148-158.

[250] Bahzad D, AI-Fadhli. The apparent kinetic parameters of three Kuwaiti atmospheric residues using three types of com-mercial ARDS catalysts [R]. Kuwait: Kuwait Institute for Scientific Research, 2008: 178-196.

[251] Agrawal R, Wei J. Hydrodemetalation of nickel and vanadium porphyrins. 1. Intrinsic kinetics [J]. Industrial Engineering Chemistry Process Design and Development, 1984, 23 (3): 505-514.

[252] Galiasso. R, Garcia. J, Caprioli. L. Deactivation of hydrodemetallization catalyst by pore plugging [J]. Preprints-American Chemical Society, Division of Petroleum Chemistry, 1985, 30 (1): 50.

[253] 王世宇，白效言，张飔，等. 低温煤焦油柱层析色谱族组分分离及 GC/MS 分析 [J]. 洁净煤技术，2010, 16 (3): 59-61.

[254] 路正攀,张会成，程仲芊，等. 煤焦油组成的 GC/MS 分析 [J]. 当代化工，2011, 40 (12): 1302-1304.

[255] Stanislaus A, Copper B H. Aromatic hydrogenation catalysis: a review, catalysis review [J]. Science Engineering, 1994, 36 (1): 75-123.

[256] Shaw R, Golden D M, Benson S W. Thermochemistry of some six-membered cyclic and polycyclic compounds debated to coal [J]. Journal of Physics and Chemistry, 1977, 81 (18): 1716-1729.

[257] Zhang Z G, Okada K, Yamamoto M, et al. Hydrogenation of anthracene over active carbon -supported nickel catalyst [J]. Catalysis Today, 1998, 45 (1/4): 361-366.

[258] Girgis M J, Gates B C. Reactivities, reaction networks, and kinetics in high-pressure catalytic hydroprocessing [J]. Industrial Engineering Chemistry Research, 1991, 30 (9): 2021-2058.

[259] Frye C G. Equilibria in the hydrogenation of polycyclic aromat-ics [J]. Journal of Chemical and Engineering Data, 1962, 7 (4): 592-595.

[260] Frye C G, Weitkamp A W. Equilibrium hydrogenations of multi-ring aromatics [J]. Journal of Chemical and Engineering Data, 1969, 14 (3): 372-376.

[261] Le Page J F. 接触催化：工业催化剂原理、制备及其应用 [M]. 李宣文，黄志渊，译. 北京：石油工业出版社，1984: 7.

[262] Leite L, Benazzi E, Marchal-George N. Hydrocracking of phenanthrene over bifunctional Pt catalysts [J]. Catalysis Today, 2001, 65 (2/4): 241-247.

[263] 侯朝鹏，李永丹，夏国富等. 蒽和菲加氢反应热力学分析 [J]. 石油化工，2013, 42 (7): 3-50.

[264] 胡意文，达志坚，王子军. 几种芳烃加氢反应的热力学分析 [J]. 石油学报（石油加工），2015, 31 (1): 8-17.

[265] Kotanigawa T, Yamamoto M, Yoshida T. Selective nuclear hydrogenation of naphthalene, anthracene and coal-derived oil over Ru supported on mixed oxide [J]. Applied Catalysis A: 1997, 164 (1/2): 323-332.

[266] Alvarez J, Rosal R, Sastre H, et al. Characterization and deactivation studies of an activated sulfided red mud used as hydrogenation catalyst [J]. Applied Catalysis A: 1998, 167 (2): 215-223.

[267] Sidhpuria K B, Patel H A, Parikh P A, et al. Rhodium nano-particles intercalated into montmorillonite for hydrogenation of aromatic compounds in the presence of thiophene [J]. Applied Clay Science, 2009, 42 (3/4): 386-390.

[268] Jacinto M J，Santos O H C F，Landers R，et al. On the catalytic hydrogenation of polycyclic aromatic hydrocarbons into less toxic compounds by a facile recoverable catalyst [J]. Applied Clay Science B：2009，90 (3/4)：688-692.

[269] Nuzzi M，Marcandalli B. Hydrogenation of phenanthrene in the presence of Ni catalyst：thermal dehydrogenation of hydrophenanthrenes and role of individual species inhydrogen transfers for coal liquefaction [J]. Fuel Processing Technology，2003，80 (1)：35-45.

[270] 刘会茹，徐智策，赵地顺. 多环芳烃在贵金属催化剂上竞争加氢反应的研究 [J]. 化学学报，2007，65 (18)：1933-1939.

[271] 李会峰，刘锋，刘泽龙，等. 菲在不同加氢催化剂上的转化 [J]. 石油学报（石油加工），2011，27 (1)：20-25.

[272] 何国锋，关北峰，王燕芳，等. 温热解焦油中油馏分加氢脱氮和芳烃加氢宏观动力的研究 [J]. 煤炭转化，1998，21 (1)：54-58.

[273] 张聪琳，吴倩，李佟著. 菲加氢裂化催化剂的初步研究 [J]. 化工时刊，2009，23 (8)：4-7.

[274] 侯朝鹏，李永丹，赵地顺. 芳烃加氢金属催化剂抗硫性研究的进展 [J]. 化工进展，2003，22 (4)：366-371.

[275] Menini R，Martel A，Me' nard H，et al. The electrocatalytic hydrogenation of phenanthrene at raney nickel electrodes：The influence of an inert gas pressure [J]. Electrochimica Acta，1998，43 (12/13)：1697-1703.

[276] Qian Weihua，Yoda Yosuke，Hirai Yoshiki，et al. Hydrodesulfurization of dibenzothiophene and hydrogenation of phenanthrene on alumina-supported Pt and Pd catalysts [J]. Applied Catalysis A：1999，184 (1)：81-88.

[277] 张全信，刘希尧. 多环芳烃的加氢裂化 [J]. 工业催化，2001，9 (2)：10-16.

[278] 王云飞，杨晨霞，段毅文. 苯加氢生产环己烷的研究进展 [J]. 内蒙古石油化工，2012，(24)：13-32.

[279] Davi C. Electronic encyclopedia of reagents for organic synthesis [M]. New York：John Wiley&Sons・2006.

[280] Masahiro Saito，Kazlthisa Murata. Development of high performance CuO-ZnO based catalysis for methanol synthesis and the water-gas shift reaction [J]. Catalysis Surveys from Asia，2004，4：285-294.

[281] 吕慧娟，朴光石，蒋大振. 乙醇脱氢胺化及腈化的研究 [M]. 石油化工，1989，18：754-760.

[282] Hu Y F，Wang X S，Guo X W，et al. Effects of channel structure and acidity of molecular sieves in hydroisomerization of n-octane over Bi-functional catalysts [J]. Catalysis Letters，2005，100：59.

[283] 刘成运. 多环芳烃的选择性催化加氢研究 [D]. 大连：大连理工大学，2013，76-90.

[284] 袁履冰，丁勇. 苯系芳烃共振能的计算 [J]. 辽宁师范大学学报，1987，(2)：58-61.

[285] Kokaye P. Catalytic hydroprocessing of petroleum and distillates [M]. New York：Marcel Dekker，1994：253-278.

[286] Bouchy M，Dufreux-Denys S，Dufresne P，et al. Hydrogenation and hydrocracking of a model light cycle oil feed. 1. Properties of a sulfided nickel-molybdenum hydrotreating catalyst [J]. Industrial Engineering Chemistry Research，1992，31 (12)：2661-2669.

[287] Bouchy M，Dufreux-Denys S，Dufresne P，et al. Hydrogenation and hydrocracklng of a model light cycle oil feed. 2. Properties of a sulfided nickel-molybdenum hydrocracking catalyst [J]. Industrial Engineering Chemistry Research，1993，32 (8)：1592-1602.

[288] Yui S M，Sanford E C. Mathematical modeling and simulation of hydrotreating reactor：Cocurrent versus countercurrent operations [C] //Proceedings of API Refining Dept 50th Midyear Meeting，Kansas City，1985，64：290.

[289] Yui S M，Senford E C. Study on the kinetics of aromatic hydrogenation [J]. American Chemican Socie-

ty, Division of Petroleum Cheistry. 1987, 32: 315.

[290] 方向晨，韩保平，曾榕辉. 柴油加氢脱硫、脱芳烃反应动力学模型的研究 [J]. 石油炼制与化工，2003，1：58-60.

[291] Yui S M, Sanford E C. Kinetics of aromatic hydrogenation of bitumen-derived gas oils [J]. Canadian Journal of Chemical Engineering, 1991, 69 (5): 1087-1095.

[292] Stanislaus, Ymuthu A, Cooper B H. Aromatic hydrogenation catalysis: A review [J]. Catalysis Reviews-Science and Engineering, 1994, 36 (1): 75-123.

[293] 蒋东红，石玉林，胡志海. 催化柴油芳烃加氢饱和反应动力学模型研究 [C]. 加氢技术论文集，2004，264-272.

[294] Magnabosco L M. A mathematical model for catalytic hydrogenation of aromatics in petroleum feedstocks [J]. Studies in Surface Science and Catalysis: Catalysis in Petroleum Refining, 1990, 53: 481.

[295] Chowdhury R, Pedemera E, Reimert R. Trickle-bed reactor model for desulfurization and dearomatization of diesel [J]. AIChE Journal, 2002, 48 (1): 126.

[296] Sanchez M, et al. Kinetics of the hydrogenation of aromatic in diesel over a NiW catalyst [C]. //1995 Hydroprocessing Ⅲ Session. AIChE Spring Meeting, houston, TX, 1995.

[297] Dassori C G, et al. Three phase reactor modeling with significant back mixing in the liquid phase [J]. Studies in Surface Science and Catalysis: Hydrotreatment and Hydrocracking of Oil Fractions, 1997, 106: 443.

[298] Speight J G. The Chemistry and Technology of Petroleum [M]. New York: Marcel Dekker Inc, 1991.

[299] 刘越君，郭福君，姜贵，等. 石油沥青质的化学结构研究进展 [J]. 内蒙古石油化工，2008，(4)：11-13.

[300] Tanaka R, Hunt J E. Aggregates structure analysis of petroleum asphaltenes with small-angle neutron scattering [J]. Energy &Fuels, 2003, 17 (1): 127-134.

[301] Groenzin H, Mullins O C, Eser S, et al. Molecular size of asphaltene solubility fractions [J]. Energy &Fuels, 2003, 17 (2): 498-503.

[302] Zou R, Liu L. Asphaltenes and Asphalts [M]. New York: Elsevier Science BV, 1994.

[303] Bartholdy J, Andersen S I. Changes in asphaltene stability during hydrotreating [J]. Energy & Fuels, 2000, 14 (1): 52-55.

[304] Tojima M, Suhara S, Imamura M, et al. Effect of heavy asphaltene on stability of residual oil [J]. Catalysis Today, 1998, 43 (3-4): 347-351.

[305] Buch L, Groenzin H, Buenrostro-Gonzalez E, et al. Molecular size of asphaltene fractions obtained from residuum hydrotreatment [J]. Fuel, 2003, 82 (9): 1075-1084.

[306] Seki H, Kumata F. Structural change of petroleum asphaltenes and resins by hydrodemetallization [J]. Energy & Fuels, 2000, 14 (5): 980-985.

[307] Callejas M A, Martinez M T. Hydroprocessing of a maya residue. 1. Intrinsic kinetics of asphaltene removal reactions [J]. Energy & Fuels, 2000, 14 (6): 1304-1308.

[308] Kodera Y, Kondo T, Saito I, et al. Continuous-distribution kinetic analysis for asphaltene hydrocracking [J]. Energy & Fuels, 2000, 14 (2): 291-296.

[309] Ancheyta J, Centeno G, Trejo F, et al. Changes in asphaltene properties during hydrotreating of heavy crudes [J]. Energy & Fuels, 2003, 17 (5): 1233-1238.

[310] Bartholdy J, Lauridsen R, Mejlholm M, et al. Effect of hydrotreatment on product sludge stability [J]. Energy & Fuels, 2001, 15 (5): 1059-1062.

[311] Speight J G. The Desulfurization of Heavy Oils and Residua [M]. New York: Marcel Dekker

Inc，2000.
[312] Solari R B. Asphaltenes and Asphalts [M]. New York：Elsevier Science BV，2000.
[313] 孙昱东，杨朝合，山红红，等. 渣油加氢转化过程中沥青质的结构变化 [J]. 石油化工高等学校学报，2010，23 (4)：6-9.
[314] Trejo F，Ancheyta J，Centeno G，et al. Effect of hydrotreating conditions on Maya asphaltenes composition and structural parameters [J]. Catalysis Today，2005，109 (1-4)：178-184.
[315] Whitehead E V. Fuel Oil Chemistry and Asphaltenes [M]. The Netherlands Amsterdam：Elsevier，1994.
[316] 王宗贤，张宏玉，郭爱军，等. 渣油中沥青质的缔合状况与热生焦趋势研究 [J]. 石油学报，2000，16 (4)：60-62.
[317] 刘勇军. 渣油加氢处理前后沥青质的微观结构研究 [J]. 燃料化学学报，2012，40 (9)：1086-1089.
[318] Mitra-Kirtley S，Mullins O C，Elp J V，et al. Determination of the nitrogen chemical structures in petroleum asphaltenes using XANES spectroscopy [J]. Journal of the American Chemical Society，1993，115 (1)：252-258.
[319] Kim J W，Longstaff D C，hanson F V. Catalytic and thermal effects during hydrotreating of bitumen-derived heavy oils [J]. Fuel，1998，77 (15)：1815-1823.
[320] Lababidi H M，Sabti H M，Alhumaidan F S. Changes in asphaltenes during thermal cracking of residual oils [J]. Fuel，2014，117：59-67.
[321] Takeuchi C，Shiroto Y，Nakata S. Asphaltene cracking in catalytic hydrotreating of heavy oils. 1. Processing of heavy oils by catalytic hydroprocessing and solvent deasphalting [J]. Industrial and Engineering Chemistry Process Design and Development A，1983，22 (2)：236-242.
[322] Asaoka S，Nakata S，Shiroto Y，et al. Asphaltene cracking in catalytic hydrotreating of heavy oils. 2. Study of changes in asphaltene structure during catalytic hydroprocessing [J]. Industry and Engineering Chemistry Process Design and Development A，1983，22 (2)：242-248.
[323] Merdrignac I，Truchy C，Robert E，et al. Size exclusion chromatography：Characterization of heavy petroleum residues [J]. Petroleum Science Technology，2005，22 (7-8)：1003-1022.
[324] Ali F A，Ghaloum N，Hauser A. Structure representation of asphaltene GPC fractions derived from Kuwaiti residual oils [J]. Energy & Fuels，2006，20 (1)：231-238.
[325] Michael G，Al-Siri M，Khan ZH，et al. Differences in average chemical structures of asphaltene fractions separated from feed and product oils of a mild thermal processing reaction [J]. Energy & Fuels，2005，19 (4)：1598-1605.
[326] Merdrignac I，Quoineaud A-A，Gauthier T. Evolution of asphaltene structure during hydroconversion conditions [J]. Energy & Fuels，2006，20 (5)：2028-2036.
[327] Heck R H，Diguiseppi F T. Kinetic effects in resid hydrocracking [J]. Energy & Fuels，1994，8 (3)：557-560.
[328] Gauthier T，Danial-Fortain P，Merdrignac I，et al. An Attempt to Characterize the Evolution of Asphaltene Structure during Hydroconversion Conditions [M]. Mexico：Morelia，2007.
[329] Gauthier T，Danial-Fortain P，Merdrignac I，et al. Studies on the evolution of asphaltene structure during hydroconversion of petroleum residues [J]. Catalyst Today，2008，130 (2-4)：429-438.
[330] Calemma V，Iwanski P，Nali M，et al. Structural characterization of asphaltenes of different origins [J]. Energy & Fuels，1995，9 (2)：225-230.
[331] Yen T F，Erdman J G，Pollack S S. Investigation of the structure of petroleum asphaltenes by x-ray diffraction [J]. Analytical Chemistry，1961，33 (11)：1587-1594.
[332] Trejo F，Ancheyta J，Morgan T J，et al. Characterization of asphaltenes from hydrotreated products by

SEC, LDMS, MALDI and XRD [J]. Energy & Fuels, 2007, 21 (4): 2121-2128.

[333] Sharma A, Groenzin H, Tomita A, et al. Probing order in asphaltenes and aromatic ring systems by HRTEM [J]. Energy & Fuels, 2002, 16 (2): 490-496.

[334] Amerik Y B, Hadjiev S N. Prospect of heavy petroleum residue processing: ideals and compromises. Preprint 13th World Pet. Congr., Topic 18, Pap. 2, Buenos Aires, October, 1991.

[335] Usui K, Kidena K, Murata S, et al. Catalytic hydrocracking of petroleum-derived asphaltenes by transition metal-loaded zeolite catalysts [J]. Fuel, 2004, 83 (14-15): 1899-1906.

[336] Mochida I, Zhao X Z, Sakanishi K. Catalytic two-stage hydrocracking of Arabian vacuum residue at a high conversion level without sludge formation [J]. Industrial and Engineering Chemistry Research, 1990, 29 (3): 334-337.

[337] Mosio-Mosiewski J, Morawski I. Study on single-stage hydrocracking of vacuum residue in the suspension of Ni-Mo catalyst [J]. Applied Catalysis, 2005, 283 (1-2): 147-155.

[338] Morawski I, Mosio-Mosiewski J. Effects of parameters in Ni-Mo catalysed hydrocracking of vacuum residue on composition and quality of obtained products [J]. Fuel Processing Technology, 2006, 87 (7): 659-669.

[339] Song C, Nihonmatsu T, Nomura M. Effect of pore structure of Ni-Mo/Al_2O_3 catalysts in hydrocracking of coal derived and sand derived asphaltenes [J]. Industrial and Engineering Chemistry Research, 1991, 30 (8): 1726-1734.

[340] Stanislaus A, Absi-Halabi M, Khan Z. Influence of Catalysts Pore Size on Asphaltenes Conversion and Coke-like Sediments Formation during Catalytic hydrocracking of Kuwait Vacuum Residues [M]. The Netherlands Amsterdam: Elsevier, 1996.

[341] Baltus R E, Anderson J L. Hindered diffusion of asphaltenes through microporous membranes [J]. Chemical Engineering Science, 1983, 38 (12): 1959-1969.

[342] Quann R J, Ware R A, Hung C-W, et al. Catalytic hydrodemtallation of petroleum [J]. Advances in Chemical Engineering A, 1988, 14 (1): 95-259.

[343] Thiyagrajam P, Hunt J E, Winans R E, et al. Temperature-dependent structural changes of asphaltenes in 1-methylnapthalene [J]. Energy & Fuels, 1995, 9 (5): 829-833.

[344] Winans R E, Hunt J E. An overview of resid characterization by mass spectrometry and small angle scattering techniques [C] ACS National Meeting, New Orleans. 1999.

[345] Le Lannic K, Guibard I, Merdrignac I. Behavior and role of asphaltenes in a two-stage fixed bed hydrotreating process [J]. Petroleum Science and Technology, 2007, 25 (1): 169-186.

[346] Guibard I, Merdrignac I, Kressmann S. Characterization of Refractory Sulfur Compounds in Petroleum Residue [M]. Washington DC: ACS Symposium Series 895, 2005.

[347] Seki H, Yoshimoto M. Deactivation of hydrodesulfurization catalysts in two-stage resid desulfurization process characterization of asphaltenes after hydrodemetallization and subsequent hydrodesulfurization reactions [J]. Sekiyu Gakkai Shi A, 2001, 44 (3): 154-161.

[348] 代飞，高明杰，李春山，等. 煤焦油加氢裂化集总动力学模型的研究 [J]. 计算机与应用化学，2012，29 (4): 387-390.

[349] 杜雄伟. 重苯加氢提质工艺的研究 [D]. 太原：太原理工大学，2008.

[350] 方向晨. 加氢裂化 [M]. 中国石化出版社，2008.

[351] Scherzer J, Gruia A J. Hydrocracking science and technology [M]. CRC Press, 1996.

[352] Santilli D S, Gates B C [M]. Handbook of Heterogeneous Catalysis, 1997, 3: 1123-1136.

[353] Martens J A, Jacobs P A, Weitkamp J. Attempts to rationalize the distribution of hydrocracked products. II. Relative rates of primary hydrocracking modes of long chain paraffins in open zeolites [J]. Ap-

plied catalysis，1986，20（1）：283-303.

[354] Miki Y，Yamadaya S，Oba M. The selectivity in ring opening of cyclohexane and methylcyclopentane over a nickel-alumina catalyst [J]. Journal of Catalysis，1977，49（3）：278-284.

[355] Lemberton J L，Baudon A，Guisnet M，et al. Hydrocracking of C_{10} hydrocarbons over a sulfided NiMo/Y zeolite catalyst [J]. Studies in Surface Science and Catalysis，1997，106：129-136.

[356] Stanislaus A，Cooper B H. Aromatic hydrogenation catalysis：a review [J]. Catalysis Reviews-Science and Engineering，1994，36（1）：75-123.

[357] Covini R，Pines H. Alumina：Catalyst and support：XXII. Effect of intrinsic acidities of aluminas in molybdena-alumina catalysts upon the hydrogenolysis and isomerization of alkylbenzenes [J]. Journal of Catalysis，1965，4（4）：454-468.

[358] Sullivan R F，Egan C J，Langlois G E，et al. A new reaction that occurs in the hydrocracking of certain aromatic hydrocarbons [J]. Journal of the American Chemical Society，1961，83（5）：1156-1160.

[359] 侯祥麟. 中国炼油技术 [M]. 北京：中国石化出版社，2001.

[360] Sullivan R F，Egan C J，Langlois G E. Hydrocracking of alkylbenzenes and polycyclic aromatic hydrocarbons on acidic catalysts. Evidence for cyclization of the side chains [J]. Journal of Catalysis，1964，3（2）：183-195.

[361] Lemberton J L，Guisnet M. Phenanthrene hydroconversion as a potential test reaction for the hydrogenating and cracking properties of coal hydroliquefaction catalysts [J]. Applied catalysis，1984，13（1）：181-192.

[362] Haynes H W，Parcher J F，Heimer N E. Hydrocracking polycyclic hydrocarbons over a dual-functional zeolite（faujasite）-based catalyst [J]. Industrial & Engineering Chemistry Process Design and Development，1983，22（3）：401-409.

[363] 马建亮，彭亚伟，李国军，等. 利用煤焦油加氢转化试制燃料油 [J]. 河南冶金，2005，13（60：37-38.

[364] 代飞. 煤焦油加氢集总动力学模型的研究 [D]. 青岛：青岛科技大学，2012.

[365] 张晔，赵富亮. 中/低温煤焦油催化加氢制备清洁燃料油研究 [J]. 煤炭转化，2009，32（3）：41-58.

[366] 张晓静，李文博. 一种复合型煤焦油加氢催化剂及其制备方法 [P]. 中国专利：CN101927167，2010-06-23.

[367] 张晓静，李文博. 一种非均相催化剂的煤焦油悬浮床加氢方法 [P]. 中国专利：CN101927167，2010-06-23.

[368] 李斌，李冬，李稳宏，崔楼伟. 中温煤焦油重馏分加氢裂化的工艺条件优化 [J]. 化工进展，2012，31（5）：1023-1027.

[369] 李冬，李稳宏，高新，等. 中低温煤焦油加氢改质工艺研究 [J]. 煤炭转化，2009，34（4）：81-84

[370] 黄澎. 高温煤焦油悬浮床加氢裂化研究 [J]. 洁净煤技术，2011，17（3）：61-63.

[371] 张世万，徐东升，周霞萍，等. 煤焦油加氢裂化反应及其催化剂的研究 [J]. 现代化工，2012，31（11）：73-77.

[372] 代飞，高明杰，李春山，等. 煤焦油加氢裂化集总动力学模型的研究 [J]. 计算机与应用化学，2012，29（4）：387-390.

[373] 孙晋蒙，刘鑫，李冬，等. 中温煤焦油加氢裂化集总动力学研究 [J]. 石油学报（石油加工），2014，30（2）：291-297.

[374] Qader S A，Wiser W H，Hill G R. Kinetics of hydrocracking of low temperature coal tar [J]. American Chemical Society，Division of Petroleum Chemistry，1968，12（2）：28-46

[375] Greensfelder B S，Voge H H，Good G M. Catalytic and thermal cracking of pure hydrocarbons：Mechanisms of Reaction [J]. Industrial & Engineering Chemistry，1949，41（11）：2573-2584.

[376] Qader S A，Hill G R. Catalytic hydrocracking mechanism of hydrocyacking of low temperature coal tar [J]. Industrial and Engineering Chemistry Research，1969，8（4）：456-461.

[377] 常娜，顾兆林，侯雄坡，等. 高温煤焦油加氢裂解反应动力学研究 [J]. 煤炭转化，2010，33（2）：52-56.

第5章 煤焦油加氢技术

为了应对世界性能源危机，人们对煤焦油加氢制备轻质燃料技术进行了多种方案的开发研究，目前我国煤焦油加氢的技术主要有：煤焦油切割轻馏分加氢工艺技术、延迟焦化加氢工艺技术、悬浮床加氢工艺技术、全馏分加氢工艺技术、宽馏分加氢工艺技术以及煤焦油和其它油品混炼加氢工艺技术。我国国内目前已经建成、筹建和在建的煤焦油加氢生产轻质燃料油的企业分别见表5-1、表5-2。

表5-1 煤焦油加氢生产轻质燃料油已建成投产运行装置

企业名称	规模/$10^4t \cdot a^{-1}$	技术路线
云南先锋化工有限公司	12	宽馏分固定床加氢
中煤龙化哈尔滨煤制油公司	5	切割轻馏分固定床加氢
陕西神木锦界天元化工有限公司	2×25	延迟焦化—固定床加氢
黑龙江七台河宝泰隆煤化工公司	10	切割轻馏分油固定床加氢
陕西神木富油能源科技有限公司	12	全馏分固定床加氢
延长石油集团神木安源公司	50	VCC加氢技术
神木华航能源有限公司	40	制针状焦-固定床加氢
神木县鑫义能源化工有限公司	20	切割轻馏分油固定床加氢
内蒙古庆华集团	10	切割轻馏分油固定床加氢
陕西双翼石油化工有限责任公司	16	切割轻馏分油固定床加氢
河南宝舜化工科技有限公司	8	蒽油固定床两段加氢
河北新启元能源技术开发股份有限公司	30	蒽油固定床两段加氢
山东铁雄能源煤化有限公司	30	蒽油固定床两段加氢

表5-2 煤焦油加氢生产轻质燃料油筹建和在建成生产装置

建设单位名称	原料	规模/$10^4t \cdot a^{-1}$
陕煤集团建丰煤化工公司	中低温煤焦油	50
江苏天裕能源化工	高温煤焦油	20
山西路鑫能源产业集团	重质煤焦油	20
山西振东集团	高温煤焦油	30
山东荣信煤化公司	高温煤焦油	30
陕煤集团东鑫垣化工	中低温煤焦油	50
河南鑫海新能源公司	中低温煤焦油	5
陕西腾龙煤电集团	中低温煤焦油	20
内蒙古赤峰国能化工	煤制天然气副产焦油	45

续表

建设单位名称	原料	规模/$10^4 t \cdot a^{-1}$
开滦集团内蒙古鄂尔多斯	中低温煤焦油	40
榆林市基泰能源化工公司	中低温煤焦油	20
延长石油集团神木安源公司	中低温煤焦油	50
神华呼伦贝尔煤制油化工公司	中低温煤焦油	30
内蒙古新湖煤化工公司	中低温煤焦油	60
新疆昌源准东煤化工有限公司	中低温煤焦油	50
新疆鄯善万顺发新能源科技有限公司	中低温煤焦油	30
河南龙成集团	中低温煤焦油	80
山东玉皇化工有限公司	中低温煤焦油	90

煤焦油来源有三个途径：一是传统的焦炭、兰炭产业会副产一部分煤焦油；二是采用中低温干馏的煤炭分质利用技术，也会产生相应煤焦油；三是近年来的煤化工热潮，如煤的鲁奇炉气化技术，会副产一定量的中低温煤焦油。随煤焦油加氢项目相继投产，新项目持续上马，近年来煤焦油供应业越发紧张，预计未来对煤焦油的争夺亦将越发激烈。煤焦油加氢的发展前景，将不得不遭受原料的制约。因此，煤焦油加氢企业必须抓住新的发展形势，延长产业链、开发新产品，提高科研实力，改进工艺技术，避免盲目建设，发挥规模经济效应，强化竞争实力，攻克技术难关，形成核心专长，只有这样才能在新形势下立于不败之地。

5.1 煤焦油切割馏分加氢工艺技术

煤焦油切割馏分加氢技术的工艺流程见图5-1，具体过程为：煤焦油进入预分馏塔脱除小于 C_5 的轻烃，该馏分作为燃料或与产品分馏塔顶小于 C_5 的轻烃混合后生产丁烷气等高附加值产品。预分馏塔可分馏出粗汽油、粗柴油和粗沥青，粗沥青出装置可作为沥青调和组分或作为管道防腐涂料、与煤混合造气等。粗汽油和粗柴油进入加氢反应器，进行脱硫、脱氧、脱氮、脱金属、烯烃饱和等一系列反应，反应流出物进入分馏塔，分馏出石脑油和清洁燃料油组分[1]。

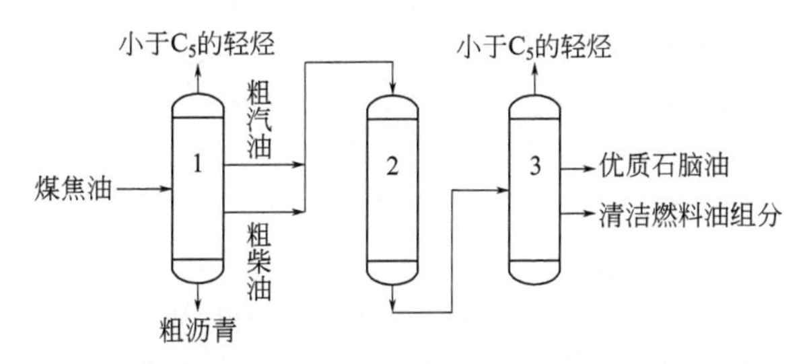

图5-1 煤焦油切割馏分工艺流程图

1—预分馏塔；2—固定床加氢反应器；3—产品分馏塔

中煤龙化哈尔滨煤化工有限公司对鲁奇加压气化过程中产生的煤焦油进行加氢改质处理，在该过程中使用煤焦油切割馏分加氢工艺技术生产轻质燃料[1,2]。该工艺处理煤焦油分三步进行：预处理、加氢反应和加氢处理。

工艺过程为：原料油经加热后进入减压蒸馏塔，塔顶气经冷却后为塔顶产品(C_5～C_{18})，该产品作为加氢原料油。塔底得重组分油质，与来料换热后经去沥青装置再加工。系统的负压是用低压蒸汽做动力，经喷射泵引射产生的。加氢原料经加氢进料泵加压后，与氢气压缩机输送的氢气混合。混合进料经换热器换热，经加热炉加热到280℃左右后进入加氢反应器进行加氢反应。反应后物料经换热器换热，冷却后进入高压分离器将气、油、水三相分离。未反应的气体经压缩机加压后作为循环气体重新进入系统参与反应。反应生成油靠压差进入低压分离器进行油水分离，生成油进入后续工段进行分馏处理。加氢生成油由加热炉加热后进入分馏塔进行分馏处理。塔顶轻组分在稳定塔进行稳定化处理，塔底处理后的燃料油储存于罐区。

加氢改质前后油品性质的对比见表5-3，由表可知，油品的性质得到了很大的改善：在燃烧中对环境有污染的硫、氮含量大大的降低，硫质量分数可以控制在50$\mu g \cdot g^{-1}$以下，氮质量分数可以控制在300$\mu g \cdot g^{-1}$以下。

表5-3 加氢改质前后油品性质对比

项目	原料油(反应前)	产品油(反应后)
密度/$g \cdot cm^{-3}$	0.9247	0.878
氮质量分数/$\mu g \cdot g^{-1}$	4369	<300
硫质量分数/$\mu g \cdot g^{-1}$	7132	<50
辛烷值	19.6	35

上海博申工程技术有限公司和哈尔滨气化厂联合申请了专利CN1464031[3]，该专利的工艺流程如下：煤焦油进入预分馏塔脱除小于C_5馏分，该馏分作为燃料或与产品分馏塔顶小于C_5馏分混合后生产丁烷气和六号抽提油等高附加值产品。预分馏塔可以分馏出粗石脑油馏分、粗柴油馏分和粗沥青后分别进行加氢，也可以将粗柴油和粗汽油混合或分别进行加氢，粗沥青出装置作为沥青调和组分或综合利用。预分馏塔也可以作为闪蒸塔分馏出小于C_5轻烃，粗柴油、粗汽油、粗沥青不再分馏，粗柴油、粗汽油、粗沥青的混合物从预分馏塔底部抽出后进入保护反应器脱除铁和其它固体杂质。保护反应器预精制后的原料单独或与加氢未转化油混合进入加氢反应器，反应产物进入产品分馏塔，分馏出石脑油、柴油和未转化油。未转化油可以出装置与其它馏分混合生产针状焦，亦可与保护反应器预精制后的原料混合循环进入加氢反应器进一步转化。该专利的加氢工艺参数为：加氢反应器入口压力不大于15.0MPa，初始反应温度300～390℃，体积空速0.4～4.0h^{-1}，氢油比500～3000m^3（标）$\cdot m^{-3}$。

该发明列举以下实施例。某气化厂副产煤焦油主要性质见表5-4，采用固定床加氢工艺及专用催化剂，加氢进料为小于350℃煤焦油轻馏分，目的产品为优质石脑油和优质柴油调和组分，大于350℃馏分作为沥青。加氢主要工艺参数见表5-5，产品主要性质见表5-6。

表 5-4 煤焦油性质

馏分范围	全馏分	小于350℃煤焦油轻馏分
密度(20℃)/g·cm^{-3}	0.98	0.93
残炭(质量分数)/%	4.0	2.5
元素组成(质量分数)/%		
硫	0.33	0.40
氮	0.79	0.71
重金属/μg·g^{-1}		
铁	33	30
镍	0.2	0.18
矾	0.15	0.12
馏分分布(质量分数)/%		
小于200℃	17	—
200～350℃	58	—
大于350℃	25	—
族组成分析(质量分数)/%		
链烷烃	14	17
环烷烃	7	8
芳烃	54	53
焦质	25	22

表 5-5 加氢主要工艺参数

催化剂	上部预精制剂,下部改质催化剂	
体积空速/h^{-1}	0.70	0.85
床层平均温度/℃	370	
反应器入口氢油比(体积比)	900	
反应器入口氢分压/MPa	8.0	
化学氢耗(质量分数)/%	2.3	

表 5-6 加氢产品主要性质

名称	加氢石脑油	加氢柴油
密度(20℃)/g·cm^{-3}	0.78	0.85
元素组成(质量分数)/%		
硫	15	18
氮	8	200
溴价(以Br计)/g·(100g)$^{-1}$	1.0	—
凝点/℃	—	−2
十六烷指数	—	37
馏程/℃		
初馏点	70	180
10%	90	200

续表

名称	加氢石脑油	加氢柴油
50%	120	240
90%	150	320
终馏点	190	353

5.2 煤焦油延迟焦化加氢工艺技术

延迟焦化是将重质油经深度热裂化转化为气体、轻中质馏分油的加工过程，是炼油厂提高轻质油收率和生产石油焦的主要手段。延迟焦化技术设备投资少、工艺简单、技术成熟，可加工各类含沥青质、硫和金属的重质渣油，最大量的生产馏分油产品[4]。延迟焦化已经成为世界各国重质油轻质化的重要手段，并得到了迅速发展，在重油深度加工方面发挥着越来越重要的作用[5]。在煤焦油加工方面，目前陕西煤业化工集团的神木天元化工有限公司[6]已经采用延迟焦化-加氢精制/加氢裂化工业装置来加工中、低温煤焦油。

5.2.1 煤焦油延迟焦化工艺

中煤龙化哈尔滨煤化工有限公司针对煤焦油延迟焦化进行了深入研究，申请了专利 CN1485404A[7]，其工艺流程如图 5-2 所示。将预热至 300～380℃的中低温煤焦油引入加热炉，经加热炉加热至 480～550℃后进入焦炭塔，在 0.8～2.0MPa 的压力下进行焦化反应。焦炭塔中生成的焦炭排出焦炭塔，焦化生成油进入抽提塔。在抽提塔中加入碱溶液，抽提出酚类物质后的馏分油进入分馏塔，分别分离出碳链长度小于 5 的轻烃类物质、石脑油和柴油调和组分。

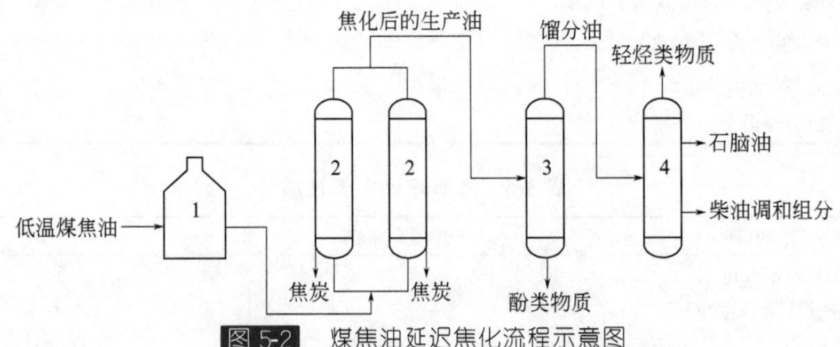

图 5-2 煤焦油延迟焦化流程示意图

1—加热炉；2—焦炭塔；3—抽提塔；4—分馏塔

该发明的独特技术效果为：①采用延迟焦化工艺先对中低温煤焦油进行焦化加工，使小于 360℃液体收率由不采用延迟焦化时的 60%上升到 75%；②最终精制油中的胶质、沥青质在焦化过程中缩聚成焦炭，从而使最终精制油中的胶质由不采用延迟焦化工艺时的 300～500 mg/100mL 下降到 23～40 mg/100mL；③在焦化过程中芳烃类物质与不饱和烃类物质缩聚成焦炭，从而有效地降低了精制油中的芳烃和不饱和烃组分；

④经延迟焦化后的生成油的密度由不采用延迟焦化工艺时的 0.92g·cm^{-3} 下降 0.85g·cm^{-3}；⑤经碱抽提出的酚盐经脱油、硫酸或 CO_2 分解后获得酚类产品，减少了环境污染。同时还可以大幅度提高单元酚的收率，回收率可由不足 30%提高到 65%以上。

该专利列举了以下实施例，所用煤焦油性质见表 5-7，产品性质见表 5-8。

表 5-7　中低温煤焦油性质

性质	数值	性质	数值
密度(20℃)/g·cm^{-3}	0.9736	V	0.1
黏度(100℃)/mm^2·s^{-1}	1.871	馏分分布(质量分数)/%	
残炭(质量分数)/%	3.55	<180℃	7.76
凝点/℃	14	180～350℃	63.73
元素组成(质量分数)/%		>350℃	28.51
S	0.3	四组分分析(质量分数)/%	
N	0.78	饱和烃	21.44
重金属/μg·g^{-1}		芳烃	44.16
Fe	32.5	胶质	25.90
Ni	0.17	沥青质	8.50

表 5-8　产品主要性质

名称	石脑油	柴油调和组分
密度(20℃)/g·cm^{-3}	0.78	0.85
元素组成/μg·g^{-1}		
S	15	1800
N	8	2000
实际胶质/mg·(100mL)$^{-1}$		23
凝点/℃		−18
十六烷值		36
溴价(以溴计)/g·(100mL)$^{-1}$	1.0	
馏程/℃		
初馏点	50	201
10%	97	220
50%	140	261
90%	166	325
终馏点	191	345
组成(质量分数)/%		
芳香烃	21.8	
烯烃	22.6	
饱和烃	55.6	

在煤焦油延迟焦化工艺的过程中，应当将热负荷进行分散处理，避免局部过热现象。稀释剂选用水蒸气可以使系统具有较强的热惯性，从而确保温度的稳定性，同时还能够对炉管的结焦问题起到抑制作用。加热炉及预热炉在进行升温的过程中，应当确保逐步地将原料油温度升高，到达焦化反应的温度。

5.2.2 煤焦油延迟焦化—加氢技术

延迟焦化-加氢联合工艺技术将煤焦油中的重组分通过延迟焦化生成轻馏分油和焦炭，然后轻馏分油进行加氢生产石脑油和柴油产品。该工艺技术的最大的优点是对劣质原料有较高的适应性，其缺点在于把一部分煤焦油转化成了焦炭，没有充分利用好煤焦油资源。延迟焦化-加氢联合工艺技术分为两种，即全馏分延迟焦化-加氢组合工艺技术和重馏分延迟焦化-加氢组合工艺技术[8,9]。

(1) 全馏分延迟焦化-加氢组合工艺技术[10] 该工艺的基本流程为：先把全馏分煤焦油进行延迟焦化，得到气体、焦炭、轻馏分油（石脑油和柴油馏分）和重馏分油(350～500℃)，然后将轻馏分油进行加氢精制，把重馏分油作为加氢裂化的原料，最后得到石脑油和柴油产品。

神木天元化工有限公司的专利 CN101429456A[6] 提出了一种全馏分延迟焦化-加氢组合工艺方法。该专利的工艺方法步骤为：将预热到 300～400℃的煤焦油送入加热炉，经加热炉加热至 450～550℃后进入焦炭塔，在 0.1～3.0MPa 的压力下进行焦化反应，获得石油焦作为产品，同时获得焦化汽油、焦化柴油和焦化蜡油。然后将焦化汽油、焦化柴油和焦化蜡油混合后或分别单独作为加氢的原料，将混合后的或分别单独加氢原料引入加热炉并与氢气混合，然后在 6.0～20.0MPa、300～450℃下，先后一次通过或尾油部分循环或尾油全部循环装有催化剂的加氢处理、加氢精制和加氢裂化反应器，得到加氢生成油之后再进入分馏塔和稳定塔，经过分馏、稳定工艺过程得到液化气、燃料油和润滑油基础油。该发明的技术特征为：①煤焦油是指煤炭在气化、炼焦或生产半焦过程中产生的低温 500～700℃、中温 700～900℃和高温 900～1100℃煤焦油；②煤焦油作为延迟焦化进料是大于 300℃或 350℃的某一温度段的煤焦油重馏分，或未经任何处理的煤焦油重馏分；③加氢包括煤焦油经延迟焦化得到的焦化汽油、焦化柴油和焦化蜡油混合后作为加氢的原料或焦化汽油、焦化柴油和焦化蜡油单独分别作为加氢的原料；④加氢裂化工艺是二次通过或部分循环或全循环，或一段式或两段式加氢裂化工艺。

该专利还列举了下列实施例：在操作中焦炭塔的压力控制在 0.28MPa，温度控制在 450～550℃之间，两个焦炭塔按 18h 或 24h 为一周期切换操作。该发明所述的延迟焦化-加氢组合工艺根据原料和生产目的不同而不同，例如某煤焦油的主要性质见表 5-9，目的产品为汽油和柴油。工艺条件见表 5-10，产品主要性质见表 5-11。

表 5-9 煤焦油性质

项目	煤焦油	项目	煤焦油
密度(20℃)/$g \cdot cm^{-3}$	1.064	黏度(100℃)/$mm^2 \cdot s^{-1}$	15.17
馏程/℃		凝点/℃	38
IBP/10%	198/252	闪点(开口)/℃	160
30%/50%	335/378	酸值(以 KOH 计)/$mg \cdot g^{-1}$	1.8
70%/90%	472/575	残炭/%	7.5

表 5-10 延迟焦化-加氢组合工艺条件

延迟焦化条件	
焦炭塔操作压力/MPa	0.28
煤焦油预热温度/℃	350
延迟焦化加热炉温度/℃	500
焦炭塔温度/℃	500
加氢精制条件	
反应总压/MPa	15.0
氢油体积比	800∶1
平均反应温度/℃	350
体积空速/h^{-1}	1.2
加氢裂化条件	
反应总压/MPa	15.0
氢油体积比	1000∶1
平均反应温度/℃	370
体积空速/h^{-1}	1.8

表 5-11 延迟焦化-加氢组合产品性质

分析项目	汽油	柴油
馏分范围/℃	<180	180～360
密度/$g \cdot cm^{-3}$(20℃)	0.7520	0.8537
馏程/℃		
IBP/10%	68/102	185/228
30%/50%	115/125	246/281
70%/90%	139/164	312/336
90%/EBP	173/182	344/351
闪点/℃		80
凝点/℃		−15
辛烷值	80.6	
十六烷值		44.5
十六烷指数		46.5
质谱组成/%		
烷烃	9.4	30.6
环烷烃	80.0	26.6
芳烃	10.6	42.8

神木天元化工50万吨中温煤焦油轻质化项目自2006年8月开工建设，一期工程于2008年5月开车成功，二期工程于2010年4月建成投产。该项目采用煤热解和“两次加氢，尾油裂化”技术，对煤焦油进行加氢处理生产燃料油。2010年3月通过中国石油和化学工业联合会组织的现场考核和技术鉴定，焦化液体产品收率76.8%，加氢装置液体产品收率达到96.3%。该公司主要产品为轻质化煤焦油1#和轻质化煤焦油2#等。轻质化煤焦油1#主要由C_{12}～C_{24}烷烃组成，常温、常压下为焦黄色透明液体。

产品性质：密度为 845～885kg·m^{-3}，硫氮含量不大于 0.002%，95%馏程不高于 375℃，凝点夏季不大于 0℃，冬季不大于－35℃，十六烷值为 46.6。该产品主要应用于使用柴油的内燃机车、船舰和柴油锅炉。轻质化煤焦油 2＃是由 C_5～C_{11} 烷烃、环烷烃、芳烃、烯烃组成的混合物。在常温、常压下为无色透明液体，有特殊气味，不溶于水。产品性质：密度为 700～777kg·m^{-3}，硫含量不大于 0.002%，烷烃含量不大于 60%，芳烃含量不大于 12%，烯烃含量不大于 1%，爆炸极限：1.0%～0.8%，初馏点不小于 48℃，终馏点不小于 220℃。

（2）重馏分延迟焦化-加氢组合工艺技术　专利 CN1880411A[11] 提供了一种重馏分延迟焦化-加氢组合工艺技术。其生产工艺步骤为：首先将煤焦油进行真空脱水，再将脱水煤焦油进行蒸馏，制成＜360℃馏分和＞360℃馏分。将＜360℃馏分进行脱酚、脱萘，再加氢精制、加氢改制，最后分馏制得优质石脑油和优质柴油组分；将＞360℃馏分进行延迟焦化后经加氢精制、加氢改制，最后分馏制得优质石脑油和优质柴油组分。

具体反应条件为：真空脱水为 3～4 级真空脱水，真空度为－0.082～0.095MPa，温度为 70～80℃。加氢精制、加氢改质反应使用两台反应器串联在一起，反应所用的催化剂由精制催化剂、保护剂和改质催化剂组成；在其中一台反应器中装精制催化剂和/或保护剂，保护剂装在上层，精制催化剂在下层，在另一台反应器中装填改质催化剂：保护剂，精制催化剂，改质催化剂的装填体积比为（1～2）∶（4～6）∶（3～5）。精制催化剂为 RCT-1，保护剂为 RG-10A，改质催化剂为 RIC-1。加氢精制、加氢改制反应温度为 350～400℃，压力为 8.0～15.0MPa，液时空速为 0.2～3.0h^{-1}，氢油体积比为（800∶1）～（1200∶1）。延迟焦化的焦化温度为 490～520℃，压力为 0.1～0.5MPa，注水量占＞360℃的馏分质量的 2%～3%。

该发明的优点是：①对原料要求范围广，可适用中低温和高温煤焦油的加工；②工艺合理，易工业化生产，操作灵活；③选用的催化剂比表面积大，孔容量大，活性高，稳定性好，试验连续运行 1000h 不失活，使用寿命长，运行稳定，催化剂成本低，便于商业化生产和工业应用。

具体实施方式如下：首先将＜360℃馏分通过常规方法进行脱酚、脱萘后，再在固定床加氢装置上进行加氢精制、加氢改制，使用两台反应器串联在一起，即"双反一段串联"工艺技术；采用 RCT-1［商品牌号，其理化指标：WO_3 的质量百分比为 23%～36%、NiO 的质量百分比为 2.543%、MgO 的质量百分比为 0.1%～2.1%，和余量的无定型氧化铝或硅铝载体构成。孔容为 0.32～0.40mL·g^{-1}、比表面＞150m^2·g^{-1}、堆密度为 94～99g·(100mL)$^{-1}$、强度大于 26N·mm^{-1}、形状为三叶草、直径为 11～13mm、长度为 3～8mm］为精制催化剂，采用 RG-10A［商品牌号由 1.0%～5.0%（质量分数）NiO、5.5%～10.0%（质量分数）MoO_3 和余量的具有双孔分布的 γ-Al_2O_3 载体组成］为保护剂，采用 RIC-1（商品牌号）为改质催化剂，RG-10A、RCT-1、RIC-1 均由中国石化长岭催化剂厂生产。在反应器 1 中装保护剂和/或精制剂，保护剂装在反应器 1 的上层，精制剂在保护剂的下层，在反应器中装填改质剂；RG-10A、RCT-1、RIC-1 的装填体积比例为 1∶5∶4。再将＞360℃馏分进行延迟焦化，采用"单炉双塔"工艺即一个加热炉同时为两个焦化塔加热工艺，焦化温度最佳为 500～510℃，最佳压力为0.2～3MPa；注水量占>360℃焦油2%～3%（质量分数）；制成<360℃馏分和焦化蜡油；实施例的结果见表5-12、表5-13。

表5-12　小于360℃加氢试验结果

加氢试验条件及产品分布		
试验条件	压力/MPa	10.0～14.0
	温度/℃	360～370
	空速/h^{-1}	0.5～1.0
	氢油体积比	1200∶1
产品分布/%	气体	0.3
	生成油	98.7
	石脑油	3.0
	柴油组分馏分	97.0

表5-13　重馏分延迟焦化-加氢组合试验产品主要性质

项目	石脑油	柴油组分
馏程范围/℃	<180	180～360
闪点(闭口)/℃	—	70
密度/$g \cdot cm^{-3}$	0.7450	0.8428
硫含量/$\mu g \cdot g^{-1}$	70	326
氮含量/$\mu g \cdot g^{-1}$	45	69
辛烷值RON	76	—
十六烷值	—	45
凝点/℃	—	−3

5.3　煤焦油悬浮床加氢工艺技术

5.3.1　均相悬浮床煤焦油加氢

抚顺石油化工研究院（FRIPP）的贾丽等提出了一种均相悬浮床煤焦油加氢裂化工艺，并申请发明了专利[12]。为了避免原料中的氮、氧、固体颗粒等对常规负载型催化剂活性的影响，该技术采用均相催化剂，即将催化活性组分制备成水溶性盐均匀地分散在原料油中。反应生成物经分离、分馏系统得到石脑油、柴油和重油，其中石脑油和柴油进入固定床加氢反应器继续深度加氢精制或加氢改质，用于降低其杂原子、芳烃含量，提高柴油的十六烷值；重油部分循环到悬浮床反应器入口用于进一步裂化成轻油馏分，少量重油（2%～10%）从装置中排出。

该专利的工艺过程包括：①将煤焦油原料直接进入，或与均相催化剂混合均匀后进入悬浮床加氢反应器，在氢气存在下进行加氢预处理和轻质化反应；②从悬浮床反应器出来的液体产物流经沉降罐进蒸馏装置切割，切出水、轻质馏分油和尾油；③将轻质馏分油送入到装有加氢精制催化剂的固定床反应器，进行进一步精制；④精制后的物流进入蒸馏装置，切割出汽油馏分和柴油馏分；⑤柴油馏分通入固定床脱芳反应器，进一步脱除芳烃含量，提高柴油的十六烷值，生产优质柴油馏分；⑥将步骤②所说的尾油全部或部分循环回悬浮床反应器，使其转化成轻质馏分油。

其中步骤①所述的均相催化剂为元素周期表第ⅥB、ⅦB、Ⅷ族一种或多种金属的化合物或其水溶液，其中较好的为含 Mo、Ni、Co、W、Cr、Fe 等金属元素物质。催化剂总加入量以金属计为 50～200$\mu g \cdot g^{-1}$，最好为 80～100$\mu g \cdot g^{-1}$。悬浮床加氢处理和轻质化的条件为：温度 320～420℃，压力 6～18MPa，液时空速 0.5～3.0h^{-1}，氢油体积比（标准压力下）(400∶1)～(2000∶1)。步骤②中所述的轻质馏分油的终馏点（或尾油的初馏点）一般在 330～420℃。步骤③中所述的固定床加氢精制反应器采用气、液并流下流式反应器，反应条件为：温度 320～390℃，压力 6～18MPa，液时空速 0.5～2.0h^{-1}，氢油体积比（标准压力下）(600∶1) ～ (1500∶1)。该发明选择的固定床加氢催化剂为常规催化加氢催化剂，该催化剂包括：氧化钼 5%～25%（质量分数），氧化镍 1%～10%（质量分数），其余为含硅氧化铝、氧化铝等耐熔氧化物载体，催化剂孔容为 0.20～0.50$mL \cdot g^{-1}$，比表面积为 100～200 $m^2 \cdot g^{-1}$。步骤⑤中所述固定床加氢脱芳反应器采用气/液并流下流式反应器，反应条件为：温度 320～390℃，压力 6～18MPa，液时空速 0.5～2.5h^{-1}，氢油体积比（标准压力下）(600∶1) ～ (1500∶1)。脱芳催化剂组成可以包括：氧化钨 10%～30%（质量分数），氧化镍 5%～15%（质量分数），可以含有一定量的分子筛，其余为含硅氧化铝、氧化铝等耐熔氧化物载体。催化剂孔容为 0.20～0.50$mL \cdot g^{-1}$，比表面积为 120～210 $m^2 \cdot g^{-1}$。步骤⑥中可以将少部分尾油从装置排出作为外甩油浆，从而降低固体含量，其外甩油浆量为尾油重量的 2%～10%。外甩油浆可以用作气化制氢原料或与焦化原料混合进入焦化处理装置。

该专利列举以下实施例。该实施例采用悬浮床加氢和固定床加氢精制联合工艺处理煤焦油全馏分的试验。将原料罐中的煤焦油或煤焦油与均相催化剂按一定比例制备的混合进料与氢气混合，进入悬浮床反应器，从悬浮床反应器底部出来的物流流经沉降罐进入蒸馏装置，切割出水、<370℃的轻油馏分和>370℃的尾油。其中<370℃的轻油馏分进入固定床加氢精制装置，脱除硫、氮等杂原子，降低胶质含量以提高柴油质量。从精制装置出来的物流进入蒸馏装置，切割出<150℃的汽油和 150～370℃的柴油，>370℃的尾油全部的 5%外甩排出装置，其它循环回悬浮床反应器。使用的悬浮床催化剂为水溶性的磷钼酸镍。加氢精制催化剂的组成和性质为：含有 22%氧化钼，8%的氧化镍，载体为氧化铝。催化剂孔容为 0.40$mL \cdot g^{-1}$，比表面积为 190 $m^2 \cdot g^{-1}$。试验原料性质列于表 5-14。试验条件和结果见表 5-15，产品性质见表 5-16。

表 5-14 均相悬浮床加氢用煤焦油性质

项目	煤焦油全馏分	项目	煤焦油全馏分
密度(20℃)/$g \cdot cm^{-3}$	1.0617	C	83.10
残炭(质量分数)/%	13.6	H	6.75
元素分析(质量分数)/%		S	0.18

续表

项目	煤焦油全馏分	项目	煤焦油全馏分
N	0.87	Na	5.01
O	9.02	Ca	31.33
金属元素/μg・g^{-1}		杂质(质量分数)/%	34.70
Fe	34.70	沥青质(质量分数)/%	1.16
Ni	1.16	水(质量分数)/%	0.09
V	0.09	>370℃尾油(质量分数)/%	57.0

表 5-15 实施例 1~3 反应条件及结果

编号	实施例1	实施例2	实施例3
悬浮床加氢反应			
温度/℃	360	390	370
压力/MPa	12	15	14
氢油体积比	1500	1200	1000
空速/h^{-1}	0.7	1.0	1.2
催化剂	有	有	无
催化剂加入量(按金属计)/μg・g^{-1}	50	200	
固定床加氢精制反应			
温度/℃	360	350	365
压力/MPa	12	15	14
氢油体积比	1200	800	1000
空速/h^{-1}	1.0	0.8	1.0
轻质馏分油收率(对原料)(体积分数)/%	78.2	85.1	72.2
产品汽柴比(质量比)	1:7	1:6.2	1:7.3

表 5-16 实施例 1~3 产品性质

项目	实施例1		实施例2		实施例3	
	汽油	柴油	汽油	柴油	汽油	柴油
密度(20℃)/g・cm^{-3}	0.7728	0.8774	0.7642	0.8702	0.7832	0.8843
S/μg・g^{-1}	7.0	18	6.3	15	58	127
N/μg・g^{-1}	11.2	28.6	10.8	25.6	247	482
闪点(闭口)/℃		74		72	76	76
酸度/mgKOH・$(100mL)^{-1}$		1.47		1.22		2.76
十六烷值		35.4		37.6		30.1
铜片腐蚀(50℃,3h)/级		1		1		1
黏度(20℃)/mm^2・s^{-1}		3.315		3.1734		3.579
凝点/℃		−17		−20		−17
馏程/℃						
初馏点	54.3	167.1	52.2	157	58.7	163

续表

项目	实施例 1		实施例 2		实施例 3	
10%	85.5	210	83.3	200	87.4	205
50%	100.0	264	98.2	241	99.7	270
90%	135.7	320	137.3	305	140.1	328
95%	154.4	340	152.2	337	157.3	344
辛烷值	70.1		72.4		68.7	

5.3.2 非均相悬浮床煤焦油加氢裂化

煤炭科学研究总院提出了一种非均相催化剂的煤焦油悬浮床加氢工艺及配套催化剂技术，工艺流程见图 5-3[13]。该技术首先将煤焦油切割为酚油、柴油和大于 370℃重油 3 个馏分，对酚油馏分采用传统煤焦油脱酚方法进行脱酚处理，获得脱酚油和粗酚，粗酚可进一步精馏，精馏分离获得酚类化合物产品，大于 370℃重油作为悬浮床加氢裂化的原料，催化剂是复合多金属活性组分的粉状细颗粒悬浮床加氢催化剂。悬浮床加氢反应产物分出轻质油后，含有催化剂的尾油大部分直接循环至悬浮床反应器，少部分尾油进行脱除催化剂处理后再循环至悬浮床反应器进一步轻质化。最后，将得到的全部轻质馏分油进行加氢精制，生产车用发动机燃料油和化工原料。

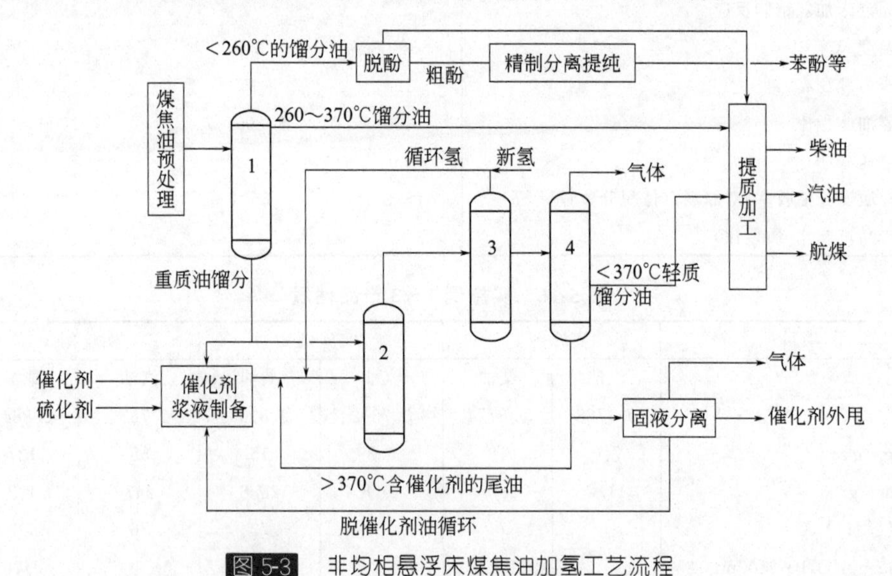

图 5-3 非均相悬浮床煤焦油加氢工艺流程

1—蒸馏塔；2—悬浮床反应器；3—分离塔；4—常压塔

该发明包括下列步骤。

① 煤焦油原料的预处理和蒸馏分离。首先将煤焦油原料进行常规脱水和脱除机械杂质后进行蒸馏分离，或者直接进行步骤②的煤焦油悬浮床加氢，再进行煤焦油原料蒸馏分离。

② 非均相催化剂的煤焦油悬浮床加氢。第一步进行悬浮床催化剂油浆的制备。将

催化剂、硫化剂和溶剂油混合，一起加入到带有搅拌设施的催化剂浆液制备装置中，于常压、80～200℃温度条件下充分混合均匀制成催化剂油浆。所述溶剂油包括煤焦油全馏分或重馏分油、脱除了催化剂的循环油中的一种或多种，其用于制备催化剂油浆。所述催化剂为含钼、镍、钴、钨或铁的单金属活性组分或复合多金属或活性组分的粒子直径为1～100μm的粉状颗粒煤焦油悬浮床加氢催化剂。所述硫化剂为在反应条件下可生成硫化氢的物质，例如硫黄或二甲基二硫醚等。硫化剂的加入量应保证系统循环氢的硫化氢含量不小于1000μg·g^{-1}，催化剂油浆的固体浓度可控制在20%～45%（质量分数），优先控制在25%～40%（质量分数）。第二步进行悬浮床加氢裂化。将步骤②中的催化剂油浆与煤焦油全馏分或重馏分油、含有催化剂的循环油混合，经原料泵升压、升温后进入一个或多个串联的悬浮床加氢反应器进行加氢裂化反应，加氢裂化工艺条件为反应温度320～480℃，优选350～450℃；反应压力8～25MPa，优选10～19MPa；体积空速0.3～3.0h^{-1}，优选0.5～2.0h^{-1}；氢油体积比（500：1）～（2000：1)，优选（800：1)～(1500：1)；催化剂的加入量以控制活性组分的金属总量与煤焦油原料质量之比为（0.1：100)～(4：100)，优选为（0.5：100)～(2：100)。悬浮床加氢反应器反应流出物经过分离单元分离后得到液固相混合物流和富氢气体，富氢气体用作循环氢，液固相混合物流作为循环油继续进行加氢裂化反应或经处理得到循环油。

③ 提质加工。将上述步骤①至②得到的全部轻质馏分油进行常规提质加工，步骤②的常压塔顶得到悬浮床加氢反应产物轻馏分油和步骤①蒸馏得到的煤焦油柴油馏分、脱酚油或轻质油馏分一起作为馏分油提质加工的原料油，并加工生产燃料油和化工原料，其中的石脑油馏分可采用催化重整或催化重整芳烃抽提联合工艺生产汽油或芳烃产品，煤柴馏分可采用加氢精制或选择性加氢裂化技术生产航空煤油、柴油产品。

该发明的实施例选用一种典型煤焦油作为该例煤焦油原料，经常规脱水、除机械杂质预处理后的煤焦油原料的性质如表5-17。

表5-17 非均相悬浮床煤焦油原料的性质

项目		预处理后煤焦油全馏分
密度(20℃)/kg·m^{-3}		1052.1
运动黏度/mm^2·s^{-1}	40℃	57.62
	80℃	15.74
水分(质量分数)/%		0.5
灰分(质量分数)/%		0.1
残炭(质量分数)/%		5.30
甲苯不溶物(质量分数)/%		0.51
元素组成(质量分数)/%	C	84.37
	H	8.35
	S	0.26
	N	0.76
	O(差减法)	6.26

续表

项目		预处理后煤焦油全馏分
实沸点蒸馏结果(质量分数)/%		
IBP～260℃		17.9
260～350℃		31.3
>350℃		50.8

将预处理后的煤焦油经蒸馏分离为：初馏点（IBP）～260℃、260～350℃和大于350℃重馏分。实施例所用催化剂为一种钼铁复合型悬浮床加氢催化剂，其中钼与铁的质量比1∶500，催化剂水含量低于0.5%（质量分数），粒子直径为1～100μm粉状颗粒。该催化剂是将铁含量为58%（质量分数）赤铁矿粉碎成小于100μm的粉状颗粒，然后将10%的钼酸铵水溶液均匀地喷淋在颗粒上，喷淋量大约为钼与铁质量比等于1∶500，经100℃下烘干1h，得到含水量小于0.5%（质量分数）的粉状颗粒催化剂。

实施例的悬浮床加氢工艺过程为：首先将脱除了催化剂的循环油和/或煤焦油大于350℃重馏分油的一小部分与催化剂粒度小于100μm的粉状颗粒钼铁复合型悬浮床加氢催化剂及硫化剂二甲基二硫醚一起在80℃的搅拌条件下充分混合均匀制得催化剂油浆，控制催化剂油浆的固体浓度在25%（质量分数）左右。该实施例的工艺条件见表5-18。该技术所得产物产率分布见表5-19，由悬浮床反应器反应流出情况可见，采用该发明的悬浮床加氢工艺处理煤焦油的方法可使轻质油产率达到94.7%（质量分数）。试验得到的轻质油可采用现有的加工技术进行提质加工生产燃料油和化工原料。

表5-18 悬浮床加氢工艺条件

工艺条件	参数
温度/℃	430
反应氢分压/MPa	17
空速/h^{-1}	1.0
氢油体积比	800
催化剂/原料油(质量比)	0.8/100
常底重油直接循环量/去减压塔脱固量	4/1
硫化剂二甲基硫醚/原料油	2/100

表5-19 该实施例部分产物产率分布 %

产　物	产率
IBP～260℃产率(质量分数)	17.9
260～350℃产率(质量分数)	31.3
重油加氢转化的<370℃轻质油产率	
汽油产率(质量分数)	14.3
柴油产率(质量分数)	31.2
轻质油产率总计(质量分数)	94.7

综上所述，非均相悬浮床加氢工艺技术的特点如下：①在加氢之前脱除酚类化合物，既能得到一部分酚产品，又能降低后续加氢过程的氢耗；②把几乎全部的煤焦油重油加氢裂化成了轻油产品，最大限度地提高了轻油收率；③采用了适量比例的催化剂循环的方法，减少了催化剂的使用量；④在悬浮床加氢裂化过程中，粉状颗粒催化剂悬浮在煤焦油中，可以承载反应过程中缩聚生成的少量大分子焦炭，避免这些焦炭沉积在反应系统而影响设备的正常运行，延长装置的开工周期；⑤所得柴油产品质量好，十六烷指数在40以上[14,15]。

高明龙等对 2.0×10^4 t·a^{-1} 非均相悬浮床煤焦油产品分离工艺做了模拟研究。该研究考察了一级降温分离流程和二级降温分离流程两种气液分离流程。应用 AspenPlus 模拟软件，采用严格热力学分析方法，对非均相悬浮床煤焦油加氢反应产物的两种分离流程分别进行了模拟和对比研究。

该模拟研究首先对比一级、二级降温分离流程的分离效果，一级降温分离流程去常压塔物料多454.43kg·h^{-1}，其中<360℃的轻油组分多340.08kg·h^{-1}，中、重油组分少60.06kg·h^{-1}，溶解气多171.00kg·h^{-1}，两者水相差不大。相比二级降温分离流程，一级降温分离流程油品组分损失少280.02kg·h^{-1}。对两个流程的低温高压分离器气相组分进行分析，两者相比，氢气含量相当，二级降温分离流程循环氢中水含量较高，油品含量较高，造成了油品的损失，而且会增加循环氢净化的难度。通过以上对比，可以看出一级降温分离流程分离效果更好。该模拟研究还对比了一级，二级降温分离流程的能耗情况，一级降温分离流程将更多的物料降到了低温，进入常压蒸馏单元预热过程要消耗更多的能量。常压塔预热炉能耗：一级降温分离流程4.302GJ·h^{-1}，二级降温分离流程1.657GJ·h^{-1}，两者相差2.645GJ·h^{-1}，这个差别在工程上是巨大的。以 2.0×10^5 t·a^{-1} 煤焦油加氢工程为例，通过计算得出常压塔预热炉燃料消耗量，相比两级降温分离流程，一级降温分离流程常压塔预热炉多消耗液化石油气1531.50kg·d^{-1}，在工程上是不可行的。因此，从能量利用角度来看，二级降温分离流程要比一级降温分离流程更优。该研究分析结果认为，一级降温分离流程分离效果更好，但能耗较高，两种分离流程投资相当。从工程角度出发，该研究人员认为应该选择两级降温分离流程。

5.3.3 VCC 悬浮床加氢裂化

VCC 技术是悬浮床加氢裂化与固定床加氢联合的悬浮床加氢裂化技术，该技术是美国 KBR 公司和英国 BP 公司开发的一项以劣质油轻质化为目的的加氢裂化技术。VCC 加氢裂化技术可以将炼油厂渣油、超重原油和煤焦油加工成能够在市场上销售的汽油、柴油产品和馏分油，转化率达到95%以上。

(1) VCC 悬浮床加氢裂化技术发展历程　VCC 悬浮床加氢裂化技术是在1913年德国 Bergius-Pier 煤液化技术基础上发展起来的。1927～1943年期间，使用该技术在德国建造并成功运行12套煤直接液化装置。20世纪50年代初，实施煤直接液化装置进行加工渣油的改造，在工艺流程中添加固定床加氢反应器处理渣油悬浮床加氢裂化的产物，得到可以直接销售的成品油，从此，悬浮床加氢裂化加固定床加氢这一组合加氢技术成为VCC悬浮床加氢裂化技术的标志，这些装置一直运行到60年代，由于原油的价格在那几十年一直小于2美元·桶$^{-1}$，大多数装置被拆除，少数装置被改造成其它用途。

由于20世纪70年代的石油危机，对煤直接液化技术又出现需求，在1981年5月经过技术改良的3500桶·天$^{-1}$VCC悬浮床加氢裂化装置在德国Bottorp开车运行，对煤进行直接液化，并一直运行到1987年4月，随后改为加工渣油和超重油。与此同时，为了给大型商业装置提供设计数据基础，两个工业示范装置和1个200桶·天$^{-1}$的中试装置在德国Scholven投入运行，4个小型高压试验装置用来评价固定床加氢催化剂性能。依托这些装置，在1987～2000年期间，VCC悬浮床加氢裂化技术又得到进一步改进，扩展了加工原料数据库，并对反应器设计参数、性能预测模型的精确性、设备材料的适用性等进行了验证。对于所加工的原料，都能实现95%以上的转化率，在1989年和1991年，VCC悬浮床加氢裂化技术对2套装置实施技术转让并完成基础工艺设计，分别是8万桶·天$^{-1}$的加拿大油砂沥青改质装置（业主是Exxon-Petro Canada的合资公司）、2.5万桶·天$^{-1}$的减压渣油轻质化装置（业主是德国的OMW公司）。

2002年，BP公司得到了VCC悬浮床加氢裂化技术的所有权。2010年1月21日，KBR和BP签署了合作协议，共同推广VCC悬浮床加氢裂化技术，由KBR公司独家提供技术许可、工程设计包、技术服务及技术咨询。

2011年6月，陕西延长石油（集团）有限责任公司和KBR宣布，双方已就在中国组建一家合资公司签署协议。建立合资公司的目的在于根据KBR与英国石油（BP）之间的相关技术合作协议推广、销售、提供和支持VCC技术。合资公司将由延长石油集团旗下子公司北京石油化工工程有限公司（BPEC）和KBR技术事业部共同经营。2012年延长石油碳氢资源高效综合利用工业试验示范项目在兴平市兴化集团厂区奠基开工。延长石油碳氢资源高效综合利用工业试验示范项目是延长石油集团实施“油气并重、油化并举、油气煤盐综合发展”战略，提升延长石油科技力量和国际综合竞争力的重要实践，项目总投资49850万元，主要建设原煤提质和气化一体化综合利用技术（CCSI）和悬浮床加氢裂化技术（VCC）工业化试验两套装置。

2014年8月，延长石油集团VCC中试评价装置油煤浆进料试验获得重大突破，转化率、液收率均超过预期，实现了重油轻质化和油煤共炼的重大技术突破。VCC技术作为目前获得工业化验证的最为先进的重油加氢工艺之一，其工业应用前景非常广阔。延长石油VCC中试评价装置是国内首套、全球第二套同类装置，在BP公司VCC试验装置工艺基础上进行了100多项技术改造，工艺更为先进，主要用于开展重质油、煤焦油、油煤浆加氢等试验研究，旨在为当前石化和煤化工行业发展寻求新的途径。该装置2013年7月动工建设，2014年6月单元建设完成，开始调试试验。本次试验的成功，为延长石油正在试车、即将投运的煤油共炼示范项目提供了宝贵的技术支持。

（2）VCC悬浮床加氢裂化工艺流程和技术特点　VCC悬浮床加氢裂化技术的流程示意图见图5-4，该流程可用来处理煤或煤油混合物、炼油渣油、沥青。原料与专用添加剂混合成浆料后注入工艺的高压部分。料浆和氢气混合（循环氢气和补充氢气），预热到反应温度，通过控制操作条件（压力、温度、空速和添加剂量）来保证一次通过操作的反应转化率在 95%以上。

煤焦油和添加剂在热分离罐中与气化的反应产物和循环气分离。热分离罐的底部产物进入减压闪蒸塔回收馏分油，回收的馏分油与热分离罐的顶部产物一起送入加氢处理段。加氢处理采用固定床催化反应器，操作压力与第一加氢转化段基本相同，二段反应可以设计成加氢精制，也可以设计成加氢裂化。此外，炼厂中的低价值油品如瓦斯油、脱沥青油或催化裂化循环油，也可以送入第二反应阶段。第二阶段反应产物冷却后，可根据业主需要将回收的液相产品通过汽提来生产合成原油，或者通过蒸馏来生产可以直接销售的终端馏分油产品。而反应的气相产物去除杂质后富含氢气，将其循环回悬浮床反应器，以维持所需的氢气量和氢气压。

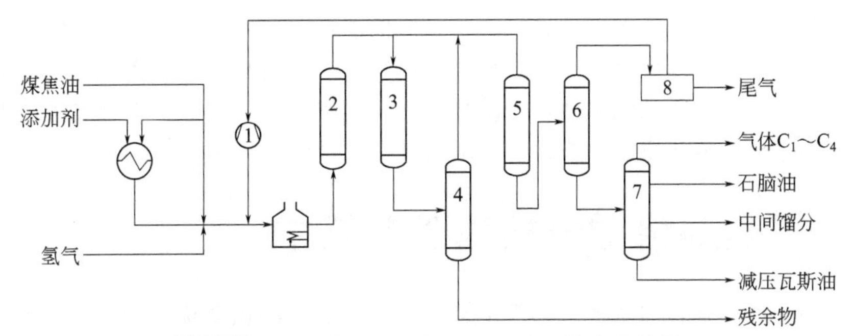

图 5-4　VCC 悬浮床加氢裂化技术工艺流程简图

1—循环气压缩机；2—悬浮床反应器；3—热分离器；4—减压闪蒸塔；
5—固定床反应器；6—冷分离器；7—分馏塔；8—气体净化

VCC 技术的特点为：①一次通过流程，悬浮床加氢裂化反应产物在分离出反应残余物后，全部进入固定床加氢反应器；②石脑油产品可以直接进入催化重整装置，超低硫柴油（欧Ⅴ标准）可以直接销售，减压瓦斯油可以直接进入催化裂化或者加氢裂化装置；③液体产物的收率较大；④根据产品需求，可以调节产品分布，汽油 10%～20%（质量分数）、柴油 40%～60%（质量分数）、减压瓦斯油 50%～20%（质量分数）；⑤煤焦油的单程转化率超过 95%（质量分数），沥青质转化率超过 90%；⑥煤焦油原料的硫含量越高，在悬浮床加氢裂化反应器内就越容易转化；⑦悬浮床加氢裂化反应不使用含金属的催化剂，仅添加很少量价格很低的天然矿物添加剂；⑧5%反应残余物为悬浮有固体添加剂的黏稠油浆；VCC 悬浮床加氢裂化可以实现煤焦油单程转化率为 100%，但为了能够用泵外甩出固体添加剂，需要一部分煤焦油残留，故单程转化率在 95%以上；⑨煤焦油原料中的所有金属杂质几乎全部沉积在天然矿物添加剂上，悬浮床加氢裂化的反应产物中仅有痕量金属杂质，为下游加工带来优质原料；⑩无论是在中试装置还是工业示范装置，在反应器器壁、管线从来没有出现过污垢，确保装置能够长周期运行，开工率超过 90%。

在 VCC 工艺中，悬浮床产生的残余物可以应用到：①炼铁高炉（铁矿石冶炼成生铁），部分代替焦炭，除了利用它的高热值性能以外，在固体添加剂上沉积的煤焦油原料所含镍、钒等金属也进入到生铁中，能够提高炼钢最终产品（钢材）的品质；②对于含金属杂质很高的煤焦油，可以考虑从废固体添加剂中回收金属；③气化原料；

④锅炉、水泥窑炉等燃料；⑤为了便于长途输送，可以使用 KBR 公司的造粒技术把黏稠油浆变成固体颗粒。

(3) VCC 悬浮床加氢裂化与其它技术的比较 VCC 悬浮床加氢裂化比延迟焦化能够多转化近 20%（质量分数）的煤焦油，而延迟焦化转化的煤焦油要成为轻质组分必须经过加氢处理才能适用，而 VCC 悬浮床加氢裂化的石脑油可以直接进入重整装置，柴油产品的硫含量小于 10$\mu g \cdot g^{-1}$、十六烷指数大于 45、浊点小于 -15℃，完全满足欧Ⅴ柴油标准，减压瓦斯油的硫含量小于 300×10^{-6}、金属小于 1×10^{-6} 可以直接进入催化裂化或者加氢裂化装置，高产品质量也增强了 VCC 悬浮床加氢裂化的竞争力[16]。

在原油价格高于 50 美元・桶$^{-1}$时，VCC 悬浮床加氢裂化的净现值、内部收益率都好于延迟焦化，而沸腾床加氢裂化只有在原油价格高于 85 美元・桶$^{-1}$时，才有可能与延迟焦化竞争。悬浮床煤焦油加氢裂化技术的优点在于对原料油的适应性广，煤焦油资源利用率高，轻油产品收率高，产品质量好。这类技术目前还没有在工业生产中得到应用，但最近有望应用于一些新型煤化工项目中。

5.4 煤焦油全馏分加氢工艺技术

煤焦油全馏分催化加氢技术具有生产工艺简单、产品质量优等特点，并能实现连续稳定安全运行。目前我国陕西煤业化工集团神木富油能源科技有限公司的全馏分煤焦油催化加氢工业示范装置已实现安全稳定运行。

神木富油公司从 2006 年开始，对全馏分煤焦油催化加氢制燃料油技术进行了系统研究[17]，自 2012 年 7 月正式投料生产以来，经生产现场考核，各项生产运行技术指标均已达到设计要求，其煤焦油的利用率 100%，液体产品收率高达 96%以上，并实现了安全稳定运行。该技术工艺流程见图 5-5，先将全馏分中温煤焦油经预处理脱水、脱渣后，与氢气一并进入加热炉，然后送入 4 台串联的加氢改质反应器，反应产物经冷高分将分离出的循环氢返回加氢改质反应器，由冷高分输出的液相产物经冷低分送入蒸馏装置进行分离，得到产品液化气、石脑油和柴油馏分，由蒸馏塔釜底输出的尾油返回加氢反应器[18]。生产工艺条件如表 5-20 所示，生产的产品液化气、石脑油和柴油馏分的性质如表 5-21～表 5-23 所示。

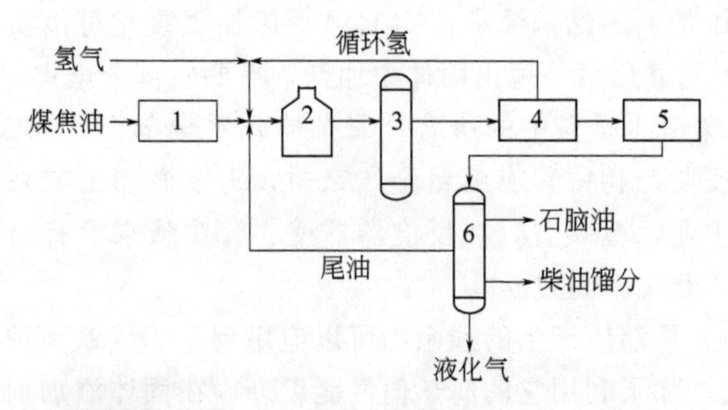

图 5-5 煤焦油全馏分加氢技术实例工艺流程

1—脱水脱渣；2—加热炉；3—加氢改质反应器；
4—冷高分；5—冷低分；6—蒸馏塔

表5-20　全馏分中温煤焦油加氢生产工艺条件

项目	工艺参数	
预加氢反应器	温度/℃	240～260
	压力/MPa	12～14
	液体空速/h^{-1}	0.6～1.1
	氢油体积比	(1500～1700)∶1
加氢改质反应器	温度/℃	350～380
	压力/MPa	12～14
	液体空速/h^{-1}	0.7～0.9
	氢油体积比	(1700～2000)∶1
加氢裂化反应器	温度/℃	380～400
	压力/MPa	12～14
	液体空速/h^{-1}	0.8～1.0
	氢油体积比	(1800～2100)∶1

表5-21　液化气主要性质

项目	分析数据	项目	分析数据
密度(15℃)/$kg \cdot cm^{-3}$	0.519	油渍观察值/mL	通过
蒸汽压(37.8℃)/kPa	1300	铜片腐蚀/级	1
C_5体积分数/%	2.6	总硫质量浓度/$mg \cdot m^{-3}$	120
100mL蒸发残留物/mL	0.05	游离水	无

表5-22　石脑油主要性质

项目		分析数据
颜色(赛博特号)		+25
密度(20℃)/$kg \cdot cm^{-3}$		740
馏程/℃	初馏点	30
	终馏点	190
族组成PONA值/%	烷烃	70
	正构烷烃	35
元素分析	硫质量分数/%	0.05
	砷质量分数/$\mu g \cdot g^{-1}$	18
	铅质量分数/$\mu g \cdot g^{-1}$	120

表5-23　柴油馏分主要性质

项目	分析数据
氧化安定性(100mL总不溶物)/mg	2.3
硫质量分数/%	0.03
10%蒸余物残炭/%	0.2

续表

项目	分析数据	
灰分/%	0.008	
铜片腐蚀/级	1	
水分/%	痕迹	
机械杂质	无	
运动黏度(20℃)/$mm^2 \cdot s^{-1}$	7.1	
凝点/℃	−9	
冷滤点/℃	−4	
闪点(闭口)/℃	58	
十六烷值	41	
馏程/℃	50%	290
	90%	350
	95%	360
密度(20℃)/$kg \cdot cm^{-3}$	880	

中低温煤焦油全馏分加氢多产中间馏分油成套工业技术（FTH）于2013年4月27日通过了中国石油和化学工业联合会组织的科技成果鉴定，鉴定委员会认定该技术为“系世界首创，居领先水平”。目前已获得“煤焦油的电场净化方法”、“煤焦油加氢改质反应装置”等多项专利。该技术成功攻克了煤焦油中沥青质、胶质难以加氢转化的世界难题，为我国煤代油战略开辟了一条环保节能、经济可行的新途径。此外，与国内其它煤焦油加氢装置相比，FTH技术还具有较高的投资性价比，同样规模可节约投资20%左右，同时液体产品收率增加20%以上。

该技术的主要特点如下。

(1) 原料特点为适应性广　FTH技术原料广泛，适应于中温煤焦油和低温煤焦油。我国中温煤焦油资源主要集中在陕西榆林、内蒙古鄂尔多斯、山西大同、宁夏以及新疆等地，为采用内热式直立炉生产半焦（兰炭）的副产物，密度在1.02～1.06$g \cdot cm^{-3}$之间。低温煤焦油的主要来源是低阶煤（包括褐煤、长焰煤、弱黏煤等）的热解生产的液体产物，低温煤焦油因煤种和热解工艺的不同，而有很大差异。FTH技术对煤气化过程产生的焦油也有很好的适应性。

(2) 工艺特点为全馏分　FTH技术的工艺原理是将全馏分中温煤焦油经预处理脱水脱渣脱盐后，与氢气一并进入加热炉，然后送入4台串联的加氢改质反应器。反应产物经冷高分将分离出的循环氢返回加氢改制反应器，由冷高分输出的液相产物经冷低分送入分馏装置进行分离，得到产品液化气、石脑油、柴油馏分和尾油。该技术的工艺条件具体为：反应温度200～430℃；反应压力10～16MPa；液体空速0.1～0.4h^{-1}；氢油体积比为（1000～3000）∶1。

其技术特点优势在于：(a) 采用自主研发的原料加氢预处理、加氢精制、加氢脱芳、加氢脱沥青等多功能系列催化剂，其加氢精制和芳烃饱和活性高，总液收率和中高馏分油收率高，催化剂选择性好；(b) 采用的原料除渣、脱盐、脱水、加氢精制、加氢脱芳、加氢脱沥青、产品分离等流程是一个全氢型、短流程、清洁新型工艺；(c) 多台、多床层组合反应器和内构件，适合中低温煤焦油全馏分加氢；(d) 开发的煤焦油电场净化及过滤耦合技术，先进、可靠，为实现全馏分加氢提供了保障；(e) 为了适应强放热反应，防止催化剂床层超温或飞温，开发了瞬间吸纳反应热，智能化自动控制技术，实现精确控制反应床层温差。

(3) 产品特点为超低硫　利用FTH技术生产的产品包括液化气、石脑油、柴油馏分和尾油。其产品显著特点是超低硫，符合国家清洁能源的要求。柴油馏分满足国家普通柴油标准，其硫含量在 $5\mu g \cdot g^{-1}$ 以下。石脑油是很好的重整原料。液化气符合民用燃料标准。尾油富含环烷烃，是国内生产润滑油基础油的稀缺原料。

神木富油公司所拥有的授权专利《煤焦油全馏分加氢方法》详细描述了该过程[19]。该发明采用的技术包括下述步骤。

① 煤焦油全馏分净化处理，脱除煤焦油中的水分、金属和固体杂质。

② 将净化后的煤焦油与氢气在溶氢釜中150～250℃、3～8MPa、氢油体积比为(800∶1)～(1800∶1)、溶氢时间为15～40min的条件下溶氢，得到气液平衡的液体物料。

③ 将气液平衡的液体物料在第一滴流床反应器中利用RG-1型加氢保护剂、FZC-200型加氢脱金属剂、RMS-1型加氢脱硫剂在260～600℃、9 14MPa、液体体积空速为0.28～2.6 $m^3 \cdot h^{-1} \cdot m^{-3}$，氢油体积比为(900∶1)～(1800∶1)条件下进行第一次催化加氢反应，所述RG-1型加氢保护剂在第一滴流床反应器中所占的体积比是10%～30%，FZC-200型加氢脱金属剂在第一滴流床反应器中所占的体积比是10%～40%，RMS-1型加氢脱硫剂在第一滴流床反应器中所占的体积比是20%～50%，余量是氢气，再在第二滴流床反应器中利用RSN-1型加氢脱氮剂与FC-32型加氢裂化剂在360～410℃、9～14MPa、液体体积空速0.28～2.6 $m^3 \cdot h^{-1} \cdot m^{-3}$、氢油体积比(1000∶1)～(1800∶1)条件下进行第二次催化加氢反应；所述RSN-1型加氢脱氮剂在第二滴流床反应器中所占体积比为20%～80%，FC-32型加氢裂化剂在第二滴流床反应器中所占体积比为15%～50%，余量是氢气，得到轻质化产物。

④ 将轻质化产物在蒸馏装置中蒸馏处理，切割出汽油馏分、柴油馏分和尾油。

⑤ 将步骤的尾油中70%～80%作为循环尾油返回步骤②循环处理。

上述步骤④中所述RG-1型加氢保护剂在第一滴流床反应器中所占的较佳体积比是15%～25%，FZC-200型加氢脱金属剂在第一滴流床反应器中所占较佳的体积比是15%～35%，RMS-1型加氢脱硫剂在第一滴流床反应器中所占较佳的体积比是25%～40%，余量是氢气。上述RSN-1型加氢脱氮剂在第二滴流床反应器中所占较佳体积比为30%～75%，FC-32型加氢裂化剂在第二滴流床反应器中所占较佳体积比为24%～45%，余量是氢气。

该专利还列举以下实施例，步骤②溶氢釜中温度为180℃、压力为5MPa、氢油体积比为1400∶1、溶氢时间为25min；步骤③中第一次催化加氢反应条件为：温度310℃，压力12MPa，空速1.3 $m^3 \cdot h^{-1} \cdot m^{-3}$，氢油比1300∶1，第二次催化加氢反应条件：温度380℃，压力12MPa，空速1.3 $m^3 \cdot h^{-1} \cdot m^{-3}$，氢油比1300∶1。该实施例中的低温煤焦油全馏分加氢改质产生的汽油馏分和柴油馏分的性质分别见表 5-24、表 5-25。

表 5-24 汽油馏分主要性质

项目		质量指标 GB/T 17930—2006	低温煤焦油
馏程			
10%蒸发温度/℃	≤	70	64
50%蒸发温度/℃	≤	120	113
90%蒸发温度/℃	≤	190	184
终馏点/℃	≤	205	201
残留量(体积分数)/%	≤	2	1.3
实际胶质/mg·$(100mL)^{-1}$	≤	5	3.8
诱导期/min	≤	480	490
硫含量(质量分数)/%	≤	0.05	0.03
铜片腐蚀(50℃,3h)/级	≤	1	1
苯含量(体积分数)/%	≤	2.5	2.3
芳烃含量(体积分数)/%	≤	40	34
烯烃量(体积分数)/%	≤	35	31
氧含量(质量分数)/%	≤	2.7	2.2

表 5-25 柴油馏分主要性质

项目		质量指标 GB/T 19147—2003	低温煤焦油
总不溶物/mg·$(100mL)^{-1}$	≤	2.5	2.3
硫含量(质量分数)/%	≤	0.05	0.03
10%蒸余物残炭(质量分数)/%	≤	0.3	0.25
灰分(质量分数)/%	≤	0.01	0.007
铜片腐蚀(50℃,3h)/级	≤	1	1
水分(体积分数)/%	≤	痕迹	痕迹
机械杂质		无	无
运动黏度(20℃)/$mm^2 \cdot s^{-1}$		3.0～8.0	6.5
凝点/℃	≤	−10	−8
冷滤点/℃	≤	−5	−4
闪点(闭口)/℃	≥	55	57
馏程			
50%蒸发温度/℃	≤	300	289
90%蒸发温度/℃	≤	355	334
95%蒸发温度/℃	≤	365	355
密度(20℃)/$(kg \cdot m^{-3})$		820～860	845

由表5-24、表5-25可以直接得出，该发明的煤焦油全馏分加氢方法所产生的汽油馏分和柴油馏分均符合GB/T 19147—2003的相关规定，产品质量好，转化率高。

FTH技术的创新之一在于中/低温煤焦油的预处理技术。先通过特制金属过滤网除去煤焦油中的喹啉不溶物，再借助电场净化设施除去煤焦油中的钙、镁、铁、钠等金属离子和水分，提高煤焦油的收率，实现真正的全馏分加氢。该技术的创新重点体现在首次实现了中/低温煤焦油全馏分加氢多产中间馏分油技术的长周期工业化生产。该技术所用装置采用独特的炉前预加氢处理、合理的催化剂级配技术等特有技术，攻克了煤焦油沥青难以加氢转化的难题，解答了煤焦油全馏分加氢工艺的稳定、可靠问题。FTH技术的开发成功，打破了人们对煤焦油中的沥青质难以加氢转化的固有传统意识，弥补了我国煤基重质油加氢理论的缺失，填补了煤焦油全馏分加氢技术的国际空白，为煤焦油加氢的理论和实践开拓了一片新领域。

5.5 煤焦油宽馏分加氢工艺技术

湖南长岭石化科技开发有限公司[20]以中低温煤焦油为原料，开发出了宽馏分煤焦油加氢改质生产轻质燃料油技术，较好地解决了煤焦油加氢过程中氢耗高、易结焦、轻质化难等问题。对各种不同产地、不同工艺的中低温煤焦油，均实现了85%以上的原料利用率，获得了合格的清洁轻质油产品。该公司针对煤焦油宽馏分公布了专利CN101012385A[21]和CN101250432A[22]内容，其中第一件专利详尽地提出了两级萃取的煤焦油预处理方法，第二件专利在专利一的基础上提出来宽馏分煤焦油加氢改质方法。

专利CN101012385A的目的是提出一种煤焦油利用率高、能耗低的煤焦油预处理方法，以实现煤焦油宽馏分进料。该发明包括如下步骤。

① 将煤焦油与馏分油按体积比1∶(0.2～5)混合均匀，加热至50～150℃，调节pH值至6～9，加入破乳剂和水，第一步萃取分离出馏分油可溶物、馏分油不溶物和水；②将馏分油不溶物与芳烃按体积比1∶(0.4～2)混合均匀，在25～100℃下，进行第二步萃取，分离出芳烃可溶物和芳烃不溶物；③将芳烃可溶物中的芳烃蒸出，蒸余物与第一步萃取所得馏分油可溶物混合均匀即得预处理后煤焦油。所述的煤焦油可以是煤焦油的切割馏分、未经任何处理的煤焦油、提取某一种或某几种化学物质后的煤焦油；所述馏分油可以是石油全馏分油、石油直馏馏分油、石油二次加工馏分油、石油馏分加氢油中的一种或多种，也可以是从煤焦油加氢装置出来的加氢生成油、中油馏分、尾油馏分中的一种或多种。馏分油对煤焦油中的轻组分如烷烃、芳烃等有较好的萃取能力，而且它在后续的煤焦油加氢时不需分离，同时起到了降低煤焦油密度、降低反应器床层温升作用。所述的芳烃可以是苯、甲苯、二甲苯、重芳烃中的一种或多种。芳烃能较好地萃取煤焦油中的重质组分如胶质、沥青质等，且可回收利用。馏分油萃取出煤焦油中的大部分轻组分，芳烃萃取出煤焦油中的大部分重组分，所以经过馏分油和芳烃的两步萃取，将煤焦油中的大部分轻、重组分保留下来。没有被馏分油和芳烃萃取出来的剩余物就是煤焦油中的杂质。煤焦油呈酸性，易腐蚀设备，可以在第一步萃取时，用碳酸钠、碳酸氢钠、氢氧化钠等碱性溶液将煤焦油与馏分油的混

合溶液调至中性或弱碱性。

采用该发明对煤焦油进行预处理，有如下优点：①不但脱除了大部分灰分、水分、残炭、含氧化合物等杂质，而且有效地保留了煤焦油中大部分轻、重组分，煤焦油利用率高，达到90%以上；②工艺简单、能耗低、容易实现。

该发明列举以下实施例：2369g煤焦油，其性质见表5-24，与2087g精制柴油按体积比1∶1.04混合均匀，加热至50℃，然后加入200mL水，20mL5%（质量浓度）的碳酸钠溶液调节pH值为9，加入2mL聚醚类破乳剂，搅拌2h后再静置6h，分层可得4022g精制柴油可溶物、257g水及353g不溶物；353g不溶物与372g甲苯按体积比1∶1.25混合均匀，控制60℃温度，分出甲苯不溶物128g；将甲苯可溶物中的甲苯蒸出，得蒸余物225g。该蒸余物与精制柴油可溶物混合均匀得到预处理后煤焦油。煤焦油利用率为91.18%。预处理后煤焦油性质见表5-26。

表5-26 煤焦油及预处理后煤焦油的性质

项目		煤焦油	预处理后煤焦油
外观/颜色		黑色,不流动	黑色,可流动
密度/kg·m^{-3}		1029.8	929
总氮/%		0.67	0.18
总硫/%		0.20	0.04
总氧/%		9.18	1.56
残炭/%		8.50	0.63
灰分/%		0.086	0.007
水分/%		6.0	0.15
C/%		81.83	86.62
H/%		8.12	11.60
烷烃/%		7.33	37.82
芳烃/%		16.38	34.07
胶质/%		23.29	18.25
沥青质/%		16.04	2.46
苯不溶物/%		39.96	7.4
金属杂质/×10^{-6}	Fe	119	3.64
	Na	23.7	2.41
	Al	75.2	1.30
	Ca	119	1.52
	Mg	8.95	0.12

从实施例可以看出，煤焦油经过预处理后，灰分、水分、残炭、含氧化合物等杂质明显减少，密度、硫氮、重组分、金属也有所降低，劣质煤焦油的性质得以改善，有利于其下一步的加氢改质。

专利CN101250432A提供了一种煤焦油宽馏分加氢改质生产燃料油的方法，该方法包括如下步骤：①煤焦油进行预处理后得到煤焦油加氢进料；②煤焦油在装有加氢保护剂和预加氢催化剂的反应器中进行预加氢反应，其操作条件为，反应温度170～

260℃，压力7.0～18.0MPa，液时空速为0.8～6.0h^{-1}，氢油比（800：1）～（2400：1）；③预加氢生成油进入装有主加氢催化剂的反应器中进行主加氢反应，其操作条件为反应温度300～420℃，反应压力为7.0～18.0MPa，液时空速为0.3～2.0h^{-1}，氢油比为（800：1）～(2400：1)；④主加氢生成油进入分馏系统，得到轻质油品和燃料油。所述煤焦油的预处理过程包括首先将煤焦油原料分馏成轻、重馏分，轻馏分提取酚、萘等化工产品，重馏分进行萃取，再将脱酚后的轻馏分和萃取后的重馏分混合均匀。其中煤焦油原料的分馏利用炼厂常规分馏塔进行。轻馏分煤焦油采用焦化厂常规方法提取酚、萘等化工产品。重馏分煤焦油的萃取：将重馏分煤焦油与稀释油按重量比(3：1)～(1：3）混合后进行萃取，以脱去其中过高的水分、金属、灰分等杂质和不溶物，主要目的是延长预加氢催化剂的使用寿命。所述步骤①中配成的煤焦油加氢进料的要求为密度小于1000$kg \cdot m^{-3}$，灰分不大于0.015%，水分不大于0.5%，金属杂质不大于100$\mu g \cdot g^{-1}$。所述步骤②预加氢反应时，可向煤焦油加氢进料中加入抑焦剂，抑焦剂添加量为0～300$\mu g \cdot g^{-1}$。

该发明预加氢过程主要发生脱氧反应、二烯烃的饱和反应、烯烃的饱和反应和少量的脱硫、脱氮反应，目的是除去煤焦油加氢进料中的游离氧、二烯烃等不饱和烃，抑制或减缓煤焦油加氢原料中的二烯烃等不饱和化合物在游离氧的作用下发生的自由基链反应、聚合反应等生成大分子结焦物质，从而抑制或减缓煤焦油加氢原料在主反应器发生结焦，延长加氢装置的运转周期。预加氢反应器中加入的加氢保护剂主要用于脱去金属等会引起加氢催化剂中毒的杂质。在煤焦油、渣油、蜡油等劣质油品加氢时经常使用加氢保护剂，以保护加氢催化剂。预加氢温度170～260℃，预加氢温度的降低，使反应条件更加缓和，能够有效控制结焦反应和反应热，延长了装置运转周期。该发明主加氢过程主要发生深度脱硫、脱氮、芳烃饱和等加氢反应和少量裂解反应，从而改善煤焦油加氢原料的性质，实现煤焦油加氢原料的轻质化。

该发明列举实施如下：原料为一种焦化厂所产中低温煤焦油，性质见表5-27。在常规分馏塔分馏出轻重馏分后，轻馏分用焦化厂常规方法得到约3.5%的粗酚产品，重馏分与稀释油（炼油厂催化柴油）按3：1比例混合均匀后进行萃取，萃取后重馏分与脱酚后的轻馏分混合得到煤焦油加氢进料，性质见表5-27。在预加氢反应器中装填钼镍系预加氢催化剂和HG-1加氢保护剂，主加氢反应器中装填钼镍钨磷系主加氢催化剂。在煤焦油加氢进料中不加抑焦剂，依次进入预加氢反应器和主加氢反应器，预加氢反应条件为压力7.0MPa，温度170℃，氢油比为800：1，液时空速为6.0h^{-1}；主加氢反应条件为压力7.0MPa，温度300℃，氢油比为800：1，液时空速为2.0h^{-1}。加氢生成油经常规分馏后得到约7.5%的汽油产品、71.6%的柴油产品和约20.6%的燃料油馏分，加氢生成油及切割馏分的性质见表5-28。

表5-27　煤焦油原料及加氢进料性质

项目	煤焦油原料1	煤焦油加氢进料1
外观/颜色	黑色，黏稠，恶臭	黑色，恶臭，可流动
密度/$kg \cdot m^{-3}$	1001.7	951.2

续表

项目	煤焦油原料 1	煤焦油加氢进料 1
HK	161	152
10%	278	217
50%	355	333
90%	469	427
95%	—	482
350℃馏量/mL	44	
500℃馏量/mL	95	
总氮/%	0.69	0.41
总硫/%	0.38	0.15
凝点/℃	35	10
残炭/%	3.11	0.77
灰分/%	0.141	0.015
水分/%	0.95	0.4
金属含量/μg·g^{-1}	1089	87

表 5-28 宽馏分煤焦油加氢产品性质

项目	加氢生成油	汽油馏分	柴油馏分	燃料油馏分
外观/颜色	浅黄绿色	无色透明	浅黄透明	深褐色
密度/kg·m^{-3}	899.7	780.4	861.1	901.6
馏程/℃				
HK～10%	147～199	69～111	204～219	358～374
50%～90%	302～371	150～188	255～300	375～389
95%～KK	—399	—205	314～360	391～400
胶质/mg·(100mL)$^{-1}$		7.2	99.6	2.54
族组成/%				
烷烃		35.49		82.54(饱和烃)
烯烃		0.02		
环烷烃		42.07		
芳烃		21.11		14.64
总氮/μg·g^{-1}	789	23	84	0.08
总硫/μg·g^{-1}	127	11	124	0.02
凝点/℃	3		−22	23
残炭/%	0.01		<0.01	
灰分/%	<0.001		<0.001	0.002
水分/%	0.05	痕迹	痕迹	痕迹
金属含量/μg·g^{-1}	3.5	<0.5	<0.5	11.2

以上实施例可见采用该发明的技术方案进行煤焦油加氢改质，更能有效地抑制煤焦油加氢过程的结焦反应，延长煤焦油加氢装置的运转时间。

湖南长岭公司的郭朝晖等[20]以云南、榆林两地产的中低温煤焦油为原料，在100mL试验装置上，进行了评价试验。该技术通过煤焦油专用催化剂组合、工艺优化和预处理、控温、抑焦技术等有机组合来实现宽馏分煤焦油深度加氢，具体工艺流程见图5-6。工艺分原料预处理、加氢改质和产品分离三个阶段，其中原料预处理阶段通过预处理专利技术除去煤焦油中不能加氢和影响催化剂性能的金属、灰分等物质，并根据市场情况选择性提取有价值酚类产品；加氢改质阶段根据煤焦油原料性质灵活采用加氢精制或加氢精制与加氢裂化的组合来保证轻质化效果和产品质量；产品分离阶段通过产品分离，得到石脑油、柴油调和组分等产品。试验原料性质，试验条件，试验结果分别见表5-29～表5-32。

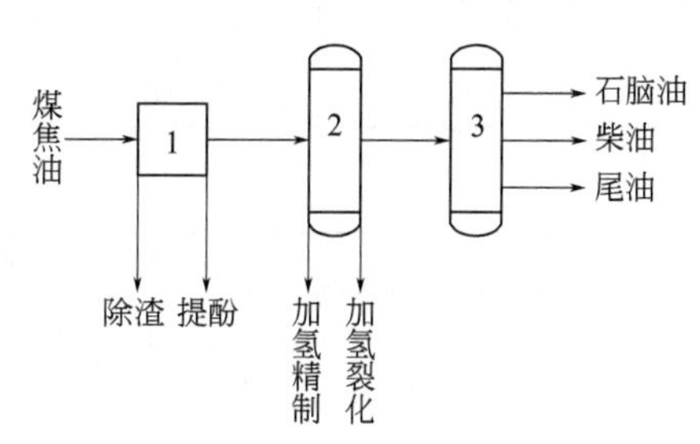

图5-6 宽馏分煤焦油加氢工艺流程

1—预处理；2—加氢改质反应器；3—分离器

表5-29 中低温煤焦油原料性质

	云南煤焦油	榆林煤焦油
密度(20℃)/$kg \cdot m^{-3}$	966.9	1041.1
黏度(50℃)/$mm \cdot s^{-1}$	27.65	142.4
凝点/℃	24	22
减压馏程/℃		
HK～10%	135～206	234～296
20%～30%	226～241	324～347
40%～50%	260～285	370～391
60%～70%	310～347	416～441
80%～90%	380～425	469
350℃馏量/mL	72	31
500℃馏量/mL		87.5
水分/%	6.5	2.72
总N/%	0.96	1.10
总S/%	0.95	0.18
残炭/%	2.78	7.86
灰分/%	0.179	0.162
金属/$\mu g \cdot g^{-1}$	449	451

表5-30 宽馏分煤焦油加氢试验条件

项目		云南煤焦油	榆林煤焦油
加氢精制段	氢分压/MPa	12.0	12.0
	反应温度/℃	360	370
	空速/h^{-1}	0.6	0.6
	氢油体积比	1200	1200

续表

项目		云南煤焦油	榆林煤焦油
加氢裂化段	氢分压/MPa		12.0
	反应温度/℃		380
	空速/h^{-1}		1.5
	氢油体积比		1200

表 5-31 云南煤焦油加氢改质试验结果

项目	预处理残渣	LPG	石脑油馏分	柴油馏分	加氢尾油馏分
收率	8.5	1.03	8.20	69.17	11.29
密度(20℃)/kg·m^{-3}	1007.6		765.0	857.6	870.9
馏程/℃					
10%			93	187	382
90%			138	292	467
95%				302	
干点			157	312	
总硫/μg·g^{-1}			37	33	500
总氮/μg·g^{-1}			54	28	
RON			72.3		
芳烃(质量分数)/%			61.8		
凝固点/℃				−27	
冷滤点/℃				−27	
水分/%				痕迹	
灰分(质量分数)/%	0.414			<0.001	0.008
10%残炭(质量分数)/%				0.008	
机械杂质				无	
氧化安定性/mg·$(100mL)^{-1}$				1	
铜片腐蚀(50℃,3h)/级				1	
闪点(闭口)/℃				63	
黏度(20℃)/mm^2·s^{-1}				2.71	
十六烷指数				33.3	
热值/MJ·kg^{-1}	29.67				

表 5-32 榆林煤焦油加氢改质试验结果

项目	预处理残渣	LPG	石脑油馏分	柴油馏分	加氢尾油馏分
收率	14.88	1.41	9.56	64.01	8.01
密度(20℃)/kg·m^{-3}	1167.8		755.3	843.3	876.3
馏程(℃)					
10%			109	199	381
90%			123	309	488

续表

项目	预处理残渣	LPG	石脑油馏分	柴油馏分	加氢尾油馏分
95%				324	505
KK			189	339	
总硫/$\mu g \cdot g^{-1}$			13	19	398
总氮/$\mu g \cdot g^{-1}$			11	22	
RON			70.6		
芳烃(质量分数)/%			60.07		
凝固点/℃				−28	42
冷滤点/℃				−28	
水分/%				痕迹	
灰分(质量分数)/%	0.748			0.001	0.001
10%残炭(质量分数)/%				0.09	
机械杂质				无	
氧化安定性/$mg \cdot (100mL)^{-1}$				1	
铜片腐蚀(50℃,3h)/级				1	
闪点(闭口)/℃				77	
黏度(20℃)/$mm^2 \cdot s^{-1}$				3.11	23.19
十六烷指数				37.66	
热值/$MJ \cdot kg^{-1}$	38.22				

通过该试验评价得到下列结论：①利用煤焦油加氢生产轻质燃料油具有良好的经济效益；②研究开发的宽馏分煤焦油加氢改质生产轻质燃料油技术能有效解决煤焦油加氢产业化过程中的各种难点，对于云南、榆林两地的中低温煤焦油原料均能实现85%以上的利用率；③通过加氢后得到的石脑油产品硫氮含量低、芳潜高，是理想的重整原料；柴油产品除十六烷值偏低外，其余指标均满足国标要求，可作优质的调和料；加氢裂化加氢尾油可进行二次裂化，也可作为清洁燃料油产品。

5.6　蒽油加氢工艺技术

蒽油是高温煤焦油组分的一部分，一般为黄绿色油状液体，室温下有结晶析出，结晶为黄色，有蓝色荧光，能溶于乙醇和乙醚，不溶于水，部分溶于热苯、氯苯等有机溶剂，有强烈刺激性。遇高温明火可燃，主要组成物有蒽、菲、芴、苊、咔唑等三环和四环芳烃化合物，芳烃与胶质含量接近百分之百[23]。根据不同的馏程可将蒽油分为一蒽油和二蒽油，其性质分别见表 5-33 和表 5-34[24,25]。由表可知，蒽油的芳烃和氮含量较高，加氢精制和饱和的难度较大。此外，许杰等[26]进行蒽油加氢研究的蒽油原料基本性质见表 5-35。

表 5-33 一蒽油性质

项目	数据	项目	数据
密度(20℃)/($kg \cdot m^{-3}$)	1147.9	闪点(开口)/℃	180
酸值/($mgKOH \cdot g^{-1}$)	0.35	C/%	91.08
运动黏度(100℃)/($mm^2 \cdot s^{-1}$)	2.487	H/%	6.17
凝点/℃	17	S/%	0.49
残炭/%	0.15	N/%	0.99
水分/%	痕迹	馏程/℃	
组成分析/%		IBP/10%	255/300
饱和烃	0	30%/50%	323/330
芳烃	95.5	70%/90%	338/360
胶质	4.5	95%/EBP	385/435

表 5-34 二蒽油性质

项目	数据	项目	数据
密度(20℃)/($kg \cdot m^{-3}$)	1151.2	H/%	6.24
酸值(以 KOH 计)/($mg \cdot g^{-1}$)	0.30	S/%	0.4995
运动黏度(100℃)/($mm^2 \cdot s^{-1}$)	3.251	N/%	1.013
灰分/%	0.013	O/%	1.40
组成分析/%		馏程/℃	
饱和烃	0	IBP/10%	200/300
芳烃	93.0	30%/50%	335/365
胶质	7.0	70%/90%	410/470
C/%	90.90	95%/EBP	490/510

表 5-35 蒽油性质

项目	蒽油 P	蒽油 Q	蒽油 S
密度(20℃)/($kg \cdot m^{-3}$)	1154	1151	1135
硫/$\mu g \cdot g^{-1}$	4950	4800	6100
氮/$\mu g \cdot g^{-1}$	10145	11285	10021
氧/%	1.91	1.16	0.99
馏程/℃			
IBP/10%	222/300	239/324	230/290
30%/50%	335/365	346/367	310/325
70%/90%	410/470	388/441	355/440
95%/EBP	490/—	468/—	460/—
芳烃+胶质/%	100	100	100

蒽油作为高温煤焦油经蒸馏得到的初加工产品，富含蒽、菲、咔唑、荧蒽和芘等三环和四环芳烃化合物，所以蒽油主要用于提取粗蒽、芘、芴、菲、咔唑等化工原料。

还可用于制造涂料、电极、沥青焦、炭黑、木材防腐油和杀虫剂等，同时蒽油也用于配置炭黑原料油、筑路沥青或其它燃料油等。

近年来，各类成品油油价持续走高且需求量不断增加，而蒽油的价格相对比较低廉，通过蒽油加氢技术可将其制备为附加值高的汽柴油，从而提高蒽油的利用价值。蒽油作为高温煤焦油的较重馏分，具有芳烃含量高、C/H 比高和密度大等特点，而柴油产品要求密度相对较小，芳烃含量低，C/H 比较低，尤其含分支度高的烷烃是柴油的理想组分。蒽油加氢的目的是采用适宜的工艺流程和工艺条件，在加氢活性好、裂解活性适中的催化剂作用下，使高缩合度的芳烃进行加氢饱和、开环及裂化反应，使部分嵌在芳核中的 S、N 和 O 原子以 H_2S、NH_3 和 H_2O 的形式脱除，生成柴油理想组分，但由于单环环烷烃和芳烃的相对反应速率常数较小[27]，所以对于蒽油而言，则最大可能生成的柴油组分是带有侧链的单环烃类。

目前国内蒽油加氢文献提出了以下 3 种工艺流程。

(1) 一段串联加氢工艺[28~38]　即加氢精制单元和加氢裂化单元之间无分离系统，该流程具有步骤简单，投资少的优点。然而，由于加氢精制产物没有分离出水和氨，使后续的加氢裂化催化剂活性发挥受到影响，蒽油无法完全转化为清洁燃料油，而且所得柴油馏分质量较差。

(2) 两段加氢工艺　即加氢精制单元和加氢裂化单元之间有分离系统，按液相产物是否循环回反应单元又可分为以下三种流程[39~45]。

① 无循环的两段加氢流程：该流程在加氢精制单元分离出的生成水和油中的无机氨类，在一定程度上保护了加氢裂化催化剂的活性，可适当延长其使用寿命。不足在于，该方法加氢精制反应单元存在集中放热问题，这将增加循环氢压缩机负荷和设备投资，同时也会增大装置操作的难度，不利于装置的安全平稳运转。

② 加氢裂化液相产物循环的两段加氢流程[43~45]：此专利方法为蒽油氢化提供了一种投资相对较低、循环灵活的两段法氢化方法。由于该方法在加氢裂化单元仅装填了加氢裂化剂，存在着加氢裂化单元原料适应性差的问题；此外，该方法采用加氢裂化液相产物循环回进料系统在保温温度的投置上存在不可实施性，因为保温温度高了会产生气阻，保温温度低了会因原料中高熔点物质析出使管线堵塞；最后，该方法采用热高分油循环，在工业应用时，存在压力波动的问题，装置操作难度较大。

③ 加氢精制液相产物循环的两段加氢流程[26]：该工艺由 FRIPP 于 2008 年提出，其详细流程见图 5-7。加氢精制液相产物、热低分油与新鲜进料蒽油充分混合后，被稀释的蒽油在加氢精制反应器中依次经过加氢保护剂和加氢精制催化剂，进行加氢精制反应，在此单元蒽油主要进行加氢脱硫、脱氮、脱氧和部分芳烃饱和反应，可将原料中约 50% 的芳烃饱和。加氢精制产物经气液分离后的热低分油，基本脱除了影响加氢裂化催化剂活性和稳定性的水和氨，此热低分油大部分做稀释油直接返回原料缓冲罐，这样可以降低蒽油中蒽、菲和咔唑等典型化合物的浓度，缓解反应集中放热问题。余下的热低分油去加氢裂化单元做原料，在加氢裂化反应单元中使稠环芳烃进一步加氢饱和，再进行加氢裂化反应。所得加氢裂化产物经与加氢精制单元共用的分离系统分离，得到清洁汽油和清洁柴油调和组分。

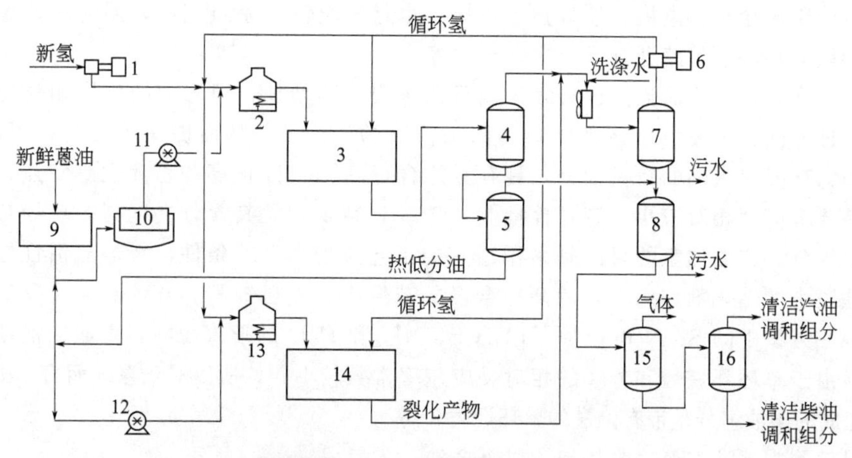

图 5-7 蒽油两段加氢工艺流程

1—新氢压缩机；2,13—加热炉；3—精制单元；4—热高分；5—热低分；6—循环氢压缩机；7—冷高分；8—冷低分；9—原料储罐；10—缓冲罐；11,12—泵；14—裂化单元；15—汽提塔；16—分馏塔

(3) 联合工艺流程　主要指加氢与延迟焦化联合工艺流程[46,47]，此方法对原料采用了延迟焦化工艺，其对原料的要求较低，但缺点在于清洁燃料油收率偏低。

我国煤炭资源丰富，煤焦油加氢逐渐成为热点。我国是世界上最大的焦炭生产国和消费国，蒽油保守估算量为数百万吨，目前加工方法的综合经济性不高，尤其是其作为低档燃料油消耗，对环境污染严重。蒽油目前原料为 3000～4000 元/t，若按 7.89%的氢耗折算，则每吨蒽油需耗氢气 1200 元，即原料成本 4200～5200 元/t；产品方面，97%清洁燃料油调和组分，其价格与成品汽、柴油仅差 400～500 元/t，约为 6000～7000 元/t，按 97%的轻质油收率折算，两者之间尚有 1590 元的差距，每吨蒽油加工费用按 1000 元计（包括部分三废处理），尚有 590 元/t 的利润空间。因此，蒽油加氢转化轻质燃料油具有一定的经济性竞争力。目前国内已有三个投产的蒽油加氢项目，具体为：由华电集团提供 EPC 总承包建设的河南宝舜化工科技有限公司 8 万吨/年蒽油加氢项目；中捷石化集团河北新启元能源技术开发股份有限公司 30 万吨/年蒽油加氢项目；山东铁雄能源煤化有限公司 30 万吨/年蒽油加氢裂解工程项目。

5.6.1 工艺条件对蒽油加氢的影响

许杰等[26]对蒽油加氢过程进行了研究，分析了压力、温度和空速等因素对加氢精制段和加氢裂化段的反应速率的影响，通过研究得到了加氢精制较优的工艺条件为：氢分压 15.0MPa、体积空速 $0.30h^{-1}$、氢油体积比 1500∶1，反应温度在 365～375℃；加氢裂化较优的工艺条件为：氢分压 15.0MPa、体积空速 $0.30h^{-1}$、氢油体积比 1500∶1，反应温度 385～389℃。

5.6.1.1 加氢精制工艺条件

(1) 反应压力的影响　在反应温度 370℃、体积空速 $0.30h^{-1}$、氢油体积比 1500∶1 条件下，考察了反应压力 8.0～15.0MPa 对加氢精制生成油密度、硫和芳烃含量的影响。由图 5-8 可知，随着反应压力的提高，加氢处理生成油的密度和硫、芳烃含量均呈下降趋势。控制反应过程中的氢分压对装置投资和操作费用、产品性质和催化剂寿命都有很重要的影响。从化学平衡角度看，芳烃加氢饱和属分子数变少的反应，升高压力对反应有利。

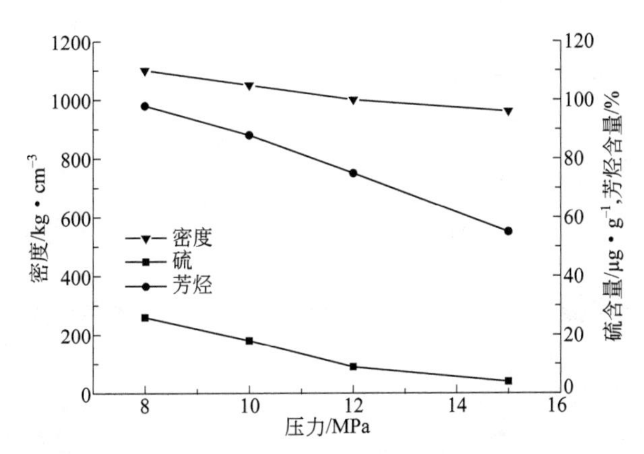

图 5-8　加氢精制生成油密度和硫、芳烃含量随压力变化

(2) 反应温度的影响　在氢分压 15.0MPa、体积空速 0.30h^{-1}、氢油体积比 1500∶1 条件下，考察反应温度 315～375℃对加氢处理生成油密度、硫和芳烃含量的影响。由图 5-9 可知，随着反应温度的提高，加氢精制生成油的密度和硫、芳烃含量均呈下降趋势，在 365～375℃下，所得加氢精制生成油适宜加氢裂化单元的原料，这是由于温度升高使蒽油中的双环、三环或四环芳烃加氢饱和为芳环数减少的芳烃或加氢饱和为环烷烃所致。

(3) 空速的影响　在氢分压 15.0MPa、反应温度 370℃、氢油体积比 1500∶1 条件下，考察体积空速 0.15～0.60h^{-1} 对加氢精制生成油密度及对硫、氮和芳烃含量的影响。由图 5-10 可知，降低空速有利于芳烃的饱和，同时加氢精制生成油的密度和硫、氮含量均呈下降趋势，但从工业实施方面考虑，空速太低，装置建设投资和操作费用增大，影响经济性；空速增大至 0.6h^{-1} 时，生成油密度较大，芳烃含量较高，这将加大加氢裂化单元操作条件苛刻度，因此空速亦不宜选择过大。

5.6.1.2　加氢裂化工艺条件

蒽油经过加氢精制单元后，尚有约 50% 的芳烃没有转化，加氢处理生成油密度也较高，约为 950kg·m^{-3}。这样的生成油蒸馏后得到的柴油馏分产品密度更高，十六烷值很低，不是理想的柴油调和组分产品。因此有必要经过加氢裂化单元，进一步将这些芳烃和环烷烃转化为分子变小的单环烃类，使蒽油完全转化为轻质燃料油组分。

在氢分压 15.0MPa、体积空速 0.30h^{-1}、氢油体积比 1500∶1 条件下，考察反应温度 383～389℃，对加氢裂化生成油密度、液收和硫、氮含量的影响。由图 5-11 可见，随着反应温度的提高，加氢裂化生成油中的硫、氮含量和密度均呈下降趋势，在 385～389℃下，所得加氢裂化生成油经蒸馏得到理想的汽、柴油调和组分产品。

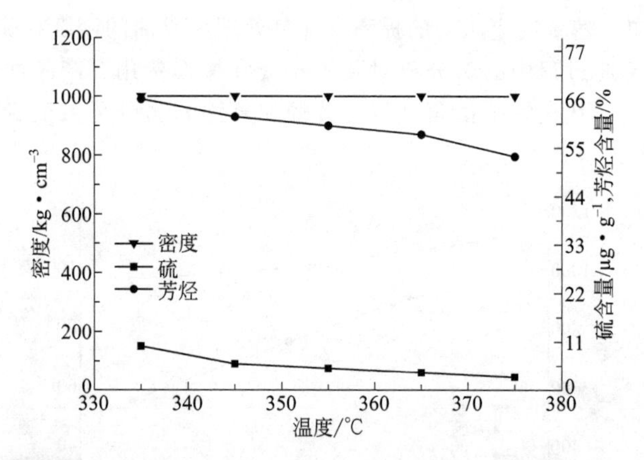

图 5-9 加氢精制生成油密度和硫、芳烃含量随温度变化

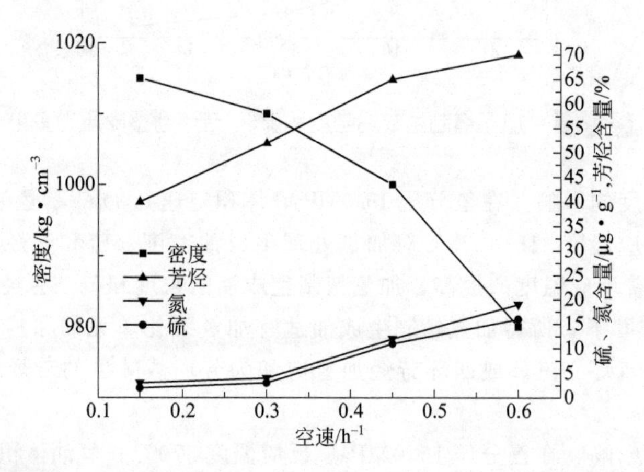

图 5-10 加氢精制生成油密度和硫、氮、芳烃含量随空速变化

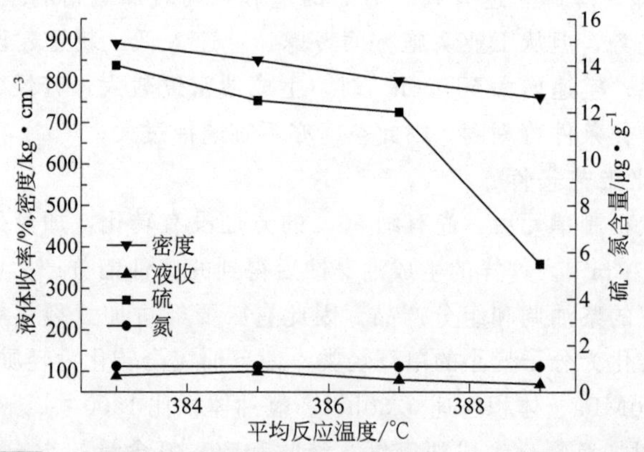

图 5-11 加氢裂化生成油密度、液收和硫、氮含量随温度变化

5.6.1.3　产品分布与性质

蒽油两段加氢生产清洁燃料油工艺所得产品分布和产品性质列于表 5-36。由表 5-36 可见，蒽油经过高压两段加氢工艺，已经完全转化为轻质清洁燃料油，液体收率达到 99.98%，所得到的柴油和汽油调和组分硫含量符合国Ⅳ排放指标要求。柴油调和组分除十六烷值偏低外，其它主要质量指标均符合轻柴油国标 GB 252—2011 指标要求，凝点 −52℃，可作为低凝清洁车用燃料油调和组分使用。

表 5-36　产品分布与产品性质

项目	数据	行业通用标准要求
液体产品收率/%	99.98	
<145℃	26.52	
>145℃	73.46	
主要产品性质		
柴油馏分		轻柴油国标 GB 252—2011
密度(20℃)/$kg\cdot m^{-3}$	893.0	
馏程/℃		
50%回收温度	225	
90%回收温度	302	≤300
95%回收温度	343	≤355
硫含量/$\mu g\cdot g^{-1}$	30.1	≤365
黏度(20℃)/$mm^2\cdot s^{-1}$	3.019	≤35
色度/号	<3.0	3.5
十六烷值	27.0	≥45
凝点/℃	−52	≤−50
冷滤点/℃	−47	≤−44
汽油馏分		
密度(20℃)/$kg\cdot m^{-3}$	742.0	
研究法辛烷值(RON)	78.3	
硫含量/$\mu g\cdot g^{-1}$	24.0	国Ⅳ≤50

5.6.2　蒽油加氢专利技术

5.6.2.1　加氢精制液相产物循环蒽油两段加氢方法

专利 CN102041076A[48] 对蒽油加氢方法作了介绍，其生产工艺流程如图 5-12 所示。该方法的流程为：蒽油经加氢精制，再经热高压分离器和热低压分离器进行气液分离，所得的热低分油部分循环回加氢精制反应区与蒽油混合，剩余部分热低分油去加氢裂化反应区。加氢裂化产物与从热高压分离器分离出的气体一起进入冷高压分离器，分出的液体与热低压分离器分理处的气体一起进入冷低压分离器，分出的液体经汽提后去产品分馏塔，得到汽油和柴油馏分。此方法对降低装置温升，减少设备投资，提高装置操作安全平稳性有利，同时由于降低了原料中胶质和沥青的浓度，可使装置运转周期延长。

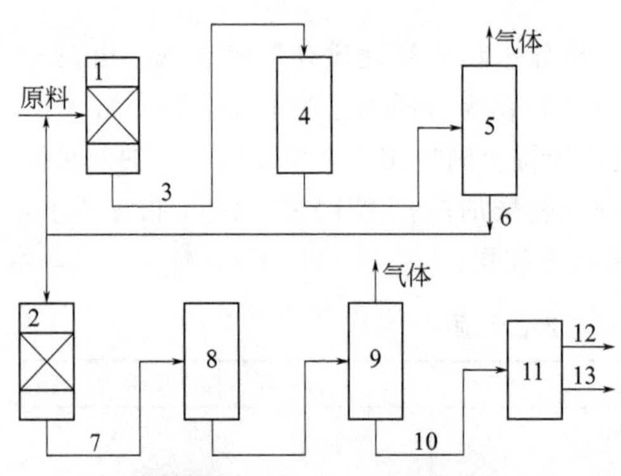

图 5-12 蒽油加氢工艺流程

1—加氢精制反应器；2—加氢裂化反应器；3—反应流出物；4,8—高、低压分离器；5,9—汽提塔；6，10—液相产物；7—加氢裂化产物；11—分馏塔；12—汽油馏分；13—柴油馏分

(1) 该发明提供的蒽油加氢方法包括：

① 在氢气的存在下，蒽油进入加氢精制反应区，与加氢精制催化剂接触进行加氢精制反应；

② 步骤①加氢精制所得的生成油经热高压分离器进行气液分离；

③ 步骤②热高压分离器分出的液相产物进入热低压分离器进一步气液分离，热低压分离器分出的热低分油部分循环到加氢精制反应区；

④ 步骤③剩余部分热低分油进入加氢裂化反应区，在氢气存在下，以此经加氢精制催化剂和加氢裂化催化剂接触进行反应后，得到加氢裂化产物；

⑤ 步骤④所得的加氢裂化产物与从热高压分离器分离出的气体一起进入冷高压分离器；

⑥ 步骤⑤冷高压分离器分出的液体与热低压分离器分离出的气体一起进入冷低压分离器；

⑦ 步骤⑥冷低压分离器分离出的液体经产品汽提塔汽提后，汽提塔低液进入产品分馏塔，得到汽油和柴油馏分。

本发明方法中，加氢裂化反应区中可将加氢精制催化剂、加氢裂化催化剂分装在两个反应器中，也可装在一个反应器中，加氢精制催化剂与加氢裂化催化剂的体积比为1∶(1～3)。所述的蒽油的性质为：密度（20℃）大于1.0g·cm^{-3}，一般为1.0～1.2g·cm^{-3}，芳烃与胶质总重量一般为90%（质量分数）以上，初馏点为大于220℃，一般为220～260℃，干点大于500℃，氮含量大于1.0%（质量分数），一般为1.0%～1.2%（质量分数），氧含量为大于0.9%（质量分数），一般为0.9%～1.3%（质量分数）。

(2) 催化剂　加氢精制催化剂为常规的加氢裂化催化剂、预处理催化剂，一般以ⅥB族和/或第Ⅷ族的金属为活性组分，以氧化铝、含硅氧化铝或含硅和磷的氧化铝为载体，第ⅥB族金属一般为Mo和/或W，第Ⅷ族的金属一般为Co和/或Ni。第ⅥB族金属含量以氧化物计为10%～35%（质量分数），第Ⅷ族的金属以氧化物计为3%～15%（质量分数），其性质如下：比表面为100～350m^{2}·g^{-1}，孔容为0.15～0.6mL·g^{-1}。主要的催化剂有中国石油化工股份有限公司抚顺石油化工研究院开发的3936、3996、FF-16、FF-26等。

加氢裂化反应区采用常规的加氢裂化催化剂，优选采用含无定型硅铝和分子筛为主要酸性组分的加氢裂化催化剂，推荐组成如下（以催化剂的重量为基准）：Y分子筛或β分子筛10%～40%，无定型硅铝20%～60%，第ⅥB族加氢活性组分以氧化物计的含量为15%～40%，第Ⅷ族加氢活性组分以氧化物计的含量为1%～10%，余量为小孔氧化铝；加氢裂化催化剂的性质如下：比表面为180～300 $m^2 \cdot g^{-1}$，孔容为0.25～0.45$mL \cdot g^{-1}$。

(3) 加氢反应的反应条件 加氢精制反应区的操作条件为：反应温度370～400℃、压力10.0～16.0MPa、氢油体积比（900∶1）～（1500∶1）和液体体积空速0.1～0.8h^{-1}；优选操作条件为：反应温度380～390℃、压力12.0～15.0MPa、氢油体积比（900∶1）～（1500∶1）和液体体积空速0.3～0.6h^{-1}。加氢裂化反应区的操作条件为：反应温度350～400℃、压力10.0～16.0MPa、氢油体积比（900∶1）～（1500∶1）和液体体积空速0.1～0.6h^{-1}；优选操作条件为：反应温度350～390℃、压力12.0～15.0MPa、氢油体积比（900∶1）～（1500∶1）和液体体积空速0.3～0.4h^{-1}。

(4) 实施例 在下面实施例中所用的催化剂为加氢裂化催化剂A1［其组成为：无定形硅铝48%（质量分数），Y分子筛15%（质量分数），氧化铝12%（质量分数），氧化镍5%（质量分数），氧化钼20%（质量分数），催化剂比表面220 $m^2 \cdot g^{-1}$，孔容0.35$mL \cdot g^{-1}$］；加氢裂化催化剂A2［其组成为：无定形硅铝45%（质量分数），Y分子筛13%（质量分数），氧化铝12%（质量分数），氧化镍6.5%（质量分数），氧化钨22.5%（质量分数），催化剂比表面210 $m^2 \cdot g^{-1}$，孔容0.31$mL \cdot g^{-1}$］；加氢裂化催化剂B1［其组成为：β沸石30%（质量分数），无定形硅铝25%（质量分数），氧化铝20%（质量分数），氧化镍7.5%（质量分数），氧化钨22.5%（质量分数），催化剂比表面235 $m^2 \cdot g^{-1}$，孔容0.32$mL \cdot g^{-1}$］；加氢裂化催化剂B2［其组成为：β沸石10%（质量分数），无定形硅铝30%（质量分数），氧化铝30%（质量分数），氧化镍7.5%（质量分数），氧化钨22.5%（质量分数），催化剂比表面260 $m^2 \cdot g^{-1}$，孔容0.33$mL \cdot g^{-1}$］。

装填方案为加氢精制反应器内装3936型加氢精制催化剂，加氢裂化反应器上部装3936型加氢精制催化剂，下部装填加氢裂化催化剂。实施例1和实施例2下部装含无定形硅铝和Y分子筛的加氢裂化催化剂A1和A2，加氢裂化反应区两种催化剂的装填体积比为50∶50。实施例3下部装含无定形硅铝和β分子筛的加氢裂化催化剂B1和B2，加氢裂化反应区三种催化剂的装填体积比为30∶35∶35。实施例1～3加氢精制生成油经分离系统所得的液相产物循环回加氢精制反应区与蒽油混合，实施例1和实施例2的循环重量比为3.0，实施例3的循环重量比为2.0。原料油的性质见表5-37，加氢工艺条件及柴油馏分产品性质见表5-38。

表5-37 蒽油原料油性质

原油名称	蒽油	原油名称	蒽油
馏程/℃		S/$\mu g \cdot g^{-1}$	4950
IBP/10%	222/300	N/$\mu g \cdot g^{-1}$	10145
30%/50%	335/365	质谱组成(质量分数)/%	
70%/90%	410/470	芳烃	93.1
95%/EBP	490/510	胶质	6.9
密度(20℃)/$g \cdot cm^{-3}$	1.1512		

表 5-38 加氢工艺条件及柴油馏分产品性质

方案	实施例 1	实施例 2	实施例 3
加氢精制反应区			
催化剂	3936	3936	3936
工艺条件			
氢分压/MPa	15.0	13.5	12.0
反应温度/℃	380	390	390
空速/h^{-1}	0.50	0.35	0.25
氢油体积比	1000	1200	1400
加氢精制生成油氮含量/$\mu g \cdot g^{-1}$	150	155	140
加氢裂化反应区			
催化剂	3936/A1	3936/A2	3936/B1/B2
工艺条件			
氢分压/MPa	12.0	13.5	15.0
反应温度/℃	380	370	360
空速/h^{-1}	0.3	0.35	0.4
氢油体积比	1400	1200	1000
柴油产品性质			
收率(质量分数)/%	81.2	81.4	82.0
密度(20℃)/$kg \cdot m^{-3}$	895.0	896.5	899.0
S/$\mu g \cdot g^{-1}$	25	27	29
N/$\mu g \cdot g^{-1}$	1	1	2
凝点/℃	<-50	<-50	<-50
冷滤点/℃	−29	−28	−26
馏程/℃			
50%回收	210	211	218
90%回收	272	273	274
95%回收	308	309	311
十六烷值	29.1	29.0	30.0
汽油馏分性质			
收率(质量分数)/%	18.3	18.5	18.0
辛烷值(RON)	76.1	76.4	76.6

在许杰的另一专利 CN102041075A 中[49]，蒽油加氢的原料和催化剂与专利 CN102041076A 完全相同，由于权利要求书中蒽油加氢精制生成油经分离系统所得的液相产物循环回加氢精制反应区与蒽油混合的混合比不一样，致使其实施例不一样，专利 CN102041075A 中实施例 1 和实施例 2 的循环重量比为 3.0，实施例 3 的循环重量比为 5.0。其次，在实施例中加氢裂化催化剂的装填和加氢裂化反应温度、压力等操作条件不一样，在专利 CN102041075A 中实施例 1 催化剂装填为 3936/A2，氢分压为 15.0MPa，反应温度为 360℃，空速为 0.40h^{-1}，氢油体积比为 1000：1；实施例 2 催化剂装填为 3936/A1，氢分压为 13.5MPa，反应温度为 370℃，空速为 0.35h^{-1}，氢油体积比为 1200：1；实施例 3 催化剂装填为 3936/B1/B2，氢分压为 12.0MPa，反应温

度为380℃，空速为0.30h^{-1}，氢油体积比为1400∶1。最后的柴油、汽油收率及油品性质也有所不同，详细数据见表5-39。

表5-39 加氢工艺条件及柴油馏分产品性质

方案	实施例1	实施例2	实施例3
加氢精制反应区			
催化剂	3936	3936	3936
工艺条件			
氢分压/MPa	15.0	13.5	12.0
反应温度/℃	380	390	390
空速/h^{-1}	0.50	0.35	0.25
氢油体积比	1000	1200	1400
加氢精制生成油氮含量/μg·g^{-1}	150	155	140
加氢裂化反应区			
催化剂	3936/A2	3936/A1	3936/B1/B2
工艺条件			
氢分压/MPa	15.0	13.5	12.0
反应温度/℃	360	370	380
空速/h^{-1}	0.4	0.35	0.3
氢油体积比	1000	1200	1400
柴油产品性质			
收率/%(质量分数)	81.0	81.6	82.3
密度(20℃)/kg·m^{-3}	897.0	894.5	901.0
S/μg·g^{-1}	24	26	28
N/μg·g^{-1}	1	1	2
凝点/℃	−55	−54	−52
冷滤点/℃	−30	−29	−27
馏程/℃			
50%回收	211	212	211
90%回收	274	274	276
95%回收	309	309	310
十六烷值	29.1	29.0	30.0
汽油馏分性质			
收率(质量分数)/%	18.5	18.3	18.0
辛烷值(RON)	76.0	76.2	76.5

5.6.2.2 蒽油两段法串联加氢转化方法

在专利CN101033409A[50]中，提供了一种蒽油加氢转化方法，采用两段法串联加氢工艺。一段完成蒽油原料的加氢精制反应和加氢精制生成油的分离，得到主要常规沸点大于200℃的馏分；二段完成加氢裂化反应和加氢裂化生成油的分离，得到柴油馏分。

加氢精制的反应条件为：蒽油与氢气在温度为320～450℃、压力为10.0～25.0MPa、精制催化剂体积空速为0.2～2.0h^{-1}、氢油体积比为（500∶1）～（3000∶

1）的条件下，完成加氢精制反应。加氢裂化的反应条件为：加氢精制生成油在氢气存在条件下，在温度为330～415℃、压力为10.0～25.0MPa、裂化催化剂体积空速为0.4～2.0h^{-1}、氢油体积比为（500：1)～(3000：1）的条件下，完成加氢裂化反应。

该专利还列举了下列实施例：蒽油性质见表5-40，催化剂性质见表5-41，工艺条件见表5-42，裂化产品性质见表5-43、表5-44。从表5-40可以看出，蒽油>310℃重馏分在精制段和裂化段共发生了大于80%的“裂化”。在精制段发生了大于40%的“裂化”，并且原料中的各馏分均发生了“裂化”，这一点相比石油柴油和蜡油馏分的加氢精制差异较大。

表5-40　脱水蒽油和加氢生成油的性质

分析项目		蒽油	加氢精制生成油	加氢裂化生成油
密度(20℃)/g·mL^{-1}		1.20	约1.01	
倾点/℃		7		
总氮(质量分数)/%		1.01	约0.056	
碱氮(质量分数)/%		0.45	约0.035	
硫含量(质量分数)/%		0.61	约0.031	
差值法氧含量(质量分数)/%		1.12		
芳香组分+胶质+沥青质(质量分数)/%		>98		
饱和烃(质量分数)/%		<2.0		
黏度(20℃)/mm^2·s^{-1}			约15.0	
黏度(50℃)/mm^2·s^{-1}			约5.30	
黏度(80℃)/mm^2·s^{-1}		4.7		
黏度(100℃)/mm^2·s^{-1}		3.0		
水含量(质量分数)/%		痕迹		
残炭/%		1.40	约0.02	
色度		>8.0	<7.5	
灰分/%		0.02	约0.001	
酸值/mgKOH·g^{-1}		0.32	约0.05	
杂质金属含量/μg·g^{-1}	Fe	28.6	<2.0	
	V	<0.1		
	Ni	<0.1		
	Na	<0.1		
馏程/℃	蒸馏类型	D1160	D2887	D86
	初馏点	252	约121	
	10%	310	约235	
	30%	341		
	50%	357	约300	
	70%	380		
	90%	438	约376	约298
	95%	490	约409	
	干点		约470	约332

表 5-41 催化剂的性质及化学组成

催化剂类型	保护剂	精制剂
形状	拉西环	三叶草形
粒径×长度/mm	ϕ(3.3～3.6)×(3～8)	ϕ1.3×(2～8)
比表面积/$m^2 \cdot g^{-1}$	150～220	≥120
孔容/$mL \cdot g^{-1}$	0.50～0.65	≥0.25
活性金属组分		
WO_3(质量分数)/%		17～21
MoO_3(质量分数)/%	6～8	8～10
NiO(质量分数)/%	1.5～2.5	3.5～5.5
堆积密度/$g \cdot mL^{-1}$	0.5～0.6	≥0.80
耐压强度/$N \cdot cm^{-1}$	≥30	≥150

表 5-42 反应条件表

反应段	保护剂	精制剂	裂化段
反应器入口氢分压/MPa	12～18	12～18	12～18
催化剂空速/h^{-1}		0.6～1.4	0.8～1.6
催化剂床层平均温度/℃		360～400	350～400
反应器入口氢油比(体积比)	(600～1800)∶1	(600～800)∶1	(600～1800)∶1
化学氢耗(质量分数)/%		3.2～4.2	1.8～3.0

表 5-43 石脑油馏分性质 (C_5～180℃)

分析项目	汽油馏分	分析项目	汽油馏分
收率(对原料质量)/%		氮含量/$\mu g \cdot g^{-1}$	<10
密度(20℃)/$g \cdot mL^{-1}$	0.74～0.81	研究法辛烷值(RON)	约70
硫含量/$\mu g \cdot g^{-1}$	<28		

表 5-44 柴油馏分性质 (180～375℃)

分析项目	柴油馏分	分析项目	柴油馏分
收率(对原料质量)/%	>80	碱氮/$\mu g \cdot g^{-1}$	<10
密度(20℃)/$g \cdot mL^{-1}$	0.89～0.92	硫含量/$\mu g \cdot g^{-1}$	<50
总氮/$\mu g \cdot g^{-1}$	<100	十六烷值	35～42

5.6.2.3 蒽油加氢生产溶剂油的方法

专利CN104031678A[51]介绍了一种蒽油加氢生产溶剂油的方法。该方法将蒽油依次经过加氢裂解反应器和加氢精制反应器，所得混合油品经碱洗和酸洗，按照不同馏程分离出来不同规格溶剂油。蒸馏单元中未蒸出的蒸馏尾油返回加氢反应器再经过加氢裂解反应器和加氢精制反应器，循环利用。此方法原料价格低廉，流程简单，适合工业化连续生产。蒸馏尾油返回加氢反应器提高了其经济附加值，并稀释了蒽油原料，延长了催化剂使用寿命。

该发明方法中的加氢裂解反应器为固定床反应器，目的在于将多环类组成的蒽油经加氢裂解产生单环芳烃并使芳烃饱和。所采用的加氢裂解催化剂中，活性金属镍、钨、钼、镧系金属质量比为（40～50）∶(25～35)∶(10～18)∶(1～2)，其余为硅铝复合载体。加氢裂解反应条件：氢压6～12MPa，反应温度350～450℃，氢油体积比(600∶1)～(3000∶1)，空速0.2～1.0h^{-1}，优选为反应压力6～8MPa，反应温度390～420℃，氢油体积比（1200∶1)～(1800∶1)，空速0.3～0.7h^{-1}。加氢精制反应器为固定床反应器，目的在于将加氢裂解的混合油进行加氢精制进一步减少氧氮硫等元素含量，并伴随着芳烃饱和反应。所采用的加氢精制催化剂中，活性金属镍、钨、钼、镧系金属质量比为（50～70）∶(15～35) ∶(20～25)∶(1～2)，其余为硅铝复合载体。加氢精制反应条件：氢压4～8MPa，反应温度340～400℃，氢油体积比（600∶1)～(3000∶1)，空速0.2～1.0h^{-1}，优选为反应压力4～6MPa，反应温度350～380℃，氢油体积比（1200∶1)～(1800∶1)，空速0.3～0.7h^{-1}。

方法中蒸馏分离阶段是指按60～90℃、90～120℃、120～150℃、150～185℃和200～240℃馏程进行切割，可对应溶剂油市场上常见的6号、90号、120号、150号和200号溶剂油。蒸馏尾油与蒽油原料混合［体积比（40∶60)～(60∶40)］返回加氢裂解反应区，旨在将部分未裂解完全的混合油再次加氢裂解降低馏程，以提高200℃之前馏分溶剂油产品的产量并对蒽油原料进行稀释，延缓催化剂使用寿命。

该专利提供的实施例如下：氢气升温至150℃，泵入二硫化碳活化油［二硫化碳浓度1%～3%（质量分数）］，逐步升温至300℃进行活化，活化时间24h。蒽油和蒸馏尾油混合依次进入加氢裂解反应器和加氢精制反应器之后进行分离，具体条件和6号、90号、120号、150号和200号溶剂油性质见表5-45～表5-49。

表5-45 实施例中工艺参数

工艺数据	实施例1 原料中蒽油和尾油比例 (40/60)		实施例2 原料中蒽油和尾油比例 (50/50)		实施例3 原料中蒽油和尾油比例 (60/40)	
	加氢裂解	加氢精制	加氢裂解	加氢精制	加氢裂解	加氢精制
氢压/MPa	6	8	6	6	8	4
温度/℃	410	360	420	360	390	370
空速/h^{-1}	0.45	0.6	0.6	0.7	0.5	0.6
氢油体积比	1500	1200	1500	1200	1500	1200

表5-46 6号溶剂油物性参数

检测项目	实施例1	实施例2	实施例3	检测方法
馏程：初馏点/℃	62	62	64	GB/T 6536
98%回收温度/℃	86	88	85	
密度(20℃)/kg·m^{-3}	660	674	671	GB/T 1884
溴值(以Br计)/g·$(100g)^{-1}$	0.81	0.34	0.57	SH/T 0236
硫含量/μg·g^{-1}	50	60	35	SH/T 0253
结论	以上参数符合GB 16629—1996中数据指标			

表 5-47　120 号溶剂油物性参数

检测项目	实施例 1	实施例 2	实施例 3	检测方法
馏程：初馏点/℃	88	62	64	GB/T 6536
110℃馏出量/%	95	95	94	
密度(20℃)/kg·m^{-3}	840	780	789	GB/T 1884
溴值(以 Br 计)/g·(100g)$^{-1}$	0.81	0.34	0.57	SH/T 0236
硫含量/μg·g^{-1}	23	40	35	SH/T 0253
芳烃含量/%	2.6	2.6	2.7	SH/T 0166
结论	以上参数符合 SH 0004—90 中数据指标			

表 5-48　150 号溶剂油物性参数

检测项目	实施例 1	实施例 2	实施例 3	检测方法
馏程：初馏点/℃	120	120	120	GB/T 6536
50%蒸发温度	127	125	126	
密度(20℃)/kg·m^{-3}	767	759	760	GB/T 1884
溴值(以 Br 计)/g·(100g)$^{-1}$	0.4	0.6	0.7	SH/T 0236
硫含量/μg·g^{-1}	0.9	1.2	1.4	SH/T 0253
芳烃含量/%	5	5.6	6.8	SH/T 0166 GB/T 11132
结论	以上参数符合 GB 1922—2006 中“1 号中芳型”溶剂油数据指标			

表 5-49　200 号溶剂油物性参数

检测项目	实施例 1	实施例 2	实施例 3	检测方法
馏程：初馏点/℃	154	153	153	GB/T 6536
50%蒸发温度	170	169	169	
密度(20℃)/kg·m^{-3}	810	798	820	GB/T 1884
溴值(以 Br 计)/g·(100g)$^{-1}$	1.3	0.9	0.7	SH/T 0236
芳烃含量/%	17.8	21.2	19.5	SH/T 0166 GB/T 11132
结论	以上参数符合 GB 1922—2006 中“2 号普通型”溶剂油数据指标			

5.6.2.4　蒽油加氢制柴油的方法

专利 CN103695030A[52]介绍了一种蒽油加氢制柴油的催化剂制备方法及应用，先将蒽油在含有第一催化剂的加氢反应区中反应，再将加氢反应区中所得产物油进入含有第二催化剂的加氢裂化反应区中反应制得柴油组分成品。该发明的加氢精制催化剂在对煤焦油加氢脱硫、加氢脱氮、加氢脱氧的同时，能提高活性，使芳烃饱和及开环。由于催化剂中加入了助剂钾，抑制了煤焦油中易生焦物质的结焦，提高了催化剂的稳定性。通过调节载体中二氧化钛和二氧化铈的加入比例，有效控制载体的酸度，有利于提高加氢裂化的活性和选择性；同时，二氧化钛对硫有较强的吸附能力，有利于脱硫。

在该发明的具体实施例中提供了催化剂的组成，具体如下。

第一催化剂由第一载体、第一活性组分及第一助剂组成。第一载体为氧化铝、氧化硅和氧化镁的混合氧化物，第一活性组分为钼和镍的氧化物或者是钨和镍的氧化物，第一助剂为 K_2O 和 Ga_2O_3 的混合物。第一催化剂中第一载体占第一催化剂总质量的62%～88%，若第一活性组分由 WO_3 和 NiO 组成时，二者分别占催化剂总质量的8%～23%和3%～9%；若第一活性组分由 MoO_3 和 NiO 组成时，二者分别占催化剂总质量的6%～18%和5%～14%。第一助剂中 K_2O 和 Ga_2O_3 分别占催化剂总质量的0.8%～4.9%和0.2%～1.1%。第一载体中 Al_2O_3、SiO_2 和 MgO 分别占载体总质量的67%～81%、6%～12%和7%～27%。

第二催化剂由第二载体、第二活性组分及第二助剂组成。第二载体为氧化铝、氧化钛和氧化铈的混合氧化物，第二活性组分为氧化钼和氧化镍的混合物，第二助剂为磷或氟。所述第二催化剂第二载体占第二催化剂总质量的65%～82%，第二活性组分中 MoO_3 和 NiO 分别占催化剂总质量的10%～21%和7%～13%。第二助剂的磷或氟占催化剂总质量的1%～5%。所述第二载体中氧化铝、氧化钛和氧化铈分别占载体总质量的72%～91%、3%～21%和1%～11%。

所用煤焦油中蒽油原料性质见表5-50，所用加氢精制催化剂和加氢裂化催化剂组分见表5-51。所用的加氢脱金属剂为商用的FZC-103催化剂。

表5-50 原料油性质

原料油名称	蒽油	原料油名称	蒽油
馏程/℃		S/μg·g^{-1}	5500
IBP/10%	200/320	N/μg·g^{-1}	13200
30%/50%	340/370	饱和分/%	0.1
70%/90%	405/485	芳香分/%	73.6
95%/EBP	540/645	胶质/%	22.5
密度(20℃)/g·cm^{-3}	1.12	沥青质/%	3.8

表5-51 加氢精制催化剂和加氢裂化催化剂组分表 %

催化剂化学组分	加氢精制催化剂			加氢裂化催化剂		
	B1	B2	B3	C1	C2	C3
Al_2O_3	66.4	64.6	63.9	60.2	65.1	-58.3
SiO_2	5.8	2.3	6.9	—	—	—
MgO	5.4	5.1	6.4	—	—	—
TiO_2	—	—	—	10.1	8.1	5.8
CeO_2	—	—	—	2.9	2.1	2.2
WO_3	12.6	20.3	—	—	—	—
NiO	7.8	4.3	11.6	10.2	11.9	13.1
MoO_3	—	—	8.5	14.5	10.2	17.8
K_2O	1.2	3.1	2.3	—	—	—
Ga_2O_3	0.8	0.3	0.4	—	—	—
P_2O_5	—	—	—	2.1	2.6	2.8

实施例 1：加氢精制催化剂（即第一催化剂，下同）为 B1，加氢裂化催化剂（即第二催化剂，下同）为 C1，各组分含量见表 5-51。加氢脱金属剂为商用 FZC-103 催化剂。以下是采用该工艺在固定床反应器中蒽油加氢得到柴油的具体过程。

① 在固定床反应器中加氢精制反应区装填 150mL 加氢精制催化剂 B1 和 20mL 脱金属剂 FZC-103，在加氢裂化反应区装填 120mL 加氢裂化催化剂 C1。

② 以柱塞式计量泵连续输入蒽油原料，蒽油的进料温度为 120℃，进料速度为 $1mL \cdot min^{-1}$。

③ 按照加氢精制反应区操作条件（反应温度 360℃，反应压力 13MPa，氢油体积比 1300∶1，空速 $0.35h^{-1}$），加氢裂化反应区操作条件（反应温度 380℃，反应压力 14MPa，氢油体积比 1500∶1，空速 $0.5h^{-1}$）进行蒽油加氢，加氢产物经测试得到结果见表 5-52。

实施例 2：加氢精制催化剂为 B2，加氢裂化催化剂为 C2，各组分含量见表 5-51。加氢脱金属剂为商用 FZC-103 催化剂。以下是采用该工艺在固定床反应器中蒽油加氢得到柴油的具体过程。

① 在固定床反应器中加氢精制反应区装填 200mL 加氢精制催化剂 B2 和 20mL 脱金属剂 FZC-103，在加氢裂化反应区装填 150mL 加氢裂化催化剂 C2。

② 以柱塞式计量泵连续输入蒽油原料，蒽油的进料温度为 120℃，进料速度为 $0.8mL \cdot min^{-1}$。

③ 按照加氢精制反应区操作条件（反应温度 370℃，反应压力 13MPa，氢油体积比 1500∶1，空速 $0.22h^{-1}$），加氢裂化反应区操作条件（反应温度 390℃，反应压力 15MPa，氢油体积比 1800∶1，空速 $0.32h^{-1}$）进行蒽油加氢，加氢产物经测试得到结果见表 5-52。

实施例 3：加氢精制催化剂（即第一催化剂，下同）为 B3，加氢裂化催化剂为 C3，各组分含量见表 5-51。加氢脱金属剂为商用 FZC-103 催化剂。以下是采用该工艺在固定床反应器中蒽油加氢得到柴油的具体过程。

① 在固定床反应器中加氢精制反应区装填 200mL 加氢精制催化剂 B3 和 25mL 脱金属剂 FZC-103，在加氢裂化反应区装填 180mL 加氢裂化催化剂 C3。

② 以柱塞式计量泵连续输入蒽油原料，蒽油的进料温度为 150℃，进料速度为 $1.0mL \cdot min^{-1}$。

③ 按照加氢精制反应区操作条件：反应温度 370℃，反应压力 14MPa，氢油体积比 1500∶1，空速 $0.27h^{-1}$，加氢裂化反应区操作条件：反应温度 410℃，反应压力 15MPa，氢油体积比 1800∶1，空速 $0.33h^{-1}$，进行蒽油加氢，加氢产物经测试得到结果见表 5-52。

表 5-52　柴油产品性质

柴油产品性质	实施例 1	实施例 2	实施例 3
收率/%	82.3	90.6	86.7
密度/$g \cdot cm^{-3}$	0.912	0.908	0.902

续表

柴油产品性质	实施例1	实施例2	实施例3
硫含量/$\mu g \cdot g^{-1}$	21	12	17
氮含量/$\mu g \cdot g^{-1}$	2	1	1
凝点/℃	−52	−55	−56
冷滤点/℃	−24	−29	−27
十六烷值	42	48	47

5.6.2.5 提高蒽油加氢柴油十六烷值的方法

在专利CN103756720A[53]中公开了一种提高蒽油加氢柴油十六烷值的生产方法。将蒽油和生物柴油按一定质量比组成混合原料与氢气一起依次进行加氢精制、加氢裂解、加氢改质，流出的物料进行油气分离，得到的油即高十六烷值柴油。在蒽油中调入生物柴油形成混合原料，与蒽油相比，黏度、胶质、沥青质和残炭的含量都降低，增加了氢气的可接近性，改善了脱硫和脱氮的效果，也使得催化剂活性得到提高。混合原料对反应条件的要求降低，节省了装置投资费用和操作费用，提高了生产过程的经济性。柴油组分的品质明显改善：超低硫、高十六烷值、低凝点，这些品质可以满足车用柴油国Ⅳ或国Ⅴ标准的要求。

该专利还列举了下列实施例。

实施例1：使用蒽油和废弃油脂生产的生物柴油为原料，蒽油的馏程为220～535℃，密度1.15$g \cdot cm^{-3}$、总硫含量5350$\mu g \cdot g^{-1}$、总氮含量1110$\mu g \cdot g^{-1}$、芳烃含量91.1%（质量分数）、胶质含量8.9%（质量分数）。生物柴油的密度0.87$g \cdot cm^{-3}$、硫含量5$\mu g \cdot g^{-1}$、金属含量2.3$\mu g \cdot g^{-1}$、脂肪酸甲酯含量97.8%（质量分数），水分0.025%（质量分数）。

将蒽油与生物柴油按质量比50∶50混合均匀，然后升温升压与高压氢气充分混合，送入加氢精制反应器中反应。加氢精制使用的催化剂和操作条件：催化剂（质量含量）为8%CoO-35%MoO_3/γ-Al_2O_3，反应温度为380℃，反应压力为15MPa，氢油体积比为1600∶1，空速为0.5h^{-1}。加氢精制生成油的硫含量降低到53$\mu g \cdot g^{-1}$、氮含量降低到135$\mu g \cdot g^{-1}$，对该油分馏，将>360℃的馏分与氢气混合，送入加氢裂化反应器中反应。加氢裂化使用的催化剂和操作条件为：催化剂活性组分为10%NiO-30%WO_3/25%Y分子筛，反应温度为380℃，反应压力为14MPa，氢油体积比为1500∶1，空速为1h^{-1}。对经过加氢裂化反应器后得到的油进行分馏，将加氢精制和加氢裂化中180～360℃的馏分与氢气混合，送入加氢改质反应器中反应。加氢改质使用的催化剂和操作条件：催化剂（质量含量）为18%NiO/γ-Al_2O_3，反应温度为350℃，反应压力为8MPa，氢油体积比为800∶1，空速为1h^{-1}。物料流出加氢改质反应器后分离得到的柴油组分，即高十六烷值柴油，收率为91.3%，其性质为：十六烷值57.5，密度0.865$g \cdot cm^{-3}$，硫含量27$\mu g \cdot g^{-1}$，10%蒸余物残炭0.22%，凝点−22℃，闪点58℃。

实施例2：使用蒽油和菜籽油生产的生物柴油为原料。蒽油的馏程为220～510℃，密度1.09$g \cdot cm^{-3}$、总硫含量4670$\mu g \cdot g^{-1}$、总氮含量970$\mu g \cdot g^{-1}$、芳烃含量93.3%（质量分数）、胶质6.7%（质量分数）。生物柴油的密度0.87$g \cdot cm^{-3}$、硫含量1$\mu g \cdot g^{-1}$、

金属含量1.1$\mu g \cdot g^{-1}$、脂肪酸甲酯含量98.1%(质量分数)。

将蒽油与生物柴油按质量比70∶30混合均匀，然后升温升压与高压氢气充分混合，送入加氢精制反应器中反应。加氢精制使用的催化剂和操作条件：催化剂为5% CoO-28%WO_3/γ-Al_2O_3(质量含量)，反应温度为370℃，反应压力为12MPa，氢油体积比为1800∶1，体积空速为0.5h^{-1}。加氢精制生成油的硫含量降低到47$\mu g \cdot g^{-1}$、氮含量降低到99$\mu g \cdot g^{-1}$，对该油分馏，将>360℃的馏分与氢气混合，送入加氢裂化反应器中反应。加氢裂化使用的催化剂和操作条件：催化剂为8%CoO-30%MoO_3/25%Y分子筛(活性组分)，反应温度为370℃，反应压力为15MPa，氢油体积比为1200∶1，体积空速为0.5h^{-1}。对经过加氢裂化反应器后得到的油进行分馏，将加氢精制和加氢裂化中180～360℃的馏分与氢气混合，送入加氢改质反应器中反应。加氢改质使用的催化剂和操作条件：催化剂为15%CoO/γ-Al_2O_3(质量含量)，反应温度为330℃，反应压力为7MPa，氢油体积比为800∶1，体积空速为0.5h^{-1}。物料流出加氢改质反应器后分离得到柴油组分的收率为89.7%，其性质为：十六烷值49.6，密度0.858$g \cdot cm^{-3}$，硫含量31$\mu g \cdot g^{-1}$，10%蒸余物残炭0.26%，凝点-11℃，闪点57℃。

实施例3：使用蒽油和废弃油脂生产的生物柴油为原料。蒽油的馏程为220～450℃，密度1.07$g \cdot cm^{-3}$、总硫含量3670$\mu g \cdot g^{-1}$、总氮含量890$\mu g \cdot g^{-1}$、芳烃含量95.2%(质量分数)、胶质4.8%(质量分数)。生物柴油的密度0.87$g \cdot cm^{-3}$、硫含量5$\mu g \cdot g^{-1}$、金属含量2.3$\mu g \cdot g^{-1}$、脂肪酸甲酯含量97.8%(质量分数)、水分0.025%(质量分数)。

将蒽油与生物柴油按质量比80∶20混合均匀，然后升温升压与高压氢气充分混合，送入加氢精制反应器中反应。加氢精制使用的催化剂和操作条件：催化剂为3% CoO-35%WO_3/γ-Al_2O_3(质量含量)，反应温度为340℃，反应压力为10MPa，氢油体积比为1200∶1，体积空速为2h^{-1}。加氢精制生成油的硫含量降低到51$\mu g \cdot g^{-1}$、氮含量降低到76$\mu g \cdot g^{-1}$，对该油分馏，将>360℃的馏分与氢气混合，送入加氢裂化反应器中反应。加氢裂化使用的催化剂和操作条件：催化剂为5%CoO-25%MoO_3/25%β分子筛(活性组分)，反应温度为350℃，反应压力为12MPa，氢油体积比为900∶1，体积空速为1h^{-1}。对加氢裂化反应器后得到的油进行分馏，将加氢精制和加氢裂化中180～360℃的馏分与氢气混合，送入加氢改质反应器中反应。加氢改质使用的催化剂和操作条件：催化剂为10%NiO/γ-Al_2O_3(质量含量)，反应温度为360℃，反应压力为8MPa，氢油体积比为600∶1，体积空速为1h^{-1}。物料流出加氢改质反应器后分离得到柴油组分的收率为93.8%，其质量性质为：十六烷值46.1，密度0.861$g \cdot cm^{-3}$，硫含量22$\mu g \cdot g^{-1}$，10%蒸余物残炭0.18%，凝点-21℃，闪点58℃。

5.7 煤焦油与其它油品组合加氢工艺技术

5.7.1 煤焦油与轮古稠油混合加氢工艺技术

中国石油大学(华东)的李庶峰等[54]在高压反应釜中进行了煤焦油和稠油混炼的

悬浮床加氢裂化反应研究。

研究中以环烷酸镍（NiNaph）为催化剂，在反应压力 7.0MPa、反应时间 60min、稠油与煤焦油质量比为 3∶1、催化剂含量为 150$\mu g \cdot g^{-1}$ 的条件下反应，考察反应温度对产物分布的影响，结果见表 5-53。由表 5-53 可知，随着温度升高，气体收率及生焦量增大，尾油收率减少。当反应温度由 425℃升高到 435℃时，气体产率由 4.21%增加至 5.78%，生焦量由 3.20%增加至 5.97%。温度升高 10℃气体收率提高大约 37%，生焦量增加 86%左右。可见随反应温度的升高反应裂化深度增加，反应生成的轻馏分进行二次裂化，产生较多气体和石脑油、柴油馏分，生焦量增加较快，轻质油收率增加。

表 5-53 反应温度对产物分布（质量分数）的影响 %

项目	425℃	430℃	435℃
气体	4.21	4.88	5.78
石脑油	11.03	12.67	13.90
柴油	22.97	25.33	25.95
蜡油	40.10	38.29	38.10
尾油	21.69	18.83	16.27
生焦量	3.20	5.24	5.97

以 NiNaph 为催化剂，催化剂含量为 150$\mu g \cdot g^{-1}$。在反应压力 7.0MPa、温度 430℃、稠油与煤焦油质量比为 3∶1 的条件下，考察反应时间对产物分布的影响，结果见表 5-54。由表 5-54 可知，随着反应时间的增加，气体收率和生焦均有大幅度的增加，轻质油逐渐增加，蜡油收率逐渐减少，尾油收率降低。对于以热裂化反应为主的悬浮床加氢反应来说，反应时间和温度之间具有互补性。通常情况下，更以调节温度为主，因为反应时间变化不仅会影响处理量还会影响装置的稳定运行。悬浮床加氢裂化的优势之一是采用较高的空速，延长反应时间会增加反应体系中缩合反应的机会，并影响装置处理量。

表 5-54 反应时间对产物分布（质量分数）的影响 %

项目	40min	60min	80min
气体	4.11	4.88	5.81
石脑油	10.72	12.67	14.03
柴油	23.70	25.33	26.75
蜡油	39.69	38.29	37.11
尾油	21.78	18.83	16.30
生焦量	3.07	5.24	6.11

以 NiNaph 为催化剂，催化剂含量为 150$\mu g \cdot g^{-1}$，在反应温度 430℃、反应时间 60min、稠油与煤焦油质量比为 3∶1 的条件下，考察反应压力对产物分布的影响，结果见表 5-55。由表 5-55 可知，当反应压力由 5.0MPa 增加至 7.0MPa 时，气体收率由 4.97%减小至 4.88%，生焦量由 5.70%减小至 5.24%，减少幅度较大；当反应压力由

7.0MPa 增加至 9.0MPa 时，气体收率由 4.88%减小至 4.67%，生焦量由 5.24%减小至 5.05%，变化幅度相对较小。说明达到一定压力后继续增大压力对气体产率、转化率和生焦量的影响较小。另外高氢压虽然有利于加氢反应和抑制缩合生焦，但对设备要求相对较高。

表 5-55　反应压力对产物分布（质量分数）的影响　%

项目	5.0MPa	7.0MPa	9.0MPa
气体	4.97	4.88	4.67
石脑油	13.25	12.67	12.73
柴油	26.17	25.33	26.10
蜡油	37.80	38.29	38.01
尾油	17.81	18.83	18.49
生焦量	5.70	5.24	5.05

以 NiNaph 为催化剂，催化剂含量为 $150\mu g \cdot g^{-1}$，在反应温度 430℃、压力 7.0MPa、反应时间 60min 的条件下，考察原料配比对产物分布的影响，结果见表 5-56。由表 5-56 可知，随煤焦油在配比中的增加，气体收率变化不大，轻质油收率稍有增加；尾油收率增加较大，生焦量由纯重油反应的 2.67%增加至重油与煤焦油质量比为 3∶3 时的 6.02%，增加显著。这与两种原料的组成有关。一般来说，与稠油相比，煤焦油的胶质、沥青质组分中芳烃侧链的数量较少，裂解过程中生成的小烃分子数量少，缩合产物相对较多，导致生焦量大。说明加氢对稠油的抑制裂化及缩合效果高于对煤焦油的抑制效果，煤焦油与稠油相比更易缩合生焦。

表 5-56　反应产物分布（质量分数）随原料配比的变化　%

项目	重油和煤焦油的质量比			
	3∶0	3∶1	3∶2	3∶3
气体	3.84	4.88	4.63	4.70
石脑油	12.65	12.67	13.45	13.85
柴油	26.20	25.33	26.04	27.15
蜡油	39.52	38.29	36.98	34.76
尾油	17.79	18.83	18.90	19.54
生焦量	2.67	5.24	5.42	6.02

通过该组研究人员的实验，得知反应条件、催化剂浓度、稠油与煤焦油配比等因素均会影响反应产物分布，并得到了工艺优化条件。催化加氢对稠油改质效果优于对煤焦油的改质，煤焦油更易于缩合生焦。

5.7.2　煤焦油与渣油的加氢组合工艺技术

FRIPP 的孟兆会等[55]对掺炼一定比例煤焦油的劣质渣油进行加氢处理研究，考察了其产品分布情况。该试验所用渣油取自某炼油厂减压渣油（以下简称减渣），煤焦油取自新疆某焦化厂，试验原料为两者的混合原料，分别配制减渣与煤焦油质量比 7∶3

(试验原料 1)、1∶1(试验原料 2)的原料，其性质见表 5-57。由表 5-57 可见，所选减渣的残炭、沥青质及金属含量高，是一种难以处理的劣质原料。而所选的煤焦油四组分中芳烃与胶质含量较高，占四组分总量的 90%以上，此煤焦油在单独加氢时容易缩合结焦。将两种原料复配后，残炭、沥青质及金属含量比减渣有所降低，试验原料性质得到改善。

试验采用 FRIPP 开发的 4 L 沸腾床渣油加氢装置，双反应器串联流程。第一、第二反应器温度均为 410℃，反应压力 15MPa，总体积空速 $0.5h^{-1}$，氢油体积比 900∶1。工艺流程为：煤焦油经电脱盐脱水后和渣油以一定比例混合，与氢气一起由反应器底部进入沸腾床反应器，与加氢裂化催化剂接触，进行加氢反应。所得加氢产物进入热高压分离器分离得到气体和液相产物，气体进入水洗塔进行洗涤，尾气经循环氢压缩机加压后再循环回装置继续使用，液相产物进入热低压分离器进一步分离。

表 5-57　不同原料常规性质

项目	减渣	煤焦油	试验原料 1	试验原料 2
密度(20℃)/$g\cdot cm^{-3}$	1.01	1.05	1.02	1.03
元素组成(质量分数)/%				
C	84.27	88.43	85.52	86.30
H	10.40	8.15	9.73	9.26
S	3.31	0.76	2.55	2.04
N	0.50	0.78	0.58	0.65
O	1.52	1.88	1.63	1.68
残炭/%	21.02	0.34	14.82	10.73
族组成(质量分数)/%				
饱和烃	16.70	0.29	11.78	8.49
芳烃	45.82	68.79	52.71	57.31
胶质	30.19	28.56	29.70	29.38
沥青质	7.28	2.35	5.80	4.82

该实验用斑点试验对减渣、煤焦油、试验原料 1、试验原料 2 的相容性进行考察。通过观察可知：减渣与煤焦油的斑点试验图为均一斑点，表明加氢反应前减渣和煤焦油体系是稳定的，沥青质稳定存在于胶体体系中。而试验原料 1、试验原料 2 则存在不同程度的分相情况，试验原料 1 的内斑与外斑之间存在过渡带，内斑覆盖面积较大，已出现体系分相的迹象，体系应处于由相容向不相容的过渡阶段。而试验原料 2 的内斑颜色深，内斑覆盖面积小，重质组分集中于较小的区域内，说明此时体系已经出现了分相，这种混合原料在进行加工时存在堵塞管道的可能。综合比较可知，单一原料的相容性要优于混合原料的相容性，而低煤焦油掺兑比例混合原料的相容性要优于高掺兑比例的混合原料。

渣油体系与混合原料体系是两个不同的体系，各组分之间性质梯度变化方面存在明显差别，因此需要借助不稳定性参数做进一步比较。不稳定性参数越大，则对应体系的相容性或稳定性就越差。采用此种方法对试验原料的不稳定性参数进行考察，结果见表 5-58。由表 5-58 可知，4 种原料稳定性由高到低的顺序为：减渣>煤焦油>试验原料 1>试验原料 2，这与斑点试验所得结论相符。

表 5-58　不同试验原料的不稳定性参数

项目	不稳定性参数	项目	不稳定性参数
煤焦油	20.50	试验原料 1	26.42
减渣	4.62	试验原料 2	38.63

在相同工艺条件下分别对不同原料进行加氢处理，原料的馏程及加氢处理后的产品分布见表 5-59。

表 5-59　不同试验原料的馏程及加氢处理后产品分布　%

项目	气体	<500℃馏分	>500℃尾油	生焦量
减渣		4.70	95.30	
煤焦油		88.40	11.60	
减渣加氢生成油	8.60	32.90	61.10	0.28
煤焦油加氢生成油	3.84	96.60	3.40	0.16
试验原料 1 加氢生成油	7.86	57.23	38.03	0.12
试验原料 2 加氢生成油	6.91	70.61	25.87	0.11

由表 5-59 可知：渣油原料掺炼煤焦油后，产品分布发生较大变化。相对于减渣加氢生成油，试验原料 1 加氢生成油、试验原料 2 加氢生成油中小于 500℃馏分油收率分别为 57.23%和 70.61%，尾油收率大幅降低，气体收率及生焦量有所降低。根据减渣及煤焦油单独加氢裂化时的馏分油收率计算两者混炼后的理论收率，混炼的实际效果要优于理论值，试验原料 1 加氢生成油和试验原料 2 加氢生成油中小于 500℃馏分油收率分别高于理论值 5.22%和 5.86%。原因在于减渣与煤焦油混炼后互相起到了协同促进作用，煤焦油中的极性物质使渣油沥青胶团中更多轻质馏分释放出来，使轻质油收率增加，而渣油中的烷烃对煤焦油中的高浓度不饱和烃的稀释作用减少了缩合结焦的可能性，降低了焦炭产率。减渣与煤焦油按不同比例复配后轻质油收率都得到提高，但鉴于试验原料 2 的相容性及稳定性要明显差于试验原料 1，因此试验原料 1 的复配比例更优。通过试验研究发现，劣质渣油掺炼煤焦油加氢处理可以避免劣质渣油或煤焦油单独加氢处理时出现的结焦产率高、轻质油收率低等不足，可以实现两种劣质原料的高效转化。

除此之外，专利 CN103540353A[56] 提供了一种处理煤焦油与渣油的加氢组合工艺方法，该专利采用浆态床加氢与渣油固定床加氢组合工艺，提高固定床渣油加氢装置的轻质油收率，同时使煤焦油得到充分利用，生产更多高附加值产品。

该发明涉及一种处理煤焦油和渣油的加氢组合工艺方法：将脱除水和固体颗粒的煤焦油蒸馏分为小于等于 350℃的轻质煤焦油馏分和大于 350℃的重质煤焦油馏分；将大于 350℃的重质煤焦油馏分与渣油、氢气和催化剂混合进入浆态床加氢反应器反应，将 350～470℃加氢尾油送至固定床渣油加氢装置；小于等于 350℃的轻质煤焦油馏分与渣油和氢气或加氢尾油进入固定床渣油加氢装置进行反应，反应产物分离得到干气、加氢石脑油、加氢柴油和加氢渣油；该方法将浆态床加氢处理、固定床加氢处理工艺有机组合，对煤焦油全馏分进行加工，提高了煤焦油的利用率，拓宽渣油加氢原料来源，延长固定床渣油加氢装置操作周期，提高渣油加氢产品杂质脱除率。

该发明所述的加氢组合工艺的技术方案是：首先将原料煤焦油经过滤、脱水和脱灰分处理，然后分馏为小于等于350℃的轻质煤焦油馏分和大于350℃的重质煤焦油馏分。将煤焦油重馏分与渣油、催化剂和硫化剂混合均匀，在氢气的作用下进行催化剂硫化，硫化后的混合物料进行预热，然后进入浆态床反应器进行加氢裂化反应；由浆态床反应器出来的产物经分馏得到气体、加氢石脑油、加氢柴油和加氢尾油（350～470℃）。小于等于350℃的轻质煤焦油馏分、渣油和氢气或加氢尾油进入固定床渣油加氢装置进行反应，反应产物分离得到干气、加氢石脑油、加氢柴油。

该发明提供的工艺条件具体为：(1) 浆态床加氢反应在相对缓和的条件下进行，控制浆态床加氢反应的转化率为20%～80%，反应条件：反应氢分压8～24MPa，反应温度为320～450℃，液时空速为0.1～3h^{-1}，氢油体积比为300∶1～3000∶1。(2) 固定床加氢部分操作条件为：氢气分压10～22MPa，反应温度为300～435℃，体积空速0.1～6.5h^{-1}，氢油体积比为500∶1～2000∶1。

该发明的实施例所用的煤焦油、煤焦油轻重馏分及渣油的性质见表5-60。

表5-60 原料性质

馏分范围	全馏分煤焦油	煤焦油轻馏分	煤焦油重馏分	渣油
密度(20℃)/g·cm^{-3}	1.062	0.989	1.144	1.182
残炭(质量分数)/%	13.9	12	19.8	14
元素组成(质量分数)/%				
硫	0.34	0.41	0.2	4.6
氮	0.79	0.73	0.8	0.3
金属/μg·g^{-1}				
铁	38	37	39.32	3.4
镍	1.16	0.18	0.38	20
钒	0.1	0.12	0.29	60
馏分分布(质量分数)/%				
小于350℃	48			
大于350℃	52			
四组分分析(质量分数)/%				
饱和分	5	7		33
芳香分	56	65	55	45
胶质	25	19	15	12
沥青质	17.1	9	30	10

将煤焦油重馏分与渣油质量比1∶1、催化剂和硫化剂混合均匀，在氢气的作用下进行催化剂硫化，然后进入浆态床反应器进行加氢裂化反应。煤焦油的轻馏分与渣油质量比1∶4在氢气存在的条件下进入固定床渣油加氢装置进行加氢处理反应，由固定

床反应器出来的产物经分馏得到气体、加氢石脑油、加氢柴油和加氢渣油。反应条件及产品分布见表 5-61。

表 5-61　反应条件及产品分布

项目	实施例
浆态床工艺条件	
温度/℃	380
压力/MPa	17
氢油体积比	1000
空速/h^{-1}	0.5
固定床工艺条件	
温度/℃	390
压力/MPa	16
氢油体积比	1000
空速/h^{-1}	0.4
固定床加氢产品分布(质量分数)/%	
C_1～C_4	1.56
加氢石脑油	1.16
加氢柴油	7.9
加氢尾油	87.36
加氢尾油性质	
金属含量(Ni+V)/%	8.5
S(质量分数)/%	0.55
N(质量分数)/%	0.22
催化剂上积炭量(质量分数)/%	
脱硫剂 HDS1	8.7
脱硫剂 HDS2	10.3
脱残碳剂 HDCCR	13.6

5.7.3 煤焦油、煤和杂油混合加氢工艺技术

煤、杂油在煤油共炼中的油煤浆常常由于芳香类的煤与直链烃的杂油存在的相溶性的问题，很容易造成煤的沉降，管路的堵塞，使煤油共炼都处于开发阶段或示范过程。北京宝塔三聚能源科技有限公司的技术人员针对这一问题做了相关研究并申请了一项发明专利 CN104087339A[57]。该发明提出了一种煤与杂油相溶性好的杂油、煤、煤焦油加氢共炼方法。

该发明采用的技术方案包括如下步骤。

① 对煤焦油原料进行蒸馏处理，分为小于 320℃的轻质馏分油和大于 320℃的重质馏分油。

② 将重质馏分油与煤、杂油混合，加入 1%～3%（质量分数）的催化剂（Fe、Mo、Ni 系催化剂的一种或多种）制成油煤浆。重质馏分油、煤、杂油的质量比为

(1～4)∶(1～3)∶(1～4)，所述杂油为石油渣油、高稠油中的一种或两种的混合物。

③ 将得到的油煤浆经预热后送入浆态床加氢反应器进行加氢反应，加氢反应的温度为420～455℃，压力15～25MPa，气液比500～1500L（标）·kg^{-1}。

④ 将浆态床加氢反应器的生成物采用高温高压分离器进行气液分离，得到的重质残油进行减压蒸馏，得到减压油。

⑤ 将减压油和步骤①得到的轻质馏分油经预热后，与步骤④气液分离得到的气相物料一起依次送入第一固定床反应器和第二固定床反应器进行加氢精制。第一固定床反应器为下进料、上出料的鼓泡床反应器，在所述鼓泡床反应器中设置有两层分布板，其中下层分布板上设置有保护催化剂，上层分布板上设置有加氢催化剂，在所述鼓泡床反应器的底部设置有减压阀；所述第二固定床反应器为上进料、下出料的滴流床反应器。第一固定床反应器的反应温度300～380℃，压力15～25MPa，气液比为500～2500L（标）·kg^{-1}；第二固定床反应器的反应温度为300～380℃，压力为15～25MPa，气液比为500～2500L（标）·kg^{-1}。

⑥ 将加氢精制后的产物经分馏得到汽油、柴油和350～500℃重质油，将所述重质油作为循环供氢溶剂再循环至步骤②中，重质油与重质馏分油质量比为(1∶3)～(4∶1)。

在该发明的实施例中，首先将大于320℃的煤焦油、煤和常压石油渣油按照质量比为2∶1∶3进行混合，之后将γ-FeOOH［以Fe计，为煤焦油的1%（质量分数）］和硫黄（S与γ-FeOOH中Fe的摩尔比为1∶3）催化剂加入，混配成油煤浆。将所述油煤浆与氢气混合后送入浆态床加氢反应器，在455℃、19MPa、气液比为1500L（标）·kg^{-1}的条件下进行加氢反应。浆态床反应产物蒸馏得到的减压油进入鼓泡床反应器和滴流床反应器进行加氢精制，工艺条件为：鼓泡床反应器的反应温度为300℃，压力为15MPa，气液比为500L（标）·kg^{-1}；滴流床反应器的反应温度为300℃，压力为15MPa，气液比为500L（标）·kg^{-1}。在上述工艺条件下得到小于350℃的汽油、柴油收率为86.15%，气产率4.56%，水产率2.34%，氢耗3.15%。

5.8 加氢过程的影响因素分析

5.8.1 加氢过程的主要影响因素[58]

5.8.1.1 反应温度

反应温度的主要表达方式有：反应器进、出口温度，催化剂床层进、出口温度，催化剂床层平均温度（BAT），催化剂质量加权平均温度（WABT），催化剂加权平均温度（CAT）及与反应温度有关的单位体积床层温升，催化剂允许的最高温度，催化剂允许的最高温升，反应器径向温差等。

（1）催化剂床层进口温度

对于等温反应器，每一个催化剂床层进口温度均相等，且等于反应器进口温度，可直接读取；对于不等温反应器，后一个催化剂床层进口温度均大于前一个催化剂床层进口温度。催化剂床层进口温度，可用入口层径向多点热电偶其中之一或多点热电偶的加权平均值来表述。

$$LAT_{in}=(T_{i1}+T_{i2}+\cdots+T_{in})/n$$

式中，LAT_{in}为催化剂床层进口温度,℃；T_{i1}为催化剂床层进口第一点热电偶指示温度,℃；T_{i2}为催化剂床层进口第二点热电偶指示温度,℃；T_{in}为催化剂床层进口第n点热电偶指示温度,℃。

(2) 催化剂床层出口温度

对于等温反应器，每一个催化剂床层出口温度均相等，且等于反应器出口温度，可直接读取；对于不等温反应器，后一个催化剂床层出口温度均大于前一个催化剂床层出口温度。作为催化剂或反应器允许最高温度的判断标准，催化剂床层出口温度，可用出口层径向多点热电偶其中之一或多点热电偶的加权平均值来表述。

$$LAT_{out}=(T_{o1}+T_{o2}+\cdots+T_{ou})/n$$

式中，LAT_{out}为催化剂床层出口温度,℃；T_{o1}为催化剂床层出口第一点热电偶指示温度,℃；T_{o2}为催化剂床层出口第二点热电偶指示温度,℃；T_{on}为催化剂床层出口第n点热电偶指示温度,℃。

(3) 催化剂床层水平面平均温度

在某一水平面上，如果有3个床层热电偶，则这一层催化剂床层水平面平均温度(LAT)的计算如下：

$$LAT_i=(T_{i1}+T_{i2}+T_{i3})/3$$

式中，LAT_i为第i个床层水平面平均温度,℃；T_{i1}为第i个床层第一点热电偶指示温度,℃；T_{i2}为第i个床层第二点热电偶指示温度,℃；T_{i3}为第i个床层第三点热电偶指示温度,℃。

(4) 催化剂床层平均温度(BAT)

BAT为单个床层入口水平面平均温度和出口水平面平均温度的算术平均值。

$$BAT_i=(LAT_{ini}+LAT_{outi})/2$$

式中，BAT_i为第i个床层平均温度,℃；LAT_{ini}为第i个床层入口水平面平均温度,℃；LAT_{outi}为第i个床层出口水平面平均温度,℃。

(5) 催化剂加权平均温度(CAT)

当反应器内催化剂采用同种装填方式，CAT定义为每个床层中活性催化剂体积百分数与其催化剂床层平均温度乘积的算术平均数，即：

$$CAT=\sum_{i}^{n}\varepsilon_i\times BAT_i$$

式中，CAT为催化剂加权平均温度,℃；ε_i为第i个床层活性催化剂体积百分数,%；BAT_i为第i个床层平均温度,℃；n为催化剂床层总数。

(6) 催化剂重量加权平均温度(WABT)

当反应器内同一床层催化剂采用不同装填方式时，WABT为每一种装填层的平均温度与该层催化剂重量的乘积相加所得的温度。

$$WABT=\sum_{i}^{n}\delta_i(LAT_{ini}+LAT_{outi})/n$$

式中，WABT为催化剂重量加权平均温度，℃；LAT_{ini}为每一种催化剂第i个床层入口水平面平均温度，℃；LAT_{outi}为每一种催化剂第i个床层出口水平面平均温度，℃；δ_i为第i个床层活性催化剂质量分数，%；n为催化剂床层总数。

(7) 单位体积床层温升

一般同一类型（如：加氢精制或加氢裂化）的反应器直径相等，单位体积床层温升可用单位长度床层温升代替。单位长度床层温升指的是整个床层温升除以整个床层长度。

$$\Delta T_i / V_i = (LAT_{outi} - LAT_{ini}) / V_i$$

式中，$\Delta T_i / V_i$为第i个床层单位体积床层温升，℃·m^{-3}；LAT_{ini}为第i个床层入口水平面平均温度，℃；LAT_{outi}为第i个床层出口水平面平均温度，℃；V_i为第i个床层催化剂体积，m^3。

$$\Delta T_i / L_i = (LAT_{outi} - LAT_{ini}) / L_i$$

式中，$\Delta T_i / L_i$为第i个床层单位长度床层温升，℃·m^{-1}。L_i为第i个床层催化剂的切线高度，m。

(8) 催化剂允许的最高温度和催化剂床层允许的最高温度

由于加氢反应是强放热反应，增加反应温度可以加快反应速率，并释放出较大的反应热。如果不将反应热及时排除，将导致热量积聚，床层反应温度骤然上升，即出现所谓“飞温”或“超温”现象，造成催化剂损坏，寿命降低，再生周期缩短，甚至损坏设备。因此，生产操作中应严格控制催化剂床层温度，使其不超过催化剂允许的最高温度；严格控制催化剂床层温升，使其不超过催化剂允许的最高温升。

$$T_{max} = T_{nor} + \Delta T_{max}$$

式中，T_{max}为催化剂允许的最高温度，℃；T_{nor}为催化剂正常操作温度，℃；ΔT_{max}为催化剂床层允许的最高温升，℃。

(9) 径向温度差

床层流体分布的均匀性直接影响径向温度分布，低流速区，反应物与催化剂接触时间长，使得转化率增高，反应放出热量多，但携热能力小，形成热量积聚而出现高温区。相反，在高流速区，反应物与催化剂接触时间短，转化率偏低反应热也较低，而携热能力大，出现低温区。因此，径向温度分布是流体均匀性的直接反映，是床层内构件及催化剂装填好坏的最好评价。

$$\Delta T_{rad} = T_{max-lat} - T_{min-lat}$$

式中，ΔT_{rad}为径向温度差，℃；$T_{max-lad}$为同一催化剂截面上的最大温度，℃；$T_{min-lad}$为同一催化剂截面上的最小温度，℃。

5.8.1.2 反应压力

反应压力的主要表述方式有：反应器入口压力、反应器出口压力、反应器入口氢分压、反应器出口氢分压、平均氢分压及与反应压力有关的催化剂床层压降和反应器压降。

加氢反应物流为多组分物流。反应器入口气相氢分压可按道尔顿定律计算，即：

$$P_{in-H_2}=P_{in-T}\times\frac{m_{in-H_2}}{\sum_{i}^{n}m_{in-i}}$$

式中，P_{in-H_2}为反应器入口氢分压，MPa；P_{in-T}为反应器入口总压，MPa；m_{in-H_2}为反应器入口氢气摩尔数，kmol·h^{-1}；$\sum_{i}^{n}m_{in-i}$为反应器入口总摩尔数，kmol·h^{-1}。

反应器出口氢分压可按下式计算，

$$P_{out-H_2}=P_{out-T}\times\frac{m_{out-H_2}}{\sum_{i}^{n}m_{out-i}}$$

式中，P_{out-H_2}为反应器出口氢分压，MPa；P_{out-T}为反应器出口总压，MPa；m_{out-H_2}为反应器出口氢气摩尔数，kmol·h^{-1}；$\sum_{i}^{n}m_{out-i}$为反应器出口总摩尔数，kmol·h^{-1}。

平均氢分压常作为反应压力或氢分压的代名词，可按下式计算：

$$P_{ave-H_2}=(P_{in-H_2}+P_{out-H_2})/2$$

式中，P_{ave-H_2}为平均氢分压，MPa；P_{in-H_2}为反应器入口压力，MPa；P_{out-H_2}为反应器出口压力，MPa。

5.8.1.3 空间速度

空间速度简称空速，空速的表述方式主要有：体积空速和质量空速。

工业生产中的空速即体积空速，是物料在催化剂床层的相对停留时间的倒数或单位时间内每单位体积催化剂所通过的原料体积数。

$$SV=V_{FEED}/V_{CAT}$$

式中，SV为体积空速，h^{-1}；V_{FEED}为单位时间原料的体积，m^3·h^{-1}；V_{CAT}为催化剂体积，m^3。

质量空速工业生产中很少使用，但试验研究中两种催化剂性能对比时常使用。其为单位时间内每单位质量催化剂所通过的原料质量数。

$$WV=W_{FEED}/W_{CAT}$$

式中，WV为质量空速，h^{-1}；W_{FEED}为单位时间原料的质量，t·h^{-1}；W_{CAT}为催化剂质量，t。

5.8.1.4 氢油体积比

反应器入口氢油比是反应器入口单位时间内所通过的氢气量与原料流量的比值。

$$VV_{in(H_2)}=V_{in(H_2)}/V_{in(oil)}$$

式中，$VV_{in(H_2)}$为反应器入口氢油体积比；$V_{in(H_2)}$为反应器入口单位时间通过的氢气的标准体积量，m^3·h^{-1}；$V_{in(oil)}$为反应器入口单位时间通过的进料标准体积量，m^3·h^{-1}。

反应器出口氢油比是反应器出口单位时间、单位标准体积的氢气与反应器入口单位时间标准体积的进料之比。

$$VV_{out(H_2)}=V_{out(H_2)}/V_{out(oil)}$$

式中，$VV_{out(H_2)}$为反应器出口氢油体积比；$V_{out(H_2)}$为反应器出口单位时间通过的氢气的标准体积量，$m^3 \cdot h^{-1}$；$V_{out(oil)}$为反应器出口单位时间通过的进料标准体积量，$m^3 \cdot h^{-1}$。

5.8.2 加氢过程的主要影响因素分析

5.8.2.1 反应温度

（1）反应温度对产物性质的影响　李冬等[59]在小型固定床加氢装置上，用加氢精制催化剂和加氢裂化催化剂对陕北的中低温煤焦油进行加氢改质工艺研究，选择反应压力14MPa，液体体积空速0.5h^{-1}，氢油体积比1600∶1，考察不同温度对煤焦油加氢改质的影响，结果见表5-62。

表5-62　反应温度对加氢产物油性质的影响

反应温度/℃	密度(20℃)/g·mL^{-1}	N/μg·g^{-1}	S/μg·g^{-1}	H/C原子比	残炭/%	脱硫率/%	脱氮率/%
350	0.951	565	126	1.42	0.14	95.94	94.86
370	0.908	345	89	1.56	0.08	97.13	96.86
390	0.865	115	23	1.67	0.07	99.26	98.95
410	0.862	102	18	1.50	0.03	99.42	99.07

由表5-62可知，在一定的温度范围内，随着反应温度的升高，产物油密度、硫含量、氮含量和残炭含量均降低，其中产物密度、N含量和S含量在390℃后降低的趋势变缓，N含量由11mg·g^{-1}降到102μg·g^{-1}，S含量由3.1mg·g^{-1}降到18μg·g^{-1}，且N的脱除率低于S的脱除率，这是由于脱氮反应活化能远大于脱硫反应活化能，脱硫反应更容易发生。H/C原子比升高，但是当温度达到410℃时H/C原子比又出现下降的趋势，这是由于反应温度提高，气体产率增加。350～410℃的温度范围内，脱S、脱N反应不受热力学控制，提高温度意味着提高了总的脱除速率。但是在特定压力下，过高的温度会导致馏分油过多裂化，降低液体油的收率，加快催化剂积炭，导致催化剂活性降低，从而导致脱S、脱N效率不升反降，增大能耗，操作成本加大。故作者认为反应温度在390℃比较合理。

石振晶等[60]在100mL固定床加氢反应器上，用以Al_2O_3为载体，WO_3、MnO_3和NiO为活性成分的LH-O_3催化剂对热电气焦油多联产装置热解的低温煤焦油的宽馏分油进行加氢精制工艺研究，在压力15MPa、氢油体积比1500∶1，液体体积空速0.3h^{-1}的条件下，不同反应温度对加氢产物油性质的影响见表5-63。

表5-63　反应温度对加氢产物油性质的影响

反应温度/℃	密度(20℃)/g·mL^{-1}	S含量/μg·g^{-1}	N含量/μg·g^{-1}	H/C原子比	馏程/℃					
					10%	30%	50%	70%	90%	95%
340	0.9207	81	3160	1.691	170	242	290	341	393	419
360	0.8947	27	2231	1.729	159	232	275	320	379	407
380	0.8878	22	241	1.768	147	317	261	306	365	392
400	0.8805	19	227	1.793	136	217	255	301	362	388
420	0.8628	8	103	1.800	117	200	248	292	355	386

结果表明：随着反应温度的升高，产物油密度、S含量、N含量及各馏出点的馏出温度均降低，H/C原子比增大，其中H/C原子比在400℃之后变化趋于缓和，N含量及S含量在380℃之后降低的趋势变缓。故作者认为反应温度选择380℃比较合理。

朱方明等[61]在100mL固定床加氢反应器上，用自制的不同性质的加氢催化剂对云南解放军化肥厂鲁奇炉副产的宽馏分煤焦油进行加氢改质研究，并在反应压力12.0MPa，体积空速1.0h^{-1}和氢油体积比1200：1的条件下，考察不同温度对加氢改质的影响，结果见表5-64。

表5-64　反应温度对加氢产品的影响

反应温度/℃	颜色	密度(20℃)/$kg \cdot m^{-3}$	N含量/$\mu g \cdot g^{-1}$	S含量/$\mu g \cdot g^{-1}$	H/C原子比	10%蒸余液残炭/%	脱硫率/%	脱氮率/%
340	棕黄色	865.6	1558	185	1.714	0.55	98.05	83.77
360	黄色	850.2	99	68	1.745	0.11	99.28	98.97
380	绿色	847.5	62	42	1.763	0.02	99.35	99.35

由表5-64可知：随着反应温度的升高，产物油颜色变浅，密度、氮含量、硫含量、10%残炭比均降低，H/C原子比升高，脱硫率和脱氮率增加，但脱硫更容易发生。

范建峰等[62]在FRIPP小型加氢反应装置上，以陕北中温煤焦油500℃以下馏分油为原料，采用抚顺石油化工研究院自行开发的高活性加氢催化剂A和加氢裂化催化剂B，对其进行加氢精制研究，结果见图5-13。由图5-13可知：当反应温度从360℃升高到380℃时，密度和氮含量均显著下降，液体收率略微下降，380℃之后，液体收率趋于平缓，密度和氮含量降低不明显。这是因为过高的反应温度会导致裂化反应加剧从而降低液体产物的收率。故作者认为反应温度在380℃比较合适。

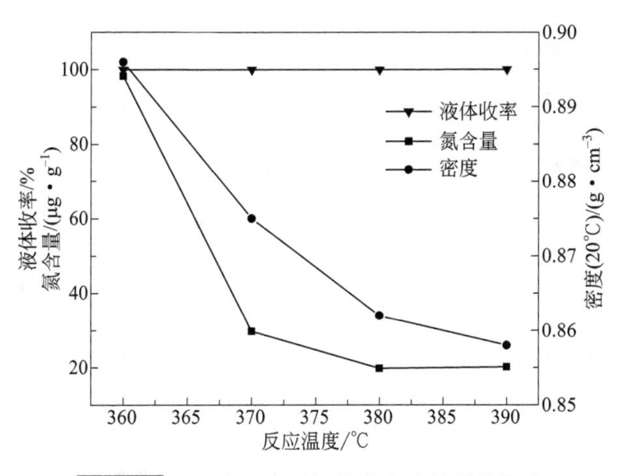

图5-13　反应温度对加氢产物油性质的影响

(2) 反应温度对煤焦油加氢产物组成的影响　王洪岩[63]用浙江大学和淮南矿业集团联合开发的12MW的热、电、气、焦油多联产系统生产的煤焦油为原料，在催化剂Ni_2P/MCM-41的作用下，选择在反应压力为6MPa、体积空速0.6h^{-1}、氢油体积比为

1000：1下用GC-MS色谱质谱联用仪对加氢产物进行分析。结果见表5-65。

表5-65 不同温度下加氢产物油的GC-MS分析 %

物质名称	分子式	325℃	350℃	375℃	400℃
1,4-二甲基戊-2-烯基苯	$C_{13}H_{18}$	2.4	—	—	1.46
1-乙烯烃基-2,4-二甲基苯	$C_{10}H_{12}$	—	—	—	2.23
1-乙基-1-丙烯基-苯	$C_{11}H_{14}$	—	0.99	0.89	1.16
3,3-二甲基-1-亚甲基丁基-苯	$C_{13}H_{18}$	—	—	1.45	—
四甲基环丙基甲基苯	$C_{14}H_{18}$	—	0.55	0.58	0.68
1,2,4-三甲基苯	C_9H_{12}	—	—	2.49	1.97
1-乙基-3-甲基苯	C_9H_{12}	0.53	2.3	1.78	3.22
1-甲基-3-(1-甲基-2-丙烯基)-苯	$C_{11}H_{14}$	2.14	2.97	1.07	—
1-甲基-4-丙基苯	$C_{10}H_{14}$	—	—	—	0.54
2-(2-丁烯基)-1,3,5-三甲基苯	$C_{13}H_{18}$	1.04	1.64	—	—
2-乙烯烃基-1,3,5-三甲基苯	$C_{11}H_{14}$	—	1.07	5.23	6.16
4-乙烯基-1,2-二甲基苯	$C_{10}H_{12}$	3.32	1.02	0.97	1.01
乙苯	C_8H_{10}		0.54	—	1.83
邻二甲苯	C_8H_{10}	—	2.14	—	0.9
对二甲苯	C_8H_{10}	—	—	2.1	2.76
1-苯基-1丁烯	$C_{10}H_{12}$	—	2.3	—	—
1-(2-丁烯基)-2,3-二甲基苯	$C_{12}H_{16}$	—	2.23	—	0.72
2-乙烯基-1,4-二甲基苯	$C_{10}H_{12}$	0.83	1.75	—	—
十氢-1-甲基萘	$C_{11}H_{20}$	1.01	—	—	—
1,2,3,4-四氢萘	$C_{10}H_{12}$	1.41	1.9	1.67	2.19
1,2,3,4-四氢-1,1,6-三甲基萘	$C_{13}H_{18}$	1.41	—	0.68	—
1,2,3,4-四氢-1,4,6-三甲基萘	$C_{13}H_{18}$	3.04	2.98	2.67	0.77
1,2,3,4-四氢-1,5,7-三甲基萘	$C_{13}H_{18}$	0.75	1.5	2.8	1.76
1,2,3,4-四氢-1,5,8-三甲基萘	$C_{13}H_{18}$	1.81	—	1.95	—
1,2,3,4-四氢-1,8-二甲基萘	$C_{12}H_{16}$	1.69	1.49	1.45	1.39
1,2,3,4-四氢-1-甲基萘	$C_{11}H_{14}$	1.2	1.11	1.04	0.93
1,2,3,4-四氢-2,5,8-,三甲基萘	$C_{13}H_{18}$	2.92	5.83	1.72	2.72
1,2,3,4-四氢-2,6-二甲基萘	$C_{12}H_{16}$	2.7	1.58	2.45	2.46
1,2,3,4-四氢-2,7-二甲基萘	$C_{12}H_{16}$	1.99	2.92	1.52	1.25
1,2,3,4-四氢-2-甲基萘	$C_{11}H_{14}$	1.03	1.09	0.92	1.04
1,2,3,4-四氢-6-甲基萘	$C_{11}H_{14}$	4.34	5.89	5.1	6.72
1,6,7-三甲基萘	$C_{13}H_{14}$	—	—	—	3.36
1,7-二甲基萘	$C_{12}H_{12}$	—	—	1.94	3.23
2,3,6-三甲基萘	$C_{13}H_{14}$	—	—	—	0.67
2-甲基萘	$C_{11}H_{10}$	—	—	—	1.92
反式十氢萘	$C_{10}H_{18}$	2.51	3.03	3.3	2.76

续表

物质名称	分子式	325℃	350℃	375℃	400℃
反式-4*a*-甲基-十氢萘	$C_{11}H_{20}$	0.69	0.68	0.68	—
2-甲基-反式十氢萘	$C_{11}H_{20}$	1.73	1.44	1.34	0.78
2,7-二甲基萘	$C_{12}H_{12}$	1.44	—	—	1.5
1,2,3,4-四氢-1,4,6,7-四甲基萘	$C_{14}H_{20}$	—	0.77	—	—
1-乙基-2,3-二氢-1-甲基-1H茚	$C_{12}H_{16}$	2.71	2.75	1.54	2.19
2,3-二氢-1,1,5-三甲基-1H茚	$C_{12}H_{16}$	0.53	—	0.59	0.56
2,3-二氢-4,7-二甲基-1H茚	$C_{11}H_{14}$	3	1.25	0.73	0.77
2,3-二氢-4-甲基-1H茚	$C_{10}H_{12}$	—	2.19	4.01	4.73
2,3-二氢-5-甲基-1H茚	$C_{10}H_{12}$	—	—	2.31	-
顺式-八氢-1H茚	$C_{9}H_{16}$	1.09	0.97	0.85	0.58
5-甲基-八氢茚	$C_{10}H_{18}$	2.32	1.1	1.26	0.58
3-(2-甲基-丙烯基)-1H-茚	$C_{13}H_{14}$	—	0.67	1.7	—
二氢茚	$C_{9}H_{10}$	—	0.71	0.74	1.06
双环[4.4.1]十一-1,3,5,7,9-五烯	$C_{11}H_{10}$	0.55	—	1.02	0.82
正二十烷	$C_{20}H_{42}$	0.55	0.56	2.13	—
正十七烷	$C_{17}H_{36}$	2.72	2.51	2.56	2.18
正十六烷	$C_{16}H_{34}$	2.27	2.63	2.75	2.59
正十八烷	$C_{18}H_{38}$	1.65	1.52	—	1.29
正十五烷	$C_{15}H_{32}$	2.66	2.43	2.48	2.29
正十四烷	$C_{14}H_{30}$	3.89	3.59	3.46	3.22
三环[6.4.0.0(3,7)]-1,9,11-三烯	$C_{12}H_{14}$	—	—	0.7	0.66
正十三烷	$C_{13}H_{28}$	1.84	—	—	—
1-乙基-4-甲基环己烷	$C_{9}H_{18}$	1.03	—	0.65	-
顺式1-乙基,3-甲基环己烷	$C_{9}H_{18}$	3.09	2.01	0.92	-
顺式1,3-二甲基环己烷	$C_{8}H_{16}$	—	1.08	1.65	—
1,4-二甲基环己烷	$C_{8}H_{16}$	2.51	3.28	3.22	0.83
1-乙基-2-甲基环己烷	$C_{9}H_{18}$	—	—	1.46	0.72
1-甲基-3-丙基环己烷	$C_{10}H_{20}$	1.28	0.6	0.64	0.55
乙基环己烷	$C_{8}H_{16}$	2.63	2.57	1.75	1.98
甲基环己烷	$C_{7}H_{14}$	1.73	2	3.4	2.13
丙基环己烷	$C_{9}H_{18}$	0.69	0.57	1.25	—
11,11-二甲基-双环[8,2,0]十二烷	$C_{14}H_{26}$	—	—	0.67	—
乙基环辛烷	$C_{10}H_{20}$	—	0.59	—	0.53
三环己基甲烷	$C_{19}H_{34}$	0.52	—	0.54	—
斯皮罗[4,5]癸烷	$C_{10}H_{18}$	1.12	1.11	—	—
1,3-二甲基环己烷	$C_{8}H_{16}$	2.27	—	—	—
酯类		1.03	1.97	0.71	1.73
酮类		2.38	0.55	0.56	0

续表

物质名称	分子式	325℃	350℃	375℃	400℃
酸类		0	0	0	2.61
醛类		0.94	0.72	0.7	0
醚类		7.84	0.62	0	2.12
醇类		3.23	7.74	5.26	3.19
总计		100	100	100	100

整理以上数据，并将产物分成苯类、萘类、芾类、烷烃烯烃炔烃类、环烷烃类、含氧化合物类六类化合物。结合原料油的成分分析，对比煤焦油馏分油催化加氢反应前后六类化合物的变化，可以发现：产物油中苯类、环烷烃类含量大幅提升，苯类由2.33%升到400℃条件下的24.46%，环烷烃由0.97%上升到325℃条件下的16.87%。含氧化合物类含量大幅下降，在375℃时由40.18%下降到7.23%。原料油中含氧化合物占49.09%，其中含量最高的是酚类，其含量占28.05%，但是在加氢产物油中没有检测出该类化合物，由此可以说明催化剂对酚类的脱除有显著效果。另外，部分酚类化合物羟基断裂后会变成苯类化合物，部分苯环进一步加氢可形成环己烷基，这可能是苯类、环烷烃类化合物含量剧增的一个原因。萘类含量有小幅度的下降，烷烃、烯烃、炔烃类和芾类含量有小幅度的提高，烃类的增加主要是由于苯环或环烃类化合物在高压、高温等条件下的开环。

Tang等[64]以小于300℃的低温煤焦油馏分油为原料，在催化剂 $MoNi/Al_2O_3$ 作用下，用FT-IR红外光谱对加氢产物进行分析，选择反应压力6MPa、体积空速为 $0.4h^{-1}$、氢油体积比为1500∶1，考察不同温度对加氢改质的影响。结果见表5-66。

表5-66 不同反应温度下的产物分布

馏分/%	325℃	350℃	375℃	400℃
环烷类(CA)	13.5	15.18	13.31	9.35
烷基苯类(AB)	0.53	4.98	8.71	12.04
双环苯类(BCA)	15.21	8.33	8.17	4.7
苯基环烷类(PCA)	42.42	48.54	42.8	44.87
烷基萘类(AN)	—	—	3.64	11.36
O含量	12.24	9.41	7.69	4.91
烷类	13.19	13.23	13.49	11.36
环烷+烷基苯(CA+AB)	14.03	20.16	22.02	21.39
双环苯类+苯基环烷类+烷基苯类(BCA+PCA+AN)	57.63	56.87	54.61	60.93
环烷类+烷基苯类(CA+AB)	96.2	75.3	60.4	43.7
苯基环烷类+双环苯类(PCA+BCA)	73.6	85.4	83.9	90.5

由表可知，随着温度的升高，环烷（CA）含量由13.5%降低到9.35%，烷基苯（AB）由0.53%增加到12.04%，双环苯类（BCA）含量下降到低于5%，苯基环烷类（PCA）含量几乎保持不变，烷基萘类（AN）在350℃之前完全脱除，而在400℃含量

达到了 11.36%。单环化合物（CA＋AB）和多环化合物（BCA＋PCA＋AN）的含量在加氢处理结果中均保持稳定，这表明单环和多环之间的结构转化基本上很难发生。在双环中 PCA 含量超过 70%，表明 PCA 是 AN 氢化的主要产品。CA 含量明显降低，从将近 100%降到 50%以下，这是因为 AB 是由酚类在高温下产生的。因为氢化是可逆的，加氢平衡和芳烃脱氢在高温下朝着芳烃脱氢进行，在高温下氧含量的减少是由于加氢脱氧速率的增加，而且，在原料中，烯烃和烷烃的总含量几乎与产品中的一样，烯烃更可能与氢化合变为烷烃。

5.8.2.2 反应压力

（1）反应压力对产物性质的影响　李冬等[59]选择反应温度 390℃，液体体积空速 0.5h^{-1}，氢油体积比 1600∶1，考察不同压力对煤焦油加氢改质的影响，结果见表 5-67。

表 5-67　反应压力对加氢产物油性质的影响（一）

反应压力/MPa	密度(20℃)/$g \cdot mL^{-1}$	N/$\mu g \cdot g^{-1}$	S/$\mu g \cdot g^{-1}$	H/C 原子比	残炭/%	脱硫率/%	脱氮率/%
12	0.925	398	88	1.58	0.10	97.16	96.38
13	0.889	265	79	1.60	0.08	97.45	97.59
14	0.865	115	23	1.67	0.07	99.26	98.95
15	0.871	106	22	1.72	0.07	99.29	99.04

由表 5-67 可知，压力在 12～14MPa 增加时，产物油的密度、硫含量、氮含量和残炭含量均降低，H/C 原子比升高，脱硫率和脱氮率均增加。但是，随着反应压力的升高，这些数据变化不是很明显。加氢反应生成物的总体积较反应物小，提高加氢反应压力使液相物流增加，反应时间延长，有利于向生成物方向进行，促进了加氢脱硫、加氢脱氮、芳烃加氢饱和，但氢耗和反应热明显增加，导致催化剂床层温升增加，故作者认为反应压力在 14MPa 比较合适。

石振晶等[60]在反应温度 380℃、氢油体积比 1500∶1，液体体积空速 0.3h^{-1}的条件下，研究了不同反应压力对加氢产物油性质的影响，结果见表 5-68。

表 5-68　反应压力对加氢产物油性质的影响（二）

反应压力/MPa	密度(20℃)/$g \cdot mL^{-1}$	S 含量/$\mu g \cdot g^{-1}$	N 含量/$\mu g \cdot g^{-1}$	H/C 原子比	馏程/℃					
					10%	30%	50%	70%	90%	95%
7	0.9620	41	3555	1.536	243	320	378	407	439	455
9	0.8986	36	2896	1.606	171	239	284	330	390	415
11	0.8978	31	2509	1.647	155	233	280	327	385	410
13	0.8903	31	1118	1.759	153	228	271	315	378	400
15	0.8878	22	241	1.768	147	317	261	306	365	392

由表 5-68 可知：随着压力的升高，产物油密度减小，N 含量及 S 含量均显著减小，H/C 原子比随压力呈线性增加趋势，各馏出点的馏出温度均降低。密度及 H/C 原子比降低量在 15MPa 处趋于缓和，故作者选取合理的反应压力为 15MPa。

朱方明等[61]在反应温度 360℃，空速 1.0h^{-1}和氢油比 1200∶1 的条件下，考察不同压力对加氢改质的影响，结果见表 5-69。

表 5-69 反应压力对加氢产品的影响

反应压力/MPa	颜色	密度(20℃)/kg·m^{-3}	N含量/μg·g^{-1}	S含量/μg·g^{-1}	H/C原子比	10%蒸余液残炭/%	脱硫率/%	脱氮率/%
8.0	红褐色	862.4	916	139	1.692	0.49	98.54	90.46
10.0	黄色	853.8	476	96	1.732	0.21	98.99	95.05
12.0	浅黄色	850.2	99	68	1.745	0.11	99.28	98.97

由表 5-69 可知：随着反应压力的增加，生成油颜色变浅，密度、10%残炭、硫含量、氮含量均下降，H/C 原子比升高，脱硫脱氮率增加，且脱硫更容易发生。

范建峰等[62]对反应压力的研究结果见图 5-14，由图可知，当压力在一定范围内增大时，生成油的密度、氮含量等明显降低，液体收率略微下降，但随着反应压力的继续增大，变化不是很明显，故作者认为反应压力为 15MPa 较适宜。

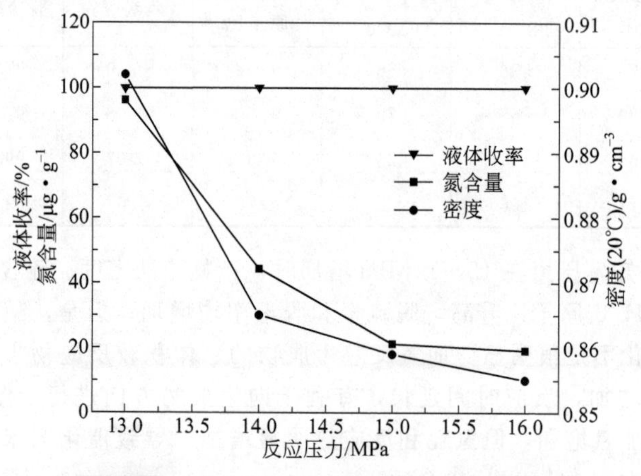

图 5-14 反应压力对加氢生成油性质的影响

Kan 等[65]在连续两个固定床系统上，采用加氢精制催化剂 Mo-Ni/γ-Al_2O_3 和加氢裂化催化剂 W-Ni-P/γ-Al_2O_3-USY 对小于 360℃煤焦油进行加氢改质研究。选择加氢精制段反应温度为 360℃，加氢裂化段反应温度为 380℃、体积空速为 0.8h^{-1}、氢油体积比为 1600∶1，考察不同反应压力对加氢改质的影响。结果见表 5-70。

表 5-70 反应压力对汽油、柴油性质的影响

产物性质	压力对汽油的影响					压力对柴油性质的影响				
	6MPa	7MPa	8MPa	9MPa	10MPa	6MPa	7MPa	8MPa	9MPa	10MPa
收率(质量分数)/%	22.3	24.8	29.5	29.6	30.8	66.0	64.8	61.4	61.3	60.8
S/μg·g^{-1}	115	92	44	40	39	113	85	49	49	43
N/μg·g^{-1}	89	66	18	12	13	146	79	21	16	9
馏程/℃										
IBP	80	78	75	76	75	178	175	175	171	162
10%	115	112	105	105	104	195	201	205	207	200

续表

产物性质	压力对汽油的影响					压力对柴油性质的影响				
	6MPa	7MPa	8MPa	9MPa	10MPa	6MPa	7MPa	8MPa	9MPa	10MPa
50%	198	177	127	134	130	270	263	257	255	271
90%	235	220	198	191	185	340	332	310	312	324
辛烷值	93.3	93.0	91.8	92.1	90.9					
抗爆指数	89.8	89.1	87.2	87.3	86.8					
十六烷值						51.5	56.2	58.9	59.4	58.6
凝点/℃						11.6	8.5	2.6	2.6	3.5

由表5-70可知：随着压力的升高，汽油收率从22.3%增加到30.8%，而柴油收率从66.0%减小到60.8%。在汽油产品中，S含量和N含量在6～8MPa下均显著降低，在8～10MPa下变化不是很明显，其中S含量从115$\mu g \cdot g^{-1}$降到39$\mu g \cdot g^{-1}$，N含量从89$\mu g \cdot g^{-1}$降到13$\mu g \cdot g^{-1}$。在柴油产品中S含量和N含量也有类似的变化规律。这表明S含量和N含量在反应早期容易脱除，而带有复杂结构未转化的杂环化合物中的S和N在反应后期由于位阻很难脱除，此外，反应后期杂环化合物浓度较小，使其与催化剂的接触概率变小，这也是导致后期S和N较难脱除的一个原因。同时较高的压力使操作成本增大，安全稳定性下降，因此反应压力不宜太高，作者认为反应压力在8MPa下比较合适。

(2) 反应压力对煤焦油加氢产物组成的影响　王洪岩[63]选择反应温度375℃、体积空速0.6h^{-1}、氢油体积比1000∶1的条件下用GC-MS对加氢产物进行分析，结果见表5-71。

表5-71　不同压力下加氢产物油的GC-MS分析　%

物质名称	分子式	4MPa	5MPa	6MPa	7MPa
1-乙基-1丙烯基-苯	$C_{11}H_{14}$	0.86	—	0.89	0.7
3,3-二甲基-1-甲基丁基-苯	$C_{13}H_{18}$	—	1.58	1.45	—
1,2,3-甲基苯	C_9H_{12}	1.39	1.43	2.49	1.1
1,3,5-三甲基-2-乙烯基苯	$C_{11}H_{14}$	—	4.19	—	4.01
1,4-二甲基戊-2-烯基苯	$C_{13}H_{18}$	1.03	—	—	1.59
1-甲基-4-丙基苯	$C_{10}H_{14}$	0.86	0.56	—	—
1-乙基-2-甲基苯	C_9H_{12}	0.51	—	—	—
1-乙基-3-甲基苯	C_9H_{12}	3.13	3.24	1.78	2
1-乙基-3,5-二甲基苯	$C_{10}H_{14}$	0.78	—	—	0.68
1-乙烯烃基-2,4-二甲基苯	$C_{10}H_{12}$	4.89	—	2.31	—
2-(2-丁烯基)-1,3,5-三甲基苯	$C_{13}H_{18}$	1.34	—	1.07	1.61
2,4-二乙基-1-甲基苯	$C_{11}H_{16}$	—	—	0.58	—
2-乙烯烃基-1,3,5-三甲基苯	$C_{11}H_{14}$	4.79	—	5.23	—
4-(2-丁烯基)-1,2-二甲基苯	$C_{12}H_{16}$	0.86	0.84	0.7	—
4-乙烯基-1,2-二甲基苯	$C_{10}H_{12}$	1.21	3.57	0.97	2.97
对二甲苯	C_8H_{10}	0.95	0.97	2.1	—

续表

物质名称	分子式	4MPa	5MPa	6MPa	7MPa
邻二甲苯	C_8H_{10}	3.04	2.86	—	2.35
乙苯	C_8H_{10}	2.07	1.29	—	2.33
1,2,3,4-四氢-1,4,6-三甲基萘	$C_{13}H_{18}$	1.49	1.51	2.67	2.63
1,2,3,4-四氢-1,5,7-三甲基萘	$C_{13}H_{18}$	1.29	4	2.8	2.33
1,2,3,4-四氢-1,5-二甲基萘	$C_{12}H_{16}$	1.43	1.76	1.95	2.04
1,2,3,4-四氢-1,8-二甲基萘	$C_{12}H_{16}$	1.4	0.86	1.45	4.51
1,2,3,4-四氢-1-甲基萘	$C_{11}H_{14}$	—	0.96	1.04	0.98
1,2,3,4-四氢-1-乙基萘	$C_{12}H_{16}$	0.52	—	0.68	0.66
1,2,3,4-四氢-2,5,8-三甲基萘	$C_{13}H_{18}$	1.33	2.81	1.72	1.06
1,2,3,4-四氢-2,6-二甲基萘	$C_{12}H_{16}$	—	2.13	2.45	2.21
1,2,3,4-四氢-2,7-二甲基萘	$C_{12}H_{16}$	3.59	1.86	1.52	1.36
1,2,3,4-四氢-2-甲基萘	$C_{11}H_{14}$	0.83	1.03	0.92	0.88
1,2,3,4-四氢-6-甲基萘	$C_{11}H_{14}$	5.93	5.29	5.1	1.8
1,2,3,4-四氢萘	$C_{10}H_{12}$	2.3	2.26	1.67	1.53
1,6,7-三甲基萘	$C_{13}H_{14}$	4.24	—	—	—
1,7-二甲基萘	$C_{12}H_{12}$	3.57	—	1.94	1.72
1,8-二甲基萘	$C_{12}H_{12}$	1.03	2.24	—	—
2,3,6-三甲基萘	$C_{13}H_{14}$	1.87	—	—	—
2-甲基-反式十氢萘	$C_{11}H_{20}$	0.49	1.04	1.34	1.78
2-甲基萘	$C_{11}H_{20}$	1.35	1.02	—	—
反式-4*a*-甲基-十氢萘	$C_{11}H_{20}$	0.78	—	0.68	0.83
反式十氢萘	$C_{10}H_{18}$	—	2.11	3.3	3.07
1-乙基-2,3-二氢-1-甲基-1H 茚	$C_{12}H_{16}$	1.91	1.8	2.13	2.72
2,3-二氢-4,7-二甲基-1H 茚	$C_{11}H_{14}$	1.44	1.67	0.73	0.75
2,3-二氢-4-甲基-1H 茚	$C_{10}H_{12}$	2.32	4.57	4.01	3.95
2-丁基-5-戊基-1H 茚	$C_{19}H_{36}$	—	0.56	—	0.62
2-乙基-2,3-二氢-1H-茚	$C_{11}H_{14}$	—	1.25	—	1
3-(2-甲基-丙烯基)-H-茚	$C_{13}H_{14}$	0.7	1.89	1.7	0.72
5-甲基-八氢茚	$C_{10}H_{18}$	0.51	0.78	1.26	1.14
二氢茚	C_9H_{10}	1.3	1.06	0.74	0.78
顺式-八氢-1H-茚	C_9H_{16}	0.65	0.77	0.85	1.03
4,6-二甲基-十二烷	$C_{14}H_{30}$	0.65	1.01	—	0.72
8-十六烷	$C_{16}H_{30}$	—	—	—	0.57
十五烷	$C_{15}H_{32}$	2.22	2.2	2.48	2.32
双环[4,4,1]十一-1,3,5,7,9-五烯	$C_{11}H_{10}$	—	—	1.02	—
正二十烷	$C_{20}H_{42}$	0.5	—	2.13	—
正十八烷	$C_{18}H_{38}$	1.27	1.29	—	1.46
正十六烷	$C_{16}H_{34}$	2.25	2.48	2.75	2.4
正十七烷	$C_{17}H_{36}$	2.19	2.16	2.56	2.34

续表

物质名称	分子式	4MPa	5MPa	6MPa	7MPa
正十四烷	$C_{14}H_{30}$	2.79	3.14	3.46	2.75
1,4-二甲基环己烷	C_8H_{16}	1.42	0.96	3.22	4.94
11,11-二甲基-双环[8,2,0]十二烷	$C_{14}H_{26}$	—	0.71	0.67	—
1-甲基,3-丙基环己烷	$C_{10}H_{20}$	0.61	0.75	0.64	0.62
1-乙基,2-甲基环己烷	C_9H_{18}	0.72	0.74	1.46	—
丙基环己烷	C_9H_{18}	—	1.16	1.25	1.28
甲基环己烷	C_7H_{14}	2.96	4.7	3.4	4.61
三环己基甲烷	$C_{19}H_{34}$	—	—	0.54	—
顺式1,2-二甲基环己烷	$C_{10}H_{20}$	—	—	0.65	0.66
顺式1,3-二甲基环己烷	C_8H_{16}	—	—	1.65	—
顺式1-乙基,3-甲基环己烷	C_9H_{18}	0.52	0.7	0.92	0.94
斯皮罗[4,5]癸烷	$C_{10}H_{18}$	—	0.78	—	0.99
乙基环己烷	C_8H_{16}	0.82	2.72	1.75	2.58
乙基环辛烷	$C_{10}H_{20}$	0.53	0.61	—	—
醇类		3.9	5.15	5.26	6.79
酸类		3.46	0	0	1.2
酮类		0.52	0.61	1.26	1.39
酯类		2.71	2.37	0.71	0
总计		100	100	100	100

对以上数据进行统计分析可得，随着压力升高，产物油中各类化合物有以下变化规律：苯类和含氧化合物含量先下降后上升，6MPa时含量最低；茚类和烷、烯、炔烃类含量先上升后下降，变化幅度不大，烷、烯、炔烃类含量在6MPa时最大；环烷烃类含量不断增多，6MPa后增幅较小；萘类变化不大，略有下降。因此，可以判断在反应压力在6MPa左右时，催化剂的HDO效果较好，产物油中苯类含量最低，烷、烯、炔烃类含量最高，使加氢产物油的组成更趋向于汽柴油。一般情况下，沉积在催化剂上的焦炭主要为缩合度较高的多环芳烃，如菲、萘、蒽、茚、芘类等，降低这类物质含量能有效抑制催化剂结焦。从以上实验结果来看，压力升高到6MPa以后，产物油中萘类、茚类有所下降，这对于馏分油加氢过程抑制催化剂结焦有一定帮助。

Tang等[64]选择反应温度375℃、体积空速为$0.4h^{-1}$、氢油体积比为1500∶1，考察不同压力对加氢改质的影响。结果见表5-72。

表5-72 不同反应压力下的产物分布

馏分/%	3MPa	4MPa	5MPa	6MPa	7MPa
环烷类(CA)	10.31	11.92	13.32	13.31	15.63
烷基苯类(AB)	13.57	13.57	10.35	8.71	8.46
双环苯类(BCA)	3.64	3.24	6.8	8.17	9.64
苯基环烷类(PCA)	39.07	40.93	46.02	42.8	41.4
烷基萘类(AN)	14.72	13.07	5.92	3.64	2.44

续表

馏分/%	3MPa	4MPa	5MPa	6MPa	7MPa
含氧化合物	2.78	2.44	4.38	7.69	8.58
烷类	12.24	11.86	11.27	13.49	11.99
环烷＋烷基苯(CA＋AB)	23.88	25.49	23.67	22.02	24.09
双环苯类＋苯基环烷类＋烷基苯类(BCA＋PCA＋AB)	57.43	57.24	58.74	54.61	53.48
环烷类＋烷基苯类(CA＋AB)	43.2	46.8	56.3	60.4	64.9
苯基环烷类＋双环苯类(PCA＋BCA)	91.5	92.6	87.1	83.9	81.1

由表可知，随着反应压力的增加，环烷类（CA）和双环苯类（BCA）的含量增加，烷基苯类（AB）和烷基萘类（AN）含量减少。含氧化合物在3～4MPa减小，4～7MPa成增加趋势且7MPa的含量约为3MPa的3倍，利用气相色谱鉴定含氧化合物的组分，可知含氧化合物的增加是由于在高压下丙基环丙醇和大量含11～13个C原子的不饱和含氧化合物的存在，丙基环丙醇是在氢化过程中由苯酚制备环烷的中间产物且在高压下有利于加氢反应，相比脱氧产品会生产相对多的苯酚产品。在4～7MPa不饱和的含氧化合物的存在也可能是由于不完全的氢化和萘酚的不完全脱氧造成的。因此高压对于氧含量的转变是有益的。

5.8.2.3 空速

(1) 反应空速对产物性质的影响　李冬等[59]选择反应压力14MPa，温度390℃，氢油体积比1600∶1，考察不同液体体积空速对煤焦油加氢改质的影响，结果见表5-73。

表5-73　空速对加氢产物油性质的影响

空速/h^{-1}	密度(20℃)/$g\cdot mL^{-1}$	N/$\mu g\cdot g^{-1}$	S/$\mu g\cdot g^{-1}$	H/C比	残炭/%	脱硫率/%	脱氮率/%
0.25	0.835	84	12	1.75	0.04	99.61	99.24
0.50	0.865	115	23	1.67	0.07	99.26	98.95
0.75	0.923	357	59	1.58	0.18	98.10	96.75
1.00	0.982	1354	198	1.52	0.29	93.61	87.69

由表5-73可知，随着空速的增加，密度、氮含量、硫含量、残炭均升高，脱硫、脱氮率下降，当空速为0.25h^{-1}，脱硫、脱氮率均达到99%以上；另外，产品的氢碳比随着空速的上升而下降。这是因为提高空速意味着提高了进料流量，原料油在催化剂停留时间变短，反应深度降低；降低空速有利于提高加氢反应的转化率，但过低的空速会导致相同处理量下所需的催化剂量增多，成本加大。故作者选择体积空速为0.25h^{-1}。

石振晶等[60]在反应温度380℃、压力15MPa、氢油体积比1500∶1的条件下，研究了不同体积空速对加氢产物油性质的影响，结果见表5-74。

表 5-74　体积空速对加氢产物油性质的影响

体积空速/h^{-1}	密度(20℃)/g·mL^{-1}	S 含量/μg·g^{-1}	N 含量/μg·g^{-1}	H/C 原子比	馏程/℃					
					10%	30%	50%	70%	90%	95%
0.3	0.8878	22	3160	1.768	147	217	261	306	365	392
0.5	0.8981	23	2231	1.765	218	267	307	349	409	440
0.7	0.9009	30	241	1.707	227	277	321	369	420	445
0.9	0.9247	19	227	1.669	239	288	334	384	432	452

随体积空速的增大，产物油的密度、N 含量、S 含量大幅升高，H/C 原子比显著降低，馏出点的馏出温度大幅增加。空速为 0.3h^{-1}条件下，馏程结果改善明显，N 含量、S 含量最低。因此作者选取体积空速为 0.3h^{-1}。

朱方明等[61]在反应温度 360℃、压力 12.0MPa 和氢油比 1200∶1 的条件下，考察不同空速对加氢改质的影响。见表 5-75。

表 5-75　空速对加氢产品的影响

空速/h^{-1}	颜色	密度(20℃)/kg·m^{-3}	N 含量/μg·g^{-1}	S 含量/μg·g^{-1}	H/C 原子比	10%蒸余液残炭/%	脱硫率/%	脱氮率/%
0.8	绿色	848.9	64	62	1.753	0.09	99.35	99.35
1.0	浅黄色	850.2	99	68	1.745	0.11	99.28	98.97
1.2	深黄色	853.3	302	74	1.731	0.19	99.22	96.85

由表 5-75 可以看出，随着反应空速的增加，生成油颜色变深，密度、氮含量、硫含量、10%残碳含量均增加，H/C 原子比下降，脱硫脱氮率下降。

范建峰等[62]对反应空速的研究结果见图 5-15，由图可知，随着空速的降低，物料与催化剂床层接触时间随之增加，液体收率变化不大，生成油密度随之降低，脱氮效果明显，当空速降至 0.5h^{-1}影响趋于平缓，结合实际生产作者选择空速为 0.5h^{-1}。

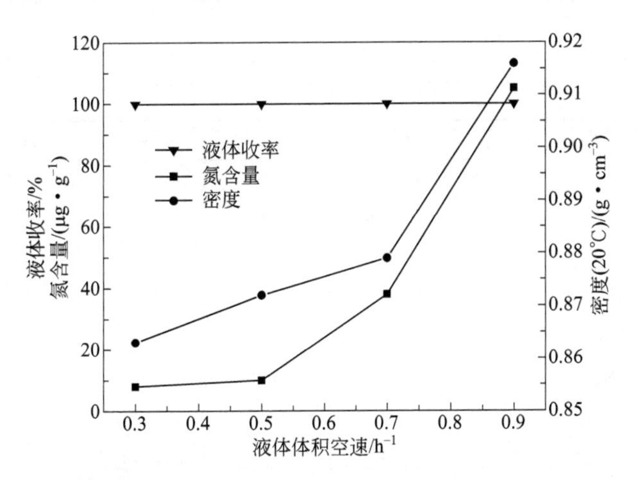

图 5-15　液体体积空速对加氢生成油性质的影响

Kan 等[66]选择加氢精制反应温度为 360℃，加氢裂化反应温度为 380℃、压力为 6MPa、氢油体积比为 1600∶1，考察不同体积空速对加氢改质的影响。结果见表 5-76。

表 5-76 空速对汽油、柴油的影响

产物性质	空速对汽油性质的影响			空速对柴油性质的影响		
	$0.4h^{-1}$	$0.8h^{-1}$	$1.2h^{-1}$	$0.4h^{-1}$	$0.8h^{-1}$	$1.2h^{-1}$
收率(质量分数)/%	20.1	19.9	18.7	76.9	72.2	69.9
H/C 原子比	1.81	1.79	1.72	1.71	1.67	1.59
$S/\mu g \cdot g^{-1}$	71	78	167	54	67	82
$N/\mu g \cdot g^{-1}$	14	19	141	8	51	226
馏程/℃						
IBP	95	96	96	—	—	—
10%	122			—	—	—
50%	—			275	275	273
90%	—			343	340	342
FBP	286	290	279	360	358	365
密度(20℃)/($g \cdot mL^{-1}$)	0.8060	0.8067	0.8086	0.8863	0.8895	0.8940
辛烷值	93.0	93.2	95.2	—	—	—
抗爆指数	88.2	88.7	90.3	—	—	—
十六烷值				56.2	56.0	53.6
凝固点/℃				4.3	5.1	5.1

结果表明，随着空速的增加，汽油产量、柴油产量和 H/C 原子比均降低，汽油和柴油中的 S 含量、N 含量均升高。故作者认为合适的体积空速为 $0.4h^{-1}$。

(2) 空速对煤焦油加氢产物组成的影响 王洪岩[63]选择反应温度 375℃、反应压力 0.6MPa、氢油体积比 1000∶1 的条件下用 GC-MS 对加氢产物进行分析，结果见表 5-77。

表 5-77 不同空速下加氢产物油的 GC-MS 分析 %

物质名称	分子式	$0.6h^{-1}$	$0.8h^{-1}$	$1.0h^{-1}$	$1.2h^{-1}$
1,2,4-三甲基苯	C_9H_{12}	—	—	2.49	—
1-苯基-1-丁烯	$C_{10}H_{12}$	0.92	—	—	—
2,4-二甲基苯乙烯	$C_{10}H_{12}$	2.46	—	—	—
1-乙基-1-丙烯基-苯	$C_{11}H_{14}$	1.05	1.08	0.89	—
3,3-二甲基-1-亚甲基丁基-苯	$C_{13}H_{18}$	1.6	1.65	1.45	—
[(四甲基环丙烷)甲基]苯	$C_{14}H_{18}$	0.75	0.72	—	0.71
1,2,3-三甲基苯	C_9H_{12}	1.47	1.44	—	—
1,3-二甲基苯	C_8H_{10}	—	1.05	—	0.96
1-乙基-3-甲基苯	C_9H_{12}	2.28	2.44	1.78	4.82
1-乙基-4-(2-甲基丙基)-苯	$C_{12}H_{18}$	3.73	—	—	—

续表

物质名称	分子式	$0.6h^{-1}$	$0.8h^{-1}$	$1.0h^{-1}$	$1.2h^{-1}$
1-乙基-4-甲基苯	C_9H_{12}	0.7	0.72	—	—
1-甲基-4-丙基苯	$C_{10}H_{14}$	—	0.63	1.07	1.07
2-(2-丁烯基)-1,3,5-三甲基苯	$C_{13}H_{18}$	1.53	1.49	—	1.64
2,4-二乙基-1-甲基苯	$C_{11}H_{16}$	—	0.58	0.58	—
2-乙烯基-1,3,5-三甲基苯	$C_{11}H_{14}$	4.47	5.39	5.23	4.69
4-乙烯基-1,2-二甲基苯	$C_{10}H_{12}$	3.69	3.04	0.97	3.54
乙苯	C_8H_{10}	1.71	1.4	—	1.8
邻二甲苯	C_8H_{10}	3.25	2.2	—	—
对二甲苯	C_8H_{10}	—	—	2.1	2.95
十氢-1-甲基萘	$C_{11}H_{20}$	0.79	—	5.1	—
1,2,3,4-四氢-萘	$C_{10}H_{12}$	1.63	1.64	1.67	2.36
1,2,3,4-四氢-1,4,6-三甲基萘	$C_{13}H_{18}$	1.79	1.77	2.67	1.94
1,2,3,4-四氢-1,5,7-三甲基萘	$C_{13}H_{18}$	1.2	1.23	2.8	2.53
1,2,3,4-四氢-1,5-二甲基萘	$C_{12}H_{16}$	1.63	2.79	1.95	0.58
1,2,3,4-四氢-1,8-二甲基萘	$C_{12}H_{16}$	1.35	3.88	1.45	1.38
1,2,3,4-四氢-1-甲基萘	$C_{12}H_{14}$	1.06	1.09	1.04	1.07
1,2,3,4-四氢-2,5,8-三甲基萘	$C_{13}H_{18}$	—	—	1.72	1.71
1,2,3,4-四氢-2,6-二甲基萘	$C_{12}H_{16}$	3.26	2.87	2.45	2.53
1,2,3,4-四氢-2,7-二甲基萘	$C_{12}H_{16}$	0.68	1.38	1.52	1.34
1,2,3,4-四氢-2-甲基萘	$C_{11}H_{14}$	0.99	1.04	0.92	1.11
1,2,3,4-四氢-5,6-二甲基萘	$C_{12}H_{16}$	—	—	0.68	0.91
1,2,3,4-四氢-6-甲基萘	$C_{11}H_{14}$	1.78	1.9	—	5.23
1,7-二甲基萘	$C_{12}H_{12}$	—	0.99	1.94	0.97
反式-十氢萘	$C_{10}H_{18}$	1.58	2.32	3.3	2.36
十氢-2,3-二甲基萘	$C_{12}H_{22}$	—	—	—	—
反式-4*a*-甲基-十氢萘	$C_{11}H_{20}$	—	0.81	0.68	0.66
反式-2-甲基十氢萘	$C_{11}H_{20}$	1.56	1.49	1.34	1.32
2,3-二氢-1,1,5-三甲基-1H 茚	$C_{12}H_{16}$	—	—	0.59	—
2,3-二氢-5-甲基-1H 茚	$C_{10}H_{12}$	—	—	2.31	—
1-乙基-2,3-二氢-1-甲基-1H-茚	$C_{12}H_{16}$	2.84	1.75	1.54	1.91
2,3-二氢-4,7-二甲基-1H-茚	$C_{11}H_{14}$	0.71	0.93	0.73	0.75
2,3-二氢-4-甲基-1H-茚	$C_{10}H_{12}$	1.74	4	4.01	1.87
2-丁基-5-己基-1H-茚	$C_{19}H_{36}$	—	0.68	—	—
顺式-八氢-1H-茚	C_9H_{16}	0.97	0.84	0.85	0.9
八氢-5-甲基-1H-茚	$C_{10}H_{18}$	1.06	0.97	1.26	0.97
3-(2-甲基-丙烯基)-1H-茚	$C_{13}H_{14}$	0.78	0.73	1.7	0.75

续表

物质名称	分子式	$0.6h^{-1}$	$0.8h^{-1}$	$1.0h^{-1}$	$1.2h^{-1}$
二氢茚	C_9H_{10}	—	1.05	0.74	1.05
双环[4.4.1]十一-1,3,5,7,9-五烯	$C_{11}H_{10}$	—	—	1.02	—
5-丁基-4-壬烯	$C_{13}H_{26}$	—	—	0.7	1.02
十二烷	$C_{12}H_{26}$	0.74	0.75	—	0.84
二十烷	$C_{20}H_{42}$	—	—	2.24	0.56
十七烷	$C_{17}H_{36}$	2.26	2.13	2.56	2.2
十六烷	$C_{16}H_{34}$	2.27	2.16	2.75	2.22
十八烷	$C_{18}H_{38}$	1.44	1.4	—	1.44
十五烷	$C_{15}H_{32}$	2.18	2.13	2.48	2.23
十四烷	$C_{14}H_{30}$	3.36	2.63	3.46	3.02
2,3-二甲基-十一烷	$C_{13}H_{28}$	—	0.72	—	—
1-乙基-4-甲基环己烷	C_9H_{18}	2.48	—	0.65	—
三环己基甲烷	$C_{19}H_{34}$	—	—	1.21	—
1-乙基-3-甲基环己烷	C_9H_{18}	—	—	—	—
反式-2-乙基双环葵烷	$C_{12}H_{22}$	—	—	—	—
顺式-1-乙基-3-甲基环己烷	C_9H_{18}	0.84	0.81	0.92	1.49
顺式-1,3-二甲基环己烷	C_8H_{16}	2.91	0.8	1.65	0.81
1,4-二甲基环己烷	C_8H_{16}	2.13	2	3.22	1.32
1-乙基-2-甲基环己烷	C_9H_{18}	0.79	0.66	1.46	—
1-甲基-2-丙基环己烷	$C_{10}H_{20}$	0.59	0.78	0.64	—
乙基环己烷	C_8H_{16}	2.55	2.79	1.75	2.95
甲基环己烷	C_7H_{14}	3.71	3.77	3.4	1.88
丙基环己烷	C_9H_{18}	1.25	0.62	1.25	1.2
乙基环辛烷	$C_{10}H_{20}$	—	0.66	—	0.65
斯皮罗[4,5]癸烷	$C_{10}H_{18}$	—	0.93	—	0.88
醇类		4.67	3.6	5.26	3.43
醚类		1.23	1.63	0	1.85
醛类		2.96	4.54	0	3.13
酮类		1.4	1.4	1.26	2.7
酯类		3.25	3.11	0.71	3.2
总计		100	100	100	100

分析该实验数据，可以发现随着空速提高，环烷烃类含量缓慢下降，在空速为 $1.2h^{-1}$时达到最小值11.18%；烷烃烯烃及炔烃类、萘类、茚类都是先上升后下降趋势，并且都在空速为 $1.0h^{-1}$时达到最大值。苯类和含氧化合物类呈先下降后上升变化趋势，在空速为 $1.0h^{-1}$时达到最小值。

Tang等[64]选择反应温度375℃、反应压力6MPa、氢油体积比为1500：1，考察不同体积空速对加氢改质的影响。结果见表5-78。

表5-78　不同体积空速下的产物分布

馏分/%	$0.4h^{-1}$	$0.6h^{-1}$	$0.8h^{-1}$	$1.0h^{-1}$	$1.2h^{-1}$
环烷类(CA)	22.67	15.83	13.99	13.31	12.63
烷基苯类(AB)	6.48	9.41	10.46	8.71	10.53
双环苯类(BCA)	19.74	9.25	7.36	8.17	7.09
苯基环烷类(PCA)	27.67	37.36	39.97	42.8	41.78
烷基萘类(AN)	0.54	2.5	1.72	3.64	1.72
O含量	9.23	10.97	12.5	7.69	11.31
烷类	11.67	11.51	10.45	13.49	11.67
环烷＋烷基苯(CA＋AB)	29.15	25.24	24.45	22.02	23.16
双环苯类＋苯基环烷类＋烷基苯类(BCA＋PCA＋AB)	47.95	49.11	49.05	54.61	50.59
环烷类＋烷基苯类(CA＋AB)	77.8	62.7	57.2	60.4	54.5
苯基环烷类＋双环苯类(PCA＋BCA)	58.3	80.2	84.4	83.9	85.5

由表可知，随着空速的增大，产品中环烷（CA）的含量由22.67%减小到了12.63%，双环苯类（BCA）的含量由19.74%减小到了7.09%，苯基环烷类（PCA）由27.67%增加到了41.78%，在空速为$0.4h^{-1}$时产物中几乎没有检测到烷基萘类（AN），单环化合物（CA＋AB）随空速的升高而减小，双环化合物（BCA＋PCA＋AN）随空速的升高而增加。在不同空速下，（BCA＋PCA＋AN）的变化在很大程度上是因为PCA的变化，因此，单环化合物的增加是由于原料PCA在低空速下的大量转化。然而，在空速为$0.4h^{-1}$时AB的含量是最低的，这表明CA可能是PCA转化的最终产品。但含氧化合物随空速的变化不是很明显，这表明在实验中脱氧过程基本上没有发生。

5.8.2.4　氢油体积比

（1）氢油体积比对产物性质的影响　李冬等[59]在反应压力14MPa，液体体积空速$0.25h^{-1}$，温度390℃的条件下，考察不同氢油体积比对煤焦油加氢改质的影响，结果见表5-79。

表5-79　氢油体积比对加氢产物油性质的影响

氢油体积比	密度(20℃)/g·mL⁻¹	N/μg·g⁻¹	S/μg·g⁻¹	H/C原子比	残炭/%	脱硫率/%	脱氮率/%
1200∶1	0.821	524	126	1.49	0.19	95.94	95.24
1400∶1	0.878	325	64	1.55	0.12	97.94	97.05
1600∶1	0.835	84	12	1.75	0.04	99.61	99.24
1800∶1	0.832	65	13	1.74	0.03	99.58	99.41

由表5-79可知，随着氢油体积比增大，产品的密度、硫含量、氮含量和残炭含量均降低，H/C原子比升高，但是当氢油比大于1600∶1后，产品密度、硫含量、氮含量和残炭含量减少得不是很明显。由于中低温煤焦油宽馏分油含有较多酚类、烯烃及芳烃化合物，会消耗更多的氢。增大氢油比，反应器出口氢分压由于反应氢耗的发生

而降低较少，从而提高了反应器床层氢分压，有利于提高反应深度，抑制结焦前驱物的脱氢缩合反应，减少催化剂积炭量，有利于反应热的导出，减少催化床层温升。但是氢油比过大会减少了馏分油在催化床层的停留时间，不利于加氢反应的进行，而且还会使操作成本增加。因此作者选取氢油比为1600：1。

石振晶等[60]在反应压力15MPa、温度380℃、液体体积空速0.3h^{-1}的条件下，考查不同氢油体积比对加氢产物油性质的影响，结果见表5-80。

表5-80 氢油体积比对加氢产物油性质的影响

氢油体积比	密度(20℃)/g·mL^{-1}	S含量/μg·g^{-1}	N含量/μg·g^{-1}	H/C原子比	馏程/℃					
					10%	30%	50%	70%	90%	95%
900：1	0.8900	38	1285	1.696	207	263	305	348	390	410
1100：1	0.8887	25	669	1.728	184	238	278	321	379	407
1300：1	0.8884	23	339	1.745	152	229	268	311	368	396
1500：1	0.8878	22	241	1.768	147	217	261	306	365	392
1700：1	0.8863	22	105	1.812	143	210	255	301	362	390

由表5-80可知：随着氢油体积比的增大，产物的密度、N含量、S含量均减小，H/C原子比增大，各馏出点的馏出温度降低。氢油体积比大于1500：1后，产品密度及S含量变化不大。故作者选取氢油体积比为1500：1。

朱方明等[61]在反应压力12.0MPa，空速1.0h^{-1}和温度360℃的条件下，考察不同氢油体积比对加氢改质的影响。结果见表5-81。

表5-81 反应氢油比对加氢产物的影响

氢油比	密度(20℃)/kg·m^{-3}	N含量/μg·g^{-1}	S含量/μg·g^{-1}	H/C原子比	10%蒸余液残炭/%	脱硫率/%	脱氮率/%
1000：1	854.7	151	80	1.734	0.17	99.16	98.43
1200：1	850.2	99	68	1.745	0.11	99.28	98.97
1400：1	847.9	89	59	1.756	0.08	99.38	99.07

由表5-81可以看出，随着反应氢油比的增加，H/C原子比增加，生成油密度、10%残碳、硫含量、氮含量均下降。

(2) 氢油体积比对煤焦油加氢产物组成的影响　王洪岩[63]选择反应温度375℃、反应压力6MPa、空间深度0.6h^{-1}的条件下用GC-MS对加氢产物进行分析，结果见表5-82。

表5-82 不同空速下加氢产物油的GC-MS分析 %

物质名称	分子式	1000	1250	1500	1750
1-乙基-1-丙烯基-苯	$C_{11}H_{14}$	—	1.04	0.89	—
3,3-二甲基-1-亚甲基丁基-苯	$C_{13}H_{18}$	—	0.81	1.45	1.6

续表

物质名称	分子式	1000	1250	1500	1750
1-(1,1-二甲基)-4-甲基环己烷	$C_{11}H_{22}$	0.84	0.68	—	—
1-(2-丁烯基)-2,3-二甲基苯	$C_{12}H_{16}$	0.49	0.69	—	—
1,2,3,4-四氢-1,4,6-三甲基萘	$C_{13}H_{18}$	0.53	2.06	2.67	4.53
1,2,3,4-四氢-1,5,7-三甲基萘	$C_{13}H_{18}$	—	1.35	2.8	1.26
1,2,3,4-四氢-1,5,8-三甲基萘	$C_{13}H_{18}$	—	—	0.68	1.14
1,2,3,4-四氢-1,5-二甲基萘	$C_{12}H_{16}$	0.46	—	1.95	—
1,2,3,4-四氢-1,8-二甲基萘	$C_{12}H_{16}$	—	1.74	1.45	1.67
1,2,3,4-四氢-1-甲基萘	$C_{11}H_{14}$	—	1.05	1.04	0.93
1,2,3,4-四氢-2,5,8-三甲基萘	$C_{13}H_{18}$	—	—	1.72	1.87
1,2,3,4-四氢-2,6-二甲基萘	$C_{12}H_{16}$	—	2.5	2.45	2.31
1,2,3,4-四氢-2,7-二甲基萘	$C_{12}H_{16}$	1.37	2.2	1.52	2.07
1,2,3,4-四氢-2-甲基萘	$C_{11}H_{14}$	0.83	0.98	0.92	0.87
1,2,3,4-四氢-6-甲基萘	$C_{11}H_{14}$	1.37	2.14	5.1	5.44
1,2,3,4-四氢萘	$C_{10}H_{12}$	0.81	1.55	1.67	1.62
1,2,4-三甲基苯	$C_{9}H_{12}$	1.59	1.83	2.49	1.65
1,2-二甲基环己烷	$C_{8}H_{16}$	3.81	3.43	3.22	2.85
1,2-二氢-3-(1,1-二甲基乙苯)萘	$C_{14}H_{18}$	—	0.78	—	—
1,4-二甲基环己烷	$C_{8}H_{16}$	5.76	—	—	—
1,6-二甲基萘	$C_{12}H_{12}$	—	0.74	—	—
1,7-二甲基萘	$C_{12}H_{12}$	—	1.62	1.94	—
11,11-二甲基-双环[8.2.0]十二烷	$C_{14}H_{26}$	0.62	—	0.67	—
1-苯基-1-丁烯	$C_{10}H_{12}$	2.22	1.91	2.31	2.05
1-甲基,2-丙基环己烷	$C_{10}H_{20}$	1.7	1.35	0.64	1.16
1-甲基-2-戊烷基环己烷	$C_{12}H_{24}$	0.97	—	—	—

续表

物质名称	分子式	1000	1250	1500	1750
1-甲基-3-(1-甲基-2-丙烯基)-苯	$C_{11}H_{14}$	4.55	1.26	1.07	4.07
1-甲基-环十一烷烯	$C_{12}H_{22}$	1.13	0.78	—	0.82
1-乙基,2-甲基环己烷	C_9H_{18}	2.51	1.72	1.46	0.63
1-乙基,3-甲基苯	C_9H_{12}	1.2	1.02	1.78	1
1-乙基-2,3-二氢-1-甲基-1H茚	$C_{12}H_{16}$	—	1.56	1.54	1.39
1-乙基-3-甲基环戊烷	C_8H_{16}	2.63	—	0.54	—
1-乙基-4-甲基环戊烷	C_9H_{18}	1.05	—	0.65	1.04
2-(2-丁烯基)-1,3,5-三甲基苯	$C_{13}H_{18}$	—	1.15	—	1.91
2,3-二氢-4,7-二甲基-1H茚	$C_{11}H_{14}$	1.93	1.61	0.73	1.42
2,3-二氢-4-甲基-1H茚	$C_{10}H_{12}$	3.04	3.69	4.01	3.65
2,4-二乙基-1-甲基苯	$C_{11}H_{16}$	—	—	0.58	—
2,6,10,14-四甲基十六烷	$C_{20}H_{42}$	—	0.73	—	—
2,6-二甲基十一烷	$C_{13}H_{28}$	—	—	—	1.1
2-丁基-5-戊基-1H茚	$C_{19}H_{36}$	—	0.75	—	0.67
2-甲基-反式十氢萘	$C_{11}H_{20}$	—	1.5	1.34	1.69
2-乙基-2,3-二氢-1H-茚	$C_{11}H_{14}$	—	—	—	0.89
2-乙烯烃基-1,3,5-三甲基苯	$C_{11}H_{14}$	—	4.86	5.23	0.98
3-(2-甲基-丙烯基)-1H-茚	$C_{13}H_{14}$	—	1.44	1.7	1.45
3-乙基双环[4.4.0]癸烷	$C_{12}H_{22}$	1.3	—	—	—
4-(2-丁烯基)-1,2-二甲基苯	$C_{12}H_{16}$	—	3.51	—	—
4-乙烯基-1,2-二甲基苯	$C_{10}H_{12}$	—	0.68	0.97	0.83
5-甲基-八氢茚	$C_{10}H_{18}$	2.35	1.31	1.26	1.04
7-乙基-双环[4.2.1]壬-2,4,7-三烯	$C_{11}H_{14}$	0.61	—	1.02	—
丙基环己烷	C_9H_{18}	1.55	0.85	1.25	1.11
对二甲苯	C_8H_{10}	1.6	2.08	2.1	2.36
二氢茚	C_9H_{10}	—	0.76	0.74	0.72

续表

物质名称	分子式	1000	1250	1500	1750
反式-4*a*-甲基-十氢萘	$C_{11}H_{20}$	—	0.79	0.68	—
反式十氢萘	$C_{10}H_{18}$	6.78	3.79	3.3	4.01
甲基环己烷	C_7H_{14}	0.53	1.68	3.4—	3.27
三环[6.4.0.0(3,7)]-1,9,11-三烯	$C_{12}H_{14}$	0.54	0.7	0.7	0.66
十二烷	$C_{12}H_{26}$	2.62	—	—	—
十氢-1-甲基萘	$C_{11}H_{20}$	2.13	—	—	—
十氢-2,6-二甲基萘	$C_{12}H_{22}$	2.02	—	—	—
十三烷	$C_{13}H_{28}$	3.08	—	—	—
十五烷	$C_{15}H_{32}$	2.31	2.46	2.48	2.39
顺式 1,3-二甲基环己烷	C_8H_{16}	1.1	1.41	1.65	—
顺式 1-乙基,3-甲基环己烷	C_9H_{18}	3	2.73	0.92	2.15
顺式-2-甲基十氢萘	$C_{11}H_{20}$	3.12	—	—	—
顺式-八氢-1H 茚	C_9H_{16}	2.3	0.96	0.85	—
斯皮罗[4,5]癸烷	$C_{10}H_{18}$	1.3	—	—	2.03
乙基环己烷	C_8H_{16}	2.15	2.88	1.75	1.87
正十二烷	$C_{20}H_{42}$	0.62	1.58	2.24	2.07
正十八烷	$C_{18}H_{38}$	0.7	—	—	—
正十六烷	$C_{16}H_{34}$	1.75	2.47	2.75	2.65
正十七烷	$C_{17}H_{36}$	1.59	2.48	2.56	2.41
正十四烷	$C_{14}H_{30}$	2.57	3.14	3.46	3.42
醇类		7.22	6.14	4.41	5.61
醚类		1.3	0.61	0	0
醛类		0.5	0.65	0.56	0
酸类		0	0.66	0	2.02
酯类		0	0	0.71	0.6
总计		100	100	100	100

表 5-82 表明，随着氢油比的提高，苯类、萘类和茚类含量先上升后下降，萘类和茚类含量在氢油比为 1500：1 时达到最大值；烷烃烯烃及炔烃类含量变化不大；含氧化合物含量先下降后上升，在氢油比为 1500：1 时最低，总体来说变化幅度不大；环烷烃在氢油比为 1000：1 时最大且较为突出，其他三个工况点大小相当。由此可见在氢油比为 1000：1 时，产物油中有较低的苯类、萘类和茚类，有较高的环烷烃、烷烃烯烃及炔烃类。

参考文献

[1] 李增文. 煤焦油加氢工艺技术 [J]. 化学工程师，2009，169 (10)：57-59.
[2] 屈明达，鄂忠明. 煤焦油的加氢处理 [J]. 化工技术经济，2005，6 (23)：49-51.
[3] 张明会，王守峰，吕子胜，等. 煤焦油加氢工艺及催化剂 [P]. ZL02122573.7，2008-8-20.
[4] 甘丽琳，徐江华，李和杰 . 可调循环比的延迟焦化工艺 [J]. 炼油技术与工程，2003，10 (33)：8-11.
[5] 侯祥麟. 中国炼油技术 [M]. 北京：中国石化出版社，2001.
[6] 王守峰，吕子胜. 一种煤焦油延迟焦化加氢组合工艺方法 [P]. ZL200810209558.5，2012-4-25.
[7] 王守峰，吕子胜，于寿龙. 中低温煤焦油延迟焦化工艺 [P]. ZL02133072.7，2004-3-31.
[8] 侯康，康运杰. 煤焦油的加工利用现状及发展趋势 [J]. 中国化工贸易，2013，26 (11)：372.
[9] 高建明，刘建明，杨培志，等. 中、低温煤焦油延迟焦化的工艺研究 [J]. 燃料与化工，2006，2 (37)：46-49.
[10] 姚春雷，全辉，张忠清. 中、低温煤焦油加氢生产清洁燃料油技术 [J]. 化工进展，2013，32 (3)：501-507.
[11] 张洪钧，金兴阶，刘义文，等. 一种煤焦油制燃料油的生产工艺 [P]. ZL200610018476.3，2006-12-20.
[12] 贾丽，蒋立敬，王军. 一种煤焦油全馏分加氢处理工艺 [P]. ZL200410050747.4，2006-5-3.
[13] 张晓静，李培霖，毛学锋，等. 一种非均相煤焦油悬浮床加氢方法 [P]. CN103265971A，2013-5-15.
[14] 张晓静. 中低温煤焦油加氢技术 [J]. 煤炭学报，2011，5 (36)：840-844.
[15] 李春阳. 中低温煤焦油加氢工艺概述 [J]. 中国化工贸易，2013，5 (12)：262.
[16] 任丹明，李涛，任保增，等. 中低温煤焦油加氢技术进展 [J]. 河南化工，2014，8 (31)：21-24.
[17] 杨占彪. “煤-焦-油” 联产化技术 [C]. 陕西省能源重化工产品深加工技术文集，2010.
[18] 杨占彪. 全馏分煤焦油加氢生产实践 [J]. 煤炭加工与综合利用，2014，15 (6)：31-33.
[19] 杨占彪，王树宽. 煤焦油全馏分加氢方法 [P]. ZL201210308306.4. 2012-8-27.
[20] 郭朝晖，佘喜春，朱方明，等. 宽馏分煤焦油加氢改质生产轻质燃料油的工艺研究 [C]. 2013：723-733.
[21] 李庆华，刘呈立，周冬京，等. 一种煤焦油的预处理方法 [P]. ZL201010201302.7，2007-8-8.
[22] 李庆华，郭朝辉，佘喜春，等. 一种煤焦油加氢改质生产燃料油的方法 [P]. CN101250432A，2008-8-27.
[23] 高晋生. 煤的热解、炼焦和煤焦油加工 [M]. 北京：化学工业出版社，2010：271-273.
[24] 赵桂芳，姚春雷，全辉. 蒽油加氢改质研究 [J]. 当代化工，2008，4 (37)：341-343.
[25] 许杰，刘平，王立言. 蒽油加氢转化为轻质燃料油技术研究 [J]. 煤化工，2008，36 (5)：21-24.
[26] 许杰，方向晨，关明华，等. 蒽油两段加氢生产清洁燃料油技术 [J]. 化工进展，2014，33 (1)：64-69.
[27] 方向晨. 加氢裂化 [M]. 北京：中国石化出版社，2006：74-75.
[28] 何巨堂. 一种蒽油加氢裂化方法 [P]. CN101024780，2007-8-29.
[29] 何巨堂. 一种富氧煤焦油加氢转化方法 [P]. CN101037616，2007-9-19.
[30] 何巨堂. 一种煤焦油分馏和加氢转化组合方法 [P]. CN101629105，2010-1-20.
[31] 何巨堂. 一种含重馏分的煤焦油的加氢改质方法 [P]. CN101629107，2010-1-20.
[32] 何巨堂. 一种煤焦油加氢转化生产柴油的方法 [P]. CN101629097，2010-1-20.
[33] 何巨堂. 一种不同沸程煤焦油馏分的加氢转化组合方法 [P]. CN101629101，2010-1-20.
[34] 何巨堂. 一种不同沸程煤焦油馏分的联合加氢转化方法 [P]. ZL200810166719.7，2010-6-30.
[35] 何巨堂. 一种不同沸程煤焦油馏分的加氢转化组合方法 [P]. ZL200810170910.9，2010-1-20.
[36] 何巨堂. 一种煤焦油氢化方法 [P]. CN101712886A，2010-5-26.

[37] 燕京，吕才山，刘爱华，等. 高温煤焦油加氢制取汽油和柴油 [J]. 石油化工，2006，1 (35)：33-36.
[38] 赵晓青，王洪彬，霍宏敏，等. 一种燃料油的生产方法 [P]. ZL200510048454.7，2006-3-29.
[39] 何巨堂. 一种蒽油加氢转化方法 [P]. CN101033409，2007-9-12.
[40] 何巨堂. 一种煤焦油加氢转化方法 [P]. ZL200610071230.2，2007-9-26.
[41] 王守峰，吕子胜. 中高温煤焦油加氢裂化工艺 [P]. ZL200410043708.1，2005-10-05.
[42] 沈和平，杜卡田，刘平泽. 煤焦油加氢裂化方法 [P]. ZL200610028263.9，2006-12-13.
[43] 何巨堂. 一种含重馏分煤焦油的加氢转化方法 [P]. ZL200810166722.9，2010-6-30.
[44] 何巨堂. 一种烃氢化方法 [P]. CN101712887A，2010-5-26.
[45] 何巨堂. 一种烃氢化方法 [P]. CN101717660A，2010-6-2.
[46] 戴连荣，贺占海，刘忠易，等. 煤焦油制燃料油的工艺 [P]. ZL200510052067.0，2005-9-7.
[47] 王守峰，吕子胜. 一种煤焦油延迟焦化加氢组合工艺方法 [P]. ZL200810209558.5，2009-5-13.
[48] 许杰，关明华，王立言. 一种蒽油加氢生产轻质燃料油的方法 [P]. ZL200910187909.1，2011-5-4.
[49] 关明华，许杰，王立言. 一种蒽油加氢方法 [P]. ZL200910187908.7，2011-5-4.
[50] 何巨堂. 一种蒽油加氢转化方法 [P]. CN101033409A，2007-9-12.
[51] 徐翠香，胡瑾. 一种蒽油加氢生产溶剂油的方法 [P]. CN104031678A，2014-9-10.
[52] 项文裕，项裕桥，胡义波，等. 煤焦油中的蒽油加氢制柴油的方法 [P]. CN103695030A，2014-4-2.
[53] 陈恒顺. 一种提高蒽油加氢柴油十六烷值的生产方法 [P]. CN103756720A，2014-4-30.
[54] 李庶峰，邓文安，文萍，等. 轮古稠油与煤焦油混合原料悬浮床加氢裂化研究 [J]. 石油炼制与化工，2007，10 (38)：25-28.
[55] 孟兆会，杨圣斌，杨涛，等. 减压渣油掺炼煤焦油相容性及加氢处理研究 [J]. 石油炼制与化工，2014，05 (45)：25-28.
[56] 于双林，赵愉生，崔瑞利，等. 一种处理煤焦油与渣油的加氢组合工艺方法 [P]. CN103540353A. 2014-01-29.
[57] 任相坤，崔永君，井口宪二，等. 一种杂油、煤和煤焦油加氢共炼的方法 [P]. CN104087339A，2014-10-08.
[58] 李立权. 加氢裂化装置工艺计算与技术分析 [M]. 中国石化出版社，2009，193-199.
[59] 李冬，李稳宏，高新，等. 中低温煤焦油加氢改质工艺研究 [J]. 煤炭转化，2009，04 (32)：81-84.
[60] 石振晶，方梦祥，唐巍，等. 多联产煤焦油加氢制取汽柴油试验研究 [J]. 煤炭学报，2014，S1 (39)：219-224.
[61] 朱方明，佘喜春，郭朝晖，等. 鲁奇炉宽馏分煤焦油加氢改质工艺研究 [J]. 煤炭转化，2010，04 (33)：43-46.
[62] 范建锋，张忠清，姚春雷，等. 中温煤焦油加氢生产清洁燃料油试验研究 [J]. 煤炭学报，2013，10 (38)：1868-1872.
[63] 王洪岩. 淮南煤多联产焦油催化加氢试验研究 [D]. 杭州：浙江大学，2013.
[64] Tang W，Fang M，Wang H，et al. Mild hydrotreatment of low temperature coal tar distillate：Product composition [J]. Chemical Engineering Journal，2014，236：529-537.
[65] Kan T，Sun X，Wang H，et al. Production of gasoline and diesel from coal tar via its catalytichydrogenation in serial fixed beds [J]. Energy & Fuels，2012，26 (6)：3604-3611.
[66] Kan T，Wang H，He H，et al. Experimental study on two-stage catalytichydroprocessing of middle-temperature coal tar to clean liquid fuels [J]. Fuel，2011，90 (11)：3404-3409.

第6章 煤焦油加氢催化剂

6.1 加氢催化剂的分类及组成

6.1.1 加氢催化剂的分类

通常可把煤焦油的加氢分为两大部分，一部分是加氢精制（包括加氢处理）；另一部分是加氢裂化。与其相对应的加氢催化剂自然就分为：加氢精制/加氢处理催化剂；加氢裂化催化剂[1]。

加氢精制催化剂按有无载体可分为：金属催化剂和含有载体的加氢催化剂；按催化剂功能可分为：加氢脱硫、加氢脱氮、加氢脱金属和加氢饱和催化剂等；按加工的馏分油类型可分为：轻质馏分油加氢精制、重质馏分油加氢处理、石油蜡类及特种油的加氢精制等。

加氢裂化催化剂按金属组分可分为：贵金属、非贵金属催化剂；按酸性载体可分为：无定型硅铝、无定型硅镁、改性氧化铝等；按目的产品可分为：轻油型、中油型、中高油型、重油型等类型。

6.1.2 加氢催化剂组成

常规使用的固体催化剂通常由三部分组成，即载体、活性（金属）组分及助催化剂（简称为助剂），有的催化剂也可以不含助剂。三者各有各的作用，不是孤立分割的，而是互相渗透相辅相成的，它们是高度分散、均匀地统一于一个体系之中的特殊物质。

6.1.2.1 载体

载体是固体催化剂的重要组成部分，它作为负载催化剂骨架，通常采用具有足够机械强度的多孔性物质。载体可分为天然载体和人工合成载体，人工合成载体具有天然载体无法比拟的优点，被广泛地应用于加氢催化剂制造[2,3]。表6-1中为一些常用载体的比表面积和比孔体积参数。

表6-1 常用载体的比表面积和比孔体积[4]

分类	载体名称	比表面积/ $m^2 \cdot g^{-1}$	比孔体积/ $cm^3 \cdot g^{-1}$
合成载体	α-氧化铝	<10	0.03
	γ-氧化铝	150～300	0.3～1.2
	η-氧化铝	130～390	0.2

续表

分类	载体名称	比表面积/ $m^2 \cdot g^{-1}$	比孔体积/$cm^3 \cdot g^{-1}$
合成载体	硅胶	200～800	0.2～4.0
	丝光沸石	550	0.17
	八面沸石	580	0.32
	Na-Y型沸石	900	0.25
	活性炭	500～1500	0.32～2.6
	碳化硅	<1	0.4
	氢氧化镁	30～50	0.3
天然载体	铁矾土	150	0.25
	硅藻土	2～3	0.5～6.1
	膨润土	280	0.16
	刚铝石	<1	0.33～0.45
	氟镁石	3	0.58
	多水高岭土	140	0.31

载体的主要作用如下。

(1) 提高选择性　当催化剂微粒子的粒度分布及活性中心强度变得不均匀时，会导致催化剂选择性降低。因此，用载体担载活性金属组分来控制活性组分微粒子大小、分散度及粒子分布的方法来达到提高催化剂选择性的目的。在合成载体时，应充分考虑欲加工原料油的沸程、族组成及结构等特性，将催化剂载体孔径及孔径分布调整到与反应分子大小相适应的孔结构，以达到提高催化剂选择性的目的。

(2) 提高催化剂活性　载体的重要作用之一是将催化剂活性金属物质变成微细粒子，使之高度分散在载体表面上，以增加容易成为活性中心的晶格缺陷，由此可以提高催化剂活性。此外，载体同活性金属之间的固相反应也可能形成活性中心。

(3) 提供酸性中心　对于加氢精制催化剂，一般要求催化剂载体不需要具有强的酸性，因为酸性中心能增加催化剂的裂解活性，这样会降低加氢精制催化剂的选择性和液体收率，对反应产生负面影响。而对于加氢处理、加氢裂化催化剂来说，要求催化剂具有适度的酸性，以此增加催化剂裂解活性，使焦油发生适度的裂化反应。

(4) 提高机械强度　固定床催化剂的机械强度是工业催化剂的一项重要指标。反应器内的催化剂将要承受来自以下全部或部分的作用力：自身静压和反应物流的冲击力；装填和卸出时有可能引起的破损；局部过热引起的熔融而导致催化剂颗粒收缩；运转过程的急热和骤冷带来的冷热冲击而诱发催化剂破碎等。载体的机械强度是催化剂强度的基础和提供者。催化剂强度大小的选择要根据原料油性质、工艺特点和催化剂自身性质等多种因素确定。倘若催化剂强度制作的过高，往往会给催化剂的活性带来损害。

(5) 节省活性组分　如何做到在保证催化剂具有足够活性的前提下，尽量减少活性组分的用量，无论是从降低催化剂成本，还是从提高催化剂研制水平来考虑，都是极为重要的。一个理想的催化剂载体，可以使有限的活性组分能够形成最合理的粒子分布，以最大限度地发挥催化剂加氢活性，这是节省活性组分的有效途径。

（6）延长催化剂寿命　活性金属热稳定性差，所以常常诱发金属熔融导致催化剂活性迅速降低。借助于载体的微粒化及其高度分散性和耐热性，可达到抑制熔融并延长催化剂寿命的目的。加氢反应是放热反应，积蓄的热量会引起活性金属熔融。由于载体在催化剂组成中的比例最大，载体可以增加散热面积，具有稀释和分散活性金属的作用。也可以借助选择和提高载体的导热性能来延长催化剂的寿命。

综上所述，选取适当的载体对催化剂来说起到重要的作用。但是，载体的选择必须对应于催化剂的应用目标和对象。同时，也要从载体的化学成分、晶相、表面性质及物理性能等方面加以考虑。特别是对于煤焦油这种物质组成复杂，大小分子均要参加加氢轻质化反应，更应该寻找到合适的催化剂载体。

近年来，众多研究者针对煤焦油、渣油等重质、劣质油的加氢催化剂载体进行了研究[5]，具体如下。

（1）传统 γ-Al_2O_3 作催化剂载体　γ-Al_2O_3 是最常见的催化剂载体，γ-Al_2O_3 载体具有大比表面积、特殊的多孔结构、较高的力学性能和热稳定性以及价格低廉等特点。目前在以 γ-Al_2O_3 为载体的加氢催化剂研究中，比较多的是活性组分的负载量对 γ-Al_2O_3 比表面积及孔径、孔容的影响。负载量过大会使载体比表面积大幅度降低，从而使催化活性性能降低，负载量过低达不到很好的加氢效果。但是仅对负载量的研究不能从根本上解决传统 γ-Al_2O_3 存在的孔径、比表面积过小、孔道单一的固有属性问题。

（2）改性 γ-Al_2O_3 作催化剂载体　通过改性剂（P、B、Fe）对载体比表面积、孔径、酸位、酸量以及活性组分分散度的调整，使加氢催化剂更好地发挥作用。杨占林等[6]通过 P 改性 Al_2O_3，得出 P 能降低载体的表面酸量，并且在载体成型过程中加入 P 效果较好；浸渍液中含有 P 也有利于活性组分的还原，同时使催化剂表面具有较高的 Ni/Mo。孔会清等[7]采用 $MgAl_2O_4$ 改性剂，等体积浸渍法制备出不同含量 $MgAl_2O_4$ 的 Co-Mo$MgAl_2O_4$-Al_2O_3 催化剂，可以使催化裂化汽油脱硫率高达 93.4%，烯烃饱和率为 29.6%，原因是 $MgAl_2O_4$ 可以减弱载体的酸性以及金属与载体的相互作用，提高了催化活性，而且降低了反应温度。刘静等[8]采用合成方法将沸石的次级结构单元对 Al_2O_3 进行表面改性，使 Al_2O_3 的酸性明显提高，主要以 L 酸为主，使氢解路径比例增加，有利于加氢脱硫。魏昭彬等[9]采用激光拉曼光谱的研究也表明，一定量的 TiO_2 覆盖在 Al_2O_3 表面可明显改变 Mo 物种的存在形态和催化剂的表面结构，制备的催化剂中 MoO_3 的还原行为和加氢脱硫活性均有显著提高。由此可见，通过添加 P、$MgAl_2O_4$、TiO_2、沸石次级结构等，可以改性 γ-Al_2O_3 的比表面积、酸量、孔径以及金属与载体之间的相互作用，相对于传统的 γ-Al_2O_3 作为载体的催化剂活性明显提高。但上面所阐述，改性剂既能使酸性及酸量降低，也可以提高，这就要求必须根据具体的反应去寻找合适的改性剂，从而产生匹配性很好的催化剂。

（3）多孔材料作催化剂载体[10]　微孔分子筛（孔径＜2nm）包括 Beta、ZSM-5 等一类酸性载体分子筛，具有比表面积大，Si/Al 可以在很宽的范围内调变，酸性质强，酸量易于调控，有较好的水热稳定性等优点，被广泛用于石油催化裂化、加氢裂化等一系列催化反应。任亮等[11]选用 Y_1、Y_2、ZSM-5、Beta 分子筛催化剂分别对正癸烷加氢进行评价，研究认为Beta分子筛的酸强度较弱，有利于反应产物脱附离开分子筛活性中心，Beta分子筛的孔径大于其它3种分子筛，所以有利于反应物和产物的扩散，从而有利于提高活性。杜艳泽等[12]对Beta、Y型分子筛的减压蜡油加氢裂化性能做了研究，同样得到前者活性大于后者。Pérot[13]和赵琰等[14]的研究表明，分子筛的强酸性中心会促进石蜡油的裂解，且加氢裂化催化剂积炭普遍高于加氢处理催化剂，原因在于加氢裂化催化剂酸中心数多、酸度高。所以，微孔材料作为载体要选择适当的酸量。

介孔材料（孔径在2～50nm）具有高度有序的孔道结构、高比表面积和较大的孔径，其在高芳烃原料处理中有着其它催化剂载体不可代替的重要作用[15]。介孔材料的独特性质使其在催化领域具有良好的应用前景，介孔载体的酸性比沸石弱，孔径较大，形成的焦炭和副产物更少。Zhao等[16]合成了孔径在10～30nm可调的且具有3～5nm厚孔壁的SBA-15材料，其具有和MCM-41相似的孔道结构，并且具有更大的介孔孔径和更好的水热稳定性。在相同的孔径尺寸下，三维立方结构的介孔材料比二维六方结构的介孔材料具有更好的扩散性能[17,18]，Yasuhiro等[19]和Kim等[20]合成了具有三维立方结构大孔径的KIT-6材料，并系统考察KIT-6介孔材料的合成方法和条件。魏登凌等[21]提出对于重馏分油加氢裂化催化剂孔道在4～10nm是比较合适的，有利于活性组分的扩散，以及反应物在孔道内扩散和产物的及时排出。但由于介孔材料孔壁是无定形状态，导致其在酸性、稳定性等方面远低于微孔分子筛材料，弱酸性和较低的水热稳定性大大限制了其在催化剂载体中的应用。所以对其水热稳定性的研究一直处于研究阶段，如果攻克了这一缺陷，那么将其用于大分子催化加氢工业化将指日可待。

针对微孔材料小孔径以及介孔水热性差的问题，介-微孔材料合成方面的研究成为加氢催化剂载体研究的热点[22,23]。李玉平等[24]以Beta作为硅铝源制备了β/MCM-41沸石介-微孔复合分子筛，其水热稳定性远远高于普通方法合成的介微孔分子筛。吕倩等[25]合成了MCM-41/Beta复合分子筛，负载Ni-W，催化剂孔径范围主要在2～15nm。以减压蜡油作评价时，显示出超强的裂化能力，原因在于较大孔径分布集中，有利于原料接触更多孔道里面的酸位及活性部分，更有利于产物的扩散排出。Zhang等[26]首次合成了Beta-KIT-6复合分子筛，通过对二苯并噻吩的加氢脱硫发现，原料转化率是Al_2O_3的2～3倍。介微孔分子筛基于微孔的酸性和介孔的孔道，优势互补，避免了各自的缺陷，在材料方面具有一定的深远意义，对于煤焦油加氢轻质化更是契机。

6.1.2.2　活性组分

加氢精制和加氢裂化催化剂的活性组分主要分为贵金属和非贵金属两类。贵金属作为加氢催化剂的活性组分，大多使用Ⅷ族过渡金属，如Pd、Pt等。常以单质形式存在，在较低反应温度下能显示出较高的加氢活性。贵金属催化剂对有机硫化合物、氮化合物和硫化氢等非常敏感，容易引起中毒而失活，故多半用于硫含量很低或不含硫的原料油加氢过程。同时，贵金属价格昂贵，限制了它的广泛使用，只在特殊临氢催化过程中使用。非贵金属作为加氢催化剂的活性组分，价格较低，大多使用ⅥB族的Cr、Mo、W和Ⅷ族的Co、Ni等，常以氧化态或硫化态形式存在，其活性相对较低。

随着我国石油炼制和煤化工的迅速发展，对加氢催化剂的用量也逐年增加。因此，选用价格较低的金属作为加氢催化剂的活性组分，无论是从经济上还是从资源供应的战略意义上考虑都具有重要意义。中村雅纪等[27]提出了一种可减少贵金属用量的纳米催化剂技术，它的基本理念是催化剂由抑制贵金属移动的基材和抑制基材之间凝集的分隔材料组成。这种结构由于能抑制贵金属的烧结，使其保持微粒状态，可以达到大幅度降低贵金属用量的目的。其技术要点是要使金属-载体之间有适当的结合力，这种结合力过强或过弱都不利于催化剂活性的提高，选取合适的载体使其与金属有适当的结合力是重要的。

马倩等[28,29]、Ardakani 等[30,31]分别指出非贵金属的磷化物和碳化物亦有良好的加氢活性。前者具有很高的加氢脱硫活性，其中以晶态 Ni_2P 的活性最佳，且活性高于一般的 MoNiS。后者对分子筛酸性有较好的修饰性，对以 Mo_2C 为活性位的 Mo_2C (20%) /HY 研究表明，当反应物是十氢化萘时，Mo_2C/HY 的 C_{10} 选择性显著大于 Pt/HY。这主要归因于它们酸分布和酸量的不同，Pt/HY 由于 B 酸量显著高于 Mo_2C/HY，加氢裂化活性较高，产物有较多的 C_7～C_9。此外，金属氮化物也是一种有前途的加氢处理材料[32]，其脱氮能力大于脱硫能力，且双金属氮化物活性高于单金属氮化物[33]。

目前广为使用的双组分金属有 Mo-Co 系、Mo-Ni 系和 W-Ni 系，还有选用三组分的，如 W-Mo-Ni 系和 Mo-Co-Ni 系，甚至还有四组分的 W-Mo-Ni-Co 系。选用哪种组合要根据煤焦油性质、产品质量标准以及加氢处理的主要反应是脱硫、脱氮还是脱芳烃饱和等而加以选择。通常认为 Mo-Co 型催化剂低温下脱硫性能显著。对于直馏馏分油加氢脱硫，选择 Mo-Co 系金属组分，具有液体收率高、氢耗低、结焦缓慢等优点。对以加氢脱硫、加氢脱氮及芳烃饱和为主要目的的，其原料含氮及芳烃量都高，通常选择 Mo-Ni 型催化剂。因为在有硫存在下，Mo-Ni 型比 Mo-Co 型催化剂的加氢脱氮活性高 2.0～2.5 倍，而且此类原料中含有的硫化合物多半是噻吩类，尤其是烷基苯并噻吩类，难以直接脱除，必须经过先行加氢后脱硫的反应历程，则具有较高加氢活性的 Mo-Ni 型催化剂更为有利。因此，在很多加氢处理催化剂中，大多选用 Mo-Ni 型作为加氢处理催化剂的活性组分。

6.1.2.3 助剂

助催化剂，简称助剂，其在催化剂中加入量一般为千分之几到百分之几，却能明显改变催化剂某一性能或几种性能。引入助剂之后的催化剂，在化学组成、化学结构、酸碱性质、表面性质、粒子分散状态、机械强度等方面均有可能发生变化，或引起部分内容发生变化。所有这些都将进一步影响或提高催化剂的活性、选择性、稳定性及机械强度等。加氢催化剂常用的金属助剂有 Co、Ni、Ti、Zr、K、Na 等，非金属助剂有 P、B、F、Si 等。加入助剂 P 后，硅铝载体表面性质的变化示于表 6-2[34]。

表 6-2 助剂 P 对硅铝载体表面性质的影响

载体	化学组成	孔体积/$mL \cdot g^{-1}$	比表面积/$m^2 \cdot g^{-1}$	平均孔径/nm	可几孔径/nm
A	Si-Al	0.39	215	7.0	6.8
B	Si-Al-P	0.85	330	10.3	10.5

由表 6-2 可以看出，在载体 A 中加入助剂 P 之后的载体 B，孔体积由 0.39$mL \cdot g^{-1}$ 增

大为0.85mL·g^{-1}，比表面由215m^2·g^{-1}增至330m^2·g^{-1}，平均孔径由原来的7.0nm增加为10.3nm，可几孔径由6.8nm增加为10.5nm。助剂磷的引入，使载体的表面性质和表面结构发生了质的变化。

6.2　加氢催化剂的物化性质

催化剂的物化性质，通常指的是催化剂的宏观性质及表面性质。对加氢催化剂较为重要的物化性质有：密度、酸碱性、颗粒度、机械强度、表面性质等，在此对其进行简单介绍[33]。

6.2.1　密度

催化剂密度（ρ）是单位体积（V）内含有的催化剂质量（m），以$\rho=m/V$表示。一般说来，由于催化剂是多孔性物质，在其呈自然堆积时，它的表观体积$V_{堆}$实际上是由三部分组成：第一部分是催化剂与催化剂之间的空隙，以$V_{空}$表示；第二部分是催化剂颗粒内部孔隙所占有的体积，以$V_{孔}$表示；第三部分是催化剂自身骨架所具有的真实体积，以$V_{真}$表示。在实际测定中，可根据$V_{堆}$值所包含的不同内容，将催化剂的密度ρ可分为以下三种：堆积密度ρ_B、颗粒密度ρ_p、真密度ρ_t（骨架密度）。

用公式表示为：

$$\rho_B=m/V_{堆}=m/(V_{空}+V_{孔}+V_{填})$$

$$\rho_p=m/(V_{孔}+V_{填})$$

$$\rho_t=m/V_{真}$$

6.2.2　形状和颗粒度

催化剂几何形状和颗粒度是催化剂加氢反应过程中重要的影响因素之一，一个几何形状和颗粒度理想的催化剂，将使反应体系中的物流分配、传质及传热、流体力学及床层压力降等更加合理。固体催化剂的形状有球形、条形、环形、片状、螺旋形及齿形等，条形又可分为柱条形、三叶草形、蝶形等。颗粒度有一次粒子、二次粒子等，一次粒子为原子、分子或离子组成的晶粒，其颗粒度一般不超过100nm，由若干晶粒组成的颗粒称为二次粒子，其颗粒度在0.001～0.2mm。从固定床加氢催化反应的发展趋势来看，催化剂的颗粒度越来越趋向于向小粒径异型方向发展。

催化剂当量直径越大，耐压强度也越大。孔体积和孔隙率越大，则耐压强度及堆积密度越小。

形状各异、粒度不同的催化剂床层的孔隙率不同。通常，拉西环形状的床层孔隙率最大（46%～55%），条形催化剂中，四叶草床层孔隙率较大（42%），三叶草次之，圆柱条形最小（37%），球形催化剂床层孔隙率（38%～39%）稍高。

在重油固定床加氢处理过程中，床层压力降的逐渐升高，将导致加工能力减小和运转周期缩短。为了避免床层压力降的过快增加，希望把催化剂制成颗粒之间孔隙率大且具有异型为好。不同形状和不同颗粒直径的利用率示于表6-3。由表可知，随着催化剂颗粒度变小和外观异形化，催化剂利用率显著提高。

表 6-3　不同形状和不同颗粒直径催化剂的利用率

催化剂形状	当量直径/mm	利用率/%	催化剂形状	当量直径/mm	利用率/%
普通圆柱形	5	23	普通圆柱形	1.5	64
三叶草形	5	35	三叶草形	1.5	90
空心圆柱形	5	45			

催化剂形状及颗粒度大小对催化剂活性的影响已越来越引起人们的关注。Bruijn 等[35]对不同几何形状和颗粒度的 Mo-Co 型催化剂，在 4.0MPa、365℃、LHSV 1～3h^{-1}工艺条件下进行加氢脱硫试验，结果见表 6-4。由表可知：圆柱条形催化剂的 L_p 由 0.189mm 逐渐增大到 0.345mm，则加氢脱硫活性由 9.8 相应降到 5.7；当量直径均为 1/16″，而催化剂形状不同时，加氢活性不同。

表 6-4　催化剂几何形状和颗粒度对加氢脱硫活性的影响①

催化剂形状	直径×长度/mm	L_p/mm②	单位质量加氢脱硫活性
1/32″圆柱	0.83×3.9	0.189	9.7
1/20″圆柱	1.2×5.0	0.268	7.9
1/16″圆柱	1.55×5.0	0.345	5.7
1/16″椭圆	1.9×1.0×5.0	0.262	8.4
1/16″环形	6.2D×0.64d×4.8	0.233	8.7
1/12″三叶草	1.0×5.0	0.295	8.2
无定形颗粒	0.25～0.45	0.04	14.0

①原料为科威特减压瓦斯油，沸程为 331～533℃，$\rho=0.9206g\cdot cm^{-3}$，含硫量 2.8%。

②$L_p=V_p/S_p$，即催化剂颗粒体积与颗粒几何表面积之比。

6.2.3 机械强度

催化剂的机械强度在实际应用中是一项非常重要的指标，其包括两个概念，一个是耐压强度，另一个是磨损强度[36]。

耐压强度指的是对催化剂均匀施加压力时，当催化剂瞬间出现裂纹或破碎时，所承受的最大负荷。影响催化剂（载体）自身机械强度的因素很多，如化学组成、制备方法、催化剂孔隙率、颗粒形状大小、成型方法等，具体见图 6-1。同时，强度大小也与测试方法的不同而有所区别。例如，质量相同的球形催化剂，耐受外力作用的能力要好于条形和环形。同是条形催化剂，其耐压强度的大小遵循以下规律：四叶草条形＞三叶草条形＞圆条形。

催化剂的机械强度在加氢精制过程中，可依照原料油性质、工艺条件以及目的产品要求而适当地加以选择和调整。如对轻质油品加氢精制时，原料油硫、氮及金属杂质少，反应温度低，加之加氢精制又是气相反应过程，反应释放热量相对少，要求催化剂强度适中即可。相反，用于重油加工过程的催化剂强度，往往要求的高一些。催化剂的机械强度值要恰如其分。强度过低，往往会引起催化剂颗粒破碎，物流分布不

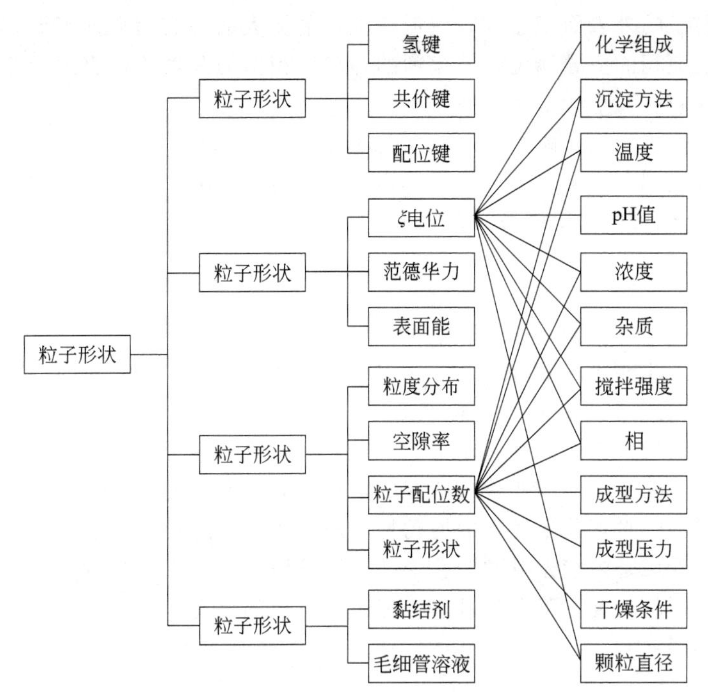

图 6-1　影响催化剂载体机械强度的因素

均，局部过热，床层下移，床层压力降增加，加工量降低和缩短运转周期等，影响加氢过程的正常运行。强度过高，往往降低催化剂活性和增加制造成本价。

催化剂耐压强度测试方法有多种。目前催化剂实验室研究以及催化剂生产行业普遍采用 DL-型智能颗粒强度测定仪对催化剂的耐压强度进行测定。

磨损强度是表征催化剂耐磨损的性能，通常以磨损率来表示。固体催化剂在储运、装填、使用过程中会发生催化剂的磨损和剥蚀。在固定床加氢精制过程中，各种反应物流是相对移动的，而催化剂是相对静止的，仅存在轻微的相对移动（料层下沉、物流冲击等），磨损问题一般不严重。通常要求催化剂磨损率不大于 2%即可满足固定床加氢工艺过程的需要。

催化剂磨损试验有球磨机、震动磨、喷射磨等多种方法，球磨机法进行磨损试验的方法为：首先称取一定量（G）某种颗粒度的催化剂，放入转鼓并按规定的旋转速度及时间使其经受滚动摩擦，然后用筛分法测定小于原颗粒度的碎催化剂质量（g），催化剂的磨损率 $\eta=g/G$。

6.2.4　表面性质

固体催化剂的表面性质是影响和发挥催化剂各种性能的重要因素之一，一般用比表面积、比孔体积、孔隙结构及孔隙率等参数加以表征。

（1）比表面积　比表面积（S）是单位质量催化剂所具有的表面积总和，可分为外表面积 $S_{外}$ 和内表面积 $S_{内}$。由于催化剂载体是由许多微小的二次微粒子的集合体构成，众多二次微粒子的外表面积总和，便形成催化剂庞大的内表面积。因此，催化剂的内表面积占比表面积的主导地位。催化剂的外表面积指的是催化剂表观的几何表面，其大小通常与颗粒度及形状密切相关。

(2) 比孔体积　比孔体积（V_g）为1g催化剂所有颗粒内部孔的体积总和，其可以通过ρ_p和ρ_t进行计算，$V_g=(1/\rho_p)-(1/\rho_t)$。在实际应用中的孔体积测定可以采用经典的BET法，也可以采用简易的四氯化碳吸附法，此法测定催化剂比孔体积V_g的计算按下式进行：

$$V_g=\frac{W_2-W_1}{W_1\cdot d}(\mathrm{mL\cdot g^{-1}})$$

式中，W_1为催化剂样品的质量，g；W_2为催化剂的孔充满四氯化碳之后的总质量，g；d为实验温度下的四氯化碳相对密度。

(3) 孔隙结构　催化剂是属于多孔性物质，这些孔隙通常是具有孔径大小不一、孔道长短各异、孔壁凸凹多变棱角四起的形状。为了便于表征催化剂的孔结构，提出了孔的简化模型、平均孔半径、平均孔长度的概念。孔的简化模型就是把颗粒催化剂内部的孔隙，看成是内壁光滑的圆柱形孔，假设用r代表圆柱状的平均孔半径，以L代表圆柱孔的平均长度，于是就可以根据试验测定的比孔体积和比表面数值，按下式计算平均孔半径：

$$r_{平}=2V_g/S_g$$

平均孔长度L，按下式进行计算：

$$L_{平}=\sqrt{2}V_p/S_x$$

式中，V_p为每个催化剂颗粒体积；S_x为每个催化剂颗粒的外表面积。

对于球形、圆柱体及正方体颗粒来说，$V_p/S_x=d_p/6$，d_p为颗粒直径，则平均孔隙长度为：

$$L_{平}=(\sqrt{2}/6)d_p$$

6.2.5 固体酸碱性

固体酸是具有给出质子或接受电子对能力的固体物质，而固体碱是具有接受质子或给出电子对能力的固体物质。其中，能给出质子的物质称之为Brönsted酸，简称B酸；能接受质子的称之为Brönsted碱，简称B碱。能接受电子的物质称之为Lewis酸，简称L酸；能给出的电子的物质称之为Lewis碱，简称L碱。此外，固体酸概念包括酸种类、酸强度和酸浓度三层含义。酸的种类可按Hammett指示剂法分为强酸、中强酸和弱酸；酸强度为给出质子或接受电子对的能力大小；酸浓度为固体单位表面或单位质量吸附碱性分子的量。

6.3 加氢催化剂的性能及使用

6.3.1 催化剂的性能

(1) 催化剂的活性　催化剂活性是指催化剂影响反应进程变化的程度，可用多种不同的基准来表示[37]。例如，每小时每克催化剂的产物[g/（g·h）]，或每小时每立方厘米催化剂的产物［g/（cm^3·h）]，也可以用每小时每摩尔催化剂的产物[mol/（mol·h）]等。对于固体催化剂，工业上常采用给定温度下完成原料的转化率来表达，活性越高，原料转化率的百分数越大。也可以用完成给定的转化率所需的温度表达，温度越低活性越高。还可以用完成给定的转化率所需的空速表达，空速越高活性越高。也有用给定条件下目的产物的时空收率来衡量的。

在催化反应动力学的研究中，活性多用反应速率表达。催化剂本身的催化活性是其活性组分的化学本性和比表面积的函数，除构成它的化学组元及其结构以外，也与宏观结构有关。而后者决定了扩散速率，成为影响催化反应的主要因素之一。工业催化剂的催化活性可用三个参数的乘积表示：

$$A_t = a_s S\eta$$

式中，A_t为单位体积催化剂的催化活性；S为单位体积催化剂的总表面积；a_s为单位表面积催化剂的比活性；η为催化剂的内表面利用率。

对于使用固体催化剂的反应：

$$\mathrm{A+B\xrightarrow{Cat}C+D}$$

反应速率可表示为：

$$r_m = -\frac{dn_A}{m dt} = -\frac{dn_B}{m dt} = \frac{dn_C}{m dt} = \frac{dn_D}{m dt}$$

$$r_v = -\frac{dn_A}{V dt} = -\frac{dn_B}{V dt} = \frac{dn_C}{V dt} = \frac{dn_D}{V dt}$$

$$r_s = -\frac{dn_A}{S dt} = -\frac{dn_B}{S dt} = \frac{dn_C}{S dt} = \frac{dn_D}{S dt}$$

式中，r_m、r_v和r_s分别为单位时间内单位质量、体积和表面积的催化剂上反应物或产物的变化量；m、V和S分别为催化剂的质量、体积和比表面积；n为反应物或产物的物质的量，mol；t为时间。

用反应速率比较催化剂的活性时，要求反应温度、压力和反应物的浓度相同。

（2）催化剂的选择性 催化剂的选择性是指所消耗的原料中转化成目的产物的分率，即当相同的反应物在热力学上存在多个不同方向时，将得到不同的产物，而催化剂只加速其中的一种，这就是催化剂的选择性。催化剂的活性和选择性的定量表达，常采用下述关系式：

$$\chi(\text{转化率}) = \frac{\text{已转化的指定反应物的量}}{\text{指定反应物进料的量}} \times 100\%$$

$$s(\text{选择性}) = \frac{\text{转化成目的产物的指定反应物的量}}{\text{已转化的指定反应物的量}} \times 100\%$$

$$y(\text{产率}) = \frac{\text{转化成目的产物的指定反应物的量}}{\text{指定反应物进料的量}} \times 100\%$$

$$y = \chi s$$

此外，催化剂的活性也常用时空产率表示，所谓时空产率是指一定条件下（温度、压力、进料组成、进料空速均一定)，单位时间内单位体积或单位质量的催化剂所得产物的量。时空产率表示活性的方法虽很直观，但不确切。因为催化剂的生产率相同，其比活性不一定相同；其次，时空产率与反应条件密切相关，如果进料组成和进料速度不同，所得的时空产率亦不同。因此，用它来比较活性应当在相同的反应条件下比较。

(3) 催化剂的稳定性（寿命） 催化剂的稳定性是指其活性和选择性随时间变化的情况，包括热稳定性、化学稳定性和机械稳定性三方面。热稳定性是指催化剂在反应条件下，不因受热而破坏其物理-化学状态；化学稳定性是指催化剂保持稳定的化学组成和化合状态；机械稳定性是指催化剂具有足够高的机械强度。

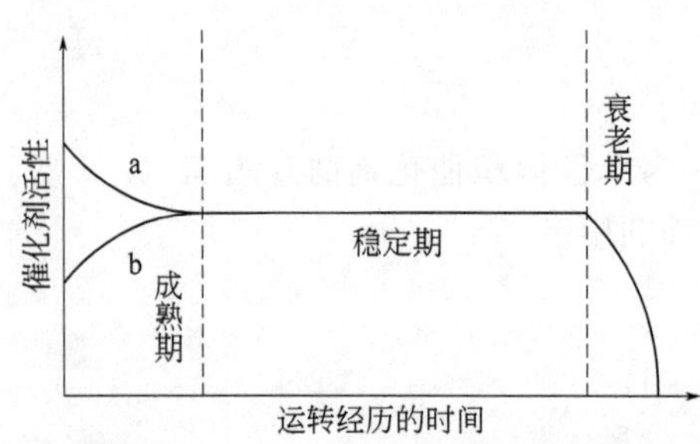

图 6-2 催化剂活性随时间变化的曲线图
a—初始活性很高，很快下降达到老化稳定；
b—初始活性很低，经一段诱导达到老化稳定

催化剂的寿命是指在工业生产条件下，催化剂的活性能够达到装置生产能力和原料消耗定额的允许使用时间，也可以是指催化剂经再生后的累计使用时间。催化剂的活性变化，一般可分为三段，如图 6-2 所示。

影响催化剂寿命的因素较多，归纳起来主要有：催化剂表面积炭；催化剂活性中心中毒；催化剂半融或烧结；催化剂活性组分的流失与升华；重金属及垢物沉积；催化剂的破碎。

6.3.2 加氢催化剂的硫化、失活和再生

(1) 加氢催化剂的硫化 新鲜的加氢催化剂其所含的活性金属组分都是以氧化态的形式存在，大量研究和工业实践证明，当催化剂以硫化态的形态存在时具有较高的活性、稳定性和选择性，抗毒性强，寿命长[38]。催化剂的硫化是在一定的温度和氢气分压下，加氢催化剂中的氧化态活性组分经硫化剂临氢分解产生的 H_2S 化学作用变为活性较高的硫化态金属组分。硫化的反应方程式如下：

$$MoO_3+2H_2S+H_2 = MoS_2+3H_2O-163.3kJ/mol$$
$$9CoO+8H_2S+H_2 = Co_9S_8+9H_2O$$
$$3NiO+2H_2S+H_2 = Ni_3S_2+3H_2O-129.8kJ/mol$$
$$WO_3+2H_2S+H_2 = WS_2+3H_2O$$

硫化剂种类及浓度、硫化温度、硫化时间、H_2S 分压及 H_2 分压等因素均对硫化效果有影响，硫化温度影响最大。必须严格控制预硫化过程各阶段的温度，防止催化剂床层温度陡升，造成催化剂活性因烧结而下降。

硫化技术的分类方法根据硫化反应进行的场所可分为器内硫化和器外硫化，而器内预硫化可以分为气相（干法）预硫化和液相（湿法）预硫化两大类。

湿法硫化是在氢气存在下，采用含有硫化物的烃类或馏分油在液相或半液相状态下硫化。湿法硫化又分为两种，一种是催化剂硫化过程所需要的硫由外部加入的硫化物（如二硫化碳、二甲基二硫化物等）进行硫化；另一种是依靠硫化油自身的硫进行

硫化。干法硫化是在氢气存在下，直接用含有一定浓度的硫化氢或直接向循环氢中注入有机硫化物进行硫化。其工艺过程有两种，一种是在循环氢气中注入硫化剂，不排废氢，此时也称为密闭气相硫化；另一种是在循环氢气中注入硫化剂，排废氢。

一般高温预硫化宜采用气相预硫化方法，低温预硫化宜采用液相与硫化方法。对以无定形硅铝为载体的加氢催化剂多采用液相预硫化方法；而对于含分子筛的加氢催化剂多采用液相预硫化方法。如果含分子筛的加氢催化剂采用液相预硫化方法，可能会因发生裂解反应而使催化剂积炭，从而使催化剂活性降低。从反应条件看，氢油比较小的加氢精制装置，由于工程设计条件的限制（例如压缩机的排量），满足不了在加氢催化剂预硫化期间反应系统升温速度的要求时，宜采用液相硫化方法。

(2) 加氢催化剂的失活　加氢催化剂的失活机理主要分为三类：中毒、结焦及烧结。加氢催化剂中毒主要指碱性氮类化合物吸附在酸性中心上，使催化剂失去活性且堵塞孔口、孔道；结焦是指催化剂表面生成炭青质，覆盖在活性中心上，阻止反应物分子进入孔内，与活性中心发生反应；烧结可引起催化剂结构变化，使催化剂失去活性中心，活性金属聚集或晶体变大、分子筛骨架坍塌等。

按照失活催化剂的可再生性，催化剂失活又可分为永久性和可逆性两种。杂质的化学吸附造成的酸碱中和及结焦属于可逆性中毒；重金属沉积、金属结构状态发生变化和聚集、载体孔结构坍塌等属于永久性中毒。金属元素沉积在催化剂上，是促成催化剂永久失活的原因。常见的使催化剂中毒的金属有镍、钒、砷、钠、铁、铜、锌、铅等。钠、锌、钙等碱金属或碱土金属使催化剂中毒的原因是由于其对催化剂酸性中心具有中和作用，从而损害了裂解活性。铁、镍、钒等重金属有机物在临氢条件下发生氢解，生成的金属以硫化物形式沉积于催化剂孔口和表面，造成催化剂失活，并导致床层压降上升，引起加氢催化剂的永久性中毒。在铁、镍、钒三者中，铁的沉积速度最快，镍的速度最慢。

(3) 加氢催化剂的再生　再生操作是一个有序地缓慢烧焦过程。由于运转后的待再生催化剂内外表面含有积炭、以硫化态形式存在的金属硫化物和含有烃类及非烃类杂质等，将这些可燃性物质在一定温度下进行氧化燃烧，以达到最大限度地恢复催化剂活性的目的。

加氢催化剂的再生方法包括水蒸气-空气法和氮气-空气再生法。水蒸气-空气法工艺简单，条件缓和，但烧焦时间长，能耗高，除焦率低，催化剂活性恢复程度低。氮气-空气器内再生是水蒸气-空气再生法的一种改进，它用加热的循环氮气代替蒸汽，消除了水蒸气-空气再生中的许多不利因素，特别是克服了催化剂接触大量水蒸气而导致的老化，减少了再生过程对催化剂的影响，提高了再生后催化剂的活性。

根据加氢催化剂的再生场所可分为器内再生和器外再生。器内再生是催化剂在加氢装置的反应器中不卸出，直接采用含氧气体介质对催化剂进行烧焦再生。其方法是在惰性气体按正常工艺流程循环的情况下，将空气逐步加入到反应器入口，通过控制空气加入量和反应器的升温速度对催化剂进行再生。由于再生后的催化剂活性恢复相对较差；占用有效生产时间较多；再生条件难控制；再生时产生的有害气体污染环境和腐蚀设备；再生操作人员技术不熟练等缺点；目前已经不推荐使用这种方法。

器外再生是指将失活催化剂卸出反应器，送到专门的催化剂再生工厂进行再生。器外再生的优点在于：①延长有效生产时间，充分发挥装置效能。采用器外再生技术，在装置停工后，可采用专用卸剂设备快速卸剂，再装填好事前准备好的催化剂，这样节省了时间。②可以准确控制再生条件。器外再生在专用设备上进行，通过优化工艺条件，催化剂烧焦过程可以精确控制，再生均匀，产品质量稳定，效率高。③再生前后都经过筛分，去除了粉末，破碎瓷球等机械杂质，器外再生催化剂重复使用时催化剂活性恢复较好，床层压降较低。④再生效果好质量有保证。器外再生为待生剂和再生剂的各种分析提供了方便。通过分析待生催化剂样品的硫、炭、游离烃含量等有利于制定最佳的再生步骤和工艺条件。⑤安全、污染少。器内再生时，产生的腐蚀性物质容易造成加氢设备的损坏，生成的污染物有害于环境。器外再生在专用设备里进行，有完善的排放设施，可大大减少再生过程的有害影响。

6.4 煤焦油加氢催化剂研究进展

煤焦油与石油馏分组成分布和分子结构存在显著差异，在加氢过程中的特点亦不同。具体为：①煤焦油重质组分和芳烃含量高；②稠环芳烃、不饱和烯烃在受热条件下极易缩合；③重金属以及碱性的氮容易使催化剂中毒而降低或失去活性。

考虑以上因素，煤焦油加氢催化剂的设计及使用过程中应注意以下几个方面[39~43]。

(1) 煤焦油中含氮化合物的量高达1%，而碱性氮化合物会中和催化剂的酸性，造成催化剂中毒失活，因此要对催化剂的酸中心密度、强度和种类进行调整。加氢脱氮反应发生在金属硫化物的配位不饱和点和/或硫离子空位等氢活性位。然而，当原料中碱性含氮化合物含量较高时，会在配位不饱和点形成较长时间的吸附，不仅阻碍其它反应物的吸附，还会抑制氢分子的激活，从而导致催化剂中毒。适当增加载体中的B酸位可以在催化剂表面吸附更多的碱性氮，从而显著促进加氢脱氮反应的速率。

(2) 因为煤焦油中分子大小相差悬殊，这些大小不同的分子在加氢过程中需要不同的裂解及加氢反应，所以催化剂必须具有不同的孔径及活性分布。即要求小孔内的加氢裂化活性小于大孔内的活性，这将与混合分子要求不同的反应深度相匹配，需要探索更加精细的催化剂制备方法。

(3) 煤焦油混合物中芳烃含量很高且大部分是三环以上蒽系物质，所以，催化剂必须具有强的芳烃处理能力，具体包括芳烃吸附、扩散以及有效的加氢反应和开环反应。在理化性质上要求催化剂有较多的晶格缺陷和分子筛二次孔，也要求催化剂具有合理的不同孔径的孔道比例及优良的加氢与裂解开环平衡匹配能力。催化剂裂解活性中心的增加并不一定能够增加煤焦油的开环活性，而是要平衡B、L两类活性中心搭配，具体为：通过L酸对共轭体系分子的锚定作用配合B酸实现对芳烃的开环，所以催化剂需要配置特制高酸性硅铝来配合酸性分子筛。此外，二次孔数量可以通过水热法、脱铝补硅法来提高，还可以通过合成复合分子筛来提高大分子芳烃处理能力。

(4) 煤焦油中的油溶性金属以铁钙为主，难以通过电脱盐盐等方法脱除，这些金属多以卟啉化合物存在，其与沥青中的稠环芳烃相似，易和沥青质共同作用使催化剂中毒。对于金属使催化剂中毒的问题，可以加入具有保护催化剂作用的纳米氧化物。

（5）煤焦油胶质、沥青质含量高于一般石油重质油，沥青质的稠环芳烃通过硫桥键、脂肪键及金属卟啉结构相连接。若催化剂加氢性能不足，这些物质会通过缩聚反应、石墨化反应等形成积炭，而积炭会堵塞催化剂的孔道和活性位，使其失活。对于积炭的解决很大程度上依赖于改善和调整催化剂加氢中心和裂解中心的配合问题，设法使催化剂体相中更均匀地分布加氢中心，减少加氢中心与开环裂解中心的分子扩散距离，以强化芳环体系在开环裂解过程中所需要的快速加氢历程，以便更符合加氢-开环反应历程的要求。

6.4.1 催化剂金属含量对加氢性能的影响

（1）Mo负载量对煤焦油加氢性能的影响　潘海涛等[39]通过等体积浸渍法制备了Co-Mo/γ-Al_2O_3催化剂，研究了MoO_3含量对煤焦油加氢性能的影响。

催化剂的制备过程为：称取一定量的钼酸铵和硝酸钴，用去离子水配成溶液，向其中加入一定量的γ-Al_2O_3载体，搅拌均匀，在旋转蒸发仪上于40℃下旋转浸渍12h，在90℃真空水浴中蒸干，再在120℃下干燥4h，最后在550℃下焙烧6h，得到Co-Mo/γ-Al_2O_3催化剂。将焙烧得到的催化剂用一定浓度的硫代硫酸铵溶液等体积浸渍，浸渍时间12h，使S与Mo的摩尔比为3、S与Co的摩尔比为2；浸渍后在90℃下干燥4h，经挤条、干燥后制成3mm×5mm的柱状催化剂，用于催化剂的性能测试。

研究中采用硫代硫酸铵进行预硫化，反应条件为：反应温度为450℃，反应氢分压为9MPa，重时空速为0.6h^{-1}，氢油体积比为600。固定CoO的负载量为6%，在固定床反应器考察了MoO_3含量对煤焦油加氢裂化性能的影响。实验数据及结果如表6-5。

表6-5　Mo负载量对煤焦油加氢裂化轻质油的影响

产品油的性质	汽油(<180℃)				柴油(180～300℃)			
	催化剂MoO_3负载量							
	8%	10%	12%	14%	8%	10%	12%	14%
产率	30	32	28	29	50	50	53	51
$n(H):n(C)$	1.9	1.9	1.92	1.9	1.68	1.7	1.77	1.81
密度	0.72	0.71	0.72	0.73	0.83	0.83	0.84	0.84
黏度	0.9455	0.8164	0.778	0.8065	4.0876	3.6361	2.7455	3.6013
冷凝点	—	—	—	—	−5	−8	−14	−10.2

由表6-5可以看出，汽油馏分收率在MoO_3负载量为10%时达到最大，柴油馏分收率在MoO_3负载量为12%时达到最大。这是因为MoO_3负载量增加后，催化剂的活性增加，且在MoO_3负载量为12%时中强酸量最大，因而中强酸中心对加氢裂化反应的贡献可能较大，增强了裂化效果。另外，汽油馏分的氢碳原子比变化不大，柴油馏分的氢碳原子比随MoO_3负载量的增大呈递增趋势。汽、柴油馏分的黏度均在MoO_3负载量为12%达到最低值，当MoO_3负载量为14%时，黏度有所增大。这是由于随着MoO_3负载量过大时，活性组分存在堆积现象，影响了加氢裂化的效果，因此MoO_3的最佳负

载量为10%～12%。

(2) Ni负载量对煤焦油加氢性能的影响　张世万等[40]以γ-Al_2O_3为载体，Mo、Ni为加氢活性组分，采用分步浸渍法制备负载型MoO_3-NiO/γ-Al_2O_3加氢催化剂，并在高压反应釜上考察了3种不同NiO含量的催化剂加氢活性，实验结果表明，NiO含量为3.68%的催化剂活性最好，并获得了低硫、低氮、低芳烃的反应产物油。

催化剂的制备过程为：采用分步浸渍法制备NiO-MoO_3/γ-Al_2O_3催化剂。称取一定量的活性氧化铝粉末浸入一定浓度的（NH_4）$_2MoO_4$溶液中，室温浸渍12h，然后在80℃下蒸干，并在恒温干燥箱中100℃干燥2h，再放入马弗炉中500℃焙烧3h，制得MoO_3/γ-Al_2O_3催化剂。配制3种不同摩尔浓度的Ni（NO_3）$_2$溶液，采用相同的方法将MoO_3/γ-Al_2O_3分别浸入3种不同浓度Ni（NO_3）$_2$溶液中，蒸干、干燥、焙烧，制得3种NiO-MoO_3/γ-Al_2O_3催化剂。

本实验在13MPa和350℃加氢反应条件下，考察了催化剂1（NiO含量1.36%）、催化剂2（NiO含量11.44%）、催化剂3（NiO含量3.68%）的催化加氢活性，原料煤焦油及反应产物油的性质如表6-6所示。

表6-6　不同Ni负载量催化剂对加氢产物油的影响

物料油品	密度/g·mL^{-1}	芳烃含量/%	硫含量/μg·g^{-1}	氮含量/μg·g^{-1}
原料油	1.055	84.55	11700	11850
产物油(催化剂1)	0.904	40.01	201	752
产物油(催化剂2)	0.899	33.56	227	841
产物油(催化剂3)	0.891	30.23	175	698

由表6-6知，加氢反应前后，催化剂1得到的产物油的密度下降了0.151g·mL^{-1}，芳烃含量下降了44.54%，硫、氮含量分别下降了1149μg·g^{-1}、1109μg·g^{-1}，芳烃转化率为52.68%，加氢反应前后，催化剂2得到的产物油的密度下降了0.1569mL·g^{-1}，芳烃含量下降了50.99%，硫、氮含量分别下降了1147μg·g^{-1}、110μg·g^{-1}，芳烃转化率为60.31%，加氢反应前后，催化剂3得到的产物油密度下降了0.164g·mL^{-1}，芳烃含量下降了54.32%，硫、氮含量分别下降了1152μg·g^{-1}、1115μg·g^{-1}，芳烃转化率为64.25%。

从表6-6中数据还可分析知：在13MPa和350℃加氢反应条件下，催化剂1、催化剂2和催化剂3的加氢脱硫活性都较高，脱硫率分别为98.28%、98.06%和98.50%，这三种催化剂加氢脱硫的活性基本相同；催化剂1、催化剂2和催化剂3的加氢脱氮活性都较高，脱氮率分别为93.65%、92.90%和94.11%，这三种催化剂加氢脱氮的活性基本相同；催化剂1、催化剂2和催化剂3加氢反应前后，芳烃转化率分别为52.68%、60.31%和64.25%，这说明催化剂3加氢脱芳烃的活性要明显高于催化剂1、催化剂2的加氢脱芳烃的活性。在相同的反应温度和压力条件下，催化剂1、催化剂2和催化剂3的加氢脱氮率、加氢脱硫率大致相同，但是催化剂2的加氢脱芳烃率要明显高于催化剂1和催化剂3的脱芳烃率，此时催化剂2中n(Mo)∶n(Ni)＝3∶1。所以催化剂中n(Mo)∶n(Ni)＝3∶1为煤焦油加氢效果显著的最佳原子比。

(3) 不同Ni/W原子比对低温煤焦油加氢性能的影响 王永刚等[41]在Ni-W/γ-Al_2O_3催化剂上，研究了不同Ni/W原子比对低温煤焦油加氢性能的影响。实验采用硝酸镍和偏钨酸铵的水溶液为浸渍液，按表6-7所示的金属含量及配比（Ni和W的负载量分别以NiO和WO_3计），采用等体积浸渍法制备了不同Ni、W负载量的加氢催化剂。载体在浸渍液中浸渍2h后于120℃烘干，然后在马弗炉中与550℃焙烧4h。

表6-7 不同Ni/W比催化剂中的金属含量及配比

项目	NiO/%	WO_3/%	Ni/W(摩尔比)	Ni/(Ni+W)(摩尔比)
催化剂1	1.58	28.12	0.17	0.15
催化剂2	3.17	26.22	0.38	0.27
催化剂3	4.78	24.31	0.61	0.38
催化剂4	6.40	22.38	0.89	0.47

研究以低温煤焦油350℃以下馏分作为加氢原料，在8MPa、380℃、LHSV=$1h^{-1}$、H_2/油=1000∶1（体积比）的条件下，于固定床反应器中对其进行加氢反应，对四种不同的Ni/W原子比的催化剂进行评价。采用GC-MS、荧光指示剂吸附及元素分析等方法对原料及产物的馏分分布及组成进行了分析。

加氢后的产品切割为小于130℃、130～280℃（航空煤油）和大于280℃的馏分，结果表明，当Ni/W原子比为0.38（催化剂2）航空煤油馏分的选择性最高。该煤焦油样品的初馏点为186℃，小于280℃的馏分占反应原料的35.04%，而加氢后的产物中小于280℃轻油馏分明显提高，在催化剂2加氢产物中达到了76.68%，说明此催化剂的加氢裂化效果及航空煤油馏分的选择性较好。这可能因为，一方面催化剂2具有较高的大孔含量，使得焦油分子能够进入到更多的孔隙中与催化剂内表面相接触并反应；另一方面，Ni的添加有利于WO_3还原及硫化，但作为加氢主要成分的W含量的减少导致其配比存在一个最佳的值，从而使催化剂具有最好的催化效果。

根据GC-MS分析可知，原料经加氢处理后，16.34%的三环芳烃基本全部转化，环烷烃及氢化芳烃（如四氢萘、甲基四氢萘等）的含量则有较大幅度的提高，当Ni/W原子比为0.38（催化剂2）时其含量最高，达到17.05%。酚类化合物含量明显减少，如催化剂2加氢产物中几乎无酚类化合物存在。由于三环芳烃、双环芳烃及酚类化合物的加氢裂化反应，单环芳烃含量较原料有所增加。

对煤焦油原料及加氢处理后的产物进行元素分析，得到了不同Ni/W原子比催化剂的HDN、HDS活性和产物中H/C原子比的变化，由分析结果可知，不同催化剂的HDS活性，HDN活性及加氢产物的H/C原子比均随着Ni/W原子比的增加而先增加后降低。在Ni/W原子比为0.38（催化剂2）时达到最高，催化剂2的HDS活性为90.2%，HDN的活性为73.64%。HDN活性变化与芳烃化合物的反应原理基本相似，加氢产物的H/C原子比从原料的1.01增加到催化剂1的1.25再到催化剂2的1.38，而后又逐渐降低并趋于平稳，说明四种催化剂存在一个合适的Ni/W原子比。

综合结果表明：NiO和WO_3在载体上形成了均匀分散的体系，NiO含量较低时与γ-Al_2O_3有较强的的作用而难以还原。当Ni/W原子比为0.38时，酚类化合物的转化率，航空煤油馏分选择性以及产物中环烷烃和氢化芳烃的含量均最高，加氢脱硫活性、加氢脱氮活性及产物的 H/C 原子比也最高，说明 Ni/W 原子比为 0.38 时，Ni-W/γ-Al_2O_3催化剂对煤焦油加氢具有良好的效果。

6.4.2 磷改性对催化剂加氢性能的影响

石垒等[42]以新疆中低温煤焦油为原料，考察了不同磷改性方式对催化剂加氢精制的影响。

研究人员以自制三叶草型 γ-Al_2O_3为载体，以钼酸铵、硝酸镍、磷酸、氨水、蒸馏水为原料，通过分步浸渍法制备 Mo-Ni/Al_2O_3催化剂（氧化钼含量 18%，氧化镍含量 6.25%，记做 Mo-Ni）及三种磷改性的 Mo-Ni/Al_2O_3催化剂（磷含量 1.3%，氧化钼含量 18%，氧化镍含量 6.25%），按照磷酸浸渍顺序的不同将催化剂分别记作：MoP-Ni/Al_2O_3、Mo-NiP/Al_2O_3和 Mo-Ni/PAl_2O_3（简化记为：MoP-Ni、Mo-NiP 和 Mo-Ni/P）。催化剂制备过程及条件为：室温下浸渍 12h，接着于 110℃干燥 12h，而后于 550℃下焙烧 3h。

通过 NH_3-TPD 分析可知，含磷与未含磷的催化剂在总酸量上相差不大，但是弱酸、中强酸、强酸中心分布却发生了改变。磷改性催化剂中弱酸中心明显增加（Mo-Ni/P ＞Mo-NiP ＞ MoP-Ni ＞Mo-Ni），中强酸中心略有增加（Mo-NiP＞Mo-Ni/P ＞MoP-Ni ＞Mo-Ni），强酸中心含量降低（Mo-Ni ＞Mo-NiP ＞ Mo-Ni/P ＞MoP-Ni）。通过 Py-IR 分析可知，助剂磷对催化剂酸性的影响主要是改变弱酸、中强酸和强酸中心的分布上，而不是产生了新的 B 酸活性中心。通过 N_2吸附分析可知，磷改性催化剂 10nm 以下孔容积减小，而大于 10nm 孔容积有所增加。这一方面，因为磷酸吸附在载体表面减弱了活性组分与载体之间的相互作用，使得活性组分更容易均匀分散沉积在内部的孔道中；另一方面，因为磷酸在催化剂中可能起到了扩孔剂的作用，调节了孔结构。通过 H_2-TPR 分析可知，催化剂 Mo-NiP 和 Mo-Ni/P 的还原峰有所降低，这些被还原的 Mo 多为高缺陷、无定型、多层聚集态的氧化物，同时也被认为是加氢脱氮中高活性相Ⅱ型 Ni-Mo-S 的前驱体，说明磷的加入有利于催化剂中高活性前驱体的形成。但是 MoP-Ni 催化剂的还原峰升高，说明这种加入方式不利于高活性相前驱体的形成。

催化剂活性评价中使用的工艺条件为：反应温度为 400℃，反应压力为 8MPa，体积空速为 0.3h^{-1}，氢油体积比为 1100。

研究结果表明：Mo-Ni、MoP-Ni、Mo-NiP 和 Mo-Ni/P 四种催化剂的脱氮率分别为 72.1%、56.1%、72.7%和 74.4%。结果说明助剂磷对催化剂加氢脱氮并不是只产生促进作用也会产生相反的抑制作用，这与磷的添加方式密切相关。MoP-Ni 催化剂中磷酸与钼酸铵酸性环境中形成大分子磷钼杂多酸，浸渍过程中难以进入载体内部孔道，活性组分过多的在催化剂表面富集。这一方面，减少了有效活性中心数量；另一方面，金属组分的富集增高了还原温度，不利于活性相的生成，从而导致活性较差。而 Mo-Ni/P 催化剂，载体首先浸渍磷酸溶液，无论载体表面还是孔道内部会吸附磷生成 Al-O-P 键，浸渍活性组分时会产生较弱的 Al-O-P-O-Mo 或 Al-O-P-O-Mo-Ni，从而减弱

了载体与活性组分之间的相互作用，有利于活性相 Ni-Mo-S 的形成与分散。

GC-MS 检测环烷烃类与烷烃类的含量变化也可以较宏观地反应催化剂加氢脱氮性能的程度。表 6-8 是 GC-MS 对原料煤焦油及其加氢产物的分析，由表可知，不同精制剂加氢产物中环烷烃类与烷烃类含量变化与加氢脱氮率的变化趋势一致。

表 6-8　GC-MS 对煤焦油及其加氢产物的分析　　%

组成	煤焦油	Mo-Ni	MoP-Ni	Mo-NiP	Mo-Ni/P
链烷烃	24.25	29.85	31.06	30.18	36.07
环烷烃	0.53	19.27	12.28	19.54	16.32
苯	1.53	15.59	13.05	17.13	16.21
苯酚	39.72	4.84	15.94	6.59	7.74
萘	18.84	18.27	20.57	18.73	17.89
萘酚	2.62	0	0	0	0
茚	2.96	5.01	2.70	3.77	1.94
芴	1.31	1.29	1.26	1.21	1.13
氧芴	2.11	3.44	1.74	0.94	1.35
酯	0.46	0	0	0	0
醛	0.61	0	0	0	0
烯烃	0.56	0	0	0	0
稠环芳烃	1.82	0.34	1.01	0.29	0.63
其它	0.95	2.17	0.45	1.64	0.73
共计	100	100	100	100	100

总之，适宜的磷改性在提高催化剂加氢脱氮的同时也促进了煤焦油加氢过程中不饱和烃的加氢饱和，杂原子的脱除，以及大分子烃类化合物的裂化分解。磷的加入不会引起催化剂中 B 酸中心的形成和总酸量较大的变化，但可以改变催化剂中弱酸、中强酸和强酸的中心分布。另外，磷的加入可以提高催化剂中 10～13mm 有效孔所占的比例，有利于煤焦油中大分子化合物加氢脱氮反应。磷酸的加入改变了 Mo-Ni 活性组分的还原难易程度，其中 Mo-Ni/P，Mo-NiP 更易被还原，从而有利于活性前躯体的形成。

6.4.3　分子筛对催化剂加氢性能的影响

低温煤焦油中含有大量的芳烃、氮化物以及酚类化合物，加氢脱氮及芳烃饱和均发生在金属硫化物的配位不饱和点和/或硫离子空位。氢分子同样也在此类活性位被激活，因其具有 L 酸特点，芳烃化合物和含氮化合物由于其共轭 π 键和孤对电子而吸附于此。然而，当原料中碱性含氮化合物含量较高时，会在配位不饱和点形成较长时间的吸附，不仅阻碍其它反应物的吸附，还会抑制氢分子的激活过程，从而导致催化剂中毒。增加载体中的 B 酸位可以在催化剂表面吸附更多的碱性氮和芳烃分子，从而显著促进脱氮反应和芳烃饱和的反应速率。由于 γ-Al_2O_3 中仅有弱酸性，且主要为 L 酸，在某些反应中不能满足要求或者不能达到最佳效果，因此需要添加以 B 酸位为主的分子筛进行改性。

张海永等[43]选用常用的Y型分子筛作为B酸源，通过在氧化铝中添加不同比例的Y型分子筛制备混合载体，调节催化剂的酸性，再通过浸渍活性金属组分制备加氢裂化双功能催化剂，并考察其对低温煤焦油的加氢性能。

研究分别以NaY5（催化剂中含WO_3为26%，NiO为4%，并添加5%的NaY型分子筛）和USY5（催化剂中含WO_3为26%，NiO为4%，并添加5%的USY型分子筛）为催化剂，在固定床上于380℃，8MPa氢压，液体空速LHSV为$1h^{-1}$，氢油体积比为1000的条件下，对低温煤焦油样品<300℃的馏分进行加氢处理，所得产品的蒸馏切割为<130℃，130℃到280℃和>280℃的馏分进行分析。

油品加氢处理前后元素组成对比如表6-9所示，由表可知，加氢处理后的油品H/C比大幅度提高，杂原子尤其硫元素含量大幅度下降，这主要归功于催化剂载体中较强的酸性，促进了加氢反应的进行及油品的轻质化。NaY5催化剂所得加氢油品中H/C比更高，杂原子含量更低。这可能由于NaY5催化剂的酸量比USY5更多，由加氢反应机理可知，脱除杂原子的反应是酸参与的催化加氢反应，NaY5催化剂较多的酸量更能促进油品的加氢反应。从表中还可以看出两种催化剂对不同的杂原子脱除反应的活性顺序不同，即为：HDS>HDO>HDN，对于NaY5催化剂而言，其HDS、HDO和HDN活性分别为89.2%、76.9%和38.0%。

表6-9 油品加氢处理前后元素组成对比

项目	C/%	H/%	N/%	S/%	O/%	H/C
原料油	80.28	7.29	0.46	1600	10.7	1.09
NaY5	79.74	10.03	0.29	173	2.47	1.51
USY5	82.25	9.99	0.32	467	3.33	1.46

采用GC-MS对油品的化合物进行了定性分析，并采用面积归一化对其中的化合物类型进行了半定量比较。通过比较发现，加氢原料中主要是酚类化合物和双环芳烃，约占全部可识别化合物的90%，经过加氢处理后，油品中的酚类化合物及双环芳烃含量大幅度降低，作为加氢产物的环烷烃和氢化芳烃，以及单环芳烃的含量增加十分明显，经NaY5和USY5处理后增幅分别为35%、38%和20%、21%左右。作为四氢萘异构化产物的茚类增加也十分明显，分别约为17%和11.1%，说明在实验的条件下，添加分子筛载体中B酸位促进了加氢反应和异构化反应的发生。

对具体化合物来说，采用NaY5催化剂对煤焦油馏分进行加氢处理后其馏分中含量较多的化合物依次为甲苯、取代环戊烷、四氢萘和茚。采用USY5催化剂对煤焦油馏分进行加氢处理后其馏分含量略有不同，依次为甲苯、对甲酚、取代环戊烷及四氢萘等。与直馏煤油馏分以酚类和萘为主的组成对比，经过催化剂加氢处理后显著降低了酚类化合物的含量，转换为甲苯以及环烷烃类，萘则加氢生成四氢萘和茚类等。但USY5的加氢产物煤油馏分中对甲酚的含量仍排在前列，USY5的加氢产物和NaY5的加氢产物相比，其酚类含量要稍微高于后者，NaY5的HDO活性更高。

总之，Y型分子筛的添加增加了载体的酸性，在一定程度上增强了载体与金属之间的相互作用，降低了金属氧化物的还原度但同时提高了部分金属氧化物在载体表面的分散性，降低了还原温度，提高了还原性。Y型分子筛的添加增强了催化剂的加氢性能和异构性能，并且有利于反式十氢萘的形成。载体中含有5%分子筛的催化剂对煤焦油馏分的加氢处理大幅度提高了产物中环烷烃和氢化芳烃的含量，降低了酚类化合物及双环芳烃的含量，并脱除了较多的杂原子。

钱广伟等[44]研究了USY分子筛扩孔对低温煤焦油加氢裂化的影响。催化剂的具体制备过程为：将超稳Y型分子筛分别加入到0.3mol·L^{-1} NH_4F及0.3mol·L^{-1} NH_4F和0.3mol·L^{-1}hF混合液中，电磁搅拌2h后，抽滤成饼，120℃烘干2h，马弗炉500℃焙烧4h。将上述处理过的超稳Y型分子筛取出研磨后，按m(分子筛)∶m(氧化铝)=4∶1，再加入3%田菁粉均匀混合，再加入3%稀硝酸后揉捏成团，并挤条后于120℃烘干2h，马弗炉500℃焙烧4h，得到载体。该实验采用等体积浸渍法，将制备好的载体分别加入2%、6%、10%、14%的Ni（NO_3）$_2$溶液中，得到不同Ni负载量的催化剂，命名为Ni/USY（NH_4F）系列和Ni/USY（NH_4F+HF）系列催化剂。将USY分子筛加入不同浓度的Ni（NO_3）$_2$溶液中，得到Ni/USY系列催化剂。对得到的催化剂，通过BET、XRD表征催化剂比表面积、孔容孔径及晶体结构，BET表征结果见表6-10。

表6-10 催化剂BET表征结果

催化剂种类	比表面积/$m^2·g^{-1}$	总孔容/$cm^3·g^{-1}$	平均孔径/nm
2% Ni/USY	337.57	0.26	4.65
6% Ni/USY	343.51	0.27	4.74
10% Ni/USY	288.64	0.24	4.3
14% Ni/USY	294.18	0.23	4.22
2% Ni//USY(NH_4F)	319.21	0.27	5.3
6% Ni//USY(NH_4F)	323.8	0.3	5.04
10% Ni//USY(NH_4F)	328.56	0.28	4.62
14% Ni//USY(NH_4F)	290.7	0.28	4.15
2% Ni/USY(NH_4F+HF)	333.96	0.28	5.17
6% Ni//USY(NH_4F+HF)	326.58	0.28	5.24
10% Ni//USY(NH_4F+HF)	309.2	0.28	4.55
14% Ni//USY(NH_4F+HF)	310.64	0.29	4.95

由表6-10可知，对于Ni/USY系列催化剂，随着金属负载量的增加，催化剂比表面积以及总孔容总体呈下降趋势。对于Ni/USY（NH_4F）系列催化剂，随着金属负载量的增加，催化剂比表面积以及总孔容先增加后降低。导致这种结果原因是，催化剂平均孔径随着负载量增加而减小，致使比表面积和孔容有所增加，而当负载量为14%时，催化剂孔道内负载了大量的NiO，使得部分孔道堵塞，因而导致比表面积、孔容以及平均孔径有所降低。对于Ni/USY（NH_4F+HF）系列催化剂，随着金属负载量的增加，催化剂比表面积降低，而总孔容基本保持不变。这是由于活性金属负载量的

增加，NiO 的晶化度增加、分散度降低导致比表面积有所减小，对于平均孔径随着负载量增加呈现减小趋势，原因是活性金属在孔内局部聚集的结果。

该实验在压力为 5.0MPa，温度 340℃，空速 $3.0h^{-1}$，氢油体积比为 600 条件下进行低温煤焦油的加氢催化裂化反应。

实验结果表明，无论负载量如何变化，Ni/USY（NH_4F＋HF）系列催化剂的重质组分（环数多于萘的组分）转化率及一元环（包括苯、甲苯、苯酚、苯二酚等一元环化合物）收率均比其它种载体的催化剂要高得多，尤其当负载量为 6%和 10%时，重质组分转化率最大差距为 22.23%。结合表 6-10 可以看到，相同负载量的催化剂，除了 2% Ni/USY（NH_4F）比 2% Ni/USY（NH_4F＋HF）的孔径大以外，由于扩孔剂的作用，其它系列催化剂中均以 Ni/USY（NH_4F＋HF）系列大，说明扩孔剂确实对分子筛的孔径起到了改善的作用。对于该实验来说，由于原料的特殊性，孔径的大小对反应的影响较大。所以，在较高比表面积时，孔径对反应确实起到至关重要的作用。

另外，在使用 NH_4F 处理 USY 载体时，由于氟元素很容易和分子筛中的铝结合生成氟铝络合物，达到脱铝的作用。但是 USY 分子筛载体的酸性主要是以铝体现的，因此处理后的载体虽然孔径有所提高，但是其酸性却降低了，导致该系列催化剂在催化裂化反应中催化效果并没有很大的提高。所以，使得 Ni/USY（NH_4F）系列催化剂的重质组分转化率及一元环收率和 Ni/USY 些列呈现出此起彼伏的趋势，总体影响不是很大。

而以 NH_4F 和 HF 混合液处理 USY 载体，在氟元素起到扩孔作用的同时，H^+ 的加入可以很好地调节催化剂酸性，较强的酸性使得催化剂的裂化活性得到提高。考虑到如果分子较大时，不能直接进行催化剂孔道内反应，首先应在催化剂的酸性影响下进行裂化反应，然后生成的小分子化合物再进入孔道内进行二次裂化反应，因此，保证催化剂酸性的基础上，进行扩孔使得 Ni/USY（NH_4＋HF）催化剂的催化效果比其它两个系列的催化剂效果好很多。

6.5 煤焦油加氢催化剂相关专利

6.5.1 煤焦油加氢脱金属催化剂

脱金属催化剂的作用就是脱除进料中的大部分重金属，同时脱除部分容易反应的硫化物，以保护下游的脱硫和脱氮催化剂。一般情况下，金属有机化合物分子向催化剂颗粒内部的扩散过程是煤焦油加氢脱金属反应的控制步骤。

宁波市化工研究设计院有限公司在专利 CN 102784655 A 中，公开了用于煤焦油加氢脱金属的催化剂及其制备方法[45]。该发明提供了一种工艺合理，且能有效地脱除煤焦油中金属杂质的催化剂的制备方法。该方法可有效地减缓由于碱性助剂的流失而引起的催化剂表面酸性的增强，使催化剂的使用寿命更长。

该发明加氢脱金属催化剂具体制备方法：①取计算量的拟薄水铝石粉末，加入含磷化合物、含钛化合物、水、扩孔剂及助挤剂，混捏成可塑物后成型，将成型后的混合物在80～150℃的温度中放置4～12h，然后在300～1000℃下焙烧2～8h，制成载体；②将计算量的钼盐与镍盐组合或钼盐与钴盐的组合或钨盐与镍盐的组合或钨盐与钼盐、镍盐、钴盐组合中的金属盐配置成水溶液，用浸渍法向载体上负载活性组分，在常温下浸渍2～24h，然后在80～150℃放置4～12h，再在300～1000℃下焙烧2～8h，制成催化剂半成品；③将计算量的ⅠA和ⅡA金属的硝酸盐配置成水溶液，将催化剂半成品的ⅠA和ⅡA金属的硝酸盐溶液中浸渍2～24h，然后在80～150℃放置4～12h，再在300～1000℃下焙烧2～8h，即制成催化剂成品。

以上催化剂的制备中，所述含磷化合物可优选为磷酸、亚磷酸、磷酸二氢铵、磷酸氢二铵、磷酸铵中的一种或几种，所述含钛化合物可选择TiO_2，所述钼盐可优选为钼酸铵、钼酸钾、钼酸钠中的一种或几种，所述钨盐可优选为仲钨酸铵、偏钨酸铵、钨酸钾、钨酸钠中的一种或几种，所述钴盐可优选为硝酸钴、乙酸钴、氯化钴中的一种或几种，所述镍盐可优选为硝酸镍、乙酸镍、柠檬酸镍、氯化镍中的一种或几种，所述扩孔剂可优选为炭黑或淀粉，所述助剂可优选为田青粉，所述硝酸盐可优选为KNO_3或$NaNO_3$。

该发明煤焦油加氢脱金属催化剂的优点在于：催化剂以P、Ti改性的氧化铝为载体，以ⅥB族和/或Ⅷ族金属元素为活性组分，两者的质量百分含量分别为1%～40%和0.1%～10%。通过调节P和Ti两种元素的比例可对催化剂的活性和孔径分布进行微调，因此对于不同煤焦油馏分的加氢脱金属过程可选用相应P/Ti的催化剂；ⅠA和ⅡA金属元素都可以减小催化剂的表面酸性，ⅠA金属元素的氧化物遇水易流失，同时加入ⅠA和ⅡA金属元素作为催化剂助剂（其含量分别为0.01%～8%和0.001%～1%），可减缓由于ⅠA金属元素的流失而导致的催化剂表面酸性的提高。在制备催化剂的过程中，作为助剂的ⅠA和ⅡA金属元素是在催化剂制备的最后步骤浸渍上去的，从而有效地避免了过早浸渍导致的助剂流失。

王小英在专利CN 102847541 A中，公开了一种煤焦油加氢脱金属催化剂及其制备方法[46]。该发明的优点在于，采用的改性氧化铝载体具有较大孔容和孔径，并且孔道畅通，机械强度好，有利于金属杂质沉积在更多的孔道内，提高催化剂的利用率，延长了装置运转周期。

该催化剂的具体制备方法如下。①取或制备氧化铝载体，孔容为0.6～1.7mL，比表面积为120.0～280.0 $m^2 \cdot g^{-1}$，孔直径为10～30nm的孔占总孔容的60%～90%，压碎强度60～150$N \cdot cm^{-1}$。②用pH值小于3，优选pH值低于2、浓度为0.15$mol \cdot L^{-1}$的有机酸溶液（甲酸、乙酸、乙二酸、柠檬酸、酒石酸、苹果酸和苯甲酸中的一种或几种）处理氧化铝载体约0.1～3h，处理温度为10～60℃，有机酸与氧化铝载体的体积比为（15：1）～(2：1)，优选为（10：1）～(5：1)。有机酸溶液处理后，将有机酸溶液沥出或过滤出，可选择地进行干燥处理。有机酸处理后的氧化铝载体浸渍硝酸铝溶液，采用饱和浸渍或过饱和浸渍，硝酸铝溶液的浓度为1～10$mol \cdot L^{-1}$，优选为3～6$mol \cdot L^{-1}$，然后在80～180℃下干燥2～20h，在350～600℃下焙烧1～6h得到改性氧化铝载体。③采用浸渍法负载加氢活性组分，加氢活性组分为W、Mo、Ni和Co中的一种或几种。加氢活性组分以氧化物计在加氢脱金属催化剂中的质量含量为：MoO_3和

/或 WO_3 为 1.0%～15.0%，优选为 4.0%～10.0%；NiO 和/或 CoO 为 0.5%～6.0%，优选为 1.0%～3.0%，最终得到煤焦油加氢脱金属催化剂。

该发明的实施例中列举了具体的实施方案。称取中国齐鲁石油化工公司制备的拟薄水铝石干胶粉 300g（含水 78g），再称取颗粒大小为 30μm 的炭黑 18g 和助挤剂田菁粉 10g，混合均匀，加入由 2.0g 磷酸和 400g 水配成的溶液，混捏成可塑体，在挤条机上挤成直径 0.9nm 的三叶草条形，在 120℃下干燥 4h，然后在 900℃下焙烧 2h，得到氧化铝载体。再对该氧化铝载体进行改性处理，处理过程为：有机酸溶液浓度为 $1mol \cdot L^{-1}$ 的乙二酸溶液（pH 值低于 1），处理时间为 0.5h，处理温度为 40℃，有机酸溶液用量以体积计与氧化铝载体的体积比为 5∶1。有机酸溶液处理后，将有机酸溶液沥出，在 120℃干燥 3h，然后浸渍硝酸铝溶液，采用饱和浸渍，硝酸铝溶液的浓度为 $3mol \cdot L^{-1}$，150℃干燥 3h，450℃焙烧 2h，得到改性氧化铝载体。再称取 1000g 所制得的改性氧化铝载体，加入 1500mL Mo-Ni-NH_3 溶液（含 MoO_3 10.0%，NiO 3.0%）浸渍 2h，滤去多余溶液，120℃烘干，再在 550℃下焙烧 5h，得到加氢脱金属催化剂。该催化剂的性质示于表 6-11。

表 6-11　专利 CN 102847541 A 加氢脱金属催化剂的性质

性质	MoO_3(含量 10.0%)	NiO(含量 3.0%)	比表面积 /$m^2 \cdot g^{-1}$	孔容 /$mL \cdot g^{-1}$	强度 /$N \cdot cm^{-1}$
数据	8.1	2.2	142	0.91	75

以表 6-12 所列煤焦油为原料，在 200mL 的加氢反应装置上评价该发明催化剂性能，催化剂为 2～3mm 的条状，催化剂装量为 100mL，反应温度为 360℃，氢分压为 10MPa，液时空速为 $1.0h^{-1}$，氢油体积比为 600，反应 200h 和 1500h 后测定生成油中各杂质的含量，计算脱除率，评价结果见表 6-13。

表 6-12　专利 CN 102847541 A 所用煤焦油原料油的性质

原料油	主要性质	原料油	主要性质
密度/$g \cdot cm^{-3}$	1.12	氮含量/%	1.10
馏程/℃	150～600	金属含量/$\mu g \cdot g^{-1}$	154
残炭/%	9.80	氧含量/%	5.30
机械杂质/%	0.22	芳烃含量/%	82.5
硫含量/%	0.35		

表 6-13　专利 CN 102847541 A 催化剂加氢性能

脱除类别	脱金属(200h)/%	脱金属(1500h)/%	脱硫(200h)/%	脱硫(1500h)/%
数据	77.4	75.2	53.3	52.1

中国石油化工集团公司的专利 CN 1289826 A 提出了一种加氢脱金属催化剂及其制备和应用方法[47]。该催化剂的制备以碱性溶液为胶溶剂，采用热挤条成型和不饱和喷浸技术，避免了酸对其孔结构的不良影响，提高了催化剂的强度，简化了制备过程。

该发明加氢脱金属催化剂的制备方法如下。①以碳化法或硫酸铝法或氯化铝法，或其它方法生产的氧化铝一水合物干胶粉为原料，在强力混捏条件下，加入一种碱性胶溶剂，该碱性胶溶剂中含有氨水，至少一种有机酸（较好为甲酸、醋酸、丙酸、柠檬酸、酒石酸、水杨酸），同时含有至少一种可完全挥发的铵盐（较好为碳酸铵、碳酸氢铵、醋酸铵）和含有硅和/或硼和/或磷的可溶性化合物（较好为硅酸、硼酸、磷酸）。其中氨水的当量数是有机酸当量数的1.2～1.8倍，较好为1.3～1.6倍，可完全挥发的铵盐质量是干基氧化铝质量的0.2%～2.2%，较好是0.5%～1.5%。利用混捏过程中产生的热量，物料温度由室温升至45～65℃，在此条件下强力混捏30～90min，使物料呈可塑体。②利用挤条过程产生的大量热量，在65～95℃条件下进行挤条成型操作。在50～100℃干燥1～7h，105～140℃干燥1～8h，然后在空气存在下，以160～300℃・h^{-1}的速度升温至930～1150℃，最好是950～1080℃，恒温焙烧1～6h，即得到含有硅和/或硼和/或磷的θ相氧化铝为载体。③将第ⅥB族金属化合物（较好为钼酸铵、偏钨酸铵）和/或第Ⅷ族金属化合物（较好为硝酸镍、硝酸钴、碱式碳酸镍、碱式碳酸钴）配制成分别为5～21g・mL^{-1}和0.6～5.6g・mL^{-1}（以对应金属氧化物计）的氨溶液或水溶液。然后，按照载体孔隙容量的70%～95%，以雾化方式向载体均匀喷浸上述溶液，喷浸完毕，静置或继续转动0.1～5h。④将喷有上述 盐溶液的催化剂条直接送入到温度为300～400℃的焙烧炉中，然后以150～200℃・h^{-1}的速度升至450～550℃，最好是480～520℃，在干空气中恒温1～5h，最好是2～4h，即得到成品催化剂。

该发明所述煤焦油加氢脱金属催化剂的特征是：①以含有0.15%～0.85%硅和/或B或/和P的θ相氧化铝为载体；②催化剂含有3.0%～7.0%的ⅥB族和/或0.5%～3.0%的Ⅷ族金属元素，优选为4.0%～6.0%的ⅥB族和/或1.0%～2.0%的Ⅷ族金属元素；③催化剂的总酸量为0.250～0.300mmol 吡啶・g^{-1}，其中大于450℃的强酸占总酸量的5%～15%，优选为8%～12%；④催化剂为单峰值孔结构，最可几孔直径在15～20nm；⑤催化剂孔直径在10～20nm的孔体积为80%～86%，特别是14～20nm的孔体积为70%～80%，最好为75%～80%；小于10nm的孔体积少于3%；其余为大于20nm的孔，其中低于5%孔体积的孔直径大于100nm；⑥催化剂的比表面积为140～200 m^2・g^{-1}；⑦催化剂的孔体积为0.65～0.95mL・g^{-1}。

以下用实施例进一步说明该发明脱金属催化剂及其制备方法。

称取1428g含$Al_2O_3$70%、以CO_2中和偏铝酸钠方法制备的氧化铝一水合物干胶粉，放入混捏机中。边混捏边加入1380mL含有4g冰醋酸、15g柠檬酸、20g氨水（含NH_3 35%）、6g碳酸铵和35g硅酸（含SiO_2 40%）的碱性溶液。由于捏合作用，物料温度由室温逐渐升至60℃，大约50min后，物料已呈可塑体。然后，用F-26（Ⅲ）型双螺杆挤条机和四叶草形模头挤出外接圆直径为ϕ1.4～1.8mm的四叶草形条。在挤条过程中，筒内物料温度由60℃左右，自然升至72℃。挤出物在65℃干燥5h，110℃干燥6h。然后在空气存在下，以200℃・h^{-1}的速度升至980℃，恒温焙烧3h，得到总孔容为0.85mL・g^{-1}的含硅θ相氧化铝载体。

配制160mL含有5.5g NiO、19.7g MoO_3的Mo-Ni氨溶液：量取100mL浓度为18g NH_3・100mL^{-1}的氨水，在搅拌条件下分别加入22g含NiO 25%的硝酸镍和24g含

MoO_3 82%的钼酸铵。溶解后，向溶液中补加脱离子水至160mL。搅拌均匀后静置待用。

取200g总孔隙率为170mL的含硅θ相氧化铝载体，置于喷浸滚锅中。在滚动情况下，以雾化方式向滚锅中的载体均匀喷浸配制的160mL Mo-Ni氨溶液。喷浸完成后，物料在滚锅中静置45min，然后将催化剂条直接转送到350℃的焙烧炉中，再以160℃ · h^{-1}的速度升温至500℃，保持恒温3h，即得到催化剂A。

催化剂A在不同时间段的脱金属杂质性能示于表6-14，从表可以看出，按照该发明方法制备的催化剂脱镍率保持在58%左右，脱钒率保持在73%左右，其稳定性和选择性均较好。

表6-14 催化剂A的脱金属杂质性能

时间	0～800h	800～1800h	1800～2800h	2800～3800h
脱镍率/%	58.6	56.2	59.7	58.9
脱钒率/%	73.5	71.4	73.3	73.8

陕西煤业化工技术研究院有限责任公司的专利CN 103657739 A提出了一种介孔-大孔复合结构氧化铝载体及其加氢脱金属催化剂的制备方法[48]。该发明通过结合大孔氧化铝制备技术，在不采用复杂的常规扩孔剂技术前提下，将两种不同的拟薄水铝石干胶粉一起混合，灵活、可控地合成了介孔-大孔复合结构氧化铝载体，解决现有扩孔技术无法形成较多大孔和介孔的目的，使煤焦油与载体上的催化剂更好的接触。由该载体负载的加氢脱金属催化剂具有较高杂质脱除率，尤其是对金属的脱除率，可达90%左右，从而延长煤焦油加氢设备运转周期。该发明的煤焦油加氢脱金属催化剂由载体和活性组成构成，以催化剂质量计，介孔-大孔复合结构氧化铝载体为76%～97.5%，优选80%～91%；活性组分NiO、MoO_3和P_2O_5分别为0.5%～7%、1%～14%和1%～3%，优选2%～5%、5%～12%和2%～3%；加氢脱金属催化剂的孔容为0.7～1.1mL · g^{-1}，比表面积为120～160 m^2 · g^{-1}，孔直径为10～35nm的孔占总孔容的60%～70%，孔径>35nm的孔占总孔容的25%～35%，侧压强度为130～160 N · cm^{-1}。

6.5.2 煤焦油加氢脱氮催化剂

煤焦油加氢脱氮催化剂的基本特点是反应活性高，因为难反应的杂质都在脱氮催化剂上反应，所以煤焦油加氢脱氮催化剂在物化性质方面的特征是具有较大的比表面、较强的酸性和较高的活性金属含量。此外，因为煤焦油中含有大量容易结焦的胶质和沥青质，所以煤焦油加氢脱氮催化剂需具备良好的抗结焦性能。

西北大学的专利CN 102773113 A公开了一种针对中低温煤焦油的加氢脱氮催化剂及其制备方法[49]。该发明的目的是提供一种负载有Ni和W金属活性组分和P助剂的双峰型加氢脱氮催化剂，该催化剂载体为γ-Al_2O_3，负载有Ni和W金属活性组分和P助剂。催化剂孔径为5～10nm的孔占24%～37%、10～20nm的孔占22%～30%，孔容为0.32～0.45mL · g^{-1}，比表面积为198.2～268.1 m^2 · g^{-1}。催化剂的组成为：$Na_2O \leqslant 0.1\%$，P_2O_5 2.3%～4.3%、NiO 3%～5%、WO_3 15%～25%。

该发明所述煤焦油加氢脱氮催化剂的特征是：采用NEROX505和FW200两种炭黑作为扩孔剂，从而合理控制催化剂5～10nm和10～20nm孔径的分布比例，制备得到的催化剂孔径较小且分布较为集中，因此，可以很好地提高催化剂活性金属和助剂负载量。经过中试装置的评价证明，该催化剂活性稳定、寿命长，适于氮含量极高的中低温煤焦油加氢脱氮。

该发明中煤焦油加氢脱氮催化剂制备方法为：①在80%～85% γ-Al_2O_3干胶粉和6%～9% α-Al_2O_3·（1～3）H_2O干胶粉中加入8%～12%的NEROX505和FW200两种炭黑作为扩孔剂，与质量百分比浓度为1%～2%稀硝酸混合，捏制成三叶草形，600～700℃焙烧4～5h得催化剂载体γ-Al_2O_3；②去离子水浸泡载体3～4h，70～80℃下烘干；③用质量百分比浓度为6%～12% Ni（NO_3）$_2$·$6H_2O$、10%～25%（NH_4）$_6H_2W_{24}$·$6H_2O$共浸法浸渍催化剂载体γ-Al_2O_3 5～6h，100～110℃干燥6～8h、600～700℃焙烧3～4h；④采用3.2%～4.5%磷酸溶液浸渍步骤③得到的产物，然后在100～110℃干燥4～5h、500～550℃焙烧2～3h制得加氢脱氮催化剂。

该发明中实施例的具体实施方式如下。

实施例1：称取一定量γ-Al_2O_3干胶粉（85%，质量分数）和α-Al_2O_3·（1～3）H_2O干胶粉（6%，质量分数），混入NEROX 505和FW 200两种炭黑（9%，质量分数）作为扩孔剂，质量比M（NEROX 505）∶M（FW 200）＝7∶3，用稀硝酸（1.5%，质量分数）混合，捏制成三叶草形，660℃焙烧4.5h得催化剂γ-Al_2O_3载体。去离子水浸泡催化剂载体3.6h，80℃烘干，用Ni（NO_3）$_2$·$6H_2O$（6%，质量分数）、（NH_4）$_6H_2W_{24}$·$6H_2O$（16%，质量分数）共浸法浸渍催化剂载体6h，100℃干燥6h，700℃焙烧4h，得加氢脱氮催化剂。采用磷酸（4.25%，质量分数）溶液以同样的浸渍方法，浸渍上述步骤得到的催化剂，110℃干燥4h，550℃焙烧3h得加氢脱氮催化剂A。

实施例2：称取一定量γ-Al_2O_3干胶粉（83%，质量分数）和α-Al_2O_3·（1～3）H_2O干胶粉（8%，质量分数）中混入NEROX 505和FW 200两种炭黑（9%，质量分数）作为扩孔剂，质量比M（NEROX 505）∶M（FW 200）＝3∶2，用稀硝酸（1.5%，质量分数）混合，捏制成三叶草形，660℃焙烧4.5h得催化剂γ-Al_2O_3载体。去离子水浸泡催化剂载体3h，80℃烘干，用Ni（NO_3）$_2$·$6H_2O$（10%，质量分数）、（NH_4）$_6H_2W_{24}$·$6H_2O$（20%，质量分数）共浸法浸渍催化剂载体6h，100℃干燥6h，700℃焙烧4h，得加氢脱氮催化剂。采用磷酸（4%，质量分数）溶液以同样的浸渍方法，浸渍上述步骤得到的催化剂，110℃干燥4h，550℃焙烧3h得加氢脱氮催化剂B。

实施例3：称取一定量γ-Al_2O_3干胶粉（81%，质量分数）和α-Al_2O_3·（1～3）H_2O干胶粉（9%，质量分数）中混入NEROX 505和FW 200两种炭黑（10%，质量分数）作为扩孔剂，质量比M（NEROX 505）∶M（FW 200）＝1∶1，用稀硝酸（1.5%，质量分数）混合，捏制成三叶草形，660℃焙烧4.5h得催化剂γ-Al_2O_3载体。去离子水浸泡催化剂载体4h，80℃烘干，用Ni（NO_3）$_2$·$6H_2O$（7%，质量分数）、（NH_4）$_6H_2W_{24}$·$6H_2O$（12%，质量分数）共浸法浸渍催化剂载体6h，100℃干燥6h，700℃焙烧4h，得加氢脱氮催化剂。采用磷酸（3.75%，质量分数）溶液以同样的浸渍方法，浸渍上述步骤得到的催化剂，110℃干燥4h，550℃焙烧3h得加氢脱氮催化剂C。

上述实施例制备的中低温煤焦油加氢脱氮催化剂的化学组成示于表6-15。

表6-15　专利CN 102773113 A催化剂的化学组成

催化剂	Na_2O/%	P_2O_5/%	NiO/%	WO_3/%
A	0.011	3.019	3.651	18.418
B	0.041	2.452	3.887	21.682
C	0.053	4.262	4.551	17.473

该专利发明人利用中试装置对本发明制备的催化剂活性进行检测，加氢反应的操作条件为：在340～380℃、10～15MPa、氢油比（1600∶1）～（1800∶1）、空速0.15～0.4h^{-1}下操作。所选的中低温煤焦油性质示于表6-16，该专利实施例中催化剂对中低温煤焦油的加氢脱氮率示于表6-17。从表6-17可以看出，采用该发明制备的加氢脱氮催化剂，稳定性好，氮杂质脱除率明显提高，最高达99.54%。

表6-16　中低温煤焦油性质

中低温煤焦油性质		数值
密度(20℃)/($g \cdot cm^3$)		1.0691
运动黏度(100℃)/($mm^2 \cdot s^{-1}$)		129.41
总氮含量/%		1.124
总硫含量/%		0.381
总氧含量/%		8.108
水分含量/%		2.461
四组分/%	饱和烃	26.896
	芳烃含量	16.718
	胶质含量	36.723
	沥青质含量	23.734
金属/($\mu g \cdot g^{-1}$)	Fe	34.367
	Na	131.891
	Ca	182.412
	Mg	15.453

表6-17　加氢脱氮反应脱除率

实例	实施例1	实施例2	实施例3
脱氮率/%	99.54	99.10	99.25

陕西煤业化工技术研究院有限责任公司的专利CN 103386321 A公开了一种煤焦油加氢脱氮催化剂及其制备方法[50]。该发明的目的在于提供一种脱除中低温煤焦油中含氮化合物的活性高、抗积炭能力强的加氢脱氮催化剂及其制备方法。

该发明的特征是：活性组分由WO_3、NiO组成，以催化剂总质量为基准，WO_3含量为催化剂的16%～24%，NiO为催化剂的3%～6%；助剂为P，占催化剂的1%～2%。载体由活性炭、Al_2O_3、Hβ分子筛组成，活性炭为载体的10%～31%，Al_2O_3为

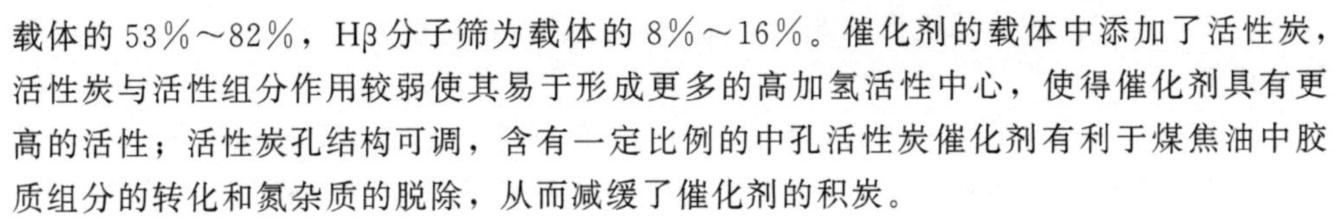

载体的53%～82%，Hβ分子筛为载体的8%～16%。催化剂的载体中添加了活性炭，活性炭与活性组分作用较弱使其易于形成更多的高加氢活性中心，使得催化剂具有更高的活性；活性炭孔结构可调，含有一定比例的中孔活性炭催化剂有利于煤焦油中胶质组分的转化和氮杂质的脱除，从而减缓了催化剂的积炭。

该发明中加氢脱氮催化剂的制备方法分为制备载体和负载活性组分两步，具体如下。

① 制备载体。将一定质量分数的活性炭、Al_2O_3和Hβ分子筛分别球磨粉碎，得到粒度小于0.046mm的粉体，在100～120℃下干燥2～6h后，得到载体原料粉体备用。将有机酸水溶液加入到Al_2O_3粉体和Hβ分子筛粉体之中后，搅拌20～40min使之混合均匀；然后加入活性炭粉体和黏结剂后，继续搅拌20～40min混合充分，密闭容器中静置20～28h，然后压片或挤出成型。成型后的载体在100～120℃下干燥2～6h后，然后放入管式炉中在N_2保护下于300～600℃煅烧2～6h，冷却至室温后得到载体。

② 负载活性组分。将一定质量分数的WO_3的前驱物偏钨酸铵（浓度为10%～15%），NiO前驱物硝酸镍（浓度为7%～12%）加入到蒸馏水中，搅拌使其完全溶解。而后加入磷酸（浓度为2%～3%）继续搅拌，得到活性组分溶液。然后用所述活性组分溶液浸渍第一步所得载体，浸渍12～28h，减压旋转蒸发除去多余水分，在烘箱中于100～120℃下干燥2～6h，然后再在N_2中300～550℃焙烧2～6h，冷却后即得催化剂成品。

该发明中实施例的具体实施方式如下。

实施例1：称取54g球磨至小于0.046mm氧化铝粉体，16g等粒度的Hβ分子筛粉体，加入30mL浓度80%的乙酸水溶液，搅拌40min使混合均匀，再加入24g等粒度的活性炭粉体，同时加入30g蔗糖作为黏结剂，继续搅拌40min使混合均匀。所得黑色黏稠状物在密闭容器中静置28h，然后压片成型。将得到的成型物在120℃下干燥2h，然后在600℃ N_2中锻烧2h，冷却后得到催化剂载体成品101g，以干基计算，氧化铝占载体总质量的53%，活性炭占载体总质量的31%，Hβ分子筛占载体总质量16%。

将WO_3前驱体偏钨酸铵44g，氧化镍前驱物硝酸镍35g加入到203g蒸馏水中，搅拌使其完全溶解，而后加入磷酸8g继续搅拌1h，得到活性组分溶液93g，活性组分溶液中偏钨酸铵质量百分比浓度为15%，硝酸镍质量百分比浓度为12%，磷酸质量百分比浓度为3%。

在室温下把制备的101g载体加入到配好的活性组分溶液中，浸渍28h。减压蒸干水分，在120℃下干燥2h，然后在N_2中在550℃下焙烧2h，得到催化剂成品149g，标记为催化剂A，其组成和性质见表6-18。

实施例2：称取68g球磨至小于0.046mm氧化铝粉体，12g等粒度的Hβ分子筛粉体，加入27mL浓度50%的丙二酸水溶液，搅拌30min使混合均匀，再加入16g等粒度的活性炭粉体，同时加入20g羧甲基纤维素作为黏结剂，继续搅拌30min使混合均匀。所得黑色黏稠状物在密闭容器中静置24h，然后压片成型。将得到的成型物在110℃下干燥4h，然后在500℃ N_2中锻烧4h，冷却后得到催化剂载体成品100g，以干基计算，氧化铝占载体总质量的68%，活性炭占载体总质量的20%，Hβ分子筛占载体总质量12%。

将WO_3前驱体偏钨酸铵33g，氧化镍前驱物硝酸镍21g加入到213g蒸馏水中，搅拌使其完全溶解，而后加入磷酸8g继续搅拌1h，得到活性组分溶液275g，活性组分溶液中偏钨酸铵质量百分比浓度为12%，硝酸镍质量百分比浓度为8%，磷酸质量百分比浓度为3%。

在室温下把制备的100g载体加入到配好的活性组分溶液中，浸渍24h。减压蒸干水分，在110℃下干燥4h，然后在500℃ N_2中焙烧6h，得到催化剂成品135g，标记为催化剂B，其组成和性质见表6-18。

实施例3：称取74g球磨至小于0.046mm氧化铝粉体，16g等粒度的Hβ分子筛粉体，加入15mL浓度20%的丙二酸水溶液，搅拌20min使混合均匀，再加入8g等粒度的活性炭粉体，同时加入10g羧甲基纤维素作为黏结剂，继续搅拌20min使混合均匀。所得黑色黏稠状物在密闭容器中静置20h，然后压片成型。将得到的成型物在105℃下干燥6h，然后在400℃ N_2中锻烧6h，冷却后得到催化剂载体成品100g，以干基计算，氧化铝占载体总质量的74%，活性炭占载体总质量的10%，Hβ分子筛占载体总质量16%。

将WO_3前驱体偏钨酸铵20g，氧化镍前驱物硝酸镍14g加入到162g蒸馏水中，搅拌使其完全溶解，而后加入磷酸4g继续搅拌1h，得到活性组分溶液200g，活性组分溶液中偏钨酸铵质量百分比浓度为10%，硝酸镍质量百分比浓度为7%，磷酸质量百分比浓度为2%。

在室温下把制备的100g载体加入到配好的活性组分溶液中，浸渍12h。减压蒸干水分，在105℃下干燥2h，然后在450℃ N_2中焙烧2h，得到催化剂成品125g，标记为催化剂C，其组成和性质见表6-18。由该发明制备的催化剂对中低温煤焦油的加氢脱氮率高达92.74%～99.67%。

表6-18 催化剂的性质

催化剂	A	B	C
比表面积/$m^2 \cdot g^{-1}$	178	155	165
孔容/$cm^3 \cdot g^{-1}$	0.48	0.45	0.42
平均孔径/nm	8.2	7	6.5
机械强度/$N \cdot cm^{-1}$	93	111	100

山西盛驰科技有限公司在专利CN 102626635 A中，公开了一种煤焦油脱氮催化剂及其制备和应用[51]。该脱氮催化剂以Mo、W为加氢活性组分，以介孔氧化铝为载体，采用等体积浸渍法制备而成。MoO_3的负载量为10%～30%，WO_3的负载量为1%～30%，其余为介孔氧化铝载体。该脱氮催化剂具有以下优点：比表面积大，孔径较大且分布集中，因而表现出脱氮活性高，稳定性好等优点，是适于煤焦油加氢脱氮处理的专用催化剂。

该脱氮催化剂的制备步骤为：首先根据文献［52］制备出介孔氧化铝载体，其次，将适量介孔氧化铝载体浸入分别含有一定量的钼酸铵和偏钨酸铵的水溶液中，m（介孔氧化铝）：m（钼酸铵）：m（偏钨酸铵）：m（去离子水）＝100：(57.2～171.6)：(153～4590)：42。在静止条件下室温保持24～48h，然后在100～120℃的温度下干燥12～24h，接着以0.5～2℃·min^{-1}的升温速率升温至350～600℃并保持3～8h，即得到煤焦油脱氮催化剂。

该发明所列举的5个实施例中采用固定床加氢反应器进行脱氮催化剂活性评价，在反应温度320～400℃，反应压10～17MPa下进煤焦油进行脱氮反应，煤焦油体积空速0.3～1.0h^{-1}，氢油体积比800～2000，原料脱氮率高达97%～99%。

专利CN 102614909 A公开了一种可脱除煤焦油含氮化合物的加氢脱氮催化剂及其制备方法和应用[53]。该发明的特征在于：该发明催化剂中助剂F和P分别以混捏和浸渍方法引入，使催化剂具有适宜的酸性和孔径分布，也使活性组分在载体上获得最大限度分散，从而使催化剂具有良好的脱氮尤其是脱碱性氮的性能。同时该发明催化剂具有良好的耐水性，中低温煤焦油中酚含量较高，加氢制燃料油过程中会产生较多的水，因此该发明催化剂良好的耐水性可较好的适应煤焦油加氢过程的这一特点。该催化剂的活性组分由三氧化钨、一氧化镍和三氧化二铬组成，三氧化钨含量为催化剂的14%～18%，一氧化镍含量为催化剂的4%～6%，三氧化二铬含量为催化剂的2%～4%。助剂F的含量为催化剂1%～4%，助剂P的含量为催化剂的1%～2%。载体由氧化铝、氧化锆、Hβ分子筛、黏结剂和助挤剂组成，载体含量为催化剂的66%～78%，氧化铝、氧化锆和Hβ分子筛的质量分比为(15～17)：(1～2)：(2～3)，黏结剂质量为氧化铝质量的3%～8%，助挤剂含量为载体的3%～7%。

该脱氮催化剂的制备步骤为：第一步，制备载体。将所述氧化铝前驱物拟薄水铝石、氧化锆、Hβ分子筛、氟化铵、黏结剂和助挤剂混合均匀，得到混合物。再以水粉比为(0.5～0.7)：1向所述混合物中添加蒸馏水，在捏合机中混捏60～150min后，放入挤条机中挤出成型。然后在15～40℃干燥4～6h，100℃干燥8～10h后，以1～5℃·min^{-1}升温速率升温至450～650℃，焙烧6～8h，得到载体。第二步，制备催化剂。将质量百分比浓度为17%～19%三氧化钨前驱物偏钨酸铵$(NH_4)_6W_7O_{24}\cdot 6H_2O$，质量百分比浓度为16%～21%一氧化镍前驱物硝酸镍$Ni(NO_3)_2\cdot 6H_2O$，质量百分比浓度为11%～19%三氧化二铬前驱物硝酸铬$Cr(NO_3)_3\cdot 9H_2O$加入到蒸馏水中，在15～60℃搅拌使其完全溶解。而后加入质量百分比浓度为3%～6%磷酸继续搅拌0.5～1h，得到活性组分溶液，然后用活性组分溶液浸渍载体3～5h。再于20～30℃干燥5～8h，100℃干燥6～8h，而后以2～6℃·min^{-1}升温速率升温至450～550℃，焙烧6～8h，即制得催化剂成品。

该发明所列举的实施例中采用固定床加氢反应器进行脱氮催化剂活性评价，控制反应条件为：氢压8.0～12.0MPa，液时体积空速0.3～0.8h^{-1}，氢/油体积比为1200/1～1800/1，温度为380～420℃。该发明催化剂可深度脱除中低温煤焦油中含氮化合物，加氢产品油氮含量可脱除至50μg·g^{-1}以下，同时具有较好的加氢脱硫性能，可使加氢产品油硫含量脱除至40 μg·g^{-1}以下。

6.5.3 煤焦油加氢脱硫催化剂

山西盛驰科技有限公司在专利 CN 102688772 A 中，公开了一种脱除中低温煤焦油中含硫化合物的加氢脱硫催化剂及其应用[54]。该催化剂中的载体占催化剂总质量的60%～75%，活性组分占催化剂总质量的18%～26%，助剂占催化剂总质量的7%～14%。载体包括氧化铝、氧化硅、Hβ分子筛，氧化铝占载体总质量的75%～85%，氧化硅占载体总质量的5%～10%，Hβ分子筛占载体总质量的10%～15%。活性组分由金属W、Ni和Mo组成，以金属氧化物计算，三氧化钨占催化剂总质量的12%～16%，一氧化镍占催化剂总质量的5%～7%，三氧化钼占催化剂总质量的2%～5%。所述助剂为B和P以单质计算，其中B占催化剂总质量的1%～4%，P占催化剂总质量的1%～2%。

该煤焦油加氢脱硫催化剂的特征为：催化剂有较高的机械强度和适宜的孔容孔径，可承受较高压力，催化剂不宜坍陷。可深度脱除中低温煤焦油中含硫化合物，加氢产品油硫含量可脱除至10 $\mu g \cdot g^{-1}$以下，同时兼具一定的加氢脱氮性能。该催化剂还具有良好的耐水性，中低温煤焦油中酚含量较高，加氢制燃料油过程中会产生较多的水，因此该发明催化剂良好的耐水性可较好地适应煤焦油加氢过程的这一特点。

该发明采用下述制备方法：第一步，制备载体。将拟薄水铝石、膨润土、Hβ分子筛和BF_3混合均匀，接着向混合物中加入占所述拟薄水铝石质量5%～10%的黏结剂以及占混合物总质量2%～5%的助挤剂，然后加入蒸馏水。混捏30～60min后，挤出成型，得到成型载体。成型载体在15～60℃干燥4～6h，100℃干燥8～10h后，以2～5℃·min^{-1}升温速率升温至450～650℃，焙烧4～6h，得到成品载体。拟薄水铝石、膨润土、Hβ分子筛、BF_3和蒸馏水的质量分比为（12.5～16）：（1.2～2）：（1.1～2）：1：（10～18）。第二步，制备催化剂。将钨盐、镍盐、钼盐分别加入到蒸馏水中，在15～60℃下搅拌完全溶解，而后加入质量百分浓度为3%～6%的磷酸继续搅拌0.5～1h，得到混合溶液。所述混合溶液中钨盐质量百分比浓度为15%～20%，镍盐质量百分比浓度为16%～21%，钼盐质量百分比浓度为10% ～18%。将所述第一步制得的成品载体浸入所述混合溶液中，浸渍3～5h，然后在15～60℃干燥2～6h，100℃干燥2h。最后以2～5℃·min^{-1}升温速率升温至450～550℃，焙烧4h，得到成品催化剂。

该发明的实施例中列举了具体的实施方案。称取氧化铝前躯体拟薄水铝石400g、膨润土50g，Hβ分子筛50g及BF_3 25g并混合均匀，接着向上述混合物中加入孔容为0.2～0.4$cm^3 \cdot g^{-1}$的拟薄水铝石100g，田菁胶16g，硝酸48g，蒸馏水440g，在捏合机中混捏55min后，放入挤条机中挤出成型。成型的载体在40℃干燥4h，100℃干燥10h后，以2℃·min^{-1}升温速率升温至650℃，焙烧8h，得到载体成品627g，氧化铝占载体总质量80%，硅酸铝占载体总质量10%，Hβ分子筛占载体总质量10%。将偏钨酸铵297g，硝酸镍323g，钼酸铵289g加入到625g蒸馏水中，在60℃搅拌使 其完全溶解，而后加入磷酸83g，继续搅拌1h，得到浸渍溶液1617g，溶液中偏钨酸铵质量百分比浓度为18%，硝酸镍质量百分比浓度为20%，钼酸铵质量百分比浓度为17%，磷酸质量百分比浓度为5%。采用等体积喷淋浸渍法将上述配制的浸渍液喷到627g载体上，室温4h，再于20℃干燥8h，100℃干燥8h，而后以2℃·min^{-1}升温速率升温至550℃，焙烧8h，得到催化剂成品825g。

以中低温煤焦油为原料，其密度为1.05g·cm^{-3}，硫含量0.40%，氮含量1.20%，在500mL固定床加氢反应器上，对上述所得催化剂性能进行考察。在条件为：氢压12.0MPa，液体体积空速0.8h^{-1}，氢/油体积比为1800∶1，温度为420℃。该煤焦油加氢产品油密度为0.85g·cm^{-3}，硫含量降至18μg·g^{-1}，氮含量降至49μg·g^{-1}。

中国石油化工股份有限公司的专利CN 102049310 A提出了以一种加氢脱硫催化剂及其制备方法[55]。采用该发明的方法制备得到的加氢脱硫催化剂，与现有的负载型加氢催化剂比较，具有更高的加氢脱硫活性。

该发明的实施例中列举了具体的实施方案。将$(NH_4)_6H_2W_{12}O_{40}\cdot H_2O$溶于水中形成1 L浓度为0.026mol·$L^{-1}$的偏钨酸铵水溶液。将氯化镍$NiCl_2\cdot 6H_2O$溶于水中形成1 L浓度为0.25mol·$L^{-1}$的氧化镍水溶液。然后将上述氧化镍水溶液与偏钨酸铵水溶液混合均匀得到浆液（金属镍与金属钨的摩尔比为0.8∶1），并在搅拌下，调节所述浆液的pH为8，搅拌时间为0.5h。然后将该浆液倒入晶化釜中，在80℃、0.05MPa压力下放置18h，进行水热处理。冷却至室温后，将反应产物倒出晶化釜，经过滤、水洗产物至滤液的pH为7左右、150℃干燥，得到金属活性组分。采用BET法测得的该金属活性组分的比表面积为156 $m^2\cdot g^{-1}$，孔容为0.17mL·g^{-1}，一级颗粒直径为5nm。再将10g已制备的金属组分颗粒与30g直径为10～15nm的氧化铝（阿拉丁公司生产的1130122氧化铝）分散到200g水中，然后利用超声波在40Hz、50℃下超声1h后，过滤，水洗，然后在120℃下干燥10h，得到加氢脱硫催化剂，该催化剂的BET比表面为98 $m^2\cdot g^{-1}$，孔容为0.41mL·g^{-1}。

采用微型反应器评价加氢催化剂的催化活性。将制备得到的加氢脱硫催化剂压片成颗粒状，然后筛成40～60目，以噻吩为模型化合物进行加氢脱硫反应。硫化条件为采用含5% CS_2的正己烷为硫化油，于空速36h^{-1}下硫化3h，进料速率为0.3mL·min^{-1}，H_2流量为180mL·min^{-1}，压力为4.2MPa。反应条件为以含10%噻吩的正己烷为反应油，在H_2压力为4.2MPa，体积空速为12h^{-1}，进料速率为0.2mL·min^{-1}，氢油体积比为600，在300℃下反应3h后开始采样，在280℃下反应2h后再次采样，考察催化剂的加氢脱硫活性。结果表明，在300℃和280℃该催化剂对噻吩的转化率分别为57.10%和52.79%。而采用工业上普遍使用的RN-10加氢脱硫催化剂在相同条件下的噻吩的转化率为46.30%。由此可见，该发明的催化剂的加氢脱硫活性较现有技术提高了10个百分点以上。

6.5.4 煤焦油加氢精制催化剂

中国科学院过程工程研究院的专利CN 102068992 A公开了一种煤焦油制燃料油加氢精制催化剂及其制备和应用方法[56]。该发明的煤焦油加氢精制催化剂具有如下几个优点：①比表面高，孔容量大，孔径粗且分布集中，活性组分和助剂分布非常均匀，具备良好的脱硫、脱氮、脱氧、脱金属、脱胶质活性；②良好的烯烃、二烯烃、芳烃饱和能力，提高了加氢产品油的品质、稳定性以及收率，产品中汽油馏分的辛烷值可提高5～11个单位，柴油馏分的十六烷值可以提高3～9个单位；③催化剂及其制备技术适应性强，所制备的催化剂可用于处理不同地区不同厂家的各种煤焦油；④具备良好的操作稳定性和抗压耐磨机械强度，催化剂使用寿命长，满足工业化长时间运行要求。

该加氢精制催化剂的制备方法如下。①混捏碾磨。市售SB氢氧化铝干胶粉，加入占其质量8%～27%（优选10%～16%）的硝酸钡细粉，占其质量0.1%～5.0%（优选0.5%～3%）的胶溶剂和占其质量0.1%～3.0%（优选0.5%～1.5%）的黏结剂，调成湿胶饼。将湿胶饼置于混捏机上，不断撒入占氢氧化铝干胶粉15%～32%（优选18%～24%）质量的四水合钼酸铵细粉，7%～28%（优选12%～18%）质量的六水合硝酸镍或六水合硝酸钴细粉，0.1%～2.0%（优选0.6%～1.2%）质量的纤维素，混捏均匀。100～140℃条件下 于干燥设备中干燥2～16h，碾磨成细粉。②挤条成型。细粉中加入占其质量1.2%～5.5%的助挤剂，以及少量去离子水，于螺杆挤条机上挤压数次，采用三叶草形或其它形状的挤孔板挤条成型。挤条直径1.1～3.0mm，长度3～8mm。用乙酸冲洗成型条2～10min，100～140℃干燥设备中干燥2～16h，然后在含15%～40%物质的量浓度水蒸气的空气气氛中，气剂体积比为（400～1400）：1条件下，450～550℃恒温下于焙烧设备中焙烧4～15h。③浸渍及催化剂后处理。常温条件下，预先定量硝酸钾和硝酸铋，配成混合溶液。将步骤②所得成型条浸渍于硝酸钾和硝酸铋的混合溶液4～24h。浸渍是在20～80kHz超声波条件或常规无超声波条件下进行。所得催化剂置于焙烧设备中，干空气气氛中，加热到200℃恒温1～2h脱除吸附水，以5～10℃·min^{-1}的升温速率加热到350～380℃恒温2～3h脱除结构水，再以10～35℃·h^{-1}的速度升温到420～550℃恒温4～8h。

上海胜帮煤化工技术有限公司的专利CN 101905163 A公开了一种煤焦油加氢精制催化剂及其制备方法[57]。该发明加氢精制催化剂的特征在于：该催化剂以氧化铝为载体，以ⅥB和Ⅷ金属元素为活性组分，活性组分以氧化物计在催化剂中的质量含量为25%～60%。与现有技术相比，该发明催化剂活性组分含量高，同时具有较大孔容和比表面，含有适量大孔，活性组分分布适宜，该催化剂用于煤焦油加氢精制时，具有较高的活性和良好的稳定性。

该发明煤焦油加氢精制催化剂的制备方法为：①将拟薄水铝石干胶粉经过800～1200℃焙烧1～5h后，与其余的未焙烧拟薄水铝石干胶粉混合均匀；②将步骤①获得的混合物在含活性组分化合物的溶液中浸渍，并干燥；③对步骤②得到的物料成型，然后干燥、焙烧，得到最终加氢精制催化剂。

该发明的实施例中列举了具体的实施方案。拟薄水铝石干胶粉原料按质量20%和80%分为两部分，20%在1050℃焙烧2h，与未焙烧部分混合均匀，加入含活性组分的溶液浸渍上述混合物料，然后在120℃干燥2h，加入适量胶溶剂、占拟薄水铝石干胶粉质量2%的田青粉、占拟薄水铝石干胶粉质量1%的炭黑混合均匀，混捏成可塑体，然后挤条成型，条型物在120℃干燥5h，在450℃焙烧2h，得到加氢精制催化剂。

催化剂的评价方法如下：将实施例和比较例的加氢精制催化剂（100mL）和相同的加氢保护催化剂（80mL）分层装填在反应器中。反应物料先经过加氢保护催化剂，

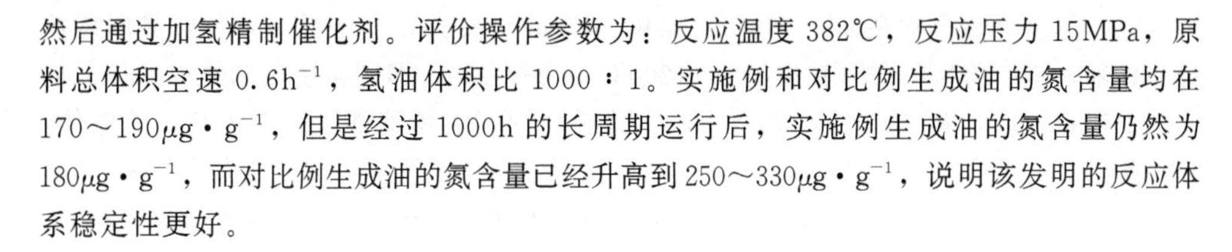

然后通过加氢精制催化剂。评价操作参数为：反应温度382℃，反应压力15MPa，原料总体积空速0.6h^{-1}，氢油体积比1000∶1。实施例和对比例生成油的氮含量均在170～190μg·g^{-1}，但是经过1000h的长周期运行后，实施例生成油的氮含量仍然为180μg·g^{-1}，而对比例生成油的氮含量已经升高到250～330μg·g^{-1}，说明该发明的反应体系稳定性更好。

6.5.5　煤焦油加氢裂化催化剂

宁波金远东工业科技有限公司的专利CN 103691465 A公开了一种用于煤焦油加氢裂化的催化剂及其制备方法[58]。该催化剂的优点在于：通过调节载体中二氧化钛和二氧化铈的加入比例，可以有效控制载体的酸度，有利于提高加氢裂化的活性和选择性。二氧化钛对硫有较强的吸附作用，有利于脱硫；二氧化铈的熔点高，可提高氧化铝的相转变温度和改变孔结构，提高载体的稳定性。因此，通过改变载体中二氧化钛和二氧化铈的比例，可以制备具有较大比表面积、孔容和适宜的孔径的催化剂载体，有利于减缓催化剂的积炭、失活及床层的堵塞。助剂磷或氟的加入，使催化剂强酸中心减少，中强酸中心增多，提高了钼镍催化剂脱硫脱氮的活性，同时也增强了对煤焦油全馏分加氢裂化的活性。通过调节催化剂中载体、活性组分和助剂的比例，可以实现煤焦油高效加氢裂化制轻质燃料油。

该发明煤焦油加氢裂化催化剂的制备方法如下。①载体的制备。按计算量取拟薄水铝石粉末，加入到计算量的含钛化合物、含铈化合物、水、黏结剂、扩孔剂及助挤剂中，进行混捏成混合物，然后将混合物在60～160℃的温度中干燥4～18h，再将干燥后的混合物在300～1200℃中焙烧2～8h，即制得催化剂的载体。②活性组分的制备。取计算量的钼盐与镍盐，混合后配置成水溶液，将步骤①制备的载体，在温度为30～90℃的钼盐与镍盐的水溶液中浸渍1～8h，然后将浸渍后的载体在60～160℃温度中干燥4～18h，接着将浸渍干燥后的载体在200～600℃的温度中焙烧2～8h，即制成活性组分。③催化剂的制备。取计算量的含磷化合物或含氟化合物配置成水溶液，将上述制得的活性组分在含磷化合物或含氟化合物的水溶液中浸渍1～12h，然后将浸渍后的活性组分放在60～160℃的温度中干燥4～18h，再将干燥后的活性组分在200～600℃的温度中焙烧1～6h，即制得成品的催化剂。

宁波市化工研究设计院有限公司的专利CN 104069868 A公开了一种煤焦油全馏分加氢裂化的催化剂及其制备方法和应用方法[59]。该发明催化剂的优点在于：催化剂载体的比表面积大，由催化剂提供给胶质和沥青质的沉积面积是反应器表面、管道面积的几亿倍，因此能够确保煤焦油分散沉积在催化剂上，提供足够长的停留时间发生加氢反应，减少了加氢裂化反应过程中的结焦。在载体中加入助剂铁或硅的氧化物，不仅能提高载体的强度、酸度、热稳定性，有利于裂化反应，而且能促进脱硫、脱氮，提高催化剂的催化活性。该发明方法制备的催化剂加氢裂化活性高，沥青质的转化率大于90%，燃油的总出油率大于95%。

该发明煤焦油加氢裂化催化剂的制备方法为：①载体的制备，按计算量取拟薄水铝石粉末，加入到计算量的含铁或含硅的化合物、水、黏结剂、扩孔剂，进行混捏成混合物，然后将混合物在60～160℃的温度中干燥4～18h，再将混合物粉碎成所需粒径的颗粒，最后将所得的颗粒在300～1200℃中焙烧28h，即制得催化剂的载体；②催化剂的制备，取计算量的铁盐与钨盐，然后混合配置成水溶液，将上述制备的载体，在温度为30～90℃的铁盐与钨盐的水溶液中浸渍1～8h，然后将浸渍后的载体在60～16℃温度中干燥4～18h，接着将浸渍干燥后的载体在200～600℃的温度中焙烧2～8h，即制成催化剂。

该发明中实施例的具体实施方式如下。

实施例1：取计算量的大孔拟薄水铝石粉末，加入到计算量的SiO_2粉末、占固体总质量1%的硝酸、占固体总质量1%的活性炭粉，以及少量的水，混捏成混合物。然后将混合物在120℃的温度中干燥16h，再将干燥后的混合物粉碎成所需粒径的小颗粒，最后将所得的小颗粒在1200℃中焙烧4h，即制得催化剂的载体。取计算量的硝酸铁、六氯化钨混合配置成水溶液，将上述制备的载体在温度为60℃的铁盐与钨盐的水溶液中浸渍8h，然后将浸渍后的载体在120℃温度中干燥8h，接着将浸渍干燥后的载体在500℃的温度中焙烧4h，制得本发明的加氢裂化催化剂C1。

实施例2：取计算量的大孔拟薄水铝石粉末，加入到计算量的TiO_2粉末、占固体总质量0.5%的聚乙烯醇、占固体总质量1%的炭黑，以及少量的水混捏成混合物。然后将混合物在120℃的温度中干燥12h，再将干燥后的混合物粉碎成所需粒径的小颗粒，最后将所得的小颗粒在1000℃中焙烧4h，即制得催化剂的载体。取计算量的氯化铁、六氯化钨混合配置成水溶液，将上述制备的载体在温度为80℃的铁盐与钨盐的水溶液中浸渍8h，然后将浸渍后的载体在120℃温度中干燥8h，接着将浸渍干燥后的载体在500℃的温度中焙烧4h，制得本发明的加氢裂化催化剂C2。

实施例3：取计算量的大孔拟薄水铝石粉末，加入到计算量的正硅酸乙酯、占固体总质量0.5%的硝酸、占固体总质量1%的聚苯乙烯小球，以及少量的水，混捏成混合物。然后将混合物在120℃的温度中干燥12h，再将干燥后的混合物粉碎成所需粒径的小颗粒，最后将所得的小颗粒在800℃中焙烧4h，即制得催化剂的载体。取计算量的硝酸铁、钨酸钠混合配置成水溶液，将上述制备的载体在温度为80℃的铁盐与钨盐的水溶液中浸渍8h，然后将浸渍后的载体在120℃温度中干燥8h，接着将浸渍干燥后的载体在500℃的温度中焙烧4h，制得本发明的加氢裂化催化剂C3。

实施例4：取计算量的大孔拟薄水铝石粉末，加入到计算量的钛酸四丁酯、占固体总质量0.5%的甲基纤维素、占固体总质量1%的聚苯乙烯小球，以及少量的水，混捏成混合物。然后将混合物在120℃的温度中干燥12h，再将干燥后的混合物粉碎成所需粒径的小颗粒，最后将所得的小颗粒在800℃中焙烧4h，即制得催化剂的载体。取计算量的硝酸铁、钨酸钠混合配置成水溶液，将上述制备的载体在温度为80℃的铁盐与钨盐的水溶液中浸渍8h，然后将浸渍后的载体在120℃温度中干燥8h，接着将浸渍干燥后的载体在500℃的温度中焙烧4h，制得本发明的加氢裂化催化剂C4。

实施例5：取计算量的大孔拟薄水铝石粉末，加入到计算量的正硅酸乙酯、占固体总质量1%的硝酸、占固体总质量1%的聚苯乙烯小球，以及少量的水，混捏成混合物，然后将混合物在120℃的温度中干燥12h，再将干燥后的混合物粉碎成所需粒径的小颗粒，最后将所得的小颗粒在 800℃ 中焙烧 4h，即制得催化剂的载体。取计算量的氯化铁、钨酸钠混合配置成水溶液，将上述制备的载体在温度为 80℃ 的铁盐与钨盐的水溶液中浸渍 8h，然后将浸渍后的载体在 120℃ 温度中干燥 6h，接着将浸渍干燥后的载体在 600℃ 的温度中焙烧 4h，制得本发明的加氢裂化催化剂 C5。上述五个实施例中催化剂 C1、C2、C3、C4 及 C5 的主要理化性质见表 6-19。

表 6-19　加氢裂化催化剂主要性质

催化剂	C1	C2	C3	C4	C5
化学组成/%					
Al_2O_3	82	90	87	90	92
TiO_2	—	1.5	—	—	0.8
SiO_2	1	—	1	0.5	—
Fe_2O_3	5	2.5	4	6	3.2
WO_3	12	6	8	3.5	4
物化性质					
比表面积/$m^2 \cdot g^{-1}$	350	402	420	386	395
孔径/mm	3.5	4.2	5.1	4.3	4.0
颗粒平均尺寸/μm	1200	500	300	800	600

该发明用浆态鼓泡塔对煤焦油全馏分加氢裂化的催化剂进行了性能评价。评价前催化剂 C1～C3 均在硫化剂二硫化碳环境中预硫化 12h，硫化温度为 280℃；催化剂 C4 和 C5 均在硫化剂二甲基二硫环境中预硫化 12h，硫化温度为 250℃。催化剂加入到煤焦油中混合均匀后一起进入浆态鼓泡塔进行煤焦油全馏分加氢裂化反应。评价条件为：加氢裂化催化剂 100g，反应温度为 480℃，原料油液体体积空速为 $0.75h^{-1}$，氢气压力 19MPa。所用的原料油性质及评价结果见表 6-20。由表可知，该发明的催化剂具有很好的加氢裂化煤焦油全馏分的活性，焦油沥青的转化率超过 90%，液体总收率大于 95%。应用该发明催化剂催化煤焦油全馏分加氢裂化制得的产物可深度加氢制清洁燃料油。

表 6-20　加氢裂化催化剂主要性质

项目	原料油	评价结果				
		C1	C2	C3	C4	C5
密度/$g \cdot mL^{-1}$	1.12	0.996	0.989	0.965	0.973	0.988
黏度(40℃)/$mm^2 \cdot s^{-1}$	202.4	136.8	128.6	120.1	126.5	115.4
脱硫率/%	—	75	80	83	81	78
脱氮率/%	—	45	51	55	53	48
脱氧率/%	—	68	72	76	74	73

续表

项目	原料油	评价结果				
		C1	C2	C3	C4	C5
产品组成						
石脑油/%(<230℃)	5.2	5.3	5.4	5.8	5.6	5.4
柴油/%(230～350℃)	27.8	40.5	43.8	45.6	44.9	43.6
蜡油/%(350～500℃)	35.2	51	48	46.3	47	47.9
胶质沥青/%(>500℃)	31.8	3.2	2.8	2.3	2.5	3.1
总液体收率/%	—	96.8	97.2	97.7	97.5	96.9

6.5.6 煤焦油加氢催化剂的级配

煤焦油的加氢处理催化剂包括保护催化剂、脱金属催化剂、脱硫催化剂、脱氮催化剂、加氢裂化催化剂等多种催化剂。如果单独使用一种催化剂，要么是活性低，要么是稳定性差。在焦油固定床加氢处理过程中，普遍采用催化剂级配组合装填技术，级配效果是使催化反应系统的各种催化剂的反应活性及稳定性达到较高程度。对于煤焦油加氢催化剂的级配，目前存在的主要问题是由于煤焦油杂原子多、馏分重，导致各种催化剂的失活并不同步，不利于整个装置运行周期的延长。这一方面要对级配方式进行优化，另一方面要对几种催化剂进行合理的设计。焦油加氢过程催化剂级配的基本原则如图 6-3 所示。

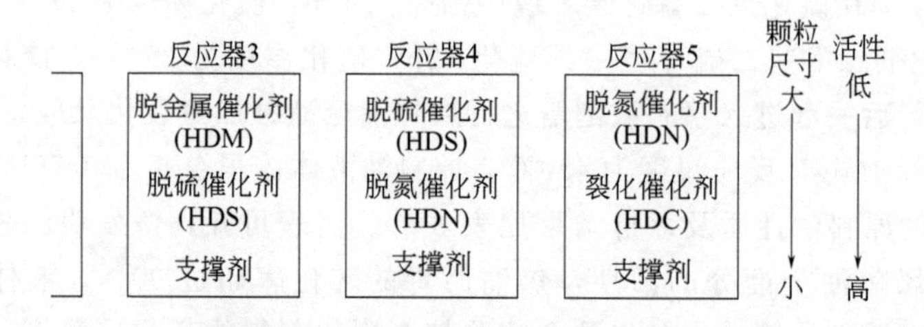

图 6-3 焦油加氢催化剂级配原则示意

从反应器入口到反应器出口，催化剂的颗粒尺寸由大到小，催化剂的活性则由低到高。对焦油加氢而言，最上部颗粒尺寸最大，无加氢活性，沿反应物流方向自上而下（或自下而上，如上流式反应器），保护剂的颗粒尺寸逐渐减小，加氢活性逐渐增加。由保护剂下游的脱金属催化剂到脱硫催化剂再到脱氮催化剂及裂化催化剂，催化剂的加氢活性逐渐增加，逐渐脱除焦油中的杂质，使脱除的金属等杂质能均匀沉积在催化剂床层，达到反应负荷的均匀化设计目的。

陕西省能源化工研究院的专利 CN 102899082 A 提出了一种煤焦油加氢精制过程中催化剂级配方法[60]，该方法提出将原料煤焦油与氢气混合后进入加氢反应器进行加氢反应，加氢反应器中有三个加氢反应区床层，在第一反应床层中装填脱金属剂，第二反应床层装填脱硫剂，第三反应床层装填脱氮剂。各床层占催化剂总装填量的体积百分比为：脱金属剂25%～65%，脱硫剂5%～35%，脱氮剂25%～55%。优选的各床层占催化剂总装填量的体积百分比为：脱金属剂35%～50%，脱硫剂10%～35%，脱氮剂30%～45%。

该发明的效果及优点为：在优化的工艺条件下采用优化的催化剂级配方法，可根据不同原料的性质进行调整，充分发挥催化剂的脱金属、脱硫及脱氮活性，对煤焦油的高金属、高氮特点具有很好的杂质脱除率。由于煤焦油密度大、馏分重、氮含量高、胶质含量高，硫含量相对较低，该发明选用合适的催化剂进行级配充分考虑了煤焦油易结焦堵塞的特点，使得加氢过程温升易控，明显可减缓催化剂的失活速度，延长催化剂的运行周期。

此方法所确定的催化剂装填比率是按照动力学模型拟合推测得出，具体如下：假设煤焦油加氢脱杂原子的反应级数为 n，脱杂原子反应的速率表达式可写为：

$$dc/dt = -kc^n \tag{6-1}$$

式中，k 为表观反应速率常数；c 为油品中杂原子的质量含量，$\mu g \cdot g^{-1}$；t 为反应物停留时间；n 为反应级数。

对式（6-1）积分得

$$\begin{cases} c_{outlet}^{1-n} - c_{inlet}^{1-n} = (n-1)\dfrac{k}{LHSV} & (n \neq 1) \\ -\ln\dfrac{c_{inlet}}{c_{outlet}} = \ln\dfrac{1}{1-X} = \dfrac{k}{LHSV} & (n=1) \end{cases} \tag{6-2}$$

式中，c_{outlet} 为产品中的杂质含量，$\mu g \cdot g^{-1}$；c_{inlet} 为原料中的杂质含量，$\mu g \cdot g^{-1}$；LHSV 为总液体体积空速，h^{-1}；X 为杂质脱除率。

Harry[61]、Qader[62]、Anderson[63]等对煤焦油加氢动力学过程进行了研究，在系统氢气的浓度始终保持不变的情况下，煤焦油加氢精制过程属于一级反应。在加氢精制过程中通过控制系统循环气的放空量，可以控制系统氢分压在一个很小的波动范围内。故加氢过程可近似认为等体积反应，取 $n=1$。在小型试验装置中的流体可能会偏离活塞流，引入一指数项 a 对液体体积空速进行修正。

$$\ln\frac{1}{1-X} = \frac{k}{(LHSV)^a} \tag{6-3}$$

式中，a 为空速指数。

假设脱杂原子反应速率常数受温度影响符合 Arr henius 公式，则：

$$\ln\frac{1}{1-X} = \frac{k_0\exp(-E/RT)}{(LHSV)^a} \tag{6-4}$$

式中，k_0 为 Arr henius 方程的指前因子；E 为反应的表观活化能，$J \cdot mol^{-1}$；T 为反应温度，K；R 为普适因子，8.314 $J \cdot (mol \cdot K)^{-1}$。

加氢催化剂在加氢反应过程中除了表现自身功效外，往往还兼备其它功能。以HDM反应为例，HDM催化剂不仅具有脱金属能力，同时还具有一定的脱硫、脱氮能力。因此设HDM催化剂的脱金属、脱硫和脱氮的反应速率常数、活化能和空速指数分别为 k_{0M1}、k_{0M2}、k_{0M3}；E_{M1}、E_{M2}、E_{M3} 和 a_{M1}、a_{M2}、a_{M3}，可得：

$$\ln\frac{1}{1-X_M}=-\ln\frac{c_{M0}}{c_{M1}}=\frac{k_{0M1}\exp(-E_{M1}/RT_1)}{(LHSV)_1^{a_{M1}}}+\frac{k_{0M2}\exp(-E_{M2}/RT_2)}{(LHSV)_2^{a_{M2}}}+\frac{k_{0M3}\exp(-E_{M3}/RT_3)}{(LHSV)_3^{a_{M3}}} \tag{6-5}$$

式中，c_{M0}和c_{M1}分别为反应器进出口的金属浓度，$\mu g \cdot g^{-1}$；T_1、T_2、T_3分别为脱金属剂床层、脱硫剂床层、脱氮剂床层的反应温度；$(LHSV)_1$、$(LHSV)_2$、$(LHSV)_3$分别为脱金属剂床层、脱硫剂床层、脱氮剂床层的液体体积空速。

设三段催化剂的体积占总体积的体积分率分别为y_1、y_2、y_3，则有：

$$\ln\frac{1}{1-X_M}=\frac{(y_1)^{a_{M1}}k_{0M1}\exp(-E_{M1}/RT_1)}{(LHSV)^{a_{M1}}}+\frac{(y_2)^{a_{M2}}k_{0M2}\exp(-E_{M2}/RT_2)}{(LHSV)^{a_{M2}}}+\frac{(y_3)^{a_{M3}}k_{0M3}\exp(-E_{M3}/RT_3)}{(LHSV)^{a_{M3}}} \tag{6-6}$$

同理，对于 HDS 和 HDN 反应可得到：

$$\ln\frac{1}{1-X_S}=\frac{(y_1)^{a_{S1}}k_{0S1}\exp(-E_{S1}/RT_1)}{(LHSV)^{a_{S1}}}+\frac{(y_2)^{a_{S2}}k_{0S2}\exp(-E_{S2}/RT_2)}{(LHSV)^{a_{S2}}}+\frac{(y_3)^{a_{S3}}k_{0S3}\exp(-E_{S3}/RT_3)}{(LHSV)^{a_{S3}}} \tag{6-7}$$

$$\ln\frac{1}{1-X_N}=\frac{(y_1)^{a_{N1}}k_{0N1}\exp(-E_{N1}/RT_1)}{(LHSV)^{a_{N1}}}+\frac{(y_2)^{a_{N2}}k_{0N2}\exp(-E_{N2}/RT_2)}{(LHSV)^{a_{N2}}}+\frac{(y_3)^{a_{N3}}k_{0N3}\exp(-E_{N3}/RT_3)}{(LHSV)^{a_{N3}}} \tag{6-8}$$

式（6-6）～式（6-8）即为建立的动力学模型，此模型反映了表观反应速率常数和催化剂装填的体积分率以及操作条件之间的关系。

用文献［64～68］的实验数据对动力学方程进行非线性拟合，模型的相残差平方和为1.216，表示该方程和实验数据拟合情况较好。得到动力学方程参数见表6-21，用此动力学模型即可对各床层占催化剂总装填量的较优比率进行计算。

表 6-21 求取的煤焦油加氢精制动力学模型参数

反应类型	催化剂类型	k	k_0	E	a
HDM	HDM	2.701	58896	55896	0.841
	HDS	0.536	15962	56183	0.516
	HDN	0.924	10343	58932	0.852
HDS	HDM	0.695	58651	58651	0.865
	HDS	5.290	63638	52568	0.488
	HDN	1.328	42241	55264	0.530
HDN	HDM	0.275	61296	62121	0.253
	HDS	2.169	93512	62453	0.612
	HDN	2.646	288293	64897	0.725

采用加氢精制催化剂的载体及活性金属特征为：以多孔无机氧化物如氧化铝为载体，第ⅥB族和/或第Ⅷ族金属氧化物如W、Mo、Co、Ni等的氧化物为活性组分，选择性地加入其它各种助剂如P、Si、F、B等元素的催化剂。上述催化剂采用现有技术的常规方法制备即可。采用加氢精制催化剂的物理特征见表6-22。

表6-22 加氢精制催化剂的物理特征

催化剂种类	脱金属剂	脱硫剂	脱氮剂
形状	球形	三叶草	三叶草
平均孔径	较大	较小	小
比表面积	次小	较大	大
孔容	较大	大	大
主要作用	脱Fe、Na、Ca等金属	脱S、N	脱N

所述的加氢反应条件为：反应温度：320～420℃，最好是340～410℃；反应压力为10～16MPa，最好的为13～15MPa；氢油体积比为500～2000，最好的为700～1800；液时体积空速为0.1～1.0h^{-1}，最好的为0.2～0.4h^{-1}。

该发明中实施例的具体实施方式如下：中低温煤焦油与氢气混合后进入加氢反应器进行加氢反应，反应流出物经高分、低分后得到产品，原料性质见表6-23。加氢反应器中依次有三个加氢反应区床层，在第一加氢反应床层中装填加氢脱金属剂，第二反应床层装填脱硫剂，第三反应床层装填脱氮剂，催化剂理化性质见表6-24，具体装填比例见表6-25，加氢反应条件见表6-26，加氢反应进行1000h后生成油的脱杂质率见表6-27。由表6-27可见，各实施例的脱杂质率均较高，可见在此级配比例下达到了深度净化的目的。图6-4为脱金属率、脱硫率、脱氮率与三种精制催化剂级配比例的4D图。从图中可见，在此级配条件下煤焦油的金属、硫、氮的脱除率均可较好满足工艺要求，且均具有较高的脱除率。

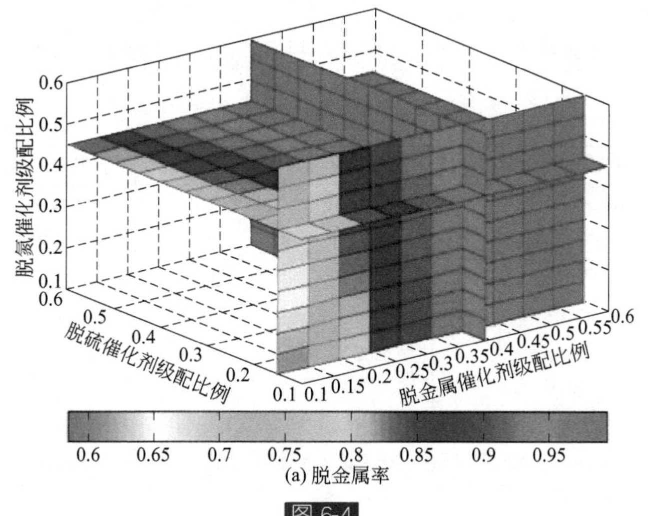

(a) 脱金属率

图6-4

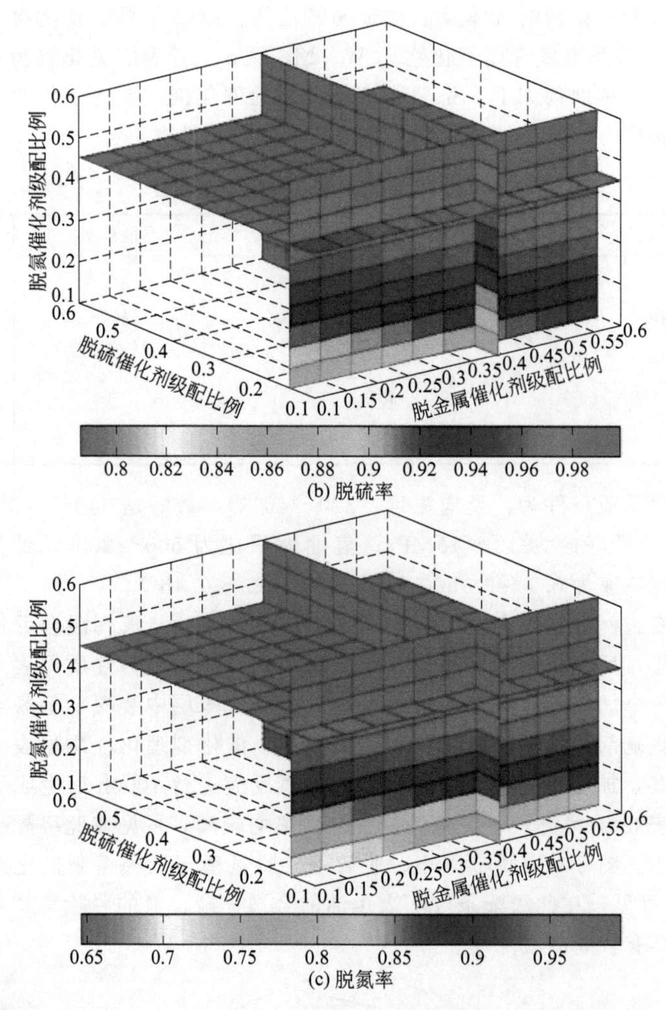

图6-4 脱金属率、脱硫率、脱氮率与三种精制催化剂级配比例的4D图

表 6-23 原料性质

煤焦油和特性		低温煤焦油	中温煤焦油	高温煤焦油	中低温煤焦油
密度(20℃)/$g \cdot cm^{-3}$		0.9427	1.0293	1.1204	0.9742
运动黏度(100℃)/$mm^2 \cdot s^{-1}$		59.6	124.3	159.4	114.6
馏程/℃	初馏点	205	208	235	210
	10%	250	252	288	250
	30%	329	331	350	329
	50%	368	372	398	370
	70%	429	433	452	430
	90%	486	498	534	496
	终馏点	531	542	556	539

续表

煤焦油和特性		低温煤焦油	中温煤焦油	高温煤焦油	中低温煤焦油
总氮含量/%		0.69	0.75	0.72	0.71
总硫含量/%		0.29	0.32	0.36	0.31
总氧含量/%		8.31	7.43	6.99	8.11
水分含量/%		2.13	2.46	3.82	2.54
烷烃含量/%		25.12	22.68	17.33	22.71
芳烃含量/%		28.43	27.96	27.34	22.99
胶质含量/%		28.49	27.12	31.41	30.94
沥青质含量/%		17.96	22.24	23.62	23.36
机械杂质含量/%		2.35	2.61	3.42	2.55
金属/($\mu g \cdot g^{-1}$)	铁	37.42	64.42	52.72	55.84
	钠	4.04	3.96	4.21	4.12
	钙	86.7	90.58	88.41	91.43
	镁	4.12	3.64	3.94	4.93

表 6-24　催化剂理化性质

催化剂类型	比表面积/$m^2 \cdot g^{-1}$	孔容/$mL \cdot g^{-1}$	堆密度/$g \cdot mL^{-1}$	MoO_3/%	NiO/%	WO_3/%
HDM	167	0.65	0.59	7.36	3.54	—
HDS	185	0.45	0.74	17.56	5.14	—
HDN	214	0.38	0.79	—	5.86	14.55

表 6-25　三种催化剂的级配比例

实施例 1	实施例 2	实施例 3	实施例 4
1/3,1/3,1/3	0.35,0.15,0.5	0.4,0.15,0.45	0.5,0.10,0.4

表 6-26　加氢反应条件

反应类型	反应温度(T)/℃	反应压力(p)/MPa	液体体积空速(LHSV)/h^{-1}	氢油体积比
实施例 1	350	13	0.3	1600∶1
实施例 2	400	14	0.4	1300∶1
实施例 3	380	13	0.3	1500:1
实施例 4	380	15	0.25	1500∶1

表 6-27　加氢反应进行 1000h 后生成油的脱杂质率

项目	实施例 1	实施例 2	实施例 3	实施例 4
脱金属率/%	85.56	85.18	87.86	91.72
脱硫率/%	99.40	98.39	98.12	96.65
脱氮率/%	96.83	98.20	97.69	96.78

6.5.7 其它

近年，我国煤焦油加氢行业快速发展，相关企业和研究院所对知识产权的保护也愈加重视，所以煤焦油加氢方面的专利逐年增加。除上述已介绍的煤焦油加氢催化剂专利技术以外，现将其它部分专利技术内容摘要列于表 6-28 中。

表 6-28 中国煤焦油加氢催化剂及相关专利内容摘要

序号	1	2
专利名称	一种煤焦油及乙烯焦油加氢处理催化剂及其制备方法[69]	一种煤焦油加氢裂化预处理催化剂及其制备方法[70]
公开号	CN 102886274 A	CN 104001539 A
申请人/专利权人	中国科学院过程工程研究所	北京石油化工学院
发明人	李春山、阚涛、孙晓燕、于彬、张锁江	张谦温、周厚峰、孙锦昌
摘要	本发明提出一种新型的煤焦油及乙烯焦油加氢催化剂及其制备方法。该催化剂由活性组分和载体组成。活性组分由 MoO_3、NiO 或 CoO 以及 P_2O_5 组成，占催化剂总质量的 15%～40%。其中，MoO_3、NiO 或 CoO 及 P_2O_5 各占催化剂总质量的 12%～28%、2%～6%和 1%～6%。载体由活性氧化铝、改性黏土以及沸石组成，占催化剂总质量的 60%～85%。其中，活性氧化铝、改性黏土和沸石各占载体总质量的 20%～55%、35%～60%和 10%～20%。本发明催化剂充分利用价格低廉的天然黏土并添加少量沸石作为催化剂载体的原料，性能优越，有效降低催化剂成本并提高产品油的品质和产率	本发明公开了一种煤焦油加氢裂化预处理催化剂及其制备方法，该催化剂可在一定的反应条件下深度脱除中低温煤焦油种硫、氮等杂原子，为下段加氢裂化反应提供优质的原料。该催化剂由载体、金属活性组分及助剂组成。载体采用氧化铝或者含氧化钛氧化铝和少量 Hβ 分子筛混合挤条成型并在一定的温度下煅烧而成，金属活性组分为钼或者钨，助剂采用镍和磷的氧化物。与常规加氢处理催化剂相比，本发明催化剂针对中低温煤焦油，在其切油脱除沥青和加氢处理脱除二烯烃之后，对加氢裂化原料油预先进行处理，深度脱硫脱氮，该加氢裂化预处理催化剂性能优良
序号	3	4
专利名称	一种含分子筛的煤焦油催化剂及其制备方法[71]	一种煤焦油加氢预处理催化剂的制备方法[72]
公开号	CN 101362096 A	CN 104084243 A
申请人/专利权人	汉能科技有限公司	成都博晟能源科技有限公司
发明人	肖钢、侯晓峰、闫涛、史红霞	吴建明
摘要	本发明公开了一种用于煤焦油制柴油的催化剂，所述的催化剂包括载体和活性组分，所述的活性组分为含碘化合物，所述的载体为含分子筛的载体；以催化剂质量为基准，含碘化合物以 I 计为催化剂质量的 0.510%。本发明提供的催化剂具有催化活性高、成本低廉、制备方法简单的优点，属于煤焦油制柴油领域	本发明公开了一种煤焦油加氢预处理催化剂的制备方法。解决目前氧化铝载体孔容偏小、孔径不大，无法满足现有催化剂的要求。本发明将聚乙烯醇溶解于胶溶液中，与大孔干胶粉和含硼化合物均匀混合，经混捏、成型后干燥焙烧制成载体，载体浸渍金属组分后焙烧而成。采用该方法制备的催化剂，具有比表面积、孔容更大等特点，该催化剂可以用于煤焦油脱硫、脱氧以及脱除金属杂质

续表

序号	5	6
专利名称	一种煤焦油加氢复合催化剂的制备方法[73]	一种复合型煤焦油加氢催化剂及其制备方法[74]
公开号	CN 102698794 A	CN 102861570 A
申请人/专利权人	韩钊武	北京三聚创洁科技发展有限公司
发明人	韩钊武	井口宪二、坂脇弘二、韩珏
摘要	该发明涉及一种煤焦油加氢复合催化剂制备方法，属于煤化工技术领域。本发明将硝酸镍、钼酸铵和磷酸氢二铵配成溶液，调节pH值至2～3；然后将分子筛加入到溶液中，浸渍，烘干，再于空气焙烧，制得氧化物前驱体。然后将氧化物前驱体由室温升到100～120℃并保持1～3h，然后以2～10℃·min^{-1}升温速率升到400～500℃，保持0.5～2h，再升温到550～650℃，保持1～5h，然后H_2气氛下降至室温；最后采用钝化气体以1～5mL·min^{-1}的流速对得到的催化剂进行钝化，得到目标产物。该发明的催化剂的活性好、耐硫性强、催化效率高，能够多次循环使用	该发明涉及一种煤焦油加氢催化剂及其制备方法，该催化剂由活性组分和载体组成，所述活性组分为钼、镍、钴或钨的水溶性盐类中的一种或多种；所述载体为煤矸石：其中活性组分的含量为60%～90%，载体的含量为10%～40%，通过负压冻干成型工艺有效地实现了催化活性组分在煤矸石载体上的成型负载，用于煤焦油悬浮床加氢裂化工艺过程，具有较好的加氢活性，轻质油产率达96%以上，且煤矸石原料廉价易得，可多次再生循环使用，能大幅降低催化剂的制备和使用成本
序号	7	8
专利名称	一种复合型煤焦油加氢催化剂及其制备方法[75]	双金属或多金属高分散复合型煤焦油加氢催化剂及其制备方法[76]
公开号	CN 101927167 A	CN 102380396 A
申请人/专利权人	煤炭科学研究总院	煤炭科学研究总院
发明人	张晓静、李文博	李文博、张晓静、史士东、王勇、朱晓苏、艾军、毛学锋、杜淑凤、吴艳、朱肖曼、谷小会、赵鹏、胡发亭、石智杰、张帆、李培霖、王伟、颜丙峰、赵渊、黄澎
摘要	该发明涉及一种复合型煤焦油加氢催化剂及其制备方法，该催化剂中高活性组分为钼、镍、钴或钨金属的水溶性盐类，低活性组分为氧化铁矿石或硫化铁矿石，其中高活性组分金属与低活性组分金属的质量比为(1∶1000)～(1∶10)，矿石中铁含量不低于40%，催化剂水含量低于2%，用于煤焦油悬浮床加氢裂化工艺过程，具有较好的加氢活性，轻质油产率达94%以上，催化剂可多次再生循环使用，能大幅降低催化剂的制备和使用成本，降低过程中催化剂的使用量，同时避免反应系统焦炭沉积，延长开工周期	该发明涉及双金属或多金属高分散复合型煤焦油加氢催化剂及其制备方法，该催化剂包括来自钼、镍、钨或钴的金属的水溶性盐类化合物的一种或多种混合物的分子级高活性组分、纳米级的低活性组分γ-FeOOH粒子和微米级或亚纳米级载体煤粉，活性组分均匀高度分散在载体煤粉表面上，催化剂呈微米级或亚纳米级细小粉末状，该催化剂活性高，活性组分颗粒小，高度均匀分散在载体表面上，催化剂用量低，降低成本，可广泛应用于煤焦油加氢或煤液化中

参考文献

[1] 马宝岐，仁沛建，杨占彪，等. 煤焦油制燃料油品 [M]. 北京：化学工业出版社，2011.

[2] 方向晨主编. 加氢精制 [M]. 北京：中国石化出版社，2006.

[3] 李大东主编. 加氢处理工艺与工程 [M]. 北京：中国石化出版社，2004.

[4] 白崎高保等. 催化剂制造 [M]. 北京：石油工业出版社，1981.

[5] 雷振，胡冬妮潘，海涛，等. 煤焦油加氢催化剂的研究进展 [J]. 现代化工，2014，38 (1)：31-35.

[6] 杨占林，彭绍忠，刘雪，等. P 改性对 Mo-Ni/γ-Al_2O_3催化剂结构和性质的影响 [J]. 石油化工，2007，36 (8)：784-788.

[7] 孔会清，张孔远，张景成，等. FCC 汽油选择性 HDS 催化剂 Co-Mo/镁铝尖晶石-Al_2O_3的研制 [J]. 石油学报：2010，26 (4)：499-505.

[8] 刘静，赵愉生，刘益等. 催化剂载体的表面改性与加氢脱硫性能评价 [J]. 石油学报：2010，26 (4)：518-524.

[9] 魏昭彬，魏成栋，辛勤. [J] . 物理化学学报，1992，4 (2)：261.

[10] 徐如人. 分子筛与多孔材料化学 [M]. 北京：科学出版社，2004.

[11] 任亮，毛以朝，聂红. 分子筛孔结构和酸性对正癸烷加氢裂化反应性能的影响 [J]. 石油炼制与化工，2009，40 (3)：7-11.

[12] 杜艳泽，乔楠森，王凤来，等. β 分子筛在加氢裂化反应中催化性能特点研究 [J]. 石油炼制与化工，2011，42 (8)：22-26.

[13] Pérot G. Hydrotreating catalysts containing zeolites and relatedmate-rials-mechanistic aspects related to deep desulfurization [J]. Catalysis Today，2003，86 (1)：111-128.

[14] 赵琰，张喜文. 加氢裂化催化剂失活与再生 [J]. 工业催化，1999，(6)：46-55.

[15] Stanislaus A，Marafi A，Rana M S. Recent advances in the science and technology of ultra low sulfur diesel (ULSD) production [J]. Catalysis Today，2010，153 (1)：1-68.

[16] Zhao D，Feng J，Huo Q，et al. Triblock copolymer syntheses of me soporous silica with periodic 50 to 300 angstrom pores [J]. Science，1998，279 (5350)：548-552.

[17] Tomishige K，Kimura T，Nishikawa J，et al. Promoting effect of the interaction between Ni and CeO_2 on steam gasification of biomass [J]. Catalysis Communications，2007，8 (7)：1074-1079.

[18] Schumacher K，Grün M，Unger K K. Novel synthesis of spherical MCM-48 [J]. Microporous and Mesoporous Materials，1999，27 (2-3)：201-206.

[19] Yasuhiro S，Tae-Wan K，Ryong R，et al. Three-dimensional structure of large-pore mesoporous cubic Ia (3) over-bard silica with complementary pores and its carbon replica by electron crystallography [J]. Angewandte Chemie-International Edition，2004，116 (39)：5343-5346.

[20] Kim T-W，Kleitz F，Paul B，et al. MCM-48-like large mesoporous silicas with tailored pore structure：Facile synthesis domain in a ternary triblock copolymer-butanol-water system [J]. Journal of the American Chemists Society，2005，127 (20)：7601-7610.

[21] 魏登凌，彭绍忠，王刚，等. FF-36 加氢裂化预处理催化剂的研制 [J]. 石油炼制与化工，2006，37 (11)：40-43.

[22] Huang L，Guo W，Deng P，et al. Investigation of synthesizing MCM-41/ZSM-5 Composites [J]. The Journal of Physical Chemistry B，2000，104 (13)：2817-2823.

[23] Liu Y，Pinnavaia T J. Aluminosilicate nanoparticles for catalytic hydrocarbon cracking [J]. Journal of the American Chemists Society，2003，125 (9)：2376-2377.

[24] 李玉平，潘瑞丽，霍全，等. 一种合成高水热稳定性微孔-介孔复合分子筛 β 沸石/MCM-41 的新方法 [J]. 无机化学学报，2005，21 (10)：1455-1459.

[25] 吕倩，孙发民，夏恩冬等. 复合分子筛催化剂上重油加氢裂化反应研究 [J]. 炼油工程与技术，2010，40 (9)：54-57.

[26] Zhang D Q，Duan A J，Zhao Z，et al. Synthesis characterization and catalytic performance of NiMo catalysts supported on hierarchically porous Beta-KIT-6 material in the hydrodesulfurization of dibenzothiophene [J]. Journal of Catalysis，2010，274 (2)：273-286.

[27] 中村雅纪，菅克雄，顾如龙，等. 可减少贵金属用量的纳米催化剂技术 [J]. 国内外燃机，2011 (3)：35-39.

[28] 马倩，曾鹏晖，季生福. 金属助剂对 Ni_2P/SBA-15 催化剂结构及二苯并噻吩加氢脱硫性能的影响 [J]. 石油学报，2011 (2)：175-180 .

[29] 赵鹏飞，季生福，魏妮，等. B 助剂对 Ni_2P/SBA-15 催化剂结构及其加氢脱硫性能的影响 [J]. 物理化学学报，2011，27 (7)：1737-1742.

[30] Ardakani S J，Smith K J. A comparative study of ring of naphthalene，tetralin and decalin over MO_2C/HY and Pt/HY catalysts [J]. Applied Catalysis A：General，2011，403 (1-2)：36-47.

[31] Liu X B，Ardakani S J，Smith K J. The effect of Mg and K addition to a MO_2C/HY catalyst for the hydrogenation and ring opening of naphthalene [J]. Catalysis Communications. 2011，12 (6)：454-458.

[32] 葛晖，李学宽，秦张峰，等. 油品深度加氢脱硫催化研究进展 [J]. 化工进展，2008，27 (10)：1490-1497.

[33] 李矗，王安杰，鲁墨弘，等. 加氢脱氮反应与加氢脱氮催化剂的研究进展 [J]. 化工进展，2003，22 (6)：583-588.

[34] 方向晨，关明华，廖士纲. 加氢精制 [M]. 中国石化出版社，2006.

[35] De Bruijin A，Naka I. Sonrnemans W M. Effect of the noncylindrical shape of extrudates on the hydrodesulfurization of oil fractions [J]. Industrial and Engineering Chemistry Process Design and Development，1981，20 (1)：40-45.

[36] 韩崇仁. 加氢裂化工艺与工程 [M]. 北京：中国石化出版社，2001.

[37] 季生福. 催化剂基础及应用 [M]. 化学工业出版社，2011.

[38] 李春年. 渣油加工工艺 [M]. 北京：中国石化出版社，2002.

[39] 潘海涛，高歌，雷振，等. Co-Mo/γ-Al_2O_3催化剂上煤焦油加氢裂化工艺 [J]. 石油化工，2014，43 (5)：517-522.

[40] 张世万. 煤焦油催化加氢轻质化及催化剂的研究 [D]. 上海：华东理工大学，2012.

[41] 王永刚，张海永，张培忠，等. NiW/γ-Al_2O_3催化剂的低温煤焦油加氢性能研究 [J]. 燃料化学学报，2012，40 (12)：1492-1497.

[42] 石垒，张增辉，邱泽刚，等. P 改性对于 Mo-Ni/Al_2O_3煤焦油加氢脱氮性能的影响 [J]，燃料化学学报，2015，43 (1)：74-80.

[43] 张海永. 低温煤焦油加氢处理用 Ni-W/γ-Al_2O_3 催化剂的研究 [D]. 北京：中国矿业大学，2012：1-177.

[44] 钱广伟，吴倩，徐登华，等. USY 分子筛扩孔对低温煤焦油加氢裂化的影响 [J]. 化工科技，2013，21 (3)：30-34.

[45] 项裕桥，王金龙. 用于煤焦油加氢脱金属的催化剂及其制备方法 [P]. CN102784655A，2012-11-21.

[46] 王小英. 煤焦油加氢脱金属催化剂及其制备方法 [P]. CN102847541A，2013-01-02.

[47] 赵愉生，刘喜来，王志武等. 一种加氢脱金属催化剂及其制备和应用方法 [P]. CN1289826A，2001-04-04.

[48] 李克伦，郑化安，付东升等. 介孔-大孔复合结构氧化铝载体及其加氢脱金属催化剂的制备方法及制备的催化剂 [P]. CN103657739A，2014-03-26.

[49] 李稳宏，李冬，李振龙，等. 一种针对中低温煤焦油加氢脱氮催化剂及其制备方法 [P].

CN102773113A，2012-11-14.
[50] 苏艳敏，郑化安，付东升，等. 一种煤焦油加氢脱氮催化剂及其制备方法 [P]. CN103386321A，2013-11-13.
[51] 崔海涛，邱泽刚，武行洁. 一种煤焦油脱氮催化剂及其制备和应用 [P]. CN102626635A，2012-08-08.
[52] 秦亮生. 介孔氧化铝负载纳米金催化剂的制备及其应用 [D]. 长沙：湖南师范大学，2005：17-34.
[53] 邱泽刚，崔海涛，武行洁. 可脱除煤焦油含氮化合物的加氢脱氮催化剂及其制备方法和应用 [P]. CN102614909A，2012-08-01.
[54] 赵敏，邱泽刚，武行洁. 一种脱除中低温煤焦油中含硫化合物的加氢脱硫催化剂及其应用 [P]. CN102688772A，2012-09-26.
[55] 毕云飞，曾双亲，聂红，等. 加氢脱硫催化剂及其制备方法和在加氢脱硫反应中的应用 [P]. CN102049310A，2011-05-11.
[56] 张锁江，阙涛，李春山，等. 一种煤焦油制燃料油加氢精制催化剂及其制备和应用方法 [P]. CN102068992A，2011-05-25.
[57] 韩保平，沈和平，杨承强. 一种煤焦油加氢精制催化剂及其制备方法 [P]. CN101905163A，2010-12-08.
[58] 项文裕，项裕桥，胡义波，等. 用于煤焦油加氢裂化的催化剂及其制备方法 [P]. CN103691465A，2014-04-02.
[59] 项文裕，项裕桥，胡义波. 煤焦油全馏分加氢裂化的催化剂及其制备方法和应用方法 [P]. CN104069868A，2014-10-01.
[60] 李稳宏，李冬，范峥等. 一种煤焦油加氢精制过程中催化剂级配方法 [P]. CN102899082A，2013-01-30.
[61] Jacobs H E，Jones J F，Eddinger R T. Hydrogrnation of CODE process coal- derived oil [J]. Industrial and Engineering Chemistry Process Design and Development，1971，10 (4)：558-562 .
[62] Qadev S A，Wiser W H，Hill G R. Kinetics of hydroremoval of sulfur，Oxygen，and nitrogen from a low temperature coal tar [J]. Industrial and Engineering Chemistry Process Design and Development，1968，7 (3)：390-397.
[63] Anderson L L. Badawy M L，Qader S A，et al. Kindtics of hydrogenolysis of low temperature coal tar [J]. Preprints-American Chemical Society：Division of Fuel Chemistry，1968，12 (3)：181-194.
[64] 李冬，李稳宏，高新，等. 煤焦油加氢脱硫工艺研究 [J]. 西北大学学报，2010 (3)：447-450.
[65] Li D，Li W，Cui L，et al. Optimization of Processing Parameters and Macrokinetics for Hydrodenitrogenation of Coal Tar [J]. Advanced Science Letters，2011，4 (1)：1514-1518.
[66] 李冬，李稳宏，杨小彦，等. 煤焦油加氢脱硫动力学研究 [J]. 化学工程，2010，38 (6)：50-53.
[67] 马伟，李冬，李稳宏，等. 中低温煤焦油加氢脱金属动力学研究 [J]. 石油化工，2011，40 (7)：749-752.
[68] Li D，Li Z，Li W，et al. Hydrotreating of Low Temperature Coal Tar to Produce Clean Liquid Fuels [J]. Journal of Analytical and Applied Pyrolysis，2013 (100)：245-52.
[69] 李春山，阙涛，孙晓燕，等. 一种煤焦油及乙烯焦油加氢预处理催化剂及其制备方法 [P]. CN102886274A，2013-01-23.
[70] 张谦温，周厚峰，孙锦昌. 一种煤焦油加氢裂化预处理催化剂及其制备方法 [P]. CN104001539A，2014-08-27.
[71] 肖钢，侯晓峰，闫涛，等. 一种含分子筛的煤焦油催化剂及其制备方法 [P] . CN101362096，2009-02-11.
[72] 吴建明. 一种煤焦油加氢预处理催化剂的制备方法 [P]. CN104084243A，2014-10-08.
[73] 韩钊武. 一种煤焦油加氢复合催化剂的制备方法 [P]. CN102698794A，2012-10-03.

[74] 井口宪二，坂脇弘二，韩珏．一种复合型煤焦油加氢催化剂及其制备方法［P］．CN 102861570 A，2013-01-19．
[75] 张晓静，李文博．一种复合型煤焦油加氢催化剂及其制备方法［P］．CN 101927167 A，2012-12-29．
[76] 李文博，张晓静，史士东等．双金属或多金属高分散复合型煤焦油加氢催化剂及其制备方法［P］．CN102380396A，2012-03-21．

第 7 章 煤焦油的其它利用技术

7.1 煤焦油热裂化技术

7.1.1 煤焦油热裂化反应

热裂化是在热的作用下使重质油发生裂化反应，转变为裂化气、汽油、柴油的过程，它在炼油工业的发展过程中发挥着重要的作用。热裂化原料通常为原油蒸馏过程得到的重质馏分油或渣油，由于煤焦油与重质油的性质和组成具有高度的相似性，因此可以用煤焦油来代替重质馏分油或渣油作为热裂化的原料。

热裂化的反应机理一般用自由基反应机理来解释。烃类物质在高温加热情况下，键能较弱的化学键首先断裂，生成一系列自由基。对于 H·、CH_3· 和 C_2H_5· 等较小的自由基可从其它烃分子中抽取一个氢自由基而生成氢气、甲烷或乙烷及一个新的自由基。对于一些较大自由基，由于其不稳定，很快会裂解成烯烃及较小的自由基。在热裂化过程中，由于自由基的存在，大分子物质经过一系列的连锁反应，逐渐裂解为小分子物质，反应后产生的新自由基又会与其它分子继续发生自由基反应[1~3]。

烷烃的热裂化反应主要包括：①C—C 键断裂生成较小分子的烷烃和烯烃；②C—H 键断裂生成碳原子数保持不变的烯烃及氢。这两个反应都是强吸热反应，烷烃的裂化反应与分子中各键能大小有很大关系，以辛烷为例来说明烷烃 C—C 键断裂的热裂化过程。下式及表 7-1 列出了各种键的键能，单位为 kJ·mol^{-1}。

```
     H   H   H   H   H   H   H   H
     |335|322|314|310|314|322|335|
  H—C———C———C———C———C———C———C———C—H
     |394|373|364|360|360|364|373|394
     H   H   H   H   H   H   H   H
```

表 7-1 烷烃中的键能

键	键能/kJ·mol^{-1}	键	键能/kJ·mol^{-1}
CH_3-CH_3	360	CH_3-H	431
C_2H_5-C_2H_5	335	C_2H_5-H	410
n-C_2H_7-n-C_3H_7	318	n-C_4H_9-H	394
n-C_4H_9-n-C_4H_9	310	i-C_4H_9-H	390
t-C_4H_9-t-C_4H_9	264	t-C_4H_9-H	373

一般情况下，C—H 键的键能大于 C—C 键，因此，在相同条件下 C—C 键更易断裂。在长链烷烃中越靠近中间位置处的 C—C 键键能越小，因此，靠近中间位置处 C—

C 键也越容易断裂。随着相对分子质量的增大，烷烃中 C—C 键及 C—H 键的键能都呈减小的趋势，它们的稳定性也逐渐下降。异构烷烃中的 C—C 键、C—H 键的键能都小于正构烷烃中对应键的键能，因此，异构烷烃更易于裂解。烷烃分子中脱氢从易到难排序依次为：叔碳、仲碳、伯碳。按照自由基反应机理，正构烷烃分解时容易生成甲烷、乙烷、乙烯、丙烷等低分子烷烃和低分子烯烃，很难生成异构烷烃和异构烯烃。温度及压力对于烷烃的裂解亦有很大的影响。当温度在 500℃以下及压力很高时，烷烃的断裂位置一般在碳链的中间，同时低分子产物（气体）的产率低；当温度升高到 500℃以上时，则烷烃的断裂位置移至碳链的一端，此时气体的产率增加，同时气体中甲烷含量亦增加。

环烷烃的热裂化主要包括烷基侧链断裂和环烷环断裂，前者生成较小分子的烯烃或者烷烃，后者生成较小分子的烯烃和二烯烃。环烷烃的热稳定性高，在高温（575～600℃）下，五元环烷烃破裂成为两个烯烃。

$$\text{环-}(H_2C{-}CH_2{-}CH_2{-}CH_2{-}\overset{}{C}H_2) \longrightarrow H_2C{=}CH_2 + H_3C{-}\underset{H}{C}{=}CH_2$$

此外，单环环烷烃还可进行脱氢反应，反应温度在 600℃以上。

五元环烷烃的脱氢反应如下：

$$\text{环-}(H_2C{-}CH_2{-}CH_2{-}CH_2{-}CH_2) \longrightarrow \text{环-}(H_2C{-}CH{=}CH{-}CH_2{-}CH_2) + H_2 \longrightarrow \text{环-}(HC{=}CH{-}CH{=}CH{-}CH_2) + 2H_2$$

六元环烷烃的脱氢反应如下：

$$\text{环己烷} \longrightarrow 3H_2C{=}CH_2$$

$$\text{环己烷} \longrightarrow H_3C{-}CH_3 + H_2C{=}\underset{H}{C}{-}\underset{H}{C}{=}CH_2$$

$$\text{环己烷} \longrightarrow H_2 + \text{环己烯} \longrightarrow H_2C{=}CH_2 + H_2C{=}\underset{H}{C}{-}\underset{H}{C}{=}CH_2$$

带长侧链的环烷烃在加热条件下，首先是在环上的侧链断裂，然后才是环被破坏，而且随着侧链的长度加长，脱链反应速率加快。断链后的长侧链的裂解趋势和烷烃相似。

$$\text{环己基}{-}C_{10}H_{21} \longrightarrow \text{环己基}{-}C_5H_9 + C_5H_{12}$$

$$\text{环己基}{-}C_{10}H_{21} \longrightarrow \text{环己基}{-}C_5H_{11} + C_5H_{10}$$

多环环烷烃热裂解时，生成烷烃、烯烃、环烯烃及环二烯烃，同时也可以逐步脱氢生成芳香烃。例如，双环的环烷烃在 500℃左右就开始脱氢。

芳香烃的芳环极其稳定，在一般的加热条件下，芳环很难断裂，只有在较高温度下才会发生脱氢缩合反应，生成更多环数的芳香烃，直至生成焦炭。而生成的焦炭是碳氢原子比很高的稠环芳香烃，这类焦炭具有类石墨状结构。例如苯的热裂化反应，两分子的苯脱氢缩合，生成一分子的二联苯。

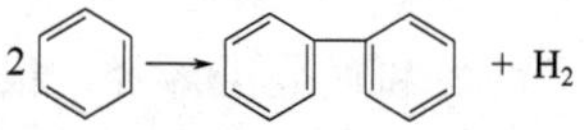

$$2 C_6H_6 \longrightarrow C_6H_5{-}C_6H_5 + H_2$$

一分子的二联苯可以继续与一分子的苯缩合生成三联苯。三联苯可以继续与苯缩合，直至生成碳氢比例非常高的焦炭。

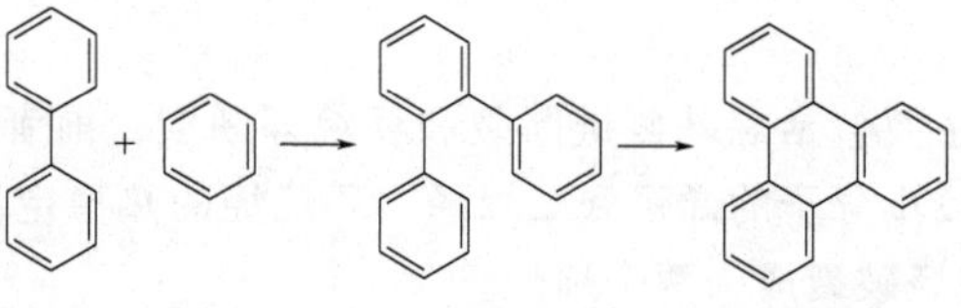

$$C_6H_5{-}C_6H_5 + C_6H_6 \longrightarrow \text{三联苯} \longrightarrow \text{三亚苯}$$

对于带有烷基侧链的芳香烃，在受热情况下，会发生烷基侧链的断裂、烷基侧链的脱氢以及芳环的缩合等反应。

环烷芳香烃的热裂化反应较为复杂，根据环烷环与芳香环之间连接方式的不同，反应也不同。对于（苯基环己烷）类型的烃类的第一步反应为连接两环的键断裂，生成环烯烃和芳香烃，在更苛刻的条件下，环烯烃进一步断裂开环。对于（四氢萘）类型的烃类的热反应主要有三种，即环烷环断裂生成苯的衍生物、环烷环脱氢生成萘的衍生物和缩合生成高分子的多环芳香烃。

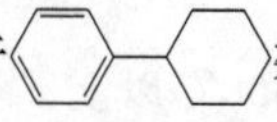

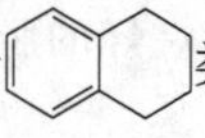

7.1.2 煤焦油热裂化技术进展

德国 Rösitz 低温干馏厂在“二战”期间，用热裂化法以鲁奇炉褐煤的低温焦油和含氢低、含杂酚油及煤沥青较高的发生炉煤焦油为原料生产车用柴油[4~6]。其操作参数：炉出口压力为 4～8MPa；裂化区域中的停留时间为 5.1～4.3min；反应温度为 430～455℃；回流比为 3.5～5；平均流速为 2.1～2.5 m·s^{-1}；减压限度为 0.05～0.15MPa。

中石油辽河石油勘探局的杨立刚对高温煤焦油热裂化制燃料油的过程进行了研究[7]。所用原料为内蒙古乌海的高温煤焦油，性质见表 7-2。

表 7-2 乌海高温煤焦油常规性质分析

性 质	数 据	组 分	含 量/%
密度(20℃)/(g·cm^{-3})	1.12	酚	2.58
水分/%	6.86	萘	8.37
闪点(闭口)/℃	129	蒽	4.25
凝点/℃	11	C	82.24
残炭/%	6.42	H	4.65
灰分/%	1.57	N	2.47

续表

性　质	数　据	组　分	含　量/%
运动黏度(80℃)/($mm^2 \cdot s^{-1}$)	49.27	O S	3.16 0.67
馏程/℃	初馏点 10% 20%	245 286 368	H/C原子比0.68

实验采用了辽宁石油化工大学研制的FSJH-Ⅱ工艺装置。图7-1为煤焦油缓和热裂化装置的工艺流程图，该装置的原料处理量为1000～2200g·h^{-1}。煤焦油经预热后进入加热炉迅速加热，然后进入反应塔内反应。反应产生的高温油气由塔顶导出，降温后进入分馏塔。分馏塔内液体产品由塔底排出，气体经冷却器冷凝后进入缓冲分离器再次分离，由分离器顶部排出的气体经计量、采样后放空。

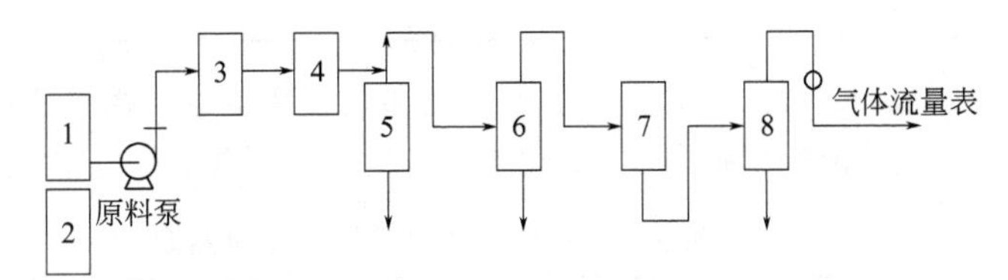

图7-1　煤焦油缓和热裂化装置与工艺流程图

1—原料罐；2—电子料；3—预热炉；4—加热炉；5—反应塔；6—分馏塔；7—冷却器；8—分离器

在反应温度分别为410℃、430℃，反应压力为1.6MPa、2MPa，注水量均为8%的条件下，高温煤焦油缓和热裂化工艺条件及物料平衡见表7-3。由表7-3可知，高温煤焦油热裂化与石油渣油热裂化具有基本相同的反应规律，即裂化温度升高，焦炭和气体产率增加。

表7-3　高温煤焦油缓和热裂化工艺条件及物料平衡

项　目	工艺条件		组　分	工艺条件	
	410℃	430℃		410℃	430℃
加热炉温度/℃	410	430	粗萘油（质量分数）/%	14.25	13.85
进料量/($kg \cdot min^{-1}$)	0.05	0.05	轻油(质量分数)/%	12.50	13.71
注水量/%	8	8	蜡油+重油(质量分数)/%	60.66	56.55
反应温度/℃	410	430	气体(质量分数)/%	10.59	12.39
反应压力/MPa	1.6	2.0	焦炭(质量分数)/%	2.0	3.50
			合计	100	100

热裂化液体产物的实沸点蒸馏结果见表7-4。由表可知，裂化温度升高，焦炭和气体产率增大，在气体产率增大的同时，生成气体的损失也随之增加。同时考虑到温度越高生成的焦炭增多，升温所需的能耗也增加，故中试最终确定裂化反应温度为410℃。

表 7-4 热裂化液体产物馏程数据

项目		产率/%	
		410℃	430℃
	粗萘油	14.25	13.85
馏程温度分布/℃	初馏点(HK)～240	—	—
	240～280	5.90	6.30
	280～300	2.80	3.30
	300～330	3.85	4.90
	330～360	4.10	4.0
	＜360馏分	30.90	32.35
	＞360馏分	65.90	65.15
气体		3.20	2.5
物料量		100	100

在反应温度为410℃、430℃时高温煤焦油缓和热裂化生成气体组成分析见表7-5。由表7-5可以看出，高温煤焦油缓和热裂化生成的气体主要是C_1和C_2气态烃。

表 7-5 高温煤焦油缓和热裂化气体产率及组成

组分	产率/%	
	410℃	430℃
H_2	2.12	2.93
C_1	37.08	29.62
C_2^{o}	22.59	22.60
$C_2^{=}$	10.99	5.40
C_3^{o}	11.36	11.60
$C_3^{=}$	7.99	10.49
C_4^{o}	3.38	10.18
$C_4^{=}$	4.49	7.18

反应温度为410℃时，缓和热裂化产物各个馏分的主要性质见表7-6。由表7-6可知，HK～330℃馏分产率12.55%（不包含粗萘油），芳烃含量高，其密度高达0.9896 $kg \cdot m^{-3}$，凝固点较低（5℃），运动黏度（20℃）12.88$mm^2 \cdot s^{-1}$，高于轻柴油标准（2.0～8.0$mm^{2} \cdot s^{-1}$），铜片腐蚀不合格，大于4级，具有腐蚀性。恩氏馏程分布符合轻柴油标准。330～360℃馏分产率4.1%，密度1.020$kg \cdot m^{-3}$，凝固点比较高（15℃），该馏分酸度较高，运动黏度（20℃）28.58$mm^2 \cdot s^{-1}$，远高于轻柴油标准。恩氏馏程初馏点高于柴油标准，馏程分布基本符合2#燃料油指标，但密度太大。大于360℃馏分产率为65.9%。密度1.099$kg \cdot m^{-3}$，凝固点较高（18℃），运动黏度（20℃）为150.88$mm^2 \cdot s^{-1}$，远高于轻柴油标准，调制重质燃料油后可用于燃油锅炉。

表 7-6　高温煤焦油缓和热裂化液体馏分性质

项　目	各馏程性质/℃		
	HK～330	330～360	>360
密度(20℃)/kg·m^{-3}	0.9896	1.02	1.099
凝固点/℃	5	15	180
酸度(以 KOH 计)/ mg·(100mL)$^{-1}$	168.33	3.32	86.5
残炭/%	2.65	56.8	—
氧化安定性,总不溶物/mg·(100mL)$^{-1}$	75.8	155.8	185.8
硫含量(质量浓度)/mg·L^{-1}	2458	2158	4023
氮含量(质量浓度)/mg·L^{-1}	4657	5840	6580
铜片腐蚀(50℃,3h)/级	>4	>4	>4
运动黏度(20℃)/mm^2·s^{-1}	12.88	28.58	150.88

专利 CN103333713 A[8] 提出了一种高氮高芳烃加氢改质和热裂化组合方法。其流程如图 7-2 所示，煤焦油 1F 经第一加氢反应区 1R 所得一区反应流出物 1RP，经一区热高压分离部分 1HHPS，分离为一区热高分气 1V 和一区热高分油 1L；一区热高分气 1V 进入第二加氢反应区 2R；一区热高分油 1L 在焦化装置 1CRF 完成焦化反应，并分离为焦炭 1G，轻馏分油 1LL，重馏分油 1LH，轻馏分油 1LL 或重馏分油 1LH 去第一加氢反应区 1R 或第二加氢反应区 2R；在 1R 利用大孔径加氢改质催化剂对煤焦油 1F 实现全馏分预加氢的基础上，利用焦化装置 1CRF，在低焦炭产率条件下转化一区热高分油 1L 中的重组分，控制 2R 原料烃的干点，保证 2R 操作周期和加氢生成油质量。

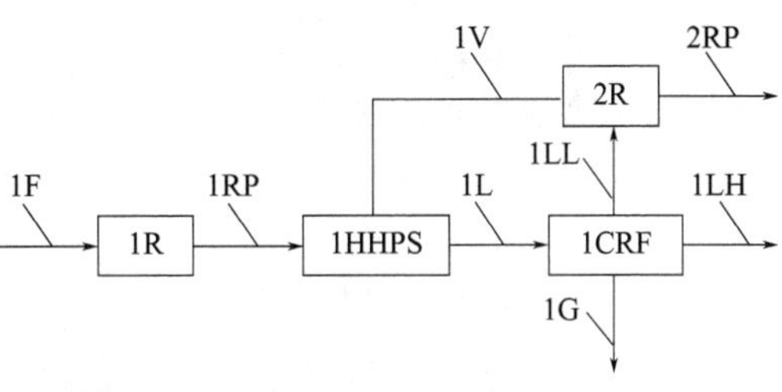

图 7-2　加氢改质-热裂化反应流程图

操作条件如下。①第一加氢反应区 1R：温度 180～360℃，压力 12.0～25.0MPa，体积空速 0.15～2.0h^{-1}，氢气/原料油体积比 (500∶1)～(3000∶1)；②一区热高压分离部分 1HHPS：温度 280～350℃，压力 12.0～25.0MPa；③一区热高分油焦化部分 1CRF 的焦化反应塔：操作温度 480～520℃，压力 0.01～0.35MPa；④第二加氢反应区 2R 操作条件：温度为 320～440℃，压力 12.0～25.0MPa，体积空速 0.15～2.0h^{-1}，氢气/原料油体积比为 (500∶1) ～ (3000∶1)。

该发明列举了 5 个实施例，所用煤焦油为中温煤焦油，煤焦油的性质见表 7-7、表 7-8。

表 7-7　煤焦油实沸点蒸馏数据

煤焦油编号	A
组　分	产率(质量分数)/%
水	3.07
<170℃	4.30

续表

煤焦油编号	A
170～210℃	1.48
210～230℃	4.81
230～300℃	14.93
300～500℃	59.28
＞500℃	12.13
＞530℃	～6

表 7-8 煤焦油性质

煤焦油编号	A
性 质	数 据
瓶密度(20℃)/kg·m^{-3}	1.0658
馏程(95%干点/干点)/℃	542/595
硫/μg·g^{-1}	1800
氮/μg·g^{-1}	6101
C(质量分数)/%	81.36
H(质量分数)/%	8.21
凝点/℃	30
残炭(质量分数)/%	9.77
水分(质量分数)/%	4.1
沉淀物(质量分数)/%	0.48
闪点(闭口)/℃	126
重金属/μg·g^{-1}	
Fe/Na/Ni/Ma	108.70/5.74/1.39/56.32
Ca/V/K/Pb	362.4/0.17/16.25/11.43
Co/Cu/Mn/Zn/Mo	0.77/0.21/4.24/6.84/0.22
质谱组成(质量分数)/%	
胶质	33.5
链烷烃	11.5
环烷烃	5.2
单环/双环/三环/四环	2.7/0.7/1.3/0.5
芳烃	49.8
单环/双环/三环/四环/五环	13.8/16.4/8.3/5.0/0.6
总噻吩/未鉴定	4.4/1.3

实施例 1：煤焦油 A 经过滤、脱水、脱盐后得到的净化煤焦油作为第一原料油 1F，按照如下程序加工。

(1) 在第一加氢反应区1R，依次与烯烃加氢饱和催化剂、加氢脱金属催化剂、加氢脱残炭催化剂、浅度加氢精制催化剂（适度的脱硫、脱氮、芳烃饱和）接触，完成一区加氢改质反应，第一加氢反应区1R用催化剂的物化性质见表7-9。第一加氢反应区操作条件为：烯烃加氢饱和催化剂床层温度180～220℃、加氢脱金属催化剂床层温度250～320℃、加氢脱残炭催化剂床层温度310～330℃、浅度加氢精制催化剂床层温度330～380℃、压力14.0～18.0MPa、一区加氢催化剂中浅度加氢精制催化剂的体积空速0.35～0.6h^{-1}、氢气/原料油体积比（1500∶1)～(2000∶1)。煤焦油的烯烃饱和率大于95%，煤焦油的氧脱除率大于88%，一区反应流出物1RP中金属量与烃组分量之比低于百万分之四，煤焦油的残炭脱除率为45%～65%。

(2) 一区热高压分离部分1HHPS操作条件为：压力14.0～18.0MPa，温度320～365℃。一区加氢反应流出物1RP分离为一个在体积上主要由氢气组成的含有低沸点烃和杂质的一区热高分气体1V和一个主要由常规液体烃组成一区热高分油气体1L。

(3) 一区热高分油热裂解部分1CRF采用延迟焦化工艺，一区热高分油1L降至2.0MPa后进入低压分离部分1HLPS分离为低分气1HLPSV和低分油1HLPSL，低分油1HLPSL完成焦化反应。焦化产物分离为焦炭1G、主要由常规沸点低于500℃的烃组分组成的轻馏分油1LL和主要由常规沸点高于500℃的烃组分组成的重馏分油1LH，重馏分油可以作为燃料油销售。一区热高分油焦化部分1CRF的焦化反应塔操作温度480～510℃、压力0.01～0.3MPa。

(4) 在第二加氢反应区2R，在二区加氢催化剂存在下（性质见表7-10），一区热高分气体1V和加氢原料1LL与二区加氢催化剂接触，进行二区加氢改质反应。催化剂床层依次由加氢脱硫催化剂床层、加氢脱氮催化剂床层、加氢多环芳烃饱和催化剂床层串联。第二加氢改质反应部分的操作条件：温度350～400℃、压力14.0～18.0MPa、二区加氢催化剂的体积空速为0.3～0.6h^{-1}、氢气/原料油体积比为(1500∶1)～(2000∶1)，二区原料烃的氢耗占第一原料烃总氢耗的55%～65%。在二区冷高压分离部分2LHPS，注水后二区反应流出物2RPW冷却至40～50℃，在操作压力为14.0～18.0MPa条件下，分离为一个在体积上主要由氢气组成的二区冷高分气体2LHPV、一个主要由常规液体烃组成的二区冷高分油液体2LHPL和一个主要由水组成的含有氨组分的二区冷高分水液体2LHPW。至少一部分二区冷高分气体2LHPV作为富氢气体2V进入加氢反应区。二区冷高分油液体2LHPL的柴油全馏分的性质：十六烷值高于28、硫含量低于20μg/g、氮含量低于100μg/g、20℃密度为880～900kg·m^{-3}。

表7-9 第一加氢精制反应部分所用催化剂组成

催化剂	化学组成(质量分数)/%				
	WO_3	MoO_3	NiO	载体	助剂
脱金属剂	—	6.0～8.0	1.5～2.5	—	—
加氢脱氧	5～7	3～4	1.5～2.5	Y-Al_2O_3	—
加氢精制A	3～5	8～14	3.5～5.5	Y-Al_2O_3	P_2O_5∶3～4.5

表 7-10 第二加氢精制反应部分所用催化剂物化性质

催化剂功能	加氢精制剂 B
形状	三叶草
金属含量	—
WO_3	3～5
MoO_3	24.0～25.0
NiO	3.5～5.5

实施例 2：与实施例 1 相比，在第二加氢反应区 2R，在现有加氢催化剂床层之后，串联加氢裂化催化剂，对大分子芳烃进行缓和选择性裂化，优先改善沸点高于 350℃的蜡油组分，同时改善常规沸点低于 350℃的柴油组分的性质。

分离二区加氢生成油 2RPO 得到的常规沸点高于 350℃的蜡油 HD，可以部分或全部循环与第二加氢反应区 2R 的加氢裂化催化剂接触构成部分循环或全部循环裂化流程。

实施例 3：与实施例 1 相比，全部重馏分油 1LH 循环至第一加氢反应区 1R 与一区加氢催化剂 1RC 接触。

实施例 4：与实施例 1 相比，分离二区加氢生成油 2RPO 得到的常规沸点高于 350℃的蜡油 HD，可以将部分或全部蜡油 HD 引入第三加氢反应区 3R，即加氢裂化反应区进行加氢裂化，加氢裂化催化剂床层前后设置加氢精制催化剂床层。第三加氢反应器 3R 的加氢反应流出物 3RP，可以去第一加氢反应区 1R 或第二加氢反应区 2R 或二区反应流出物 2RP 的分离部分。第三加氢反应区 3R 所用催化剂的物化性质见表 7-11。

表 7-11 第三加氢反应区 3R 所用催化剂的物化性质

催化剂功能	前精制和后精制	加氢裂化
形状	三叶草	圆柱
成分	含量(质量分数)/%	
WO_3	24.0～25.0	—
MoO_3	—	23.0～26.0
NiO	3.3～4.2	6.2～7.3

实施例 5：与实施例 1 相比，分离二区加氢生成油 2RPO 得到的常规沸点为 350～500℃的蜡油 HD 和常规沸点高于 500℃的重油 HDV，可以将部分或全部蜡油 HD 引入第三加氢反应区 3R 即加氢裂化反应区进行加氢裂化，加氢裂化催化剂床层前后设置加氢精制催化剂床层。第三加氢反应区 3R 的加氢反应流出物 3RP，可以去第一加氢反应区 1R 或第二加氢反应区 2R 或二区反应流出物 2RP 的分离部分。可以将部分或全部重油 HDV 引入一区热高分油 1L 的焦化部分 1CRF 完成焦化反应：其目的之一在于降低第三加氢反应区 3R，即加氢裂化反应区的原料干点，降低加氢裂化反应温度，延长加

氢裂化催化剂寿命；其目的之二在于提高焦化部分1CRF原料油的氢含量，降低焦炭产率。

7.2 煤焦油催化裂化技术

催化裂化（FCC）是指在高温和催化剂的作用下使重质油发生裂化反应，转变为裂化气、汽油和柴油等物质的过程。催化裂化技术是当今重油轻质化最重要的加工手段之一，在石油二次加工过程中得到了广泛的应用。

煤焦油催化裂化最早于1956年由Kuezynski等进行研究，随后，Дадб等对褐煤焦油催化裂化做了研究，在温度为450℃时，汽油产率最高可达31.6%。前民主德国的学者于1958年研究了褐煤焦油馏分在硅铝催化剂上的裂化，汽油产率为14%～16%，辛烷值达86。这些研究表明，低温焦油催化裂化制取汽油有较大的可行性[9]。1959年北京石油学院的研究人员对几种煤焦油进行了催化裂化反应研究[10,11]。实验所用装置为固定床反应器，裂化周期30min，所用催化剂为前苏联工业球状硅铝催化剂、抚顺活性白土催化剂、未经活化的常家沟原白土、半焦和页岩灰。原石油工业部石油科学研究院于1959年对抚顺烟煤焦油用回流焦化方法得到<350℃的馏出油。经过碱洗得到焦油酸，再将低温焦油中230～300℃焦油酸馏分进行催化裂化以制取<230℃的酚类产品[12]。

20世纪80年代，Baker和Mudge[13,14]研究了煤焦油在固定床内的催化裂化情况，反应压力为10～18MPa，反应温度为450～690℃，结果表明酸裂化催化剂特别是LZ-Y82和沸石类的加氢裂化催化剂效果较好。在500℃，用LZ-Y82型催化剂，煤焦油的分解转化率为65%～74%；在623℃，用矾土、NiCuMo/SiO_2-Al_2O_3型催化剂，煤焦油的转化率接近50%。Wen和Cain[15]用固定床来催化裂化煤焦油沥青，实验表明：合成沸石型催化剂、天然沸石催化剂、菱沸石催化剂均有很高的催化活性，在400～500℃，LZ-Y82催化剂在将煤焦油转化为气态物质及焦炭方面效果是最好的。Simel等[16]在固定床内研究几种催化剂对煤焦油的催化裂化情况，结果显示裂解情况从大到小依次为：Ni/Al_2O_3>白云石>活性氧化铝>SiO_2-Al_2O_3>碳化硅。

7.2.1 煤焦油在流化床内的催化裂化

Velegol[17]对煤焦油在流化床内的催化裂化做了系统深入的研究。实验反应装置如图7-3所示。反应器由一支直径为2.54cm，长度107cm的石英玻璃管构成。流化床的加热空间直径为12.7cm，长度为91.44cm，温度由3个温度控制器控制。床层材料由多孔石英板支撑，石英玻璃管封装在一个直径为3.8cm的不锈钢管中，钢管的两端接有压紧配件。

图7-4为流化催化裂化工艺流程。氮气通过流量计计量，经加热器加热后从装置底部侧面进入流化床内，蒸汽由一根玻璃衬里不锈钢管从流化床底部引入。在80℃下由注射泵将煤焦油从流化床顶部注入玻璃衬里不锈钢管内。为了使煤焦油能更快地流进管内，减少煤焦油在接触到催化剂前在管内被热裂化的概率，将玻璃衬里不锈钢管

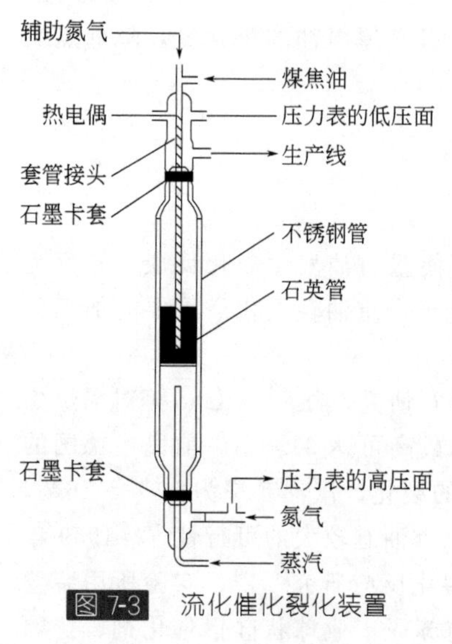

图 7-3 流化催化裂化装置

与一个装有 6.89kPa 止回阀的辅助氮气管线连接起来。热电偶从装置顶部延伸至催化剂床层内，连续监测着床层的温度。压力通过数字压力表来监测，每隔 15 分钟在真空采集瓶中采集一次未冷凝的气体，并通过一个湿式流量计计量后将未凝气放空。在石英反应器中装入大约 30g 的催化剂，采用氮气作为裂化过程中的流化气。流化床中的温度变化范围为 450～620℃，运行过程中焦油的使用量由催化剂的添加量决定，C/O 比为 6。

煤焦油原料的物化性质见表 7-12。煤焦油按照 Shadle 等[18]描述的方法进行液相色谱和质子核磁共振分析。煤焦油成分被分为四种类型：饱和烃和烯烃（SO）、芳烃（AR）、极性化合物（PO）、沥青质（ASP），分析结果见表 7-13。

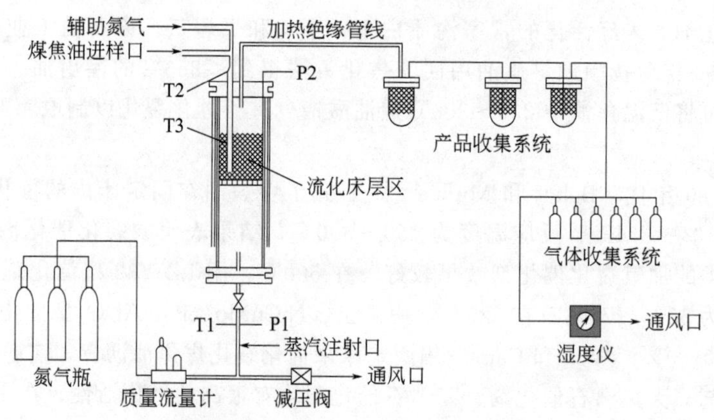

图 7-4 流化催化裂化工艺流程图

表 7-12 煤焦油原料物化性质

性 质		数 据
密度/g·ml^{-1}		1.001
分子量/g·mol^{-1}		235.0
热值/kJ·kg^{-1}		39.09
馏程/℃		338～372
API°		5.8
元素含量(质量分数)/%	C	86.56
	H	8.85
	O	3.44
	N	1.05
	S	0.68

表 7-13　煤焦油官能团组成类型

名　称	含量(质量分数)/%
饱和烃和烯烃(SO)	16.42
芳烃(AR)	42.78
极性化合物(PO)	31.42
沥青质(ASP)	9.38
按官能团类型(进一步细分)	
饱和烃和烯烃馏分	
CH_2	13.05
CH_3	2.57
CN	0.65
芳烃馏分	
CH_3	2.99
CH_2	4.73
AL	4.18
CN	3.20
CB	5.91
CS	7.92
CU	13.98
fa	0.28

实验方案见表 7-14，焦油原料在不同催化剂作用下的产品产率和焦油裂化率分别列于表 7-15 和图 7-5 中。由结果可知，使用 LZ-Y82 催化剂达到了最大裂化率为 88.2%；使用 Sp2323（一种工业硅-氧化铝基催化剂）和 LZ-Y82/NiW 催化剂焦油的裂化率接近 82%；使用 LZ-Y82/ZnTi（LZ-Y82 与 ZnTi 按 1∶1 比例混合）催化剂焦油的裂化率为 69.8%；使用 LY-Y3Z7（将 LZ-Y82 催化剂用 Zn 浸渍所得催化剂）催化剂焦油的裂化率接近 54.9%。作为惰性床层材料的碳化硅和二氧化硅分别在 500℃和 580℃下用来测定热裂化效果，SiO_2 裂化了 5.7%的焦油，SiC 裂化了 10.2%的焦油。

表 7-14　实验方案

催化剂	温　度/℃	停留时间/s
LZ-Y82	450～600	1～4
LZ-Y3Z7	500	2～3
Sp2323	600	3～4
LZ-Y82 和 NiW	600	1～4
LZ-Y82 和 ZnTi	550～580	1～3
SiC	580	2～3
SiO_2	500	2～3

表 7-15 不同催化剂床层分解焦油的产品产率

产品产率(质量分数)/%	LZ-Y82 530℃	Sp2323 616℃	LZ-Y82/NiW 595℃	SiC 580℃	LZ-Y82/ZnTi 580℃	SiO_2 500℃	LZ-Y3Z7 500℃
H_2	2.03	2.84	AD	0.07	3.79	0.00	2.32
CO	0.13	0.35	AD	0.05	0.43	0.00	0.06
CH_4	7.08	6.95	AD	0.98	3.45	0.09	3.92
CO_2	0.08	0.19	AD	0.00	0.26	0.00	0.00
C_2H_4	1.23	1.13	AD	1.72	0.94	0.10	1.17
C_2H_6	2.14	1.12	AD	0.40	0.31	0.07	0.75
C_3H_6	0.93	1.47	AD	1.32	1.15	0.10	1.38
C_3H_8	3.14	0.55	AD	0.02	0.20	0.02	0.69
C_4S	1.33	0.54	AD	0.58	0.54	0.05	2.32
C_5S	0.38	0.26	AD	0.00	0.06	0.00	0.09
C_6S+	7.58	6.20	2.93	0.21	0.92	0.00	2.71
气体总量	26.40	21.87	20.71	5.35	14.06	0.46	15.52
焦炭	61.17	59.66	61.09	4.88	55.71	5.16	39.39
焦油残量	11.55	17.78	18.20	89.77	30.23	94.38	45.10
质量平衡	99.12	99.31	98.56	102.09	97.20	97.70	97.10
焦油裂化	88.30	82.10	81.80	10.20	69.77	5.70	54.90

图 7-6 为反应后硫的转化率，由图可知，使用 LZ-Y82 催化剂时硫转化率为 84.6%，大约 65%的硫以 H_2S 形式脱除，存在于产品气中。使用 Sp2323 催化剂时硫转化率为 40.3%，27%的硫以 H_2S 形式脱除进入产品气中。使用 LZ-Y3Z7 催化剂时最大硫转化率为 50%，40%的硫留在了催化剂中。LZ-Y82/ZnTi 对硫的转化率为 75.4%。LZ-Y82/NiW 对硫的转化率为 66%。惰性的 SiC 和 SiO_2 对硫的转化率分别为 1.82%和 0.34%。

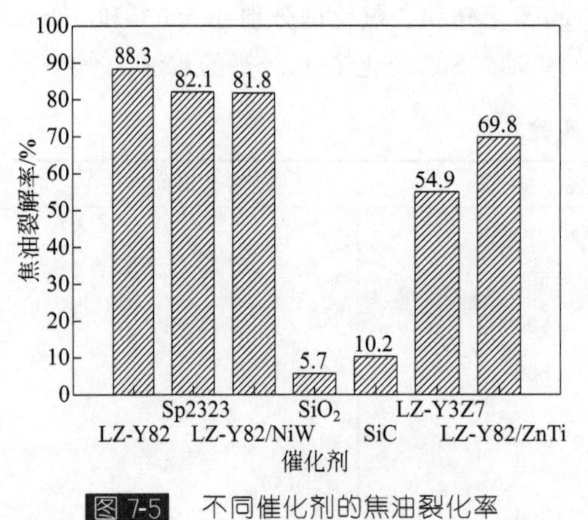

图 7-5 不同催化剂的焦油裂化率

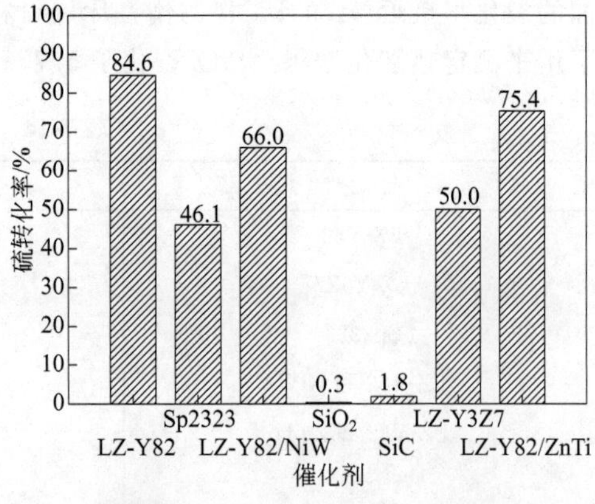

图 7-6 不同催化剂的硫转化率

如图 7-7 所示为不同温度下，使用 LZ-Y82 催化剂时得到的各种产品的产率。由图可知，温度在 450～606℃范围内，焦炭的质量分数从 50.5%上升到 60.3%。焦炭基本占据了沸石的活性位置，填塞了催化剂孔道，减小了晶间体积。在相同的温度范围内，气体产率从 28.6%减小到 18.5%。在温度 450～530℃范围内，焦油产率从 20.9%下降到 14.3%。在温度 530～606℃范围内，焦油产率呈增大趋势，增大到 17.2%。综合考虑，使用 LZ-Y82 催化剂，煤焦油催化裂化的最佳反应温度约为 530℃。

在 530℃下，使用 LZ-Y82 催化剂时，焦油的转化率与停留时间的关系见图 7-8，由图可知，转化率随停留时间的增加而提高。

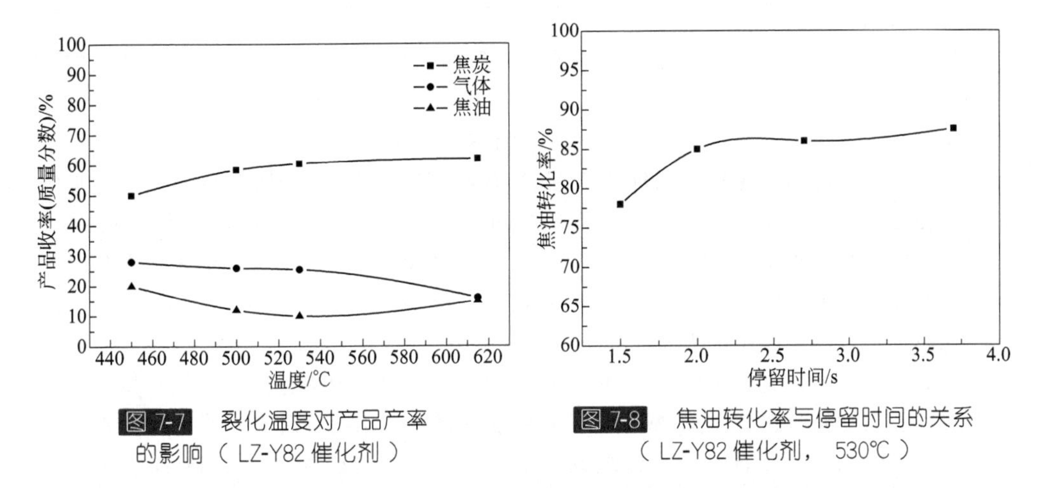

图 7-7　裂化温度对产品产率的影响（LZ-Y82 催化剂）

图 7-8　焦油转化率与停留时间的关系（LZ-Y82 催化剂，530℃）

图 7-9 为 LZ-Y82 催化剂 BET 表面积与温度的关系，LZ-Y82 催化剂的原始 BET 表面积为 $512.53m^2 \cdot g^{-1}$，由图可知，随着反应温度的增加，BET 表面积由 $342m^2 \cdot g^{-1}$ 线性降至 $273m^2 \cdot g^{-1}$。

LZ-Y82 催化剂为煤焦油裂化和脱硫的最有效催化剂。LZ-Y82 在 500～530℃之间能有效的裂化焦油，温度的升高提高了焦炭的产量，降低了气体的产量，530℃是最佳的裂化温度。使用 LZ-Y82 催化剂时，在 450～606℃内焦炭产量随着温度增加而线性增加，当催化剂的温度在 606℃时，它的表面积比在 450℃时的表面积减小了 13%。Sp2323 催化剂对煤焦油的裂化比较有效，但在将硫转化为硫化氢方面效果不佳。LZ-Y82/NiW 比 LZ-Y82/ZnTi 的焦油裂化率高 10%以上，LZ-Y82/NiW 硫转化率却比 LZ-Y82/ZnT 低 10%以上。LZ-Y3Z7 在分解焦油和脱硫方面更有效，这是因为它具有更高的比表面积。

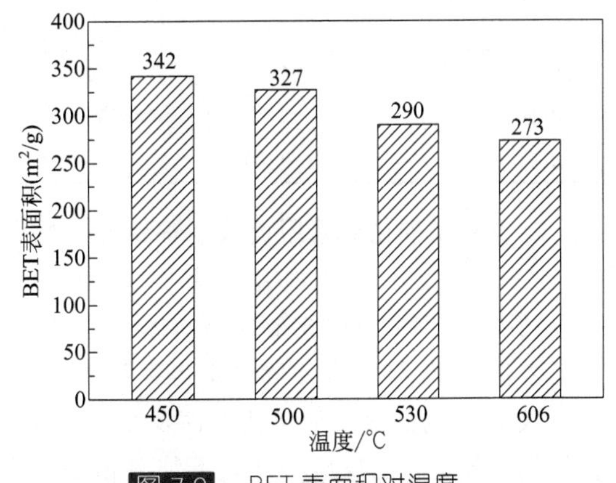

图 7-9　BET 表面积对温度的函数（LZ-Y82 催化剂）

7.2.2 煤焦油渣油催化蒸馏裂化制汽柴油

2012 年大连理工大学的梁长海等[19]发明了一种利用煤焦油生产汽柴油的方法（专利号：CN102676219A），其特征是将煤焦油蒸馏分离成渣油和馏出油，渣油经催化蒸馏裂化后与馏出物一起经加氢精制，反应产物再经蒸馏，得到高品质的汽油和柴油馏分油。通过本方法生产的汽油馏分（<150℃）的收率在 5%～20%之间，辛烷值为 75～85，密度 0.70～0.76g·cm^{-2}，可以作为汽油的调和组分。柴油馏分（150～360℃）的收率在 80%～95%，十六烷值为 51，密度 0.83～0.86g·cm^{-2}，凝点低于－20℃，可以作为 10 号低凝柴油使用。

生产工艺过程为：将原料煤焦油注入蒸馏釜内，采用煤焦油转化过程中产生的废渣和燃气进行加热，蒸馏釜温度控制在 250～500℃之间。当蒸馏釜加热至 250℃时，蒸馏出来的油气进入装有分子筛/氧化铝催化剂的反应精馏塔中进行反应和精馏，剂油比控制在 1～20 之间。煤焦油经催化蒸馏的馏分与氢气混合后经换热器加热进入加氢精制反应器。控制进料温度在 280～380℃之间，氢气分压 5～15MPa，体积空速 0.5～4.0h^{-1}，氢油体积比为（300∶1）～（1200∶1），加氢精制后的馏分油经常压蒸馏，根据馏出温度切割成汽油（<150℃）和柴油（>150℃）。

该发明提供的实施例如下：

将煤焦油注入装有分子筛/氧化铝催化剂的反应精馏塔中进行催化蒸馏，以气相形式存在的煤焦油组分在分子筛/氧化铝催化剂表面进行催化裂解反应。催化剂由含 35% 的 ZSM-18 和 15%丝光石的氧化铝组成，通过黏结成型制成直径 2～3mm，长度 3～8mm，堆积密度 0.65～0.8mg·mL^{-1}，强度大于 40N·mm^{-1}的柱形产品。采用废塑料油转化过程中产生的废渣和燃气作为加热燃料，剂油比控制在 1～20 之间，催化蒸馏油品的性质见表 7-16。

表 7-16 催化蒸馏油品的性质

油品	温度 /℃	密度 /g·cm^{-3}	S含量 /ng·μL^{-1}	N含量 /ng·μL^{-1}	酸值 /mgKOH·$(100mL)^{-1}$	闪点(开口) /℃
原油		0.94678	3521.30	4125.48	225.9	116
轻组分	<180	0.86454	3085.87	2083.03	47.2	42
重组分	180～360	0.89380	2379.30	3873.20	14.0	76

加氢精制催化剂采用负载型镍钼硫化物催化剂，载体采用 SiO_2-Al_2O_3，比表面积为 200～400m^2·mg^{-1}，孔容为 0.5～2.0cm^3·g^{-1}，最可几孔径分布在 2～4nm 和 10～15nm 范围内。镍钼硫化物前体为硝酸镍或醋酸镍与硫代钼酸铵，采用等体积浸渍法经浸渍-干燥-焙烧等步骤制备得到负载型镍钼硫化物催化剂。

表 7-17 为加氢反应工艺条件及产品性质。由表 7-17 可知：馏分油在负载型镍钼硫化物催化剂上，在反应条件 2 下加氢精制，有效地脱除了硫氮，大大降低了胶质，表明负载型镍钼硫化物催化剂具有良好的脱除杂原子的能力，得到水白、无异味、品质高的汽柴油混合物产品。

表 7-17　反应工艺条件及产品性质

条　件		条件 1	条件 2	条件 3
加氢精制反应器	温度/℃	320	360	380
	压力/MPa	8	8	6
	体积空速/h^{-1}	0.5	0.5	0.5
	氢油(体积)比	600	600	800
油品性质	密度/g·cm^{-3}	0.84	0.82	0.83
	S 含量/ng·μL^{-1}	43.9	46.7	45.2
	N 含量/ng·μL^{-1}	7	<1	<3
	胶质/mg·$(100mL)^{-1}$	36	19	21
	酸值/mgKOH·$(100mL)^{-1}$	4.0	3.2	3.8
	闪点(开口)/℃	45	34	29
	其它	颜色水白	颜色水白	颜色水白

在条件 3 下进行加氢精制，产品进入常压蒸馏塔切割为汽油（<150℃）和柴油（>150℃），表 7-18 为汽柴油性质。在此基础上，在 8.0MPa 和 380℃进行稳定性实验，表 7-19 为在该工艺条件下运行 1000h 后产品的品质。

表 7-18　汽柴油性质

项　目	汽　油	柴　油
密度/g·cm^{-3}	0.72	0.85
S 含量/ng·μL^{-1}	34	20
N 含量/ng·μL^{-1}	<1	<3
胶质/mg·$(100mL)^{-1}$	2	20
酸值/mgKOH·$(100mL)^{-1}$	<1	<3.5
其它	颜色:水白　辛烷值:75	颜色:淡黄　十六烷值:50

表 7-19　运行 1000 小时后产品的品质

项　目	汽　油	柴　油
密度/g·cm^{-3}	0.72	0.85
S 含量/ng·μL^{-1}	36	24
N 含量/ng·μL^{-1}	<1	<3
胶质/mg·$(100mL)^{-1}$	3	21
酸值/mgKOH·$(100mL)^{-1}$	<1	3.5
其他	颜色:水白　辛烷值:75	颜色:淡黄　十六烷值:49

由表 7-19 可知，负载型镍钼硫化物催化剂表现出良好的稳定性，无结焦失活等现象，常压蒸馏所得的汽油产品中硫和氮的含量与开始试验相比基本不变，汽油胶质达到 3mg·$(100mL)^{-1}$，对于柴油胶质含量也降低到 21mg·$(100mL)^{-1}$，此外得到的汽油无异味，稳定性好，品质高，符合国家汽柴油标准。

7.2.3 煤焦油与废塑料共熔油化工艺

汤子强等将碳氢比较高的低温煤焦油和碳氢比较低的废旧塑料共熔处理，再经热裂解、催化裂解、分馏得到汽柴油产品[20,21]。研究发现，废聚丙烯和聚乙烯在合适的工艺条件和适当的催化剂存在下，可以油化得到基本满足市场需求的发动机燃料油，但汽油重组分含量高。与适当比例的低温煤焦油共熔油化，可制得性能得到改善的发动机燃料油。在进行共熔油化时，原料焦油的加入量要控制在10%～15%。

(1) 实验原料 低温煤焦油选用大同煤气公司直立炉的煤焦油，在使用前进行预处理。预处理程序为：①将原料焦油进行常压蒸馏，截取160～360℃的馏分；②分别用40%的NaOH溶液和98%的浓硫酸溶液对馏分进行碱洗和酸洗；③用80℃的热水洗至中性，作为共熔处理的原料（原料焦油）。原料焦油的性质见表7-20。

表7-20 原料煤焦油与标准柴油的比较

项 目	10#柴油	原料焦油
颜色	淡黄	淡黄
透明度	透明清澈	透明清澈
放置后	20天后颜色不变	20天后颜色变黑
密度/g·cm^{-3}	0.884	0.897
馏程/℃		
初馏点	120	150
10%	204	235
50%	270	290
90%	324	335
闪点(闭口)/℃	52	70
燃烧现象	产生少量黑烟	产生大量黑烟
酸碱度	中性	中性
十六烷值	54	28

废旧塑料为市场上废弃的聚乙烯（PE）、聚丙烯（PP）、聚苯乙烯（PS）和聚碳酸酯（PC）制品，在使用前进行分类、清洗、破碎。催化剂为工业上常用的石油裂解催化剂：Si-Al催化剂、Al_2O_3催化剂、Y-H催化剂、Z-H催化剂。

(2) 实验流程 实验分为三部分：热裂解、催化裂解、分馏。热裂解在2L的碳钢反应釜中进行；催化裂解在管式催化反应器中进行；分馏在玻璃制的常压分馏装置上进行。

将废旧塑料清洗和破碎后，按一定比例与原料焦油一同加入热解釜，热解温度升至一定值后恒温，热解气体冷却回流一定时间后经水冷却器冷却，收集冷凝液体进入中间罐。进入中间罐的中间油黏度较大，不能直接用作液体燃料，需进一步处理。未裂解的残渣及未清除掉的杂质呈固体状留在热解釜底，定时清理。加热中间罐，使蒸出的气体通过处于一定温度下的催化剂床层，冷凝后收集到混合罐中，将混合油全部移入分馏装置进行常压分馏。截取180℃以下的馏分作为汽油，180～360℃范围内的为柴油。

（3）实验结果

① 废旧塑料油化后所得燃料油与标准发动机燃料油性质比较。

将废旧塑料回收、清理、粉碎后进行热裂解或催化裂化，制备成燃料油。将燃料油分馏得到汽油和柴油。从表7-21可得，聚丙烯和聚乙烯能制得较好适应市场的汽油产品，聚苯乙烯和聚碳酸酯不能作为市场产品使用。表7-22和表7-23列出了聚丙烯+聚乙烯：聚苯乙烯：聚碳酸酯＝5：1：1的废旧塑料油化时所得汽油和柴油与标准汽油和柴油的比较。从表7-22和表7-23可得按一定比例混合的废旧塑料油化后得到的汽油和柴油与市售90＃汽油和0＃柴油性质基本接近，但废塑料汽油中高沸点组分含量高，超过了标准汽油的馏程范围。

② 废旧塑料与低温煤焦油的共熔油化。

废聚丙烯与低温煤焦油按一定比例混合共熔，并恒温一段时间后，部分聚丙烯分子链被热解成较小分子，煤焦油分子中也有不少被热解成碎片并有少许开环，在催化剂作用下，热裂解产物之间发生相互反应，生成分子量较小，碳氢比适当的产物。由表7-24可得，使用中国科学院山西煤炭化工研究所制备的Z-H型催化剂可得到较高的转化率，催化剂最佳使用温度为400℃，转化率超过85%。在原料和流量一定的条件下，温度越高，催化剂活性越好。但温度太高会将共熔产物进一步裂解为常温下不冷凝的小分子气态物，转化率反而下降。

表7-21　纯废塑料汽油与标准汽油馏程的比较

馏　程/℃	90＃汽油	聚乙烯、聚丙烯汽油	聚苯乙烯汽油	聚碳酸酯汽油
初馏点	33	44	120	110
10%	54	80	138	138
20%	64	96	140	140
30%	74	110	142	142
40%	86	120	144	144
50%	96	128	144	144
90%	170	194	158	190
干点	202	240	228	230

表7-22　混合废塑料汽油与标准汽油性质比较

项　目	90＃汽油	废塑料汽油	混合原料汽油
馏程/℃			
初馏点	34	40	32
10%	54	82	53
20%	64	98	67
30%	74	110	88
40%	86	122	123
50%	96	128	141

续表

项　目	90#汽油	废塑料汽油	混合原料汽油
90%	170	196	180
95%	198	228	196
干点	202	242	207
辛烷值	91.3	92.8	91.7
密度	0.84	0.82	0.813
酸碱度	中性	中性	中性
纯度	—	—	—

表 7-23　混合废塑料柴油与标准柴油性质比较

项　目	0#柴油	废塑料柴油	混合原料柴油
馏程/℃			
初馏点	120	130	124
10%	204	204	180
20%	238	222	200
30%	250	238	218
40%	262	254	240
50%	270	266	280
90%	324	336	305
干点	345	336	305
苯胺点/℃	70	71	65
十六烷值	54	56	48
闪点(闭口)/℃	52	51	50
酸碱度	中性	中性	中性
纯度	—	—	—

表 7-24　不同催化剂和不同温度下废聚丙烯与原料焦油共熔油化转化率比较

催化剂	不同反应温度下的转化率/%			
	200℃	300℃	400℃	500℃
Si-Al	23.5	27.4	32.0	28.8
Al_2O_3	26.3	35.2	38.2	30.5
Y-H	44.2	52.3	71.6	70.1
Z-H	44.8	67.2	85.4	76.2

研究发现，共熔物在热裂解过程中，维持一定时间的恒温回流，有利于燃料油转化率的提高。这可能是因为在恒温回流过程中，聚丙烯和煤焦油之间的协同反应更为充分，热裂解更加完全，有利于随后的催化裂解。从表 7-25 可知：恒温回流温度在 300℃左右，时间在 3h 左右时转化率较高。

表 7-25　不同恒温回流温度和时间下废聚丙烯与原料焦油共熔油化转化率比较

恒温回流温度/℃	不同回流时间下的转化率/%						
	0.5h	1h	1.5h	2h	3h	4h	5h
200	52	54	55	57	56	56	56
300	58	64	67	69	85	84	84
400	58	63	72	78	82	83	81

在共熔油化过程中，为了发挥各组分对提高产品质量的作用，一方面相互之间要发挥协同作用，另一方面要通过共熔克服各自的缺点。从表 7-26 可得，原料焦油的加入比例以不超过 10%为宜。

表 7-26　加入原料焦油的比例对共熔油化结果的影响

焦油比例/%	产品外观	转化率/%	混合油柴油的苯胺点/℃
0	澄清透明	83	68
5	澄清透明	81	64
10	澄清透明	82	65
20	分层，淡黄色	82	36
50	分层	82	14

7.3　煤焦油延迟焦化技术

延迟焦化是将渣油经热度热裂化转化为气体、轻、重质馏分油及焦炭的加工过程，是炼油厂提高轻质油收率和生产石油焦的主要手段。延迟焦化与热裂化相似，只是在短时间内加热到焦化反应所需温度，控制原料在炉管中基本上不发生裂化反应，而延缓到专设的焦炭塔中进行裂化反应，“延迟焦化”也正是因此得名。

延迟焦化过程的反应机理复杂，无法定量地确定所有化学反应。但是，可以认为在延迟焦化过程中，煤焦油热转化反应是分三步进行的：①原料在加热炉中在很短时间内被加热至 450～510℃，少部分煤焦油气化发生轻度的缓和裂化；②从加热炉出来的，已经部分裂化的原料油进入焦炭塔。根据焦炭塔内的工艺条件，塔内物流为气-液相混合物，油气在塔内继续发生裂化；③焦炭塔内的液相重质烃，在塔内的温度、时间条件下持续发生裂化、缩合反应直至生成烃类蒸气和焦炭为止。

在我国延迟焦化工艺应用于石油渣油的加工已经有超过 30 年的历史，由于煤焦油与石油渣油性质的相似性，将延迟焦化技术用于煤焦油的加工，同样具有重要的意义。

7.3.1　典型的石油延迟焦化工艺

石油延迟焦化的生产工艺包括焦化和除焦两部分，焦化为连续式操作，除焦为间歇式操作。整体而言，延迟焦化具有连续操作的特点，可自动化控制和操作，进行大规模生产。图 7-10 为常规延迟焦化示意图。此装置由两台加热炉、四座焦炭塔和一座分馏塔组成，其中一台加热炉与两座焦炭塔相连为一套，一座焦炭塔进行反应充焦，另一座已充焦的焦炭塔进行水力除焦。两座焦炭塔用四通阀进行切换，按换塔操作顺序（见图 7-11）相互轮换操作。

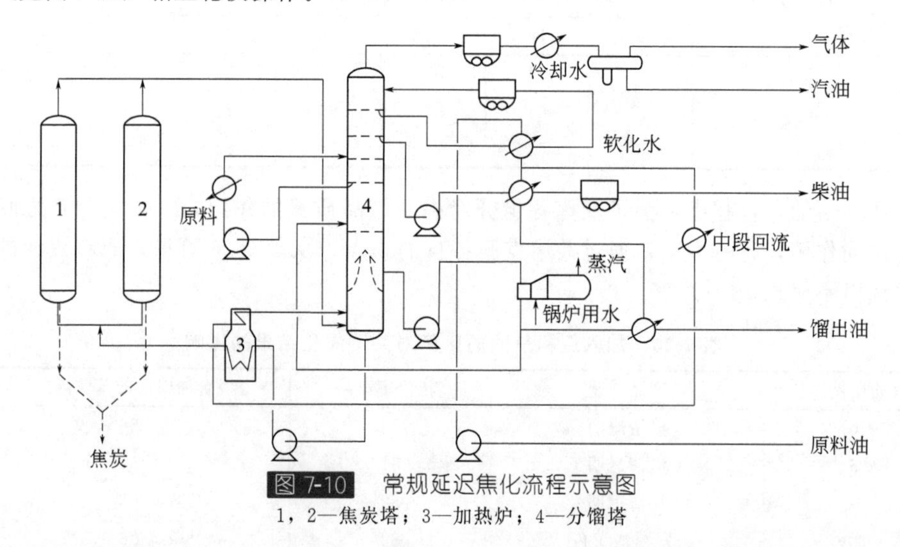

图 7-10 常规延迟焦化流程示意图

1，2—焦炭塔；3—加热炉；4—分馏塔

对于已充焦的焦炭塔，经吹气、水冷后，利用 10～12MPa 的高压水通过水龙带从一个可以升降的焦炭切割器喷出，把焦炭塔内的焦炭切碎，使之与水一起由塔底流入焦炭池中。我国的延迟焦化装置有井架除焦和无井架除焦两种方法。

加热炉是延迟焦化的心脏设备，为整个装置提供热量，要把重质渣油加热到 500℃左右的高温，油料在炉管内必须具有较高的线速，较短的停留时间，并且要提供均匀的热场，消除局部过热，防止炉管短期结焦，保证稳定操作和长期运行。在加热炉辐射段入口，注入 1%左右的水，此措施可提高流速和改善流体的传热特性。注水时炉管的冷油线速为 $1.4 \sim 1.6 m \cdot s^{-1}$，注水很少或不注水时，冷油线速需提高至 $2.0 \sim 2.2 m \cdot s^{-1}$。我国延迟焦化装置的加热炉均采用这种注水措施的水平管箱形立式炉，在对流段设置热管式或热载体空气预热器和预热锅炉用水等措施后，热效率可达 88%左右。

焦炭塔是延迟焦化进行的主要场所，为了防止积炭，焦层升高，泡沫冲出塔顶引起油气管线及分馏塔结焦，焦炭塔内装有能检测焦炭高度的料位计，在生产过程中，焦炭层以上要留有一定的空高，有料位计时此空高可留 3m 左右，无料位计时留 5～6m 才能保证安全操作。

分馏塔是分馏焦化馏分油的设备。塔中下部设有集油槽，集油槽以上部分主要起分馏作用，分馏出焦化气体、汽油、柴油和馏出油馏分。下部主要起循环油分割和原料油换热作用。在运转中分馏塔也可能出现结焦，为此需控制塔底温度不超过 400℃，并采用塔底油循环过滤去焦粉和加强液体流动加以防止。

7.3.2 煤焦油延迟焦化工艺

张学萍[22]曾对煤焦油延迟焦化进行过可行性探索试验研究。研究结果表明，在常规延迟焦化工艺条件下处理煤焦油（与高压下操作相比），轻质油收率略高，气体和焦

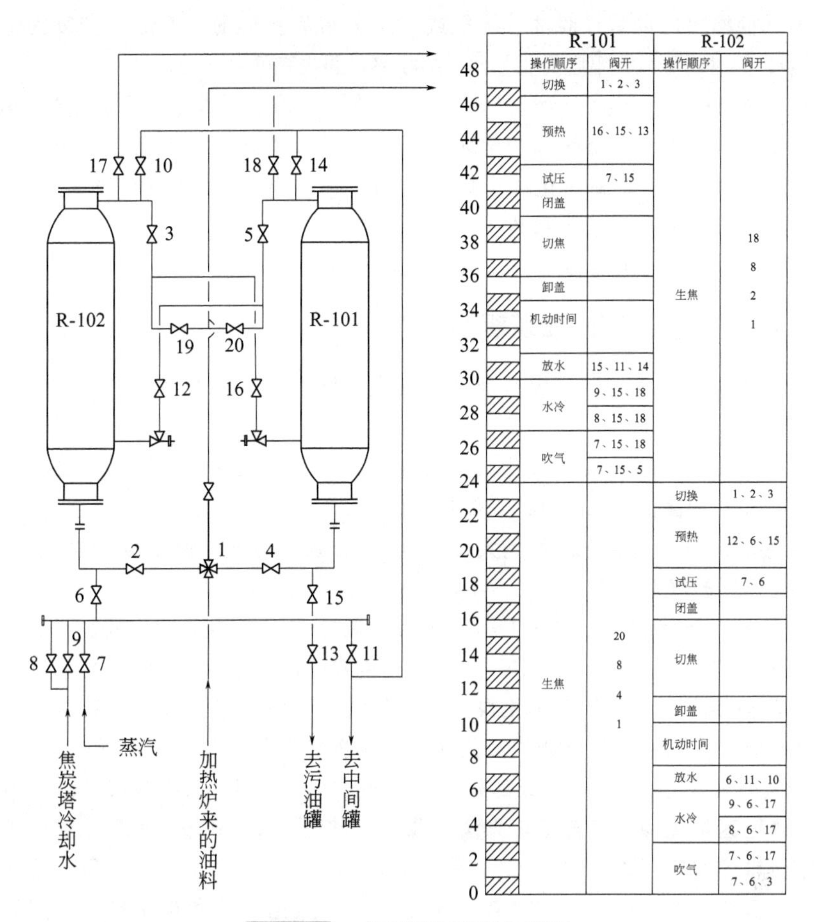

图 7-11　焦炭塔换塔操作顺序

炭产率较低。在较高压力下操作时，不但液体产率下降，而且气体和焦炭产率大幅上升。两种工艺条件下生产的汽油馏分、柴油馏分的多项技术指标不能满足规格要求，需进一步处理。

王守峰等的专利 ZL02133072.7[23] 对中低温煤焦油延迟焦化工艺进行了描述，其主要工艺技术效果如下。

① 采用延迟焦化工艺先对中低温煤焦油进行焦化加工，使小于 360℃液体收率由不采用延迟焦化时的 60%上升到 75%，从而使最终精制油由不采用延迟焦化工艺时的 36%上升到 55%。

② 最终精制油中的胶质，沥青质在焦化过程中缩聚成焦炭，从而使最终精制油中的胶质由不采用延迟焦化工艺时的 300～500mg·(100mL)$^{-1}$下降到 23～40mg·(100mL)$^{-1}$。

③ 在焦化过程中芳烃类物质与不饱和烃类物质缩聚成焦炭，从而有效地降低了精制油中的芳烃和不饱和烃组分。

④ 经延迟焦化后生成油的密度由不采用延迟焦化工艺时的 0.92g·cm^{-3}下降到 0.85g·cm^{-3}，从而加大了与抽提溶剂的密度差，有利于分离操作。

⑤ 经碱抽提出的酚盐经脱油、硫酸或CO_2分解后获得酚类产品，变废为宝，减少了环境污染。同时还可以大幅度提高单元酚的收率，回收率可由不足30%提高到65%以上。

⑥ 在整个过程中所用的化学药品种类少，用量小，有利于操作，不易造成环境污染。

刘建明等[24]对中低温煤焦油的延迟焦化工艺进行了研究，研究结果表明：①提高反应温度及压力可明显提高焦化反应燃料油的收率，降低蜡油的产率；②中、低温煤焦油延迟焦化反应的最佳工艺条件为温度500℃，压力0.17MPa；③经过延迟焦化反应，可以将低价值的煤焦油转化成高附加值的燃料油。

7.3.3 煤焦油延迟焦化-加氢组合工艺

专利CN101429456 A[25]对煤焦油延迟焦化加氢组合工艺方法作了描述。其主要技术特征如下。

① 原料煤焦油是指煤炭在气化、炼焦或生产半焦过程中产生的低温500～700℃，中温700～900℃和高温900～1100℃煤焦油。

② 煤焦油作为延迟焦化进料是大于300℃或350℃的某一温度段的煤焦油重馏分，或未经任何处理的煤焦油全馏分。

③ 延迟焦化的反应压力在0.1～3.0MPa，温度在450～550℃之间。

④ 加氢反应的压力在6.0～20.0MPa，温度在300～450℃之间。

⑤ 加氢包括煤焦油经延迟焦化得到的焦化汽油、焦化柴油和焦化蜡油混合后作为加氢的原料或焦化汽油、焦化柴油和焦化蜡油单独分别作为加氢的原料。

⑥ 加氢裂化工艺是一次通过或部分循环或全循环，或一段式或两段式加氢裂化工艺。

煤焦油延迟焦化加氢组合工艺方法步骤为：将预热到300～400℃的煤焦油送入加热炉，经加热炉加热至450～550℃后进入焦炭塔，在0.1～0.3MPa的压力下进行焦化反应，获得石油焦作为产品，同时获得焦化汽油、焦化柴油和焦化蜡油；然后将焦化汽油、焦化柴油和焦化蜡油混合后或分别单独作为加氢的原料，将原料引入加热炉并与氢气混合，然后在6.0～20.0MPa、300～450℃下，先后一次通过，或尾油部分循环或尾油全部循环装有催化剂的加氢处理、加氢精制和加氢裂化反应器，得到加氢生成油；再进入分馏塔和稳定塔，经过分馏、稳定工艺过程得到液化气、燃料油和润滑油基础油。

专利ZL200510052067.0[26]提出了一种煤焦油延迟焦化加氢组合工艺方法。该工艺的特点是，原料油以很高的流速在高热强度下通过加热炉管，在短时间内加热到焦化反应所需要的温度，并迅速离开炉管进到焦炭塔，使原料的裂化缩合等反应到焦炭塔中进行，以避免在炉管内大量结焦，影响装置的开工周期。此外，延迟焦化所得馏分油要经过加氢精制，其中加氢温度为350～400℃，压力为6.0～8.0MPa，空速0.5～3.0h^{-1}，氢油比为（1000∶1）～（1300∶1）。分馏后可获得90＃汽油、－20＃柴油及燃料油。

专利CN103773477 A[27]描述了一种煤焦油和渣油加氢裂化-延迟焦化组合工艺，主要内容如下。

① 煤焦油经减压蒸馏后得到轻质煤焦油和重质煤焦油。

② 轻质煤焦油和渣油混合后与氢气一起进入沸腾床反应器，与加氢裂化催化剂接触，进行加氢裂化反应，所得加氢裂化流出物经分离得到气体和液相产物，液相产物分馏得到汽油、柴油、减压瓦斯油和尾油。

③ 尾油与重质煤焦油一起进入延迟焦化装置，进行裂化反应，得到焦化干气、焦化汽油、焦化柴油、焦化瓦斯油和焦炭。

工艺流程见图7-12，煤焦油经减压分馏塔分流后得到轻质煤焦油和重质煤焦油。轻质煤焦油可从沸腾床反应器催化剂床层的不同高度位置沿反应器切线方向进入沸腾床反应器，渣油和氢气混合后从沸腾床反应器下部进入反应器，混合原料与加氢裂化催化剂接触，进行加氢裂化反应。加氢裂化流出物经分离器分离后，气体经碱洗操作后外排。液相产物进入分馏塔，分馏后得到汽油、柴油、减压瓦斯油和尾油，其中减压瓦斯油一部分作为循环油，循环进入沸腾床反应器，剩余部分减压瓦斯油可以用作催化裂化或加氢裂化原料。尾油和重质煤焦油混合后进入延迟焦化装置，经反应分馏后，分别得到焦化干气、焦化汽油、焦化柴油、焦化瓦斯油和焦炭，其中焦化瓦斯油的一部分作为循环油循环进沸腾床反应器作为加氢原料进一步加氢处理，剩余部分焦化瓦斯油出装置作为催化裂化原料。

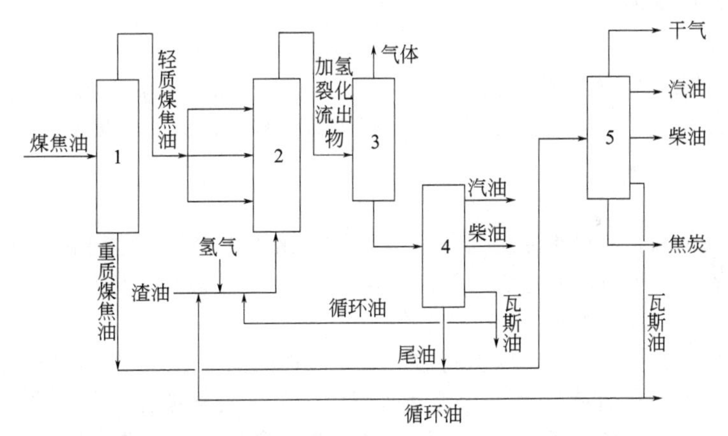

图7-12　煤焦油和渣油加氢裂化-延迟焦化组合工艺流程

1—减压分馏塔；2—沸腾床反应器；3—分离器；4—分馏塔；5—延迟焦化装置

实验所用原料性质列于表7-27。沸腾床反应器加氢裂化催化剂以氧化铝为载体的钨-镍催化剂，其中催化剂中，含镍（质量分数）6%（按NiO计算），含钨（质量分数）12%（按WO_3计算）。催化剂颗粒直径为0.5mm，堆积密度为$0.79g \cdot cm^{-3}$，比表面积为$260m^2 \cdot g^{-1}$。

表7-27　渣油及煤焦油原料性质

项　目	渣　油	煤焦油	轻质煤焦油	重质煤焦油
密度(20℃)/$g \cdot cm^{-3}$	1.01	1.15	1.05	1.20
元素分析/%				
C	84.27	89.3	88.43	90.51

续表

项 目	渣 油	煤焦油	轻质煤焦油	重质煤焦油
H	10.4	6.46	8.15	3.94
S	3.31	0.67	0.76	0.53
N	0.5	0.67	0.78	0.55
O	1.52	2.9	1.88	4.47
残炭/%	21.02	4.1	0.34	9.71
族组成分析/%				
饱和烃	16.7	11.5	0.29	28.4
芳香烃	45.8	55.0	70.79	31.3
胶质	30.19	24.8	28.56	19.1
沥青质	7.28	29.5	0.35	21.2
金属含量/$\mu g \cdot g^{-1}$				
Ni	61.36	41.7	0.32	56.2
V	171.5	10.7	0.03	26.4

该专利的实施例如下。

实施例 1：

实验所采用原料中轻质煤焦油的干点为 485℃，渣油和轻质煤焦油的比例为 5∶1，反应条件、产品分布、产品性质见表 7-28～表 7-31，减压瓦斯油和焦化瓦斯油部分循环回沸腾床反应器，循环比为 0.1。

实施例 2：

所采用渣油和轻质煤焦油比例为 1∶1，循环比为 0.15，其它条件同实施例 1。比较例 1 与实施例 1 相同，不同的是所用原料只有渣油。比较例 2 与实施例 1 相同，不同的是所用原料只有煤焦油。

通过比较得知，此发明可以提高加氢裂化过程的液体收率，尤其是柴油收率得到较大提高。此外，在后续延迟焦化处理过程中，可以提高液体收率，降低焦炭产率，可以实现装置长期运转。而汽柴油性质方面，杂质含量保持较低水平，总体来看，此方法可以实现较高经济效益。

表 7-28 加氢裂化-延迟焦化工艺条件

编 号 加氢裂化工艺条件	实施例 1	实施例 2	比较例 1	比较例 2
反应温度/℃	410	425	410	425
反应压力/MPa	12	15	12	15
氢油体积比	400	800	400	800
反应空速/h^{-1}	0.5	1.0	0.5	1.0
延迟焦化工艺条件				
加热炉出口温度/℃	495	500	495	500
焦炭塔压力/MPa	0.16	0.17	0.16	0.17

表 7-29　加氢裂化-延迟焦化产品分布

编　号 加氢裂化(以新鲜进料为准) (质量分数)/%	实施例 1	实施例 2	比较例 1	比较例 2
气体	1.78	1.86	1.6	2.0
汽油	1.6	1.75	1.5	1.6
柴油	25.6	52.94	14.6	15.3
减压瓦斯油	18.5	14.5	20.4	18.1
尾油	52.6	28.95	61.90	63.0
延迟焦化(以新鲜进料为准) (质量分数)/%				
焦化干气	10.5	9.9	11.0	12.3
液体	59	66.1	56.2	53.0
焦炭	30.5	24	32.8	34.7
合计	100	100	100	100

表 7-30　加氢裂化产品性质

编　号	实施例 1	实施例 2	比较例 1	比较例 2
汽油				
硫含量/%	0.15	0.10	0.23	0.05
辛烷值(RON)	65	56	72	49
柴油				
十六烷值	43	40	45	31
硫/%	1.45	0.44	1.66	0.1
氮/%	0.23	0.12	0.25	0.29
减压瓦斯油				
密度(20℃)/$g\cdot cm^{-3}$	0.95	1.00	0.93	1.07
残炭/%	0.03	<0.01	0.05	<0.01
尾油				
密度(20℃)/$g\cdot cm^{-3}$	1.11	1.23	1.09	1.25
残炭/%	20.57	13.75	24.5	15
(Ni+V)/$\mu g\cdot g^{-1}$	108.5	75.6	185.3	—
S/%	2.09	1.32	2.4	1.07
N/$\mu g\cdot g^{-1}$	4508	2637	6023	6620

表 7-31　延迟焦化产品性质

编号	实施例 1	实施例 2	比较例 1	比较例 2
焦化汽油				
辛烷值	56	53	60	48
溴价/g(Br)·$(100g)^{-1}$	63.5	60.7	61.2	58

续表

编号	实施例 1	实施例 2	比较例 1	比较例 2
焦化柴油				
十六烷值	49	46	52	48
溴价/g(Br)·$(100g)^{-1}$	51	42	40	41
焦化蜡油				
残炭值/%	0.52	0.45	0.74	0.86
焦炭				
灰分/%	0.30	0.15	0.35	0.20
硫/%	2.6	2.0	3.5	0.15

7.4 煤焦油超临界轻质化技术

超临界流体（Supercritical Fluid，简称 SCF）是指超过了物质的临界压力和临界温度的流体。它既有气体的高扩散系数、低黏度的特性，又有与液体相近的黏度和对物质良好的溶解能力。以超临界流体为萃取剂，控制体系的温度和压力，使待分离组分溶解于超临界流体中，然后通过升温或降压的方法，使超临界流体的溶解度降低，待分离组分从超临界流体中析出，完成萃取过程。

7.4.1 常见超临界流体

目前常用的超临界流体有水、甲烷、甲醇、乙醇、二氧化碳、乙烷、乙烯、甲苯、正戊烷等，下面简单介绍一些常见超临界流体的物化性质。

7.4.1.1 超临界甲醇

超临界甲醇的基本物理性质为：临界温度 $T_c=512.6K$，临界压力 $P_c=8.09MPa$，临界密度 $\rho_c=0.272g\cdot cm^{-3}$。相对于二氧化碳和水，它具有临界温度低、临界压力小的特点。与水相比，甲醇的操作条件更温和，对设备的腐蚀更小，而且沸点低，更利于产物分离，因此引起各国学者的研究兴趣。超临界甲醇与常温常压甲醇的性质比较[28]如表 7-32 所示。

表 7-32 超临界甲醇与常温常压甲醇性质比较

项 目	密度 /$kg\cdot L^{-1}$	离子积 lgK_w	介电常数	黏 度 /Pa·s	氢键数	溶度参数 /$(J\cdot cm^{-3})^{-\frac{1}{2}}$
常态甲醇 (25℃,1.013×10^5Pa)	0.7915	−0.77	32.6	5.4×10^{-4}	1.93	7.1
超临界甲醇 (250℃,20×10^6Pa)	0.2720	难电离	7.2	5.8×10^{-5}	<0.7	4.1

（1）超临界甲醇离子积　离子积是化学反应中很重要的一个参数，随温度和压力的改变而改变。刘志敏等[29]指出超临界流体的离子积随着压力的升高，会有很大的升

高。因而超临界甲醇和超临界水一样具有一定的酸、碱催化能力[30,31]。

(2) 超临界甲醇氢键 氢键是通过氢原子和一个电负性很强的原子之间结合形成的。氢键约为5～7kcal·mol^{-1}，比化学键（25～100kcal·mol^{-1}）弱得多。温度和压力对氢键影响较大，随着温度的升高，氢键键能逐渐减弱，在临近点约70%的氢键会断裂。在300℃，10MPa时，只存在10%的氢键[32]。在超临界状态下，甲醇大多以单个分子状态存在，这使得更多甲醇分子更容易和反应物接触，从而有利于反应进行。

(3) 电负性 甲醇和水一样，分子中的氧具有很大电负性，表现出很强的亲核能力，具有较强的反应性。由于甲醇分子上氧的强亲核性，甲醇也可以表现出碱性[32]。大量研究证明，超临界甲醇在化学反应中，不仅可以作为反应溶剂，也可以作为反应物参加反应。因此在反应中甲醇具有很高的浓度，这对提高反应速率，增加转化率具有明显的促进作用。

7.4.1.2 超临界乙醇

超临界乙醇是目前应用比较广泛的超临界溶剂。它具有超临界流体的物理化学性质，而且无毒无害、对环境无污染、容易回收再利用等鲜明特点。乙醇常态（20℃）的基本物理性质为：密度0.789g·cm^{-3}，沸点78.4℃，易挥发。临界点为：T_c=243.4℃，P_c=6.39MPa，ρ_c=0.276g·cm^{-3}。可以看出，乙醇的临界状态比较温和，易达到。与超临界CO_2（T_c=31.1℃，P_c=7.38MPa，ρ_c=0.448g·cm^{-3}）相比，乙醇对反应装置与设备的材质要求更低，而且乙醇成本低、来源广泛。此外，乙醇常态下对极性物质具有良好的溶解性，超临界状态下与CO_2相比，其对极性物质的溶解能力更强，萃取效率高。其性质特点如下。

(1) 密度 达到临界点后，随着系统压力的升高其密度逐渐增大，但随着系统温度的增大，超临界乙醇密度逐渐降低。密度的变化在临界点附近时非常敏感，微小的压力或者温度的变化都会导致密度的急剧变化。

(2) 扩散系数 超临界状态下，乙醇的扩散系数远高于常态时扩散系数。扩散系数受温度的影响非常显著，温度升高，扩散系数逐渐增大。然而压力的影响与温度正好相反，随着压力的升高，扩散系数是逐渐减小的。此外，在低温阶段，压力对扩散系数的影响不太明显，但随着温度的逐渐升高，压力对扩散系数的影响越来越显著。

(3) 分子间的氢键 乙醇分子间、乙醇与溶质分子间的氢键作用，使溶质与溶剂分子的碰撞结合作用大受影响，减弱溶质分子与溶剂分子的作用力，从而减小了溶质的扩散系数。温度对氢键的影响十分显著，温度升高，分子间作用力逐渐减弱，氢键作用也减弱。在临界点附近，氢键的变化比较敏感，温度的微小变化，会引起氢键的急剧变化。

(4) 表面张力 溶剂的表面张力受温度变化影响比较明显。随着温度的慢慢升高，溶剂的表面张力逐渐减小。

7.4.1.3 超临界二氧化碳

CO_2是常用的超临界流体萃取溶剂，它具有以下优势。

① 临界条件较温和（T_c=31.05℃，P_c=7.37MPa），在室温条件下分离热敏性物

质如生化药物、易变质的香料提取物等成为可能。

② 在惰性环境中能有效地防止产物被氧化。无毒、不易燃，能出色地替代许多有毒、有害、易挥发的有机溶剂。不仅萃取效率高而且能耗较少。

③ 溶剂回收方便，无残留，易于分离。容易通过调节温度和压力来控制其萃取能力，从而降低成本。

7.4.1.4 超临界水

水的临界参数为：$T_c=647K$，$P_c=22.1MPa$，$\rho_c=0.32g \cdot cm^{-3}$。当体系的温度和压力均超过水的临界点时进入超临界区，它是介于气体和液体之间的一种特殊状态的“水”。与常规条件下的液态水相比，超临界水具有许多特殊的性质。

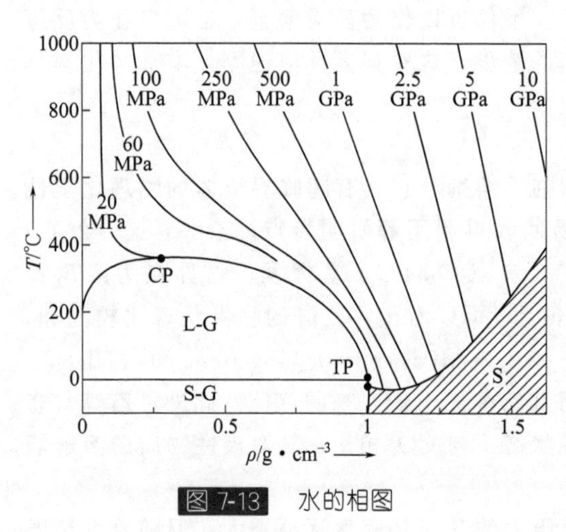

图 7-13 水的相图

(1) 超临界水的热力学性质 超临界水的密度随着温度和压力的变化而发生较大的改变，可从类似于蒸汽的密度值连续演变至类似于液体的密度值，如图7-13[33]所示（带有等压线的水温度-密度相图，其中等压线代表压力）。尤其是在临界点附近，密度对温度和压力的调节异常敏感。常温下液态水的密度为$0.997g \cdot cm^{-3}$，相应的水蒸气密度为$2\times10^{-5}g \cdot cm^{-3}$。随着温度的升高，液相水的密度减小而蒸汽的密度增加。超临界水的表观摩尔亥姆霍兹函数（ΔA_m）和表观摩尔吉布斯函数（ΔG_m）在恒压下随温度的降低而下降，在恒温下则随压力的上升而下降。与此同时，表观摩尔内能（ΔE_m）、表观摩尔焓（ΔH_m）和表观摩尔熵（ΔS_m）在恒压下随温度的上升而增加，在恒温下则随压力的下降而降低。对于恒容热容c_V和恒压热容c_p而言，它们在临界点发散至无穷大。

在临界点附近水的许多性质发生显著变化，且多数只在近临界点的狭窄区域内发生急剧波动。但是，有些性质的变化却能延续到很宽的范围。例如恒压热容，它在临界点附近趋于无限大，而在673K（比T_c高出26K）和32.1MPa（比P_c高出10MPa）的条件下，其值仍显著高于远离临界点情况下的相应值[34]。类似在临界点附近较宽温度和压力范围内发生变化的性质还有热导率、压缩系数、膨胀系数、扩散系数和偏摩尔体积等。热力学量在临界点出现的奇异性曾一度使临界现象的理论与实验研究陷入困境，但后来却成为揭示连续相变的重要根据。

(2) 超临界水的氢键 水的许多独特性质由水分子之间的氢键作用所决定。氢键结构对超临界水的密度、介电常数、离子积、黏度和扩散系数同样具有重要影响。陈晋阳等[35]通过计算模拟、拉曼光谱、核磁分析以及衍射分析对超临界水的静态结构进行了广泛的研究。计算结果表明在临界点附近水的氢键结构受到了很大的破坏，只有相当于常温下约29%的氢键度。Kalinichev 等[36]也用模拟方法计算了水分子的拓扑结构随温度、密度以及压力变化的规律。研究发现温度的升高能快速减少氢键的总数并破坏水在室温下存在的氧四方有序结构。在室温条件下压力变化对氢键数量的影响并不大，只是稍微增加氢键的数量和降低氢键的线性度。Gorbuty等[37]运用IR光谱对高温条件下水的氢键和温度的关系进行了表征，得出以下氢键度（X）与温度T之间的关系：

$$X=(-8.68\times10^{-4})(T+273.15)+0.851$$

该式在温度范围280～799K和水密度范围0.7～1.9g·cm^{-3}描述了氢键度的变化。常温下水的氢键度约为0.55，说明液态水的氢键数量约为冰的一半。在673K时氢键度约为0.3，继续升高温度至773K时氢键度仍大于0.2。这意味着即使在远离临界点的较高温度区域，水分子间的氢键仍可部分存在。

（3）超临界水的离子积　在常温常压条件下水部分离解为H_3O^+和OH^-，其离子积K_w为10^{-14}。温度和压力升高的耦合作用可使水的密度增加并导致离子积的增大。在温度1273K和与液体相似的水密度1.0g·cm^{-3}条件下，较常态水相比其数量级增大至少6倍，这对基于酸催化的水解反应具有良好的效果。例如在温度773K和压力200MPa条件下，水解反应的反应速率常数比正常条件下高9个数量级，这使得碱金属卤化物的水解变得与醋酸盐的水解效果相似[38]。离子化增强的现象已被冲击波实验（温度能达到10000K，压力能达到180GPa）所证实[39]。在温度1000K左右，密度大约2.0g·cm^{-3}时，水的性质接近高导性离子流体，即类似于熔融的盐，导电性能达到了30S·cm。即使在中等温度和密度条件下，亚（超）临界水的离子积也比标准状态下液态水的离子积高出若干数量级。

（4）超临界水的介电常数　受水密度影响的介电常数控制着盐的离解度和溶剂行为，它是预测水溶液中溶质溶解性的最重要热力学性质之一，也是研究化学反应的重要参数。水分子间的电荷分布和水的本体相结构直接影响着水的介电常数。Eulrish Frank等[40]对水的介电常数进行了系统研究，通过静态测量和模拟计算发现水的相对介电常数与温度和压力有关，并随密度的增大而升高，随温度的升高而减小。常温常压时由于存在强的氢键作用，水的介电常数约为80。此时水对离子电荷具备较好的屏蔽作用，导致其中的离子化合物易于解离。在较为常见的高水密度超临界区域，水的介电常数与极性溶剂在常规条件下的数值相当，为10～25之间，为中等极性。如在400℃和41.5MPa时，超临界水的介电常数为10.5。而处于低密度超临界区时，水的介电常数又降低一个数量级。例如在600℃和24.6MPa时，超临界水的介电常数降为1.2。此时，水由一种典型的质子型溶剂变为非极性溶剂[41]。根据相似相溶原理，在水的超临界区域几乎所有的有机物都可以溶解在其中，而无机物在其中的溶解度则迅速降低。表7-33列举出了超临界水与常规水溶解性质的比较。值得注意的是，当介电常数小于15时超临界水对其中的电荷屏蔽作用大大减弱，溶解于水中的溶质将会发生大规模的缔合，这也是超临界水可以用来脱除无机盐的原理[42]。总体来说，水的介电常数随密度的增大而增大，随温度的升高而减少，这其中温度的影响最为明显。

表 7-33 超临界水与常规水溶解性质的比较

溶解度	普通水(常温常压)	超临界水(临界点及以上)
无机物	大部分易溶	不溶或微溶
有机物	大部分微溶或不溶	易溶
气体	大部分微溶或不溶	易溶

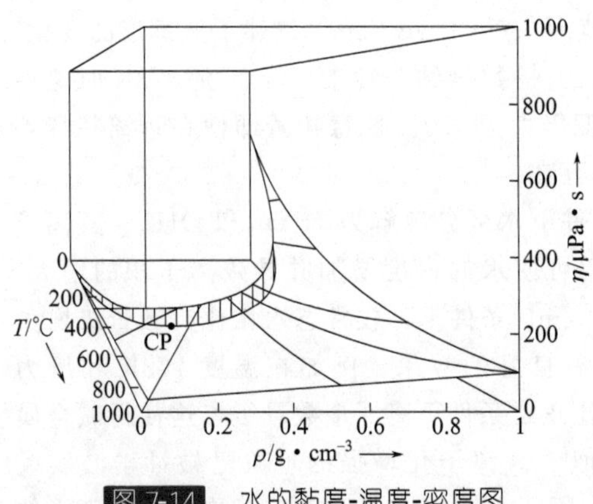

图 7-14 水的黏度-温度-密度图

(5) 超临界水的扩散系数和黏度

图 7-14[38] 给出了超临界水的黏度与温度和密度的关系图。在常规条件下水的气液两种状态的黏度相差大约 2 个数量级。在恒定的水密度下，随着温度的升高在气相密度区域中水的黏度缓慢增加而液相密度区域的黏度则明显减小。低密度区的行为反映平动动能传递，并可以用气体分子运动论很好地描述。在高密度区碰撞动量传递占优势，但目前这一现象还不能用理论进行解释。液体中分子之间的能量传递是通过分子间不断的碰撞进行，主要包括两种效应：在分子自由平动过程中碰撞引起的动量传递；单个分子和周围分子发生频繁碰撞所引起的动量传递。由于这两种效应的相对大小不同，从而导致在不同区域中水的黏度变化趋势的差异[43]。在 0.6～0.9g·cm^{-3} 的高水密度范围内，水的黏度受温度和密度的影响较小且易于预测。在此区域内超临界水的黏度仅为常规态水的 1/10 左右。

在超临界水中发生的化学反应，其速率与溶质的扩散系数直接相关。Jiri Jonas 运用水分子移动时核自旋改变方向的速率计算 500℃以下水的自扩散系数，结果表明核自旋改变方向的速率随着自扩散系数的增加而增大[44]。而对于高温（>500℃）高压状态下的水，其扩散系数则很难实验测定。有学者基于 Einstein 法[45] 通过模拟计算获得水的自扩散系数：

$$D_s=\lim_{t\to\infty}\frac{1}{6N_t}\left(\sum_{i=1}^{N}\left|r_i(t)-r_i(o)\right|^2\right)$$

在实践中可用 Stoke 方程估算超临界二元扩散系数。在较高水密度（>0.9g·cm^{-3}）条件下，水的扩散系数和黏度存在反比关系。Dudziak 等测量了从常规态一直延续到 823K 和 350MPa 条件下水的黏度，同时外推至水密度 1.0g·cm^{-3} 和 1273K 的条件。超临界水的低黏度使水分子和溶质分子同时具有较高的分子迁移率。溶质分子很容易在超临界水中进行扩散，从而使超临界水成为理想的反应介质。

在由常规液态水转变为超临界水的过程中，水分子间的氧键被部分破坏，致使其物理化学性质也发生改变。表 7-34 列举出了几种状态下水（常规液态水、亚临界水、超临界水、过热蒸汽）的物化性质的比较。特别将超临界水的特殊物理化学性质归纳为如下几点：①介电常数的降低，使水由典型的质子型极性溶剂转变为一种非极性溶剂，对有机物的溶解度上升；②超临界水的低黏度使得溶质在其中的扩散系数与气相中相仿而溶解度接近液相，许多在常规条件下受制于相间传质的多相反应能够在亚（超）临界水中以单相形式进行，从而改善动力学特征；③在水的亚临界区域，水的离子积可提高若干数量级，从而使水具备一定酸碱催化能力。

表 7-34　作为温度和压力函数的水的物理化学性质

项目	常规水	亚临界水	超临界水		过热蒸汽
T/℃	25	250	400	400	400
P/MPa	0.1	5	25	50	0.1
$P/g\cdot cm^{-3}$	0.997	0.80	0.17	0.58	0.1
ε	78.5	27.1	5.9	10.5	1
pK_w	14.0	11.2	19.4	11.9	—
$c_p/kJ\cdot kg^{-1}\cdot K^{-1}$	4.22	4.86	13	6.8	2.1
$H/mPa\cdot s$	0.89	0.11	0.03	0.07	0.02
$\Delta m/W\cdot m^{-1}\cdot K^{-1}$	608	620	160	438	55

7.4.2　煤焦油在超临界水中的轻质化

马彩霞等[46]以武汉钢铁厂高温煤焦油（表 7-35）为原料，在自制的间歇式高压反应釜（图 7-15）中，对煤焦油在超临界水中的改质反应进行了研究。考察反应温度、反应停留时间、水密度等对产物分布及组成的影响。

表 7-35　武钢高温煤焦油的性质

元素分析（质量分数）/%				工业分析（质量分数）/%			主要性质				煤焦油组成（质量分数）/%		
C	H	N	S	水	灰分	固定碳	$\rho/g\cdot cm^{-3}$	M_w	H/C	f_a	轻油	沥青质	残焦
92.16	5.38	0.98	0.74	1.7	0.03	30.97	1.19	796.35	0.7	0.963	39.2	54.08	6.72

研究结果表明如下。①通过与焦油常压热解和高压热解相比，焦油在间歇超临界水（SCW）反应装置改质时，生成的气体和残焦等副产物的量较少，而轻油（HS）量增大，表明焦油在 SCW 中发生了轻质化，获得轻质化的液体产物，而且 SCW 介质的存在可对气体的生成和过程结焦产生一定的抑制作用。②温度、反应时间、水密度等反应条件对产物分布均有影响，其中温度的影响最明显。为获得尽可能高的 HS 收率，最佳的反应操作条件为：温度 450℃左右，反应停

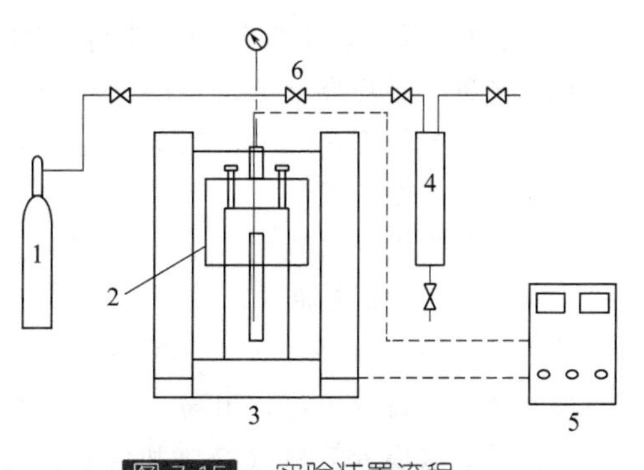

图 7-15　实验装置流程

1—高压 N_2瓶；2—高压釜；3—加热炉；4—气液分离器；5—温度控制器；6—高压阀

留时间20min左右，水密度约0.40g・cm^{-3}，在此条件下的HS收率为51.55%，比原料中的增加了约30%。③从产物分布及组成可知，在焦油的常压热解、高压热解和SCW改质三种反应过程中，发生的反应主要是焦油的裂解和缩合两大类反应。其中焦油在SCW中进行改质时，焦油中的沥青质（HI-THFS）组分可同时发生热裂解和热缩合反应，而且反应程度都较剧烈，分别转化为HS和残焦两部分；焦油中HS组分的转化率则相对较低，而且主要发生缩合反应，而焦油的常压热解和高压热解中发生的则主要为缩合反应。

韩丽娜等[47]以太原煤气公司焦化厂煤沥青（表7-36）为原料，采用SCW反应装置，研究了温度（400～480℃）、压力（25～40MPa）和停留时间（1～80min）对煤沥青轻质化的影响，以考察其在SCW中的反应特性。

表7-36 原料煤焦油沥青的性质

元素分析(质量分数)/%					煤焦油沥青组成(质量分数)/%				工业分析(质量分数)/%		
C	H	N	S	O	H/C	轻油	沥青质	残炭	焦化值	水	灰分
91.90	4.28	2.71	0.72	0.39	0.56	22.13	47.78	24.48	16.28	0.48	0.09

研究结果表明：①煤焦油沥青改质后轻油质量分数可达原料轻油的两倍；②煤沥青在SCW中反应，与常压N_2热解相比，促进了轻油质量分数提高，抑制了气体和残焦的生成；③反应温度、压力和停留时间对产物组成均有影响，其中温度的影响尤为显著。在实验所考察的操作范围内，轻油的质量分数增加18%～28%，沥青质的质量分数减少22%～41%。

7.4.3 煤焦油在超临界乙醇中的轻质化

专利CN102898269 A[48]提供了一种超临界萃取煤焦油洗油馏分中苊、芴和氧芴的方法，具体内容如下：将煤焦油进行蒸馏分离，截取230～300℃的洗油馏分；将截取的洗油馏分进行分析，分出高含量馏分和低含量馏分；分别对两组馏分进行二次精馏，分析二次馏分的组成物质和含量；分别将上述二次馏分置于萃取釜内，调节萃取釜内温度为245～280℃和压力为6～11MPa（萃取剂温度控制在250～270℃，压力6.5～8MPa为优选条件；萃取剂温度控制在260℃，压力7MPa为更优条件），以超临界乙醇为萃取剂进行超临界萃取，经冷却系统降温得到高浓度苊、芴和氧芴，收率≥90%以上，其中芴的纯度≥98%，氧芴的纯度≥95%，萃取液循环利用；最后经提纯、结晶、过滤得到高纯度的成品。

该专利提供的实施例如下。

实施例1：①焦油进行脱水处理，然后粗焦油进入蒸馏塔进行蒸馏处理；②馏分在分馏塔中分离，截取230～300℃洗油馏分，将馏分中杂质去掉，打入精馏塔，将截取的精馏馏分进行分析，分出高含量馏分和低含量馏分；③分别对两组馏分进行二次精馏，分析二次馏分的组成物质和含量；④将温度逐步升至260℃，同时压力逐步升至7MPa，然后用乙醇做萃取液，在乙醇的超临界温度下对二次馏分中苊、芴和氧芴进行萃取1小时，经冷却系统降温得到高浓度的苊、芴和氧芴，其中芴的纯度为98.7%，收率为91.3%；氧芴的纯度为96.2%，收率为93.5%；萃取液循环利用；⑤最后经提纯、结晶和过滤得到高纯度产品。

实施列2：步骤④中反应温度为255℃，压力为8MPa，萃取时间为4h，经降温系统得到的芴的纯度为98.1%，收率为90.7%，氧芴的纯度为95.2%，收率为92.2%。其它步骤同实施例1。

实施例3：步骤④中反应温度为265℃，压力为6.5MPa，萃取时间为2h，经降温系统得到的芴的纯度为98.3%，收率为90.9%，氧芴的纯度为95.5%，收率为91.4%。其它步骤同实施例1。

实施例4：步骤④中反应温度为245℃，压力为11MPa，萃取时间为1h，经降温系统得到的芴的纯度为98.1%，收率为91.6%，氧芴的纯度为95.2%，收率为91.7%。其它步骤同实施例1。

实施例5：步骤④中反应温度为280℃，压力为6MPa，萃取时间为2h，经降温系统得到的芴的纯度为98.2%，收率为91.3%，氧芴的纯度为95.3%，收率为91.2%。其它步骤同实施例1。

7.4.4 煤焦油在超临界甲醇中的轻质化

李铁鲁等以武钢焦化厂高温煤焦油为研究对象，采用甲醇作为抽提溶剂，在间歇式高压釜中，对煤焦油进行了超临界抽提研究，探索了煤焦油在超临界甲醇中的反应规律和轻质化规律[49,50]。

7.4.4.1 实验原料、设备及工艺技术路线

原料焦油取自武钢焦化厂7.63m焦化炉经脱水后的高温煤焦油，原料性质见表7-37。

表7-37 原料煤焦油的性质

元素分析（质量分数）/%				组分分析（质量分数）/%			工业分析（质量分数）/%		H/C
C	H	N	S	轻油	沥青质	残焦	水	灰分	
91.86	3.99	1.76	1.00	65.10	31.32	3.58	0.76	0.13	0.52

图7-16所示为该实验的反应装置——CQF型间歇式高压釜，反应器由不锈钢制成，内部体积为100mL，使用电炉加热。温度和压力分别由K型热电偶和压力表测量，温度和升温速率由温度控制仪控制，通过加减甲醇的量来控制反应压力。实验的工艺技术路线如图7-17所示。

7.4.4.2 实验流程

在间歇式高压反应釜中，在设定温度和压力下，用甲醇对煤焦油进行超临界反应，再用甲醇对反应混合物进行索式萃取。过程如下：①清洗反应釜内胆，用吹分机吹干，通高纯氮气置换反应器中的空气、水分、杂质，确保反应釜密封性良好；②称取10g左右煤焦油置于高压反应釜内胆内，根据预设的压力加入一定量的甲醇；③将装有反应物的反应釜内胆置于超声波洗涤器中振荡20min，使煤焦油与甲醇混合均匀，待时

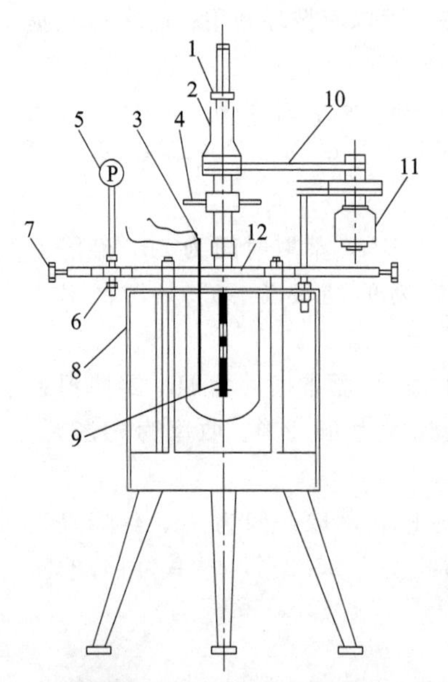

图 7-16 高压反应釜装置图

1—测速器；2—磁力耦合器；3—热电偶；4—冷水套；5—压力表；6—爆破阀；7—针型阀；8—加热炉；9—搅拌器；10—皮带；11—电机；12—釜盖

间过后将内胆取出，置于加热电炉内，盖上釜盖密封；④设定反应温度和搅拌速率（300r·min^{-1}）后开始升温，同时开启磁力搅拌，调节加热电压，以10～15℃·min^{-1}升温速率升温。达到设定温度（240～300℃）开始计时，并记录该温度下釜内压力，恒温一段时间（30～75min）后停止加热。⑤将高压釜内胆和釜盖一并取出，迅速放入凉水中，快速降温降压。待高压釜炉体冷却后，将高压釜盖卸下，对反应液进行分离，产物分离过程见图 7-18。

7.4.4.3 结果及讨论

（1）温度对超临界抽提产物收率的影响　如图7-19为温度对产物分布的影响，反应压力为 10MPa，反应时间为 60min。从图中得知，随着温度的升高，轻油收率从 260℃时的 72.99%下降到 317℃时的66.68%。沥青质收率随温度升高呈先增加后下降的趋势，在 290℃时沥青收率达到最高点。残焦收率随温度升高呈增加的趋势，从 260℃时的 7.37%增加到317℃时的 10.61%。结果表明煤焦油用甲醇进行超临界抽提时，其萃取能力明显高于普通萃取，轻油组分的收率有所提高。煤焦油内部化学反应非常复杂，有轻油组分缩合成沥青质和残焦，也有沥青质一部分热裂解成轻油，一部分缩合成残焦。缩合程度越高，分子量越大的稠环芳烃的热稳定性越高，在温度升高时，部分轻油发生缩合，因此轻油的收率随温度升高，呈现下降趋势。当轻油缩合成沥青质的量大于

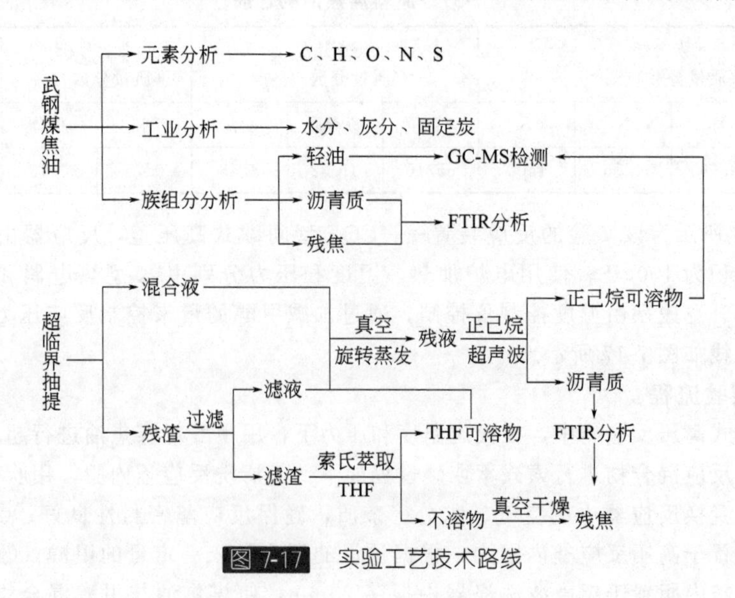

图 7-17 实验工艺技术路线

沥青质裂解生成轻油的量时，沥青质的收率随着温度升高呈现上升趋势。当温度继续升高时，沥青质开始转化成残焦，因此当温度升高到一定值时，沥青质的收率随温度升高呈现下降趋势。

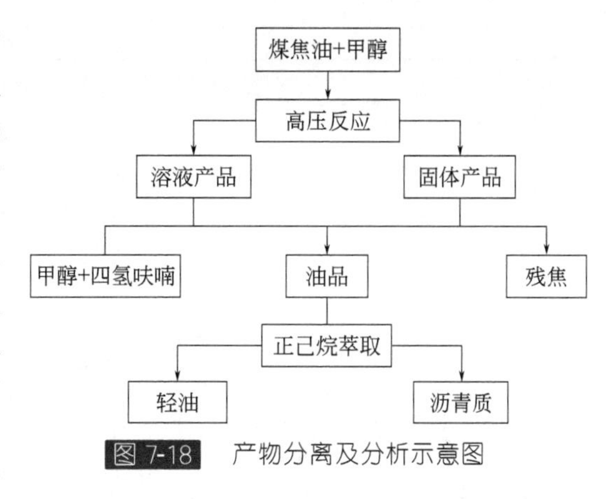

图 7-18 产物分离及分析示意图

(2) 压力对超临界抽提物产率的影响 如图 7-20 所示为温度为 270℃，反应时间 45min 的条件下压力对产物收率的影响。从图可知，轻油组分先微弱下降到 68.45%，后又上升到 79.19%，随压力升高并有继续上升的趋势。沥青质恰恰相反，先微弱上升，后又微弱下降到 20.68%。残焦基本稳定，质量分数没有太大改变。这说明煤焦油在经超临界甲醇抽提时，在 11MPa 以下时，反应以缩聚反应为主，轻油缩合成沥青质的反应比沥青质裂解成轻油剧烈，故轻油组分下降而沥青质质量分数上升。在压力达到 11.2MPa 以后，沥青质裂解成轻油的反应比轻油缩合成沥青质强烈，故轻油组分开始上升沥青质组分下降。

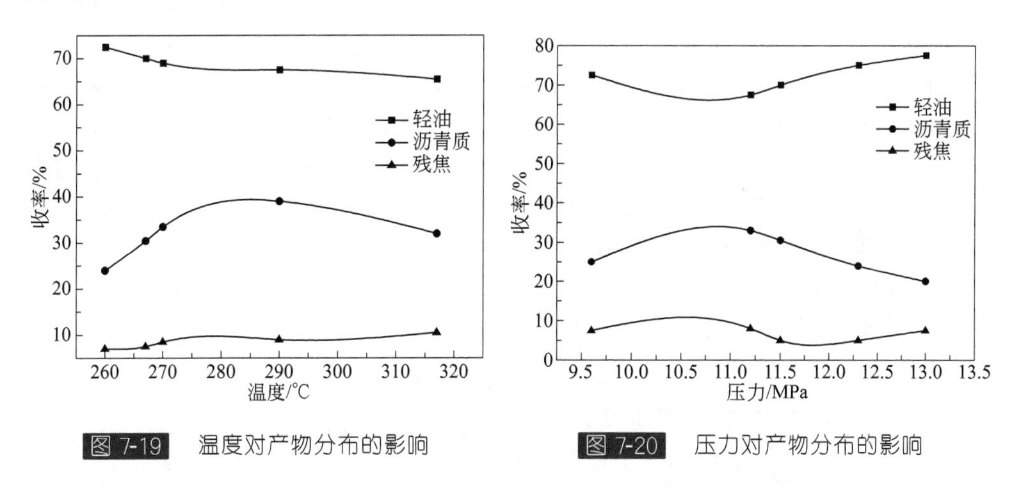

图 7-19 温度对产物分布的影响

图 7-20 压力对产物分布的影响

(3) 反应时间对超临界抽提物产率的影响 图 7-21 为温度 270℃，反应压力 11MPa 的条件下，反应时间对产物收率的影响。由图可知，随着反应停留时间的延长，轻油和沥青质收率在总量上变化不算大，但残焦量却基本呈上升趋势。这表明了时间不是煤焦油超临界甲醇抽提富集产物量变化的主要因素。残焦是一种比较稳定的大分子稠环化合物，在反应过程中较难热解，在设定条件下，以最大轻油收率为目的，反应时间为 60min 左右时轻油收率达到最大，此时煤焦油轻质化程度较好。

(4) 正交实验 在一系列的煤焦油甲醇超临界抽提的实验基础上，以获得最大轻油量为目的，试图获取对煤焦油超临界抽提的最优条件，并初步探索供氢溶剂四氢化萘对反应产物的影响。考虑了煤焦油甲醇-四氢化萘临界抽提中的影响因素是温度、压力、停留时间和溶剂比，设置 L9 (4^3) 水平正交试验表。正交实验表如表 7-38 所列。

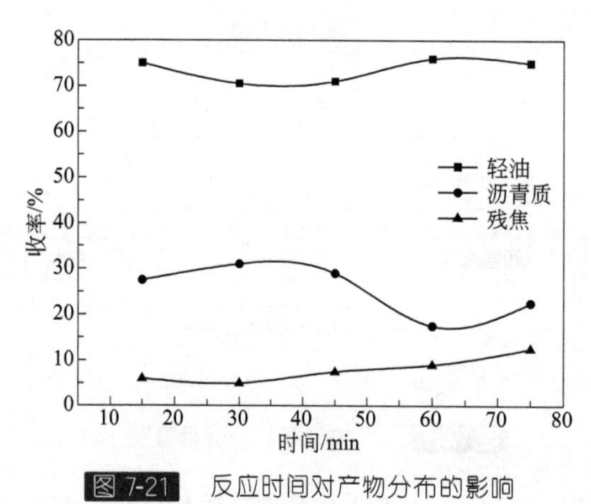

图 7-21 反应时间对产物分布的影响

从正交表中初选各指标工艺条件，对于轻油而言，产率越高，说明轻质化程度越高，因此 $k_{A1}>k_{A2}>k_{A3}$，A1 为其最优水平；同理 $k_{B1}>k_{B2}>k_{B3}$，B1 为其最优水平；$k_{C3}>k_{C1}>k_{C2}$，C3 是其最优水平；$k_{D3}>k_{D2}>k_{D1}$，D3 是其最优水平。又因为 $R_A>R_B>R_C>R_D$，所以轻油产率生产的最优组合是 A1B1C3D3。

对于沥青质而言，其产率越低，表明沥青质转化为轻油的转化率越高，条件越优。因 $k_{A1}<k_{A2}<k_{A3}$，所以 A1 是其最优水平；$k_{B1}<k_{B2}<k_{B3}$，B1 是其最优水平；$k_{C3}<k_{C2}<k_{C1}$，C3 是其最优水平；$k_{D2}<k_{D3}<k_{D1}$，D2 是其最优水平。又因为 $R_A>R_B>R_C>R_D$，所以沥青质产率的最优组合是 A1B1C3D2。

对残焦而言，其产率越低越好。因 $k_{A2}<k_{A1}<k_{A3}$，A2 是其最优水平；$k_{B1}<k_{B2}<k_{B3}$，B1 是其最优水平；$k_{C1}<k_{C2}<k_{C3}$，C1 是其最优水平；$k_{D1}<k_{D3}<k_{D2}$，D1 是其最优水平。又因为 $R_A>R_B>R_D>R_C$，所以残焦产率的最优组合是 A2B1D1C1。

对各指标初选之后，然后再根据各因素的影响综合选取最后的组合。对于因素 A，对轻油、沥青质和残焦的影响都最显著，又 A1 对轻油和沥青质的影响排在第一位，A2 对残焦的影响排在第一位。故可取 A1 或 A2 作为其优水平，若选 A2，会使沥青质的产率过高，比 A1 高了 14.98%，所以 A 因素选用 A1。同理可分析 B 取 B1，C 取 C3，D 取 D2。所以最优组合是 A1B1C3D2。

故采用 270℃，10MPa 下，加入甲醇与四氢化萘的体积比为 1∶10 时，反应停留 75min，是煤焦油甲醇-四氢化萘超临界抽提的最优条件。

表 7-38 正交实验表

序号	温度(A)/℃	压力(B)/MPa	停留时间(C)/min	甲醇与四氢化萘体积比(D)	轻油(质量分数)/%	沥青质(质量分数)/%	残焦(质量分数)/%
1	A1(270)	B1(10)	C1(45)	D1(1∶5)	81.35	20.86	5.82
2	A1	B2(11)	C2(60)	D2(1∶10)	82.24	19.48	7.62
3	A1	B3(12)	C3(75)	D3(1∶20)	83.39	20.15	8.21
4	A2(280)	B1	C2	D3	82.68	23.62	5.48
5	A2	B2	C3	D1	79.09	25.34	6.53
6	A2	B3	C1	D2	76.25	26.51	7.38
7	A3(290)	B1	C3	D2	75.92	28.68	7.83
8	A3	B2	C1	D3	68.43	32.16	8.33
9	A3	B3	C2	D1	65.41	33.28	8.52

续表

序号		温度(A)/℃	压力(B)/MPa	停留时间(C)/min	甲醇与四氢化萘体积比(D)	轻油(质量分数)/%	沥青质(质量分数)/%	残焦(质量分数)/%
轻油	K1	246.98	239.95	226.03	225.83			
	K2	238.02	229.76	230.33	234.41			
	K3	209.76	225.05	238.4	234.5			
	k1	82.33	79.98	75.65	75.28			
	k2	79.34	76.59	75.34	78.14			
	k3	69.92	75.02	78.47	78.17			
	极差	12.41	4.96	3.13	2.89			
沥青质	K1	60.49	73.16	79.53	79.48			
	K2	75.47	76.98	75.26	74.67			
	K3	94.12	79.94	74.17	75.93			
	k1	20.16	24.39	26.51	26.49			
	k2	25.16	25.66	25.09	24.89			
	k3	31.37	26.64	24.72	25.31			
	极差	11.21	2.25	1.79	1.60			
残焦	K1	21.65	19.13	21.53	20.87			
	K2	19.39	22.48	21.62	22.83			
	K3	24.68	24.11	22.57	22.02			
	k1	7.22	6.38	7.18	6.96			
	k2	6.46	7.48	7.21	7.61			
	k3	8.22	8.04	7.52	7.34			
	极差	1.76	1.66	0.34	0.65			

(5) 反应前后产品的比较　表7-39为原料煤焦油各族组分和一组经过超临界抽提之后的各产物的元素分析的数据。从表中可以看出，与原煤焦油相比，无论是轻油、沥青质还是残焦，超临界抽提之后的各族组分中的H含量均增高，且轻油中增加的最多，残焦次之，沥青质最少。这说明在超临界处理后各组分在一定程度上实现了轻质化。超临界抽提之后N、S的含量均也有减少，可能是由于含有杂原子的稠环化合物裂解成小环化合物，产生了H_2S、CH_4、CO_2、NH_3等气体。就轻油来说，超临界抽提之后轻油H/C原子比比原煤焦油中轻油组分提高了28.24%；沥青质也增长了6.85%；残焦竟增加了高达31.58%。同时证明了在反应过程中，超临界甲醇不仅萃取能力大大增强，还能为反应提供氢元素。

选取270℃，11MPa及停留时间75min后的轻油与原煤焦油中的轻油产物做对比研究。

对原料煤焦油中的轻油组分进行定性定量分析，共解析得到86种含量相对较高的有机化合物，其中主要是2～6环的多环芳烃（PAHs），还有少量杂原子（O、N、S）

的有机化合物，没有检测到直链烃，一环化合物的含量很少。各类组分名称及相对含量见表7-40。RT表示停留时间，MR表示匹配度，RA表示相对含量。从表7-40中可知，2～3环含量较多的是萘，相对含量约为7.27%；蒽，相对含量约为15.84%；荧蒽，相对含量约为12.59%；而5～6环的PAHs总量相对较少，约有20多种，相对含量约占25.34%。

超临界抽提后煤焦油中轻油中主要组分的名称及含量见表7-41。从表中可知，超临界抽提后煤焦油轻油组分中主要是PAHs约占轻油总量的54.11%。没有检测到直连烷烃和单环芳烃，表明这些物质含量很少，或者在处理过程中挥发掉。二环化合物有5种，3环化合物有20种，四环化合物有18种，5～6环化合物共有15种。二环有机化合物中含量较大的是萘（含量约3.15%），菲和荧蒽的含量也比较大，分别占8.24%和8.59%。含氮含硫等杂原子的有机化合物主要集中在4环。

对原料煤焦油中轻油组分和经过超临界甲醇抽提后煤焦油中轻油组分进行比较，发现超临界抽提前后，轻油中物质的种类没有变化。在超临界抽提时，轻油中的5～6环PAHs的量约为常压下的一倍，甲醇的萃取能力显然高于常温常压下的萃取，从而使轻油的量增大。在高温高压条件下，既发生缩聚反应又发生裂解反应，但在该温度下，缩聚反应是主要的反应，从而使5～6环化合物在轻油中大量富集。

表7-39 原煤焦油与超临界抽提后一组族组分的元素分析

项目		元素分析(质量分数)/%				H/C
		C	H	N	S	
原煤焦油	轻油	91.15	6.48	1.75	0.83	0.85
	沥青质	90.43	5.52	2.23	0.68	0.73
	残焦	91.11	2.89	0.74	1.01	0.38
超临界抽提后的煤焦油	轻油	90.16	8.18	1.68	0.73	1.09
	沥青质	88.98	5.58	1.83	0.70	0.78
	残焦	92.02	3.82	0.63	0.70	0.50

表7-40 原料煤焦油轻油组分中2～3环及5～6环芳烃化合物

峰号	名称	RT	MR	RA
2	茚	9.24	95	0.22
3	萘	15.12	97	7.27
4	2-苯并噻吩	15.40	93	0.21
5	喹啉	17.33	97	0.16
7	β-甲基萘	19.90	97	1.16
8	β-甲基萘	20.62	97	0.43
9	联苯	23.60	96	0.43
10	亚基联苯	26.42	91	1.16
11	苊	27.85	94	0.30

续表

峰　号	名　称	RT	MR	RA
13	氧芴	29.16	91	2.16
16	芴	31.78	95	3.44
18	9-羟基芴	33.21	86	0.15
19	4-甲基氧芴	33.68	90	0.43
20	3-甲基-9H-芴	36.03	95	0.22
21	二苯并噻吩	37.90	96	1.44
22	蒽	39.17	95	15.84
23	菲	39.39	94	2.48
24	吖啶	39.70	94	0.22
25	5H-茚并[1,2-*b*]吡啶	41.14	97	1.43
26	2-甲基菲	43.08	96	0.68
27	2-甲基菲	43.28	98	0.85
28	2-甲基菲	43.58	97	0.29
29	4H-环戊二烯并[*def*]菲	43.83	96	1.69
30	2-甲基菲	43.93	98	0.27
31	2-甲基菲	44.10	98	0.32
33	2-苯基萘	45.76	96	0.56
34	荧蒽	48.76	98	12.59
35	荧蒽	49.30	98	0.41
67	苯并(*e*)芘	67.60	98	2.70
68	苯并[*e*]醋菲烯	67.68	98	0.67
76	苯并[*e*]醋菲烯	67.74	99	1.68
77	苯并(*e*)芘	68.20	99	0.60
78	二萘嵌苯	69.25	98	1.52
79	9,10-二乙基蒽 9,10-二氢-11,12-二乙酰	69.42	64	1.05
80	苯并[*e*]醋菲烯	69.61	98	2.68
81	二萘嵌苯	70.10	98	0.63
82	苯并[*ghi*]二萘嵌苯	76.31	98	0.60
83	苯并[*ghi*]二萘嵌苯	77.77	98	0.50

表 7-41　超临界抽提后煤焦油轻油组分中 2～3 环及 5～6 环芳烃化合物

峰　号	名　称	RT	MR	RA
1	萘	14.99	97	3.15
2	苯并噻吩	15.37	80	0.05
3	β-甲基萘	19.87	80	0.27
4	α-甲基萘	20.60	90	0.10

续表

峰号	名称	RT	MR	RA
5	联苯	23.58	80	0.08
6	苊	27.84	94	0.63
7	氧芴	29.09	91	0.60
8	芴	31.68	94	1.13
9	4-甲基氧芴	33.18	94	0.07
10	6-甲基-吡啶并[2,3-*b*]吲哚	33.66	80	0.10
11	二苯并噻吩	37.84	97	0.64
12	蒽	38.44	87	0.36
13	菲	38.87	96	8.24
14	蒽	39.21	95	1.57
15	吖啶	39.64	91	0.12
16	5H-茚并[1,2-*b*]吡啶	41.04	94	0.62
17	2-甲基菲	43.03	96	0.25
18	2-甲基蒽	43.22	96	0.31
19	3-甲基-菲	43.53	64	0.13
20	4H-环戊二烯并[*def*]菲	43.74	96	0.74
21	9-甲基蒽	43.88	80	0.14
22	2-甲基菲	44.05	86	0.12
23	2-苯基萘	45.72	89	0.22
24	荧蒽	48.49	96	8.58
38	苯并[*ghi*]荧蒽	58.02	90	0.26
45	苯并[*e*]醋菲烯	67.47	98	3.36
46	苯并(*e*)芘	67.62	98	3.47
47	防老剂 2246	68.13	98	0.85
48	苯并(*e*)芘	69.16	98	4.28
49	苯并[*e*]醋菲烯	69.48	99	6.50
50	二萘嵌苯	70.01	98	2.18
51	苯并[*b*]三亚苯	75.88	91	1.93
52	苯并[*ghi*]二萘嵌苯	76.32	97	9.38
53	1,2,7,8-二苯并菲	76.62	98	2.33
54	苯并[*b*]三亚苯	77.20	98	1.60
55	苯并[*a*]四苯	77.43	90	1.80
56	苯并[*ghi*]二萘嵌苯	78.81	92	9.86
57	苯并[*ghi*]二萘嵌苯	78.60	95	4.62
58	3,4,9,10-二苯并芘	86.89	99	1.63

参考文献

[1] 徐春明，杨朝合．石油炼制工程［M］．北京：石油工业出版社，2009.

[2] 李春年．渣油加工工艺［M］．北京：中国石化出版社，2002.

[3] 林志雄．石油炼油工程（下册）．第二版．［M］．北京：石油工业出版社，1990.

[4] Elliott，M A. Chemistry of coal utilization. Second supplementary volume［M］. John Wiley and Sons，New York，1981.

[5] 郭如屏．低温煤焦油加工方法及最近的发展［J］．石油炼制，1957，(1)：11-14.

[6] Yurum Y. Clean Urirlzation of coal［M］. London Kluwer Academic Publishers，1992.

[7] 杨立刚．高温煤焦油裂化燃料油实验研究［J］．特种油气藏，2008，15(3)：103-105.

[8] 何巨堂．一种高氮高芳烃加氢改质和热裂化组合方法［P］．CN103333713 A，2013-10-02.

[9] 马宝岐，任沛建，杨占彪，等．煤焦油制燃料油品［M］．北京：化学工业出版社，2011.

[10] 周佩正，左鹿．低温焦油馏分催化裂化制取汽油的研究［J］．北京石油学院学报，1959，54-68.

[11] 周佩正，张盈珍，王继谔，等．煤焦油催化裂化的研究［J］．化学通报，1959，(4)：1-4.

[12] 石油工业部石油科学研究院第二研究室．焦油酸的催化裂化［J］．石油炼制，1959，(12)：8-10.

[13] Baker E G，Mudge L K. Tar removal in hot gas desulfurization process，DOE/METC-86/21290-2007，US Department of Energy，Morgantown Energy Technology Center，Morgantown，WV，1986.

[14] Baker E G，Mudge L K. Steam gasification of biomass with nickel Secondary catalysts［J］，Industrial and Engineering Chemistry Research，1987，26(7)：1335-1339.

[15] Wen W Y，Cain E. Catalytic pyrolysis of a coal tar in a fixed-bed reactor［J］. Industrial and Engineering Chemistry Process Design and Development，1984，23(4)：627-637.

[16] Simel P A，Bredenberg J B. Catalytic purification of tarry fuelgas［J］. Fuel，1990，69(8)：1219-1225.

[17] Velegol D，Gautam M，Shamsi A. Catalytic cracking of a coal tar in a fluid bed reactor［J］. Powder Technology，1997，93：93-100.

[18] Shadle L J，Seshadri K S，Webb D L. Characterization of shale oils. 1. Analysis of Fischer assay oils and their aromatic fractions using advanced analytical techniques［J］，Fuel Processing Technology，1994，(37)：101-120.

[19] 梁长海，陈霄，李闯，等．一种利用煤焦油生产汽柴油的方法［P］．CN102676219 A，2012-09-19.

[20] 汤子强，赵金安，王志忠．低温煤焦油与废旧塑料共熔油化的研究［J］．燃料化学学报，1999，27(5)：403-407.

[21] 赵金安，郭存悦，王志忠．煤焦油与废塑料共处理油化工艺的研究［J］．煤化工，1998，(1)：42-44.

[22] 张学萍．煤焦油延迟焦化可行性探索试验研究［J］．抚顺烃加工技术，2004，(2)：25-32.

[23] 王守峰，吕子胜，于寿龙．中、低温煤焦油延迟焦化工艺［P］．ZL20133072.7，2005-06-08.

[24] 刘建明，杨培志，曹祖宾，等．中、低温煤焦油延迟焦化的工艺研究［J］．燃料与化工，2006，37(2)：46-49

[25] 王守峰，吕子胜．一种煤焦油延迟焦化加氢组合工艺方法［P］．CN101429456 A，2009-05-13.

[26] 戴连荣，贺占海，刘忠易，等．煤焦油制燃料油的工艺［P］．ZL200510052067.0，2007-04-18.

[27] 孟兆会，杨涛，贾丽，等．一种煤焦油和渣油加氢裂化-延迟焦化组合［P］．CN103773477 A，2014-05-07.

[28] Tsuyoshi N，Hiroshi O，Takashi K，et al. Reaction of supercritical alcohols with unsaturated hydrocarbons［J］. Supercitical Fluids，2003，27(3)：255-262.

[29] 刘志敏，张建玲，韩布兴．超（近）临界水中的化学反应［J］．化学进展，2005，17(2)：266-274.

[30] Dadan K，Shiro Saka. Effects of water on biodiesel fuel production by supercritical methanol treatment

[J]. Bioresource Technology，2004，91 (3)：289-295.

[31] 孙世尧，贺华阳，王连鸳，等. 超临界甲醇中制备生物柴油 [J]. 精细化工，2005，11 (12)：41-50.

[32] Nobuyoshi A，Yoshio N. Chemical shift study of liquid and supercritical methanol [J]. Chemical Physics Letters，1998，290 (1)：63-67.

[33] 朱春春. 超临界水中重质油和聚乙烯的共裂化 [D]. 上海：华东理工大学，2013.

[34] Hear L，Gauagher J S，Kell G S. NBS/NRC Steam Tables：Thermodynamic and transportproperties and computer programs for vapor and liquid states of water in Si-Units. National standard reference dam. Gaithersburgh MD：US National Bureau of Standards，1984.

[35] 陈晋阳，郑海飞，曾贻善. 超临界水理论研究的进展 [J]. 化学进展，2002，14 (6)：409-414.

[36] Kalinichev A Q，Henzinger K. Molecular dynamics of supercritical water：A computer simulation of vibration spectra with the flexible BJH potential [J]. Geochimica et Cosmochimica Acta，1995，59：641-650.

[37] Gorbuty Y E，Kalinichev A G. Hydrogen bonding in supercritical water. 1. Experimental Result [J]. The Journal of Physical Chemistry，1995，99 (15)：5336-5340.

[38] Hermann Wr，Ernst U F. Supercritical water as a solvent [J]. Angewandte Chemie International Edition，2005，54 (8)：2672 -2692.

[39] Chau R，Mitchell C，Minich R W，et al. Electrical conductivity of water compressed dynamically to pressures of 70-180 GPa [J]. Journal of Chemical Physics，2001，114 (3)：1361-1365.

[40] Frank E U，Rosenzweig S，Christophorakos M. Calculation of the dielectric constant of water to 1000℃ and very high pressures [J]. Berichte Bunsengesellschaft Physikalische Chemie，1990，94 (2)：199-203.

[41] Marc H，Philip A M，Hong G T，et al. Salt precipitation and scale control during supercritical water oxidation-part A：fundamentals and research [J]. Journal of Supercritical Fluids，2004，29 (3)：265-288.

[42] Chialvo A，Cummings D T. Nato Sci Series E Vol 366 [M]. Amsterdam：Kluwer Academic Publishers. 1994.

[43] 杨馗，徐明仙，林春绵. 超临界水的物理化学性质 [J]. 浙江工业大学学报，2001，29 (4)：386-390.

[44] Jiri J. Pressure effects on the dynamic structure of liquids [J]. Accounts of Chemical Resedrch，1984，17 (2)：74-80.

[45] Allen M P，Tildesley D J. Computer simulation of Liquids [M]. Oxford：Clarendon Press，1987.

[46] 马彩霞，张荣，毕继诚. 煤焦油在超临界水中的改质研究 [J]. 燃料化学学报，2003，3 (2)：103-110.

[47] 韩丽娜，张荣，毕继诚. 超临界水中煤焦油沥青轻质化的实验研究 [J]. 燃料化学学报，2008，36 (1)：1-5.

[48] 张家滔，高杰，张斌，等. 超临界萃取煤焦油洗油馏分中苊、芴和氧芴的方法 [P]. CN102898269 A，2013-01-13.

[49] 李铁鲁. 煤焦油超临界甲醇抽提的研究 [D]. 武汉：武汉科技大学. 2011.

[50] 何选明，李铁鲁，王宽强. 煤焦油超临界甲醇抽提反应过程特性的研究 [J]. 煤炭转化，2011，34 (2)：59-63.